美国专利审查操作指南

可专利性

国家知识产权局国际合作司
国家知识产权局专利局审查业务管理部 ◎组织翻译

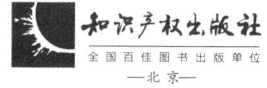
全国百佳图书出版单位
—北京—

图书在版编目（CIP）数据

美国专利审查操作指南：可专利性/国家知识产权局国际合作司，国家知识产权局专利局审查业务管理部组织翻译. —北京：知识产权出版社，2021.9（2021.12重印）

ISBN 978-7-5130-7771-2

Ⅰ.①美… Ⅱ.①国… ②国… Ⅲ.①专利—审查—美国—指南 Ⅳ.①G306.3-62

中国版本图书馆CIP数据核字（2021）第205093号

内容提要

本书节选翻译《美国专利审查操作指南（MPEP）》2100章"可专利性"（patentability）部分。该章节内容相对独立，主要是对《美国专利法》101条（专利保护的主题）、102条（新颖性）、103条（非显而易见性）和112条（清楚完整）等最重要的实体法条的解读与适用，不仅与我国的对应法条高度相关，还涵盖了我国专利法中实用性、优先权、单一性、修改超范围、必要技术特征等重要实体条款涉及的内容，因此对于我国专利申请与审查及学术研究均有重要的参考价值。

本书适合专利申请人、专利代理师、律师、审查员及相关领域专家、学者阅读。

责任编辑：龚 卫	责任印制：刘译文
执行编辑：吴 烁 李 叶	封面设计：博华创意·张冀

美国专利审查操作指南——可专利性
MEIGUO ZHUANLI SHENCHA CAOZUO ZHINAN——KEZHUANLIXING

国家知识产权局国际合作司
国家知识产权局专利局审查业务管理部　组织翻译

出版发行：知识产权出版社有限责任公司	网　址：http://www.ipph.cn
电　话：010-82004826	http://www.laichushu.com
社　址：北京市海淀区气象路50号院	邮　编：100081
责编电话：010-82000860 转8120	责编邮箱：laichushu@cnipr.com
发行电话：010-82000860 转8101	发行传真：010-82000893
印　刷：三河市国英印务有限公司	经　销：各大网上书店、新华书店及相关专业书店
开　本：787mm×1092mm 1/16	印　张：34.5
版　次：2021年9月第1版	印　次：2021年12月第2次印刷
字　数：740千字	定　价：180.00元
ISBN 978-7-5130-7771-2	

出版权专有　侵权必究

如有印装质量问题，本社负责调换。

编委会

主　任：甘绍宁

副主任：白光清　魏保志　原　琪　雷春海

编　委：杨成睿　张小凤　陈　曦　吴　芸
　　　　黄　嘉　赵　爽　刘伟林　马　欢

翻译、审校人员

翻译人员 俞翰政 杜 衡 李林霞 周文娟
宋晓晖 刘晓静 安 蕾 孙 洁
校对人员 俞翰政 李是坤 耿晓芬 盛晗煜
统 稿 杜 衡

翻译说明

当前，人工智能、大数据、云计算等新兴技术迅速发展，给专利审查工作带来了更大的挑战，世界上主要专利审查机构都在积极研究、探索适应新兴技术发展的专利审查标准。

美国专利商标局颁布的《专利审查操作指南》(*Manual of Patent Examining Procedure*, 简称 MPEP) 是其进行发明专利审查的指导性文件，类似于中国国家知识产权局制定的《专利审查指南》。其中"可专利性"章节涵盖对发明专利实质性审查的主要规则，是全书中与审查工作结合最紧密的章节。近年来，该章节在涉及新兴技术的审查方面做了多次适应性修订，援引了大量复审、无效和司法判例。了解其修订的背景、经过和内容，对完善我国相关领域审查标准，更好地支撑创新型国家建设具有重要的借鉴意义。

中国国家知识产权局长期跟踪国外审查工作动态，本次组织对美国《专利审查操作指南》的"可专利性"章节首次进行系统、全面的翻译，希望能使读者了解美国专利制度，了解美国专利的可专利性标准，以启迪思维，开阔眼界。

应当说明的是，本译本依照的版本是美国专利商标局官网公布的第九版《专利审查操作指南》(2017 年 8 月修订)。为便于读者理解，译本对晦涩难懂的法律或技术术语增加了脚注说明，而对于国内尚无共识的新术语，也在脚注中解释了本书所采用译法的理由，供读者参考。

此外，对全书中反复出现的特殊情况作如下统一说明。

(1)《美国发明法案》(*Leahy – Smith American Invents Act*, 简称 AIA) 的颁布将美国的专利制度从先发明制变更为先申请制。为了满足过渡期法律适用的需求，美国专利法中的部分条款并设了新、旧两套，对于 2013 年 3 月 16 日及其以后的申请适用新版本，该日之前的申请适用旧版本。在旧版条款的编号前加"pre – AIA"的标记以示区分，本书原样保留该标记。

(2)《美国专利法》(35. U. S. C) 中的条款并不按顺序依次编号，各条款的数字编号不是序数词，因此不译为《美国专利法》第 n 条，而译为《美国专利法》n 条，或直接采用原文中的表述，如 35 U. S. C. 101 或 §101。

(3) MPEP 对于引证案例中具体引用的内容严格依照案例集原文。对于 MPEP 主动增补的内容，则会用"[ ]"加以标记。对于斜体字、黑体字或者下划线等强调格式，若是 MPEP 增加的，则会用括号注明后加，若是案例集中自带的，则会注明是原有的。

(4) 对于引证案例名称和当事人名字基本上均保留原文,以便于读者进一步检索。

本译本还翻译了 2018—2019 年美国专利商标局发布的一份备忘录和两份过渡指南,作为本书的附录。上述三份官方文件均是对专利适格判断方法(*Alice/Mayo* 测试法)的重要补充或修正,在新的正式修订版 MPEP 发布前用于补充或替代相关章节的已有规定指导审查。

本书仅作为理解美国专利审查规则的参考资料,如发现译文有不妥之处,请以原文为准。

本书由国家知识产权局国际合作司、专利局审查业务管理部组织翻译,各部分翻译的具体分工如下:俞翰政翻译前言、2103 审查概论、附录一、附录三;杜衡翻译 2104~2106 专利适格性;李林霞翻译 2107 实用性、2111~2117 权利要求解读;周文娟翻译 2121~2129 现有技术、2151~2159 AIA 颁布后新颖性/非显而易见性判断的变化;宋晓晖翻译 2131~2138 新颖性;刘晓静翻译 2141~2150 非显而易见性;安蕾翻译 2161~2164 充分公开、支持、修改超范围等;孙洁翻译 2165~2190 最佳实施例、清楚等和附录二。俞翰政、李是珅、耿晓芬和盛晗煜承担本书的校对工作,杜衡负责本书的统稿工作。

本书翻译出版已得到美国专利商标局授权。

前　言

本指南出版用于为美国专利商标局（USPTO）专利审查员、申请人、律师、代理人和申请人代表提供在美国专利商标局进行专利申请、审查及其他相关问题的时间和程序方面的指导与参考。例如，本指南包含有对审查员的指导及具有信息和解释性质的其他材料，并且概括说明了审查员在对专利申请的正常审查中、在适当的案例中被要求或被授权遵循的当前程序。本指南不具备法律效力，也不具备在联邦法规第37编中的各个法条的效力。

美国专利商标局出版了题目为《商标审查操作指南》的单独手册（可在 https://tmep.uspto.gov 获得）作为商标案件的工作参考。

审查员将受到由美国专利商标局局长和由他授权的其他官员发布的适用法规、规章、决定及命令和指令约束。

随后在审查实践方面的变化和其他修订将以修订的形式放入各个章节部分中和/或放入指南的附录中。

始终欢迎任何对本指南形式和内容的改进建议。任何建议请投寄给下面的地址：
Mail Stop MPEP
专利局局长
P. O. Box 1450
Alexandria，Virginia 22313 – 1450

目 录

2101-2102（预留） ······ 1
2103 专利审查程序（2017.08 修订） ······ 1
2104 可专利的发明——35 U.S.C.101 的要求（2017.08 修订） ······ 7
2105 专利适格的主题——生物主题（2017.08 修订） ······ 8
2106 专利主题适格（2017.08 修订） ······ 11
    2106.01（预留） ······ 17
    2106.02（预留） ······ 17
    2106.03 适格步骤1：四种法定主题类别（2017.08 修订） ······ 17
    2106.04 适格步骤2：权利要求是否关于司法排除对象（2017.08 修订） ······ 20
    2106.05 适格步骤2B：权利要求是否达到明显超过的程度（2017.08 修订） ······ 51
    2106.06 简要分析（2017.08 修订） ······ 82
    2106.07 阐述和证实有关主题不适格的否决意见（2017.08 修订） ······ 84
2107 关于申请符合实用性要求的审查指南（2013.11 修订） ······ 92
    2107.01 指导实用性否决意见的一般原则（2015.07 修订） ······ 95
    2107.02 与缺乏实用性的审查意见相关的程序性考虑（2013.11 修订） ······ 103
    2107.03 对声称的治疗或药理效用的特殊考虑因素（2012.08 修订） ······ 111
2108-2110（预留） ······ 115
2111 权利要求的解释；最宽泛合理解释（2015.07 修订） ······ 115
    2111.01 通常含义（2017.08 修订） ······ 117
    2111.02 前序部分的作用（2012.08 修订） ······ 122
    2111.03 连接短语（2017.08 修订） ······ 125
    2111.04 "适应""适于""其中""由此"及条件从句（2017.08 修订） ······ 128
    2111.05 功能性和非功能性描述材料（2017.08 修订） ······ 130
2112 基于固有属性的否决意见的要求；证明责任（2015.07 修订） ······ 132
    2112.01 组合物、产品和装置权利要求（2015.07 修订） ······ 135
    2112.02 方法权利要求（2015.07 修订） ······ 137
2113 方法限定的产品权利要求（2017.08 修订） ······ 139
2114 装置和物品权利要求——功能性语言（2015.07 修订） ······ 140
2115 被装置加工的材料或物品（2015.07 修订） ······ 143
2116（预留） ······ 144

2116.01 新颖的、非显而易见的原材料或最终产品（2012.08 修订） ·········· 144
2117 马库什权利要求（2017.08 修订） ·········· 145
2118 – 2120（预留） ·········· 146
2121 现有技术；需要对可实施性给予初证事实的一般标准（2017.08 修订） ······ 146
　　2121.01 在否决意见中使用可实施性存疑的现有技术（2012.08 修订） ·········· 147
　　2121.02 化合物和组合物——构成可实现的现有技术的要求（2017.08 修订） ·········· 148
　　2121.03 植物遗传学——构成可实现的现有技术的要求（2012.08 修订） ·········· 149
　　2121.04 设备和产品——构成可实现的现有技术的要求（2012.08 修订） ·········· 149
2122 现有技术效用的讨论（2017.08 修订） ·········· 150
2123 基于现有技术的宽泛披露而非优选实施例予以否决（2012.08 修订） ·········· 150
2124 关键的对比文件日期必须早于申请日规则的例外（2013.11 修订） ·········· 151
　　2124.01 视为现有技术范围内的税收策略（2012.08 修订） ·········· 152
2125 附图作为现有技术（2012.08 修订） ·········· 153
2126 一份文件可作为专利用于 35 U. S. C. 102（a）或 Pre – AIA 35 U. S. C. 102（a）(b)(d) 否决的情形（2017.08 修订） ·········· 154
　　2126.01 专利可作为对比文件的日期（2013.11 修订） ·········· 155
　　2126.02 当对比文件是"专利"而不是"出版物"时，可用于否决权利要求的对比文件公开范围（2013.11 修订） ·········· 156
2127 国内外专利申请作为现有技术（2015.07 修订） ·········· 156
2128 "印刷出版物"作为现有技术（2017.08 修订） ·········· 158
　　2128.01 所需的公众可访问性标准（2015.07 修订） ·········· 160
　　2128.02 出版物可作为对比文件的日期（2012.08 修订） ·········· 163
2129 自认作为现有技术（2012.08 修订） ·········· 163
2130（预留） ·········· 164
2131 在先公开——35 U. S. C. 102 的适用（2017.08 修订） ·········· 164
　　2131.01 基于多份对比文件的 35 U. S. C. 102 否决（2013.11 修订） ·········· 165
　　2131.02 上位概念—下位概念的情形（2017.08 修订） ·········· 167
　　2131.03 在先公开的范围（2017.08 修订） ·········· 169
　　2131.04 次要考虑事项（2012.08 修订） ·········· 170
　　2131.05 不相似的或否定性的现有技术（2012.08 修订） ·········· 170
2132 Pre – AIA 35 U. S. C. 102（a）（2013.11 修订） ·········· 171
　　2132.01 作为 Pre – AIA 35 U. S. C. 102（a）现有技术的出版物（2017.08 修订） ··· 172
2133 Pre – AIA 35 U. S. C. 102（b）（2015.07 修订） ·········· 174
　　2133.01 部分继续（CIP）申请的否决（2013.11 修订） ·········· 175
　　2133.02 基于出版物和专利的否决（2013.11 修订） ·········· 176
　　2133.03 基于"公开使用"或"销售"的否决（2013.11 修订） ·········· 176

2134 Pre – AIA 35 U. S. C. 102（c）（2013. 11 修订） ······ 195
2135 Pre – AIA 35 U. S. C. 102（d）（2013. 11 修订） ······ 197
 2135. 01 Pre – AIA 35 U. S. C. 102（d）的四项要求（2013. 11 修订） ······ 197
2136 Pre – AIA 35 U. S. C. 102（e）（2013. 11 修订） ······ 201
 2136. 01 美国申请作为对比文件的资格（2013. 11 修订） ······ 202
 2136. 02 可获得的用以否定权利要求的现有技术（2017. 08 修订） ······ 203
 2136. 03 关键对比日期（2017. 08 修订） ······ 204
 2136. 04 不同的发明实体；"他人"的含义（2017. 08 修订） ······ 208
 2136. 05 克服基于 Pre – AIA 35 U. S. C. 102（e）的否决意见（2017. 08 修订） ······ 209
2137 Pre – AIA 35 U. S. C. 102（f）（2017. 08 修订） ······ 212
 2137. 01 发明权（2015. 07 修订） ······ 214
 2137. 02 Pre – AIA 35 U. S. C. 103（c）的适用（2013. 11 修订） ······ 217
2138 Pre – AIA 35 U. S. C. 102（g）（2017. 08 修订） ······ 217
 2138. 01 抵触审查程序（2017. 08 修订） ······ 218
 2138. 02 "发明是在本国完成的"（2013. 11 修订） ······ 222
 2138. 03 "由未放弃、抑止或隐瞒发明的他人"（2013. 11 修订） ······ 223
 2138. 04 "构思"（2017. 08 修订） ······ 224
 2138. 05 "付诸实践"（2017. 08 修订） ······ 227
 2138. 06 "合理关注"（2017. 08 修订） ······ 231
2139 – 2140（预留） ······ 234
2141 基于 35 U. S. C. 103 判断显而易见性的审查指南（2017. 08 修订） ······ 234
 2141. 01 现有技术的范围和内容（2013. 11 修订） ······ 242
 2141. 02 现有技术和请求保护的发明之间的差异（2017. 08 修订） ······ 248
 2141. 03 所属技术领域的普通技术水平（2012. 08 修订） ······ 251
2142 初步证明显而易见性的法律概念（2015. 07 修订） ······ 252
2143 显而易见性的初证事实的基本要求实例（2017. 08 修订） ······ 254
 2143. 01 改进对比文件的启示或动机（2017. 08 修订） ······ 284
 2143. 02 需要对成功有合理的预期（2012. 08 修订） ······ 287
 2143. 03 必须考虑权利要求的所有限定（2017. 08 修订） ······ 288
2144 支持根据 35 U. S. C. 103 作出的拒绝意见（2015. 07 修订） ······ 289
 2144. 01 隐含公开（2012. 08 修订） ······ 292
 2144. 02 依赖于科学理论（2012. 08 修订） ······ 292
 2144. 03 依赖现有技术中的公知常识或"众所周知的"现有技术（2017. 08 修订） ······ 292
 2144. 04 法律先例作为支持理由的来源（2017. 08 修订） ······ 295
 2144. 05 相似或重叠范围、量和比例的显而易见性（2017. 08 修订） ······ 300

2144.06 本领域认可的相同目的等同物（2012.08 修订） ……………… 304

2144.07 对于预期目的技术认可的适用性（2012.08 修订） …………… 305

2144.08 当现有技术教导了上位概念时，下位概念的显而易见性
（2015.07 修订） ……………………………………………………… 306

2144.09 化合物（同系物、相似物、异构体）间的结构的密切相似性
（2017.08 修订） ……………………………………………………… 312

2145 对申请人辩驳的争辩意见的考虑（2012.08 修订） ………………… 316

2146 Pre – AIA 35 U. S. C. 103（c）（2013.11 修订） …………………… 327

2147 – 2149（预留） ………………………………………………………… 328

2150 根据《Leahy – Smith 美国发明法案》对 35 U. S. C. 102 和 103 的审查指南进行修订：由先发明制修订为先申请制（2013.11 修订） …… 328

2151 AIA 中针对 35 U. S. C. 102 和 103 的修改概述（2017.08 修订） … 329

2152 关于 AIA 35 U. S. C. 102（a）和（b）的详细讨论（2013.11 修订） … 333

2152.01 请求保护的发明的有效申请日（2017.08 修订） ……………… 335

2152.02 AIA 35 U. S. C. 102（a）（1）的现有技术（已授予专利，在印刷出版物中已有描述，或者已被公开使用、销售，或以其他方式为公众所知）（2017.08 修订） ……………………………………………… 336

2152.03 自认（2013.11 修订） ………………………………………… 342

2152.04 "披露"的含义（2013.11 修订） ……………………………… 343

2153 35 U. S. C. 102（b）（1）针对 AIA 35 U. S. C. 102（a）（1）规定的现有技术例外（2013.11 修订） ……………………………………… 343

2153.01 35 U. S. C. 102（b）（1）针对 AIA 35 U. S. C. 102（a）（1）规定的现有技术例外（宽限期内发明人或源自发明人的披露作为例外）（2013.11 修订） …………………………………………… 343

2153.02 AIA 35 U. S. C. 102（b）（1）（B）针对 AIA 35 U. S. C. 102（a）（1）规定的现有技术例外（发明人或源自发明人的在先公开的披露作为例外）（2013.11 修订） ……………………………… 346

2154 在请求保护的发明的有效申请日之前，有效提出申请的美国专利或申请中的主题的有关规定（2013.11 修订） ………………………… 348

2154.01 基于 AIA 35 U. S. C. 102（a）（2）"美国专利文件"的现有技术（2013.11 修订） ………………………………………………… 348

2154.02 35 U. S. C. 102（b）（2）针对 AIA 35 U. S. C. 102（a）（2）规定的现有技术例外（2013.11 修订） ……………………………… 351

2155 根据 37 CFR 1.130 使用宣誓书或声明克服现有技术否决意见（2015.07 修订） ……………………………………………………… 355

2155.01 证明披露是由发明人或共同发明人作出的（2013.11 修订） …… 357

2155.02 证明所披露的主题已被发明人或共同发明人公开的披露
（2013.11 修订） ………………………………………………… 357

2155.03 证明披露是由直接或间接地从发明人或共同发明人处获得该主题的其他人作出的，或者主题已经由直接或间接地从发明人或共同发明人处获得该主题的其他人在先公开的披露（2013.11 修订） …………… 358

2155.04 能够实现（2013.11 修订） ………………………………… 359

2155.05 何人可以根据 37 CFR 1.130 提交宣誓书或声明（2013.11 修订） …… 359

2155.06 不适用宣誓书或声明的情况（2013.11 修订） ………… 360

2156 联合研究协议（2013.11 修订） …………………………………… 360

2157 发明人署名不当（2015.07 修订） …………………………………… 362

2158 AIA 35 U.S.C. 103（2017.08 修订） ………………………………… 362

2159 适用日期的规定，并确定申请是否适用 AIA 的发明人先申请规定
（2013.11 修订） ………………………………………………… 364

2159.01 2013 年 3 月 16 日前提交的申请（2013.11 修订） …… 364

2159.02 在 2013 年 3 月 16 日或之后提交的申请（2013.11 修订） …… 365

2159.03 受 AIA 约束但同时包含一项有效申请日在 2013 年 3 月 16 日前的请求保护的发明的申请（2013.11 修订） ………………………… 366

2159.04 包含有效申请日在 2013 年 3 月 16 日或之后的请求保护的发明的过渡申请中的申请人声明（2013.11 修订） …………………… 367

2160（预留） ………………………………………………………… 367

2161 在 35 U.S.C. 112（a）或 Pre – AIA 35 U.S.C. 112 第一款中对说明书的三个独立的要求（2015.07 修订） …………………… 367

2161.01 计算机程序、计算机实施的发明及 35 U.S.C. 112（a）或 Pre – AIA 35 U.S.C. 112 第一款（2017.08 修订） ……………… 368

2162 根据 35 U.S.C. 112（a）或 Pre – AIA 35 U.S.C. 112 第一款的政策
（2017.08 修订） ………………………………………………… 374

2163 根据 35 U.S.C. 112（a）或 Pre – AIA 35 U.S.C. 112 第一款审查专利申请的指南，"书面描述"的要求（2017.08 修订） ……………… 374

2163.01 在公开内容中支持请求保护的主题（2013.11 修订） … 392

2163.02 判断符合书面描述要求的标准（2013.11 修订） ……… 392

2163.03 产生充分书面描述争议的典型情形（2015.07 修订） … 393

2163.04 审查员关于书面描述要求的责任（2013.11 修订） …… 395

2163.05 权利要求范围的改变（2015.07 修订） ………………… 396

2163.06 书面描述要求与新内容的关系（2013.11 修订） ……… 400

2163.07 申请文件的修改得到原始描述的支持（2017.08 修订） … 401

2164 可实施性要求（2013.11 修订） ………………………………… 402

- 2164.01 可实施性测试（2012.08 修订） 403
- 2164.02 工作示例（2013.11 修订） 406
- 2164.03 领域的可预见性和可实施性要求的关系（2012.08 修订） 408
- 2164.04 在可实施性要求下的审查员的责任（2017.08 修订） 409
- 2164.05 基于证据作为一个整体判断可实施性（2017.08 修订） 410
- 2164.06 实验的数量（2012.08 修订） 413
- 2164.07 可实施性要求与 35 U.S.C. 101 中的实用性要求的关系（2013.11. 修订） 422
- 2164.08 可实施性与权利要求的范围相称（2013.11 修订） 424

2165 最佳实施方式的要求（2017.08 修订） 428
- 2165.01 与最佳方式相关的考虑（2013.11 修订） 429
- 2165.02 最佳方式要求与可实施性要求之比较（2013.11 修订） 430
- 2165.03 对因缺少最佳方式而作出拒绝的要求（2013.11 修订） 431
- 2165.04 隐瞒的证据示例（2017.08 修订） 431

2166 – 2170（预留） 433

2171 对权利要求的两项单独的要求，基于 35 U.S.C. 112（b）或 Pre – AIA 35 U.S.C. 112 第二款（2013.11 修订） 433

2172 被发明人或共同发明人认作其发明的主题（2013.11 修订） 434
- 2172.01 未请求保护的必要内容（2013.11 修订） 435

2173 权利要求必须具体指出并明确请求保护其发明（2013.11 修订） 435
- 2173.01 解释权利要求（2017.08 修订） 436
- 2173.02 判断权利要求的语言是否明确（2017.08 修订） 438
- 2173.03 说明书与权利要求书的对应性（2017.08 修订） 444
- 2173.04 宽泛并不等同于不明确（2015.07 修订） 445
- 2173.05 与 35 U.S.C. 112（b）或 Pre – AIA 35 U.S.C. 112 第二款相关的特殊问题（2013.11 修订） 445
- 2173.06 紧凑审查实践（2015.07 修订） 465

2174 35 U.S.C. 112（a）和（b）之间或 Pre – AIA 35 U.S.C. 112 第一款和第二款之间的关系（2013.11 修订） 466

2175 – 2180（预留） 467

2181 识别并解释涉及 35 U.S.C. 112（f）或 Pre – AIA 35 U.S.C. 112 第六款的限定（2017.08 修订） 467

2182 现有技术检索及识别（2017.08 修订） 487

2183 建立关于等同的初证事实（2017.08 修订） 488

2184 在作出初证事实后确定申请人是否尽到了对非等同的举证责任（2013.11 修订） 490

2185 35 U. S. C. 112（a）或（b）及 Pre – AIA 35 U. S. C. 112 第一款或第二款的相关问题（2017.08 修订） ··· 493

2186 与等同原则的关系（2017.08 修订） ·· 494

2187 – 2189（预留） ·· 494

2190 关于申请过程中的过失（2012.08 修订） ·· 494

附录一　*Berkheimer* 判例备忘录 ··· 495

附录二　2019 年修订版专利适格主题指南 ··· 499

附录三　2019 年 10 月专利适格主题指南更新 ··· 514

2101-2102（预留）

2103 专利审查程序（2017.08 修订）

Ⅰ．确定申请人发明和寻求专利保护的内容是什么

专利申请人的申请得到及时而全面的审查至关重要。根据紧凑审查原则❶，在申请的首次审查中，即使已经认定了一项或多项权利要求存在某些法定缺陷，仍应审查每项权利要求是否符合各种可专利性的法定要求。因此，审查员应在第一次审查意见通知书❷中阐述否决权利要求的所有理由和依据。审查意见通知书应该清楚地解释存在的缺陷，特别是当其作为否决基础的时候。在可行的情况下，审查员应指出如何克服否决意见及如何解决问题。如果未遵循这种方法，可能会导致申请的审查不必要地延长。

在关注具体的法定要求之前，审查员在审查中必须首先确定申请人发明并寻求专利保护的具体内容，权利要求如何与该发明相关，以及如何定义该发明。审查员将审查整个说明书❸，包括本发明的详细描述、已公开的所有具体实施方案、权利要求，以及本发明声称的所有具体的、实质的和可信的效用。

在理解了申请人所发明的内容之后，审查员将对现有技术进行检索，并确定要求保护的发明是否符合所有法定要求。

A. 确定并理解本发明的所有效用❹

要求保护的发明作为一个整体必须是有用的。此要求的目的是将专利保护限定在特定的发明之中，该发明具有一定"现实世界"中的价值水平，而不是仅限定在一种描述想法或概念的主题❺之中，也不是简单地作为未来调查研究的起点（Brenner

---

❶ 原文表述是 principles of compact prosecution，字面意思是"紧凑起诉原则"，但在专利审查中并没有起诉的概念，只有指出不符合专利法规定的审查行为，因此将 prosecution 翻译成"审查"，类似于中国专利审查中的"全面审查"要求，具体解释参见 MPEP § 2173.06。正文所有脚注均为译者注。

❷ 原文表述为 Office action，直译是局行为，是指美国专利商标局与申请人的书面沟通，等同于我国的审查意见通知书，我国的审查意见通知书也被专利代理师简称为"OA"，因此意译成"审查意见通知书"。

❸ 原文表述是 specification，译为说明书，但按照下文及《美国专利法》112 条表述的理解，它与我国《专利法》中的"说明书"概念有所区别，还包含权利要求书（claims）。这是因为美国早期的申请书中只有说明书而无权利要求，之后为了明确发明的保护范围，才要求说明书以权利要求结尾，导致美国的权利要求是说明书的一部分而非独立内容。

❹ 原文表述是 utility，一般译为实用性，但《美国专利审查操作指南》中赋予该词的内涵要比我国《专利法》中所述的"实用性"更丰富，不仅表达一种抽象的属性，还表达具体的不同功效。因此，根据上下文语境选择翻译为"效用"或"实用性"。

❺ 原文表述是 subject matter，在法律术语中一般翻译为标的、争议物、权利主张等，参见《元照英美法词典》（北京大学出版社 2003 年 5 月第 1 版）subject‐matter 词条。我国专利界将该术语译为主题，本书沿袭行业习惯用法。

v. Manson, 383 US 519, 528-36, 148 USPQ 689, 693-96（1966）❶；*In re*❷ *Fisher*, 421 F. 3d 1365, 76 USPQ2d 1225（Fed. Cir.❸2005）；*In re Ziegler*, 992 F. 2d 1197, 1200-03, 26 USPQ2d 1600, 1603-06（Fed. Cir. 1993））。

审查员应审查申请以确定所有声称的效用。申请人最能够解释为什么发明是有用的。因此，完整的公开内容应该包含对要求保护的发明的实际应用的一些指示，即申请人认为所要求保护的发明有用的原因。这样的声明通常能解释本发明的目的或如何使用本发明（如认为化合物可用于治疗某种机能失调）。无论效用声明的形式如何，它必须使本领域普通技术人员能够理解为什么申请人认为所要求保护的发明是有用的。有关实用性的审查指南❹，参阅 MPEP§2107。申请人可以声称不止一种的效用和实际应用，但只要求必须声称一种效用。或者，申请人可以依赖同时代的技术，使得所要求保护的发明具有公认的实用性。

B. 审查本发明的公开细节和具体实施例以理解申请人发明了什么

通过举例说明本发明，解释本发明如何与现有技术相关，并解释本发明的各种特征的相对重要性，书面描述将对申请人的发明作出最清楚的解释。因此，审查员应通过如下方式继续评估：

（A）确定本发明的功能，即按照公开的内容使用时本发明能做什么（如编程计算机的功能）；

（B）确定完成至少一个声称的实际应用所必需的特征。

在准备申请时，专利申请人可以通过明确地阐述发明的这些方面，来协助 USPTO❺理解。

C. 审查权利要求

权利要求定义了专利所规定的财产权利，因此需要仔细查看。分析权利要求的目

---

❶ MPEP 中出现了大量被引证司法判例的出处，对于这些内容均保留原文形式，具体的解读方法可参见《元照英美法词典》citation of authorities 词条。以此处为例，解读如下：援引的判例是原告 Brenner 诉被告 Manson 一案，相关援引的内容收录在美国最高法院的《联邦判例汇编》第 383 卷，该法官意见的起始位置在第 519 页，具体段落在 528~536 页，该内容同时还被收录在《联邦专利季刊》第 148 卷，起始位置在第 689 页，具体段落在第 693~696 页，是法官在 1966 年作出的判决。

❷ *In re* 解释为关于，常用于案件名前，尤其是用于只有单方当事人的案件名之前，参见《元照英美法词典》in re 词条。有关专利驳回的诉讼一般只有申请人一方，因此相关案例常以此开头。

❸ Fed. Cir. 表示狭义的联邦巡回区（Federal Circuit）的上诉法院。美国共设 13 个联邦司法巡回区，每区有一个上诉法院，专利属于美国宪法规定的权利，因此各巡回上诉法院均可受理专利纠纷的上诉，但目前统一收归美国联邦巡回上诉法院处理，该上诉法院简称 CAFC，成立于 1982 年，是最晚成立的巡回上诉法院。与其他 12 个巡回上诉法院不同，它不按地域管辖，而是采取专属管辖，有关专利纠纷的上诉是其管辖的主要内容。

❹ 原文表述是 examination guidelines。在 USPTO 官方颁布的审查指南中，guideline 是关于某个主题的局部规定，guidance 是临时的过渡规定，manual 是全面系统的规定。美国的 manual（即 MPEP）与英国知识产权局的对应文件称谓一致（*manual of patent practice*）。而在欧洲专利局，全面的审查规定被命名为 guideline（*guidelines for examination*），中国采用欧洲专利局的命名方式，《专利审查指南》的英译名是 *guidelines for patent examination*。

❺ 全称 United States Patent and Trademark Office，即美国专利商标局，是美国商务部下辖的部门。

的是确定申请人所寻求的保护边界,并理解权利要求是如何关联并定义申请人在发明中所表明的内容。审查员必须首先通过全面分析权利要求的文字来确定权利要求的范围,然后才能确定该权利要求是否符合每一项可专利性的法定要求。参见 *In re Hiniker Co.*,150 F. 3d 1362,1369,47 USPQ2d 1523,1529(Fed. Cir. 1998)("游戏的名字作为权利要求")。

审查员首先应该识别并评估权利要求中的每一个限定来分析权利要求。对于方法专利,权利要求的限定将定义要执行的步骤或行为。对于产品专利,权利要求的限定将定义可分离的物理结构或材料。产品专利权利要求是针对机器、制造物或组合物❶的权利要求。

然后审查员应该将权利要求中的每个限定与所有公开内容中描述权利要求限定的部分关联起来。无论要求保护的发明是否采用装置(或步骤)加功能❷的用语加以定义,都要进行上述关联。该关联步骤将确保审查员根据说明书正确地解释权利要求中的每个限定。

在对术语作最宽泛合理解释❸后,这些限定权利要求范围的术语,定义了被恰当诠释的权利要求主题。必须审查这样诠释的主题。❹ 一般来说,按照本领域普通技术人员理解,权利要求中所用术语的语法和通常含义将决定该文字是否限定及在何种程度上限定权利要求的范围。有关权利要求文字的通常含义的更多信息,参见 MPEP § 2111.01。在最宽泛合理解释原则下,建议性用语或者导致某一特征或步骤可选而非必要的用语,不限定权利要求的范围。下列类型权利要求的用语可能会导致其限定作用产生问题:

(A) 对预期的用途或应用领域的陈述,包括在前序部分中对目的或预期用途的陈述,

(B) "适用"或"适于"从句,

(C) "其中"或"由此"从句❺,

(D) 或有限定❻,

(E) 印刷物❼,或

(F) 带有相关功能用语的术语。

上述示例清单并不穷尽所有情况。确定某一特定用语是否属于权利要求的限定取决于案件的具体事实。参见 *Griffin v. Bertina*,285 F. 3d 1029,1034,62 USPQ2d 1431(Fed. Cir. 2002)(认定"其中"从句对方法权利要求产生限定,该从句赋予"操作步骤以意义和目的")。有关权利要求的表述类型及如何确定它们是否对权利要求范围产

---

❶ 原文表述是 compositions of matter,直译为物质的组合。但是,汉语"组合"可能是组合的产品也可能是组合的方法,而依据 MPEP 的解释,该主题属于产品,因此译为组合物。

❷ 原文表述是 means-(or step-)plus-function,类似于中国的专利术语"功能性限定"。

❸ 原文表述是 broadest reasonable interpretation,简称 BRI,是审查阶段解释权利要求范围的基本原则。具体解释参见 MPEP § 2111。

❹ 意思是必须审查最宽泛合理解释的权利要求。

❺ 原文表述是"wherein" or "whereby" clauses,具体解释参见 MPEP § 2111.04。

❻ 原文表述是 contingent limitation,表示可有可无的限定,使得被限定的方案并不必要具备该特征,具体解释参见 MPEP § 2111.04。

❼ 原文表述是 printed matter,是指印刷在产品表面的图标文字等信息,具体解释参见 MPEP § 2111.05。

生限定的更多信息，请参见 MPEP §2111.02 至 §2111.05。

审查员应根据相应公开的信息，给出权利要求的最宽泛合理解释。参见 MPEP § 2111。公开可以是明示的、隐含的或固有的。审查员应对请求保护的装置（或步骤）加功能限定给予最宽泛合理解释，该解释应与说明书中描述的所有相应结构（材料或行为）及其等同物相一致。参见 *In re Aoyama*，656 F.3d 1293，1297，99 USPQ2d 1936，1939（fed. Cir. 2011）。在解释等同物范围方面，MPEP §2181 至 §2186 提供了进一步的指导。

虽然，使用说明书来确定申请人想要通过术语表达什么含义是合理的，但是当权利要求本身未进行限定时，说明书中的积极限定不能理解为对权利要求的限定。参见 MPEP §2111.01 第Ⅱ小节。正如 MPEP §2111 所解释的，在审查期间对权利要求作出最宽泛合理解释，将减少权利要求在产生争议时被解释得比应得范围更宽泛的可能性。

最后，在评估权利要求范围时，必须考虑权利要求中的每一个限定。审查员不得将一项请求保护的发明分解成离散的元素，然后对这些元素进行孤立的评估。相反，审查员必须将权利要求作为一个整体加以考虑。参见 *Diamond v. Diehr*，450 U.S. 175，188-89，209 USPQ 1，9（1981）（"在确定被告请求专利保护的方法是否符合 35 U.S.C. 101 而适格时，必须将他们的权利要求作为一个整体来考虑。将权利要求分解成新、旧元素，然后在分析中忽略其中旧元素的存在是不恰当的。这在方法权利要求中尤其重要，因为方法中步骤的新组合可能是可授权的，即使组合的所有组成部分在组合之前都是众所周知和常用的"）。

Ⅱ．对现有技术进行全面的检索

在评估请求保护的发明的可专利性之前，审查员需要对现有技术进行全面的检索。有关如何进行检索的更多信息，参见 MPEP §904 至 §904.03。在许多情况下，全面检索的结果将有助于审查员对请求保护的发明的理解。如果能合理地预期未被请求保护的方面随后可能会被请求保护，则审查员对该发明请求保护的和未请求保护的方面都应进行检索。检索必须考虑说明书中描述的所有结构或材料，以及请求保护的符合 35 U.S.C. 112（f）和 MPEP §2181 至 §2186 的装置（或步骤）加功能限定的结构或材料等同物。

Ⅲ．确定请求保护的发明是否符合 35 U.S.C. 101 ❶

A. 基于有强制力的法律来考虑 35 U.S.C. 101 的范畴

《美国法典》第 35 编的 101 条规定 ❷：

---

❶ 35.U.S.C 表示《美国法典》第 35 编，即《美国专利法》；101 表示其中的 101 条，是有关专利适格的规定，该法条基本对应于我国《专利法》的第 2 条，同时还涵盖了第 9 条重复授权和第 22 条第 4 款有关实用性的规定。《美国专利法》的法条编号并非顺序编号，譬如 101 是指《美国专利法》第 10 章第 1 条，因此 101 并不是严格的序数词。

❷ 该法条的翻译部分参考了汉译本《美国专利法》（易继明译，知识产权出版社，2013 年 1 月第 1 版），并对其中翻译不够精准之处有所修正，如"discovers""a patent"。

凡创造或者发明❶任何新而有用的方法、机器、制造物或组合物，或者进行任何新而有用的改良的，都可以根据本法❷的条件和要求获得一项专利❸。

35 U. S. C. 101 被解释为提出了四项要求：（i）一项发明只可能获得一项专利；（ii）在 2012 年 9 月 16 日或者之后提交的申请中，必须有明确的发明人；在 2012 年 9 月 16 日之前提交的申请中，发明人必须是申请人；（iii）请求保护的发明必须专利适格；（iv）请求保护的发明必须是有用的。

有关上述四项要求的讨论请参见 MPEP § 2104，关于适格的讨论请参见 MPEP § 2106，实用性的审查指南请参见 MPEP § 2107。

35 U. S. C. 101 的专利适格审查是一项门槛审查。即使请求保护的发明符合 35 U. S. C. 101 规定的适格主题的条件，也还必须满足专利法的其他条件和要求，包括新颖性（35 U. S. C. 102）、非显而易见性（35 U. S. C. 103）、充分的描述和明确的权利要求（35 U. S. C. 112）。*Bilski v. Kappos*，561 U. S. 593，602，95 USPQ2d 1001，1006（2010）。因此，审查员应当避免聚焦在 35 U. S. C. 101 的专利适格问题上，而有失于对申请是否符合 35 U. S. C. 102、35 U. S. C. 103 和 35 U. S. C. 112 要求的考量。除了在最极端的情况下，应该避免仅依据 35 U. S. C. 101 的专利适格来处理申请。

IV. 评估专利申请是否符合 35 U. S. C. 112❹

A. 确定请求保护的发明是否符合 35 U. S. C. 112（b）或 pre – AIA❺35 U. S. C. 112 第二款的要求

35 U. S. C. 112（b）包含了两个单独的而又不同的要求：（A）权利要求阐明申请人所认为的发明主题；（B）权利要求特别指出并专门声明发明内容。除了在提出的申请中，当有包含自认在内的证据证明，申请人声称他们所认为的发明与其请求保护的发明不同时，本申请对于 35 U. S. C. 112（b）的第一个要求而言是存在缺陷的（参见 MPEP § 2171 至 § 2172.01）。

---

❶ 原文表述是 invents or discovers，此处 discover 不宜解释为通常意义上的"发现"，一是因为对于新的方法、机器、制造物和组合物无法发现，二是因为即使自然产物能够被发现也不属于专利适格的主题。参照《元照英美法词典》discovery 词条可知，此处意思是发明某种原先不存在的物质，因此译作"发明"。为示区分，把前面的 invent 译为"创造"，前者比后者创造程度更高，但美国专利中并不区分"发明"和"实用新型"。

❷ 原文表述是 this title，在美国的成文法法典（U. S. C.）中，把收录的每一部法律（如专利法）称为一编（title）。为便于理解，将其意译为"本法"（即专利法），而不直译为"本编"。

❸ 原文表述是 a patent，一般"a"作为不定冠词无须翻译，但由 MPEP 的下文可知，美国专利审查规定从该表述中得不出不允许重复授权的要求，因此必须翻译为"一项专利"。

❹ 《美国专利法》112 条是有关权利要求和说明书清楚、完整、支持及可实施的要求，类似于我国《专利法》第 26 条。

❺ AIA 是《美国发明法案》的缩写（全称 *Leahy – Smith America Invents Act*），由国会议员 Leathy 和 Smith 提案。该法于 2012 年 9 月 16 日颁布，2013 年 3 月 16 日实施。由于该法将美国的专利制度从先发明制变更为先申请制，为了满足过渡期法律适用的需求，美国专利法中的许多法条中设有新、旧两套条款，对于 2013 年 3 月 16 日及其以后的申请适用新条款，该日之前的申请适用旧条款。并在旧条款的编号上加 pre – AIA 的字样以示区分。

当权利要求书没有以合理的精确度和特殊性对发明作出阐述和定义时，申请则不符合 35 U.S.C. 112（b）的第二个要求。在这方面，必须分析文字的确定性，这不是凭空分析，而是始终根据公开内容的说明，由本领域普通技术人员解释。根据公开内容解释的申请人的权利要求，必须合理地告知本发明领域的普通技术人员。

依据 35 U.S.C. 112（f）❶的限定范围被定义为由发明人在书面描述中阐述的相应结构或材料，以及实现所声称功能的等同物。参见 MPEP §2181 至 §2186。参见 MPEP § 2173 及其下辖章节，为讨论与 35 U.S.C. 112（b）有关的各种问题，要求权利要求书专门指出并有所区分地主张发明内容。

B. 确定请求保护的发明是否符合 35 U.S.C. 112（a）或 35 U.S.C. 112 第一款的要求

35 U.S.C. 112（a）包含三项单独且不同的要求：

（A）充分的书面描述，

（B）能够实现，和

（C）最佳实施方式。

1. 充分的书面描述

对于书面描述的要求，申请人的说明书必须合理地向本领域技术人员传达自发明之日起，申请人就拥有所请求保护的发明。有关进一步评估专利申请是否符合书面描述要求的指南，请参见 MPEP §2163。

2. 能够实现的公开

申请人的说明书必须能使本领域技术人员在没有过度实验的情况下制造和使用请求保护的发明。然而，如果本领域技术人员通常从事这种复杂实验，那么实验复杂这一事实是不构成过度的。

对于 35 U.S.C. 112（a）中能够实现的详细指南，参见 MPEP §2164 及其下辖章节。

3. 最佳实施方式

确定是否符合最佳实施方式要求需要审查两方面：

（1）提交申请时，发明人是否拥有实施发明的最佳实施方式；和

（2）如果发明人确实拥有最佳实施方式，书面描述是否公开了最佳实施方式，从而使得本领域技术人员可以实施。

进一步的指南参见 MPEP §2165 及其下辖章节。在审查请求保护的申请时，请求保护的发明在公开最佳实施方式方面的缺陷通常不会遇到，因为支持这种缺陷的证据很少出现在审查档案❷中。参见 *Fonar Corp. v. General Elec. Co.*，107 F.3d 1543，1548 - 49，41 USPQ2d at 1804 - 05。

---

❶ 35 U.S.C. 112（f）是对"装置（步骤）加功能限定"的权利要求的规定。

❷ 原文表述是 record，根据 MPEP §2106.07 可知其包括说明书、权利要求书、审查历史，以及相关的判例或现有技术等内容，因此译为"审查档案"。

V. 确定请求保护的发明是否符合 35 U.S.C. 102 和 103

审查请求保护的发明是否符合 35 U.S.C. 102 和 35 U.S.C. 103，应首先将请求保护的主题与现有技术中已知的内容进行比较。有关基于 35 U.S.C. 102 和 35 U.S.C. 103 的可专利性判定的具体指南，参见 MPEP §2131 至 §2146 和 MPEP §2150 至 §2159。如果请求保护的发明与现有技术之间没有被认定差异，则请求保护的发明缺乏新颖性，应由 USPTO 审查员根据 35 U.S.C. 102 加以否决。一旦确定了请求保护的发明与现有技术之间的差异，就必须根据本领域技术人员所拥有的知识来评估并解析这些差异。在这样的背景下，必须确定这项发明对于本领域普通技术人员来说是否显而易见。如果不是显而易见的，那么请求保护的发明满足 35 U.S.C. 103。

VI. 明确表达认定、结论及其依据

一旦审查员依据所有的法定条款总结了对请求保护发明的上述分析，所述条款包括 35 U.S.C. 101、112、102、103，审查员就应考虑所有的否决意见及相关依据，以确保其可以构建不可专利性的初证事实❶。只有到那时，才可在审查意见通知书中撰写所有否决意见。审查意见通知书应当清楚地传达相关认定、结论及支持它们的理由。

2104 可专利的发明 —— 35 U.S.C. 101 的要求（2017.08 修订）

35 U.S.C. 101 可专利的发明

凡创造或者发明任何新而有用的方法、机器、制造物或者组合物，或者进行了任何新而有用的改良的，可以根据本法的条件和要求获得一项专利。

35 U.S.C. 101 被解释成提出了四项要求。

第一，任何创造或发明适格发明内容的人只能因此获得一项专利。当两份申请请求保护同样的发明时，即请求保护同样的主题时，这个要求就构成否决重复授权❷的法定根据。关于反对重复授权的进一步讨论参见 MPEP §804。

第二，在 2012 年 9 月 16 日之前提交的申请中，发明人必须是申请人（在 pre-AIA 37 CFR 1.41（b）❸ 中另有规定的除外），而在 2012 年 9 月 16 日当天及以后提交

---

❶ 原文表述是 prima facie case，该法律术语一般翻成"初步证明的案件"（参见《元照英美法词典》），在 MPEP 中指审查员对认定的事实做初始举证，如 MPEP §2106.07 中解释"明确而详细地解释为什么一项或多项权利要求对于专利而言是不适格的，以便申请人获得充分的通知并能有效地答复"，因此译为"初证事实"。

❷ 原文表述是 double patenting，直译是"双重专利"，与中国专利术语"重复授权"类似，因此选择该术语表达。同时在中国《专利审查指南》英译本中也将"重复授权"译为 double patenting，参见 *Guidelines for Patent Examination*（2010）Part Ⅱ, Chapter 3, 6.1。

❸ 37 CFR 表示《美国联邦法规》第 37 编，是有关专利、商标和版权的知识产权法规，其中包括《统一专利细则》（*Consolidated Patent Rules*），该细则第 1.41（b）旧款（在 AIA 颁布前）是有关专利申请人的规定。

的申请中,发明人或每一个共同发明人必须能被确定。关于发明权❶的具体论述参见 MPEP§2137.01,关于发明权变更的细节参见 MPEP§602.01(c)及其下辖章节,以及因为不能阐明正确的发明权而依据 35 U.S.C.101 和 115(以及为使申请受制于 35 U.S.C.102 而规定的 pre-AIA 35 U.S.C.102(f)❷)作出的否决,参见 MPEP§706.03(a)第Ⅳ节。

第三,一项请求保护的发明必须专利适格。如 MPEP§2106 所述,有两个判断主题适格的标准:(a)第一,一项请求保护的发明必须属于四种法定发明类别之一,即方法、机器、制造物或者组合物。(b)第二,请求保护的发明必须有关专利适格的主题,而不是司法排除对象❸(除非权利要求作为一个整体包含的附加限定❹达到明显超过❺排除对象的程度)。对适格主题的详细讨论参见 MPEP§2106,以及对于生物主题的特殊考虑因素参见 MPEP§2105。

第四,请求保护的发明必须是有用的或者具备具体、实质和可信的效用。参见 MPEP§2107 中关于实用性要求的具体讨论。

2105 专利适格的主题——生物主题(2017.08 修订)

Ⅰ. 引言

1980 年以前,普遍认为生物主题不满足专利适格,既因为生物主题未落入法定类别的范畴,也因为它是专利适格的司法排除对象。然而,最高法院在 *Diamond v. Chakrabarty*, 447 U.S. 303, 206 USPQ 193(1980)案的决定中,明确了一项发明是否包含生物的问题和专利适格与否无关。但是需要注意的是,国会已将有关或者包含人体组织的权利要求排除在适格范围之外。参见《Leahy-Smith 美国发明法案》(AIA),Pub. L. 112-29, sec. 33(a), 125 Stat. 284(2011 年 9 月 16 日)。

---

❶ 原文表述是 inventorship,根据 MPEP§2137.01 的解释理解,译为"发明权"。

❷ pre-AIA 35 U.S.C.102(f)是有关发明权的规定,在美国处于先发明制时期,规定只有真正的发明人才可以申请专利,否则将以此款驳回。本款的内在逻辑是真正的发明人已经作出了发明,其发明成果被他人用于申请专利,因此该申请对于真正的发明人的发明而言不具备新颖性。

❸ 原文表述是 judicial exception,其中 exception 可以翻译成"例外",但"例外"不能表达是否定性例外还是肯定性例外,而此处所要表达的意思是四种法定类别之中被司法判例排除允许的主题,因此翻译成"排除"更为恰当,考虑到"排除"在汉语中一般是作动词使用,因此添加"对象"表示其名词属性,便于直观理解,其与我国专利术语"不授权客体"基本对应。

❹ 原文表述是 additional limitations,下文一般都写作 additional elements(附加元素),指技术性的限定特征。它是专用于分析涉嫌司法排除对象的权利要求时所定义的概念,相对于司法排除对象这个主体而言,技术特征是附加内容。

❺ 原文表述是 significantly more,其中的 more 不是简单的数量比较,而是程度的比较,因此没有翻译为"多于",而是翻译为"超过"。

Ⅱ. 生物主题专利适格

A. 生物主题可与法定类别相关

在 Chakrabarty 案中,最高法院认为一种用基因工程制备的菌种的权利要求应至少与四种法定类别之中的一种相关,因为该菌种是一种"制造物"和/或一种"组合物"。在此观点中,法院陈述"国会曾清楚地预期到专利法将被赋予广泛的范畴",因为国会起草 35 U. S. C. 101 时选择使用"如此宽泛的术语如'制造物'和'组合物',并用包容性的'任何'一词修饰",447 U. S. at 308,206 USPQ at 197。法院也确认生物主题与非生物主题之间的差别与专利适格无关,447 U. S. at 313,206 USPQ at 199。因此,法院认为与任何在自然界中被发现的物种具有显著不同特征的生物主题,如请求保护的通过基因工程生产的菌种,不被排除在 35 U. S. C. 101 专利保护的范围之外,447 U. S. at 310,206 USPQ at 197。

依据 Chakrabarty 案的理由,专利上诉和抵触审查委员会❶认定动物属于 35 U. S. C. 101 的可授权主题。在 Ex parte❷ Allen,2 USPQ2d 1425(Bd. Pat. App. & Inter. 1987)一案中,专利上诉和抵触审查委员会判定,如果所有可专利性的标准都已满足,那么非自然出现的多倍体太平洋牡蛎,可以成为 35 U. S. C. 101 规定的适格的专利主题名称。在 Allen 案作出裁决不久后,专利商标首席行政长官❸发布通告(动物—可专利性,1077 O. G. 24,1987 年 4 月 21 日)宣布专利商标局"现在认为包括动物在内的非天然产生的、非人体的多细胞活性组织,属于 35 U. S. C. 101 可专利主题的范畴"。

对于植物主题,即使植物的保护也可以通过植物专利法条❹(35 U. S. C. 161 - 164)和植物品种保护法条❺(7 U. S. C. 2321 及其下辖条款)获得,最高法院仍认为 35 U. S. C. 101 的可专利主题包括最新研发的植物种子。参见 *J. E. M. Ag Supply, Inc. v. Pioneer Hi - BredInt'l, Inc.*,534 U. S. 124,143 - 46,122 S. Ct. 593,605 - 06,60 USPQ2d 1865,1874(2001)(35 U. S. C. 101 的涵盖范围不受植物专利法条或者植物品种保护法条的约束。由于各自不同的要求和保护功能,每个法令都有效)。

关于法定主题类别的讨论,参见 MPEP § 2106.03。

---

❶ 原文表述为 Board of Patent Appeals and Interferences,简称 BPAI,是隶属于美国专利商标局的一个行政分支机构,有行政法官,行使准司法权。在《美国发明法案》颁布后,美国专利制度由先发明制转变为先申请制,相应取消了有关发明先占权的抵触审查程序,因此 BPAI 也相应更名为专利审判和上诉委员会(PTAB),类似于我国国家知识产权局下辖的专利复审和无效审理部。

❷ *Ex Parte* 是指单方面的,为一方利益的,依单方申请的,参见《元照英美法词典》*Ex parte* 词条。此处指 BPAI 受理的复审程序是依单方申请的形式。

❸ 原文表述是 Commissioner of Patent and Trademarks,即美国专利商标局局长,2000 年美国专利商标局改组后,首席行政长官改称为局长(Director of the United States Patent and Trademark Office)。

❹ 原文表述是 *Plant Patent Act*,具体是指《美国专利法》161~164 条对植物专利的特殊保护规定。

❺ 原文表述是 *Plant Varitey Protection Act*,是《美国法典》第 7 编 2321 条。

B. 生物主题专利保护适格

最高法院在 *Chakrabarty* 案中认为一种用遗传工程制备的菌种的权利要求是适格的，因为请求保护的菌种不属于"自然产物"这种排除对象。如法院解释，改造后的菌种是可获得专利保护的，因为该专利的权利要求不是关于"迄今为止未知的自然现象"，而是具有"显著不同于任何已在自然界中被发现的特征"，借助这种附加的质粒及合成的能力来降解石油。参见 447 U. S. 309 – 10，206 USPQ 197。

此后的司法判决清楚地表明，最高法院对 *Chakrabarty* 案的判决是对自然状貌的产品❶适格审查的"核心"。参见 *Association for Molecular Pathology v. Myriad Genetics, Inc.*，569U. S. _，133 S. Ct. 2107，2116，106 USPQ2d 1972，1979（2013）。例如，联邦巡回上诉法院指出"具有'显著不同于任何已在自然界中被发现的特征'的发明物❷……对于专利保护适格"，参见 *In re Roslin Institute（Edinburgh）*，750 F. 3d 1333，1336，110 USPQ2d 1668，1671（Fed. Cir. 2014）（援引 *Chakrabarty*，447 U. S. at 310，206 USPQ2d at 197）。在 *Roslin* 一案中，请求保护的发明是一种活着出生的克隆体，它是先前存在的、非胚胎的，供体哺乳动物选自牛、绵羊、猪和山羊的克隆体。请求保护的发明中的一个实施例是著名的"多莉"绵羊，法院将其陈述为"第一个从成熟体细胞中克隆出来的哺乳动物"。尽管承认用于创造请求保护的克隆体的方法"构成了在科学发明上的突破"，但法院依据 *Chakrabarty* 案认为权利要求不适格，因为"多莉本身是另一个绵羊精确的基因复制品，并没有产生'显著不同于任何已在自然界中被发现的［家畜］❸的特征'"，参见 *Roslin*，750 F. 3d at 1337，110 USPQ2d at 1671。

参见 MPEP § 2106.04 对司法排除对象的综述，MPEP § 2106.04（b）第Ⅱ节对于自然产物的讨论，以及 MPEP § 2106.04（c）对于显著不同特征分析❹的讨论，审查员应当应用该分析判断自然状貌的产品是否对专利保护适格，比如生物主题。

Ⅲ. 人体组织是非法定主题

国会已将有关或者包含人体组织的权利要求排除在可专利的范围之外，在《Leahy – Smith 美国发明法案》（AIA），公法 112 – 29，sec. 33（a），125 Stat. 284 中提及：

无论其他任何法律如何规定，有关或者包含人体组织的权利要求都不能授予专利。

AIA 的立法历史包含如下声明，其清楚地表示了这项规定的含义：

美国专利商标局已经对基因、干细胞、带人类基因的动物和供人使用的非生物产

---

❶ 原文表述是 nature – based products，表示从外观上分辨不出人造痕迹的产品，因此意译为自然状貌的产品。

❷ 原文表述是 discovery，意思是发明某种原先不存在的物质，其创造性程度比发明（invention）要低，参见《元照英美法词典》discovery 词条。

❸ 此处用括号"［］"中的内容表示引文本身所没有的或遗漏的内容，而 MPEP 录入时为了使表达连贯、意思通顺，而主动添加的内容。

❹ 原文表述是 markedly different characteristics analysis，是专用于判断自然状貌产品是否可以区别于天然出现的对应物（counterpart）的分析方法。该分析法作为 *Alice/Mayo* 测试法中步骤 2A 的一种具体判断，来确定请求保护的内容是否与司法排除对象有关。

品的晶核授予专利；但是它尚未向有关人体组织的包括人的胚胎和胎儿的权利要求授予专利。本人的修订不会对前者产生影响，而仅仅对后者产生法律效力。

157 Cong. Rec. ❶E1177-04（众议员 Dave Weldon 先在关系到《统一拨款法》❷，2004，Public Law 108-199，634，118 Stat. 3，101 时作出陈述，随后又在关于 AIA 时再次提出，参见149 Cong. Rec. E2417-01）。因此 AIA 第33条（a）款将已有的规定人体组织不是专利适格主题的本局❸规章编入了成文法。

如果对请求保护的发明整体做最宽泛合理解释时包含了人体组织，那么依据35 U.S.C. 101 和 AIA 第33条（a）款作出否决时，必须说明所要求保护的发明是有关人体组织的，因此是非法定主题。否决应使用格式语段7.04.03❹，参见 MPEP §706.03（a）。此外，请求发明保护的所有可专利性问题都必须被审查，必须全面而恰当地基于35 U.S.C. 102、103 或 112 的否决意见。

2106 专利主题适格（2017.08 修订）

Ⅰ．专利主题适格的两项标准

其一，请求保护的发明必须是四种法定类别之一。35 U.S.C. 101 定义了国会认为专利主题适格的四种发明类别：方法、机器、制造品和组合物。后三种类别被定义成"物品"或"产品"，而第一种类别被定义成"行为"（如包含了一系列被执行的步骤和动作的发明），参见35 U.S.C. 100（b）（术语"方法"表示流程、工艺或办法，并包括已知方法、机器、制造物、组合物或材料的新用途）。参见 MPEP §2106.03 中关于四种类别的详细内容。

其二，请求保护的发明必须满足作为专利适格的主题，比如，权利要求不能涉及司法排除对象，除非权利要求作为一个整体所包含的附加元素明显超过排除对象。司法排除对象（也称"司法认定的排除对象"，或者简称"排除对象"）是在法院认定超出或者被排除在四种法定发明类别之外的主题，该主题被限定为抽象思维❺、自然规律和自然现象（包括自然产物）。参见 *Alice Corp. Pty. Ltd. v. CLS Bank Int'l*，573 U.S. _，134 S. Ct. 2347，2354，110 USPQ2d 1976，1980（2014）（援引❻ *Ass'n for Molecular Pathology v. Myriad Genetics, Inc.*，569 U.S. _，133 S. Ct. 2107，2116，106 USPQ2d 1972，

---

❶ Cong. Rec. 指国会记录。
❷ 原文表述为 *Consolidated Appropriations Act*，美国法律分联邦法和州法，此处的"统一"是指美国联邦通用法。
❸ 原文表述是 Office，特指美国专利商标局，按中文习惯译为"本局"。
❹ 原文表述为 form paragraph，简称 fp，在 MPEP 最后单列一个章节9095，收录了29个大类，数百条 fp。fp 是审查员在审查通知书中可直接套用的标准语段，用于规范撰写形式。7.04.03 是关于"人体组织"主题的格式语段。
❺ 原文表述是 abstract idea，具体解释参见 MPEP §2106.04（a），表示可以只通过头脑执行的或者简单借助纸笔开展的想法。一般翻译成抽象概念，但由于后文会提及包含自然规律在内的概念也是抽象的（concept is abstract），为示区分，译成抽象思维。
❻ 原文表述是 citing，此处表示 MPEP 援引判例的相关内容所引用判例的出处，即引用内容的间接出处。

1979（2013）。有关司法排除对象的具体内容参见 MPEP§2106.04。

因为抽象思维、自然规律和自然现象"是科学和技术工作的基本工具"，最高法院表达了对于授予这些工具专利垄断会阻碍创新而非促进创新的担忧。参见 *Alice Corp.*，134 S. Ct. at 2354，110 USPQ2d at 1980；以及 *Mayo Collaborative Servs. v. Prometheus Labs.，Inc.*，566 U. S. 66，71，101 USPQ2d 1961，1965（2012）。但是，法院也强调一项发明并不会仅仅因为包含了司法排除对象而被认定为不适格。参见 *Alice Corp.*，134 S. Ct. at 2354，110 USPQ2d at 1980 – 81（援引 *Diamond v. Diehr*，450 U. S. 175，187，209 USPQ 1，8（1981））。也可参见 *Thales Visionix Inc. v. United States*，850 F. 3d. 1343，1349，121 USPQ2d 1898，1902（Fed. Cir. 2017）（"为使请求保护的方法和系统完整而包含数学公式，则权利要求不被判定为抽象概念"）。相应地，法院认为申请中带有抽象思维、自然规律或自然现象可对专利保护适格。参见 *Alice Corp.*，134 S. Ct. at 2354，110 USPQ2d at 1980（援引 *Gottschalk v. Benson*，409 U. S. 63，67，175 USPQ 673，675（1972））。

最高法院在 *Mayo* 案中制定了一套判断框架，以确定申请人是否是寻求对司法排除对象本身的专利，还是一种含有司法排除对象的专利适格申请。参见 *Alice Corp.*，134 S. Ct. at 2355，110 USPQ2d at 1981（援引 *Mayo*，566 U. S. 66，101 USPQ2d 1961）。这个框架被称为"*Mayo* 测试法或者 *Alice*/*Mayo* 测试法"，相关细节在第Ⅲ节中进一步讨论。*Mayo* 测试法的第一部分判断权利要求是否有关抽象思维、自然规律或者自然现象（也就是司法排除对象）（出处同上）如果权利要求涉及司法排除对象，*Mayo* 测试法的第二部分判断权利要求中提及的附加元素是否明显超过司法排除对象（出处同上）。援引 *Mayo*，566 U. S. at 72 – 73，101 USPQ2d at 1966。最高法院把测试法第二部分描述成"寻找'发明构思❶'"。参见 *Alice Corp.*，134 S. Ct. at 2355，110 USPQ2d at 1981（援引 *Mayo*，566 U. S. at 72 – 73，101 USPQ2d at 1966）。

Alice/*Mayo* 两部分测试法是在审查中唯一用于评估权利要求是否适格的测试法。机器或形变测试法❷是适格的一种重要线索，它不用来作为一种独立的适格测试法，而是应当被视为 *Alice*/*Mayo* 测试法中判断"明显超过"的一部分。参见 *Bilski v. Kappos*，561 U. S. 593，605，95 USPQ2d 1001，1007（2010）。关于如何把机器或形变测试法应用到 *Alice*/*Mayo* 两部分框架中的更多内容参见 MPEP§2106.05（b）和 MPEP§2106.05（c）。同样地，适格不应当基于在权利要求中是否描述了"有用的、具体的和有形的结果"❸，参见 *State Street Bank*，149 F. 3d 1368，1374，47 USPQ2d 1596，

---

❶ 原文表述是 inventive concept，具体解释参见 MPEP§2106.05 第Ⅰ节第四段，该解释规定它的确立有别于创造性的评估，不得借助于现有技术的检索，因此与我国熟知的"发明构思"的概念相吻合，而与创造性（inventive step）无关。同时，在我国《专利审查指南》的英译版中也将"发明构思"译为 inventive concept，参见 *Guidelines for Patent Examination*（2010）Part Ⅱ，Chapter 6，2.1.1，进一步佐证两者内涵的一致。

❷ 原文表述是 machine – or – transformation test，简称 M – or – T test，是美国专利适格判断中曾经使用的标准，现在被部分沿用，但不作为判断适格的充要条件。

❸ 原文表述是 useful，concrete，and tangible result，这是机器或形变测试法的实质要求，即适格的发明应该能产生有用的、具体的和有形的结果，如使用一种机器或者发生一种形变，以此表明不是纯抽象的思维活动。

（Fed. Cir. 1998）（援引 *In re Alappat*，33 F. 3d 1526，1544，31 USPQ2d 1545，_ （Fed. Cir. 1994）），因为这个测试法已经被取代。参见 *In re Bilski*，545 F. 3d 943，959 - 60，88 USPQ2d 1385，1394 - 95（Fed. Cir. 2008）（全体法官出席）❶，*Bilski v. Kappos*，561 U. S. 593，95 USPQ2d 1001（2010）维持原判❷。也可参见 *TLI Communications LLC v. AV Automotive LLC*，823 F. 3d 607，613，118 USPQ2d1744，1748（Fed. Cir. 2016）（"仅仅记载具体、有形的成分不足以使其他方面的抽象思维专利适格，这一观点已充分确立"）。在 *In re Alappat*，33 F. 3d 1526，31 USPQ2d 1545（Fed. Cir. 1994）中确立的程序计算机或"特殊目的的计算机"的测试法（即一种理论：仅通过在权利要求中添加常规计算机用于执行算法或软件的"特殊目的"，就可以使得在其他方面专利不适格的算法或软件变成专利适格）也已被最高法院的 *Bilski* 案和 *Alice Corp.* 案的决定所取代。参见 *Eon Corp. IP Holdings LLC v. AT&T Mobility LLC*，785 F. 3d 616，623，114 USPQ2d 1711，1715（Fed. Cir. 2015）（"我们注意到 *Alappat* 判例已被 *Bilski* 561 U. S. at 605 - 06 和 *Alice Corp. v. CLS Bank Int'l*，134 S. Ct. 2347（2014）所取代"）；*Intellectual Ventures I LLC*❸ *v. Capital One Bank（USA），N. A.*，792 F. 3d 1363，1366，115 USPQ2d 1636，1639（Fed. Cir. 2015）（"一种抽象思维不会因为它被限定为特殊领域或者技术环境的发明，如互联网或计算机，而变成非抽象"）。最后，是否适格不能基于请求保护的发明是否具有实用性来判断，因为"实用性并不是对专利适格主题的检测"。参见 *Genetic Techs. Ltd. v. Merial LLC*，818 F. 3d 1369，1380，118 USPQ2d 1541，1548（Fed. Cir. 2016）。

审查员应注意 35 U. S. C. 101 并不是唯一决定可专利性的条款，35 U. S. C. 112，35 U. S. C. 102 和 35 U. S. C. 103 都是评价权利要求是否满足可专利性条件的工具。例如，最高法院在 *Bilski*，561 U. S. at 602，95 USPQ2d at 1006 中的明确表述：

> 对 101 条专利适格的调查仅是一个门槛检测。即便一项发明满足了作为一种方法、机器、制造物或组合物的条件，为了获得专利法的保护，请求保护的发明必须满足 101 条中所述的"本法的条件和要求"。那些要求包括发明是新颖的，见 102 条；非显而易见的，见 103 条；以及充分和专门的描述，见 112 条。

II. 对权利要求整体作出最宽泛合理解释

在审查权利要求的适格性之前，有必要构建对权利要求的最宽泛合理解释（BRI）。

---

❶ 原文表述 *en banc*，是指联邦巡回上诉法院中出庭法官全体出席的判决，一般诉诸联邦巡回上诉法院的案件由三名法官审理。

❷ *Bilski* 案是美国专利适格诉讼中的重要判例。发明人 Bilski 有关对冲交易的专利申请被美国专利商标局以不适格为由予以驳回，且被专利上诉和抵触审查委员会维持驳回。其后 Bilski 向联邦巡回上诉法院（CAFC）起诉，联邦巡回上诉法院经过全体 12 名法官出庭审理，以机器或形变测试法为判断依据维持驳回决定。最后 Bilski 上诉至联邦最高法院，最高法院依然作出不适格的终审判决，但同时指出机器或形变测试法不是判断适格的充要条件，还指出商业方法也并非一概不适格。在最高法院审理中，被告 Kappos 是美国专利商标局的时任局长。

❸ 该公司的中文译名是"高智公司"，是最著名的专利蟑螂（patent troll），亦称 NPE（非实施主体），此类公司的特点是不从事技术研发和生产，专门收购第三方的专利，通过向生产相关产品的实体公司发起专利诉讼来获得高额索赔。在计算机和通信领域尤为活跃。

BRI 设定了由权利要求寻求覆盖的边界范围,并会影响权利要求寻求覆盖的主题是否超出四种法定类别,或者是否包含了落入排除对象范畴的主题。基于 BRI 的适格评估也可保证 35 U. S. C. 101 下的专利适格不会简单取决于撰写人的技巧。参见 Alice,134 S. Ct. at 2359,2360,110 USPQ2d at 1984,1985(援引 Parker v. Flook,437 U. S. 584,593,198 USPQ 193,198(1978))和 Mayo,566 U. S. at 72,101 USPQ2d at 1966)。有关 BRI 的更多内容参见 MPEP § 2111。

权利要求的解释同时影响专利适格的两项标准的判断。比如,在 Mentor Graphics v. EVE – USA,Inc.,851 F. 3d 1275,112 USPQ2d 1120(Fed. Cir. 2017)案中,权利要求的解释对于法院判定有关"机器可读介质"的权利要求是否是一个法定类别至关重要。在 Mentor Graphics 案中,参照说明书解释的权利要求,清楚地把介质定义成包括随机存储器和载波在内的"任何数据存储设备"。尽管随机存储器和磁带是合法的介质,但载波却不是,因为它只是类似于一种瞬态信号。在 Nuijten 案中传播信号被认为不符合法规。参见 851 F. 3d at 1294,112 USPQ2d at 1133(援引 In re Nuijten,500 F. 3d 1346,84 USPQ2d 1495(Fed. Cir. 2007))。相应地,因为权利要求的最宽泛合理解释涵盖了两类主题,既落入法定的主题类别(随机存储器),又落入非法定的主题类别(载波),权利要求作为一个整体不属于法定主题,因此不满足适格的第一项标准。

关于适格的第二项标准,即 Alice/Mayo 测试法,权利要求的解释会影响该测试法的第一部分(权利要求是否涉及司法排除对象)。比如,在 Synopsys 案中的专利权人辩称,请求保护的逻辑电路设计方法旨在与基于计算机的设计工具结合使用,因此不是智力规则。参见 Synopsys,Inc. v. Mentor Graphics Corp.,839 F. 3d 1138,1147 – 49,120 USPQ 2d 1473,1480 – 81(Fed. Cir. 2016)。法院对此不予认同,因为法院把上述权利要求解释成除了纯粹的智力步骤之外没有任何内容(因此是抽象思维),这是由于该权利要求中不包含任何要求计算机执行的限定。与之相反,在 Enfish 案中的专利权人争辩请求保护的是计算机数据库的自参考表单,是现有技术的改进,因此不是关于抽象思维。参见 Enfish,LLC v. Microsoft Corp.,822 F. 3d 1327,1336 – 37,118 USPQ2d 1684,1689 – 90(Fed. Cir. 2016)。法院认可专利权人的意见,基于这种解释,满足 35 U. S. C. 112(f)的请求保护的"配置手段"的四步算法需要体现技术改进,以区别于各种仅保存表格数据的形式。也可参见 McRO,Inc. v. Bandai Namco Games America,Inc. 837 F. 3d 1299,1314,120 USPQ2d1091,1102(Fed. Cir. 2016)(权利要求的解释具体表现为能够提高现有技术处理水平的特殊形式的规则)。权利要求的解释也可以影响 Alice/Mayo 测试法中的第二部分(权利要求记载[1]的附加元素是否明显超过司法排除对象)。例如,在 Amdocs(Israel)Ltd. v. Openet Telecom,Inc. 案中,法院依据对术语

---

[1] 原文表述是 recite,一般翻译成背诵、叙述或列举。结合 MPEP § 2106.04 第 Ⅱ 节的详细说明可知,具体是指在权利要求或说明书中明确记载的或者可被毫无疑义地确定的内容,与我国《专利审查指南》第二部分第八章 5.2.1.1 所述"记载的范围"中的"记载"概念相当,因此意译为"记载"。

"加强"的解释（要求在受扰模式下施加一系列的区域加强）来判定权利要求牵涉一种对技术问题的非常规技术解决方法。参见 841 F. 3d 1288，1300 – 01，120 USPQ2d 1527，1537（Fed. Cir. 2016）。

III. 分析总结和流程图

审查员应当根据以下的流程图评估权利要求，以判断一项权利要求是否满足主题适格的标准。该流程图解释了分析产品和方法主题适格的步骤，这些步骤用于在审查中评估权利要求是否属于专利适格的主题。可以发现，通过掌握司法判例，外表迥异的主题适格分析法将会达到相同的最终结果。此处提出的分析法提高了审查效率，并适用于所有技术。

如流程图所示，步骤1有关法定类别，通过确认权利要求落入四种发明的法定类别之一而确保符合第一项标准。关于步骤1更多详细内容参见 MPEP § 2106.03。步骤2即最高法院的 *Alice/Mayo* 测试法，通过两部分测试法，先确定权利要求是否有关司法排除对象（步骤2A），然后评估这类权利要求记载了什么超过司法排除对象的内容来产生发明构思（步骤2B）（也被称为一种实际应用）。有关步骤2A 的更多内容参见 MPEP § 2106.04，有关步骤2B 的更多内容参见 MPEP § 2106.05。

流程图也展示了三条适格路径（A，B 和 C）：

路径 A：权利要求作为一个整体落入法定类别的范畴（步骤1：是），无论权利要求是否有可能记载司法排除对象，均被认定适格是不言而喻的，那么可在路径 A 中使用简要分析认定适格。有关该路径和不言而喻的适格的更多内容参见 MPEP § 2106.06。

路径 B：权利要求作为一个整体落入法定类别的范畴（步骤1：是），而且不与司法排除对象相关（步骤2A：否），则在路径 B 中适格。这些权利要求不需要走到步骤2B。有关该路径和步骤2A 的更多内容参见 MPEP § 2106.04。

路径 C：权利要求作为一个整体落入法定类别的范畴（步骤1：是），并且有关司法排除对象（步骤2A：是），而记载的附加元素或独立地或有序组合地达到明显超过司法排除对象的程度（步骤2B：是），则在路径 C 中适格。有关该路径和步骤2B 的更多内容参见 MPEP § 2106.05。

在路径 A（简要分析）中被认定适格，但进一步受制于步骤2A 和步骤2B 分析的权利要求，最终可以在路径 B 和路径 C 中被认定适格。因此，如果审查员对于简要分析是否适格没有把握，则被鼓励做充分的适格分析。但是，如果权利要求在路径 A、路径 B、路径 C 中均没有被认定适格，则权利要求专利不适格，应当以 35 U. S. C. 101 予以拒绝。

无论是否用 35 U. S. C. 101 予以拒绝，都必须对每一项权利要求的其他可专利性的要求作出完整审查：35 U. S. C. 102、103、112 和 101（实用性、发明权和重复授权）和非法定的重复授权，参见 MPEP § 2103。

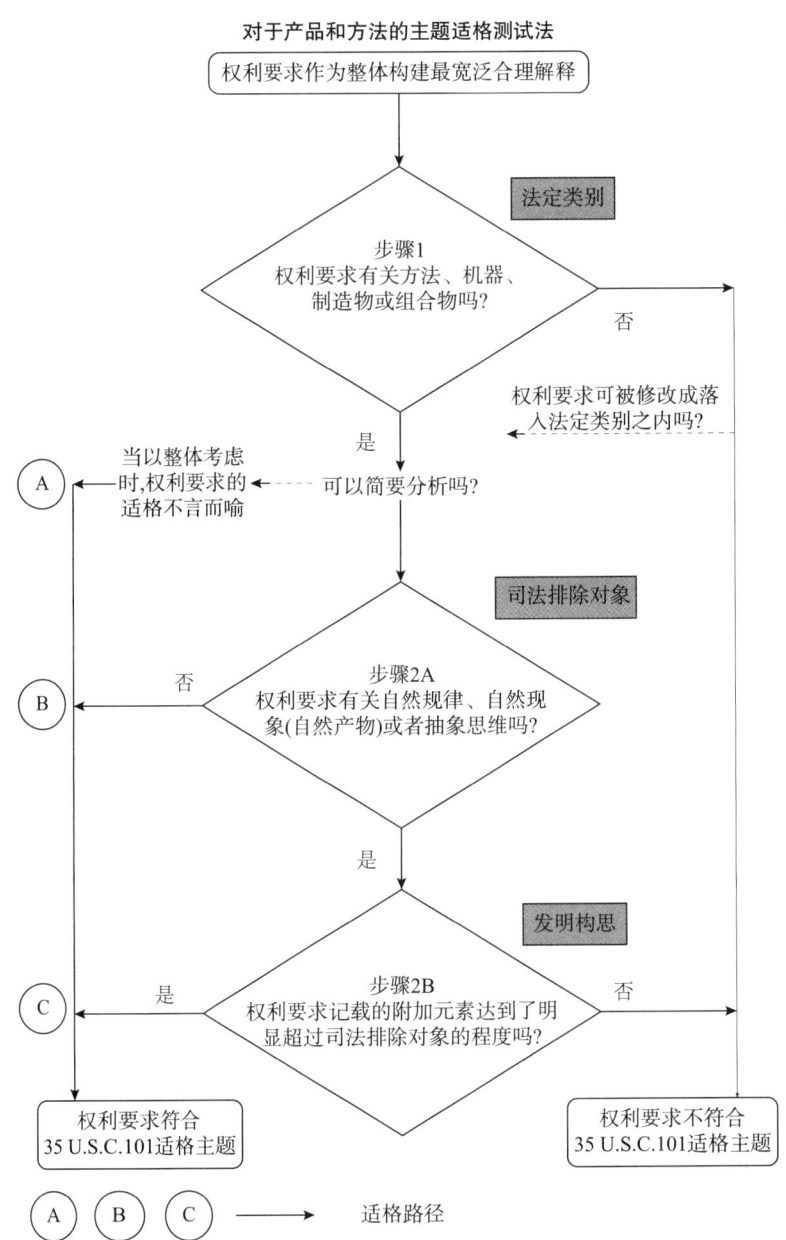

2106.01 （预留）

2106.02 （预留）

2106.03 适格步骤1：四种法定主题类别（2017.08 修订）

Ⅰ. 四种类别

35 U.S.C. 101 列举了国会认定为适合专利保护的四种主题类别：方法、机器、制造物和组合物。如法院解释，这"四种类别共同描述了可专利主题的专有范围。如果一项权利要求涵盖的内容没有被判定为在这四个主题之内，这个权利要求就超出了101条明确表达的范围，即便该主题在其他方面是新而有用的"。参见 *In re Nuijten*，500 F. 3d 1346，1354，84 USPQ2d 1495，1500（Fed. Cir. 2007）。

方法定义了"行为"，即发明请求保护一种行动或步骤，或一系列行动或步骤。如最高法院所解释，"方法"是"处理某种材料产生既定结果的模式。它是被作用于主题上的一种行动，或者一系列行动，从而转换和还原成不同的状态或产物"。参见 *Gottschalk v. Benson*，409 U.S. 63，70，175 USPQ 673，676（1972）（斜体字后加❶）（援引 *Cochrane v. Deener*，94 U.S. 780，788，24 L. Ed. 139，141（1876））。*Nuijten*，500 F. 3d at 1355，84 USPQ2d at 1501（"最高法院和本法院一直将法定术语'方法'解释成指令行为"）；*NTP, Inc. v. Researchin Motion, Ltd.*，418 F. 3d 1282，1316，75 USPQ2d 1763，1791（Fed. Cir. 2005）（"方法是一系列的行动"）（援引 *Minton v. Natl. Ass'n. of Securities Dealers*，336 F. 3d 1373，1378，67 USPQ2d 1614，1681（Fed. Cir. 2003））。如 35 U.S.C. 100（b）❷ 中的定义，术语"方法"的同义词是"办法"。

其他三种类别（机器、制造物和组合物）定义了几种有形的"物品"或"产品"，国会确认它们专利适格。参见 *Digitech Image Techs. v. Electronics for Imaging*，758 F. 3d 1344，1348，111 USPQ2d 1717，1719（Fed. Cir. 2014）（"对于方法以外的所有类别的权利要求，适格主题必须存在物质的❸或有形的形式"）。因此，当判断一项请求保护的发明是否落入这三个类别之一时，审查员应当核实发明至少是下列类别之一，**并且**以

---

❶ 此处是指引文中作为强调的斜体字格式是 MPEP 编撰时后加的，MPEP 中会有多种形式的强调，如斜体字、黑体字或者下划线等。有些强调格式若是 MPEP 编写时增加的，则会注明是后加的，如"（emphasis added）"，本书译为"（强调后加）"；若是引用的判例集中自带的强调格式，则会注明是原有的，如"（emphasis in original）"，本书译为"（原文强调）"。

❷ 35 U.S.C. 100（b）是关于发明和专利的定义，其中提及术语"方法"意思是方法、工艺或办法（The term "process" means process, art, or method）。

❸ 原文表述是 physical，直译为物理的，但是适格的产品权利要求并不局限于物理形式，因此选用更广义的"物质的"。

一种物质的或有形的形式请求保护。
- 机器是"实体物品，由零件组成，或由特定部件和部件组合所组成"。参见 *Digitech*，758 F. 3d at 1348 - 49，111 USPQ2d at 1719（援引 *Burr v. Duryee*，68 U. S. 531，570，17 L. Ed. 650，657（1863））。这个类别"包括各种机械部件或者机械动力和部件的组合，以实现某些功能并产生特定效果或结果"。参见 *Nuijten*，500 F. 3d at 1355，84 USPQ2d at 1501（援引 *Corning v. Burden*，56 U. S. 252，267，14L. Ed. 683，690（1854））。
- 制造物是"通过人造或人工手段产生新的形式、品质、特性或组合的有形产物"。参见 *Digitech*，758 F. 3d at 1349，111 USPQ2d at 1719 - 20（援引 *Diamond v. Chakrabarty*，447 U. S. 303，308，206 USPQ 193，197（1980））。例如，法院解释产品是由制造工艺产生的物品，换言之，它们"通过手工或机器方式，赋予这些材料新的形式、品质、特性或组合，而从原料或预备材料中生产出来"。参见 *Samsung Electronics Co. v. Apple Inc.*，580 U. S. _，137 S. Ct. 429，435，120 USPQ2d 1749，1752 - 3（2016）（援引 *Diamond v. Chakrabarty*，447 U. S. 303，308，206 USPQ 193，196 - 97（1980））；*Nuijten*，500 F. 3d at 1356 - 57，84 USPQ2d at 1502。制造物也包括"可脱离机器本身的机器零件"，*Samsung Electronics*，137 S. Ct. at 435，120 USPQ2d at 1753（注：W. Robinson，《为有用发明而制定的专利法》❶ §183，p. 270（1890））。
- 组合物是"两种或更多种物质的组合，包括所有复合物品"。参见 *Digitech*，758 F. 3d at 1348 -49，111 USPQ2d at 1719（引用省略）。这个类别包括所有由两种或更多种物质组成的组合及所有复合物品，"无论它们是基于化学合成还是机械混合，也无论它们是气体、液体、粉末还是固体"。参见 *Chakrabarty*，447 U. S. at 308，206 USPQ at 197（援引 *Shell Dev. Co. v. Watson*，149 F. Supp. 279，280（D. D. C. 1957）；*Id.* at 310，认为基因改造后的微生物是一种制造物或者组合物）。

不必确定一个权利要求所属的单一类别，只要清楚权利要求落入至少一种类别的范畴。例如，因为微处理器通常被认为是制造物，一个有关微处理器或具有微处理器系统的产品权利要求满足步骤1，而不管它是否落入其他类别的范畴（如机器）。也没有必要确定权利要求属于哪一种"准确"的类别，因为尽管在很多情况下很清楚请求保护的发明属于哪一种类别，但是一个权利要求也可以同时满足不同的类别。例如，自行车同时满足机器和制造物的类别，因为它是一种有形产品，是具体的由诸如框架和轮子等部件组成的产品（因此满足机器的类别）；同时它是由诸如铝矿和液体橡胶等原材料转变成新的形态而生产出来的（因此满足制造物的类别）。与此类似，一种基因改造的微生物同时满足组合物与制造物的类别，因为它由两种或更多物质如蛋白质、碳水化合物或其他化学成分组合而成（因此满足组合物的类别）；它也是一种经人工基因改造的具有新属性的产物，如能够降解各种烃（因此满足制造物的类别）。

---

❶ 此处引用的是一本书 *The Law of Patent for Useful Inventions*，出版于1890年，作者 W. Robinson，引文的出处在该书的第270页。

不涉及任何法定类别的权利要求的非限制性示例包括：

- 不具有物质的或者有形形式的产品：如信息（通常被称为"数据本身"）或者计算机程序本身（通常被称为"软件本身"），当它们不带任何结构上的记载而作为产品去请求保护时；
- 信号传输的瞬态形式（通常被称为"信号本身"），如传播的电信号、电磁信号或载波；
- 法规明令禁止授予专利的主题，如人类本身，它被《Leahy – Smith 美国发明法案》（AIA）排除，Public Law 112 – 29, sec. 33, 125 Stat. 284（2011 年 9 月 16 日）。

如法院对机器、制造物和组合物的定义所示，一种产品必须具备物质的或有形的形式才能属于上述法定类别之一。参见 *Digitech*, 758 F. 3d at 1348, 111 USPQ2d at 1719。因此，联邦巡回上诉法院认为对于无形的、信息集合的产品权利要求，即使是由人付出努力创造出来的，也不属于任何法定类别。参见 *Digitech*, 758 F. 3d at 1350, 111 USPQ2d at 1720（请求保护的"装置轮廓"由两组数据组成，不符合任何类别，因为它既不是一种方法，也不是一种有形产品）。类似地，脱离任何介质的、用代码或一系列指令表达的软件是没有物理实体的想法。参见 *Microsoft Corp. v. AT&T Corp.*, 550 U. S. 437, 449, 82 USPQ2d 1400, 1407（2007）；也参见 *Benson*, 409 U. S. 67, 175 USPQ2d 675（"想法"不满足专利适格条件）。因此，不具备任何一种结构限定（如"装置加功能"限定）的软件程序的产品权利要求，不具有物质的或有形的形式，所以不落入任何法定类别的范畴。另一个不属于法定类别的无形产品的示例是营销公司的范式或商业模式。参见 *In re Ferguson*, 558 F. 3d 1359, 1364, 90 USPQ2d 1035, 1039 – 40（Fed. Cir. 2009）。

即使产品具有物质的或有形的形式，也可能不属于法定类别。例如，瞬态信号虽然是物质的而且真实的，但其不具备具体的结构因而不符合产品定义中的一种部件或者零件（即便它是人造的且能存在于现实世界中，并具有有形的成因和效果）；它也不是由物质构成因而不能作为组合物。参见 *Nuijten*, 500 F. 3d at 1356 – 1357, 84 USPQ2d at 1501 – 03。同样地，瞬态传播信号不属于任何法定类别。参见 *Mentor Graphics Corp. v. EVE – USA, Inc.*, 851 F. 3d 1275, 1294, 112 USPQ2d 1120, 1133（Fed. Cir. 2017）；*Nuijten*, 500 F. 3d at 1356 – 1357, 84 USPQ2d at 1501 – 03。

Ⅱ. 适格步骤 1：权利要求是否落入法定类别

如 MPEP §2106 第Ⅲ节所述，适格分析的步骤 1 询问：权利要求是方法、机器、制造物或组合物吗？就像适格分析中的其他步骤一样，对这个步骤的评估要通过浏览整个申请公开的内容，并用最宽泛合理解释（BRI）去解释权利要求确定申请所发明的东西之后才能作出。关于理解申请所发明的内容的重要性的更多内容，参见 MPEP §2106 第Ⅱ节，关于 BRI 的更多内容参见 MPEP §2111。

在 MPEP §2106 第Ⅲ节的流程图内容中，步骤 1 确定是否：

- 权利要求作为一个整体不属于任何一种法定类别（步骤 1：否），因此是非法定

的,如在 MPEP §706.03(a)中讨论的不满足权利要求法定主题而准予否决;还是

- 权利要求作为一个整体属于一种或多种法定类别(步骤1:是),因此必须在路径 A 中进一步分析确定它是否满足适格要求,或者在步骤 2A 中进一步分析确定权利要求是否有关司法排除对象。

权利要求作最宽泛合理解释(BRI)时同时覆盖了法定的和非法定的实施方式,则涵盖了对于专利保护不适格的主题,因而涉及非法定主题。这类权利要求不满足第一步(步骤1:否),应该至少基于该原因而根据35 U.S.C.101 而否决。在此情况下,审查员的最佳操作是指出最宽泛的合理解释,并在可能的情况下建议修改,以便将权利要求缩小到法定类别的实施例中。

例如,机器可读介质的最宽泛合理解释(BRI)可覆盖非法定的瞬态信号传输形式,如传播的电信号或电磁信号本身。参见 *In re Nuijten*,500 F.3d 1346,84 USPQ2d 1495(Fed. Cir. 2007)。当最宽泛合理解释(BRI)覆盖信号发射的传播形式时,依据35 U.S.C.101 认定不满足法定客体而否决是合理的。因此,一种计算机可读介质的权利要求,可以是压缩盘,也可以是覆盖非法定实施例的载波,因而应当作为有关非法定客体而依据 35 U.S.C.101 被否决。参见 *Mentor Graphics v. EVE – USA,Inc.*,851 F.3d at 1294 – 95,112 USPQ2d at 1134(涉及"机器可读介质"的权利要求是非法定的,因为它们的范围覆盖了法定的随机存储器和非法定的载波)。

如果权利要求明显不是四种法定类别之一(步骤1:否),那么必须依据35 U.S.C.101 作出否决,表明该权利要求涉及非法定主题。参见MPEP §706.03(a),应使用格式语段第7.05 和第7.05.01 段。但是,如 MPEP §2106 第Ⅲ节的流程图所示,当权利要求不满足步骤1(步骤1:否),但申请文件公开的内容中显示可通过修改而符合法定类别(步骤1:是),需要继续分析决定修改后的权利要求是否满足路径 A、B 或 C 的适格要求。在此情况下,审查员的最佳处理方式是如果可能的话,提出修改建议,解决权利要求的适格问题。

2106.04 适格步骤2:权利要求是否关于司法排除对象(2017.08 修订)

Ⅰ. 司法排除对象

在步骤1中确定了权利要求落入35 U.S.C.101 条记载的四种专利主题类别范畴(即方法、机器、制造物或组合物)后,并没有结束适格的分析;因为仅涉及抽象思维(如数学算法)、自然现象和自然规律的权利要求对于专利保护不适格。参见 *Diamond v. Diehr*,450 U.S. 175,185,209 USPQ 1,7(1981);*Alice Corp. Pty. Ltd. v. CLS Bank Int'l*,134 S. Ct. 2347,2354,110 USPQ2d 1976,1980(2014)(援引 *Association for Molecular Pathology v. Myriad Genetics,Inc.*,133 S. Ct. 2107,2116,106 USPQ2d 1972,1979(2013));*Diamond v. Chakrabarty*,447 U.S. 303,309,206 USPQ 193,197(1980);*Parker v. Flook*,437 U.S. 584,589,198 USPQ 193,197(1978);*Gottschalk v. Benson*,409 U.S. 63,67 – 68,175 USPQ 673,675(1972)。也参见 *Bilski v. Kappos*,

561 U. S. 593，601，95 USPQ2d 1001，1005 – 06（2010）（"法院的判例中规定了对于35 U. S. C. 101 的宽泛专利适格原则的三种具体排除对象：'自然规律、自然现象和抽象思维'"）（援引 *Chakrabarty*，447 U. S. at 309，206 USPQ at 197（1980））。

除了术语"自然规律""自然现象"和"抽象思维"，司法认定的排除对象还被描述成其他各种术语，包括"物理现象""自然产物""科学原理""仅依赖于人类智力的系统""无实体的概念""智力方法"和"无实体的数学算法和公式"。可以发现在各种排除对象类型之间没有清晰的界限，许多法院定义的排除对象的概念可以落入其他排除对象的范畴。例如，数学公式被视为表达科学真理的司法排除对象，但它也被标记成抽象思维和自然规律。类似地，"自然产物"因为其约束了对天然出现的东西的使用而被视为排除对象，但同时也被标记成自然规律和自然现象。因此，只要审查员判定请求保护的概念（审查员认为可能记载了一种排除对象的具体权利要求的限定）与至少一种司法排除对象一致即可。

最高法院对司法排除对象的解释反映出法院认为抽象思维、自然规律和自然现象是"科学与技术工作的基本工具"，并因此排除在可专利的范畴之外，因为"授予专利垄断这些工具可能更会阻碍创新而不是促进创新"。参见 *Alice Corp.*，134 S. Ct. at 2354，110 USPQ2d at 1980（援引 *Myriad*，133 S. Ct. at 2116，106 USPQ2d at 1978 以及 *Mayo Collaborative Servs. v. Prometheus Labs. Inc.*，566 U. S. 66，71，101 USPQ2d 1961，1965（2012））。最高法院对这种先占权的忧虑推动了这项"排除原则"的确立。参见 *Alice Corp.*，134 S. Ct. at 2354，110 USPQ2d at 1980。法院认为权利要求不能先占抽象思维、自然规律或自然现象，也就是说，即使该司法排除对象的范围是狭窄的，个人也不能对抽象思维、自然规律或自然现象的各种"具体实践应用"获得专利（例如，一个特殊的数学公式如 Arrhenius 等式），参见 *Mayo*，566 U. S. at 79 – 80，86 – 87，101 USPQ2d at 1968 – 69，1971（有关"具有有限应用的小范围内的规律"的权利要求被认为不适格）；*Flook*，437 U. S. at 589 – 90，198 USPQ at 197（没有"完全先占数学公式"的权利要求被认为不适格）。这是因为这样专利"在实际效果上是一种［抽象思维、自然规律或自然现象］自身的专利"。参见 *Benson*，409 U. S. at 71 – 72，175 USPQ at 676。对于先占权的关注早在 1852 年就有所表达，参见 *Le Roy v. Tatham*，55 U. S.（14 How.）156，175（1852）（"一种原则，以抽象形式存在，是基本真理、原始成因、动机，它们都不能获得专利保护，因为没有人可请求保护其中任意一项的排他权"）。

虽然对先占权的忧虑导致了司法排除，但它不是判定适格与否的独立检测方法。参见 *Rapid Litig. Mgmt. v. Cellz Direct*，*Inc.*，827 F. 3d 1042，1052，119 USPQ2d 1370，1376（Fed. Cir. 2016）。相反，先占权的问题是被从 *Alice Corp.* 案和 *Mayo* 案（被本局称为 *Alice/Mayo* 测试法中的步骤 2A 和 2B）产生的两部分框架所包含并解决的。参见 *Synopsys*，*Inc. v. Mentor Graphics Corp.*，839 F. 3d 1138，1150，120 USPQ2d 1473，1483（Fed. Cir. 2016）；*Ariosa Diagnostics*，*Inc. v. Sequenom*，*Inc.*，788 F. 3d 1371，1379，115 USPQ2d 1152，1158（Fed. Cir. 2015）。必须用 *Alice/Mayo* 测试法评估适格，因为当先占的权利要求有可能是不适格时，并未拥有全面的先占权并不能证明权利要求是适格的。

参见 *Diamond v. Diehr*, 450 U. S. 175, 191 – 92 n. 14, 209 USPQ 1, 10 – 11 n. 14 (1981) ("在 *Flook* 案中, 我们否决如下辩解: 因为没有先占数学公式的所有可能用途, 权利要求就应当专利适格")。也参见 *Return Mail, Inc. v. U. S. Postal Service*, – – F. 3d – – , – – USPQ2d – , slip op. at 34 (Fed. Cir. 2017 年 8 月 28 日); *Synopsys v. Mentor Graphics*, 839 F. 3d at 1150, 120 USPQ2d at 1483; *FairWarning IP, LLC v. Iatric Sys., Inc.*, 839 F. 3d 1089, 1098, 120 USPQ2d 1293, 1299 (Fed. Cir. 2016); *Intellectual Ventures I LLC v. Symantec Corp.*, 838 F. 3d 1307, 1320 – 21, 120 USPQ2d 1353, 1362 (Fed. Cir. 2016); *Sequenom*, 788 F. 3d at 1379, 115 USPQ2d at 1158。然而, 当依据 *Alice/Mayo* 测试法认定权利要求是否适格时, 联邦巡回上诉法院的一些判决指出了不存在先占权。参见 *McRO, Inc. v. Bandai Namco Games Am. Inc.*, 837 F. 3d 1299, 1315, 120 USPQ2d 1091, 1102 – 03 (Fed. Cir. 2016); *Rapid Litig. Mgmt. v. CellzDirect, Inc.*, 827 F. 3d 1042, 1052, 119 USPQ2d 1370, 1376 (Fed. Cir. 2016); *BASCOM Global Internet v. AT&T Mobility, LLC*, 827 F. 3d 1341, 1350 – 52, 119 USPQ2d 1236, 1243 – 44 (Fed. Cir. 2016)。

最高法院的判决还清楚表明, 司法排除对象不必是古老的或者普遍存在的, 即使是刚发现的或者新颖的司法排除对象也仍是排除对象。比如, 在 *Flook* 案中的数学公式, 在 *Mayo* 案中的自然规律, 以及在 *Myriad* 案中分离出来的 DNA, 都是新颖的或者刚发现的, 但仍然被最高法院认定为司法排除对象, 因为它们是 "'科学和技术工作的基础工具', 所以在专利保护的范畴之外"。*Myriad*, 133 S. Ct. at 2112, 2116, 106 USPQ2d at 1976, 1978 (指出 *Myriad* 发现了 BRCA1 和 BRCA1 基因❶, 并引证 *Mayo*, 566 U. S. 71, 101 USPQ2d at 1965); *Flook*, 437 U. S. at 591 – 92, 198 USPQ2d at 198 ("数学公式的新颖性完全不是决定因素"); *Mayo*, 566 U. S. 73 – 74, 78, 101 USPQ2d 1966, 1968 (指出权利要求体现了研究者对自然规律的发现)。最高法院把"刚被发现的"司法排除对象也认定为排除对象的引证理由, 因为"如果不排除, 就会产生一种不可忽视的危险, 专利的授予会'束缚'这种工具的使用, 并因此'抑制由它们产生的进一步改进'"。*Myriad*, 133 S. Ct. at 2116, 106 USPQ2d at 1978 – 79 (援引 *Mayo*, 566 U. S. at 86, 101 USPQ2d at 1971)。也参见 *Myriad*, 133 S. Ct. at 2117, 106 USPQ2d at 1979 ("开创性的、创新的、甚至是伟大的发现本身都无法满足 101 条的审查")。例如, 联邦巡回上诉法院也应用这个原则, 认为把广告的使用作为交换物或者通货的概念是抽象思维, 尽管专利权人争辩这个概念是 "新的"。参见 *Ultramercial, Inc. v. Hulu, LLC*, 772 F. 3d 709, 714 – 15, 112 USPQ2d 1750, 1753 – 54 (Fed. Cir. 2014)。对比 *Synopsys, Inc. v. Mentor Graphics Corp.*, 839 F. 3d 1138, 1151, 120 USPQ2d 1473, 1483 (Fed. Cir. 2016) ("一种**新的**抽象思维仍然是抽象思维") (原文强调)。

关于抽象思维的详细论述, 参见 MPEP § 2106.04 (a); 关于自然规律、自然现象和自然产物的详细论述参见 MPEP § 2106.04 (b)。

---

❶ 即乳腺癌 1 号基因, 位于人体细胞核的第 17 号染色体上, 检测该基因序列是否存在突变可以预测乳腺癌。

Ⅱ. 适格步骤2A：权利要求是否有关司法排除对象

如MPEP§2106第Ⅲ节所述，本局的适格分析中步骤2A是 *Alice/Mayo* 测试法的第一部分，即最高法院的"构架，用于将请求保护自然规律、自然现象和抽象思维的专利申请，区别于请求保护应用这些概念的适格专利"。参见 *Alice Corp. Pty. Ltd. v. CLS Bank Int'l*，134 S. Ct. 2347，2355，110 USPQ2d 1976，1981（2014）（援引 *Mayo*，566 U. S. at 77 - 78，101 USPQ2d at 1967 - 68）。正如这个适格分析中的其他步骤，该步骤的评估应该是在浏览整个申请的公开内容，并以它们的最宽泛合理解释分析权利要求，确定专利申请发明了什么之后才能作出的。论述理解申请所发明内容的重要性参见MPEP§2106第Ⅱ节，关于最宽泛合理解释的更多内容参见MPEP§2111。

步骤2A询问：权利要求有关自然规律、自然现象（自然产物）或抽象思维吗？当自然规律、自然现象或抽象思维被**记载**（即**阐述**或**描述**）于权利要求之中时，这项权利要求就**有关**司法排除对象。术语"阐述"或者"描述"因此都等价于"记载"，它们的不同表述是想表明排除对象可用不同的方式记载在权利要求中。比如，在 *Diehr* 案的权利要求中，在反复计算的步骤里阐述了一个数学等式。在 *Mayo* 案中权利要求用"其中从句"阐述了自然规律，意味着在那些情况下的权利要求包含了抽象的语句，其可被确定为司法排除对象。然而，在 *Alice Corp.* 案的权利要求中，描述了一种居间结算的概念，但未明确地提及"居间"或"结算"字眼。

在MPEP§2106的第Ⅲ节流程图的内容中，步骤2A判定是否：

● 权利要求作为一个整体无关司法排除对象（步骤2A：否），因此在路径B中适格，至此终止适格分析；还是

● 权利要求作为一个整体有关司法排除对象（步骤2A：是），因此需要在步骤2B中进一步分析判定权利要求作为一个整体是否明显超过排除对象本身。

有关司法排除对象的权利要求需要对适格更进一步仔细查看，因为它有占用被排除主题的风险，从而阻止他人使用自然规律、自然现象或抽象思维。但是，法院已经谨慎地解释道："排除原则要防止它吞噬掉整个专利法"，因为"所有发明都在某种程度上实施、使用、反映、依赖或应用自然规律、自然现象或抽象思维"。参见 *Alice Corp.*，134 S. Ct. at 2354，110 USPQ2d at 1980（援引 *Mayo*，566 US at 71，101 USPQ2d at 1965）。也参见 *Enfish, LLC v. Microsoft Corp.*，822 F. 3d 1327，1335，118 USPQ2d 1684，1688（Fed. Cir. 2016）。（"因此对'有关'的调查，不能简单地询问权利要求是否包含一种专利不适格的概念，因为每一项常规的包含实质产品和行为的专利适格的权利要求，都必须包含一种自然规律和/或自然现象"）。相应地，审查员应当仔细区分**记载**了排除对象（这需要进一步适格分析）的权利要求与只不过**包含**了排除对象（它是适格的且无须进一步适格分析）的权利要求。此外，审查员应当在执行步骤2A分析时，将权利要求作为一个整体。

记载司法排除对象的权利要求的示例是"一种机器，包含能够根据 $F = ma$ 进行计

算的部件"。这个权利要求记载了力等于质量乘以加速度（$F=ma$）的原理，因此有关自然规律这个排除对象。因为 $F=ma$ 代表数学公式，权利要求也可以被选择视为有关抽象思维。因为这个权利要求有关司法排除对象（步骤2A：是），它要求进一步在步骤2B中加以分析。仅包含了或者依据了排除对象的权利要求的示例是"一种跷跷板"的权利要求，"它包含一块可枢转地连接于基底部件的细长构件，在细长构件的相对侧安装有座椅和把手"。这个权利要求是基于枢接于支点的杠杆原理，包含了机械传动❶和杠杆原理的自然规律。但是，这个权利要求没有记载这些自然规律，因此与司法排除对象无关（步骤2A：否）。所以，这个权利要求适格，无须进一步分析。

除非权利要求明确记载了多个不同的排除对象，如自然规律和抽象思维，否则要注意莫把记载的一个排除对象解析成多个排除对象，特别是对包含抽象思维的权利要求。例如，在一个记载了以一系列智力步骤来操作信息的权利要求中，其步骤应当视为是出于分析目的的单个抽象思维，而非被独立分析的一系列单独的抽象思维。但是，记载多个排除对象的权利要求，无论多个排除对象之间是否相互独立，都至少与一种司法排除对象有关（步骤2A：是），因此必须在步骤2B中进一步分析。参见 *RecogniCorp, LLC v. Nintendo Co.*, 855 F. 3d 1322, 1326 - 27, 122 USPQ2d 1377, 1379 - 80 (Fed. Cir. 2017)（记载多种抽象思维的权利要求，即通过一系列智力步骤和数学算法的信息操作，都被认为有关抽象思维，因此要满足 *Alice/Mayo* 测试法中第二部分的进一步分析）。

2106.04（a）抽象思维（2017.08 修订）

抽象思维作为排除对象在最高法院的判决中根深蒂固。参见 *Bilski v. Kappos*, 561 U. S. 593, 601 - 602, 95 USPQ2d 1001, 1006 (2010)（援引 *Le Roy v. Tatham*, 55 U. S. (14 How.) 156, 174 - 175 (1853)）。尽管历史悠久，但是法院一直拒绝给抽象思维下定义。相反，它们经常通过指出一些判例来诠释抽象思维。例如，将请求保护的概念和之前被法院确定为抽象思维的概念进行比对，参见 *Amdocs (Israel), Ltd. v. Openet Telecom, Inc.*, 841 F. 3d 1288, 1294, 120 USPQ2d 1527, 1532 (Fed. Cir. 2016)；*Enfish, LLC v. Microsoft Corp.*, 822 F. 3d. 1327, 1334, 118 USPQ2d 1684, 1688 (Fed. Cir. 2016)。比如在 *Alice Corp.* 案中，最高法院确定要求保护的系统和方法是描述居间结算的概念，然后将这种概念和在 *Bilski* 案中判定为抽象思维的风险对冲❷概念进行了对比。该对比表明"在 *Bilski* 案中的风险对冲的概念和本案在此处的居间结算的概念不存在有意义的差别"，因此法院得出结论居间结算的概念是一种抽象思维。参见 *Alice Corp. Pty. Ltd. v. CLS Bank Int'l*, 134 S. Ct. 2347, 2356 - 57, 110 USPQ2d 1976, 1982 (2014)。类似地，在 *Amdocs* 案中联邦巡回上诉法院将该案的权利要求与"过去判例中

---

❶ 原文表述是 mechanical advantage，表示通过机械手段对力或能量进行传递。
❷ 原文表述是 hedging，可译为风险对冲、对冲交易或者套头交易，是风险投资中的一种常见行为。具体操作是同时进行两笔行情相关、方向相反、数量相当、盈亏相抵的交易，实现一盈一亏的对冲，从而保证收益。

具有相同属性的适格和不适格的权利要求"进行比较,作为其适格分析的一部分。参见 841 F. 3d at 1295 - 1300,120 USPQ2d at 1533 - 1536。

虽然最高法院没有给抽象思维这种排除对象划定清晰的边界,但是可以从先前的司法判例中清楚知道软件和商业方法不是被排除的主题类别。比如,最高法院的结论是,商业方法并未"明确超出101条的范畴",论述"商业方法只是一种'方法',至少在某些情况下,符合101条的专利适格要求"。*Bilski*,561 U. S. at 607,95 USPQ2d at 1008(2010)。也参见 *Content Extraction and Transmission,LLC v. Wells Fargo Bank*,776 F. 3d 1343,1347,113 USPQ2d 1354,1357(Fed. Cir. 2014)("不存在明确的商业方法类排除对象")。同样地,即便软件的执行包含了潜在的数学计算或关系,软件也不会自动成为抽象思维。参见 *Thales Visionix, Inc. v. United States*,850 F. 3d 1343,121 USPQ2d 1898,1902("数学公式被用来使请求保护的方法和系统完整,并不必然使权利要求抽象化")。*McRO, Inc. v. Bandai Namco Games Am. Inc.*,837 F. 3d 1299,1316,120 USPQ2d 1091,1103(Fed. Cir. 2016)(使用计算机实现的自动口型同步和脸部表情动画的方法,不是关于抽象思维);*Enfish*,822 F. 3d at 1336,118 USPQ2d at 1689(有关计算机数据库中的自参考表的权利要求与抽象思维无关)。

审查员应当通过如下方式确定权利要求是否记载了抽象思维:(1)确定请求保护的抽象思维(审查员认为在审权利要求中的具体限定可能是抽象思维),以及(2)比较请求保护的概念和先前被法院确定为抽象思维的概念是否类似。

- 如果请求保护的概念和一个或多个先前被法院确定为抽象思维的概念相类似,那么有理由得出该概念是抽象思维的结论,并认定权利要求有关抽象思维类排除对象(步骤2A:是)。权利要求需要在步骤2B中进一步分析,来决定在权利要求中添加的附加元素是否明显超过了排除对象。

- 如果请求保护的概念和一个或多个先前被法院确定为抽象思维的概念不同,就没有理由得出结论认为所述概念是抽象思维,有理由认定权利要求无关抽象思维类排除对象。除非权利要求记载了其他排除对象(如自然规律或自然现象),否则权利要求在路径 B 中(步骤2A:否)适格。

Ⅰ. 有关计算机功能或其他技术领域改进的权利要求并不是抽象的

当判定一项权利要求是否有关抽象思维时,审查员应当记住:一些用于改进计算机功能或改进其他技术领域的发明并不是抽象的,因此可以在步骤2A中适格。联邦巡回上诉法院的判决规定了类似的适格权利要求的示例,包括 *Enfish*,822 F. 3d at 1339,118 USPQ2d at 1691 - 92(计算机数据库中自参考表的权利要求是关于计算机功能的改进,不是抽象思维);*McRO, Inc. v. Bandai Namco Games Am. Inc.*,837 F. 3d 1299,1315,120 USPQ2d 1091,1102 - 03(Fed. Cir. 2016)(有关自动配置同步口形和面部表情的动画的权利要求,是有关计算机相关技术的改进,而不是抽象思维);以及 *Visual Memory LLC v. NVIDIA Corp.*,867 F. 3d 1253,1259 - 60,123 USPQ2d 1712,1717(Fed. Cir. 2017)(一种增强计算机存储系统的权利要求是有关计算机功能的改进,而不是抽象思维)。

- 在 *Enfish* 案中,联邦巡回上诉法院得出结论,自参考数据库的权利要求不是抽象思维,而是一种对计算机功能的改进。参见 822 F. 3d at 1336,118 USPQ2d at 1689。说明书对现有技术的论述,和对发明如何提升计算机存储和找回存储器中数据能力的论述,以及权利要求中记载的具体数据结构,这些内容使得专利适格。参见 822 F. 3d at 1337,118 USPQ2d at 1690。该权利要求不只是把附加的通用计算机在后添加到抽象概念之中,而是在软件领域中具体实现了对问题的解决。参见 822 F. 3d at 1339,118 USPQ2d at 1691。

- 在 *McRO* 案中,联邦巡回上诉法院得出结论,即请求保护的方法中使用计算机实现的自动口形同步和脸部表情的动画不是抽象思维,*McRO*,837 F. 3d at 1316,120 USPQ2d at 1103。对 *McRO* 案法院判决的基础是该权利要求是一种对计算机动画的改进,因此没有记载一种类似于先前在 *Flook*、*Bilski* 及 *Alice* 案中确定的抽象思维。"请求保护的计算机自动处理方法和先前的[非计算机化的]方法以类似的方式执行",837 F. 3d at 1314 – 15,120 USPQ2d at 1102。法院依据说明书,解释了请求保护的规则如何实现了以前无法自动执行的特定动画任务的自动化。837 F. 3d at 1313,120 USPQ2d at 1101。在 *McRO* 案中,法院指出将请求保护的特殊规则纳入计算机动画"改进了现有的技术方法",而不仅仅是把计算机用作"自动处理常规事项的工具"。837 F. 3d at 1314,120 USPQ2d at 1102。对于 *McRO* 案,法院还指出该案中的权利要求描述了一种特殊的方式(使用特殊的规则通过音素来设置形素的配重和转变)去解决如何产生精确而逼真的同步口形和动画角色脸部表情的问题,因此不是抽象思维。837 F. 3d at 1313,120 USPQ2d at 1101。

- 在 *Visual Memory*,*LLC v. NVIDIA Corp.*,867 F. 3d 1253,1254,123 USPQ2d 1712,1713(Fed. Cir. 2017)一案中,联邦巡回上诉法院得出结论,认为用于增强计算机存储系统的权利要求不是抽象思维。法院判决的依据是该权利要求关注一种具体的、声称的计算机能力的改进(可根据处理器类型配置的可编程操作特性的操作方法),因而不是关于明确的数据存储的抽象思维。参见 867 F. 2d at 1259 – 60,123 USPQ2d at 1717。法院还依据了说明书中解释的由请求保护的存储系统产生的各种有益效果,如请求保护的系统相比现有技术中的存储系统具有优异性能,以及请求保护的系统如何在不同类型的处理器上使用,而不需要权衡处理器性能的公开内容。参见 867 F. 2d at 1259,123 USPQ2d at 1717。

当认定权利要求关于此类改进方案后,审查员必须给予权利要求最宽泛合理解释(BRI),并且同时评估说明书和权利要求书。说明书中需要公开足够的细节使得本领域的普通技术人员可以把请求保护的发明视为提供了改进,并且权利要求本身必须体现出这种技术上的改进。其他重要的考虑因素是权利要求所体现的解决问题的特殊程度,或者实现所要结果的特定方式;而不是考虑仅仅要求保护一种有关解决方案或者结果的想法;以及最宽泛合理解释(BRI)是否仅限于用计算机执行。关于这些原则及怎样判断一个权利要求是否改进计算机功能或者改进任何其他技术或技术领域的更多内容,参见 MPEP § 2106.05（a）。

审查员也应当参考 MPEP § 2106.05（a）中讨论的联邦巡回上诉法院的判例，其被判定为权利要求没有反映出对计算机功能或其他技术的改进。例如，如果一个请求保护的方法可以不通过计算机实现，联邦巡回上诉法院则认为没有改进计算机技术。参见 *Synopsys, Inc. v. Mentor Graphics Corp.*，839 F.3d 1138，1139，120 USPQ2d 1473（Fed. Cir. 2016）（一种把逻辑电路译成逻辑电路的硬件组成说明的方法，"不能被描述为计算机中的改进"，因为这种方法即使不使用计算机，一个熟练的技术人员也可以用脑力执行所有步骤）。联邦巡回上诉法院还指出仅自动执行了人工处理，或者提升处理速度，但这种期望的改进只来自计算机常规的能力，都不足以有效地表示在计算机功能方面的改进。参见 *Fair Warning IP, LLC v. Iatric Sys.*，839 F.3d 1089，1095，120 USPQ2d 1293，1296（Fed. Cir. 2016）；*Credit Acceptance Corp. v. Westlake Services*，859 F.3d 1044，1055，123 USPQ2d 1100，1108-09（Fed. Cir. 2017）。类似地，联邦巡回上诉法院还指出权利要求必须具有普通组件或机器的通用实施方式之外的内容，来满足对现有技术的改进。参见 *Affinity Labs of Tex. v. DirecTV, LLC*，838 F.3d 1253，1264-65，120 USPQ2d 1201，1208-09（Fed. Cir. 2016）；*TLI Communications LLC v. AV Auto. LLC*，823 F.3d 607，612-13，118 USPQ2d 1744，1747-48（Fed. Cir. 2016）。有关这些案例的进一步讨论，以及法院指出的证明或未证明对计算机功能或其他技术改进的附加示例参见 MPEP § 2106.05（a）。

虽然权利要求是否改进了计算机功能或其他技术的问题可以在 *Alice/Mayo* 测试法中的任一步骤（步骤 2A 或 2B）中考虑，但还是鼓励审查员在适格分析中尽早地解决这个问题。例如，有关对计算机相关技术的清晰改进的权利要求，如 *Enfish* 案，可以在 MPEP § 2106.06（b）讨论的简要分析的路径 A 中认定为适格，也可以在路径 B 中认定为无关抽象思维。其他的权利要求或许要求完整的适格分析，如有关抽象思维而非改进方案的权利要求，应当用步骤 2B 判断其是否达到明显超过抽象思维的程度。审查员应当注意的是，即使某项改进不能在步骤 2A 中足够清晰地证明适格，其仍有助于在步骤 2B 中对权利要求的适格分析。对比 *Amdocs (Israel), Ltd. v. Openet Telecom, Inc.*，841 F.3d 1288，1300-01，120 USPQ2d 1527，1536-37（Fed. Cir. 2016）（解释了即使一个权利要求被认为是关于抽象思维而非一种改进，该权利要求仍在步骤 2B 中适格，因为它请求保护的改进采用分布式网络架构，同时产生网络计数的记录，以这种非常规的样式运行能降低网络拥堵，这实际上是一种发明构思）。

II. 与抽象思维有关或无关的权利要求的更多内容

MPEP § 2106.04（a）（1）规定了与抽象思维有关或无关（或其他司法排除对象）并在步骤 2A 中适格的权利要求的更多内容。这些权利要求包含了未记载抽象思维的权利要求，以及虽然记载了抽象思维但从整体上来看是有关技术方法或者计算机功能的改进、因而不是抽象思维的权利要求。参见 *McRO*，837 F.3d at 1315，120 USPQ2d at 1102-103（要求保护自动配置同步口形和脸部表情的动画是对于计算机相关技术的改进);*Enfish*，822 F. 3d at 1336，118 USPQ2d at 1689（要求保护计算机数据库的自参考表，是对计算机操作的具体改进而非抽象思维）。因而，审查员在对权利要求是否有关抽象思维作出结论前应当参考 MPEP § 2106.04（a）（1）和 MPEP § 2106.05（a）中讨论的原则。

MPEP § 2106.04（a）（2）规定了法院已认为是抽象思维的概念种类的更多内容。这些内容来源于最高法院和联邦巡回上诉法院的适格决定范例中所描述的共性特征（如"基础经济操作"），通过把最高法院和联邦巡回上诉法院示范性适格决定中所讨论的概念与司法解释（如"基础经济操作"）相结合而产生。应该注意，这些相关概念并不相互排斥，即一些概念可能会与一个以上的司法解释相关联。例如，最高法院把 Bilski 所要求保护的对冲交易的概念既描述为组织人员活动的方法，又描述为基础经济操作的方法。参见 *Alice Corp.*，134 S. Ct. at 2356 - 57，110 USPQ2d at 1982。同样，在 *Ultramercial* 案中，联邦巡回上诉法院把请求保护的通过播放广告来换取受版权保护的传媒的步骤称为一种"想法"，但因为权利要求描述了做广告，这个概念也可以被视为组织人员的活动。参见 *Ultramercial*，*Inc. v. Hulu*，*LLC*，772 F. 3d 709，715，112 USPQ2d 1750，1754（Fed. Cir. 2014）。因此，在确定请求保护的概念是否与法院认定的抽象思维相似时，审查员应依据案例中确定的概念，而不是司法解释本身。

2106.04（a）（1）无关抽象思维的权利要求的示例（2017.08 修订）

在评估权利要求是否记载了抽象思维时，审查员应牢记"所有的发明都在某种程度上体现、使用、反映、依赖或应用了自然规律、自然现象或抽象思维"，但不是所有的权利要求都有关抽象思维。*Alice Corp.*，134 S. Ct. at 2354 - 55，110 USPQ2d at 1980 - 81（援引 *Mayo*，566 US at 71，101 USPQ2d at 1965）。在 MPEP § 2106.04 中详述的对步骤 2A 的分析内容解释了这一告诫原则，它要求一项权利要求只有记载（即阐述或描述）了抽象思维才与想法有关，从而将记载抽象思维的权利要求与那些仅依据了或内含了抽象思维的权利要求区分开来。

在确定权利要求是否有关抽象思维之前，审查员应该考虑以下原则，这些原则是通过参考非限制性的❶虚拟权利要求的示例加以讨论的，所述权利要求无关抽象思维。

I. 如果权利要求仅是依据了或包含了抽象思维，但是没有记载它，那么权利要求无关抽象思维

有些权利要求无关抽象思维，因为它们没有记载任何类似于司法定义的抽象思维，尽管它们在某种程度上可能明显依据了或包含了抽象思维。

司法判决中讨论的此类权利要求包括 *Enfish*，*LLC v. Microsoft Corp.*，822 F. 3d 1327，1336，118 USPQ2d 1684，1689（Fed. Cir. 2016）（计算机数据库自参考表的权利要求是基于而不是关于用表格格式组织信息的概念）；*DDR Holdings*，*LLC*

---

❶ 原文表述是 non - limiting，表示该示例不是作为判例使用，仅供参考，不作为法律判据。

v. Hotels. com，*L. P.*，773 F. 3d 1245，1258－59，113 USPQ2d 1097，1106－07（Fed. Cir. 2014）（被编程为修改传统互联网超链接协议以动态生成双源混合网页系统的权利要求，并不关于抽象思维，因为它没有记载与法院先前认定的抽象相类似的想法）；以及 *Trading Techs. Int'l*，*Inc. v. CQG*，*Inc.*，675 Fed. App'x 1001（Fed. Cir. 2017）（非判例❶）（请求保护的图形用户界面，能通过特定方式显示出价和要价，以防止更改订单的价格，来提高交易的准确性，这不是关于抽象思维）。

未阐明或描述抽象思维的权利要求的非限制性虚拟示例包括：

i. 一种打印机，包括皮带、辊子、打印头和至少一个墨盒；

ii. 一种洗衣机，包括桶、可操作地连接到桶的驱动马达、用于控制驱动马达的控制器，以及用于容纳桶、驱动马达和控制器的壳体；

iii. 一种耳环，包括用于进行周期性血糖测量的传感器，以及用于存储来自传感器的测量数据的存储器；

iv. 一种用于检测 *BRCA1* 基因序列的方法，包括使用一组引物通过聚合链反应技术，从来自人体受试者的组织样品中扩增全部或部分 *BRCA1* 基因，以产生扩增的核酸，并对扩增的核酸进行测序；以及

v. 一种用于将 BIOS❷ 加载到具有系统处理器和易失性存储器及非易失性存储器的本地计算机系统的方法，该方法包括以下步骤：通过从远离本地计算机系统的存储器位置请求，来响应本地计算机系统开机，本地计算机系统转移到并存储在 BIOS 的本地计算机系统的易失性存储器中，用于有效使用本地计算机系统，转移和存储这种 BIOS，以及将本地计算机系统的控制转移到这种 BIOS 中。

II. 如果一项权利要求记载了抽象思维，但权利要求作为一个整体是关于一种改进或者其他明显并未谋求占用抽象思维的类似改进，那么该权利要求无关抽象思维

一些记载了抽象思维的权利要求与抽象思维无关，因为它们还记载了附加元素（如改进内容），表明权利要求作为一个整体并未谋求独占抽象思维。在这样的权利要求中，技术改进点或其他附加元素，将要求保护的发明焦点从附带记载的抽象思维中转移。MPEP § 2106.05（a）和 MPEP § 2106.06（b）中讨论了法院在 *Alice/Mayo* 测试法的第一步（步骤2A）中确定为专利适格的改进类型。

关于此类权利要求讨论的司法判决包括 *McRO*，*Inc. v. Bandai Namco Games America Inc.*，837 F. 3d 1299，1315，120 USPQ2d 1091，1102－103（Fed. Cir. 2016）（有关自动配置同步口形和面部表情的动画的权利要求，是针对计算机相关技术的改进而不是抽象思维），*Enfish*，*LLC v. Microsoft Corp.*，822 F. 3d 1327，1336，118 USPQ2d 1684，1689（Fed. Cir. 2016）（有关计算机数据库的自参考表的权利要求，是改进计算机运行的特殊方式，而不是抽象思维）；另一个相关案例是 *Research Corporation Technologies*

---

❶ 原文表述是 non－precedential，表示非判例或非先例，仅是普通案例，不能作为依法判决的依据。

❷ BIOS，即计算机的基本输入输出系统，是个人电脑启动时加载的第一个软件。

Inc. v. Microsoft Corp.，627 F. 3d 859，97 USPQ2d 1274（Fed. Cir. 2010），该案例讨论了使用蓝噪声掩膜对灰度图像进行过渡调色渲染的权利要求。虽然 *Research Corportation Technologies* 的权利要求中记载了生成蓝色噪声掩膜的步骤（一种数学迭代运算的抽象思维），但其还记载了能明显改进所要求保护的计算机功能的附加步骤。参见 627 F. 3d at 865，868 – 69，97 USPQ2d at 1278，1280 – 81。因此，根据 *McRO* 案和 *Enfish* 案的观点，上述权利要求记载的是改进点而非抽象思维。

权利要求由于改进点或其他限定致使权利要求当然适格而与抽象思维无关，这类权利要求的非限制性假设示例包括：

i. 一种用带有手术刀片的手术剪刀切割血管的方法，具有切割面的臂，以及设计用于将施加在切割面上的力限定为小于 45psi❶ 的压力调节器，包括定位血管在手术刀片和切割面之间，向臂施加压力使其朝向刀片闭合，压力调节器限定所施加的力，从而干净地切割血管。

ii. 一种机器人臂组件，包括机器人臂，具有能够沿预定运动路径移动的末端执行器；传感器，其获得关于末端执行器的运动信息；以及控制系统，其使用来自传感器的运动信息来调节末端执行器的速度，以便沿预定的运动路径实现平滑运动。

iii. 一种自动聚焦相机系统，包括形成图像的镜头、用于从形成图像捕获数据的图像传感器、使用自动聚焦算法分析捕获的数据以确定镜头的最佳位置的处理器，以及移动镜头的驱动机构使镜头进入最佳位置。

iv. 一种提供废气再循环功能的内燃机，包括以下结构：进气歧管；排气歧管；燃烧室，用于接收来自进气歧管的空气，燃烧所接收的空气和燃料的混合物以转动驱动轴，并将产生的废气输出到排气歧管；节气门位置传感器，用于检测发动机节气门的位置；废气再循环阀，用于调节从排气歧管到进气歧管的废气流量；控制系统，包括处理器和存储器，用于从节气门位置传感器接收发动机节气门位置，根据发动机节气门位置的变化率计算废气再循环阀的位置，并使废气再循环阀变更到计算出的位置。

2106.04（a）（2）已被法院确定为抽象思维的概念的示例（2017.08 修订）

I．"基础经济操作"

法院使用"基础经济操作"或"基本经济概念"来描述与经济和商业有关的概念，如以合同、法律义务和商业关系形式达成的人与人之间的协议。术语"基础"是"基本的"或"根本的"意思，而并不一定必须是"陈旧的"或"众所周知的"意思。参见 *In re Smith*，815 F. 3d 816，818 – 19，118 USPQ2d 1245，1247（Fed. Cir. 2016）（描述了一套新的规则，该规则是为赌博游戏创建的"基础经济操作"）。

A. 有关人员之间的协议或履行金融交易的概念

将有关履行金融交易的概念判定为抽象的判例是 *buySAFE，Inc. v. Google，Inc.*，

---

❶ 英制压强单位，即磅/平方英寸。

765 F. 3d. 1350，112 USPQ2d 1093（Fed. Cir. 2014）。在 *buySAFE* 案中，专利权人要求保护一种方法，其中由安全交易服务提供商运营的计算机接收在线商业交易担保操作的请求，计算机通过为请求方承保来处理请求，从而提供交易担保服务。参见 765 F. 3d at 1351－52，11 USPQ2d at 1094。联邦巡回上诉法院将该权利要求描述为一种抽象思维，因为其"完全是关于建立一种契约关系——一种'交易操作的担保'的权利要求"。参见 765 F. 3d at 1355，112 USPQ2d at 1096。

另一个示例是 *OIP Techs.，Inc. v. Amazon.com，Inc.*，788 F. 3d 1359，115 USPQ2d 1090（Fed. Cir. 2015）。在 *OIP Techs* 案中，专利权人要求保护为销售产品定价的方法，包括测试多个价格、对于客户对所提供的测试价格的反应进行统计、使用该数据估计结果（即绘制给定产品关于次数的需求曲线）并根据估计的结果自动选择并提供新价格。参见 788 F. 3d at 1362，15 USPQ2d at 1092。援引 *Alice*，*Bilski*，*Ultramercial* 和其他几个判决，联邦巡回上诉法院确定这些权利要求针对的概念是"基于报价的价格优化，它与其他类似的'基础经济概念'被最高法院和本法院认定为抽象思维"。参见 788 F. 3d at 1363，USPQ2d at 1092－93。

此类概念的其他示例包括：

i. 对冲交易，参见 *Bilski v. Kappos*，561 U. S. 593，609，95 USPQ2d 1001，1009（2010）；

ii. 处理融资收购的申请，参见 *Credit Acceptance Corp. v. Westlake Services*，859 F. 3d 1044，1054，123 USPQ2d 1100，1108（Fed. Cir. 2017）；以及

iii. 进行博彩游戏的规则，参见 *In re Smith*，815 F. 3d 816，818－19，118 USPQ2d 1245，1247（Fed. Cir. 2016）。

B. 与降低风险有关的概念

把与降低风险有关的概念视为抽象的判例是 *Alice Corp. v. CLS Bank*，134 S. Ct. 2347，110 USPQ2d 1976（2014）。在 *Alice* 案中，专利权人请求保护一种降低"结算风险"的计算机实现方案，即商定的金融交易中只有单方履行义务的风险。参见 134 S. Ct. at 2351－52，110 USPQ2d at 1978－79。计算机系统用作交易双方之间的第三方仲裁者。仲裁者创建交易双方的"影子"信用度和负债记录（即账户的分类账目），其反映了各方在真实世界"交易机构"（如银行）中账户之间的平衡度。仲裁者在输入交易时实时更新影子记录，允许的交易仅是那些双方当事人更新的影子记录表明有足够资源满足彼此义务的交易。在当天结束时，仲裁者指示相关金融机构根据更新的影子记录执行"允许的"交易，从而避免只有单方执行商定交易的风险。参见 134 S. Ct. at 2356，110 USPQ2d at 1979。最高法院判定这些权利要求是针对"仲裁决定的抽象思维"，这是"现代经济的基石"和"我们经济制度中长期存在的基础经济实践"，就像 *Bilski* 案中的对冲交易一样。参见 134 S. Ct. at 2355－56，110 USPQ2d at 1982。

此类概念的其他示例包括：

i. 对冲交易，参见 *Bilski v. Kappos*，561 U. S. 593，609，95 USPQ2d 1001，1009（2010）；和

ii. 旨在防范金融工具中投资风险的金融工具，参见 *In re Chorna*，656 Fed. App'x 1016，1021（Fed. Cir. 2016）（非判例）。

II．"组织人员活动的特定方法"

法院使用"组织人员活动的方法"这一短语来描述与人际关系活动和人的内心活动有关的概念。例如，管理人与人之间的关系或交易、社会活动和人员行为；履行或回避法律义务；广告、营销和销售活动或行为；以及对人员心理活动的管理。术语"特定"提醒要将此类别描述限定为：（1）并非所有组织人员活动的方法都是抽象思维；（2）此类别描述不包括对机器的人工操作。

A. 有关人际关系或交易管理的概念、抑或是有关履行或回避法律义务的概念

把有关人际关系或交易管理的概念、抑或是有关履行或回避法律义务的概念定义为抽象的判例，是在 *buySAFE* 案中，专利权人要求保护的一种方法，其中由安全交易服务提供商运营的计算机接收在线商业交易担保操作的请求，计算机通过给请求方承保来处理请求，从而提供交易担保服务，并且计算机通过计算机网络为交易决算提供交易担保物，该担保物与交易绑定。参见 765 F. 3d at 1351 - 52，11 USPQ2d at 1094。联邦巡回上诉法院将该权利要求描述为一种抽象思维，因为其"完全是关于建立一种契约关系——一种'交易操作的担保'"。参见 765 F. 3d at 1355，112 USPQ2d at 1096。

另一个示例是 *Dealertrack v. Huber*，674 F. 3d 1315，101 USPQ2d 1325（Fed. Cir. 2012）。在 *Dealertrack* 案中，专利权人要求保护管理信用申请的方法，包括从第一来源接收信用申请数据，选择性地将信用申请数据转发到关联度不高的资金源，然后将资金决策数据从关联度不高的资金源转发回第一来源。参见 674 F. 3d at 1331，101 USPQ2d at 1338。联邦巡回上诉法院将该权利要求描述为通过信息交换处理信息的抽象思维或"基本概念"，如 Bilski 的对冲交易概念。参见 674 F. 3d at 1333，101 US-PQ2d at 1339。

还有一个示例是 *Bancorp Services.，L. L. C. v. Sun Life Assurance Co. of Canada（U. S.）*，687F. 3d 1266，103 USPQ2d 1425（Fed. Cir. 2012）。专利权人 Bancorp 要求保护一种代表保单持有人管理人寿保险单的方法和系统，其中包括如下步骤：生成人寿保险单，其包括基于承销证券价值确定初始价值的稳健型保值投资，计算为人寿保险单交纳的保值投资存款；确定当日承销证券的投资值和价值；并计算当日的保险单价值和保险单组合价值。参见 687 F. 3d at 1270 - 71，103 USPQ2d at 1427。法院将这些权利要求描述为"试图对使用［管理稳健型保值人寿保险单］的抽象思维进行专利保护，然后说明使用熟知的［计算］来帮助确定方程中的一些输入"。参见 687 F. 3d at 1278，103 USPQ2d at 1433（在原文中作的改动）（援引 *Bilski* 案）。

此类概念的其他示例包括：

i. 仲裁，参见 *In re Comiskey*，554 F. 3d 967，981，89 USPQ2d 1655，1665（Fed. Cir. 2009）；

ii. 在计算机上生成菜单，参见 *Apple，Inc. v. Ameranth，Inc.*，842 F. 3d 1229，1234，120 USPQ2d 1844，1848（Fed. Cir. 2016）；

iii. 生成处理保险权利的合规任务单，参见 *Accenture Global Services v. Guidewire Software，Inc.*，728 F. 3d 1336，1338-39，108 USPQ2d 1173，1175-76（Fed. Cir. 2013）；

iv. 对冲交易，参见 *Bilski v. Kappos*，561 U. S. 593，595，95 USPQ2d 1001，1004（2010）；

v. 降低结算风险，参见 *Alice Corp. Pty. Ltd. v. CLS Bank Int'l*，134 S. Ct. 2347，2352，110 USPQ2d 1976，1979（2014）；以及

vi. 免税投资，参见 *Fort Props.，Inc. v. Am. Master Lease，LLC*，671 F. 3d 1317，1322，101 USPQ2d 1785，1788-89（Fed. Cir. 2012）。

B. 与广告、营销和销售活动或行为相关的概念

将与广告、营销和销售活动或行为相关的概念定义为抽象的判例是 *Apple，Inc. v. Ameranth，Inc.*，842 F. 3d 1229，120 USPQ2d 1844（Fed. Cir. 2016）。在 Ameranth 案中，专利权人要求保护用于生成和传输菜单的系统。例如，包括中央处理单元的系统，存储有若干菜单的数据存储设备，包括图形用户界面的操作系统，以及用于由第一个菜单生成第二菜单，并将第二个菜单发送到无线设备或网页的应用软件。参见 842 F. 3d. at 1234，120 USPQ2d at 1848。联邦巡回上诉法院确定该权利要求是关于一种抽象思维，可以被描述为"生成菜单……，或从第一个菜单生成第二个菜单，并将第二个菜单发送到另一个位置，［或者］接受餐馆客户的订单"。参见 842 F. 3d. at 1240-41，120 USPQ2d at 1853。法院还将所要求保护的发明描述为在众所周知的商业实践中增加常规的计算机组件，如"配备了可接受客户订单的服务器设备的餐馆"。参见 842 F. 3d at 1242；120 USPQ2d at 1855。

此类概念的其他示例包括：

i. 组建销售队伍或营销公司，参见 *In re Ferguson*，558 F. 3d 1359，1364，90 USPQ2d 1035，1038（Fed. Cir. 2009）；

ii. 使用广告作为交换物或通货，参见 *Ultramercial，Inc. v. Hulu*，LLC，772 F. 3d 709，715，112 USPQ2d 1750（Fed. Cir. 2014）；和

iii. 使用算法确定商业代表对客户的最佳访问次数，参见 *In re Maucorps*，609 F. 2d 481，485，203 USPQ 812，816（CCPA 1979）。

C. 与管理人员行为有关的概念

将管理人员行为的概念定义为抽象的一个判例是 *Intellectual Ventures I LLC v. Capital One Bank（USA）*，792 F. 3d 1363，115 USPQ2d 1636（Fed. Cir. 2015）。该案中专利权人要求保护的方法包括将用户选择的预设支出限制存储在数据库中，并且当达到其中

一个限定时,通过设备向用户传达通知。参见 792 F. 3d. at 1367,115 USPQ2d at 1639 - 40。联邦巡回上诉法院确定,这些权利要求是针对"追踪金融交易以确定它们是否超过预先设定的支出限额(即预算)"的抽象思维,它"与先前在最高法院和我们法院涉及组织人员活动方法的其他案件中裁决的抽象思维没有显著不同"。参见 792 F. 3d. at 1367 - 68,115 USPQ2d at 1640。

这种概念的其他示例包括:

i. 过滤内容——*BASCOM Global Internet v. AT&T Mobility*,*LLC*,827 F. 3d 1341,1345 - 46,119 USPQ2d 1236,1239(Fed. Cir. 2016)(在步骤 2A 中,认定过滤内容是一种抽象思维;但由于在步骤 2B 分析中对不适格的无效判断不充分,因而扭转了结论);和

ii. 一种经神经病学家在测试患者神经系统功能障碍时应遵循的心理方法,参见 *In re Meyer*,688 F. 2d 789,791 - 93,215 USPQ 193,194 - 96(CCPA 1982)。

D. 有关跟踪或组织信息的概念

把有关跟踪或组织信息的概念定义为抽象的一个判例是 *BASCOM Global Internet v. AT&T Mobility*,*LLC*,827 F. 3d 1341,119 USPQ2d 1236(Fed. Cir. 2016)。专利权人 BASCOM 要求保护一种系统,用于过滤从因特网计算机检索的内容,该系统包括本地客户端计算机和实现至少一个过滤方案和多组逻辑过滤元件的远程 ISP❶ 服务器。参见 827 F. 3d. at 1346,119 USPQ2d at 1239。联邦巡回上诉法院将内容过滤的概念描述为一种抽象思维,一种"组织人员活动的方法,类似于先前被认为抽象的概念"。参见 827 F. 3d. at 1348,119 USPQ2d at 1241。

另一个示例是 *Intellectual Ventures I LLC v. Capital One Bank(USA)*,792 F. 3d 1363,115 USPQ2d 1636(Fed. Cir. 2015)。在该判例中,专利权人要求保护一种系统,用于提供针对个人用户的定制网页,包括具有显示器的交互式接口,该显示器基于(1)用户的已知信息和(2)导航数据来表达定制内容。参见 792 F. 3d. at 1369,115 USPQ2d at 1641。联邦巡回上诉法院确定这两种类型的定制都是抽象思维。联邦巡回上诉法院描述了第一种类型的定制(根据用户信息定制内容),类似于"报纸的插页经常根据已知的客户信息进行定制——例如,报纸可能根据客户的所在地做广告";第二种类型的定制(基于访问网站的时间来定制信息)类似于"电视频道可能选择在清晨卡通节目期间播放儿童玩具广告,而在晚间体育赛事中播放啤酒广告"。参见 792 F. 3d. at 1369 - 70,115 USPQ2d at 1641。

此类概念的其他示例包括:

i. 以有组织的方式分类存储数字图象,参见 *TLI Communications*,*LLC v. AV Auto.*,*LLC*,823 F. 3d 607,611 - 12,118 USPQ2d 1744,1747(Fed. Cir. 2016);

ii. 收集、信息,并显示收集和分析的某些结果,参见 *Electric Power Group*,*LLC*

---

❶ 全称是 in - system programmable,即系统在线可编程的方式。

v. Alstom, S. A., 830 F. 3d 1350, 1351–52, 119 USPQ2d 1739, 1740（Fed. Cir. 2016）；

iii. 编码和解码图像数据，参见 RecogniCorp, LLC v. Nintendo Co., 855 F. 3d 1322, 1326, 122 USPQ2d 1377, 1379（Fed. Cir. 2017）；

iv. 通过数学相关性组织信息，参见 Digitech Image Techs., LLC v. Electronics for Imaging, Inc., 758 F. 3d 1344, 1349, 111 USPQ2d 1717, 1720（Fed. Cir. 2014）；以及

v. 接收、筛选和分发电子邮件，参见 Intellectual Ventures I LLC v. Symantec Corp., 838 F. 3d 1307, 1316, 120 USPQ2d 1353, 1359（Fed. Cir. 2016）。

Ⅲ. "想法'本身'"

法院使用"想法'本身'"这一短语来描述一种单独的想法，如一个未经实例化的概念、计划或方案，以及一个"可以在人心中进行的，或者使用笔和纸执行的"智力方法（思考）。参见 CyberSource Corp. v. Retail Decisions, Inc., 654 F. 3d 1366, 1372, 99 USPQ2d 1690, 1695（Fed. Cir. 2011）。正如联邦巡回上诉法院所解释的那样，"可以在心理上进行的，或者相当于人类脑力劳动的方法，是不可专利的抽象思维——那是对所有人敞开的'科学和技术工作的基本工具'。"参见 654 F. 3d at 1371, 99 USPQ2d at 1694（援引 Gottschalk v. Benson, 409 U. S. 63, 175 USPQ 673（1972））。"法院审查了要求使用计算机的权利要求，仍然判定该基础的、专利不适格的发明可以通过笔和纸或者在一个人的头脑中进行。"参见 Versata Dev. Group v. SAP Am., Inc., 793 F. 3d 1306, 1335, 115 USPQ2d 1681, 1702（Fed. Cir. 2015）。

在 Electric Power Group 案中，联邦巡回上诉法院解释说，收集和分析信息的概念属于"抽象思维领域"，因为信息是无形的：

信息本身是无形的。参见 Microsoft Corp. v. AT & T Corp., 550 U. S. 437, 451 n. 12（2007）；Bayer AG v. Housey Pharm., Inc., 340 F. 3d 1367, 1372（Fed. Cir. 2003）。因此，我们已把处理收集的信息当作抽象思维的领域，包括针对特定的内容的信息（这不会改变其作为信息的属性）。参见因特网专利的示例，790 F. 3d at 1349；OIP Techs., Inc. v. Amazon. com, Inc., 788 F. 3d 1359, 1363（Fed. Cir. 2015）；Content Extraction & Transmission LLC v. Wells Fargo Bank, Nat'l Ass'n, 776 F. 3d 1343, 1347（Fed. Cir. 2014）；Digitech Image Techs., LLC v. Elecs. for Imaging, Inc., 758 F. 3d 1344, 1351（Fed. Cir. 2014）；CyberSource Corp. v. Retail Decisions, Inc., 654 F. 3d 1366, 1370（Fed. Cir. 2011）。以类似的方式，我们把通过人们在其头脑中或通过数学算法进行的步骤来处理分析信息，除此之外别无他物的内容，当作抽象思维类别中实质上的智力方法。参见 TLI Commc'ns, 823 F. 3d at 613；Digitech, 758 F. 3d at 1351；SmartGene, Inc. v. Advanced Biological Labs., SA, 555 F. App'x 950, 955（Fed. Cir. 2014）；Bancorp Servs., L. L. C. v. Sun Life Assurance Co. of Canada（U. S.）, 687 F. 3d 1266, 1278（Fed. Cir. 2012）；CyberSource Corp. v. Retail Decisions, Inc., 654 F. 3d 1366, 1372（Fed. Cir. 2011）；SiRF Tech., Inc. v. Int'l Trade Comm'n, 601 F. 3d 1319, 1333（Fed. Cir. 2010）；亦可参见 Mayo, 132 S. Ct. at 1301；Parker v. Flook, 437 U. S. 584,

589-90（1978）；*Gottschalk v. Benson*，409 U. S. 63，67（1972）。我们已经认识到，仅呈现收集和分析信息的抽象处理结果，除此之外再无他物（如可辨识的特殊表达工具），则该呈现的结果作为收集和分析的补充部分，仍是抽象的。参见 *Content Extraction*，776 F. 3d at 1347；*Ultramercial*，*Inc. v. Hulu*，*LLC*，772 F. 3d 709，715（Fed. Cir. 2014）。

参见 *Electric Power Group*，*LLC v. Alstom*，*S. A.*，830 F. 3d 1350，1353-54，119 USPQ2d 1739，1741-42（Fed. Cir. 2016）。

A. 有关数据比较的概念，其能在头脑中操作或类似于人类的脑力劳动

把有关在头脑中执行数据比较的概念认定为抽象思维的判例是 *CyberSource Corp. v. Retail Decisions*，654 F. 3d 1366，99 USPQ2d 1690（Fed. Cir. 2011）。在 *Cyber Source* 案中，专利权人要求保护一种用于验证因特网上的信用卡交易有效性的方法，以及一种包含用于执行该方法的程序指令的计算机可读介质。该方法包括在所要验证的信用卡交易的因特网地址上获得其他交易信息，基于其他交易构建信用卡数目的地图，并利用该地图来确定信用卡交易是否有效。参见 654 F. 3d at 1367-68，99 USPQ2d at 1692。虽然专利权人认为该方法不能在没有因特网的情况下进行，但权利要求中没有任何内容要求使用因特网来获取数据（如不同于从预先汇编的数据库中获取数据）。参见 654 F. 3d at 1370，99 USPQ2d at 1693。法院因此得出结论，该方法可以在人的头脑中操作，也可以由人使用笔和纸操作，因此该权利要求是有关"获取和比较与商业风险相关的无形数据"的智力方法。参见 654 F. 3d at 1370 and 1372，99 USPQ2d at 1694 and 1695。

另一个示例是 *University of Utah Research Foundation v. Ambry Genetics*，774 F. 3d 755，113 USPQ2d 1241（Fed. Cir. 2014）。在 *Ambry Genetics* 案中，专利权人要求保护针对改变的 BRCA 基因检查人类基因组的方法，包括将人类 BRCA 基因序列与原生型基因序列进行比较，确定出现的所有差异。参见 774 F. 3d at 763-764，113 USPQ2d at 1246。联邦巡回上诉法院确定这些权利要求是针对"比较 BRCA 序列和确定存在的改变"的概念，这是一个"抽象的智力方法"（出处同上）。

把类似于人类智力工作的数据比较的概念定义为抽象思维的判例是 *Mortgage Grader*，*Inc. v. First Choice Loan Servs.*，811 F. 3d. 1314，1324，117 USPQ2d 1693，1699（Fed. Cir. 2015）。在 *Mortgage Grader* 案中，专利权人要求保护一种通过计算机实现的系统，允许借款人通过由多个贷方提供的贷款资金匿名购物，包括存储贷方的贷款资金数据的数据库，以及提供操作界面和评级模块的计算机系统。操作界面提示借款人输入个人信息，评级模块使用该信息计算借款人的信用评级，并允许借款人使用信用评级鉴别和比较数据库中的贷款包。参见 811 F. 3d. at 1318，117 USPQ2d at 1695。联邦巡回上诉法院确定这些权利要求是有关"匿名贷款购物"的概念，这个概念可以"在没有计算机的情况下由人操作"参见 811 F. 3d. 811 F. 3d. at 1324，117 USPQ2d at 1699。

此类概念的其他示例包括：

i. 收集和比较已知信息，*Classen Immunotherapies*, *Inc. v. Biogen IDEC*，659 F. 3d 1057，1067，100 USPQ2d 1492，1500（Fed. Cir. 2011）；和

ii. 通过进行临床试验和分析结果来诊断异常情况，*In re Grams*，888 F. 2d 835，840，12 USPQ2d 1824，1828（Fed. Cir. 1989）；参见 *CyberSource*，654 F. 3d at 1372 n. 2，99 USPQ2d at 1695 n. 2（描述了 Grams 案例中的抽象思维）。

B. 有关用智力操作或用类似于人的智力工作的方式组织或分析信息的概念

把有关用智力操作的方式组织或分析信息的概念定义成抽象思维的判例是 *Synopsys*, *Inc. v. Mentor Graphics Corp.*，839 F. 3d 1138，120 USPQ2d 1473（Fed. Cir. 2016）。在 *Synopsys* 案中，专利权人要求保护逻辑电路设计的方法，包括将传感电平锁存的功能描述转换成锁存器的硬件组件描述。参见 839 F. 3d at 1140；120 USPQ2d at 1475。虽然专利权人认为这些权利要求旨在与基于计算机的设计工具结合使用，但是上述权利要求并未包括任何要求计算机实施这些方法的限定，因此并不涉及计算机的任何使用。参见 839 F. 3d at 1145；120 USPQ2d at 1478 – 79。因此，法院得出结论认为，这些权利要求可以"只凭智力或者用纸笔的形式单独执行所要求保护的步骤"，并且是有关"将逻辑电路的功能描述转换为逻辑电路的硬件组件描述"的智力方法。参见 839 F. 3d at 1149 – 50；120 USPQ2d at 1482 – 83。

把有关类似于人的智力方法的方式组织或分析信息的概念定义成抽象思维的判例是 *Content Extraction and Transmission LLC v. Wells Fargo Bank*，*N. A.*，776 F. 3d 1343，113 USPQ2d 1354（Fed. Cir. 2014）。在 *Content Extraction* 案中，专利权人要求保护一种应用程序接口，其包括从电脑打印件中提取数据的扫描仪，从提取的数据中识别特定信息的处理器，以及存储所识别的信息的存储器。参见 776 F. 3d at 1345，13 USPQ2d at 1356。法院判定这些权利要求涉及"数据采集、识别和存储"的基本概念，指出人们一直在执行这些功能，银行已经进行了一段时间的审查、识别相关数据，如账户持有人的金额、账号和身份，并将这些信息存储在他们的记录中。参见 776 F. 3d at 1347，113 USPQ2d at 1358。专利权人认为"其权利要求不是抽象思维，因为人的思维无法处理并识别扫描仪输出的比特流❶"，但法院未采纳其主张，陈述"在 *Alice* 案中的权利要求也需要一台处理比特流的计算机，但仍然被认为是抽象思维"（出处同上）（援引 *Alice Corp.*，134S. Ct. at 2358，110 USPQ2d at 1983）。

另一个示例是 *FairWarning IP*，*LLC v. Iatric Sys.*，*Inc.*，839 F. 3d 1089，120 USPQ2d 1293（Fed. Cir. 2016）。在 *FairWarning* 案中，专利权人要求保护检测计算机环境中的欺诈和/或滥用行为的系统和方法，包括收集有关访问患者个人健康情况等信息，根据若干规则之一分析信息（即有关对超出特定卷宗的访问、在预定时间间隔期间的访问或对特定用户的访问）以确定活动是否表示不正当的访问，并且如果确定已经发生了不正当访问则提供通知。参见 839 F. 3d. at 1092，120 USPQ2d at 1294。法院认为这

---

❶ 比特流（stream of bits），指供数字化设备识别的二进制码的数据流。

些权利要求是关于"收集和分析信息以检测滥用并在检测到滥用时通知用户"的概念。法院还指出,这里所要求保护的规则与 *McRO* 案中的规则不同,因为"相同的问题(尽管可能用不同的词语表达),在类似的检测欺诈的情形中人们早已问过,即使没有几个世纪,也已有几十年了"。参见 839 F. 3d. at 1094 – 95, 120 USPQ2d at 1296。

此类概念的其他示例包括:

i. 收集、显示和处理数据,参见 *Intellectual Ventures I LLC v. Capital One Fin. Corp.*, 850 F. 3d 1332, 1340, 121 USPQ2d 1940, 1946 (Fed. Cir. 2017);

ii. 收集信息、分析信息并显示收集和分析的某些结果,参见 *Electric Power Group, LLC v. Alstom, S. A.*, 830 F. 3d 1350, 1351, 119 USPQ2d 1739, 1739 (Fed. Cir. 2016);

iii. 创建索引并使用该索引检索数据,参见 *Intellectual Ventures ILLC v. Erie Indem. Co.*, 850 F. 3d 1315, 1327, 121 USPQ2d 1928, 1936 (Fed. Cir. 2017);

iv. 利用组织结构和产品组层次确定价格,参见 *Versata Dev. Group v. SAP Am., Inc.*, 793 F. 3d 1306, 1312 – 13, 115 USPQ2d 1681, 1685 (Fed. Cir. 2015);

v. 编码和解码图像数据,参见 *RecogniCorp, LLC v. Nintendo Co.*, 855 F. 3d 1322, 1326, 122 USPQ2d 1377, 1379 (Fed. Cir. 2017);

vi. 通过数学相关性组织信息,参见 *Digitech Image Techs., LLC v. Electronics for Imaging, Inc.*, 758 F. 3d 1344, 1350 – 51, 111 USPQ2d 1717, 1721 (Fed. Cir. 2014);

vii. 转发邮寄地址数据,参见 *Return Mail, Inc. v. U. S. Postal Service*, -- F. 3d --, -- USPQ2d --, slip op. at 30 – 31 (Fed. Cir. August 28, 2017);和

viii. 保留在线表格导航中的信息,参见 *Internet Patents Corp. v. Active Network, Inc.*, 790 F. 3d 1343, 1348, 115 USPQ2d 1414, 1417 – 18 (Fed. Cir. 2015)。

C. 被描述为没有特定具体形式或有形形式想法的概念

将被描述为没有特定具体形式或有形形式想法的概念定义为抽象思维的判例是 *Ultramercial, Inc. v. Hulu, LLC*, 772 F. 3d 709, 112 USPQ2d 1750 (Fed. Cir. 2014)。在 *Ultramercial* 案中,专利权人要求保护一种涵盖 11 个步骤的方法,用于播放广告以换取对版权保护的视听媒体的访问,步骤包括接收版权保护的视听媒体,选择广告,以收看选择的广告来换取视听媒体的供应,播放广告,允许客户访问视听媒体,从广告商那里接收付款。参见 772 F. 3d. at 715, 112 USPQ2d at 1754。联邦巡回上诉法院认定"组合的步骤记载了一种抽象概念———一个没有特定具体或有形形式的想法",因此是一种抽象思维,法院称之为"把放广告作为交换物或通货"(出处同上)。

另一个示例是 *Versata Dev. Group v. SAP America, Inc.*, 793 F. 3d 1306, 115 USPQ2d 1681 (Fed. Cir. 2015)。*Versata* 案中的专利权人要求保护一种为采购组织提供确定产品价格的系统和方法,包括设置机构组的等级和产品组的等级,存储与机构组和产品组相关的定价信息,检索和排序适用的定价信息,并使用存储的定价信息确定产品价格。参见 793 F. 3d at 1312 – 13, 115 USPQ2d at 1685。联邦巡回上诉法院将这些权利要求描述为"有关使用机构组和产品组的等级来确定价格的抽象思维,类似于 *Alice* 案中关于

居间结算的抽象思维的权利要求,以及 *Bilski* 案中有关对冲交易的抽象思维的权利要求"。参见 793 F. 3d at 1333;115 USPQ2d at 1700。法院还指出,"用机构组和产品组的等级来确定价格是抽象思维,没有特定的具体形式或有形形式或应用。它是一种组成部分,是组织信息的基本概念框架"。参见 793 F. 3d at 1333 - 34;115 US-PQ2d,1701。

这类概念的另一个示例是 *In re Brown*,645 Fed. App'x 1014,1017(Fed. Cir. 2016)(非判例)。*Brown* 案中的申请人请求保护一种理发方法,有效地分配头发配比来与头部形状相对应,包括识别头部形状,将头部指定为至少三个分区,识别至少三种发型,为每一个分区指定至少一种发型,以增加配比或减轻配比,并根据指定的发型使用剪刀理发(*Id*. at 1015)。联邦巡回上诉法院将这些权利要求描述为"指定发型设计以平衡头部形状的抽象思维",因为"识别头部形状并相应地应用发型设计是一种抽象思维,正如委员会指出的那样,完全能够在一个人头脑中执行"(*Id*. at 1016 - 17)。

Ⅳ. "数学关系/公式"

短语"数学关系/公式"用于描述数学概念,如数学算法、数学关系、数学公式和计算。法院使用术语"算法"来指代数学程序和数学公式,包括:将二进制编码的十进制数字❶转换成纯二进制数字的程序,*Gottschalk v. Benson*,409 US 63,65,175 US-PQ2d 673,674(1972);用于计算警报阈值的数学公式,*Parker v. Flook*,437 U. S. 584,588 - 89,198 USPQ2d 193,195(1978);以及用于分析临床数据以确定医学异常情况的存在和特性及其可能原因的一系列步骤。参见 *In re Grams*,888 F. 2d 835,837 and n. 1,12 USPQ2d 1824,1826 and n. 1(Fed. Cir. 1989)("算法未用数学公式的形式表达并不重要。权利要求中使用描述解决问题的数据操作术语,可以实现与公式相同的目的")。

过去,最高法院有时将数学概念描述为自然规律,有时将这些概念描述为司法排除对象但不指明排除对象的特定类型。参见 *Benson*,409 U. S. at 65,175 USPQ2d at 674;*Flook*,437 U. S. at 589,198 USPQ2d at 197。然而,法院的最新观点肯定地将数学关系和公式描述为抽象思维。参见 *Alice Corp. Pty. Ltd. v. CLS Bank Int'l*,134 S. Ct. 2347,2355,110 USPQ2d 1976,1981(描述 *Flook* 案时法院认为"在催化转化过程中计算'警报阈值'的数学公式也是一种专利不适格的抽象思维");*Bilski v. Kappos*,561 U. S. 593,611 - 12,95 USPQ2d 1001,1010(指出要求保护的"在权利要求1中被描述的,以及在权利要求4中被简化成数学公式的对冲交易概念",是一种不可专利的抽象思维,就像 *Benson* 案和 *Flook* 案中有争议的算法")。

A. 与数学关系或公式有关的概念

将数学关系或公式作为司法排除对象的判例是 *Diamond v. Diehr*,450 U. S. 175,

---

❶ 原文表述是 binary - coded decimal numerals,即 BCD 码,它是把一个十进制数中的每一位数字均用四位二进制码表达,如十进制数 92 采用 BCD 码表示就是 1001 0010。

209 USPQ 1（1981）。*Diehr* 案中的申请人请求保护一种操作橡胶成型压制机的方法，包括提供特定批次的待成型橡胶所特有的活化常数（C），和取决于模具几何形状的常数（x）。一旦橡胶压制机关闭后，持续确定模具的温度（Z），使用 Arrhenius 方程（ln(v) = CZ + x）反复计算总固化时间（v），并将总固化时间与经过的时间进行比较，当比较显示相等时，自动打开压制机。参见 450 U. S. at 178 n. 2 and 179 n. 5；209 USPQ at 1052 n. 2 and 1053 n. 5。最高法院指出，诸如要求保护的 Arrhenius 方程之类的数学公式是一种排除对象，类似于科学原理或自然现象，为非法定主题（一种排除对象）。参见 450 U. S. at 191 – 92 and n. 14；209 USPQ at 1059 and n. 14。另参见 *Mayo Collaborative Servs. v. Prometheus Labs.*, *Inc.*, 566 U. S. 66，71，101 USPQ2d 1961，1965（2012）（请注意 *Diehr* 案中"指出基本数学方程式类似于自然规律，不具有可专利性"）。

此类概念的其他示例包括：

i. 用于将二进制编码的十进制数转换为纯二进制数的算法，参见 *Benson*，409 U. S. at 64，175 USPQ at 674；

ii. 一种计算警报阈值的公式，参见 *Flook*，437 U. S. at 585，198 USPQ at 195；

iii. 一种描述特定电磁驻波现象的公式，参见 *Mackay Radio & Tel. Co. v. Radio Corp. of America*，306 U. S. 86，91，40 USPQ 199，201（1939）；和

iv. 一种用于对冲交易的数学公式，参见 *Bilski*，561 U. S. at 599，95 USPQ2d at 1004 – 05。

B. 与执行数学计算有关的概念

将有关执行数学计算的概念定义为抽象思维的判例是 *Bancorp Servs.*，*LLC v. Sun Life Assur. Co. of Canada*（*U. S.*），687 F. 3d 1266，103 USPQ2d 1425（Fed. Cir. 2012）。在 *Bancorp* 案中，专利权人要求保护一种代表保单持有人管理人寿保险单的方法和系统，其中包括如下步骤：生成人寿保险单，其包括初始价值是基于承销证券价值的稳健型保值投资，计算为人寿保险单交纳的保值投资存款；确定当日承销证券的投资值和价值；并计算当日的保险单价值和保险单组合价值。参见 687 F. 3d at 1270 – 71，103 USPQ2d at 1427。法院通过查看说明书理解该权利要求，注意到"如说明书中的公式所示，对［要求保护的］价值的确定，以及随后的处理仅是一个数学计算的问题"。因此，法院认定该权利要求是关于"通过运行计算和处理结果来管理稳健型保值人寿保险单的抽象思维"。参见 687 F. 3d 1280，103 USPQ2d at 1434。

另一个判例是 *Digitech Image Techs.*，*LLC v. Electronics for Imaging*，*Inc.*，758 F. 3d 1344，111 USPQ2d 1717（Fed. Cir. 2014）。在 *Digitech* 案中，专利权人要求保护一种生成第一和第二数据的方法，通过获取现有信息、使用数学公式处理数据并将这些信息组织成新的形式来实现。法院解释说，这种权利要求是一种抽象思维，因为其描述了一种通过数学关联性来组织信息的过程，类似于 *Flook* 案的使用数学公式计算的方法。参见 758 F. 3d at 1350，111 USPQ2d at 1721。

此类概念的其他示例包括：

i. 用于确定商业代表对客户的最佳访问次数的算法，参见 *In re Maucorps*，609 F. 2d 481，482，203USPQ 812，813（CCPA 1979）；

ii. 用于计算指示异常状况参数的算法，参见 *In re Grams*，888F. 2d 835，836，12 USPQ2d 1824，1825（Fed. Cir. 1989）；和

iii. 计算局部值和平均值之间的差异，参见 *In re Abele*，684 F. 2d 902，903，214 USPQ 682，683 – 84（CCPA 1982）。

2106.04（b）自然规律、自然现象和自然产物（2017.08 修订）

法院确定的自然规律和自然现象包括自然发生的规律和关系，以及自然状貌的产品，该产品是天然存在的，或者与自然产物相比没有显著不同的特征。法院经常使用其他术语来描述这些排除对象，包括"物理现象""科学原理""天然的规律"和"自然产物"。

I. 自然规律和自然现象、普遍情况

将自然规律和自然现象排除反映了最高法院的观点，即科学和技术工作的基础工具不可获得专利保护，因为"自然规律的表现形式"是"知识库的一部分"，"对所有人都是免费的，不为任何人作排他保留"。参见 *Funk Bros. Seed Co. v. Kalo Inoculant Co.*，333 U. S. 127，130，76 USPQ 280，281（1948）。因此，基于 101 条，"在地球中发现的新矿物或在野外发现的新植物不是可专利的主题"，*Diamond v. Chakrabarty*，447 U. S. 303，309，206 USPQ 193，197（1980）。"同样，爱因斯坦也不能以他著名的定律 $E = mc^2$ 获得专利保护；牛顿也不能以万有引力定律获得专利保护。"（出处同上）。也没有人能为以下内容获得专利保护："一种新颖且有用的数学公式"。*Parker v. Flook*，437 U. S. 584，585，198 USPQ 193，195（1978）；电磁或蒸汽动力，*O'Reilly v. Morse*，56 U. S.（15 How.）62，113 – 114（1853）；或者"……细菌的性质，……来自太阳、电力的热量，或者金属的性质"，*Funk*，333 U. S. at 130，76 USPQ at 281；另见 *Le Roy v. Tatham*，55 U. S.（14 How.）156，175（1853）。

法院已将以下概念和产品确定为自然规律或自然现象的示例：

i. 分离的 DNA，参见 *Ass'n for Molecular Pathology v. Myriad Genetics, Inc.*，133 S. Ct。2107，2116 – 17，106 USPQ2d 1972，1978 – 79（2013）；

ii. 一种克隆的家畜，如绵羊，参见 *In re Roslin Institute（Edinburgh）*，750 F. 3d 1333，1337，110 USPQ2d 1668，1671（Fed. Cir. 2014）；

iii. DNA 非编码区的变异与 DNA 编码区中的等位基因之间的关系，参见 *Genetic Techs. Ltd. v. Merial LLC*，818 F. 3d 1369，1375，118 USPQ2d 1541，1545（Fed. Cir. 2016）；

iv. 一种对比关系，它是对比某种化合物如何被身体代谢的结果，参见 *Mayo Collaborative Servs. v. Prometheus Labs.*，566 U. S. 66，75 – 77，101 USPQ2d 1961，1967 – 68

（2012）；

v. 身体样本（如血液或血浆）中髓过氧物酶的存在与心血管疾病风险之间的相关性，参见 *Cleveland Clinic Foundation v. True HealthDiagnostics*，*LLC*，859 F. 3d 1352，1361，123 USPQ2d 1081，1087（Fed. Cir. 2017）；

vi. 传输信号的电磁，参见 *O'Reilly v. Morse*，56 U. S. 62，113（1853）；

vii. 细菌的性质，如它们在其他细菌中产生抑制或非抑制状态的能力，参见 *Funk Bros.*，333 U. S. at 130，76 USPQ at 281；

viii. 被称为"引物"的单链 DNA 片段，参见 *University of Utah Research Foundation v. Ambry Genetics Corp.*，774 F. 3d 755，761，113 USPQ2d 1241，1244（Fed. Cir. 2014）；

ix. 脂肪素与水结合的化学原理，参见 *Tilghman v. Proctor*，102 U. S. 707，729（1880）；和

x. 在母体血液中存在的无细胞胎儿 DNA（cffDNA），*Ariosa Diagnostics*，*Inc. v. Sequenom*，788 F. 3d 1371，1373，115 USPQ2d 1152，1153（Fed. Cir. 2015）。

然而，法院还指出，并非所有描述产品自然性能或性质，以及描述自然过程的权利要求都必然是"有关"自然规律或自然现象。例如，用化疗治癌的方法不是关于癌细胞在化疗试剂中不能存活的现象，用阿司匹林治疗头痛的方法也不是关于人体对阿司匹林的天然反应。参见 *Rapid Litig. Mgmt. v. CellzDirect*，*Inc.*，827 F. 3d 1042，1048 - 49，119 USPQ2d 1370，1374（Fed. Cir. 2016）（记载了分离、回收和冷冻保存肝细胞工艺步骤的权利要求，被认为是适格的，因为它们没有仅观察或检测肝细胞在多次冻融循环中的存活能力）。类似地，制备新化合物的方法不是关于各组分组合形成新化合物的能力。出处同上，也参见 *Tilghman v. Proctor*，102 U. S. 707，729（1881）（记载了在高温和高压环境下通过水解脂肪来制造脂肪酸和甘油的工艺步骤的权利要求，被认定为适格，因为该权利要求没有聚焦脂肪能被水解成它的组分的化学原理）。

如 MPEP § 2106.04 中所述，当记载自然规律或自然现象的权利要求有关司法排除对象时（步骤2A：是），需要在步骤2B中进一步分析确定，该权利要求是否记载了带有排除对象的专利适格申请。除非权利要求记载了另一种排除对象（如抽象思维或自然产物），否则在路径 B 中没有记载自然规律或自然现象的权利要求就是适格的（步骤2A：否）。

II. 自然产物

当自然规律或自然现象被作为实物产品要求保护时，法院经常将该排除对象称为"自然产物"。例如，在 *Myriad* 案中分离的 DNA 和在 *Ambry Genetics* 案中的引物，被法院描述为自然产物。参见 *Ass'n for Molecular Pathology v. Myriad Genetics*，*Inc.*，133 S. Ct. 2107，2116 - 17，106 USPQ2d 1972，1979（2013）；*University of Utah Research Foundation v. Ambry Genetics*，774 F. 3d 755，758 - 59，113 USPQ2d 1241，1243（Fed. Cir. 2014）。正如那些判决所解释的那样，自然产物被认为是一种排除对象，因为它们阻碍了对天然出现的事物的使用，而自然产物既被归类为自然规律又被归类于

自然现象。参见 *Myriad Genetics，Inc.*，133 S. Ct. at 2116 - 17，106 USPQ2d at 1979（有关分离的 DNA 的权利要求被认定为不适格，因为它们"要求保护天然发生的现象"，并且"完全属于自然规律式排除对象的范畴"）；*Funk Bros. Seed Co. v. Kalo Inoculant Co.*，333 U. S. 127，130，76 USPQ 280，281（1948）（有关细菌混合物的权利要求因被认定为"自然规律的表现"和"自然现象"而不适格）。本局的适格分析的步骤 2A 使用"自然规律"和"自然现象"这两个词来涵盖"自然产物"。

重要的是应当记住，作为自然产物的排除对象包括天然存在的产物，以及任何与类似的天然产物缺乏明显区别特征的非天然产物。参见 *Ambry Genetics*，774 F. 3d at 760，113 USPQ2d at 1244（"与 *Myriad* 案的辩解相反，所定义的合成复制出的基因序列没有差异性。正如最高法院明确指出的那样，无论是天然存在的组合物，还是在结构上与天然存在的组合物相同的合成组合物，均不能专利适格"）。因此，合成的、人造的或非天然存在的产物，如克隆的生物体或人造的杂交植物，并不能因为它是由人的聪明才智或干预产生的而自动适格。参见 *In re Roslin Institute（Edinburgh）*，750 F. 3d 1333，1337，110 USPQ2d 1668，1671 - 72（Fed. Cir. 2014）（克隆羊）；对比案例 *J. E. M. Ag Supply，Inc. v. Pioneer Hi - Bred Int'l，Inc.*，534 U. S. 130 - 132，60 USPQ2d 1868 - 69（2001）（杂交植物）。相反，所有非天然产物适格的关键在于，它们是否具有与任何天然存在的类似物显著不同的特征。

当权利要求记载了自然状貌的产品的限定时，审查员应使用MPEP § 2106.04（c）中讨论的显著不同特征分析来评估自然状貌的产品的限定，并确定步骤 2A 的答案。如此处的用法，自然状貌的产品虽然包含了适格与不适格的产品，但只不过是指那些受显著不同特征分析影响的产品类型，所述显著不同的特征分析用于确定自然产物型排除对象。自然状貌的产品的实例包括 *Myriad* 案中的分离基因和 cDNA 序列、*Roslin* 案中克隆的农场动物和 *Chakrabarty* 案中的细菌。从这些示例中可以明显看出，如 MPEP § 2105 中进一步讨论的那样，作为自然状貌的产品的生物体（如植物、动物、细菌等）没有仅仅因为它是生物而被排除在专利保护之外。如果满足了显著不同特征分析，那么这样的产品就能对申请专利适格。

重要的是应当记住，根据权利要求的最宽泛合理解释（BRI），自然状貌的产品的限定可能既包含适格的产品，也包含不适格的产品。例如，关于"克隆长颈鹿"的权利要求，以最宽泛合理解释，可能包含具有显著不同特征的克隆长颈鹿，以及缺乏显著不同特征因而是自然产物的克隆长颈鹿。对比案例 *Roslin*，750 F. 3d at 1338 - 39，110 USPQ2d at 1673（申请人不能依靠未要求的特征来区分所要求保护的哺乳动物和哺乳动物供体）。权利要求有关自然产物时（步骤 2A：是），如果该权利要求最终因为未能包含发明构思而被否决（步骤 2B：否），最佳做法是让审查员指出最宽泛合理解释，并在可能的情况下建议修改，以便将权利要求的保护范围缩小到那些不涉及自然产物的实施例，或者其他的适格情形。

对于记载了自然状貌的产品的限定（可能是也可能不是自然产物型排除对象），但又明确不是寻求占有任何司法排除对象的发明的权利要求，审查员应考虑在

MPEP§2106.06中讨论的简要适格分析是否适用。在这种情况下,不必进行显著不同特征分析。

2106.04(c) 显著不同特征分析(2017.08修订)

显著不同特征分析是步骤2A的一部分,法院使用这种分析来确定自然产物型排除对象。例如,当因为所要求保护的细菌具有"与自然界中所发现的细菌显著不同的特征"而确定其不是自然产物时,Chakrabarty案依据了所要求保护的细菌与天然存在的细菌之间的比较。参见 Diamond v. Chakrabarty, 447 U.S. 303, 310, 206 USPQ 193, 197(1980)。同样地,当确定所要求保护的绵羊"不具有'与自然界中发现的任何[农场动物]有显著不同的特征'而属于自然产物时,Roslin案依据了所要求保护的绵羊与天然出现的绵羊之间的比较"。参见 In re Roslin Institute (Edinburgh), 750 F. 3d 1333, 1337, 110 USPQ2d 1668, 1671–72(Fed. Cir. 2014)(引用 Chakrabarty, 447 U.S. at 310, 206 USPQ at 197(原文中改写))。

本节阐述了执行显著不同特征分析的准则,包括何时执行分析及如何执行分析。在对记载了自然状貌的产品限定的权利要求进行适格分析时,审查员应参考这些指南。如其所述,自然状貌的产品既包括适格的产品,又包括不适格的产品,而只不过是指那些受显著不同特征分析影响的产品类型,其中所述分析用于确定自然产物型排除对象。

如果权利要求包括具有显著不同特征的自然状貌的产品,则该权利要求未记载自然产物型排除对象,在路径B中适格(步骤2A:否),除非该权利要求记载了其他排除对象(如自然规律或抽象思维,或不同的自然现象)。对于整个权利要求书是单一自然状貌的产品的权利要求时(如一种"乳酸菌属细菌"的权利要求),一旦显示该产品具有显著不同的特征,就不需要进一步适格分析,因为没有自然产物型排除对象被记载(即步骤2B不是必需的,因为步骤2A的答案为否)。对于包括了自然状貌的产品之外的其他限定的权利要求,审查员应考虑权利要求是否记载了其他排除对象,因此需要进一步的适格分析。

如果权利要求包括自然状貌的产品,该产品与其天然产生的对应物在自然状态下没有显著不同的特征,则该权利要求有关自然产物型排除对象(步骤2A:是),并且需要在步骤2B中进一步分析,确定权利要求中的任何附加元素是否明显超过了排除对象。

I.何时进行显著不同特征分析

因为自然状貌的产品可以单独要求保护(如"乳酸菌属细菌")或作为权利要求的一个或多个限定(如"容器中的包含乳酸菌和牛奶混合物的益生菌组合物"),所以应当考虑,当从整体上看这些产品不具有自然属性时,不要将显著不同特征分析过度扩展到到产品上。相反,显著不同特征分析应当仅应用于权利要求中自然状貌的产品的限定,以确定自然状貌的产品是否是"自然产物"型排除对象。

A. 产品权利要求

如果权利要求是自然状貌的产品本身（如一种"乳酸菌属细菌"的权利要求），则应对整个产品应用显著不同特征分析。参见 *Chakrabarty*，447 US，305，309 - 10，206 USPQ，195，197 - 98（将分析应用到整个要求保护的"假单胞菌属细菌，其中含有至少两个稳定的产生能量的质粒，每个所述质粒提供单独的烃降解途径"中）。

如果权利要求是通过合成多种成分而形成的自然状貌的产品（如"由乳酸菌和牛奶混合物组成的益生菌组合物"的权利要求），则应当将显著不同特征分析应用于合成后的自然状貌的组合物，而不是它的组分。例如，对于益生菌组合物的示例，应分析乳酸菌与牛奶的混合物的显著不同特征，而不是单独的乳酸菌和单独的牛奶。有关显著不同特征分析的进一步指南请参见 MPEP § 2106.04（c）第Ⅱ小节。

如果权利要求是有关自然状貌的产品与非自然状貌元素的组合（如权利要求是"酸奶发酵盒，由置于容器中的乳酸菌和说明书组成，其中的说明书介绍了用牛奶培养乳酸菌来生产酸奶"），则显著不同特征分析应仅适用于自然状貌的产品的限定。例如，对于酸奶发酵盒的示例，乳酸菌被分析显著不同特征；容器和说明书不会受制于显著不同特征分析，因为它们不是自然状貌的产品，但如果确定乳酸菌与任何天然存在的对应物没有显著不同特征而属于自然产物型排除对象时，则要在步骤 2B 中把容器和说明书作为附加元素进行评估。参见 *Funk Bros. Seed Co. v. Kalo Inoculant Co.*，333 US 127，130，76 USPQ 280，281（1948）（尽管权利要求 7、8、13 和 14 记载了包含细菌混合物和粉末的基底，但仅分析细菌混合物）。

B. 用方法限定的产品权利要求❶

对于用方法限定的产品权利要求（如对通过核转移克隆法产生的克隆农场动物的权利要求），分析转向了权利要求中自然状貌的产品是否与其天然产生的对应物具有显著不同的特征。有关方法限定的产品权利要求的更多信息，请参阅 MPEP § 2133。

C. 方法权利要求

对于方法权利要求，通常的规则是权利要求不受制于对方法中所使用的自然状貌的产品的显著不同分析。这是因为对方法权利要求的分析应该聚焦于方法的有效步骤，而不是这些步骤中使用的产品。例如，当评估一种要求保护的冷冻保存肝细胞方法时，该方法包括通过密度的梯度分级来分离存活的和失活的肝细胞，回收存活肝细胞，并冷冻保存回收的存活肝细胞，法院并没有让该权利要求受制于对方法中所使用的自然状貌的产品（肝细胞）的显著不同特征分析。参见 *Rapid Litig. Mgmt. v. CellzDirect, Inc.*，827 F. 3d 1042，1049，119 USPQ2d 1370，1374（Fed. Cir. 2016）（权利要求涉及

---

❶ 原文表述是 product - by - process claim，在中国的《专利审查指南》中也有类似规定：产品权利要求……当无法用结构特征并且也不能用参数特征予以清楚地表征时，允许借助于方法特征表征。

创建多级冷冻保存肝细胞的制备方法，而不是制备物本身）。

然而，在有限的情况下，方法权利要求以一种与产品权利要求实质上没有差异的撰写方式记载了自然状貌的产品，这种方法权利要求则要受制于对所记载的自然状貌的产品的显著不同分析。这种类型的权利要求的撰写方式侧重于产品而非方法步骤。例如，一种权利要求全部记载的内容是"一种提供苹果的方法"，在最宽泛合理解释下，这种权利要求聚焦在苹果果实本身，这是一种自然状貌的产品。类似地，要求保护检测母体血液中天然存在的无细胞胎儿 DNA（cffDNA）被认为是针对 cffDNA 的，因为"cffDNA 的存在和固定是一种自然现象［并因此］确定它的存在是仅要求保护自然现象本身"。参见 Rapid Litig. Mgmt., 827 F. 3d at 1048, 119 USPQ2d at 1374,（在 Ariosa Diagnostics, Inc. v. Sequenom, 788 F. 3d 1371, 115 USPQ2d 1152（Fed. Cir. 2015）案中解释了该观点）。

II．如何进行显著不同特征分析

显著不同特征分析将自然状貌的产品的限定与在天然状态下的自然对应物进行比较。显著不同的特征可以表示为产品的结构、功能和/或其他特性，并且根据个案权利要求中的记载进行评估❶。如果分析表明自然状貌的产品的限定没有表现出显著不同的特征，则该限定是自然产物型排除对象。如果分析表明自然状貌的产品的限定确实具有显著不同的特征，则该限定不是自然产物型排除对象。

审查员应该记住，如果限定自然状貌的产品是自然产生的，则不需要进行显著不同特征分析，因为该限定定义了有关自然产生的产品，所以属于自然产物型排除对象。然而，如果限定自然状貌的产品不是自然产生的，如是由于某种人工干预产生，那么必须进行显著不同特征分析以确定所要求保护产品的限定是否属于自然产物型排除对象。

本节阐述了执行显著不同特征分析的指导原则，包括以下内容：（a）针对自然状貌的产品的限定选择合适的自然对应物，（b）确定适当的分析特征，以及（c）评估特征确定是否"显著不同"。

A. 选择合适的对应物

因为显著不同特征分析将自然状貌的产品的限定与在天然状态下的自然产物对应物进行比较，所以分析的第一步是选择与自然状貌的产品相对应的对应物。

当自然状貌的产品源自自然产生的东西时，那么自然产生的东西就是对应物。例如，假设申请人请求保护脱氧酸 A，那么它是一种称为酸 A 的自然存在的化学物质的化学衍生物。因为申请人是通过改变自然存在的酸 A 来创造请求保护的自然状貌的产品（脱氧酸 A），对脱氧酸 A 而言，最接近的自然对应物是它所来源的自然产物，即酸

---

❶ 原文表述是 evaluated...on case – by – case basis，意思是具体问题具体分析，参见《元照英美法词典》case – by – case 词条。

A。参见 *Chakrabarty*，447 U. S. at 305 and n. 1，206 USPQ at 195 and n. 1（含有多个质粒的改变基因的假单胞菌属细菌的对应物，是自然存在的未改变的假单胞菌属细菌，是请求保护的细菌的制造来源）；*Roslin*，750 F. 3d at 1337，110 USPQ2d at 1671－72（克隆羊的对应物是天然存在的绵羊，如产生克隆体的供体母羊）。

虽然选定的对应物应处于它的自然状态，但审查员应注意不要把对应物和与对应物自然共生或相邻的其他物质相混淆。例如，假设申请人请求保护一种核酸，它具有从天然存在的基因 B 中衍生出的核苷酸序列，尽管基因 B 在自然界中作为染色体的一部分存在，但所请求保护的核酸最接近的自然对应物是基因 B，而非整个染色体。参见 *Ass'n for Molecular Pathology v. Myriad Genetics*，*Inc.*，133 S. Ct. 2107，2117－19，106 USPQ2d 1972，1979－81（2013）（将分离的 *BRCA1* 基因和 *BRCA1* cDNA 分子与天然存在的 *BRCA1* 基因进行比较）。类似地，假设申请人请求保护一种单链 DNA 片段（引物），它具有从天然存在的核酸 C 的有义链中衍生的核苷酸序列，尽管核酸 C 在自然界中出现的是具有有义链和反义链的双链分子，但所要求保护的核酸的最接近的自然对应物仅是核酸 C 的有义链。参见 *University of Utah Research Foundation v. Ambry Genetics*，774 F. 3d 755，760，113 USPQ2d 1241，1241（Fed. Cir. 2014）（将单链核酸与自然界中发现的相同链进行比较，即便"在人体中找不到单链 DNA"）。

当自然状貌的产品有多个对应物时，应该与最接近的自然产生的对应物进行比较。例如，假设申请人通过将来自芬兰多赛特❶绵羊的细胞核 DNA 转移到来自苏格兰黑脸羊的卵细胞（其含有线粒体 DNA）中来产生克隆羊 D，申请人要求保护绵羊 D，这里因为绵羊 D 是通过组合来自两个不同品种的天然绵羊的 DNA 而产生的，所以没有单一最接近的自然对应物。因此，审查员应根据自己在特定领域的专业知识选择与绵羊 D 最密切相关的对应物。对于这里讨论的示例，最接近的对应物可能是天然存在的芬兰多赛特绵羊或苏格兰黑脸羊，而不是像大角羊那样的不同品种的绵羊。参见 *Roslin*，750 F. 3d at 1337，110 USPQ2d at 1671－72（请求保护的绵羊是通过将细胞核转移到卵细胞后控制天然胚胎发育而产生的，它被与天然存在的绵羊如细胞核供体母羊进行比较）。当自然状貌的产品是由多个组分产生的组合时，最接近的对应物可以是组合物中各个自然属性的组分。例如，假设申请人请求保护包含来自不同物种的细菌混合物的接种体，如一些物种 E 的细菌和一些物种 F 的细菌，因为在自然界中没有对应物混合物，所以请求保护的混合物的最接近的对应物是混合物的各个组分，即每种天然存在的物种本身。参见示例，*Funk Bros.*，333 U. S. at 130，76 USPQ at 281（比较所请求保护的细菌物种混合物与天然存在的每个物种）；*Ambry Genetics*，774 F. 3d at 760，113 USPQ2d at 1244（尽管请求保护的为一对，但却将单个引物分子与天然存在的基因序列的相应区段进行比较）。参见 MPEP § 2106.04（c），第Ⅱ. C 小节。

如果权利要求因为不适格而被否决，若审查档案先前不够清楚，审查员在审查意见通知书中的"最佳操作"是确定被选的对应物。这种做法有助于申请人作出答复，

---

❶ 原文表述是 Finn－Dorset，是一种家畜绵羊的品种。

并通过审查员对权利要求解释的方式来澄清审查档案。

B. 确定适合分析的特征

因为显著不同特征分析是基于所要求保护的自然状貌的产品与其对应物的特征之间的比较，所以分析的第二步是确定要比较的适当特征。

所要求保护的产品必须具有适当的特征，因为权利要求必须定义获得专利保护的发明。参见 *Roslin*，750 F. 3d at 1338，110 USPQ2d at 1673（未要求保护的特征不对专利适格性产生影响）。审查员可以通过查看权利要求文字所记载的内容，以及对自然状貌的产品的最宽泛合理解释，来确定要求保护的产品所具有的特征。在一些权利要求中，特征被明确地记载。例如，在"脱氧核糖"的权利要求中，所记载的化学名称告知了本领域审查员该产品的结构特征（即前缀"脱氧"表示与核糖相比已去除了羟基）。在另一些权利要求中，即使在权利要求中没有明确地记载特征，该特征也可以从最宽泛合理解释中显而易见。例如，在"分离的基因B"的权利要求中，审查员需要依据对"分离的基因B"的最宽泛合理解释来确定分离的基因具有什么特征。例如，如果有所述特征的话，它的核苷酸序列是什么，以及它的蛋白质如何编码。

适当的特征可用自然状貌的产品的结构、功能和/或其他属性进行表达，并且根据个案进行评估。法院在确定是否存在显著不同时，考虑的特征类型的非限制性示例包括：

- 生物或药理学的功能或活动；
- 化学和物理特性；
- 表现型❶，包括功能和结构特征；和
- 结构与形式，无论是化学的、遗传的还是物理的。

生物学或药理学的功能或活动的实例包括但不限于：

i. 核酸的蛋白质编码信息，参见 *Myriad*，133 S. Ct. at 2111，2116 – 17，106 USPQ2d at 1979；

ii. 互补核苷酸序列相互结合的能力，参见 *Ambry Genetics*，774 F. 3d at 760 – 61，113 USPQ2d at 1244；

iii. 细菌的特性和功能，如感染某些豆科植物的能力，参见 *Funk Bros.*，333 U. S. at 130 – 31，76 USPQ2d at 281 – 82；

iv. 降解某些碳氢化合物的能力，参见 *Diamond v. Chakrabarty*，447 U. S. at 310，206 USPQ2d at 195；和

v. 维生素C预防和治疗坏血病的能力，参见 *In re King*，107 F. 2d 618，27 CCPA 754，756 – 57，43 USPQ 400，401 – 402（CCPA 1939）。

化学和物理特性的实例包括但不限于：

i. 化学化合物的碱度，参见 *Parke – Davis & Co. v. H. K. Mulford Co.*，189 F. 95，103 –

---

❶ 原文表述是 phenotype，是个体的体格、生物化学和生理学特性的总和，也称显型。

04 (S. D. N. Y. 1911);和

ii. 金属的延展性或柔韧性,参见 *In re Marden*,47 F. 2d 958,959,18 CCPA 1057,1059,8 USPQ 347,349 (CCPA 1931)。

表现型特征的实例包括但不限于:

i. 功能和结构特征,如生物的形状、大小、颜色和行为,参见 *Roslin*,750 F. 3d at 1338,110 USPQ2d at 1672。

结构和形式的实例包括但不限于:

i. 物理结构或形式,如细菌细胞中质粒的物理显示,参见 *Chakrabarty*,447 U. S. at 305 and n. 1,206 USPQ2d at 195 and n. 1;

ii. 化学结构和形式,如化学物质是"非盐"和"结晶物质",参见 *Parke – Davis*,189 F. at 100,103;

iii. 遗传结构,如 DNA 的核苷酸序列,参见 *Myriad*,133 S. Ct. at 2116,2119,106 USPQ2d at 1979;和

iv. 细胞或有机体的遗传组成(基因类型),参见 *Roslin*,750 F. 3d at 1338 – 39,110 USPQ2d at 1672 – 73。

C. 评估特征以确定其是否"显著不同"

显著不同特征分析的最后一步是将所要求保护的自然状貌的产品的特征与其天然状态下的自然对应物进行比较,以确定所要求保护的产品的特征与之相比是否显著不同。法院强调,为了显示出显著不同,与自然对应物相比特征必须是被改变的,并且不能成为自然对应物的内在的或先天的特征,或者是自然对应物特征的偶然变化。参见 *Myriad*,133 S. Ct. at 2111,106 USPQ2d at 1974 – 75。因此,为了体现显著不同,申请人必须使所要求保护的产品具有至少一种与自然对应物不同的特性。

如果任何特征都没有改变,则要求保护的产品缺乏显著不同的特征,是自然产物型排除对象。如果与对应物相比至少一个特征发生改变,并且变化是源自或产生于申请人的努力或影响,那么该变化通常被认为是显著不同的特征,能使要求保护的产品不成为自然产物型排除对象。

(1) 具有显著不同特征的产品实例。

在 *Chakrabarty* 案中,最高法院确定了要求保护的细菌是一种具有显著不同特征的自然状貌的产品。该细菌具有被改变的功能特征,即与天然存在的只能降解单一烃的假单细胞菌相比,它能够降解至少两种不同的烃。要求保护的细菌也具有不同的结构特征,即它被基因改造后包含了比在单个天然存在的假单细胞菌型细菌更多的质粒。最高法院认为这些改变的特征"与自然界中发现的任何特征显著不同",因为有额外的质粒及由此产生的降解石油中多种烃组分的能力,所以该细菌专利适格。参见 *Diamond v. Chakrabarty*,447 U. S. 303,310,206 USPQ 193,197 (1980)。

在 *Myriad* 案中,最高法院确定了要求保护的 *BRCA1* 基因的全长互补 DNA(cDNA),作为自然状貌的产品,具有显著不同的特征。这种要求保护的 cDNA 具有与天然

存在的基因相同的功能特征（即蛋白质编码相同），但具有改变的结构特征，即与同时含有外显子和内显子的天然序列相比，它是一种仅含有外显子的不同的核苷酸序列。最高法院的结论是，"cDNA保留了天然存在的DNA外显子，但与衍生它的DNA不同。因此，［该］cDNA不是'自然产物'"，所以专利适格。参见 Myriad, 133 S. Ct. at 2119, 106 USPQ2d at 1981。

（2）缺乏显著不同特征的产品实例。

在 Myriad 案中，最高法院明确指出，并非所有特征改变都会上升到显著不同的水平。例如，由基因序列分离引起的偶然变化不足以使分离的基因显著不同。参见 Myriad, 133 S. Ct. at 2111, 106 USPQ2d at 1974-75。Myriad 案中的专利权人已经在人类基因组中发现了 BRCA1 和 BRCA2 基因的位置，并将它们分离出来，即将这些特定基因与它们在自然界中所在染色体的其余部分分开。由于它们的分离，分离的基因具有与天然基因不同的结构特征，即天然基因在其末端具有将它们连接到染色体其余部分的共价键，但是分离的基因缺乏这些键。然而，要求保护的基因在结构上与天然基因相同。例如，它们具有与 BRCA 基因相同的遗传结构和核苷酸序列。最高法院的结论是，这些分离的但未改变的基因不适格，因为它们与自然界中存在的基因没有足够的差别，应避免不恰当地阻碍未来使用和研究天然存在的 BRCA 基因。参见 Myriad, 133 S. Ct. at 2113-14, 106 USPQ2d at 1977（"Myriad 案中的专利如果有效，将赋予它分离单个 BRCA1 和 BRCA2 基因的排他权利……但是分离对于进行基因检测是必需的"），以及 133 S. Ct. at 2118, 106 USPQ2d at 1980（描述了可能的侵权人无法避免 Myriad 案中的权利要求的保护范围）。总之，要求保护的基因与其天然存在的对应物（BRCA 基因）虽然不同，但没有显著不同，因此是自然产物型排除对象。

在 Ambry Genetics 案中，法院确认了将被称为"引物"的要求保护的 DNA 片段为自然产物，因为它们缺乏显著不同的特征。参见 University of Utah Research Foundation v. Ambry Genetics Corp., 774 F. 3d 755, 113 USPQ2d 1241（Fed. Cir. 2014）。要求保护的引物是单链 DNA 片段，每个 DNA 片段对应于天然存在的双链 DNA 序列，所述 DNA 序列在 BRCA 基因之中或在其附近。专利权人认为这些引物与天然 DNA 具有显著不同的结构特征，因为引物是合成产生的，并且"单链 DNA 不能在人体中发现"。但法院并不认同，认为引物的结构特征与自然界中相应的 DNA 链没有显著不同，因为引物与其对应物具有相同的基因结构和核苷酸序列。参见 774 F. 3d at 760, 113 USPQ2d at 1243-44。专利权人还认为引物具有与它们作为 DNA 链的一部分时不同的功能，因为当作为引物被分离时，引物可以用作 DNA 聚合过程的起始材料。法院对此不认同，因为这种作为起始材料的能力是 DNA 本身固有的，并且不是由专利权人创造或改变的。

事实上，这里讨论的天然存在的基因序列不会发挥显著的新功能。相反，天然存在的物质用于形成链式反应的第一步——所执行的功能就是因为引物保持了与天然存在的序列的相关部分完全相同的核苷酸序列。DNA 结构在自然界中的主要功能之一是让互补核苷酸序列彼此结合。在此使用的是相同功能——引物与其互补核苷酸序列结合。因此，就像在自然界中一样，引物利用 DNA 的先天能力与自身结合。

参见 *Ambry Genetics*，774 F. 3d at 760 - 61，113 USPQ2d at 1244。总之，由于所要求保护的引物的特征是天然存在的 DNA 的先天属性，它们缺乏与自然对应物的显著不同特征，因此是自然产物型排除对象。在 *Marden* 案中也得到了类似的结果，法院认为要求保护的柔韧钒不适格，因为"钒的延展性或柔韧性是……它的一个固有特征，而不是通过与其他材料的新组合而赋予它的特征，或者某些化学反应或作用改变其固有特性所带来的特征"。参见 *In re Marden*，47 F. 2d 958，959，18 CCPA 1057，1060，8 USPQ 347，349（CCPA 1931）。

在 *Roslin* 案中，法院得出结论，要求保护的克隆农场动物是自然产物，因为它们与自然界中发现的对应农场动物缺乏显著不同的特征。参见 *In re Roslin Institute（Edinburgh）*，750 F. 3d 1333，1337，110 USPQ2d 1668，1671（Fed. Cir. 2014）。申请人通过将供体的遗传物质转移到卵母细胞（卵细胞）中，让卵母细胞发育成胚胎，然后将胚胎植入代孕动物，并将其培育成幼畜，从而创建了它的克隆体（其中包括名为多莉的著名克隆羊）。申请人认为，包括多莉在内的克隆体专利适格，因为它们是通过人类的聪明才智创造出来的，并且与母体相比，具有表型差异，如形状、大小和行为。法院未被其说服，解释说克隆体是母体的精确遗传复制品，因此没有显著不同特征。参见 750 F. 3d at 1337，110 USPQ2d at 1671 - 72（Roslin 的主要创新是保存供体的 DNA，该克隆体是被摘取体细胞的哺乳动物的精确复制品。这样的复制品不符合专利保护条件）。法院指出，所谓的表型差异（如多莉可能比她的母体更高或更重）这一事实无法使克隆体显著不同，因为这些差异没有被要求保护。参见 750 F. 3d at 1338，110 USPQ2d at 1672。

2106.05 适格步骤 2B：权利要求是否达到明显超过的程度（2017.08 修订）

Ⅰ. 寻找发明构思

虽然抽象思维、自然现象和自然规律不能单独申请专利，但将这些排除对象纳入发明构思的权利要求可以转化为专利适格的发明。参见 *Alice Corp. Pty. Ltd. v. CLS Bank Int'l*，134 S. Ct. 2347，2354，110 USPQ2d 1976，1981（2014）（援引 *Mayo Collaborative Servs. v. Prometheus Labs.，Inc.*，566 U. S. 66，71 - 72，101 USPQ2d 1961，1966（2012））。因此，*Alice/Mayo* 测试法的第二部分通常被称为寻找发明构思（出处同上）。

发明构思"不能由不可专利的自然规律（或自然现象、抽象思维）本身提供"。参见 *Genetic Techs. v. Merial LLC*，818 F. 3d 1369，1376，118 USPQ2d 1541，1546（Fed. Cir. 2016）。亦参见 *Alice Corp.*，134 S. Ct. at 2355，110 USPQ2d at 1981（援引 *Mayo*，566 U. S. at 78，101 USPQ2d at 1968（在确定权利要求涉及司法排除对象之后，"接着我们问，'在我们面前的权利要求中还**有什么其他东西**？'"）（强调后加））；*RecogniCorp，LLC v. Nintendo Co.*，855 F. 3d 1322，1327，122 USPQ2d 1377

(Fed. Cir. 2017)("将一种抽象思维（数学理论）添加到另一种抽象思维（编码和解码）中并不导致权利要求不抽象")。相反，"发明构思"能通过权利要求中记载的元素或元素组合来提供，所述元素在司法排除对象以外（超出），并且足以确保整个权利要求达到明显超过司法排除对象本身的程度。参见 *Alice Corp.*，134 S. Ct. at 2355，110 USPQ2d at 1981（援引 *Mayo*，566 U. S. at 72 - 73，101 USPQ2d at 1966）。

评估附加元素以确定它们是否符合发明构思，既要单独考虑又要组合考虑，以确保它们达到明显超过司法排除对象本身的程度。由于这种方法考虑了权利要求的所有元素，最高法院注意到"这与一般规则一致，即专利的权利要求必须被作为一个整体加以考虑"。参见 *Alice Corp.*，134 S. Ct. at 2355，110 USPQ2d at 1981（引用 *Diamond v. Diehr*，450 U. S. 175，188，209 USPQ 1，8 - 9（1981））。对元素组合的考虑是特别重要的，因为即使附加元素本身并未达到明显超过的程度，但当与权利要求的其他元素组合考虑时，它仍然可以达到明显超过的程度。参见 *Rapid Litig. Mgmt. v. CellzDirect*，827 F. 3d 1042，1051，119 USPQ2d 1370，1375（Fed. Cir. 2016）（记载了将熟知的单个冷冻和解冻步骤加以组合的方法，"远非常规和普遍的"，因此专利适格）；*BASCOM GlobalInternet Servs. v. AT&T Mobility LLC*，827 F. 3d 1341，1350，119 USPQ2d 1236，1242（Fed. Cir. 2016）（发明构思可以在对单个熟知而普遍的组件进行非常规和非通用的组合中被认定）。

虽然法院经常评估诸如适格分析中附加元素的普遍性等考虑因素，但是不应将寻找发明构思和判断新颖性或非显而易见性相混淆。参见 *Mayo*，566 U. S. at 91，101 USPQ2d at 1973（反对"政府建议的为更好地开展基于 101 条的审查，而用基于 102 条、103 条和 112 条的审查来替代"）。正如法院所明确的那样，"方法中任何一个或多个步骤甚至是方法本身的'新颖性'，都与确定一项权利要求的主题是否属于 101 条的范畴而进一步确定是否专利适格**没有关系**。" *Intellectual Ventures I v. Symantec Corp.*，838 F. 3d 1307，1315，120 USPQ2d 1353，1358（Fed. Cir. 2016）（援引 *Diamond v. Diehr*，450 U. S. at 188 - 89，209 USPQ at 9）。另见 *Synopsys，Inc. v. Mentor Graphics Corp.*，839 F. 3d 1138，1151，120 USPQ2d 1473，1483（Fed. Cir. 2016）（"一种**新的**抽象思维的权利要求仍然是一种抽象思维。因此，寻找 101 条中的发明构思不同于证明 102 条的新颖性"）。此外，寻找发明构思也不同于 103 条规定的显而易见性的分析。参见 *BASCOM Global Internet v. AT&T Mobility LLC*，827 F. 3d 1341，1350，119 USPQ2d 1236，1242（Fed. Cir. 2016）（"对发明构思的调查要求不只是辨识权利要求每个元素本身是本领域已知的……发明构思可以在对熟知而普遍的零件进行非常规和非通用的组合中被认定"）。具体而言，对基于 35 U. S. C. 102 缺乏新颖性，或基于 35 U. S. C. 103 缺乏显而易见性的要求保护的发明，并不一定表示附加元素是熟知、常规而普遍的❶元素，因为

---

❶ 原文表述是 well - understood，rountie，conventional，这是适格判断的步骤 2B 中的重要概念。如果权利要求除司法排除对象以外的元素都是熟知、常规而普遍的，那么就不足以明显超过司法排除对象，进而判定权利要求整体不能专利适格，其中 well - understood 也作 well - known。2018 年美国专利商标局根据 *Berkheimer v. HP，Inc.* 判例颁布备忘录，对这个概念的适用作了进一步解释和规定，所述规定将在下一次 MPEP 修订时增补。

它们是和适格性相分离的独立要求。请求保护的发明基于 35 U.S.C. 102 和 103 相对于现有技术的可专利性，既不是对基于 35 U.S.C. 101 专利适格的要求，也不是对它的保证。关于适格（基于 35 U.S.C. 101）和相对于现有技术的可专利性（基于 35 U.S.C. 102 和/或 103）之间的区别在 MPEP § 2106.05（d）中被进一步讨论。

A. 评估附加元素是否形成发明构思的相关考虑因素

最高法院已经确定了一些评估所要求保护的附加元素是否形成了发明构思的相关考虑因素。此处所列的相关考虑因素并非是排他性的或限定性的。通常可以基于多种类型的考虑因素来分析附加元素，并且考虑因素的类型对适格分析无关紧要。MPEP § 2106.05（a）至（h）中进一步讨论了这些考虑因素，以及它们如何应用于特定的司法判决。

当在权利要求中记载有司法排除对象时，被法院认定为符合"明显超过"资格的情形包括：

i. 改进计算机的功能，例如，修改传统的因特网超链接协议，以动态地产生双源混合网页，参见 *DDR Holdings, LLC v. Hotels.com, L.P.*，773 F.3d 1245，1258-59，113 USPQ2d 1097，1106-07（Fed. Cir. 2014）中所述（参见 MPEP § 2106.05（a））；

ii. 对任何其他技术或技术领域的改进，例如，改进传统的橡胶模制工艺以利用模具内的热电偶来持续监控温度，从而减少本领域常见的欠固化和过固化问题，参见 *Diamond v. Diehr*，450 U.S. 175，191-92，209 USPQ 1，10（1981）中所述（参见 MPEP § 2106.05（a））；

iii. 使用特定机器或通过使用特定机器执行司法排除对象，例如，长网造纸机（在本领域中理解为具有包括流浆箱、造纸线和一系列辊的特定结构），参见 *Eibel Process Co. v. Minn. & Ont. Paper Co.*，261 U.S. 45，64-65（1923）中所讨论的，以特定方式布置以优化机器的速度同时保持成形纸幅的质量（参见 MPEP § 2106.05（b））；

iv. 将特定物品转化或还原成不同的状态或事物，例如，将原始的未固化合成橡胶转化为精密成形的合成橡胶产品的过程，参见 *Diehr*，450 U.S. at 184，209 USPQ at 21 中所述（参见 MPEP § 2106.05（c））；

v. 加入不属于本领域中熟知、常规而普遍行为的特殊限定，或者将权利要求限定到特殊的应用场合，例如，用于过滤因特网内容的各种计算机组件的非常规和非通用设置，参见 *BASCOM Global Internet v. AT&T Mobility LLC*，827 F.3d 1341，1350-51，119 USPQ2d 1236，1243（Fed. Cir. 2016）中所讨论的（参见 MPEP § 2106.05（d））；或者

vi. 其他有意义的限定，该限性不是泛泛地将司法排除对象的应用与特定的技术环境联系起来，例如，将数据比较的抽象思维整合到特定免疫方法中的免疫步骤，从而降低了免疫患者随后发展成慢性免疫介质疾病的风险，参见 *Classen Immunotherapies Inc. v. Biogen IDEC*，659 F.3d 1057，1066-68，100 USPQ2d 1492，1499-1502（Fed. Cir. 2011）中所讨论的（参见 MPEP § 2106.05（e））。

当一个权利要求中记载有司法排除对象时，被法院认定为不符合"明显超过"资格的情形包括：

i. 对司法排除对象使用"应用它"（或类似表达）的字样，或仅仅是在计算机上实现抽象思维的指令，例如，指示由计算机执行的诸如创建和维护电子记录的特定功能限定，参见 *Alice Corp.*，134 S. Ct. at 2360，110 USPQ2d at 1984 中所讨论的那样（参见 MPEP § 2106.05（f））；

ii. 简单地将熟知、常规而普遍的行为添加到司法排除对象中去，而这些行为是业界以前所知的，而且以高度概括的方式进行描述，例如，一个关于抽象思维的权利要求，只不过需要通用计算机来执行通用的计算机功能，该功能是熟知、常规而普遍的行为，是业界以前所知的，参见 *Alice Corp.*，134 S. Ct. at 2359–60，110 USPQ2d at 1984 中所讨论的那样（参见 MPEP § 2106.05（d））；

iii. 为司法排除对象添加解决方案之外的次要行为，例如，仅仅根据自然规律或抽象思维收集数据，如获取信用卡交易信息的步骤，以便可以通过抽象的智力方法分析信息，参见 *CyberSource v. Retail Decisions，Inc.*，654 F.3d 1366，1375，99 USPQ2d 1690，1694（Fed. Cir. 2011）所述（参见 MPEP § 2106.05（g））；或

iv. 将司法排除对象的使用与特定技术环境或应用领域泛泛地联系起来，例如描述如何将对冲交易的抽象思维应用于商品和能源市场中的权利要求，参见 *Bilski v. Kappos*，561 U.S. 593，595，95 USPQ2d 1001，1010（2010）中所讨论的那样，或限定了将数学公式应用于石化和炼油领域的权利要求，参见 *Parker v. Flook*，437 U.S. 584，588–90，198 USPQ 193，197–98（1978）中所讨论的那样（MPEP § 2106.05（h））。

值得注意的是，仅仅一个或多个附加元素的物质性或有形性不是步骤 2B 中的相关考虑因素。正如最高法院在 *Alice Corp.* 案中所解释的那样，仅仅物化或有形化地实施司法排除对象并不是发明构思本身，并不保证专利适格。

计算机"必然存在于物质领域而非纯粹概念领域"这一事实并不重要。毫无疑问，计算机是物理系统（101 条中的术语"机器"），许多计算机联合执行的权利要求在形式上符合专利适格的主题。但如果这就是 101 条审查的终结，申请人可以通过记载配置执行相关概念的计算机系统，来要求保护任何自然或社会科学的法则。这样的结果将使得对专利适格的判定"完全取决于撰写人的技巧"，*Flook*，supra，at 593，98 S. Ct. 2522，57 L. Ed. 2d 451，从而弱化了"'自然规律、自然现象和抽象思维不具有可专利性'的规则"，*Myriad*，133 S. Ct. 1289，186 L. Ed. 2d 124，133。

参见 *Alice Corp.*，134 S. Ct. at 2358–59，110 USPQ2d at 1983–84（原文改写）。也参见 *Genetic Technologies Ltd. v. Merial LLC*，818 F.3d 1369，1377，118 USPQ2d 1541，1547（Fed. Cir. 2016）（仅仅由于 DNA 扩增和分析的步骤是物理步骤，"并不能单独地或组合地提供足够的发明构思来使权利要求 1 专利适格"）。相反，非物质的或无形的附加元素的存在不会使权利要求无效，因为在 *Alice/Mayo* 测试法中，有形性不是必要的。参见 *Enfish，LLC v. Microsoft Corp.*，822 F.3d 1327，118 USPQ2d 1684（Fed. Cir. 2016）（"改进点不通过相关'物质'组件来限定，并不会使权利要求无

效")。另见 *McRO, Inc. v. Bandai Namco Games Am. Inc.*，837 F. 3d 1299，1315，120 USPQ 2d 1091，1102（Fed. Cir. 2016）（认为方法产生了无形的结果（一系列同步的动画人物是适格的，因为它改进了现有的技术方法））。

B. 法院如何判定发明构思的示例

Alice Corp. 案提供了一个法院如何对"明显超过"进行分析的示例。在该案中，最高法院分析了对计算机系统、计算机可读介质和计算机实现方法的权利要求，所有这些都描述了一种降低"结算风险"的方案，该风险是只有商定的金融交易的一方履行其义务。在 *Alice/Mayo* 测试法的第一部分中，法院判定该权利要求是有关降低结算风险的抽象思维。参见 *Alice Corp.*，134 S. Ct. at 2357，110 USPQ2d at 1982。法院随后梳理了 *Alice/Mayo* 测试法的第二部分的流程，包括：

- 法院确定了权利要求中的附加元素，例如，指出该方法权利要求记载了使用计算机"创建电子记录，跟踪多个交易，并发出同步指令"的步骤，并且该产品权利要求记载了硬件，如具有"通信控制器"和"数据存储单元"的"数据处理系统"（134 S. Ct. at 2359 – 2360，110 USPQ2d at 1984 – 85）；

- 法院单独考虑了附加元素，并指出所有的计算机功能都是"业界以前熟知、常规而普遍的行为"，每一步"只不过是要求通用计算机执行通用计算机的功能"，并且所记载的硬件是"纯功能性的和通用的"（134 S. Ct. at 2359 – 60，110 USPQ2d at 1984 – 85）；以及

- 法院将附加元素"作为一种刻意安排的组合"，并确定"这些计算机组件……'相对于当步骤被单独考虑时，并未增加……什么尚未存在的东西'，只是简单记载了由通用计算机执行的居间结算"（出处同上）（援引 *Mayo*，566 U. S. at 79，101 USPQ2d at 1972）。

根据这一分析，法院得出结论认为，这些权利要求没有达到"'明显超过'一种指令的程度，该指令通过使用非特定的通用计算机来执行居间结算抽象思维"，由此认为这些权利要求不适格，因为它们涉及司法排除对象，且没有通过 *Alice/Mayo* 测试法的第二部分。参见 *Alice Corp.*，134 S. Ct. at 2360，110 USPQ2d at 1984。

BASCOM 案提供了另一个法院如何对"明显超过"进行分析的示例，以及组合考虑附加元素的重要性。在该案中，联邦巡回上诉法院撤销了不适格的判决，因为地区法院在分析要求保护的用于过滤从互联网计算机网络检索的内容的系统时，未能正确执行 *Alice/Mayo* 测试法的第二步。*BASCOM Global Internet v. AT&T Mobility LLC*，827 F. 3d 1341，119 USPQ2d 1236（Fed. Cir. 2016）。联邦巡回上诉法院同意地区法院有关权利要求中过滤互联网内容是有关抽象思维的意见，然后梳理了地区法院在 *Alice/Mayo* 测试法第二部分中的分析，指出：

- 地区法院正确地确定了权利要求中的附加元素，如"本地客户端计算机""远程 ISP 服务器""因特网计算机网络"和"受控访问网络账户"（827 F. 3d at 1349，119 USPQ2d at 1242）；

- 地区法院恰当地单独考虑附加元素,如参考说明书,该说明书中将每个附加元素描述为"众所周知的通用计算机组件"(827 F. 3d at 1349,119 USPQ2d at 1242);以及
- 地区法院应当考虑附加元素的组合,因为"对发明构思的审查,需要的不仅仅是认定权利要求的每个元素本身是本领域中已知的"(827 F. 3d at 1350,119 USPQ2d at 1242)。

根据这一分析,联邦巡回上诉法院得出结论认为,地区法院的错误在于未能认识到当组合后,可以在附加元素的非常规和非通用配置中认定发明构思,即把过滤工具安装于特定位置,远离终端用户,产生每个终端用户自定义的特定过滤功能。参见827 F. 3d at 1350,119 USPQ2d at 1242。

II. 适格步骤2B:附加元素是否为"发明构思"作出贡献

如MPEP§2106第Ⅲ小节所述,本局适格分析中的步骤2B是*Alice/Mayo*测试法的第二部分,即最高法院的"框架,用于将保护自然规律、自然现象和抽象思维的专利申请,与请求保护涉及那些概念的专利适格申请区分开来。"参见*Alice Corp. Pty. Ltd. v. CLS Bank Int'l*,573 U. S. _,134 S. Ct. 2347,2355,110 USPQ2d 1976,1981(2014)(援引Mayo,566 U. S. 66,101 USPQ2d 1961(2012))。与适格分析中的其他步骤一样,应当在考虑整个申请披露的内容并根据最宽泛合理解释分析权利要求确定申请人所做发明之后,再对此步骤进行评估。有关理解申请人所做发明的重要性的更多内容,请参阅MPEP§2106第Ⅱ节;有关最宽泛合理解释的更多内容,请参阅MPEP§2111。

步骤2B问:权利要求记载的附加元素是否明显超过司法排除对象?审查员要回答这个问题首先应当确定除了司法排除对象之外,权利要求中是否记载了其他附加元素(特征/限定/步骤);然后单独地<u>以及组合地</u>评估这些附加元素,以确定它们是否形成了发明构思(即是否达到"明显超过"司法排除对象的程度)。

该评估方法是根据最高法院已确定的与适格分析相关的考虑因素进行的,这些考虑因素在本节的第Ⅰ.A部分中有总体介绍,并在MPEP§2106.05(a)至(h)中详细讨论。其中许多考虑因素是交叠的,并且分析附加元素通常不只与一个考虑因素有关。并非所有考虑因素都与每个要素或每个权利要求相关。由于步骤2B中的评估并不是权重检测,因此如何表征元素或应用了多少列表中的考虑因素并不重要。重要的是评估附加元素相对于申请人发明的重要性,并且要记住的终极问题是附加元素是否实现发明构思。

在MPEP§2106第Ⅲ节中的流程图中,步骤2B用于确定:
- 权利要求作为一个整体是否因未达到明显超过司法排除对象本身的程度(权利要求中没有发明构思)(步骤2B:否)而不适格,准许作出缺乏适格主题的否决意见,并结束适格分析;或者
- 权利要求作为一个整体是否确实达到明显超过司法排除对象本身的程度(权利

要求中存在发明构思)(步骤 2B：是)，因此在路径 C 中适格，从而结束适格分析。

审查员应根据其中所述的特定元素，分别审查每项权利要求是否适格。权利要求不应伴随本申请中相似的权利要求而自动成立或者丧失。例如，一项权利要求可能是不适格的，因为它涉及了司法排除对象且没有达到"明显超过"的程度，但从属于独立权利要求的另一项权利要求可能是适格的，因为它记载的附加元素达到"明显超过"的程度。

除非权利要求明确记载了不同类型的司法排除对象，如自然规律和抽象思维，否则应注意不要将权利要求解析为多种排除对象，特别是在涉及抽象思维的权利要求中。因此，如果可能的话，审查员应将步骤 2B 中的目标权利要求视为包含单一司法排除对象。但是，如果权利要求明确记载了多种不同的排除对象，那么为了提高审查效率，审查员应选择其中一种排除对象，并对选定的排除对象进行适格分析。一方面，如果分析表明该权利要求引用的附加元素或要素组合明显超过所选择的排除对象，那么该权利要求应被视为专利适格。另一方面，如果权利要求中记载的附加元素或元素组合没有明显超过所选择的排除对象，那么该权利要求应被视为不适格。参见 *University of Utah Research Foundation v. Ambry Genetics*, 774 F. 3d 755, 762, 113 USPQ2d 1241, 1246 (Fed. Cir. 2014)(因为权利要求不满足明显超过记载的抽象思维，法院"无需判定"权利要求是否还记载了自然规律)。

如果权利要求作为一个整体确实明显超过司法排除对象本身，则该权利要求在路径 C 中适格(步骤 2B：是)，适格分析完成。如果权利要求中没有任何有意义的限定能将排除对象转换成专利适格的申请，如权利要求没有达到明显超过排除对象本身的程度，则该权利要求不能专利适格(步骤 2B：否)，应该根据 35 U.S.C. 101 否决。关于如何阐述不适格的否决理由的内容参见 MPEP § 2106.07。

2106.05(a) 改进计算机功能或对任何其他技术或技术领域的改进(2017.08 修订)

在确定专利适格时，审查员应考虑权利要求是否"旨在改进计算机本身的功能"或"任何其他技术或技术领域"。参见 *Alice Corp. Pty. Ltd. v. CLS Bank Int'l*, 134 S. Ct. 2347, 2359, 110 USPQ2d 1976, 1984 (2014)。这种考虑因素也被称为寻求技术问题的技术解决方案。参见 *DDR Holdings, LLC. v. Hotels.com, L.P.*, 773 F. 3d 1245, 1257, 113 USPQ2d 1097, 1105 (Fed. Cir. 2014); *Amdocs (Israel), Ltd. v. Openet Telecom, Inc.*, 841 F. 3d 1288, 1300-01, 120 USPQ2d 1527, 1537 (Fed. Cir. 2016)。

不仅在 *Alice Corp* 案中法院判决在寻找发明构思时(步骤 2B)评估了改进措施，在确定权利要求是否涉及抽象思维时(步骤 2A)，联邦巡回上诉法院的若干判决也评估了这种考虑因素。参见 *Enfish, LLC v. Microsoft Corp.*, 822 F. 3d 1327, 1335-36, 118 USPQ2d 1684, 1689 (Fed. Cir. 2016); *McRO, Inc. v. Bandai Namco Games Am. Inc.*, 837 F. 3d 1299, 1314-16, 120 USPQ2d 1091, 1102-03 (Fed. Cir. 2016); *Visual Mem-*

ory, LLC v. NVIDIA Corp. , 867 F. 3d 1253, 1259 – 60, 123 USPQ2d 1712, 1717 (Fed. Cir. 2017)。因此，审查员可以在步骤2A或步骤2B中，以及在考虑权利要求是否符合简要分析而成为不言而喻的适格对象时，评估权利要求是否包含对计算机功能或任何其他技术或技术领域的改进。有关步骤2A中改进的更多内容，请参阅MPEP § 2106.04（a）和MPEP § 2106.04（a）（1）；有关简要分析中改进措施的更多内容，请参阅MPEP § 2106.07（b）。

在认定权利要求涉及这种改进措施时，联邦巡回上诉法院依据的是所要求保护发明的重点。参见 Enfish, 822 F. 3d at 1335 – 36, 118 USPQ2d at 1689；McRO, 837 F. 3d at 1314 – 15, 120 USPQ2d at 1101 – 02。因此，关键是要使权利要求符合最宽泛合理解释（BRI）来确定整体权利要求的重点。根据权利要求的解释原则，应当参考说明书来确定权利要求的最宽泛合理解释（参见 MPEP § 2111），以及要求保护的发明是否旨在改进计算机功能或现有技术。

如果声称该发明是对计算机常规功能或者对常规技术或工艺过程的改进，则在说明书中应该存在如何实现该发明的技术解释。也就是说，公开内容必须提供足够的细节，使得本领域普通技术人员将认识到要求保护的发明提供了改进。所要求保护的发明提供了改进的迹象可以从说明书中的论述中得到，该论述确定了技术问题，并解释了非常规的技术解决的细节，还在权利要求中加以表述。例如，在 McRO 案中，在确定权利要求是针对电脑动画的改进而不是抽象思维时，法院依据了说明书的解释，说明了权利要求所记载的特定规则如何实现了特定动画工作的自动化，而这些工作以前只能由人工执行。参见 McRO, 837 F. 3d at 1313 – 14, 120 USPQ2d at 1100 – 01。与之相反，在 Affinity Labs of Tex. v. DirecTV, LLC 案中，在认定所要求保护的向手机发送广播内容的方法不适格时，法院依据说明书未能找出本发明实现所谓改进方式的有关细节。参见 838 F. 3d 1253, 1263 – 64, 120 USPQ2d 1201, 1207 – 08（Fed. Cir. 2016）。

审查员在参考了说明书并确定所公开的发明改进了技术之后，还必须评估权利要求以确保该权利要求本身反映了技术的改进。参见 Intellectual Ventures I LLC v. Symantec Corp. , 838 F. 3d 1307, 1316, 120 USPQ2d 1353, 1359（专利所有人辩称，要求保护的电子邮件过滤系统，通过缩小保护间距来改进技术，并讨论了容量的问题。但法院并不认可，因为权利要求本身没有解决这些问题的任何限定）。应当依据最宽泛合理解释原则考虑权利要求的全部保护范围，以确定权利要求是否反映了技术的改进（如在说明书中描述的改进）。在作出此决定时，审查员"整体"查看权利要求至关重要，换言之，权利要求应"作为有序的组合进行评估，而不能忽略单个步骤中的要求"。执行此评估时，审查员应该"小心避免过度简化权利要求"，笼统地看待它们，忽视权利要求的具体需求。参见 McRO, 837 F. 3d at 1313, 120 USPQ2d at 1100。

确定权利要求是否有关技术改进的一个重要考虑因素，是权利要求所涵盖的对问题的特定解决方案或实现预期结果的特定方式的程度，而不是仅仅声称的解决方案或结果的想法。参见 McRO, 837 F. 3d at 1314 – 15, 120 USPQ2d at 1102 – 03；DDR Holdings, 773 F. 3d at 1259, 113 USPQ2d at 1107。在这方面，改进的考虑因素与步骤2B中的其他考虑因素交叠，特别是特定机器的考虑因素（参见 MPEP §2106.05（b）），以及仅教导应用排除对象的考虑因素（见 MPEP §2106.05（f））。因此，对这些其他考虑因素的评估可以帮助审查员确定权利要求是否满足改进的考虑因素。

I．对计算机功能的改进

在与计算机相关的技术中，审查员应确定该权利要求是旨在提高计算机功能，还是仅将计算机作为一种工具。参见 *Enfish，LLC v. Microsoft Corp.*，822 F.3d 1327，1336，118 USPQ2d 1684，1689（Fed. Cir. 2016）。在 *Enfish* 案中，法院评价有关自参照数据库的权利要求为专利适格（出处同上）。法院得出的结论是，权利要求并非针对抽象思维，而是针对计算机功能的改进（出处同上）。说明书对现有技术及本发明如何改进计算机在存储器中存储和检索数据方式的探讨，结合权利要求中所记载的特定数据结构，共同证明了专利适格。参见 822 F.3d at 1339，118 USPQ2d at 1691。不是简单地在一种抽象思维中添加通用计算机，而是软件领域中解决问题的具体实现方案。参见 822 F.3d at 1339，118 USPQ2d at 1691。

法院指出的可以表示计算机功能改进的示例：

i. 对传统互联网超链接协议的修改，以动态生成双源混合网页，参见 *DDR Holdings*，773 F.3d at 1258-59，113 USPQ2d at 1106-07；

ii. 用于过滤互联网内容的网络内独创分布功能，参见 *BASCOM Global Internet v. AT&T Mobility LLC*，827 F.3d 1341，1350-51，119 USPQ2d 1236，1243（Fed. Cir. 2016）；

iii. 一种渲染过渡色数字图像的方法，参见 *Research Corp. Techs. v. Microsoft Corp.*，627 F.3d 859，868-69，97 USPQ2d 1274，1380（Fed. Cir. 2010）；

iv. 以非常规方式运行的分布式网络架构，以减少网络拥堵，同时生成网络账目数据记录，参见 *Amdocs（Israel），Ltd. v. Openet Telecom，Inc.*，841 F.3d 1288，1300-01，120 USPQ2d 1527，1536-37（Fed. Cir. 2016）；

v. 具有可编程操作特性的存储器系统，该系统基于处理器类型进行配置，可与不同类型的处理器一起使用而无需协调处理器的性能，参见 *Visual Memory，LLC v. NVIDIA Corp.*，867 F.3d 1253，1259-60，123 USPQ2d 1712，1717（Fed. Cir. 2017）；

vi. 关于如何通过蜂窝网络传输图像或将分类信息附加到数字图像数据中的技术细节，参见 *TLI Communications LLC v. AV Auto. LLC*，823 F.3d 607，614-15，118 USPQ2d 1744，1749-50（Fed. Cir. 2016）（认为权利要求不适格，因为它们未能提供履行该功能所必需的技术细节）；

vii. 存储条理化数字图像的服务器的特定结构，参见 *TLI Communications*，823 F.3d at 612，118 USPQ2d at 1747（认定使用通用服务器不足以将发明构思添加到抽象思维之中）；和

viii. 创建菜单的特定编程方式或软件设计方式，参见 *Apple，Inc. v. Ameranth，Inc.*，842 F.3d 1229，1241，120 USPQ2d 1844，1854（Fed. Cir. 2016）。

重要的是应当注意，为了使方法权利要求改进计算机功能，权利要求的最宽泛合理解释必须被限定于通过计算机实现。也就是说，一个权利要求的保护范围涵盖了纯靠头脑执行的方式，不能说是改进了计算机技术。参见 *Synopsys, Inc. v. Mentor Graphics Corp.*, 839 F.3d 1138, 120 USPQ2d 1473（Fed. Cir. 2016）（一种将逻辑电路转换为对逻辑电路的硬件组件描述的方法，被认定是不适格的，因为该方法没有使用计算机，并且技术人员可以在头脑里执行所有步骤。类似地，一种请求保护的方法涵盖了可以在计算机上执行的实施例，以及可以口头或用电话执行的实施例，不能改进计算机技术。参见 *Recogni Corp, LLC v. Nintendo Co.*, 855 F.3d 1322, 1328, 122 USPQ2d 1377, 1381（Fed. Cir. 2017）（使用分配给特定面部特征的图像代码对面部数据进行编码/解码的方法，被认定为不适格，因为该方法不需要计算机）。

法院指出的不足以证明计算机功能改进的示例：

i. 用功能性要求的特征来产生的餐馆菜单，参见 *Ameranth*, 842 F.3d at 1245, 120 USPQ2d at 1857；

ii. 加速分析审计日志数据的方法，所增加的速度完全来自通用计算机的功能，参见 *Fair Warning IP, LLC v. Iatric Sys.*, 839 F.3d 1089, 1095, 120 USPQ2d 1293, 1296（Fed. Cir. 2016）；

iii. 仅使用计算机来执行抽象思维，例如，应用计算机和条形码系统的功能处理返回的邮件，参见 *Return Mail, Inc. v. U.S. Postal Service*, -- F.3d --, --, -- USPQ2d --, -- slip op. at 33（Fed. Cir. 2017 年 8 月 28 日）；

iv. 仅是手动过程的自动化，如使用通用计算机来处理融资购买的请求，参见 *Credit Acceptance Corp. v. Westlake Services*, 859 F.3d 1044, 1055, 123 USPQ2d 1100, 1108-09（Fed. Cir. 2017），或通过使借款人避免亲自前往或致电每个贷款人并填写贷款申请来加快贷款申请流程，参见 *Lending Tree, LLC v. Zillow, Inc.*, 656 Fed. App'x 991, 996-97（Fed. Cir. 2016）（非判例）；以及

v. 在新生的但已被熟知的环境中使用通用的或普通的技术，来记录、传输和保存数字图像，而没有主张本发明通过组合相机和蜂窝电话能够对任何存在的问题作出创新的解决方案，参见 *TLI Communications*, 823 F.3d at 611-12, 118 USPQ2d at 1747。

Ⅱ. 对任何其他技术或技术领域的改进

法院还认定，除了计算机功能之外的技术改进也能证明专利适格。在 *McRO* 案中，联邦巡回上诉法院认为，请求保护的自动配置同步口形和面部表情的动画的方法，虽使用了计算机执行规则，但符合 35 U.S.C. 101 的专利适格，因为它们没有被引向一种抽象思维。参见 *McRO*, 837 F.3d at 1316, 120 USPQ2d at 1103。在 *McRO* 案中法院的判决依据的是权利要求是针对电脑动画的改进，因此没有记载类似于先前确定的抽象思维的概念（出处同上）。法院依据了说明书中的解释，其说明了请求保护的规则如何实现特定动画工作的自动化，而此前这项工作是不能被自动化的。参见 837 F.3d at 1313, 120 USPQ2d at 1101。在 *McRO* 案中法院表示，正是在电脑动画中纳入了要求保

护的特殊规则,才"改进了现有的技术方法";而不像 Alice 案,计算机只是用作执行现有方法的工具。参见 837 F. 3d at 1314, 120 USPQ2d at 1102。在 McRO 案中法院还指出,有争议的权利要求描述了一种特定的方式(使用通过音素来设置形素权重和变换的特定规则)来解决动画角色准确而逼真的同步口形及面部表情的问题,而不是仅声称一种解决方法或结果的想法,因此不是一种抽象思维。参见 837 F. 3d at 1313, 120 USPQ2d at 1101。

法院指出的可能足以证明对现有技术的改进的示例包括:

i. 操作橡胶模压机的特殊计算机化的方法,例如,改进传统橡胶模制工艺,利用模具内的热电偶来持续监测温度,从而减少本领域常见的欠固化和过固化的问题,参见 Diamond v. Diehr, 450 U. S. 175, 187 and 191 - 92, 209 USPQ1, 8 and 10 (1981);

ii. 新的电话、服务器或其组合,参见 TLI Communications LLC v. AV Auto. LLC, 823 F. 3d 607, 612, 118 USPQ2d 1744, 1747 (Fed. Cir. 2016);

iii. 在流式传播❶时,改进下载内容的方法,参见 Affinity Labs of Tex. v. DirecTV, LLC, 838 F. 3d 1253, 1256, 120 USPQ2d 1201, 1202 (Fed. Cir. 2016);

iv. 改进的压缩数字数据的特殊方法,参见 DDR Holdings, LLC. v. Hotels.com, L. P., 773 F. 3d 1245, 1259, 113 USPQ2d 1097, 1107 (Fed. Cir. 2014); Intellectual Ventures I v. Symantec Corp., 838 F. 3d 1307, 1315, 120 USPQ2d 1353, 1358 (Fed. Cir. 2016);

v. 将病毒筛查纳入因特网的特殊方法,参见 Symantec Corp., 838 F. 3d at 1321 - 22, 120 USPQ2d at 1362 - 63;

vi. 生成新数据的组件或方法,如测量设备或技术,参见 Electric Power Group, LLC v. Alstom, S. A., 830 F. 3d 1350, 1355, 119 USPQ2d 1739, 1742 (Fed. Cir. 2016);

vii. 惯性传感器的特定配置和使用来自传感器的原始数据的特定方法,参见 Thales Visionix, Inc. v. United States, 850 F. 3d 1343, 1348 - 49, 121 USPQ2d 1898, 1902 (Fed. Cir. 2017);

viii. 一种特定的结构化图形用户界面,通过以特定方式显示出价和要价以防止以变更的价格进入订单来提高交易者交易的准确性,参见 Trading Techs. Int'l, Inc. v. CQG, Inc., 675 Fed. App'x 1001 (Fed. Cir. 2017) (非判例);以及

ix. 用于保存肝细胞以供后续使用的改进方法,参见 Rapid Litig. Mgmt. v. CellzDirect, Inc., 827 F. 3d 1042, 1050, 119 USPQ2d 1370, 1375 (Fed. Cir. 2016)。

为了证明计算机的参与帮助改进了技术,权利要求必须记载有关的细节:计算机如何辅助该方法,计算机辅助该方法的程度,或者计算机对执行该方法的重要性。仅增加通用计算机组件来执行方法是不够的。因此,权利要求必须包括更多内容而不仅是在通用组件或机器上执行该方法的指令,从而满足对现有技术的改进。有关仅教导应用排除对象的更多内容,请参阅 MPEP § 2106.05 (f)。

---

❶ 原文表述是 streaming,是指将数据直接从网络传到用户计算机的屏幕而无须下载到本地主机的方法。

法院指出可能不足以证明对技术的改进的示例包括：

i. 一种应用于通用计算机的常用商业方法，参见 *Alice Corp.*，134 S. Ct. 2347，110 USPQ2d 1976；*Versata Dev. Group，Inc. v. SAP Am.，Inc.*，793 F. 3d 1306，1334，115 USPQ2d 1681，1701（Fed. Cir. 2015）；

ii. 使用众所周知的标准实验室技术检测人体样品（如血液或血浆）中的酶水平，参见 *Cleveland Clinic Foundation v. True Health Diagnostics，LLC*，859 F. 3d 1352，1355，1362，123 USPQ2d 1081，1082-83，1088（Fed. Cir. 2017）；

iii. 使用传统技术收集和分析信息并显示结果，参见 *TLI Communications*，823 F. 3d at 612-13，118 USPQ2d at 1747-48；

iv. 当高度笼统地请求保护时，将广播内容传送到便携式电子设备，如蜂窝电话，参见 *Affinity Labs of Tex. v. Amazon. com*，838 F. 3d 1266，1270，120 USPQ2d 1210，1213（Fed. Cir. 2016）；*Affinity Labs of Tex. v. Direc TV，LLC*，838 F. 3d 1253，1262，120 USPQ2d 1201，1207（Fed. Cir. 2016）；

v. 在通用计算机上筛选电子邮件的普通方法，*Symantec*，838 F. 3d at 1315-16，120 USPQ2d at 1358-59；

vi. 在流式传播时，改进下载的信息内容，*Affinity Labs of Tex. v. DirecTV，LLC*，838 F. 3d 1253，1263，120 USPQ2d 1201，1208（Fed. Cir. 2016）；以及

vii. 从现有广播内容类型的范围内选择一种类型内容（如 FM 广播内容），或者从熟知、常规而普遍的硬件执行功能的范围内选择特定的通用功能，使计算机硬件执行所述功能（如内容缓冲），参见 *Affinity Labs of Tex. v. DirecTV，LLC*，838 F. 3d 1253，1264，120 USPQ2d 1201，1208（Fed. Cir. 2016）。

2106.05（b）特定机器（2017.08 修订）

在确定权利要求的记载是否明显超过司法排除对象时，审查员应考虑司法排除对象是否采用特定机器或被特定机器使用。对于判定权利要求是否满足101条的专利适格，"机器或形变测试法是一种有用且重要的线索，也是一种审查工具"。参见 *Bilski v. Kappos*，561 U. S. 593，604，95 USPQ2d 1001，1007（2010）。

值得注意的是，虽然司法排除对象被特定机器使用或使用了特定机器是一种重要审查线索，但它并不是一种独立的适格测试方法（出处同上）。

所有权利要求必须使用 Alice/Mayo 的两部分测试法进行适格评价。如果权利要求通过了 Alice/Mayo 测试法（即在步骤2A 没有涉及排除对象，或者在步骤2B 中达到明显超过所有记载的排除对象的程度），那么即使权利要求不能通过机器或形变测试法（M 或 T 测试法），该权利要求仍是适格的。参见 *Bilski v. Kappos*，561 U. S. 593，604，95 USPQ2d 1001，1007（2010）（解释说，权利要求即使不满足 M 或 T 测试法，也可能是适格的）；*McRO，Inc. v. Bandai Namco Games Am. Inc.*，837 F. 3d 1299，1315，120 USPQ2d 1091，1102（Fed. Cir. 2016）（"没有要求'被绑定到机器或形变产物'的方法

才有可专利性")。并且如果权利要求未通过 Alice/Mayo 测试法（即在步骤 2A 中涉及排除对象，并在步骤 2B 中没有明显超过排除对象），那么即使权利要求通过 M 或 T 测试法，该权利要求也是不适格的。参见 DDR Holdings，LLC v. Hotels.com，L. P. ，773 F. 3d 1245，1256，113 USPQ2d 1097，1104（Fed. Cir. 2014）（在 Mayo 案中，最高法院强调满足机器或形变测试法本身并不足以使权利要求专利适格，因为并非所有的形变产物或机器执行都会给在其他方面不适格的权利要求注入"发明构思"）。

审查员可能会发现在确定元素（或元素组合）是否是特定机器之前，评价步骤 2B 的其他考虑因素很有帮助，如仅教导应用排除对象的考虑因素（参见MPEP § 2106.05（f）），解决方案之外的次要行为的考虑因素（参见 MPEP § 2106.05（g）），以及应用领域和技术环境的考虑因素（参见MPEP § 2106.05（h））。有关术语"机器"定义的信息，请参阅 MPEP § 2106.03。

当确定权利要求中记载的机器是否达到明显超过的程度时，以下因素是相关的。

Ⅰ. 机器或设备元素的特殊性或通用性

机器或设备元素的特殊性或通用性，即：权利要求中被定义机器的特殊程度（不是任何机械或所有机器）。将司法排除对象应用到特定机器的一个示例是 Mackay Radio & Tel. Co. v. Radio Corp. of America，306 U. S. 86，40 USPQ 199（1939）。在该案例中，在天线系统中采用数学公式来表达对驻波现象的利用。该权利要求记载了特定类型的天线，并且包括了天线和导线的形状细节，特别是它们被布置的长度和角度。参见 306 U. S. at 95 – 96；40 USPQ at 203。另一个示例是 Eibel Process 案，其中重力（一种自然规律或自然现象）通过长网造纸机（在本领域中被理解为具有包含流浆箱、造纸线及一系列辊子的特定结构）以特定方式布置以优化机器的速度，同时保持成形纸幅的质量。Eibel Process Co. v. Minn. & Ont. Paper Co. ，261 U. S. 45，64 – 65（1923）。

值得注意的是，通用计算机以常规的计算功能应用司法排除对象（如抽象思维），该计算机并不算作特定机器。参见 Ultramercial，Inc. v. Hulu，LLC，772 F. 3d 709，716 – 17，112 USPQ2d 1750，1755 – 56（Fed. Cir. 2014）。另见 TLI Communications LLC v. AV Automotive LLC，823 F. 3d 607，613，118 USPQ2d 1744，1748（Fed. Cir. 2016）（仅记载具体的或有形的组件不是发明构思）；Eon Corp. IP Holdings LLC v. AT&T Mobility LLC，785 F. 3d 616，623，114 USPQ2d 1711，1715（Fed. Cir. 2015）（在 Alappat 案中所解释的在其他场合不适格的算法或软件，可以仅通过添加通用计算机到权利要求中就能被改造成专利适格，这一说法已被最高法院的 Bilski 案和 Alice Corp. 案的判决所废止）。如果申请人添加通用计算机或通用计算机部件来修改权利要求，并声称该权利要求的记载体现了"明显超过"，因为通用计算机是"专门编程的"（如在 Alappat 案中，现在被废止）或者是"特定机器"（如 Bilski 案），那么审查员应该审查增加的元素是否明显超过了司法排除对象。仅添加通用计算机、通用计算机组件或执行通用计算机功能的编程计算机，不会自动驳斥适格的否决意见。参见 Alice Corp. Pty. Ltd. v. CLS Bank Int'l，134 S. Ct. 2347，2358 – 59，110 USPQ2d 1976，1983 – 84（2014）。

Ⅱ. 机器或设备是否执行该方法的步骤

为实现方法操作而必需使用机器能体现明显超过；与之对照，机器仅作为该方法的操作对象，则不会体现明显超过。参见 *Cyber Source v. Retail Decisions*，654 F.3d 1366，1370，99 USPQ2d 1690，1694（Fed. Cir. 2011）（"我们不同意上诉人的论点：即要求保护的方法与特定机器相关，是因为'没有因特网它就不齐全或不可能。'……无论'因特网'是否可以被视为一台机器，很明显因特网不能执行所要求保护方法中的欺诈检测步骤"）。例如，如 MPEP §2106.05（f）所述，附加元素仅是作为执行现有方法的工具而调用的计算机或其他机器，通常不会明显超过司法排除对象。参见 *Versata Development Group v. SAP America*，793 F.3d 1306，1335，115 USPQ2d 1681，1702（Fed. Cir. 2015）（解释为了使机器能够添加明显超过的要素，它必须"在允许请求保护的方法被执行时，起到重要的作用，而不仅是作为一种允许更快地实现解决方案的显而易见的装置"）。

Ⅲ. 它的介入是否是超出解决方案的活动或者是应用领域

它的介入是否是超出解决方案的活动❶或者是否是应用领域❷，即机器或设备对权利要求施加了什么（或如何施加）有意义的限定的程度。机器的使用对执行所要求保护的方法只具有名义上的或非显著的贡献（如限定在数据采集步骤中或应用领域），并不会体现"明显超过"。参见 *Bilski*，561 U.S. at 610，95 USPQ2d at 1009（援引 *Parker v. Flook*，437 U.S. 584，590，198 USPQ 193，197（1978）），和 *CyberSource v. Retail Decisions*，654 F.3d 1366，1370，99 USPQ2d 1690（Fed. Cir. 2011）（引文省略）（"权利要求3中没有任何内容要求侵权人使用因特网获取该数据。因特网仅被描述为数据来源。我们认为仅'[数据采集]'步骤不能使一个在其他方面非法的权利要求合法化。'" 654 F.3d at 1375，99 USPQ2d at 1694（引文省略））。有关超出解决方案的次要活动和应用领域的更多内容，请分别参见 MPEP §2106.05（g）和（h）。

2106.05（c）特定形变（2017.08修订）

在确定权利要求是否记载了明显超过的内容时，另一个考虑因素是权利要求是否影响了特定物品的形变或变化从而成为不同的状态或事物。"将物品形变或变化成'不同的状态或事物'"是不含特定机器的方法权利要求的可专利性线索。"参见 *Bilski v. Kappos*，561 U.S. 593，658，95 USPQ2d 1001，1007（2010）（援引 *Gottschalk v. Benson*，409 U.S. 63，70，175 USPQ 673，676（1972））。如果存在这种形变，则权利要求可能明显超过所有被记载的司法排除对象。

---

❶ 原文表述是 extra-solution activity，指在问题解决方案之外的一些可有可无的附加内容，在 MPEP §2106.05（g）中有进一步论述。

❷ 原文表述是 a field-of-use，在 MPEP §2106.05（h）中有进一步论述。

值得注意的是，虽然物品的形变是一个重要的线索，但它并不是一个独立的适格测试方法（出处同上）。

所有权利要求必须使用 *Alice/Mayo* 两部分测试法进行适格评价。如果权利要求通过了 *Alice/Mayo* 测试法（即在步骤 2A 没有涉及排除对象，或者在步骤 2B 中达到明显超过任何记载的排除对象的程度），那么即使权利要求"不能通过"M 或 T 测试法，仍是适格的。*Bilski v. Kappos*，561 U. S. 593，604，95 USPQ2d 1001，1007（2010）（权利要求即使不满足 M 或 T 测试法，也可能是适格的）；*McRO，Inc. v. Bandai Namco Games Am. Inc.*，837 F. 3d 1299，1315，120 USPQ2d 1091，1102（Fed. Cir. 2016）（"没有要求'被绑定到机器或形变产物'的方法才有可专利性"）。如果权利要求未通过 *Alice/Mayo* 测试法（即在步骤 2A 中涉及排除对象，或在步骤 2B 中没有明显超过排除对象），那么即使权利要求通过 M 或 T 测试法，该权利要求也是不适格的。参见 *DDR Holdings，LLC v. Hotels.com，L. P.*，773 F. 3d 1245，1256，113 USPQ2d 1097，1104（Fed. Cir. 2014）（在 *Mayo* 案中，最高法院强调满足机器或形变测试本身并不足以使权利要求专利适格，因为并非所有的形变产物或机器执行都会给在其他方面不适格的权利要求注入"发明构思"）。

审查员可能会发现在确定权利要求是否满足特定形变考虑因素前，评价步骤 2B 的其他考虑因素很有帮助。例如，仅教导应用排除对象的考虑因素（参见 MPEP § 2106.05（f）），超出解决方案的次要因素的考虑因素（参见 MPEP § 2106.05（g）），以及应用领域和技术环境的考虑因素（参见 MPEP § 2106.05（h））。

"物品"包括物理对象或物质。物理对象或物质必须是特定的，这意味着它可以被特殊识别。物体的"形变"意味着"物体"已经变更为不同的状态或事物。变更为不同的状态或事物，通常不仅仅意味着使用物体或更改物体的位置。新的或不同的功能或用途可以证明物体已被形变。被纯粹智力活动中的思维或人为行为所"改变"不被视为适格的形变。对于数据而言，仅仅"是对基本数学结构的操作，［即］典型的'抽象思维'"，并不被认为是一种形变。参见 *CyberSource v. Retail Decisions*，654 F. 3d 1366，1372 n. 2，99 USPQ2d 1690，1695 n. 2（Fed. Cir. 2011）（援引 *In re Warmerdam*，33 F. 3d 1354，1355，1360（Fed. Cir. 1994））。

Tilghman v. Proctor，102 U. S. 707（1881）案例，提供了实现特定物品向不同状态或事物变形的实例。在该案中，权利要求涉及使脂肪和水的混合物经高温加热的方法，并包括与加热程度、脂肪和水的质量及混合容器的强度有关的附加参数。所要求保护的方法利用中性脂肪元素与原子当量的水分别结合从而分解并成为自由状态的自然原理，导致脂肪体转化为脂肪酸和甘油（*Id.* at 729）。

当形变被记载于权利要求中时，以下因素与分析"明显超过"相关：

1. 形变的特殊性或通用性。依照最高法院的说法，一项发明包括"'鞣制、染色、制作防水布、硫化印度橡胶［或］冶炼矿石'的工艺……是使用化学物质或物理操作，如温度控制、改变物品或材料，［以这种方式］足够明确地将专利垄断限定在相当确定的边界内……的示例"。*Gottschalk v. Benson*，409 U. S. 63，70，175 USPQ 673，676

(1972)（讨论 *Corning v. Burden*，15 How. (56 U. S.) 252, 267 – 68（1854））。因此，一种特定的形变将可能体现"明显超过"。

2. 所述物品的特殊程度。应用于被泛泛记载的物品，或者任何物品的形变，可能不会明显超过司法排除对象。能被特殊标识或仅适用于特定物品的形变，更有可能体现了"明显超过"。

3. 在状态或事物变化的类型或程度方面的形变性质。具有不同功能或用途的产生形变物的形变可能体现明显超过，但仅导致形变物具有不同位置的形变可能不体现明显超过。例如，像 *Diamond v. Diehr*，450 U. S. 175, 184, 209 USPQ 1, 21（1981）中所讨论的那样，将未加工的未固化合成橡胶转变成精密模制的合成橡胶产品的方法体现了明显超过。

4. 形变物的性质。物质的或有形的物体或实体的形变，比合同义务或智力判断等无形概念的形变更能体现明显超过。

5. 形变是否为超出解决方案的活动或是否有应用领域（即形变在何种程度上（或如何）对所要求保护的方法步骤的执行施加有意义的限定）。形变对于执行所要求保护的方法只具有名义上的或非显著的贡献（如限定在数据采集步骤中或应用领域），并不会体现明显超过。例如，在 *Mayo* 案中，最高法院认定关于校准适当剂量的硫鸟嘌呤类药物的权利要求不是专利适格的主题。而联邦巡回上诉法院之前认为，给予硫鸟嘌呤药物的步骤论证了人的机体和血液的形变。参见 *Mayo*，566 U. S. at 76, 101 USPQ2d at 1967。最高法院对此并不认同，认定这一步骤只是一种应用领域的限定，并没有体现明显超过司法排除对象（出处同上）。有关超出解决方案的次要活动和应用领域的更多内容，请分别参见 MPEP § 2106.05（g）和（h）。

2106.05（d）熟知、常规而普遍的行为（2017.08 修订）

在确定权利要求是否明显超过司法排除对象时的另一个考虑因素，是该附加元素是否是业界先前已知的熟知、常规而普遍的行为。如果附加元素（或元素组合）是一种特殊限定，而不是本领域熟知、常规而普遍的，例如由于这是一种非常规的步骤，将权利要求限定成对司法排除对象的特殊而有用的应用，那么这种考虑因素能够证实适格。然而，如果附加元素（或元素组合）不过是业界先前已知的熟知、常规而普遍的行为，并以高度通用性的方式加以记载，那么这种考虑因素不能促成专利适格。

参见 *DDR Holdings, LLC v. Hotels. com, L. P.*，773 F. 3d 1245, 113 USPQ2d 1097（Fed. Cir. 2014），此案提供了一个适格的示例，因为附加元素不是本领域熟知、常规而普遍的行为，所以它们能够证实适格。*DDR Holdings* 案中的权利要求涉及生成复合网页的系统和方法，该复合网页将主机网站的特定视觉元素与第三方商家的内容相结合。参见 773 F. 3d at 1248, 113 USPQ2d at 1099。法院认定该权利要求具有的附加元素达到明显超过抽象思维的程度，因为该附加元素修改了传统因特网超链接协议来动态生成双源混合网页，这不同于当超链接被激活时，将用户从主机的网页转移到第三方网页的因特网超链接协议的普遍操作。773 F. 3d at 1258 – 59，113 USPQ2d at 1106 – 07。因此，DDR Holdings 的权利要求适格。

另外，参见 *Mayo Collaborative Servs. v. Prometheus Labs.*，Inc.，566 U. S. 66，67，101 USPQ2d 1961，1964（2010），此案提供了一个附加元素不是发明构思的示例，因为该附加元素仅是业界以前已知的熟知、常规而普遍的行为，该附加元素本身并不足以将司法排除对象转变为专利适格的发明。参见 *Mayo Collaborative Servs. v. Prometheus Labs.*，Inc.，566 U. S. 66，79 – 80，101 USPQ2d 1969（2012）（援引 *Parker v. Flook*，437 U. S. 584，590，198 USPQ 193，199（1978）（附加元素是"熟知的"，因此，没有达到使数学公式可申请专利的程度））。在 *Mayo* 案中，有争议的权利要求记载了自然发生的相关性（血液中某些硫鸟嘌呤代谢物的浓度与药物剂量无效或诱发有害副作用的可能性之间的关系），以及附加元素，包括告诉医生使用任意已知的方法测量血液中硫鸟嘌呤代谢物水平。参见 566 U. S. at 77 – 79，101 USPQ2d at 1967 – 68。法院认为，测量代谢物水平的附加步骤已经是科学界采用的熟知、常规而普遍的行为，因为科学家"常规地测量代谢物，是他们研究代谢物水平与硫鸟嘌呤化合物的功效及毒性之间关系的一部分"。参见 566 U. S. at 79，101 USPQ2d at 1968。即使与其他附加元素结合使用，测量代谢物水平的步骤也没有达到发明构思的程度，因此 *Mayo* 案中的权利要求不适格。参见 566 U. S. at 79 – 80，101 USPQ2d at 1968 – 69。

Ⅰ. 评估附加元素是否为熟知、常规而普遍的行为

在确定权利要求中的附加元素是否明显超过司法排除对象时，审查员应评估这些元素是否仅定义了熟知、常规而普遍的行为。在这方面，熟知、常规而普遍行为的考虑因素与步骤 2B 的其他考虑因素重叠，特别是有关改进的考虑因素（参见 MPEP §2106.05（a）），仅教导应用排除对象的考虑因素（参见 MPEP §2106.05（f）），以及解决方案之外的次要行为的考虑因素（参见 MPEP §2106.05（g））。因此，对那些其他考虑因素的评估，可以帮助审查员确定特定的元素或元素组合是否是熟知、常规而普遍的行为。

此外，审查员在确定附加元素是否仅定义了熟知、常规而普遍的行为时，应牢记以下几点。

1. 本领域已知的附加元素（或附加元素组合）仍然可以是非普遍或非常规的。要求保护的特定发明是否新颖或显而易见的问题与它是否适格的问题"完全分离"。参见 *Diamond v. Diehr*，450 U. S. 175，190，209 USPQ 1，9（1981）。例如，权利要求可以表现出相对于通用计算机功能的改进，即使改进相对于现有技术缺乏新颖性。比较示例 *Enfish*，LLC v. Microsoft Corp.，822 F. 3d 1327，118 USPQ2d 1684（Fed. Cir. 2016）（认为第 6151604 号和第 6163775 号美国专利中的若干权利要求适格）与 *Microsoft Corp. v. Enfish*，LLC，662 Fed. App'x. 981（Fed. Cir. 2016）（认为同样的权利要求已被现有技术在先公开）。*Enfish* 案中的适格权利要求记载的自参考数据库具有两个关键特征：所有实体符号都可以存储在一张表中；表行可以包含定义表列的信息。参见 *Enfish*，

822 F. 3d at 1332，118 USPQ2d at 1687。虽然这些特征被单篇现有技术参考文献所教导（因此在先公开了权利要求），*Microsoft Corp.*，662 F. 3d App'x at 986，但这些特征不是普遍的，因此被认为反映了对存在的技术的改进。特别是使要求保护的表格获得优于传统数据库的优势，如更多的灵活性、更短的搜索时间和更小的内存需求。参见 *Enfish*，822 F. 3d at 1337，118 USPQ2d at 1690。

2. 检索现有技术不应是审查附加元素（或附加元素组合）是否为熟知、常规而普遍的行为所必需的。 相反，审查员应该依据法院已经认作为，或者本领域技术人员能够认作为相关领域中熟知、常规而普遍的行为的元素。因此，只有当审查员根据他们在本领域的专业知识，可以容易地得出该元素在业界被广泛普及或共性使用时，审查员才应得出结论认为元素（或元素的组合）是熟知、常规而普遍的行为。如果该元素不是在业界被广泛普及或共性使用，或者在其他方面超出了本领域公认的或被法院认为是熟知、常规而普遍的元素，那么该元素在大多数情况下将促成适格。譬如，即使一种特定技术（如通过糖尿病患者佩戴的耳环测量血糖）虽然它在几本被广泛浏览的科学期刊中讨论过或者被一些科学家使用过，因此对于某个本领域普通技术人员来说是显而易见的；但是仅仅是特定技术被知晓或者被少数科学家使用过，仍不足以使得该特定技术的使用在相关领域中变得常规而普遍。审查员在此情况下，根据审查员在该领域的专业知识，将会知道血糖是通过其他技术加以常规和普遍地监测（如通过在诊断试纸上放置一小滴血液，或者通过植入的带葡萄糖传感器的胰岛素泵监测）。因此，审查员不需要进行现有技术的检索，来确定要求保护的使用葡萄糖感应耳环的特定技术，不是之前由该领域的科学家采用的熟知、常规而普遍的行为。

3. 即使一个或多个附加元素在单独考虑时是熟知、常规而普遍的行为，对附加元素的组合仍可能达到发明构思的程度。 参见 *Diamond v. Diehr*，450 U. S. at 188，209 USPQ at 9（1981）（"即使在各步骤的新组合作出之前，该组合的所有部分都是众所周知的并且是常用的，在方法中的各步骤的新组合也可能是可专利的"）。例如，执行数学计算的微处理器和产生时间数据的时钟，可以单独地成为仅执行通用计算机功能的通用计算机组件，但是当组合后执行的功能如不是通用计算机的功能，那么就因此产生发明构思。参见 *Rapid Litig. Mgmt. v. CellzDirect，Inc.*，827 F. 3d 1042，1051，119 USPQ2d 1370，1375（Fed. Cir. 2016）（认为虽然冷冻和解冻肝细胞的附加步骤是众所周知的，但与本领域所教导的相反，重复这些步骤，则不是常规的或普遍的）。例如，在 *BASCOM* 案中，尽管法院认定权利要求中的所有附加元素都记载了通用计算机网络或因特网组件，但由于非普遍和非通用的配置提供了本领域的技术改进，所以元素的组合达到了明显超过的程度。参见 *BASCOM Global Internet Servs. v. AT&T Mobility LLC*，827 F. 3d 1341，1350 – 51，119 USPQ2d 1236，1243 – 44（2016）。

在许多情况下，申请文件中的说明书可以表明附加元素是众所周知的或普遍的。参见 *Intellectual Ventures v. Symantec*，838 F. 3d at 1317；120 USPQ2d at 1359（书面描述在确定什么是众所周知的或普遍的东西时特别有用）；*Internet Patents Corp.*，790 F. 3d at 1348，115 USPQ2d at 1418（依说明书中把附加元素作为"熟知的""普遍的"和

"常规的"的描述）；*TLI Communications LLC v. AV Auto. LLC*，823 F. 3d 607，614，118 USPQ2d 1744，1748（Fed. Cir. 2016）（说明书描述了附加元素用于"执行基本的计算机功能，如发送和接收数据，或者执行本领域'已知'的功能"）。

即使说明书未加明示，法院也没有要求对认定附加元素是熟知、常规而普遍的行为加以举证，而是将该质疑视为恰当的司法通知。因此，仅当审查员依赖其本领域专业知识，能够在步骤 2B 的调查中很容易地得出附加元素未达到明显超过的程度时（步骤 2B：否），才应发出否决。如果元素或功能超出了本领域公认的或被法院认为是熟知、常规而普遍的行为，则这些元素或功能将在大多数情况下达到明显超过的程度（步骤 2B：是）。有关阐述包含熟知、常规而普遍的行为而作出主题不适格的否决的更多内容，请参阅 MPEP § 2106.07（a）。

II．已被法院认作为特定领域中熟知、常规而普遍行为的元素

审查员应该依据已被法院认作的、或者本领域普通技术人员能够认作的描述熟知、常规而普遍行为的元素；以下部分提供的示例是有关法院认作为特定领域中熟知、常规而普遍行为的元素。然而，应该注意的是，其中的许多示例也未能满足步骤 2B 中的其他考虑因素（例如，因为这些示例以高度通用的方式进行记载，所以属于仅教导应用排除对象，或者是解决方案之外的次要行为）。因此，审查员在得出有关它们是否形成发明构思的结论之前，应仔细分析权利要求中的附加元素所涉及的步骤 2B 所有相关考虑因素，包括本考虑因素在内。

法院已认定当以下的计算机功能仅以普通方式（如高度通用性）或作为解决方案之外的次要行为被要求保护时，属于熟知、常规而普遍的功能。

i. 通过网络接收或传输数据，例如，使用因特网收集数据，*Symantec*，838 F. 3d at 1321，120 USPQ2d at 1362（利用中间计算机转发信息）；*TLI Communications LLC v. AV Auto. LLC*，823 F. 3d 607，610，118 USPQ2d 1744，1745（Fed. Cir. 2016）（使用电话进行图像传输）；*OIP Techs.，Inc.，v. Amazon.com，Inc.*，788 F. 3d 1359，1363，115 USPQ2d 1090，1093（Fed. Cir. 2015）（通过网络发送消息）；*buy SAFE，Inc. v. Google，Inc.*，765 F. 3d 1350，1355，112 USPQ2d 1093，1096（Fed. Cir. 2014）（计算机通过网络接收和发送信息）；但请参阅 *DDR Holdings，LLC v. Hotels.com，L. P.*，773 F. 3d 1245，1258，113 USPQ2d 1097，1106（Fcd. Cir. 2014）（"与 *Ultramercial* 案中的权利要求不同，此处提出的权利要求具体说明了**如何**以交互方式操纵因特网以产生期望的结果，这一结果取代了通常由点击超链接触发的常规而普遍的事件序列"（强调后加））。

ii. 执行重复计算，*Flook*，437 U. S. at 594，198 USPQ2d at 199（重新计算或重新调整警报阈值）；*Bancorp Services v. Sun Life*，687 F. 3d 1266，1278，103 USPQ2d 1425，1433（Fed. Cir. 2012）（"Bancorp 的一些权利要求所要求的计算机，仅用于最基本的功能，即重复性能计算，因此不会对这些权利要求的保护范围添加有意义的限定"）。

iii. 电子记录保存，*Alice Corp.*，134 S. Ct. at 2359，110 USPQ2d at 1984（创建和维护"影子账户"）；*Ultramercial*，772 F. 3d at 716，112 USPQ2d at 1755（更新活动日

志)。

iv. 在内存中存储和检索信息,*Versata Dev. Group*,*Inc. v. SAP Am.*,*Inc.*,793 F. 3d 1306,1334,115 USPQ2d 1681,1701(Fed. Cir. 2015);*OIP Techs.*,788 F. 3d at 1363,115 USPQ2d at 1092 – 93。

v. 电子扫描或从实物文档中提取数据,*Content Extraction and Transmission*,*LLC v. Wells Fargo Bank*,776 F. 3d 1343,1348,113 USPQ2d 1354,1358(Fed. Cir. 2014)(光学字符识别)。以及

vi. Web 浏览器的后退和前进按钮的功能,*Internet Patent Corp. v. Active Network*,*Inc.*,790 F. 3d 1343,1348,115 USPQ2d 1414,1418(Fed. Cir. 2015)。

该列表并不意味着所有计算机功能都是熟知、常规而普遍的行为,或者记载执行通用计算机功能的通用计算机组件的权利要求必然是不适格的。参见 *Amdocs(Israel)*,*Ltd. v. Openet Telecom*,*Inc.*,841 F. 3d 1288,1316,120 USPQ2d 1527,1549(Fed. Cir. 2016),*BASCOM Global Internet Servs. v. AT&T Mobility LLC*,827 F. 3d 1341,1348,119 USPQ2d 1236,1241(Fed. Cir. 2016)。法院已认为,计算机实施的方法不能明显超过抽象思维(并因此不适格)时,这种权利要求作为一个整体,没有达到超过执行抽象思维的通用计算机功能的程度,如一种能由人推理完成的想法(即通过手算或仅通过思考完成的想法)。另外,法院也已认为计算机实施的方法能够明显超过抽象思维(因而适格),其中通用计算机组件组合起来执行的功能不再只是通用的。参见 *DDR Holdings*,*LLC v. Hotels. com*,*L. P.*,773 F. 3d 1245,1257 – 59,113 USPQ2d 1097,1105 – 07(Fed. Cir. 2014)。

在生命科学领域,法院已认定当以下实验室技术仅以普通的方式(如高度通用性)或作为解决方案之外的次要行为被要求保护时,属于熟知、常规而普遍行为。

i. 通过任何方式确定血液中生物标志物的水平,参见 *Mayo*,566 U. S. at 79,101 USPQ2d at 1968;*Cleveland Clinic Foundation v. True Health Diagnostics*,*LLC*,859 F. 3d 1352,1362,123 USPQ2d 1081,1088(Fed. Cir. 2017)。

ii. 使用聚合酶链反应扩增和检测 DNA,参见 *Genetic Techs. v. Merial LLC*,818F. 3d 1369,1376,118 USPQ2d 1541,1546(Fed. Cir. 2016);*Ariosa Diagnostics*,*Inc. v. Sequenom*,*Inc.*,788 F. 3d 1371,1377,115 USPQ2d 1152,1157(Fed. Cir. 2015)。

iii. 检测样品中的 DNA 或酶,参见 *Sequenom*,788 F. 3d at 1377 – 78,115 USPQ2d at 1157);*Cleveland Clinic Foundation* 859 F. 3d at 1362,123 USPQ2d at 1088(Fed. Cir. 2017)。

iv. 免疫接受治疗者以防止疾病,参见 *Classen Immunotherapies*,*Inc. v. Biogen IDEC*,659 F. 3d 1057,1063,100 USPQ2d 1492,1497(Fed. Cir. 2011)。

v. 分析 DNA 以提供序列信息或检测等位基因变体,参见 *Genetic Techs.*,818 F. 3d at 1377;118 USPQ2d at 1546。

vi. 冷冻和解冻细胞,参见 *Rapid Litig. Mgmt.* 827 F. 3d at 1051,119 USPQ2d at 1375。

vii. 扩增和测序核酸序列，参见 *University of Utah Research Foundation v. Ambry Genetics*，774 F. 3d 755，764，113 USPQ2d 1241，1247（Fed. Cir. 2014）。以及

viii. 杂交基因探针，参见 *Ambry Genetics*，774 F. 3d at 764，113 USPQ2d at 1247。

以下其他类型行为的示例，是法院已认定的当仅以普通的方式（如高度通用性）或作为解决方案之外的次要行为被要求保护时，属于熟知、常规而普遍的行为。

i. 记录客户的订单，参见 *Apple*，*Inc. v. Ameranth*，*Inc.*，842 F. 3d 1229，1244，120 USPQ2d 1844，1856（Fed. Cir. 2016）；

ii. 关于标准扑克牌的洗牌和打牌，参见 *In re Smith*，815 F. 3d 816，819，118 USPQ2d 1245，1247（Fed. Cir. 2016）；

iii. 通过要求客户收看广告来限定对媒体的公开访问，参见 *Ultramercial*，*Inc. v. Hulu*，*LLC*，772 F. 3d 709，716 – 17，112 USPQ2d 1750，1755 – 56（Fed. Cir. 2014）；

iv. 识别无法投递的邮件，解码这些邮件的数据，以及创建输出数据，参见 *Return Mail*，*Inc. v. U. S. Postal Service*，– – F. 3d – –，– – USPQ2d – –，slip op. at 32（Fed. Cir. August 28，2017）；

v. 提出报价和收集统计数据，参见 *OIP Techs.*，788 F. 3d at 1362 – 63，115 USPQ2d at 1092 – 93；

vi. 确定估计的结果并设定价格，参见 *OIP Techs.*，788 F. 3d at 1362 – 63，115 USPQ2d at 1092 – 93；以及

vii. 设定团体层级、信息分类，排除对定价限制较少的信息并确定价格，参见 *Versata Dev. Group*，*Inc. v. SAP Am.*，*Inc.*，793 F. 3d 1306，1331，115 USPQ2d 1681，1699（Fed. Cir. 2015）。

2106.05（e）其他有意义的限定（2017.08 修订）

对于涉及司法排除对象而专利适格的权利要求，必须包括附加特征以确保权利要求描述了以有意义的方式应用排除对象的方法或产品，这样它才不只是设计去垄断排除对象的撰写工作。权利要求应当加入有意义的限定，而非将司法排除对象的使用与特定技术环境一般地联系起来，以将司法排除对象转变为专利适格的主题。甚至在 *Alice* 案和 *Mayo* 案之前，法院就在各种情境中使用短语 "有意义的限定" 来描述为整个权利要求提供发明构思的附加元素。当附加元素能够明显超过司法排除对象时，MPEP § 2106.05（a）~（d）中描述的考虑因素都属于意义的限定。本宽泛的标识表明，除了 MPEP § 2106.05（a）~（d）中描述的那些之外还有其他考虑因素，当这些因素被加入司法排除对象时能产生有意义的限定，从而可以将权利要求转变为专利适格的主题。

Diamond v. Diehr 提供了一个示例，该案中的权利要求记载了有意义的限定，而非将司法排除对象的使用与特定技术环境一般地联系起来。参见 450 U. S. 175，209 USPQ

1 (1981)。在 *Diehr* 案中，权利要求涉及一种在操作橡胶模压成型时使用 Arrhenius 方程（抽象思维或自然规律）的自动化方法。参见 450 U. S. at 177 – 78，209 USPQ at 4。法院评估了附加元素，如在压力机中安装橡胶，关闭模具，不断测量模具温度，并在适当的时间自动打开压力机的步骤，并发现它们是有意义的，因为它们足以将数学方程的使用限定在模塑橡胶产品的实际应用中。参见 450 U. S. at 184，187，209 USPQ at 7，8。相比之下，*Alice Corp. v. CLS Bank International* 的权利要求并未对降低结算风险的抽象思维产生有意义的限定。参见 573 U. S. _，134 S. Ct. 2347，110 USPQ2d 1976 (2014)。特别是法院得出结论认为，系统权利要求中所记载的数据处理系统和通信控制器等附加元素，并未有意义地限定抽象思维，因为它们只是将抽象思维的使用与特定的技术环境联系起来（即"通过计算机实现"）或是以高度通用性的形式记载熟知、常规而普遍的行为。参见 134 S. Ct. at 2360，110 USPQ2d at 1984 – 85。

Classen Immunotherapies Inc. v. Biogen IDEC 提供了另一个权利要求记载了有意义限定的示例。参见 659 F. 3d 1057，100 USPQ2d 1492（Fed. Cir. 2011）（最高法院发回重审后作出的判决，废除了下级法院先前依照 *Bilski v. Kappos* 案的观点而作出的不适格认定）。在 *Classen* 案中，权利要求记载了收集和分析特定免疫计划对哺乳动物慢性免疫介导失调的后期发展影响的方法，以便鉴定较低风险的免疫计划，然后根据所鉴定的较低风险的计划对哺乳动物对象进行免疫接种（从而降低免疫受试者后来发展为慢性免疫介导疾病的风险）。参见 659 F. 3d at 1060 – 61；100 USPQ2d at 1495 – 6。虽然分析步骤是有关收集和比较已知信息的抽象智力方法，但免疫步骤是有意义的限定，因为它将分析结果整合到一种特定的有形方法之中，导致该方法"从抽象的科学原理转向具体应用"。参见 659 F. 3d at 1066 – 68；100 USPQ2d at 1500 – 1。相比之下，在 *OIP Technologies, Inc. v. Amazon.com, Inc.* 案中，法院认定"根据客户反应测试价格和收集数据"的附加步骤，并未有意义地限定根据报价优化价格的抽象思维，因为这些步骤是熟知、常规而普遍的行为。参见 788 F. 3d 1359，1363 – 64，155 USPQ2d 1090，1093（Fed. Cir. 2015）。

在评估附加元素是否有意义地限定司法排除对象时，尤为重要的是审查员既要单独地又要组合地考虑附加元素。当审查员单独考虑附加元素时，如果有意义地限定了司法排除对象，则附加元素可能足以符合"明显超过"。然而，即使在单独考虑的元素没有"明显超过"的情况下，当组合地看待这些附加元素时，仍可能通过有意义地限定排除对象而达到明显超过司法排除对象的程度。参见 *Diamond v. Diehr*，450 U. S. 175，188，209 USPQ2d 1，9（1981）（"一种方法中新的步骤组合可能是可专利的，即使在组合作出之前该组合的所有成分都是众所周知的"）；*BASCOM Global Internet Servs. v. AT&T Mobility LLC*，827 F. 3d 1341，1349，119 USPQ2d 1236，1242（Fed. Cir. 2016）。重要的是要注意，在适当的情况下审查员可以在审查档案中解释为什么附加元素有意义地限定了司法排除对象。

2106.05（f） 仅教导应用排除对象（2017.08 修订）

在确定权利要求是否记载了明显超过司法排除对象的内容时，还有一个考虑因素是附加元素是否不仅仅是记载了"应用它"（或同义词），或者不仅仅是说明在计算机上实施抽象思维或其他排除对象。正如最高法院所解释的那样，为了将司法排除对象转变为专利适格的申请，附加元素或元素的组合必须"不仅仅是在加上'应用它'一词后简单描述［司法排除对象］"。参见 *Alice Corp. v. CLS Bank*，573 U. S. _，134 S. Ct. 2347，2357，110 USPQ2d 1976，1982－83（2014）（援引 *Mayo Collaborative Servs. V. Prometheus Labs.*，*Inc.*，566 U. S. 66，72，101 USPQ2d 1961，1965）。例如，仅仅是教导使用通用计算机应用抽象思维的权利要求，不会使抽象思维适格。参见 *Alice Corp.*，134 S. Ct. at 2358，110 USPQ2d at 1983。也参见 134 S. Ct. at 2389，110 USPQ2d at 1984（警告反对开启"撰写人技巧"的§101 分析）。

最高法院已在若干判例中定义了附加元素仅教导应用排除对象。例如，在 *Mayo* 案中，最高法院得出结论认为，确定患者血液中硫鸟嘌呤代谢物水平的步骤，并未达到明显超过所记载的自然规律的程度，因为这一附加元素仅教导医生通过任何医生（或医学实验室）选择使用的方式测量代谢物，来应用这些法则。参见 566 U. S. at 79，101 USPQ2d at 1968。在 *Alice Corp.* 案中，权利要求记载了由通用计算机执行的居间结算的概念。法院认定，在权利要求中对计算机的记载，仅达到教导在通用计算机上应用抽象思维的程度。参见 134 S. Ct. at 2359－60，110 USPQ2d at 1984。最高法院在早先的判例中也讨论了这一概念，*Gottschalk v. Benson*，409 U. S. 63，70，175 USPQ 673，676（1972），其中权利要求记载了将二进制编码的十进制（BCD）数字转换为纯二进制数的方法。法院认定，除与计算机有关外，所要求保护的方法没有实质性地实际应用计算机。参见 *Benson*，409 U. S. at 71－72，175 USPQ at 676。该权利要求在明显增加"把它应用"到计算机中的用语时，只是简单地陈述一种司法排除对象（如自然规律或抽象思维）。

对于不得仅提及应用排除对象的要求，并不意味着权利要求必须是狭窄的才能适格。法院已将一些宽泛的权利要求认定为适格，参见 *McRO*，*Inc. v. Bandai Namco Games Am. Inc.*，837 F. 3d 1299，120 USPQ2d 1091（Fed. Cir. 2016）；*Thales Visionix Inc. v. United States*，850 F. 3d. 1343，121 USPQ2d 1898（Fed. Cir. 2017），以及一些范围狭窄的权利要求被认定为不适格，参见 *Ultramercial*，*Inc. v. Hulu*，*LLC*，772 F. 3d 709，112 USPQ2d 1750（Fed. Cir. 2014）；*Electric Power Group*，*LLC v. Alstom*，*S. A.*，830 F. 3d 1350，119 USPQ2d 1739（Fed. Cir. 2016）。因此，在确定元素（或元素组合）是否泛泛地指示应用排除对象之前，审查员应该仔细考虑每个权利要求自身的价值，并评估所有与步骤 2B 相关的其他考虑因素。例如，因为该考虑因素常常与下列考虑因素发生重叠：改进的考虑因素（参见 MPEP §2106.05（a）），特定机器和特定形变的考虑因素（分别参见 MPEP §2106.05（b）和（c）），以及熟知、常规而普遍的考虑因素

(参见 MPEP §2106.05（d）），所以对其他考虑因素的评估可以帮助审查员确定一个元素（或元素组合）是否不只是泛泛地教导应用排除对象。

对于权利要求的限定没有达到超过记载了"应用它"（或同义词）的用语的程度，如仅仅教导在计算机上实现抽象思维，审查员应在适格否决意见中解释为什么它们并未有意义地限定权利要求。例如，审查员可以解释在通用计算机上实现抽象思维，并没有使得明显超过，类似于 Alice 案权利要求对计算机的记载仅仅是教导将居间结算的抽象思维应用于通用计算机。有关撰写主题适格否决意见的更多内容，包括熟知、常规而普遍的行为，请参阅 MPEP §2106.07（a）。

在确定权利要求是否只是简单记载了"应用它"（或同义词）的用语，如仅教导在计算机上实现抽象思维，审查员可以考虑以下内容。

（1）该权利要求是否仅记载了解决方案或结果的想法，即该权利要求未能详述如何实现解决问题的方案。权利要求限定的记载试图覆盖已知问题的任何解决方案，而不限定结果如何实现，也未描述实现结果的机制，就不能体现"明显超过"，因为这种类型的记载等同于"应用它"的用语。参见 *Electric Power Group, LLC v. Alstom, S. A.*, 830 F. 3d 1350, 1356, 119 USPQ2d 1739, 1743-44（Fed. Cir. 2016）; *Intellectual Ventures I v. Symantec*, 838 F. 3d 1307, 1327, 120 USPQ2d 1353, 1366（Fed. Cir. 2016）; *Internet Patents Corp. v. Active Network, Inc.*, 790 F. 3d 1343, 1348, 115 USPQ2d 1414, 1417（Fed. Cir. 2015）。相反，请求保护一种对问题的特定解决方案或实现期望结果的特定方式，可以体现"明显超过"。参见 *Electric Power*, 830 F. 3d at 1356, 119 USPQ2d at1743。

举例来说，在 *Intellectual Ventures I v. Capital One Fin. Corp.*, 850 F. 3d 1332, 121 USPQ2d 1940（Fed. Cir. 2017）案中，权利要求中的步骤描述了"基于'管理记录符号'和'主要记录符号'的动态文档的创建方法"。参见 850 F. 3d at 1339-40; 121 USPQ2d at 1945-46。权利要求被认定为涉及"收集，显示和操作数据"的抽象思维。参见 850 F. 3d at 1339-40; 121 USPQ2d at 1946。除了抽象思维之外，权利要求还记载了响应在动态文档中所做的修改而修改底层 XML 文档的附加元素。参见 850 F. 3d at 1342; 121 USPQ2d at 1947-48。尽管权利要求旨在响应动态文档中所做的修改而修改底层 XML 文档，但是在权利要求中除了使用在 XML 文档情景中的抽象思维之外，没有任何内容表明还采取了哪些具体步骤。因此，法院认为这些权利要求不适格，因为附加限定仅提供了面向结果的解决方案，而缺乏关于计算机如何执行修改的细节，这相当于用语"应用它"。参见 850 F. 3d at 1341-42; 121 USPQ2d at 1947-48（援引 *Electric Power Group.*, 830 F. 3d at 1356, 1356, USPQ2d at 1743-44（警告反对权利要求"如此聚焦结果、如此功能化、以致于有效涵盖了对已发现问题的全部解决方案"））。

法院已认定的由于仅仅是对解决方案或结果的想法，而仅教导应用排除对象的其他示例包括：

i. 通过移动界面和指针远程访问用户特定信息来找回信息，而没有任何关于移动界面和指针如何获取以前无法访问信息的描述，参见 *Intellectual Ventures v. Erie In-*

dem. Co. ，850 F. 3d 1315，1331，121 USPQ2d 1928，1939（Fed. Cir. 2017）；

ii. 一种在通用计算机上筛选电子邮件的通用方法，对它要解决的缩小保护间距的事宜和讨论的体积问题没有任何限定，参见 *Intellectual Ventures I v. Symantec Corp.* ，838 F. 3d 1307，1319，120 USPQ2d 1353，1361（Fed. Cir. 2016）；以及

iii. 通过网络向蜂窝电话无线传送区域外的广播内容，而没有如何完成传送的任何细节，参见 *Affinity Labs of Texas v. DirecTV, LLC* ，838 F. 3d 1253，1262 - 63，120 US-PQ2d 1201，1207（Fed. Cir. 2016）。

相比之下，当权利要求记载了对技术问题的技术解决方案时，最近的判例认定附加元素不仅仅是"应用它"或不是"仅仅教导"。在 *DDR Holdings* 案中，法院认定附加元素确实超过了仅仅教导将抽象思维应用于因特网的程度。参见 *DDR Holdings, LLC v. Hotels. com，L. P.* ，773 F. 3d 1245，1259，113 USPQ2d 1097，1107（Fed. Cir. 2014）。有争议的权利要求规定了如何操作与互联网的交互以产生期望的结果——这种结果超越了通常由点击超链接触发的常规而普遍的事件序列。参见 773 F. 3d at 1258；113 US-PQ2d at 1106。在 *BASCOM* 案中，法院判定所要求保护的限定组合并不是简单地记载教导把过滤内容的抽象思维应用于因特网上。参见 *BASCOM Global Internet Servs. v. AT&T Mobility, LLC* ，827 F. 3d 1341，1350，119 USPQ2d 1236，1243（Fed. Cir. 2016）。相反，该权利要求记载了在因特网上过滤内容的"基于技术的解决方案"，其克服了现有技术中过滤系统的缺点。参见 827 F. 3d at 1350 - 51，119 USPQ2d at 1243。最后，在 *Thales Visionix* 案中，惯性传感器的特殊结构和使用传感器原始数据的特定方法不只是简单地应用自然规律。参见 *Thales Visionix，Inc. v. United States* ，850 F. 3d 1343，1348 - 49，121 USPQ2d 1898，1902（Fed. Cir. 2017）。法院认定，这些权利要求提供了一种系统和方法，"消除了先前确定物体在移动平台上的位置和方向的解决方案中许多内在的'复杂性'"。换句话说，该权利要求记载了一种针对技术问题的技术解决方案。

（2）权利要求是否仅仅调用计算机或其他机器作为执行现有方法的工具。使用计算机或其他机器以其常规能力处理经济或其他任务（如接收、存储或传输数据）或事后简单地将通用目的的计算机或计算机组件添加到抽象思维中（如基础经济实践或数学方程式）并没有体现明显超过。参见 *Affinity Labs v. DirecTV* ，838 F. 3d 1253，1262，120 USPQ2d 1201，1207（Fed. Cir. 2016）（蜂窝电话）；*TLI Communications LLC v. AV Auto，LLC* ，823 F. 3d 607，613，118 USPQ2d 1744，1748（Fed. Cir. 2016）（计算机服务器和电话单元）。类似地，"请求保护在计算机上应用抽象思维后所固有的速度或效率的提升"不产生发明构思。参见 *Intellectual Ventures I LLC v. Capital One Bank（USA）* ，792 F. 3d 1363，1367，115 USPQ2d 1636，1639（Fed. Cir. 2015）。相比之下，旨在提高计算机能力或改进现有技术的权利要求可能体现"明显超过"。参见 *McRO，Inc. v. Bandai Namco Games Am. Inc.* ，837 F. 3d 1299，1314 - 15，120 USPQ2d 1091，1101 - 02（Fed. Cir. 2016）；*Enfish，LLC v. Microsoft Corp.* ，822 F. 3d 1327，1335 - 36，118 USPQ2d 1684，1688 - 89（Fed. Cir. 2016）。有关计算机功能或其他技术或技术领域改进的讨论，请参见 MPEP § 2106.05（a）。

TLI Communications 案提供了一个权利要求的示例，该权利要求仅调用计算机和其他机器作为执行现有方法的工具。法院指出，这些权利要求记载了记录、管理和存档数字图像的步骤，并认定它们是有关以有组织的方式分类并存储数字图像的抽象思维。参见 823 F. 3d at 612，118 USPQ2d at 1747。法院随后转向使用电话单元和服务器执行这些功能的附加元素，并注意到这些元素被以其常规功能加以使用（即电话单元是用于呼叫并作为数码相机操作，包括压缩图像和发送这些图像，以及简单地接收数据服务，从接收的数据中提取、分类信息，并基于提取的信息存储数字图像）。参见 823 F. 3d at 612 – 13，118 USPQ2d at 1747 – 48。换句话说，该权利要求仅仅调用电话单元和服务器作为执行抽象思维的工具。因此，法院认定附加元素并没有明显超过抽象思维，因为它们只是简单地将抽象思维应用于电话网络，而没有详细说明如何执行抽象思维。

法院已认定的由于仅仅是调用计算机或机器作为执行现有方法的工具，而成为仅教导应用排除对象的其他示例包括：

i. 应用于通用计算机的通用商业方法或数学算法，参见 *Alice Corp. Pty. Ltd. V. CLS Bank Int'l*，134 S. Ct. 2347，1357，110 USPQ2d 1976，1983（2014）；*Gottschalk v. Benson*，409 U. S. 63，64，175 USPQ 673，674（1972）；*Versata Dev. Group, Inc. v. SAP Am.，Inc.*，793 F. 3d 1306，1334，115 USPQ2d 1681，1701（Fed. Cir. 2015）。

ii. 由通用计算机组件执行从第一菜单生成第二菜单，并将第二菜单发送到另一位置，参见 *Apple，Inc. v. Ameranth，Inc.*，842 F. 3d 1229，1243 – 44，120 USPQ2d 1844，1855 – 57（Fed. Cir. 2016）。

iii. 一种在通用计算机上执行的监视审计日志数据的方法，该方法中提升的速度完全来自通用计算机的功能，参见 *Fair Warning IP，LLC v. Iatric Sys.*，839 F. 3d 1089，1095，120 USPQ2d 1293，1296（Fed. Cir. 2016）。

iv. 在因特网上应用或实施用广告作为交换物或通货的方法，参见 *Ultramercial，Inc. v. Hulu，LLC*，772 F. 3d 709，715，112 USPQ2d 1750，1754（Fed. Cir. 2014）。

v. 要求使用软件定制信息并将其提供给通用计算机上的用户，参见 *Intellectual Ventures I LLC v. Capital One Bank（USA）*，792 F. 3d 1363，1370 – 71，115 USPQ2d 1636，1642（Fed. Cir. 2015）。以及

vi. 一种为平衡头部形状而分配头发的设计方法，最后一步是使用工具（剪刀）剪掉头发，参见 *In re Brown*，645 Fed. App'x 1014，1017（Fed. Cir. 2016）（非判例）。

（3）**应用司法排除对象的特殊性或一般性**。在诸多工作领域中具有广泛适用性的权利要求，可能不会产生有意义的限定而达到明显超过的程度。例如，权利要求泛泛地记载司法排除对象的效果，或者要求保护实现这种效果的每种方式，等同于仅在司法排除对象中加上用语"应用它"的权利要求。参见 *Internet Patents Corporation v. Active Network，Inc.*，790 F. 3d 1343，1348，115 USPQ2d 1414，1418（Fed. Cir. 2015）（记载以在线形式维持数据状态的方案，但不限定状态如何维持，也没有说明维持状态的方

法，则描述的是"脱离任何实现状态维持方法的效果或结果"，该方案并未提供有意义的限定，因为它仅仅表明应当应用抽象的想法去达到想要的效果）。另见 *O'Reilly v. Morse*，56 U. S. 62（1854）（认定"使用电磁技术远距离传输信号"的权利要求不适格）；*Telephone Cases*，126 US 1，209（1888）（认定"通过电报发送噪声或其他声音的方法……通过引发电波动，形式类似于伴随所述噪声或其他声音的空气振动"是不适格的，因为它"垄断了自然力"及"以任何方式利用该法则的权利"）。

相反，将司法排除对象局限于对司法排除对象特定的实际应用的限定，可能会达到明显超过的程度。例如，在 *BASCOM* 案中，附加元素的组合，特别是"在远离终端用户的特定位置安装过滤工具，具有针对每个终端用户的特殊的可定制过滤功能"，从而 ISP 的过滤工具能够"识别与 ISP 服务器通信的个人账户，并将因特网内容请求与特定个人账户相关联"，被认为是有意义的限定，因为它们将内容过滤的抽象想法局限于对抽象想法特定的实际应用。参见 827 F. 3d at 1350－51，119 USPQ2d at 1243。

2106.05（g）解决方案之外的次要行为（2017.08 修订）

在确定权利要求的记载是否体现"明显超过"时，还有一个考虑因素是附加元素是否是向司法排除对象添加解决方案之外的次要行为。术语"解决方案之外的次要行为"可以理解为伴随主要方法或产品产生的相关行为，其仅仅是对权利要求名义上的或者略有关联的添加。解决方案之外的次要行为包括预解决行为和后解决行为。预解决行为的示例是，在要求保护的方法中使用的收集数据的步骤。例如，获得关于信用卡交易信息的步骤，其被记载成要求保护的方法的一部分，该方法为检测交易是否有欺诈，通过一系列步骤分析和操作所收集的信息。后解决行为的一个示例是，不作一个整体集成到权利要求之中的元素。例如，在权利要求中记载用于输出欺诈交易报告的打印机，该权利要求是关于检测交易是否有欺诈性而被编程分析和操作有关信用卡交易信息的计算机。

正如最高法院所解释的那样，添加解决方案之外的次要行为并未达到发明构思的程度，特别是当行为是熟知或普遍的时。参见 *Parker v. Flook*，437 U. S. 584，588－89，198 USPQ 193，196（1978）。在 *Flook* 案中，法院分析指出"认为后解决行为无论其本身多么普遍或显而易见，都可以将不可专利的原则转变为可专利的方法，这种观点拔高了形式而掩盖了实质❶。一个称职的撰写人可以将某种形式的后解决行为附加到几乎所有数学公式上"。参见 437 U. S. at 590；198 USPQ at 197；（出处同上）（认为将警报阈值变量调整为根据数学公式计算得到的数值的步骤是"后解决行为"）。另参见 *Mayo Collaborative Servs. v. Prometheus Labs. Inc.*，566 U. S. 66，79，101 USPQ2d 1961，1968（2012）（测量患者给药代谢物的附加元素，是解决方案之外的次要行为）。在确定元素（或元素组合）是否是解决方案之外的次要行为之前，审查员应根据权利要求自身的价

---

❶ 原文表述是 exalts form over substance，直译为提升形式盖过实质，意思是形式大于实质。

值仔细考虑每个权利要求,并评估所有与步骤 2B 相关的其他考虑因素。特别是对特定机器和特定形变的考虑因素(分别参见 MPEP § 2106.05(b)和(c)),熟知、常规而普遍的考虑因素(参见 MPEP § 2106.05(d)),以及应用领域和技术环境的考虑因素(参见MPEP § 2106.05(h)),可以帮助审查员确定元素(或元素组合)是否是解决方案之外的次要行为。

这种考虑因素类似于过去本局的过渡指南❶中使用的因素(如现已被取代的 *Bilski* 和 *Mayo* 分析法),这些因素被描述为仅仅是与自然规律或抽象思维相结合的数据采集。在确定附加要素是否是解决方案之外的次要行为时,审查员可以考虑以下因素。

(1) **解决方案之外的限定是否众所周知**。参见 *Bilski v. Kappos*,561 U.S.593,611 - 12,95 USPQ2d 1001,1010(2010)(采用熟知的随机分析技术来设置方程的输入量,被认为是解决方案之外的行为);*Flook*,437 U.S. at 593 - 95,198 USPQ at 197(一个公式不能仅通过表明它可以有效地应用于现有的测量技术而可获专利保护);*Intellectual Ventures I LLC v. ErieIndem. Co.*,850 F.3d 1315,1328 - 29,121 USPQ2d 1928,1937(使用众所周知的 XML 标签来形成索引,被认为是解决方案之外的行为)。

(2) **限定是否重要**(即它对权利要求施加了有意义的限定,使其并非名义上地或略有关联地与本发明产生关系)。参见 *Ultramercial*,*Inc. v. Hulu*,*LLC*,772 F.3d 709,715 - 16,112 USPQ2d 1750,1755(Fed. Cir. 2014)(限制公众获取传媒被认定为解决方案之外的次要行为);*Apple*,*Inc. v. Ameranth*,*Inc.*,842 F.3d 1229,1242,120 USPQ2d 1844,1855(Fed. Cir. 2016)(在关于电子菜单的专利中,与订购类型相关的特征被认定为解决方案之外的行为)。

(3) **限定是否达到必需的数据采集和输出的程度**(即对记载的司法排除对象的所有使用是否都需要这种数据采集或数据输出)。参见 *Mayo*,566 U.S. at 79,101 USPQ2d at 1968;*OIP Techs.*,*Inc. v. Amazon.com*,*Inc.*,788 F.3d 1359,1363,115 USPQ2d 1090,1092 - 93(Fed. Cir. 2015)(提供报价和收集统计数据仅仅是数据采集)。

以下行为是法院认定为解决方案之外的次要行为的示例。

- **仅仅是数据采集:**

i. 对个体进行临床试验,以获得方程式的输入,参见 *In re Grams*,888 F.2d 835,839 - 40;12 USPQ2d 1824,1827 - 28(Fed. Cir. 1989)。

ii. 测试系统的响应,该响应用于确定系统故障,参见 *In re Meyers*,688 F.2d 789,794;215 USPQ 193,196 - 97(CCPA 1982)。

iii. 向潜在客户提供报价,测试有关潜在客户如何响应报价,并收集生成的统计数据,然后使用统计数据计算优化价格,参见 *OIP Technologies*,788 F.3d at 1363,115 USPQ2d at 1092 - 93。

iv. 获取有关使用因特网验证信用卡交易的交易信息,参见 *CyberSource v. Retail De-*

---

❶ 原文表述是 guidance,指临时颁布的过渡指南,而非全面系统的 manual,为示区分,将 guidance 译为过渡指南。

cisions, *Inc.*, 654 F. 3d 1366, 1375, 99 USPQ2d 1690, 1694（Fed. Cir. 2011）。

v. 咨询和更新活动日志，参见 *Ultramercial*, 772 F. 3d at 715, 112 USPQ2d at 1754。以及

vi. 确定血液中生物标志物的水平，参见 *Mayo*, 566 U. S. at 79, 101 USPQ2d at 1968。也参见 *PerkinElmer, Inc. v. Intema Ltd.*, 496 Fed. App'x 65, 73, 105 USPQ2d 1960, 1966（Fed. Cir. 2012）（评估或测量来自超声扫描的数据，并用于诊断）。

- 选择要被配置的特定数据源或数据类型：

i. 将数据库索引限定为 XML 标签，参见 *Intellectual Ventures I LLC v. Erie Indem. Co.*, 850 F. 3d at 1328 – 29, 121 USPQ2d at 1937。

ii. 只接受来自基于表单的客户或免下车客户的食品订单，*Ameranth*, 842 F. 3d at 1241 – 43, 120 USPQ2d at 1854 – 55。

iii. 根据电网环境中的信息类型和信息的可用性来选择信息，用于收集、分析和显示，参见 *Electric Power Group, LLC v. Alstom S. A.*, 830 F. 3d 1350, 1354 – 55, 119 USPQ2d 1739, 1742（Fed. Cir. 2016）。以及

iv. 要求由用户提出浏览广告的请求，并限制公共访问，参见 *Ultramercial*, 772 F. 3d at 715 – 16, 112 USPQ2d at 1754。

- 次要的应用：

i. 先确定发型后再剪头发，参见 *In re Brown*, 645 Fed. App'x 1014, 1016 – 1017（Fed. Cir. 2016）（非判例）。以及

ii. 打印或下载生成的菜单，参见 *Ameranth*, 842 F. 3d at 1241 – 42, 120 USPQ2d at 1854 – 55。

有些案例已将无关紧要的计算机执行视为解决方案之外的次要行为的示例。参见 *Fort Props., Inc. v. Am. Master Lease LLC*, 671 F. 3d 1317, 1323 – 24, 101 USPQ2d 1785, 1789 – 90（Fed. Cir. 2012）；*Bancorp Servs., LLC v. Sun Life Assur. Co. of Canada*, 687 F. 3d 1266, 1280 – 81, 103 USPQ2d 1425, 1434 – 35（Fed. Cir. 2012）。其他案例将这些限定类型视为仅教导应用司法排除对象。涉及无关紧要的计算机执行的更多内容，请参见 MPEP § 2106.05（f）。

对于在司法排除对象中添加超出解决方案次要行为的限定的权利要求（如仅仅是与自然规律或抽象思维相结合的数据采集），审查员应在不适格的否决意见中解释为什么它们没有对权利要求产生有意义的限定。例如，审查员可以解释，在一种方法中最后增加存储数据的步骤，该方法仅记载了计算一个空间的面积（一种数学关系），那么这不会对计算面积的方法增加有意义的限定。有关阐述主题不适格的否决意见的更多内容，请参阅 MPEP § 2106.07（a）。

2106.05（h）应用领域和技术环境（2017.08 修订）

在确定权利要求的记载是否明显超过司法排除对象的考虑因素时还应考虑：附加

元素是否不仅仅是一般性地将应用司法排除对象与特定技术环境或应用领域联系起来。正如最高法院所解释的那样,有关司法排除对象的权利要求不能"仅仅通过让申请人同意将公式的专利范围限定在某一特定的技术用途"而使其适格。参见 *Diamond v. Diehr*,450 U. S. 175,192 n. 14,209 USPQ 1,10n. 14(1981)。因此,仅仅教导将司法排除对象应用到应用领域或技术环境的限定,并不达到明显超过司法排除对象的程度。

法院经常引用 *Parker v. Flook* 作为应用领域限定的经典示例。参见 *Bilski v. Kappos*,561 U. S. 593,612,95 USPQ2d 1001,1010(2010)("*Flook* 案确定将抽象思维限定在一个应用领域或添加所采取的后解决方案内容,并未使该概念具有可专利性")(引用 *Parker v. Flook*,437 US 584,198 USPQ 193(1978))。在 *Flook* 案中,权利要求记载了"在烃的催化化学变化的过程中"根据数学公式计算警报阈值(过程变量,如温度、压力或流速的数值极限)的更新值的步骤。参见 437 U. S. at 586,198 USPQ at 196。烃的催化化学变化过程用于石化和炼油领域。尽管申请人认为将该配方限定用于石化和炼油领域应该使权利要求适格,因为这一限定确保了权利要求没有先占该公式的所有用途;但最高法院并不认同,并认定这一限定并未达到发明构思的程度。参见 437 U. S. at 588 - 90,198 USPQ at 197 - 98。法院分析指出,这否则将"拔高形式而掩盖实质",因为一个称职的权利要求撰写人可以对几乎任何数学公式附加类似的限定。参见 437 U. S. at 590,198 USPQ at 197。

更近的一个有关限定仅是泛泛地将司法排除对象与特定技术环境联系起来的示例是 *Affinity Labs of Texas v. DirecTV,LLC*,838 F. 3d 1253,120 USPQ2d 1201(Fed. Cir. 2016)。在 *Affinity Labs* 案中,其权利要求记载了一种广播系统,其中蜂窝电话位于区域广播公司的范围之外,该系统(1)发出请求,并通过流式传播信号从广播公司接收网络内容,(2)被配置为无线下载应用程序来执行这些功能,以及(3)包含允许用户选择特定内容的显示器。参见 838 F. 3d at 1255 - 56,120 USPQ2d at 1202。法院确定了请求保护的从区域外提供区域广播内容的访问这一概念是抽象想法,并指出附加元素限定了把区域广播内容无线传输到蜂窝电话(与任何电子设备如电视、机顶盒、计算机等类似物的作用相反)。参见 838 F. 3d at 1258 - 59,120 USPQ2d at 1204。虽然附加元素确实限定了抽象想法的使用,但法院解释说,这种类型的限定仅仅将抽象想法的使用限制在特定的技术环境(蜂窝电话)中,因此,未能在权利要求中加入发明构思。参见 838 F. 3d at 1259,120 USPQ2d at 1204。

没有明确的测试方法来确定权利要求的特定限定是否仅仅是一种使用领域,还是试图泛泛地将司法排除对象与特定技术环境联系起来。然而,一个可在诸多领域使用的共性特征以及其他类型的对权利要求的无意义限定不足以从整体上整合到权利要求之中。例如,在 *Flook* 案中有关烃催化化学变化的附加元素,未能整合到权利要求中,因为它仅仅是权利要求附带的或象征性的补充,不会改变或影响计算报警阈值的过程步骤的执行。相比之下,*Diamond v. Diehr* 案中的附加元素作为一个整体被整合到权利要求中,而不是仅仅记载使用 Arrhenius 方程"在橡胶模制过程中"来计算固化时间。

相反，*Diehr* 案中的权利要求记载了特殊的限定，如监控自模具关闭以来经历的时间、不断测量模腔中的温度，通过将测量的温度输入 Arrhenius 方程重复计算固化时间，并当计算的固化时间和经过的时间相等时自动打开模压机。参见 450 U. S. at 179，209 USPQ at 5，n. 5。这些具体限定的协同作用，将未固化的橡胶原料转变为固化模塑橡胶，从而将 Arrhenius 方程式整合到改进的橡胶模塑工艺中。参见 450 U. S. at 177 – 78，209 USPQ at 4。

法院所描述的仅教导将司法排除对象应用于应用领域或技术环境的限定的示例包括：

i. 向患有免疫介导性胃肠失调症的患者施用 6 – 硫鸟嘌呤药物的步骤，因为对药物施用于该患者群体的限定，仅仅是简单地指出医生的相关已有听众❶而已，所述医生使用硫鸟嘌呤药物治疗胃肠失调病人，参见 *Mayo Collaborative Servs. v. Prometheus Labs. Inc.*，566 U. S. 66，78，101 USPQ2d 1961，1968（2012）；

ii. 将风险对冲过程的参与者确定为商品提供者和商品消费者，因为对这些参与者限定了方法的使用，只不过是描述了如何在商品和能源市场中使用对冲交易的抽象想法，参见 *Bilski*，561 U. S. at 595，95 USPQ2d at 1010；

iii. 限定使用公式 $C = 2(\text{pi})r$ 来确定车轮的周长与其他圆形物体不符，因为这种限定不过代表了象征性地限制权利要求的范围，参见 *Flook*，437 U. S. at 595，198 USPQ at 199；

iv. 说明监视相关交易或行为的审计日志数据的抽象想法，该交易或行为在计算机环境中执行，因为这种要求仅仅将权利要求限定到计算机领域，即在通用计算机上执行，参见 *FairWarning v. Iatric Sys.*，839 F. 3d 1089，1094 – 95，120 USPQ2d 1293，1295（Fed. Cir. 2016）；

v. 文字说明在电话网络或因特网中使用屏蔽病毒的方法步骤，因为将方法的使用限定到这些技术环境中，并未对权利要求产生有意义的限定，参见 *Intellectual Ventures I v. Symantec Corp.*，838 F. 3d 1307，1319 – 20，120 USPQ2d 1353，1361（2016）；

vi. 将采集信息、分析信息并显示特定采集分析结果的抽象思维限定于与电网相关的数据上，因为将抽象想法限制在电网监控中的应用只是试图将抽象想法的使用限制在特定技术环境中，参见 *Electric Power Group，LLC v. Alstom S. A.*，830 F. 3d 1350，1354，119 USPQ2d 1739，1742（Fed. Cir. 2016）；

vii. 文字通知医生应用自然规律（连锁失衡）检测基因多态性，因为该文字只是告诉相关读者该自然规律可以以这种方式使用，参见 *Genetic Techs. Ltd. v. Merial LLC*，818 F. 3d 1369，1379，118 USPQ2d 1541，1549（Fed. Cir. 2016）；

viii. 文字说明使用因特网和电话网络中普遍包含的"通信媒介"来实施预算的抽象想法，因为这种限定仅仅限制了将排除对象应用于特定的技术环境中，参见 *Intellectual Ventures I v. Capital One Bank*，792 F. 3d 1363，1367，115 USPQ2d 1636，1640

---

❶ 原文表述是 audience，此处指听取医生诊断的病人。

(Fed. Cir. 2015）；

ix. 说明在因特网上使用广告作为通货的抽象想法，因为这种狭窄的限定仅仅是试图将抽象想法的使用限制在特定的技术环境中，参见 *Ultramercial*，*Inc. v. Hulu*，*LLC*，772 F. 3d 709，716，112 USPQ2d 1750，1755（Fed. Cir. 2014）；以及

x. 要求创建担保交易执行的合同关系的抽象想法：（a）使用通过网络接收和发送信息的计算机来执行，或（b）限于对在线交易的担保，因为这些限定只是试图把抽象想法的使用限制到计算机环境中，参见 *buySAFE Inc. v. Google*，*Inc.*，765 F. 3d 1350，1354，112 USPQ2d 1093，1095 – 96（Fed. Cir. 2014）。

审查员应该知道，法院经常互换地使用"技术环境"和"应用领域"这两个术语，因此，为了适格分析，审查员应该考虑这些术语的可互换性。审查员还应记住，这一考虑因素与步骤2B中的其他考虑因素存在交叠，特别是解决方案之外的次要行为（参见 MPEP § 2106.05（g））。例如，限于特定数据源（如因特网）或特定类型数据（如电网数据或 XML 标签）的数据采集步骤，既可被认为是解决方案之外的次要行为的限定，也可被认为是应用领域的限定。参见 *Ultramercial*，772 F. 3d at 716，112 US-PQ2d at 1755（把抽象思维的使用限定到因特网）；*Electric Power*，830 F. 3d at 1354，119 USPQ2d at 1742（限定将抽象思维应用于电网数据）；*Intellectual Ventures I LLC v. Erie Indem. Co.*，850 F. 3d 1315，1328 – 29，121 USPQ2d 1928，1939（Fed. Cir. 2017）（将抽象思维的使用限定为与 XML 标签一起使用）。因此，在对考虑因素作出决定之前，审查员应根据权利要求自身的价值及步骤2B中其他所有相关考虑因素，仔细考虑每项权利要求。

对于将司法排除对象的使用与特定技术环境或应用领域泛泛地联系起来的权利要求限定，审查员应在不适格的否决意见中解释为何它们没有对权利要求产生有意义的限定。例如，审查员可以解释使用众所周知的计算机功能来执行抽象想法，即使将想法的使用局限于某个特定环境，也不会添加明显超过的内容，类似于在 *Flook* 案中无论怎么把抽象想法限定在石化和炼油行业都是不够的。有关阐述主题适格否决意见的更多内容，请参阅 MPEP § 2106.07（a）。

2106.06 简要分析（2017.08 修订）

为了提高审查效率，当权利要求的适格不言而喻时，审查员可以使用简要的适格分析（途径A）。例如，某项权利要求明显改进了技术或计算机功能。但是，如果对申请人是否积极谋取司法排除对象本身所包括的范围存在疑问，则应进行全面的适格分析（MPEP § 2106 第Ⅲ节中描述的 *Alice/Mayo* 测试法）以确定该申请是否记载了明显超过司法排除对象的内容。

简要分析的结果将始终与全面分析的结果保持一致，因此简要分析不是规避权利要求在经过全面适格分析后被认定为不合格的手段。同样，如果简要分析（路径A）适用于该权利要求，那么在全面分析的步骤2A（路径B）或步骤2B（路径C）分析之

后满足适格的权利要求也将是适格的。审查员对简要分析的使用可能并不明显，因为分析结果是权利要求适格的结论，并且不会在适格方面作出关于权利要求的否决意见。在实践中，审查档案可能反映出的适格结论仅仅是关于不适格所作的否决意见，或者可能在适当的时候包含阐述意见。

在MPEP§2106第Ⅲ节的流程图中，如果将权利要求作为一个整体来看专利适格是不言而喻的（如权利要求明显改进了技术或计算机功能），则该权利要求在路径A中适格，从而完成适格分析。

2106.06（a） 适格是不言而喻的（2017.08修订）

简要的适格分析可用于此类权利要求，它可能记载也可能不记载司法排除对象，但从整体上看，显然不是谋求占有任何司法排除对象，以致其他人不能使用。这类权利要求不需要在此进行全面分析，因为它们的适格是不言而喻的。另外，在全面分析的步骤2B之后，不适格的权利要求将不适用简要分析，因为该权利要求缺乏不言而喻的适格条件。

例如，针对复杂的人造的工业产品或方法的权利要求，其中伴随司法排除对象而记载的有意义的限定可以充分限制其实际应用，从而不需要全面的适格分析。作为示例，具有控制系统的机器人臂组件，它的控制系统的操作使用了特定数学关系，这显然不是试图限制数学关系的使用，不需要全面分析来确定适格。此外，如果权利要求记载了自然状貌的产品，但显然并不试图占有该自然状貌的产品，则并不需要显著不同的特征分析来确定"自然产物"类例外。例如，有关人造髋关节假体的权利要求，其中的假体涂有天然产生的矿物质，这并不是试图占有矿物质。类似地，要求保护的产品仅包括辅助的天然组件，如关于具有由黄金制成的电触头的手机或具有木质装饰的塑料椅的权利要求，将不需要分析自然状貌的组件来确定权利要求是否有关"自然产物"类排除对象，因为此类权利要求不会试图不当地占有自然状貌的产品。

2106.06（b） 技术或计算机功能的明显改进（2017.08修订）

正如联邦巡回上诉法院所解释的那样，对技术或计算机功能的一些改进在适当地请求保护时并不是抽象的，因此有关这些改进的权利要求并不总是需要进行全面的适格分析。参见 *Enfish, LLC v. Microsoft Corp.*, 822 F.3d 1327, 1335-36, 118 USPQ2d 1684, 1689（Fed. Cir. 2016）。MPEP§2106.05（a）提供了有关技术或计算机功能改进的详细内容。

例如，有关计算机相关技术的明显改进的权利要求，不需要全面的适格分析。参见 *Enfish*, 822 F.3d at 1339, 118 USPQ2d at 1691-92（有关计算机数据库的自参考表的权利要求在 Alice/Mayo 测试法的第一步❶中被认为无关抽象思维而适格）。除了计算机改进之外，针对其他技术或技术工艺的改进的权利要求也可能避免全面的适格分析。参见 *McRO, Inc. v. Bandai Namco Games Am. Inc.*, 837 F. 3d 1299, 1316, 120 USPQ2d 1091, 1103 (Fed. Cir. 2016)（请求保护的自动配置同步口形和面部表情的动画被认为旨在改进计算机相关技术，因符合 Alice/Mayo 测试法的第一步而适格）。在这些情况下，当权利要求被作为一个整体时，基于明显的改进，权利要求的适格是不言而喻的，因此不需要进一步的分析。尽管联邦巡回上诉法院认为这些权利要求并不是有关抽象思维而符合步骤 2A 的要求，但审查员根据以下路径之一认定权利要求适格均是合理的：在路径 A 中基于明确的改进，或在路径 B（其中的步骤 2A）中由于这些权利要求无关抽象思维。

如果权利要求是"近距离通话"这类不清楚是否改进了技术或计算机功能的权利要求，则应进行全面的适格分析以确定是否适格。参见 *BASCOM Global Internet v. AT&T Mobility LLC*, 827 F. 3d 1341, 1349, 119 USPQ2d 1236, 1241 (Fed Cir. 2016)。只有当权利要求明显改进技术或计算机功能，或者在其他方面具有不言而喻的适格性时，才应使用简要分析。例如，因为 BASCOM 案中的权利要求描述了过滤内容的概念，这是一种被认定为抽象的组织人员活动的方法，联邦巡回上诉法院考虑它们在 Alice/Mayo 测试法的第一步（步骤 2A）中提供了"近距离通话"，并因此继续 Alice/Mayo 测试的第二步（步骤 2B）以确定它们的适格性。虽然联邦巡回上诉法院在步骤 2B（路径 C）中认为这些权利要求是合格的，因为它们提出了一种在因特网上过滤内容的"基于技术的解决方案"，克服了现有技术中过滤系统的缺点，并且明显超过所记载的抽象思维；但是如果审查员认为基于技术的解决方案是对计算机功能的改进，那么审查员在路径 A 或 B 中判定这些权利要求适格也是合理的。

2106.07 阐述和证实有关主题不适格的否决意见（2017.08 修订）

对适格的否决意见必须缘于未遵守 35 U. S. C. 101 实体法❷的规定，该规定由司法先例解释。关于适格的实体法在 MPEP §2106.03 至 2106.06 中进行了讨论。审查过渡指南、培训材料和解释示例对实体法加以探讨，并制定了在评估专利申请是否符合实体法时审查员应当遵循的政策和程序，但这些并不能作为否决的依据。因此，虽然在适当的实际情况下，申请人引用培训材料或示例作为证明适格认定的论据是可接受的，但申请人不应被要求效仿培训材料或示例规范他们的权利要求或答复意见来满足适格。

在评估要求保护的发明是否符合有关适格的实体法时，审查员应在得出所要求保护的发明是否专利适格的结论之前，把审查档案作为一个整体加以审查（如说明书、权利要求、审查历史及任何相关的判例法先例或现有技术）。对要求保护的发明是否符

---

❶ 所述第一步不是 MPEP 2106 第Ⅲ节"主题适格测试法"中的第一步，而是该测试法的步骤 2A。Alice/Mayo 测试法整体被作为主题适格测试法的步骤 2，因此前者的第一步被作为后者步骤 2 的子步骤 2A。

❷ 原文表述是 substantive law，是相对于 procedural law 程序法而言的实体法。

合专利适格主题的评估，应该针对每项权利要求逐一开展，因为一项权利要求不会跟随申请中的类似权利要求而自动地成立或失效。例如，即使确定独立权利要求不适格，从属权利要求也可能是适格的，因为它们增加的限定可能明显超过独立权利要求中记载的司法排除对象。因此，应当基于其中记载的特定元素分别考虑申请中的各项权利要求。

如果评估要求保护的发明所得的结论是其权利要求作为一个整体很有可能同时不满足两套适格标准（步骤1：否和/或步骤2B：否），那么审查员应该基于步骤1和/或步骤2B阐述否决该权利要求的适当理由。否决意见应当列出实体法规定的不适格的初证事实。初证事实的概念是专利审查程序上的工具，它分配了审查员和申请人之间的责任。特别是，审查员的初始责任为，明确而详细地解释为什么一项或多项权利要求对于授予专利而言是不适格的，以便申请人获得充分的通知并能有效地答复。

当审查员确定权利要求不属于法定类别（步骤1：否）时，否决意见应解释为什么权利要求与四种法定发明类别中的每一种均无关。有关否决的内容，请参阅MPEP§706.03（a）；有关步骤1和法定发明类别的讨论，请参见MPEP§2106.03。

当审查员确定权利要求涉及司法排除对象（步骤2A：是）并且不产生发明构思（步骤2B：否）时，否决意见应该对步骤2分析中的每个部分提供解释。例如，否决意见应通过引用权利要求中记载（即阐述或描述）的内容来确定司法排除对象，并解释为何将其视为排除对象；确定除了已确定的司法排除对象之外的所有附加元素（专门指出权利要求的特征/限定/步骤），并解释单独考虑的和组合考虑的附加元素，没有导致整个权利要求明显超过司法排除对象的原因。有关步骤2A和司法排除对象的讨论，请参阅MPEP§2106.04；有关步骤2B和寻找发明构思的讨论见MPEP§2106.05；有关阐述不适格的否决意见的更多内容见MPEP§2106.07（a）。

如果评估要求保护的发明得出的结论是，所要求保护的发明更有可能属于法定类别（步骤1：是）并且无关司法排除对象（步骤2A：否）或者是有关司法排除对象但达到明显超过司法排除对象的程度（步骤2B：是），则审查员不应否决该项权利要求。在评估申请人对主题适格否决意见的回复时，审查员必须仔细考虑申请人反驳否决意见的所有论点和证据。如果申请人能够合理地推翻审查员的认定，审查员则应撤回否决意见；或者如果审查员认为维持否决意见是合适的，则必须在下一次审查意见通知书中提出辩驳。更详细的讨论请见MPEP§2106.07（b）。

2106.07（a）阐述有关主题不适格的否决意见（2017.08修订）

在确定申请人发明了什么并对要求保护的发明作出最宽泛合理解释后（参见MPEP§2111），应使用MPEP§2106中详述的分析方法，把每项权利要求作为一个整体进行适格评估。如果确定该权利要求没有记载适格主题，那么根据35 U.S.C.101条作出否决意见是合适的。在作出否决意见时，审查意见通知书必须解释为何每项权利要求都是不可授权的，必须足够明确和具体地通知，以便向申请人提供充分的不适格原因，并使申请人能够有效答复。

MPEP§706.03（a）中讨论了基于步骤1的对主题适格的否决。

基于步骤2的对主题适格的否决，应该对于步骤2分析中的每个部分提供解释：

● 对于步骤2A，否决意见应通过参考权利要求中**所记载的内容**（即所阐述的或所描述的）来确定司法排除对象，并**解释为何**将其视为排除对象。例如，如果权利要求是有关**抽象思维**的，那么在否决意见中应该找出被记载（即阐述或描述）在权利要求中的抽象思维，并解释为什么它与法院认定为抽象思维的概念相对应。类似地，如果权利要求涉及**自然规律**或**自然现象**，则否决意见应当找出被记载（即阐述或描述）在权利要求中的自然规律或自然现象，并使用合理的理由进行解释为何它被认为是自然规律或自然现象。

● 对于步骤2B，否决意见应找出记载于权利要求中的司法排除对象以外的任何附加元素（具体针对权利要求特征/限定/步骤）；并解释单独考虑的和组合考虑的附加元素，没有导致作为一个整体的权利要求明显超过步骤2A中确定的司法排除对象的原因。例如，当审查员得出结论认为某些请求保护的元素记载了相关领域中熟知、常规而普遍的行为时，否决意见应该解释为什么法院已经承认，或者该领域的人会认为该附加元素无论是被单独地还是组合地考虑，都是熟知、常规而普遍的行为。

根据紧凑审查原则，无论是否基于35 U.S.C.101作出缺乏主题适格性的否决意见，都应根据其他各种可专利性要求对每项权利要求进行全面审查：35 U.S.C.102、103、112和101（实用性，发明权和重复授权）及非法定的重复授权。因此，审查员应在第一次审查意见通知书中说明所有非竞合的❶理由及否决权利要求的依据。

I．当作出否决意见时，确定并解释权利要求中记载的司法排除对象（步骤2A）

主题适格否决意见应针对具体权利要求的限定作出，即该限定记载（即阐述或描述）了司法排除对象。否决意见必须确定具体权利要求的限定，并解释为什么这些权利要求的限定阐述了司法排除对象（如抽象思维）。如果权利要求仅描述了但没有清楚地阐述司法排除对象，否决意见还必须解释这些限定所描述的主题，以及为什么所描述的主题是司法排除对象。有关适格分析的步骤2A的更多内容，请参见MPEP§2106.04。

当审查员确定权利要求记载了**抽象思维**时，否决意见应该找出被记载（即阐述或描述）于权利要求之中的抽象思维，并解释为什么它与法院确定为抽象思维的概念相对应。参见MPEP§2106.04（a）（2）中确定的概念。援引适当的法院判决，该判决能支持权利要求文字中所记载的主题是抽象思维的确认，这是提出审查意见的最佳做法。审查员应熟悉在作出或维持否决意见时所依据的被引用决定，以确保否决意见与案件事实合理关联，避免脱离情境考虑用语。审查员不应超出那些与法院确定为抽象思维相似的概念，并应防止依据或引用非判例的决定，除非在审申请的事实与非判例决

---

❶ 原文表述是non-cumulative，直译为不与同一事实相重合的，即对同一事实不作重复的法律评价。

定中的事实完全一致。提醒审查员注意，USPTO 的网站（www.uspto.gov/patent/laws-and-regulations/examination-policy/subject-matter-qualigibility）上提供了法院判决的流程图。

示例说明：一项权利要求记载了用 X 存储信息的步骤，这是一种和法院确定为抽象的概念相类似的抽象思维，如 *Digitech* 案中通过数学关系组织信息或在 *Content Extraction* 案中的数据识别和存储。

当审查员确定该权利要求记载了**自然规律**或**自然现象**时，否决意见应当确定在权利要求中记载（即阐述或描述）的自然规律或自然现象，并使用合理的推理进行解释为何它被认为是自然规律或自然现象。有关自然规律和自然现象的更多内容，请参见 MPEP§2106.04（b）。

示例说明：一项权利要求记载了关系 X，而 X 是自然规律，因为它描述了人体内自然代谢的结果，如 Y 的存在与 Z 的显现之间天然出现的关系。

示例说明：一项权利要求记载了 X，这是一种自然现象，因为它发生在自然界中，并且存在于脱离任何人类行为的原理中。

当审查员确定该权利要求记载了**自然产物**时，否决意见应当确定在权利要求中记载（即阐述或描述）的排除对象，并使用合理的推理解释为什么该产品没有显著不同于它在自然状态下的自然对应物的特征。有关自然产物的更多内容，请参见 MPEP§2106.04（b）；有关显著不同特征分析的更多内容，请参见 MPEP§2106.04（c）。

示例说明：一项权利要求记载了 X，如说明书中所解释的那样它是从天然存在的 Y 中分离出来的。X 是自然状貌的产品，因此将其与最接近的天然存在的对应物（天然状态下的 X）进行比较，以确定它是否具有显著不同的特征。因为在审查档案中没有迹象表明，X 的分离导致了结构、功能或其他属性与对应物相比产生显著差异，所以 X 是自然产物类排除对象。

II. 当作出否决意见时，解释为什么权利要求的附加元素不会导致权利要求作为一个整体明显超过司法排除对象（步骤 2B）

在确定否决意见中的司法排除对象之后，接着确定在权利要求中所记载的司法排除对象之外的所有附加元素（特征/限定/步骤），并解释为什么这些附加元素不会对排除对象添加明显超过的内容。在确定整个权利要求是否记载了适格主题时，既应单独地又要组合地对附加元素作出解释。重要的是要记住，即使组合中的所有步骤在组合之前单独都是熟知而普通的，方法中步骤的新组合也可能是适格的。参见 *Diamond v. Diehr*, 450 U.S.175, 188, 209 USPQ1, 9 (1981)。因此，呈现附加元素的组合尤其重要，因为虽然单独看待的元素也许看起来并不会添加明显超过的内容，但这些附加元素在被组合看待时可能对司法排除对象施加有意义的限定，从而达到明显超过司法排除对象的程度。有关适格分析中步骤 2B 的更多内容，请参见 MPEP§2106.05。

只有当审查员在步骤 2B 的调查中依据审查员的专业知识确定，附加元素没有达到明显超过所记载的司法排除对象的情况下，才能作出否决意见。在作出否决意见时，审查员必须解释隐含在结论之中的推理过程，以便申请人能够有效答复。另外，在适当的情况下，审查员应解释附加元素，为什么能通过对要求保护的例外添加有意义的限定来产生发明构思。请参见 MPEP § 2106.05，法院认定符合或不符合明显超过排除对象情况的考虑要素列表，以及当权利要求被认定为适格时，详细阐明的审查档案的更多内容参见 MPEP § 2106.07（c）。

例如，当审查员得出结论认为特定的权利要求的限定，是熟知、常规而普遍的行为（或要素）时，否决意见应解释为什么法院已经承认或相关领域的那些人能够认识到，那些权利要求的限定是熟知、常规而普遍的行为。也就是说，审查员应提供证实该结论的合理解释。有关熟知、常规而普遍的行为和元素的更多信息，请参见 MPEP § 2106.05（d）。

对于权利要求的限定是记载通用计算机组件以高度通用性执行通用计算机功能时，如使用因特网来收集数据，审查员可以解释为什么这些通用计算功能并未有意义地限定权利要求。MPEP § 2106.05（d）列出了一些计算机功能，当它们仅仅以通用方式请求保护时，法院已将这些功能认定为熟知、常规而普遍的功能。该列表并不意味着暗示所有计算机功能都是熟知、常规而普遍的的功能，或者记载执行通用计算机功能的通用计算机组件的权利要求必然是不适格的。审查员应该记住，法院认定当通用计算机组件能够组合起来执行非通用的功能时，计算机实施的方法明显超过抽象思维（因此适格）。参见 *DDR Holdings，LLC v. Hotels.com，LP*，773 F. 3d 1245，1258-59，113 USPQ2d 1097，1106-07（Fed. Cir. 2014）。有关熟知、常规而普遍的行为和元素的更多内容，请参见 MPEP § 2106.05（d）；有关法院认为仅仅是说明在计算机上执行司法排除对象的通用计算功能的更多内容，请参见 MPEP § 2106.05（f）。

对于权利要求的限定是在司法排除对象中添加解决方案之外的次要行为时（例如，仅仅结合自然规律或抽象思维采集数据，或者将司法排除对象的使用与特定技术环境或应用领域一般性地联系起来），审查员可以解释为什么它们没有有意义地限定权利要求。例如，在仅仅记载了计算二维空间面积（一种数学关系）的方法中增加存储数据的最后步骤，不会对该计算面积的方法增加有意义的限定。另一个示例是，采用众所周知的计算机功能来执行抽象思维，即使将想法的使用局限于某个特定环境，也不会添加明显超过的内容，类似于在 *Flook* 案中，无论如何将计算机实现的抽象思维限制在石化和石油精炼行业都无济于事。参见 *Parker v. Flook*，437 U. S. 584，588-90，198 USPQ 193，197-98（1978）（将数学公式的使用限定于特定行业不等于发明构思）。有关解决方案之外的次要行为的更多内容，请参见 MPEP § 2106.05（g）；有关将司法排除对象的使用与特定技术环境或应用领域联系起来的更多内容，请参见 MPEP § 2106.05（h）。

在作出否决意见的审查意见通知书中，审查员最好参考说明书，以确定是否有可以添加到权利要求中使其适格的元素。如果是这样，审查员应在审查意见通知书中确定这些要素，并建议将其作为解决否决意见的方式。

Ⅲ. 依据 101 条作出否决的证据要求

法院认为确定一项权利要求是否适格（这涉及确定是否有一项诸如抽象思维之类的排除对象被请求保护）是一项法律问题。参见 *Rapid Litig. Mgmt. v. CellzDirect*，827 F. 3d 1042，1047，119 USPQ2d 1370，1372（Fed. Cir. 2016）；*OIP Techs. v. Amazon. com*，788 F. 3d 1359，1362，115 USPQ2d 1090，1092（Fed. Cir. 2015）；*DDR Holdings v. Hotels. com*，773 F. 3d 1245，1255，113 USPQ2d 1097，1104（Fed. Cir. 2014）；*In re Roslin Institute（Edinburgh）*，750 F. 3d 1333，1335，110 USPQ2d 1668，1670（Fed. Cir. 2014）；*In re Bilski*，545 F. 3d 943，951，88 USPQ2d 1385，1388（Fed. Cir. 2008）（全体出庭法官审判），被 *Bilski v. Kappos*，561 U. S. 593，95 USPQ2d 1001（2010）案所维持。因此，法院并不要求对请求保护的概念是司法排除对象"举证"，且通常在作出判定适格的法律结论时不去解决其他事实问题。参见 *FairWarning IP，LLC v. Iatric Sys.*，839 F. 3d 1089，1097，120 USPQ2d 1293，1298（Fed. Cir. 2016）（援引 *Genetic Techs. Ltd. v. Merial LLC*，818 F. 3d 1369，1373，118 USPQ2d 1541，1544（Fed. Cir. 2016））；*OIP Techs.*，788 F. 3d at 1362，115 USPQ2d at 1092；*Content Extraction &Transmission LLC v. Wells Fargo Bank，N. A.*，776 F. 3d 1343，1349，113 USPQ2d 1354，1359（Fed. Cir. 2014）。

在确定所要求保护的主题是否被司法排除时，联邦巡回上诉法院通常将所要求保护的主题与在其之前的判例中被认定为排除对象的主题进行比较。参见 *Amdocs（Israel）Ltd. v. Openet Telecom，Inc.*，841 F. 3d 1288，1294，120 USPQ2d 1527，1532（Fed. Cir. 2016）（"现在法院适用的决策机制是审查在先案例，在其中可看到相同或相应的描述性质，［并考虑］先前的案例有关什么，以及确定它们的方式"）（引文省略）。在审核本局关于特定权利要求是抽象思维结论的正确性时，法院采用了同样的方法。参见 *In re Smith*，815 F. 3d 816，818 - 19，118 USPQ2d 1245，1247（Fed. Cir. 2016）（依据 35 U. S. C. 101 作出的否决意见的单方请求复审❶）；*Apple，Inc. v. Ameranth，Inc.*，842 F. 3d 1229，1241，120 USPQ2d 1844，1854（Fed. Cir. 2016）（在涵盖商业方法的复审❷中依据 35 U. S. C. 101 作出的不可专利的复审决定）和 *Versata Development Group v. SAP America，Inc.*，793 F. 3d 1306，1333 - 34，115 USPQ2d 1681，1700 - 01（Fed. Cir. 2015）（在涵盖商业方法的复审中依据 35 U. S. C. 101 条作出的不可专利的复审决定）。

同样地，法院在开展是否明显超过调查时不需要任何证据，甚至包括把附加元素定义成在本领域中熟知、普遍而通用的。参见 *Alice Corp.*，134 S. Ct. at 2359 - 60，110 USPQ2d at 1984 - 85（引用了最高法院先前的决定，来支持将附加元素确定为"纯粹普遍的"基本计算功能，因而是熟知、常规而普遍的行为的做法）；*Smith*，815 F. 3d at

---

❶ 原文表述为 *ex parte* appeal，指被驳回的申请人向专利审判和申诉委员会提出的单方复审请求。

❷ 原文表述为 Covered Bussiness Method review，是专门解决商业方法主题的复审，由于美国"专利蟑螂"泛滥，导致涉及商业方法的软件专利占据了专利确权和侵权诉讼中的很大比重，因此专设该复审主题。

819，118 USPQ2d at 1247（确定打扑克中的洗牌和打牌的步骤为"纯粹普遍的"行为，因此是熟知、常规而普遍的行为）。

当执行步骤2A的分析时，审查员只要提供合理的推理来确定权利要求中所记载的司法排除对象，并解释它为什么被视为司法排除对象就足够了。因此，并不要求审查员依赖诸如出版物之类的证据来认定权利要求与司法排除对象有关。参见 *Affinity Labs of Tex.*，*LLC v. Amazon. com Inc.*，838 F. 3d 1266，1271－72，120 USPQ2d 1210，1214－15（Fed. Cir. 2016）（认可地区法院不依赖证据确定权利要求中的抽象思维的决定）；*OIP Techs.*，*Inc. v. Amazon. com*，*Inc.*，788 F. 3d 1359，1362－64，115 USPQ2d 1090，1092－94（Fed. Cir. 2015）（相同内容）；*Content Extraction & Transmission LLC v. Wells Fargo Bank*，*N. A.*，776 F. 3d 1343，1347，113 USPQ2d 1354，1357－58（Fed. Cir. 2014）（相同内容）。

类似地，在步骤2B中也不要求用证据支持认定权利要求的记载没有明显超过司法排除对象（如附加限定是熟知、常规而普遍的行为）。但是，如果可能的话，也可以提供证据来证实断言；或在适当的时候，反驳申请人的论证或论据。在说明书将某些元素确定为常规的情况下，当作出否决意见时，该信息可被用作断言的基础，该断言声称某些附加限定未达到明显超过的程度。在提出举反证的争辩时，可使用诸如证明常规计算机组件或功能的手册或指南，来驳斥使用某些附加计算机元件并不常规的争辩。另一个来源可以是说明技术状态的专利，如背景技术中讨论的通用组件或采取的常规行动。证据不被用来证明缺乏新颖性，这不是步骤2B调查的一部分，而只是证明技术状态。另一个证据来源是法院的决定。作为一个示例，法院在 *Content Extraction* 案中指出，在申请日时使用扫描仪从文件中提取数据的方法是众所周知的。参见 776 F. 3d at 1348，113 USPQ2d at 1358。另一个示例是，在 *Versata* 案中，描述了使用计算机分类、存储、检索、排序、清除和确定信息的步骤，这是"计算机的常规、基本的功能"。参见 793 F. 3d at 1335，115 USPQ2d at 1702。应该注意确保所援引的任何用于证实常规性的判例法事实，都要与在审申请之中的事实一致。换句话说，审查员在审查意见通知书中援引判例法事实之前，应该熟悉判例法中的事实。

2106.07（b）考虑申请人的答复（2017.08修订）

当审查员在档案中确定并解释为什么权利要求有关抽象思维、自然现象或自然规律而没有明显超过的原因之后，责任转移给申请人，申请人要么修改权利要求，要么说明为什么权利要求适格能获得专利保护。

基于未能要求保护专利适格主题而作出的否决意见，申请人可以：（i）修改权利要求，如增加附加元素或修改现有元素，使权利要求整体明显超过司法排除对象，和/或（ii）基于善意守信的意见提出有说服力的争辩或证据，以说明否决意见是错误的。在考虑申请人答复时，审查员必须仔细考虑申请人所有反驳否决主题适格意见的争辩或证据。如果申请人修改了权利要求，审查员应确定修改后的权利要求的最宽泛合理解释，并再次开展主题适格分析。

如果申请人的权利要求修改和/或争辩，有效证明权利要求与司法排除对象无关，或者不是仅针对司法排除对象，则否决意见应被撤回。申请人可能会争辩说权利要求适格，因为当单独或组合地考虑附加元素时，权利要求作为一个整体满足明显超过司法排除对象。当审查员单独考虑附加元素时，如果附加元素有意义地限定了司法排除对象，则附加元素可能足以证明"明显超过"。例如，它改进了另一项技术或技术领域，改善了计算机本身的功能，增加了一种特殊的限定而非本领域熟知、常规而普遍的行为，或者增加了非常规步骤将权利要求局限于特定的应用。

此外，即使元素本身没有达到"明显超过"的程度（如它仅仅是执行通用计算机功能的通用计算机组件），但当与权利要求中的其他元素组合考虑时，仍然可以达到"明显超过"的程度。例如，在某些情况下单独执行通用计算机功能的通用计算机组件（如执行数学计算的 CPU 或产生时间数据的时钟）能够组合执行的功能并非通用计算机功能，因此达到明显超过抽象思维的程度（并因此适格）。

如果申请人对审查员的审查结果提出异议，但审查员认为维持否决意见是合适的，则必须在下一次的审查意见通知书中提供反驳。下面提供了审查员恰当答复的几个示例。

（1）如果申请人质疑基于法院判例确定的抽象思维，认为不具备说服力，那么恰当的回答须解释，为什么在权利要求中确定的抽象思维类似于引用判例中的概念。如果最初的否决意见没有确定最高法院或联邦巡回上诉法院的决定中所存在的类似抽象思维，而申请人质疑了对抽象思维的确认，那么审查员需要指出一个确定了类似抽象思维的判例，并解释为什么在权利要求中记载的抽象思维对应于判例中确定的抽象思维，以维持否决意见。援引判例来支持最初的推理，不会被视为新的否决理由，除非否决的根本要旨发生转变。有关新的否决理由的讨论，请参见 MPEP § 706.07 (a)。

（2）如果申请人对于审查员有关事实是熟知、常规而普遍行为的断言，用具体的争辩或证据答复说权利要求中的附加元素不是先前已经在相关领域中出现的熟知、常规而普遍的行为，那么审查员应该重新考虑对于在相关领域工作的人来说，附加元素实际上是熟知、常规而普遍的行为是否确实明显。特别是，当附加元素在说明书中不作为已知的通用功能/组件/行为加以讨论，或者未被法院视为熟知、常规而普遍的行为时，审查员就有必要充分重估它的重要程度。如果要维持否决意见，审查员应考虑是否应提供证据以进一步证实否决意见，以及为申诉而阐述审查档案。参见 MPEP § 2106.05 (d) 有关法院已经认定的熟知、常规而普遍行为的示例。

（3）如果申请人通过增加通用计算机或通用计算机组件来修改权利要求，并断言该权利要求记载了明显超过的内容，因为通用计算机是"被特殊编程的"（如 *Alappat* 案，现在的认定已被取代）或者是"特定机器"（如 *Bilski* 案），审查员应该审查增加的要素是否达到明显超过司法排除对象的程度。仅仅添加通用计算机、通用计算机组件或可编程计算机来执行计算机功能，不能自动克服有关适格的否决意见。参见 *Alice Corp. Pty. Ltd. v. CLS Bank Int'l*, 134 S. Ct. 2347, 2359 - 60, 110 USPQ2d 1976,

1984（2014）。另参见 *OIP Techs. v. Amazon.com*，788 F. 3d 1359，1364，115 USPQ2d 1090，1093 - 94（Fed. Cir. 2015）（"就像 *Diehr* 判例无法维持 *Alice* 案的权利要求一样，所述权利要求是有关'在通用计算机上实施居间结算的抽象思维'，*Diehr* 判例也无法维持 *OIP* 案中关于在通用计算机上实现价格优化的抽象思维的权利要求"）（引文省略）。

（4）如果申请人争辩权利要求是特殊的，而不会先占例外的所有应用，则审查员应重新考虑适格分析的步骤 2A，以确定该申请是否旨在改进计算机的功能或改进任何其他技术或技术领域。如果审查员仍然确定权利要求有关司法排除对象，则审查员应在步骤 2B 中重新考虑组合（及单独）的附加元素是否产生发明构思，如附加元素是超出已知常规元素的非常规和非通用布置。这种重新考虑是合理的，因为虽然先占不是一种独立的适格测试法，但它仍然保存着潜在的关联，推动了来自 *Alice Corp.* 案和 *Mayo* 案的两部分框架（步骤 2A 和 2B）。参见 *Synopsys，Inc. v. Mentor Graphics Corp.*，839 F. 3d 1138，1150，120 USPQ2d 1473，1483（Fed. Cir. 2016）；*Rapid Litig. Mgmt. v. CellzDirect，Inc.*，827 F. 3d 1042，1052，119 USPQ2d 1370，1376（Fed. Cir. 2016）；*Ariosa Diagnostics，Inc. v. Sequenom，Inc.*，788 F. 3d 1371，1379，115 USPQ2d 1152，1158（Fed. Cir. 2015）。

2106.07（c）澄清审查档案（2017.08 修订）

当权利要求被视为专利适格时，审查员可以在审查档案中作出澄清意见。例如，如果因为权利要求改进了现有技术而被认定为适格，审查员可以参考说明书中描述的请求保护的改进部分，指出权利要求中产生该改进的要素。澄清意见可以在审查的任何环节中作出，包括在许可通知中。

澄清意见也可能有助于解释否决意见的理由。例如，说明权利要求的最宽泛合理解释（BRI）将有助于申请人理解和答复否决意见。举个示例，对于计算机可读介质的权利要求未能记载专利适格主题而作出的否决意见，可以说明权利要求的最宽泛合理解释涵盖了载波，而该载波不属于四种法定发明类别之一，建议提交限缩的修正方案涵盖法定实施例，从而克服否决意见。

2107 关于申请符合实用性要求的审查指南（2013.11 修订）

Ⅰ. 引言

以下指南规定了审查员在评价任何专利申请是否符合 35 U. S. C. 101 和 35 U. S. C. 112

(a) 或 pre – AIA 35 U.S.C. 112 第一款所要求的实用性❶时，应遵循的政策和程序。颁布这些指南以协助审查员审查申请符合实用性的要求。这些指南不改变 35 U.S.C. 101 和 35 U.S.C. 112 的实质要求，它们也不免除审查员审查申请是否符合所有其他可专利性的法定要求。该指南并不实质性地制定法规，因此没有法律效力。基于实体法的审查意见才是可以上诉的，因此本局审查员明显未遵循这些指南的行为，既不可上诉也不可申诉。

Ⅱ．关于实用性的审查指南

在审查专利申请是否符合 35 U.S.C. 101 和 35 U.S.C. 112（a），或者 pre – AIA 35 U.S.C. 112 第一款的"有用发明"（"实用性"）要求时，审查员应遵循以下程序。

（A）阅读权利要求和用于支持权利要求的书面描述。

（1）确定申请人请求保护的内容，并注意本发明的所有具体实施例。

（2）确保权利要求定义了法定主题（即方法、机器、制造物、组合物或其改进）。

（3）如果在审查的任何时段，只要所要求保护的发明很明显具有公认的效用，那就不能以缺乏实用性加以否决。公认的效用是指（i）如果本领域普通技术人员基于本发明的特性（如产品或方法的性能或应用）立即理解为什么本发明是有用的，并且（ii）效用是具体的、实质的和可信的。

（B）审查权利要求和用于支持权利要求的书面描述，以确定申请人对要求保护的发明所声称的任何具体而实质的效用是否可信。

（1）如果申请人声称所要求保护的发明对任何特定的实际目的的有用（即它具有"具体而实质的效用"）并且该声称的内容对本领域普通技术人员而言是可信的，那就不能以缺乏实用性加以否决。

（i）要求保护的发明必须具有一种具体而实质的效用。该要求排除了"舍弃的""非实质性的"或"非具体的"效用，如一个庞杂发明中填埋场式的用途❷，以满足 35 U.S.C. 101 对实用性的要求。

（ii）可信度从本领域普通技术人员的角度评估，其根据申请人声称的公开内容和任何其他记录证据（如测试数据、本领域专家的宣誓陈述书或声明、专利或印刷出版物）加以鉴别。申请人只需为每个要求保护的发明提供一个可信的具体而实质的效用声明，以满足实用性的要求。

（2）如果申请人对所要求保护发明具体而实质的效用声明是不可信的，并且要求保护的发明没有明显的公认效用，则依据 35 U.S.C. 101 指出请求保护的发明缺乏实用性而否决其权利要求。同时依据 35 U.S.C. 112（a）或者 pre – AIA 35 U.S.C. 112 第一款，指出因公开的内容未能教导如何使用所要求保护的发明而否决其权利要求。35

---

❶ 原文表述是 utility，可翻译为实用性，但是与我国《专利法》第 22 条第 4 款中的"实用性"相比，此概念的外延更大，为表述流畅，下文中根据实际情况部分翻译为"效用"。

❷ 原文表述是 the use of a complex invention as landfill，联系上下文理解此处为比喻引申义，即一个庞杂发明的笼统用途。

U. S. C. 112（a）或者 pre – AIA 35 U. S. C. 112 第一款的否决意见与 35 U. S. C. 101 的否决意见应当联合使用，参考 35 U. S. C. 101 相应的否决意见的理由。

（3）如果申请人对要求保护的发明没有声称任何具体而实质的效用，并且也没有明显的公认效用，则依据 35 U. S. C. 101 提出否决意见，强调申请人未公开本发明具体而实质的效用。同时单独指出由于缺乏具体而实质的效用导致申请人未公开如何使用本发明，因此基于 35 U. S. C. 112（a）或者 pre – AIA 的 35 U. S. C. 112 第一款而加以否决。35 U. S. C. 101 和 35 U. S. C. 112 的否决意见将以下举证责任转移给申请人。

（ⅰ）明确确定所要求保护发明的具体而实质的效用；和

（ⅱ）提供证据证明在提交申请时本领域普通技术人员能够认识到所确定的具体而实质的效用是公认的。审查员应使用上述标准审查任何后续提交的效用证据。审查员还应确保证据与现在要求保护的主题的属性之间存在足够的联系，该属性是原始所披露的。也就是说，申请人有责任证实提交的证据和所要求保护的发明初始公开的属性之间的关联。

（C）任何基于缺乏实用性的否决意见应包括详细解释，即为什么要求保护的发明没有具体、实质、可信的效用。在可能的情况下，审查员应提供文献证据，无论出版日期如何（如科学或技术期刊，论文或书籍的摘录，美国或外国专利），以作为初步证明❶没有具体、实质、可信效用的事实依据。如果没有文献证据，审查员应具体说明其事实结论的科学依据。

（1）当所声称的效用不是具体而实质的，初步证明必须证明本领域普通技术人员更有可能认为申请人声称的所有效用不是具体而实质的。初步证明的陈述必须包含以下要素：

（ⅰ）对作出结论所展开的推理清晰的说理，该结论是所要求保护发明的声称的效用既不具体实质，也不被公认；

（ⅱ）得出这一结论所依赖的事实认定的依据；和

（ⅲ）对审查档案中所有相关证据的评估，包括最接近的现有技术中教导的效用。

（2）当所声称的具体而实质的效用是不可信的，有关没有具体而实质的可信效用的初步证明的陈述必须证明：对于申请人基于要求保护的发明声称的任何具体而实质的效用，本领域技术人员更可能认为是不可信的。初步证明的陈述必须包含以下要素：

（ⅰ）对作出结论所展开的推理清晰的说理，该结论是所要求保护发明声称的具体而实质的效用是不可信的；

（ⅱ）得出这一结论所依赖的事实认定的依据；和

（ⅲ）对审查档案中所有相关证据的评估，包括最接近的现有技术中教导的效用。

（3）当具体而实质的效用没有被披露或者不被公认，有关没有具体而实质的效用的初步证明的陈述只需要确定申请人没有声称任何效用，并且在呈现给审查员看的审查档案中，没有已知的公认效用。

---

❶ 原文表述是 *prima facie* showing，参见本译本 MPEM 2103 节中的 *prima facie* case 注脚。

（D）如果鉴于所有审查档案证据，本领域普通技术人员认为所要求保护的发明声称的效用能够被认定是特定的、实质的和可信的，则不应坚持缺乏实用性的否决意见。

审查员必须将申请人就声称效用作出的事实陈述视为真实的，除非能提供反驳证据，表明本领域普通技术人员有合理依据怀疑该声明的可信度。同样，审查员必须接受有资格的专家的意见，该意见基于相关事实，其准确性不受质疑；仅仅因为对所提供事实的重要性或意义存在分歧而忽视该意见是不恰当的。

一旦初步证明陈述合理地证实没有具体而实质的可信效用，申请人就有责任反驳它。申请人可以通过以下途径操作：修改权利要求，提供论证或者辩驳，或提供如下形式的证据来反驳初步证明陈述的基础或逻辑，即依据 37 CFR 1.132❶的声明、专利或公开出版物。如果申请人对初步证明的否决意见作出回应，审查员应审查原始的公开内容、所有证实初步证明陈述时所依据的证据、所有权利要求的修改及申请人为支持所声称的具体而实质的可信效用而提供的所有新的推理或证据。审查员必须认识到，对于基于缺乏实用性的否决意见的答复中的每个实质要素，都要充分考虑并回应。只有当审查记录的总体依然表明所声称的效用不是具体、实质和可信的情况下，才应坚持基于缺乏实用性的否决意见。

如果申请人符合要求地反驳了基于 35 U.S.C. 101 缺乏实用性的初步证明的否决意见，那就撤销 35 U.S.C. 101 的否决意见，相应地撤销依据 35 U.S.C. 112（a）或 pre-AIA 35 U.S.C. 112 第一款作出的否决意见。

2107.01 指导实用性否决意见的一般原则（2015.07 修订）

35 U.S.C. 101 可专利的发明

凡创造或者发明任何新而有用的方法、机器、制造物或者组合物，或者进行了任何新而有用的改良的，可以根据本法的条件和要求获得一项专利权。

有关审查申请符合 35 U.S.C. 101 实用性要求的指南，请参见 MPEP § 2107。

本局必须审查每项申请，以确保申请符合 35 U.S.C. 101 的"有用发明"或实用性要求。但是，在履行这项义务时，审查员必须牢记用于控制实用性使用要求的若干一般原则。35 U.S.C. 101 被解释为强制实行四个目的。第一，35 U.S.C. 101 限定发明人的一件发明只能获得一项专利。如果寻求一项以上的专利，专利申请人将收到法定重复授权的否决意见，因为权利要求被包含在一项以上的申请中，而这些申请涉及同样的发明。参见 MPEP § 804。第二，在 2012 年 9 月 16 日前，发明人必须是提出申请的申请人［在 pre-AIA 37 CFR 1.41（b）中另有规定的除外］，而在 2012 年 9 月 16 日当天及以后，发明人或每一个共同发明人必须在已提交的申请中被确定。关于发明权的具体论述参见 MPEP § 2137.01，关于发明权变更的细节参见 MPEP § 602.01（c）及其下辖章节，以及因为不能列出正确的发明权而依据 35 U.S.C. 101 和 115（以及用于

---

❶ 指《美国统一专利细则》1.132 条，主题是"反驳否决或者反对意见的宣誓陈述书或者声明"。

使得有正确说明发明权的申请受制于 pre – AIA 35 U. S. C. 102 的 pre – AIA 35 U. S. C. 102（f））加以否决的情况，参见 MPEP §706.03（a）第Ⅳ节。第三，35 U. S. C. 101 规定了哪些类别的发明对于专利保护适格。不是机器、制造物、组合物或方法的发明不能获得专利。参见：*Diamond v. Chakrabarty*，447 U. S. 303，206 USPQ 193（1980）；*Diamond v. Diehr*，450 U. S. 175，209 USPQ 1（1981）；*In re Nuijten*，500 F. 3d 1346，1354，84 USPQ2d 1495，1500（Fed. Cir. 2007）。第四，35 U. S. C. 101 可确保专利仅授予那些"有用"的发明。该次要目的❶有宪法基础——《宪法》第 1 条第 8 款授权国会为发明人提供独占权，以促进"有用的技术"。参见 *Carl Zeiss Stiftung v. Renishaw PLC*，945 F. 2d 1173，20 USPQ2d 1094（Fed. Cir. 1991）。因此，为满足 35 U. S. C. 101 的要求，申请人必须请求保护法定主题的发明，并且必须明确或隐含地表明所要求保护的发明对某些目的是"有用的"。35 U. S. C. 101 对后一因素的适用是这些指南的重点。

违背 35 U. S. C. 101"有用发明"要求的，会以两种形式之一出现。第一种是发明为何"有用"却不显而易见。这种情况可能发生在申请人未能明确发明的任何具体而实质的效用，或因未能披露足够的发明信息以使熟悉本发明技术领域的人能立即明白其"有用"性。*Brenner v. Manson*，383 U. S. 519，148 USPQ 689（1966）；*In re Fisher*，421 F. 3d 1365，76 USPQ2d 1225（Fed. Cir. 2005）；*In re Ziegler*，992 F. 2d 1197，26 USPQ2d 1600（Fed. Cir. 1993）。第二种是申请人声明的本发明具体而实质的效用是不可信的，这种情况出现的概率极少。

Ⅰ. 具体而实质的要求

为满足 35 U. S. C. 101 的要求，发明必须是"有用的"。法院已经认识到，涉及实用性要求使用的术语"有用"是一个难以定义的术语。见 *Brenner v. Manson*，383 U. S. 519，529，148 USPQ 689，693（1966）（像"有用"这样简单的日常用语"当被应用于生活事实时会含有歧义"）。如果申请人提出具体而实质的效用，法院一直不愿意仅因申请人对具体而实质的效用的性质看法不准确，而支持 35 U. S. C. 101 的否决意见。例如，在 *Nelson v. Bowler*，626 F. 2d 853，206 USPQ 881（CCPA 1980）中，法院驳回了本局的一项认定，即申请人未根据 35 U. S. C. 101 提出"实际的"效用。在该案中，申请人声称该组合物在特定的药物应用中是"有用的"，并提供了支持该声明的证据。法院使用标签"实际效用""实质效用"或"具体效用"，来指代 35 U. S. C. 101 要求的"有用发明"。海关和专利上诉法院❷指出：实际效用是以简述的方式表述要求保护的主题对"现实世界"产生的价值。换言之，本领域技术人员能以直接让公众获益的方式使用要求保护的发现。参见 *Nelson v. Bowler*，626 F. 2d 853，856，206 USPQ

---

❶ 原文表述是 this second purpose，表示相对于 101 条中所规定的适格、发明权和禁止重复授权这几项基本要求而言，实用性是附带的要求。因此将其中的 second 译为"次要"，而非"第二个"。

❷ 原文是 Court of Customs and Patent Appeals，简称 CCPA，现在该法院已被联邦巡回上诉法院（CAFC）取代。

881，883（CCPA 1980）。

实际的考虑因素要求本局依据发明人对其发明的理解来确定发明是否被认为"有用"，以及被认为"有用"的程度如何。正因如此，审查员应该关注并接受申请人的声明，承认其表明发明因特定原因而"有用"。

A. 具体效用

"具体效用"具体到所要求保护的主题，并且可以"向公众提供明确定义的和特定的益处"。*In re Fisher*，421 F.3d 1365，1371，76 USPQ2d 1225，1230（Fed. Cir. 2005）。这与适用于广泛发明类别的一般效用形成对比。审查员应区分申请人披露了发明的特定用途或应用的情况，以及申请人仅表明该发明可能有用而没有具体说明为什么有用的情况。例如，表明化合物可用于治疗未指明的病症，或该化合物具有"有用的生物学"性质，不足以确定化合物的具体用途。参见示例，*In re Kirk*，376 F.2d 936，153 USPQ 48（CCPA 1967）；*In re Joly*，376 F.2d 906，153 USPQ 45（CCPA 1967）。类似地，对于以多核苷酸作为"基因探针"或"染色体标记"使用的权利要求，因未公开特定DNA靶标而不能被视为具体的用途。参见 *In re Fisher*，421 F.3d at 1374，76 USPQ2d at 1232（"玉米基因组中任何基因转录的任何EST［表达序列标签］都有可能具有一种声称的用途……［申请人］宣称的七项用途并不能将五种请求保护的EST从该申请披露的32 000种以上EST或实际来自任何生物体的任何EST区分开。因此，我们得出结论，［申请人］仅披露了请求保护的EST的一般用途，而非符合§101的具体用途"）。对诊断效用的一般性陈述，如诊断非具体的疾病，通常因为没有公开可以诊断的病症从而不充分。与此形成对比的是，申请人公开了具体的生理活动并将该活动与疾病状况合理联系的情形。落入后一类的声明是足以确定发明的具体效用的而属于前一类的声明不足以定义发明的具体效用，尤其是如果声明采用一般陈述的形式，且表示"有用的"发明可能源自申请人公开的内容。参见 *Knapp v. Anderson*，477 F.2d 588，177 USPQ 688（CCPA 1973）。

B. 实质效用

"申请必须表明发明以目前公开的形式对公众有用，而不是在未来某日经过进一步研究后证明有用。简单地说，为了满足'实质'效用的要求，声称的用途必须表明所要求保护的发明能够给公众带来显著的且目前就可获得的益处。"参见 *Fisher*，421 F.3d at 1371，76 USPQ2d at 1230。*Fisher*案中有争议的权利要求涉及表达序列标签（EST），这种短核苷酸序列可用于发现细胞中表达的基因和下游蛋白质。法院认为，"请求保护的EST只能用于获取有关基础基因和由这些基因编码的蛋白质的进一步信息。请求保护的EST本身不是［申请人］研究工作的终点，而只是在寻找实际用途的过程中使用的工具……［申请人］未能确定编码蛋白质的基因的基本功能，基于此，我们认为请求保护的EST还没有被研究和理解透彻，因而达不到公众提供即刻的、明确的、现实世界的益处而应获得专利授权的程度"（*Id.* at 1376，76 USPQ2d at 1233 –

34）。因此，"实质效用"定义了"现实世界"的用途。效用若要求或指定开展进一步研究以识别或合理地确认"现实世界"中的应用背景，则不属于实质效用。例如，治疗已知的或新发现的疾病的方法，以及鉴定具有"实质效用"成分的化验方法，都指出了"现实世界"的应用背景。检测某种物质的化验方法也可以认为其指出了"现实世界"中的应用背景，前提是所检测的物质与特定疾病的发生具有相关性，且可以作为预防或进一步检查的候选物质。另一方面，以下情形是要求或指定进一步研究以辨认或推理确定"现实世界"的应用背景而认为未定义"实质效用"的示例：

（A）基础研究，例如，研究要求保护的产品本身的性质或机械设备所包含的材料；

（B）治疗未指明的疾病或病症的方法；

（C）分析或鉴定材料的方法，材料本身没有具体和/或实质效用；

（D）制造材料的方法，该材料本身没有具体、实质和可信的效用；

（E）用于制造最终产品的中间产品的权利要求，该最终产品没有具体、实质和可信的效用。

审查员必须保持谨慎，不要将"对公众的直接益处"或其他类似表述的短语解释为意味着发明要求保护的产品或服务必须对公众"当前可用"，以满足实用性要求。参见示例，*Brenner v. Manson*，383 U. S. 519，534–35，148 USPQ 689，695（1966）。相反，申请人已经为本发明确定的任何合理用途都可被视为提供公众利益，至少足以确定其有"实质"效用。

C. 研究工具

当人们试图基于本发明使用的情景将某些类型的发明标记为没有具体和实质的效用时，可能会产生一些混淆。一个示例是用于研究或实验环境的发明。许多研究工具如气相色谱仪、筛选测定法和核苷酸测序技术具有明确、具体和无可争辩的用途（如它们可用于分析化合物）。因此，评估仅聚焦于发明是否仅在研究环境中有用，并未解决本发明在专利意义上是否实际上"有用"的问题。相反，审查员必须区分具有明确确定的实质效用的发明和其声称的效用需要进一步研究以辨认或推理确定的发明。诸如"研究工具""中间产物"或"用于研究目的"之类的标签无助于确定申请人是否已经确定了本发明的具体和实质效用。

II. 完全无效的发明；"不可信的"效用

"无效"的发明（即，它不能产生专利申请人要求保护的结果）并不是专利法意义上的"有用的"发明。参见，例如，*Newman v. Quigg*，877F. 2d 1575，1581，11 USPQ2d 1340，1345（Fed. Cir. 1989）；*In re* Harwood，390 F. 2d 985，989，156 USPQ 673，676（CCPA 1968）（"当然，一个无效的发明也不满足 35 U. S. C. 101 规定的发明是有用的的要求"）。然而，正如联邦巡回上诉法院所述，"要违反［35 U. S. C］101，请求保护的设备必须完全无法取得有用的结果。"参见 *Brooktree Corp. v. Advanced Micro Devices, Inc.*，977 F. 2d 1555，1571，24 USPQ2d 1401，1412（Fed. Cir. 1992）（下划强调

线是补充的)。另见 *E. I. du Pont De Nemours and Co. v. Berkley and Co.*, 620 F. 2d 1247, 1260 n. 17, 205 USPQ 1, 10 n. 17 (8th Cir. 1980) ("具有某种效用就足够了……要求保护的发明仅需要能够实现某些有益的功能……发明并不仅仅因为该专利中公开的特定实施例不完美或运行不成熟而缺乏实用性……不需要是商业上成功的产品……本发明也不是必须实现其所有预期的功能……或在所有条件下运作……部分成功足以证明具有可专利的效用……简言之,如果没有完全不具备效用的证据,就无法坚持不具备实用性的意见。"如果一项发明只是成功地取得了<u>部分</u>有用的结果,那么基于缺乏实用性而拒绝所要求保护的整个发明是不合适的。参见 *In re Brana*, 51 F. 3d 1560, 34 USPQ2d 1436 (Fed. Cir. 1995); *In re Gardner*, 475 F. 2d 1389, 177 USPQ 396 (CCPA), reh'g denied, 480 F. 2d 879 (CCPA 1973); *In re Marzocchi*, 439 F. 2d 220, 169 USPQ 367 (CCPA 1971)。

认定一项发明因"无效"而缺乏实用性的情况很少见,而联邦法院仅以此为由维持驳回则更为罕见。在多数情况下,本局一开始审查时,认为申请人声称的实用性"鉴于现有技术的知识而认为不可信,或事实上的欺骗"才作出"无效"决定。参见 *In re Citron*, 325 F. 2d 248, 253, 139 USPQ 516, 520 (CCPA 1963)。其他案例表明,在最初评价时,本局会考虑声称的效用与已知的科学原理不相一致或者"充其量只是推测",从而考虑体现发明声称效用的必要属性是否实际存在于本发明中。参见 *In re Sichert*, 566 F. 2d 1154, 196 USPQ 209 (CCPA 1977)。无论如何,法院在这些案件中的基本认定是,<u>根据案件的记录事实</u>,很明显,该发明不能也不会像发明人声称的那样发挥作用。实际上,使用许多标签来描述单个问题(如关于效用的错误断言)导致了当前存在的关于基于"实用性"要求的否决意见的一些混淆。这种情况的示例包括:声称用磁场改变食物味道的发明(*Fregeau v. Mossinghoff*, 776 F. 2d 1034, 227 USPQ 848 (Fed. Cir. 1985)),永动机(*Newman v. Quigg*, 877 F. 2d 1575, 11 USPQ2d 1340 (Fed. Cir. 1989)),一种以"扑动或拍动功能"运行的飞行器(*In re Houghton*, 433 F. 2d 820, 167 USPQ 687 (CCPA 1970)),用于产生能量的"冷聚变"过程(*In re Swartz*, 232 F. 3d 862, 56 USPQ2d 1703 (Fed. Cir. 2000)),一种通过暴露于磁场而增加燃烧时化石燃料能量输出的方法(*In re Ruskin*, 354 F. 2d 395, 148 USPQ 221 (CCPA 1966)),用于治疗多种癌症的无特性组合物(*In re Citron*, 325 F. 2d 248, 139 USPQ 516 (CCPA 1963))及控制衰老过程的方法(*In re Eltgroth*, 419 F. 2d 918, 164 USPQ 221 (CCPA 1970))。以上示例基于具体案情从而判断不应适用单独认定规则❶。因此,鉴于此类案件的罕见性,除非基于"缺乏实用性"的否决意见是十分恰当的,否则审查员不应将声称的效用称为"不可信""推测性"或其他。

Ⅲ. 治疗或药理效用

声称具有治疗人类或动物疾病效用的发明与任何其他技术领域的发明一样都要满

---

❶ 原文表述是 *per se* rule,解释为"本身违法规则或者单独认定规则",参见《元照英美法词典》*per se* rule 词条。其含义是不需要结合其他证据材料,根据案件本身的事实就可以直接作出判断。

足实用性的法律要求。参见 In re Chilowsky, 229 F.2d 457, 461-2, 108 USPQ 321, 325（CCPA 1956）("似乎没有法规或判决依据，要求在一类案件中提供比其他案件更确凿的有效用的证据。所需证据的性质和数量可能会有所不同，这取决于专利申请说明书中声称的实施方案符合还是违反既定的科学原则，或是依赖于声称的但未得到普遍承认的原则。但是在所有案件中，有效果的或没有效果的最终事实的确定程度都应相同"); In re Gazave, 379 F.2d 973, 978, 154 USPQ 92, 96（CCPA 1967）("因此，通常情况下，声称的实施模式可以很容易理解，并符合已知的物理和化学定律，可实施性不会受到质疑，也不需要进一步的证据"）。因此，任何提供"对公众的直接益处"的药理或治疗学发明都满足 35 U.S.C. 101。在 Nelson 案中声称的效用与具有药理效用的化合物有关。Nelson v. Bowler, 626 F.2d 853, 856, 206 USPQ 881, 883（CCPA 1980）。在评价基于任何治疗、预防或药理活性的发明的实用性时，审查员应以 Nelson 案和其他案件为一般指导。

法院一再认为，仅需确认与所声称药理用途相关的化合物的药理活性就能证实"对公众有直接益处"，其就满足实用性要求。正如海关和专利上诉法院在 Nelson v. Bowler 案中认为：

知晓任何化合物的药理活性显然对公众有益。当医疗行业被一系列已知药理活性的化学物质所填满时，本质上就能更快、更容易地对抗疾病和缓解症状。由于激励研究人员公开尽可能多的化合物的药理活性至关重要，我们认为所有此类活性的充分证据都构成了对实际效用的表述。

参见 Nelson v. Bowler, 626 F.2d 853, 856, 206 USPQ 881, 883（CCPA 1980）。

在 Nelson v. Bowler 案中，法院在抵触审查程序❶中陈述了实际效用的要求。Bowler 质疑 Nelson 要求保护的发明的可专利性，其理由是 Nelson 未能充分且有说服力地在他的申请中公开发明的实际效用。Nelson 开发并要求保护一类仿造天然存在的前列腺素的合成前列腺素。天然存在的前列腺素是生物活性化合物，在 Nelson 申请时具有公认的药理价值（如刺激子宫平滑肌导致引产或流产，提高或降低血压的能力等）。为了在公开文件中支持他确定的效用，Nelson 在其申请中纳入了测试结果，证明了他所发现的前列腺素的生物活性与天然存在的前列腺素的生物活性是相同的。由于确认了合成的前列腺素是具有药理活性的化合物，法院认为该发明已经满足了实际效用的要求。得出这一结论意味着法院审议并否决了 Bowler 抨击 Nelson 所声称的化合物具有药理活性的证据基础的争辩。

在 In re Jolles, 628 F.2d 1322, 206 USPQ 885（CCPA 1980）案中，发明人要求保护用于治疗白血病的药物组合物，其活性成分是已知抗癌剂的结构类似物。申请人提供的证据表明所要求保护的类似物具有与已知抗癌剂相同的药物活性。法院判决时推

---

❶ 原文表述是 interference，在《美国专利法》中特指先发明制下的抵触审查，即两人或两人以上就同一发明主张专利权时，确定谁先作出发明的行政程序。参见《元照英美法词典》interference 词条，该抵触审查与我国对抵触申请审查的概念并不相同。

翻了委员会❶关于声称的药物效用"不可信"的认定，认为证据证明了相关的药物活性。

在 Cross v. Iizuka，753 F. 2d 1040，224 USPQ 739（Fed. Cir. 1985）案中，联邦巡回上诉法院肯定了委员会在抵触审查程序中关于在一方的申请中披露了一种药理效用的裁决。作为抵触审查对象的发明是用于治疗血液病的化合物。Cross 对 Iizuka 提交的说明书中支持声称效用的证据提出质疑。然而，联邦巡回上诉法院在判定时基于 Nelson v. Bowler 案，认为 Iizuka 的申请已经充分公开了这些化合物的药理效用。其将该案与仅在说明书中公开了诸如"生物特性"的广义、"模糊"表述的其他案件区分开来。法院认为，后面这些表述"没有明确表明化合物的效用"。Cross，753 F. 2d at 1048，224 USPQ at 745（援引 In re Kirk，376 F. 2d 936，941，153 USPQ 48，52（CCPA 1967））。

类似地，尽管申请人基于要求保护的药理或生物活性化合物或组合物的药物产品或治疗方案还处于早期开发阶段，但法院依然认定其具有治疗型发明的效用。联邦巡回上诉法院在 Cross v. Iizuka 案中明确表示了其对体内试验数据显示药理活性的重要性的意见（Cross v. Iizuka，753 F. 2d 1040，1051，224 USPQ 739，747-48（Fed. Cir. 1985））：

在适当的情况下，我们认为筛选链中的第一个环节（体内试验）就可以确定所涉及化合物的实际效用，这是可实现的。成功的体内测试可整合资源并指导方向，以进一步确定用于体内测试的最有效的化合物，从而为公众提供直接的益处，该益处类似于体内效用所展示的。

联邦巡回上诉法院重申，满足专利法规定的治疗效用不应与 FDA❷ 关于美国上市药物的安全性和有效性方面的要求混为一谈。

FDA 的批准不是确定专利法意义上有用的化合物的先决条件。Scott v. Finney，34 F. 3d 1058，1063，32 USPQ2d 1115，1120 [（Fed. Cir. 1994）]。专利法中的有用性，特别是在药物发明的情境中，有必要包含对进一步研发的期望。该领域中的发明达到有用的阶段，要远早于其准备施用于人体之时。如果需要二期实验来证明实用性，那么相关成本将阻止许多公司对有前景的新发明获取专利保护，从而在许多至关重要的领域削减通过研发寻求潜在疗法的动力，譬如癌症的治疗。

In re Brana，51 F. 3d 1560，34 USPQ2d 1436（Fed. Cir. 1995）。因此，审查员不应该在"实际"效用之类的逻辑下解释 35 U. S. C. 101，要求申请人证明基于请求保护发明的治疗药剂是对人类安全或完全有效的药物。参见 In re Sichert，566 F. 2d 1154，196 USPQ 209（CCPA 1977）；In re Hartop，311 F. 2d 249，135 USPQ 419（CCPA 1962）；In re Anthony，414 F. 2d 1383，162 USPQ 594（CCPA 1969）；In re Watson，517 F. 2d 465，186 USPQ 11（CCPA 1975）。

对于申请人要求保护的治疗人或动物疾病的方法，这些一般性原则同样适用。在

---

❶ 指专利上诉与抵触审查委员会。
❷ FDA，全称 Food and Drug Administration，指美国食品药品管理局。

这些情况下，声称的效用通常是明确的，如本发明声称可用于治疗特定疾病。如果所声称的效用是可信的，则没有理由根据 35 U.S.C. 101 质疑此类权利要求缺乏实用性。

有关所声称的治疗或药理效用的特殊考虑，请参见 MPEP § 2107.03。

IV. 35 U.S.C. 112（a）或 Pre – AIA 35 U.S.C. 112 第一款和 35 U.S.C. 101 的关系

基于 35 U.S.C. 101 实用性方面的缺陷也引发了 35 U.S.C. 112（a）或 pre – AIA 35 U.S.C. 112 第一款的缺陷。参见 In re Brana，51 F.3d 1560，34 USPQ2d 1436（Fed. Cir. 1995）；In re Jolles，628 F.2d 1322，1326 n.10，206 USPQ 885，889 n.11（CCPA 1980）；In re Fouche，439 F.2d 1237，1243，169 USPQ 429，434（CCPA 1971）（"如果这样的成分实际上没用，上诉人的说明书就不能教导如何使用它们"）。法院还规定了 35 U.S.C. 101 与 35 U.S.C. 112 的关系，即 35 U.S.C. 112 以符合 35 U.S.C. 101 为前提。参见 In re Ziegler，992 F.2d 1197，1200 – 1201，26 USPQ2d 1600，1603（Fed. Cir. 1993）（"如何使用 112 条包含了 35 U.S.C. 101 在法律上的要求，即说明书事实上公开了本发明的实际效用……如果该申请事实上没有满足 35 U.S.C. 101 的规定，那么在法律上申请人也不能使本领域普通技术人员基于 35 U.S.C. 112 使用本发明"）；In re Kirk，376 F.2d 936，942，153 USPQ 48，53（CCPA 1967）（"必然地，根据§112 需要说明如何使用目前有用的发明，否则申请人将被反常地要求教导如何使用一个无用的发明。"）。例如，联邦巡回上诉法院指出，"显然，如果要求保护的发明没有效用，那么说明书就不能让人使用它。"参见 In re Brana，51 F.3d 1560，34 USPQ2d 1436（Fed. Cir. 1995）。因此，依据 35 U.S.C. 101 的缺乏实用性的恰当审查意见，应该伴随着 35 U.S.C. 112（a）或 pre – AIA 35 U.S.C. 112 第一款。同样地，"缺乏实用性"的审查意见，不论依据的是 35 U.S.C. 101、35 U.S.C. 112（a）还是 pre – AIA 35 U.S.C. 112 第一款，都基于相同的基础（即声称的效用是不可信的）。为了避免困惑，任何基于 35 U.S.C. 101 缺乏实用性的审查意见都应该伴随基于 35 U.S.C. 112（a）或 pre – AIA 35 U.S.C. 112 第一款的审查意见。基于 35 U.S.C. 112（a）或 pre – AIA 35 U.S.C. 112 第一款的审查意见应作为单独的审查意见列出，并引用基于 35 U.S.C. 101 的审查意见中提及的事实依据和结论。基于 35 U.S.C. 112（a）或 pre – AIA 35 U.S.C. 112 第一款的否决意见应该指明：因为请求保护的发明没有实用性，本领域技术人员无法使用所要求保护的发明，所以该权利要求在 35 U.S.C. 112（a）或 pre – AIA 35 U.S.C. 112 第一款方面存在缺陷。基于缺乏实用性的 35 U.S.C. 112（a）或 pre – AIA 35 U.S.C. 112 第一款的审查意见只有在基于 35 U.S.C. 101 条缺乏实用性的审查意见具有合适的基础时才适合使用。换言之，除非基于 35 U.S.C. 101 的审查意见是恰当的，否则审查员不应以缺乏实用性为由发出基于 35 U.S.C. 112（a）或 pre – AIA 35 U.S.C. 112 第一款的否决意见。特别地，如果依据 35 U.S.C. 112（a）或 pre – AIA 35 U.S.C. 112 第一款的否决意见被配以"缺乏实用性"的理由，则必须提供依据 35 U.S.C. 101 所作出的否决意见相匹配的事实陈述。

此外，35 U. S. C. 112（a）或 pre – AIA 35 U. S. C. 112 第一款还涉及除发明是否缺乏实用性之外的其他问题。这些问题包括权利要求是否得到公开内容的充分支持（*In re Vaeck*，947 F. 2d 488，495，20 USPQ2d 1438，1444（Fed. Cir. 1991）），申请人是否对要求保护的主题提供了可实现的公开（*In re Wright*，999 F. 2d 1557，1561 – 1562，27 USPQ2d 1510，1513（Fed. Cir. 1993）），申请人是否为发明提供了充分的书面描述，以及申请人是否已经披露了实施要求保护的发明的最佳方式（*Chemcast Corp. v. Arco Indus. Corp.*，913 F. 2d 923，927 – 928，16 USPQ2d 1033，1036 – 1037（Fed. Cir. 1990））。另参见 *Transco Products Inc. v. Performance Contracting Inc.*，38 F. 3d 551，32 USPQ2d 1077（Fed. Cir. 1994）；*Glaxo Inc. v. Novopharm Ltd.*，52 F. 3d 1043，34 USPQ2d 1565（Fed. Cir. 1995）。若申请人已经披露了发明的具体效用并提供了支持该具体效用的可信基础，但这一事实并不能得出该权利要求符合 35 U. S. C. 112（a）或 pre – AIA 35 U. S. C. 112 第一款的所有要求。例如，如果申请人请求保护一种用某化合物治疗某种疾病的方法，并提供了可信的成分以支持该化合物在这方面是有用的，但是实际上，本领域技术人员在实施请求保护的发明时需要进行过量的实验，则权利要求就可能存在 35 U. S. C. 112 的缺陷，而不是 35 U. S. C. 101 的缺陷。为了避免在审查中出现混淆，根据 35 U. S. C. 112（a）或 pre – AIA 35 U. S. C. 112 第一款作出的非"缺乏实用性"理由的否决意见，应当与任何根据 35 U. S. C. 101 和 35 U. S. C. 112（a）或 pre – AIA 35 U. S. C. 112 第一款作出的"缺乏实用性"的否决意见有所区别。

2107.02 与缺乏实用性的审查意见相关的程序性考虑（2013.11 修订）

Ⅰ. 请求保护的发明是实用性要求的焦点

请求保护的发明是评估申请是否满足实用性要求的焦点。因此，每项权利要求（即每项"发明"）必须按照本身的实际情况来评估是否符合所有法定要求。然而，一般而言，如果独立权利要求与它的从属权利要求属于同一法定发明类别，并且独立权利要求限定了具有实用性的发明，则从属权利要求也会限定具有实用性的发明。例外情形是，从属权利要求限定的发明所指定的效用不同于该从属权利要求引用的独立权利要求中确认的发明效用。当申请人已确定了所定义的化合物上位概念中的某个下位概念[❶]的实用性，并且提出覆盖该属的上位概念权利要求时，通常情况下，该上位概念权利要求应当被认为满足 35 U. S. C. 101 的要求。只有在可以确定被权利要求明确涵盖的其他下位概念没有实用性的情况下，才能对上位概念权利要求提出否决意见。在这种情况下，应鼓励申请人修改上位概念权利要求，以排除缺乏实用性的下位概念。

申请人在申请中列明发明确定的多个具体用途是常见且明智的，特别是在发明是产品（如机器，制造物或组合物）的情况下。然而，无论要求保护的发明是哪种（如

[❶] 原文表述是 genus 和 species，逻辑学中一般译为属概念和种概念。在我国《专利审查指南 2010》中称为"上位概念"和"下位概念"，本译本沿用《专利审查指南 2010》中的术语。

产品或方法），申请人仅需对要求保护的发明作出一个具体效用的可信声明，以满足 35 U. S. C. 101 和 35 U. S. C. 112 的规定；关于效用的其他陈述，即使不是"可信的"，也不会使要求保护的发明缺乏实用性。参见 *Raytheon v. Roper*，724 F. 2d 951，958，220 USPQ 592，598（Fed. Cir. 1983），拒发调卷令❶，469 U. S. 835（1984）（"如果要求适当保护的发明至少实现一个既定目标，则具备 35 U. S. C. 101 规定的效用"）；*In re Gottlieb*，328 F. 2d 1016，1019，140 USPQ 665，668（CCPA 1964）（"已经发现抗生素对某些目的有用，没有必要确定它是否实际上对说明书中'表明的'其他目的可能有用"）；*In re Malachowski*，530 F. 2d 1402，189 USPQ 432（CCPA 1976）；*Hoffman v. Klaus*，9 USPQ2d 1657（Bd. Pat. App. & Inter. 1988）。因此，如果申请人作出一个可靠的效用声明，则要求保护的发明作为一个整体是有效用的。

申请人在说明书中的陈述，或者申请人提交给本局的供申请审查的附件❷，都不能单独作为 35 U. S. C. 101 或 35 U. S. C. 112 缺乏实用性的否决根据。*Tol‐O‐Matic, Inc. v. Proma Produkt‐Und Mktg. Gesellschaft m. b. h.*，945 F. 2d 1546，1553，20 USPQ2d 1332，1338（Fed. Cir. 1991）（并不要求在审查历史中展示的某一特定特征必须实现以满足 35 U. S. C. 101）。申请人可以在说明书中包含技术精度不易确认的陈述，如果就任何法定基础而言该陈述对于支持发明的可专利性是非必要的。因此，本局不应要求申请人从专利的公开内容中删除❸有关效用的非必要陈述，而不管它表达了何种技术精度的陈述或声明。审查员也应特别小心，不要在阅读权利要求时带入发明没有请求保护的结果、限定或实施例。参见：*Carl Zeiss Stiftung v. Renishaw PLC*，945 F. 2d 1173，20 USPQ2d 1094（Fed. Cir. 1991）；*In re Krimmel*，292 F. 2d 948，130 USPQ 215（CCPA 1961）。这样做可能会不恰当地改变所声称的效用与要求保护的发明之间的关系，并提出与审查该权利要求无关的问题。

Ⅱ. 请求保护的发明是否有声称或公认的效用

初步审查时，审查员应审查说明书，以确定是否具有声明所要求保护的发明对一些特定目的有用的陈述。完整的公开应包括确定本发明有具体而实质的效用的陈述。

A. 声称的效用必须是具体而实质的

具体而实质的效用的陈述应充分、清楚地解释申请人认为该发明有用的原因。这些陈述通常解释本发明的目的或如何使用（例如，认为一种化合物可用于治疗特定疾病）。无论效用陈述的形式如何，它必须使本领域普通技术人员能够理解为什么申请

---

❶ 原文表述是 *cert. denied*，表示当事人向美国最高法院申请移送管辖的调卷令，但被最高法院拒绝。关于调卷令参见《元照英美法词典》certiorari 词条。

❷ 原文表述是 incident to prosecution of the application before the Office，其中的 incident 在法律术语中可译为附件、附带权利（义务），参见《元照英美法词典》incident 词条，此处主要指申请人主动提交或答复通知书所附的材料。

❸ 原文表述是 strike，在法律术语中表示根据法庭裁决将记录或诉状中无关紧要的、诽谤性的或冗余的内容予以删除，参见《元照英美法词典》strike out 词条，此处特指删除说明书中无关紧要的内容。

认为所要求保护的发明有用。

除非发明具有公认的效用，否则申请人未能明确表明发明有用的原因会使要求保护的发明存在依据 35 U.S.C. 101 和 35 U.S.C. 112（a）或 pre-AIA 35 U.S.C. 112 第一款的缺陷。在这种情况下，申请人未能定义所要求保护的发明"具体而实质的效用"。例如，声明组合物有不具体的"生物活性"或者不能解释为什么具有该活性的组合物是有用的，那么就未能展示"具体而实质的效用"。*Brenner v. Manson*, 383 US 519, 148 USPQ 689（1966）(泛泛地声明与已知有用的化合物相类似，而没有充分地解释为什么要求保护的化合物同样有用，就 35 U.S.C. 101 而言是不充分的）；*In re Ziegler*, 992 F.2d 1197, 1201, 26 USPQ2d 1600, 1604（Fed. Cir. 1993）(披露化合物是"类似于塑料的"并且可以形成"薄膜"的，不足以确认发明具体而实质的效用）；*In re Kirk*, 376 F.2d 936, 153 USPQ 48（CCPA 1967）(仅单独指出化合物具有"生物活性"或具有"生物学特性"并不充分）。另参见 *In re Joly*, 376 F.2d 906, 153 USPQ 45（CCPA 1967）; *Kawai v. Metlesics*, 480 F.2d 880, 890, 178 USPQ 158, 165（CCPA 1973）(描述发明用作镇静剂确实提出了具体用途，与之形成对比的是，泛泛地指出"对中枢神经系统的药理作用"则没有）。与之相反，公开内容定义了化合物的特定生物活性并解释该活性如何在该化合物的特定治疗应用中发挥作用，则属于对本发明具体而实质效用的声明。

申请人未能说明发明有用的原因，或申请人不能准确地描述效用的情况应该很少。其中一个原因是在提交申请时，要求申请人公开他们已知的实施本发明的最佳实施例。如果申请人遗漏了发明具体而实质的效用的描述，或者对该效用未完全描述，则基于 35 U.S.C. 112（a）或 pre-AIA 35 U.S.C. 112 第一款对最佳实施例的要求，该申请可能会被驳回。

B. 说明书中没有陈述要求保护的发明的效用并不等于否定实用性

有时，申请人不会在说明书中明确说明或以其他方式声明所要求保护的发明的具体而实质的效用。如果在说明书中没有可以认定声明所要求保护的发明具体而实质的效用的陈述，则审查员应判断所要求保护的发明是否具有公认的效用。如果满足以下条件则发明具有公认的效用：（i）本领域普通技术人员基于本发明的特性（如产品或方法的性能或应用）能立即理解为什么发明是有用的，并且（ii）效用是具体、实质和可信的。如果一项发明具有公认的效用，则不应该基于缺乏实用性给出违反 35 U.S.C. 101 和 35 U.S.C. 112（a）或 pre-AIA 35 U.S.C. 112 第一款的审查意见。*In re Folkers*, 344 F.2d 970, 145 USPQ 390（CCPA 1965）。例如，如果申请教导了克隆和描述了已知蛋白质的核苷酸序列，如胰岛素，并且在申请时本领域技术人员知道胰岛素具有公认的用途，那么仅仅因为省略了具体而实质的效用的陈述，就以缺乏实用性而否决要求保护的发明是不适当的。

如果普通技术人员不能根据发明的特性或申请人的陈述立即认识到所要求保护的发明具体而实质的效用（即它为什么有用），则审查员应指出申请不符合 35 U.S.C. 101

和 35 U. S. C. 112（a）或 pre – AIA 35 U. S. C. 112 第一款，因为未能确定所要求保护的发明的具体而实质的效用。否决意见应清楚地指出依据是申请未能确定本发明具体而实质的效用。审查意见还应详细说明申请人必须通过以下方式进行回复，即指明相信发明有用的原因以及在申请日提交的说明书中哪部分可以找到对任何后续声称的效用的支持。参见 MPEP § 2701。

如果申请人随后说明了发明为何有用，那么审查员应根据下面阐述的标准审查该声明，以审查声明效用的可信度。

III. 评估声称效用的可信度

A. 声称的效用为推定的效用

在大多数情况下，申请人声称的效用为一种推定的效用便足以满足 35 U. S. C. 101 的实用性要求。参见示例，*In re Jolles*，628 F. 2d 1322，206 USPQ 885（CCPA 1980）；*In re Irons*，340 F. 2d 974，144 USPQ 351（CCPA 1965）；*In re Langer*，503 F. 2d 1380，183 USPQ 288（CCPA 1974）；*In re Sichert*，566 F. 2d 1154，1159，196 USPQ 209，212 – 13（CCPA 1977）。正如海关和专利上诉法院在 *Langeran* 案中所述：

作为本局的惯例，若说明书公开了效用，且所公开的范围与要求获得专利的主题相对应，则必须被视为足以使整个要求保护的主题满足 § 101 的实用性要求，除非本领域技术人员有理由怀疑对效用或其范围陈述的客观真实性。

In re Langer，503 F. 2d at 1391，183 USPQ at 297（原文强调）。联邦巡回上诉法院以及海关和专利上诉法院都使用"Langer"实用性测试来评估基于 35 U. S. C. 112（a）或 pre – AIA 35 U. S. C. 112 第一款的否决意见，该否决意见是立足于依据 35 U. S. C. 101 的缺陷。在 *In re Brana*，51 F. 3d 1560，34 USPQ2d 1436（Fed. Cir. 1995）中，联邦巡回上诉法院明确采用了海关和专利上诉法院为 35 U. S. C. 112（a）或 pre – AIA 35 U. S. C. 112 第一款形成的"Langer"标准。它在 *In re Marzocchi*，439 F. 2d 220，223，169 USPQ 367，369（CCPA 1971）中的表述形式略有改动，即：

若说明书公开的内容包含对制造和使用本发明的方式和过程的教导，其范围与用于描述和定义要求获得专利的主题相对应，则必须被视为符合实现 112 第一款的要求，除非有理由怀疑陈述的客观真实性，而且必须依赖这些陈述才能实现支持。（强调后加）。

因此，*Langer* 案和随后的案例指导本局推定申请人提出的效用声明是真实的。参见：*In re Langer*，503 F. 2d at 1391，183 USPQ at 297；*In re Malachowski*，530 F. 2d 1402，1404，189 USPQ 432，435（CCPA 1976）；*In re Brana*，51 F. 3d 1560，34 USPQ2d 1436（Fed. Cir. 1995）。出于显而易见的效率原因及尊重申请人对其发明的理解，在评估关于效用的陈述时，审查员不应以质疑效用陈述的真实性为出发点。相反地，任何审查都必须首先思考是否有理由质疑效用陈述的真实性。这可以通过把申请人引用的所有证据纳入考虑范围后，简单地评估所作陈述的逻辑来实现。如果声称的效用是可信的（即基于审查档案或本发明的本质而值得相信），则基于"缺乏实用性"的否决意见是不合适的。显然，审查员不应基于本发明的技术领域或其他一般原因，以假定声称的效用可能造假开启对实用性的评估。

符合 35 U.S.C. 101 是有关事实的问题。参见 *Raytheon v. Roper*，724 F. 2d 951，956，220 USPQ 592，596（Fed. Cir. 1983）cert. denied，469 U.S. 835（1984）。因此，要推翻申请人所享有的声称的效用为真实的推定，审查员必须确定本领域普通技术人员更可能怀疑（即"质疑"）效用陈述的真实性。在详尽解释否决意见时，被贯穿用于依单方申请❶审查中的证据标准是，在全部考量的证据中占据优势❷。*In re Oetiker*，977 F. 2d 1443，1445，24 USPQ2d 1443，1444（Fed. Cir. 1992）（"在申请人答复提交证据或争辩理由后，根据全部的审查档案，合理考虑陈述的说服力，通过证据优势来确定可专利性"）；*In re Corkill*，771 F. 2d 1496，1500，226 USPQ 1005，1008（Fed. Cir. 1985）。当存疑的声明更可能是真实的时候，则证据优势成立。*Herman v. Huddleston*，459 U.S. 375，390（1983）。为此，审查员必须提供充足的证据，以证明声称效用的陈述会被本领域普通技术人员认为是"假"的。当然，普通技术人员必须同时具有事实和推理的有利条件，以评估陈述的真实性。这意味着，如果申请人提出了事实，该事实支持用于主张效用的推理，审查员必须提出足以使得普通技术人员不会相信申请人声称的效用相反的事实和推理。参见 *In re Brana*，51 F. 3d 1560，34 USPQ2d 1436（Fed. Cir. 1995）。在评估这个问题时使用的最初证据标准是证据优势标准（即全部事实和推理表明申请人的陈述更可能是假的）。

B. 声称的效用何时不可信？

如果申请人明确声明某项发明具有特定的效用，即使有理由相信该声明并不完全准确，审查员也不能简单地以这是"错误的"来驳回声明。相反，审查员必须确定效用的声明是否可信（即，基于所提供的证据和推理整体，对本领域普通技术人员来说，声称的效用是否可信）。声明是可信的，除非（A）声明的内在逻辑存在严重错误，或者（B）声明所依据的事实与声明的内在逻辑不一致。在此处，可信度是指申请人用以支持其声称有效性的逻辑与事实的可靠性。

效用的声明被认为不可信的一种情况是，普通技术人员认为该声明"根据现有知识是不可信的"，并且申请人没有提供什么内容来反驳现有知识可能给出的别样启示。然而，审查员应该小心，不要将某些类型的发明贴上"不可信的"或"推测的"的标签，因为这些标签不能为评估效用的声明提供正确的关注点。"不可信的效用"是一个结论，而不是根据 35 U.S.C. 101 进行分析的起点。只有在本局评估申请人关于效用的

---

❶ 原文表述是 *ex parte*，专利的实质审查程序和复审程序都是依单方申请的形式。具体解释参见 MPEP2105 中的脚注。

❷ 原文表述是 preponderance of the totality of the evidence，即证据优势，是一种民事案件的证据标准，指较相反的证据更有分量、更具说服力的证据，即证据所试图证明的事实，其存在的可能性大于不存在的可能性。参见《元照英美法词典》preponderance of evidence 词条。

声明和该声明的全部证据基础之后，才能得出声称的效用不可信的结论。本局应特别小心，不要先假设所声称的效用本身是"不可信的"，然后基于这一假设发出根据 35 U. S. C. 101 的否决意见。

联邦法院已经认同了根据 35 U. S. C. 101 缺乏可信的效用的驳回意见，该驳回意见的情况有，例如，当申请人未披露发明的任何效用或声称的效用只有在违反科学原理，如热力学第二定律或自然规律，或完全不符合本领域的现有知识的情况下才具备。参见 In re Gazave，379 F. 2d 973，978，154 USPQ 92，96（CCPA 1967）。此外，在评估要求保护的发明所声称的治疗效用的可信度时应该特别小心。在这些案件中，过去未能成功治疗疾病或病症，或者缺乏经过验证的动物模型来测试用于治疗人类疾病的药物的有效性，不应单独作为根据 35 U. S. C. 101 质疑声称的效用的基础。有关治疗或药理效用的其他指导，请参见 MPEP § 2107.03。

IV. 初始责任是本局一方去确立初证事实，并由此提供证据支持

为正确地运用 35 U. S. C. 101 否定要求保护的发明，本局必须（A）说明所要求保护的发明缺乏实用性的初步证明，并且（B）在建立初步证明的陈述中，为所依赖的事实推定提供充分的证据基础。In re Gaubert，524 F. 2d 1222，1224，187 USPQ 664，666（CCPA 1975）"因此，专商局必须做的不仅仅是质疑可操作性——它必须说明导致本领域技术人员质疑可操作性陈述的客观真实性的事实理由。"如果本局无法形成一个恰当的初证事实，并为根据 35 U. S. C. 101 的否决意见提供证据支持，就不应以此为由发出否决意见。参见 In re Oetiker，977 F. 2d 1443，1445，24 USPQ2d 1443，1444（Fed. Cir. 1992）（"审查员负有审查现有技术或任何其他可以给出不可专利的初证事实的理由的初始责任。如果这种责任充分担负，则提出证据或争辩的责任就会转移到申请人身上……如果最初阶段的审查没有形成不可专利的初证事实，申请人的申请就有资格被授予专利权，且没有上述提出证据或争辩的责任"）。另见 Fregeau v. Mossinghoff，776 F. 2d 1034，227 USPQ 848（Fed. Cir. 1985）（将初证事实规则适用于 35 U. S. C. 101）；In re Piasecki，745 F. 2d 1468，223 USPQ 785（Fed. Cir. 1984）。

初步证明的陈述必须用有效推理的陈述加以详细解释。任何基于缺乏实用性的否决意见都应包括为什么要求保护的发明没有具体而实质可信效用的详细解释。在可能的情况下，审查员应提供书面证据，无论何时出版（例如，科学或技术期刊，论文或书籍的摘录，美国或外国专利），以作为事实基础来支持缺乏具体而实质可信效用的初步证明的陈述。如果没有书面证据，审查员应具体说明其作出该结论的科学依据。

当所声称的效用不是具体且实质的时，初步证明的陈述必须证明本领域普通技术人员更有可能不认为申请人声称的任何效用是具体而实质的。初步证明的陈述必须包含以下要素：

（A）对作出结论所展开的推理清晰的说理，该结论是要求保护的发明声称的效用既不具体实质，也不被公认；

（B）得出这一结论所依赖的事实认定的依据；

（C）对审查档案中所有相关证据的评估，包括最接近的现有技术中教导的效用。

当所声称的具体而实质的效用是不可信的，则初步证明的陈述必须证明：对于申请人基于要求保护的发明声称的任何具体而实质的效用，本领域技术人员更可能认为是不可信的。初步证明的陈述必须包含以下内容：

（A）对作出结论所展开的推理清晰的说理，该结论是所要求保护的发明声称的具体而实质的效用是不可信的；

（B）得出这一结论所依靠的事实认定的依据；

（C）对审查档案中所有相关证据的评估，包括最接近的现有技术中教导的效用。

当具体而实质的效用没有被披露或者不被公认，有关没有具体而实质效用的初步证明的陈述只需要确定申请人没有声称有效用，并且在呈现给审查员的审查档案中，没有已知的公认效用。

审查员根据35 U. S. C. 101作出的阐述和初始否决意见，以及在初步证明的陈述中作出的任何事实结论的依据，要详细说理，不能只讲套话。

申请人通过读具体论述，能够确定本局在解释否决意见中所作的推定，并能够正确地答复这些推定。

V．审查员对支持声称效用的证据要求

在合适的情况下，本局可要求申请人证实请求保护的发明所声称的效用。参见 *In re Pottier*，376 F. 2d 328，330，153 USPQ 407，408（CCPA 1967）（"当本领域普通技术人员认为任一过程的可操作性不可行时，审查员要求提供可操作性的证据并不是不合适的"）。参见 *In re Jolles*，628 F. 2d 1322，1327，206 USPQ 885，890（CCPA 1980）；*In re Citron*，325 F. 2d 248，139 USPQ 516（CCPA 1963）；*In re Novak*，306 F. 2d 924，928，134 USPQ 335，337（CCPA1962）。在 *In re Citron* 案中，法院认为，当"声称的效用根据对现有技术的了解看来不可信时，或者存在事实上的欺骗时，申请人必须提交证据证实声称的效用"。参见325 F. 2d at 253，139 USPQ at 520。法院支持了委员会的决定，即维持了依据35 U. S. C. 101的否决意见，"以本领域知识看来癌症不能治愈并且没有任何临床数据可以证实主张"。参见325 F. 2d at 252，139 USPQ at 519（原文强调）。因此，如果声称的用途不可信或具有欺骗性，法院就可以要求申请人承担更多的责任。在这种情况下，审查员应对用途提出质疑，并要求有足够的实施证据。该要求的目的是使申请人纠正发明在可操作性等其他方面的事实基础缺陷。因为这是一个纠正要求（例如，要求提供证据，以使申请人能够支持与申请中记载的事实不一致的断言），审查员不仅应该指出为什么事实记载中涉及申请人断言的部分有缺陷，在适当的情况下，还应当指出申请人可以提供什么类型的证据来补救。

对于额外证据的要求应当慎用，只有在支持声称效用的科学可信度时才有必要（例如，如果所声称的效用与文献证据和当前科学知识不一致）。正如联邦巡回上诉法院最近指出的那样，"只有在专利商标局提供的证据表明本领域普通技术人员会合理地怀疑所声称的效用之后，提供反驳证据的责任才转移给申请人，该证据要足以说服他人相信本发明声称的效用"。参见 In re Brana，51 F. 3d 1560，34 USPQ2d 1436 (Fed. Cir. 1995) (援引 In re Bundy，642 F. 2d 430，433，209 USPQ 48，51 (CCPA 1981))。在 Brana 案，法院指出，用化合物治疗癌症的目的本身并不意味着是一种不可信的效用。现有技术公开了"与申请人要求保护的结构相似的化合物，这些化合物已被证明可以作为化学治疗剂在体内对各种肿瘤模型有效，……在其面前，本领域技术人员没有合理质疑申请人声称效用的依据"。参见 51 F. 3d at 1566，34 USPQ2d at 1441。正如法院所说："审查员显然不合适要求进一步的测试数据，其作为证据基本上是多余的，似乎除了可能给申请人带来不必要的负担之外什么作用都没有。"参见 In re Isaacs，347 F. 2d 887，890，146 USPQ 193，196 (CCPA 1965)。

VI. 对答复缺乏实用性初步证明的否决意见的考量

如果已根据 35 U. S. C. 101 合理提出否决意见，同时根据 35 U. S. C. 112 (a) 或 pre - AIA 35 U. S. C. 112 第一款给出相应的否决意见，责任就转移到了申请人一方，即申请人需要反驳初步证明的陈述。参见 In re Oetiker，977 F. 2d 1443，1445，24 USPQ2d 1443，1444 (Fed. Cir. 1992) ("审查员负有最初的责任，基于现有技术的审查或其他任何理由，给出不可专利的初证事实。如果完成该责任，提出证据或反驳的责任就会转移到申请人身上……在申请人作出答复，提交证据或反驳后，可专利性取决于全部的审查档案，并在适当考虑辩驳说服力的情况下依据证据优势原则进行裁决")。申请人可以使用以下任意组合来做到这一点：修改权利要求，辩驳或说理，或根据 37 CFR 1. 132 以宣誓书或声明的方式提交新的证据，或以印刷出版物的方式提交新的证据。申请人提供的新证据必须与否决意见中提出的问题相关。例如，声明中仅给出结论，没有在结论与支持该结论的证据之间建立联系，或结论仅仅表达观点，则该声明对于反驳初证事实的证明力有限。参见 In re Grunwell，609 F. 2d 486，203 USPQ 1055 (CCPA 1979)；In re Buchner，929 F. 2d 660，18 USPQ2d 1331 (Fed. Cir. 1991)。参见 MPEP § 716. 01 (a) 至 MPEP § 716. 01 (c)。

如果申请人对初步证明的否决意见作出回应，审查员应审查原始公开内容，确定初步证明的陈述所依据的任何证据、权利要求的修改，以及申请人为支持所声称的具体而实质可信的效用提供的任何新的推理或证据。审查员必须认识到，针对缺乏实用性审查意见的答复，要充分考虑并回复意见中每个实质要素。只有在全部审查档案皆表明所声称的效用不是具体、实质和可信的情况下，才能维持基于缺乏实用性的否决意见。如果整个审查档案使得所要求保护的发明声称的效用更可能被本领域普通技术人员认为是可信的，则本局不能维持否决意见。参见 In re Rinehart，531 F. 2d 1048，1052，189 USPQ 143，147 (CCPA 1976)。

VII. 评估与实用性有关的证据

没有关于申请人支持声称的效用、疗效或其他方面所必须提供的证据数量或性质的事先规定。相反，支持声称效用所需证据的性质和数量受请求保护的内容 (Ex parte

Ferguson, 117 USPQ 229（Bd. App. 1957）），以及声称的效用是否违反既定的科学原则和信条的影响。参见 *In re Gazave*, 379 F. 2d 973, 978, 154 USPQ 92, 96（CCPA 1967）; *In re Chilowsky*, 229 F. 2d 457, 462, 108 USPQ 321, 325（CCPA 1956）。此外，申请人无须提供充分的证据来证明所声称的效用是"排除合理怀疑"❶ 的事实。参见 *In re Irons*, 340 F. 2d 974, 978, 144 USPQ 351, 354（CCPA 1965）。申请人也无须提供证据证明声称的效用具有统计的确定性。参见 *Nelson v. Bowler*, 626 F. 2d 853, 856 - 57, 206 USPQ 881, 883 - 84（CCPA 1980）（该案推翻了委员会的结论并否决了 Bowler 的争辩，争辩认为证据的效用没有统计上的显著性。法院指出当测试能合理地预测反应时，严格的相关性没有必要）。另见 *Rey - Bellet v. Englehardt*, 493 F. 2d 1380, 181 USPQ 453（CCPA 1974）（如果"对动物的效果与最终观察到的对人类的效果之间存在令人满意的相关性"，那么动物试验的数据与声称的人类治疗效用有关）。相反，如果证据作为一个整体考虑使得本领域普通技术人员能够断定所声称的效用更可能是真实的，那么证据就足够了。

2107.03 对声称的治疗或药理效用的特殊考虑因素（2012.08 修订）

联邦法院连续推翻本局的驳回，这些驳回在申请人已经提供合理支持相关效用的证据的情况下，仍指出声称具有药理或治疗效用的发明缺乏实用性。鉴于此，审查员应特别谨慎地审查为支持声称的治疗或药理效用而提供的证据。

Ⅰ. 证据与声称的效用之间的合理关联性应足够充分

一般而言，如果所质疑的生物活性与所声称的效用之间存在合理的关联性，那么有关化合物的药理或其他生物活性的证据将与声称的治疗用途相关。参见 *Cross v. Iizuka*, 753 F. 2d 1040, 224 USPQ 739（Fed. Cir. 1985）; *In re Jolles*, 628 F. 2d 1322, 206 USPQ 885（CCPA 1980）; *Nelson v. Bowler*, 626 F. 2d 853, 206 USPQ 881（CCPA 1980）。申请人可以依靠证明化合物或组合物活性的相关统计数据、辩驳或论证、文献证据（如科学期刊中的文章）或其任意组合来建立这种合理关联性。申请人不必证明特定活性与所声称的化合物的治疗用途之间的关联性有统计的确定性，也不必提供成功治疗患者的实际证据，治疗患者是声称的效用。相反，正如法院一再认为的那样，所需要的只是活性与所声称的用途之间的合理关联性。参见 *Nelson v. Bowler*, 626 F. 2d 853, 857, 206 USPQ 881, 884（CCPA 1980）。

Ⅱ. 与已知效用的化合物结构相似

法院通常认定与已知具有特定治疗或药理效用的化合物结构相似的证据，能够支

---

❶ 原文表述是 beyond a reasonable doubt，是在刑事诉讼中认定有罪的证明标准，即只有控诉方提出的证据对被告人有罪的事实的证明达到无合理怀疑的确定性程度时，方可裁断被告人有罪。参见《元照英美法词典》beyond a reasonable doubt 词条。此处是指实用性的证明无须达到"排除合理怀疑"的标准。

持新化合物声称的治疗效用。在 *In re Jolles*，628 F. 2d 1322，206 USPQ 885（CCPA 1980）案中，由于要求保护的化合物与柔红霉素和阿霉素具有相近的结构和相同药理活性，且这两种化合物都可用于癌症化疗是已知的，因此认定要求保护的化合物具有实用性。与已知化合物具有相似性的相近结构性证据，要与证明要求保护的化合物在通常用于筛选抗癌药物的动物的实质活性的证据一起提供。在确定本领域技术人员是否会认为所声称的效用可信时，应给予这些证据适当的重视。审查员不仅应评估存在的结构关系，还应评估申请人或声称者使用的推理，以解释为什么结构相似性被认为与申请人声称的效用相关。

III. 通常体外或动物试验的数据足以支持治疗用途

如果与特定治疗或药理效用合理相关，使用体外试验或通过动物模型或其组合测试产生的数据基本足以确立化合物、组合物或方法的治疗或药理效用。粗略地回顾涉及治疗发明且以 35 U. S. C. 101 为主要问题的案例，表明的事实是联邦法院并不特别容易接受依据 35 U. S. C. 101 认定发明无效果的否决意见。最显著的是，在申请人提供合理证据支持声称的治疗效用的案件中，基于 35 U. S. C. 101 的驳回几乎全被推翻了。参见 *In re Brana*，51 F. 3d 1560，34 USPQ 1436（Fed. Cir. 1995）；*Cross v. Iizuka*，753 F. 2d 1040，224 USPQ 739（Fed. Cir. 1985）；*In re Jolles*，628 F. 2d 1322，206 USPQ 885（CCPA 1980）；*Nelson v. Bowler*，626 F. 2d 853，856，206 USPQ 881，883（CCPA 1980）；*In re Malachowski*，530 F. 2d 1402，189 USPQ 432（CCPA 1976）；*In re Gaubert*，530 F. 2d 1402，189 USPQ 432（CCPA 1975）；*In re Gazave*，379 F. 2d 973，154 USPQ 92（CCPA 1967）；*In re Hartop*，311 F. 2d 249，135 USPQ 419（CCPA 1962）；*In re Krimmel*，292 F. 2d 948，130 USPQ 215（CCPA 1961）。只有在申请人无法提供任何可以反驳本局认定的要求保护的发明不可操作的证据时，法院才肯定基于 35 U. S. C. 101 的驳回。参见 *In re Citron*，325 F. 2d 248，253，139 USPQ 516，520（CCPA 1963）（无特性的生物提取物的治疗效用未经证实或科学上不可信）；*In re Buting*，418 F. 2d 540，543，163 USPQ 689，690（CCPA 1969）（审查档案没有为声明确立一个可信的依据，该声明为所讨论的单一类化合物可用于治疗不同类型的癌症）；*In re Novak*，306 F. 2d 924，134 USPQ 335（CCPA 1962）（请求保护的化合物不具备影响生理活性的能力，而该生物活性是声称效用的基础）。然而，对比 *In re Buting*，*In re Gardner*，475 F. 2d 1389，177 USPQ 396（CCPA 1973），*reh'g denied*，480 F. 2d 879（CCPA 1973），该案中法院认为通过证明下位概念具有效用可以支持上位概念的效用。联邦法院从不要求申请人使用人体临床试验的数据来支持所声称的效用。

如果申请人提供了支持声称的效用的数据，并解释为什么该数据可以支持声称的效用，无论数据来自体外试验还是动物试验或两者都有，本局都将确定该数据并解释是否在本领域技术人员看来可以合理地预测所声称的效用。参见 *Ex parte Maas*，9 USPQ2d 1746（Bd. Pat. App. &Inter. 1987）；*Ex parte Balzarini*，21 USPQ2d 1892（Bd. Pat. App. &Inter. 1991）。审查员必须小心评估可能影响本领域普通技术人员关于该问题的结论的所有因素，包括测试参数、动物的选择、活性与待治疗的特定病症的关系、化合物或组合物的特性、所提供数据的相对意义，以及最重要的是，申请人关于为何所提供的信息可以支持所声称的效用的解释。如果提供的数据与所声称的效用一致，则本局不能依据35 U.S.C. 101坚持否决意见。

证据不一定是来自行业承认的动物模型的数据，所述动物模型具有与声称的效用相关的特定疾病或疾病状况。对申请人提供的与声称的效用合理相关的任何测试数据，都应该进行实质性评估。因此，申请人可以提供使用特定动物模型生成的数据，并对该数据支持声称的效用的原因作适当解释。没有证明该测试是行业认可的模型，并不能决定动物模型的数据是否与所声称的效用实际相关。因此，如果本领域技术人员因能合理预测在人体的效用而接受动物实验，则应认为来自那些试验的证据足以支持所声称的效用的可信度。参见 *In re Hartop*, 311 F. 2d 249, 135 USPQ 419（CCPA 1962）；*In re Krimmel*, 292 F. 2d 948, 953, 130 USPQ 215, 219（CCPA 1961）；*Ex parte Krepelka*, 231 USPQ 746（Bd. Pat. App. &Inter. 1986）。审查员应注意不要简单地因为在提交申请之前没有建立人类疾病状况的动物模型，而认为证据没有说服力。参见 *In re Chilowsky*, 229 F. 2d 457, 461, 108 USPQ 321, 325（CCPA 1956）（"以前没有明确地完成，这一事实本身并不足以拒绝所有意图披露如何做到这一点的申请"）；*In re Wooddy*, 331 F. 2d 636, 639, 141 USPQ 518, 520（CCPA 1964）（"看来，到目前为止，没有人确定请求保护的方法是否会以所声称的方式运作，但法律并不要求绝对的确定性。以前没有明确地完成，这一事实本身并不足以拒绝所有意图披露如何做到这一点的申请"）。

IV. 人体临床数据

审查员不应强行要求申请人提供人体临床试验证据，也没有任何判例法要求申请人提供人体临床试验的数据，以确定与人类疾病治疗相关的发明的效用（参见 *In re Isaacs*, 347 F. 2d 889, 146 USPQ 193（CCPA 1963）；*In re Langer*, 503 F. 2d 1380, 183 USPQ 288（CCPA 1974）），即使对于权利要求所涵盖的人类疾病不存在行业内承认的动物模型的情况也一样。参见 *Ex parte Balzarini*, 21 USPQ2d 1892（Bd. Pat. App. &Inter. 1991）（即使本领域技术人员可能不接受其他证据来证明所要求保护的治疗组合物的功效和所要求保护的治疗人体的方法的可操作性，也不需要人体临床数据来证实所要求保护的发明的实用性）。在药物可以进入人体临床试验之前，发起人（通常是申请人）必须特别地向本领域专业人士（如FDA）提供令人信服的理由，即该药物是能起作用的，这些理由可为发起人研究的成功性提供理论基础。为了确定Ⅰ期试验的方案，在临床研究的第一阶段，指出药物如何可能或能够有效的一些可信的理由是必要的。因此，作为一般规则，如果申请人已经开始对治疗产品或方法进行人体临床试验，则审查员应该假定申请人已经确定该试验对象能合理预期地具有所声称的治疗效用。

V. 安全和有效的考虑因素

本局必须将对专利申请的审查限于专利法的法定要求,其他政府机构负责确保药品的广告、使用、销售或分配遵守法规规定的标准。FDA 进行双管齐下的测试,以提供测试许可。根据该测试,发起人必须证明科学研究不会构成不合理的、重大的疾病或伤害风险,以及该研究是可被接受的科学研究。作为一个审查事项,必须有理由相信该化合物能够有效。如果被 FDA 审查的用途未在说明书中阐述,则 FDA 的审查可能不能使其满足 35 U. S. C. 101。但是,如果被审查的用途是说明书中展示的用途,则审查员在质疑实用性时一定要非常谨慎。在这种情况下,FDA 的专家已经对声称的效用所依据的药物或研究的科学原理予以评定,并且认为它是令人满意的。因此,在质疑实用性时,即使国会指定的专家据相同问题得出相反的结论,审查员也必须能够承担他们的责任,指出没有充分的理由来支持声称的效用。"然而,FDA 的批准并不是认定专利法意义上有用的化合物的先决条件。"参见 *In re Brana*, 51 F. 3d 1560, 34 USPQ2d 1436 (Fed. Cir. 1995) 中(援引 *Scott v. Finney*, 34 F. 3d 1058, 1063, 32 USPQ2d 1115, 1120 (Fed. Cir. 1994))。

因此,虽然申请人有时可能需要提供证明发明将按照请求保护的方式工作的证据,但审查员要求提供人体治疗安全性或有效程度方面的证据是不恰当的。参见 *In re Sichert*, 566 F. 2d 1154, 196 USPQ 209 (CCPA 1977); *In re Hartop*, 311 F. 2d 249, 135 USPQ 419 (CCPA 1962); *In re Anthony*, 414 F. 2d 1383, 162 USPQ 594 (CCPA 1969); *In re Watson*, 517 F. 2d 465, 186 USPQ 11 (CCPA 1975); *In re Krimmel*, 292 F. 2d 948, 130 USPQ 215 (CCPA 1961); *Ex parte Jovanovics*, 211 USPQ 907 (Bd. Pat. App. &Inter. 1981)。

VI. 特定疾病情形的治疗

针对一种处理或治疗疾病的方法的权利要求,如果先前没有成功的处理或治疗,则需要仔细检查是否符合 35 U. S. C. 101。目前的科学认知表明,在不可能完成这项任务的情况下,确定治疗人类疾病的声称的效用的可信度可能更难确定,而可信度的判定需要很好地理解本发明创造时的现有技术。例如,在 20 世纪 80 年代之前,许多案例声称的具有治疗人类癌症的用途被认为是"不可信的"。参见 *In re Jolles*, 628 F. 2d 1322, 206 USPQ 885 (CCPA 1980); *In re Buting*, 418 F. 2d 540, 163 USPQ 689 (CCPA 1969); *Ex parte Stevens*, 16 USPQ2d 1379 (Bd. Pat. App. &Inter. 1990); *Ex parte Busse*, 1 USPQ2d 1908 (Bd. Pat. App. &Inter. 1986); *Ex parte Krepelka*, 231 USPQ 746 (Bd. Pat. App. &Inter. 1986); *Ex parte Jovanovics*, 211 USPQ 907 (Bd. Pat. App. &Inter. 1981)。然而,没有已知的疾病治愈方法的事实不能作为得出该发明缺乏实用性的结论的基础。相反,审查员必须根据申请中公开的信息确定本发明声称的效用是否可信,只有那些声称效用不可信的权利要求才应被否定。在这种情况下,本局应仔细审查申请人请求保护的内容。所要求保护的发明可用于治疗不可治愈疾病的症状的断言,在相对适度的证据或支持的基础上，本领域普通技术人员可以认为是可信的。相反，所要求保护的发明将用于"治愈"疾病的断言，可能需要更大量的证据支持，才能被本领域普通技术人员认为是可信的。参见 *In re Sichert*，566 F. 2d 1154，196 USPQ 209（CCPA 1977）；*In re Jolles*，628 F. 2d 1322，206 USPQ 885（CCPA 1980）。还参见 *Ex parte Ferguson*，117 USPQ 229（Bd. Pat. App. & Inter. 1957）。

在这些情况下，重要的是要注意到食品药品监督管理局已颁布的法规，即使不存在可选择的疗法，一方能够对用于治疗危及生命和严重损害健康的疾病的药物进行临床试验。参见 21 CFR 312.80-88（1994）。这些法规隐含着这样一种认识，即有资格评估治疗效果的专家能够并且经常找到足够的依据来对无法治愈或以前无法治疗的疾病进行药物临床试验。因此，来自本领域专家的宣誓证据在合理推理的支持下表明有成功的合理预期，通常应该足以证明这样的效用是可信的。

2108-2110（预留）

2111 权利要求的解释；最宽泛合理解释（2015.07 修订）

权利要求必须按照说明书给予最宽泛合理解释

在专利审查期间，未决的权利要求必须"被给予跟说明书一致的最宽泛合理解释"。*Phillips v. AWH Corp.*，415 F. 3d 1303，1316，75 USPQ2d 1321，1329（Fed. Cir. 2005），联邦巡回上诉法院在上述案件的全院庭审决定中，明确确认了USPTO采用"最宽泛合理解释"的标准：

专利商标局（PTO）确定专利申请中权利要求的范围，不仅以权利要求的语言文字为基础，而且还要"根据本领域技术人员对说明书的解读"给出其最宽泛合理解释。参见 *In re Am. Acad. of Sci. Tech. Ctr.*，367 F. 3d 1359，1364 [，70 USPQ2d 1827，1830]（Fed. Cir. 2004）。实际上，PTO 要求申请的权利要求必须"作为说明书的结尾与发明保持一致，并且权利要求中使用的术语和短语必须在说明书中找到明确的支持或既有的基础，以便权利要求中的术语可以通过参考说明书来确定"。参见 37 CFR 1.75（d）(1)❶。

另参见 *In re Suitco Surface, Inc.*，603 F. 3d 1255，1259，94 USPQ2d 1640，1643（Fed. Cir. 2010）；*In re Hyatt*，211 F. 3d 1367，1372，54 USPQ2d 1664，1667（Fed. Cir. 2000）。

在涉及侵权和有效性的法院程序中，专利的权利要求不作最宽泛合理解释，而是依据充分形成的审查档案进行解释。相反，正如在构建申请人所试图要求保护内容的

---

❶ 该条款是《美国统一专利细则》中有关权利要求的规定。

明确档案的工作中,审查员所被合理允许的那样,审查员必须在审查期间以最宽泛的合理方式解释权利要求术语。因此,专利局与法院以不同的方式解释权利要求。参见 *In re Morris*, 127 F. 3d 1048, 1054, 44 USPQ2d 1023, 1028(Fed. Cir. 1997);*In re Zletz*, 893 F. 2d 319, 321-22, 13 USPQ2d 1320, 1321-22(Fed. Cir. 1989)。

由于申请人有机会在审查期间修改权利要求,给予权利要求最宽泛合理解释,从而降低权利要求授权后,被解释得过于宽泛而超出合理范围的可能性。参见 *In re Yamamoto*, 740 F. 2d 1569, 1571(Fed. Cir. 1984);*In re Zletz*, 893 F. 2d 319, 321, 13 USPQ2d 1320, 1322(Fed. Cir. 1989)("在专利审查期间,未决的权利要求必须按照其术语合理允许的最大范围来解释");*In re Prater*, 415 F. 2d 1393, 1404-05, 162 USPQ 541, 550-51(CCPA 1969)(权利要求9涉及一种分析数据的方法,数据来自对一种气体所作的大量质谱分析。该方法包括通过对数据进行数学处理来选择分析的数据。审查员根据35 U. S. C. 101和35 U. S. C. 102作出否决意见。在35 U. S. C. 102否决意见中,审查员解释说,权利要求可被预期成通过纸笔记录予以强化的智力方法。法院同意该权利要求不限于使用机器来实施所涉方法,因为权利要求没有明确阐述机器。法院解释说,"根据说明书阅读权利要求,从而解释明确在权利要求中记载的限定,完全不同于'将说明书的限定读入权利要求',从而隐含地增加权利要求中没有表达依据的被披露的限定,来缩小权利要求的范围"。法院认定申请人在以后者争辩,即不被允许将内容从说明书带入权利要求中)。另见 *In re Morris*, 127 F. 3d 1048, 1054-55, 44 USPQ2d 1023, 1027-28(Fed. Cir. 1997)(法院认为,在审查过程中不要求PTO以法院在侵权诉讼中解释权利要求相同的方式解释申请中的权利要求。相反,"考虑定义的任何启示或者可以由申请人的说明书中包含的书面描述提供的其他启示,PTO对提交的权利要求中的措词适用最宽泛而合理的词语意思,该意思是本领域普通技术人员在普通用法中能够理解的")。

最宽泛合理解释并不是说最宽泛的可能解释。相反,赋予权利要求术语的含义必须与该术语的普通惯用含义一致(除非该术语在说明书中给出了特殊的定义),并且权利要求术语的使用必须与说明书和附图中一致。此外,对权利要求的最宽泛合理解释必须与本领域技术人员能够接触的解释一致。参见 *In re Cortright*, 165 F. 3d 1353, 1359, 49 USPQ2d 1464, 1468(Fed. Cir. 1999)(委员会将权利要求的限定"恢复头发生长"解释为要求头发恢复到其原始状态,是对该限定的不正确解释。法院认为,申请人的公开内容和类似技术的三项专利公开内容,使用相同措词仅要求头发有一点增长,普通技术人员将会解释"恢复头发生长"意味着请求保护的方法增加了头皮上生长的头发量,但不一定能产生满头的头发)。因此,关于权利要求含义探究的重点应该是从本领域普通技术人员的角度来看什么是合理的。参见 *In re Suitco Surface, Inc.*, 603 F. 3d 1255, 1260, 94 USPQ2d 1640, 1644(Fed. Cir. 2010);*In re Buszard*, 504 F. 3d 1364, 84 USPQ2d 1749(Fed. Cir. 2007)。在 *Buszard* 案中,权利要求涉及包含柔性聚氨酯泡沫反应混合物的阻燃组合物。参见504 F. 3d at 1365, 84 USPQ2d at 1750。联邦巡回上诉法院认为,委员会将"柔性"泡沫与压碎的"刚性"泡沫等同起来的解释是不合理的（Id. at 1367，84 USPQ2d at 1751）。有说服力的反驳是，在聚氨酯泡沫领域经验丰富的人知道柔性混合物不同于硬质泡沫混合物（Id. at 1366，84 USPQ2d at 1751）。

对权利要求解释的进一步讨论，即分析权利要求是否符合 35 U. S. C. 112（b）或 pre – AIA 35 U. S. C. 112 第二款的相关内容，参见 MPEP § 2173. 02。

2111. 01 通常含义（2017. 08 修订）

编者按：MPEP 的这部分内容仅适用于符合 AIA 发明人先申请制（FITF）❶ 规定的申请，除非请求保护的发明的相关日期用"有效申请日"取代"发明日"，后者只适用于符合 pre – AIA 35 U. S. C. 102 的申请。参见 35 U. S. C. 100（定义）和 MPEP § 2150 及其下属章节。

I. 权利要求用语必须赋予"通常含义"，除非该含义与说明书不一致

根据最宽泛合理解释，必须赋予权利要求的用语以通常含义，除非该含义与说明书不一致。术语的通常含义是指发明时本领域普通技术人员赋予该术语的普通惯用含义。术语的普通惯用含义可以通过各种来源来证明，包括权利要求本身的用语、说明书、附图和现有技术。但是，确定权利要求术语含义的最佳来源是说明书——以说明书作为权利要求术语的词汇表时，最为清楚。权利要求的用语必须被赋予"通常含义"，除非该含义与说明书不一致。参见 In re Zletz，893 F. 2d 319，321，13 USPQ2d 1320，1322（Fed. Cir. 1989）（下面讨论）；Chef America, Inc. v. Lamb – Weston, Inc.，358 F. 3d 1371，1372，69 USPQ2d 1857（Fed. Cir. 2004）（普通、简单的英语词汇，被解释为本身的含义，其含义明确且不容置疑，并且没有任何迹象表明它们在特定的语境中使用含义会改变，因此，"将制成的被面糊包裹的面团加热到约 400°F 至 850°F 的温度"只需要加热面团，而不是加热烤箱内部的空气到指定的温度）。

申请人可以通过在说明书中清楚地对术语作出不同的定义来推翻关于术语具有普通惯用含义的假定。参见 In re Morris，127 F. 3d 1048，1054，44 USPQ2d 1023，1028（Fed. Cir. 1997）（USPTO 确认权利要求术语的常规用法时，要考虑到说明书中包含的定义或其他"启示"）；但是比较 In re Am. Acad. of Sci. Tech. Ctr.，367 F. 3d 1359，1369，70 USPQ2d 1827，1834（Fed. Cir. 2004）（在说明书中没有明确的放弃声明时，"我们已经提醒不要将来自说明书中描述的最佳实施例的限定解读到权利要求中，即使它是所描述的唯一实施例"）。当说明书为权利要求的语言文字设置了清晰的解释时，权利要求的范围更容易确定，权利要求才能起到更好的公告功能。

---

❶ 原文表述是 first inventor to file，简称 FITF，直译为首位去申请的发明人，即先申请制，它相对于 first to invent（首位发明人，即先发明制）的概念而言。在 AIA 颁布后，确立了用先申请制取代先发明制。但对于 2013 年 3 月 16 日以前的申请仍适用先发明制，除非申请人明确表示用"有效申请日"取代"发明日"。

Ⅱ. 将说明书中的限定带入权利要求是不合适的

"虽然说明书中的解释可以帮助理解权利要求的语言文字,但更重要的是,不要将不属于对权利要求的限定引入权利要求。例如,当权利要求的语言文字比该实施例更宽泛时,说明书中出现的特定实施例则不能被解读到权利要求中。"参见 *Superguide Corp. v. DirecTV Enterprises*,Inc.,358 F. 3d 870,875,69 USPQ2d 1865,1868(Fed. Cir. 2004)。另参见 *Liebel - Flarsheim Co. v. Medrad Inc.*,358 F. 3d 898,906,69 USPQ2d 1801,1807(Fed. Cir. 2004)(在最近讨论的案例中,法院明确否定了以下主张,即如果一个专利只有一个实施例,专利的权利要求必须被解释为限定到该实施例);*E - Pass Techs.*,*Inc. v. 3Com Corp.*,343 F. 3d 1364,1369,67 USPQ2d 1947,1950(Fed. Cir. 2003)("解释专利申请说明书中的描述性表述是一项艰巨的任务,这是因为涉及表述是否为明显的词典定义还是对最佳实施例的描述是矛盾的。问题是如何'根据说明书'解释权利要求,而非不必要地将限定从说明书中带入权利要求")。参见 *Altiris Inc. v. Symantec Corp.*,318 F. 3d 1363,1371,65 USPQ2d 1865,1869 - 70(Fed. Cir. 2003)(尽管说明书只讨论了一个实施例,法院裁定将步骤的特定顺序带入方法权利要求是不当的。按照逻辑或语法,方法权利要求的语言文字没有对实施该方法的步骤强加特定顺序,说明书并没有直接或隐含地要求一个特定的顺序)。又见下文第Ⅳ部分。当一个请求保护的要素采用 35 U. S. C. 112 (f) 或 pre - AIA 35 U. S. C. 102 第六款的语言文字形式(一般广义地称为装置(或步骤)加功能的语言文字)时,必须参考说明书以确定与权利要求中所述功能相对应的结构、材料或行为,并且要求保护的要素应解释为限于说明书中描述的相应结构、材料或行为,及其等同物。参见 *In re Donaldson*,16 F. 3d 1189,29 USPQ2d 1845(Fed. Cir. 1994)(参见 MPEP §2181 至 MPEP §2186)。

在 *Zletz*,*supra* 案中,审查员和委员会将权利要求中的"通常是固体的聚丙烯"和"含有结晶聚丙烯成分的通常是固体的聚丙烯"解释为限于"含有结晶聚丙烯成分的通常是固体的线性高聚丙烯"。法院裁定,限定没有出现在权利要求中,是不恰当地从说明书中引入的。另参见 *In re Marosi*,710 F. 2d 799,802,218 USPQ 289,292(Fed. Cir. 1983)("权利要求不能凭空理解,其中的限定应根据说明书进行解释,给出'最宽合理解释'"(援引 *In re Okuzawa*,537 F. 2d 545,548,190 USPQ 464,466(CCPA 1976)))。法院依据该说明书对"基本不含碱金属"进行了解释,认为其中包含了不可避免的杂质,但仅此而已)。

Ⅲ. "通常含义"是指本领域普通技术人员理解的术语的普通惯用含义

"权利要求术语的普通惯用含义是该术语在发明的时候对于本领域普通技术人员而言所具备的含义,即从该专利申请的有效提交日期开始。"参见 *Phillips v. AWH Corp.*,415 F. 3d 1303,1313,75 USPQ2d 1321,1326(Fed. Cir. 2005)(全体法官出席);*Sunrace Roots Enter. Co. v. SRAM Corp.*,336 F. 3d 1298,1302,67 USPQ2d 1438,1441

(Fed. Cir. 2003); *Brookhill - Wilk 1, LLC v. Intuitive Surgical, Inc.*, 334 F. 3d 1294, 1298 67 USPQ2d 1132, 1136 (Fed. Cir. 2003) ("在没有明确表明赋予权利要求术语新含义的情况下，推定这些词汇具有本领域普通技术人员公认的普通惯用含义")。

术语的普通惯用含义可以通过各种来源来证明，包括权利要求本身的用语、说明书、附图和现有技术。但是，确定权利要求术语含义的最佳来源是说明书——当说明书作为权利要求术语的词汇表时，最为清楚。参见 *In re Abbott Diabetes Care Inc.*, 696 F. 3d 1142, 1149-50, 104 USPQ2d 1337, 1342-43 (Fed. Cir. 2012) (将术语"电化学传感器"解释为"不含用于连接传感器控制单元的外部连接电缆或电线"与权利要求和说明书的语言文字一致); *In re Suitco Surface, Inc.*, 603 F. 3d 1255, 1260-61, 94 USPQ2d 1640, 1644 (Fed. Cir. 2010) (将术语"用于对地板顶面修饰的材料"解释为"在地板顶表面上的透明的、均匀的层，是表面的最终处理或涂层"，这与权利要求和说明书表达的语言文字一致); *Vitronics Corp. v. Conceptronic Inc.*, 90 F. 3d 1576, 1583, 39 USPQ2d 1573, 1577 (Fed. Cir. 1996) (将术语"焊料回流温度"解释为焊料的"峰值回流温度"，而不是焊料的"液相温度"，以与说明书一致)。

查询现有技术中如何使用权利要求的术语也是适当的，现有技术包括现有技术专利、公开的申请、商业刊物和词典。从现有技术中获得的权利要求术语的任何含义必须与说明书和附图中的权利要求术语的使用保持一致。此外，当说明书明确说明权利要求术语的范围和内容时，无需借助旁证来解释权利要求。参见 *3M Innovative Props. Co. v. Tredegar Corp.*, 725 F. 3d 1315, 1326-28, 107 USPQ2d 1717, 1726-27 (Fed. Cir. 2013) (认为"在整个层压板上基本连续的微纹理表层"在说明书中给出了清楚的定义，因此没有必要借助旁证来解释权利要求)。

IV. 申请人可以自定义词条明确说明放弃某些范围

将权利要求中的词汇赋予本领域中普通惯用含义的仅有例外情形包括：(1) 当申请人作为他们自己词条的定义者；(2) 当申请人在说明书中舍弃或否认权利要求术语的全部范围。自己定义词条，申请人必须在说明书中明确规定权利要求术语的特定含义，该定义应不同于其原本拥有的普通惯用含义。说明书还可以包括对声称术语范围的刻意舍弃或否认。在这两种情况下，"发明人在说明书中所表达的意图，被认为具有决定性。"参见 *Phillips v. AWH Corp.*, 415 F. 3d 1303, 1316 (Fed. Cir. 2005) (全体法官出席); 另参见 *Starhome GmbH v. AT&T Mobility LLC*, 743 F. 3d 849, 857, 109 US-PQ2d 1885, 1890-91 (Fed. Cir. 2014) (认为术语"门户"应具有"不同网络之间的联系"这一普通惯用含义，因为说明书中没有明确表示要偏离普通含义); *Thorner v. Sony Computer Entm't Am. LLC*, 669 F. 3d 1362, 1367-68, 101 USPQ2d 1457, 1460 (Fed. Cir. 2012) (该专利请求保护的权利要求是针对视频游戏控制器的触觉反馈系统，包括一个柔性垫并具有多个致动器"连接到所述垫上"。法院认为，权利要求没有限定致动器连接到垫的外表面，虽然说明书在描述固定到垫的外表面上的实施例时使用了"连接"一词，而在描述固定在垫子内表面的实施例时使用了"嵌入"一词。法院解释说,"连接"的通常和普通的含义包括外部和内部连接。此外,说明书中没有清楚和明确的重新定义"连接"或舍弃该术语的全部范围的表述)。

A. 词条自定义

申请人有权成为他们自己词条的定义者,并且可以申请时在说明书中清楚地阐明与普通惯用含义不同的术语定义,来反驳权利要求术语应具有普通惯用含义的推定。参见 *In re Paulsen*, 30 F. 3d 1475, 1480, 31 USPQ2d 1671, 1674 (Fed. Cir. 1994) (认为发明人可以定义用于描述发明的特定术语,但必须"有合理的清晰度、慎重性和精确性",并且如果这样做,必须"'在专利公开内容中以某种方式阐明他不寻常的定义',以便使本领域普通技术人员注意到含义上的改变"(援引 *Intellicall, Inc. v. Phonometrics, Inc.*, 952 F. 2d 1384, 1387 – 88, 21 USPQ2d 1383, 1386 (Fed. Cir. 1992))。

如果申请人为某一术语提供了明确的定义,则该定义将影响该术语在权利要求中的解释。*Toro Co. v. White Consolidated Industries Inc.*, 199 F. 3d 1295, 1301, 53 USPQ2d 1065, 1069 (Fed. Cir. 1999) (权利要求中所使用词语的含义不是在"词典空白"下解释,"而是在说明书和附图的语境中"解释)。因此,如果权利要求术语在整个说明书中都使用其普通惯用含义,并且说明书清楚地表明其含义,那么该术语在权利要求中就具有该含义。参见 *Old Town Canoe Co. v. Confluence Holdings Corp.*, 448 F. 3d 1309, 1317, 78 USPQ2d 1705, 1711 (Fed. Cir. 2006) (法院认为,"完成聚结"必须赋予其普通惯用的含义,即直到聚结结束。法院解释说,尽管理论上可以通过提前停止模塑工艺来"完成"聚结,但说明书明确指出,只有在模塑过程达到最佳阶段后才能完成聚结)。

然而,要注意,赋予术语的任何特殊含义"必须在说明书中足够清楚,使得背离常规的用法能被本发明所属领域技术人员理解"。参见 *Multiform Desiccants Inc. v. Medzam Ltd.*, 133 F. 3d 1473, 1477, 45 USPQ2d 1429, 1432 (Fed. Cir. 1998)。另参见 *Process Control Corp. v. HydReclaim Corp.*, 190 F. 3d 1350, 1357, 52 USPQ2d 1029, 1033 (Fed. Cir. 1999) 和 MPEP § 2173.05 (a)。

在一些情况下,特定权利要求术语的含义可以通过暗示来定义,即根据说明书中术语使用的上下文来定义。参见 *Phillips v. AWH Corp.*, 415 F. 3d 1303, 1320 – 21, 75 USPQ2d 1321, 1332 (Fed. Cir. 2005) (全体法官出席);*Vitronics Corp. v. Conceptronic Inc.*, 90 F. 3d 1576, 1583, 39 USPQ2d 1573, 1577 (Fed. Cir. 1996)。但是,如果在说明书中对于发明人使用的权利要求术语是否与其普通含义不一致,是模棱两可的,将适用普通含义。参见 *Merck & Co. v. Teva Pharms. USA, Inc.*, 395 F. 3d 1364, 1370 (Fed. Cir. 2005) (联邦巡回上诉法院推翻地区法院的解释,后者将权利要求术语"大约"解释为"确切地"。该上诉法院解释说,地区法院所依据的用于定义"大约"的说明书中的一段过于模糊,无法足够明确地重新定义术语"大约"为"确切地"。上诉法院认为,"大约"应该被赋予其普通含义"大概地")。

B. 舍弃

申请人也可以通过在说明书中明确舍弃权利要求术语的完整范围来推翻通常含义的推定。对权利要求范围的舍弃或否认只有在清楚且不引起误解时才予以考虑。参见 *SciMed Life Sys. , Inc. v. Advanced Cardiovascular Sys. , Inc.* ，242 F. 3d 1337，1341，58 USPQ2d 1059，1063（Fed. Cir. 2001）（"当说明书明确指出本发明不包括特定特征，则该特征被认为在专利的权利要求范围之外，即使在不参考说明书的情况下，阅读权利要求的语言文字可能认为范围足够大到可以包含有争议的特征"）；另见 *In re Am. Acad. Of Sci. Tech Ctr.* ，367 F. 3d 1359，1365－67（Fed. Cir. 2004）（拒绝将限定权利要求的术语"用户计算机"仅限于"单用户计算机"，即使"当孤立地看待说明书的某些语言文字时，可能会引导读者得出这样一个结论：这个术语……是指只为一个用户服务的计算机，但整个说明书的解释并不那么狭窄"）。但是，在某些情况下，可以通过暗示来舍弃更大的权利要求范围。例如，关于某特征在说明书中仅包含负面评论，并且说明书中的每个实施例都排除该特征的情况。参见 *In re Abbott Diabetes Care Inc.* ，696 F. 3d 1142，1149－50，104 USPQ2d 1337，1342－43（Fed. Cir. 2012）（认为对权利要求术语"电化学传感器"的最宽泛合理解释不包括具有"外部连接电缆或电线"的传感器，因为该说明书"反复地、自始至终地和专门地描绘了没有外部电缆或电线的电化学传感器，同时贬斥用外部电缆或电线的传感器"）。如果审查员认为对权利要求的最宽泛合理解释比权利要求中的词汇在说明书中隐含舍弃的结果更狭窄，则审查员应在审查档案中明确说明。

另参见 MPEP § 2173.05（a）。

V. 对于不涉及 35 U. S. C. 112（f）的权利要求术语含义确定的小结

下面的流程图 1 表示审查员应当遵循的决策流程，以便根据 BRI❶ 的通常含义确定适当的权利要求解释。流程图中的每个决策点，可以通过不同的路径来推断是适用通常含义还是特殊定义。

第一个问题是确定权利要求术语是否对本领域普通技术人员而言具有普通惯用含义。如果有，那么审查员应检查说明书以确定它是否为权利要求术语提供了特殊定义。如果说明书没有为权利要求术语提供特殊定义，审查员应使用权利要求术语的普通惯用含义。如果说明书为权利要求术语提供了特殊定义，审查员应使用特殊定义。但是，由于推定权利要求术语具有其普通惯用的含义，为将权利要求术语视为具有特殊定义，说明书必须明确而有意地使用该特殊定义，在此情况下审查意见通知书应当承认和确定该特殊定义。

回到第一个问题，如果权利要求术语没有普通惯用的含义，审查员应核实说明书是否提供了该权利要求术语的含义。如果在考虑说明书和现有技术之后，没有合理明

---

❶ BRI，最宽泛合理解释的英文 broadest reasonable interpretation 首字母的缩写。

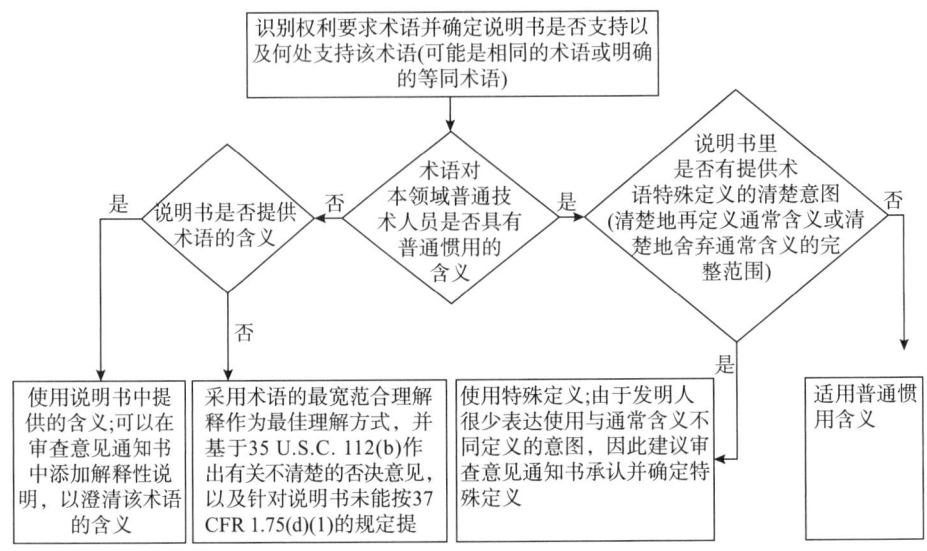

图1 对于涉及 35 U. S. C. 112（f）的权利要求术语的含义如何确定

确的含义适用于该权利要求术语，则审查员应对权利要求术语进行最宽泛合理解释，因为这样最好理解。此外，应根据 35 U. S. C. 112（b）否决权利要求，并且依据 37 CFR 1.75（d）反对说明书。

如果说明书为权利要求术语提供了定义，审查员应使用说明书提供的定义。这种情况下，在审查意见通知书中应阐明含义，并承认并确定特殊定义是适当的。

2111.02 前序部分的作用（2012.08 修订）

确定前序部分是否限定权利要求要根据每个案件的事实进行判断；没有"石芯试验"来界定何时前序部分限定了权利要求的范围。参见 Catalina Mktg. Int'l v. Coolsavings. com, Inc., 289 F. 3d 801, 808, 62 USPQ2d 1781, 1785（Fed. Cir. 2002）（Id. at 808 – 10, 62 USPQ2d at 1784 – 86），讨论了来自各种决定的指导性原则，这些决定探讨了前序部分对权利要求范围的影响，并且用假设示例说明这些原则。

"权利要求前序部分具有重要性，权利要求是一个整体说明了这一点。"参见 Bell Communications Research, Inc. v. Vitalink Communications Corp., 55 F. 3d 615, 620, 34 USPQ2d 1816, 1820（Fed. Cir. 1995）。"如果放在整个权利要求的上下文中阅读，权利要求前序部分记载了对权利要求的限定，或者，如果权利要求前序部分是赋予权利要求'生命、意义和活力所必需的'，那么权利要求前序部分应该被解释为在权利要求中起平衡作用。"参见 Pitney Bowes, Inc. v. Hewlett – Packard Co., 182 F. 3d 1298, 1305, 51 USPQ2d 1161, 1165 – 66（Fed. Cir. 1999）。另见 Jansen v. Rexall Sundown, Inc., 342 F. 3d 1329, 1333, 68 USPQ2d 1154, 1158（Fed. Cir. 2003）（权利要求是通过向"有需要的人"施用某种维生素制剂，来治疗或预防人类恶性贫血的方法，考虑到权利要求

中前序部分的作用，法院认为，权利要求中记载的患者或"有需要的人"给前序部分的目的陈述赋予生命和意义）。参见 *Kropa v. Robie*, 187 F. 2d 150, 152, 88 USPQ 478, 481（CCPA 1951）（前序部分中记载"磨料制品"被认为是必要的，其指出权利要求书所定义的制品由磨料颗粒和硬化粘合剂组成，以及制造它的方法。法院指出，"只有通过这一短语才能知道权利要求所定义的主题是一种磨料制品。除此之外，各种能作为磨料颗粒和粘合剂使用的物质的结合都不是'磨料制品'"。因此，前序部分有助于进一步确定所生产制品的结构）。

Ⅰ. 前序部分的陈述限定结构

前序中限定请求保护的发明的结构的任何术语必须被视为对权利要求的限定。参见 *Corning Glass Works v. Sumitomo Elec. U. S. A.，Inc.*, 868 F. 2d 1251, 1257, 9 USPQ2d 1962, 1966（Fed. Cir. 1989）（只有在审查整个申请时"理解什么是发明人真正发明的并打算通过权利要求包含的内容"，才能解决前序限定是否为结构限定的问题）；*Pac-Tec Inc. v. Amerace Corp.*, 903 F. 2d 796, 801, 14 USPQ2d 1871, 1876（Fed. Cir. 1990）（确定构成结构限定的前序部分的语言文字实际上是要求保护的发明的一部分）。另参见 *In re Stencel*, 828 F. 2d 751, 4 USPQ2d 1071（Fed. Cir. 1987）（有争议的权利要求涉及一种用于设置螺纹轴环连接件的驱动器，但是，权利要求的主体没有将轴环结构直接作为要求保护物品的一部分。前序部分确实提出轴环结构来限定权利要求，对此审查员没有考虑。法院判定轴环结构不容忽视。尽管该权利要求并没有直接限定到轴环，前序中记载的轴环结构确实限定了驱动器的结构。"该框架结构——现有技术的教导——进行可专利性的判断的对象并不是泛泛的驱动器，而是适合与这个轴环结合使用的驱动器，因为权利要求是如此限定的"（*Id*. at 1073, 828 F. 2d at 754）。

Ⅱ. 前序部分陈述记载目的或预期用途

必须结合整个权利要求的上下文阅读权利要求的前序部分。"只有在回顾整个［审查档案］后理解什么是发明人真正发明的，并打算通过权利要求包含的内容"，才能确定前序部分的记载是结构性限定还是仅仅对目的或用途的陈述。参见 *Corning Glass Works*, 868 F. 2d at 1257, 9 USPQ2d at 1966。如果权利要求的主体完全以及实质上阐述了所要求保护的发明的所有限定，并且前序部分仅仅陈述了如发明的目的或预期用途，而不是要求保护的发明的任何限定中的任何区别定义，那么前序部分不被视为限定，对于权利要求的构成没有意义。参见 *Pitney Bowes，Inc. v. Hewlett-Packard Co.*, 182 F. 3d 1298, 1305, 51 USPQ2d 1161, 1165（Fed. Cir. 1999）。另参见 *Rowe v. Dror*, 112 F. 3d 473, 478, 42 USPQ2d 1550, 1553（Fed. Cir. 1997）（"若专利权人在权利要求主体中定义了结构完整的发明，并仅使用前序部分来陈述本发明的目的或预期用途，则前序部分不是权利要求限定"）；*Kropa v. Robie*, 187 F. 2d at 152, 88 USPQ2d at 480-81（当权利要求涉及产品，而前序部分只记载了由权利要求其余部分所定义的旧产品的固有属性，此时前序部分并非限定）；*STX LLC. v. Brine*, 211 F. 3d 588, 591, 54 USPQ2d

1347，1350（Fed. Cir. 2000）（认为前序中的短语"提供了改进的游戏和操控特征"，在涉及长曲棍球杆头部的权利要求中不是对权利要求的限定）。对比 *Jansen v. Rexall Sundown*，*Inc.*，342 F. 3d 1329，1333-34，68 USPQ2d 1154，1158（Fed. Cir. 2003）（权利要求为通过向"有需要的人"施用某种维生素制剂，以治疗或预防人类恶性贫血的方法。法院认为，前序部分不仅仅是陈述可能会或可能不会被期望或欢迎的效果，而是对该方法实施必须达成目的的陈述。因此，该权利要求被解释为必须将维生素制剂给予人是恰当地，人具有治疗或预防恶性贫血的公认需求）。参见 *In re Cruciferous Sprout Litig.*，301 F. 3d 1343，1346-48，64 USPQ2d 1202，1204-05（Fed. Cir. 2002）（有争议的权利要求涉及一种制备富含硫代葡萄糖苷的食物的方法，其中十字花科的芽在2叶阶段之前收获。法院认为，正如说明书和审查历史所证明的那样，前序短语"富含硫代葡萄糖苷"有助于确定所要求保护的发明，因此是对权利要求的限定（尽管现有技术预期权利要求产生的芽本质上是"富含硫代葡萄糖苷"的））。

审查期间必须评估前序部分记载的要求保护的发明的目的或预期用途的陈述，以确定所述目的或预期用途是否导致所要求保护发明与现有技术在结构上有差异（或者，在方法权利要求的案例中，操作上有差异）。如果是这样，则这些记载可以限定权利要求。参见 *In re Otto*，312 F. 2d 937，938，136 USPQ 458，459（CCPA 1963）（权利要求涉及用于卷发器的核心元件和卷发器核心元件的制造方法。法院认为，卷发的预期用途对于结构和制造方法并不重要）。*In re Sinex*，309 F. 2d 488，492，135 USPQ 302，305（CCPA 1962）（装置权利要求中预期用途的陈述不能将其与现有技术的装置区分开）。如果现有技术结构能够实现前序部分中记载的预期用途，则它落入权利要求的范围。参见 *In re Schreiber*，128 F. 3d 1473，1477，44 USPQ2d 1429，1431（Fed. Cir. 1997）（在先公开❶的否决意见由委员会的事实认定确认，即参考的分配器（公开一种用于从油罐中分配油的喷嘴）能够以上诉人的权利要求1（分配头以特定方式分配爆米花）中所述的方式分配爆米花）和其中引用的案例。另参见 MPEP § 2112 至 § 2112.02。

然而，"前序部分可以为权利要求的解释提供背景，特别是……前序中预期用途的陈述，在专利审查历史中构成与现有技术区分的基础。"参见 *Metabolite Labs.*，*Inc. v. Corp. of Am. Holdings*，370 F. 3d 1354，1358-62，71 USPQ2d 1081，1084-87（Fed. Cir. 2004）。有争议的专利权利要求涉及检测缺乏维生素 B12 或叶酸的两步法，包括（i）测定体液中高半胱氨酸的"升高水平"，（ii）将"升高"的水平与缺乏维生素"关联"（*Id.* at 1358-59，71 USPQ2d at 1084）。法院指出，有争议的权利要求术语"关联"可以包括与未升高的水平或升高的水平进行比较，而不仅仅是升高的水平，因为在审查期间为克服现有技术而在权利要求中增加的"关联"步骤，将前序部分直接与"关联"步骤连接（*Id.* at 1362，71 USPQ2d at 1087）。在前序部分对"检测"缺乏维生素的预期用途的记载，使得要求保护的发明成为"检测"方法，因此不限于检测

---

❶ 原文表述是 anticipation，特指本申请相对于现有技术不具备新颖性的情形，参见《元照英美法词典》anticipation 词条。

"升高的"水平（出处同上）。

另参见 Catalina Mktg. Int'l, 289 F. 3d at 808 – 09, 62 USPQ2d at 1785（"在区分所要求保护的发明和现有技术的审查期间，明显依赖前序部分会将前序部分转换为权利要求限定，从而习惯性地使用前序部分来部分地定义要求保护的发明……然而，如果没有这样的依赖性，当权利要求主体描述结构完整的发明时，则前序部分通常没有限定性，从而删除前序部分短语不影响要求保护发明的结构或步骤。"因此，"仅仅宣扬要求保护发明的优点或特性的前序部分语言文字，而未明确依赖那些优点或特性具有可专利的重要性，则不限定权利要求的范围"）。在 Poly – America LP v. GSE Lining Tech. Inc., 383 F. 3d 1303, 1310, 72 USPQ2d 1685, 1689（Fed. Cir. 2004）案中，法院指出，"对'047 专利全文的审查表明，与'吹膜'相关的前序语言文字并不是陈述本发明的目的或预期用途，而是公开了要求保护的发明的基本特征，其解释为权利要求的限定是恰当的"。对比 Intirtool, Ltd. v. Texar Corp., 369 F. 3d 1289, 1294 – 96, 70 USPQ2d 1780, 1783 – 84（Fed. Cir. 2004）（认为专利的权利要求前序部分有关"手持式打孔钳同时冲压和连接重叠的金属片"不是对权利要求的限定，因为（i）不包含前序的权利要求的主体描述了一个"结构上完整的发明"，以及（ii）审查历史中关于"冲压和连接"发明功能的陈述没有构成对前序部分的"明确依赖"，因而前序部分不构成限定）。

2111.03 连接短语（2017.08 修订）

连接短语"包括""基本上由……组成"和"由……组成"定义了权利要求的范围，其涉及哪些未记载的其他组件或步骤（如果有的话）要从权利要求的范围中排除。哪些是连接短语排除或未排除的内容，必须根据每个案件的事实逐案确定。

Ⅰ. 包括

"包括"与"包含""含有"或"特征在于"是同义的，是包含性的或开放式的，并且不排除另外的、未记载的元素或方法步骤。参见 Mars Inc. v. H. J. Heinz Co., 377 F. 3d 1369, 1376, 71 USPQ2d 1837, 1843（Fed. Cir. 2004）（"与术语'包括'一样，术语'含有'和'混合物'是开放式的"）；Invitrogen Corp. v. Biocrest Manufacturing, L. P., 327 F. 3d 1364, 1368, 66 USPQ2d 1631, 1634（Fed. Cir. 2003）（"方法权利要求中的连接词'包括'表明该权利要求是开放式的，允许额外的步骤"）；Genentech, Inc. v. Chiron Corp., 112 F. 3d 495, 501, 42 USPQ2d 1608, 1613（Fed. Cir. 1997）（"包括"是权利要求语言中使用的术语，意思是指定的元素是必要的，但可以添加其他元素，并且仍然构成权利要求范围内的结构）；Moleculon Research Corp. v. CBS, Inc., 793 F. 2d 1261, 229 USPQ 805（Fed. Cir. 1986）；In re Baxter, 656 F. 2d 679, 686, 210 USPQ 795, 803（CCPA 1981）；Ex parte Davis, 80 USPQ 448, 450（Bd. App. 1948）（"包括"使得"权利要求开放以包含未指明的成分，即使是大量的"）。In Gillette

Co. v. Energizer Holdings Inc.，405 F. 3d 1367，1371 – 73，74 USPQ2d 1586，1589 – 91（Fed. Cir. 2005），法院认定权利要求"安全剃刀刀片单元包括防护装置、盖以及第一、第二和第三组的刀片"包括具有三个以上刀片的剃刀，因为前序部分中的连接短语"包括"和"组"推定是开放式的。"前序部分连接权利要求主体的词语'包括'意味着整个权利要求推定是开放式的"（出处同上）。相反地，法院指出"由……组成的"这一短语是一个封闭的术语，通常用于撰写"马库什组"❶ 权利要求，因为其本质上是封闭的（出处同上）。法院还强调，在权利要求中提及"第一""第二"和"第三"刀片并不是用于显示序列或数字限定，而是用于区分或识别不同组的部件（出处同上）。

II. 由……组成

"由……组成"排除了权利要求中未指定的任何要素、步骤或成分。参见 *In re Gray*，53 F. 2d 520，11 USPQ 255（CCPA 1931）；*Ex parte Davis*，80 USPQ 448，450（Bd. App. 1948）（"由……组成"，其定义为"除了通常与之相关的杂质之外，排除权利要求中记载的材料之外的材料"）。参见 *Norian Corp. v. Stryker Corp.*，363 F. 3d 1321，1331 – 32，70 USPQ2d 1508，1516（Fed. Cir. 2004）（认为"由"要求保护的化学物质"组成"的骨修复工具包被骨修复套件侵权，该骨修复套件除了要求保护的化学物质之外还包括刮刀，而该刮刀与要求保护的发明无关）。限定权利要求"由"记载的元件或步骤"组成"的权利要求，不能添加元件或步骤。

当"由……组成"这一短语出现在权利要求主体的一个从句中，而不是紧接在前序之后时，则存在一种"特别强烈的推定，即从'由……组成'开始的权利要求的从句对未记载的要素是封闭的"。参见 *Multilayer Stretch Cling Film Holdings, Inc. v. Berry Plastics Corp.*，831 F. 3d 1350，1359，119 USPQ2d 1773，1781（Fed. Cir. 2016）（"选自由特定树脂组成的组的一层"，排除列出的树脂以外的树脂）。但是，"由……组成"一词仅限定从句中规定的要素；其他要素不排除在整个权利要求之外。参见 *Mannesmann Demag Corp. v. Engineered Metal Products Co.*，793 F. 2d 1279，230 USPQ 45（Fed. Cir. 1986）。另见 *In re Crish*，393 F. 3d 1253，73 USPQ2d 1364（Fed. Cir. 2004）（有争议的权利要求"涉及具有人体外皮蛋白基因（hINV）的启动子活性的纯化 DNA 分子"（*Id.* 73 USPQ2d at 1365）。在确定申请人的权利要求的范围时，所述权利要求涉及"至少包含 SEQ ID NO：1 的一部分核苷酸序列的纯化寡核苷酸，其中所述一部分由 SEQ ID NO：1 的从……至 2473 的核苷酸序列组成；并且 SEQ ID NO：1 所述的一部分核苷酸序列具有启动子活性"。法院指出，在权利要求的主体中使用"由……组成"并不限制权利要求中的开放式语言"包含"（强调后加）（*Id.* at 1257，73 USPQ2d at 1367）。法院认为，所声称的启动子序列命名为 SEQ ID NO：1 是通过对相同的现有技术质粒进行测序获得的，因此现有技术的质粒可预测其必然具有与目标寡核苷酸相同

---

❶ 该术语是指采用元素集合限定的权利要求，是以涉案专利权人 Markush 的名字命名，参见 MPEP § 2117。该专利术语世界通用，在我国《专利审查指南 2010》第二部分第十章中也有该术语，故此处直接用汉译词。

的 DNA 序列（*Id.* at 1256 and 1259，73 USPQ2d at 1366 and 1369）。法院肯定了委员会的解释，即连接短语"由……组成"并未将权利要求仅限于所引用的 SEQ ID NO：1 的编号核苷酸序列，"连接语'包括'允许权利要求覆盖整个外皮蛋白基因加上质粒的其他部分，只要该基因含有权利要求所述的 SEQ ID NO：1 的特定部分即可"（*Id.* at 1256，73 USPQ2d at 1366）。

通过从一组备选方案中选择而定义的权利要求要素（马库什组；参见 MPEP § 2117 和 § 2173.05（h））要求从"由……组成的"封闭组中（而不是"包含"或"包括"）中选择备选要素。参见 *Abbott Labs. v. Baxter Pharmaceutical Products Inc.*，334 F. 3d 1274，1280，67 USPQ2d 1191，1196 – 97（Fed. Cir. 2003）。如果权利要求要素旨在包含马库什组中所述的备选方案的组合或混合，则权利要求可在所记载的备选方案之前包括限定用语（例如，从该组中选择的"至少一个成员"），或在该备选列表之内（如"或其混合物"）（出处同上）。在没有这种限定用语的情况下，有一种推定是马库什组对组合或混合物是封闭的。参见 *Multilayer Stretch Cling Film Holdings*，*Inc. v. Berry Plastics Corp.*，831 F. 3d 1350，1363 – 64，119 USPQ2d 1773，1784 – 85（Fed. Cir. 2016）（推定马库什组不包括所列树脂的混合物，被从属权利要求和说明书中的证据推翻）。

III. 基本上由……组成

"基本上由……组成"将权利要求的范围限定于指定的材料或步骤以及那些不会对要求保护的发明的<u>基本的</u>和<u>新</u>的特性产生<u>实质</u>影响的材料或步骤。*In re Herz*，537 F. 2d 549，551 – 52，190 USPQ 461，463（CCPA 1976）（原文中强调）（现有技术液压油需要一种分散剂，上诉人认为该分散剂被排除在限定了"基本上由特定组分组成"的功能性流体的权利要求之外。在认定权利要求并未排除现有技术的分散剂时，法院指出，上诉人在说明书指出要求保护的组合物可含有任何众所周知的添加剂，如分散剂，并且没有证据表明存在分散剂将实质上影响本发明的基本的和新的特性。现有技术的组合物具有相同的、基本的和新的特性（增强的抗氧化性）以及额外增强的洗涤剂和分散剂特性）。"'基本上由……组成'的权利要求处于以'由……组成'形式写成的封闭式权利要求与以'包含'形式撰写的完全开放权利要求的中间地带"。参见 *PPG Industries v. Guardian Industries*，156 F. 3d 1351，1354，48 USPQ2d 1351，1353 – 54（Fed. Cir. 1998）；*Atlas Powder v. E. I. duPont de Nemours & Co.*，750 F. 2d 1569，224 USPQ 409（Fed. Cir. 1984）；*In re Janakirama – Rao*，317 F. 2d 951，137 USPQ 893（CCPA 1963）；*Water Technologies Corp. vs. Calco*，*Ltd.*，850 F. 2d 660，7 USPQ2d 1097（Fed. Cir. 1988）。为了依据 35 U. S. C. 102 和 103 检索和使用现有技术，在说明书或权利要求中没有明确指出基本的和新的特性实际上是什么，"基本上由……组成"将被解释为等同于"包括"。参见示例 *PPG*，156 F. 3d at 1355，48 USPQ2d at 1355（"PPG 通过在其说明书中明确表示它认为构成本发明基本的和新的特性的材料变化的内容，从而为其专利的目的而定义了'基本上由……组成'短语的范围"）。另参见 *AK Steel Corp. v. Sollac*，344 F. 3d 1234，1240 – 41，68 USPQ2d 1280，1283 – 84（Fed. Cir. 2003）（申请人在说明书中声明"涂层金属中的硅含量不应该超过约0.5%（重量），同时讨论了硅的有害影响，以此为基础得出超过0.5%（重量）的硅将实质上改变本发明基本的和新的性质。因此，在前序部分中记载的"基本上由……组成"被解释为允许铝涂层中硅的重量不超过0.5%）。参见 *In re Janakirama - Rao*，317 F.2d 951，954，137 USPQ 893，895-96（CCPA 1963）。如果申请人主张现有技术中的额外步骤或材料被"基本上由……组成"的记载排除在外，则申请人有责任证明引入额外步骤或成分将实质上改变申请人发明的特性。参见 *In re De Lajarte*，337 F.2d 870，143 USPQ 256（CCPA 1964）。另见 *Ex parte Hoffman*，12 USPQ2d 1061，1063-64（Bd. Pat. App. & Inter. 1989）（"尽管'基本上由……组成'通常在物质组成的语境下使用和定义，我们发现使用这种语言作为方法步骤的修饰语没有本质的错误……[使]权利要求仅对以下步骤开放，不会实质性影响所要求保护的方法的基本的和新的特性的步骤。必须根据说明书阅读该权利要求，以确定权利要求中包含还是排除这些步骤……确定现有技术方法中实施的步骤被'基本上由……组成'排除在其权利要求之外是申请人的责任"）。

IV. 其他连接短语

必须根据说明书来解释诸如"具有"之类的连接短语，以确定使用开放还是封闭的权利要求语言。参见 *Lampi Corp. v. American Power Products Inc.*，228 F.3d 1365，1376，56 USPQ2d 1445，1453（Fed. Cir. 2000）（将术语"具有"解释为开放术语，允许包含除了那些记载之外的其他组件）；*Crystal Semiconductor Corp. v. TriTech Microelectronics Int'l Inc.*，246 F.3d 1336，1348，57 USPQ2d 1953，1959（Fed. Cir. 2001）（术语"具有"作为连接短语"并不能推定权利要求的主体是开放的"）；*Regents of the Univ. of Cal. v. Eli Lilly & Co.*，119 F.3d 1559，1573，43 USPQ2d 1398，1410（Fed. Cir. 1997）（在 cDNA 具有人类 PI 编码序列的背景下，术语"具有"仍允许包含其他基团）。连接短语"由……构成"的解释方式与"由……组成"或"基本上由……组成"的方式相同，取决于具体案件事实。参见 *AFG Industries, Inc. v. Cardinal IG Company*，239 F.3d 1239，1245，57 USPQ2d 1776，1780-81（Fed. Cir. 2001）（基于说明书和其他证据，"由……构成"以与"基本上由……组成"相同的方式解释）；*In re Bertsch*，132 F.2d 1014，1019-20，56 USPQ 379，384（CCPA 1942）（"由……构成"以与"由……组成"相同的方式解释。然而，法院进一步评论说，"在专利法中，词语'由……构成'在某些情况下，可能被赋予比'由……组成'更宽的含义"）。

2111.04 "适应""适于""其中""由此"及条件从句（2017.08 修订）

I. "适应""适于""其中"和"由此"

权利要求范围不受以下权利要求语言文字的限定：建议的或者可选的但不强制的步骤，或者不把权利要求限定成特定结构的权利要求语言文字。然而，以下权利要求语言文字的示例可能会引发关于语言文字在权利要求中的限定作用的问题，当然这些并不是全部：

（A）"适应"或"适于"从句；

（B）"其中"从句；

（C）"由此"从句。

确定这些从句中的每一种是否构成权利要求的限定取决于案件的具体事实。参见 *Griffin v. Bertina*，283 F. 3d 1029，1034，62 USPQ2d 1431（Fed. Cir. 2002）（认定"其中"从句限定了方法权利要求，该从句给出了"操纵步骤的意义和目的"）。在 *In re Giannelli*，739 F. 3d 1375，1378，109 USPQ2d 1333，1336（Fed. Cir. 2014）案中，法院认定"适应"从句限定了装置权利要求，其中"说明书的书面文字明确表示'适应'具有较窄的含义，正如在［专利］申请中使用的那样，亦即所要求保护的装置被设计或构造成用作划船机，由此拉力被施加在把手上"。在 *Hoffer v. Microsoft Corp.*，405 F. 3d 1326，1329，74 USPQ2d 1481，1483（Fed. Cir. 2005）案中，法院认为，当"'由此'从句陈述了一种决定可专利性的情况时，不能为了改变发明的实质而忽略该从句"（出处同上）。然而，法院指出，"'方法权利要求中的由此从句，在简单表达明确记载的方法步骤的预期结果时，不予考虑'"（出处同上）（援引 *Minton v. Nat'l Ass'n of Securities Dealers，Inc.*，336 F. 3d 1373，1381，67 USPQ2d 1614，1620（Fed. Cir. 2003））。

Ⅱ. 或有限定

对或有限定的方法（或过程）权利要求的最宽泛合理解释仅需要那些必须执行的步骤，不包括由于不满足先决条件而不需要执行的步骤。例如，假设方法权利要求在第一个条件发生时需要步骤 A，第二个条件发生则需要步骤 B。如果要求保护的发明可以在没有第一个或第二个条件发生的情况下实施，则对权利要求的最宽泛合理解释无需步骤 A 或步骤 B。如果要求保护的发明要求第一个条件发生，则对权利要求的最宽泛合理解释需要步骤 A。如果要求保护的发明要求第一个和第二个条件都发生，则对权利要求的最宽泛合理解释需要步骤 A 和 B。

对于系统（或装置、产品）权利要求，其具有执行功能的结构，该功能仅在满足先决条件时才需要执行，按最宽泛合理解释这种权利要求需要用于在条件发生时执行功能的结构。系统权利要求的解释与方法权利要求的解释不同，因为权利要求的结构必须存在于系统中，无论条件是否满足且功能是否实际执行。

参见 *Ex parte Schulhauser*，Appeal 2013－007847（PTAB April 28，2016）（作为先例），分析方法权利要求和系统权利要求语境中的或有权利要求限定。在 *Schulhauser* 案中，方法权利要求和系统权利要求都记载了相同的或有步骤。当整体分析所要求保护的方法时，PTAB❶ 确定给予权利要求最宽泛合理解释，"如果不满足执行或有步骤的条

---

❶ 英文全称是 Patent Trial and Appeals Board，即专利审判和上诉委员会，是隶属于美国专利商标局（USPTO）的一个行政分支机构，拥有行政法官，行使准司法权。其前身是专利上诉和抵触审查委员会。

件,实施所要求保护的方法时则不要求执行该步骤记载的操作"(出处省略)*Schulhauser* at 10。当整体分析所要求保护的系统时,PTAB 确定"系统权利要求具有执行功能的结构,该功能只有在满足先决条件时才需要执行,对该系统权利要求的最宽泛合理解释仍然要求如果条件发生执行该功能的结构。"*Schulhauser* at 14。因此,"在权利要求的最宽泛合理解释下,对于权利要求 1 中不需要执行的方法步骤,审查员不需要提供显而易见性的证据(例如,心电信号数据不在心电标准阈值内的情况,使得未满足权利要求 1 的确定步骤和其余步骤的先决条件)";然而,为了使所要求保护的系统显而易见,现有技术必须教导执行或有步骤功能的结构以及权利要求记载的其他限定,*Schulhauser* at 9,14。

另参见 MPEP § 2143.03。

2111.05 功能性和非功能性描述材料(2017.08 修订)

在确定发明相对于现有技术的可专利性时,USPTO 人员必须考虑所有权利要求限定。参见 *In re Gulack*,703 F.2d 1381,1385,217 USPQ 401,403 – 04(Fed. Cir. 1983)。由于权利要求必须作为一个整体阅读,USPTO 人员不得忽视由印刷物组成的权利要求限定(*Id.* at 1384,217 USPQ at 403);亦参见 *Diamond v. Diehr*,450 U. S. 175,191,209 USPQ 1,10(1981)。印刷物分析的第一步是确定所讨论的限定实际上是针对印刷物的,一旦确定则审查员必须确定该内容是否在功能上或结构上关联的物理基质有关。参见 *In re DiStefano*,808 F.3d 845,117 USPQ2d 1267 – 1268(Fed. Cir. 2015)。如果印刷物与基质之间不存在新的且非显而易见的功能关联,USPTO 人员不需要对印刷物进行可专利性的考量。参见 *In re Lowry*,32 F.3d 1579,1583 – 84,32 USPQ2d 1031,1035(Fed. Cir. 1994);*In re Ngai*,367 F.3d 1336,70 USPQ2d 1862(Fed. Cir. 2004)。在印刷物的案例,例如,书面的用法说明被添加到已知产品中的案例,其背后的原理被延用到方法权利要求中,在所述方法权利要求中,用法说明性限定被添加到本领域已知的方法之中。类似于对上述具有印刷物的产品的审查,在此类方法案例中,相关的审查为用法说明性限定是否与已知方法具有新的和非显而易见的功能关联。参见 *In re Kao*,639 F.3d 1057,1072 – 73,98 USPQ2d 1799,1811 – 12(Fed. Cir. 2011);*King Pharmaceuticals Inc. v. Eon Labs Inc.*,616 F.3d 1267,1279,95 USPQ2d 1833,1842(Fed. Cir. 2010)。

I. 确定印刷物与相关产品(或方法)之间是否存在功能关联

A. 具有功能关联的证据

为了被赋予可专利性,印刷物和相关产品必须具有功能关联。当印刷物和相关的产品共同执行某些功能时,即被认定具备功能关联。参见 *Lowry*,32 F.3d at 1584,32 USPQ2d at 1035(援引 *Gulack*,703 F.2d at 1386,217 USPQ at 404)。例如,量杯上的刻度线与量杯一起执行指示该量杯内部物质体积的功能。参见 *In re Miller*, 418 F. 2d 1392, 1396, 164 USPQ 46, 49（CCPA 1969）。当产品和相关的印刷物共同执行某些功能，也被认定具备功能关联。例如，在帽带上设置一串数字，数字彼此间有某种物理关系，由于帽带的物理结构而使请求保护的算法被满足，帽带执行功能需考虑该数字串。参见 *Gulack*, 703 F. 2d at 1386 - 87, 217 USPQ at 405。

B. 不具有功能关联的证据

如果产品仅作为印刷物的载体，则不存在功能关联。这种情况可能出现在权利要求旨在向读者传达信息或含义，而与承载的产品无关。例如，帽带具有在帽带上显示但未以任何特定顺序排列的图像。参见 *Gulack*, 703 F. 2d at 1386, 217 USPQ at 404。一副在每张牌上都有图像的扑克牌，是产品仅用作载体的另一个示例。见 *In re Bryan*, 323 Fed. App'x 898（Fed. Cir. 2009）（未公布）。在 *Bryan* 案中，申请人声称印刷物允许牌被"收集、交换和抽取"；"识别并区分一副牌与另一副牌"；并"允许牌被交换和盲抽"。然而，法院认定这些功能与装置的结构无关，而是与游戏的方法或过程有关。还参见 *Ex parte Gwinn*, 112 USPQ 439, 446 - 47（Bd. Pat. App. & Int. 1955），其中发明涉及一组骰子，通过该骰子可以玩游戏。权利要求与现有技术的不同仅在于骰子上的印刷物。这些权利要求被基于现有技术合理驳回，因为没有物理结构上的新特征，也没有印刷物与物理结构的新关系。例如，要求保护的卷尺上具有电线信息，或者泛泛地要求保护的基材在其上具有高尔夫球图片，都缺乏功能关联，因为权利要求整体上涉及传送布线信息（与卷尺无关）或对读者而言在美学上令人愉悦的图像（与基材无关）。另外，在印刷物和产品不相互依赖的情况下，不存在功能关联。例如，对于包含一组化学品和一套使用这些化学品的印刷说明书的套件，说明书与该特定的一组化学品无关。参见 *In re Ngai*, 367 F. 3d at 1339, 70 USPQ2d at 1864。

Ⅱ. 印刷物与相关产品（或方法）之间的功能关联必须是新的和非显而易见的

一旦认定产品和相关印刷物之间功能关联，审查就转移到确定这种关系是否是新的和非显而易见上。例如，在容器上用颜色编码标记的权利要求，其中颜色指示容器的有效期，就产生功能关联。然而，通过能够读出要求保护发明的现有技术，或通过能够教导要求保护发明的现有技术组合，该权利要求可以被在先公开。

Ⅲ. 机器可读介质

在确定涉及包含某些程序的计算机可读介质的权利要求的范围时，审查员应首先查看程序与预期的计算机系统之间的关系。在程序对与其相关联的计算机执行某些功能的情况下，具有功能关联。例如，对利用属性数据对象进行编程的计算机可读介质的权利要求，其执行促进在预期的计算机系统中检索、添加和移除信息的功能，其建立的功能关联使得所要求保护的属性数据获得可专利性的考量。参见 *Lowry*, 32 F. 3d at 1583 - 84, 32 USPQ2d at 1035。

然而，在整个权利要求旨在向独立于预期的计算机系统的人类读者传达消息或含义，和/或计算机可读介质仅用作信息或数据的载体的情况下，不存在功能关联。例如，对包含击球平均值表或记录音乐曲目的记忆棒的权利要求，仅利用预期的计算机系统作为信息载体。这些权利要求旨在向人类读者传达含义，而不是在记录数据和计算机之间建立功能关联。

对于存储描述抽象概念的指令或可执行代码的计算机可读介质的权利要求，必须根据35 U.S.C.101进行评估以判断适格性，参见 MPEP §2106。

2112 基于固有属性的否决意见的要求；证明责任（2015.07 修订）

编者按：MPEP 的这部分内容仅适用于符合 AIA 发明人先申请制（FITF）规定的申请，除非请求保护的发明的相关日期以"有效申请日"取代"发明日"，后者只适用于符合 pre-AIA 35 U.S.C.102 的申请。参见 35 U.S.C.100（定义）和 MPEP §2150 及其下属章节。

在根据 35 U.S.C.102 或 103 否决权利要求时，可以依据现有技术对比文件的明示、暗示和固有的公开。"现有技术文献的固有教导，是一个事实问题，在在先公开和显而易见判断中出现。"参见 *In re Napier*，55 F.3d 610，613，34 USPQ2d 1782，1784（Fed. Cir. 1995）（肯定了 35 U.S.C.103 的否决意见是部分地基于其中一篇对比文件的固有公开内容）。亦参见 *In re Grasselli*，713 F.2d 731，739，218 USPQ 769，775（Fed. Cir. 1983）。

I．旧的事物不因发现新属性而具有可专利性

"发现现有技术组合未被认识的属性，或对现有技术功能的科学解释，不能使旧组合成为发现者的新专利。"参见 *Atlas Powder Co. v. IRECO Inc.*，190 F.3d 1342，1347，51 USPQ2d 1943，1947（Fed. Cir. 1999）。因此，请求保护现有技术中固有的新用途、新功能或未知属性并不一定使该权利要求可专利。参见 *In re Best*，562 F.2d 1252，1254，195 USPQ 430，433（CCPA 1977）。在 *In re Crish*，393 F.3d 1253，1258，73 USPQ2d 1364，1368（Fed. Cir. 2004）案中，法院认为，通过对先前未测序的现有质粒进行测序而获得的所要求保护的启动子序列，是被现有技术质粒在先公开的，其必然具有与要求保护的寡核苷酸相同的 DNA 序列。法院指出，"正如发现已知材料的特性并不能使其具有新颖性，现有材料的识别和表征也不会使其具有新颖性"（出处同上），另请参阅 MPEP §2112.01 关于固有的和由方法限定的产品的权利要求，以及 MPEP §2141.02 有关固有属性和基于 35 U.S.C.103 的否决意见。

II. 发明时不需要认识到的固有特征

不需要本领域普通技术人员在发明时已经知晓固有的公开内容，只要知晓所要求的主题事实上是现有技术对比文件中固有的即可。参见 *Schering Corp. v. Geneva Pharm. Inc.*，339 F. 3d 1373，1377，67 USPQ2d 1664，1668（Fed. Cir. 2003）（拒绝这样的观点，即要求在关键日期之前本领域普通技术人员认识到对固有的预期，并允许关于关键日期后临床试验的专家证词来显示固有属性）；另参见 *Toro Co. v. Deere & Co.*，355 F. 3d 1313，1320，69 USPQ2d 1584，1590（Fed. Cir. 2004）（"特征是现有技术实施例（其本身已充分描述和实现）的必然特性或结果的事实足以满足对固有的预期，即使该事实在在先前发明时是未知的"）；*Abbott Labs v. Geneva Pharms., Inc.*，182 F. 3d 1315，1319，51 USPQ2d 1307，1310（Fed. Cir. 1999）（"如果出售的产品本身满足权利要求的每个限定，那么就是本发明在出售，无论交易各方是否认识到该产品具有请求保护的特征"）；*Atlas Powder Co. v. IRECO, Inc.*，190 F. 3d 1342，1348 - 49，51 USPQ2d 1943，1947（Fed. Cir. 1999）（"因为'充分通风'是现有技术中固有的，所以本领域普通技术人员没有认识到本发明的关键方面是无关紧要的……固有的结构、组成或功能不必然是已认识到的"）；*SmithKline Beecham Corp. v. Apotex Corp.*，403 F. 3d 1331，1343 - 44，74 USPQ2d 1398，1406 - 07（Fed. Cir. 2005）（认为无水形式的化合物的现有技术专利"固有地"在先公开了要求保护的化合物的半水合物形式，因为即使现有技术没有讨论或认识到半水合物实施现有技术中制备无水化合物的方法"固有地产生至少微量的"要求保护的半水合物）；*In re Omeprazole Patent Litigation*，483 F. 3d 1364，1373，82 USPQ2d 1643，1650（Fed. Cir. 2007）（法院指出，尽管发明人可能没有认识到现有技术方法中成分的特性导致在原位形成分离层，然而原位形成是固有的。"记录显示了现有技术中原位分离层的形成，即使当时没有认识到该过程。仅仅是新的认识并不能使现有技术具有可专利性"）。

III. 当现有技术除了未公开对固有属性只字不提之外，现有技术的产品看起来是完全一样时，可以用 35 U. S. C. 102 和/或 103 作出否决意见

当申请人请求保护组合物的功能、属性或特性方面，且该组合物与现有技术相同，但该功能未在对比文件中明确公开时，审查员可以依据 35 U. S. C. 102 和 103 作出否决意见。"这与目前依据 35 U. S. C. 103 显而易见性和 35 U. S. C. 102 在先公开的否决意见一致。"参见 *In re Best*，562 F. 2d 1252，1255 n. 4，195 USPQ 430，433 n. 4（CCPA 1977）。该理由也适用于在功能、属性或特性方面要求保护的产品、设备和方法权利要求。因此，35 U. S. C. 102 或 103 的否决意见适用于这些类型的权利要求以及组合物权利要求。

IV. 审查员必须提供倾向于表明固有属性的理由或证据

现有技术中可能出现或存在不足以确定该结果或特征为固有属性的情况。参见 *In*

re Rijckaert*, 9 F. 3d 1531, 1534, 28 USPQ2d 1955, 1957 (Fed. Cir. 1993)（推翻否决意见，因为固有属性是基于条件优化所产生的结果，而不是现有技术中必然出现的）; *In re Oelrich*, 666 F. 2d 578, 581–82, 212 USPQ 323, 326 (CCPA 1981)。此外，如果现有技术文件"仅公开了其发现的广泛种类的潜在应用，则应为引导研究，而不是固有属性的公开"。参见 *Metabolite Labs. , Inc. v. Lab. Corp. of Am. Holdings*, 370 F. 3d 1354, 1367, 71 USPQ2d 1081, 1091 (Fed. Cir. 2004)（解释说"现有技术文件公开了一个属，但并未固有地公开该范围内所有的种"，此时必须审查是否已经公开了要求保护的种，或者现有技术文件是否仅仅引导进一步的实验来找到该种）。

"当依赖固有属性的理论时，审查员必须提供事实和/或技术推理的基础，以合理地支持决定，即所谓的固有特征必然是所应用的现有技术教导的结果。"参见 *Ex parte Levy*, 17 USPQ2d 1461, 1464 (Bd. Pat. App. & Inter. 1990)（原文强调）（申请人的发明涉及一种双轴取向的柔性扩张导管球囊（膨胀后扩张的管），如用于清除心脏病患者的血管）。审查员将这项美国专利与 Schjeldahl 的发明对比，该发明公开了注塑成型管状预制件，然后将空气注入预制件中以使其在模具上膨胀（吹塑）。该对比文件没有直接说明最终产品球囊是<u>双轴取向的</u>，但披露了这种气球"是由一种薄的易弯曲而非弹性的、高抗拉强度的、<u>双轴取向的</u>合成塑料材料制成的"（*Id.* at 1462（原文强调））。审查员认为 Schjeldahl 的气球是固有的双轴导向的，而委员会撤销了决定，因为审查员没有提供客观证据或有说服力的技术推理来支持该固有属性的结论。

在 *In re Schreiber*, 128 F. 3d 1473, 44 USPQ2d 1429 (Fed. Cir. 1997) 案中，法院肯定主要用于从油罐中分配油的锥形喷嘴的在先专利固有地实施了申请人请求保护的使用锥形容器顶部来分配爆米花功能的发明的认定。审查员基于在先专利的喷嘴和申请人公开的顶部之间的结构相似性，断言固有属性，即两个结构具有相同的总体形状。法院指出：

Schreiber［申请人］的权利要求中没有内容表明其容器与 Harz 的［专利］具有"不同的形状"。事实上，根据 Harz 图 5 的实施例和 Schreiber 的申请的图 1 中描绘的实施例可以看出，二者具有相同的总体形状。出于这个原因，审查员有理由认为，Harz 所公开的圆锥形顶部的开口固有的尺寸足以"允许几个爆开的爆米花同时通过"，并且 Harz 的圆锥形顶部的渐缩固有地形成这样的形状，"以便当顶部安装到容器时，在出锥体之前弹出的爆米花被自身卡住，并且允许在摇动包装时仅分配几个颗粒。"因此，审查员对 Harz 构造了一个有关在先公开的初证事实认定正确。

参见 *Schreiber*, 128 F. 3d at 1478, 44 USPQ2d at 1432。

V. 一旦对比文件教导的产品与本申请中的产品看起来是本质相同的，使得该对比文件被作为否决的依据，并且审查员提出了倾向于证明固有属性的证据或推理，产品的证明责任就转移到申请人身上

"PTO 可以要求申请人证明现有技术产品不必然地或固有地具备他［或她］要求保护的产品的特征。不论否决意见是基于 35 U. S. C. 102 的'固有属性'、35 U. S. C. 103

'初步证明的显而易见性'中的两者或其一,举证责任是相同的。"参见 *In re Best*,562 F. 2d 1252,1255,195 USPQ 430,433 – 34（CCPA 1977）（脚注和引文省略）。举证责任类似于方法限定的产品权利要求所要求的举证责任。参见 *In re Fitzgerald*,619 F. 2d 67,70,205 USPQ 594,596（CCPA 1980）（援引 *Best*,562 F. 2d at 1255）。

在 *Fitzgerald* 案中,权利要求涉及一种自锁螺钉螺纹紧固件,其包括一种金属螺纹紧固件,该金属螺纹紧固件具有粘合在其上的可结晶热塑性塑料补丁。该权利要求进一步规定,热塑性塑料的结晶收缩程度降低。本说明书公开了通过加热金属紧固件来熔化压在金属上的热塑性坯料来制造锁定紧固件。热塑性塑料粘附在金属紧固件上后,在水中淬火来冷却最终产品。审查员根据 Barnes 的美国专利作出驳回。Barnes 教导了一种自锁紧固件,通过在金属紧固件上沉积热塑性粉末来制造热塑性补丁,然后对金属紧固件进行加热。最终产品在环境空气中,通过冷却空气或将紧固件与水槽接触来冷却。法院首先指出,这两个扣件完全相同或只是略有不同。"两种紧固件都有相同的用途,使用相同的可结晶聚合物（尼龙 11）,并具有通过熔化然后冷却聚合物而形成的粘合塑料补丁"（*Id.* at 596 n. 1,619 F. 2d at 70 n. l.）。法院随后指出,委员会已经认定 Barnes 的冷却速率可以合理地预期会导致聚合物具有声称的结晶收缩率。申请人并没有用表明收缩率确实不同的证据反驳这一认定,他们只是争辩结晶收缩率取决于冷却速率,而 Barnes 的冷却速率比他们慢得多。由于冷却速率的差异不必然导致收缩率的差异,因此需要客观证据来反驳 35 U. S. C. 102 或 103 的初证事实。

在 *Schreiber*,128 F. 3d 1473,1478,44 USPQ2d 1429,1432（Fed. Cir. 1997）案中,法院认为申请人的声明未能克服有关在先公开的初证事实,因为该声明没有具体说明被审查的分配顶部或被使用的爆米花的尺寸。申请人的声明仅仅声称根据现有技术专利中的图形构造的锥形分配顶部太小而不能堵塞和分配爆米花,因此不能固有地执行申请人的权利要求中记载的功能。法院指出,现有技术公开的内容并不限于用作油罐分配器,而是具有比专利附图所示的精确配置更广的作用。法院还指出,专利上诉和抵触审查委员会认定的下列内容属实,即该专利公开的顶部的扩大版能够执行申请人的权利要求中所述的功能。

有关应用于由方法限定的产品权利要求的类似举证责任的更多信息,请参见 MPEP § 2133。

2112.01 组合物、产品和装置权利要求（2015.07 修订）

I . 产品和装置权利要求——当对比文件中记载的结构与权利要求实质相同时,请求保护的属性或功能被推定为固有的

当要求保护的产品和现有技术的产品在结构或组成上相同或实质相同,或者通过相同或实质相同的方法生产时,则构成在先公开或显而易见性的初证事实。参见 *In re Best*,562 F. 2d 1252,1255,195 USPQ 430,433（CCPA 1977）。"当 USPIO 给出确信申请人的产品与现有技术产品相同的可靠依据时,申请人有责任表明它们不同。"参见

In re Spada，911 F. 2d 705，709，15 USPQ2d 1655，1658（Fed. Cir. 1990）。因此，可以通过证据表明现有技术产品并不必然具有所要求保护产品的特征来反驳初证事实。参见 *In re Best*，562 F. 2d at 1255，195 USPQ at 433。另参见 *Titanium Metals Corp. v. Banner*，778 F. 2d 775，227 USPQ 773（Fed. Cir. 1985）（权利要求涉及含有 0.2%~0.4%钼和 0.6%~0.9%镍的具有耐腐蚀性的钛合金。俄罗斯的一篇文章公开了一种钛合金含有 0.25%钼和 0.75%镍，但是没有提及耐腐蚀性。联邦巡回上诉法院认为，权利要求是被在先公开的，因为钼和镍的百分比正好在请求保护的范围内。法院进一步说，合金具有什么属性或谁发现了这些属性并不重要，因为组成是相同的，因此必然具有这些属性）。

另参见 *In re Ludtke*，441 F. 2d 660，169 USPQ 563（CCPA 1971）（权利要求 1 涉及一种降落伞的伞，其具有一些同心圆周面板，通过径向延伸的连接线而彼此径向分离。面板被分离，"导致每个相邻的较大面板的临界速度将小于前一个面板的临界速度，从而所述降落伞将依次打开并因此逐渐减速"。法院认定权利要求被 Menget 在先公开。Menget 教导了一种具有三块圆周面板的降落伞，圆周面板被连接线分离，法院维持驳回决定，裁定申请人未能证明 Menget 不具备权利要求的功能特征。参见 *Northam Warren Corp. v. D. F. Newfield Co.*，7 F. Supp. 773，22 USPQ 313（E. D. N. Y. 1934）（用于清洁指甲的铅笔的专利被认为是无效的，因为在现有技术中发现了用于书写的相同结构的铅笔）。

Ⅱ．组合物权利要求——如果组合物实质上是相同的，则它必然具有相同的属性

"具有相同化学成分的产品不能具有相互排斥的属性。"参见 *In re Spada*，911 F. 2d 705，709，15 USPQ2d 1655，1658（Fed. Cir. 1990）。化学成分与其属性是不可分割的。因此，如果现有技术教导了相同的化学结构，则申请人披露的和/或声明的属性必然存在（出处同上）。（申请人争辩，所要求保护的组合物是一种含有黏性聚合物的压敏黏合剂，而对比文件的产品是坚硬且耐磨的。"委员会正确地认定单体和工艺过程的实质相同足以支持不具有可专利性的初证事实，即 Spada 的聚合物乳胶缺乏新颖性"）。

Ⅲ．产品权利要求——非功能性的印刷物不能从其他都一样的现有技术产品中区分出请求保护的产品

当现有技术产品和要求保护的产品之间的唯一区别是与产品没有功能关联的印刷物时，印刷物的内容不能区分要求保护的产品和现有技术。参见 *In re Ngai*，367 F. 3d 1336，1339，70 USPQ2d 1862，1864（Fed. Cir. 2004）（有争议的权利要求是一个需要说明书和缓冲剂❶的试剂盒。联邦巡回上诉法院认为，尽管说明书的内容有所不同，但该权利要求能够被现有技术对比文件在先公开，该对比文件所教导的试剂盒包括说明书和缓冲剂，并解释"如果我们站在［申请人的］立场，任何人都可以无限地为产品

---

❶ 原文表述是 buffer agent，指能使溶液 pH 稳定在一定范围内的物质。

继续申请专利，只要他们在产品上增加新的说明书"）。另参见 *In re Gulack*，703 F. 2d 1381，1385 - 86，217 USPQ 401，404（Fed. Cir. 1983）（"如果印刷物与基材功能无关，则印刷物不能在可专利性方面区分本发明和现有技术……关键问题是印刷物与基材之间是否存在任何新的和非显而易见的功能关联"）；*In re Miller*，418 F. 2d 1392，1396（CCPA 1969）（认定量杯和显示如何将食谱"减半"的文字之间存在新的、非显而易见的关系）；*In re Seid*，161 F. 2d 229，73 USPQ 431（CCPA 1947）（不能仅依据与装饰有关但没有机械功能的事物，将要求保护的发明与现有技术作专利上的区分）；*In re Xiao*，462 Fed. App'x 947，950 - 51（Fed. Cir. 2011）（非先例）（肯定涉及弹簧锁的权利要求的显而易见性的否决意见，其使用字母来代替数字，并且有一个百搭标签代替其中一个字母）；*In re Bryan*，323 Fed. App'x 898，901（Fed. Cir. 2009）（非先例）（游戏卡上的印刷物没有给游戏棋盘带来新的和非显而易见的功能关联）。

法院已经扩展了印刷物案件的理由，例如，书面说明被添加到已知产品中，方法权利要求中的"说明限定"（即限定"通知"某人该方法存在的固有性质）被添加到本领域已知的方法中。参见 *King Pharmaceuticals*，*Inc. v. Eon Labs*，Inc.，616 F. 3d 1267，1279，95 USPQ2d 1833，1842（2010）。类似于审查其上具有印刷物的产品，对于这种方法案例，相关的审查为是否与已知方法存在新的和非显而易见的功能关联。在 *King Pharma* 案中，法院认定相关的决定是"说明限定"是否与已知的用食物给药的方法具有"新的和非显而易见的功能关联"（出处同上）。法院认为这种关系是非功能性的，因为"告诉患者一种药物的好处绝不会改变用食物给药的过程"（出处同上）。也就是说，无论患者是否被告知其益处，用食物给药的实际方法都是相同的（出处同上）。"换句话说，'告知'限定完全不取决于方法，并且该方法不依赖于'告知'限定"（出处同上）（（援引 *In re Ngai*，367 F. 3d 1336，1339（Fed. Cir. 2004））；另参见 *In re Kao*，639 F. 3d 1057，1072 - 73，98 USPQ2d 1799，1811 - 12（Fed. Cir. 2011））。

2112.02 方法权利要求（2015.07 修订）

Ⅰ. 方法权利要求——如果现有技术设备在正常操作期间执行要求保护的方法，则所述设备在先公开所述方法

根据固有属性的原则，如果现有技术设备在其正常和通常操作中必然执行所要求保护的方法，则所要求保护的方法将被认为是被现有技术设备在先公开。当现有技术设备与用于执行所要求保护的方法的说明书中描述的设备相同时，可以推定设备将固有地执行所要求保护的方法。参见 *In re King*，801 F. 2d 1324，231 USPQ 136（Fed. Cir. 1986）（权利要求涉及一种增强颜色效果的方法，它通过涂层基板吸收和反射环境光的过程来产生。Donley 的现有技术对比文件公开了一种涂有 200 ~ 800 埃厚度的银和金属氧化物的玻璃基板。虽然 Donley 公开了使用涂覆基板来产生纹样色彩，但没有公开所要求保护方法的吸收和反射机制。然而 King 的说明书公开了将 Donley 涂层基板的结构用于他的方法。联邦巡回上诉法院维持了委员会的认定，即"当该装置在

'正常和通常操作'中使用时，Donley 固有地执行上诉的方法权利要求中所披露的功能"，并且认为在先公开的初证事实已被作出（*Id.* at 138，801 F. 2d at 1326）。应由申请人证明当置于环境光线下时 Donley 的结构不会执行所要求保护的方法）。另参见 *In re Best*，562 F. 2d 1252，1255，195 USPQ 430，433（CCPA 1977）（申请人要求保护一种制备水解稳定的沸石硅酸铝的方法，其包括"冷却蒸汽沸石的步骤……冷却的速度足够快使得冷却沸石表现出 X 射线衍射图谱……"除了冷却步骤之外，Hansford 的一项美国专利明确公开了所有的方法限定。法院指出，Hansford 沸石的任何样品都必然被冷却以便于后续处理。因此，根据 35 U. S. C. 102、103 的初步事实成立。申请人未能提供任何比较 X 射线衍射图案的证据来证明所要求保护的方法与 Hansford 的方法冷却速率不同，或任何数据表明 Hansford 的方法会导致产品具有不同的 X 射线衍射。任何类型的证据都可以反驳基于 35 U. S. C. 102 的初证事实。进一步根据 35 U. S. C. 103 分析确定方法是否为非显而易见是有必要的）；*Ex parte Novitski*，26 USPQ2d 1389（Bd. Pat. App. & Inter. 1993）（委员会驳回了一项权利要求，该权利要求涉及一种通过给植物接种一株抑制线虫的 *P. cepacia* 菌株来保护植物免受植物病原线虫侵害的方法。Dart 的一项美国专利公开了使用 *P. cepacia* 型 Wisconsin 526 细菌进行的预防真菌病的接种。Dart 对线虫抑制没有提及，但委员会得出结论，线虫抑制是细菌的固有特性。委员会注意到申请人在说明书中已经指出 Wisconsin 526 具有 18% 的线虫抑制率）。

II. 用途方法权利要求——旧结构和组合物的新的和非显而易见的用途<u>可能</u>是可授权的

基于结构的未知属性，发现旧结构的新用途，作为使用方法可能授予发现者。参见 *In re Hack*，245 F. 2d 246，248，114 USPQ 161，163（CCPA 1957）。然而，当权利要求限定使用旧的组合物或结构并且"使用"涉及该组合物或结构的结果或属性时，则权利要求被在先公开。参见 *In re May*，574 F. 2d 1082，1090，197 USPQ 601，607（CCPA 1978）（权利要求 1 和 6 涉及一种在动物中实现非成瘾镇痛（减轻疼痛）的方法，该方法被认为被现有技术在先公开。现有技术公开了用于镇痛的相同化合物，但对成瘾没有提及。法院维持了驳回，并表明申请人只是发现了该化合物的新属性，这一发现并不构成新的用途。法院推翻了权利要求 2~5 和 7~10 的显而易见性的驳回，这些权利要求限定了使用新化合物的方法。法院依据的证据是新化合物的非成瘾属性未被在先公开）。参见 *In re Tomlinson*，363 F. 2d 928，150 USPQ 623（CCPA 1966）（该权利要求涉及通过将聚丙烯与一类化合物（包括二硫代氨基甲酸镍）中的一种混合来抑制聚丙烯的光降解的方法。一对比文件表明将聚丙烯与二硫代氨基甲酸镍混合以降低热降解。法院认为，这些权利要求是关于将聚丙烯与二硫代氨基甲酸镍混合的显而易见的方法，并且该权利要求的前序部分只是涉及混合这两种材料的结果。"对比文件没有显示对该结果的具体认识，即上诉人的发现相当于在<u>旧组合物</u>中找到一种属性。" 363 F. 2d at 934，150 USPQ at 628（原文强调））。

2113 方法限定的产品权利要求（2017.08 修订）

I．方法限定的产品权利要求不受限于记载步骤的实施，只受限于步骤所隐含的结构

"虽然方法限定的产品权利要求受到方法的限定和定义，但可专利性的确定依赖于产品本身，而不依赖于生产方法。如果方法限定的产品权利要求中的产品与现有技术的产品相同或显而易见，则即使先前的产品是通过不同的方法制造的，该权利要求也是不可授予专利权的。"参见 *In re Thorpe*，777 F. 2d 695，698，227 USPQ 964，966（Fed. Cir. 1985）（引文省略）（权利要求涉及一种酚醛彩色显影剂。制造显影剂的方法可授权。本发明方法与现有技术之间的区别是金属氧化物和羧酸作为单独的成分添加，而不是添加更昂贵的预反应的金属羧酸盐。方法限定的产品权利要求被驳回，因为现有技术和可授权方法的最终产品都是含有金属羧酸盐的。金属羧酸盐不是直接添加的，而是现场生成的，这一事实没有改变最终产物）。此外，"因为有效性是根据可专利性的要求确定的，如果通过方法限定的产品权利要求中记载的方法制造的产品，是现有技术产品在先公开的或显而易见的，则专利无效，即使那些现有技术的产品是通过不同的工艺制造的。"参见 *Amgen Inc. v. F. Hoffman – La Roche Ltd.*，580 F. 3d 1340，1370 n 14，92 USPQ2d 1289，1312，n 14（Fed. Cir. 2009）。另参见 *Purdue Pharma v. Epic Pharma*，811 F. 3d 1345，117 USPQ2d 1733（Fed. Cir. 2016）。然而，在侵权分析的背景下，方法限定的产品权利要求仅被由权利要求中限定的方法制造的产品侵权（Id. at 1370）。（"现有技术中由不同方法制造的产品可以在先公开方法限定的产品权利要求，但是由不同方法制造的被控产品不侵犯方法限定的产品权利要求"）。

在根据现有技术评估方法限定的产品权利要求的可专利性时，应考虑工艺步骤所隐含的结构，特别是在产品只能由制造产品的工艺步骤定义，或制造工艺步骤可预期赋予最终产品独特的结构特征时。参见 *In re Garnero*，412 F. 2d 276，279，162 USPQ 221，223（CCPA 1979）（认为"通过融合相互作用"以限定所要求保护的化合物的结构，并注意诸如"焊接""混合""接地""压合"和"蚀刻"的术语能够解释为结构限定）。

II．一旦找到看起来实质相同的产品并且已经给出根据 35 U. S. C. 102 和/或 103 的否决意见，则表明存在非显而易见的差异的责任就转移给申请人

相对于以传统方式要求保护的产品，"专利局对方法限定的产品权利要求作出显而易见性的初证事实，要承担较少的举证责任，因为它们的特别性质"。参见 *In re Fessmann*，489 F. 2d 742，744，180 USPQ 324，326（CCPA 1974）。一旦审查员提供的理由倾向于证明尽管由不同的方法生产，但所要求保护的产品看起来与现有技术的产品相同或相似，那么提出证据确定要求保护的产品和现有技术产品之间有明显差异的责任就转移到了申请人身上。参见 *In re Marosi*，710 F. 2d 798，802，218 USPQ 289，292

(Fed. Cir. 1983)（权利要求涉及在溶液中将各种无机材料混合在一起，加热所得凝胶以形成基本不含碱金属的晶体金属硅酸盐从而制造沸石。现有技术描述了一种制备沸石的方法，该沸石在离子交换去除碱金属后，看起来"基本上不含碱金属"。法院维持了驳回决定，因为申请人没有提出任何证据表明现有技术不是"基本上不含碱金属"，以证明本申请是一种不同的且非显而易见的产品）。

另参见 *Ex parte Gray*，10 USPQ2d 1922（Bd. Pat. App. & Inter. 1989）（现有技术公开了从人胎盘组织分离的人神经生长因子（b‑NGF）。该权利要求涉及通过基因工程技术产生的b‑NGF。无论是从组织中分离还是通过基因工程产生，所产生的因子似乎实质上相同。虽然申请人质疑现有技术中因子的纯度，但没有提出具有非显而易见差异的具体证据。委员会认为关键问题在于，与现有技术公开的因子相比，要求保护的因子是否表现出任何预料不到的性质。委员会进一步指出申请人应该对这两个因子进行一些比较，以确定预料不到的性质，因为这些材料似乎是相同的或只是略有不同）。

III. 使用35 U. S. C. 102和/或103对方法限定的产品权利要求驳回，得到法院批准

"方法限定的产品权利要求中缺乏物理描述使得对权利要求的可专利性的确定更加困难，因为尽管权利要求可以仅由记载方法限定，但是必须确定要求保护的产品的可专利性，而不是被记载的方法步骤的可专利性。因此，我们认为，当现有技术公开了一种产品，该产品看起来合理地与方法限定的产品权利要求中要求保护的产品相同或仅略有不同时，基于35 U. S. C. 102或35 U. S. C. 103的驳回是公平合理的。实际上，专利局没有装备去以各种方法制造产品，然后获得现有技术产品并与之进行实体比较。"参见 *In re Brown*，459 F. 2d 531，535，173 USPQ 685，688（CCPA 1972）。审查员应注意依据35 U. S. C. 102或35 U. S. C. 103理由的可选性，并没有解除对否决意见中在先公开和显而易见性两方面论理的要求。

2114 装置和物品权利要求——功能性语言（2015.07修订）

对于判例的讨论参见 MPEP §2181 至 §2186，该讨论内容包括涉及装置加功能限定的功能部分解释的指导。

Ⅰ. 装置权利要求中固有的和功能性的限定

装置的特征可以用结构或者功能记载。参见 *In re Schreiber*，128 F. 3d 1473，1478，44 USPQ2d 1429，1432（Fed. Cir. 1997）。另参见MPEP §2173.05（g）。如果审查员断定功能限定是现有技术的固有特征，那么为了构建在先公开或显而易见性的初证事实，审查员应该解释现有技术的结构固有地具备所要求保护装置用功能定义的限定。参见 *In re Schreiber*，128 F. 3d at 1478，44 USPQ2d at 1432. 另参见 *Bettcher Industries, Inc. v. Bunzl USA, Inc.*，661 F. 3d 629，639‑40，100 USPQ2d 1433，1440

(Fed. Cir. 2011)。申请人有责任去确定现有技术不具备所依赖的特征。参见 *In re Schreiber*，128 F. 3d at 1478，44 USPQ2d at 1432；*In re Swinehart*，439 F. 2d 210，213，169 USPQ 226，228（CCPA 1971）("当专利局有理由相信，在所要求保护的主题中声称对于确立新颖性至关重要的功能限定，事实上是现有技术的固有特征，那么专利局有权要求申请人证明现有技术中所示的主题不具有其所依赖的特征")。

Ⅱ. 操作装置的方式不会使装置权利要求与现有技术有所不同

"装置权利要求涵盖了装置是什么，而不是装置用来做什么。"参见 *Hewlett - Packard Co. v. Bausch & Lomb Inc.*，909 F. 2d 1464，1469，15 USPQ2d 1525，1528（Fed. Cir. 1990）（原文强调）。如果现有技术装置教导了权利要求的所有结构限定，则权利要求"关于使用所要求保护的装置的方式的记载，不能将所要求保护的装置与现有技术装置区分开"。参见 *Ex parte Masham*，2 USPQ2d 1647（Bd. Pat. App. & Inter. 1987）（权利要求1的前序部分记载了该装置"用于混合流动的显影剂材料"，并且所述权利要求的主体记载了"用于混合的装置……，所述混合装置是静止的并且完全浸没在显影剂材料中"。该权利要求被依据对比文件驳回，该对比文件教导了用于混合流动显影剂的预期用途的权利要求的所有结构限定，但混合器仅部分浸没在显影剂材料中。委员会认为，浸没量对混合器的结构并不重要，因此权利要求驳回合理)。

Ⅲ. 现有技术设备可以执行装置权利要求的所有功能但不会造成权利要求的在先公开

即使现有技术的装置能执行权利要求中记载的所有功能，如果存在任何结构差异，现有技术也不能在先公开权利要求。然而应该注意，装置+功能限定可被结构公开，该结构与说明书中记载的相应结构等同。参见 *In re Donaldson*，16 F. 3d 1189，1193，29 USPQ2d 1845，1848（Fed. Cir. 1994）。另参见 *In re Robertson*，169 F. 3d 743，745，49 USPQ2d 1949，1951（Fed. Cir. 1999）（权利要求涉及具有三个固定件的一次性尿布。对比文件公开的两个固定件可以与权利要求中的三个固定件执行相同的功能。法院分析权利要求需要三个单独的元件，并且认为该对比文件既未明确地也未隐含地披露独立的第三个固定件)。

Ⅳ. 依据35 U.S.C. 102和103确定，相对于现有技术计算机实现的功能性权利要求的限定是否可授权

功能性权利要求的语言文字不限于特定结构，涵盖能够执行所述功能的所有设备。因此，如果现有技术公开了一种可以固有地执行所要求保护的功能的装置，则依据35 U.S.C. 102和/或103否决可能是合适的。参见 *In re Translogic Technology，Inc.*，504 F. 3d 1249，1258，84 USPQ2d 1929，1935 - 1936（Fed. Cir. 2007）（权利要求涉及多路复用器电路。有争议的专利声称在电路的各个部分之间"耦合"和"耦合接收"。参考权利要求中的语句"输入终端'耦合接收'第一和第二输入变量"，法院认为"请

求保护的电路不需要任何特定的输入或连接……因此'耦合'与'耦合接收'明显不同……正如在专利［的附图］中显示的，输入终端……只需为请求保护的多路复用器电路'能够接收'输入变量"。因此，该说明书支持权利要求的解释"'耦合接收'意味着'能够接收'"。参见 *Intel Corp. v. U. S. Int'l Trade Comm'n*，946 F. 2d 821，832，20 USPQ2d 1161，1171（Fed. Cir. 1991）（法院认为权利要求语言"可编程"仅要求被控产品可以编程以执行请求保护的功能）；*In re Schreiber*，128 F. 3d 1473，1478，44 USPQ2d 1429，1432（Fed. Cir. 1997）；*In re Best*，562 F. 2d 1252，1254，195 USPQ 430，433（CCPA 1977）；*In re Ludtke*，441 F. 2d 660，663 - 64，169 USPQ 563，566 - 67（CCPA 1971）；*In re Swinehart*，439 F. 2d 210，212 - 13，169 USPQ 226，228 - 29（CCPA 1971）（"这是基本认识，仅仅记载新发现的功能或性质，并不能使要求保护这些事物的权利要求与现有技术产生区别，因为该功能或性质是现有技术中事物所固有的"）。更多相关信息，请参阅 MPEP § 2112。

相反，计算机实现的功能性权利要求限定可以通过限定能够执行所述功能的特定结构来限缩装置的功能性。参见 *Nazomi Communications*，*Inc. v. Nokia Corp.*，739 F. 3d 1339，1345，109 USPQ2d 1258，1262（Fed Cir. 2014）（权利要求涉及一个 CPU，其可以执行基于寄存器和基于堆栈的指令。上诉人声称对权利要求构成侵权，是基于对权利要求的解释，即只需要能够执行所要求功能的硬件。对比 *Intel Corp. v. U. S. Int'l Trade Comm'n*，846 F. 2d 821，832，20 USPQ2d 1161，1171（Fed. Cir. 1991）中的认定，法院认为，"由于在没有启用软件的情况下硬件不能满足这些限定，权利要求应当被合理解释为请求保护一种包括能够实施权利要求限定的硬件和软件的组合装置"）。

计算机实现的功能性权利要求限定也可以是宽泛的，因为本领域普通技术人员通常用术语"计算机"来描述具有不同程度的复杂性和性能的各种设备。参见 *In re Paulsen*，30 F. 3d 1475，1479 - 80，31 USPQ2d 1671，1674（Fed. Cir. 1994）。因此，包含术语"计算机"的权利要求不应被解释为限于具有一组特定特征和性能的计算机，除非该术语被其他权利要求术语修饰或在说明书中明确定义为与常见含义不同的意义（出处同上）。在 *Paulsen* 案中，由于被对比文件在先公开，涉及便携式计算机的权利要求基于 35 U. S. C. 102 被驳回。对比文件公开的虽然是计算器，但术语"计算机"被给予与说明书一致的最宽泛合理解释，其包括计算器，因此计算器被本领域普通技术人员认为是特定类型的计算机（出处同上）。

在确定计算机实现的功能性权利要求是否显而易见时，审查员应注意，宽泛地请求保护用自动装置代替手动功能以取得相同结果，并不能区别于现有技术。参见 *Leapfrog Enters.*，*Inc. v. Fisher - Price*，*Inc.*，485 F. 3d 1157，1161，82 USPQ2d 1687，1691（Fed. Cir. 2007）（"对于一个设计儿童学习设备的普通技术人员来说，将现有技术中达到［预期］目的的机械装置改进为现代电子设备是显而易见的。近年来，将现代电子技术应用于老式机械装置司空见惯"）。参见 *In re Venner*，262 F. 2d 91，95，120 USPQ 193，194（CCPA 1958）；另参见 MPEP § 2144.04。此外，如果通用计算机上已知功能的自动化，仅仅是根据现有技术要素的已有功能可预测地使用现有技术要素，则对于本领域普通技术人员来说，在计算机上实现已知功能已被认为是显而易见的。参见 *KSR Int'l Co. v. Teleflex Inc.*，550 U. S. 398，417，82 USPQ2d 1385，1396（2007）；另参见 MPEP § 2143 示例性原理解释 D 和 F 部分。同样，已发现使现有方法适于结合因特网和 Web 浏览器技术以便传送和显示信息是显而易见的，因为这些技术对于那些功能已经很普遍。参见 *Muniauction, Inc. v. Thomson Corp.*，532 F. 3d 1318，1326 – 27，87 USPQ2d 1350，1357（Fed. Cir. 2008）。

有关显而易见性确定的更多信息，请参阅 MPEP § 2141。

2115 被装置加工的材料或物品（2015.07 修订）

被加工的材料或部件不限定装置权利要求

权利要求的分析有高度的事实依赖性。权利要求仅被明确记载的要素限定，因此，"请求保护的结构加工的材料或部件并不给予权利要求可专利性"。参见 *In re Otto*，312 F. 2d 937，136 USPQ 458，459（CCPA 1963）；*In re Young*，75 F. 2d 996，25 USPQ 69（CCPA 1935）。

在 *Otto* 案中，权利要求涉及卷发器的核心部件（即特定装置）和制造核心部件的方法（即制造该装置的特定方法）而"不涉及使用特定装置卷发的方法"（312 F. 2d at 940）。法院认为，权利要求的可专利性不能基于"使用该装置卷发的特定流程，其包含许多步骤"。法院指出，在确定特定装置的可专利性方面，"该方法与有关缠绕在核心部件周围的头发的记载一样无关紧要"（出处同上）。因此，包含要求保护的结构加工的材料或部件，不赋予权利要求可专利性。

在 *Young* 案中，用于制造混凝土梁的机器的权利要求，包括对机器本身的结构部件以及由机器制造的混凝土加强构件的限定。法院认为，是否包含权利要求主体制造的物品，不影响权利要求的可专利性。

在 *In re Casey*，370 F. 2d 576，152 USPQ 235（CCPA 1967）案中，一项装置权利要求记载了"一种包括支撑结构的胶带机，一个刷子连接到所述支撑结构，所述刷子有突出的刷毛，刷毛终止于自由端以共同限定胶带可剥离地粘附的表面，以及用于在所述胶带粘附到所述表面上时在所述刷子和所述支撑结构之间提供相对运动的装置"。基于 Kienzle 的对比文件给出显而易见性的驳回，Kienzle 教导了一种用于给纸片打孔的机器。法院维持驳回，指出"权利要求 1 中提及的胶带处理并未明确地或隐含地要求在 Kienzle 的结构之外添加任何特定结构"（*Id.* at 580 – 81）。穿孔装置具有如权利要求所述的胶带装置的结构，区别在于装置的使用，并且"使用这种机器的方式或方法，与机器本身的专利性没有密切关系"（*Id.* at 580）。

请注意，这一系列案例仅限于有关机器的权利要求，且机器以其预期用途加工物品或材料。

2116（预留）

2116.01 新颖的、非显而易见的原材料或最终产品（2012.08 修订）

在确定流程或方法权利要求的显而易见性时，权衡权利要求保护的发明和现有技术之间的差异，必须考虑权利要求的所有限定（参见 MPEP § 2143.03）。

在 *In re Ochiai*，71 F. 3d 1565，37 USPQ2d 1127（Fed. Cir. 1995）和 *In re Brouwer*，77 F. 3d 422，37 USPQ2d 1663（Fed. Cir. 1996）案中讨论了在其他方面是常规的方法，如果限定了制造或使用非显而易见的产品，是否可以获得专利。在这两个案例中，联邦巡回上诉法院都认为，在依据 35 U. S. C. 103 判断显而易见性时，使用单独认定规则是不合适的。相反，35 U. S. C. 103 要求高度依赖事实的分析，其涉及将所要求保护的主题作为整体并将其与现有技术进行比较。"产生一种新颖的且非显而易见的产品的过程可能是显而易见的；相反，产生众所周知产品的方法可能是非显而易见的。"参见 *TorPharm*，*Inc. v. Ranbaxy Pharmaceuticals*，*Inc.*，336 F. 3d 1322，1327，67 USPQ2d 1511，1514（Fed. Cir. 2003）。

作为一个整体解释所要求保护的发明需要考虑所有的权利要求限定。因此，对权利要求进行恰当解释，需要将方法权利要求中记载制造或使用非显而易见的产品的语言文字作为实质限定。*Ochiai* 案的决定特别地消除了制造产品的方法与使用产品的方法之间产品限定效果的差异。

如在 *Brouwer*，77 F. 3d at 425，37 USPQ2d at 1666 案中提到的，关于请求保护的发明是否显而易见的调查会"根据构思而有高度的事实特殊性"。因此，必须逐案评估显而易见性。以下决定说明在依据 35 U. S. C. 103 应用显而易见性测试时，以及在现有技术和要求保护的方法作事实的精细比较时，不采用单独认定规则，参见 *In re Durden*，763 F. 2d 1406，226 USPQ 359（Fed. Cir. 1985）（审查员驳回了关于方法的权利要求，该方法是由可授权的初始材料反应形成可授权的最终产品。现有技术表明，相同化学反应机理也适用于其他化学品。法院认为该产品权利要求相对于现有技术是显而易见的）；*In re Albertson*，332 F. 2d 379，141 USPQ 730（CCPA 1964）（请求保护化学还原一种新颖的、非显而易见的材料以获得另一种新颖、非显而易见材料的方法。由于还原反应是已有的，因而该方法是显而易见的）；*In re Kanter*，399 F. 2d 249，158 USPQ 331（CCPA 1968）（要求保护将可授权的基础材料硅化以获得可授权的产品的方法。现有技术教导的渗硅工艺应用于不同的基材，基于该现有技术的驳回被维持）。对照 *In re Pleuddemann*，910 F. 2d 823，15 USPQ2d 1738（Fed. Cir. 1990），使用新颖的硅烷偶联剂黏合聚合物和填料的方法被认为是可授权的，这是因为，虽然使用其他硅烷偶联剂黏合的方法是众所周知的，但没有新的偶联剂就无法实施这一方法）；*In re Kuehl*，475 F. 2d 658，177 USPQ 250（CCPA 1973）（即使催化裂化工艺是陈旧的，使用新型沸石催化剂裂解烃的方法也被认为具有可专利性。"依据 103 的测试法是，根据现有技术本发明作为一个整体在作出时是否显而易见，现有技术不包括沸石 ZK－22。用 ZK－22 作为催化剂裂解烃的方法的显而易见性，必须在不提及 ZK－22 及其性质知识的情况下确定。"参见 475 F. 2d at 664－665，177 USPQ at 255）；*In re Mancy*，499 F. 2d 1289，182 USPQ 303（CCPA 1974）（请求保护通过培养新颖的、非显而易见的微生物来生产已知抗生素的方法被认定为可获得专利权）。

2117 马库什权利要求（2017.08 修订）

马库什权利要求记载了可供选择的有用成员。参见 *In re Harnisch*，631 F. 2d 716，719－20（CCPA 1980）；*Ex parte Markush*，1925 Dec. Comm'r Pat. 126，127（1924）。马库什权利要求囊括的指定可选物列表被称为马库什组或马库什集合。参见 *Abbott Labs v. Baxter Pharmaceutical Products*，*Inc.*，334 F. 3d 1274，1280－81，67 USPQ2d 1191，1196－97（Fed. Cir. 2003）（引用了几个描述马库什组的来源）。表达马库什组的权利要求语言要求从由可选成员的封闭组中进行选择（*Id.* at 1280，67 USPQ2d at 1196）。参见 MPEP § 2111.03 第Ⅱ节，讨论马库什组语境下的术语"由……组成"。

描述可选物的权利要求不被特定格式制约（例如，可选物可以被描述为"材料选自由 A，B 或 C 组成的组"或"其中材料是 A，B 或 C"）。参见示例，确定符合 35 U. S. C. 112 及专利申请中的相关问题处理的补充审查指南（"补充指南"），76 Fed. Reg. 7162（2011 年 2 月 9 日）。罗列出一个可选物列表并从中选择的权利要求，通常被称为马库什权利要求，以上诉人姓名命名，如 *Ex parte Markush*，1925 Dec. Comm'r Pat. 126，127（1924）。尽管在整个 MPEP 中使用了马库什权利要求这一术语，但任何记载可供选择的有用成员的权利要求，无论其格式如何，均应视为马库什权利要求。冶金学、耐火材料、陶瓷、化学、药理学和生物学的发明最常用马库什形式请求保护，但纯粹的机械特征或工艺步骤也可以通过使用马库什形式的权利要求来保护。参见 *Fresenius USA*，*Inc. v. Baxter Int'l*，*Inc.*，582 F. 3d 1288，1297－98（Fed. Cir. 2009）（请求保护的血液透析装置需要"至少一个单元，选自由以下单元组成的组，（i）透析液制备单元；（ii）透析液循环单元；（iii）超滤液去除单元；和（iv）透析液监测单元"，以及可操作地连接到其上的用户/机器接口）；*In re Harnisch*，631 F. 2d 716，206 USPQ 300（CCPA 1980）（用马库什集合定义化合物的替代部分）。

如果组内的成员具有单一的结构相似性和通用用途，则马库什组是适当的。有关确定马库什分组是否正确的指引，请参见 MPEP § 706.03（y）。

MPEP § 2111.03 和 § 2173.05（h）讨论了依据 35 U. S. C. 112（b）马库什组可能不清楚情况（例如，如果可选物列表不是封闭的组，或者马库什组非常广泛，以至于本领域技术人员不能确定所要求保护的发明的边界和范围）。

有关选择、检索和审查包含至少一个马库什组的权利要求的信息，请参阅 MPEP § 803.02。

2118 – 2120（预留）

2121 现有技术；需要对可实施性给予初证事实的一般标准（2017.08 修订）

I. 现有技术被推定是可实施的[1]/可实现的

当所依据的对比文件明确在先公开或使请求保护的发明的所有要素显而易见时，该对比文件被推定是可实施的。一旦这样的对比文件被认定，反驳其可实施性推定的责任就落到申请人一方。参见 *In re Sasse*，629 F. 2d 675，207 USPQ 107（CCPA 1980），MPEP §716.07；*In re Antor Media Corp.*，689 F. 3d 1282，103 USPQ2d 1555（Fed. Cir. 2012）。具体而言，在 *In re Antor Media Corp.* 案中，法院表示：

"因此，根据法律框架和我们的先例，我们认为，在专利审查期间，审查员有权驳回被现有技术出版物或专利在先公开的权利要求，而无需调查现有技术对比文件是否能够实现。只要审查员根据132条给予了充分的通知，针对在先公开作出了合理的初步证明，那么责任就转移至申请人，其必须提交关于对比文件不能实现的反驳证据。"

具体参见 *In re Antor Media Corp.*，689 F. 3d at 1289，103 USPQ2d at 1559。

然而，如果对比文件表面上看起来就不能实现，申请人可以在没有证据支持的情况下，通过论证质疑所引用的现有技术不能实现。参见 *In re Morsa*，713 F. 3d 104，110，106 USPQ2d 1327，1332（Fed. Cir. 2013）。

同时参见 MPEP §716.07。

II. 构成"可实现的披露"并不取决于披露内容所属现有技术的类型

无论有争议的现有技术是何种类型，如美国专利、外国专利、印刷出版物还是其他类型对比文件内在要求的披露程度都是相同的，即该披露程度使其成为"可实现的披露"。法条（35 U. S. C. 102 或 103）中没有根据国别区分是支持还是否定现有技术对比文件的规定。参见 *In re Moreton*，288 F. 2d 708，129 USPQ 227（CCPA 1961）。

III. 效果不是现有技术可实现的必要条件

如果一项现有技术对比文件足够详细地描述请求保护的发明，使得本领域技术人员能够作出所请求保护的发明，则该对比文件提供了一种可实现的披露，从而在先公开了该项请求保护的发明；"基于在先公开的目的，不需要用效果证据来证明现有技术

---

[1] 原文表述是 operable，用于表示对比文件被实际应用的可能性。该术语与 enabling 并列，两者含义相近。但 enabling（enablement）更多用于表示发明被实现的可能性，相关具体解释参见 MPEP §2164。

对比文件可实现。"参见 *Impax Labs. Inc. v. Aventis Pharm. Inc.*，468 F. 3d 1366，1383，81 USPQ2d 1001，1013（Fed. Cir. 2006）；MPEP § 2122。

2121.01 在否决意见中使用可实施性存疑的现有技术（2012.08 修订）

"在确认现有技术的披露量时，规定是检验对比文件是否包含'可实现的披露'，其中所述披露量对于宣称申请人的发明属于 35 U. S. C. 102 的'不新颖的'或'被在先公开'是必要的……"参见 *In re Hoeksema*，399 F. 2d 269，158 USPQ 596（CCPA 1968）。在宣称的在先公开对比文件中，公开内容必须对期望主题提供可实现的披露；如果不经过度实验不能作出该主题，那么仅仅提及或描述该主题是不够的。参见 *Elan Pharm.，Inc. v. Mayo Found. For Med. Educ. & Research*，346 F. 3d 1051，1054，68 US-PQ2d 1373，1376（Fed. Cir. 2003）（争议问题是现有技术对比文件是否能够使本领域普通技术人员在没有过度实验的情况下生产 Elan 请求保护的转基因小鼠。如果公开内容不能使本领域普通技术人员在没有过度实验的情况下生产转基因小鼠，则该对比文件不适合作为现有技术）。如果在发明日之前公众已掌握所请求保护的发明，则对比文件包含"可实现的披露"。"如果本领域普通技术人员能够将发明的公开文本与他或她本人的知识相结合，可作出所要求保护的发明，那么这种掌握是有效的。"参见 *In re Donohue*，766 F. 2d 531，226 USPQ 619（Fed. Cir. 1985）。

I. 35 U. S. C. 102 否决意见和证明对比文件可实施的补充证据

即使对比文件本身并没有教导本领域技术人员如何实践发明，即如何制作或使用所披露的产品，也有可能根据 35 U. S. C. 102 作出否决意见。如果对比文件教导了该产品每一个请求保护的要素，可以引用辅助证据，如其他专利或出版物，来证明公众能掌握制作和/或使用方法。参见 *In re Donohue*，766 F. 2d at 533，226 USPQ at 621。有关使用辅助对比文件证明主要对比文件包含"可实现的披露"从而作出 35 U. S. C. 102 否决意见的更多内容，请参阅 MPEP § 2131.01。

II. 35 U. S. C. 103 否决意见和使用不可实施的现有技术

"即使对比文件披露了一种不可实施的装置，但它所教导的全部内容仍是现有技术。"参见 *Beckman Instruments v. LKB Produkter AB*，892 F. 2d 1547，1551，13 USPQ2d 1301，1304（Fed. Cir. 1989）。因此，"不能实现的对比文件可以作为现有技术，用以确定 35 U. S. C. 103 的显而易见性"。参见 *Symbol Techs. Inc. v. Opticon Inc.*，935 F. 2d 1569，1578，19 USPQ2d 1241，1247（Fed. Cir. 1991）。

2121.02 化合物和组合物——构成可实现的现有技术的要求（2017.08 修订）

编者按：MPEP 的这部分内容仅适用于符合 AIA 发明人先申请制（FITF）规定的申请，除非请求保护的发明的相关日期以"有效申请日"取代"发明日"，后者只适用于符合 pre – AIA 35 U.S.C. 102 规定的申请。参见 35 U.S.C. 100（定义）和 MPEP §2150 及其下属章节。

Ⅰ. 本领域技术人员必须能够制造或合成

如果一种化合物的制造方法直到发明日之后才被研发出来，对比文件中仅提及该化合物的名称，而没有更多内容，则不能构成对该化合物的描述。参见 *In re Hoeksema*，399 F. 2d 269，158 USPQ 596（CCPA 1968）。但是，请注意，在申请人提供反驳可实施推定的事实之前，该对比文件还是被推定是可实施的。参见 *In re Sasse*，629 F. 2d 675，207 USPQ 107（CCPA 1980）。因此，申请人必须提供证据证明在作出发明时，制造方法并不为人所知。适用的证据标准见下一小节。

Ⅱ. 如果在发明日之前，制造化合物或组合物的尝试没有成功，则对比文件不包含"可实现的披露"

当现有技术对比文件仅仅公开了请求保护的化合物的结构，且有证据表明在发明日之前尝试制备该化合物但未能取得成功，将足以表明对比文件是不可实施的。参见 *In re Wiggins*，488 F. 2d 538，179 USPQ 421（CCPA 1973）。然而，仅凭一份出版物的作者没有试图制备所披露的化合物这一事实，并不能反驳基于该出版物作出的否决意见。参见 *In re Donohue*，766 F. 2d 531，226 USPQ 619（Fed. Cir. 1985）（该案中，审查员根据 pre – AIA 35 U.S.C. 102（b）的规定作出了驳回，依据的是一份公开了请求保护的化合物的出版物，结合两份教导了制造所述特定种类化合物的常规方法的专利。申请人提交了一份宣誓书，声明该出版物的作者并没有实际合成该化合物。法院认为，出版物的作者没有合成被批露的化合物这一事实对于对比文件的可实施性无关紧要。这些专利是证明合成方法众所周知的证据。法院将该案与 *Wiggins* 案作出了区分，在该案中，一个非常相似的驳回被撤销了。在 *Wiggins* 案中，使用现有技术方法制造该化合物的尝试均未成功）。比较 *In re Hoeksema*，399 F. 2d 269，158 USPQ 596（CCPA 1968）（一种化合物的权利要求被驳回，因为 *De Boer* 的一项专利披露了与请求保护的化合物结构相似的化合物（明显同系物）及制造这些化合物的方法。申请人利用一个名叫 Wiley 的专家的宣誓书予以反驳，宣誓书中陈述，没有迹象表明，*De Boer* 专利中披露的制备方法可用于制备请求保护的化合物，他不相信 *De Boer* 专利中披露的方法可用于制备请求保护的化合物。法院认为，这份宣誓书所陈述的事实在法律上足以反驳否决意见，并且申请人毋须证明所有已知的方法均不能制备请求保护的化合物，因为这实际上是不可能的）。

2121.03 植物遗传学——构成可实现的现有技术的要求（2012.08 修订）

本领域技术人员必须能够种植和栽培该种植物

当权利要求书涉及植物时，对比文件与现有技术中的知识相结合，必须使本领域普通技术人员能够繁殖该植物。参见 *In re LeGrice*，301 F. 2d 929，133 USPQ 365（CCPA 1962）（英国国家玫瑰协会年度目录和各种其他目录展示了请求保护的玫瑰的彩色图片，并披露了申请人已经种植出该种玫瑰。该出版物于申请人的申请日一年前出版。法院认为，这些出版物没有将所述玫瑰置于公共领域。出版物中不包括关于繁殖玫瑰所需的嫁接过程的资料，而这些资料对于本领域技术人员（植物育种员）繁殖玫瑰是必要的。对比 *Ex parte Thomson*，24 USPQ2d 1618（Bd. Pat. App. & Inter. 1992）（种子在申请人的申请日一年前就已上市，本领域技术人员可以使用购买的种子培育出请求保护的棉花品种。因此，描述该棉花品种的出版物具有"可实现的披露"。"委员会通过认定 *In re LeGrice* 案中玫瑰的目录照片是唯一的证据，而区别对待 *In re LeGrice* 案。由于无性繁殖的玫瑰不能用种子繁殖，所以没有证据表明能够以可实现的形式进行商业供应。因此，公众将不会仅仅因为玫瑰的图片而拥有它，但可以根据出版物和种子的可获得性而拥有棉花品种）。在 *In re Elsner*，381 F. 3d 1125，1126，72 USPQ2d 1038，1040（Fed. Cir. 2004）案中，在植物专利申请的关键日期之前，该植物已经在德国进行销售，并且对相同植物的国外植物育种者的权利❶（PBR）申请已经公布在群落植物品种办公室的官方公报上。法院认为，当（i）出版物定义了请求保护的植物，（ii）发生外国销售导致本领域技术人员拥有该植物本身，和（iii）这种拥有允许植物的无性繁殖，无需本领域技术人员付出过度试验时，那么事实和事件的结合直接表明了该发明的必要知识，构成了 pre - AIA 35 U. S. C. 102（b）款的法定禁止（*Id.* at 1129，72 USPQ2d at 1041）。虽然法院同意委员会关于国外销售可能使原本不能实现的印刷出版物变得可实现的观点，但是仍要求该案再作出进一步的事实认定，确定植物的国外销售是否可被熟练的工匠获得，获得后是否能够不经过度实验，即可通过无性繁殖得到该植物（*Id.* at 1131，72 USPQ2d at 1043）。

2121.04 设备和产品——构成可实现的现有技术的要求（2012.08 修订）

图片可能构成"可实现的公开"

图片和附图可能是可充分实现的，以使公众掌握图示产品。因此，这样的可实现的图片可用于否决产品的权利要求。然而，图片必须显示所有请求保护的结构特征以

---

❶ 原文表述是 Plant Breeder's Rights，首字母缩写即为 PBR。

及它们是如何组合在一起的。参见 *Jockmus v. Leviton*，28 F. 2d 812（2d Cir. 1928）。有关附图作为现有技术的讨论，请参见 MPEP §2125。

2122 现有技术效用的讨论（2017.08 修订）

效用不需要在对比文件中公开

为了构成在先公开的现有技术，对比文件必须完全披露要求保护的化合物，但不需要在该对比文件中披露效用。参见 *In re Schoenwald*，964 F. 2d 1122，1124，22 USPQ2d 1671，1673（Fed. Cir. 1992）（该申请请求保护在眼科使用的化合物，其用于治疗干眼综合症。审查员认为一份印刷出版物披露了请求保护的化合物，但没有披露该化合物的效用。法院认定，该权利要求被在先公开了，因为对比文件教导了所述化合物及其制备方法。并解释，"对于在先公开已知化合物的权利要求的对比文件，并不需要公开该化合物的效用"。对比文件教导了要求保护的化合物足矣）。亦参见 *Impax Labs. Inc. v. Aventis Pharm. Inc.*，468 F. 3d 1366，1383，81 USPQ2d 1001，1013（Fed. Cir. 2006）（"要使现有技术对比文件是可实现的从而达到在先公开的目的，并不需要效果的证据"）。

2123 基于现有技术的宽泛披露而非优选实施例予以否决（2012.08 修订）

Ⅰ. 专利包含的全部内容均可作为相关现有技术

"专利作为对比文件来使用，并不局限于专利权人所描述的他们自己的发明，或者他们所关心的问题。这些内容只是技术文献的一部分，与它们包含的全部内容相关。"参见 *In re Heck*，699 F. 2d 1331，1332-33，216 USPQ 1038，1039（Fed. Cir. 1983）（援引 *In re Lemelson*，397 F. 2d 1006，1009，158 USPQ 275，277（CCPA 1968））。

对比文件中对本领域技术人员合理启示的全部内容均可作为依据，所述内容包括非优选实施例。参见 *Merck & Co. v. Biocraft Laboratories*，874 F. 2d 804，10 USPQ2d 1843（Fed. Cir.），*cert. denied*，493 U. S. 975（1989）。亦参见 *Upsher-Smith Labs. v. Pamlab，LLC*，412 F. 3d 1319，1323，75 USPQ2d 1213，1215（Fed. Cir. 2005）（对比文件公开了选择性地包含特定组分，它既教导了包含该组分的组合物，也教导了不包含该组分的组合物）；*Celeritas Technologies Ltd. v. Rockwell International Corp.*，150 F. 3d 1354，1361，47 USPQ2d 1516，1522-23（Fed. Cir. 1998）（法院认为，即使现有技术的教导背离请求保护的发明，它也在先公开了该权利要求。"单载波数据信号调制解调器被证明不是最优的，但这并不妨碍它被披露"）。

亦参见 MPEP §2131.05 和 §2145 第 X. D 小节，分别讨论了在在先公开和显而易见性判断过程中教导背离请求保护的发明的现有技术。

Ⅱ. 非优选实施方式和可选实施方式构成现有技术

公开的实施例和优选实施方式，并非教导背离更宽泛的公开或非优选实施方式。参见 *In re Susi*，440 F. 2d 442，169 USPQ 423（CCPA 1971）。"一种已知的或显而易见的组合物，不能仅仅因为它被描述得比同种用途的其他产品更差一些，而变得可专利。"参见 *In re Gurley*，27 F. 3d 551，554，31 USPQ2d 1130，1132（Fed. Cir. 1994）（本发明描述了一种环氧树脂浸渍纤维增强印刷电路材料。所用现有技术对比文件提供了一种类似于该权利要求的印刷电路材料，但是用聚酯亚胺树脂浸渍而不是环氧树脂。然而，该对比文件公开环氧树脂的这种用途是已知的，环氧树脂浸渍电路板具有"相对满意的尺寸稳定性"和"一定程度的柔韧性"，但不如浸渍聚酯亚胺树脂的电路板。法院维持了驳回决定，认为申请人关于对比文件教导不使用环氧树脂的意见不足以反驳驳回理由，因为"*Gurley* 声称没有超出本领域已知内容的发现"（*Id.* at 554，31 USPQ2d at 1132）。此外，"现有技术仅仅披露一种以上的可选方案，并不构成背离其中任一可选方案的教导，因为这种披露并不会批评、质疑或以其他方式阻碍请求保护的方案……"参见 *In re Fulton*，391 F. 3d 1195，1201，73 USPQ2d 1141，1146（Fed. Cir. 2004））。

2124 关键的对比文件日期必须早于申请日规则的例外（2013.11 修订）

在某些情况下，事实类对比文件不需要在申请日之前

在特定情形下，用于证明公知常识的对比文件不必采用申请人申请日之前的现有技术。参见 *In re Wilson*，311 F. 2d 266，135 USPQ 442（CCPA 1962）。这些事实包括材料的特征和性质或科学真理。一些可引用在后出版物作为事实证据的具体案例，包括采用对比文件中展示的事实作为证据的情形，诸如"在申请的提交日时，需要过度试验，参见 *In re Corneil*，347 F. 2d 563，568，145 USPQ 702，705（CCPA 1965），或者权利要求中缺少的某个参数是或不是关键的，参见 *In re Rainer*，305 F. 2d 505，507 n. 3，134 USPQ 343，345 n. 3（CCPA 1962），或说明书中的陈述是不准确的，参见 *In re Marzocchi*，439 F. 2d 220，223 n. 4，169 USPQ 367，370 n. 4（CCPA 1971），或者该发明不可实施或缺乏实用性，参见 *In re Langer*，503 F. 2d 1380，1391，183 USPQ 288，297（CCPA 1974），或者权利要求是不清楚的，参见 *In re Glass*，492 F. 2d 1228，1232 n. 6，181 USPQ 31，34 n. 6（CCPA 1974），或者现有技术产品的特征是已知的，参见 *In re Wilson*，311 F. 2d 266，135 USPQ 442（CCPA 1962）"。参见 *In re Koller*，613 F. 2d 819，823 n. 5，204 USPQ 702，706 n. 5（CCPA 1980）（援引 *In re Hogan*，559 F. 2d 595，605 n. 17，194 USPQ 527，537 n. 17（CCPA 1977）（原文强调））。但是，不允许使用在后事实类对比文件来确定该申请是否符合 35 U. S. C. 112（a）或 pre – AIA 35

U. S. C. 112 第一款关于可实施和描述的要求。参见 In re Koller, 613 F. 2d 819, 823 n. 5, 204 USPQ 702, 706 n. 5 (CCPA 1980)。因为晚于请求保护的发明而不适合作为现有技术的对比文件，可以用来证明在作出发明时或发明前后该领域的普通技术水平，参见 Ex parte Erlich, 22 USPQ 1463 (Bd. Pat. App. & Inter. 1992)。

2124.01 视为现有技术范围内的税收策略 (2012.08 修订)

编者按：MPEP 的这部分内容仅适用于符合 AIA 发明人先申请制 (FITF) 规定的申请，除非请求保护的发明的相关日期以"有效申请日"取代"发明日"，后者只适用于符合 pre – AIA 35 U. S. C. 102 的申请。参见 35 U. S. C. 100 (定义) 和 MPEP § 2150 及其下属章节。

I. 概述

《Leahy – Smith 美国发明法案》(AIA)，公法 112 – 29，第 14 条，125 Stat. 284 (2011 年 9 月 16 日) 规定，根据 35 U. S. C. 102 和 103 评价一项发明的新颖性和非显而易见性，无论在作出发明或提出专利申请时是已知的还是未知的，任何减少、避免或延迟纳税义务的策略（以下简称"税收策略"[1]），均应被视为不足以将请求保护的发明与现有技术区分开。因此，申请人将不能依据其权利要求中体现的税收策略的新颖性或非显而易见性，来使申请区别于现有技术。任何税收策略都将被认为无法区别于所有其他可获得的公共信息，所述信息和专利原创的权利要求相关。这一规定的目的是保持解释税法的能力，并在公共领域执行这种解释，这项规定适用于所有纳税人及其顾问。

就本规定而言，"纳税义务"一词是指任何联邦、州、地方法律，或任何外国司法管辖区的法律，包括征收、强制征收或评估此类纳税义务的任何成文法、法规、规章或条例规定的税收责任。

该规定有两种例外情况。第一，该规定并不适用于专门用于准备税收或信息返回或其他税务申报的那部分发明，包括记录、传输、转移，或组织与此类申报相关数据的方法、设备、技术、计算机程序产品或系统。

第二，该规定并不适用于专门用于财务管理的方法、设备、技术、计算机程序产品或系统的那部分发明，在一定程度上，它与任何税收策略是可分开的或不限定任何纳税人和税务顾问对于任何税收策略的使用。

本规定自 2011 年 9 月 16 日起生效，适用于 2011 年 9 月 16 日或之后提出或未决的任何专利申请，以及在 2011 年 9 月 16 日或之后授权的任何专利。相应地，本规定将只适用于 2011 年 9 月 16 日或之后授权专利的再审或其他授权后程序。

---

[1] 原文表述是"tax strategie"，是指用于减轻税负或者延缓纳税人缴税的某种系统或方法策略，因而税收策略专利也可称为"税收计划专利"或"避税专利"，它通常被认为是商业方法的新的延伸，一些商业性机构或个人遵循商业方法获得产权法律保护的思路，试图寻求使新的能够减轻税负甚至逃避税负的方法获得专利权保护。

Ⅱ. 与税收策略相关的权利要求的审查指南

在审查与税收策略有关的权利要求时,应遵循下列程序。

1. 根据 MPEP § 2111 及其下属章节解释权利要求。

2. 根据当前指南分析权利要求是否符合 35 U.S.C. 101 和 112 的要求时,不受本规定的影响。

3. 识别与上述定义的税收策略相关的任何限定(注意列出的例外情形)。

a. 落入(包括那些税收策略)AIA 第 14 条范围内的发明,特别适用于必须满足特定要求的税收优惠结构,如员工福利计划、免税组织,或者必须以特定方式构建或运营来获得特定税务的其他实体。

b. 因此,如果一项发明的效果是为了获得税收优惠实体资格,利用税收优惠结构中提供的特定税收优惠,或允许减税、避税或延期纳税,否则在这样的实体或组织中不会自动得到这些优惠,则 AIA 第 14 条适用。

4. 根据 35 U.S.C. 102 和 103 基于现有技术对权利要求进行评价,将与税收策略相关的任何限定视为在现有技术范围内,而不作为权利要求与现有技术之间的可专利性差别。这种方法类似于 MPEP § 2112.01 第Ⅲ节中讨论的权利要求中印刷物限定的处理。

格式语段第 7.06 段可用于指导被解释为税收策略的权利要求限定。参见 MPEP § 706.02(m)。

Ⅲ. 涉及由计算机实现的方法的示例

一种被认为是新颖的且非显而易见的由计算机实现的方法,即使用于税务目的,也不会受到这项规定的影响。例如,一种新的非显而易见的由计算机实现的处理数据的方法将不受这项规定的影响,即使这种方法是为将来的报税整理数据。然而,一种现有技术由计算机实现的方法,不会因为实施了一种新的非显而易见的税收策略而变得非显而易见。也就是说,与税收策略相关的限定,不会导致现有技术范围内的权利要求相对于现有技术变得新颖或非显而易见。

因此,基于 35 U.S.C. 102 和 103 的规定而将现有技术应用于软件相关的发明时,仅涉及使个人能够提交所得税返还申报表,或协助他们管理财务状况的权利要求限定,应给予可专利性权重;但是涉及税收策略的权利要求限定,不应给予可专利性权重。

2125 附图作为现有技术(2012.08 修订)

Ⅰ. 附图可作为现有技术使用

附图和图片如果清楚地显示了请求保护的结构,就能在先公开权利要求,参见 *In re Mraz*,455 F. 2d 1069,173 USPQ 25(CCPA 1972)。但是,图片必须显示请求保护的所有结构特征及它们是如何组合在一起的。参见 *Jockmus v. Leviton*,28 F. 2d 812(2d Cir. 1928)。这幅图的来源并不重要。例如,一项外观设计专利中的附图可以像发明专利中的附图一样在先公开请求保护的发明或使其显而易见。当对比文件是一项发明专利时，所示特征在说明书中没有指明或者没有解释都不重要，但必须评价这些附图对本领域技术人员合理地公开和暗示了什么。参见 *In re Aslanian*，590 F. 2d 911，200 US-PQ 500（CCPA 1979）。更多关于现有技术附图作为"可实施的披露"的信息，请参阅 MPEP§2121.04。

II. 当附图不按比例绘制时，附图中特征的比例不能作为实际比例的证据

当对比文件没有公开附图是按比例绘制的，也没有描述尺寸，此时基于对附图部件进行测量得到的参数没有价值。参见 *Hockerson - Halberstadt*，*Inc. v. Avia Group Int'l*，222 F. 3d 951，956，55 USPQ2d 1487，1491（Fed. Cir. 2000）（该公开内容没有表明这些附图是按比例绘制的，"大家公认，如果说明书对这个问题完全没有说明，那么专利附图不能定义各单元的精确比例，本领域技术人员不能依据专利附图来证明特定的尺寸"）。然而，对图示物品的描述可以结合附图来说明他们对本领域普通技术人员合理教导的内容。参见 *In re Wright*，569 F. 2d 1124，193 USPQ 332（CCPA 1977）（"我们不同意律师通过比较上诉人和 Bauer 的附图特征的相关尺寸，得出 Bauer 明确指出'威士忌桶使用大约 1/2 到 1 英寸的一致长度'的结论。这忽略的事实是 Bauer 并没有披露他的附图是按比例绘制的。但是，我们同意律师主张的 Bauer 教导了威士忌的损失受到酒水所需'渗透木材毛孔'距离的影响（即使只关于桶盖的厚度），这启发本领域技术人员期望通过增加桶底凸边长度进一步减少威士忌损失。"参见 569 F. 2d at 1127，193 USPQ at 335 - 36。)

2126 一份文件可作为专利用于 35 U. S. C. 102（a）或 Pre - AIA 35 U. S. C. 102（a）（b）（d）否决的情形（2017.08 修订）

I . 单凭"专利"这个名称不会使文件适合作为 35 U. S. C. 102（a）或 Pre - AIA 35 U. S. C. 102（a）或（b）的现有技术

国外所授予的专利可能并不是 35 U. S. C. 102（a）或 pre - AIA 35 U. S. C. 102（a）或（b）否决中可使用的专利，起决定作用的是所授予权利的实质以及控制该"专利"范畴信息的方式。参见 *In re Ekenstam*，256 F. 2d 321，118 USPQ 349（CCPA 1958）。有关文件何时可以作为"专利"用于否决的进一步解释，请参阅下一小节。关于 pre - AIA 35 U. S. C. 102（d）否决中"专利"的使用参见 MPEP § 2135.01。

Ⅱ. 秘密专利直到向公众公开时才能作为 35 U.S.C. 102（a）或 Pre – AIA 35 U.S.C. 102（a）或（b）的对比文件；但自授权之日起，它可以作为 35 U.S.C. 102（d）的对比文件

秘密专利为公众无法充分获得而不能构成"印刷出版物"的专利。关于哪些内容可以充分获得从而构成"印刷出版物"这一问题的决定载于MPEP § 2128 至 § 2128.01。

如果一项专利是机密或私秘的，即使该专利被授予排他性权利（可强制执行），它也不能作为 35 U.S.C. 102（a）或 pre – AIA 35 U.S.C. 102（a）或（b）的现有技术。参见 *In re Carlson*, 983 F.2d 1032, 1037, 25 USPQ2d 1207, 1211（Fed. Cir. 1992）。该文件必须至少为公众所知才能构成现有技术。如果该专利可供公众查阅或以印刷形式传播，则该专利就足以达到 35 U.S.C. 102（a）或 pre – AIA 35 U.S.C. 102（a）或（b）所期望的为公众所知。参见 *In re Carlson*, 983 F.2d at 1037, 25 USPQ2d at 1211（"我们认识到，在遥远地区的偏远城市向公众展示的外观设计[1]，对于没有时间、欲望或资源亲自或派遣代理人前去考察其是否按照德国法律登记的内容的人来说，可能会带来发现上的负担。然而，这种负担是通过法律强加于本领域技术人员身上的，因为他负责了解相关现有技术的所有知识"）。该专利向公众公开的日期可以作为 35 U.S.C. 102（a）或 pre – AIA 35 U.S.C. 102（a）或（b）对比文件的日期，参见 *In re Ekenstam*, 256 F.2d 321, 118 USPQ 349（CCPA 1958）。但在授予专利后的一段保密时间被认为对 pre – AIA 35 U.S.C. 102（d）没有影响。自授予专利权之日起，这些专利即可用于 35 U.S.C. 102（d）的否决意见，参见 *In re Kathawala*, 9 F.3d 942, 946, 28 USPQ2d 1785, 1788 – 89（Fed. Cir. 1993）。更多关于 pre – AIA 35 U.S.C. 102（d）的信息，请参见MPEP § 2135 至 § 2135.01。

2126.01 专利可作为对比文件的日期（2013.11 修订）

国外专利作为对比文件的有效日期通常是正式授予申请人专利权的日期

专利可作为对比文件的日期通常是该专利生效的日期，这个日期是主权国家正式授予申请人专利权的日期，参见 *In re Monks*, 588 F.2d 308, 200 USPQ 129（CCPA 1978）。这个规定的例外情形是专利权自授予之日起即为秘密，参见 *In re Ekenstam*, 256 F.2d 321, 118 USPQ 349（CCPA 1958）。

请注意，MPEP § 901.05 以表格形式总结了许多外国专利的授权日期。专门基于 pre – AIA 35 U.S.C. 102 讨论各国授予专利权日期的案例列表，请参见 *Chisum*, Patents § 3.06 [4] n.2。

---

[1] 原文表述是 geschmacksmuster，为德文，外观设计专利的意思。

2126.02 当对比文件是"专利"而不是"出版物"时,可用于否决权利要求的对比文件公开范围(2013.11 修订)

即使专利是秘密的,在专利说明书中未要求保护的细节通常也可以作为依据

如果专利文件作为专利而不是出版物使用,依据 35 U.S.C. 102(a)或 pre-AIA 35 U.S.C. 102(a)(b)或(d)作出否决意见时,审查员并不局限于该专利权利要求书传达的信息,而是可以使用说明书中提供的与请求保护的主题相关的任何信息,参见 *Ex parte Ovist*,152 USPQ 709,710(Bd. App. 1963)(一份意大利专利的权利要求是上位话的,因此包含了实施例中披露的下位概念,委员会补充认为,整个说明书与请求保护的发明都密切相关,支持审查员依据 pre-AIA 35 U.S.C. 102(b)作出的驳回);*In re Kathawala*,9 F.3d 942,28 USPQ2d 1785(Fed. Cir. 1993)(使用申请人自己在希腊和西班牙的母案根据 pre-AIA 35 U.S.C. 102(d)驳回了有争议的权利要求。申请人争辩,"……在西班牙授权的发明专利与美国申请请求保护的发明不是同一项发明,因为西班牙专利要求保护制造[抑制胆固醇生物合成的化合物]的方法,而美国申请中的权利要求 1 和 2 涉及化合物本身"(*Id.* at 944,28 USPQ2d at 1786)。联邦巡回上诉法院认为,"当申请人提出一份外国申请,充分披露了他的发明,并有可能以多种方式要求保护他的发明时,那么作为 35 U.S.C. 102(d)款中'……已获得专利的发明'的对比文件,必然包括该发明所有披露的内容"(*Id.* at 945-46,28 USPQ2d at 1789))。

请注意,*In re Fuge*,272 F.2d 954,957,124 USPQ 105,107(CCPA 1959)案的判决与上述决定并不冲突。这一决定只是简单地声明"至少专利的范围包括[权利要求]中所含的全部内容"(强调后添)。

法院对 pre-AIA 35 U.S.C. 102(a)(b)和(d)中的"……已获专利的发明"一词作出了同样的解释,并在引用决定时不考虑手头具体案件中的争议涉及 pre-AIA 35 U.S.C. 102 的哪一款。因此,案件涉及 pre-AIA 35 U.S.C. 102 中的哪一款似乎并不重要。对于该争议点,法院的判决是可以互相借鉴的。

2127 国内外专利申请作为现有技术(2015.07 修订)

Ⅰ.放弃的申请,包括临时申请

向公众公开的放弃的申请可用作现有技术

"一项被放弃的专利申请只有在被适当公开的情况下才可以成为现有技术证据,例如,当被放弃的专利申请在另一项专利、出版物中被公开引用,或者根据[前防御性公开规则］37 CFR 1.139❶［保留］自愿公开时"，参见 *Lee Pharmaceutical v. Kreps*，577 F. 2d 610，613，198 USPQ 601，605（9th Cir. 1978）。一项被放弃的专利申请只有在公众可获得之日起才能作为现有技术，参见 37 CFR 1.14（a）（1）（ii）及（iv）。然而，如果被放弃的专利申请所公开的内容通过引证被实际包含于或并入现有技术美国专利或者美国专利申请公布文本中，那么被放弃申请的主题，可以在根据 35 U. S. C. 102（a）（2）或 pre – AIA 35 U. S. C. 102（e）基于上述美国专利或美国专利申请公布文本作出否决时作为依据。其中所述被放弃的专利申请包括临时的和非临时的申请。对比 *In re Lund*，376 F. 2d 982，991，153 USPQ 625，633（CCPA 1967）（法院撤销了依据一项专利作出的否决，该专利是一项被放弃申请的部分延续申请。申请人的申请日早于对比文件的公布日期，被放弃的申请中包含对否决至关重要但未记载在延续申请中的主题。法院认为，自母案或分案的申请日之起，公众无法获得被放弃申请的该项主题，因此在根据 pre – AIA 35 U. S. C. 102（e）作出否决时不能将其作为依据。亦参见 MPEP §901.02。参见 MPEP §2136.02 和 MPEP §2136.03 了解 35 U. S. C. 102（e）中依据 35 U. S. C. 119 或 35 U. S. C. 120 要求优先权的美国专利日期；参见 MPEP §2154 了解 35 U. S. C. 102（a）（2）的现有技术。

II. 已授予专利权的申请

A. 35 U. S. C. 102（a）（2）或 Pre – AIA 35 U. S. C. 102（e）否决不能依据从申请中删除、而未在授权专利中公开的主题

美国专利申请文件中已删除的主题不能作为 35 U. S. C. 102（a）（2）或 pre – AIA 35 U. S. C. 102（e）否决的依据，参见 *Ex Parte Stalego*，154 USPQ 52，53（Bd. App. 1966）。被删除的主题只有在申请授予专利之日起才可作为现有技术，因为这是公众可以获取申请文件历史文档的日期，参见 *In re Lund*，376 F. 2d 982，153 US-PQ 625（CCPA 1967）。然而，如下文所述，这些主题可以作为 35 U. S. C. 102（a）（1）或 pre – AIA 35 U. S. C. 102（b）的现有技术；可用于 pre – AIA 35 U. S. C. 102（e）否决中的现有技术的更多信息，请参见 MPEP §2136.02；可用于 35 U. S. C. 102（a）（2）否决中的现有技术的更多信息，请参见 MPEP §2154 及其下辖章节。

B. 基于已公开的申请作出的 35 U. S. C. 102（a）（1）或 Pre – AIA 35 U. S. C. 102（b）否决，可依据在公开前被删除的信息

在加拿大专利申请公布前被删除的附图，自申请向公众公开之日起即可作为 pre – AIA 35 U. S. C. 102（b）的现有技术。在诉讼专利的有效申请日的一年多以前，争议专利及其基础申请已在加拿大专利局供公众查阅，参见 *Bruckelmyer v. Ground Heaters, Inc.*，445 F. 3d 1374，78 USPQ2d 1684（Fed. Cir. 2006）。

---

❶《美国统一专利细则》中已将该条款删除，因此称为"前……规则"，且在后注明"［保留］"，表示该条款只保留编号，而无实际对应内容。

Ⅲ. 供公众查阅的开放的外国申请（开放的申请）

开放的申请可以构成"出版的文件"

当说明书不是以印刷形式发行，而是在官方期刊上宣布，任何人都可以查阅或获取副本，那么它就足以使公众可获得，从而构成 35 U.S.C. 102（a）（1）或 pre-AIA 35 U.S.C. 102（a）和（b）中所指的"出版物"，参见 *In re Wyer*，655 F.2d 221，210 USPQ 790（CCPA 1981）。

较早的案例显示，开放的专利申请不是"出版的"，不能构成现有技术，参见 *Ex parte Haller*，103 USPQ 332（Bd. App. 1953）。然而，一份文件是否属于 35 U.S.C. 102 和 103 所述的"出版"取决于公众对该文件的可访问性。随着技术的发展，文件的复制变得更加容易，开放的申请的可访问性也提高了。因此，以容易复制的形式提供的内容已成为 35 U.S.C. 102 中使用的术语"印刷出版物"，参见 *In re Wyer*，655 F.2d 221，226，210 USPQ 790，794（CCPA 1981）（虽然开放的澳大利亚专利申请只公布摘要，但是因为它对公众开放查询，并把缩微胶片、重氮复印件分发给有适合再现设备的五个分局，并可通过售卖重氮复印件的方式获取，所以它也可以被认为是"印刷出版物"）。直到公开日期（即在开放的申请上插入的内容）经审查员审阅文件副本确认后，外国专利申请的内容才可作为现有技术，参见 MPEP § 901.05。

Ⅳ. 未决的美国申请

如 37 CFR 1.14（a）所述，除了已出版的申请（见 35 U.S.C. 122（b））、再颁申请及要求将完整的申请开放供公众查阅且已经由专利商标局批准的申请（37 CFR 1.11（b））之外，其他所有未决的美国申请均保密。但是，如果尚未出版的申请与正在审查的申请拥有相同的受让人或发明人，在某些情况下，否决将是适当的。例如，当两项申请之间的权利要求是不独立的或无差别的，就会作出临时的重复授权否决，参见 MPEP § 804。如果提交的申请因至少一名发明人的不同而有所不同，且其中至少一项申请相对于另一项申请显而易见，则在适当的时候，可依据 35 U.S.C. 102（a）（2）或 35 U.S.C. 102（e）或 35 U.S.C. 103 作出临时否决，参见 MPEP § 706.02（f）（2）、§ 706.02（k）、§ 706.02（l）（1）、§ 706.02（l）（3）和 § 2154。

依据美国申请出版物作出否决的信息参见 MPEP § 706.02（a）、§ 804、§ 2136 及其下辖章节，以及 § 2154。

2128 "印刷出版物"作为现有技术（2017.08 修订）

Ⅰ. 如公众可获得，则对比文件是一份"印刷出版物"

对比文件可基于符合要求的证明来被认定为"印刷出版物"，"即证明这样的文件已经分发或以类似的方式提供，使得对该主题或领域感兴趣的普通技术人员经过合理的努力能够找到"，参见 *In re Wyer*，655 F. 2d 221，210 USPQ 790（CCPA 1981）（援引 *I. C. E. Corp. v. Armco Steel Corp.*，250 F. Supp. 738，743，148 USPQ 537，540（SDNY 1966））（"我们同意应将'印刷出版物'视为一个统一的概念，'印刷'和'出版'之间的传统二分法已不再有效。考虑到在文档复制、数据存储和资料检索系统方面的技术状态，一份内容的'传播概率'通常与是否'印刷'（就该词在1836年被引入专利法规时的含义而言）没有关系。无论如何，把'印刷'和'出版'分别解释为'传播的可能性'和'公众可得性'，现在似乎使得它们在'印刷出版物'一词的使用中显得有些多余"）。参见 *In re Wyer*，655 F. 2d at 226，210 USPQ at 794。

同时参见 *Carella v. Starlight Archery*，804 F. 2d 135，231 USPQ 644（Fed. Cir. 1986）（Starlight Archery 辩称，Carella 专利要求保护的射箭瞄准器，依据 35 U. S. C. 102（a）的规定被在先公开了；在 Carella 的申请日之前，威斯康星州弓箭猎人协会（WBHA）杂志上的广告和 WBHA 邮寄广告印刷品已经做好。然而，没有任何证据表明邮寄广告印刷品是何时被收件人中的任何一个收到的。此外，该杂志在 Carella 的申请日后10天才寄出。法院认为，由于没有证据证明该广告或邮寄广告印刷品在申请日前可供任何公众成员查阅，因此不能根据 35 U. S. C. 102（a）作出否决）。

II. 电子出版物作为现有技术

A. 作为"印刷出版物"的资格

电子出版物，包括在线资料库及互联网出版物（如讨论组、论坛、数码影像及社交媒体的帖子），只要文件涉及领域的相关人士能够获得该出版物，就被视为 35 U. S. C. 102（a）（1）及 pre – AIA 35 U. S. C. 102（a）和（b）意义上的"印刷出版物"，参见 *In re Wyer*，655 F. 2d 221，227，210 USPQ 790，795（CCPA 1981）（"因此，无论信息是印刷、手写、缩微胶片、磁盘或磁带等任一形式，希望将任何形式的信息描述为'印刷出版物'的人……应提供充分的证据证明该文件的传播度，或证明该文件涉及领域的相关人士已经能够获得该文件，因此极有可能利用其中的内容'"（引用省略））。参见 *Amazon. com v. Barnesandnoble. com*，73 F. Supp. 2d 1228，53 USPQ2d 1115，1119（W. D. Wash. 1999）（被告以网站上的网页作为在先公开的对比文件（使其无效），但该对比文件作为现有技术的资格没有受到质疑）；*In re Epstein*，32 F. 3d 1559，31 USPQ2d 1817（Fed. Cir. 1994）（数据库的摘要打印件本身不是现有技术出版物，它可被合理地作为证据，证明其中引用的软件产品是在申请人的申请日前一年多"首次安装"或"发布"的）；*Suffolk Tech v. AOL and Google*，752 F. 3d 1358，110 USPQ2d 2034（Fed. Cir. 2014）（新闻组的帖子构成了现有技术，因为它是针对那些在该领域中有普通技术的人员发布的，并且由于该帖子被充分传播，所以是可以公开访问的）。

要求检索领域和检索结果记录的专利局政策（参见 MPEP § 719.05）考虑赞成如下认定：被审查员引用的互联网和在线数据库对比文件，对"关注该文件相关领域的人员是可访问的，因此很可能获得其内容"。参见 *Wyer*，655 F. 2d at 221，210 USPQ at 790。如果将来无法检索获取同样的文件，则必须保留该电子文件的局内副本。这对于互联网和在线数据库等资源尤其重要。

B. 可获得的日期

在互联网或在线数据库中公开的现有技术，自内容公开发布之日起即被认为是为公众可获得的。当缺少证据表明公开内容被公开发布的日期时，如果该出版物本身也不包括出版日期（或获取日期），则它不能作为 35 U.S.C. 102（a）（1）和 pre-AIA 35 U.S.C. 102（a）或（b）所依据的现有技术。但是，它可用作提供相关技术状态的证据。审查员可以要求科技信息中心认定最早的出版或者发布日期。参见 MPEP § 901.06（a）第Ⅳ.G 小节。

C. 所依据的教导范围

电子出版物和任何出版物一样，能合理启示本领域技术人员的内容均可作为依据。参见 MPEP § 2121.01 和 § 2123。但是，请注意，如果依据专利或印刷出版物的摘要电子文件作出 35 U.S.C. 102 或 103 否决，则只能以摘要文本（而不是基础文件）作为否决的依据。同一专利或相关专利或者印刷出版物的电子版与出版的纸质版存在显著差异的情况下，可以基于所披露的内容，分别作为独立的对比文件予以引用和作为依据。

D. 互联网使用政策

关于互联网搜索和记录搜索策略的互联网使用政策部分，请参见 MPEP § 904.02（c）。有关电子文件的正确引用，请参见 MPEP § 707.05。

Ⅲ. 审查员不需要证明任何人确实看过该文件

当出版物通过图书馆或专利局向公众开放时，不需要证明某人确实看过该出版物。参见 *In re Wyer*，655 F. 2d 221，210 USPQ 790（CCPA 1981）；*In re Hall*，781 F. 2d 897，228 USPQ 453（Fed. Cir. 1986）。

2128.01 所需的公众可访问性标准（2015.07 修订）

Ⅰ. 放置在大学图书馆的论文，如果足够容易被公众获取，可以作为现有技术

将一篇博士论文编入索引并放置在图书馆中，公众可以充分查阅该论文，则其作为"印刷出版物"构成现有技术。参见 *In re Hall*，781 F. 2d 897，228 USPQ 453（Fed. Cir. 1986）。即使人们使用图书馆受到限制，只要假设关注该领域的那部分公众会知道，就构成了"印刷出版物"。参见 *In re Bayer*，568 F. 2d 1357，196 USPQ 670（CCPA 1978）。

在 *In re Hall* 案中，一般图书馆的编目和入架实践证明，存放在大学图书馆的博士论文在关键日期之前已被编入索引、编目和存档，公众可获得。对比 *In re Cronyn*，890 F. 2d 1158，13 USPQ2d 1070（Fed. Cir. 1989），博士论文通过以学生姓名首字母排序的索引卡进行存档和索引，并保存在化学图书馆的档案盒❶里。索引卡只列出了学生姓名和论文题目。在 *Cronyn* 案中，法院认为该学生的论文未向公众公开。法院的理由是，这些论文没有以有意义的方式编入目录或索引，因为只有在知道研究人员姓名的情况下才能找到论文，但是其姓名与论文的主题没有关系。值得注意的是，一名持不同意见的法官在 *Cronyn* 案中指出，由于这些论文存储在图书馆中，因此足以使公众充分阅读，该索引的性质不是决定性的。持异议的法官依据的是先前的委员会的决定（*Gulliksen v. Halberg*，75 USPQ 252，257（Bd. App. 1937）和 *Ex parte Hershberger*，96 USPQ 54，56（Bd. App. 1952））。该决定认为，在公共图书馆里摆放单份副本，就能让著作成为"印刷出版物"。虽然这些委员会的决定没有被明确否决，但在其他决定中也受到了批评。参见 *In re Tenney*，254 F. 2d 619，117 USPQ 348（CCPA 1958）（由 J. Rich 作出附议意见❷）（一份文件，只有一份副本，无论是手写的、打字的还是缩微胶片的，对于任何想要找到它的人来说都可获取。从用印刷机来复制文件的意义上讲，这种文件并不是"印刷"的。如果只有技术上的可访问性要求，"那么逻辑上则要求在术语[印刷]中纳入所有非印刷的公共文档，因为它们都是'可访问的'。虽然有些裁决在这方面走得很远，但我觉得诸如在'大学论文案'中他们这样做是不合理的，而且是基于了错误的理论。知识没有传播就不能被公众获得，这与技术的可访问性是截然不同的……""印刷"一词的真正意义在于"广泛流通的可能性"）。亦参见 *Deep Welding, Inc. v. Sciaky Bros.*，417 F. 2d 1227，163 USPQ 144（7th Cir. 1969）（把 *Ex parte Hershberger* 案例中的观点称为"极端"）。对比 *In re Bayer*，568 F. 2d 1357，196 USPQ 670（CCPA 1978）（只要关注该领域的部分公众能够知晓发明的假设成立，那么即使可访问性仅限于该部分公众，对比文件也将构成"印刷出版物"。但只有研究生委员会的三名成员才能获得申请人的论文，在这种情况下，不能假定那些关注该领域的人员能够知道这项发明）。

II. 如果书面副本可以没有限定获得，口头陈述的文稿可以构成"印刷出版物"

在向所有感兴趣的人员开放的论坛上口头陈述的文稿，如果书面副本不受限定地传播，则构成"印刷出版物"。参见 *Massachusetts Institute of Technology v. AB Fortia*，774 F. 2d 1104，1109，227 USPQ 428，432（Fed. Cir. 1985）（在向所有对主题感兴趣的人员开放的科学会议上，面向 50~500 人口头陈述了文稿，同时将书面副本没有限定地分发给所有想要的人，那么该文稿就是印刷出版物。本案中有六人索取并获得了副

---

❶ 原文表述是 shoe box，直译为鞋盒，这是因为美国早期的索引卡片等档案资料常存放于鞋盒中，因此后来用鞋盒指代档案盒。

❷ 原文表述是 concurring，意思是同意多数法官作出的判决，但对判决依据提出不同理由，参见《元照英美法词典》concurring opinion 词条。

本)。在科学会议上的口头陈述或在贸易展览会上的演示,都可以是 35 U. S. C. 102 (a)(1)规定:"以其他方式为公众所知"的现有技术,参见 MPEP § 2152. 02(e)。

III. 意欲保密的内部文件不是"印刷出版物"

仅在组织内部分发、旨在保密的文件和内容,无论分发多少份,都不是"印刷出版物"。但是,必须有一个存在的保密政策或协议,以在组织内保持机密,而仅仅想要保持机密是不够的。参见 *In re George*, 2 USPQ2d 1880(Bd. Pat. App. & Inter. 1987)(仅在内部分发给那些了解有关此类报告保密政策的人的研究报告不是印刷出版物,即使该政策没有明确以书面形式说明);*Garret Corp. v. United States*, 422 F. 2d 874, 878, 164 USPQ 521, 524(Ct. Cl. 1970)("虽然仅向政府机构和人员分发不能构成出版物……但在使用时不受限制地向商业公司分发显然构成'印刷出版物'");*Northern Telecom Inc. v. Datapoint Corp.*, 908 F. 2d 931, 15 USPQ2d 1321(Fed. Cir. 1990)(四份未列入安全类别的关于 AESOP – B 军用计算机系统的报告,被分发给参与 AESOP – B 项目的大约 50 个组织,其中一份文件载有"未经授权不得复制或进一步传播"的说明",其他文件都属于应该包含这份说明的类别。这些文件存放在 Mitre 公司的图书馆里,只有那些参与 AESOP – B 项目的人才可以访问这个库。法院认为,这种公开访问不足以使这些文件成为"印刷出版物")。

IV. 即使展示的时间只有几天,而且文件不能通过副本传播,也未在图书馆或数据库中编入索引,公开展示的文件仍可以构成"印刷出版物"

一份公开展示的文件,凡该领域技术人员都能看到,且不禁止复制,就可以构成"印刷出版物",即使它不是通过分发复制品或副本和/或在图书馆或数据库中编入索引而传播。正如 *In re Klopfenstein*, 380 F. 3d 1345, 1348, 72 USPQ2d 1117, 1119(Fed. Cir. 2004)案中所述,"关键的问题是一份对比文件是否可被公开访问"。在关键日期之前,将一份展示发明的 14 页幻灯片打印粘贴到海报板上,在两个不同的行业活动中,打印的幻灯片演示在没有保密限制的情况下连续展示了大约三天(*Id.* at 1347, 72 USPQ2d at 1118)。法院指出,"在一个科学会议上,完全的口头陈述,既不包括幻灯片,也不包括演示文稿的副本,毫无疑问,不属于[pre – AIA]35 U. S. C. 102(b)所述的'印刷出版物'。此外,包含临时显示幻灯片的展示也不一定是'印刷出版物'"(*Id.* at 1349 n. 4, 72 USPQ2d at 1120 n. 4)。法院在确定临时展示但既未分发也未编入索引的对比文件,是否已足以使公众可访问从而成为依据 35 U. S. C. 102(b)的"印刷出版物"时,考虑了下列因素:"展览展出的时间长度、目标观众的专业知识、存在(或缺乏)对展示的材料不会被复制的合理预期,以及展示的材料可以被简单或容易地复制"(*Id.* at 1350, 72 USPQ2d at 112)。在审查了上述因素后,法院得出结论,该展览"已足以使公众可访问从而可以算作'印刷出版物'"(*Id.* at 1352, 72 USPQ2d at 1121)。亦参见 *Diomed, Inc. v. Angiodynamics*, 450 F. Supp. 2d 130(D. Mass. 2006)(在奥地利、比利时、法国和意大利,口头陈述的录像被认为不能作为印刷出版物)。

请注意，在科学会议上的口头陈述或在贸易展览上的演示可能是 35 U.S.C. 102 (a)(1)"以其他方式为公众所知"的现有技术，参见 MPEP §2152.02 (e)。

2128.02 出版物可作为对比文件的日期（2012.08 修订）

I．可访问的日期可以通过日常业务实践的证据来证明

证明日常业务实践的证据，可以用来确定出版物被公众获得的日期。当具体文档实际可被获得时，具体的证据证明并不总是必要的。参见 *Constant v. Advanced Micro-Devices, Inc.*, 848 F.2d 1560, 7 USPQ2d 1057 (Fed. Cir.), *cert. denied*, 988 U.S. 892 (1988)（法院认为，英特尔提交的证据是有关无日期的说明表单，其证明了公司通常如何处理这样的说明表单，这就足以证明该表单在关键日期之前可被公众得到）; *In re Hall*, 781 F.2d 897, 228 USPQ 453（Fed. Cir. 1986）（图书馆的宣誓书证实了对索引、编目和存档博士论文的标准时间框架和操作，由此证实了该论文在关键日期之前就可以被公众查阅）。

II．期刊文章或其他出版物自被公众一员收到之日起即可作为现有技术

通过邮件传播的出版物直到被至少一名公众成员接收时，才能作为现有技术。因此，杂志或技术期刊从第一个人收到之日起生效，而不是从邮寄或发送给出版人之日起生效。参见 *In re Schlittler*, 234 F.2d 882, 110 USPQ 304（CCPA 1956）。

2129 自认作为现有技术（2012.08 修订）

I．申请人的自认构成现有技术

申请人在说明书中或者在审查过程中确认他人的工作属于"现有技术"的陈述，即作为一种自认，无论自认的现有技术是否适合作为 35 U.S.C. 102 所述法定类别的现有技术，都可以用于进行在先公开和显而易见性的判断。参见 *Riverwood Int'l Corp. v. R.A. Jones & Co.*, 324 F.3d 1346, 1354, 66 USPQ2d 1331, 1337 (Fed. Cir. 2003); *Constant v. Advanced Micro-Devices Inc.*, 848 F.2d 1560, 1570, 7 USPQ2d 1057, 1063 (Fed. Cir. 1988)。但是，即使被标记为"现有技术"，除非属于法定类别之一，同一发明实体的工作成果也不得被视为反对权利要求的现有技术（出处同上）; 另参见 *Reading & Bates Construction Co. v. Baker Energy Resources Corp.*, 748 F.2d 645, 650, 223 USPQ 1168, 1172 (Fed. Cir. 1984)（"在发明人继续改进他自己的工作成果的情况下，如无法定依据，他的基础性工作成果不应仅仅因为他承认了解自己的工作而被视为现有技术。不管发明人承认与否，他了解自己的工作，这是常识"）。

因此，审查员必须确定被确认为"现有技术"的主题是申请人自己的工作成果，还是其他人的工作成果。在缺乏其他可信的解释的情况下，审查员应将该类主题视为他人的工作成果。

Ⅱ. 说明书中对现有技术的讨论

当说明书将他人所做的工作确定为"现有技术"时，所确定的主题被视为自认的现有技术。参见 In re Nomiya，509 F.2d 566，571，184 USPQ 607，611（CCPA 1975）（认为申请人在标注两幅附图为"现有技术"，即承认附图所示内容是与申请人改进相关的现有技术）。

Ⅲ. JEPSON 权利要求

以 Jepson 格式（即 37 CFR 1.75（e）描述的格式；参见 MPEP §608.01（m））撰写的权利要求，被认为默认前序部分的主题是其他人的现有技术成果。参见 In re Fout，675 F.2d 297，301，213 USPQ 532，534（CCPA 1982）（认为 Jepson 格式的权利要求的前序部分被自认为是现有技术，其中申请人的说明书将前序部分的主题内容归功于其他发明人）。但是，如果申请人为以 Jepson 格式起草权利要求书提出另一种可信的理由，则可以克服这种暗示。参见 In re Ehrreich，590 F.2d 902，909–910，200 USPQ 504，510（CCPA 1979）（申请人不认可前序部分为现有技术并解释说，Jepson 格式是用来在共同未决的申请中避免被重复授权否决，审查员也没有引用技术表明前序部分主题的现有技术）。此外，如果 Jepson 权利要求的前序部分描述了申请人自己的工作成果，则不得将其用于质疑权利要求，参见 Reading & Bates Construction Co. v. Baker Energy Resources Corp.，748 F.2d 645，650，223 USPQ 1168，1172（Fed. Cir. 1984）；Ehrreich，590 F.2d at 909–910，200 USPQ at 510。

Ⅳ. 信息披露声明（IDS）

仅仅在 IDS 中列出对比文件并不意味着承认该对比文件是反对权利要求的现有技术，参见 Riverwood Int'l Corp. v. R.A. Jones & Co.，324 F.3d 1346，1354–55，66 USPQ2d 1331，1337–38（Fed Cir. 2003）（如无法定依据，在 IDS 中列出申请人自己的在先专利并不意味着可以将其作为现有技术使用）；参见 37 CFR 1.97（h）（"提交 IDS 不应被解释为承认声明中引用的信息是或被认为是 37 CFR 1.56（b）中定义的对可专利性具有实质影响的信息"）。

2130（预留）

2131 在先公开——35 U.S.C.102 的适用（2017.08 修订）

如果一项请求保护的发明被一份作为现有技术的披露内容在先公开（或是该发明是"不新颖的"），则可以根据 35 U.S.C.102 否决该发明。要否决一项被对比文件在先公开的权利要求,该披露内容必须教导该权利要求根据其最宽泛合理解释所要求的每一个要素。参见 MPEP § 2114 第Ⅱ节和第Ⅳ节。

"只有认定在单篇现有技术中明确地或隐含地描述了该权利要求中提出的每一个要素,该权利要求才被在先公开。"参见 *Verdegaal Bros. v. Union Oil Co. of California*,814 F. 2d 628,631,2 USPQ2d 1051,1053(Fed. Cir. 1987)。"当一项权利要求涉及多个结构或组合时,无论是一般性的还是可选择的,如果在现有技术中已知该权利要求范围内的任何结构或组合物,则视为该权利要求被在先公开。"(*Brown v. 3M*,265 F. 3d 1349,1351,60 USPQ2d 1375,1376(Fed. Cir. 2001))(权利要求是把计算机时钟设定为一种偏移时间的系统,以处理千年虫(Y2K)的问题❶,该系统可用"两位数、三位数或四位数中的至少一种"表示年份数据。认为该权利要求被一个只以两位数格式纪年的系统在先公开)。另见 MPEP § 2131.02。"相同的发明必须在……权利要求包含的完整细节中得到证明。"参见 *Richardson v. Suzuki Motor Co*,868 F. 2d 1226,1236,9 USPQ2d 1913,1920(Fed. Cir. 1989)。要素必须按照权利要求所要求的排列,但这不是要求逐字逐句的❷测试,即不需要术语完全相同。参见 *In re Bond*,910 F. 2d 831,15 USPQ2d 1566(Fed. Cir. 1990)。注意,在某些情况下,在以 35 U. S. C. 102 否决中允许使用多份对比文件,参见 MPEP § 2131.01。

2131.01 基于多份对比文件的 35 U. S. C. 102 否决(2013.11 修订)

通常情况下,根据 35 U. S. C. 102 作出否决应仅使用一份对比文件。但是,在特殊情况下可能需要引用其他对比文件,作出基于多篇对比文件的否决。这些情况包括:
(A)证明主要对比文件包含"可实施的披露";
(B)解释主要对比文件中使用的术语含义;或
(C)表明对比文件中未披露的特征是固有的。
关于每种情况的更多解释,请见下文Ⅰ~Ⅲ。

Ⅰ. 证明主要对比文件包含"可实施的披露"
可以使用附加的对比文件和外部证据来证明主要对比文件包含"可实施的披露"

当所要求的组合物或机器被对比文件完全披露,可以依据附加的对比文件来证明主要对比文件具有"可实施的披露"。参见 *In re Samour*,571 F. 2d 559,197 USPQ 1(CCPA 1978)和 *In re Donohue*,766 F. 2d 531,226 USPQ 619(Fed. Cir. 1985)(基于一份出版物并考虑到两份专利,根据 pre - AIA 35 U. S. C. 102(b)对化合物权利要求作出否决。该文章披露了请求保护的化合物结构,而专利文献中教导了制造该类化合物的方法。申请人辩称,由于之前不知道该化合物的用途,所以没有结合对比文件的

---

❶ 原文表述是 Year 2000(Y2K)problem,即在 2000 年以前,计算机一般仅用两位数字纪年,省略"19"字样,2000 年以后,该纪年方式会导致年份的混淆,例如"74",可能是 2074 年,也可能是 1974 年。

❷ 原文表述是 *ipsissimis verbis*,其含义是"正是以该字句",参见《元照英美法词典》*ipsissimis verbis* 词条。

动机,因此基于多份对比文件作出的 35 U. S. C. 102 否决是不适当的。法院认为,该文章教导了权利要求的所有要素,因此不需要结合对比文件这一动机。这些专利仅作为证明申请人的发明之前公众掌握哪些现有技术的证据提交)。

Ⅱ. 解释主要对比文件中所用术语的含义
附加的对比文件或外部证据可用于解释说明主要对比文件中所用术语的含义

外部证据可以用来解释但不能扩大对比文件中所用术语和短语的含义。专利文件是用来证明权利要求保护的主题已在先公开的证据。参见 *In re Baxter TravenolLabs.*,952 F. 2d 388,21 USPQ2d 1281(Fed. Cir. 1991)(Baxter Travenol 实验室的发明涉及一种血袋系统,其包括含有 DEHP 的袋,DEHP 是塑料的添加剂,提高了血袋系统的红细胞储存能力。审查员基于 Becker 作出的一份技术进展报告否决了该权利要求,该报告教导了相同的血袋系统,但没有明确披露 DEHP 的存在。然而,该报告确实披露了使用商业血袋的情况,它还披露了该血袋系统"非常类似于 Baxter Travelon 的商业双袋血容器"。外部证据(证词、声明和 Baxter Travelon 自己的承认)表明,在 Becker 的报告撰写时,商业血袋中含有 DEHP。因此,本领域普通技术人员会知道,"商业血袋"意味着含有 DEHP 的袋子。因此,认为该权利要求被在先公开)。

Ⅲ. 表明对比文件中未披露的特征是固有的
附加的对比文件或证据可以用来表明由主要对比文件教导的事物的固有特征

"当对比文件没有叙述某种特定的固有特征时,为了使其作为在先公开的对比文件,可以利用外部证据来填补这种空白。这些证据必须清楚地表明,在对比文件中所描述的事物中必然存在未作描述的主题,并且被本领域普通技术人员所承认。"参见 *Continental Can Co. USA v. Monsanto Co.*,948 F. 2d 1264,1268,20 USPQ2d 1746,1749 – 50(Fed. Cir. 1991)(法院接着解释说,"在要求权利要求的每一个要素都出现在单独一份对比文件中的'在先公开'规则中,这种适度的灵活性包含公知的技术知识没有被记录在对比文件中的情况,也就是技术事实为技术领域人员所知但法官却不知道的情形"。参见 948 F. 2d at 1268,20 USPQ at 1749 – 50)。注意,只要有审查档案的证据证实固有属性,即便本领域技术人员未能同时识别现有技术对比文件的固有属性、功能或成分,并不妨碍对在先公开的认定。参见 *Powder Co. v. IRECO,Inc.*,190 F. 3d 1342,1349,51 USPQ2d 1943,1948(Fed. Cir. 1999)(两份现有技术对比文件披露了含有油包水乳液的破乳剂,其成分与权利要求所要求的成分相同,且与权利要求所要求的组合物范围重叠。可以说,权利要求书中不存在于现有技术组合物中的唯一要素是"充分通风……以在很大程度上提高灵敏度"。联邦巡回上诉法院认定,根据审查档案中的证据(包括测试数据和专家证词),两份对比文件中描述的乳液都不可避免地且固有地具有"足够的通气量",使化合物在要求保护的范围内敏化。其中一份对比文件教导远离空气滞留或有意曝气的事实并不会破坏这种固有属性的认定)。也可见 *In re King*,801 F. 2d 1324,1327,231 USPQ 136,139(Fed. Cir. 1986);*Titanium Metals*

Corp. v. Banner, 778 F. 2d 775, 782, 227 USPQ 773, 778（Fed. Cir. 1985）。关于固有属性的判例法，参见 MPEP §2112 至 §2112.02。还请注意，证明普遍事实的外部证据的关键日期不必在申请日期之前，参见 MPEP §2124。

2131.02 上位概念—下位概念的情形（2017.08 修订）

I. 一个下位概念将在先公开一个上位概念的权利要求

"如果现有技术披露了落入请求保护的上位概念范围内的下位概念，则不允许向申请人授予该上位权利。"在这种情况下，下位概念在先公开了上位概念。参见 *In re Slayter*, 276 F. 2d 408, 411, 125 USPQ 345, 347（CCPA 1960）; *In re Gosteli*, 872 F. 2d 1008, 10 USPQ2d 1614（Fed. Cir. 1989）（Gosteli 在马库什权利要求中要求保护 21 种具体的双环硫氮杂化合物的上位概念。针对权利要求所应用的现有技术披露了其中两种化学物质。双方同意，除非申请人有权享有其外国优先权日，否则现有技术中的下位概念将在先公开该权利要求）。

II. 无论还有多少其他下位概念被提到，一份明确提及了所要求保护的下位概念的对比文件能在先公开该权利要求

一个上位概念并不总是能够在先公开包含在其范围中的下位概念的权利要求。然而，当该下位概念被明确提及时，无论还有多少个其他下位概念被提到，该下位概念的权利要求都已经被在先公开。参见 *Ex parte A*, 17 USPQ2d 1716（Bd. Pat. App. & Inter. 1990）（请求保护的化合物在对比文件中被提到，该对比文件还披露了其他 45 种化合物。委员会认为，所列化合物种类的全面并没有否定请求保护的化合物被专门教导的事实。委员会将事实与在 *Merck Index* 案中对化合物认定的情况进行了比较，称 "*Merck Index* 第十版列出了一万种化合物。在我们看来，每一种化合物都在该出版物中'被描述'为 [pre – AIA] 35 U. S. C. 102（a）中使用的那个术语"）（*Id.* at 1718）。亦参见 *In re Sivaramakrishnan*, 673 F. 2d 1383, 213 USPQ 441（CCPA 1982）（该权利要求涉及以月桂酸镉为添加剂的聚碳酸酯。法院维持了委员会的裁决，即对比文件在聚碳酸酯树脂中许多合适的盐的列表中特别指明月桂酸镉为添加剂，从而在先公开了该权利要求。申请人争辩说，月桂酸镉只是作为盐的代表而被披露的，预期其与列出的其他盐具有相同的性质，但是本申请中所示的月桂酸镉具有预料不到的性质。法院认为，虽然该盐没有作为优选披露，但是该对比文件仍然在先公开了权利要求。当权利要求已被在先公开时，该预料不到的性质无关紧要）。

III. 当下位概念可以从上位披露中"立即想到"时，上位披露将在先公开所涵盖的请求保护的下位概念

上位披露是否必然在先公开了上位概念内的一切……取决于下位披露的事实情况和待裁决的特定产品。参见 *Sanofi – Synthelabo v. Apotex, Inc.*, 550 F. 3d 1075, 1083,

89 USPQ2d 1370, 1375（Fed. Cir. 2008）。亦参见 *Osram Sylvania Inc. v. American Induction Tech. Inc.*, 701 F. 3d 698, 706, 105 USPQ2d 1368, 1374（Fed. Cir. 2012）("本领域普通技术人员如何理解特定技术中上位概念或下位概念的相对大小至关重要")。

即使对比文件没有描述"权利要求中所排列或组合的限定，如果本领域技术人员阅读对比文件会'立即想到'所要求的排列或组合"，则该对比文件在先公开了该权利要求。参见 *Kennametal, Inc. v. Ingersoll Cutting Tool Co.*, 780 F. 3d 1376, 1381, 681（CCPA 1962））。在 *Kennametal* 案中，被质疑的权利要求是一种需要具有物理气相沉积（PVD）涂层的钌结合剂的刀具。对比文件的权利要求5披露了要求保护的涂层刀具的所有要素，但是，钌只是五种指定的粘合剂之一，权利要求未限定特定的涂层技术。对比文件的说明书披露了作为三种合适的涂层技术之一的PVD。联邦巡回上诉法院表示，对比文件"'明示'对PVD涂层的考虑提供了充分的证据，证明通过理性分析可以认定，本领域技术人员……将立即设想到使用PVD涂层。因此，该证据支持了委员会的结论，即［对比文件］有效地教导了15种组合，其中一种组合可在先公开未决的权利要求1。尽管在［对比文件］中没有证据证明结合钌粘合剂和PVD涂层的'实际性能'，但这是不需要的"。参见 *Kennametal*, 780 F. 3d at 1383, 114 USPQ2d at 1255。

当一种要求保护的化合物在一份对比文件中没有被特别提及，而是需要在该对比文件中选择部分教导并将其结合时。例如，从给出的用于放置在通用化学式上特定位置的替代物列表中选择各种取代基以获得特定的组成时，只有当取代基的种类足够有限或被很好地描述时才能算被在先公开。参见 *Ex parte A*, 17 USPQ2d 1716（Bd. Pat. App. & Inter. 1990）。如果本领域普通技术人员能够"立即想到"通用化学式中的特定化合物，则可在先公开该化合物。本领域普通技术人员必须能够在"立即想到"任何化合物之前，绘制结构式或写出通式中包含的每个化合物的名称。人们可以通过首选实施方案来确定在先公开哪些化合物。参见 *In re Petering*, 301 F. 2d 676, 133 USPQ 275（CCPA 1962）。

在 *In re Petering* 案中，现有技术披露了一个通用化学公式，"其中X、Y、Z、P和R′-代表氢或烷基，R是一个包含OH基团的侧链"。法院认为，没有更多的公式，这个公式就不能在先公开7-甲基-9-［d, l′-利比妥］-异丙嗪的权利要求，因为通式包含大量的，甚至可能是无限数量的化合物。然而，该对比文件还揭示了X、Y、Z、P、R和R′的如下优选取代基：X、P和R'为氢，Y和Z可能为氢或甲基，R为8种下位的异氧嗪之一。法院裁定，这种更为有限的通用类包含约20种化合物。优选配方所涵盖的化合物数量有限，每个位点的取代基数量较少，环的位置有限，并且存在大量不变的结构核，导致认定对比文件的充分描述"已经完全涵盖这里所涉及的各种排列，如同已经绘制了每个结构式或写下了每个名字一样"，要求保护的化合物是这20种化合物中的1种。因此，对比文件"描述"了要求保护的化合物并在先公开了该权利要求。

在 *In re Schauman*, 572 F. 2d 312, 197 USPQ 5（CCPA 1978）案中，具体化合物的权利要求被在先公开了，因为现有技术所教导的通式包含数量有限的、在结构上彼此密切相关的化合物,且其性质是对要求保护的化合物的公开。宽泛的通式似乎描述了无限多的化合物,但权利要求1限定为只有一个变量取代基R,且取代基仅限于低烷基。本领域普通技术人员能够立即想到对比文件中权利要求1的发明主题。

对比 *In re* Meyer,599 F. 2d 1026,202 USPQ 175(CCPA 1979)(披露"碱性氯或溴溶液"的对比文件涵盖了许多种类,不能说在先公开了"碱金属次氯酸盐"的权利要求);*Akzo N. V. v. International Trade Comm'n*,808 F. 2d 1471,1 USPQ2d 1241(Fed. Cir. 1986)(对比文件未公开使用98%硫酸溶液制备芳纶纤维的方法,该对比文件公布了使用硫酸溶液,但未公开使用98%浓硫酸溶液)。见 MPEP § 2144.08 针对上位—下位概念情况显而易见性的讨论。

2131.03 在先公开的范围(2017.08 修订)

Ⅰ. 现有技术中在要求保护的范围内的一个具体实施例在先公开了该范围

"通过对范围或类似形式的记载,当一项权利要求覆盖数种组合物时,如果其中一种属于现有技术,则该权利要求是'被在先公开的'。"参见 *Titanium Metals Corp. v. Banner*,778 F. 2d 775,227 USPQ 773(Fed. Cir. 1985)(援引 *In re Petering*,301 F. 2d 676,682,133 USPQ 275,280(CCPA 1962))(原文强调)(对含0.6%~0.9% 镍(Ni)和0.2%~0.4%钼(Mo)的钛(Ti)合金的权利要求,被一份关于Ti–Mo–Ni合金的俄罗斯文章中的图表在先公开,因为该图包含含有0.25% Mo 和0.75% Ni 的 Ti 合金的实际数据点,即该组合物在要求保护的组合物范围内)。

Ⅱ. 如果现有技术的范围以"足够的特性"披露要求保护的范围,则教导范围的现有技术在先公开,所述范围叠盖或者触及要求保护的范围

现有技术披露的范围涉及或者叠盖所要求保护的范围,但是没有披露落入要求保护的范围内的具体实施例时,必须对在先公开进行逐一确定。为了确认在先公开,要求保护的主题必须在对比文件中被披露,即该对比文件以"足够的特性构成符合法规的在先公开"。构成"足够的特性"的内容取决于事实。如果权利要求的范围较窄,而对比文件教导了一个较宽的范围,则在确定是否以"足够的特性"披露窄范围以构成对权利要求的在先公开时,必须考虑本案的其他事实。对比 *ClearValue Inc. v. Pearl River Polymers Inc.*,668 F. 3d 1340,101 USPQ2d 1773(Fed. Cir. 2012)和 *Atofina v. Great Lakes Chem. Corp*,441 F. 3d 991,999,78 USPQ2d 1417,1423(Fed. Cir. 2006)。

在 *ClearValue* 案中,有争议的权利要求是一项采用质量分数浓度低于$50×10^{-6}$的碱净化水的方法,而现有技术教导了采用质量分数浓度$150×10^{-6}$或以下的碱的相同工艺系统。在认定权利要求被在先公开时,法院认为,"没有关键性的主张或任何证据表明在整个范围内存在任何差异"(*Id.* at 1345,101 USPQ2d at 1777)。在 *Atofina* 案中,法院认为,对比文件温度范围在100~500℃,并没有充分特别地在先公开权利要求的330~450℃的温度范围,虽然对比文件温度的优选范围(150~350℃)与权利要求的温度范围略有重叠。"对于范围的披露并不只是范围端点的披露,也不等于范围内的每一个中间点的披露"(*Id.* at 1000, 78, 1424 USPQ2d)。专利权人将权利要求的温度范围描述为"关键的",以确保该工艺能够有效地运行,并表明普通技术人员会认为在权利要求的温度范围之外合成工艺以不同的方式运行。

如果现有技术披露没有通过"足够的特性"披露要求保护的范围以构成对要求保护发明的在先公开,任何在狭窄范围内出现意外结果的证据都可能使权利要求变得非显而易见。见 MPEP §716.02 及其下辖章节。"足够的特性"的问题类似于从一般性的教导中"明显可想到"的下位概念,参见 MPEP §2131.02。

如果不清楚对比文件是否以"足够的特性"教导了该范围,则结合 35 U.S.C. 102/103 否决是允许的。在这种情况下,审查员必须提供在先公开的理由及关于显而易见性的合理陈述。参见 *Ex parte Lee*, 31 USPQ2d 1105 (Bd. Pat. App. & Inter. 1993)(扩大委员会)。关于范围的显而易见性的讨论,请见 MPEP §2144.05。

III. 现有技术教导的值或范围非常接近但不叠盖或涉及权利要求保护的范围,不能够在先公开要求保护的范围

"只有当对比文件准确地披露了权利要求的内容,才能按照 35 U.S.C. 还是 MPEP §102 确定为在先公开,对比文件披露与权利要求之间存在差异时,否决必须基于 §103 将差异考虑在内。"参见 *Titanium Metals Corp. v. Banner*, 778 F.2d 775, 227 USPQ 773 (Fed. Cir. 1985)(Fed. Cir. 1985)(在一篇关于 Ti(钛) - Mo(钼) - Ni(镍)合金的俄罗斯文章中有一个图表,其中包含一个与含有 0.25% Mo 和 0.75% Ni 的 Ti 合金相对应的实际数据,虽然使得含有 0.8% 镍(Ni)和 0.3% 钼(Mo)的钛(Ti)合金的权利要求显而易见,但并未在先公开该权利要求)。

2131.04 次要考虑事项(2012.08 修订)

次要考虑事项的证据,如预料不到的结果或商业成功,其与基于 35 U.S.C. 102 的否决无关,因此无法基于此克服否决决定。参见 ln re Wiggins, 488 F.2d 538, 543, 179 USPQ 421, 425(CCPA 1973)。

2131.05 不相似的或否定性的现有技术(2012.08 修订)

"关于所谓在先公开的现有技术是'非同类技术'或'教导远离发明'或不被认为是解决要求保护的发明所解决的问题的争辩,与基于 35 U.S.C. 102 的否决没有'密切关系'。"参见 *Twin Disc, Inc. v. United States*, 231 USPQ 417, 424 (Cl. Ct. 1986)(援引 *In re Self*, 671 F.2d 1344, 213 USPQ 1, 7(CCPA 1982))。亦参见 *State Contracting & Eng'g Corp. v. Condotte America, Inc.*, 346 F.3d 1057, 1068, 68 USPQ2d 1481, 1488 (Fed. Cir. 2003)(对比文件是否是类似技术与对比文件是否在先公开权利要求无关。

对比文件可以指向与发明人所解决的问题完全不同的问题，也可以来自与所要求保护的发明完全不同的工作领域。但是，只要对比文件明确地或固有地在先公开了权利要求中记载的每个限定，则该对比文件就是在先公开的）。

即使在披露本发明的同时，对比文件对其加以否定，对比文件同样在先公开了该发明。一份对比文件是否"教导远离"发明的问题不影响在先公开的现有技术。参见 *Celeritas Technologies Ltd. v. Rockwell International Corp.*，150 F. 3d 1354，1361，47 US-PQ2d 1516，1522 – 23（Fed. Cir. 1998）（现有技术被认为在先公开了权利要求，即使它教导远离要求保护的发明。"具有单载波数据信号的调制解调器低于最佳值的事实并不影响它被披露的事实"）。参见 *Upsher – Smith Labs. v. Pamlab*，*LLC*，412 F. 3d 1319，1323，75 USPQ2d 1213，1215（Fed. Cir. 2005）（权利要求的组合物中明确排除了对比文件公开的组合物中包含的相同组分的某种可选择组成包含相同组分的对比文件组合物在先公开的成分。）亦参见 *Atlas Powder Co. v. IRECO*，*Inc.*，190 F. 3d 1342，1349，51 USPQ2d 1943，1948（Fed. Cir. 1999）（现有技术对比文件在先公开了要求保护的组合物，即使对比文件中教导不要滞留空气或有目的的通风，也固有地满足权利要求关于"充分通风"的限定）。

2132 Pre – AIA 35 U. S. C. 102（a）（2013. 11 修订）

编者按：MPEP 中本部分不适用于如 35 U. S. C. 100（定义）所述按照 AIA 首位发明人申请（FITF）规定进行审查的申请。参见 MPEP §2159 及其下属章节确定申请是否要按照 FITF 规定进行审查，参见 MPEP §2150 及下属章节介绍根据这些规定对相关申请的审查。有关 AIA 35 U. S. C. 102（a）和（b）见 MPEP §2152 及下属章节详细讨论。

Pre – AIA 35 U. S. C. 102 可专利性条件；新颖性和丧失得到专利的权利。
任何人都有权获得专利，除非——
（a）在专利申请人的发明之前，该发明在本国已为他人知晓或使用，或者在本国或外国已经由他人获得专利或在印刷出版物中被描述。
……

I．已知或使用

A．"已知或使用"指为公众所知或使用

"法律用语'在本国已为他人知晓或使用'[pre – AIA 35 U. S. C. 102（a）]，是指公众可获得的知识或使用。"参见 *Carella v. Starlight Archery*，804 F. 2d 135，231 USPQ 644（Fed. Cir. 1986）。如果无刻意保密，这些知识或使用是公众可以获得的。参见

W. L. Gore & Assoc. v. Garlock, *Inc.*, 721 F. 2d 1540, 220 USPQ 303（Fed. Cir. 1983）。
参见 MPEP§2128 至§2128.02 关于公众可获得出版物可能性的判例法。

B. 他人销售通过秘密工艺生产的产品，如果可以通过检查产品来确定工艺，则可作为 pre – AIA 35 U. S. C. 102（a）的公开使用。

"通常在以商业为目的的物品生产的过程中，非秘密地使用要求保护的工艺属于公开使用。"但是，生产工艺的秘密使用，同时加上产品的销售并不会导致生产工艺的公开使用，除非公众可以通过检查产品来了解要求保护的生产工艺。因此，如果检查不出产品的工艺，即使该产品是商业销售的，其他人秘密使用此工艺也不会导致基于 pre – AIA 35 U. S. C. 102（a）的否决。

Ⅱ. 本国
只有在美国中的知识或使用才能用于 pre – AIA 35 U. S. C. 102（a）的否决

pre – AIA 35 U. S. C. 102（a）否决中所依据的知识或使用，必须是"在本国"的知识或使用。在美国不存在的现有知识或使用，即使在国外广泛存在，也不能作为 pre – AIA 35 U. S. C. 102（a）否决的依据。参见 *In re Ekenstam*，256 F. 2d 321，118 USPQ 349（CCPA1958）。注意，NAFTA（公法 103 – 182）和《乌拉圭回合协定法》（公法 103 –465）对 pre – AIA 35 U. S. C. 104 作出的修改并未修改 pre – AIA 35 U. S. C. 102（a）中"在本国"的含义，因此，用于 pre – AIA 35 U. S. C. 102 否决的，"在本国"仍指美国。

Ⅲ. 由他人
"他人"是指与发明实体不同的作者或发明人的任何组合

在 pre – AIA 35 U. S. C. 102（a）中"他人"一词系指与发明实体不同的任何实体，该实体只需要有一个人不同即为"他人"。这适用于所有符合 pre – AIA 35 U. S. C. 102（a）标准的现有技术的对比文件，包括出版物以及公知常识和公开使用。对 pre – AIA 35 U. S. C. 102（a）的任何其他解释"将取消根据§102（b）给予的一年［宽限期］。"参见 *In re Katz*，687 F. 2d 450，215 USPQ 14（CCPA 1982）。

Ⅳ. 在本国或外国获得专利

有关使用秘密专利作为现有技术的信息，请参见 MPEP§2126。

2132.01 作为 Pre – AIA 35 U. S. C. 102（a）现有技术的出版物（2017.08 修订）

编者按：MPEP 中本部分不适用于如 35 U. S. C. 100（定义）所述按照 AIA 首位发明人申请（FITF）规定进行审查的申请。参见 MPEP§2159 及其下属章节确定申请是

否要按照 FITF 规定进行审查，参见 MPEP§2150 及下属章节介绍根据这些规定对相关申请的审查。有关 AIA 35 U.S.C. 102（a）和（b）见 MPEP§2152 及下属章节详细讨论。

下文讨论中使用的"获取"或"被获取"是在 pre-AIA 法律的背景下。AIA 中所述的"获取程序"在 MPEP§2310 及其下属章节中进行了讨论。

Ⅰ．如果对比文件出版物是"他人"的，则构成 Pre-AIA 35 U.S.C. 102（a）的初证事实

如果在申请日前的一年内❶，发明或其明显的变形在"印刷出版物"中被描述，且作者与发明主体在任何方面都不同，那么就构建了基于 pre-AIA 35 U.S.C. 102（a）的初证事实；除非出版物本身声明该出版物描述的是发明人或至少一名共同发明人的成果。参见 *In re Katz*，687 F.2d 450，215 USPQ 14（CCPA 1982）。有关构成"印刷出版物"的判例法，请见 MPEP§2128。请注意，当对比文件早于申请提交日一年以上出版的美国专利、美国专利申请公布或某些国际申请公布公开时，应按照 pre-AIA 35 U.S.C. 102（e）作出否决。关于 pre-AIA 35 U.S.C. 102（e）的判例法，请参见 MPEP§2136 至§2136.05。

Ⅱ．申请人可以通过证明对比文件的披露来源于发明人或至少一名共同发明人的成果来反驳初证事实

发明人或至少一名联合发明人在专利申请提交日期前一年内披露了自己的成果，该成果不能作为 pre-AIA 35 U.S.C. 102（a）的现有技术用于否决该申请。参见 *In re Katz*，687 F.2d 450，215 USPQ 14（CCPA 1982）（下面讨论）。因此，如果发明人或至少一名共同发明人是该申请所引用出版物的共同作者之一，则可以通过提交其他作者所作的宣誓书，证明出版物的有关部分来源于发明人或从发明人或者至少一名共同发明人处获得，如此便可将该出版物从对比文件中删除。这种宣誓书称为放弃宣誓书。参见 *Ex parte Hirschler* 110 USPQ 384（Bd. App. 1952）。发明人或至少一名共同发明人，也可以通过提交一份具体声明，说明该文章描述的是发明人本人的成果来克服否决意见。参见 *In re Katz*，687 F.2d 450，215 USPQ 14（CCPA 1982）。但是，如果有证据表明共同作者拒绝放弃发明权，并且认为自己是发明人的，该发明人的宣誓书或者声明将不足以证明该发明人或者至少一名共同发明人是本发明主题的唯一发明人，该否决成立。参见 *Ex parte Kroger*，219 USPQ 370（Bd. App. 1982）（下面讨论）。如果符合 35 U.S.C. 116 第三款的要求，也可以通过将共同作者添加为共同发明人来克服否决。参见 *In re Searles*，422 F.2d 431，164 USPQ 623（CCPA 1970）。

在 *In re Katz*，687 F.2d 450，215 USPQ 14（CCPA 1982）案中，Katz 在一份声明中

---

❶ 原文表述是 within 1 year of the filing date，字面含义是"申请日的一年内"，容易误解为申请日后的一年内。结合 35 U.S.C. 102（a）的定义及本小节后半部分的对比描述，应特指申请日前的一年内，即美国专利法中的"宽限期"。

称，该出版物的共同作者，Chiorazzi 和 Eshhar，是在发明人 David H. Katz 博士的指导和监督下工作的学生。法院认为，该声明与该出版物是一篇研究论文的事实相结合，足以证明 Katz 是唯一的发明人，而且出版物中描述的工作是他自己的。在研究论文中，只参与分析和测试的学生通常被列为共同作者，但不被视为共同发明人。

在 *Ex parte Kroger*，219 USPQ 370（Bd. App. 1982）案中，Kroger、Knaster 等人在一篇关于光伏发电的文章中被列为作者，而该篇文章被用来否决将 Kroger 和 Rod 列为发明人的申请。Kroger 和 Rod 提交了声明自己是发明人的宣誓书。宣誓书还表明，Knaster 只执行任务，并在 Kroger 的监督和指导下工作。委员会认为，如果这是本案的唯一证据，那么依据 *In re Katz*，可以确定 Kroger 和 Rod 是仅有的发明人。然而，在本案中，有证据表明，Knaster 拒绝签署放弃发明权的宣誓书，Knaster 以一封信的形式向本案提供证据，信中他声称自己是共同发明人。委员会认为证据还没有充分到足以克服否决。请注意，虽然该否决是根据 pre–AIA 35 U.S.C. 102（f）作出的，但委员会对该问题的处理与 pre–AIA 35 U.S.C. 102（a）规定的情况相同。另请见判例法，MPEP § 2136.05 所述如何克服 pre–AIA 35 U.S.C. 102（e）否决。许多案例都说明了这种情况。

Ⅲ. 37 CFR 1.131 用于克服 Pre–AIA 35 U.S.C. 102（a）否决意见的宣誓书

当对比文件不是 pre–AIA 35 U.S.C. 102（b）（c）或（d）规定的法定禁止情况时，申请人可以按照 37 CFR 1.131 的规定通过提交宣誓书来克服否决意见。参见 *In re Foster* 343 F.2d 980，145 USPQ 166（CCPA 1965）。如果对比文件披露了发明人或至少一名共同发明人从发明人或共同发明人处获得自己的成果，则应提交一份 37 CFR 1.131 宣誓书证明在对比文件之前作出了发明，或提交一份 37 CFR 1.132 的宣誓书，以证明对比文件主题是从发明人或共同发明人处获得，以及由发明人或共同发明人作出的更多。参见 *In re Facius*，408 F.2d 1396，161 USPQ 294（CCPA 1969）。更多关于何时可以根据 37 CFR 1.131 提交宣誓书来克服对比文件，以及需要什么证据的信息，参见 MPEP § 715。

2133 Pre–AIA 35 U.S.C. 102（b）（2015.07 修订）

编者按：MPEP 中本部分内容不适用于如 35 U.S.C. 100（定义）所述的按照 AIA 首位发明人申请（FITF）规定审查的申请。参见 MPEP § 2159 及其下属章节确定是否申请要按照 FITF 规定进行审查，参见 MPEP § 2150 及其下属章节介绍根据这些规定对相关申请的审查。有关 AIA 35 U.S.C. 102（a）和（b）的详细讨论见 MPEP § 2152 及其下属章节。

Pre – AIA 35 U.S.C. 102 专利性条件；新颖性和丧失得到专利的权利

任何人有权获得专利，除非——

……

（b）在美国专利申请日前一年以上，该发明已在本国或外国获得专利，或在印刷出版物上已有描述，或在本国已公开使用或销售。

……

I．如果为期一年的宽限期截止日为假日或周末，宽限期可延长至下一个工作日

出版物、专利、公开使用和销售必须在"美国专利申请日前一年以上"进行，以便根据 pre – AIA 35 U.S.C. 102（b）禁止专利。但是，如果一年宽限期在星期六、星期日或联邦假日到期，并且申请的美国提交日期是下一个工作日，则申请人的自身行为不会导致专利权丧失。参见 *Ex parte Olah*，131 USPQ 41（Bd. App. 1960）。尽管对 37 CFR 1.6（a）（2）和 37 CFR 1.10 进行了修改，要求 USPTO 根据 37 CFR 1.10（如申请日期是星期六）将申请日期与美国邮政服务优先特快专递的寄出日期一致，但细则的变更不影响申请人并存的权利，即当"采取任何行动"的最后一天是星期六、星期日或联邦假日（例如，一年宽限期的最后一天是星期六），将申请推迟到下一个工作日。

II．一年期限的禁止从美国申请日推算

如果申请人在专利申请日前一年以上公布了自己的研究成果，那么该申请人不能获得专利权。参见 *In re Katz*，687 F. 2d 450，454，215 USPQ 14，17（CCPA 1982）。一年期限从美国申请日推算。因此，如果公众在以美国申请日作为终止的一年宽限期之前获知该发明，那么申请人将无法获得专利权。公众如何获知这项发明是无关紧要的。公众的获知可以通过公开使用、公开销售、出版物、专利或这些的任何组合来实现。此外，现有技术不必与所要求保护的发明完全相同，但如果所要求保护的发明是现有技术的明显变形，则将禁止所要求保护的发明的专利性。参见 *In re Foster*，343 F. 2d 980，145 USPQ 166（CCPA 1966）。有关申请在美国的有效提交日期，请参阅 MPEP §706.02。

2133.01 部分继续（CIP）申请的否决（2013.11 修订）

编者按：MPEP 中本部分内容不适用于如 35 U.S.C. 100（定义）所述按照 AIA 首位发明人申请（FITF）规定进行审查的申请。参见 MPEP §2159 及其下属章节确定申请是否要按照 FITF 规定进行审查，参见 MPEP §2150 及下属章节介绍根据这些规定对相关申请的审查。有关 AIA 35 U.S.C. 102（a）和（b）见 MPEP §2152 及下属章节详细讨论。

当申请人提交部分继续申请而其权利要求不被母案支持时,其有效的申请日期为子申请 CIP❶ 的申请日期。任何披露该发明或其明显变形的现有技术,如果其关键对比文件的日期早于该子申请的申请日期一年以上,则根据 pre – AIA 35 U. S. C. 102(b)的规定该发明将不能获得专利权。参见 *Paperless Accounting v. Bay Area Rapid Transit System*,804 F. 2d 659,665,231 USPQ 649,653(Fed. Cir. 1986)。

2133.02 基于出版物和专利的否决(2013.11 修订)

编者按:MPEP 中本部分内容不适用于如 35 U. S. C. 100(定义)所述按照 AIA 首位发明人申请(FITF)规定进行审查的申请。参见 MPEP§2159 及其下属章节确定申请是否要按照 FITF 规定进行审查,参见 MPEP§2150 及下属章节介绍根据这些规定对相关申请的审查。有关 AIA 35 U. S. C. 102(a)和(b)见 MPEP§2152 及下属章节详细讨论。

Ⅰ. 申请人在宽限期前为公众所知的研究成果,可用于 Pre – AIA 35 U. S. C. 102(b)的否决

"任何在申请日前超过一年在印刷出版物上记载的发明,即使该印刷出版物是由专利申请人撰写的,也属 35 U. S. C. 102(b)所指的现有技术。"参见 *De Graffenried v. United States*,16 USPQ2d 1321,1330 n. 7(Cl. Ct. 1990)。"一旦发明者决定揭开他(或她)成果的神秘面纱,他(或她)必须在联邦专利保护或奉献给公众他(或她)的想法之间作出选择。"参见 *Bonito Boats,Inc. v. Thunder Craft Boats,Inc.*,489 U. S. 141,148,9 USPQ2d 1847,1851(1989)。

Ⅱ. 根据 Pre – AIA 35 U. S. C. 102(b)的否决成为否决权利要求可专利性的法定禁止

根据 pre – AIA 35 U. S. C. 102(b)作出的否决,不能以宣誓书及根据 37 CFR 1.131 作出的声明、外国优先日期或申请人本人发明该发明主题的证据来克服。在一年宽限期之外,禁止申请人获得包含任何被在先公开的或显而易见的权利要求的专利。参见 *In re Foster*,343 F. 2d 980,984,145 USPQ 166,170(CCPA 1965)。

2133.03 基于"公开使用"或"销售"的否决(2013.11 修订)

编者按:MPEP 中本部分内容有条件地适用于如 35 U. S. C. 100(定义)所述按照 AIA 首位发明人申请(FITF)规定进行审查的申请。参见 MPEP§2159 及其下属章节确定申请是否要按照 FITF 规定进行审查,参见 MPEP§2150 及下属章节介绍根据这

---

❶ CIP 的全称是 continuation – in – part,这种申请类似于分案申请,不同的是不续用母案的申请日。

些规定对相关申请的审查。参见 MPEP §2152.02（c）至（e），详细讨论 AIA 35 U.S.C. 102 的公开使用和销售条款。

pre – AIA 35 U.S.C. 102（b）"包含几项不同妨碍可专利性的事项，每一项都与申请日一年多以前的活动或披露有关。即使有时'公开使用'和'销售'很明显其中一项适用而另一项不适用，通常也会一并考虑。"参见 *Dart Indus. v. E. I. du Pont de Nemours & Co.*，489 F. 2d 1359，1365，179 USPQ 392，396（7th Cir. 1973）。一项发明可以在没有任何销售活动的情况下公开使用。同样，也可以有非公开的销售，如"秘密"销售或许诺销售，这均构成法定禁止。参见 *Hobbs v. United States*，451 F. 2d 849，859 – 60，171 USPQ 713，720（5th Cir. 1971）。

同样，并非所有的"公开使用"和"销售"行为都必然产生相同的结果。尽管这两项活动都会影响发明人提交专利申请前如何使用发明的可能，但 pre – AIA 35 U.S.C. 102（b）的"非商业"活动可能不会被视为与类似"商业"活动相同参见 MPEP §2133.03（a）和 §2133.03（e）（1）。同样，申请人的"公开使用"行为不得与除申请人以外的其他人的类似"公开使用"行为等同看待，参见 MPEP §2133.03（a）和 §2133.03（e）（7）。此外，"实验使用"的构思在"商业"和"非商业"环境中可能具有不同的意义。参见 MPEP §2133.03（c）和 §2133.03（e）至 §2133.03（e）（6）。

应当指出的是，如果公开使用或销售的装置在先公开了一项在后的请求保护的发明，则 pre – AIA 35 U.S.C. 102（b）可以单独构成一个可专利性的禁止，如果请求保护的发明相对于与现有技术相结合得到的设备是显而易见的，则 pre – AIA 35 U.S.C. 102（b）可以与 35 U.S.C. 103 结合构成一个可专利性的禁止。参见 *LaBounty Mfg. v. United States Int'l Trade Comm'n*，958 F. 2d 1066，1071，22 USPQ2d 1025，1028（Fed. Cir. 1992）。

Ⅰ. 政策考虑因素

（A）"［销售］禁止的一项基本政策是为了尽快通过专利向公众广泛披露新发明。"参见 *RCA Corp. v. Data Gen. Corp.*，887 F. 2d 1056，1062，12 USPQ2d 1449，1454（Fed. Cir. 1989）。

（B）公开使用和销售禁止的另一项基本政策是为了防止发明人在法定授权期限之外，在商业上充分利用其发明的排他性。参见 *RCA Corp. v. Data Gen. Corp.*，887 F. 2d 1056，1062，12 USPQ2d 1449，1454（Fed. Cir. 1989）；MPEP §2133.03（e）（1）。

（C）公开使用和销售禁止的另一项基本政策是为了阻止"将公众有理由相信是免费提供的发明从公共领域中排除"。参见 *MamiUe Sales Corp. v. Paramount Sys., Inc.*，917 F. 2d 544，549，16 USPQ2d 1587，1591（Fed. Cir. 1990）。

2133.03（a）"公开使用"（2017.08 修订）

编者按：MPEP 中本部分内容有条件地适用于如 35 U.S.C. 100（定义）所述按照 AIA 首位发明人申请（FITF）规定进行审查的申请。参见 MPEP §2159 及其下属章节确定申请是否要按照 FITF 规定进行审查，参见 MPEP §2150 及其下属章节介绍根据这些规定对相关申请的审查。参见 MPEP §2152.02（c）至（e），详细讨论 AIA 35 U.S.C. 102 的公开使用和销售条款。

Ⅰ．对"公开使用"的测试

当发明在关键日期前已公开使用并准备申请专利的情况下，构成根据 pre–AIA 35 U.S.C. 102（b）的公开使用禁止。参见 *Invitrogen Corp. v. Biocrest Manufacturing L.P.*，424 *F.3d* 1374，76USPQ2d 1741（Fed. Cir. 2005）。法院作如下解释：

"pre–AIA §102（b）法定禁止中有关公开使用方面的合理测试是所声称的使用是否（1）公众可接触到的；或者（2）可商业利用的。商业利用是公开使用的一个明确标志，但它可能需要不只是如秘密销售。因此，对公开使用方面的测试应考虑与实验有关的证据，以及公共活动的性质；公开使用的途径；观察到使用的公众所承担的保密义务；以及商业利用……该证据与辨别该用途是否属于引起禁止可专利性的公开使用的可能性相关，但它与 Pfaff 的两部分测试法❶的现有专利部分相关的证据不同，那是公开使用禁止的另一个必要要求。"

参见同上，at 1380，76 USPQ2d at 1744（省略引文）。见 MPEP §2133.03（c），讨论公开使用和销售的"申请专利"方面的法定禁止事由。

"构成一项发明的公开使用，不需要公开使用一个以上的专利产品。大量使用可能会加强证据，但是一个非常明确的公开使用可以和多个一样有效地废除专利。"同理，也不需要多人使用该发明。参见 *Egbert v. Lippmann*，104 U.S. 333，336（1881）。

Ⅱ．公众知晓并不必然是 Pre–AIA 35 U.S.C. 102（b）的公开使用

公众仅仅知晓该发明并不意味着该发明就可以依据 pre–AIA 35 U.S.C. 102（b）被否决。pre–AIA 35 U.S.C. 102（b）禁止公开使用或销售，而非公众知晓。参见 *TP Labs.，Inc. v. Professional Positioners，Inc.*，724 F.2d 965，970，220 USPQ 577，581（Fed. Cir. 1984）。

然而，需注意，公知常识可以成为 pre–AIA 35 U.S.C. 102（a）的否决理由（参见 MPEP §2132）。

---

❶ 该测试法源自美国联邦最高法院的 *Pfaff v. Wells Elecs.，Inc.* 判例，是指构成 35 U.S.C. 102（b）禁止的两个具体条件，具体参见 MPEP §2133.03（c）。

A. 商业用途与非商业用途及保密的影响

在有限的情况下，发明的秘密使用或者保密使用可能导致公开使用的禁止。"仅秘密使用并不足以证明已存在的知识没有从公开使用中被排除；商业利用也被禁止"。参见 *Invitrogen*, 424 F. 3d at 1382, 76 USPQ2d at 1745 – 46（专利权人在关键日期之前，在内部秘密使用所要求保护的发明来开发从未销售过的新产品，这一事实本身不足以构成对可专利性的公开使用禁止）。

1. "公开使用"和"非秘密使用"不一定是同义词

"公开"不一定是"非秘密"的同义词。"在关键日期前［由发明人或与发明人有联系的人］对其制备的装置进行非秘密使用本身的事实，并不能因此而确定是否可根据 pre – AIA 35 U. S. C. 102（b）禁止专利。而是装置未隐藏在公众视野之外这一事实可能会使得使用并不保密，但非秘密使用并非事实上的'公开使用'活动。而且，必须补充的是，如果发明人在保密的情况下对发明进行商业利用，那么秘密使用的意思实际上也不是法条中'公开使用'的意思"。参见 *TP Labs. , Inc. v. Professional Positioners, Inc.*, 724 F. 2d 965, 972, 220 USPQ 577, 583（Fed. Cir. 1983）（引文省略）。

2. 即使是隐藏的发明，发明人将体现该发明的机器或产品置于公众视野中，由于该发明已公开使用，发明人被禁止获得专利

当发明人或与发明人有关联的人展示或销售该发明时，就构成 pre – AIA 35 U. S. C. 102（b）意义上的"公开使用"。即使从本质上说，发明作为更大机器或产品的一部分被完全隐藏起来无法看到，但若该发明是以其正常的和预期的方式被另外使用，且更大的机器或产品可为公众获取，那么仍然构成"公开使用"。参见 *In re Blaisdell*, 242 F. 2d 779, 783, 113 USPQ 289, 292（CCPA 1957）；*Hall v. Macneale*, 107 U. S. 90, 96 – 97（1882）；*Ex parte Kuklo*, 25 USPQ2d 1387, 1390（Bd. Pat. App. & Inter. 1992）（即使公众不知道装置的内部工作原理，向实验室参观者展示包括请求保护的发明的结构特征在内的装置也是公开使用。作为本发明公开披露的对象不需要了解本发明的重要性和技术的复杂性）。

3. 如果发明人将使用限制在对隐私有合理预期的地方，并且该使用是为了他或她自己消遣，则不存在公开使用

发明人将自己的发明用于私人用途，供自己消遣，不属于公开使用。参见 *Moleculon Research Corp. v. CBS, Inc.*, 793 F. 2d 1261, 1265, 229 USPQ 805, 809（Fed. Cir. 1986）（发明人在他的寝室里向他的好友们展示了一幅他发明的拼图，后来他所在公司的总裁在发明人的办公桌上看到了这幅拼图并对其进行了讨论。法院认为发明人保留了控制权，因此这些行为并没有导致"公开使用"）。

4. 有无保密协议并不能解决公开使用问题

"有无保密协议并不能解决公开使用的问题，但'这是评估所有证据时需考虑的一个因素'。"参见 *Bernhardt, L. L. C. v. Collezione Europa USA, Inc.*, 386 F. 3d 1371, 1380 – 81, 72 USPQ2d 1901, 1909（Fed. Cir. 2004）（援引 *Moleculon Research*

Corp. v. CBS Inc.，793 F. 2d 1261，1266，229 USPQ 805，808（Fed. Cir. 1986））。法院强调，有必要在公开使用和销售禁止的政策下分析公开使用的证据，包括"防止从公共领域排除公众有正当理由认为可以自由获得的发明，禁止延长发明利用的期限，以及有利于及时和广泛地披露发明"。参见 *Bernhardt*，386 F. 3d at 1381，72 USPQ2d at 1909。亦参见 *Invitrogen*，424 F. 3d at 1379，76 USPQ2d at 1744；MPEP § 2133.03，第Ⅰ节。法院强调的证据包括"公开进行的活动性质；向公众提供有关公开使用的资料及知识；以及观察使用情况的人是否负有保密义务"。参见 *Bernhardt*，386 F. 3d at 1381，72 USPQ2d at 1909。例如，在 *Bernhardt* 案中，法院指出，本案中有争议的展览"不向公众开放，参加者的身份需与建筑安全部门授权的名单对应，在展厅附近的接待处参加者被护送通过展厅，不允许在展厅内做书面记录或拍照"（出处同上）。法院将展览是否公开使用的争议发回重审作进一步处理，因为地方法院"关注的是没有任何保密协议，并没有围绕展览怎么符合公开使用禁止的相关政策的整体情况进行讨论或分析"（出处同上）。

B. 从申请人处获得发明的第三方使用
发明人允许他人在不受限制或者不承担保密义务的情况下使用该发明的，该发明为公开使用

当发明人允许他人在不限制、不受约束或不负有对发明人保密义务的情况下使用该发明时，即发生了 pre – AIA 35 U. S. C. 102（b）对请求保护的发明的"公开使用"。参见 *In re Smith*，714 F. 2d 1127，1134，218 USPQ 976，983（Fed. Cir. 1983）。是否存在保密协议本身并不能决定是否为公开使用而在，要与使用的时间、地点和环境一起考虑，这些因素共同显示了发明者对发明保留的控制程度。参见 *Moleculon Research Corp. v. CBS，Inc.*，793 F. 2d 1261，1265，229 USPQ 805，809（Fed. Cir. 1986）。参见 *Ex parte C*，27 USPQ2d 1492，1499（Bd. Pat. App. & Inter. 1992）（发明人把发明的大豆种子卖给种植者，种植者通过承包和支付种植费来增加库存，以备日后销售。使用种子的商业性质加上"销售"方面的合同和明显缺乏保密要求上升到了"公开使用"禁止的水平）；*Egbert v. Lippmann*，104 U. S. 333，336（1881）（发明人允许他人使用其发明的束身衣，尽管束身衣在使用过程中是被隐藏起来，但因为他没有对束身衣的使用施加保密或限定的义务，所以属于公开使用）。

C. 由独立第三方使用
如果独立第三方充分"告知"公众该发明，或竞争对手能够合理确定该发明，则该独立第三方的使用为公开使用。

与发明人无关的人在正常的商业活动中为贸易或利润而"非秘密"地使用该发明，都可以成为"公开使用"，参见 *Bird Provision Co. v. Owens Country Sausage，Inc.*，568 F. 2d 369，374 – 76，197 *USPQ* 134，138 – 40（5*th* Cir. 1978）。此外，即使机器或制造产品的工艺的另一发明人"秘密"使用，如果通过对销售或公开展示的产品检查或分

析，可以确定机器或工艺的细节，则该发明也是"公开的"。参见 *Gillman v. Stern*，114 F. 2d 28，46 USPQ 430（2d Cir. 1940）；*Dunlop Holdings, Ltd. v. Ram Golf Corp.*，524 F. 2d 33，36 - 7，188 USPQ 481，483 - 484（7th Cir. 1975）。如果从销售或展示的产品中无法确定发明过程的细节，并且第三方将该发明作为商业秘密保存，那么该使用就不是公开使用，也不会禁止向与使用者无关的人颁发专利。参见 *W. L. Gore & Assocs. v. Garlock, Inc.*，721 F. 2d 1540，1550，220 USPQ 303，310（Fed. Cir. 1983）。然而，如果一种设备在关键日期之前将要求保护的特征公之于众，那么即使该设备中未要求保护的其他方面不为公众所知，该设备也可以作为现有技术。参见 *Lockwood v. American Airlines, Inc.*，107 F. 3d 1505，1570 - 71，41 USPQ2d 1961，1964 - 65（Fed. Cir. 1997）（尽管"SABRE 软件的必要算法是专有的、机密的，而且……系统中那些公众容易明白的方面不足以使本领域技术人员复制系统中［未要求保护的部分］"，计算机存储系统仍然是现有技术。）公众"被告知"一项发明所涉及的发明人以外人员公开使用行为的程度，取决于围绕该行为的实际情况，以及这些情况如何与销售和公开使用禁止所依据的政策相符合。参见 *Manville Sales Corp. v. Paramount Sys., Inc.*，917 F. 2d 544，549，16 USPQ2d 1587，1591（Fed. Cir. 1990）（援引 *King Instrument Corp. v. Otari Corp.*，767 F. 2d 833，860，226 USPQ 402，406（Fed. Cir. 1985））。举例来说，在申请人以外的第三方所谓的"秘密"使用中，如果该方大量的非保密承诺的雇员被允许畅通无阻地接触到一项发明，并且该方采取积极措施教导其他雇员了解该发明的性质，公众就"被告知"了。参见 *Chemithon Corp. v. Proctor & Gamble Co.*，287 F. Supp. 291，308，159 USPQ 139，154（D. Md. 1968），在 427 F. 2d 893，165 USPQ 678（4th Cir. 1970）被认可。

即使申请人以外的其他人的公开使用行为没有充分"被告知"，根据 pre - AIA 35 U. S. C. 102（f）和（g），仍有充分的理由将其作为否决依据。参见 *Dunlop Holdings Ltd. v. Ram Golf Corp.*，524 F. 2d 33，188 USPQ 481（7th Cir. 1975）；MPEP § 2137 和 § 2138。

2133.03（b）"销售"（2017.08 修订）

编者按：MPEP 中本部分内容有条件地适用于如 35 U. S. C. 100（定义）所述按照 AIA 首位发明人申请（FITF）规定进行审查的申请。参见 MPEP § 2159 及其下属章节确定申请是否要按照 FITF 规定进行审查，参见 MPEP § 2150 及其下属章节介绍根据这些规定对相关申请的审查。参见 MPEP § 2152.02（c）至（e），详细讨论 AIA 35 U. S. C. 102 的公开使用和销售条款。

如果在美国申请的有效申请日一年多以前，有明确的销售或许诺销售，且该销售或许诺销售的主题充分地在先公开了请求保护的发明，或将其与现有技术相结合使请求保护的发明显而易见，此情况为不允许的销售。参见 *Ferag AG v. Quipp, Inc.*，45

F. 3d 1562, 1565, 33 USPQ2d 1512, 1514 (Fed. Cir. 1995)。如果该发明同时满足（1）是商业销售的要约，而非主要用于实验目的，以及（2）准备申请专利，则将触发 pre - AIA 35 U. S. C. 102（b）的销售禁止。参见 *Pfaff v. Wells Elecs.，Inc.*，525 U. S. 55，67，48 USPQ2d 1641，1646 - 47（1998）。传统的合同法原则适用于确定是否发生了商业销售的要约。参见 *Linear Tech. Corp. v. Micrel，Inc.*，275 F. 3d 1040，1048，61 USPQ2d 1225，1229（Fed. Cir. 2001），*petition for cert. filed*，71 USLW 3093（July 03，2002）（No. 02 - 39）；*Group One，Ltd. v. Hallmark Cards，Inc.*，254 F. 3d 1041，1047，59 US-PQ2d 1121，1126（Fed. Cir. 2001）（"作为一般性建议，我们将参考《统一商业法》（UCC）来定义……一种交流或一系列交流是否会上升到商业销售要约的程度"）。

I."销售"的含义

销售是当事人之间的合同，在该合同中，卖方同意"给予和转让财产权利"，以换取买方的付款或承诺"向卖方支付购买或销售的物品"。参见 *In re Caveney*，761 F. 2d 671，676，226 USPQ 1，4（Fed. Cir. 1985）。货物销售合同需要一个具体的供货及其接受。例如，*Linear Tech.*，275 F. 3d at 1052 - 54，61 USPQ2d at 1233 - 34（法院认为，潜在买方提交了一份所讨论货物的订单，但收到了一份订单确认书，上面写着"建议不预订"，潜在买方能够理解订单未被接受。在 pre - AIA 35 U. S. C. 102（b）的定义里这种情况不算销售）。

"根据§102（b）规定的'销售'，产品必须是商业销售或销售要约的标的"，而要成为商业销售，"产品必须具有 UCC §2 - 106 进行销售的一般特征"。参见 *Medicines Co. v. Hospira，Inc.*，827 F. 3d 1363，1364 119 USPQ2d 1329，1330（Fed. Cir. 2016）（全体法官出席）。在 *Medicines Co.* 案中，法院继续解释"UCC §2 - 106（1）条将'销售'描述为'以一定价格将所有权从卖方转移给买方'。当发明者放弃对产品的兴趣和控制权时，如其所述，所有权的转移是一个有助于判断产品是否'销售'的指标"（*Id.* at 1375，119 USPQ2d at 1338）。在 *Medicines Co.* 案中法院认为，"合同制造商向发明人提供制造服务的销售不构成§102（b）中的使得无效的销售，所销售的既不是具体实施例的所有权，也不是向提供者给予相同上市准入的权利"（*Id.* at 1381，119 US-PQ2d at 1342）。

A. 有条件的销售可能会禁止获得专利

一项发明即使销售是有条件的，也可以被视为"销售"。销售是以买方满意为条件的事实，若没有更多的证据，则不能证明销售是出于实验目的。参见 *Strong v. General Elec. Co.*，434 F. 2d 1042，1046，168 USPQ 8，12（5th Cir. 1970）。

B. 非营利性销售可能会禁止专利

禁止获得专利的"销售"并非全是旨在营利的。如果销售是为了本发明的商业利用，则属于 pre - AIA 35 U. S. C. 102（b）意义上的"销售"。参见 *In re Dybel*，524

F. 2d 1393，1401，187 USPQ 593，599（CCPA 1975）（"虽然为了营利而销售这些装置可以证明是商业利用的目的，但上诉人没有从销售中获得任何利润的事实并不表明不是商业利用"）。

C. 单次销售或许诺销售可能会禁止专利

即使是单次销售或许诺销售该发明，也可能会根据 pre – AIA 35 U. S. C. 102（b）禁止获得专利权。参见 *Consolidated Fruit – Jar Co. v. Wright*，94 U. S. 92，94（1876）；*Atlantic Thermoplastics Co. v. Faytex Corp.*，970 F. 2d 834，836 – 37，23 USPQ2d 1481，1483（Fed. Cir. 1992）。

D. 销售的权利不是销售发明，本身也不会禁止专利

"发明或潜在发明的权利的转让或销售不是 [pre – AIA] 102（b）所指的'发明'的销售。"参见 *Moleculon Research Corp. v. CBS, Inc.*，793 F. 2d 1261，1267，229 USPQ 805，809（Fed. Cir. 1986）；亦参见 *Elan Corp., PLC v. Andrx Pharms. Inc.*，366 F. 3d 1336，1341，70 USPQ2d 1722，1728（Fed. Cir. 2004）；*In re Kollar*，286 F. 3d 1326，1330 n. 3，1330 – 1331，62 USPQ2d 1425，1428 n. 3，1428 – 1429（Fed. Cir. 2002）（区分触发销售禁止的许可（例如，标准计算机软件许可，其中产品被立即转让给被许可人，如同被销售一样），与仅授予不会直接触发销售禁止的发明的权利的许可（例如，潜在专利权或将发明推向市场的排他权））；参见 *Group One, Ltd. v. Hallmark Cards, Inc.*，254 F. 3d 1041，1049 n. 2，59 USPQ2d 1121，1129 n. 2（Fed. Cir. 2001）。

"合同制造商仅向发明人销售制造服务，为发明人创造专利产品的实施例，并不构成发明的'商业销售'。"参见 *Medicines Co. v. Hospira, Inc.*，827 F. 3d 1363，1373 119 USPQ2d 1329，1336（Fed. Cir. 2016）（全体法官出席）。在 *Medicines Co.* 案中法院进一步指出，"即使对交易双方都有利的商业利益也不足以触发 35 U. S. C. 102（b）中的销售禁止；交易必须是产品'在售'的交易，即'商业化上市'"（*Id.* at 1373 – 74，119 USPQ2d at 1336 – 37）。

E. 买方必须不受卖方或要约人的控制

销售或销售要约必须在各自独立的实体之间进行。参见 *In re Caveney*，761 F. 2d 671，676，226 USPQ 1，4（Fed. Cir. 1985）。在涉嫌买卖的当事人有关联的情况下，是否存在法定的禁止取决于卖方是否控制买方使发明脱离公众的掌握。参见 *Ferag AG v. Quipp, Inc.*，45 F. 3d 1562，1566，33 USPQ2d 1512，1515（Fed. Cir. 1995）（如果卖方是买方公司的母公司，但买方公司的总裁对买方公司的运营具有"基本上不受约束"的管理权，则销售属于法定禁止）。

II. 销售要约

"只有达到商业销售要约程度的要约，另一方通过简单接受（假设对价）订立具有

约束力的合同，才构成§102（b）的销售要约。"参见 *Group One*，*Ltd. v. Hallmark Cards*，*Inc.*，254 F. 3d 1041，1048，59 USPQ2d 1121，1126（Fed. Cir. 2001）。

A. 被拒绝或未收到的销售要约足以禁止专利

由于法令在一项发明被"销售"时创设了禁止，所以仅仅是销售要约就足以构成禁止获得专利的商业活动。参见 *In re Theis*，610 F. 2d 786，791，204 USPQ 188，192（CCPA 1979）。即使一个被拒绝的要约也可以构成销售禁止。参见 *UMC Elecs. v. United States*，816 F. 2d 647，653，2 USPQ2d 1465，1469（Fed. Cir. 1987）。事实上，潜在买家甚至不需要实际收到要约，参见 *Wende v. Horine*，225 F. 501（7th Cir. 1915）。

B. 不要求交付所提供的商品

"没有必要等到销售完成后才执行禁止。"参见 *Buildex v. Kason Indus.*，*Inc.*，849 F. 2d 1461，1463 - 64，7 USPQ2d 1325，1327 - 28（Fed. Cir. 1988）（引文略）；同见 *Weatherchem Corp. v. J. L. Clark*，*Inc.*，163 Y. 3d 1326，1333，49 USPQ2d 1001，1006 - 07（Fed. Cir. 1998）（在关键日期之前签署的购买协议构成了商业要约；直到关键日期后才交付财物交易并不重要）。

C. 在签订销售要约时，卖方无需货物"现有"

货物在销售或要约时无需"现有"和转移。销售要约的日期是"销售"活动的生效日期。参见 *A. La Porte*，*Inc. v. Norfolk Dredging Co.*，787 F. 2d 1577，1582，229 USPQ 435，438（Fed. Cir. 1986）。但是，发明必须在关键日期前完成并"准备申请专利"（参见 MPEP§2133.03（c））。参见 *Pfaff v. Wells Elecs.*，*Inc.*，525 U. S. 55，67，48 US-PQ2d 1641，1647（1998）；亦参见 *Micro Chemical*，*Inc. v. Great Plains Chemical Co.*，103 F. 3d 1538，1545，41 USPQ2d 1238，1243（Fed. Cir. 1997）（由于发明人"在所宣称的要约时还没有完成发明，并且没有证明发明很有可能达到其完成时预期目的"，因此销售禁止不会由该许诺销售触发）；*Shatterproof Glass Corp. v. Libbey - Owens Ford Co.*，758 F. 2d 613，225 USPQ 634（Fed. Cir. 1985）（如果没有证据表明向潜在客户展示的样品是由新工艺和新装置制成的，许诺销售就不会上升到销售禁止的高度）。对比 *Barmag Barmer Maschinenfabrik AG v. Murata Mach.*，*Ltd.*，731 F. 2d 831，221 USPQ 561（Fed. Cir. 1984）（如果将发明产品的"转换"模型与许诺销售一起展示给潜在购买者，则要约足以构成 pre - AIA 35 U. S. C. 102（b）的禁止专利）。

D. 必须提供销售要约的实质条款

"既未确定许诺销售的产品，也没有包含实质条款的沟通，不属于合同意义上的'要约'"。参见 *Elan Corp.*，*PLC v. Andrx Pharms. Inc.*，366 F. 3d 1336，1341，70 US-PQ2d 1722，1728（Fed. Cir. 2004）。法院认为，"如果当发明被开发出来获得专利，对该专利许可所涵盖前述发明的未来销售的要约不构成专利发明的许诺销售，也不构成销售禁止"（*Id.* 70 USPQ2d at 1726）。因此，法院的结论是，Elan 的信函不是许诺销售产品。此外，法院表示，信中缺少商业要约的实质条款，如产品定价、数量、交货时间和地点以及产品规格，而且信函中的美元金额不是产品销售价格，而是要求形成并继续合作伙伴关系的金额，确切地表述为"许可费"（出处同上）。

III. 发明人、受让人或者与发明人有关联的其他人在经营过程中的销售

A. 销售活动不需要是公开的

与公开使用的问题不同，没有要求"销售"活动是"公开的"。正如 pre‑AIA 35 U.S.C. 102（b）中使用的"公开"仅修饰"使用"，但不修饰"销售"。参见 *Hobbs v. United States*, 451 F. 2d 849, 171 USPQ 713, 720（5th Cir. 1971）。

B. 发明人同意销售并不是确定销售禁止的先决条件

如果发明是由第三方销售的，第三方从发明人那里获得了发明，即使发明人不同意销售，也不知道该发明已经包含在被销售的物品中，专利仍然被禁止。参见 *Electric Storage Battery Co. v. Shimadzu*, 307 U.S. 5, 41 USPQ 155（1938）；*In re Blaisdell*, 242 F. 2d 779, 783, 113 USPQ 289, 292（CCPA 1957）；*CTS Corp. v. Electro Materials Corp. of America*, 469 F. Supp. 801, 819, 202 USPQ 22, 38（S.D.N.Y. 1979）。

C. 销售或许诺销售的客观证据

在确定是否发生了销售或许诺销售所要求保护的发明时，一个关键问题是，发明人是否销售或许诺销售了一种要求保护的发明的产品。客观证据，如与买方签订的销售合同或其他交流中对发明产品的描述，控制了卖方根据销售合同交付发明产品的未约定意图。参见 *Ferag AG v. Quipp, Inc.*, 45 F. 3d 1562, 1567, 33 USPQ2d 1512, 1516（Fed. Cir. 1995）（包含销售合同的初始谈判和协议既没有明确规定也没有排除使用本发明设计，但在关键日期之前的订单确认确实规定了使用本发明设计，这构成销售禁止）。购买者不需要对待售的发明有实际的了解。确定"所提供的产品是否实际上是请求保护的发明，可以通过任何相关证据来确定，如备忘录、图纸、通信和证人的证词。"参见 *RCA Corp. v. Data Gen. Corp*, 887 F. 2d 1056, 1060, 12 USPQ2d 1449, 1452（Fed. Cir. 1989）。然而，"作为平衡，购买者合理地相信发明人要约什么，与要约是否可能客观地说了专利发明有关"。参见 *Envirotech Corp. v. Westech Eng'g, Inc.*, 904 F. 2d 1571, 1576, 15 USPQ2d 1230, 1234（Fed. Cir. 1990）（如果向总承包商提供产品的建议未提及新设计，而是引用了现有技术设计，则供应商准备在签订合同时提供新技术的未表达意向，即使供应商的投标反映了新设计的较低成本，也不会对新设计的专利构成"销售禁止"）。

Ⅳ. 独立第三方销售

A. 由独立第三方进行的销售或销售要约将禁止取得专利

独立第三方在申请人专利申请日一年多以前对发明的销售或者销售要约，将禁止申请人取得专利。"如果专利方法是保密的，并且在该方法的非专利产品销售后仍然是保密的，则构成该规则的一种例外。如果专利权人或专利申请人在关键日之前从事这种销售，则这种销售作为一种禁止；但如果是其他人从事的，则不属于。"参见 *In re Caveney*，761 F. 2d 671，675 - 76，226 USPQ 1，3 - 4（Fed. Cir. 1985）。

B. 非现有技术出版物可作为在关键日期之前销售的证据

产品供应商的摘要中若包含对潜在买家有用的信息，如联系人、价格条款、文档、保证、培训和维护，以及在发明人关键日期之前发布或安装产品的日期，可提供第三方提前销售的充分证据，以支持 pre - AIA 35 U. S. C. 102（b）或 103 的否决。参见 *In re Epstein*，32 F. 3d 1559，31 USPQ2d 1817（Fed. Cir. 1994）（审查员的否决是基于非现有技术公布的摘要，其中披露了符合权利要求书的软件产品。摘要显示软件发布日期和首次安装日期比申请人提交日期早一年以上）。

2133.03（c）发明（2013.11 修订）

编者按：MPEP 中本部分内容有条件地适用于如 35 U. S. C. 100（定义）所述按照 AIA 首位发明人申请（FITF）规定进行审查的申请。参见 MPEP §2159 及其下属章节确定申请是否要按照 FITF 规定进行审查，参见 MPEP §2150 及其下属章节介绍根据这些规定对相关申请的审查。参见 MPEP §2152.02（c）至（e），详细讨论 AIA 35 U. S. C. 102 的公开使用和销售规定。

Pre - AIA 35 U. S. C. 102：专利性条件；新颖性和丧失得到专利的权利

任何人都有权获得专利，除非——

……

（b）该发明……在美国专利申请日期的一年多以前，就已经在该国公开使用或销售了。

……

Ⅰ. 本发明必须"准备申请专利"

在 *Pfaff v. Wells Elecs.*，*Inc.*，525 U. S. 55，66 - 68，48 USPQ2d 1641，1647（1998）案中，最高法院宣布了一项双管齐下的检测，以确定某项发明是否是 pre - AIA 35 U. S. C. 102（b）所指的"销售"，即使该项发明尚未付诸实践。"当在关键日期之

前［在美国有效申请日一年多以前］满足两个条件时，适用销售禁止。首先，产品必须是商业销售要约的标的……其次，发明必须准备申请专利"（*Id.* at 67, 119 S. Ct. at 311 - 12, 48 USPQ2d at 1646 - 47）。

联邦巡回上诉法院解释说，最高法院"准备申请专利"的要求同时适用于销售禁止和公开使用禁止。参见 *Imitrogen Corp. v. Biocrest Manufacturing L. P.*，424 F. 3d 1374，1379，76 USPQ2d 1741，1744（Fed. Cir. 2005）（"［pre - AIA］102（b）下的禁止适用于在关键日期之前，该发明已公开使用并准备申请专利。"）*Pfaff* 测试的第二个方面，"准备申请专利"指"可以通过至少两种方式来满足：通过证明在关键日期之前付诸实践；或通过证明在关键日期之前发明人已经准备了足够具体的发明图纸或其他描述，使技术人员能够实施发明"（*Id.* at 67, 199 S. Ct. at 311 - 12, 48 USPQ2d at 1647）。（由于在申请日前一年多以前计算机芯片插座的发明被销售要约时也"准备申请专利"，所以该专利被认为无效。虽然本发明尚未付诸实践，但制造商能够使用发明人的详细图纸和规格制作所要求的计算机芯片插座，而这些插座包含了专利中所要求的所有发明要素）同见 *Weatherchem Corp. v. J. L. Clark Inc.*，163 F. 3d 1326，1333，49 USPQ2d 1001，1006 - 07（Fed. Cir. 1998）（由于供销售的塑料分配盖的详细图纸"包含权利要求的每个限定，并且足够具体，使本领域技术人员能够实施发明"，因此本发明被认定为"准备申请专利"）。

如果发明在申请专利一年多以前被销售或要约销售之前实际上付诸实践，专利取得将被禁止。参见 *Vanmoor v. Wal - Mart Stores*, *Inc.*，201 F. 3d 1363，1366 - 67，53 USPQ2d 1377，1379（Fed. Cir. 2000）（"在这里，关键日期前的销售是按照至今保持不变的规格生产的已完成的墨盒，表明在关键日期之前，被控墨盒中所包含的任何发明都已付诸实践。由于在关键日期之前提供的规范图纸实际用于生产被控墨盒，因此也满足了 *Pfaff* 条件中的准备申请专利"）；*In re Hamilton*，882 F. 2d 1576，1580，11 USPQ2d 1890，1893（Fed. Cir. 1989）。"如果销售要约的产品固有地具有权利要求书中的每一项限定，则无论交易各方是否承认该产品具有权利要求书中的特征，该发明均在售。"参见 *Abbott Laboratories v. Geneva Pharmaceuticals*, *Inc.*，182 F. 3d 1315，1319，51 USPQ2d 1307，1310（Fed. Cir. 1999）（尽管在美国销售外国制造化合物的当事方不知道特定晶体形式的特征，但根据 pre - AIA 35 U. S. C. 102（b）的规定，对药物化合物的特定无水的晶体形式的权利要求仍会被认为是无效）；*STX LLC. v. Brine Inc.*，211 F. 3d 588，591，54 USPQ2d 1347，1350（Fed. Cir. 2000）（长曲棍球球杆的权利要求根据销售禁止的规定被无效，尽管在销售时还不知道球杆是否具有记载的"改进的挥杆和操纵特性"。"产品固有的主观特性，如'改进的挥杆和操纵特性'，不能作为绕过销售禁止的途径"）。在销售禁止问题的背景下实际上付诸实践通常需要在实际工作条件下进行测试，以证明发明在预期用途上的超越失败可能性的实际效果，除非发明非常简单，其实际操作性是明确的。参见 *Field v. Knowles*，183 F. 2d 593，601，86 USPQ 373，379（CCPA 1950）；*Steinberg v. Seitz*，517 F. 2d 1359，1363，186 USPQ 209，212（CCPA 1975）。

发明不需要进行令人满意的商业销售才禁止获得专利。参见 *Atlantic Thermoplastics Co. v. Faytex Corp.*，970 F. 2d 834，836 – 37，23 USPQ2d 1481，1483（Fed. Cir. 1992）。

Ⅱ．发明人已提交 37 CFR 1.131 宣誓书或声明书

除其他事项外，在提供参考文献之后根据 37 CFR 1.131 的规定提交宣誓书或声明，也可以构成对发明在申请提交一年多之前已经完成的承认。参见 *In re Foster*，343 F. 2d 980，987 – 88，145 USPQ 166，173（CCPA 1965）；*Dart Indus. v. E. I. duPont de Nemours & Co.*，489 F2d 1359，1365，179 USPQ 392，396（7th Cir. 1973）；亦参见 MPEP § 715.10。

Ⅲ．方法的销售

方法是一系列行为或步骤，与要求保护的有形产品、装置或设备的销售性质不同。"'技术诀窍'描述了工艺的构成以及如何执行该工艺，可以在在买方获得工艺知识并根据交易条款获得自由操作工艺的形式销售。然而，这样的交易并不是［pre – AIA］102（b）所指的发明的'销售'，因为该工艺并未作为交易的结果而进行或执行。"参见 *In re Kollar*，286 F. 3d 1326，1332，62 USPQ2d 1425，1429（Fed. Cir. 2002）。然而，专利权人或被许可人通过要求保护的方法生产的产品的销售将构成 pre – AIA 35 U. S. C. 102（b）规定的方法销售（*Id.* at 1333，62 USPQ2d at 1429）；*D. L. Auld Co. v. Chroma Graphics Corp.*，714 F. 2d 1144，1147 – 48，219 USPQ 13，15 – 16（Fed. Cir. 1983）（即使在关键日期之前通过要求保护的方法所得的产品被销售，没有向公众披露任何关于该方法的信息，但销售导致了对该方法任何专利权的"丧失"）；*W. L. Gore & Assocs., Inc. v. Garlock, Inc.*，721 F. 2d 1540，1550，220 USPQ 303，310（Fed. Cir. 1983）。根据 pre – AIA 35 U. S. C. 102（b）的申请也会由于考虑到实际执行请求保护的方法而触发。参见 *Scaltech, Inc. v. Retec/Tetra, L. L. C.*，269 F. 3d 1321，1328，60 USPQ2d 1687，1691（Fed. Cir. 2001）（根据 pre – AIA 35 U. S. C. 102（b）的规定，专利权人在提交专利申请前一年以上许诺执行处理炼油厂废物的要求保护的方法，专利权被认为无效）。此外，销售的设备包含所要求保护的方法可能会触发销售禁止。参见 *Minton v. National Ass'n. of Securities Dealers, Inc.*，336 F. 3d 1373，1378，67 USPQ2d 1614，1618（Fed. Cir. 2003）（认定一个完全可操作的计算机程序实现了请求保护的方法从而触发了销售禁止）。然而，销售与专利中披露的装置不同的现有技术装置，其在关键日期之后能够执行要求保护的方法，并不是该方法的销售禁止。参见 *Poly – America LP v. GSE Lining Tech. Inc.*，383 F. 3d 1303，1308 – 09，72 USPQ2d 1685，1688 – 89（Fed. Cir. 2004）（声称涉及现有技术装置销售的交易不涉及所要求保护的方法的交易，而是仅涉及与实施所要求保护的方法的专利中所述的装置不同的装置，其中该装置在关键日期之后很久才用于实施所要求保护的方法，并且存在甚至不知道该装置是否能够执行要求保护的方法的证据）。

2133.03（d）"在本国内"（2013.11 修订）

编者按：MPEP 中本部分内容不适用于如 35 U.S.C. 100（定义）所述按照 AIA 首位发明人申请（FITF）规定进行审查的申请。参见 MPEP § 2159 及其下属章节确定申请是否要按照 FITF 规定进行审查，参见 MPEP § 2150 及其下属章节介绍根据这些规定对相关申请的审查。参见 MPEP § 2152.02（c）至（e），详细讨论 35 U.S.C. 102 的公开使用和销售的规定。

为了判断 pre – AIA 35 U.S.C. 102（b）禁止的适用性，公开使用或销售活动必须在美国进行。"销售禁止"一般不适用于在国外生产和交付的情况。参见 *Gandy v. Main Belting Co.*，143 U.S. 587，593（1892）。但是，如果在美国发生"销售"的实质性活动，则可以认定为"销售"状态。参见 *Robbins Co. v. Lawrence Mfg. Co.*，482 F.2d 426，433，178 USPQ 577，583（9th Cir. 1973）。在本国作出或发出的销售要约，即使销售和交付发生在外国，也可以充分地作为前期活动使要约符合法律条款。同样的理由也适用于外国制造商在关键日期前向美国潜在买方发出的要约。参见 *CTS Corp. v. Piher Int'l Corp.*，593 F.2d 777，201 USPQ 649（7th Cir. 1979）。

2133.03（e）允许的行为；实验使用（2013.11 修订）

编者按：MPEP 中本部分内容有条件地适用于如 35 U.S.C. 100（定义）所述按照 AIA 首位发明人申请（FITF）规定进行审查的申请。参见 MPEP § 2159 及其下属章节确定申请是否要按照 FITF 规定进行审查，参见 MPEP § 2150 及其下属章节介绍根据这些规定对相关申请的审查。参见 MPEP § 2152.02（c）至（e），详细讨论 35 U.S.C. 102 的公开使用和销售的规定。

实验使用原则提出的问题是，"根据对交易有关事实的客观评估，判断发明人在销售时的主要目的是否为了进行实验"。参见 *AllenEng'g Corp. v. Bartell Indus., Inc.*，299 F.3d 1336，1354，63 USPQ2d 1769，1780（Fed. Cir. 2002）（援引 *EZ Dock v. Schaffer Sys., Inc.*，276 F.3d 1347，1356 – 57，61 USPQ2d 1289，1295 – 96（Fed. Cir. 2002））（Linn, J.，附议）。实验必须是主要目的，任何商业利用必须是附带的。

如果使用或销售是实验性的，那么不会构成 pre – AIA 35 U.S.C. 102（b）的禁止。"根据 pre – AIA 102（b），如果使用是为努力完善发明或确定发明是否能够满足预期目的……则该使用或销售是实验性的。如果确实发生了商业利用，它必须仅是为了完善发明而进行实验的主要目的而附带的。"参见 *LaBounty Mfg. v. United States Int'l Trade Comm'n*，958 F.2d 1066，1071，22 USPQ2d 1025，1028（Fed. Cir. 1992）（援引 *Pennwalt Corp. v. Akzona Inc.*，740 F.2d 1573，1581，222 USPQ 833，838

(Fed. Cir. 1984))。"实验用途的例外……不包括市场调研,即发明人试图衡量消费者对其要求保护的发明的需求。这类活动的目的是商业开发,而不是实验。"参见 *In re Smith*,714 F. 2d 1127,1134,218 USPQ 976,983(Fed. Cir. 1983)。

2133.03(e)(1) 商业利用(2017.08 修订)

编者按:MPEP 中本部分内容有条件地适用于如 35 U. S. C. 100(定义)所述按照 AIA 首位发明人申请(FITF)规定进行审查的申请。参见 MPEP § 2159 及其下属章节确定申请是否要按照 FITF 规定进行审查,参见 MPEP § 2150 及其下属章节介绍根据这些规定对相关申请的审查。参见 MPEP § 2152.02(c)至(e),详细讨论 35 U. S. C. 102 的公开使用和销售的规定。

销售和公开使用禁止的政策是防止发明人在提交专利申请前一年以上以商业方式利用其发明。因此,如果申请人的关键日期前的行为是试图渗透市场的销售或销售要约,专利将被禁止。因此,即使存在真实的实验活动,发明人也不应在申请日前一年以上将发明进行商业利用。参见 *In re Theis*,610 F. 2d 786,793,204 USPQ 188,194(CCPA 1979)。

I. 商业活动必须合法地推进发明的进行直至完成

随着有关 pre – AIA 35 U. S. C. 102(b)的商业开发活动的程度增加,申请人就公开使用确立明确的和令人信服的实验活动的证据的责任变得更加困难。如果审查员已经认定销售或许诺销售的初证事实,除非申请人确定实验的明确和令人信服的必要性,否则这种举证责任很少能得到满足。当然,这并不意味着在任何情况下都不允许在商业利用的情况中进行所谓的实验活动。在某些情况下,如果销售的主要目的是实验性的,为了合法地推进一项发明的实验开发,即使销售也是合理的。参见 *In re Theis*,610 F. 2d 786,793,204 USPQ 188,194(CCPA 1979);*Robbins Co. v. Laurence Mfg. Co.*,482 F. 2d 426,433,178 USPQ 577,582(9th Cir. 1973)。然而,审查员必须仔细检查与此类销售有关的客观事实情况。参见 *Ushakoff v. United States*,327 F. 2d 669,140 USPQ 341(Ct. Cl. 1964);*Cloud v. Standard Packaging Corp.*,376 F. 2d 384,153 USPQ 317(7th Cir. 1967)。

II. 表明"商业利用"的重要因素

如 MPEP § 2133.03 所述,在 pre – AIA 35 U. S. C. 102(b)行为的问题中,政策考虑是对"已完成"或"准备申请专利"的发明的过早"商业利用"(见 MPEP § 2133.03(c))。构成 pre – AIA 35 U. S. C. 102(b)"销售"状态的商业行为的程度取决于行为的情况,基本指标是通过客观证据证明发明人的主观意图。以下行为作为该主观意图的指标,审查员在判定应参考使用:

(A)编制各种同期商业文件,如订单、发票、收据、交货时间表等;

（B）编制价目表（*Akron Brass Co. v. Elkhart Brass Mfg. Co.*，353 F. 2d 704，709，147 USPQ 301，305（7th Cir. 1965）），以及价格行情的分布（*Amphenol Corp. v. Genfl Time Corp.*，397 F. 2d 431，436，158 USPQ 113，117（7th Cir. 1968））；

（C）向潜在客户展示样品（*Cataphote Corp. v. DeSoto Chemical Coatings，Inc.*，356 F. 2d 24，27，148 USPQ 527，529（9th Cir. 1966）*mod. on other grounds*，358 F. 2d 732，149 USPQ 159（9th Cir.），*cert. denied*，385 U. S. 832（1966）；*Chicopee Mfg. Corp. v. Columbus Fiber Mills Co.*，165 F. Supp. 307，323 – 325，118 USPQ 53，65 – 67（M. D. Ga. 1958））；

（D）模型或原型的演示（*General Elec. Co. v. United States*，206 USPQ 260，266 – 67（Ct. Cl. 1979）；*Red Cross Mfg. v. Toro Sales Co.*，525 F. 2d 1135，1140，188 USPQ 241，244 – 45（7th Cir. 1975）；*Philco Corp. v. Admiral Corp.*，199 F. Supp. 797，815 – 16，131 USPQ 413，429 – 30（D. Del. 1961）），尤其是在贸易会议上（*Interroyal Corp. v. Simmons Co.*，204 USPQ 562，65（S. D. N. Y. 1979）），即使没有实际获得订单（*Monogram Mfg. v. F. & H. Mfg.*，144 F. 2d 412，62 USPQ 409，412（9th Cir. 1944））；

（E）收取入场费的情况下使用发明（*In re Josserand*，188 F. 2d 486，491，89 USPQ 371，376（CCPA 1951）；*Greenewalt v. Stanley*，54 F. 2d 195，12 USPQ 122（3d Cir. 1931））；

（F）在宣传刊物、小册子和各种期刊上刊登广告（*In re Theis*，610 F. 2d 786，792 n. 6，204 USPQ 188，193 n. 6（CCPA 1979）；*Interroyal Corp. v. Simmons Co.*，204 *USPQ* 562，66（S. D. N. Y. 1979）；*Akron Brass*，*Co. v. Elkhart Brass Mfg.*，*Inc.*，353 F. 2d 704，709，147 USPQ 301，305（7th Cir. 1965）；*Tucker Aluminum Prods*，*v Grossman*，312 F. 2d 393，394，136 USPQ 244，245（9th Cir. 1963））。

见 MPEP § 2133.03（e）（4），有关表明实验目的的因素。

2133.03（e）（2）意图（2013.11 修订）

编者按：MPEP 中本部分内容有条件地适用于如 35 U. S. C. 100（定义）所述按照 AIA 首位发明人申请（FITF）规定进行审查的申请。参见 MPEP § 2159 及其下属章节确定申请是否要按照 FITF 规定进行审查，参见 MPEP § 2150 及其下属章节介绍根据这些规定对相关申请的审查。参见 MPEP § 2152.02（c）至（e），详细讨论 35 U. S. C. 102 的公开使用和销售的规定。

"如果销售是在普通的商业环境中进行的，而商品被置于发明人控制之外，那么，发明人私下抱持的'实验'主观意图即使是真实的，也是无效的，除非有客观证据支持这一论点。"在这种情况下，客户至少必须了解实验。"参见 *LaBounty Mfg.*，*Inc. v. United States Int'l Trade Comm'n*，958 F. 2d 1066，1072，22 USPQ2d 1025，1029（Fed. Cir. 1992）（援引 *Harrington Mfg. Co. v. Powell Mfg. Co.*，815 F. 2d 1478，1480 n. 3，2 USPQ2d 1364，1366 n. 3（Fed. Cir. 1986）；*Paragon Podiatry Laboratory*，

Inc. v. KLM Labs., Inc.，984 F. 2d 1182，25 USPQ2d 1561（Fed. Cir. 1993）（Paragon 将这些发明部件作为完整的装置销售，而没有向医生或患者披露它们参与了所谓的测试。发明人私下里认为这些部件不耐用且消费者可能会不满意，单凭这些证据还不足以避免法定禁止）。

2133.03（e）（3）发明的"完整性"（2013.11 修订）

编者按：MPEP 中本部分内容有条件地适用于如 35 U. S. C. 100（定义）所述按照 AIA 首位发明人申请（FITF）规定进行审查的申请。参见 MPEP §2159 及其下属章节确定申请是否要按照 FITF 规定进行审查，参见 MPEP §2150 及其下属章节介绍根据这些规定对相关申请的审查。参见 MPEP §2152.02（c）至（e），详细讨论 35 U. S. C. 102 的公开使用和销售的规定。

I. 本发明实际付诸实践，实验使用即告结束

实验使用是指"完善或完成一项发明，以确定它是否能够达到预期目的"。因此，实验使用"以付诸实践而结束"。参见 *RCA Corp. v. Data Gen. Corp.*，887 F. 2d 1056，1061，12 USPQ2d 1449，1453（Fed. Cir. 1989）。如果审查员根据审查档案的证据得出结论，认为申请人确信某项发明事实上是"完整的"，即使被申请人等待从例如承销商的实验室等机构获得批准也通常不会改变审查员的上述结论。参见 *Interroyal Corp. v. Simmons Co*，204 USPQ 562，566（S. D. N. Y. 1979）；*Skil Corp. v. Rockwell Manufacturing Co.*，358 F. Supp. 1257，1261，178 USPQ 562，565（N. D. Ill. 1973），以部分维持，部分撤销的名义❶。参见 *Skil Corp. v. Lucerne Products Inc.*，503 F. 2d 745，183 USPQ 396，399（7th Cir. 1974），拒发调卷令，420 U. S. 974，185 USPQ 65（1975）。获得关于构成"完整"发明的更多信息，参见 MPEP §2133.03（c）。

所谓的实验活动并没有导致发明的具体修改或改进，这一事实虽然不是结论性的证据，但却证明这种行为不属于法条所允许的。尤其在这种情况下，审查档案的证据清楚地向审查员表明，一项发明在实施时被发明人认为是"完整的"。然而，从这种实验活动中产生的任何修改或改进，至少必须是要求保护的发明有待价值检验的一个特征。参见 *In re Theis*，610 F. 2d 786，793，204 USPQ 188，194（CCPA 1979）。

II. 样品处置

一项发明的样品在关键日期前已被发明人处置的，审查员的审查应当着重于发明人的目的和在所有情况下处置的合理性。对样品的其他合理处置涉及附带收入的事实并不一定是决定性的。参见 *In re Dybel*，524 F. 2d 1393，1399，n. 5，187 USPQ 593，597 n. 5（CCPA 1975）。然而，如果一个样品被一个发明人认为是"完整的"，并且所有关于基础发明的实验已经停止，对样品的不受限制的处置则构成了 pre‐AIA 35

---

❶ 原文表述是 *aff'd. in part, rev'd in part sub nom*。

U. S. C. 102（b）规定的禁止。参见 *In re Blaisdell*，242 F. 2d 779，113 USPQ 289（CC-PA 1957）；*contra*，*W&tson v. Allen*，254 F. 2d 342，117 USPQ 68（D. C. Cir. 1958）。

2133.03（e）（4）表明实验目的的因素（2013.11 修订）

编者按：MPEP 中本部分内容有条件地适用于如 35 U. S. C. 100（定义）所述按照 AIA 首位发明人申请（FITF）规定进行审查的申请。参见 MPEP §2159 及其下属章节确定申请是否要按照 FITF 规定进行审查，参见 MPEP §2150 及其下属章节介绍根据这些规定对相关申请的审查。参见 MPEP §2152.02（c）至（e），详细讨论 35 U. S. C. 102 的公开使用和销售的规定。

法院在决定一项要求保护的发明是否主要是为实验而成为销售的商业要约标的时，考虑了若干因素。"这些因素包括：（1）公开测试的必要性；（2）发明人保留的对实验的控制程度；（3）发明的性质；（4）测试周期的长短；（5）是否支付费用；（6）是否有保密义务；（7）是否保留实验记录，（8）谁进行的实验……；（9）测试过程中的商业开发程度……；（10）发明在实际使用条件下评价是否合理；（11）是否系统地进行了测试；（12）发明人在测试过程中是否持续监控发明；（13）与潜在客户之间的合同性质。"参见 *Alleyn Eng'g Corp. v. Bartell Indus.，Inc.*，299 F. 3d 1336，1353，63 USPQ2d 1769，1780（Fed. Cir. 2002）（援引 *EZ Dock v. Schafer Sys.，Inc.*，276 F. 3d 1347，1357，61 USPQ2d 1289，1296（Fed. Cir. 2002））（Linn，J.，附议）。实验的另一个关键属性是"客户对销售环境中所谓测试的意识"，参见 *Electromotive Div. of Gen. Motors Corp. v. Transportation Sys. Div. of Gen. Elec. Co*，417 F. 3d 1203，1241，75 USPQ2d 1650，1658（Fed. Cir. 2005）。

一旦申请人提交所谓的实验活动，以解释 pre – AIA 35 U. S. C. 102（b）的初证事实，则审查员必须根据申请人预期的实验目的及涉及的发明主题的本质来确定该活动的范围和时长是否合理。任何单一的因素或其特定组合都不一定能决定这一目的。

商业利用的相关信息，见 MPEP §2133.03（e）（1）。

2133.03（e）（5）实验和监督控制程度（2013.11 修订）

编者按：MPEP 中本部分内容有条件地适用于如 35 U. S. C. 100（定义）所述按照 AIA 首位发明人申请（FITF）规定进行审查的申请。参见 MPEP §2159 及其下属章节确定申请是否要按照 FITF 规定进行审查，参见 MPEP §2150 及其下属章节介绍根据这些规定对相关申请的审查。参见 MPEP §2152.02（c）至（e），详细讨论 35 U. S. C. 102 的公开使用和销售的规定。

在由第三方测试期间，发明人必须对发明保持足够的控制

在有关实验目的的问题中，重要的决定因素是发明人在所谓的实验期间对一项发明的监督和控制的程度，以及客户对实验的意识。参见 *Electromotive Div. of Gen. Motors*

Corp. v. Transportation Sys. Div. of Gen. Elec. Co.，417 F. 3d 1203，1214，75 USPQ2d 1650，1658（Fed. Cir. 2005）("如果要认定实验，通常必须证明控制和客户意识")。一旦一段时间的实验活动结束，并且发明人放弃了监督和控制，后续使用该发明不受任何限制，则随后不受限制地使用该发明是 pre – AIA 35 U. S. C. 102（b）规定的禁止。参见 *In re Blaisdell*，242 F. 2d 779，784，113 USPQ 289，293（CCPA 1957）。

2133.03（e）（6）允许的实验活动和测试（2013.11 修订）

编者按：MPEP 中本部分内容有条件地适用于如 35 U. S. C. 100（定义）所述按照 AIA 首位发明人申请（FITF）规定进行审查的申请。参见 MPEP §2159 及其下属章节确定申请是否要按照 FITF 规定进行审查，参见 MPEP §2150 及其下属章节介绍根据这些规定对相关申请的审查。参见 MPEP §2152.02（c）至（e），详细讨论 35 U. S. C. 102 的公开使用和销售的规定。

I. 允许进行开发性测试

在一项发明的技术发展的正常背景下对其进行测试一般在允许的实验活动范围内。同样，用于确定实用性的实验，由于该条款适用于 35 U. S. C. 101，也是允许的活动。参见 *General Motors Corp. v. Bendix Aviation Corp.*，123 F. Supp. 506，521，102 USPQ 58，69（N. D. Ind. 1954）。例如，一项发明涉及一种没有已知效用的化学成分，则该组合物不能申请专利（35 U. S. C. 101，35 U. S. C. 112（a）或 pre – AIA 35 U. S. C. 112 第一款），根据 pre – AIA 35 U. S. C. 102（b），在没有销售成分或其他商业利用证据的情况下，继续测试来认定效用很可能是允许的。

II. 不允许进行市场测试

确定产品接受度的实验，如市场测试，是典型的商人实验而非发明人的实验，因此不在允许的实验活动范围内。参见 *Smith & Davis Mfg. Co. v. Mellon*，58 F. 705，707（8th Cir. 1893）。同样，为了满足客户而对一项发明进行测试，或者进行"不需要发明人技能，而需要有能力的技术人员技能的'微调'程序"，也不允许。参见 *In re Theis*，610 F. 2d 786，793，204 USPQ 188，193 – 94（CCPA 1979）。

III. 在外观申请背景下的实验活动

旨在引起消费者对设计美学兴趣的装饰性设计的公开使用不是一种实验性使用。参见 *In re Mann*，861 F. 2d 1581，8 USPQ2d 2030（Fed. Cir. 1988）（在贸易展览会上展示的锻造的铁桌子被认为是公开使用）。然而，"针对同时含有装饰性设计和功能特征的产品实验活动，可能否定了属于 35 U. S. C. 102（b）规定的其他公开使用"，参见 *Tone Brothers, Inc. v. Sysco Corp.*，28 F. 3d 1192，1196，31 USPQ2d 1321，1326（Fed. Cir. 1994）（一项学生评估带有功能特征的香料容器设计结果的研究可以被视为实验使用）。

2133.03（e）（7） 独立第三方发明人的活动（2017.08 修订）

编者按：MPEP 中本部分内容有条件地适用于如 35 U. S. C. 100（定义）所述按照 AIA 首位发明人申请（FITF）规定进行审查的申请。参见 MPEP§2159 及其下属章节确定申请是否要按照 FITF 规定进行审查，参见 MPEP§2150 及其下属章节介绍根据这些规定对相关申请的审查。参见 MPEP§2152.02（c）至（e），详细讨论 35 U. S. C. 102 的公开使用和销售的规定。

实验使用的例外是对申请人个人而言的

即使由申请人以外的一方提供的公开使用或销售活动，也适用于 pre–AIA 35 U. S. C. 102（b）的法定禁止。如果申请人提供了另一方的实验活动证据，除非该活动受申请人的监督和控制，否则该证据将不会克服基于该方活动确定的 pre–AIA 35 U. S. C. 102（b）初证事实。参见 *Magnetics v. Arnold Eng'g Co.*，438 F. 2d 72，74，168 USPQ 392，394（7th Cir. 1971），*Bourne v. Jones*，114 F. Supp. 413，419，98 USPQ 206，210（S. D. Fla. 1951），维持原判，207 F. 2d 173，98 USPQ 205（5th Cir. 1953），拒发调卷令，346 U. S. 897，99 USPQ 490（1953）；反之，*Watson v. Allen*，254 F. 2d 342，117 USPQ 68（D. C. Cir. 1958）。换言之，实验使用活动例外是对申请人个人而言的。

2134 Pre–AIA 35 U. S. C. 102（c）（2013.11 修订）

编者按：MPEP 中本部分内容不适用于如 35 U. S. C. 100（定义）所述按照 AIA 发明人先申请制（FITF）规定进行审查的申请。参见 MPEP§2159 及其下属章节确定申请是否要按照 FITF 规定进行审查，参见 MPEP§2150 及下属章节介绍根据这些规定对相关申请的审查。有关 AIA 35 U. S. C. 102（a）和（b）见 MPEP§2152 及下属章节详细讨论。

Pre–AIA 35 U. S. C. 102 专利性条件；新颖性和丧失获得专利的权利

任何人有权获得专利，除非——

……

（c）他已放弃该项发明。

……

Ⅰ. 根据 35 U. S. C. 102（c），放弃必须是有意的

"根据 pre–AIA 35 U. S. C. 102（c）规定的实际放弃需要发明人有意放弃该发明，而此意图可以从发明人对该发明采取的行为中推测。参见 *In re Gibbs*，437 F. 2d 486，168 USPQ 578（CCPA 1971）。这种放弃发明的意图不应被转嫁，任何合理怀疑都应以有利于发明人的方式解决。"参见 *Ex parte* 20 USPQ2d 1479（Bd. Pat. App. & Inter. 1991）。

II. 首次申请的延期

根据 pre-AIA 35 U.S.C. 102（c）规定的放弃，要求是故意的，但并不一定是以明确方式表示放弃任何获得专利的权利。要放弃一项发明，发明人必须有贡献给公众的意愿，这种贡献可以通过发明人的作为或不作为来明示或暗示，仅是拖延还不足以推断出放弃的必要意图。参见 *Moore v. United States*，194 USPQ 423，428（Ct. Cl. 1977）（发明人草拟并保存两份专利申请在自己的文件中，表明他有意保留自己的发明；延迟提交专利申请不足以确立放弃）。但是见 *Davis Harvester Co., Inc. v. Long Mfg. Co.*，252 F. Supp. 989，1009-10，149 USPQ 420，435-436（E. D. N. C. 1966）（发明人在一段时间内没有为自己的发明开发或者申请专利的，奚落别人开发该发明的尝试，并且只在另一个体现该发明的设备成功销售之后，才开始表现出对推进和开发自己发明的积极兴趣，则按照 pre-AIA 35 U.S.C. 102（c），该发明人已经放弃了他的发明）。

III. 放弃原专利申请后延期重新申请专利

如果没有证据表明发明人有明确的意图或行为放弃其发明，则放弃在先申请后延迟重新申请专利不构成根据 pre-AIA 35 U.S.C. 102（c）的放弃发明。参见 *Petersen v. Fee Int'l, Ltd.*，381 F. Supp. 1071，182 USPQ 264（W. D. Okla. 1974）。

IV. 在先公布的专利未请求保护的披露内容

在先公布的专利中已披露但未要求保护的发明主题，属于放弃（即愿意贡献给公众），该推论可用于出现在法定禁止之前任何时间内提交的申请予以反驳的情况。因此，依据 pre-AIA 35 U.S.C. 102（c）否决如下专利申请中的权利要求是不当的，即仅因为公布的专利披露了本专利申请中的权利要求主题，但该专利未要求保护，而不管有争议的申请和作为专利公布的申请之间是否存在共同未决的情形❶。参见 *In re Gibbs*，437 F. 2d 486，168 USPQ 578（CCPA 1971）。

V. 只有存在优先权争议的情况下，延时才能禁止获得专利

仅仅是延时不会禁止获得专利。唯一的例外是根据 pre-AIA 35 U.S.C. 102（g）的规定存在优先权争议，并且申请人放弃、禁止发布或隐瞒发明。参见 *Panduit Corp. v. Dennison Mfg. Co.*，774 F. 2d 1082，1101，227 USPQ 337，350（Fed. Cir. 1985）。放弃、禁止发布和隐瞒均由法院按照 pre-AIA 35 U.S.C. 102（g）的规定处理。关于这个问题的更多信息见 MPEP § 2138.03。

---

❶ 原文表述是 copendency，指在后的申请可以在在先的相同申请未决（pendency）时提出，并享有在先申请的优先权日。具体规定参见 35 U.S.C. 120。

2135 Pre–AIA 35 U.S.C. 102（d）（2013.11 修订）

编者按：MPEP 中本部分内容不适用于如 35 U.S.C. 100（定义）所述按照 AIA 首先申请的发明人（FITF）规定进行审查的申请。参见 MPEP §2159 及其下属章节确定申请是否要按照 FITF 规定进行审查，参见 MPEP §2150 及下属章节介绍根据这些规定对相关申请的审查。有关 AIA 35 U.S.C. 102（a）和（b）见 MPEP §2152 及下属章节详细讨论。

Pre–AIA 35 U.S.C. 102 专利性条件；新颖性和丧失获得专利的权利

任何人有权获得专利，除非——

……

（d）在美国申请日以前的 12 个月以上，该项发明已经由申请人或其法定代理人或受让人在外国提出专利申请或者发明人证书申请，并首先在外国获得专利权，或导致被授权❶，或者获得发明人证书。

……

35 U.S.C. 102（d）的一般要求

pre–AIA 35 U.S.C. 102（d）有四项要求，如果这四项要求都满足，则禁止在本国授予专利：

（A）外国申请必须在美国有效申请日以前的 12 个月以上提交（见 MPEP §706.02 关于有效申请日期的规定）；

（B）外国申请必须由与美国申请相同的申请人或其法定代表人或受让人提交；

（C）外国专利或发明人证书必须在美国申请日之前实际授予（如在英国的文书上盖章），不需要公布；

（D）必须涉及同一项发明。

如果审查员发现此类外国专利或发明人证书，则根据 pre–AIA 35 U.S.C. 102（d）的规定，可以法定禁止为由予以否决。关于 pre–AIA 35 U.S.C. 102（d）中对四项要求的进一步说明，参见 MPEP §2135.01。

2135.01 Pre–AIA 35 U.S.C. 102（d）的四项要求（2013.11 修订）

编者按：MPEP 中本部分内容不适用于如 35 U.S.C. 100（定义）所述按照 AIA 首先申请的发明人（FITF）规定进行审查的申请。参见 MPEP §2159 及其下属章节确定申请是否要按照 FITF 规定进行审查，参见 MPEP §2150 及下属章节介绍根据这些规定

---

❶ 原文表述为 caused to be patented，表示虽然还没有实际授权，但将导致被授权。

对相关申请的审查。

I. 外国申请必须在美国有效申请日之前的 12 个月以上提交

A. 一年届满期是周末或假日时可延长至下一个工作日

如果美国申请是在外国申请提交日的一年届满当日提交的，则认为及时提交了美国申请，从而避免依据 pre – AIA 35 U. S. C. 102（d）禁止的产生。如果当日为周六、周日或联邦假日，则可延长到下一个工作日。参见 *Ex parte Olah*，131 USPQ 41（Bd. App. 1960）。尽管对 37 CFR 1.6（a）（2）和 37 CFR 1.10 进行了修改，要求 USPTO 根据 37 CFR 1.10（如申请日期为周六）将美国邮政局优先特快专递的寄出日作为申请的提交日期，但该修改不影响申请人并存的权利，即当"采取任何行动"的最后一天是周六、周日或联邦假日（例如，一年宽限期的最后一天是周六），可将申请延期至下一个工作日。

B. 部分延续申请破坏了外国及美国母案的优先权链

如果申请人首先提交了一份外国申请，随后提交一份要求该外国申请优先权的美国申请，然后提交了一份部分延续申请（CIP），该部分延续申请（CIP）的权利要求无权享受美国母案申请的申请日期，该部分延续申请（CIP）有效申请日期为 CIP 的提交日期，申请人不能获得美国母案或外国申请提交日期的优先权。参见 *In re Van Langenhoven*，458 F. 2d 132，137，173 USPQ 426，429（CCPA 1972）。如果外国申请在 CIP 申请日期之前已授予专利，CIP 中增加的主题没有使权利要求相对于外国专利是非显而易见的情况下，可用 pre – AIA 35 U. S. C. 102（d）或 103 否决。参见 *Ex parte Appeal No.* 242 – 47，196 USPQ 828（Bd. App. 1976）（外国专利可以与其他现有技术相结合，以使用 pre – AIA 35 U. S. C. 102（d）或 103 的显而易见性否决意见禁止获得美国专利）。

II. 外国申请必须由同一申请人、其法定代表人或受让人提交

注意，如果美国申请是由两个或两个以上的发明人提交的，则允许这些发明人以各自的申请要求优先权，这些可被要求优先权的申请的发明人，可以是现美国申请中的每一个发明人或发明人的子组合。例如，一项署名为发明人 A 和 B 的美国申请，可以享有在国外 A 提出申请的优先权和 B 提出申请的优先权。

III. 外国专利或发明人证书在美国申请日之前被实际授予

A. 实现"拥有专利权"，必须授予申请人排他权利

"拥有专利权"是指"政府将专利权正式授予申请人"。参见 *In re Monks*，588 F. 2d 308，310，200 USPQ 129，131（CCPA 1978）；*American Infra – Red Radiant*

Co. v. Lambert Indus.，360 F. 2d 977，149 USPQ 722（8th Cir.），拒发调卷令，385 U. S. 920（1966）（德国实用新型❶小专利在 pre – AIA 35 U. S. C. 102（d）否决意见中被认为是一项可用的专利。实用新型没有经过专利审查，只授予 6 年的专利保护期。但是，除保护期限外，授予专利权的排他性与在美国的一样广泛）。

B. 被公开的申请不是"专利"

一项申请在被 pre – AIA 35 U. S. C. 102（d）否决之前必须能够被颁发专利权。参见 *Ex parte Fujishiro*，199 USPQ 36（Bd. App. 1977）（pre – AIA 35 U. S. C. 102（d）中所谓的"专利"，在日本实用新型专利申请（kokai 或 kohyo）公布时不会出现）；*Ex parte Links*，184 USPQ 429（Bd. App. 1974）（还没有公布以供异议的德国申请，在提交申请 18 个月后以印刷文件的形式的公开，被称为公开文本❷。这些申请未经审查，或在公开时正在接受审查。委员会认为，即使授予了一些临时权利，该公开文本也不是 pre – AIA 35 U. S. C. 102（d）规定的专利。委员会解释说临时权利是极小的，如果申请被撤回或驳回，临时权利不会生效）。

C. 即使申请尚未授予专利，但是自公布以供异议之日起，可以成为 Pre – AIA 35 U. S. C. 102（d）所述的"专利"

如果产生实质性的临时权利，那么一项被审查员许可的，并且被公布以允许公众对授予专利提出异议的申请，自公布以供异议之日起，被认为是根据 pre – AIA 35 U. S. C. 102（d）作出否决时所述的"专利"。参见 *Ex parte Beik*，161 USPQ 795（Bd. App. 1968）（本案处理的是经过审查的德国申请。在确定一项申请是经允许之后，该申请以一种被称为公告文本❸的印刷文件形式公开。公开开启异议期间，此时公众能够提交证据用以表明该申请的不可专利性。授予临时专利权与异议期结束并授予专利后可获得的实质专利权基本相同。委员会认定，公告文本根据 pre – AIA 35 U. S. C. 102（d）进行否决的目的提供了专利的法律效力）。

D. 在专利生效时授权发生

根据 pre – AIA 35 U. S. C. 102（d），外国专利作为对比文件的关键日期是该专利生效（签发、盖章或授予）的日期。参见 *In re Monks*，588 F. 2d 308，310，200 USPQ 129，131（CCPA 1978）（自专利被"盖章"之日起，英国对比文件可作为现有技术，因为自该日起，申请人有权排除他人制造、使用或销售所要求保护的发明）。

---

❶ 原文表述是 Gebrauchsmuster，为德文，是指不经实质审查且保护期较短的专利，类似于我国的实用新型专利。

❷ 原文表述是 Offenlegungsschriften，为德文，基本对应于我国的公开文本。

❸ 原文表述是 Auslegescrift，为德文，基本对应于我国的授权公告文本。

E. Pre – AIA 35 U. S. C. 102（d）自授权之日起开始适用，即使在授予专利后有一段保密期

在授予专利后的一段保密期，如比利时和西班牙，已被认为不妨碍与 pre – AIA 35 U. S. C. 102（d）产生关联。自授予专利权之日起，这些专利可用于根据 pre – AIA 35 U. S. C. 102（d）的否决。参见 *In re Kathqwala*，9 F. 3d 942，28 USPQ2d 1789（Fed. Cir. 1993）（当专利权人的权利在该专利下被确权时，该发明是 pre – AIA 35 U. S. C. 102（d）所述的"专利"。申请人的西班牙申请在美国申请日之后才公开的事实并不重要，因为西班牙专利是在美国申请前授予的）；*Gramme Elec. Co. v. Arnoux and Hochhausen Elec. Co.*，17 F. 838，1883 C. D. 418（S. D. N. Y. 1883）（根据 pre – AIA 35 U. S. C. 102（d）中在先专利进行的否决给予了一年的排他性权利期间，然而专利权人选择了保密，其中在先专利是基于一项奥地利专利。法院认为，奥地利专利授予日是 pre – AIA 35 U. S. C. 102（d）中规定的相关日期，但根据 pre – AIA 35 U. S. C. 102（a）或（b），该专利不能用于否决）；*In re Talbott*，443 F. 2d 1397，170 USPQ 281（CCPA 1971）（申请人不能通过将德国实用新型（小专利）的主题保密到美国申请时，以避免 pre – AIA 35 U. S. C. 102（d）的否决）。

Ⅳ. 必须涉及同一发明

"同一发明"是指该申请的权利要求可能在外国专利中出现

根据 pre – AIA 35 U. S. C. 102（d），外国的"发明……专利"必须与在美国申请的发明相同。当外国专利包含与美国申请相同的权利要求时，毫无疑问"该发明首次获得专利权是……在外国"。参见 *In re Kathawala*，9 F. 3d 942，945，28 USPQ2d 1785，1787（Fed. Cir. 1993）。然而，并不需要权利要求内容完全一致，也不需要发明在同一法定类别内。如果申请人被授予一项外国专利，且该专利充分披露了该发明，并使申请人在美国有许多不同的保护选择，则依据 pre – AIA 35 U. S. C. 102（d）中作为"'发明……专利'的对比文件必须包括发明公开的所有方面。因此，无论外国专利包含的权利要求是否少于发明的所有方面，[pre – AIA] 102（d）禁止均适用。"参见 9 F. 3d at 946，28 USPQ2d at 1788。实质上，如果申请人的外国申请支持美国要求保护的发明主题，则适用 pre – AIA 35 U. S. C. 102（d）的否决。*Id.* at 944，947，28 USPQ2d at 1786，1789（申请人被授予一项西班牙专利，要求保护一种制备组合物的方法。该专利公开了化合物、使用方法和制备方法。在西班牙专利被授权后，该申请人向美国提交了一份申请，其中包括针对该化合物的权利要求，但不包括制备该化合物的方法。联邦巡回上诉法院认为，美国专利申请中的权利要求是针对组合物而不是方法的，这并不重要，因为外国说明书支持该组合物的权利要求。这些配方产品在西班牙是不可专利的药物组合物，这一点无关紧要）。

2136 Pre-AIA 35 U.S.C.102（e）（2013.11 修订）

编者按：MPEP 中本部分内容不适用于如 35 U.S.C.100（定义）所述按照 AIA 首先申请的发明人（FITF）规定审查的申请，将 SIR 作为适格现有技术的适格性确定除外。参见 MPEP§2159 及其下属章节确定申请是否要按照 FITF 规定进行审查，参见 MPEP§2150 及其下属章节介绍根据这些规定对相关申请的审查。

Pre-AIA 35 U.S.C.102 可专利性条件；新颖性与丧失获得专利的权利
任何人有权获得专利，除非——
……
（e）该项发明已经被描述为：(1) 在专利申请人的发明之前由他人向美国提出的专利申请中，并且该申请已根据 122（b）的规定公开，或者 (2) 在专利申请人的发明之前由他人向美国提出的专利申请中，并且该申请已经被授权，其中如果根据 351（a）定义的条约提出国际申请，仅当国际申请指定美国并根据该条约的第 21 条（2）款的规定用英语公开，则该申请具有本款规定的美国专利申请的效力。
……

pre-AIA 35 U.S.C.102（e）允许使用上述确定的国际申请公开文本和美国专利申请公开文本，以及上述确定的美国专利作为 pre-AIA 35 U.S.C.102（e）的现有技术，上述文本使用时依据其各自的美国申请日期，包括特定的国际申请日期。如果国际申请日期是 2000 年 11 月 29 日或之后，该国际申请指定美国，并且由世界知识产权组织（WIPO）按照《专利合作条约》（PCT）第 21（2）条的规定以英文公布。根据 pre-AIA 35 U.S.C.102（e）的规定，该对比文件作为现有技术的日期可以是国际申请日期。具体内容参见 MPEP§706.02（f）(1)，了解 pre-AIA 35 U.S.C.102（e）的使用。2000 年 11 月 29 日之前提交的国际申请作为对比文件时，以 35 U.S.C.102（e）的 pre-AIPA 版本为准。（即 2000 年 11 月 28 日生效的版本）。参见 MPEP§2136.03 了解更多信息。

Ⅰ．法定发明登记（SIR）有资格作为 35 U.S.C.102 和 Pre-AIA 35 U.S.C.102（e）的现有技术

根据先前的 35 U.S.C.157（c）的规定，已公布的 SIR 将与美国专利同等对待，用于所有防御性目的，自其提交日期起可用作对比文件，其使用方式与美国专利相同。参见 MPEP§1111，根据 35 U.S.C.102 的所有适用部分，当然也包括 pre-AIA 35 U.S.C.102（e）的所有适用部分，SIR 都能作为现有技术。

Ⅱ．防御性公开不是自申请日起属于现有技术

1968 年 4 月至 1985 年 5 月发布的《防御性公开方案》规定，在特定条件下，自愿

公开未决申请的技术公开内容的摘要。防御性公开不是 35 U.S.C. 122（b）规定的专利或申请的公开文本；防御性公开就是公开本身。因此，它仅在公开之日起才是现有技术。参见 *Ex parte Osmond*，191 USPQ 334（Bd. App. 1973）。通过 MPEP§711.06（a）可以了解更多关于防御性公开的信息。

2136.01 美国申请作为对比文件的资格（2013.11 修订）

编者按：MPEP 中本部分内容不适用于如 35 U.S.C. 100（定义）所述按照 AIA 首先申请的发明人（FITF）规定进行审查的申请。参见 MPEP§2159 及其下属章节确定申请是否要按照 FITF 规定进行审查，参见 MPEP§2150 及其下属章节介绍根据这些规定对相关申请的审查。

Ⅰ. 当没有一个共同的受让人或发明人时，美国专利申请必须在被授予专利或作为 SIR 公开或在其可以获得前作为申请公开时，才作为 Pre – AIA 35 U.S.C. 102（e）规定的现有技术

除美国专利和 SIR 外，某些美国申请公开和某些国际申请公开也作为 pre – AIA 35 U.S.C. 102（e）规定的现有技术，从它们的有效美国申请日（包括某些国际申请日）起算。参见 MPEP§706.02（a）。

Ⅱ. 当存在一个共同的受让人或发明人时，可以依据在先提交的未公开申请进行暂定的 Pre – AIA 35 U.S.C. 102（e）否决

基于一项申请将成为一项美国专利（或一项申请公开）的假设，当存在一个共同的受让人或发明人时，可以依据在先提交的未公开申请，暂定基于 pre – AIA 35 U.S.C. 102（e）的规定否决后续申请。参见 *In re Irish*，433 F.2d 1342，167 USPQ 764（CCPA 1970）。此外，如果在先提交的共同未决美国申请已被修订公开（37 CFR 1.217），并且在专利申请的修订公开中不支持否决所依赖的发明主题，也可以进行暂定的 pre – AIA 35 U.S.C. 102（e）否决。这种暂定否决"旨在通知申请人尽早注意到共同未决申请之间可能存在现有技术关系"，并给予申请人充分的机会通过修改或提交证据克服否决意见。此外，由于这两份申请都处于未决状态，而且通常都有同一个受让人，因此，与已经发出另一份申请相比，申请人又有更多选择来克服暂定否决。参见 *Ex parte Bartfeld*，16 USPQ2d 1714（Bd. Pat. App. & Int. 1990）以其他理由维持，925 F.2d 1450，17 USPQ2d 1885（Fed. Cir. 1991）。注意，只有存在一个共同的发明人或受让人的情况下，才有权根据 pre – AIA 35 U.S.C. 102（e）进行暂定否决，否则两个未决专利申请在公开之前都必须保密。MPEP§706.02（f）（2）和 MPEP§706.02（k）讨论了针对 pre – AIA 35 U.S.C. 102（e）和 pre – AIA 35 U.S.C. 102（e）/103 的暂定否决中使用的程序。

涉及 1999 年 11 月 29 日当天或之后提交的申请，或涉及 2004 年 12 月 10 日当天或之后待决的申请，如果申请中有证据表明该申请和在先技术对比文件归同一人所有，或在发明作出时有义务转让给同一人，则使用 pre - AIA 35 U.S.C. 102（e）的现有技术作出基于 35 U.S.C. 103（a）的暂定否决是不适当的。2002 年的《知识产权和高新技术修正法》（公法 107-273，116 Stat. 1758（2002））中对 pre - AIA 35 U.S.C. 102（e）的修改并未影响 1999 年 11 月 29 日修订的 35 U.S.C. 103（c）。见 MPEP §706.02（l）（1）至 §706.02（l）（3），了解有关 pre - AIA 35 U.S.C. 103 规定的否决和共有权证据的信息。

此外，由于 2004 年 12 月 10 日颁布的 2004 年《合作研究与技术促进法》（CRE-ATE 法））（公法 108-453；118 Stat. 3596（2004）），该法对 2004 年 12 月 10 日或之后授予的所有专利有效，所以某些非共同拥有的对比文件可能会被取消，基于 pre - AIA 35 U.S.C. 103（a）否决中的适用资格所述。CREATE 法修订了 pre - AIA 35 U.S.C. 103（c），规定如果满足某些条件，为了确定显而易见性，由另一人开发的主题可视为被此人所有，或视为有义务转让给此人。CREATE 法修订的 pre - AIA 35 U.S.C. 103（c），仅仅继续适用基于 pre - AIA 35 U.S.C. 102（e）（f）或（g）规定而作为现有技术的主题，以及在基于 35 U.S.C. 103 的否决中所依据的主题。该法不适用于或影响 pre - AIA 35 U.S.C. 102 的否决或重复授权否决中适用的主题（见 37 CFR 1.78（c）和 MPEP §804）。此外，如果主题符合作为 pre - AIA 35 U.S.C. 102 中任何其他款（如 pre - AIA 35 U.S.C. 102（a）或（b））规定的现有技术，并不会因此被取消 pre - AIA 35 U.S.C. 103（c）规定的现有技术的资格。另见 MPEP §706.02（l）（1）至 §706.02（l）（3），了解有关 pre - AIA 35 U.S.C. 103 规定的否决以及共同研发合同证据的信息。

2136.02 可获得的用以否定权利要求的现有技术（2017.08 修订）

编者按：MPEP 中本部分内容不适用于如 35 U.S.C. 100（定义）所述按照 AIA 首先申请的发明人（FITF）规定审查的申请。参见 MPEP §2159 及其下属章节确定申请是否要按照 FITF 规定进行审查，参见 MPEP §2150 及其下属章节介绍根据这些规定对相关申请的审查。

I. 35 U.S.C. 102（e）的否决可以依据专利或申请的公开所披露的任何部分

根据 pre - AIA 35 U.S.C. 102（e）规定，可以依据美国专利制度，美国专利申请的公开，或具有在先的美国有效申请日（包括某些国际申请日）的国际申请的公开所披露的全部内容来否决权利要求。参见 *Sun Studs, Inc. v. ATA Equip. Leasing, Inc.*, 872 F2d 978, 983, 10 USPQ2d 1338, 1342（Fed. Cir. 1989）；MPEP §706.02（a）。

II. 对比文件其自身必须包含否决所依据的主题

当使用美国专利、美国专利申请的公开或国际申请的公开依据 pre - AIA 35

U. S. C. 102（e）否决权利要求时，作为否决所依据的披露内容必须是存在于已公布的专利或申请的公开中。现有技术作为美国申请或专利，审查员以它的有效美国申请日作为关键对比日期；而未包含主题的专利或申请的公开自身，只有在该主题是公知的情况下才能使用。专利申请被取消的部分不属于专利或申请公布的一部分，因此不能作为依据 pre – AIA 35 U. S. C. 102（e）否决已公布的专利或申请公开。参见 *Ex parte Stalego*，154 USPQ 52（Bd. App. 1966）。同样，在已放弃、未公开的母案专利申请中披露但未转入分案专利或申请公开的主题，不得作为 pre – AIA 35 U. S. C. 102（e）规定的现有技术。参见 *In re Klesper*，397 F. 2d 882、886，158 USPQ 256、258（CCPA 1968）。参见 MPEP § 901.02 了解有关已放弃申请作为现有技术可用性的更多信息。同样，在母案中披露但未包含在部分延续（CIP）子申请中的主题，不能作为基于已发布或已公开 CIP 的 pre – AIA 35 U. S. C. 102（e）否决的依据。参见 *In re Lund*，316 F. 2d 982，153 USPQ 625（CCPA 1967）（审查员作出的 pre – AIA 35 U. S. C. 102（e）否决所依据的公布的美国专利是一份部分延续专利（CIP）。该美国专利对比文件的母案包含一个未转入 CIP 的实施例Ⅱ。法院认为，已被删除的实施例Ⅱ所包含的主题既不能享有母案的申请日，也不能享有分案的申请日。因此，使用实施例Ⅱ主题基于 pre – AIA 35 U. S. C. 102（e）否决权利要求是不恰当的）。

当美国专利要求享有临时申请时，至少该专利的一项权利要求必须得到所依赖临时申请披露内容的支持，即要符合 pre – AIA 35 U. S. C. 112 第一款的规定，以便该专利自临时申请的提交日期起，可作为 pre – AIA 35 U. S. C. 102（e）所述的现有技术使用。参见 MPEP § 2136.03 第Ⅲ节。

Ⅲ. 最高法院已批准根据 Pre – AIA 35 U. S. C. 102（e）作出 35 U. S. C. 103 否决

美国专利可自申请日之日起使用，自申请日起，美国专利申请就可用以证明要求保护的主题是在先公开的或显而易见的。在 35 U. S. C. 103 的否决中，显而易见性可以通过将其他现有技术与美国专利对比文件结合证明。参见 *Hazeltine Research v. Brenner*，382 U. S. 252，147 USPQ 429（1965）。同样，某些美国申请公开和某些国际申请公开也可在其最早有效的美国申请日期（包括某些国际申请日期）起使用，以证明所要求保护的主题是在先公开的或显而易见的。

参见 MPEP § 706.02（1）（1）至 § 706.02（1）（3），了解 35 U. S. C. 103 否决的更多信息及共有权或共同研发合同的证据。

2136.03 关键对比日期（2017.08 修订）

编者按：MPEP 不适用于如 35 U. S. C. 100（定义）所述按照 AIA 首先申请的发明人（FITF）规定审查的申请。参见 MPEP § 2159 及其下属章节确定申请是否要按照 FITF 规定进行审查，参见 MPEP § 2150 及其下属章节介绍根据这些规定对相关申请的审查。

2136

Ⅰ. 外国优先权日

基于 35 U.S.C. 119（a）~（d）和（f）的对比文件的外国优先权日不能用作 35 U.S.C. 102（e）的对比日期

pre-AIA 35 U.S.C. 102（e）被明确限定为特定的对比文件，即"在此发明之前由申请人在美国提交的"。外国申请的提交日可能<u>不能</u>作为 pre-AIA 35 U.S.C. 102（e）所述的现有技术的日期，其中所述外国申请在已被作为美国申请公开或 WIPO 申请公开或已在美国获得专利的申请中被要求（通过 35 U.S.C. 119（a）~（d）（f）或 35 U.S.C. 365（a））。这种情形也包括依据 35 U.S.C. 365（a）将国际申请日作为外国优先权日。因此，对比文件基于 35 U.S.C. 119（a）~（d）（f）和 35 U.S.C. 365（a）的外国优先权日不能用来提前申请提交日。相比之下，申请人可以通过证明申请人有权享有 35 U.S.C. 119 优先权日，而该优先权日早于对比文件的美国申请日，从而克服 AIA 35 U.S.C. 102（e）的否决。参见 *In re Hilmer* 359 F.2d 859, 149 USPQ 480（CCPA 1966）（*Hilmer I*）（申请人提交的申请具有德国申请优先权。审查员采用 Habicht 具有瑞士优先权日的美国专利否决了权利要求。Habicht 的美国申请日迟于本申请的德国优先权日。法院认为，在 pre-AIA 35 U.S.C. 102（e）的否决中，不能依赖于对比文件的瑞士优先权日。由于 Habicht 的美国申请日迟于申请的最早有效申请日（德国优先权日），因此否决被撤销。）见 MPEP § 216 了解有关申请人优先权程序的信息。

注意，特定的国际申请文件（PCT）被视为"在美国申请"，目的是将申请公开作为现有技术使用。参见 MPEP § 706.02（a）。

Ⅱ. 国际申请（PCT）；国际申请公开

A. 2000 年 11 月 29 日或之后提交的国际申请

如果潜在的对比文件是来源于国际申请，或要求享有在先国际申请的优先权，则必须确定下列事项：

（A）如果一项国际申请符合以下三个条件：

（1）国际申请日在 2000 年 11 月 29 日及之后；

（2）指定美国；及

（3）已根据 PCT 第 21（2）条以英文公布，

那么国际申请日就是 pre-AIA 35 U.S.C. 102（e）所述的现有技术的有效美国申请日。假定符合 pre-AIA 35 U.S.C. 102（e）和 35 U.S.C. 119（e）、120 或 365（c）的所有条件，如果此类国际申请合理要求享有在先提交的美国或国际申请或在先提交的美国临时申请，则自其在先的提交日起作为 pre-AIA 35 U.S.C. 102（e）的对比文件应用。此外，根据 35 U.S.C. 112（a）/pre-AIA 35 U.S.C. 112 第一款，在先提交申请中必须披露否决所依赖的主题，以便使该主题能够享受 pre-AIA 35 U.S.C. 102（e）的在先申请提交日。注意，当在先申请是国际申请时，为了使在先的国际申请日成为

pre-AIA 35 U.S.C.102（e）中当作现有技术的美国申请日，在先的国际申请必须同样满足三个条件（即 2000 年 11 月 29 日或之后提交，指定美国，并已根据 PCT 第 21 (2) 条以英文公布）。

（B）如果国际申请是在 2000 年 11 月 29 日或之后提交的，但没有指定美国，或没有根据 PCT 第 21（2）条以英文公布，则不能将国际申请日视为美国有效申请日。在这种情况下，不能自以下日期作为对比文件使用：其国际申请日、35 U.S.C.371（c）(1)（2）和（4）所要求的完成日期，或该国际申请要求享有的或作为优先权的任何较早的申请日期。该对比文件可自其公布之日起依据 pre-AIA 35 U.S.C.102（a）or（b）使用，或自其在后任何的美国申请日起依据 pre-AIA 35 U.S.C.102（e）使用，其中所述美国申请合理要求享有国际申请（若可适用）。

B. 2000 年 11 月 29 日之前提交的国际申请

一项作为对比文件的 PCT 申请，当在 2000 年 11 月 29 日之前提交时，以 pre-AIPA 版本的 35 U.S.C.102（e）为准（即 2000 年 11 月 28 日生效的版本），该法条如下所述。

先前的 35 U.S.C.102 专利性条件；新颖性和丧失获得专利的权利（2000 年 11 月 28 日生效）

任何人都有权获得专利，除非——

……

（e）该发明已经在专利中被描述，其中所述专利在该发明之前由他人在美国提交而由此申请专利，并且该申请被授权；或者在该发明之前由他人提交国际申请而由此申请专利，并且该国际申请被授权，其中所述满足本法 371（c）条第（1）(2）和（4）款的要求。

……

如果国际申请的申请日早于 2000 年 11 月 29 日，作为对比文件使用时则应根据 2000 年 11 月 28 日生效的 35 U.S.C.102 和 374（在 AIPA 修正案之前）的规定：

（1）对于一项美国专利，用作基于 2000 年 11 月 28 日有效的 35 U.S.C.102（e）对比文件使用时，自下列两个日期中较早的一个日期起算：符合 35 U.S.C.371（c）(1)（2）和（4）规定的完成日期，或者要求享有国际申请的在后提交的美国申请的提交日期；

（2）对于根据 PCT 第 21（2）条直接由国际申请产生的美国申请公开和 WIPO 公开，不得根据 2000 年 11 月 28 日生效的 35 U.S.C.102（e）使用这些对比文件。这些对比文件可自其公开日起适用 pre-AIA 35 U.S.C.102（a）或（b）；

（3）对于在 2000 年 11 月 29 日之前提交的要求根据 35 U.S.C.120 或 365（c）享有国际申请的美国申请公开，作为基于 2000 年 11 月 28 日生效的 35 U.S.C.102（e）的对比文件使用时，自要求享有国际申请的在后美国申请的实际提交日期起算。

审查员应该认识到，尽管国际申请的公开或基于该国际申请的美国专利不能作为

2000年11月28日生效的先前的 35 U.S.C.102（e）或 pre-AIA 35 U.S.C.102（e）所规定的现有技术，然而相应的 WIPO 国际申请的公开有可能具备较早的符合 pre-AIA 35 U.S.C.102（a）或（b）的日期。

Ⅲ. 依据 35 U.S.C.119（e）规定享有临时申请

根据 35 U.S.C.119（e）的规定允许享有临时申请的美国专利或美国申请公开和特定的国际申请公开，依据了 pre-AIA 35 U.S.C.102（e）的关键对比日期是临时申请的提交日。例外情形是根据 35 U.S.C.112（a）/pre-AIA 35 U.S.C.112 第一款否决临时申请合理支持的主题。参见 MPEP§706.02（f）（1）实例5~9。注意：具有如下条件之一的国际申请可能无法通过优先权或享有要求追溯（连接）到较早的申请日期，从而用于作为 pre-AIA 35 U.S.C.102（e）所述的现有技术，其中所述条件是（1）在2000年11月29日之前提出，或（2）未指定美国，或（3）未被 WIPO 依据 PCT 第21（2）条以英文公布。此外。只有在专利中的至少一项权利要求得到临时申请中书面描述的支持从而符合 pre-AIA 35 U.S.C.112 第一款规定的情况下，该美国专利根据 pre-AIA 35 U.S.C.102（e）规定的对比日期才可以是所依据的临时申请的提交日期。参见 *Dynamic Drinkware, LLC, v. National Graphics, Inc*" 800 F.3d 1375.116 USPQ2d 1045（Fed. Cir. 2015）。

Ⅳ. 根据 35 U.S.C.120 规定享有非临时申请

只有当延续申请中的相关主题得到美国母案支持，母案申请的提交日期才能用作 Pre-AIA 35 U.S.C.102（e）日期

用于现有技术时，倘若在先提交的申请合理支持任何否决所依赖的主题，从而符合 35 U.S.C.112（a）或 pre-AIA 35 U.S.C.112 第一款，那么按照 35 U.S.C.120 规定要求享有在先非临时申请（即延续申请、分案申请或部分延续申请）的美国专利或专利申请公开，能够符合 pre-AIA 35 U.S.C.102（e）所述的把在先提交日期作为现有技术日期。换句话说，为了该主题能够获得 pre-AIA 35 U.S.C.102（e）所述的在先申请日期，否决意见所依赖的主题必须在在先提交的申请中按照 35 U.S.C.112（a）或 pre-AIA 35 U.S.C.112 予以披露。

参见 MPEP§706.02（f）（1）实例2、实例5至实例9。

Ⅴ. 构思日期或付诸实践日期

Pre-AIA 35 U.S.C.102（e）对比日期是申请日期，而非发明人的构思日期或付诸实践日期

如果一份基于 pre-AIA 35 U.S.C.102（e）的可获得的对比文件披露了，但并不要求保护被审查权利要求的主题或明显变体，则该对比文件不是 pre-AIA 35 U.S.C.102（g）所述的现有技术。此外，基于在美国专利或美国专利申请公开中披露的任何现有发明活动，而没有证据证明在更早的日期该主题在这个国家真正付诸实践，则对比文件不符合 35 U. S. C. 102 规定的早于其提交日的日期作为"现有技术"的条件。参见 MPEP §2138。如 pre – AIA 35 U. S. C. 102（e）所述，当案件不在抵触审查程序中时，对比文件作为现有技术的有效日期为其在美国的申请日期（包括特定的国际申请日期）。参见 MPEP §706. 02（a）。当 pre – AIA 35 U. S. C. 102（g）没有争议时，现有技术主题被构思或付诸实践的日期并不重要。参见 *Sun Studs*, *Inc. v. ATA Equip. Leasing*, *Inc.*, 872 F. 2d 978, 983, 10 USPQ2d 1338, 1342（Fed. Cir. 1989）（被告试图使得颁发给 Mason 和 Sohn 并转让给 Sun Studs 的专利无效。这些专利中最早颁发于 1973 年 6 月。Mouat 的一项美国专利被认定在 1976 年 3 月颁发，该专利披露了 Mason 和 Sohn 的发明。虽然 Mouat 的专利是在 Mason 和 Sohn 专利之后颁发的，但它比 Mason 和 Sohn 最早的专利早了 7 个月提交。Sun Studs 提交的宣誓书证明他于 1969 年构思并关注❶直到推定性付诸实践，因此先于 Mouat 的专利。被告试图证明 Mouat 于 1966 年构思了这项发明。法院认为，只有当相互冲突的专利的权利要求包含相同或彼此显而易见的发明时，才将对比文件主题的构思作为一个问题。当适用 pre – AIA 35 U. S. C. 102（e）而非 pre – AIA 35 U. S. C. 102（g）时，现有技术专利的申请日期是可用于否决或无效权利要求的最早日期）。

2136. 04 不同的发明实体；"他人"的含义（2017. 08 修订）

编者按：MPEP 中本部分内容不适用于如 35 U. S. C. 100（定义）所述按照 AIA 首先申请的发明人（FITF）规定审查的申请。参见 MPEP §2159 及其下属章节确定申请是否要按照 FITF 规定进行审查，参见 MPEP §2150 及其下属章节介绍根据这些规定对相关申请的审查。

I．如果发明实体存在任何差异，则对比文件视为"他人"

"他人"指申请人以外的其他人，参见 *In re Land*, 368 F. 2d 866, 151 USPQ 621（CCPA 1966），换句话说，就是一个不同的发明实体。如果不是所有发明人都相同，则发明主体是不同的。申请和对比文件有一个或多个共同发明人的事实是无关紧要的。参见 *Ex parte DesOrmeaux*, 25 USPQ2d 2040（Bd. Pat. App. & Inter. 1992）（基于一项已经授予三名发明人的美国专利，审查员按照 pre – AIA 35 U. S. C. 102（e）作出了否决。被否决的申请是已授权母案专利的一个部分延续，有一个新增的发明人。委员会认定，该专利是"他人"的专利，因此可用于 pre – AIA 35 U. S. C. 102（e）/103 否决申请）。

---

❶ 原文是 diligence，可翻译为谨慎、注意、或勤勉，参见《元照英美法词典》diligence 词条，具体是指在特定情况下对某人所要求的注意义务。在美国专利法中特指在抵触审查中，首先构思的发明人需要证明自己比首先付诸实践的人有更早的持续作为，才能维持自己的占先地位。参见 MPEP 2138. 06，在此综合注意和勤勉的含义将这种持续作为的含义翻译为"关注"。

Ⅱ. 不同的发明实体是对比文件"他人"作出的初步证明证据

如美国众议院和参议院关于 pre – AIA 35 U. S. C. 102（e）的立法报告所述，102 条的子款内容纳入了 *Milburn v. Davis – Bournonville* 案中的 Milburn 规则，所述立法为 1952 年专利法一部分。参见 *Milburn v. Davis – Bournonville*，270 U. S. 390，46 S. Ct. 324，1926 C. D. 303，344 O. G. 817（1926）。Milburn 规则授权包含披露发明的美国专利自美国专利的申请日起作为对比文件使用，来反对在后提交的申请。在先提交的美国申请中包含了被审查申请中请求保护的主题，这表明申请人不是第一个发明人。因此，由另一个发明主体作出的美国专利、美国专利申请公开或国际申请公开，无论本申请是否与该专利共同共有部分发明人，都属于按照 pre – AIA 35 U. S. C. 102（e）规定的有关该发明是"他人"作出的初步证明证据。参见 *In re Mathews*，408 F. 2d 1393，161 USPQ 276（CCPA 1969）；*In re Facius*，408 F. 2d 1396，161 USPQ 294（CCPA 1969）；*Ex parte DesOrmeaux*，25 USPQ2d 2040（Bd. Pat. App. & Inter. 1992）。参见 MPEP § 706.02（b）和 § 2136.05 讨论克服 pre – AIA 35 U. S. C. 102（e）否决的方法。

2136.05 克服基于 Pre – AIA 35 U. S. C. 102（e）的否决意见（2017.08 修订）

编者按：MPEP 中本部分内容不适用于如 35 U. S. C. 100（定义）所述按照 AIA 首先申请的发明人（FITF）规定审查的申请。参见 MPEP § 2159 及其下属章节确定申请是否要按照 FITF 规定进行审查，参见 MPEP § 2150 及其下属章节介绍根据这些规定对相关申请的审查。

Ⅰ. 可以通过提早提交日期或证明所依赖的披露内容是发明人或至少一个共同发明人自己的工作来克服 Pre – AIA 35 U. S. C. 102（e）的否决

当在先的美国专利、美国专利申请公开或国际申请公开未被依法禁止时，可以通过如下途径来克服 pre – AIA 35 U. S. C. 102（e）的否决：根据 37 CFR 1.131 提交宣誓书或声明表明先于对比文件的提交日❶（见 MPEP § 2136.03 关于 pre – AIA 35 U. S. C. 102（e）现有技术的关键对比日期），或根据 37 CFR 1.132 提交宣誓书或声明来证明相关披露的内容是发明人或至少一名共同发明人自己的成果。参见 *In re Mathews*，408 F. 2d 1393，161 USPQ 276（CCPA 1969）。提交日期也可以通过如下方式被提前：即通过符合 35 U. S. C. 119 的规定的外国优先权申请或临时申请，且美国申请的所有权利要求得到所述外国优先权申请或临时申请的"支持"（符合 35 U. S. C. 112（a）或 pre – AIA 35 U. S. C. 112 第一款的要求），参见 *In re Gosteli*，872 F. 2d 1008，10

---

❶ 原文表述 antedating the filing date of the reference，其中的 antedate 可以解释为"提早日期"，也可以解释为"先于"。根据上下文判断，此处并不是指提早对比文件的提交日期，而是指先于该日期。因此若所接宾语是本申请的提交日，则将 antedate 翻译成提早；若是对比文件的提交日，则将 antedate 翻译成"先于"。

USPQ2d 1614（Fed. Cir. 1989）。但是，没有与在审申请相一致的在先申请，不能用来表明先于对比文件。参见 *In re Costello*，717 F. 2d 1346，219 USPQ 389（Fed. Cir. 1983）。最终的放弃也不能克服 pre – AIA 35 U. S. C. 102（e）的否决。参见 *In re Bartfeld*，925 F. 2d 1450，17 USPQ2d 1885（Fed. Cir. 1991）。

参见 MPEP§706.02（b），了解可用于克服基于 pre – AIA 35 U. S. C. 102（e）否决的系列方法。参见 MPEP§715 关于 37 CFR 1.131 宣誓书或声明所要求的内容，以及允许此类宣誓书和声明的情况的信息。如果对比文件描述发明人或至少一个共同发明人自己的成果，则 37 CFR 131 下的宣誓书或声明不适用。在这种情况下，申请人必须根据 37 CFR 1.132 提交一份宣誓书或声明。关于 37 CFR 1.132 宣誓书和声明要求的更多信息见下一小节。

II. 可以通过证明对比文件描述的是发明人或至少一个共同发明人自己的成果来克服 Pre – AIA 35 U. S. C. 102（e）的否决

"申请署名了不同于专利的发明实体这一事实，并不一定使该专利成为现有技术。"参见 *Applied Materials Inc. v. Gemini Research Corp.*，835 F. 2d 279，15 USPQ2d 1816（Fed. Cir. 1988）。这个问题取决于审查档案的证据所证明的谁发明这个主题。参见 *In re Whittle*，454 F. 2d 1193，1195，172 USPQ 535，537（CCPA 1972）。事实上，即使发明人或至少一名共同发明人的成果在专利申请前已被公开披露，发明人或至少一名共同发明人的成果也可能无法用于反对符合 pre – AIA 35 U. S. C. 102 规定的申请，除非进入 pre – AIA 35 U. S. C. 102（b）规定的禁止期间。参见 *In re DeBaun*，687 F. 2d 459，214 USPQ 933（CCPA 1982）（援引 *In re Katz*，687 F. 2d 450，215 USPQ 14（CCPA 1982））。所以，当对比文件中未要求保护的主题是发明人或至少一个共同发明人自己的发明，则基于美国专利、美国专利申请公开或国际申请公开的初证事实，可以通过证明披露的内容描述的是发明人或至少一个共同发明人自己以前的成果来被克服。这样的证明可以通过如下方式：即美国专利，美国专利申请公开或国际申请公开的发明人，与申请人（如受让人）有联系，并直接或间接地从发明人或者至少一个共同发明人那里学到了发明。参见 *In re Mathews*，408 F. 2d 1393，161 USPQ 276（CCPA 1969）。首先以唯一发明人 X 的名义提出一项申请，然后以共同发明人 X 和 Y 的名义提出在后申请。在此情况下，必须首先证明联合发明被作出，其后在唯一发明人的专利中被描述，或在唯一发明人的美国专利申请公开或国际申请公开中被描述，然后联合申请再被提出。参见 *In re Land*，368 F. 2d 866，151 USPQ 621（CCPA 1966）。

在 *In re Land* 案中，Rogers 和 Land 各自的美国专利被用于依据 pre – AIA 35 U. S. C. 102（e）/103 否决 Rogers 和 Land 的联合申请。发明人在同一家公司（Polaroid）和同一个实验室工作。所有的专利都来自同一项研究。此外，专利申请是由相同的代理人撰写的，相互关联并彼此交叉参考。法院维持驳回，因为（1）专利的发明实体（一个是 Rogers，一个是 Land）与共同申请的发明实体（Rogers 和 Land）不同，（2）Land 和 Rogers 在提出共同专利申请时，带来了他们各自工作的知识。没有迹象表明所依赖对比文件的部分披露了他们共同完成的任何工作，也不能证明他们共同所做的工作是在提交对比专利申请之前完成的。

另见 In re Carreira，532 F. 2d 1356，189 USPQ 461（CCPA 1976）（依据向 Tulagin 和 Carreira 授予的美国专利或向 Clark 授予的专利，审查员根据 pre–AIA 35 U. S. C. 102（e）和 103 否决了 Carreira、Kyrakakis、Solodar 和 Labana 共同申请的权利要求。申请人根据 37 CFR 1.132 提交了 Tulagin 和 Clark 的声明，其中每个声明都陈述他"并不是使用羟基与偶氮键相连的化合物的发明人"。法院认为这些声明是模糊的和不确定的，因为声明人并未在其专利中披露该类上位化合物的用途，而是该类上位化合物的下位化合物的用途，并且权利要求中的是下位化合物。各自声称没有发明该类上位化合物用途的声明，并不能证明 Tulagin 和 Clark 没有发明该下位化合物的用途。）MPEP § 715.01（a）、§ 715.01（c）和 § 716.10 阐述了按照 37 CFR 1.132 规定用宣誓书和声明来先于对比文件日期的内容和使用方法的更多相关信息。见 MPEP § 706.02（1）（1），了解有关 pre–AIA 35 U. S. C. 102（e）/103 规定的否决及 pre–AIA 35 U. S. C. 103（c）适用性的信息。

III. 当对比文件中披露的主题是申请人自己的成果时，申请人无需证明关注或付诸实践

当对比文件反映发明人或至少一个共同发明人自己的成果时，不需要提供关注或付诸实践的证据来证明发明人或至少一个共同发明人发明了对比文件中所披露的主题。如果证明对比文件的披露内容是由发明人或至少一名共同发明人的工作所产生的，连同证明在对比文件提交日期之前由发明人或至少一名共同发明人所构思，将克服 pre–AIA 35 U. S. C. 102（e）的否决。可以通过发明该主题的发明人或至少一个共同发明人提交按照 37 CFR 1.132 的宣誓书进行证明。其他共同发明人若也申请，则无须提交放弃发明权的宣誓书，但如果提交，审查员应当考虑其他所有共同发明人的放弃。参见 In re DeBaun，687 F. 2d 459，214 USPQ 933（CCPA 1982）。（DeBaun 提交的声明称，他是 DeBaun 和 Noll 的美国专利对比文件中披露主题的发明人。在证明构思的声明中附上了展品，并包含了图纸，该图纸是 DeBaun 整理好并提供给法律顾问用于准备申请的，该申请已被公布而作为对比专利。法院认为，即使依据 37 CFR 1.131 规定的证据不足以表明先于现有技术专利的日期，也不需要用关注和/或付诸实践来证明 DeBaun 发明了该主题。声明人陈述他首先构思了这项发明足以克服 pre–AIA 35 U. S. C. 102（e）的否决）。

IV. 对比文件中的组合权利要求提及了单个要素或子组合本身，并不能证明发明人或至少一个共同发明人发明了这些要素

如果单个要素和子组合未与组合分开要求保护的话，在对比文件中存在的组合权利要求，并不能证明发明人或至少一个共同发明人发明了单个元素或子组合。参见 In re DeBaun，687 F. 2d 459，214 USPQ 933（CCPA 1982）（援引 In re Facius，408 F. 2d

1396，1406，161 USPQ 294，301（CCPA 1969））。

同见 *In re Mathews*，408 F. 2d 1393，161 USPQ 276（CCPA 1969）（1961 年 9 月 15 日，Dewey 提出一项申请，披露并请求保护一种电路延时保护装置。在披露该发明时，Dewey 完整地描述了由 Mathews 发明的可用于保护这项装置的"门控手段 19"，但他没有写进权利要求。Dewey 和 Mathews 是在通用电气公司工作的同事，该公司是受让人。Mathews 于 1963 年 3 月 7 日提交了他的申请，当时 Dewey 的专利还没有被授权，但晚于 Dewey 提出近 18 个月。Mathews 的申请披露了"本发明所含的电路图显示在 Dewey 的第 138、476 号共同未决专利申请之中"，审查员根据 pre – AIA 35 U. S. C. 102（e）使用 Dewey 的专利否决了 Mathews 的所有权利要求。作为答复，Mathews 根据 37 CFR 1.132 提交了 Dewey 的宣誓书。Dewey 在宣誓书中说，他没有发明"门禁手段 19"，而是通过 Mathews 学会了"门禁手段"，而且 GE 的代理律师建议在 Dewey 的申请中披露"门禁手段"以符合 35 U. S. C. 112 第一款。审查员反驳，克服 pre – AIA 35 U. S. C. 102（e）否决的唯一方法是根据 37 CFR 1.131 提交宣誓书或声明，以证明先于对比文件的提交日期。法院推翻了这一否决，认为审查档案中的全部证据表明，Dewey 的知识来源于 Mathews，Mathews 是"原创的、第一位且唯一的发明人"）。

2137 Pre – AIA 35 U. S. C. 102（f）（2017.08 修订）

编者按：MPEP 中本部分内容不适用于如 35 U. S. C. 100（定义）所述按照 AIA 首先申请的发明人（FITF）规定审查的申请。参见 MPEP § 2159 及其下属章节确定申请是否要按照 FITF 规定进行审查，参见 MPEP § 2150 及其下属章节介绍根据这些规定对相关申请的审查。

下文讨论中所述的"获取"或"被获取"是在 pre – AIA 法律的背景下进行的。"获取程序"如 AIA 所述，在 MPEP § 2310 及其下属章节中进行了讨论。

Pre – AIA 35 U. S. C. 102 专利性条件；新颖性和丧失获得专利的权利
任何人都有权获得专利，除非——
……
(f) 他没有亲自发明了寻求专利的主题
……

当可以证明发明人或至少一个共同发明人从他人处"获取"❶ 一项发明，则根据 pre – AIA 35 U. S. C. 102（f）的否决是适当的。参见 *Ex parte Kusko*，215 USPQ 972，974（Bd. App. 1981）（"即使不是全部，也是绝大多数根据 102（f）的决定，涉及一方是否从另一方获取发明的问题"）。

---

❶ 原文表述是 derived，此处的含义是不由本人创造而从他处获得发明成果，包括收购、获赠、剽窃等方式，接近于"不劳而获"的含义，但属于中性用词，因此翻译为"获取"。

虽然不劳而获将禁止向获取者授予专利，但是由获取者公开而没有被 pre – AIA 35 U. S. C. 102（b）禁止的内容，将不会禁止向被获取主题的一方授权专利。参见 *In re Costello*，717 F. 2d 1346，1349，219 USPQ 389，390 – 91（Fed. Cir. 1983）（"［在受 pre – AIA 35 U. S. C. 102 制约的申请中］，可通过两种普遍认可的方法克服未被依法禁止的现有技术对比文件"：按照 37 CFR 1. 131 提交宣誓书，或按照 37 CFR 1. 132 提交归属宣誓书）；参见 *In re Facius*，408 F. 2d 1396，1407，161 USPQ 294，302（CCPA 1969）（如果发明人或至少一个共同发明人"……发明了专利的相关披露内容所依据的主题，那么尽管专利对专利权人中关于该发明主题的（发明实体）来源默不作声，该专利还是不得作为反对他的对比文件"）。参见 MPEP §715.01 及其下辖章节和 MPEP §716. 10。

当有一篇确定了著作权人（MPEP §715.01（c））的公开文章或一项确定了发明人（MPEP §715.01（a））的专利，披露了在审申请中请求保护的主题时，著作权人或发明人的称谓，并不会引发如下推定：是文章中披露的相关主题的发明人，或是专利中披露但未请求保护的主题的发明人，从而为根据 pre – AIA 35 U. S. C. 102（f）的否决意见辩护。但是，申请人有义务答复有关基于 pre – AIA（f）款的正确发明人的调查，或反驳根据 pre – AIA 35 U. S. C. 102（a）或（e）作出的否决，通过基于 37 CFR 1. 132 的宣誓书提供令人满意的证明，表明申请的发明人是正确的，尽管分别有文章的著作权人或专利的发明权，但对比文件披露的主题是由发明人或至少一个共同发明人发明的，而不是从文章的著作权人或专利的发明实体那里获得的。参见 *In re Katz*，687 F. 2d 450，455，215 USPQ 14，18（CCPA 1982）（为澄清一篇涉及发明权的文章所造成的任何歧义的调查是适当的，然后申请人有责任提供"令人满意的证明，以得出合理的结论，即［发明人或至少一个共同发明人］是……"文中所披露的和申请要求保护的主题的"发明人"）。

I. 获取要求由他人作出的完整构思，并与被宣称的获取方沟通

"权利要求记载了各种成分的用途，每一种成分都可以被认为是旧的，仅仅这一事实并不能为根据 pre – AIA 35 U. S. C. 102（f）作出的否决提供适当的依据。"参见 *Ex parte Billottet*，192 USPQ 413，415（Bd. App. 1976）。获取要求是他人的完整构思，并以任何方式就所述构思与被指控获取的一方交流，而交流时间早于被指控获取者可被证明拥有该发明知识之日。参见 *Kilbey v. Thiele*，199 USPQ 290，294（Bd. Pat. Inter. 1978）。

同见 *Price v. Symsek*，988 F. 2d 1187，1190，26 USPQ2d 1031，1033（Fed. Cir. 1993）；*Hedgewick v. Akers*，497 F. 2d 905，908，182 USPQ 167，169（CCPA 1974）。"完整构思的交流必须足以使本领域的普通技术人员能够构建并成功操作发明。"参见 *Hedgewick*，497 F. 2d at 908，182 USPQ at 169，亦见 *Gambro Lundia AB v. Baxter Healthcare Corp.*，110 F. 3d 1573，1577，42 USPQ2d 1378，1383（Fed. Cir. 1997）（证明获取所产生的争议是关于"交流是否能够使本领域普通技术人员制造所述专利发明"）。

Ⅱ. 主张获取的一方不需要证明付诸实践，或获取公知常识，或在本国获取

主张获取的一方"无须为了证明获取而证明获取内容已付诸实践"。参见 *Scott v. Brandenburger*，216 USPQ 326，327（Bd. App. 1982）。此外，使用（f）款不限制从他人获取公知常识，"不必要求获取的地点是在本国，才能禁止获取者得到主题的专利授权"。参见 *Ex parte Andresen*，212 USPQ 100，102（Bd. App. 1981）。

Ⅲ. 获取与发明先占权的区别

虽然发明的获取和占先权都聚焦在发明权上，但获取强调的是原创性（即谁发明了主题），而占先权关注的是哪一方首先发明了主题。参见 *Price v. Symsek*，988 F. 2d 1187，1190，26 USPQ2d 1031，1033（Fed. Cir. 1993）。

Ⅳ. Pre – AIA 35 U. S. C. 102（f）可适用于 Pre – AIA 35 U. S. C. 102（a）和 Pre – AIA 35 U. S. C. 102（e）不作为法定否决理由的情况

pre – AIA 35 U. S. C. 102（f）不要求对现有技术和本申请的相关日期进行调查，因此，当因为对比文件的有效日期晚于待审申请的有效申请日时，不适用 pre – AIA（a）和（e）。但是，对于某些有效日期迟于待审申请的有效申请日期的对比文件，可能有证据表明，基于相关日期，该参考文献的主题被发明人或至少一个共同发明人所获取。参见 *Ex parte Kusko*，215 USPQ 972，974（Bd. App. 1981）（事件的相关日期对于确认获得很重要；在申请人的提交日期一年后仅仅列为文本合著者中的个体而非发明人公开，并不是反驳发明人声明自己是唯一的发明人的有力证据）。

2137.01 发明权（2015.07 修订）

有关 2012 年 9 月 16 日之前提出的申请中的专利申请人是发明人的要求（除非 pre – AIA 37 CFR 1.41 另有规定），以及有关 2012 年 9 月 16 日当天或之后提出的申请中确定发明人或每一个共同发明人的要求，是美国专利法不同于其他国家的特点。因此，外国申请人可能会误解关于命名实际发明人的美国法律，从而可能导致在根据 35 U. S. C. 119 要求在先外国申请优先权的美国申请中发明权的错误。需要根据 37 CFR 1.48 要求，请求纠正将美国申请中的发明人命名的任何错误。见 MPEP § 602 01（c）及其下辖章节。外国申请人可能需要被提醒美国申请和 35 U. S. C. 119 优先权申请要求具有同样的发明人或至少一个共同发明人。见 MPEP § 213.02 第Ⅱ节。

如果确定美国申请中指定的发明实体不正确，例如，当根据 37 CFR 1.48（a）提出的请求未被批准或出于技术原因未被输入，但关于承认发明权错误是无争议的，那么应据此作出否决。关于 35 U. S. C. 101 和 35 U. S. C. 115 以及用于受 pre – AIA 35 U. S. C. 102 制约申请的 pre – AIA 35 U. S. C. 102（f）中未列出正确发明人的否决，见 MPEP § 706.03（a）第Ⅳ节。

Ⅰ. 命名发明权

除 37 CFR 1.64 另有规定之外,专利申请(临时申请除外)中的发明人或主张发明的每一位共同发明人必须签署针对申请的誓言或声明。2012 年 9 月 16 日或之后提交的申请中对发明人誓言或声明的要求见 MPEP § 602.01 (a)。2012 年 9 月 16 日前提交的申请中对原创誓言或声明的要求见 MPEP § 602.01 (b)。

对于在 2012 年 9 月 16 日之前提交的申请,pre – AIA 37 CFR 1.41 (a)(1)将非临时申请的发明权定义为根据 pre – AIA 37 CFR 1.63 的要求提交的誓言或声明中规定的发明权,另有规定的除外。因此,根据 pre – AIA 37 CFR 1.63 的规定,签署誓言或声明的一方或多方被推定为发明人。参见 *Driscoll v. Cebalo*,5 USPQ2d 1477,1481 (Bd. Pat. Inter. 1982);*In re DeBaun*,687 F.2d 459,463,214 USPQ 933,936 (CCPA 1982)(要素本身的发明人和组合物中使用的要素的发明人可能不同。"如果没有从组合物中抽取个别要素或子组合单独要求保护,则组合物权利要求的存在并不证明其个别元素或子组合专利权人的发明权。"(援引 *In re Facius*,408 F.2d 1396,1406,161 USPQ 294,301 (CCPA 1969)(原文强调));参见 *Brader v. Schaeffer*,193 USPQ 627,631 (Bd. Pat. Inter. 1976)(关于发明权更正:"当发明人之间没有分歧时,通常他们是认定关于谁是实际发明人的依据")。

Ⅱ. 发明人必须对发明的构思作出贡献

发明权的定义可以简单表述成:"决定发明权的关键问题是谁构思了本发明。除非某人对发明构思作出贡献,否则他不是发明人……只就定义发明人而言,与付诸实践本身是不相关的[除了构思和付诸实践同时发生的情况,参见 *Fiers v. Revel*,984 F.2d 1164,1168,25 USPQ2d 1601,1604 – 05 (Fed. Cir. 1993)]。某人必须对构思作出贡献才能成为发明人。"参见 *In re Hardee*,223 USPQ 1122,1123 (Comm'r Pat. 1984)。亦见 *Board of Education ex rel. Board of Trustees of Florida State Univ. v. American Bioscience Inc.*,333 F.3d 1330,1340,67 USPQ2d 1252,1259 (Fed. Cir. 2003)("发明需要构思"关于化学化合物的发明权,发明人必须对所要求的具体化合物有一个构思。"有关复杂化合物组在先公开的生物特性的一般知识,不足以授予相关要求保护的具体化合物的发明权地位");参见 *Ex parte Smernoff*,215 USPQ 545,547 (Bd. App. 1982)("对已完成的结果提出想法而没有对完成的方式提出想法的人不是共同发明人"),了解讨论确立构思或付诸实践所需的证据,见 MPEP § 2138.04 至 § 2138.05。

Ⅲ. 既便发明人的创造发明借鉴他人的想法建议或素材,但其创意占支配地位

"在形成……构思的过程中[发明人]可能考虑和采纳从多种来源获得的想法或素材……[例如]来自雇员或雇佣顾问的建议……只要他对工作保持智力支配,即制作发明直到成功测试,按照他的意愿选择或拒绝……即使这样的建议[或素材]被证明是他解决问题的关键所在。"参见 *Morse v. Porter*,155 USPQ 280,283 (Bd. Pat. Inter. 1965)。亦

参见 *New England Braiding Co. v. A. W. Chesterton Co.*，970 F. 2d 878，883，23 USPQ2d 1622，1626（Fed. Cir. 1992）（采用他人的观点和素材可构成获取）。

Ⅳ. 发明人无须将发明付诸实践

当团队的每个成员都或多或少作出贡献时，很难将那些真正对发明构思起作用的成员从团队中区分出来。例如，无法确定制备得到的物理结构或完成的操作步骤仅仅是工作人员在构思者的指导和监督下制备或完成的。参见 *Fritsch v. Lin*，21 USPQ2d 1737，1739（Bd. Pat. App. & Inter. 1991）（发明人"没有参与开发……在哺乳动物宿主细胞中表达 EPO 基因并分离产生的 EPO 产物的过程。"然而，"发明人亲自参与实施这些方法步骤并不重要……实施这些步骤不需要运用创造性技能"）；参见 *In re DeBaun*，687 F. 2d 459，463，214 USPQ 933，936（CCPA 1982）（只要付诸实践是代表发明人完成的，就不要求发明人必须是将发明付诸实践的一员）。

同见 *Mattor v. Coolegem*，530 F. 2d 1391，1395，189 USPQ 201，204（CCPA 1976）（听从口头指示的人仅仅被视为技术人员）；*Tucker v. Naito*，188 USPQ 260，263（Bd. Pat. Inter. 1975）（发明人不需要"亲自实施和测试其发明"）；*Davis v. Carrier*，81 F. 2d 250，252，28 USPQ 227，229（CCPA 1936）（非发明人的工作仅仅是一个熟练的技工，执行由他人发明的设计之中的细节）。

Ⅴ. 共同发明人的条件

对于特定应用的发明实体，是基于每个命名的发明人至少对一个权利要求作出了贡献。"发明人可以共同申请专利，即使（1）彼此没有一起或同时进行工作，（2）不是每个人作出相同类型或数量的贡献，或（3）不是每个人对专利的每项权利要求的主题作出贡献。"参见 35 U. S. C. 116。"法令既没有规定也没有暗示两个发明人如果没有任何联系，并且完全不知道对方的工作，就可以成为'共同发明人'。"所需要的是一定"合作或联系的量"。换句话说，"对于根据 116 条成为共同发明人的人员来说，必须有某种联合行为的要素，如合作或在共同的指导下工作，一名发明人看到一份有关的报告，并在该报告的基础上加以改进，或在会议上听取另一名发明人的建议"。参见 *Kimberly-Clark Corp. v. Procter & Gamble Distrib. Co.*，973 F. 2d 911，916-17，23 USPQ2d 1921，1925-26（Fed. Cir. 1992）；*Moler v. Purdy*，131 USPQ 276，279（Bd. Pat. Inter. 1960）（没有必要让两个（共同发明人）同时想到这个发明构思）。

每个共同发明人都必须对发明的构思作出贡献。共同发明人无须对专利的每一项权利要求作出贡献，对一项权利要求有贡献就足够了。"任何已披露的装置加功能权利要求要素中装置的贡献者，是关于该权利要求的共同发明人，除非声称拥有独立发明权的人能够证明，该装置的贡献仅仅是对唯一发明人更宽泛的构思简单付诸实践。"参见 *Ethicon Inc. v. United States Surgical Corp.*，135 F. 3d 1456，1460-63，45 USPQ2d 1545，1548-1551（Fed. Cir. 1998）（在说明书中用两种可选结构定义权利要求限定的"延迟装置"，对两种可选结构之一作出贡献的电子技术人员被认为是共同发明人）。

2137.02 Pre-AIA 35 U.S.C. 103（c）的适用（2013.11 修订）

编者按：MPEP 中本部分内容不适用于如 35 U.S.C. 100（定义）所述按照 AIA 首先申请的发明人（FITF）规定审查的申请。参见 MPEP §2159 及其下属章节确定申请是否要按照 FITF 规定进行审查，参见 MPEP §2150 及其下属章节介绍根据这些规定对相关申请的审查。

pre-AIA 35 U.S.C. 103（c）规定了 pre-AIA 35 U.S.C. 102 的（f）将不排除下述情况的可专利性：由他人开发的否则将符合 102（f）资格的主题，以及在审申请所要求保护的发明是由相同人所拥有，服从转让给相同人的义务，或者涉及符合 pre-AIA 35 U.S.C. 103（c）（2）和（c）（3）要求的联合研究的协议。见 MPEP §706.02（l）和 §2146。

当存在至少一个共同发明人的不同发明实体的情况下，发明权通常属于"他人"。关于"由他人"与至少一个共同发明人的不同发明实体有关的发明权的判例法，参见 *Ex parte DesOrmeaux*, 25 USPQ2d 2040（Bd. Pat. App. & Inter. 1992）（对比文件专利和待决申请中的共同发明人的存在，并不排除对比文件发明实体对［pre-AIA］35 U.S.C. 102（e）所指的"由他人"的认定），根据 pre-AIA 35 U.S.C. 102（e）对现有技术的讨论，参见 MPEP §2136.04。

2138 Pre-AIA 35 U.S.C. 102（g）（2017.08 修订）

编者按：MPEP 中本部分内容有条件地适用于如 35 U.S.C. 100（定义）所述按照 AIA 首先申请的发明人（FITF）规定进行审查的申请。参见 MPEP §2159 及其下属章节确定申请是否要按照 FITF 规定进行审查，MPEP §2159.03 关于本部分适用于 AIA 申请的情况，参见 MPEP §2150 及其下属章节介绍根据这些规定对相关申请的审查。

Pre-AIA 35 U.S.C. 102 可专利性条件；新颖性与丧失获得专利的权利

任何人有权获得专利，除非——

……

（g）（1）在根据 135 条或 291 条进行抵触审查的过程中，所涉及的另一发明人按照 104 条规定的程度证明，在此人的发明之前，所述另一发明人已经作出这一发明，并且没有放弃、抑止或隐瞒❶，或者（2）在此人的发明之前，该项发明已经由他人在美国作出，并且没有放弃、抑止或者隐瞒该发明。在根据本款规定确定哪一个属于在

---

❶ 原文是 abandoned, suppressed, or concealed。

先发明时,不仅应考虑该项发明的各自形成发明构思和付诸实践的日期,并且还要考虑首先构思并最终付诸实践的人,在早于另一人构思的时间里的合理关注。

pre-AIA 35 U.S.C.102(g)提出例如构思、付诸实践和关注,虽然更常用于抵触审查,但也出现在其他情况中。

pre-AIA 35 U.S.C.102(g)可构成单方面否决的依据,如果:(1)在申请人的发明之前,有争议的主题实际上已经由另一方付诸实践;以及(2)另一方没有放弃、抑止或隐瞒。参见 *Amgen, Inc. v. Chugai Pharmaceutical Co.*, 927 F.2d 1200, 1205, 18 USPQ2d 1016, 1020 (Fed. Cir. 1991); *New Idea Farm Equipment Corp. v. Sperry Corp.*, 916 F.2d 1561, 1566, 16 USPQ2d 1424, 1428 (Fed. Cir. 1990); *E.I. DuPont de Nemours & Co. v. Phillips Petroleum Co*, 849 F.2d 1430, 1434, 7 USPQ2d 1129, 1132 (Fed. Cir. 1988); *Kimberly-Clark v. Johnson & Johnson*, 745 F.2d 1437, 1444-46, 223 USPQ 603, 606-08 (Fed. Cir. 1984)。然而,为符合 pre-AIA 35 U.S.C.102(g)规定的现有技术,仅凭构思是不够的,必须有证据证明主题实际被付诸实践。参见 *Kimberly-Clark*, 745 F.2d at 1445, 223 USPQ at 607。虽然提交专利申请是一种推定的付诸实践,但提交申请本身并没有提供必要的证据证明,申请中所记载的任何主题是真正的付诸实践,如根据 pre-AIA 35 U.S.C.102(g)的单方面否决所必需提供的依据。因此,当缺乏证据表明付诸实践时(通常在单方审查期间无法获得),美国专利申请公开或专利的披露属于 pre-AIA 35 U.S.C.102(e)的范围,而不属于 pre-AIA 35 U.S.C.102(g)的范围。参见 *In re Zletz*, 893 F.2d 319, 323, 13 USPQ2d 1320, 1323 (Fed. Cir. 1989)(在美国专利对比文件中的披露内容不属于 pre-AIA 35 U.S.C.102(g)的范围,而是属于 pre-AIA 35 U.S.C.102(e)的范围)。

此外,仅符合 pre-AIA 35 U.S.C.102(g)规定的现有技术主题,也可能是根据 pre-AIA 35 U.S.C.103 进行单方面否决的依据。参见 *In re Bass*, 474 F.2d 1276, 1283, 177 USPQ 178, 183 (CCPA 1973)(在使用与组合物申请有关的 37 CFR 1.131 宣誓书的失败尝试中,申请人承认已作为专利的共同未决申请中的子组合物筛选,比组合物构思得更早)。然而,pre-AIA 35 U.S.C.103(c)规定了 pre-AIA 35 U.S.C.102 的(g)将不排除下述情况的可专利性:由不同于在审申请的发明人开发的主题,否则将满足 102(g)的要求。见 MPEP § 706.02(1)和 § 2146。

有关 pre-AIA 35 U.S.C.102(g)在抵触审查范围以外提出构思、付诸实践和关注的其他示例,参见 *In re Costello*, 717 F.2d 1346, 219 USPQ 389 (Fed. Cir. 1983)(在按照 37 CFR 1.131 声明的范围内讨论构思和推定的付诸实践)及 *Kawwai v. Metlesics*, 480 F.2d 880, 178 USPQ 158 (CCPA 1973)(认为由基于 35 U.S.C.119 的优先权而产生的推定性付诸实践,需要满足 35 U.S.C.101 和 35 U.S.C.112 的要求)。

2138.01 抵触审查程序(2017.08 修订)

编者按:MPEP 中本部分内容有条件地适用于如 35 U.S.C.100(定义)所述按照

AIA 首先申请的发明人（FITF）规定进行审查的申请。参见 MPEP§2159 及其下属章节确定申请是否要按照 FITF 规定进行审查，MPEP§2159.03 关于本部分适用于 AIA 申请的情况，参见 MPEP§2150 及其下属章节介绍根据这些规定对相关申请的审查。

I. Pre-AIA 35 U.S.C. 102（g）是抵触审查程序❶的基础

pre-AIA 35 U.S.C. 102（g）是确定双方发明的占先权❷的抵触审查程序的基础。参见 *Bigham v. Godtfredsen*，857 F.2d 1415，1416，8 USPQ2d 1266，1267（Fed. Cir. 1988），35 U.S.C. 135，37 CFR 41 分编，D 部分和 E 部分，以及 MPEP 2300 章。抵触审查是一种多方复审程序❸，关于确定在复审各方中首先发明的人，涉及以不同发明人的名义作出的两个及其以上未决申请，或者涉及一个或多个未决的申请和一个或多个未到期的专利，它们用了不同发明人的名义。对于特定的申请，美国不同寻常地采用先发明制度❹而不是先申请制度❺。参见 *Paulik v. Rizkalla*，760 F.2d 1270，1272，226 USPQ 224，225（Fed. Cir. 1985）（在 Rich 法官的附议意见中回顾了该款的立法历史）。在某些情况下，差不多同时将发明付诸实践的多人中，率先实践的一方将是获得专利的唯一一方，参见 *Radio Corp. of America v. Radio Eng'g Labs., Inc.*，293 U.S.1，2，21 USPQ353，353-4（1934）；除非另一个人首先构思，并伴随之后的付诸实践，且从先于第二位构思人进入该领域的时间起，直到首位构思者付诸实践为止保持关注。参见 *Hull v. Davenport*，90 F.2d 103，105，33 USPQ 506，508（CCPA 1937）。见如下的占先发明时间表解释这一问题。根据抵触审查的结论，作为抵触审查基础的败诉方要求保护的主题被依据 pre-AIA 35 U S C.102（g）否决，除非行为证明占先的发明不在本国。

需要注意的是，35 U.S.C. 101 要求凡发明或发现了所要求保护的发明者，都必须在授予专利之前被命名为发明人的一方。当可以证明申请人从他人处"获取"了发明，如果可适用则根据 pre-AIA 35 U.S.C. 102（f）否决是适当的。参见 *Ex parte Kusko*，215 USPQ 972，974（Bd. App. 1981）（"即使不是全部，绝大多数根据［pre-AIA］102（f）作出的决定涉及一方是否从另一方获得发明的问题"）；参见 *Price v. Symsek*，988 F.2d 1187，1190，26 USPQ2d 1031，1033（Fed. Cir. 1993）（虽然发明的获取和占先权都聚焦发明权，但获取强调的是原创性，即谁发明了主题，而占先权则聚焦哪一方首先发明了主题）。

---

❶ 原文表述是 practice，可以解释为"诉讼程序"，表示司法程序，参见《元照英美法词典》practice 词条，此处只涉及专利复审这种准司法程序，不涉及严格意义上的诉讼程序，因此译为程序。

❷ 原文表述是 priority，但并不是指本发明所能享有的优先权，而是指对于作出相同发明的不同发明人谁更占先，为避免歧义，抵触审查中涉及的 priority 翻译为占先或占先权。

❸ 原文表述是 inter partes proceeding，即多方复审程序，其中的多方是指两个以上的利害关系人。

❹ 原文表述是 first to invent，如下文所述，先发明制是与世界绝大多数国家不同的专利制度。

❺ 原文表述是 first to file，也作 first inventor to file（FITF），随着 AIA 的颁布，美国的专利制度也变更为先申请制，但对于旧案仍适用先发明制，因此目前美国采取双轨制并行。

Ⅱ. 占先时间表

占先时间表解释了在几种情形中对发明占先权的判定。时间表用于抵触审查，也适用于基于 37 CFR 1.131 提交的声明或宣誓书来先于对比文件日期的场合所述对比文件是 pre‐AIA 35 U.S.C. 102（a）或 102（e）规定的现有技术。然而，注意，在 37 CFR 1.131 的语境中，申请人不必证明发明从事实性付诸实践到推定性付诸实践这段时间没有被放弃、抑止或隐瞒，因为除非在抵触审查中，实际付诸实践后提交专利申请所需的时间长度通常并不重要。参见 *Paulik v. Rizkalla*，760 F.2d 1270，226 USPQ 224（Fed. Cir. 1985）。见 MPEP § 2138.03 中关于放弃、抑止和隐瞒的讨论。

依据 37 CFR 1.131 的分析，相对滞后❶的对比文件，其构思和付诸实践均被视为发生在国内专利或外国专利的有效提交日或印刷公开日期。

下例中，C = 构思，R = 付诸实践（实际的或推定的），Ra = 实际付诸实践，Rc = 推定付诸实践，T_D = 开始关注。

例 1

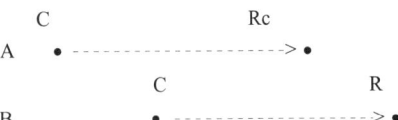

A 在抵触审查中被判定为占先，或在基于 37 CFR 1.131 提交声明或宣誓书的情况下，先于作为对比文件的 B，是因为 A 在 B 之前构思了发明，并在 B 将发明付诸实践之前，A 推定性地将发明付诸实践。如果发明人 A 和 B 构思的日期相同，也会得到相同的结果。

例 2

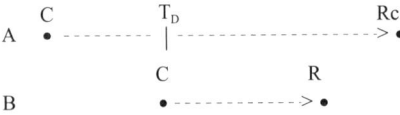

如果 A 可以证明从 T_D（刚好早于 B 构思的时间点）到 Rc 的合理关注，那么 A 在抵触审查中被判定为占先，或在基于 37 CFR 1.131 提交声明或宣誓书的情况下，先于作为对比文件的 B，是因为 A 在 B 之前构思了发明，并关注性地和推定性地将发明付诸实践，即使 A 在 B 之后将发明付诸实践。

例 3

从 Ra 到 Rc 期间在没有放弃、抑止或隐瞒的情况下，A 在抵触审查中被判定为占先，是因为 A 在 B 之前构思了发明，并在 B 将发明付诸实践之前将发明实际付诸实践，

---

❶ 原文表述是 to be antedated，直译是"被先于"，意思是经过申请人的有效宣誓，使得本发明的关键日提前，从而先于对比文件。为便于理解，将拗口的"被先于"意译为"相对滞后"。

且在将发明实际付诸实践后和在将发明推定付诸实践之前，没有放弃、抑止或隐瞒发明。

A 在基于 37 CFR 1.131 提交声明或宣誓书的情况下，先于作为对比文件的 B，是因为 A 在 B 之前构思了发明，并在 B 将发明付诸实践之前，A 将发明实际付诸实践。

例 4

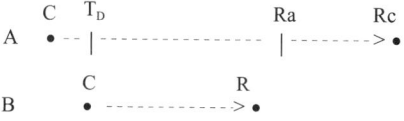

如果 A 能证明从 T_D（刚好早于 B 构思的时间点）到 Ra 期间合理关注，从 Ra 到 Rc 期间没有放弃、抑止或隐瞒，那么 A 在抵触审查中被判定为占先，是因为 A 在 B 之前构思了发明，关注性地并实际地将发明付诸实践（在 B 将发明付诸实践后），并且在将发明实际付诸实践之后和在推定性地将发明付诸实践之前，没有放弃、抑止或隐瞒发明。

A 在基于 37 CFR 1.131 提交声明或宣誓书的情况下，先于作为对比文件的 B，因为 A 在 B 之前构思了发明，并关注性地并实际地将发明付诸实践，即使在 B 之后将发明付诸实践。

III. 37 CFR 1.131 不适用于抵触审查程序

抵触审查程序基于 37 CFR 1.131 的单方程序以外的内容起作用，只要对比文件不是基于 pre-AIA 35 U.S.C. 102（b）被禁止，也不是要求相同的可专利发明的美国专利申请公开，该规定就允许申请人证实发明的实际日期，早于在 pre-AIA 35 U.S.C. 102 或 103 中适用的对比文件或行为的有效日期。参见 *Ex parte Standish*, 10 USPQ2d 1454, 1457 (Bd. Pat. App. & Inter. 1988)（对于已在国内专利中要求的"相同可专利发明"，相同申请的权利要求需要抵触审查，而不是根据 37 CFR 1.131 的宣誓书来先于专利。术语"相同可专利发明"包括一项权利要求，在考虑了专利权利要求的记载主题后，它既不被在先公开，也不是显而易见）。根据 pre-AIA 35 U.S.C. 102（g）作为现有技术且受制于抵触审查的主题，在抵触审查程序中，不允许根据 37 CFR 1.131 进行进一步调查。

IV. 在抵触审查中失利的占先陈述❶，并不是直接的法定现有技术

仅仅是抵触审查中占先陈述的失利，并不会使该主题对于失利方构成法定现有技术；但是，若失利的占先陈述主题是根据 35 U.S.C. 102 作为可获得的现有技术，则可单独使用或根据 35 U.S.C. 103 与其他对比文件结合使用。参见 *In re Decler*，977 F.2d 1449, 24 USPQ2d 1448（Fed. Cir. 1992）（根据既判力原则和间接再诉禁止原则，Deckler

---

❶ 原文表述是 count，在美国专利法中，特指在专利申请书中，对存在占先争议的权利要求主题进行阐述的部分，参见《元照英美法词典》count 词条，该词典翻译为"在先发明陈述"。此处为简洁表述，且与相关概念的表述相匹配，翻译为"占先陈述"。

不被授予某些权利要求，所述权利要求不能与抵触审查中失利的权利要求构成有效的专利区分，即使占先陈述不成立的主题不能用于 35 U.S.C. 103 显而易见性的否决意见）。

2138.02 "发明是在本国完成的"（2013.11 修订）

编者按：MPEP 中本部分内容有条件地适用于如 35 U.S.C. 100（定义）所述按照 AIA 首先申请的发明人（FITF）规定进行审查的申请。参见 MPEP §2159 及其下属章节确定申请是否要按照 FITF 规定进行审查，参见 MPEP §2159.03 了解本部分适用于 AIA 申请的情况，参见 MPEP §2150 及其下属章节介绍根据这些规定对相关申请的审查。

当存在构思并付诸实践时发明才完成。参见 *Dunn v. Ragin*，50 USPQ 472，474（Bd. Pat. Inter. 1941）。pre – AIA 35 U.S.C. 102（g）规定的现有技术仅限于已完成的发明。参见 *In re Katz*，687 F.2d 450，454，215 USPQ 14，17（CCPA 1982）（单独发表一篇文章并不被视为是一种推定的付诸实践，因此其披露并不证明任何在 pre – AIA 35 U.S.C. 102（g）定义范围内的发明曾经被完成过）。

pre – AIA 35 U.S.C. 102（g）规定仅适用于在本国完成的主题。pre – AIA 35 U.S.C. 104，参见 *Kondo v. Martel*，220 USPQ 47（Bd. Pat. Inter. 1983）（必须证明在本国构思、付诸实践和关注）。对比 *Colbert v. Lofdahl*，21 USPQ2d 1068，1071（Bd. Pat. App. & Inter. 1991）（"如果该发明在国外付诸实践，并且该发明的知识被带到本国并披露给他人，那么发明人不能从国外所做的成果中受益，而这种知识仅仅是该发明构思的证据"）。

根据 pre – AIA 35 U.S.C. 102（g）（1），涉及 pre – AIA 35 U.S.C. 135 或 291 抵触审查程序的一方，可根据 pre – AIA 35 U.S.C. 104 设立发明日期。被 GATT❶（公法 103 – 182，107 Stat. 2057（1993））和 NAFTA❷（公法 103 – 465，108 Stat. 4809（1994））修订的 pre – AIA 35 U.S.C. 104 规定，申请人可于 1993 年 12 月 8 日或之后在 NAFTA 成员国中设立发明日期，或者 1996 年 1 月 1 日或之后在 WTO 内的非 NAFTA 成员中设立发明日期。与之相应，抵触审查中占先陈述的成功或失利，可基于其中一方在 NAT-FA 或 WTO 成员中所设立的发明日期；由此基于既判力原则和间接禁止再诉原则致使占先陈述的主题对于其他各方不可专利，即使该主题不能作为基于 pre – AIA 35 U.S.C. 102（g）的法定现有技术使用。见 MPEP §2138.01 有关失利的抵触审查占先陈述不构成法定现有技术的信息。

---

❶ GATT 是 General Agreement on Tariffs and Trade 首字母缩写，即关贸总协定，是 WTO 内部的国际协议。
❷ NAFTA 是 North American Free Trade Area 首字母缩写，即北美自由贸易区协定，该自由贸易区由美国、加拿大和墨西哥三国组成。

2138.03 "由未放弃、抑止或隐瞒发明的他人"（2013.11 修订）

编者按：MPEP 中本部分内容有条件地适用于如 35 U.S.C.100（定义）所述按照 AIA 首先申请的发明人（FITF）规定进行审查的申请。参见 MPEP §2159 及其下属章节确定申请是否要按照 FITF 规定进行审查，参见 MPEP §2159.03 了解本部分适用于 AIA 申请的情况，参见 MPEP §2150 及其下属章节介绍根据这些规定对相关申请的审查。

pre-AIA 35 U.S.C.102（g）通常使得由未放弃、抑止或隐瞒发明的他人作出的在先发明，可作为 35 U.S.C.103 意义中的现有技术使用。参见 *In re Bass*，474 F.2d 1276，177 USPQ 178（CCPA 1973）；*In re Suska*，589 F.2d 527，200 USPQ 497（CCPA 1979）（应用抑止和隐瞒原则的结果是，不作隐瞒的发明人（但实际上是最后发明人）在法律上被视为首先发明，而实际上的首先发明人，由于其抑止和隐瞒，被视为后来的发明人。实际上的首先发明人，由于其抑止和隐瞒，不仅在占先权上丧失了依据其实际发明日期的权利，还在避免占先陈述的发明作为现有技术方面丧失上述权利）。

"法院一贯认为，如果在完成后的合理时间内没有采取任何措施使发明公开，即使完成了发明，也应视为放弃、压制或隐瞒。因此，视为未提出专利申请；未在公开传播的文件中描述发明；或未公开使用发明，被认为构成放弃、抑止或隐瞒。"参见 *Correge v. Murphy*，705 F.2d 1326，1330，217 USPQ 753，756（Fed. Cir. 1983）（援引 *International Glass Co. v. United States*，408 F.2d 395，403，159 USPQ 434，441（Ct. Cl. 1968））。在 *Correge* 案中，一项发明被实际付诸实践，7 个月后出现了该发明的公开披露，在此之后的 8 个月提交了专利申请。法院认为在公开披露后一年内提出专利申请并非不合理的拖延，因此，合理关注必须在实际付诸实践的日期和公开披露之间被证明，才能避免被放弃的推论。

I. 在抵触审查程序中，有关抑止或者隐瞒的推论可以从延迟提交专利申请得出

一项发明一旦付诸实践，发明人不必急于提出专利申请。参见 *Shindelar v. Holdeman*，628 F.2d 1337，1341，207 USPQ 112，116（CCPA 1980）。在付诸实施之后提交专利申请所花费的时间长度通常并不重要，除非在抵触审查程序中。参见 *Paulik v. Rizkalla*，760 F.2d 1270，1271，226 USPQ 225，226（Fed. Cir. 1985）（抑止或隐瞒可能是故意的，也可能是由提交专利申请延迟"太久"推论出来的）。参见 *Peeler v. Miller*，535 F.2d 647，656，190 USPQ 117，124（CCPA 1976）（"仅仅是延迟，没有长久拖延，不足以建立抑止或隐瞒。""我们在这里决定的是，Monsanto 的拖延并非'仅仅是延迟'，Monsanto 对拖延的辩解也不足以克服因过度拖延所产生的有关压制的推论。""仅仅"一词并不意味着完全没有对延迟时间的限定。任何延迟是否属于"仅仅"取决于具体情况）。

当抵触审查中的在后当事人依靠实际付诸实践来证明首先发明权,且当在后当事人声称付诸实践之日至其申请的提交日之间的间断不合理的漫长,则该间断可以引起一种推论,即在后当事人事实上抑止或隐瞒了发明,在后当事人将不被允许依赖于较早的实际付诸实践。参见 *Young v. Dworkin*,489 F. 2d 1277,1280 n. 3,180 USPQ 388,391 n. 3(CCPA 1974)(抑止和隐瞒问题需按个案处理)。

II. 抑止或隐瞒无须归因于发明人

抑止或隐瞒无须归因于发明人。参见 *Peeler v. Miller*,535 F. 2d 647,653 - 54,190 USPQ 117,122(CCPA 1976)("在有首先申请方的抵触审查中,从发明人……完成他的工作时……到其受让人——雇主提出专利申请时的四年延迟,构成初步证明的不合理的漫长");*Shindelar v. Holdeman*,628 F. 2d 1337,1341 - 42,207 USPQ 112,116 - 17(CCPA 1980)(专利律师的工作量不会妨碍对不合理延期的认定——三个月的总时间被认为是有关提交申请的可接受辩解)。

III. 抑止或隐瞒的推论是可以反驳的

尽管存在抑止或隐瞒的认定,但推定的付诸实践仍然能使在后方胜出,如在另一方进入该领域之前重新开展活动,配有提交申请的关注。参见 *Lutzker v. Plet*,843 F. 2d 1364,1367 - 69,6 USPQ2d 1370,1371 - 72(Fed. Cir. 1988)(针对商业化的活动不足以反驳推论);*Holmwood v. Cherpeck*,2 USPQ2d 1942,1945(Bd. Pat. App. & Inter. 1986)(抑止或隐瞒的推论,可通过证明行为有助于完善发明、准备申请或制备上位发明范围内的其他化合物来予以反驳);*Engelhardt v. Judd*,369 F. 2d 408,411,151 USPQ 732,735(CCPA 1966)("我们认识到,在合成、鉴定和测试新化合物的效用时,一系列新化合物的发明者不应被迫对每一种新化合物进行零碎的申请。应为完成整个系列新化合物的研究项目留出合理的时间,然后应为起草和提交专利申请留出进一步的合理时间");*Bogoslowsky v. Huse*,142 F. 2d 75,77,61 USPQ 349,351(CCPA 1944)(抑止或隐瞒原则不适用于没有实际付诸实践的构思)。

IV. 放弃

被抑止或隐瞒的认定不等于丧失专利权的放弃的认定。参见 *Steierman v. Connelly*,197 USPQ 288,289(Comm'r Pat. 1976);*Correge v. Mrurphy*,705 F. 2d 1326,1329,217 USPQ 753,755(Fed. Cir. 1983)(一项发明申请只有被首先付诸实践才能被放弃)。

2138.04 "构思"(2017.08 修订)

编者按:MPEP 中本部分内容有条件地适用于如 35 U. S. C. 100(定义)所述按照 AIA 首先申请的发明人(FITF)规定进行审查的申请。参见 MPEP §2159 及其下属章节确定申请是否要按照 FITF 规定进行审查,参见 MPEP §2159.03 了解本部分适用于

AIA 申请的情况，参见 MPEP§2150 及其下属章节介绍根据这些规定对相关申请的审查。

构思被定义为"创造性行为智力部分的完整表现"，它是"在发明者头脑中形成有关完整可操作发明确定而永久的想法，并在以后的实践中加以应用……"。参见 *Townsend v. Smith*, 36 F.2d 292, 295, 4 USPQ 269, 271（CCPA 1929）。"当本发明足够明确，使本领域技术人员无须进行过度实验或运用创造性技能即可将其付诸实践时，即确立了构思。"参见 *Hiatt v. Ziegler*, 179 USPQ 757, 763（Bd. Pat. Inter. 1973）。构思也被定义为发明的公开，其使得本领域技术人员能够在不"运用创造性能力"的情况下，将发明付诸实践。参见 *Gunter v. Stream*, 573 F.2d 77, 197 USPQ 482（CCPA 1978）。同见 *Coleman v. Dines*, 754 F.2d 353, 224 USPQ 857（Fed. Cir. 1985）（在确立构思时，要解决如下事宜：一方必须证明对于占先陈述所记载的每个特征的占有，且在所声称的构思出现时占先陈述中的每一个限定必须为发明人所知。构思必须用确凿的证据来证明）；*Hybritech Inc. v. Monoclonal Antibodies Inc.*, 802 F.2d 1367, 1376, 231 USPQ 81, 87（Fed. Cir. 1986）（构思是"在发明人头脑中的形成物，是对完整的和可操作的发明有一个明确的和永久的想法，因为它将在以后的实践中被应用。"）；*Hitzeman v. Rutter*, 243 F.3d 1345, 58 USPQ2d 1161（Fed. Cir. 2001）（发明人"希望"转基因酵母会产生具有权利要求书中所述的粒径和沉降率的抗原颗粒，这并没有确立构思，因为发明人对于酵母是否或如何能产生所述抗原颗粒，或对于这方面的合理期望，都没有证明他具有"明确和永久的认知"）。

Ⅰ. 构思必须在发明人的头脑中完成

发明人必须关于完整的、可操作的发明形成一个明确的、永久的想法，来确立构思。参见 *Bosies v. Benedict*, 27 F.3d 539, 543, 30 USPQ2d 1862, 1865（Fed. Cir. 1994）（对于发明人笔记本中描述的上位化合物的一个变量含义，非发明人所作的证词不足以在法律上确定该变量的含义，因为该证词不能验证发明人的构思）。

Ⅱ. 只要发明人在创造发明上保持智力支配，就可以采纳他人的想法、建议和资料

发明人可以考虑并采纳来自许多方面的想法、建议和材料：来自雇员、雇佣顾问或朋友的建议，即使所采用的材料被证明是解决问题的关键，只要发明人"保持对发明创造工作的智力支配，直到成功地测试、筛选或否决……"参见 *Morse v. Porter*, 155 USPQ 280, 283（Bd. Pat. Inter. 1965）；*Staehelin v. Secher* 24 USPQ2d 1513, 1522（Bd. Pat. App. & Inter. 1992）（"仅以实际发明实体中一人的名义构思的证据，可主张由发明实体全体构思的利益，并作为该全体构思的证据"）。

Ⅲ. 构思需要同期产生的对发明的认识和理解

要成为构思必须具有同期产生的对发明的认识和理解。参见 *Silvestri v. Grant*, 496

F. 2d 593，596，181 USPQ 706，708（CCPA 1974）("发明偶然的未被理解的重复，并不妨碍一个人的专利权，尽管那人是之后才首先认识发明主题的构成"); *Invitrogen, Corp. v. Clontech Laboratories, Inc.*, 429 F. 3d 1052，1064，77 USPQ2d 1161，1169（Fed. Cir. 2005）(当存在不被认识的偶然重复的情况，确立构思需要证据证明发明人实际上完成了发明，并且认识了发明具有构成所争议主题的特征)。参见 *Langer v. Kaufman*, 465 F. 2d 915，918，175 USPQ 172，174（CCPA 1972）(新式的催化剂在第一次产生时没有被认识到；构思不能通过事后追认构建)。然而，发明人不需要知道发明将在哪里起作用来形成完整的构思。参见 *Burroughs Wellcome Co. v. Barr Labs., Inc.*, 40 F. 3d 1223，1228，32 USPQ2d 1915，1919（Fed. Cir. 1994）(专利申请草案披露了使用 AZT 治疗艾滋病，记载了配方、结构和给药途径，这就足以形成构思，而无论发明人是否相信基于最初的筛选测试该发明会奏效)。此外，发明人不需要理解发明的可专利性。参见 *Dow Chem. Co. v. Astro - Valcour, Inc.*, 267 F. 3d 1334，1341，60 USPQ2d 1519，1523（Fed. Cir. 2001）。

第一个构思下位概念的人不一定是第一个构思该上位发明的人。参见 *In re Jolley*, 308 F. 3d 1317，1323 n. 2，64 USPQ2d 1901，1905 n. 2（Fed. Cir. 2002）。此外，虽然一个上位概念里的下位构思可能构成上位构思；但关于一个下位概念和上位概念的构思，不能构成此上位概念中其他下位概念的构思。参见 *Oka v. Youssefyeh*, 849 F. 2d 581，7 USPQ2d 1169（Fed. Cir. 1988）(化学物质的构思既需要化学物质结构的想法，也需要有一种制作该化学物质的有效方法)。同见 *Amgen, Inc. v. Chugai Pharmaceutical Co.*, 927 F. 2d 1200，1206，18 USPQ2d 1016，1021（Fed. Cir. 1991）(在基因的分离过程中，用基因的主要生物学特性来定义一个基因是不够的，如果不能去设想它的详细结构和获得它的方法，那么构思就不足以实现); *Fiers v. Revel*, 984 F. 2d 1164，1170，25 USPQ2d 1601，1605（Fed. Cir. 1993）("在付诸实践之前，只有制造产品过程的构思，而没有对该产品的结构或等同物定义的构思，最多可以构成产品制备方法权利要求的构思"，但不能构成产品的构思；由于"构思不是实现"，通过功能对特定蛋白质进行纯化的 DNA 序列编码的构思，以及可以由本领域普通技术人员执行的分离方法，不是对该材料的构思)。

在极少数情况下，构思和付诸实践同时发生。参见 *Alpert v. Slatin*, 305 F. 2d 891，894，134 USPQ 296，299（CCPA 1962）。"在化学和生物学的某些不可预知的领域，直到发明付诸实践才有构思"参见 *MacMillan v. Moffett*, 432 F. 2d 1237，1234 - 40，167 USPQ 550，552 - 553（CCPA 1970）。同见 *Hitzeman v. Rutter*, 243 F. 3d 1345，58 USPQ2d 1161（Fed. Cir. 2001）(在上诉人无法合理确定酵母在某些细胞内过程中的表现会导致要求保护的抗原颗粒的情况下，构思与付诸实践同时发生); *Dunn v. Ragin*, 50 USPQ 472，475（Bd. Pat. Inter. 1941）(当作为一种新品种加以种植和认知时，无性繁殖的植物新品种被构思并付诸实践)。在这种情况下，如果随后的实验揭示了事实上的不确定性，"削弱了发明人的具体想法，即它还不能像在实践中那样成为完整发明的明确和永久的反映"，那么构思就不完整。"参见 *Burroughs Wellcome Co. v. Barr Labs., Inc.*, 40 F. 3d 1223，1229，32 USPQ2d 1915，1920（Fed. Cir. 1994）。

IV. 在先被放弃的申请，如果不是与后续申请共同未决，只能作为构思的证据

一个被放弃的申请，不是与后续申请共同未决，即放弃了所提及申请作为推定性付诸实践的利益，被放弃的申请只能是构思的证据。参见 *In re Costello*，717 F. 2d 1346，1350，219 USPQ 389，392（Fed. Cir. 1983）。

2138.05 "付诸实践"（2017.08 修订）

编者按：MPEP 中本部分内容有条件地适用于如 35 U. S. C. 100（定义）所述按照 AIA 首先申请的发明人（FITF）规定进行审查的申请。参见 MPEP §2159 及其下属章节确定申请是否要按照 FITF 规定进行审查，参见 MPEP §2159.03 了解本部分适用于 AIA 申请的情况，参见 MPEP §2150 及其下属章节介绍根据这些规定对相关申请的审查。

付诸实践可以是在对所要求保护的发明提出专利申请时实际付诸实践或者推定性付诸实践。专利申请的提出是对申请所描述主题的构思和推定性付诸实践。因此，在依赖专利申请的内容时，发明人无须提供构思或实际付诸实践的证据。参见 *Hyatt v. Boone*，146 F. 3d 1348，1352，47 USPQ2d 1128，1130（Fed. Cir. 1998）。付诸实践可以由他人代表发明人完成。参见 *De Solms v. Schoenwald*，15 USPQ2d 1507，1510（Bd. Pat. App. & Inter. 1990）。"虽然原始申请的提交理论上构成了当时的推定性付诸实践，但随后放弃该申请也导致放弃该提交作为推定性付诸实践的利益。不管怎样，原始申请的提交是发明构思的证据。"参见 *In re Costello*，717 F. 2d 1346，1350，219 USPQ 389，392（Fed. Cir. 1983）（第二份申请不是与原申请处于共同未决，也没有提及原申请。由于未满足 35 U. S. C. 120 的要求，原始申请的提交不被认为是对发明的推定性付诸实践）。

I. 推定性付诸实践要求遵守 35 U. S. C. 112（a）或 Pre – AIA 35 U. S. C. 112 第一款的要求

当抵触审查的 方寻求在先提交的美国专利申请的利益时，在先申请对于占先陈述的主题必须符合 35 U. S. C. 120 和 35 U. S. C. 112（a）或 pre – AIA 35 U. S. C. 112 第一款的要求。在先申请必须满足可实现的要求，并且必须包含抵触审查中占先陈述主题的书面描述。参见 *Hyatt v. Boone*，146 F. 3d 1348，1352，47 USPQ2d 1128，1130（Fed. Cir. 1998）。推定性付诸实践的证据，需要根据 35 U. S. C. 112（a）或 pre – AIA 35 U. S. C. 112 第一款中所要求的关于"如何使用"和"如何制作"的充分公开。参见 *Kawai v. Metlesics*，480 F. 2d 880，886，178 USPQ 158，163（CCPA 1973）（除非说明书公开了实际效用，否则在效用并非显而易见的情况下无法证明推定性付诸实践。现有技术公开了一种抗惊厥化合物，现有技术披露的化合物与请求保护的化合物的不同仅在于：没有用—CH₂—基连接两个官能团，这不足以确认所要求保护的化合物的效用，因为化合物之间没有如此密切的关联使得它们可被推定具有相同的效用）。对书面描述进行要求的目的是"确保发明人自申请所依据的提交日期起拥有他后来所要求保护的具体主题"。参见 *In re Edwards*, 568 F. 2d 1349, 1351–52, 196 USPQ 465, 467（CCPA 1978）。书面描述必须包括抵触审查占先陈述的所有限定，或者申请人必须证明任何缺失的文本必然可从提供的描述中理解出来，并且在提交专利申请时本应如此理解。此外，当考虑到整个说明书时，书面描述必须足够充分，以便本领域技术人员给出的"必要且唯一合理的解释"，能明确支持占先陈述中每个积极限定。参见 *Hyatt v. Boone*, 146 F. 3d at 1354–55, 47 USPQ2d at 1130–1132（Fed. Cir. 1998）（该项权利要求可以解读为描述了占先陈述以外的主题，因此不能确认申请人拥有占先陈述中的发明）。同见 *Bigham v. Godtfredsen*, 857 F. 2d 1415, 1417, 8 USPQ2d 1266, 1268（Fed. Cir. 1988）（"卤素这一上位术语包含有限数量的下位概念，通常构成对常见卤素下位概念的充分书面描述，"除非卤素的下位概念有专利差异）。

II. 确定实际付诸实践的要求

"在抵触审查中，寻求确定实际付诸实践的一方必须满足两方面的测试：（1）该方解释实施例或所执行的方法满足抵触审查占先陈述中的每个要素，并且（2）实施例或方法按照预期目的操作。"参见 *Eaton v. Evans*, 204 F. 3d 1094, 1097, 53 USPQ2d 1696, 1698（Fed. Cir. 2000）。

足以确定推定性付诸实践的相同证据，可能不足以确定实际付诸实践，它需要以实质的或有形的形式证明占先陈述中的每一个要素。参见 *Wetmore v. Quick*, 536 F. 2d 937, 942, 190 USPQ 223, 227（CCPA 1976）。为了实际付诸实践，必须对本发明进行充分的测试，以证明其能够达到预期目的，但不必处于商业成功的发展阶段。例如，*Scott v. Finney*, 34 F. 3d 1058, 1062, 32 USPQ2d 1115, 1118–19（Fed. Cir. 1994）（引用了许多案例，其中支持实际付诸实践所必需的测试特征，因发明的复杂性及其解决的问题而不同）。如果一个装置是如此简单，其目的和效果是如此明显，单靠推定就足以证明其可操作性。参见 *King Instrument Corp. v. Otari Corp.*, 767 F. 2d 853, 860, 226 USPQ 402, 407（Fed. Cir. 1985）。

对于与确定实际付诸实践所需要求有关的其他情况，见 *DSL Dynamic Sciences, Ltd. v. Union Switch & Signal, Inc.*, 928 F. 2d 1122, 1126, 18 USPQ2d 1152, 1155（Fed. Cir. 1991）（"在声称的实际付诸实践之后发生的事件，可能会引起质疑付诸实践是否已经实际发生"）；*Fitzgerald v. Arbib*, 268 F. 2d 763, 765–66, 122 USPQ 530, 531–32（CCPA 1959）（"三维设计发明付诸实践需要制造体现该设计的产品"而不仅仅是一个构图）；*Birmingham v. Randall*, 171 F. 2d 957, 80 USPQ 371, 372（CCPA 1948）（为了确定产品制造方法的发明实际付诸实践，证明该方法已被实施还不足够。"直到确认由该方法制造的产品是令人满意的，该发明才算付诸实践，这可能需要对产品进行合格检测"）。

Ⅲ. 确定付诸实践所需的测试

"确定付诸实践所需的测试的性质取决于每个案例的具体事实,特别是发明的性质。"参见 *Gellert v. Wanberg*,495 F. 2d 779,783,181 USPQ 648,652(CCPA 1974)("……当实际使用的条件并未被测试完全重复,发明仍可测试充分");*Wells v. Fremont*,177 USPQ 22,24-5(Bd. Pat. Inter. 1972)("即使在'测试台'或实验室条件下进行测试,这些条件也必须'完全重复实际使用的每一个条件及全部条件',如若不能,则必须用证据在主题、测试条件和本发明设定的预期功能之间建立关系,"但不要求所有实际使用的条件都被重复,如雨、雪、泥、尘、水浸)。

Ⅳ. 付诸实践需要对发明的认识和理解

发明必须被认识和理解时才发生付诸实践。"构思和付诸实践不能以事后追认被确立的规则,只是要求为了构建实际付诸实践的实验,发明人对有争议的发明必须有同期产生的理解……随后的测试或者后来的认识不能用来证明一方对该发明有同期产生的理解。然而,为了证明实施例已被制造且该实施例满足占先陈述的限定,可接受随后测试的证据。"参见 *Cooper v. Goldfarb*,154 F. 3d 1321,1331,47 USPQ2d 1896,1904(Fed. Cir. 1998)(引用省略)。参见 *Meitzner v. Corte*,537 F. 2d 524,528,190 USPQ 407,410(CCPA 1976)(如果没有认识和理解新形式的存在,就不能对新形式或在旧产品中使用这种新形式的方法,有任何构思或付诸实践);*Estee Ladder, lnc. v. L'Oreal S. A.*,129 F. 3d 588,593,44 USPQ2d 1610,1615(Fed. Cir. 1997)("当需要进行测试以确定实用性时,必须认识和理解测试是成功的才能发生付诸实践。"证明测试是在关键日期之前完成的,并且测试最终证明是成功的,这不足以确定在关键日期之前付诸实践,因为测试的成功直到关键日期之后才被认识和理解);*Parker v. Frilette*,462 F. 2d 544,547,174 USPQ 321,324(CCPA 1972)(为了达到实际付诸实践,发明人不需要精确地理解为什么他的发明有效)。

Ⅴ. 他人对发明的认识可使发明人利益生效

"从法律上讲,使发明人的权利要求生效,要求他人的行为应当使发明人的利益生效。"参见 *Cooper v. Goldfarb*,154 F. 3d 1321,1331,47 USPQ2d 1896,1904(Fed. Cir. 1998)。在非发明人对发明效用的认识能够使发明人的利益生效之前,必须满足以下三个方面的测试:(1)发明人必须已经构思了发明;(2)发明人必须有一个预期,即被测试的实施例将以发明的预期目的工作,以及(3)发明人必须已经提交实施例,以测试发明的预期目的。参见 *Genentech, Inc. v. Chiron Corp.*,220 F. 3d 1345,1354,55 USPQ2d 1636,1643(Fed. Cir. 2000)。在 *Genentech* 案中,发明人聘用非发明人测试酵母样品是否存在由本发明的 DNA 结构编码的融合蛋白,该非发明人确认融合蛋白具有促进生长的特性,但没有将这一认识传达给发明人。法院认定,由于发明人没有提交样品以测试促进生长活性,本发明的预期目的未满足第三个方面要求,因此非发明人对融合蛋白活性的非公开认识未使发明的利益生效。同见 *Cooper v. Goldfarb*, 240 F. 3d 1378, 1385, 57 USPQ2d 1990, 1995（Fed. Cir. 2001）（Cooper 把一种用于血管移植的材料的样品寄给了 Goldfarb。在寄出样品时，Cooper 没有意识到该材料的纤维长度的重要性。Cooper 在之后的任何时候都没有向 Goldfarb 传达或要求任何有关纤维长度的信息。因此，Goldfarb 对材料纤维长度的测定不会使 Cooper 的利益生效）。

VI. 在抵触审查程序中，占先陈述的所有限定都必须均被付诸实践

付诸实践的装置必须包括占先陈述的所有限定。参见 *Fredkin v. Irasek*, 397 F. 2d 342, 158 USPQ 280, 285（CCPA 1968）；占先陈述的每一个限定都是实质性的，必须加以证明以确定实际付诸实践。参见 *Meitzner v. Corte*, 537 F. 2d 524, 528, 190 USPQ 407, 410（CCPA 1976）；*Hull v. Bonis*, 214 USPQ 734（Bd. Pat. Inter. 1982）（没有等同原则——补救措施是修改占先陈述以符合证据的预审请求）。

VII. 要求保护的发明，除非有已知的效用，否则不是实际付诸实践

发明的效用在付诸实践时必须为人所知。参见 *Wiesner v. Weigert*, 666 F. 2d 582, 588, 212 USPQ 721, 726（CCPA 1981）（植物和外观发明除外）；*Azar v. Burns*, 188 USPQ 601, 604（Bd. Pat. Inter. 1975）（除非组合物和由方法生产的产品具有实际效用，否则组合物和方法不能实际付诸实践）；*Ciric v. Flanigen*, 511 F. 2d 1182, 1185, 185 USPQ 103, 105-6（CCPA 1975）（当占先陈述不记载任何特定的效用时，证明任何目的实质效用的证据足以证明付诸实践）；（"新发现的分子筛和已知的结晶分子筛之间离子交换和吸附性质的相似性……已经为占先陈述的分子筛确立了效用"）。参见 *Engelhardt v. Judd*, 369 F. 2d 408, 411, 151 USPQ 732, 735（CCPA 1966）（当考虑实际付诸实践作为对化合物要求保护的专利性禁止时，就足以成功地证明化合物在动物中的效用在制药目的上与说明书中声称的对人类的效用有所不同）；*Rey-Bellet v. Engelhardt*, 493 F. 2d 1380, 1384, 181 USPQ 453, 455（CCPA 1974）（对实验室动物进行的两类测试已被认为足以证明效用及付诸实践：第一，在人与动物之间存在令人满意的相关性的情况下，为证明对人类的效用而进行的测试；第二，为证明治疗动物的效用而进行的测试）。

VIII. 可能的效用不足以确定效用

可能的效用不能确定实际的效用，而实际的效用是通过实际测试确定的，或者效用可以"用确定性预测"。参见 *Bindra v. Kelly*, 206 USPQ 570, 575（Bd. Pat. Inter. 1979）（对于在制备第二种中间体时有用的中间体，且第二种中间体在制备药物时具有已知用途，不能确定付诸实践。审查档案表明有很大的可能性制备成功，因为从 35 U.S.C. 103 的意义上来说，本领域技术人员可能被激励从第一中间体制备第二中间体。然而，效用的高度可能性不足以确定实际效用）。参见 *Wu v. Jucker*, 167 USPQ 467, 472（Bd. Pat. Inter. 1968）（筛选试验中，有迹象表明可能的效用不足以确定实际效

用）。参见 *Nelson v. Bowler*，628 F. 2d 853，858，206 USPQ 881，885（CCPA 1980）（将相关证据作为一个整体来判断，它的说服力在于将观察到的属性与建议的用途联系起来。两者之间的合理联系足以成为实际付诸实践）。

2138.06 "合理关注"（2017.08 修订）

编者按：MPEP 中本部分内容有条件地适用于如 35 U. S. C. 100（定义）所述按照 AIA 首先申请的发明人（FITF）规定进行审查的申请。参见 MPEP §2159 及其下属章节确定申请是否要按照 FITF 规定进行审查，参见 MPEP §2159.03 了解本部分适用于 AIA 申请的情况，参见 MPEP §2150 及其下属章节介绍根据这些规定对相关申请的审查。

pre – AIA 35 U. S. C. 102（g）的关注是关于合理的"代理人关注"及"工程师关注"（*Keizer v. Bradley*，270 F. 2d 396，397，123 USPQ 215，216（CCPA 1959）），这并不要求"发明人或他的代理人……放弃所有其他工作，专注于所涉及的特定发明……。"参见 *Emery v. Ronden*，188 USPQ 264，268（Bd. Pat. Inter. 1974）。

I. 某人首先构思发明但在后付诸实践，在此期间是建立关注的关键时期

对于首先构思者但第二个实践者关注的关键时期，不是从首先构思者构思的时间开始，而是从早于首先付诸实践的一方进入该领域的时间开始，并且一直持续到首先构思者付诸实践为止。参见 *Hull v. Davenport*，90 F. 2d 103，105，33 USPQ 506，508（CCPA 1937）（"从构思之日起到第二个构思者构思日期前的时间内缺乏关注，被认为是不重要的，除非这可能影响他后续行为"）。作为首先实践者进入该领域的日期，取决于首先实践者所依赖的东西。例如，构思加上合理关注以付诸实践（*Fritsch v. Lin*，21 USPQ2d 1731，1734（Bd. Pat. App. & Inter. 1991），*Emery v. Ronden*，188 USPQ 264，268（Bd. Pat. Inter. 1974））；又例如实际上付诸实践或推定性付诸实践，所述付诸实践通过提交美国申请（*Rebstock v. Flouret*，191 USPQ 342，345（Bd. Pat. Inter. 1975））或依赖按照 35 U. S. C. 119 的外国申请的优先权（*Justus v. Appenzeller*，177 USPQ 332，339（Bd. Pat. Inter. 1971）（基于 35 U. S. C. 119 和 120 的优先权链，基于 35 U. S. C. 119 的优先权，因在所提交申请待决期间 12 个月内未能提供外国申请的认证副本而被否决）。

II. 必须采用积极作为或者可接受的理由来说明整个被要求关注的期间

"专利权人无须证明发明人在整个关键时期持续地给予合理关注，只须证明有合理的持续关注。"参见 *Perfect Surgical Techniques*，*Inc. v. Olympus Am.*，*Inc.*，841 F. 3d 1004，1009，120 USPQ2d 1605，1609（Fed. Cir. 2016）（原文强调）（援引 *Tyco Healthcare Grp. v. Ethicon EndoSurgery*，*Inc.*，774 F. 3d 968，975，112 USPQ2d 1979（Fed. Cir. 2014）及 *Monsanto Co. v. Mycogen Plant Sci.*，*Inc.*，261 F. 3d 1356，1370，59 USPQ2d

1930，1939（Fed. Cir. 2001））。

申请人必须说明需要关注的整个期间。参见 *Gould v. Schawlow*，363 F. 2d 908，919，150 USPQ 634，643（CCPA 1966）（仅仅说明没有几个星期或几个月的时间完成本发明是不够的）；*In re Harry*，333 F. 2d 920，923，142 USPQ 164，166（CCPA 1964）（关于主题"被关注而付诸实践"的陈述不是一种证明，而仅仅是一种答辩）。在完成发明的过程中，有两天不工作被认为是不可避免的。参见 *In re Mulder*，716 F. 2d 1542，1545，219 USPQ 189，193（Fed. Cir. 1983）（37 CFR 1.131 issue）；*Fitzgerald v. Arbib*，268 F. 2d 763，766，122 USPQ 530，532（CCPA 1959）（在关键期间少于一个月的不作为。商业上开发本发明的努力并不构成在付诸实践过程中的关注。在一个三维物品设计的实际付诸实践中，要求它应该体现在一些结构中，而不仅仅是一幅图）；*Kendall v. Searles*，173 F. 2d 986，993，81 USPQ 363，369（CCPA 1949）（关注要求申请人必须具体说明日期和事实）。

必须采用积极作为或者可接受的理由来说明被要求关注的期间。参见 *Rebstock v. Flouret*，191 USPQ 342，345（Bd. Pat. Inter. 1975）；*Rieser v. Williams*，225 F. 2d 419，423，118 USPQ 96，100（CCPA 1958）（作为最后一个付诸实践的一方，除非他证明自己是第一个构思的，并且他在关键期间在对手进入该领域之前就已经进行了合理关注，否则就无法胜出）；*Griffith v. Kanamaru*，816 F. 2d 624，2 USPQ2d 1361（Fed. Cir. 1987）（法院一般会审查因身体不佳和日常工作需要而延长假期等不作为理由的案件，并且认为缺乏大学资金和人员是不能接受的理由）；*Litchfield v. Eigen*，535 F. 2d 72，190 USPQ 113（CCPA 1976）（预算限制和用于测试的动物数量没有得到充分描述）；*Morway v. Bondi*，203 F. 2d 741，749，97 USPQ 318，323（CCPA 1953）（在从事其他项目时自愿放弃发明构思通常不是一个可以接受的理由，尽管可能会有例外的情况）；*Anderson v. Crowther* 152 USPQ 504，512（Bd. Pat. Inter. 1965）（编制例行定期报告，内容包括实验室的所有成就，但不足以证明关注）；*Wu v. Jucker*，167 USPQ 467，472 - 73（Bd. Pat. Inter. 1968）（申请人不合理地让测试数据单积累到足以为抵触审查辩护的程度，而在当时设备是用于另一个项目）；*Tucker v. Natta*，171 USPQ 494，498（Bd. Pat. Inter. 1971）（"与上位概念相关的付诸实践的行为，并不能对该上位概念所含下位概念的付诸实践构成关注的初步证明"）；*Justus v. Appenzeller*，177 USPQ 332，340 - 1（Bd. Pat. Inter. 1971）（尽管专利权人可以通过使用普通产品而不是通过设计特殊硬件，在更短的时间内将发明付诸实践，但专利权人要作合理关注来确保所需硬件能实际将发明付诸实践。"在决定关注的问题上，发明人可能没有迅速行动是无关紧要的……"）。

审查员应权衡证据的主体，以确定在整个关键期间是否存在持续的合理关注。该决定应以要求关注为目的，即"根据总体证据，确保'发明未被放弃或不合理地延迟'"。参见 *Perfect Surgical Techniques，Inc. v. Olympus Am.，Inc.*（*Perfect Surgical*），841 F. 3d 1004，1009，120 USPQ2d 1605，1609（Fed. Cir. 2016）（引文省略）。在 *Perfect Surgical* 案中，联邦巡回上诉法院声明：

在本标准下，发明人无须在关键期间每天为了将其发明付诸实践而工作。……并且关键期间内一段时间不作为不会自动放弃专利拥有人合理关注的主张。在确定一项发明是否比另一项发明更早时，分析关注的重点不在于四处搜索专利拥有人的确凿证据，表明专利拥有人在一些时间间隔内未能证实某种作为。而是为了确保根据总体证据，"发明没有被放弃或不合理地拖延。"……监督一项研究的发明人没有每天、每周甚至每月记录研究进展，这并不意味着发明人必然放弃或不合理地推迟他的发明。同样的逻辑也适用于专利申请的准备：没有证据表明发明人及其代理人每天修改或讨论专利申请，这不足以确定发明是否被放弃或不合理地拖延。要作出这样的决定，人们必须权衡在整个关键期间收集的证据。

我们在 *In re Mulder*，716 F. 2d 1542，1542 – 46［219 USPQ 189］（Fed. Cir. 1983）案所作的决定并不对其他案例有指导作用。委员会为提议引用 *In re Mulder* 案中这一观点"即使是一小段无法解释的不作为，也可能足以推翻对关注的主张"。……在 *In re Mulder* 案中，就在有争议的专利被推定付诸实践前几天，一份有冲突的对比文件公开了。专利拥有人的任务是在仅持续两天的关键期间证明合理关注。……但是专利拥有人在关键期间没有出示任何关注的证据……也不能指出从起草申请到关键期开始的几个月内的任何作为。虽然关键期间只有两天，但我们拒绝为专利拥有人完全缺乏证据提供理由。*In re Mulder* 案并不认为发明人在关键期间的一部分时间而非更长时间内不作为，就能够破坏专利拥有人对关注的主张。

参见 *Perfect Surgical*，841 F. 3d at 1009，120 USPQ2d at 1609（引文省略）。

Ⅲ. 证明合理关注所依赖的工作必须与付诸实践直接相关

证明合理关注所依赖的工作必须直接与有争议的付诸实践的发明有关。参见 *Naber v. Cricchi*，567 F. 2d 382，384，196 USPQ 294，296（CCPA 1977），拒发调卷令，439 U. S. 826（1978）。同见 *Scott v. Koyama*，281 F. 3d 1243，1248 – 49，61 USPQ2d 1856，1859（Fed. Cir. 2002）（建设工厂以大规模实践要求保护的生产四氟乙烷方法的行为，构成了实际付诸实践的努力，因此是关注的证据。法院辨别了未被认定为关注的案例，未被认定关注是由于发明人在寻求融资或其他商业行为时，中止开发或未能完成发明）；*In re Jolley*，308 F. 3d 1317，1326 – 27，64 USPQ2d 1901，1908 – 09（Fed. Cir. 2002）（关注的认定是基于研究和采购行为，所述行为与抵触审查中占先陈述的主题有关）。"在某些情况下，发明人还应能够依靠密切相关的发明工作，以支持对有争议的发明付诸实践的关注。"参见 *Ginos v. Nedelec*，220 USPQ 831，836（Bd. Pat. Inter. 1983）（研究其他密切相关的化合物，这些化合物被认为是同一发明的一部分，并且作为母案❶的一部分被包括在内）。"所依赖的工作必须关于占先陈述主题的付诸实践。所依赖的行为只涉及相关主题是不够的。"参见 *Gunn v. Bosch*，181 USPQ 758，761（Bd. Pat. Inter. 1973）（有争议的发明被实际付诸实践，出现在发明人从事不同的发明

---

❶ 原文表述是 grandparent application，不同于一般"母案"的表述 parent application，但在中国专利术语中，对于母案的母案这种特殊情形，并不与一般母案做术语区分，因此仍然译为"母案"。

时；那么该实际付诸实践"是偶然的，并不是通过持续的意图或努力使此处所争议的发明付诸实践的结果。这种偶然性与通过关注使该发明付诸实践的操作是不同的"（181 USPQ at 761）。此外，对于在构思时通常已在使用的样品或样本的改进工作，所取得的证据只是占先陈述的振荡器电路中的一个元件，并不证明对整体组合的构造和测试的关注）；参见 *Broos v. Barton*，142 F. 2d 690，691，61 USPQ 447，448（CCPA 1944）（在美国准备向外国提交申请构成关注）；*De Solms v. Schoenwald*，15 USPQ2d 1507（Bd. Pat. App. & Inter. 1990）（关注原则必须考虑到发明人的情况，包括技术和时间，进一步的证据的要求仅适用于发明人的证词）；*Huelster v. Reiter*，168 F. 2d 542，78 USPQ 82（CCPA 1948）（如果发明人不能将发明实际付诸实践，他还必须证明为什么不能通过提交申请来使发明推定性付诸实践）。

Ⅳ. 在准备和提交专利申请中所需的关注

代理人在准备和提交专利申请中的关注，能使发明人利益生效。至少在专利申请草案由专利代理人代表发明人完成之日起，构思就已经确立。构思与其说是署名之事倒不如说是公开之事。代理人不是代表特定名义的人员，而是代表真正的发明实体准备专利申请。6 天的时间用于执行和提交申请是可接受的。参见 *Haskell v. Coleburne*，671 F. 2d 1362，213 USPQ 192，195（CCPA 1982）。同见 *Bey v. Kollonitsch*，806 F. 2d 1024，231 USPQ 967（Fed. Cir. 1986）（对代理人所要求的只是合理关注。如果在连续的关键期间内，代理人对申请进行了合理努力，则可以确立合理关注。如果代理人有合理的非相关案件积压，代理人按时间顺序处理并迅速执行，这就足够了。从事对最终准备申请有实质性贡献的相关案例的工作，可以被认为是关注）。在专利申请的"准备"中，没有证据表明发明人及其代理人每天修改或讨论专利申请，不足以确定发明被放弃或不合理地拖延。参见 *Perfect Surgical Techniques，Inc. v. Olympus Am.，Inc.*，841 F. 3d 1004，1009，120 USPQ2d 1605，1609（Fed. Cir. 2016）。

Ⅴ. 关注期结束的标志是实际或推定性付诸实践

"［关注］时期的结束时刻是由推定的而非实际的付诸实践确定，这种时刻是不成立的。"参见 *Justus v. Appenzeller*，177 USPQ 332，340-41（Bd. Pat. Inter. 1971）。

2139-2140（预留）

2141 基于 35 U. S. C. 103 判断显而易见性的审查指南（2017.08 修订）

编者按：MPEP 的这部分内容适用于符合 AIA 发明人先申请制（FITF）规定的申

请,除非请求保护的发明的相关日期以"有效申请日"取代"发明日",后者只适用于符合 pre – AIA 35 U. S. C. 102 的申请。参见 35 U. S. C. 100(定义)和 MPEP § 2150 及其下属章节。

35 U. S. C. 103 可专利性的条件;非显而易见的主题

即便请求保护的发明未如 102 条的规定那样被完全相同地公开,但是如果请求保护的发明与现有技术之间的差异使该请求保护的发明作为一个整体,且在其有效申请日之前,对于请求保护的发明所属领域的普通技术人员来说是显而易见的,则该请求保护的发明不可以获得专利。专利性不应当被发明作出的方式而否定。

Pre – AIA 35 U. S. C. 103 可专利性的条件;非显而易见的主题

(a)一项发明如果未如 102 条的规定那样被完全相同地公开或描述,但是在寻求获得专利的主题与现有技术之间的差异使该主题作为一个整体,且在作出发明时,对于该主题所属领域的普通技术人员来说是显而易见的,则该主题不可以获得专利。不应当因为作出发明的方式而否定其可专利性。

……

35 U. S. C. 103 显而易见性判断的审查指南

本指南旨在帮助专利审查员按照 35 U. S. C. 103 对显而易见性作出正确的判断,并基于最高法院最近在 *KSR International Co. v. Teleflex Inc.* (*KSR*),550 U. S. 398,82 USPQ2d 1385(2007)一案中的判决,提供适当的支持理由。本指南是根据专利局目前对法律的理解而制定的,我们相信是完全符合最高法院具有约束力判例的。*KSR* 的判决强化了先前的一些判决,那些判决准许了更为灵活的方法构成显而易见性的规定理由。然而,最高法院对 *KSR* 的判决推翻了如 *In re Lee*,277 F. 3d 1338,61 USPQ2d 1430(Fed. Cir. 2002)等案例,那些案例需要有记载改造现有技术的明确理由的书面证据。正如联邦巡回上诉法院所解释的那样:

在 [*In re Lee* 案作出判决] 时,我们要求 PTO 确认记载了教导、启示、动机的书面证据,用于结合对比文件,因为"遗漏先例所需的相关因素既是法律错误,也是机构的武断行为"。然而,这并不妨碍审查员运用公知常识。最近 [在 *DyStar Textilfarben GmbH v. C. H. Patrick Co.*,464 F. 3d 1356,1366(Fed. Cir. 2006)案中],我们解释了公知常识的使用不需要"在特定的对比文件中的专门暗示或启示",只需要合理的解释从而避免结论性概述即可。

参见 *Perfect Web Technologies, Inc. v. InfoUSA, Inc.*,587 F. 3d 1324,1329,92 USPQ2d 1849,1854(Fed. Cir. 2009)(省略引用)。

在另一案例中,联邦巡回上诉法院还提及:

"……我们的结论是,虽然'公知常识'可以被调用,甚至有可能提供现有技术所缺少的限定,但仍必须得到证据和合理解释的支持。此外,与结合动机不同,在用'公知常识'弥补缺失限定的情况下,我们寻找采用公知常识的合理基础必须是严格的。而且,当缺失的限定触及发明的核心时,这一点尤为严格。"

参见 Arendi v. Apple, 832 F. 3d 1355, 1363, 119 USPQ2d 1822, 1827 (Fed. Cir. 2016)。

本指南不构成实质性的规则制定，因此不具有法律的强制力和效力。它是作为专利局内部管理事项而制定的，并不谋求产生任何实质或程序的权利或利益，不适用任何反对专利局的当事人。拒绝意见将继续以实体法为基础，而这些拒绝意见是可以上诉的。因此，专利审查员任何未遵循本指南的行为既不能上诉，也不能申诉。

I. KSR 案的判决及显而易见性法规的原则

最高法院在 KSR 案中重申了我们熟悉的由 Graham v. John Deere Co., 383 U. S. 1, 148 USPQ 459 (1966) 案提出的确定显而易见性的框架，但指出联邦巡回上诉法院的错误在于，应用教导—启示—动机（TSM）方法过于僵化和呆板。参见 KSR, 550 U. S. at 404, 82 USPQ2d at 1391。具体来说，最高法院指出，联邦巡回上诉法院在四个方面犯了错误：（1）"认为法院和专利审查员应该只看专利权人试图解决的问题"（Id. at 420, 82 USPQ 2d at 1397）；（2）假设"本领域技术人员试图解决一个问题时，只会受到旨在解决同样问题的现有技术中的那些要素的引导"（出处同上）；（3）认为"不能仅仅因为那些要素的组合是'显而易见可以尝试的'，就证明专利的权利要求是显而易见的"（Id. at 421, USPQ2d at 1397）；（4）过分强调"法院和专利审查员陷入事后诸葛亮的困境"，结果采用了"僵化的防范规则而拒绝调查者援引公知常识"（出处同上）。

在 KSR 案中，最高法院特别强调"基于现有技术中原始形态❶要素的组合而授予专利时需要谨慎"（Id. at 415, 82 USPQ 2d at 1395），并讨论了专利可能被认定为显而易见的情况。重要的是，最高法院重申了基于其先例的原则，即"如果熟悉的要素根据已知方法进行组合，并仅仅产生可预测的结果，那么该组合很可能是显而易见的"（Id. at 415 – 16, 82 USPQ 2d at 1395）。最高法院称，"在 Graham 案之后判决的以下三个案例说明了这一主张"（Id. at 416, 82 USPQ 2d at 1395）。（1）"在 United States v. Adams 案中，……法院认识到，当一项专利要求保护一种现有技术中已知的结构，其变化仅在于用一个要素替换另一种现有技术中已知的要素，那么这种组合就必须产生预料不到的结果"（出处同上）。（2）"在 Anderson's – Black Rock, Inc. v. Pavement Salvage Co., 案中……[两个已有要素]结合在一起并不比它们单独的、接续的操作做得更多"（Id. at 416 – 17, 82 USPQ2d at 1395）。（3）"在 Sakraida v. AG Pro, Inc., 案中，法院推导出的……结论是，当一个专利简单地排列旧的要素，每个要素都执行相同的已知功能，并且从这种排列中产生的结果不超过人们的预期时，这种组合是显而易见的"（Id. at 417, 82 USPQ 2d at 1395 – 96（内部引用省略））。问题在于当一个请求保护现有技术要素组合的专利申请是否显而易见时，这些案例所体现的原则是具有指导意义的。最高法院进一步指出：当一件产品在某一所属领域可获得时，设计动机

---

❶ 原文表述为 found, 可解释为拾得的、自然形态的，特指不是创作的，而是对天然物或已有材料加工完成的。参见《现代汉英综合大辞典》found 词条。

和其他市场力量可以促使它在同一领域或不同领域发生变形。如果本领域技术人员能够实现一个可预测的变形，35 U.S.C. 103 可能会禁止其获得专利。出于同样的原因，如果一种技术已经被用来改进一种设备，而本领域技术人员会认识到它将以同样的方式改进类似的设备，那么使用这种技术是显而易见的，除非它的实际应用超出了他或她的技能（*Id.* at 417，82 USPQ2d at 1396）。

因此，在考虑已知要素组合的显而易见性时，一个关键问题是"这种改进是否超出了现有技术要素根据其既定功能的可预测使用"（出处同上）。

在 *KSR* 案之前的许多判决中，反映了最高法院对显而易见性调查的灵活方法。参见 MPEP § 2144。这一节提供了许多推理思路，以支持根据先前的法律先例来确定显而易见性，这些先例放宽了对可以被认为是公知常识或常规实践的特定示例（如一体化、改变形状、作出调整）的使用。因此，*KSR* 案的意见所支持的逻辑论证长期以来一直是专利审查过程的一部分。

II. *GRAHAM v. JOHN DEERE CO.* 案的基本事实调查法

一项发明如果在发明时对本领域技术人员来说是显而易见的，该发明是不可专利的。参见 35 U.S.C. 103 或 pre–AIA 35 U.S.C. 103（a）。正如最高法院在 *KSR* 案中重申的，在 *Graham v. John Deere Co.*，383 U.S. 1，148 USPQ 459（1966）案中，指出了确定 35 U.S.C. 103 显而易见性的客观分析框架。显而易见性是一个以事实调查为基础的法律问题。法院所作的事实调查如下：

（1）确定现有技术的范围和内容；
（2）查明请求保护的发明与现有技术之间的差异；
（3）确定本领域技术人员的水平。

与显而易见性问题有关的客观证据必须由审查员进行评估（*Id.* at 17–18，148 USPQ at 467）。这些证据，有时被称为"辅助性考虑因素"，可能包括商业成功、长期存在但尚未解决的需求、其他人的失败，以及预料不到的结果。证据可以包括在已提交的说明书中，或随申请文件一起提交，或者在审查期间的其他时间及时提供。任何客观证据的权重都是根据具体情况确定的。申请人提交了证据这一事实并不意味着该证据对显而易见性问题就是决定性的。

显而易见性的问题必须在上述事实调查的基础上加以阐明。虽然每个案例都是不同的，必须根据其本身的事实来决定，但是 *Graham* 案因素，包括如果有的辅助性考虑，是任何显而易见性的分析中起控制作用的调查内容。最高法院在 *KSR*，550 U.S. at 406–07，82 USPQ2d 1391（2007）案的事实情况中，在考虑和确定显而易见性时重申和运用了 *Graham* 案因素。自从 *Graham* 案之后，最高法院在其每一个显而易见性的决定中都使用了 *Graham* 案因素。参见 *Sakraida v. Ag Pro，Inc.*，425 U.S. 273，189 USPQ 449，*reh'g denied*，426 U.S. 955（1976）；*Dann v. Johnston*，425 U.S. 219，189 USPQ 257（1976）；*Anderson's–Black Rock，Inc. v. Pavement Salvage Co.*，396 U.S. 57，163 USPQ 673（1969）。正如最高法院在 *KSR* 案中指出的，"尽管在任何特定情况下，这些问题的顺序都可能被重新排序，但 Graham 案因素仍在定义起控制作用的调查过程"。参见 KSR，550 U. S. at 407，82 USPQ2d at 1391。

作为事实调查者的审查员

当决定开展 Graham 案调查时，审查员承担事实认定者的关键角色。必须记住，虽然对显而易见性的最终确定是一个法律结论，但它的 Graham 案基础案调查是事实性的。因此，在对显而易见性作出拒绝意见时，审查员必须确保书面审查档案包含有关现有技术状况和所用对比文件的教导的事实认定。在某些情况下，一个本领域普通技术人员如何理解现有技术的教导，或者一个本领域普通技术人员会知道什么或能够做什么，将关于这些内容的明确认定包括在书面审查档案中可能也很重要。审查员所作的事实认定是建立显而易见性结论的必要基础。

一旦事实认定已经被阐明，审查员必须提供解释，以支持 35 U. S. C. 103 显而易见性的拒绝意见。35 U. S. C. 132 要求，应将权利要求被拒绝的理由通知申请人，以便申请人能决定如何最优处理。在专利局审查通知书中，清楚地陈述事实认定和支持拒绝意见的理由，有助于迅速解决与可专利性有关的问题。

简而言之，当作出显而易见性的决定时，重点应是本领域技术人员在发明时知道什么，以及参考这些知识后，这些人应被合理预期能够做什么。无论这些知识和能力的来源是现有技术文献、该技术领域的一般知识还是公知常识，都是如此。下面是对 Graham 案事实调查法的讨论。

A. 确定现有技术的范围和内容

在确定现有技术的范围和内容时，审查员必须通过阅读说明书，包括权利要求书，对正在审查的申请中公开和请求保护的发明有全面的了解，以了解申请人发明了什么。参见 MPEP § 904。请求保护的发明的范围必须通过对权利要求给予"与说明书相一致的最宽泛合理解释"来明确确定。参见 Phillips v. AWH Corp.，415 F. 3d 1303，1316，75 USPQ 2d 1321，1329（Fed. Cir. 2005）和 MPEP § 2111。一旦请求保护的发明的范围被确定，审查员必须确定检索什么及在哪里检索。

1. 检索内容

检索应覆盖请求保护的主题，还应覆盖有合理预期将要被保护的已公开特征。参见 MPEP § 904.02。虽然拒绝意见不需要基于结合的教导或者启示，但如果存在提供这种教导或启示的对比文件，则首选检索的方向是寻找提供此类教导或启示的对比文件。

2. 检索领域

审查员应继续遵照 MPEP § 904 至 § 904.03 关于现有技术检索规定的一般检索指南。审查员要记住，基于 35 U. S. C. 103 的目的，现有技术既可以是申请人所属领域，也可以是与申请人所关心的特定问题合理相关的领域。参见 MPEP § 2141.01（a）讨论类似技术。此外，出于 35 U. S. C. 103 的目的，也会考虑不是申请人所属领域的现有技术（如在 KSR 案中法院指出，"当一件产品在某一所属领域可获得时，设计动机和其他市场力量可以促使它在同一领域或不同领域发生变化"。参见 550 U. S. at 417，82 US-

PQ2d at 1396（强调后加）），或者解决了与申请人所要解决的不同问题的现有技术，也可以考虑用于 35 U.S.C.103 的目的。(法院在 *KSR* 案中声明"在本案中的第一个错误是……认为法院和专利审查员应该只关注专利权人试图解决的问题。上诉法院没有认识到，激发专利权人的问题可能只是专利主题所涉及的众多问题之一……；第二个错误是……一个本领域技术人员在试图解决一个问题时，只会受到旨在解决相同问题的现有技术中的那些要素的引导"）。参见 550 U.S. at 420, 82 USPQ2d at 1397。在最高法院对 *KSR* 案判决之前的联邦巡回判例法，一般来说与最高法院在 *KSR* 案判决中的这些声明相一致。参见 *In re Dillon*, 919 F.2d 688, 693, 16 USPQ2d 1897, 1902 (Fed. Cir. 1990)（全院联席审理）("对于构建显而易见性的初证事实来说，没有必要显示出请求保护的化合物和现有技术的化合物（或组合物中的关键成分）之间的结构相似性，也没有必要在**现有技术**中有启示或者期待，所请求保护的化合物或组合物与**申请人的新发现**具有相同或者相似的用途"）（强调后加）；*In re Lintner*, 458 F.2d 1013, 1018, 173 USPQ 560, 562（CCPA 1972）("申请人将糖用于不同目的这一事实，并不会改变这样的结论，即从对比文件中公开的目的来看，糖在现有技术组合物中的使用是显而易见的"）。

有关构成现有技术的内容，参见 MPEP §901 至§901.06（d）及§2121 至§2129。有关类似技术的讨论参见 MPEP §2141.01（a）。

B. 确定所请求保护的发明与现有技术之间的差异

要确定请求保护的发明和现有技术之间的差异，需要解释权利要求的语言，参见 MPEP §2111，并将发明和现有技术视为一个整体（参见 MPEP §2141.02）。

C. 确定本领域普通技术水平

在考虑引用现有技术的情况下，任何显而易见性的拒绝意见应当或明确或隐含地包括关于本领域普通技术水平的指示。对本领域普通技术水平的认定，可作为解决显而易见性问题的部分基础。

本领域技术人员是一个假设的人，他被假定在发明时已经知道相关技术。在决定该领域普通技术人员水平时可考虑的因素包括：（1）"该技术中遇到的问题的类型"；（2）"这些问题的现有技术解决方案"；（3）"创新的速度"；（4）"技术的复杂性"；（5）"该领域在职职工的受教育程度"。参见 *In re GPAC*, 57 F.3d 1573, 1579, 35 USPQ2d 1116, 1121 (Fed. Cir. 1995)。"在给定的情况下，可能不一定要考虑每一个因素，但是一个或多个因素可能占主导地位"（出处如上）。也可参见 *Custom Accessories, Inc. v. Jeffrey – Allan Indust., Inc.*, 807 F.2d 955, 962, 1 USPQ2d 1196, 1201 (Fed. Cir. 1986); *Environmental Designs, Ltd. v. Union Oil Co.*, 713 F.2d 693, 696, 218 USPQ 865, 868 (Fed. Cir. 1983)。

"本领域普通技术人员也是一个具有普通创造能力的人，而不是机器人。"参见 *KSR*, 550 U.S. at 421, 82 USPQ2d at 1397。"在许多情况下，普通技术人员将能够把多项专利的教导像拼图一样拼在一起"（*Id.* at 420, 82 USPQ2d at 1397）。专利审查员还可考虑"本领域的普通技术人员会采用的推理和创造措施"（*Id.* at 418, 82 USPQ2d at 1396）。

除了上述因素之外，审查员还可依靠自己的技术专长来描述本领域普通技术人员的知识和技能。联邦巡回上诉法院表示，审查员和委员会的专利行政法官是"在他们所从事的领域具有科学能力的人"，他们认定的"对该领域普通技术人员而言现有技术对比文件的含义，是由他们的科学知识所获知的"。参见 *In re Berg*, 320 F. 3d 1310, 1315, 65 USPQ2d 2003, 2007（Fed. Cir. 2003）。此外，审查员"被假定在解释对比文件方面有一定的专业知识，并通过这些工作精通该领域的技术水平"。参见 *Power Oasis, Inc. v. T - Mobile USA, Inc.*, 522 F. 3d 1299, 86 USPQ2d 1385（Fed. Cir. 2008）（援引 *Am. Hoist & Derrick Co. v. Sowa & Sons*, 725 F. 2d 1350, 1360, 220 USPQ 763, 770（Fed. Cir. 1984））。参见 MPEP § 2141 有关本领域普通技术水平的讨论。

III. 基于 35 U. S. C. 103 拒绝意见的理由

一旦 *Graham* 案事实调查得到解决，审查员必须确定请求保护的发明对本领域普通技术水平来说是显而易见的。

显而易见性分析不能局限于……过分强调已发表文章和已授权专利中明确内容的重要性……在许多领域，很少有人讨论明显的技术或组合，通常情况下，推动设计趋势的是市场需求，而不是科学文献。参见 *KSR*, 550 U. S. at 419, 82 USPQ2d at 1396。

现有技术不仅限于所应用的对比文件，还包括对本领域普通技术人员的理解。现有技术对比文件（或对比文件的结合）不需要教导或启示所有的权利要求限定，然而，审查员必须解释为什么现有技术和请求保护的发明之间的差异，对于本领域普通技术人员来说是显而易见的。"现有技术与一项发明之间仅存在差异，并不能确定该发明的非显而易见性。"参见 *Dann v. Johnston*, 425 U. S. 219, 230, 189 USPQ 257, 261（1976）。现有技术和所请求保护的发明之间的差距可能不会"如此巨大，以使权利要求对该领域具有合理技能的人来说是非显而易见的"（出处同上）。在确定显而易见性时，无论是作出请求保护的发明的特定动机，还是发明者解决的问题，都不起控制作用。适当的分析是在考虑了所有事实之后，请求保护的发明对于本领域普通技术人员是否显而易见。参见 35 U. S. C. 103 或者 pre - AIA 35 U. S. C. 103（a）。除了所引用的现有技术公开的内容之外，其他因素也可能成为结论作出的基础：对于本领域普通技术人员来说，跨越这一差距是显而易见的。下面讨论的基本原理概述了在这种情况下可以用来认定显而易见性的推理框架。

如果对现有技术的检索和 *Graham* 案事实调查的结果表明，可以使用我们熟悉的教导—启示—动机（TSM）原理作出显而易见性的拒绝意见，那么就应该作出这样的拒绝意见。虽然在 *KSR* 案中最高法院告诫不要过分僵化地套用 TSM，但其也承认，TSM 是可以用来确定显而易见性的若干有效理由之一。根据最高法院的意见，建立 TSM 标准来解决显而易见性的问题"获得了有益的见解"。参见 550 U. S. at 418, 82 USPQ2d at 1396［引用 *In re Bergel*，292 F. 2d 955，956 – 57，130 USPQ 206，207 – 208（1961）］。而且，最高法院解释道，"TSM 方法的理念和 *Graham* 案分析之间没有必然的不一致"。参见 550 U. S. at 419，82 USPQ2d at 1396。最高法院还评论说，联邦巡回上诉法院"毫无疑问在许多案件中采用了符合［KSR 案中提出的］这些原则的 TSM 方法"（出处同上）。但是审查员也应考虑下列一项或多项其他理由是否支持显而易见性的结论。在 *KSR* 案中法院确定了若干理由来支持显而易见性的结论，这些理由符合 *Graham* 案中提出的确定显而易见性的适当"功能方法"。参见 *KSR*，550 U. S. at 415 – 21，82 USPQ2d at 1395 – 97。注意，下面提供的理由列表并不包含所有可能的理由。审查员可以依靠其他理由来支持显而易见性的结论。

支持 35 U. S. C. 103 拒绝意见的关键是，清楚地阐明请求保护的发明是显而易见的原因。在 *KSR* 案中最高法院指出，支持 35 U. S. C. 103 拒绝意见的分析应该是明确的。法院引用 *In re Kahn*，441 F. 3d 977，988，78 USPQ2d 1329，1336（Fed. Cir. 2006）案的话说，"'对显而易见性的拒绝不能仅仅通过结论性陈述来维持；相反，必须有一些合理基础的清晰推理来支持显而易见性的法律结论'"。参见 *KSR*，550 U. S. at 418，82 USPQ2d at 1396。可支持显而易见性结论的典型理由包括：

（A）根据已知方法结合现有技术要素以产生可预期的结果；

（B）简单地用已知要素替代另一种要素以获得可预期的结果；

（C）利用已知的技术以同样的方式改进类似的设备（方法或产品）；

（D）将已知技术应用于准备改进的已知设备（方法或产品），以产生可预期的结果；

（E）"明显可以尝试"——从数量有限的确定的、可预测的解决方案中进行选择，并能合理地预期其成功；

（F）基于设计动机或其他市场因素，在一个所属领域中已知的产品可以促使对其作出改变，以用于相同的领域或不同的领域，前提是这种改变对于本领域普通技术人员来说是可预测的；

（G）现有技术中的一些教导、启示或动机可能会导致本领域普通技术人员改造现有技术对比文件或将现有技术对比文件的教导结合起来，从而实现请求保护的发明。

请参阅 MPEP § 2143 关于上面列出的理由的讨论，其中附有示例说明如何使用上述理由支持显而易见性的认定。另外，请参阅 MPEP § 2144 至 § 2144.09，以获得关于支持显而易见性判断的更多指导。

Ⅳ. 申请人回复

一旦审查员建立了 *Graham* 案事实认定，并得出结论认为请求保护的发明应该是显而易见的，那么责任就转移到申请人身上，需要：（A）表明专利局在这些认定中犯了错误，或者（B）提供其他证据表明请求保护的主题是非显而易见的。37 CFR 1.111（b）要求申请人清楚及具体指出本局的审查通知书中可能出现的错误，并就本局审查通知书中提出的反对及拒绝的每一个理由作出回应。答辩人必须提出论点，指出被认为使权利要求相对于任一引用的文献具有可专利性的具体区别。

如果申请人不同意该局的所有事实认定，则对于完全或部分基于这类事实认定作出的拒绝意见的有效抗辩必须包括一项合理的说明，说明申请人为何认为该局对事实认定存在重大错误。仅就该局尚未确立显而易见性的初证事实或该局对公知常识的依赖尚未得到书面证据支持的陈述或论点，并不能被认为是基于 37 CFR 1.111（b）的在实质上适当的反驳拒绝意见或有效抗辩拒绝意见。处理这种情况的审查员可重复在先审查通知书中的拒绝意见，并使下次通知书成为驳回决定。参见 MPEP §706.07（a）。

V．对申请人反驳证据的考虑

审查员在重新评估任何显而易见性的决定时，应考虑申请人及时提交的所有反驳证据。反驳证据可能包括"辅助性考虑因素"的证据，如"商业上的成功、长期存在但尚未解决的需求和他人的失败"（*Graham v. John Deere Co.*，383 U.S. at 17，148 USPQ at 467），以及包括意外结果的证据。如上所述，审查员必须清楚地说明事实认定，以支持显而易见性的拒绝意见所依据的理由。因此，申请人很可能会提交证据来反驳审查员的事实认定。例如，在请求保护一种组合的情况下，申请人可以提交证据或争辩来证明：

（A）本领域普通技术人员不能通过已知方法结合所要求的要素（如由于技术困难）；

（B）组合中的要素不仅仅实现每个要素单独具有的功能；

（C）请求保护的组合的结果是预料不到的。

一旦申请人提交了反驳证据，审查员应基于全部的审查档案，重新考虑所有最初的显而易见性决定。参见 *In re Piasecki*，745 F.2d 1468，1472，223 USPQ 785，788（Fed. Cir. 1984）；*In re Eli Lilly & Co.*，902 F.2d 943，945，14 USPQ2d 1741，1743（Fed. Cir. 1990）。应审查所有审查档案的拒绝意见和打算提出的拒绝意见及其依据，以确认其仍然可行。审查通知书应清楚地说明专利局的认定和结论，阐明事实认定如何支持这些结论。在确定是否可以作出最后决定时，应遵循 MPEP §706.07（a）中规定的程序。

参见 MPEP §2145 关于考虑申请人的反驳证据。另见 MPEP §716 至 §716.10，其中涉及根据 37 CFR 1.132 提交的宣誓书或声明，以反驳拒绝的理由。

2141.01 现有技术的范围和内容（2013.11 修订）

编者按：MPEP 的这部分内容适用于符合 AIA 发明人先申请制（FITF）规定的申请，除非请求保护的发明的相关日期以"有效申请日"取代"发明日"，后者只适用于符合 pre–AIA 35 U.S.C. 102 的申请。参见 35 U.S.C. 100（定义）和 MPEP §2150 及其下属章节。

Ⅰ. 35 U.S.C. 102 规定的可用的现有技术，在 35 U.S.C. 103 下也可用

"在回答 Graham 的'内容'调查之前，必须知道一项专利或出版物是否属于 35 U.S.C. 102 规定的现有技术。"参见 *Panduit Corp. v. Dennison Mfg. Co.*，810 F. 2d 1561，1568，1 USPQ2d 1593，1597（Fed. Cir.），拒发调卷令，481 U.S. 1052（1987）。35 U.S.C. 102 下的现有技术主题可用于支持 35 U.S.C. 103 下的拒绝。参见 *Ex parte Andresen*，212 USPQ 100，102（Bd. Pat. App. & Inter. 1981）（"在我们看来是[35 U.S.C.A. 的]评论员❶以及[国会]委员会认为 103 条包括了 102 条所规定的所有对专利的各种限制"）。

此外，无论已被承认的现有技术是否符合 35 U.S.C. 102 的法定类别，都可以依赖已被承认的现有技术进行在先公开和显而易见性判断。参见 *Riverwood Int'l Corp. v. R.A. Jones & Co.*，324 F. 3d 1346，1354，66 USPQ2d 1331，1337（Fed. Cir. 2003）; *Constant v. Advanced Micro–Devices Inc.*，848 F. 2d 1560，1570，7 USPQ2d 1057，1063（Fed. Cir. 1988）。参见 MPEP §2129 讨论作为现有技术的资格。

35 U.S.C. 103 下的拒绝意见基于 35 U.S.C. 102（a）（1）或（a）（2）或 pre–AIA 35 U.S.C. 102（a）、102（b）、102（e）等，这取决于所用的现有技术文献的类型及其出版或发行日期。例如，根据符合 pre–AIA 35 U.S.C. 102 规定的申请的申请日一年以前发布的一项美国专利，对显而易见性作出拒绝意见，这被认为是一种对获得专利权的法定阻却，正如它依据 35 U.S.C. 102（b）在先公开了权利要求一样。类似地，显而易见性的拒绝意见，可以在对比文件出版日后通过根据 37 CFR 1.131 提交的宣誓书或声明而宣誓加以克服；其中所述的拒绝意见基于一份出版物，如果这份出版物在先公开了权利要求，那就能够依据 pre–AIA 35 U.S.C. 102（a）❷ 而被应用。

要了解基于 35 U.S.C. 102 构成现有技术的内容，请参见 MPEP §901 至 §901.06（d），§2121 至 §2129 和 §2151 至 §2155。

Ⅱ. 现有技术的实质内容

有关现有技术实质性内容的判例法见 MPEP §2121 至 §2129（如不可运转的设备的可用性、现有技术必须实现的程度、宽泛公开而非优选实施例、承认等）。

Ⅲ. 现有技术的内容是在发明时确定的，以避免事后诸葛亮

"在发明作出之时"的要求是为了避免不被允许的事后诸葛亮。参见 MPEP §2145，第 X.A 小节讨论如何反驳申请人认为拒绝意见是基于事后诸葛亮的观点。

"这是困难但又必要的，让决策者忘记他或她……关于请求保护的发明所教导的内

---

❶ 原文表述为 commentator，是指对政府拟定的行政规章予以评论的人，参见《元照英美法词典》commentator 词条。

❷ pre–AIA 35 U.S.C. 102（a）规定了一些丧失新颖性的情形，包括申请人在本发明之前已在本国或国外以书面公开的方式获得专利或者加以描述。

容,并让想法回到发明作出的时候(通常是在此多年以前),以运用本领域技术人员的想法……"参见 *W. L. Gore & Associates*, *Inc. v. Garlock*, *Inc.*, 721 F. 2d 1540, 220 USPQ 303, 313 (Fed. Cir. 1983),拒发调卷令, 469 U. S. 851 (1984)。

IV. Pre – AIA 35 U. S. C. 103(c)——提供 Pre – AIA 35 U. S. C. 103(c)适用条件所需的证据

受 pre – AIA 35 U. S. C. 102 约束的申请人,如果他或她本人想获得 pre – AIA 35 U. S. C. 103(c)的法益,则有如下责任:确保相关主题与请求保护的发明,在发明被作出时属于同一人所有,或服从转让给同一人的义务。其中所述主题仅依据 pre – AIA 35 U. S. C. 102(e)(f)或(g)款构成现有技术,且在根据 pre – AIA 35 U. S. C. 103(a)作出的拒绝意见中使用。参见 *Ex parte Yoshino*, 227 USPQ 52(Bd. Pat. App. & Inter. 1985)。同样,如果申请人他或她本人想受益于 pre – AIA 35 U. S. C. 103(c)规定的联合研究(适用于 2004 年 12 月 10 日或以后未决的申请),需承担如下内容的确认:

(A)请求保护的发明是由联合研究协议的各方作出或由其代表,该联合研究协议在请求保护的发明作出之日或之前有效;

(B)请求保护的发明是在联合研究协定范围内进行的活动的结果;

(C)请求保护的发明的专利申请公开了或通过修改公开了联合研究协议的各方的名称。

与此类资格不符的现有技术只适用于特定主题,所述主题仅依据 pre – AIA 35 U. S. C. 102(e)(f)或(g)款构成现有技术,且在根据 pre – AIA 35 U. S. C. 103(a)作出的拒绝意见中使用。

注意,对于在 1999 年 11 月 29 日之前提交的申请和在 2004 年 10 月 10 日前授权的专利,pre – AIA 35 U. S. C. 103(c)在形式上局限于由另一人研发的主题,该主题仅基于 pre – AIA 35 U. S. C. 102(f)或(g)构成现有技术资格,参见 MPEP § 706.02(1)(2)。还可参见 *In re Bartfeld*, 925 F. 2d 1450, 1453 – 54, 17 USPQ2d 1885, 1888(Fed. Cir. 1991)(申请人试图通过最终专利权终止声明克服因 pre – AIA 35 U. S. C. 102(e)/103 的拒绝意见,声称 pre – AIA 35 U. S. C. 103(c)公共政策意图是禁止在显而易见性的判定中使用"秘密"的现有技术。法院否决了这一论点,认为"我们不能在法定范围中忽视 102(e)的明确排除内容")。

建立共同所有权或联合研究协议必须满足的要求见 MPEP § 706.02(1)(2)。

2141.01(a) 类似或非类似的技术(2017.08 修订)

编者按:MPEP 的这部分内容适用于符合 AIA 发明人先申请制(FITF)规定的申请,除非请求保护的发明的相关日期以"有效申请日"取代"发明日",后者只适用于符合 pre – AIA 35 U. S. C. 102 的申请。参见 35 U. S. C. 100(定义)和 MPEP § 2150 及其下属章节。

Ⅰ. 35 U. S. C. 103 所使用的对比文件，必须是类似的现有技术

作为 35 U. S. C. 103 显而易见性拒绝意见的适当对比文件，该对比文件必须是与请求保护的发明相类似的技术。参见 *In re Bigio*, 381 F. 3d 1320, 1325, 72 USPQ2d 1209, 1212 (Fed. Cir. 2004)。审查员必须确定，对于分析所涉主题的显而易见性来说，什么是"类似现有技术"。"根据正确的分析，在发明时所属领域中已知的任何需求或问题以及由专利［或在审的申请］所处理的任何需求或问题，提供理由以按（发明权利要求）所要求的方式来组合要素。"参见 *KSR Int'l Co. v. Teleflex Inc.*, 550 U. S. 398, 420, 82 USPQ2d 1385, 1397 (2007)。并不要求对比文件来自与请求保护的发明相同的所属领域，因为最高法院的指示是"当一件产品在一个所属领域可用时，设计动机和其他市场力量可以促使它在同一领域或不同领域发生变换"（*Id.* at 417, 82 USPQ2d 1396）。如果满足以下条件之一，一份对比文件就是请求保护的发明的类似技术：（1）该文献来自与所请求保护的发明相同的所属领域（即使它解决了一个不同的问题）；或者（2）该对比文件与发明人所面临的问题合理相关（即使它与所请求保护的发明不在同一所属领域）。参见 *Bigio*, 381 F. 3d at 1325, 72 USPQ2d at 1212。

为了使文献"合理地与问题相关"，必须"合乎逻辑地在发明人考虑其技术问题时能够引起发明者的注意"。参见 *In re ICON Health and Fitness, Inc.*, 496 F. 3d 1374, 1379 – 80 (Fed. Cir. 2007)（援引 *In re Clay*, 966 F. 2d 656, 658, 23 USPQ2d 1058, 1061 (Fed. Cir. 1992)）。美国联邦巡回上诉法院最近作出的一项裁决，参见 *In re Klein*, 647 F. 3d 1343, 98 USPQ2d 1991 (Fed. Cir. 2011)，对于确定对比文件是否为类似技术的"合理相关"的观点具有指导意义。在确定文献是否合理相关时，审查员应该考虑在说明书中明确或隐含反映的发明人所面临的问题。为了支持一篇对比文件是合理相关的判断，适当的做法是要有审查员对该问题的理解的阐述。对比文件是否合理相关，往往取决于如何看待要解决的问题。如果以狭窄的或受限制的方式看要解决的问题，且这种视角与说明书不一致，则可获得的现有技术的范围就可能受到不适当的限制。审查员可能有必要解释，为什么发明人在寻求解决已确定的问题时会查阅这些对比文件，从而试图找到问题的解决办法，即现有技术与所确定问题相关的事实原因。

如果中请人认为审查员误解了要解决的技术问题，并因此采用了不恰当的非类似技术，审查员应当根据说明书，对申请人这方面的任何争辩意见予以充分考虑。在评估申请人的争辩意见时，审查员应该参考说明书的教导和本领域普通技术人员合理地从说明书中得出的推论，以此作为引导理解要解决的问题。现有技术对比文件如果与请求保护的发明不属于同一领域，那么它必须与要解决的问题合理相关，才能有资格成为类似技术，并应用于显而易见性的拒绝意见中。

Ⅱ. 考虑结构和功能上的异同

虽然在分类定义的官方检索注释中，专利局对于对比文件和相反的对比文件的分类分别是一些"非类似"或"类似"的证据，但法院认定"发明在结构和功能上的相似性和差异性所具有的权重要大得多"。参见 *In re Ellis*，476 F. 2d 1370，1372，177 USPQ 526，527（CCPA 1973）（由一篇对比文件所示的结构的栅板和另一篇对比文件所示的那种刮鞋器之间的结构相似性和功能重叠性是很明显的，因此，参考专利所属的技术与上诉人的发明所涉及的技术（行人地板格栅）有合理的相关性）。

III. 类似的化学技术

参见 *Ex parte Bland*，3 USPQ2d 1103（Bd. Pat App. & Inter. 1986）（权利要求书涉及可用作动物食品防腐剂的颗粒组合物（或抑制动物食品中真菌生长的方法），所述动物食品含有吸附了丙酸的蛭石。所有的对比文件都是关于载体上吸收生物活性物质的，因此，每一篇对比文件中的教导都与其他对比文件和手头的发明中的问题有关）；*Stratoflex, Inc. v. Aeroquip Corp.*，713 F. 2d 1530，218 USPQ 871（Fed. Cir. 1983）（发明者面临的问题是防止聚四氟乙烯管中由碳氢化合物燃料流动造成的静电积聚，同时防止燃料泄漏。两份现有技术对比文件来自橡胶管技术，两篇文章都提到了由燃料流引起的静电积聚问题。法院认定，因为聚四氟乙烯和橡胶是被同一软管制造商使用的，并且经历了相同和类似的问题，因此当面对聚四氟乙烯和橡胶软管中一个的有关问题时，就会去看另一个的解决方案）；*In re Mlot – Fijalkowski*，676 F. 2d 666，213 USPQ 713（CCPA 1982）（上诉人面临的问题是增强和固定染料渗透指示剂。由于法院认定上诉人的问题是染料化学之一，其解决方案的检索包括一般的染料技术，因此教导使用染料和细分的显影剂材料制作彩色图片的对比文件属于合理运用，优选但不限于复印纸技术）。

IV. 类似的机械技术

参见 *Stevenson v. Int'l Trade Comm.*，612 F. 2d 546，550，204 USPQ 276，280（CCPA 1979）（在一项简单的机械发明中，必须探索广泛的现有技术，并且允许对其他领域进行调查是合理的，在这些领域中，本领域普通技术人员会意识到存在类似的问题）。还可参见 *In re Bigio*，381 F. 3d 1320，1325 – 26，72 USPQ2d 1209，1211 – 12（Fed. Cir. 2004）。该专利申请请求保护一种具有特定鬃毛结构的"发刷"。委员会认可了审查员基于现有技术专利公开的牙刷以显而易见性对权利要求作出的拒绝意见（*Id.* at 1323，72 USPQ2d at 1210）。申请人对专利文献构成类似技术提出异议。在上诉中，法院维持了委员会对所要求的术语"发刷"的解释：包括任何可用于任何身体毛发的刷子，包括脸毛（*Id.* at 1323 – 24，72 USPQ2d at 1211. W）。按照这样的权利要求解释，法院将"所属的检测领域"应用于类似技术，并确定对比文件是在申请人所属的领域内，因此是类似技术，因为牙刷结构类似于梳头用的小刷子，牙刷也能用于梳理脸毛（*Id.* at 1326，72 USPQ2d at 1212）。

还可参见 *In re Deminski*，796 F. 2d 436，230 USPQ 313（Fed. Cir. 1986）（申请的权利要求涉及双作用高压气体传输线压缩机，其中的阀门可以轻松拆卸更换。委员会采用的对比文件教导了双作用活塞泵或双作用活塞压缩机。由于引用的泵和压缩机具有基本相同的功能和结构，研究领域包括两种用于流体运动的双作用活塞装置，法院对此表示同意）；*Pentec, Inc. v. Graphic Controls Corp.*, 776 F.2d 309, 227 USPQ 766 (Fed. Cir. 1985)（有争议的权利要求涉及一种乐器标记笔的本体，所述改进包括笔臂保持装置，其具有用于在笔的本体上折叠的整体模制铰链部件。尽管专利所有人辩称铰链和紧固件技术是不相关的，但法院认为，发明者面临的问题是需要一种简单的保持装置，以便能够频繁、安全将记号笔连接到笔臂上并容易地从笔臂上取下，而试图解决该问题的笔领域的技术人员将会关注紧固件和铰链技术）；*Ex parte Goodyear Tire & Rubber Co.*, 230 USPQ 357 (Bd. Pat. App. & Inter. 1985)（一份申请的权利要求涉及制动材料，离合器领域中有一对比文件被认为与申请人所面临的摩擦问题合理相关，因为刹车和离合器使用界面材料来实现它们各自的目的）。

V. 类似的电气技术

参见 *Medtronic, Inc. v. Cardiac Pacemakers*, 721 F.2d 1563, 220 USPQ 97 (Fed. Cir. 1983)（专利权利要求涉及一种心脏起搏器，该起搏器包括失控抑制装置和其他组件，其中失控抑制装置用于防止起搏器故障导致以过高频率施加脉冲。两篇对比文件公开了在大功率、高频器件中用于抑制脉冲源脉冲失控的电路。法院认为心脏起搏器设计领域的普通技术人员，在面对速率限制问题时，会去寻找其他面临速率限制问题时的解决方案，因此上述对比文件属于类似的技术）。

VI. 类似外观设计的示例

参见 MPEP §1504.03 对相关判例法的讨论，阐明了外观设计申请中类似设计的一般要求。

类似的外观设计示例，参见 *In re Rosen*, 673 F.2d 388, 213 USPQ 347 (CCPA 1982)（有争议的外观设计是一张现代风格的咖啡桌。法院认为，其所采用的对比文件中除了咖啡桌之外的其他当代家具设计，如桌子和圆形玻璃桌面设计，合理地落在了具有普通技能的设计师的知识范围内）；*Ex parte Pappas*, 23 USPQ2d 1636 (Bd. Pat. App. & Inter. 1992)（有争议的是一项带有倾斜拐角结构的饲槽的装饰设计。审查员依据的对比文件是一份上诉人要求保护的没有倾斜拐角的槽，以及《建筑预制混凝土制图手册》。委员会认为《建筑预制混凝土制图手册》是类似的技术，法院指出饲槽可以是木头或混凝土槽，而且所运用的这两篇对比文件"公开了结构：其中至少有一个直立支腿通常垂直于基座部分，限定了腿和基座部分之间的拐角结构"）；*In re Butera*, 1 F.3d 1252, 28 USPQ2d 1399, 1400 (Fed. Cir. 1993)（未发表——不可作为先例引用）（请求保护的发明是一种用于驱虫剂和空气清新剂组合的球形设计，委员会仅以一种金属球阳极的设计作为对比文件以显而易见性为由作出拒绝意见。法院推翻了这一决定，认为对比文件的设计不是类似的设计。"如果一份在先外观设计和一项请求保护的外观专利申请具有相同的一般用途，则这份在先外观设计属于请求保护的外观这一类型……，因此设计一种用于驱虫剂和空气清新剂相组合的产品的人，就没有理由去了解或寻求金属阳极球的设计"）。

2141.02 现有技术和请求保护的发明之间的差异（2017.08 修订）

编者按：MPEP 的这部分内容适用于符合 AIA 发明人先申请制（FITF）规定的申请，除非请求保护的发明的相关日期以"有效申请日"取代"发明日"，后者只适用于符合 pre－AIA 35 U.S.C. 102 的申请。参见 35 U.S.C. 100（定义）和 MPEP § 2150 及其下属章节。

要确定现有技术和有争议的权利要求之间的差异，需要解释权利要求的语言，并将本发明和现有技术对比文件都作为一个整体来考虑。参见 MPEP § 2111 至 § 2116.01 与权利要求解释有关的判例法；还可参见 MPEP § 2143.03 提出了权利要求语言起到限定作用问题的示例。

I．请求保护的发明必须作为一个整体考虑

在判断现有技术与权利要求之间差异时，35 U.S.C. 103 的问题不是这些差异**本身**是否是显而易见，而是请求保护的发明**作为**一个**整体**是否是显而易见。参见 Stratoflex, Inc. v. Aeroquip Corp.，713 F. 2d 1530，218 USPQ 871（Fed. Cir. 1983）；Schenck v. Nortron Corp.，713 F. 2d 782，218 USPQ 698（Fed. Cir. 1983）（权利要求涉及一种振动试验机（一种硬轴承车轮平衡器），其包括一保持结构、一底座结构和一支承装置，它们形成"单一整体和无间隙的连续件"。Nortron 争辩本发明只是通过四个螺栓部件而形成整体，这是不恰当地将焦点限制在与现有技术的结构差异上，而没有将本发明作为一个整体来考虑。现有技术认为需要一种抑制共振的机制，而发明人通过单体式无间隙支撑结构，却消除了抑制共振的需要。"由于该见解与本领域的理解和期望相反，实现该见解的结构对本领域技术人员来说不是显而易见的"，参见 713 F. 2d at 785，218 USPQ at 700（省略引用））。

还可参见 In re Hirao，535 F. 2d 67，190 USPQ 15（CCPA 1976）（权利要求涉及制作甜味食品和饮料的三步法。前两步是生产高纯麦芽糖（甜味剂）的过程，第三步是将麦芽糖添加到食品和饮料中。双方一致认为，前两步非显而易见但形成了已知的产物，第三步是显而易见的。律师辩称，前序部分是有关让食品和饮料略微变甜的方法，因此对于高纯麦芽糖的具体制作方法（在要求保护的方法中的前两步）不应给予权重，类似于用方法限定产品的权利要求。法院认为，"由于所要求保护的步骤组合的前两步被承认是非显而易见的，因此，对于发明时的本领域普通技术人员来说，该主题作为一个整体是非显而易见的"。参见 535 F. 2d at 69，190 USPQ at 17（原文强调）。前序部分仅陈述了该方法的目的，而不限制权利要求的主体。因此，请求保护的方法是一个三步骤的方法，而不是由该方法中的两步所构成的产品，也不是使用该产品的第三步所构成的产品）。

Ⅱ. 将发明提炼为发明的"要点"或"主旨",忽略了将主题"作为一个整体"进行分析的要求

将发明提炼为发明的"要点"或"主旨",忽略了将主题"作为一个整体"进行分析的要求。参见 *W. L. Gore & Assoc. , Inc. v. Garlock , Inc.* , 721 F. 2d 1540, 220 USPQ 303(Fed. Cir. 1983), 拒发调卷令, 469 U. S. 851(1984)(将对权利要求的考虑因素限制为以每秒10%的拉伸速率来拉伸未烧结PTFE, 而忽略其他限定内容, 导致在处理权利要求时, 好像被理解的内容与被许可的内容不同); *Bausch & Lomb v. Barnes-Hind/Hydrocurve, Inc.* , 796 F. 2d 443, 447-49, 230 USPQ 416, 419-20(Fed. Cir. 1986), 拒发调卷令, 484 U. S. 823(1987)(地区法院关注的是"用激光束蒸发材料,形成具有光滑圆形边缘的无脊凹坑的构思",但"忽视了产品是由透明交联聚合物构成的眼科镜片,以及激光标记被未固化聚合物的光滑表面包围的明确限定")。还可参见 *Jones v. Hardy*, 727 F. 2d 1524, 1530, 220 USPQ 1021, 1026(Fed. Cir. 1984)("将优点视作发明而忽视法定要求的将发明视为'作为一个整体'"); *Panduit Corp. v. Dennison Mfg. Co.* , 810 F. 2d 1561, 1 USPQ2d 1593(Fed. Cir. 1987), 拒发调卷令, 481 U. S. 1052(1987)(地区法院不恰当地将权利要求提炼为一言蔽之的问题解决方案)。

Ⅲ. 发现问题的根源/原因是"作为一个整体"调查的一部分

"一件可专利的发明在于它发现了问题的根源,尽管一旦确定了问题根源,补救办法可能是显而易见的。这是'作为一个整体的主题'中的<u>一部分</u>,基于35 U. S. C. 103。在判定一项发明的显而易见性时,应该始终考虑到这一点。"参见 *In re Sponnoble*, 405 F. 2d 578, 585, 160 USPQ 237, 243(CCPA 1969)。然而,"发现问题的起因……不会总是导致可专利的发明……<u>一种不同的情况是:一份现有技术包含对类似问题的相同解决方案,那么这个方案相对于现有技术是显而易见的</u>"。参见 *In re Wiseman*, 596 F. 2d 1019, 1022, 201 USPQ 658, 661(CCPA 1979)(原文强调)。

在 *In re Sponnoble* 案中,权利要求涉及一种多隔室混合瓶,其中将中心密封塞置于两个隔室之间,用于将含液体隔室与含固体隔室暂时隔离。与现有技术不同的是,该权利要求选择了具有硅涂层的丁基橡胶作为塞子的材料,而不是天然橡胶。现有技术认识到从液体到固体隔室的泄漏是一个问题,并认为这个问题是湿气经过中心塞<u>周围</u>所导致的,因为模制或吹制玻璃中存在固有的微观裂缝。法院认定,发明者发现水分传播的原因是<u>通过中心塞</u>,而现有技术没有任何教导会建议选择申请人使用的塞子材料,因此这种材料比现有技术的天然橡胶塞有更低的渗透性。

在 *In re Wiseman*, 596 F. 2d at 1022, 201 USPQ at 661 案中,权利要求涉及开槽碳盘式制动器,且凹槽用于在制动过程中排放蒸汽或水汽,以最大限度地减少制动器失效,该权利要求因为相对于两篇对比文件的结合是显而易见的而被拒绝,其中一篇是无凹槽的碳盘式制动器,另一篇是有凹槽的非碳盘式制动器,且凹槽用于冷却制动部件表面、消除灰尘从而减少制动器失效。法院肯定了该拒绝意见,认为即使申请人发现了问题的原因，从现有技术来看，解决方法也是显而易见的，因为现有技术包含了对类似问题的相同解决方案（在盘式制动器中插入沟槽）。

IV. 申请人声称发现问题根源必须提供确凿的证据

申请人如声称发现问题的根源，必须通过提供宣誓书或声明，或说明书中清楚和有说服力的论断等证据来证实该主张。参见 *In re Wiseman*，596 F. 2d 1019，201 USPQ 658（CCPA 1979）（未经证实的律师声明不足以表明上诉人发现了问题的根源）；*In re Kaslow*，707 F. 2d 1366，217 USPQ 1089（Fed. Cir. 1983）（权利要求涉及一种用于兑现销售赠券的方法，该赠券包含 UPC "5×5" 条形码，该方法包括多个步骤，其中每个超市的存储器将识别制造商的赠券并将数据传送到中央计算机以供查账，从而不再需要票据交换所，并防止零售商欺诈。上诉人在质疑显而易见性拒绝意见的正确性时称，他发现了问题的根源（零售商欺诈和手工票据交换所操作）及其解决方案。法院认定，上诉人的说明书并不支持他发现了零售商欺诈这一问题根源的观点，并且请求保护的发明未能解决手工票据交换所产生的问题）。

V. 公开的固有属性是"作为一个整体"调查的一部分

"判断一项发明作为一个整体是否属于 35 U.S.C. 103 的显而易见，我们必须首先把它作为一个整体来描述。将一项发明描述为一个整体，我们不仅着眼于所讨论的权利要求书中文字所表述的主题……也包括主题的那些性质，这些性质是主题所固有的，并在说明书中予以公开……正如我们在审查组合物权利要求的显而易见性时我们会注意一种化学物质及其性质，是这项发明作为一个整体（而不是它的一部分），符合<u>35 U.S.C. 103</u> 显而易见性的要求。"参见 *In re Antonie*，559 F. 2d 618，620，195 USPQ 6，8（CCPA 1977）（原文强调）（引用被省略）（要求保护的污水处理装置的水箱容积与容器面积之比为 0.12 加仑/平方英尺。法院认定，该发明的整体比例为 0.12，其固有特性是，无论该设备中是否存在其他变量，所述设备都能最大限度地提高处理能力。现有技术没有认识到处理能力是水箱容积与容器面积之比的函数，因此在现有技术中没有认识到优化的参数是结果有效变量）。参见 *In re Papesch*，315 F. 2d 381，391，137 USPQ 43，51（CCPA 1963）（"从专利法的观点来看，一种化合物及其所有的性质是不可分割的"）。

不能基于作出发明时还未知的内容来预言显而易见性，即便是随后确定了某一特征的本质属性也不行。参见 *In re Rijckaert*，9 F. 3d 1531，28 USPQ2d 1955（Fed. Cir. 1993）。基于本质特征的拒绝意见的规定见 MPEP § 2112。

VI. 必须全面考虑现有技术，包括与权利要求教导相悖的公开内容

必须完整考虑现有技术对比文件，即作为一个整体，包括将导致远离请求保护的发明的部分。参见 *W. L. Gore & Assoc.，Inc. v. Garlock，Inc.*，721 F. 2d 1540，220 USPQ 303（Fed. Cir. 1983），拒发调卷令，469 U.S. 851（1984）（权利要求涉及一种生产多

孔制品的方法，通过将所述聚四氟乙烯（PTFE）以每秒10%的速度拉伸至原始长度的5倍以上，从而使成形的、未烧结的、高度结晶的聚四氟乙烯（PTFE）膨胀。关于未烧结聚四氟乙烯的现有技术教导表明，该材料不适合传统塑料加工，材料应缓慢拉伸。一篇对比文件教导快速拉伸结晶度降低的常规塑料聚丙烯，另一篇对比文件教导拉伸的未烧结聚四氟乙烯，这两篇文献相结合也不会建议快速拉伸高结晶的PTFE，因为本领域公开内容的教导远离本发明，即传统的塑性聚丙烯在拉伸前结晶度应有所降低，并且聚四氟乙烯应缓慢拉伸）。参见 *Allied Erecting v. Genesis Attachments*，825 F. 3d 1373，1381，119 USPQ2d 1132，1138（Fed. Cir. 2016）（"虽然对可移动叶片的改进可能会阻碍由Caterpillar所公开的快速更改功能，'但给定的操作过程通常同时具有优势和劣势，这并不一定会排除结合的动机。'"（援引 *Medichem, S. A. v. Rolabo, S. L.*，437 F. 3d 1157，1165，77 USPQ2d 1865，1870（Fed Cir. 2006）（引用省略）））。

然而，"现有技术仅仅公开一个以上的替代方案，并不构成教导背离任一此类替代方案，因为这种公开不会批判、怀疑或阻止所要求保护的解决方案"。参见 *In re Fulton*，391 F. 3d 1195，1201，73 USPQ2d 1141，1146（Fed. Cir. 2004）；还可参见MPEP § 2123。

2141.03 所属技术领域的普通技术水平（2012.08 修订）

编者按：MPEP的这部分内容适用于符合AIA发明人先申请制（FITF）规定的申请，除非请求保护的发明的相关日期以"有效申请日"取代"发明日"，后者只适用于符合pre–AIA 35 U. S. C. 102的申请。参见35 U. S. C. 100（定义）和MPEP § 2150及其下属章节。

I. 决定普通技术水平需要考虑的因素

本领域普通技术人员是一个假定的人，假设他在发明时已经知道相关技术。在确定本领域普通技术水平时可考虑的因素包括：（A）"本领域遇到的问题类型"；（B）"这些问题的现有技术解决方案"；（C）"进行创新的速度"；（D）"技术的复杂性"；（E）"本领域现行工作人员的教育水平"。在特定的案例中，这些因素不一定都同时存在，一个或多个因素可能占主导地位。参见 *In re GPAC*，57 F. 3d 1573，1579，35 USPQ2d 1116，1121（Fed. Cir. 1995）；*Custom Accessories, Inc. v. Jeffrey–Allan Indus., Inc.*，807 F. 2d 955，962，1 USPQ2d 1196，1201（Fed. Cir. 1986）；*Environmental Designs, Ltd. v. Union Oil Co.*，713 F. 2d 693，696，218 USPQ 865，868（Fed. Cir. 1983）。

"本领域普通技术人员，也是一个具有普通创造力的人，而不是机器人。"参见 *KSR Int'l Co. v. Teleflex Inc.*，550 U. S. 398，421，82 USPQ2d 1385，1397（2007）。"在很多情况下，本领域普通技术人员能把多项专利的教导像拼图一样拼在一起"（*Id.* at 420，82 USPQ2d 1397）。审查员也可考虑"本领域技术人员将会采用的推理和创造性措施"（*Id.* at 418，82 USPQ2d at 1396）。

"假定的请求保护主题'所属领域的普通技术人员',必然具有对适用于该领域的科学和工程原理的理解能力。"参见 *Ex parte Hiyamizu*, 10 USPQ2d 1393, 1394 (Bd. Pat. App. & Inter. 1988)(委员会不同意审查员对所属领域普通技术人员的定义(在半导体研究或开发方面每周至少工作40时的博士级工程师或科学家),认定假定的人不能通过证书来定义,并且申请中的证据不能支持这样的结论,即这样的人需要科学或工程方面的博士学位或者相当的知识)。

晚于请求保护的发明日期而不符合现有技术条件的对比文件,可以用来显示在发明时或发明前后该技术的普通技术水平。参见 *Ex parte Erlich*, 22 USPQ 1463 (Bd. Pat. App. & Inter. 1992)。此外,由于没有得到广泛传播而不能作为现有技术使用的文献,可以用来证明该领域的普通技术水平。例如,该文献可能关系到确定"结合的动机,而这种动机是隐含在本领域普通技术人员的知识中的"。参见 *Nat'l Steel Car, Ltd. v. Can. Pac. Ry., Ltd.*, 357 F.3d 1319, 1338, 69 USPQ2d 1641, 1656 (Fed. Cir. 2004)(认为工程师绘制的非现有技术的图纸,可以"……用于证明一种隐含在本领域普通技术人员的知识中的结合动机")。

II. 当现有技术本身反映了相称的水平,则没有必要详细说明特定的技术水平

如果与本领域技术水平有关的唯一记录的事实,被认定落在记录的现有技术档案范围内,则法院认为发明是显而易见的,无须再对特定技术水平具体认定,而现有技术本身就反映了相称的水平。参见 *Chore - Time Equipment, Inc. v. Cumberland Corp.*, 713 F.2d 774, 218 USPQ 673 (Fed. Cir. 1983)。还可参见 *Okajima v. Bourdeau*, 261 F.3d 1350, 1355, 59 USPQ2d 1795, 1797 (Fed. Cir. 2001)。

III. 确定普通技术水平是保持客观性的必要条件

"解决本领域普通技术水平的重要意义在于在显而易见性的调查中有必要保持客观。"参见 *Ryko Mfg. Co. v. Nu - Star, Inc.*, 950 F.2d 714, 718, 21 USPQ2d 1053, 1057 (Fed. Cir. 1991)。审查员必须确定对本领域普通技术人员来说在作出发明时什么是显而易见的,而不是对发明者、法官、外行、无关领域的技术人员或本领域的天才来说是显而易见的。参见 *Environmental Designs, Ltd. v. Union Oil Co.*, 713 F.2d 693, 218 US-PQ 865 (Fed. Cir. 1983),拒发调卷令,464 U.S. 1043 (1984)。

2142 初步证明显而易见性的法律概念(2015.07 修订)

初步证明显而易见性的法律概念是一种适用于所有领域的审查程序工具。在审查过程的每一步中分配了谁将负有举证责任。参见 *In re Rinehart*, 531 F.2d 1048, 189 USPQ 143 (CCPA 1976);*In re Lintner*, 458 F.2d 1013, 173 USPQ 560 (CCPA 1972);*In re Saunders*, 444 F.2d 599, 170 USPQ 213 (CCPA 1971);*In re Tiffin*, 443 F.2d 394,

170 USPQ 88（CCPA 1971），经修订的，448 F. 2d 791，171 USPQ 294（CCPA 1971）；*In re Warner*，379 F. 2d 1011，154 USPQ 173（CCPA 1967），拒发调卷令，389 U. S. 1057（1968）。审查员负有在事实上支持任何显而易见性初证结论的初始责任。如果审查员不能提供初证事实，申请人没有义务提交辅助证据以证明非显而易见性。但是，如果审查员确实提供了初证事实，则通过提交证据或争辩将案件向前推进的责任就转移到申请人身上，申请人可以提交非显而易见性的额外证据，如对比试验数据，表明请求保护的发明具有现有技术预料不到的改进性能。在驳回后是否决定提交证据，将受到紧凑审查目标的影响，因为紧凑审查鼓励尽早提交此类证据。还应注意的是，在驳回后提交的证据可能不被列入审查档案。因此，在现有技术已被证明能使请求保护的发明变得显而易见之前，对证明显而易见性的初始评估，可使审查员和申请人均免于评估现有技术之外的证据和申请时在说明书中的证据。

为了根据35 U. S. C. 103作出正确的决定，审查员必须回到发明尚未被人知晓并且就在其被作出来之前，还要穿上假想的"本领域普通技术人员"的鞋子。在考虑所有的事实信息之后，审查员必须决定请求保护的发明"作为一个整体"在发明被作出来之前时对那个假想的人来说是否是显而易见的。在作出这个决定的过程中，必须把申请公开的内容放在一边，同时还要记在脑海里，以便确定"区别"，进行检索和将本发明的"主题作为一个整体"进行评估。由于审查过程本身的性质，往往很难避免基于申请的公开而产生"事后诸葛亮"的倾向。但是，这种不可接受的后见之明是必须避免的，必须根据从现有技术中收集到的事实作出法律结论。

建立显而易见性的初证事实

基于35 U. S. C. 103作出的任何拒绝意见的关键是清楚地阐明请求保护的发明为什么会是显而易见的原因。在 *KSR Int'l Co. v. Teleflex Inc.* ，550 U. S. 538，418，82 US-PQ2d 1385，1396（2007）案中，最高法院指出，用于支持35 U. S. C. 103拒绝意见的分析应当明确。联邦巡回上诉法院表示，"对显而易见性的拒绝意见不能仅仅依靠结论性陈述来维持；相反，必须有一些合理的基础的清晰的推理来支持显而易见的法律结论"。参见 *In re Kahn*，441 F. 3d 977，988，78 USPQ2d 1329，1336（Fed. Cir. 2006）；*KSR*，550 U. S. at 418，82 USPQ2d at 1396（引用经批准的联邦巡回声明）。

确实，"对显而易见性的判断取决于每个案件的事实"。参见 *Sanofi – Synthelabo v. Apotex*，*Inc.*，550 F. 3d 1075，1089，89 USPQ2d 1370，1379（Fed. Cir. 2008）（援引 *Graham*，383 U. S. at 17 – 18，148 USPQ 459，467（1966））。如果审查员认为根据35 U. S. C. 103有事实支持来拒绝请求保护的发明，那么审查员必须考虑任何支持该请求保护发明的可专利性的证据，如说明书中的任何证据或申请人提交的任何其他证据。可专利性的最终决定是基于整个审查档案，通过证据优势，并适当考虑所有争辩和辅助证据的说服力。参见 *In re Oetiker*，977 F. 2d 1443，24 USPQ2d 1443（Fed. Cir. 1992）。"证据优势"的法律标准要求证据比与之相反的证据更具有说服力。关于基于35 U. S. C. 103的拒绝意见，审查员必须提供证据，其作为一个整体证明待证的法律决定（即对比文件的教导形成了显而易见性的初证事实）具有更高的盖然性。

当申请人提交证据时，无论证据是在最初提交的说明书中，还是在拒绝意见的答复中，审查员必须重新考虑要求保护发明的可专利性。确定是否具有可专利性，必须综合考虑所有证据，包括审查员提供的证据和申请人提交的证据。在面对所有证据时作出或维持拒绝的决定时，必须表明它是根据所有证据作出的。反驳证据所建立的事实必须与得出显而易见性结论的事实一起评价，而不是反对结论本身。参见 In re Eli Lilly & Co., 902 F. 2d 943, 14 USPQ2d 1741（Fed. Cir. 1990）。

参见 In re Piasecki, 745 F. 2d 1468, 223 USPQ 785（Fed. Cir. 1984），讨论审查员的初证事实和申请人的反驳证据在最终判定显而易见性时的适当作用。参见 MPEP § 706.02（j），讨论基于 35 U. S. C. 103 规定下的作出拒绝意见的适当内容。

2143 显而易见性的初证事实的基本要求实例（2017.08 修订）

编者按：MPEP 的这部分内容适用于符合 AIA 发明人先申请制（FITF）规定的申请，除非请求保护的发明的相关日期以"有效申请日"取代"发明日"，后者只适用于符合 pre – AIA 35 U. S. C. 102 的申请。参见 35 U. S. C. 100（定义）和 MPEP §2150 及其下属章节。

最高法院在 KSR Int'l Co. v. Teleflex Inc., 550 U. S. 398, 415 – 421, 82 USPQ2d 1385, 1395 – 97（2007）案中确定了若干理由来支持显而易见性的结论，这些理由符合 Graham 案中提出的确定显而易见性的适当"功能方法"。支持 35 U. S. C. 103 拒绝意见的关键是清楚地阐明请求保护的发明显而易见的原因。在 KSR 案中，最高法院指出，支持 35 U. S. C. 103 拒绝意见的分析应当明确。在 Ball Aerosol v. Ltd. Brands, 555 F. 3d 984, 89 USPQ2d 1870（Fed. Cir. 2009）案中，联邦巡回上诉法院对是否需要进行明确的分析提供了额外的指示。该法院解释说，最高法院对明确分析的要求不需要在现有技术中对结合动机的明确教导有记录证据。

"'应当使其清楚'的分析不是指现有技术中对结合动机的教导，而是指法院的分析……基于最高法院提出的灵活调查，地区法院因此犯了错误，没有考虑到发明者将采用的'推理和创造性措施'，甚至未考虑发明者能使用的常规步骤，也没有认定将现有技术中的关联部分结合起来的动机。"参见 Ball Aerosol, 555 F. 3d at 993, 89 USPQ2d at 1877。

联邦巡回上诉法院对 Ball Aerosol 案的指令是针对下级法院的，但也适用于审查员。当提出拒绝意见时，审查员应继续按照 MPEP §2141 和 §2143 中所进行的适当的事实认定，提供合理的解释，说明为什么请求保护的发明在发明时对本领域普通技术人员来说是显而易见的。即使在审查员可能适当地依赖诸如公知常识和常规创造等无形事实的情况下，仍然要求保留这种解释。

Ⅰ．示例性理由

可支持显而易见性结论的示例性理由包括：

（A）根据已知方法结合现有技术要素以产生可预测的结果；

（B）简单地用已知要素替代另一种要素，以取得可预测的结果；

（C）利用已知技术以同样方式改进类似的设备（方法或产品）；

（D）将已知技术应用于准备改进的已知设备（方法或产品），以产生可预测的结果；

（E）"明显可以尝试"——从数量有限的确定的、可预测的解决办案中进行选择，并能合理地预期其成功；

（F）基于设计动机或其他市场因素，在一个领域中的已知工作可以促使对其作出改变，以用于相同的领域或不同的领域，前提是这种改变对于本领域普通技术人员来说是可预测的；

（G）现有技术中的一些教导、启示或动机，会导致本领域普通技术人员改造现有技术对比文件，或将现有技术对比文件的教导结合起来，从而实现请求保护的发明。

注意，所提供的理由列表并不包含所有可能的理由。审查员可以依靠其他理由来支持显而易见性的结论，所采用的任何理由必须在事实认定与显而易见性的法律结论之间提供联系。

对于审查员来说，重要的是要认识到，当他们选择使用最高法院在 *KSR* 案中的建议并用其中讨论的理由之一来形成显而易见性的拒绝意见时，他们应遵守关于必要事实认定的指导。专利局政策仍然是，需要适当的事实调查结果，以便合理地应用列举的理由。

下面的小节包括对每个理由的讨论，并举例说明如何使用所引用的理由来支持显而易见性的认定。一些示例使用 *KSR* 案件之前的事实来说明法院在 *KSR* 案中提出的原理如何用来支持显而易见性的结论。所引用的案件（事实来源于这些案例）可能并不必然代表这样的见解，即特定的理论是法院认定显而易见性的基础，但它们确实说明了过去的决定与 *KSR* 案中所展示的推理思路的一致性。其他的示例是 *KSR* 案之后的判决，显示了联邦巡回上诉法院如何应用 *KSR* 案原则，包括阐述显而易见性和非显而易见性的认定。注意，在某些情况下，在不同的小节中应使用一个案例说明使用多个理由支持显而易见性的认定。通常的情况是，一旦 *Graham* 案得到圆满解决，可通过不止一条推理思路来支持显而易见性的结论。

A. 根据已知的方法结合现有技术要素以产生可预测的结果

基于这一理由拒绝权利要求，审查员必须进行 *Graham* 案的事实调查。然后，审查员必须清楚地说明下列事项：

（1）认定现有技术包括请求保护的每个要素，尽管不一定在单篇现有技术对比文件中，请求保护的发明和现有技术之间的唯一区别是在单篇现有技术对比文件中缺少了要素的实际组合；

（2）认定本领域普通技术人员能够通过已知方法组合所要求保护的要素，并且在组合中，每个要素仅执行与其单独执行的功能相同的功能；

（3）认定本领域普通技术人员会认识到组合的结果是可预测的；和

（4）鉴于在审案件的事实，基于 Graham 案事实调查的任何额外认定是必要的，以便解释一项显而易见性的结论。

用于支持权利要求能够显而易见的这一结论的理由是，所有请求保护的要素在现有技术中是已知的，并且本领域的技术人员可以通过已知的方法组合请求保护的要素而不改变它们各自的功能，并且该组合对于本领域的普通技术人员来说不会产生预料不到的结果。参见 KSR, 550 U.S. at 416, 82 USPQ2d at 1395；Sakraida v. AG Pro, Inc., 425 U.S. 273, 282, 189 USPQ 449, 453（1976）；Anderson's – Black Rock, Inc. v. Pavement Salvage Co., 396 U.S. 57, 62 – 63, 163 USPQ 673, 675（1969）；Great Atl. & P. Tea Co. v. Supermarket Equip. Corp., 340 U.S. 147, 152, 87 USPQ 303, 306（1950）。"重要的是，要确定促使相关领域的普通技术人员以请求保护的新发明的方式组合这些要素的原因。"参见 KSR, 550 U.S. at 418, 82 USPQ2d at 1396。如果这些认定中有任何一个不能得出，那么这种理由就不能用来支持权利要求相对于本领域普通技术人员来说是显而易见的结论。

例1：

在 Anderson's – Black Rock, Inc. v. Pavement Salvage Co., 396 U.S. 57, 163 USPQ 673（1969）中，请求保护的发明是一种铺路机，它将几个众所周知的元件组合到一个底盘上。标准的现有技术铺路机通常将沥青铺展和成型的设备组合到一个底盘上。该专利的权利要求包括一个众所周知的元件，即安装在铺路机一侧的辐射加热燃烧器，其目的是在连续铺设带材时防止冷接缝。现有技术使用辐射热软化沥青来做修补，但没有使用辐射热燃烧器来实现连续的带状铺设。所有的组成部分在现有技术中都是已知的。唯一的区别是将"旧元件"通过安装在一个底盘上组合成单个设备。法院发现，加热器的操作完全不依赖于其他设备的运行，也可以将单独的加热器与标准铺路机一起使用，以达到同样的效果。法院的结论是，"尽管将燃烧器和一台机器中的其他元件放在一个机器中可能非常方便，但是这种方便性，没有产生新的或'不同功能'"，对本领域普通技术人员来说将旧元件组合使用是显而易见的（Id. at 60, 163 USPQ, at 674）。

注意，如果结果对本领域技术人员来说是不可预期的内容，那么结合已知的现有技术要素并不足以使请求保护的发明是显而易见的。参见 United States v. Adams, 383 U.S. 39, 51 – 52, 148 USPQ 479, 483 – 84（1966）。在 Adams 案中，请求保护的发明是一种电池，它有一个镁电极和一个氯化亚铜电极，可以干燥储存，并通过添加白水或盐水激活。虽然镁和氯化亚铜分别是已知的电池成分，但法院的结论是，要求保护的电池并不是显而易见的。法院表示，"[尽管]事实上，Adams 案电池的每个要素是众所周知的现有技术，但是要如 Adams 案所要求的那样组合它们，就要求本领域技术人员必须忽略"与现有技术相背的教导，即这种电池是不切实际的，并且只有在与对镁电极有害的电解质结合时水活化电池才能成功（Id. at 42 - 43，50 - 52，148 USPQ at 480，483）。当现有技术的教导不结合某些已知的要素，那么发现成功地结合这些要素的装置就更有可能是非显而易见的。参见 KSR, 550 U. S. at 416, 82 USPQ2d at 1395。

例2：

在 Ruiz v. A. B. Chance Co. , 357 F. 3d 1270, 69 USPQ2d 1686（Fed. Cir. 2004）中请求保护的发明涉及一种系统，该系统使用一个螺旋锚来支撑现有基础，并使用金属支架将建筑荷载转移到螺旋锚上。现有技术（Fuller）使用螺旋锚来支撑现有的结构基础。Fuller 用混凝土板托把基础的荷载转移到螺旋锚上。现有技术（Gregory）使用推墩来支撑现有的结构基础。Gregory 教导了一种使用支架转移荷载的方法，具体来说就是：一个金属支架将基础荷载转移到推墩上。墩被打入地下以支撑荷载。两篇对比文件都没有示出所述发明的两个要素——螺旋锚和金属支架——可一起使用。法院裁定，"本领域人员知道，基础支撑系统需要一种将基础连接到承重构件的方法"（Id. at 1276, 69 USPQ2d at 1691）。

待解决问题的本质——支撑不稳定的基础——以及将构件连接到基础以实现该目标的需要，将引导本领域的普通技术人员选择合适的承载构件和相配的连接件。因此，使用金属支架（如 Gregory 所示）结合螺旋锚（如 Fuller 所示）来支撑不稳定的地基是显而易见的。

例3：

在 In re Omeprazole Patent Litigation, 536 F. 3d 1361, 87 USPQ2d 1865（Fed. Cir. 2008）案中，面对结合现有技术要素的争辩，有争议的权利要求被认定为是非显而易见的。本发明涉及将肠溶包衣涂于药片形式的药物上，以确保药物在到达预定的作用位点之前不会分解。有争议的药物是奥美拉唑（omeprazole），这是胃酸抑制剂的通用名称，市场上称为 Prilosec®。请求保护的配方包括在活性成分上的两层包衣。

地区法院认定在诉讼中被告 Apotex 和 Impax 侵犯了 Astra 的专利。地区法院拒绝了 Apotex 称这些专利因为显而易见而无效的争辩意见。Apotex 认为，请求保护的发明是显而易见的，因为包衣奥美拉唑片剂是现有技术对比文件中已知的，并且药物制剂中的亚层子包衣通常也是已知的。没有证据表明在奥美拉唑上使用两种不同的肠溶包衣是不可预测的。然而，Astra 在现有技术包衣和奥美拉唑之间施加中间子包衣的原因是，现有技术包衣实际上与奥美拉唑相互作用，从而导致活性成分发生不希望的降解。奥美拉唑与现有技术包衣相互作用的这种降解尚未在现有技术中得到确认。因此，地区法院根据已有证据推论，本领域普通技术人员没有理由在奥美拉唑丸剂配方中包含一种子包衣。

联邦巡回上诉法院认可了地区法院的判决，即请求保护的发明并不是显而易见的。尽管用于肠溶药物制剂的子包衣是已知的，并且没有证据表明存在不适当的技术障碍或缺乏对成功的合理期望，但是该制剂仍然不是显而易见的，因为导致修改现有技术制剂中的缺陷尚未被认识到。因此就没有理由修改初始配方，即使可以进行修改。此外，本领域技术人员可能会选择一个不同的改变，即使他们已经认识到问题。

审查员应该注意，在本案中，作为显而易见性争辩意见提出的对现有技术的改造是一个额外的工艺步骤，为已知的成功市场化的配方增加了额外的组成。因此，拟议的改进方案毫无理由地增加了额外工作和更大的开支。这与将已知的现有技术要素A和B组合在一起并不相同，因为这两种要素本来就会被预期为最终产品贡献自己的已知特性。在奥美拉唑案中，考虑到本领域普通技术人员的预期，添加子包衣不会被预期给最终产品带来任何特定的期望性能。相反，根据建议的改进方案获得的最终产品只会被预期具有与现有技术产品相同的功能特性。

也可以从专利权人发现了一个以前未知的问题的角度，对奥美拉唑案进行分析。如果已经知道活性剂和涂层之间存在不利的相互作用，那么使用子包衣就很可能是显而易见的了。但是，由于以前不知道这个问题，所以没有理由花费额外的时间和费用来增加另一涂层，即使在技术上是可能的。这是正确的，因为审查档案中的现有技术没有提到任何稳定性问题，尽管在庭审期间的证词中承认，存在已知的理论原因，即奥美拉唑在已知包衣材料存在下可能会发生降解。

例4：

在 *Crocs, Inc. v. U. S. Int'l Trade Comm'n*, 598 F. 3d 1294, 93 USPQ 1777（Fed. Cir. 2010）案中，联邦巡回上诉法院判定，根据现有技术对比文件的组合，请求保护的泡沫鞋并不是显而易见的。

显而易见性争议涉及的权利要求来自 *Crocs' U. S. Patent* No. 6, 993, 858（以下简称，'858专利——译者注），涉及一种鞋子，其顶部（鞋面）和鞋底由一块模制的泡沫基底部分制成。一根同样由泡沫制成的带子被连接至鞋面的脚部开口上，这样带子就可以支撑穿鞋者脚的跟腱部分。绑带通过连接件连接，连接件允许绑带与基底部分接触，并相对于基座部分转动。由于底座和带子都是由泡沫材料制成的，带子和底座之间的摩擦使带子在旋转后能够保持其位置。换句话说，泡沫带不会在重力的作用下掉落到基底脚跟附近的位置。

国际贸易委员会（ITC）认定，权利要求相对于两项现有技术的组合是显而易见的。第一项现有技术是Aqua Clog，这是一种鞋，与'858专利鞋的底部相对应。第二项是Aguerre专利，该专利教导由弹性材料或其他柔性材料制成的鞋跟带。ITC认为，请求保护的发明是显而易见的，因为现有技术Aqua Clog与请求保护的发明的区别仅在带子的存在，并且Aguerre教导了合适的带子。

联邦巡回上诉法院不同意上述认定。联邦巡回上诉法院表示，现有技术未教导泡沫鞋跟带，或者泡沫鞋跟带应该与泡沫基底接触，还指出，现有技术实际上建议不要使用泡沫作为鞋跟带的材料。

审查档案表明，现有技术实际上阻止和教导远离使用泡沫带。该领域的普通技术人员不会在Aqua Clog的泡沫上添加泡沫带，因为泡沫除了给佩戴者带来不适之外，还可能会拉伸变形。现有技术将泡沫塑料描述为不适合条带。

参见 *Id.* at 1309, 93 USPQ2d at 1787 - 88。

联邦巡回上诉法院继续指出，即使与事实相反，请求保护的发明是现有技术中已知要素的组合，权利要求仍然是非显而易见的。审查档案中有证词表明，与现有技术的鞋相比，鞋跟带的宽松配合对穿鞋者来说更舒适，而现有技术中的鞋中，脚跟带是不断与穿鞋者的脚接触的。在请求保护的这款鞋中，泡沫鞋跟带只有在需要帮助脚正确放回到鞋中时才会与穿着者的脚接触，从而减少由于持续接触而引起的穿着者的不适。由于基底部分和带之间的摩擦将带子保持在穿着者脚跟腱部分后面的适当位置，因此带来了这一突出的特性。联邦巡回上诉法院指出，这种结合"产生了不可预测的结果"（Id. at 1310, 93 USPQ2d at 1788）。Aguerre 专利中已教导，基底和带子之间的摩擦是一个问题，而不是优点，并建议使用尼龙垫圈来减少摩擦。因此，联邦巡回上诉法院称，即使请求保护的发明的所有要素都是由现有技术教导的，权利要求也不是显而易见的，因为组合产生了超出可预期的结果。

联邦巡回上诉法院在 Crocs 案中的讨论提醒审查员，仅仅指出现有技术中存在要求保护的要素并不是显而易见性拒绝意见的完整陈述。根据 MPEP § 2143 第 I. A. (3) 小节，以请求保护的发明是现有技术要素的组合这一理由作出的正确拒绝意见，还要认定由该组合产生的结果对于本领域普通技术人员来说是可预测的。参见 MPEP § 2143 第 I. A. (3) 小节。如果结果无法预期，审查员不应使用现有技术要素组合的理由作出显而易见性的拒绝意见，如果已经作出拒绝，则应撤回此类拒绝意见。

例 5：

Sundance, Inc. v. DeMonte Fabricating Ltd., 550 F. 3d 1356, 89 USPQ2d 1535（Fed. Cir. 2008），涉及用于卡车、泳池或其他结构的分段机械化的盖子。权利要求相对于所采用的现有技术是显而易见的。

第一篇现有技术对比文件教导了制造分段盖的原因是易于修理，因为单个损坏的分段可在必要时容易移除和更换。第二篇现有技术对比文件教导了机械化盖子易于打开的优点。联邦巡回上诉法院注意到，第一篇对比文件的分段方面和第二篇对比文件的机械化功能在组合之后以之前相同的方式执行。联邦巡回上诉法院还观察到，本领域普通技术人员将会预期，将如第一篇对比文件所教导的可更换分段盖加到另一篇文献教导的机械化盖上，将会得到保持两种现有技术盖的优点的盖子。

因此，Sundance 案指出，基于已知现有技术要素结合作出的显而易见性拒绝意见是否适当的一个标志是，本领域普通技术人员将会合理地预期这些要素在组合后仍保持各自的属性或功能。

例 6：

在 Ecolab, Inc. v. FMC Corp., 569 F. 3d 1335, 91 USPQ2d 1225（Fed Cir. 2009）案中，"结合的明显原因"及追求优化的技术能力，共同导致请求保护的发明将是显而易见的结论。

争议的发明涉及一种通过在特定条件下向肉类喷洒抗菌溶液来处理肉类以减少病原体发生的方法。除了"至少 50 磅"的压强的限定之外，双方均认为，单篇现有技术对比文件已教导了所述发明的所有要素。

FMC 在地区法院争辩：鉴于上述的第一篇现有技术对比文件及第二篇对比文件，

请求保护的发明将是显而易见的，其中第二篇对比文件教导了在 20 到 150 磅的压强下使用不同的抗菌剂喷雾处理肉类的优点。地区法院不认为 FMC 的论点有说服力，并拒绝作出权利要求是显而易见的法律判决。

联邦巡回上诉法院不同意地区法院的观点，称"显然有理由将这些已知的要素结合起来——增加（抗菌溶液）与肉类表面细菌的接触，并利用压力将更多的细菌从肉类表面冲洗掉"（*Id.* at 1350，91 USPQ2d at 1234）。联邦巡回上诉法院解释说，由于第二篇对比文件教导"使用高压来提高抗菌溶液喷洒到肉类上的有效性，并且因为普通技术人员会认识到使用高压（要求保护的抗微生物溶液）的原因，并知道如何使用高压，因此 Ecolab 的权利要求将高压与 FMC 专利中公开的其他限定相结合是显而易见的而无效"（出处同上）。

当考虑到显而易见的问题，审查员应该记住本领域普通技术人员的能力。在 *Ecolab* 案中，联邦巡回上诉法院声明：

Ecolab 案的专家承认本领域技术人员知道如何调整申请参数，以确定特定解决方案的最佳参数。接下来的问题是，将 Bender 专利中公开的高压参数与 FMC 的 676 专利中公开的 PAA 方法结合起来是否会显而易见。答案是肯定的（出处同上）。

如果申请参数的优化不属于本领域普通技术水平，*Ecolab* 案例的结果很可能有所不同。

例 7：

在 *Wyers v. Master Lock Co.*，616 F. 3d 1231，95 USPQ2d 1525（Fed. Cir. 2010）案中，联邦巡回上诉法院认为，请求保护的用于将拖车固定到车辆上的杠铃形悬挂销锁是显而易见的。

法院讨论了 *Wyers* 案中两套不同的权利要求，都是对现有技术的悬挂销锁的改进。第一个改进是一个可拆卸的套筒，它可以放置在悬挂销锁的柄上，这样同样的锁就可以用于不同尺寸的拖曳孔。第二项改进是采用外来法兰来密封该销锁，以保护内部锁定机构免受污染。Wyers 承认，除了可拆卸的套筒和外部覆盖物外，每一篇现有技术对比文件教导了要求保护发明的每一个部件。Master Lock 认为，相对于这些对比文件与教导缺少部件的附加对比文件的结合，权利要求能够显而易见。法院首先处理了 Master Lock 所运用的附加对比文件是否属于类似现有技术的问题。关于教导套筒改进的对比文件，法院的结论是，它是专门用于使用车辆拖挂拖车的，因此与 Wyers 的套筒改进处于相同的所属领域。教导密封改进的对比文件涉及挂锁而不是拖拽悬挂锁。法院也注意到，Wyers 的说明书将请求保护的发明描述为在锁的装置领域，这至少表明上述对比文件的密封挂锁与该发明是同一所属领域。然而，法院也注意到，即使密封的挂锁不在同一所属领域，不过它们与用于拖拽挂接部件锁定机构避免受到污染的问题存在合理相关性。法院解释，最高法院在 *KSR* 案的裁决"指导［它］广泛地解释类似领域的范围"（*Id.* at 1238，95 USPQ2d at 1530）。由于这些原因，法院发现 Master Lock 所声称的对比文件是类似的现有技术，因此与显而易见性的调查有关。

然后，法院转向该问题：是否如 Master Lock 所辩称的那样有足够的动机将现有技术要素结合起来。法院回顾了 Graham 案的调查，并强调了 KSR 之后对显而易见性采取的"广泛而灵活"的方法，这种方法不能"否定事实调查者诉诸常识"（Id. at 1238, 95 USPQ2d at 1530 – 31）（援引 KSR, 550 U. S. at 415, 421, 82 USPQ2d at 1395, 1397）。

法院指出：KSR 案和我们后来的案例证明，对显而易见性的法律认定可能包括诉诸逻辑、判断和公知常识，而不是专家证词……因此，在适当的情况下，关于将对比文件结合的动机是否存在的最终推断可以归结为一个"公知常识"问题，这个问题适用于对简易审判❶或 JMOL❷ 判决的解决。

（Id. at 1240, 82 USPQ2d at 1531）（援引 Perfect Web Techs., Inc. v. InfoUSA, Inc., 587 F. 3d 1324, 1330, 92 USPQ2d, 1849, 1854（Fed. Cir. 2009）; Ball Aerosol, 555 F. 3d at 993, 89 USPQ2d 1870, 1875（Fed. Cir. 2009））。

在回顾了这些原则之后，法院接着解释为什么在这个案件中确立了充分的结合动机。关于套筒的改进，指出对不同尺寸悬挂锁的需求在本领域中是众所周知的，并且由于这种已知需求带给用户方便和花销。法院还提到了这个问题的市场方面，指出商店货架上的空间非常宝贵，可拆卸的套筒解决了这个经济问题。关于密封的改进，法院指出，内部和外部密封都是众所周知的保护锁免受污染的方法。法院的结论是，各构成要素是按照其已知的功能来使用的，并且可以预期按照 Master Lock 建议的结合使用时，将保留各自的功能。法院援引 In re O'Farrell, 853 F. 2d 894, 904（Fed. Cir. 1988）来支持其观点，认为对于正确确定显而易见性，需要对成功有合理的预期。

审查员应该注意到，虽然联邦巡回上诉法院援引公知常识的概念来支持显而易见性的结论，但其解释并没有就此结束。相反，法院解释了为什么本领域普通技术人员在发明之时，鉴于与案件相关的事实，会认定所请求保护的发明是显而易见的。支持 35 U. S. C. 103 拒绝意见的关键是清楚地阐明为什么所请求保护的发明是显而易见的。在 KSR 案中，最高法院指出，支持 35 U. S. C. 103 拒绝意见的分析应当明确。法院援引 In re Kahn, 441 F. 3d 977, 988, 78 USPQ2d 1329, 1336（Fed. Cir. 2006）指出"对显而易见性的拒绝不能仅仅依靠结论性陈述来维持；相反，必须有一些合理基础的清晰推理来支持显而易见性的法律结论"。参见 MPEP § 2141 第Ⅲ节。审查员应该继续为每一个显而易见性的拒绝意见提供合理的解释。

例 8：

DePuy Spine, Inc. v. Medtronic Sofamor Danek, Inc., 567 F. 3d 1314, 90 USPQ2d 1865（Fed. Cir. 2009）案的权利要求，涉及用于脊柱手术的多轴椎弓根螺钉，包括用于将螺钉头压在接受构件上的压缩构件。除了压缩构件之外，现有技术对比文件（Puno）公开了权利要求的所有要素。取而代之的是，Puno 文献的螺钉头与接受构件分离，以实现减震效果，允许接受构件和椎骨之间的一些运动。在另一篇现有技术对比文件

---

❶ 原文表述是 summary judgment，指当事人对案件中的主要事实不存在争议或案件仅涉及法律问题时，法院不经开庭审理而及早解决案件的一种方式。参见《元照英美法词典》summary judgment 词条。

❷ JMOL 为 judgment as a matter of law 的缩写，是指法官认为案件事实清楚不需要交付陪审团而直接作出的判决。

(Anderson)中很容易找到未被公开的压缩构件,该对比文件公开了外部骨折固定夹板,该夹板使用旋转夹钳固定长骨,所述旋转夹钳能够多轴运动直到被压缩构件牢固地固定。在审理期间,有人断言,本领域普通技术人员会认识到,将Anderson的压缩构件添加到Puno的装置中,能够实现权利要求所涵盖的刚性锁定多轴椎弓根螺钉。

联邦巡回上诉法院在进行分析时指出,在KSR案中讨论的"可预期的结果"不仅指对现有技术要素能够在物理上结合的预期,而且还指这种结合能够达到预期的目的。在本案中,提出了一个成功的争辩,认为Puno"教导远离"刚性螺钉,因为Puno警告说,刚性会增加螺钉在人体内部失效的可能性,使该装置无法达到预期的作用。事实上,对比文件不仅表达了一般倾向于椎弓根螺钉有"减震器"效应,而且表达了对失败的担忧,并指出:减振器的特征"降低了骨—钉界面的螺钉的失败几率",因为"这阻止了将负载从杆直接转移到骨—钉界面"。因此,将Puno和Anderson的现有技术元素结合起来以增加螺丝硬度的所谓理由,与现有技术相悖,现有技术认为增加硬度会导致更大的故障可能性。鉴于这种和现有技术综合性的教导,联邦巡回上诉法院确定Puno的教导与权利要求所提出的结合是相悖的,使本领域普通技术人员不会如所提议的那样将对比文件相结合。联邦巡回上诉法院评估的与他人的失败和仿制复制有关的辅助性考虑因素也支持这样一种观点,即在本发明作出时,这种结合并不是显而易见的。

B. 简单地用已知要素替代另一种要素,以取得可预测的结果

如果运用这一理由来拒绝权利要求,审查员必须进行Graham案事实调查。审查员必须阐明以下内容:

(1) 认定现有技术包含一种装置(方法、产品等),与请求保护的装置不同之处在于,用另一些组件对其中的一些组件(步骤、元件等)进行替换;

(2) 认定被替换的组件及其功能在本领域中是已知的;

(3) 认定本领域普通技术人员能够用一种已知的要素替换另一种,而这种替换的结果是可以预料的;

(4) 鉴于在审案件的事实,基于Graham案事实调查的任何额外认定是必要的,以便解释显而易见性的结论。

用于支持请求保护的发明是显而易见结论的理由是,用一种已知的要素替换另一种,并且对本领域普通技术人员来说所产生的结果是可预料的。如果不能得出以上这些认定中的任何一项,那么这个理由就不能用来支持该权利要求对本领域普通技术人员来说是显而易见性的结论。

例1:

In re Fout, 675 F. 2d 297, 213 USPQ 532 (CCPA 1982) 案请求保护的发明涉及一种咖啡或茶的脱咖啡因方法。现有技术(Pagliaro)方法生产一种不含咖啡因的蔬菜材料,并将咖啡因提取到脂肪物质(如油)中。通过水萃取法,从脂肪物质中除去咖啡因。申请人(Fout)用蒸馏步骤替换了水萃取步骤。现有技术(Waterman)将咖啡悬

浮在油中，然后直接通过油蒸馏咖啡因。法院认定，"由于 Pagliaro 和 Waterman 都教导了从油中分离咖啡因的方法，所以用一种方法代替另一种方法是可以初步证明显而易见性。就取代是显而易见的结论而言，无须存在用一种等同物代替另一种等同物的明确建议"（*Id.* at 301，213 USPQ at 536）。

例 2：

In re O'Farrell，853 F. 2d 894，7 USPQ2d 1673（Fed. Cir. 1988）案请求保护的发明，涉及一种通过用异源基因取代宿主物种固有的基因，在转化的细菌宿主物种中合成蛋白质的方法。一般来说，蛋白质在体内的合成遵循从 DNA 到 mRNA 的路径。尽管现有技术 Polisky 文章（由本申请三个发明者中的两位所撰写）曾明确建议，采用所述的蛋白质合成方法，但在该文章中示例的插入的异源基因通常不是一直进行到蛋白质的生产步骤，而是到 mRNA 终止。Bahl 的第二篇对比文件描述了将化学合成的 DNA 插入质粒的一般方法。因此，对本领域普通技术人员来说，用已知基因取代现有技术的基因而引发蛋白的生产，将是显而易见的，因为本领域普通技术人员已经能够进行替换，结果是可合理预期的。

申请人争辩称，在发明作出时，分子生物学领域存在着显著的不可预期性。对此法院指出，本领域技术水平相当高，并且即使只看 Polisky 的教导，其文章中也包含了详细的培养方法，以及包括了如下启示——所作改进可成功合成蛋白质。

这种情形不属于陈述"明显可以尝试"的拒绝意见。这属于合理的成功预期。"显而易见性并不需要对成功有绝对的可预期性"（*Id.* at 903，7 USPQ2d at 1681）。

例 3：

Ruiz v. AB Chance Co.，357 F. 3d 1270，69 USPQ2d 1686（Fed. Cir. 2004）案的案情在上文第 I. A. 小节的例 2 中被阐述。

现有技术显示了不同的承重构件和将基础连接到该构件的不同部件。因此，对于本领域普通技术人员来说，用 Gregory 教导的金属支架代替 Fuller 的混凝土板托而获得传递载荷的可预测结果，是显而易见的。

例 4：

Ex parte Smith，83 USPQ2d 1509（Bd. Pat. App. & Int. 2007）案请求保护的发明，是用于装订书籍的口袋插入物，通过将基片和口袋纸黏合在一起以形成一个限定密封口袋的连续双层接缝而制成。现有技术（Wyant）公开了至少一个口袋，该口袋通过折叠单张纸并使用任何方便的黏合方法沿着内侧边缘固定折叠部分而形成。现有技术（Wyant）没有公开黏合片材以形成连续的两层接缝。现有技术（Dick）公开了一种口袋，该口袋通过沿其四个边缘中的三个边缘缝合或以其他方式固定两个薄片来形成具有沿其第四边缘具有开口的封闭口袋。

考虑到 Wyant 和 Dick 的教导，委员会"认定（1）请求保护的每个要素都在现有技术的范围和内容中；（2）本领域的普通技术人员可以在本发明作出时通过已知的方法按照所要求保护的那样结合这些要素；（3）本领域普通技术人员在本发明作出时将认识到结合的能力或功能是可预期的"。引用 KSR 案，委员会得出的结论是："因此，用 Dick 的连续两层接缝代替 Wyant 的折叠接缝只不过是用一种已知的元素简单地代替另一种已知的元素，或者仅仅是将一种已知的技术应用于一件准备改进的现有技术。"

例 5：

In re ICON Health & Fitness, Inc.，496 F. 3d 1374，83 USPQ2d 1746（Fed. Cir. 2007）请求保护的发明，涉及具有可旋转至直立存放位置的可折叠踏面基座的跑步机，包括连接踏面基座和竖直结构之间的空气弹簧，以帮助将踏面基座稳定地保持在存放位置。再审时，审查员基于以下对比文件的结合以显而易见为由拒绝了权利要求：展示了除空气弹簧之外的所有权利要求要素的折叠跑步机的广告（Damark）和具有空气弹簧的专利（Teague）文献。Teague 涉及一种能折叠成箱的床，其使用新型双动弹簧，当机械装置经过中间位置时，该双动弹簧可以产生反作用力，而不使用单动弹簧始终提供推动力使床闭合。双动弹簧在床从闭合位置打开时能够减少所需的力，同时从打开位置提起床时也能够减少所需的力。

因为 Teague 与所述申请属于不同的领域，联邦巡回上诉法院解释了结合的适当性。Teague 被认为与所述申请中解决的问题合理相关，因为折叠机构不特定用于跑步机，而是通常用来支撑这种机构的重量，提供稳定的静止位置。

法院还考虑了本领域技术人员是否会将 Damark 和 Teague 的教导相结合。上诉人认为，Teague 的教导背离了本发明，因为它引导技术人员不使用单动弹簧，因此不满足该权利要求的限定，因为双动弹簧将使本发明无法操作。联邦巡回上诉法院考虑了这些观点，发现 Teague 最多没教导使用单动弹簧来减小开启力，它实际上指示用单动弹簧提供发明人期望的结果，即增加由重力提供的开启力。至于不可操作性，该权利要求不限于单动弹簧，其范围是广泛的，包括任何有助于稳定地保持踏面基座的部件，这就是 Teague 完成的功能。另外来自 Teague 的配重机构使用大弹簧的事实（上诉人称这将会压制跑步机装置）忽略了本领域技术人员对从现有技术模仿的装置将会作出的改进。本领域技术人员将对 Teague 中的部件取适当地尺寸用于本申请。

ICON 案是理解类似技术范围的另一个有用的示例。所使用的类似技术涉及折叠床而不是跑步机的固定机构。当确定一篇对比文件是否可以恰当地应用到不同领域的一项发明时，必须考虑发明要解决的问题。对比文件当然能以这样的方式被引用，即其所教导的有用性受到严格限制。然而，ICON 案所要解决的问题并不局限于"跑步机"概念的教导。Teague 对比文件是类似的技术，是因为"Teague 和当前的申请都解决了稳定地保持折叠机构的需要"，且因为"ICON 的折叠机构不需要特别关注跑步机"（*Id.* at 1378，1380，83 USPQ2d at 1749 – 50）。

ICON 案还提供了关于要解决的问题与存在可结合原因之间的关系的信息。"事实上，虽然也许不是决定性的问题，Teague 通过解决类似的问题，对 ICON 申请提供了类似的技术，这一发现有助于大大说明两篇对比文件可结合的理由。因为基于阅读实施例，ICON 案的广义权利要求提出了 Teague 所描述过的问题，这里的现有技术表明了引入其教导的理由"（*Id.* at 1380 – 81，83 USPQ2d at 1751）。

联邦巡回上诉法院在 ICON 案中的讨论也清楚地表明，如果对比文件没有教导说结合是不可取的，那么就不能说存在相反教导。对于结合是否会使设备无法操作的评估，必须不能"忽略本领域技术人员对从现有技术模仿的设备将会作出的改进"（*Id.* at 1382, 83 USPQ2d at 1752）。

例 6：

Agrizap, Inc. v. Woodstream Corp., 520 F. 3d 1337, 86 USPQ2d 1110（Fed. Cir. 2008），涉及一种固定的虫害控制装置，用于电死鼠类和囊地鼠等，该装置设置在虫害可能出现的区域。所述装置与现有技术固定虫害控制装置的唯一区别在于所述装置采用电阻式电气开关，而现有技术装置采用机械压力开关。电阻式电气开关技术体现在两项现有技术专利中，内容涉及手持虫害控制装置和电击赶牛棒。

在确定请求保护的发明是显而易见时，联邦巡回上诉法院指出，"声称的权利要求只不过是用电阻式电气开关代替现有技术装置中使用的机械压力开关"（*Id.* at 1344, 86 USPQ2d at 1115）。在本案中，关于手持设备的现有技术表明，用作替代的电阻式电气开关的功能是众所周知和可以预期的，并且其可以用于害虫控制设备。根据联邦巡回上诉法院的意见，教导这种手持设备的对比文件表明，"利用动物的身体作为电阻开关来完成产生电荷的电路，在现有技术中已经是众所周知的了"。最后，联邦巡回上诉法院指出，在现有技术的手持设备中使用电阻式电气开关解决的问题——由于灰尘和潮湿而导致的机械开关故障——也与现有技术的固定虫害控制设备有关。

联邦巡回上诉法院认定 *Agrizap* 案是"一个教科书式的案例，其中声称的权利要求涉及根据已知方法来结合熟悉要素，并且只不过产生了可预期的结果"。*Agrizap* 案举例说明了一个基于简单替代的显而易见性的有力示例，该显而易见性结论没有被提供的非显而易见性的客观证据所驳斥。它还表明，类似的技术并不局限于申请人的所属领域，在上述对比文件中，使用动物身体作为电阻开关来完成电荷产生电路的这篇对比文件并不属于虫害控制领域。

例 7：

有争议的发明 *Muniauction, Inc. v. Thomson Corp.*, 532 F. 3d 1318, 87 USPQ2d1 350（Fed. Cir. 2008），是一种通过互联网拍卖市政债券的方法。市政当局提供一套不同本金金额和到期日的债券契据，感兴趣的买家将提交一份投标书，其中包括针对每个到期日的价格和利率。感兴趣的买家也可以对部分股票出价。请求保护的发明考虑了所有提到的参数以确定最佳报价。它在常规的网络浏览器上运行，允许参与者监控拍卖过程。

现有技术招标系统和请求保护的发明之间的唯一区别是使用了常规的网络浏览器。在审判过程中，地区法院裁定 Muniauction 的权利要求不是显而易见的。Thomson 认为，请求保护的发明相当于将一个网络浏览器整合到现有技术拍卖系统中，因此，根据 *KSR* 案看来是显而易见的。Muniauction 通过提供专家怀疑、仿制、赞扬和商业成功的证据反驳了这一论点。尽管地区法院认为非显而易见性的证据具有说服力，但联邦巡回上诉法院不同意。它指出，请求保护的发明与所提供的证据之间缺乏联系，因为这些证据与有争议的权利要求并不属于同一范围。出于这个原因，联邦巡回上诉法院裁定，Muniauction 关于辅助性考虑因素的证据并不重要。

联邦巡回上诉法院将该案与 *Leapfrog Enters., Inc. v. Fisher – Price, Inc.*, 485 F. 3d 1157, 82 *USPQ2d* 1687（Fed. Cir. 2007）案类比。*Leapfrog* 案涉及确定将现代电子技术应用于儿童机械式学习设备的显而易见性。在 *Leapfrog* 案中，法院指出，市场压力会促使本领域普通技术人员在现有技术设备中使用现代电子产品。类似地，在 *Muniauction* 案中，市场压力会促使本领域普通技术人员在拍卖市政债券的方法中使用常规的网络浏览器。

例 8：

在 *Aventis Pharma Deutschland v. Lupin Ltd.*, 499 F. 3d 1293, 84 USPQ2d 1197（Fed. Cir. 2007）案中，权利要求涉及血压药物雷米普利的单一立体化学式的 5（S）立体异构体，以及使用 5（S）雷米普利的组合物和方法。5（S）立体异构体是指在雷米普利分子中的 5 个立体中心全部都是 S 构型而不是 R 构型。现有技术已经教导过包括 5（S）雷米普利在内的多种立体异构体的混合物。法院面临的问题是，提纯的单一立体异构体相对于已知的立体异构体混合物是否会是显而易见的。

审查档案显示，已知在类似雷米普利的药物中存在的多个 S 立体中心与增强的治疗效果之间是相关的。例如，当相关药物恩纳普利中所有的立体中心均为 S 型（SSS 恩纳普利）时，与仅有两个立体中心是 S 型（SSR 恩纳普利）相比，治疗效果高出 700 倍。也有证据表明，常规的方法可以用来分离雷米普利的各种立体异构体。

地区法院将本案视为一种封闭的情形，因为在其看来，在现有技术中没有明确的动机来分离 5（S）雷米普利。然而，联邦巡回上诉法院不同意这一说法，并认定权利要求是显而易见的。联邦巡回上诉法院警告说，要求现有技术中明确陈述分离 5（S）雷米普利的动机违反了最高法院在 *KSR* 案的判决，该法院指出：

需要明确的教导来从混合物中提纯作为活性成分的 5（S）立体异构体，这正是在 *KSR* 案中受到批评的那种"教导—启示—动机（TSM）"方法的僵化应用。

同上，参见 Id. at 1301, 84 USPQ2d at 1204。*Aventis* 法院还依赖于在化学案件中已设定的原则：结构相似性可以提供改造现有技术教导的必要理由。联邦巡回上诉法院还提到：在没有明确说明现有技术动机的情况下已经陈述了足够的教导类型，并解释说根据现有技术可预期得到具有类似性质就足够了，即使没有明确说明这种化合物将具有特定用途也是可以的。

在化学领域中，涉及所谓"先导化合物"❶ 的案例构成了替换型显而易见性案例的一个重要分组。自从 *KSR* 案决定以来，联邦巡回上诉法院已经有许多机会，讨论在何种情况下改进已知的化合物而获得要求保护的化合物将是显而易见的。以下案例探讨了先导化合物的选择、提出任何改进建议的理由的必要性及结果的可预期性。

---

❶ 原文表述是 lead compounds，一般解释为具有药理属性的可以进一步研发的化合物，但在 MPEP 中依照 *Eisai* 案判例将该概念作扩大解释，自定义任何已知的化合物都可能作为先导化合物，即现有技术中的任何药物化合物。

例9：

Eisai Co. Ltd. v. Dr. Reddy's Labs., Ltd., 533 F. 3d 1353, 87 USPQ2d 1452（Fed. Cir. 2008），涉及药物化合物雷贝拉唑。雷贝拉唑是一种质子泵抑制剂，用于治疗胃溃疡和相关疾病。联邦巡回上诉法院承认了地区法院的非显而易见性的简易判决，称没有任何理由，以损害有利性质的方式改进现有技术化合物。

共同被告Teva基于雷贝拉唑和兰索拉唑的结构相似性，提出了显而易见性的论点。这些化合物被认为具有一个共同的核，联邦巡回上诉法院将兰索拉唑描述为"先导化合物"。现有技术化合物兰索拉唑的适应症与雷贝拉唑相同，区别仅在于兰索拉唑在吡啶环的4位上有一个三氟乙氧基取代基，而雷贝拉唑有一个甲氧基丙氧基取代基。兰索拉唑的三氟取代基被认为是一个有益的特征，因为它赋予了化合物亲脂性。但是没有说明本领域普通技术人员进行改进以引入甲氧基丙氧基取代基的能力，以及结果的可预期性。

尽管这两种结构有显著的相似之处，联邦巡回上诉法院并没有认定任何修改先导化合物的理由。联邦巡回上诉法院认为：

基于结构相似性的显而易见性，可以通过识别某些动机来证明，这种动机会导致本领域普通技术人员以特定的方式选择并改进一个已知的化合物（即先导化合物），从而得到请求保护的化合物……根据显而易见性调查的灵活性要求，所要求的动机来源可以来自许多，而不必是明确在该领域之中。相反，"鉴于现有技术的整体情况，新化合物将具有与旧化合物'相似的性质'，这就足以表明所要求保护的化合物和现有技术化合物具有'足够密切的关系……能形成一种预期'"（*Id.* at 1357, 87 USPQ2d at 1455）（引用省略）。

现有技术教导，已知的是引入氟化取代基会增加亲脂性，所以本领域技术人员会预期到用甲氧基丙氧基取代三氟乙氧基取代基会降低化合物的亲脂性。因此，现有技术可提供这种预期，即雷贝拉唑作为治疗胃溃疡和相关疾病的药物，将不如兰索拉唑有用，因为提出的改进将损害现有技术化合物的一种有利特性。这种化合物并不像Teva所认为的那样显而易见，因为考虑到这个案件的所有事实，在本发明作出时本领域普通技术人员没有理由改造兰索拉唑以形成雷贝拉唑。

审查员需要注意的是，在特定意见中的"先导化合物"一词具有的上下文含义，可能与制药化学家使用该术语的方式不同。在药物化学领域中，术语"先导化合物"有各种定义："具有药物或生物活性的化合物，其化学结构被用作进行化学改性的起点，以提高效力、选择性或药代动力学参数"；"具有药理属性可以进一步研发的化合物"和"在进行安全性和有效性测试的潜在药物"。参见http://en.wikipedia.org/wiki/Lead_compound，2010年1月13日访问；www.combichemistry.com/glossary_k.html，2010年1月13日访问；以及www.buildingbiotechnology.com/glossary4.php，2010年1月13日访问。

在*Eisai*案中，联邦巡回上诉法院明确表示，从显而易见性的法律角度来看，任何已知的化合物都可能作为先导化合物。"因此，基于结构相似性的显而易见性，可以通过识别某些动机来证明，这些动机会导致本领域普通技术人员以特定的方式选择并改进一个已知化合物（即先导化合物），从而获得请求保护的化合物。"参见 *Eisai*, 533 F. 3d at 1357，87 USPQ2d at 1455。审查员应该认识到，如若改变现有技术化合物以获得要求保护的化合物的原因与药物活性无关，则对请求保护的用作药物的化合物，可用非活性化合物作出适当的显而易见性拒绝意见。虽然药物化学家不会认为非活性化合物是一种先导化合物，但在考虑显而易见性时，它有可能被用作先导化合物。药物化学家由于费用、处理问题或其他商业考虑而不会选择作为先导化合物的已知化合物，也可能成为审查员作出显而易见性拒绝意见的基础。不管怎样，必然还存在一些从先导化合物开始着手的其他理由，而不仅仅是因为只存在"先导化合物"这一事实。参见 *Altana Pharma AG v. Teva Pharm. USA*，*Inc.*，566 F. 3d 999，1007，91 USPQ2d 1018，1024（Fed. Cir. 2009）（认为必须有某种理由"选择和改进已知化合物"）；*Ortho - Mc-Neil Pharm.*，*Inc. v. Mylan Labs*，*Inc.*，520 F. 3d 1358，1364，86 USPQ2d 1196，1201（Fed. Cir. 2008）。

例 10：

以下案件请求保护的化合物被认定为是非显而易见的：*Procter & Gamble Co. v. Teva Pharm. USA*，*Inc.*，566 F. 3d 989，90 USPQ2d 1947（Fed. Cir. 2009）。有争议的化合物是利塞膦酸盐——宝洁（Procter & Gamble）公司骨质疏松药 Actonel® 的活性成分。利塞膦酸盐是双膦酸盐实例，这是一类已知的抑制骨吸收的化合物。

当宝洁以侵权为由起诉 Teva 时，Teva 为自己辩护，称所述专利相对于宝洁一项早期专利由于显而易见性而无效。现有技术专利没有教导利塞膦酸盐，而是教导了 36 种其他类似的化合物，包括对骨质疏松症可能有用的 2 - pyr EHDP。Teva 根据 2 - pyr EHDP 的结构相似论证了其显而易见性，2 - pyr EHDP 是利塞膦酸盐的位置异构体。

鉴于本领域不可预测的性质，地区法院认为没有理由选择 2 - pyr EHDP 作为先导化合物，也没有理由对其进行改进以获得利塞膦酸盐。此外，在效力和毒性方面有预料不到的结果。因此，地区法院认为，Teva 还没有作出初步证明的意见，即使作出初步证明的意见，该意见也会因为预料不到结果的证据而被反驳。

联邦巡回上诉法院承认了地区法院的决定。联邦巡回上诉法院没有认为在这种情况下必须考虑是否适当选择 2 - pyr EHDP 作为先导化合物的问题。相反，联邦巡回上诉法院详细论证了如果假定 2 - pyr EHDP 是合适的先导化合物，则必须既要有理由对其进行改进以制备利塞膦酸盐，还要有合理预期的成功。

宝洁在讨论非显而易见性的辅助性考虑因素时也提供了信息。尽管法院认定不存在显而易见性的初证事实，但就宝洁对所主张的初步证明的意见进行辩驳的证据进行了较详细的分析，从而对此类证据的正确处理进行了阐述。

联邦巡回上诉法院注意到，即使已经建立了显而易见性的初证事实，也引入了预料不到结果的充分证据对那样的陈述进行反驳。在庭审期间，证人一致地证明了利塞膦酸盐的性质是未被预料的，并提供了研究人员没有预测到化合物药效和起效的低剂量的证据。将利塞膦酸盐与现有技术对比文件中的化合物进行比较的试验显示，利塞膦酸盐在相当大的限度上优于其他化合物，能够以更大量给药而没有可观察到的毒性作用，并且在与其他化合物相同的水平下是不致死的。证据的权重和证人的可信度足以显示预料不到的结果，这将反驳显而易见性的判断。因此，当请求保护的发明与现有技术相比显示出具有预料不到的优异性能时，可以显示出非显而易见性。

然后，法院关注了利塞膦酸盐商业成功的证据和利塞膦酸盐满足了长期存在的需求的证据。法院指出，由于竞争产品也转让给宝洁，因此商业成功的权重比较低。然而，联邦巡回上诉法院确认了地区法院的结论，认为利塞膦酸盐满足了长期存在但是尚未满足的需求。法院拒绝了 Teva 的如下观点，即因为竞争药物在 Actonel7 之前是可获得的，所以不存在本发明所符合的长期未能满足的需要。法院强调，是否有长期存在但是尚未满足的需要，应当根据从所要挑战的发明申请日起而不是从该发明上市之日起的情况进行评估。

应当注意的是，先导化合物的案例并不代表着要在每个化合物的显而易见性拒绝意见中都需要确认一个单一先导化合物。例如，可以设想在现有技术中有一个建议，制成一个具有某些结构明确的组成部分或者具有某些特定性质的组成部分的化合物。如果本领域普通技术人员将会知如何合成这样的化合物，并且其结构和/或功能结果是可以预期的，那么即使没有确定一个特定的先导化合物，也可能存在所要求保护的化合物是显而易见的初证事实。作为第二类示例，可以将请求保护的化合物视为由两种已知化合物通过化学键连接组成。如果将会存在合理连接这两者的理由，本领域普通技术人员已知如何这样做，并且所得化合物在连接之后有可预料的结果，则可以适当地认为请求保护的化合物是显而易见的。因此，审查员应当认识到，在某些情况下，即使不确定单一的先导化合物，也可以基于是显而易见的而拒绝要求保护的化合物。

例 11：

如下所述，联邦巡回上诉法院在 *Altana Pharma AG v. Teva Pharm. USA, Inc.*，566 F. 3d 999，91 USPQ2d 1018（Fed. Cir. 2009）案中的决定，涉及临时禁令请求，而不包括显而易见性的最终确定。然而这个案件对于先导化合物的选择问题是有指导性的。

Altana 案中涉及的技术是化合物泮托拉唑，其是 Altana 的抗溃疡药物 Protonix® 中的活性成分。泮托拉唑属于作为质子泵抑制剂的一类已知化合物，其用于治疗胃中的胃酸病症。

Altana 控诉 Teva 侵权。地区法院拒绝了 Altana 的临时禁令请求，因为其未能确立本案成功的可能性，确定 Teva 相对于 Altana 的一份在先专利存在因显而易见性而被无效的实质性问题。Altana 的专利讨论了称为化合物 12 的化合物，其是公开的 18 种化合物之一。请求保护的化合物泮托拉唑在结构上类似于化合物 12。地区法院认定，本领域普通技术人员将选择化合物 12 作为改进的先导化合物，并且联邦巡回上诉法院予以承认。

可通过确定一些推理思路，来证明一种化合物因为与现有技术化合物的结构相似性而被认为是显而易见性的，这些推理思路会引导本领域普通技术人员以特定的方式选择和改进现有技术化合物,来产生请求保护的化合物。必要的推理思路来自多个来源,并且不必要在审查档案的现有技术中明确地找到。联邦巡回上诉法院认定,大量证据支持地区法院的结论,即化合物 12 是进一步研发的自然选择。例如,Altana 的现有技术专利声称其化合物,包括化合物 12,是对现有技术的改进;化合物 12 是公开的 18 种化合物中效果较强的化合物之一;专利审查员在审查过程中认为 Altana 现有技术专利的化合物与在审的专利是相关的;专家们认为,本领域普通技术人员会选择这 18 种化合物来进一步研究它们作为质子泵抑制剂的可能性。

回应 Altana 的辩驳,即现有技术必须只指向一个先导化合物才能进行进一步地研发,联邦巡回上诉法院指出"限制性的先导化合物测试将提出一种严格的测试,类似于最高法院在 KSR 案中作出明确否定的教导—启示—动机测试……在本案中,地区法院采用灵活的方法——诚然这是初步的——认定被告提出了一个实质性问题,即本领域技术人员会使用(Altana 的现有技术)专利中更有效的化合物,包括化合物 12,作为寻求进一步研发努力的起点。这一认定并没有明显错误"(Id. at 1008,91 USPQ2d at 1025)。

C. 利用已知技术以同样方式改进类似的设备(方法或产品)

要基于这一理由拒绝权利要求,审查员必须进行 Graham 事实调查。然后,审查员必须清楚地阐明以下内容:

(1)认定现有技术包含一种"基础"设备(方法或产品),请求保护的发明可视为在此基础上的一种"改进";

(2)认定现有技术包含一种"可比较的"设备(与基础设备不相同的方法或产品),已经按照与请求保护的发明相同的方式进行了改进;

(3)认定本领域普通技术人员能够以相同的方式将已知的"改进"技术应用于"基础"设备(方法,或产品),并且其结果对本领域普通技术人员将是可预期的;

(4)鉴于在审的案件的事实,有必要开展其他额外的 Graham 事实调查,以便解释显而易见性的结论。

支持权利要求显而易见性的结论的这一理由是,对特定类别的设备(方法或产品)进行提高的方法在其他情况下基于这种改进的教导,已经成为本领域技术人员普通能力的一部分。本领域普通技术人员能够将这种已知的提高方法应用于现有技术中的"基础"设备(方法或产品),且结果对于本领域普通技术人员来说是可预期的。在 KSR 案中,最高法院指出,如果该技术的实际应用超出了本领域普通技术人员的技能,那么使用该技术将不是显而易见的。参见 KSR,550 U. S. at 417,82 USPQ2d at 1396。如果不能得出以上这些认定中的任何一项,那么这个理由就不能用来支持该权利要求对本领域普通技术人员来说是显而易见的结论。

例 1:

在 In re Nilssen,851 F. 2d 1401,7 USPQ2d 1500(Fed. Cir. 1988)案请求保护的发明中,涉及"一种装置,在逆变器输出电流超过某个预定阈值并超过一小段时间的情况下，通过该装置禁用电力线操作逆变器型荧光灯镇流器中的自振荡逆变器"（*Id*. at 1402, 7 USPQ2d at 1501）。也就是说，电流输出被监控，如果电流输出超过某个阈值并持续了指定的一小段时间时，则发送启动信号并且禁用逆变器以保护其免受损坏。

现有技术（苏联证书）描述了一种通过控制装置以未公开的方式保护逆变器电路的设备。该设备通过控制装置指示高负载状态，但没有指示过载保护的具体方式。现有技术（Kammiller）公开了在高负载电流条件下禁用逆变器，以保护逆变器电路。也就是说，过载保护是通过切断开关禁用逆变器来实现的。

法院认为，"对于本领域普通技术人员来说，使用苏联设备中产生的阈值信号按照Kammiller所教导的那样启动切断开关以使逆变器不起作用，这是显而易见的"（*Id*. at 1403, 7 USPQ2d at 1502）。也就是说，使用用于保护电路的切断开关的已知技术来提供苏联文件中的逆变器电路中所需的保护，对于普通技术人员来说是显而易见的。

例2：

Ruiz v. AB Chance Co., 357 F. 3d 1270, 69 USPQ2d 1686（Fed. Cir. 2004）的案情，如在第 I. A 小节的上述例2中所阐述。

要解决的问题可能会引导发明者去查阅与该问题的可能解决方案相关的参考资料（*Id*. at 1277, 69 USPQ2d, 1691）。因此，使用金属支架（如 Gregory 所示）和螺旋锚（如 Fuller 所示）来支撑不稳定的地基是显而易见的。

D. 将已知技术应用于准备改进的已知设备（方法或产品），以产生可预测的结果

如果要基于这一理由拒绝权利要求，审查员必须进行 *Graham* 案的事实调查。然后，审查员必须阐明以下内容：

（1）认定现有技术包含一种"基础"设备（方法或产品），请求保护的发明可视为在此基础上的一种"改进"；

（2）认定现有技术包含适用于基础设备（方法或产品）的已知技术；

（3）本领域普通技术人员会认识到应用已知技术会产生可预期的结果并得到一个改进的系统；

（4）鉴于在审案件的事实，可能有必要开展其他额外的 *Graham* 案事实调查，以便解释显而易见性的结论。

（支持或得到）权利要求显而易见性的结论的基本原则是，特定的已知技术被认为是本领域技术人员的普通能力的一部分。本领域技术人员将能够将该已知技术应用于待改进的已知设备（方法或产品），并且结果对于本领域普通技术人员来说是可预期的。如果不能得出以上这些认定中的任何一项，那么这个理由就不能用来支持该权利要求对本领域普通技术人员来说是显而易见的结论。

例1：

Dann v. Johnston, 425 U. S. 219, 189 USPQ 257（1976）案请求保护的发明涉及一种系统（即计算机），其用于银行支票和存款的自动记录保存。在这个系统中，客户会在每张支票或存款单上输入一个数字分类代码。支票处理系统会用磁性墨水将这些记

录在支票上，就像记录金额和账户信息一样。有了这个系统，银行可以向客户提供报表，这些报表被分解为每个类别。该系统还允许银行根据客户要求的样式打印报告。正如法院所描述的，"根据被告的发明，经编程通用计算机可向银行客户提供在所述期间他们的交易的个性化和分类细目"（Id. at 222，189 USPQ at 259）。

基础系统——银行业使用数据处理设备和计算机软件的本质是银行通常自动进行大部分记录保存。在常规支票程序中，系统读取任何识别账户和款项路径的磁性墨水字符。系统还读取支票金额，然后将该值打印在支票的指定区域。支票随后通过另一个数据处理步骤发送，该步骤使用磁性墨水信息生成交易的适当记录并过账到适当的账户。这些系统包括为每个账户生成定期报表，如发送给支票账户的客户的每月报表。

改进的系统——请求保护的发明通过记录可用于按类别跟踪支出的类别代码来对上述系统进行补充。同样，类别代码是记录在支票（或存款单）上的数字，该数字将被读取、转换成磁性墨水印记，然后在数据系统中连带类别代码一并处理。这样能够按类别报告数据，而不是只按账号报告。

已知技术——这是现有技术中的一种技术的应用——使用账号（通常用于跟踪个人的总交易）来解决如何跟踪支出类别以更精确地核算预算问题。也就是说，账号（能够识别在自动数据处理系统中处理的数据）被用来区分不同的客户。此外，银行在任何给定的单独账户中有用于服务费的长期分离的债务，并为客户提供这些费用的小计。以前，人们会需要为每个类别建立单独的账户，从而收到单独的报告。用额外的数字（类别代码）来补充账户信息，通过有效地创建一个可以作为跟踪和报告服务的不同账户来处理的单个账户，解决了这个问题。也就是说，类别代码只允许将以前可能是单独账户的账户作为单个账户处理，但报告中给出了多个子账户。

将标记放在数据上以实现标准分类、检索和报告的基本技术产生的结果，不超过普通技术人员利用这一贸易的公知工具将会预期到的可预测结果，因此是显而易见的。法院认为，"现有技术和被告系统之间的差距并没有大到使该系统对本领域的普通技术人员来说是非显而易见的"（Id. at 230，189 USPQ at 261）。

例2：

关于 In re Nilssen，851 F. 2d 1401，7 USPQ2d 1500（Fed. Cir. 1988）案的案情已在 C 节中的例 1 中阐明。

法院认为，"对于本领域普通技术人员来说，使用苏联设备中产生的阈值信号来按照 Kammiller 的教导那样启动切断开关以使逆变器不起作用是显而易见的"（Id. at 1403，7 USPQ2d at 1502）。已知的使用切断开关的技术可以预见会保护逆变器电路。因此，使用响应驱动信号的切断开关来保护逆变器是普通技术人员的技能。

例3：

In re Urbanski，809 F. 3d 1237，1244，117 USPQ2d 1499，1504（Fed. Cir. 2016）案请求保护的发明涉及一种酶水解大豆纤维以降低持水能力的方法，需要大豆纤维和酶在水中反应约 60~120 分。权利要求相对于两篇对比文件被拒绝，其中主要对比文件 Gross 教导了使用 5~72 时的反应时间，次要对比文件 Wong 教导了使用 100~240 分，优选 120 分的反应时间。申请人认为，以次要对比文件建议的方式来改进主要对比文件，将放弃次要对比文件所教导的益处，从而使现有技术的教导不能相结合。法院认为有足够的动机进行结合，因为两篇对比文件都承认反应时间和水解程度是结果的有效变量，可以改变这些变量，从而对最终产品产生可预测的影响；并且主要对比文件并不包含明确的教导不得提出修改。"因此，大量证据支持委员会的调查结果，即普通技术人员会有动机通过使用较短的反应时间来改进 Gross 的工艺，以获得 Wong 公开的有利性质。"

E. "明显可以尝试"——从数量有限的确定的可预测的解决方案中进行选择，并能合理地预期其成功

如果要基于这一理由拒绝权利要求，审查员必须进行 Graham 案事实调查。审查员必须阐明以下内容：

（1）认定在作出本发明时，在本领域中已经存在公认的问题或需求，这可能包括解决问题的设计需求或市场压力；

（2）认定对公认的需求或问题有数量有限的确定的可预测的潜在解决办法；

（3）认定本领域普通技术人员能够以合理的成功预期来寻求已知的潜在解决方案；

（4）鉴于在审的案件的事实，可能有必要开展其他额外的 Graham 案事实调查，以便解释显而易见性的结论。

支持权利要求是显而易见这一结论的理由是："一个普通技术人员有充分的理由在其技术能力范围内寻求已知的选择。如果这导致了预期的成功，极有可能产品不是创新产品，而是普通技能和公知常识。在这种情况下，一种组合是明显可以尝试的这一事实表明，其属于 35 U. S. C. 103 的显而易见。"参见 KSR，550 U. S. at 421, 82 USPQ2d at 1397。如果不能得出以上这些认定中的任何一项，那么这个理由就不能用来支持该权利要求对本领域普通技术人员来说是显而易见的结论。

自 KSR 案判决以来，联邦巡回上诉法院已经在几个案例中广泛探讨了根据"明显可以尝试"的推理思路，请求保护的发明是否可以被证明是显而易见的问题。这方面的判例法在化学领域中发展迅速，当然这一理由也已应用于其他领域范围中。

一些评论者对 KSR 案的判决表示担心，因为发明活动总是在以前已经发生的事实的背景下进行，而不是在真空中进行，很少有发明能够在一个明显可以尝试的标准下经受住审查。自 KSR 案以来所裁定的案件证明，这种担心是没有根据的。法院似乎正在以特别强调本领域普通技术人员的可预测性和合理期望的方式，适用"数量有限的确定是可预测解决方案"的 KSR 案要求。

联邦巡回上诉法院在考虑明显可以尝试这一观点的可行性时，指出了法院面临的任务的挑战性——同样也是审查员面临的挑战："当一个由熟练的科学家作出的选择导致预期的结果时，对这种选择的评估是对在特定科学或技术领域如何实现技术进步的司法理解的挑战。"参见 Abbott Labs. v. Sandoz, Inc.，544 F. 3d 1341, 1352, 89 USPQ2d 1161, 1171（Fed. Cir. 2008）。联邦巡回上诉法院警告说，基于明显可以尝试理由的显

而易见性的调查必须始终在所讨论的主题背景下进行,"包括科学或技术的特征、其进步状态、已知选择的性质、现有技术的特殊性或一般性,以及感兴趣领域结果的可预测性"(出处同上)。

例1:

Pfizer, Inc. v. Apotex, Inc.,480 F. 3d 1348,82 USPQ2d 1321(Fed. Cir. 2007)请求保护的发明涉及苯磺酸氨氯地平药物产品,该产品以片剂形式在美国以商标 Norvasc® 销售。氨氯地平和苯磺酸根阴离子的使用在本发明时都是已知的。已知氨氯地平具有与苯磺酸氨氯地平相同的治疗性质,但是 Pfizer 发现苯磺酸盐形式具有更好的制造性质(如降低的"黏性")。

Pfizer 认为,制备苯磺酸氨氯地平的结果是不可预期的,因此是非显而易见的。法院拒绝了不可预期性在这里等同于非显而易见性的观点,因为只有有限数量(53种)的药学上可接受的盐需要测试其是否具有改善的性能。

法院认定,本领域普通技术人员认为在氨氯地平的可加工性方面有问题,会希望形成化合物的盐,并且能够将潜在的盐形式的组缩小到已知的 53 种阴离子形成的**药学上可接受的**盐的组,这对于形成"合理的成功预期"是可接受的数目。

例2:

Alza Corp. v. Mylan Labs., Inc.,464 F. 3d 1286,80 USPQ2d 1001(Fed. Cir. 2006)请求保护的发明为药物奥昔布宁的缓释制剂,其中药物在 24 小时内以特定速率释放。奥昔布宁(Oxybutynin)是众所周知的高水溶性药物,说明书指出,研发这类药物的缓释制剂存在特殊问题。

Morella 的现有技术专利教导了高水溶性药物的缓释组合物,如吗啡的缓释制剂。Morella 还确定奥昔布宁属于高水溶性药物类别。Baichwal 的现有技术专利教导了奥昔布宁的缓释制剂,其释放速率不同于请求保护的发明。最后,Wong 的现有技术专利教导了一种在 24 小时内输送药物的普遍适用的方法。虽然 Wong 提到所公开的方法适用于奥昔布宁所属的几类药物,但 Wong 没有具体提到其适用于奥昔布宁。

法院认定,由于奥昔布宁的吸收特性在该发明时是可以合理预测的,因此有合理的预期将会成功开发出请求保护的奥昔布宁缓释制剂。如说明书所证明的,现有技术已经认识到在开发高水溶性药物的持续释放制剂中需要克服的障碍,并提出了克服这些障碍的数种方法。权利要求是显而易见的,因为明显可以尝试已知的配制缓释组合物的方法,并有合理的成功预期。法院没有被缺乏绝对可预测性的论点所左右。

例3:

联邦巡回上诉法院关于 *In re Kubin*,561 F. 3d 1351,90 USPQ2d 1417(Fed. Cir. 2009)的决定,确定了专利局在 *Ex parte Kubin*,83 USPQ2d 1410(Bd. Pat. App. & Int. 2007)中的意见,即在审的权利要求,涉及分离的核酸分子,相对于所采用的现有技术是显而易见的。权利要求指出,核酸编码了一种特定的多肽。该编码多肽在权利要求中通过其部分特定的序列和其结合特定蛋白质的能力来得到确认。

Valiante 的现有技术专利教导了由请求保护的核酸进行编码的多肽,但是没有公开多肽的序列或请求保护的分离的核酸分子。然而，Valiante 确实公开了通过使用常规方法，如 Sambrook 的现有技术实验室手册所公开的那些方法，可以确定多肽的序列，并且可以分离核酸分子。鉴于 Valiante 公开了该多肽，以及测序该多肽和分离核酸分子的常规现有技术方法，委员会认定，本领域普通技术人员将会有合理的期望，可以成功获得权利要求范围内的核酸分子。

依赖于 In re Deuel, 51 F. 3d 1552, 34 USPQ2d 1210（Fed. Cir. 1995），上诉人争辩说，在没有提供显示或暗示结构相似的核酸分子的对比文件的情况下，专利局使用 Valiante 专利的多肽和 Sambrook 描述的方法来拒绝涉及特定核酸分子的权利要求是不恰当的。上诉委员会援引 KSR 案的话说："当有解决问题的动机，并且有数量有限的确定的可预测的解决方案时，普通技术人员有充分的理由在其技术能力范围内寻求已知的选择。如果这导致预期的成功，那很可能不是创新的产物，而是普通技能和公知常识的产物。"委员会注意到，本领域技术人员面临的问题是分离特定的核酸，而能够这样做的方法是有限的。委员会的结论是，本领域技术人员有理由尝试这些方法，并合理地预期至少有一种方法会成功。因此，分离请求保护的特定核酸分子"不是创新的产物，而是普通技能和公知常识的产物"。

联邦巡回上诉法院基本采纳了委员会的逻辑推理。然而，值得注意的是，在 Kubin 案的判决中，联邦巡回上诉法院认为"在 KSR 案中，最高法院毫不含糊地否定了"联邦巡回上诉法院在 Deuel 案中的判决，因为它"暗示了对显而易见性的调查不能考虑权利要求的组成要素的结合是'明显可以尝试的'"。参见 Kubin, 561 F. 3d at 1358, 90 USPQ2d at 1422。相反，Kubin 案指出，KSR 案"复活"了联邦巡回上诉法院在 O'Farrell 案中的智慧，其中"区分了'明显可以尝试'的正确和不正确的应用"，"联邦巡回上诉法院概述了'明显可以尝试'被错误地等同于 §103 显而易见性的两类情况"。参见 Kubin, 561 F. 3d at 1359, 90 USPQ2d at 1423。这两类情况是：（1）当"明显可以尝试"的内容将会改变所有参数或者尝试为数众多的选择中的每一个，直到一个可能达到成功的结果，其中现有技术没有给出哪些参数是关键参数的指示或者没有指出在许多可能的选择方向中哪一个可能成功；以及（2）当"明显可以尝试"的内容是探索一种新技术或通用方法时，这种新技术或通用方法看起来是一个有前途的实验领域，其中现有技术仅给出了关于请求保护的发明的特定形式或如何实现它的一般指南（出处同上）（援引 In re O'Farrell, 853 F. 2d 894, 903, 7 USPQ2d 1673, 1681（Fcd. Cir.））。

例 4：

Takeda Chem. Indus., Ltd. v. Alphapharm Pty., Ltd., 492 F. 3d 1350, 83 USPQ2d 1169（Fed. Cir. 2007），是联邦巡回上诉法院认定的请求保护的发明不是显而易见的化学案件的示例。要求保护的化合物是吡格列酮，它是 Takeda 作为治疗 2 型糖尿病而销售的噻唑烷二酮类药物（TZDs）中的一员。Takeda 案集合了"先导化合物"的概念和明显可以尝试的观点。

Alphapharm 已经向食品药品管理局提交了一份简短的新药申请，这是一项侵犯

Takeda 专利的技术行为。Takeda 提起诉讼时，Alphapharm 辩称 Takeda 的专利由于显而易见性而无效。Alphapharm 认为，对一种被确认为"化合物 b"的已知化合物进行两步改性——包括同素化和环化——会产生吡格列酮，因此这是显而易见的。

地区法院认为，没有理由选择化合物 b 作为先导化合物。有大量类似的现有技术 TZD 化合物；Takeda 的在先专利中明确指出了 54 个，地区法院注意到更普遍地公开了"数百万"。尽管双方同意"化合物 b"代表最接近的现有技术，但一份对比文件教导了与"化合物 b"相关的某些不利性质，根据地区法院，这将教导技术人员不要选择该化合物作为先导化合物。地区法院没有认定显而易见性的初证事实，并指出，即使初证事实已经确立，鉴于吡格列酮未曾预料到没有毒性，因此这个初证事实在本案中也可以克服。

联邦巡回上诉法院认可了地区法院的判决，指出了对改性现有技术化合物的原因的需求。联邦巡回上诉法院引用了 *KSR* 案，指出：

在 *KSR* 案中法院承认，"当存在解决问题的设计需求或市场压力，并且存在数量有限的确定的可预测的解决方案时，普通技术人员有充分的理由在其技术能力范围内寻求已知的选项"。参见 *KSR*, 550 U. S. at 421, 82 USPQ2d at 1397。在这种情况下，"一种结合是明显可以尝试的事实可能表明其属于 35 U. S. C. 103 的显而易见"（出处同上）。本案情况并非如此。现有技术没有确定用于抗糖尿病治疗的可预测的解决方案，而是公开了广泛选择的化合物，其中任何一种都可以被选择作为进一步研究的先导化合物。值得注意的是，最接近的现有技术化合物（化合物 b，6-甲基）表现出负面性质，这将使本领域普通技术人员远离该化合物。因此，法院虽然指出，如果一项发明"明显可以尝试"，则该项发明可被视为显而易见的，但是本案未能呈现法院所设想的那种情况。有证据表明，其并不属于明显可以尝试的情形。

参见 *Takeda*, 492 F. 3d at 1359, 83 USPQ2d at 1176。

因此，审查员应该认识到，当无法作出适当的事实认定时，明显可以尝试的理由是不适用的。在 *Takeda* 案中，治疗糖尿病是公认的需要。然而，对于公认的需要，没有数量有限的确定的可预测的解决方案，也没有对成功的合理期望。有许多已知的 TZD 化合物，虽然其中一个清楚地代表了最接近的现有技术，但其已知的缺点使它不适合作为进一步研究的起点，并教导本领域技术人员不要使用它。此外，即使有理由选择"化合物 b"，对将化合物 b 转化为请求保护的化合物吡格列酮所需的特定改造，也没有合理的成功预期。因此，在这种情况下，基于明显可以尝试理由作出显而易见性拒绝意见是不合适的。

例 5：

Ortho-McNeil Pharm., Inc. v. Mylan Labs, Inc., 520 F. 3d 1358, 86 USPQ2d 1196 (Fed. Cir. 2008) 案，提供了其中化合物非显而易见的另一示例。要求保护的主题是托吡酯，这是一种抗惊厥药。

在研制一种新的抗糖尿病药物的过程中，Ortho-McNeil 的科学家意外地发现了一种具有抗惊厥作用的反应中间体。Mylan 辩称专利由于显而易见性而无效，依据是明显可以尝试的理由。然而，Mylan 并没有解释，如果一个人一直在寻找一种抗惊厥药物，为什么从一种抗糖尿病药物前体，尤其是导向托吡酯的特殊前体开始是显而易见的。地区法院作出简易判决，认为 Ortho-McNeil 的专利并不因为显而易见性而无效。

联邦巡回上诉法院予以确认。联邦巡回上诉法院指出，普通技术人员没有明显的理由选择特定的起始化合物或特定的合成途径导向作为中间体的托吡酯。此外，如果目标是治疗糖尿病，就没有理由测试这种中间体的抗惊厥特性。联邦巡回上诉法院在这个案件中发现了意外的因素，这与可预测性的要求背道而驰。联邦巡回上诉法院总结了他们对 Mylan 的"明显可以尝试的争辩"的结论：

本发明，与 Mylan 的描述相反，并没有提供有限的（在该技术背景下是少量的）选项，可以很容易地进行全面研究而显示出显而易见性……KSR 案假设了一种情况，在该技术背景下，数量有限的少量的或者容易被全面研究的选项，会使普通技术人员确信显而易见性……这明显不是容易被全面研究的少量且有限的备选方案，如 KSR 案建议的可能会支持对显而易见性推论的情况（*Id.* at 1364，86 USPQ2d at 1201）。

因此，*Ortho-McNeil* 案有助于澄清最高法院在 *KSR* 案中当采用明显可以尝试的理由时对"数量有限"的可预期解决方案的要求，在联邦巡回上诉法院的判例法中，"有限"的意思是在该技术背景下"少量的或容易被全面研究的"。正如上面讨论过的 *Abbott* 案所教导的那样，调查必须放在相关主题的背景下进行，而且每个案件都必须根据其本身的事实作出决定。

例 6：

在 *Bayer Schering Pharma A. G. v. Barr Labs., Inc.*，575 F. 3d 1341，91 USPQ2d 1569（Fed. Cir. 2009）案中，请求保护的发明是一种含有微粉化的屈螺酮的口服避孕药，以名称 Yasmin® 销售。现有技术的化合物屈螺酮是一种水溶性差、酸敏感、具有避孕作用的化合物。在本领域，微粉化提高了难溶于水的药物的溶解度。

基于已知的酸敏感性，Bayer（拜耳）研究了与静脉注射相同制剂相比，以肠溶单螺酮片提供的制剂的有效程度，以测量药物的"绝对生物利用度"。Bayer 添加了一种无保护的（正常）屈螺酮片，并将其生物利用度与肠溶制剂和静脉给药进行了比较。Bayer 预期肠溶衣片剂将产生比静脉内注射更低的生物利用度，而普通药丸的生物利用度甚至低于肠溶性片剂。然而，他们发现，尽管观察到屈螺酮在高酸性环境中会迅速异构化（这支持了肠溶包衣对于保持生物利用度是必要的这一观点），普通药丸和肠溶包衣药丸的生物利用度是相同的。在这项研究之后，Bayer 在一种普通药丸中开发了微粉化的屈螺酮，这是争议专利的基础。

地区法院认定，本领域普通技术人员认为，结构相关的化合物螺烯酮，其虽然对酸敏感，但仍然会在体内吸收的这一现有技术结果，将会提示屈螺酮具有相同的结果。它还认定，当另一对比文件教导了屈螺酮暴露于人胃酸的刺激中时会在体内异构化，本领域普通技术人员会意识到该研究的缺点，并将在设计中验证由剂量科学的论文所提出的发现，然后该设计会显示不需要肠溶衣。

联邦巡回上诉法院认为这项专利是无效的，因为请求保护的配方是显而易见的。

联邦巡回上诉法院的理由是，现有技术会把配方设计师引向两种选择。因此，不需要配方设计师在现有技术中，对于未被现有技术限缩的本领域所有可能性进行尝试。现有技术并没有模糊地指出一般方法或探索领域，而是精确地指导配方设计师使用普通药丸或肠溶包衣药丸。

重要的是，审查员必须认识到，仅仅存在大量的可选办法本身并不会导致非显而易见的结论。在现有技术的教导导致本领域普通技术人员选择更窄的选项集的情况下，当使用明显可以尝试的理由来确定显而易见性时，该减少的选项集是需要适当考虑的因素。

例 7:

在 Sanofi - Synthelabo v. Apotex, Inc., 550 F. 3d 1075, 89 USPQ2d 1370 (Fed. Cir. 2008) 案中，也阐明了明显可以尝试的推理思路。请求保护的化合物为氯吡格雷，是 α-5（4，5，6，7-四氢（3，2-c）噻吩并吡啶基）（2-氯苯基）-乙酸甲酯的右旋异构体。氯吡格雷是一种抗血栓化合物，用于治疗或预防心脏病发作或中风。该化合物的外消旋体，或右旋和左旋（D-和 L-）异构体的混合物，在现有技术中是已知的。这两种形式以前没有被分离过，虽然已知混合物具有抗血栓形成的特性，每种异构体对观察到的外消旋体特性的贡献程度尚不清楚，也无法预测。

地区法院假定，在没有任何补充资料的情况下，右旋异构体相比于已知的外消旋体，已初步证明为显而易见的。然而，鉴于案件中提出的右旋异构体具有不可预测的疗效优势的证据，地区法院认定这已经克服了显而易见性的所有初证事实。在庭审中，双方的专家都证实，本领域普通技术人员无法预测异构体显示不同水平的治疗活性和毒性的程度。双方专家还一致认为，具有更强治疗活性的异构体很可能具有更大的毒性。Sanofi 的证人证实，Sanofi 的研究人员认为，分离异构体不太可能取得成效，双方的专家一致认为，在发明作出之时，很难分离异构体。不过，当 Sanofi 最终完成分离同分异构体的任务后，法院认定，它们具有"罕见的'绝对立体选择性'的特征"，其中右旋异构体提供了所有有利的治疗活性，但没有明显的毒性，而左旋异构体没有产生治疗活性，但几乎产生了所有的毒性。根据这一记录，地区法院得出结论，Apotex 未能提供明确而令人信服的证据从而履行其证明责任，也就是证明 Sanofi 的专利由于显而易见性而无效。联邦巡回上诉法院承认了地区法院的结论。

审查员应该认识到，即使只有少数可能的选择存在，当考虑所有的证据后，如果结果不是合理预期的，并且发明人对成功没有合理期望时，明显可以尝试的逻辑推理是不合适的。在 Bayer 案中，有基于技术的理由期望普通药丸和肠溶性药丸在治疗上都是合适的，尽管并非所有现有技术研究都完全一致。因此，得到的结果是意料之中的。另外，在 Sanofi 案中，有强有力的证据表明，在分离异构体之前，本领域普通技术人员没有理由期望与左旋异构体相比，右旋异构体具有如此强大的治疗优势。换句话说，Sanofi 案的结果出乎意料。

例 8:

在 Rolls - Royce, PLC v. United Tech. Corp., 603 F. 3d 1325, 95 USPQ2d 1097 (Fed.

Cir. 2010）案中，联邦巡回上诉法院关注了在喷气发动机风扇叶片的背景下明显可以尝试的理由。这一案件是由抵触审查程序引起的。地区法院已经确定，相对于 United 的申请，Rolls - Royce 的权利要求将不是显而易见的，因此不构成任何事实上的抵触申请，联邦巡回上诉法院肯定了这一点。

联邦巡回上诉法院对计数风扇叶片的描述如下：

每个风扇叶片有三个区域——内部区域、中间区域和外部区域。在轮毂处最接近旋转轴的区域是内部区域。离发动机中心最远、离发动机外壳最近的区域是外部区域。中间区域位于两者之间。该计数器限定了具有前掠内区、后掠中间区和前倾外区的风扇叶片（Id. at 1328，95 USPQ2d at 1099）。

United 曾认为，对本领域普通技术人员来说，为了减少端壁冲击，明显可以尝试对风机叶片进行设计，通过与现有技术的风扇叶片相比，外部区域的掠角从后掠到前掠是相反的。联邦巡回上诉法院不同意 United 的意见，即请求保护的风扇叶片基于明显可以尝试的理由将是显而易见的。联邦巡回上诉法院指出，对于以明显可以尝试的理由作出适当的显而易见性判断来说，解决问题的可能选项必须是"已知的和有限的"（Id. at 1339，95 USPQ2d at 1107）（援引 Abbott，544 F. 3d at 1351，89 USPQ2d at 1171）。在本案中，现有技术中没有给出启示，像 Rolls - Royce 那样改变掠角就会解决端壁冲击的问题。因此，联邦巡回上诉法院的结论是，改变掠角"根本不会成为一个选项，更不用说一个明显可以尝试的选项"。Rolls - Royce 案的判决提醒审查员，只有当请求保护的技术方案是从本领域普通技术人员已知的有限数量的潜在解决方案中作出的选择时，才能以明显可以尝试的理由适当地作出显而易见性的结论。

例 9：

在 *Perfect Web Tech. , Inc. v. InfoUSA, Inc.*，587 F. 3d 1324，1328 - 29，92 USPQ2d 1849，1854（Fed. Cir. 2009）的案件，提供了一个示例，其中联邦巡回上诉法院认为，基于明显可以尝试的辩驳，一种请求保护的管理大量电子邮件分发的方法是显而易见的。在 *Perfect Web* 案中，该方法要求选择目标收件人、发送电子邮件、确定已成功接收了多少电子邮件，如果预先确定的最小数量的目标收件人没有收到电子邮件，则重复前三个步骤。

联邦巡回上诉法院认可了地区法院关于请求保护的发明是显而易见的简易判决。未能达到预期的电子邮件收件人数量是电子邮件营销领域的一个公认问题。现有技术也公认有三种潜在的解决方案：增加最初的接收者列表的规模；向第一次没有收到邮件的收件人重新发送邮件；选择新的收件人列表，并向他们发送电子邮件。最后一个选项与要求保护发明的第四步相对应。

联邦巡回上诉法院指出，根据"简单的逻辑"，与向第一次没有收到邮件的收件人重新发送邮件相比，选择一个新的收件人列表更有可能获得预期的结果。没有证据表明选择新收件人列表会产生任何预料不到的结果，也没有证据表明该方法不具有合理的成功可能性。因此，联邦巡回上诉法院的结论是，按照 KSR 案的要求，存在"数量有限的确定的可预测的解决方案"，明显可以尝试调查可适当地得出显而易见性的法律结论。

在 Perfect Web 案中，联邦巡回上诉法院也讨论了公知常识在判定显而易见性中的作用。地区法院引用 KSR 案的主张，即"一个普通技术人员也是一个普通创造力的人，而不是一个机器人"，并认定"请求保护的发明最后一步仅仅是'试一下，再试一下'这一公知常识应用的逻辑结果"。联邦巡回上诉法院在肯定地区法院的裁决时，对公知常识进行了广泛的讨论，因为公知常识在 KSR 案裁决之前和之后都适用于对显而易见性的调查。

联邦巡回上诉法院指出，公知常识的应用并不是显而易见性法则的真正创新，它指出，"人们早就认识到，在有充分的理由进行解释的情况下，公知常识是用来告知显而易见性的分析的"。参见 Perfect Web, 587 F. 3d at 1328, 92 USPQ2d at 1853。联邦巡回上诉法院随后对一些先例进行了回顾，这些判例告知了对公知常识的理解，包括 In re Bozek, 416 F. 2d 1385, 1390, 163 USPQ 545, 549（CCPA 1969）（解释说专利审查员可能依赖于"具有本领域普通技术人员的普遍知识和公知常识，而没有任何特定对比文件的提示或建议"）和 In re Zurko, 258 F. 3d 1379, 1383, 1385, 59 USPQ2d 1693 at 1695, 1697（Fed. Cir. 2001）（澄清了在"基本知识和公知常识不是基于记录在案的任何证据"的情况下，审查员需要有事实依据才能援引"优良的公知常识"）。联邦巡回上诉法院在 Perfect Web 案中含蓄地承认，在 In re Lee, 277 F. 3d 1338, 1344, 61 US-PQ2d 1430, 1434（Fed. Cir. 2002）案中要求的那种严格的以证据为基础的教导、启示或动机，按照 KSR 案的教导，不是对显而易见性拒绝意见的绝对要求。联邦巡回上诉法院解释说："在作出 Lee 案判决的时候，我们要求 PTO 确认用于结合对比文件的教导、启示或动机的记录证据。然而，Perfect Web 案接着指出，即使根据 Lee 案的教导，在分析与显而易见性相关的证据时，公知常识也可以被恰当地运用。引用 DyStar Textilfarben GmbH v. C. H. Patrick Co., 464 F. 3d 1356, 80 USPQ2d 1641（Fed. Cir. 2006）和 In re Kahn, 441 F. 3d 977, 78 USPQ2d 1329（Fed. Cir. 2006），这两个案件的判决是最高法院对 KSR 案作出裁决前作出的，联邦巡回上诉法院指出，尽管在使用常识时需要"充分的解释以避免产生推论"，但不需要确认"特定对比文件中的特定暗示或启示"。参见 Arendi v. Apple, 832 F. 3d 1355, 119 USPQ2d 1822（Fed. Cir. 2016）（认定了委员会没有提供有审查档案中的证据支持的充分分析，为何"公知常识"教导了缺失的过程步骤）。

F. 基于设计动机或其他市场因素，在一个领域中的已知工作可以促使对其作出改变，以用于相同的领域或不同的领域，前提是这种改变对于本领域普通技术人员来说是可预测的

如果要基于这一理由拒绝权利要求，审查员必须进行 Graham 案事实调查。审查员要阐明以下内容：

（1）认定现有技术的范围和内容，无论是在与申请人的发明相同的领域还是在不同的领域，都包括相似或类似的装置（方法或产品）；

（2）认定存在着设计动机或市场因素，会促使已知设备（方法或产品）能够适应；

（3）认定请求保护的发明与现有技术之间的差异包含在现有技术已知的变化或已知的原理中；

（4）认定鉴于已确定的设计激励或其他市场力量，本领域普通技术人员能够实现所要求保护的对现有技术的改变，并且请求保护的改变对本领域普通技术人员来说是可预测的；

（5）鉴于在审的案件的事实，可能还有必要有其他额外的 *Graham* 案事实调查，以便解释显而易见性的结论。

支持请求保护的发明是显而易见性结论的这一理由是，设计动机或其他市场力量可能促使本领域普通技术人员以可预测的方式改变现有技术，从而产生请求保护的发明。如果不能得出以上这些认定中的任何一项，那么这个理由就不能用来支持该权利要求对本领域普通技术人员来说是显而易见性的结论。

例1：

Dann v. Johnston, 425 U.S. 219, 189 USPQ 257（1976）的案情在 D 节中的例 1 中已经阐述。

法院认为，申请人所解决的问题——需要按交易类别提供更详细的细目——与跟踪单个业务单位的交易文件的任务十分类似（*Id*. at 229, 189 USPQ at 261）。因此，数据处理领域的技术人员应该已经认识到现有技术类似的类别问题和已知解决方案，在不同的环境中实现该系统在本领域普通技术人员的技能水平之内。法院认为，"现有技术与被告系统之间的差距并没有大到使该系统对本领域技术人员来说是非显而易见的"（*Id*. at 230, 189 USPQ at 261）。

例2：

在 *Leapfrog Enterprises, Inc. v. Fisher-Price, Inc.*, 485 F. 3d 1157, 82 USPQ2d 1687（Fed. Cir. 2007）案中请求保护的发明，涉及帮助孩童语音阅读的学习设备。权利要求如下：

一种交互式学习设备，包括：

包含多个开关的壳体；

与所述开关通信并包括处理器和存储器的声音产生装置；

至少一种对字母序列的描述，每个字母与开关相关联；

以及读取器，用于对描述的识别传递给处理器，

其中，对所描述的字母的选择激活了相关联的开关以与所述处理器通信，使声音产生设备产生了与所选字母关联的声音相对应的信号，所述声音由字母在字母序列中的位置确定。

法院的结论是，基于两项现有技术（1）Bevan（显示一种用于语音学习的机电玩具）和（2）*Super Speak & Read device*（SSR，一种电子阅读玩具），以及本领域普通技术人员的知识的结合，请求保护的发明是显而易见的。

法院明确表示，没有产生超越了 SSR 装置所示技术的任何技术进步。法院表示：

"儿童学习玩具领域的普通技术人员会认定,将 Bevan 设备与 SSR 装置结合使用现代电子元件来更新它是显而易见的,从而获得这种适应的普遍理解的好处,如减少尺寸、增加可靠性、简化操作并降低成本。虽然 SSR 只允许生成与单词首字母对应的声音,但它是通过电子手段实现的。因此,这种结合是对旧的想法或发明(Bevan)利用更新的技术所作出的适应,而这种新技术是本领域中(SSR)普遍可用和理解的。"

法院认定,请求保护的发明只是已知儿童玩具的一个变种。与其他玩具相比,这种变化没有显而易见性的进步。法院明确表示,没有产生超越了 SSR 装置所示技术的任何技术进步。法院认定,"对设计儿童学习设备的普通技术人员来说,使实现该目标的现有技术的机械设备适应现代电子技术是显而易见的。近年来,将现代电子技术应用到较老的机械设备上已经司空见惯"。

例 3:

KSR Int'l Co. v. Teleflex Inc.,550 U. S. 398,82 USPQ2d 1385(2007)案请求保护的发明,是一种固定枢轴点的可调踏板组件,组件支架上连接有电子踏板位置传感器。固定枢轴点是指对踏板进行调节时枢轴没有改变。传感器安装在组件支架上,使传感器能够在踏板调节时保持固定。

传统的油门踏板是由机械连杆操作的,它根据踏板的行程从设定位置调整节气门。节气门控制燃烧过程和发动机产生的可用功率。新型汽车使用由计算机控制的油门,其中传感器检测踏板的运动,并向发动机发送信号,以相应地调整油门。在本发明作出时,市场为将机械踏板转换成电子踏板提供了强烈的动机,并且现有技术教导了许多这样做的方法。现有技术(Asano)教导了一种带有机械节气门控制的固定枢轴点的可调踏板。现有技术(Byler 的 '936 专利)教导了一种电子踏板传感器,其被安装在踏板组件的枢轴点上,并且优选检测踏板在踏板机构中的位置,而不是在发动机中的位置。现有技术(Smith)教导,为了防止传感器连接到计算机的电线擦伤和磨损,传感器应该安装在踏板组件的一个固定部件上,而不是安装在踏板的脚垫内或脚垫上。现有技术(Rixon)教导了一种带有用于节气门控制的电子传感器的可调踏板组件(脚垫中的传感器)。现有技术中没有与踏板组件结合的电子节气门控制装置,其中该组件在调节踏板时保持枢轴点固定。

法院指出:"可提出的恰当问题是,具有普通技术的踏板设计师,面对所属领域的发展所带来的广泛需求,是否会看到用传感器对 Asano 的升级有益"(*Id.* 424,82 USPQ2d,1399)。法院认定,汽车设计领域的技术发展可能会促使设计师用电子传感器升级 Asano。下一个问题是在哪里安装传感器。根据现有技术,设计者应该知道将传感器放置在踏板结构的不动部分上,在整个结构中传感器易于检测踏板位置的最明显的不动点是枢轴点。法院的结论是,通过将用电子节气门控制取代机械组件节气门控制,并将电子传感器安装在踏板支撑结构上升级 Asano 的固定枢轴点可调踏板,这是显而易见的。

例 4:

Ex parte Catan,83 USPQ2d 1568(Bd. Pat. App. & Int. 2007)案请求保护的发明,是一种消费电子设备,使用生物认证对授权信用账户的子用户进行授权,以通过通信

网络下订单，最高可达到预先设置的最大子信用限额。

现有技术（Nakano）公开了一种与请求保护的发明类似的消费电子设备，但安全性是由密码验证设备而不是生物验证设备提供的。现有技术（Harada）公开了在本发明作出时，现有技术已经知道在消费者电子设备（远程控制）上使用生物认证设备（指纹传感器）来提供生物认证信息（指纹）。现有技术（Dethloff）还公开了，在本发明作出时，本领域中已知可以用生物认证代替PIN认证，使用户能够通过消费电子设备获得信贷。

委员会认定，现有技术"表明在本发明作出时，消费电子设备领域的普通技术人员已经熟悉使用生物认证信息与PIN互换或代替PIN来对用户进行认证"。委员会的结论是，消费者电子设备领域的普通技术人员会认定，用现代生物认证组件升级现有技术的密码设备是显而易见的，从而可预期地获得这种改造所带来的可被普遍理解的好处，即安全可靠的认证过程。

G. 现有技术中的一些教导、启示或动机，会导致普通技术人员改进现有技术对比文件，或将现有技术对比文件的教导结合起来，以获得请求保护的发明

如果要基于这一理由来拒绝权利要求，审查员必须进行 Graham 案的事实调查。审查员必须清楚地阐明下列事项：

（1）认定在对比文件本身或本领域普通技术人员通常可获得的知识中，存在一些教导、启示或动机来改进对比文件或结合对比文件的教导；

（2）认定有合理的成功预期；

（3）鉴于在审案件的事实，可能还有必要有其他额外的 Graham 案事实调查，以便解释显而易见性的结论。

支持权利要求显而易见性的理由是，"本领域普通技术人员将被激励结合现有技术来实现请求保护的发明，以及是否存在这样做的成功的合理预期"。参见 DyStar Textilfarben GmbH & Co. Deutschland KG v. C. H. Patrick Co., 464 F. 3d 1356, 1360, 80 USPQ2d 1641, 1645（Fed. Cir. 2006）。如果不能得出以上这些认定中的任何一项，那么这个理由就不能用来支持该权利要求对本领域普通技术人员来说是显而易见性的结论。

法院明确表示，教导、启示或动机的测试方法是灵活的，不需结合现有技术的明确教导。结合的动机可能是隐含的，并且可以在本领域普通技术人员的知识中找到，或者在某些情况下，可以从要解决的问题的性质中找到（Id. at 1366, 80 USPQ2d at 1649）。"结合的隐含动机不仅存在于从整个现有技术中收集启示的时候，也存在于'改进'与技术无关并且对比文件的结合导致更理想的产品或过程的时候，如更强、更便宜、更清洁、更快、更轻、更小、更耐用或更有效。因为通过改进产品或过程来增加商业机会的愿望是普遍的，甚至是常识性的，所以我们认为，在这些情况下存在着结合现有技术对比文件的动机，即使对比文件本身没有任何启示的暗示。在这种情况下，问题是普通技术人员是否拥有知识和技能，使他能够结合现有技术的对比文件"（Id. at 1368, 80 USPQ2d at 1651）。

2143.01 改进对比文件的启示或动机（2017.08 修订）

通过结合或改进现有技术的教导以产生请求保护的发明，如果存在这样做的一些教导、启示或动机，就可以得出显而易见性的结论。参见 *In re Kahn*，441 F. 3d 977，986，78 USPQ2d 1329，1335（Fed. Cir. 2006）（讨论动机—启示—教导测试方法的理由，以防止在显而易见性分析中表现出事后诸葛亮）。

I. 现有技术对要求保护发明的启示不一定因为理想的可选方案而被否定

公开了理想的可选方案，不一定就否定了对现有技术进行改进以获得请求保护的发明的启示。在 *In re Fulton*，391 F. 3d 1195，73 USPQ2d 1141（Fed. Cir. 2004）案中，一项实用新型专利申请的权利要求涉及一种具有更大抓地力的鞋底，该鞋底具有沿着"正面方向"的六边形凸起。参见 391 F. 3d at 1196 – 97，73 USPQ2d at 1142。委员会将一项在正面方向具有六边形突起的设计专利与一项具有其他限制特征的独立权利要求的实用专利相结合。参见 391 F. 3d at 1199，73 USPQ2d at 1144。申请人认为这种结合是不合适的，因为（1）现有技术并没有建议沿着正面（相对于"指向"）方向上具有六边形凸起是凸起的"最理想的"配置，以及（2）现有技术通过显示"指向方向"的理想性而提供了相反的教导。参见 391 F. 3d at 1200 – 01，73 USPQ2d at 1145 – 46。法院指出，"现有技术只是公开了一种以上的可选方案，这并不构成对这些可选方案中的任何一种的相反教导，因为这种公开并没有批评、贬低或不鼓励所要求的解决方案……"法院肯定了委员会对显而易见性的拒绝意见，认为现有技术作为一个整体对要求保护的鞋底限定特征的结合给出了启示，从而提供了结合的动机；这并不需要现有技术给出启示，表明申请人请求保护的组合是优选的，或相对于其他可选方案是最理想的。参见 *In re Urbanski*，809 F. 3d 1237，1244，117 USPQ2d 1499，1504（Fed. Cir. 2016）。

在 *Ruiz v. A. B. Chance Co.*，357 F. 3d 1270，69 USPQ2d 1686（Fed. Cir. 2004）案中，该专利请求保护通过用一个金属支架将螺旋锚连接到地基上来支撑一块坍落的建筑地基。一项现有技术对比文件提供了带有混凝土支架的螺旋锚，另一项现有技术对比文件公开了带有金属支架的墩锚。法院从"要解决的问题的性质"中找到了将这些对比文件结合起来得出请求保护发明的动机，因为每篇对比文件都指向"完全相同的支撑坍落地基的问题"（*Id.* at 1276，69 USPQ2d at 1690）。法院还拒绝了"必须在现有技术对比文件中出现明确的书面结合动机……"的观点（*Id.* at 1276，69 USPQ2d at 1690）。

II. 在现有技术的教导发生冲突的情况下，审查员必须权衡每篇对比文件的启示能力

评价显而易见性是衡量对比文件的结合教导将会对本领域普通技术人员给出何种建议，并且现有技术中的所有教导都必须考虑它们属于类似领域中的程度。当两篇或

两篇以上现有技术对比文件给出的教导相互冲突时，审查员必须权衡每篇对比文件向本领域普通技术人员给出解决方案启示的能力，考虑其中一篇对比文件精确地使另一篇不可信的程度。参见 *In re Young*, 927 F. 2d 588, 18 USPQ2d 1089（Fed. Cir. 1991）（Carlisle 的现有技术专利公开了一种用于海洋地震勘探的化学爆炸物气泡振荡控制和最小化方法，通过将震源间隔得足够近以允许气泡在达到其最大半径之前相交，从而减小二次压力脉冲。几年后 Knudsen 发表的一篇文章认为，Carlisle 技术在抑制气泡振荡方面没有明显的改进。然而，由于 Knudsen 没有使用 Carlisle 的间距或震源，因此本文没有在可比条件下对 Carlisle 技术进行测试。此外，Knudsen 模型最接近上述专利技术之处在于，二次压力脉冲降低了 30%。基于这些事实，法院认为，Knudsen 的文章不会阻止本领域普通技术人员使用 Carlisle 专利的教导）。

III. 对比文件可以结合或修改这一事实可能不足以确立初步证明的显而易见性

仅凭对比文件能够被结合或修改这一事实并不能使结果变得显而易见，除非结果对本领域普通技术人员来说是可预料的。参见 *KSR Int'l Co. v. Teleflex Inc.*, 550 U. S. 538, 417, 82 USPQ2d 1385, 1396（2007）（如果普通技术人员能够实现可预料的变化，§103 可能会阻止其获得专利。出于同样的原因，如果一种技术被用来改进一种装置，而本领域普通技术人员将会认识到它会以同样的方式改进类似的装置，那么使用这种技术是显而易见的，除非其实际应用超出了他/她的技能范围）。

IV. 仅仅声明请求保护的发明在本领域普通技术人员的能力范围，其本身并不足以确立初步证明的显而易见性

如果声明，对现有技术进行的改造而获得请求保护的发明，这将是"在作出所请求保护的发明时<u>在本领域普通技术人员的能力范围内</u>"，因为所依赖的对比文件教导了请求保护的发明的所有方面在本领域都是已知的，但是没有结合对比文件教导的一些客观原因，那么这不足以建立显而易见性的初证事实。参见 *Ex parte Levengood*, 28 US-PQ2d 1300（Bd. Pat. App. & Inter. 1993）。"对显而易见性的拒绝不能仅仅通过结论性陈述来维持；相反，必须有一些有合理基础的清晰推理来支持显而易见性的法律结论。"参见 *KSR*, 550 U. S. at 418, 82 USPQ2d at 1396（援引 *In re Kahn*, 441 F. 3d 977, 988, 78 USPQ2d 1329, 1336（Fed. Cir. 2006））。

V. 所提出的改进不能使现有技术违背其预期目的

如果所提出的改进会使现有技术发明在改进后不能满足其预期目的，那么就没有提出改进的启示或动机。参见 *In re Gordon*, 733 F. 2d 900, 221 USPQ 1125（Fed. Cir. 1984）（请求保护的设备是在医疗过程中使用的血液过滤器组件，其中血液的进口和出口都是位于过滤器组件的底端，并且气体出口位于过滤器组件的顶部。现有技术对比文件教导了用于从汽油和其他轻质中去除污垢和水的液体过滤器，其中入口和出口位于设备的顶部，并且小塞门（旋塞阀）位于设备的底部，用于定期去除收

集的污垢和水。对比文件还教导了重力辅助分离。委员会的结论是，这些权利要求被初步证实为显而易见的，理由是把对比文件的装置上下颠倒是显而易见的。法院推翻了这一判决，认定如果现有技术的设备颠倒过来，它将无法操作以达到预期的目的，因为被要过滤的汽油将会被截留在顶部，将从出口流出寻求分离的水和较重的油而不是净化的汽油，并且滤网将被堵塞）。参见 *In re Urbanski*，809 F. 3d 1237，1244，117 USPQ2d 1499，1504（Fed. Cir. 2016）（该专利权利要求涉及一种大豆纤维的酶水解方法来降低持水能力，需要大豆纤维和酶在水中反应约 60～120 分。权利要求相对于两篇现有技术对比文件被拒绝，其中主要对比文件教导了使用 5～72 时的较长反应时间，次要对比文件教导了使用 100～240 分的反应时间，优选 120 分。申请人认为，以次要对比文件所启示的方式修改主要对比文件，会放弃主要对比文件所教导的好处，从而对结合是相反教导。法院认为，现有技术的两篇文献"都给出启示，可以调整水解时间以获得不同的纤维性能。现有技术中没有任何内容表明，提出的修改会导致'不可操作'的过程或具有不良性质的膳食纤维产品"（原文强调）。

"虽然对于限制现有技术设备的功能或能力的声明需要公平地考虑，但现有技术的简单化，很少作为一种特征来反对具有附加功能的更复杂设备的显而易见性。"参见 *In re Dance*，160 F. 3d 1339，1344，48 USPQ2d 1635，1638（Fed. Cir. 1998）（法院认为，相对于教导了除了"用于回收流体和碎片的装置"之外所有请求保护元件的第一对比文件，结合描述包括该装置的导管的第二对比文件，要求保护的用于消除血管中阻塞物的导管会是显而易见的。法院同意，第一对比文件强调结构的简单化，并教导碎片的乳化作用，但它并没有教导我们不增加回收碎片的通道）。同样，在 *Allied Erecting v. Genesis Attachments*，825 F. 3d 1373，1381，119 USPQ2d 1132，1138（Fed. Cir. 2016）案中，法院陈述"虽然改变活动叶片可能阻碍由 Caterpillar 公开的快速改变功能，'但某一给定的技术方案通常同时具有优缺点，这并不必然导致没有结合的动机'"（援引 *Medichem，S. A. v. Rolabo*，S. L.，437 F. 3d 1157，1165，77 USPQ2d 1865，1870（Fed Cir. 2006）（引用省略）。

VI. 所提出的改造不能改变对比文件的工作原理

如果所提出的现有技术的改造或组合将改变被改造的现有技术发明的操作原理，那么对比文件的教导不足以使权利要求得出显而易见性的初步结论。参见 *In re Ratti*，270 F. 2d 810，813，123 USPQ 349，352（CCPA 1959）（权利要求涉及一种油封，其包括一个孔接合部分，该孔接合部分具有插入弹性密封部件的向外偏置的弹性弹簧指。在基于对比文件结合作出的拒绝意见中，所运用的第一对比文件公开了一种油封，其中孔接合部分由圆柱形金属片外壳加强。该第一对比文件教导的密封结构要求操作刚性，而请求保护的发明中的密封要求弹性。法院推翻了上述拒绝意见，认为"建议的对比文件组合将需要对［第一对比文件］中所列的要素进行实质性的重构和重新设计，并改变［第一对比文件］结构设计所依据的基本原理"）。

2143.02 需要对成功有合理的预期（2012.08 修订）

编者按：MPEP 的这部分内容适用于符合 AIA 发明人先申请制（FITF）规定的申请，除非请求保护的发明的相关日期以"有效申请日"取代"发明日"，后者只适用于符合 pre – AIA 35 U.S.C. 102 的申请。参见 35 U.S.C. 100（定义）和 MPEP §2150 及其下属章节。

支持权利要求显而易见性的结论的这一理由是，所有请求保护的要素在现有技术中是已知的，并且本领域技术人员可以通过已知方法如请求保护的权利要求那样组合要素而不改变它们各自的功能，并且该组合对于本领域技术人员来说除了可预测的结果之外不会产生任何其他结果。参见 *KSR Int'l Co. v. Teleflex Inc.*，550 U.S. 538，416，82 USPQ2d 1385，1395（2007）；*Sakraida v. AG Pro*，*Inc.*，425 U.S. 273，282，189 USPQ 449，453（1976）；*Anderson's – Black Rock*，*Inc. v. Pavement Salvage Co.*，396 U.S. 57，62 - 63，163 USPQ 673，675（1969）；*Great Atlantic & P. Tea Co. v. Supermarket Equip. Corp.*，340 U.S. 147，152，87 USPQ 303，306（1950）。

I．显而易见性需要对成功有合理的预期

如果有理由改造或结合现有技术以实现所请求保护的发明，则倘若有合理的成功预期，这些权利要求可因为初步证实是显而易见的而被拒绝。参见 *In re Merck & Co.*，*Inc.*，800 F.2d 1091，231 USPQ 375（Fed. Cir. 1986）（权利要求涉及一种用阿米替林（或其无毒盐）治疗抑郁症的方法，相对于现有技术的公开因为初步证实为显而易见的而被拒绝：已知阿米替林是具有治疗精神疾病特性的化合物，丙咪嗪是具有抗抑郁属性的结构相似的精神药物类化合物，鉴于现有技术给出启示，上述化合物预期会具有类似的活性，因为化合物之间的结构差异涉及已知的生物电子等排置换，并且因为比较这两个化合物的药理特性的一篇研究论文建议对阿米替林作为抗抑郁药物进行临床试验。法院维持了该拒绝意见，认为现有技术的教导为合理的成功预期提供了充分的基础）；*Ex parte Blanc*，13 USPQ2d 1383（Bd. Pat. App. & Inter 1989）（权利要求涉及用高能辐射对聚烯烃组合物进行灭菌的方法，其中在有酚醛聚酯抗氧化剂的情况下进行灭菌，以抑制聚烯烃的变色或降解。上诉人认为，某种特定的抗氧化剂能否解决变色或降解的问题是无法预测的。然而，委员会认定，由于现有技术教导上诉人首选的抗氧化剂是非常有效的，并且与其他现有技术抗氧化剂相比提供了更好的结果，因此有合理的成功预期）。

II．至少需要一定程度的可预测性；申请人可提供证据，表明并无合理的成功预期

显而易见性并不需要绝对的可预测性，然而至少需要一定程度的可预测性。有证据显示没有合理的成功预期，可以用来支持非显而易见性的结论。参见 *In re Rinehart*，

531 F. 2d 1048，189 USPQ 143（CCPA 1976）（权利要求涉及在超大气压力下在溶剂中大规模商业化生产聚酯的方法，该权利要求相对于两篇对比文件被拒绝，一篇是教导了请求保护的方法是在大气压力下，另一篇教导了请求保护的方法中除了溶剂之外的其他内容。法院推翻了这一决定，认为没有合理的期望将现有技术步骤结合起来的工艺能够成功地大规模生产，因为有尚未受到质疑的证据表明，现有技术的工艺单独不能在商业上成功地大规模生产。参见 *Amgen，Inc. v. Chugai Pharm. Co.*，927 F. 2d 1200，1207 – 08，18 USPQ2d 1016，1022 – 23（Fed. Cir.），拒发调卷令，502 U. S. 856（1991）（在一个生物技术案例中，得到证词支持的结论是，所述对比文件没有表明对成功有合理的预期）；*In re O'Farrell*，853 F. 2d 894，903，7 USPQ2d 1673，1681（Fed. Cir. 1988）（法院认为请求保护的方法是在相对于所依赖的现有技术来说是显而易见的，因为一篇对比文件包含详细的实现方法、改造现有技术形成请求保护发明的启示，以及表明这种改造会成功的证据）。

III. 可预期性是在发明作出时确定的

一项技术是否是可预期的，或者所提出的对现有技术的改进或组合是否具有合理的成功预期，都是以发明作出时的预期来确定的。参见 *Ex parte Erlich*，3 USPQ2d 1011，1016（Bd. Pat. App. & Inter. 1986）（尽管之前的一个案例由于单克隆抗体领域的不可预期性而推翻了拒绝意见，但法院认定，"在本案中在本发明作出时，本领域普通技术人员将被激励使用（现有技术的）方法，生产对人类纤维质体干扰素有特效的单克隆抗体，并具有合理的成功预期"（下划线为原文强调）。

2143.03 必须考虑权利要求的所有限定（2017.08 修订）

"根据现有技术判断一项权利要求的可专利性时，必须考虑该权利要求的所有词语。"参见 *In re Wilson*，424 F. 2d 1382，1385，165 USPQ 494，496（CCPA 1970）。

审查员在确定一项发明相对于现有技术的可专利性时，必须考虑权利要求的所有限定。参见 *In re Gulack*，703 F. 2d 1381，1385，217 USPQ 401，403 – 04（Fed. Cir. 1983）。一项正确解读的权利要求的主题，是由限定了权利要求范围的术语定义的，其中对所有的术语要给予其最宽泛的合理解释。参见 MPEP § 2111。这个主题是必须审查的对象。确定某一语言是否是对权利要求的限定，取决于案件的具体事实。参见 *Griffin v. Bertina*，285 F. 3d 1029，1034，62 USPQ2d 1431（Fed. Cir. 2002）。

一般而言，权利要求中使用的语法和本领域普通技术人员所理解的术语的普通含义，将决定语言是否限定权利要求的范围，以及限定到何种程度。根据最宽泛的合理解释，建议或使某一特征或步骤可选但该特征不是必须的内容，不会限制权利要求的保护范围。此外，当权利要求被要求从可选项列表中选择一个要素时，如果其中一个备选项是由现有技术教导的，则现有技术也教导了该要素。参见 *Fresenius USA，Inc. v. Baxter Int'l，Inc.*，582 F. 3d 1288，1298（Fed. Cir. 2009）。

下列类型权利要求的语言可能会引起对其限定效果的质疑（列举并不是穷举）：
- 前序部分（MPEP§2111.02）；
- 短语，如"适用于""适用""其中""据此"（MPEP§2111.04 第Ⅰ节）；
- "可能有"的限定（MPEP§2111.04 第Ⅱ节）；
- 印刷品（MPEP§2111.05）；
- 与权利要求术语相关联的功能语言（MPEP§2181）。

如果独立权利要求是依据 35 U.S.C.103 非显而易见的，则其任何一项从属权利要求都是非显而易见的。参见 *In re Fine*，837 F.2d 1071，5 USPQ2d 1596（Fed. Cir. 1988）。

Ⅰ. 必须考虑不确定的限定

对权利要求中被认为是不确定的限定，也不能被忽略。如果权利要求有多个解释，其中至少一种解释将使该权利要求相对于现有技术不可专利，审查员则应该基于 35 U.S.C.112（b）或 pre-AIA 35 U.S.C.112 第二款（参见 MPEP§706.03（d））以不确定为由拒绝权利要求，以及应该根据使现有技术能够适用的权利要求的解释，相对于现有技术拒绝该权利要求。参见 *Ex parte Ionescu*，222 USPQ 537（Bd. Pat. App. & Inter. 1984）（上诉请求仅因不确定的理由被拒绝；拒绝意见被推翻，因考虑相关的现有技术案件被发回）。参见 *In re Wilson*，424 F.2d 1382，165 USPQ 494（CCPA 1970）（如果不认为某些权利要求的语言有合理明确的含义，则权利要求是不确定的，而不是显而易见的）；*In re Steele*，305 F.2d 859，134 USPQ 292（CCPA 1962）（依靠考虑权利要求的含义而作出推测性假设，然后基于这些假设根据 35 U.S.C.103 作出拒绝意见，这是不恰当的）。

Ⅱ. 必须考虑原始说明书中不支持的限定

在评估 35 U.S.C.103 下的权利要求的显而易见性时，必须考虑并权衡权利要求的所有限定，包括在最初提交的说明书中得不到支持的限定（即新主题）。参见 *Ex parte Grasselli*，231 USPQ 393（Bd. App. 1983）*aff'd mem.* 738 F.2d 453（Fed. Cir. 1984）（涉及催化剂的权利要求明确排除了硫、卤素、铀及钒和磷的混合物的存在。虽然在所提交的说明书中没有出现排除这些要素的否定性限定，但是当确定请求保护的发明相对于现有技术是否显而易见时，忽视这些限定是错误的）。

2144 支持根据 35 U.S.C.103 作出的拒绝意见（2015.07 修订）

当考虑显而易见性时，审查员被警告不要把任何的推理思路当成单独认定规则。本节讨论依据科学理论和法律判例来支持 35 U.S.C.103 下的拒绝。为符合 *KSR* 案对显而易见性的灵活处理方法，以及解释的需要，审查员可在有正当理由并得到适当支持的情况下，援引法律先例作为支持理由的来源。参见 MPEP § 2144.04。因此，举例来说，手工操作自动化、便携化、可分离化、倒置或复制零件，或净化旧产品，都可能构成驳回的基础。然而，这些理由不应被当作单独认定规则，而必须加以解释，并证明适用于本案的事实。类似的警告适用于任何显而易见的分析。仅仅简单地说明理由（如"领域内公认的等同物""结构上的相似性"），而不解释其对本案事实的适用性，通常不足以确立显而易见性的初证事实。

Ⅰ．理由可以在对比文件中，也可以从本领域公知常识、科学原理、公认的等同物或法律判例中推理出来

改进或结合现有技术的理由不必在现有技术中明确说明；理由可以明示或暗示地包含在现有技术中，也可以从本领域技术人员通常可以获得的知识、已确立的科学原则或在先判例法所确立的法律判例中推理出来。参见 *In re Fine*，837 F. 2d 1071，5 USPQ2d 1596（Fed. Cir. 1988）；*In re Jones*，958 F. 2d 347，21 USPQ2d 1941（Fed. Cir. 1992）。还可参见 *In re Kotzab*，217 F. 3d 1365，1370，55 USPQ2d 1313，1317（Fed. Cir. 2000）（阐述了暗示性教导的测试）；*In re Eli Lilly & Co.*，902 F. 2d 943，14 USPQ2d 1741（Fed. Cir. 1990）（讨论了对判例的依赖）；*In re Nilssen*，851 F. 2d 1401，1403，7 USPQ2d 1500，1502（Fed. Cir. 1988）（对比文件不必给出结合教导的明确启示）；*Ex parte Clapp*，227 USPQ 972（Bd. Pat. App. & Inter. 1985）（审查员必须提出令人信服的逻辑推理来支持拒绝意见）；以及 *Ex parte Levengood*，28 USPQ2d 1300（Bd. Pat. App. & Inter. 1993）（依据逻辑和合理的科学推理）。

Ⅱ．对某些优点的预期是将对比文件结合的最有力理由

将对比文件结合起来的最有力的理由是，在现有技术中明确或含蓄地承认，或根据已确立的科学原则或法律先例，从令人信服的推理中得出，将对比文件结合起来将会产生一些优点或预期的有益结果。参见 *In re Sernaker*，702 F. 2d 989，994-95，217 USPQ 1，5-6（Fed. Cir. 1983）。还可参见 *Dystar Textilfarben GmbH & Co. Deutschland KG v. C. H. Patrick*，464 F. 3d 1356，1368，80 USPQ2d 1641，1651（Fed. Cir. 2006）（事实上我们一再认为，结合的隐含动机不仅存在于从作为整体的现有技术中四处收集启示的时候，而且存在于"改进"与技术无关并且对比文件的结合导致更理想的产品或过程的时候，如更强、更便宜、更清洁、更快、更轻、更小、更耐用或更有效。因为通过改进产品或工艺来增加商业机会的愿望是普遍的，甚至是常识性的，所以我们认为，在这些情况下，即使对比文件本身没有任何启示的暗示，也存在结合现有技术对比文件的动机）。

Ⅲ．只有当案件的事实与申请的事实足够相似时，法律判例才能提供支持显而易见性的理由

审查员必须在考虑所有相关事实后，对每一份申请一致地适用法律。如果在先法律判决中的事实与正在审查的申请的事实足够相似,审查员可以使用法院使用的理由。如果申请人已证明某一特定限定的重要性,则仅仅依靠法院所使用的支持显而易见性拒绝意见的理由,这是不适当的。"我们前任法院和本法院将显而易见性的法律适用于特定事实的大量先例的价值在于,已经建立了广泛的例证和相应的推理,这些例证和推理已经融入了对各种事实的相当一致的法律适用。"参见 In re Eli Lilly & Co., 902 F. 2d 943, 14 USPQ2d 1741 (Fed. Cir. 1990)。

Ⅳ. 与申请人不同的理由是允许的

改进对比文件的原因或动机通常可以表明发明人已做了什么,但是出于不同的目的或解决不同的问题。现有技术的结合,建议没有必要是要实现申请人所发现的相同优点或结果。参见 In re Kahn, 441 F. 3d 977, 987, 78 USPQ2d 1329, 1336 (Fed. Cir. 2006) (动机问题产生于发明人所面临的一般问题而不是本发明所解决的具体问题);Cross Med. Prods., Inc. v. Medtronic Sofamor Danek, Inc., 424 F. 3d 1293, 1323, 76 USPQ2d 1662, 1685 (Fed. Cir. 2005) ("本领域普通技术人员不需要看到在现有技术对比文件中解决的相同问题,就能被激励来应用其教导");In re Lintner, 458 F. 2d 1013, 173 USPQ 560 (CCPA 1972) (下面讨论);In re Dillon, 919 F. 2d 688, 16 USPQ2d 1897 (Fed. Cir. 1990),拒发调卷令,500 U. S. 904 (1991) (下面讨论)。

在 In re Lintner 案中,请求保护的发明是一种洗衣剂组合物,主要由特定比例的分散剂、阳离子织物柔软剂、糖、螯合磷酸盐和增白剂组成。该权利要求因找到两篇对比文件被审查员拒绝,主要对比文件教导了除糖之外的权利要求的所有限定,而次要对比文件教导了在含有阳离子织物柔软剂的组合物中添加糖作为填充剂或增重剂。上诉人认为,在请求保护的发明中,糖负责阳离子柔软剂与其他洗涤剂组分的相容性。法院维持了驳回,指出"上诉人将糖用于不同目的的事实并不改变这样的结论,即从对比文件中公开的目的来看,糖在现有技术组合中的使用会 [原文为,将是]❶ 初步证明为显而易见的"。参见 173 USPQ at 562。

在 In re Dillon 案中,申请人请求保护一种组合物,该组合物包含特定配方的烃燃料和足量的四原酸酯,以减少燃料燃烧产生的颗粒排放。该权利要求相对于两篇现有技术的结合因是显而易见的而被驳回,其中一篇教导了包含用于脱水燃料的三原酸酯的烃燃料组合物,另一篇教导二原酸酯和四原酸酯在液压 (非烃) 流体中作为水清除剂的等同物。委员会确认了驳回意见,认定"由于三原酸酯和四原酸酯之间的'相近的结构和化学相似性',以及现有技术及 Dillon 都使用这些化合物作为燃料添加剂的事实,有'合理的预期',三原酸酯和四原酸酯燃料组合物将具有相似的性质"。参见 919 F. 2d at 692, 16 USPQ2d at 1900。法院认为,"为了确立显而易见性的初证事实,没有必要……在现有技术中要给出启示或期望,请求保护的 [发明] 将具有与申请人

---

❶ 原文表述是 would be [sic, would have been],括号中的内容表示判例文书原文表述,此处 would 的含义更接近于表示意愿的"会",而非表示时态的"将",因此 MPEP 纠正判决文书中疑似有误的原文。

新发现的那个用途相同或类似的用途",然后得出结论,这建立了初证事实,因为"预期它们具有相似的性质,因此本领域提供了动机来获得请求保护的组合物"。参见919 F. 2d at 693,16 USPQ2d at 1901(原文强调)。

参见 MPEP § 2145 第 Ⅱ 节关于现有技术中存在额外优点或未获得共识的潜在属性的判例法。

2144.01 隐含公开（2012.08 修订）

"在考虑对比文件的内容时,不仅要考虑对比文件的具体教导,而且要考虑到本领域技术人员有理由期望从中得出的推论。"参见 *In re Preda*,401 F. 2d 825,826,159 USPQ 342,344（CCPA 1968）（在"750~830℃"的温度下,在木炭存在的情况下,硫蒸汽和甲烷发生反应催化生成二硫化碳的一种方法,被认定与一篇对比文件中的方法相符,该对比文件明确地教导了在700℃下的相同方法,并且该对比文件认识到使用温度高于750℃的可能性。对比文件公开了在温度大于750℃（尽管没有木炭）的情况下,用硫磺蒸汽将甲烷转化为二硫化碳的催化过程是已知的,而700℃"比之前证明可行的温度要低得多")。在 *In re Lamberti*,545 F. 2d 747,750,192 USPQ 278,280（CCPA 1976）案中（对比文件公开的化合物中,R-S-R¢ 部分"至少有一个亚甲基与硫原子相连",这意味着与硫原子相连的另一个 R 基团可以不是亚甲基,因此建议了不对称的二烷基基团）。

2144.02 依赖于科学理论（2012.08 修订）

支持35 U. S. C. 103 驳回意见的理由可能依赖于逻辑和合理的科学原则。参见 *In re Soli*,317 F. 2d 941,137 USPQ 797（CCPA 1963）。然而,当审查员依赖于科学理论时,必须为该理论的存在和意义提供证据支持。参见 *In re Grose*,592 F. 2d 1161,201 USPQ 57（CCPA 1979）（法院认为沸石的不同晶体形式在结构上彼此之间并不是显而易见的,因为没有化学理论支持这样的结论。结构相似的化合物（同系物、类似物、同分异构体）之间已知的化学关系,并不支持要求保护的沸石相对于现有技术是初步证明为显而易见性的认定,因为沸石不是化合物,而是通过特定的晶体结构相互关联的化合物的混合物）。

2144.03 依赖现有技术中的公知常识或"众所周知的"现有技术（2017.08 修订）

在某些适当的情况下,审查员可以对不在审查档案中的事实采用官方通知,或者在作出拒绝意见时依赖"公知常识",但是应该谨慎地使用这种拒绝意见。

依赖公知常识或采用官方通知的程序

适用于事实认定的审查标准,是《行政程序法》(APA),5 U.S.C.500 及其下属款项规定的"实质证据"标准。参见 In re Gartside,203 F.3d 1305,1315,53 USPQ2d 1769,1775 (Fed. Cir. 2000)。还可参见 MPEP §1216.01。根据下文讨论的联邦巡回上诉法院最近的决定和现在适用于 USPTO 的委员会审查的实质证据标准,提供以下指导来帮助审查员确定,在没有书面证据支持的情况下何时采用关于事实的官方通知是适当的,或何时依靠本领域公知常识作出拒绝意见是适当的,如果采用这样的官方通知,为了支持审查员对本领域公知常识的结论,什么证据是必要的?

A. 确定在没有书面证据支持审查员结论的情况下,何时采用官方通知是合适的

只有在某些情况下,允许审查员作出没有书面证据的官方通知。虽然可以依赖"官方通知",但当申请处于基于 37 CFR 1.113 最终驳回意见或者行为时,这些情况应该很少出现。只有在审查员所主张的众所周知的事实或本领域公知常识的事实,能够被立即和无可非议地证明为众所周知的情况下,才能采用没有书面证据支持的官方通知。正如法院在 In re Ahlert,424 F.2d 1088,1091,165 USPQ 418,420 (CCPA 1970) 案中所指出的,审查员可能采用的审查档案以外事实的通知,必须"能够进行即时和无可非议的证明,以对抗争议"(参见 In re Knapp Monarch Co.,296 F.2d 230,132 USPQ 6 (CCPA 1961))。在 Ahlert 案中,法院认为,委员会恰当地采用了司法通知,即"根据热量要求调整火焰的强度是旧的做法"。参见 In re Fox,471 F.2d 1405,1407,176 USPQ 340,341 (CCPA 1973) (法院采取了事实的司法通知,即"当新的'音频信息'记录在已经有录音的磁带上时,录音机通常会自动删除磁带原有录音")。在适当的情况下,即使没有具体的书面证据支持,但是采用事实的官方通知也可能是合理的:希望使某些东西更快、更便宜、更好或更强。此外,审查员在第一次审查意见通知书中采用事实的官方通知,断言从属权利要求中的某些限定在现有技术中是旧的和众所周知的权宜之计,而没有文件证据的支持,这也可能是合理的。只要所通知的事实是众人皆知的特征,并且仅用于"填补空白",所述空白可存在于审查员为支持拒绝意见的特定理由而作出的证据证明中。参见 In re Zurko,258 F.3d 1379,1385,59 USPQ2d 1693,1697 (Fed. Cir. 2001);Ahlert,424 F.2d at 1092,165 USPQ at 421。

如果所主张的众所周知的事实不能被立即地、无可非议地证明,则审查员在不引用现有技术对比文件的情况下作出事实的官方通知将会是<u>不</u>适当的。例如,在深奥的技术领域或现有技术的特定知识领域中,对技术事实的断言必须总是要通过引用相关技术中公认为标准的一些对比文件来加以支持。参见 In re Ahlert,424 F.2d at 1091,165 USPQ at 420-21。还可参见 In re Grose,592 F.2d 1161,1167-68,201 USPQ 57,63 (CCPA 1979) ("当 PTO 试图依靠化学理论来建立显而易见性的初证事实时,它必须为该理论的存在和含义提供证据支持");参见 In re Eynde,480 F.2d 1364,1370,178 USPQ 470,474 (CCPA 1973) ("我们拒绝接受可以对现有技术状况采取司法或行

政通知的想法。构成现有技术状况的事实，通常受到理性人之间可能的合理分歧制约，不适合采用此类通知")。

如果没有审查档案中的证据支持，仅仅依靠本领域的"公知常识"作为拒绝意见所依据的主要证据，这绝不是合适的。在 Zurko，258 F.3d at 1385，59 USPQ2d at 1697 案中，委员会得出结论不能简单地根据自己的理解或经验——或依据对什么是基本知识或公知常识的评估。相反，委员会必须指出审查档案中的一些具体证据来支持这些认定。尽管法院解释说，"作为一个行政法庭，委员会显然在它行使管辖权的事项上拥有专门知识"，但法院明确表示，这种"专门知识可以为结论提供充分的支持，但是只能针对次要问题"（Id. at 1385-86，59 USPQ2d at 1697）。正如法院在 Zurko 案中所认为的，不基于审查档案中的任何证据对基本知识和常识进行评估，是缺乏实质证据支持的（Id. at 1385-86，59 USPQ2d at 1697）。还可参见 Arendi v. Apple，832 F.3d 1355，119 USPQ2d 1822（Fed. Cir. 2016）（认定委员会没有提供由审查档案的证据所支持的合理分析，说明为什么"公知常识"教导了缺失的过程步骤）。

B. 如果关于事实采取官方通知，没有书面证据的支持，那么作出这种通知的决定所依据的推理技术线索必须是清楚无误的

在某些更老的案例中，已采取了一些事实的官方通知，主张"公知常识"而没有具体运用书面证据，其中所通知的事实是容易核实的，如当审查档案中的其他对比文件支持所通知的事实，或者没有任何审查档案与之相矛盾。参见 In re Soli，317 F.2d 941，945-46，137 USPQ 797，800（CCPA 1963）（接受了审查员的主张，即"控制是整个细菌学领域的标准程序"，因为它易于核实，并在该局的审查档案中未引用的对比文件中公开）；关于 In re Chevenard，139 F.2d 711，713，60 USPQ 239，241（CCPA 1943）（接受了审查员的认定，在较高温度下短暂加热相当于在较低温度下较长时间加热，而审查档案中没有任何与其相矛盾的情形，并且申请人从未要求审查员出示证据来支持其陈述）。如果作出了这种通知，必须明确阐述这种推理的基础。审查员必须提供基于合理的技术和科学推理所断言的具体事实认定，以支持公知常识的结论。参见 Soli，317 F.2d at 946，37 USPQ at 801；Chevenard，139 F.2d at 713，60 USPQ at 241。应向申请人阐明，审查员是在何种明确依据基础上认为有关事项属于官方通知的事项，以便在作出"公知常识"声明的审查通知书之后，申请人能够在接下来的答复时充分地反驳这份驳回意见。

C. 如果申请人对事实主张提出质疑，认为是不正确的官方通知，或者是不正确地依据了公知常识，那么审查员必须提供足够的证据来支持这一认定

为了充分地辩驳这一认定，申请人必须明确指出审查员通知书中的错误，包括说明为什么已通知的事实不被认为是常识或本领域众所周知的。参见 37 CFR 1.111（b）；还可见 Chevenard，139 F.2d at 713，60 USPQ at 241（"如果上诉人没有要求审查员为他的陈述出示证据，我们将不考虑这一论点"）。泛泛地声称权利要求定义了一项可专利的发明，而不涉及（或不针对）审查员官方通知中的断言，这种声称是不充分的。如果申请人充分辩驳了审查员的官方通知中的断言，审查员要想继续维持驳回意见，就必须在下一次审查通知书中提供书面证据。参见 37 CFR 1.104（c）(2)；还可见 *Zurko*，258 F.3d at 1386, 59 USPQ2d at 1697（"委员会［或审查员］必须指出审查档案中的一些具体证据来支持这些认定"，以满足实质证据规则。如果审查员是依靠个人知识来支持某些内容是本领域已知的这种认定，审查员必须提供陈述具体事实声明和解释的宣誓书或宣言来支持该认定）。参见 37 CFR 1.104（d）(2)。

如果申请人没有辩驳审查员官方通知中的主张，或者申请人的辩驳不充分，审查员应当在下一次审查通知书中清楚地表明，关于公知常识或者本领域众所周知的声明被视为已经承认的现有技术，因为申请人或者无力反驳审查员官方通知中的主张，或者辩驳不充分。如果辩驳不充分，审查员应解释为什么不充分。

D. 确定下一次通知书是否为最终通知书

如果在申请人反驳后，审查员在下一次通知书中增加了一份对比文件，但是该新增加的对比文件仅作为支持在先公知常识认定的直接对应证据而添加的，且不导致新问题或构成新的拒绝理由，则可以将该通知书作为最终决定。当权利要求没有作任何修改时，如果作出最终驳回的审查通知书，审查员不得依赖对比文件中的任何其他教导。如果新引用的对比文件是为了支持在先的公知常识声明以外的其他原因而添加的，并且审查员引入了一个新的驳回理由，而这个新理由并不是申请人对权利要求的修改所必然导致的，则该驳回意见可能不能成为最终的通知书。参见 MPEP § 706.07（a）。

E. 总结

在没有支持审查员结论的书面证据的情况下，基于事实是众所周知的或本领域公知常识的主张而作出拒绝意见，这种情形应当谨慎地适用。此外，如法院在 *Ahlert* 案中所指出，任何被这样通知的事实都应当是众人皆知的特征，并且仅用于以一种非实质的方式，"填补"审查员为支持驳回意见的特定理由而作出的证据证明中可能存在的"空白"。如果审查档案中没有证据支持，仅仅依靠本领域的"公知常识"作为驳回意见所依据的主要证据显然是不合适。参见 *Zurko*，258 F.3d at 1386, 59 USPQ2d at 1697；*Ahlert*，424 F.2d at 1092, 165 USPQ 421。

2144.04 法律先例作为支持理由的来源（2017.08 修订）

正如 MPEP § 2144 中所讨论的，如果在先法律判决中的事实与正在审查的申请的事实足够相似，审查员可以使用法院使用的理由。以下将会讨论法院已经认可的通常只需要本领域的普通技能并因此被认为是常规权宜之计的各种惯例的示例。如果申请人已证明某一特定限定的重要性，则仅仅依靠判例法来支持显而易见性驳回意见的理由是不适当的。

I. 美学设计变化

In re Seid, 161 F.2d 229, 73 USPQ 431（CCPA 1947）（权利要求涉及一种广告显示装置，其包括一个瓶子和一个呈现为从腰部向上的人形的中空部件，该中空部件适于套在瓶子的颈部，并将其覆盖，该中空部件和瓶子一起给人以人形的印象。上诉人认为，现有技术没有教导上半身的某些限定，包括手臂的布置。法院认定，仅与装饰有关而没有机械功能的事项，不能用来将所请求保护的发明与现有技术可专利性地区分开来）。参见 *Ex parte Hilton*, 148 USPQ 356（Bd. App. 1965）（权利要求涉及含有特定水分和脂肪含量的油炸薯条，而现有技术针对的是含有较高水分含量的法式炸薯条。虽然认识到在某些情况下产品的特定形状没有专利意义，但在本案中，委员会认为形状（薯条）是重要的，因为它产生的产品不同于对比文件的产品（法式炸薯条））。

II. 步骤或要素及其功能的省略

A. 如果要素及其功能不是所想要的，则该要素及其功能的省略是显而易见的

Ex parte Wu, 10 USPQ 2031（Bd. Pat. App. & Inter. 1989）（有争议的权利要求涉及一种抑制金属表面腐蚀的方法，使用由环氧树脂、石油磺酸盐和碳氢化合物稀释剂组成的组合物。该权利要求相对于两篇对比文件的结合而被拒绝，第一篇对比文件公开了环氧树脂、碳氢化合物稀释剂和多元酸盐的防腐组合物，其中教导所述盐在淡水环境中使用是有益的，第二篇对比文件明确建议在防腐组合物中添加石油磺酸盐。委员会肯定了这一拒绝意见，认为在不想要或不需要多元酸盐的功能的情况下，如在不接触淡水的环境中用于提供耐腐蚀性能的组合物中，省略掉第一篇对比文件的多元酸盐，是显而易见的）。参见 *In re Larson*, 340 F.2d 965, 144 USPQ 347（CCPA 1965）（如果不希望增加现有技术的流动流体运输单元的载货能力，则省略用于实现这一功能的额外的框架和轴是显而易见的）；参见 *In re Kuhle*, 526 F.2d 553, 188 USPQ 7（CCPA 1975）（省略现有技术的开关元件，从而消除其功能是一个明显的权宜之计）。

B. 省略一个要素而保留该要素的功能是非显而易见性的标志

需要注意，省略一个要素而保留其功能是非显而易见性的标志。在 *In re Edge*, 359 F.2d 896, 149 USPQ 556（CCPA 1966）案中（有争议的权利要求涉及印刷片材，其具有直接结合到所述片材上的可擦除的金属薄层，该薄层遮掩原始印刷物，直到通过擦除去除为止），现有技术公开了一种类似的印刷片材，其进一步包括透明的防擦除中间保护层，在顶层被擦除时该保护层防止印刷物被擦除。权利要求被认定相对于现有技术是非显而易见的，因为尽管现有技术的透明层被去除了，但透明层的功能得以保留，是由于上诉人的金属层可被擦除却不会擦除掉印刷标记。

III. 使手工劳动自动化

在 *In re Venner*, 262 F.2d 91, 95, 120 USPQ 193, 194（CCPA 1958）案中，上诉

人认为，用于模制筒式活塞的金属型铸造设备的权利要求相对于现有技术应当是可授权的，因为请求保护的发明将"旧的金属模结构与计时器和螺线管结合在一起，在预定时间过去后自动启动已知的压力阀系统，以释放内核"。法院认为，广泛地提供一种自动或机械的手段来取代达到同样结果的手工劳动，并不足以与现有技术相区分。

Ⅳ. 尺寸、形状或添加成分顺序的变化

A. 尺寸/比例的变化

在 *In re Rose*，220 F. 2d 459，105 USPQ 237（CCPA 1955）案中，权利要求涉及"需要用升降机搬运的相当大的尺寸和重量"的木材包装，被认为相对于现有技术的可以用手工搬运的木材包装来说是不可授予专利的，因为与包装尺寸有关的限定不足以与现有技术在专利上区分开来）；*In re Rinehart*，531 F. 2d 1048，189 USPQ 143（CCPA 1976）案中，"如果现有技术工艺能够扩大规模，那么本案仅仅扩大现有技术工艺的规模，并不能为如此规模的旧工艺的权利要求确立专利性"。参见 531 F. 2d at 1053，189 USPQ at 148。

在 *In Gardner v. TEC Syst.*, *Inc.*，725 F. 2d 1338，220 USPQ 777（Fed. Cir. 1984），拒发调卷令，469 U.S. 830，225 uspq 232（1984）案中，联邦巡回上诉法院认为，现有技术与权利要求之间的唯一区别是列举了请求保护的装置的相对尺寸，且具有请求保护的相对尺寸的装置的性能不会与现有技术装置不同，请求保护的装置不能与现有技术装置在专利上区别开来。

B. 形状变化

参见 *In re Dailey*，357 F. 2d 669，149 USPQ 47（CCPA 1966）（法院认为，请求保护的一次性塑料护理容器的构造是一种选择问题，本领域普通技术人员已认定，明显缺乏有说服力的证据证明所要求保护的容器的特定构造是重要的）。

C. 改变成分添加顺序

参见 *Ex parte Rubin*，128 USPQ 440（Bd. App. 1959）案（现有技术对比文件公开了一种制造层压片的方法，其中基片首先涂覆有金属膜，然后浸渍热固性材料，而权利要求涉及通过颠倒现有技术工艺步骤顺序来制造层压板的方法，使该权利要求被认为初步证明的显而易见性）。还可参见 *In re Burhans*，154 F. 2d 690，69 USPQ 330（CCPA 1946）（在没有新的或预料不到的结果的情况下，选择任意顺序执行工艺步骤，初步证明是显而易见的）；*In re Gibson*，39 F. 2d 975，5 USPQ 230（CCPA 1930）（选择任何顺序混合配料都是初步证明是显而易见的）。

V. 使之便携、一体化、可分离、可调节或可连续

A. 使之便携

在 *In re Lindberg*, 194 F. 2d 732, 93 USPQ 23（CCPA 1952）案中，除非有新的或预料不到的结果，否则请求保护的设备是便携式或可移动这一事实本身不足以明显区别于其他旧设备。

B. 使之一体化

在 *In re Larson*, 340 F. 2d 965, 968, 144 USPQ 347, 349（CCPA 1965）案中，一项涉及流体运输车辆的权利要求，因为相对于现有技术对比文件是显而易见的而被拒绝，该权利要求与现有技术的不同之处在于要求制动鼓与夹紧装置成为一体，而现有技术的制动盘和夹具包括刚性固定在一起作为单个单元的几个部件。法院认可了拒绝意见，除其他原因外，认为"使用整体式结构代替[现有技术]中公开的结构仅仅是一个显而易见的工程选择问题；参见 *Schenck v. Nortron Corp.*, 713 F. 2d 782, 218 USPQ 698（Fed. Cir. 1983）（权利要求涉及一种振动试验机（硬轴承车轮平衡器），其包括保持结构、底座结构和形成"单个整体且无间隙的连续件"的支撑装置。Nortron 认为，这项发明只是将四个螺栓部件整合在一起。法院认定这个论点缺乏说服力，并认为这些权利要求是可以授予专利的，因为现有技术认为需要抑制共振的机制，而发明人通过整体无间隙支撑结构消除了抑制共振的需要，陈述了与现有技术的理解和期望相反的见解）。

C. 使之可分离

In re Dulberg, 289 F. 2d 522, 523, 129 USPQ 348, 349（CCPA 1961）（请求保护的结构是一个带有可拆卸盖子的口红支架，除了在现有技术中盖子是"压合"的，因此不能手动拆卸外，完全符合现有技术的结构。法院认为，"如果考虑到在盖子所应用的[现有技术的]支架端部设置通道，无论如何都是需要的，那么显然可以出于该目的使盖子可拆卸"）。

D. 使之可调节

In re Stevens, 212 F. 2d 197, 101 USPQ 284（CCPA 1954）（权利要求涉及一种钓竿的手柄，其中手柄具有纵向可调的指钩，手柄的把手通过万向节与主体部分连接。法院认为，在需要时，可调节性并不是一种可获得专利的进步，并且由于存在本领域公认的调节钓竿的需要，用万向节取代现有技术的单个枢轴将是显而易见的）。

E. 使之可连续

In re Dilnot, 319 F. 2d 188, 138 USPQ 248（CCPA 1963）（权利要求涉及一种制备

水泥结构的方法,其中将稳定的空气泡沫引入水泥材料的浆料中,与现有技术的不同之处只在于要求连续加入泡沫。法院认为,相对于现有技术的间歇方法,请求保护的连续操作将是显而易见的)。

VI. 部件的倒转、复制或重新布置

A. 部件的倒转

参见 *In re Gazda*,219 F. 2d 449,104 USPQ 400(CCPA 1955)(现有技术公开了一种钟表,它固定在汽车方向盘不动的立柱上,而用于给钟表上弦的齿轮随着方向盘转动;若仅仅是这种运动的反向,即钟表随着方向盘转动,则被认为是一种显而易见的改变)。

B. 部件的复制

参见 *In re Harza*,274 F. 2d 669,124 USPQ 378(CCPA 1960)(有争议的权利要求涉及一种防水砌体结构,其中柔性材料的水密封物填充在相邻的混凝土浇注之间形成的接缝中。请求保护的水密封物具有位于接合处的"腹板",以及从腹板的每一侧向外突出到相邻混凝土平板之一中的多个"肋"。现有技术公开了一种用于防止水在混凝土块之间通过的加号(+)形状的柔性止水装置。尽管对比文件没有公开多个肋,但法院认为,除非产生新的和预料不到的结果,否则仅仅是部件的复制没有可专利的意义)。

C. 部件的重新布置

参见 *In re Japikse*,181 F. 2d 1019,86 USPQ 70(CCPA 1950)(一种液压机,与现有技术相比,区别在于启动开关的位置,该权利要求被认为不可获得专利,因为移动启动开关的位置不会改变装置的操作);*In re Kuhle*,526 F. 2d 553,188 USPQ 7(CCPA 1975)(导电率测量装置中触点的特殊位置被认为是一个显而易见的设计选择问题)。然而,"仅仅是本领域技术人员能够重新布置对比文件装置的部件以满足上诉权利要求这一事实本身,不足以支持显而易见性的认定。现有技术必须为本领域技术人员提供一种动机或理由,而不是上诉方说明书中提及的益处,以在对比文件的装置中作出必要的更改。"参见 *Ex parte Chicago Rawhide Mfg. Co.*,223 USPQ 351,353(Bd. Pat. App. & Inter. 1984)。

VII. 提纯旧产品

纯材料相对于不太纯或不纯材料而言是一种新颖的材料,因为纯材料和不纯材料是有区别的。因此,争议在于纯材料的权利要求与现有技术相比是否是非显而易见的。参见 *In re Bergstrom*,427 F. 2d 1394,166 USPQ 256(CCPA 1970)。已知产品的更纯形式可以获得专利,但产品天然的纯度并不致使产品非显而易见性。

在确定旧产品被提纯的形式相对于现有技术是否显而易见时，要考虑的因素包括请求保护的化合物或组合物是否具有与现有技术中密切相关的材料相同的效用，以及现有技术是否对请求保护的材料的特定形式或结构，或获得该形式或结构的合适方法给出了启示。在 In re Cofer, 354 F. 2d 664, 148 USPQ 268（CCPA 1966）案中，相对于公开相同化合物的粘性液体形式的对比文件，涉及该化合物的自由流动的结晶形式的权利要求被认为是非显而易见的，因为审查档案中的现有技术没有对要求保护的结晶形式的化合物或如何获得这种晶体给出启示。然而，在"方法限定产品"权利要求的情况下，如果对第一种现有技术方法进行改进以提高该方法生产产品的纯度，并且如果提纯的产品与其他现有技术方法生产的产品没有结构或功能差异，那么第一种方法中提高产品的纯度的改进不会产生可专利性。参见 Purdue Pharma v. Epic Pharma, 811 F. 3d 1345, 117 USPQ2d 1733（Fed. Cir. 2016）；还可参见 MPEP § 2113；Ex parte Stern, 13 USPQ2d 1379（Bd. Pat. App. & Inter. 1987）一项提纯至均一性的白细胞介素 – 2（分子量大于 12 000 的蛋白质）的权利要求，被认为相对对比文件来说是不可获得专利的，对比文件中认识到提纯白细胞介素 – 2 至均一性是合乎需要的，其中一篇对比文件教导了提纯分子量超过 12 000 的蛋白质至均一性的方法，该现有技术的方法类似于上诉人公开的提纯白细胞介素 – 2 的方法。

2144.05 相似或重叠范围、量和比例的显而易见性（2017.08 修订）

参见 MPEP § 2131.03，了解基于 35 U. S. C. 102 和 35 U. S. C. 102/103 的范围在先公开作出拒绝意见的判例法。

I. 重叠、接近和相似的范围、数量和比例

在请求保护的范围"重叠于或位于现有技术公开的范围内"的情况下，存在显而易见性的初证事实。参见 In re Wertheim, 541 F. 2d 257, 191 USPQ 90（CCPA 1976）；In re Woodruff, 919 F. 2d 1575, 16 USPQ2d 1934（Fed. Cir. 1990）（现有技术教导了一氧化碳浓度为"大约 1% ~ 5%"，而权利要求被限定为"超过 5%"。法院认为，"大约 1% ~ 5%"允许浓度略高于 5%，因此范围重叠）；In re Geisler, 116 F. 3d 1465, 1469 – 71, 43 USPQ2d 1362, 1365 – 66（Fed. Cir. 1997）（权利要求将保护层的厚度列举为落在"50 至 100 埃"的范围内，现有技术对比文件教导了"为了合适的保护，保护层的厚度应不小于约 10nm［即 100 埃］，该权利要求被认为初步证明是显而易见的）。法院表示，"通过说明如果保护层的厚度'大约'是 100 埃，就会提供'适当的保护'，［现有技术对比文件］直接教导了使用在［申请人的］要求范围内的厚度"）。

类似地，请求保护的范围或数量与现有技术不重叠而只是相近，则存在显而易见性的初证事实。Titanium Metals Corp. of America v. Banner, 778 F. 2d 775, 783, 227 USPQ 773, 779（Fed. Cir. 1985）（法院认为，对"含有 0.8% 镍、0.3% 钼、至多 0.1% 铁、余量为钛"的合金的权利要求予以拒绝是恰当的，其相对于公开了含有 0.75% 镍、

0.25% 钼、余量为钛的合金及含有 0.94% 镍、0.31% 钼、余量为钛的合金的对比文件是显而易见的。"它们的比例是如此接近，以至于初步证明，本领域技术人员会期待它们具有相同的属性。" 还可参见 Warner – Jenkinson Co., Inc. v. Hilton Davis Chemical Co., 520 U. S. 17, 41 USPQ2d 1865 (1997) (按照等同原则，使用 pH 值为 5.0 的净化工艺能够对 pH 为 6.0~9.0 的专利净化工艺造成侵权，对本决定的解释是"这个工艺如果晚于本专利，会造成侵权，如果早于本专利，就是在先公开"); In re Aller, 220 F. 2d 454, 456, 105 USPQ 233, 235 (CCPA 1955) (请求保护的工艺在 40~80℃温度以及在 25%~70% 的酸浓度下进行，相对于仅在 100°C 温度和 10% 的酸浓度下进行的对比文件的工艺，被认为初步证明是显而易见的); In re Waite, 168 F. 2d 104, 108 (CCPA 1948); 在 In re Scherl, 156 F. 2d 72, 74–75 (CCPA 1946) 中，现有技术示出了凹槽内的角度一直到 90°，且申请人声称角度不小于 120°; In re Swenson, 132 F. 2d 1020, 1022 (CCPA 1942); In re Bergen, 120 F. 2d 329, 332 (CCPA 1941); In re Becket, 88 F. 2d 684 (CCPA 1937) ("本案中当合金的成分相同，并且它们如此接近相同的用量范围时，似乎应该在各自合金的质量上有一些明显的不同"); In re Dreyfus, 73 F. 2d 931, 934 (CCPA 1934); In re Lilienfeld, 67 F. 2d 920, 924 (CCPA 1933) (现有技术所教导的碱性纤维素含水最少，审查员认定其含量为 5%~8%，待获得专利的权利要求是碱性纤维素含水范围不同。例如，"基本上不低于 13%""基本上不低于 17%"和"大约 13%~20%"); K – Swiss Inc. v. Glide N Lock GmbH, 567 Fed. App'x 906 (Fed. Cir. 2014) (推翻委员会在一项双方再审程序的上诉中的决定，即由于范围不重叠，某些权利要求被初步证明不是显而易见的); Gentiluomo v. Brunswick Bowling and Billiards Corp., 36 Fed. App'x 433 (Fed. Cir. 2002) (非先例) (不同意需要范围重叠才能认定权利要求初步证明为显而易见的争辩意见)。

"一份现有技术对比文件公开的范围包含了稍微偏窄的请求保护范围，这足以建立显而易见性的初证事实。"参见 In re Peterson, 315 F. 3d 1325, 1330, 65 USPQ2d 1379, 1382–83 (Fed. Cir. 2003); In re Harris, 409 F. 3d 1339, 74 USPQ2d 1951 (Fed. Cir. 2005) (请求保护的合金相对于现有技术的合金是显而易见的，现有技术的合金教导了重叠的重量百分比范围，并且在大多数情况下完全包含请求保护的范围；此外，对比文件教导的一个更窄范围覆盖了请求保护的发明除一个范围之外的所有范围)。然而，如果对比文件公开的范围如此之广以至于包含非常大量的可能的不同组成，这可能在呈现类似于现有技术广泛公开上位概念时，存在讨论下位概念的显而易见性的情况。参见 In re Baird, 16 F. 3d 380, 29 USPQ2d 1550 (Fed. Cir. 1994); In re Jones, 958 F. 2d 347, 21 USPQ2d 1941 (Fed. Cir. 1992); MPEP § 2144.08。

取决于案件的具体情况，范围可以在多篇现有技术对比文件中公开，而不是在单篇现有技术对比文件中公开。参见 Iron Grip Barbell Co., Inc. v. USA Sports, Inc., 392 F. 3d 1317, 1322, 73 USPQ2d 1225, 1228 (Fed. Cir. 2004)。所述专利权利要求涉及一种具有三个细长开口的配重板，所述细长开口用作运输所述配重板的手柄。多个现有技术专利各自公开了具有 1、2 或 4 个细长开口的配重板。参见 392 F. 3d at 1319,

73USPQ2d，1226。法院指出，请求保护的具有三个细长开口的配重板落入现有技术的"范围"内，因此被认为是显而易见的。参见 392 F. 3d at 1322，73USPQ2d，1228。法院还指出，在多个现有技术专利中公开的"范围"是一个不同的情况，但是"与涉及在单个专利中公开范围的先前范围情况没有差别"，因为"现有技术建议在配重板中更多的细长把手是有益的……，因此清楚地建议本领域技术人员查看现有技术中出现的范围（出处同上）"。

II. 常规的优化

A. 在现有技术条件下或通过常规试验进行优化

一般来说，浓度或温度的差异不会支持被现有技术所包含的主题的可专利性，除非有证据表明这种浓度或温度是关键。"当权利要求的一般条件已在现有技术中公开时，通过常规试验发现最优或可行范围并不具有创造性。"参见 *In re Aller*，220 F. 2d 454，456，105 USPQ 233，235（CCPA 1955）（权利要求请求保护一种方法，在 40~80℃温度及在 25%~70%的酸浓度下进行，与对比文件相比被初步证明为显而易见的，所述对比文件方法与权利要求的不同之处仅在于对比文件的方法在 100℃温度和 10%的酸浓度下进行）；还可参见 *Peterson*，315 F. 3d at 1330，65 USPQ2d at 1382（"科学家或技术人员通常希望在已知的基础上进行改进，这就为在一组公开的百分比范围内确定什么是最佳的百分比组合提供了动机"）；参见 *In re Hoeschele*，406 F. 2d 1403，160 US-PQ 809（CCPA 1969）（请求保护的弹性体聚氨酯落入对比文件的宽范围内，被认为是不可专利的，因为除其他原因外，没有证据表明请求保护的分子量或摩尔比例范围的重要性）。对近期采用该原则的案件，参见 *Merck & Co. Inc. v. Biocraft Lab. Inc.*，874 F. 2d 804，10 USPQ2d 1843（Fed. Cir.），拒发调卷令，493 U. S. 975（1989）；*In re Kulling*，897 F. 2d 1147，14 USPQ2d 1056（Fed. Cir. 1990）；*In re Geisler*，116 F. 3d 1465，43 USPQ2d 1362（Fed. Cir. 1997）；*Smith v. Nichols*，88 U. S. 112，118–19（1874）（形式、比例或程度的改变"不会维持专利"）；*In re Williams*，36 F. 2d 436，438（CCPA 1929）（作为一项已经确定的法律原则，对一项已有的专利概念通过只改变其形式、比例、程度或者对已有的发明用基本相同的部件完成相同事项进行等价物替换，仅仅这种推动不能使发明可以获得专利，即使这种改变的效果比现有的发明还要好也是不行的）。参见 *KSR Int'l Co. v. Teleflex Inc.*，550 U. S. 398，416（2007）（确定"在授予基于现有技术中已知要素的组合一项专利时需要谨慎"）。

B. 有动机优化结果有效变量

在 *In re Antonie*，559 F. 2d 618，195 USPQ 6（CCPA 1977）案中，CCPA 认为在将一个结果有效变量的最优范围或可行范围的确定归为常规实验之前，必须首先将特定的参数识别为结果有效变量，即实现所识别结果的变量，因为"明显可以尝试"不是显而易见性结论的有效理由。在 *KSR International Co. v. Teleflex Inc.*，550 U. S. 398

（2007）案中，最高法院认为，"明显可以尝试"是显而易见性结论的有效理由。例如，当存在"设计需求"或"市场需求"并且存在"有限数量"的解决方案时。550 U. S. at 421，"同样狭隘的分析导致上诉法院错误地得出结论，专利的权利要求不能仅仅通过表明各种要素的组合是'明显可以尝试'来证明是显而易见的。……当存在解决问题的设计需求或市场压力，并且存在数量有限的确定的可预测的解决方案时，普通技术人员有充分的理由在他或她的技术能力掌握范围内追求已知的选择。如果导致了预期的成功，很可能不是创新的产物，而是普通技能和公知常识的产物。在这种情况下，一种组合是明显可以尝试的这一事实，可能表明这属于 35 U. S. C. 103 的显而易见性"。因此，在 KSR 案之后，已知的结果——有效变量的存在将是本领域技术人员进行实验以获得另一种可行的产品或工艺的一个动机，但不是唯一的动机。

III. 对显而易见性的初证事实的反驳

A. 证明范围是关键的

申请人可以通过证明范围的关键性来反驳显而易见性的初证事实。"法律中充满了这样的案例，请求保护的发明与现有技术之间的差异是在权利要求范围内的某个范围或其他变量……在这种情况下，申请人必须证明特定的范围是至关重要的，通常是要表明请求的范围取得了与现有技术范围相比预料不到的结果。参见 In re Woodruff, 919 F. 2d 1575, 16 USPQ2d 1934（Fed. Cir. 1990）；Minerals Separation, Ltd. v. Hyde, 242 U. S. 261, 271（1916）（一项基于现有产品或工艺的比例变化的专利（从 4%～10% 的油改为 1% 的油），必须被限制在其所显示的关键比例（1%）之内）；In re Scherl, 156 F. 2d 72, 74-75, 70 USPQ 204, 205（CCPA 1946）（当涉及关键性争议时，申请人有责任通过适当展示他所依赖的事实来确立他的立场）；In re Becket, 88 F. 2d 684（CCPA 1937）（"本案中当合金的组成成分相同，并且它们如此接近相同的数量范围时，似乎应该在各自合金的质量上有一些明显的不同"）；In re Lilienfeld, 67 F. 2d 920, 924（CCPA 1933）（众所周知，虽然如这里所涉及的对一个旧的组合作出比例上的变化可能是有创造性的，但是与在现有工艺中使用的比例相比，这种变化必须是关键的，产生了不仅仅是程度上的差异）；In re Wells, 56 F. 2d 674, 675（CCPA 1932）（"在组合中使用的试剂比例的变化……如果要想获得专利，与之前的方法中的比例相比，该比例必须是关键的"）。

参见 MPEP §716.02 至 §716.02（g），讨论关键性和预料不到的结果。

B. 证实现有技术相反的教导

对显而易见性的初证事实的辩驳，也可以通过证实现有技术在任何实质性方面的教导都背离了请求保护的发明来进行。参见 In re Geisler, 116 F. 3d 1465, 1471, 43 US-PQ2d 1362, 1366（Fed. Cir. 1997）（申请人认为，现有技术的教导，背离了对反射制品使用厚度在请求保护的"50 至 100 埃"范围内的保护层。具体地说，Zehender 的一项专利被用来拒绝申请人的权利要求，该专利中声明保护层的厚度"不应小于大约 100 埃"。法院认为，这项专利并没有背离所请求保护的发明。"Zehender 认为，保持保护层尽可能薄，与获得足够的保护相一致，是有好处的。更薄的涂层减少光吸收，并将制造时间和成本降到最低。因此，虽然 Zehender 表示优选 200~300 埃的较厚保护层，但同时它为本领域普通技术人员提供了关注 Zehender '合适'范围下限的厚度水平（约 100 埃）并探索低于该范围的厚度水平的动机。Zehender 的声明'一般情况下，保护层的厚度不应小于[100 埃]'，这种说法还远远算不上是阻止本领域技术人员制造 100 埃或更小的保护层的教导。因此，我们'不相信现有技术中有足够的相反教导来克服由 Zehender 导致的显而易见性的强有力案例'"）。参见 MPEP § 2145 第 X.D 小节，讨论"相反教导"的对比文件。

申请人对于因为请求保护的发明落入现有技术范围而作出的显而易见性假设，可以通过以下方式来进行辩驳，包括："（1）现有技术的教导背离了请求保护的发明……或者（2）相对于现有技术，有新的和预料不到的结果"。参见 *Iron Grip Barbell Co., Inc. v. USA Sports, Inc.*，392 F.3d 1317，1322，73 USPQ2d 1225，1228（Fed. Cir. 2004）。法院认为，专利权人对于请求保护的涉及具有三个细长手柄开口的配重板的发明，既没有提供与现有技术的教导相反的证据，也没有提供新的和预料不到的结果。参见 392 F.3d at 1323，73 USPQ2d at 1229。然后，法院转而考虑相关辅助性因素的实质性证据，如商业成功、满足长期以来的需要及被他人仿制，这些可能也会支持专利性（出处同上。）然而，法院认定 Iron Grip 未能证明商业成功、被他人仿制，或满足长期以来的需要，原因如下：（A）Iron Grip 将其专利许可给三个竞争对手不足证明"发明的价值和许可"之间的联系，因此没有确立对商业成功的辅助性考虑；（B）针对 Iron Grip 的论点，即竞争对手生产三孔板是仿制的证据，法院声明："不是每一个落入专利范围内的竞争产品都是仿制的证据"，因为"每一项侵权诉讼都会自动确认该专利的非显而易见性"；和（C）尽管 Iron Grip 提供了在其专利之前市场上没有三把手板的证据，以此表明该发明是非显而易见性的，但法院声明："没有表明长期的需要或他人的失败，仅仅是长时间没有请求保护的发明，这并不是非显而易见性的证据。"参见 392 F.3d at 1324-25，73 USPQ2d at 1229-30。

2144.06 本领域认可的相同目的等同物（2012.08 修订）

Ⅰ. 结合已知的用于相同目的的等同物

"将两种组合物结合起来，其中每一种组合物都由现有技术教导用于相同的目的，以便形成用于完全相同目的的第三组合物……将它们结合起来的想法是从现有技术对它们的单独教导的逻辑出发的，这是初步证明为显而易见的。"参见 *In re Kerkhoven*，626 F.2d 846，850，205 USPQ 1069，1072（CCPA 1980）（省略引用）（一种制备喷雾干燥洗涤剂的方法的权利要求，将两种常规喷雾干燥洗涤剂混合在一起，该权利要求被认为是初步证明为显而易见的）。还可参见 *In re Crockett*，279 F.2d 274，126 USPQ

186（CCPA 1960）（权利要求涉及使用包含电石和氧化镁的混合物处理铸铁的方法和材料，现有技术已经公开，上述组分单独促进铸铁中球墨结构的形成，因此权利要求不可专利）；*Ex parte Quadranti*，25 USPQ2d 1071（Bd. Pat. App. & Inter. 1992）（两种已知除草剂的混合物是初步证明为显而易见的）。

II. 替换已知的用于相同目的的等同物

如果以等同为理由支持显而易见性的拒绝意见，必须在现有技术中确认这种等同性，而不能基于申请人的公开或仅有有争议的组成部分在功能性或机械性上等同这一事实。参见 *In re Ruff*，256 F. 2d 590，118 USPQ 340（CCPA 1958）（不能依赖于将组分要求保护为马库什权利要求的事实，来建立这些组分的等同性。然而，申请人对本领域认可的或显而易见的等同物的明确承认可以用来反驳这种等同不存在的论点）；*Smith v. Hayashi*，209 USPQ 754（Bd. of Pat. Inter. 1980）（仅有酞菁和硒在要求的环境中用作等效光导体这一事实，还不足以证明其中一个相对于另一个是显而易见的。然而，有证据表明酞菁和硒在电照相技术中都是已知的光电导体。"在我们看来，在电子照相环境中，用一种取代另一种作为光电导体就提供了显而易见性的强有力的证据" 209 USPQ at 759）。

不需要以一个等效的组成部分或工艺替换另一个的明确教导，来使这种替换是显而易见的。参见 *In re Fout*，675 F. 2d 297，213 USPQ 532（CCPA 1982）。

2144.07 对于预期目的技术认可的适用性（2012.08 修订）

在 *Sinclair & Carroll Co. v. Interchemical Corp.*，325 U. S. 327，65 USPQ 297（1945）案中，基于已知材料对其预期用途的适用性来选择已知材料，支持了初步证明的显而易见性的确定（权利要求涉及一种印刷油墨，包含具有丁基卡必醇蒸汽压力特性的溶剂，使该油墨在室温下不会干燥，但在加热时会快速干燥。该权利要求在参考一篇文献和一份目录后，相对于一篇对比文件是无效的，所述对比文件提出了由另一种溶剂制成的印刷油墨，该溶剂在室温下是不挥发的，但在加热时是高度挥发的，所述文献阐述了用于印刷油墨的溶剂的期望沸点和蒸汽压力特性，而所述目录阐述了丁基卡必醇沸点和蒸汽压力特性。"阅读列表并选择一种已知的化合物来满足已知的要求，并不比在拼图玩具中选择最后一块放置在最后一个缺口中更巧妙。" 参见 325 U. S. at 335，65 USPQ at 301）。

还可参见 *In re Leshin*，277 F. 2d 197，125 USPQ 416（CCPA 1960）（选择已知的塑料制造一个在本发明之前由塑料制成的容器是显而易见的）；*Ryco, Inc. v. Ag - Bag Corp.*，857 F. 2d 1418，8 USPQ2d 1323（Fed. Cir. 1988）（请求保护的农业装袋机与现有技术机器的不同之处在于制动装置是液压操作的，而不是机械操作的，鉴于对比文件公开了用于执行相同功能的液压制动器，虽然该液压制动器是用于不同环境的，但是本发明相对于现有技术机器是显而易见的）。

2144.08 当现有技术教导了上位概念时，下位概念的显而易见性（2015.07修订）

编者按：MPEP 的这部分内容适用于符合 AIA 发明人先申请制（FITF）规定的申请，除非请求保护的发明的相关日期用"有效申请日"取代"发明日"，后者只适用于符合 pre – AIA 35 U. S. C. 102 的申请。参见 35 U. S. C. 100（定义）和 MPEP §2150 及其下属章节。

Ⅰ．根据单篇现有技术对比文件审查涉及下位概念的权利要求

当单篇现有技术对比文件公开的上位概念包含了请求保护的下位概念或具体概念，但没有明确公开特定的请求保护的下位概念或具体概念时，审查员应尝试寻找其他现有技术，以表明该篇对比文件与请求保护的作为一个整体的发明之间的差异将会是显而易见的。如果没有发现这种另外的现有技术，审查员应考虑下面讨论的因素，以确定用单篇对比文件基于 35 U. S. C. 103 作出拒绝意见是否合适。

Ⅱ．确定在本发明作出时，对于本领域普通技术人员来说，请求保护的下位概念或具体概念是否是显而易见的

基于 35 U. S. C. 103 的目的，对现有技术的上位概念所包含的特定化合物、下位概念或具体的权利要求的可专利性分析，不应与任何其他权利要求不同。"103 条对非显而易见性的要求在化学案件中与其他类型的可专利发明没有什么不同。"参见 *In re Papesch*，315，F. 2d 381，385，137 USPQ 43，47（CCPA 1963）。应根据特定案件的事实，从整体情况基于 35 U. S. C. 103 来确定可专利性。参见 *In re Dillon*，919 F. 2d 688，692 – 93，16 USPQ2d 1897，1901（Fed. Cir. 1990）（全体法官出席）。根据 35 U. S. C. 103，审查员使用单独认定规则对于确定请求保护的主题是否是显而易见的是不适当的。参见 *In re Brouwer*，77 F. 3d 422，425，37 USPQ2d 1663，1666（Fed. Cir. 1996）；*In re Ochiai*，71 F. 3d 1565，1572，37 USPQ2d 1127，1133（Fed. Cir. 1995）；*In re Baird*，16 F. 3d 380，382，29 USPQ2d 1550，1552（Fed. Cir. 1994）。现有技术的上位概念包含所请求保护的下位概念或具体概念这一事实本身不足以建立显而易见性的初证事实。在 *In re Baird*，16 F. 3d 380，382，29 USPQ2d 1550，1552（Fed. Cir. 1994）（"请求保护的化合物可能被公开的通式所包含的事实本身并不使该化合物是显而易见的"）；参见 *In re Jones*，958 F. 2d 347，350，21 USPQ2d 1941，1943（Fed. Cir. 1992）（联邦巡回上诉法院已"拒绝"从 Merck［& Co. v. Biocraft Laboratories Inc.，874 F. 2d 804，10 USPQ2d 1843（Fed. Cir. 1989）］提取规则……化学的上位概念会使任何碰巧落入其中的下位概念变得显而易见，而不管所公开的范围有多广"）。

A. 确立显而易见性的初证事实

合适的显而易见性分析包括三个步骤。首先,审查员应该考虑到最高法院在 *Graham v. John Deere*,383 U. S. 1,148 USPQ 459(1966)中规定的因素,确立不可专利性的初证事实。参见 *In re Bell*,991 F. 2d 781,783,26 USPQ2d 1529,1531(Fed. Cir. 1993)("PTO 承担着构建非显而易见性的初证事实的责任");参见 *In re Rijckaert*,9 F. 3d 1531,1532,28 USPQ2d 1955,1956(Fed. Cir. 1993);*In re Oetiker*,977 F. 2d 1443,1445,24 USPQ2d 1443,1444(Fed. Cir. 1992)。*Graham* 17 – 18,148 USPQ at 467 要求,要弄清显而易见性的事实就必须:

(A)确定现有技术的范围和内容;
(B)查明现有技术与有争议的权利要求之间的差异;
(C)确定相关领域普通技术水平;
(D)评价辅助性考虑因素的任何证据。

如果已经构建了一个初证事实,责任就转移到申请人这一方,申请人要继续提出反驳证据或争辩,以克服该初证事实。参见 *Bell*,991 F. 2d at 783 – 84,26 USPQ2d at 1531;*Rijckaert*,9 F. 3d at 1532,28 USPQ2d at 1956;*Oetiker*,977 F. 2d at 1445,24 USPQ2d at 1444。最终,审查员应评估所有事实和所有证据,以确定它们是否仍然支持,在作出本发明时,请求保护的发明对于本领域普通技术人员来说是显而易见的。参见 *Graham* 17 – 18,148 USPQ at 467。

1. 确定现有技术的范围和内容

首先,审查员应确定相关现有技术的范围和内容。每篇对比文件必须符合 35 U. S. C. 102 要求的现有技术资格(参见 *Panduit Corp. v. Dennison Mfg. Co.*,810 F. 2d 1561,1568,1 USPQ2d 1593,1597(Fed. Cir. 1987)("在回答 *Graham* 的"内容"调查之前,必须知道某项专利或出版物是否属于 35 U. S. C. 102 条款下的现有技术)。参见 MPEP § 2141.01(a)。

在现有技术对比文件公开了上位概念的情况下,审查员应确定以下内容:

(A)公开的现有技术的上位概念的结构和该上位概念中任何明确描述的下位概念或具体概念的结构;
(B)为该上位概念公开的任何物理或化学性质和效用,以及对该上位概念用途的任何建议的限定,以及据称该上位概念解决的任何问题;
(C)技术的可预测性;
(D)考虑到所有可能的变化,该上位概念所包括的下位概念的数目。

2. 查明审查档案中公开的最接近现有技术的下位概念或具体概念与请求保护的下位概念或具体概念之间的差异

一旦确定了公开的现有技术的下位概念的结构和该上位概念内任何明确描述的下位概念或具体概念的结构,审查员应将其与请求保护的下位概念或具体概念进行比较,以确定差异。通过这种比较,应确定现有技术对比文件中披露的最接近的下位概念或具体概念，并与请求保护的下位概念或具体概念进行比较。审查员应明确地认定，审查档案中最接近的现有技术中的下位概念或具体概念与请求保护的下位概念或具体概念之间的相似性和差异性，包括与结构、性质和效用的相似性有关的认定。在 *Stratoflex, Inc. v. Aeroquip Corp.*, 713 F. 2d 1530, 1537, 218 USPQ 871, 877 (Fed. Cir. 1983) 案中，法院指出，"基于 35 U. S. C. 103，问题不是请求保护的发明与现有技术之间的差异是否是显而易见的"，而是"请求保护的发明作为一个整体是否是显而易见的"（原文强调）。

3. 确定现有技术的水平

审查员应从在发明作出时假设具有本领域普通技能的假设人的角度对现有技术进行评估。参见 *Ryko Mfg. Co. v. Nu - Star Inc.*, 950 F. 2d 714, 718, 21 USPQ2d 1053, 1057 (Fed. Cir. 1991) （"确定本领域普通技能水平的重要性在于在显而易见性调查中有必要保持客观性"）; *Uniroyal Inc. v. Rudkin - Wiley Corp.*, 837 F. 2d 1044, 1050, 5 USPQ2d 1434, 1438 (Fed. Cir. 1988) （必须从普通技术人员的角度来看证据，而不是从专家的角度来看）。在大多数情况下，与本领域技术水平有关的审查档案的事实只能在现有技术对比文件中找到。然而，申请人提交的任何额外证据都应予以评估。

4. 确定本领域普通技术人员是否有动机去选择请求保护的下位概念或者具体概念

根据与 *Graham* 等三项因素相关的认定，审查员应确定，将所请求保护的发明作为一个整体，也就是，从公开的现有技术的上位概念中选择请求保护的下位概念或具体概念，对于相关领域的普通技术人员来说是否是显而易见的。为解决这一关键问题，审查员应考虑所有相关的现有技术的教导，重点在以下方面（如果有的话）。

（a）考虑上位概念的大小

考虑现有技术上位概念的规模，但是要记住规模本身不能支持显而易见的拒绝性意见。现有技术上位概念的规模与显而易见性的结论之间没有绝对的相关性。参见 *Baird*, 16 F. 3d at 383, 29 USPQ2d at 1552。因此，仅仅现有技术上位概念中包含少量成员的事实本身并不能形成一个显而易见的单独认定规则。然而，上位概念可能是如此之小，以至于当考虑到整体情况时，它会对请求保护的下位概念或具体概念形成在先公开。例如，已经认为，现有技术的上位概念只包含 20 种化合物和有限变化数量的上位概念的化学式，这就固有地对该上位概念内请求保护的下位概念形成在先公开，因为"[本]领域技术人员会……设想到上位概念中的每一个成员"。参见 *In re Petering*, 301 F. 2d 676, 681, 133 USPQ 275, 280 (CCPA 1962)（原文强调）。更具体地说，在 *Petering* 案中，法院指出：

一个简单的计算表明，除去特定 R 基团的异构性，我们在 Karrcr 中发现的有限的类只包含 20 种化合物。然而，我们此处想指出的不是这有限类别中的化合物的数量，而是所涉及的总体情况，包括 R 的变化数量是有限的，Y 和 Z 只有两个取代基，环的其他位置没有取代基，没有一个主要的不变的母核结构。考虑到这些情况，我们认为 Karrer 已经向本领域普通技术人员尽可能充分地描述了所涉及的各种排列，就像他已经画出了每个结构式或者写出了每个名字一样。

同上（原文强调）。与 *In re Schaumann*，572 F. 2d 312，316，197 USPQ 5，9（CC-PA 1978）一致（根据 pre-AIA 35 U. S. C. 102（b），现有技术的上位概念包括了请求保护的下位概念，公开了对低级烷基仲胺的优选，以及请求保护的化合物所具有的性质，构成了对请求保护化合物的描述）。参见 *C.f.*，*In re Ruschig*，343 F. 2d 965，974，145 USPQ 274，282（CCPA 1965）（在 *Petering* 的现有技术没有公开具有共同性质的少量可识别的化合物类的情况下，基于该现有技术的上位概念来拒绝请求保护的化合物是不合适的）。

（b）考虑明确的教导

假如现有技术对比文件明确教导了选择请求保护的上位概念或具体概念的特定原因，审查员应该指出该明确的公开内容，并解释为什么选择所请求保护的发明对于本领域普通技术人员来说是显而易见的。明确的教导可以基于现有技术对比文件中的陈述，如现有技术公认的等同物。参见 *Merck & Co. v. Biocraft Labs.*，874 F. 2d 804，807，10 USPQ2d 1843，1846（Fed. Cir. 1989）（一项权利要求涉及包含阿米洛利和氢氯噻嗪的特定混合物的利尿剂组合物，该权利要求相对于现有技术对比文件是显而易见的，现有技术对比文件明确教导阿米洛利是吡嗪酰胍，其可以与排泄钾的利尿剂（包括氢氯噻嗪，其是一个命名的示例）共同给药，以产生具有期望的钠和钾消除特性的利尿剂）。还可参见 *In re Kemps*，97 F. 3d 1427，1430，40 USPQ2d 1309，1312（Fed. Cir. 1996）（认为结合现有技术的教导来实现所请求保护的发明是显而易见的，其中一篇对比文件具体引用了另一篇）。

（c）考虑结构相似性的教导

考虑所公开的下位概念内的"典型的""优选的"或"最佳的"下位概念或具体概念的任何教导。如果这样的现有技术下位概念或具体概念在结构上与请求保护的相类似，基于结构相似的下位概念通常具有相似性质的合理预期，所述现有技术的公开可以为本领域普通技术人员从该上位概念中选择请求保护的下位概念或具体概念提供依据。参见 *Dillon*，919 F. 2d at 693，696，16 USPQ2d at 1901，1904。还可参见 *Deuel*，51 F. 3d at 1558，34 USPQ2d at 1214（"结构关系可能提供必要的动机或启示来改性已知化合物以获得新化合物。例如，现有技术的化合物可能给出了其同系物的启示，因为同系物通常具有相似的性质，因此具有普通技术的化学工作者通常会考虑研制其试图获得具有改进性质的化合物"）。

在作出显而易见性的决定时，审查员应该考虑必须选择或修改的变量的数量，以及现有技术和请求保护的发明之间区别的性质和显著性。参见 *In re Jones*，958 F. 2d 347，350，21 USPQ2d 1941，1943（Fed. Cir. 1992）（推翻了一项对具有无环结构的新型麦草畏盐的显而易见性拒绝意见，所采用的现有技术包含请求保护的盐的广义上位概念，其中所公开的上位概念的示例在结构上不同，缺乏醚键或为环状）；*Susi*，440 F. 2d 442，445，169 USPQ 423，425（CCPA，1971）（与现有技术中特别优选的具体概念的区别是羟基，申请人承认这种区别"并不重要"）。在生物技术领域，举例说明的下位概念可能因为保守性取代与请求保护的物种不同（"蛋白质中一个氨基酸被另一个化学上相似的氨基酸取代")……一般认为它不会导致蛋白质性质的改变,或者只会导致蛋白质性质的微小改变。参见《生物化学和分子生物学词典》第 97 页(John Wiley & Sons,第 2 版,1989 年)。保守性取代对蛋白质功能的影响取决于取代的性质及其在链中的位置。虽然在某些位置保守性取代可能是良性的,但在某些蛋白质中,给定位置只允许有一个氨基酸。例如,如果在域的内部需要紧密堆积,即使一个甲基的增加或减少都会破坏结构的稳定性。参见詹姆斯·达内尔等著《分子细胞生物学》第 51 页(第 2 版,1990 年)。

请求保护的下位概念或具体概念与现有技术中公开的任何示例性下位概念或具体概念之间的物理和(或)化学相似性越接近,对请求保护的主题将以与上位概念等同的方式起作用的期望就越大。参见 Dillon, 919 F.2d at 696, 16 USPQ2d at 1904(以及其中引用的案例)。参见 Cf. Baird, 16 F.3d at 382 – 83, 29 USPQ2d at 1552(公开不相类似的下位概念可提供相反教材)。

类似地,考虑对比文件中与请求保护的下位概念或具体概念在结构上显著不同的优选下位概念或具体概念的任何教导或启示。这种教导可能是妨碍选择请求保护的下位概念或具体概念,从而不利于显而易见性的确定。参见 Baird, 16 F.3d at 382 – 83, 29 USPQ2d at 1552(推翻了一项对下位概念的显而易见性拒绝意见,其现有技术涉及大量的上位概念,并公开了与请求保护的下位概念有很大不同且比请求保护的下位概念更复杂的"最佳"下位概念)。参见 Jones, 958 F.2d at 350, 21 USPQ2d at 1943(推翻了一项对具有无环结构的新型麦草畏盐的显而易见性拒绝意见,所采用的现有技术包含了请求保护的盐的广义上位概念,其中所公开的上位概念的示例在结构上不同,缺乏醚键或为环状)。例如,对所公开的上位概念内复杂性质的优选下位概念的教导,可以使普通技术人员有动机制造类似的复杂下位概念,因此这种教导是背离制造该上位概念内的简单下位概念的。参见 Baird, 16 F.3d at 382, 29 USPQ2d at 1552。还可参见 Jones, 958 F.2d at 350, 21 USPQ2d at 1943(公开的上位概念的盐在结构上没有足够的相似性,不能使请求保护的下位概念被初步证明是显而易见的)。

用于分析其他类型化学案例中化合物结构相似性的理念在分析上位概念 – 下位概念的案例中同样有用。例如,根据现有技术的三原酸酯燃料组合物,基于结构和化学相似性以及作为燃料添加剂的类似用途,请求保护的四原酸酯燃料组合物被认为是显而易见的。参见 Dillon, 919 F.2d at 692 – 93, 16 USPQ2d at 1900 – 02。同样,根据与丙咪嗪(一种已知的抗抑郁药,现有技术化合物)的结构相似性,用作抗抑郁药的阿米替林的权利要求是显而易见的,这两种化合物都是三环二苯并化合物,结构不同之处仅在于阿米替林中心环中的不饱和碳原子在丙咪嗪中被氮原子取代。参见 In re Merck & Co., 800 F.2d 1091, 1096 – 97, 231 USPQ 375, 378 – 79(Fed. Cir. 1986)。其他结构上的相似性也被认定为用于支持显而易见性的初证事实。参见 In re May, 574 F.2d 1082, 1093 – 95, 197 USPQ 601, 610 – 11(CCPA 1978)(立体异构体);In re Wilder, 563 F.2d 457, 460, 195 USPQ 426, 429(CCPA 1977)(相邻的同系物和结构异构体);In re Hoch, 428 F.2d 1341, 1344, 166 USPQ 406, 409(CCPA 1970)(酸和乙酯); *In re Druey*, 319 F. 2d 237, 240, 138 USPQ 39, 41 (CCPA 1963) (吡唑环中省略甲基)。结构相似性的一些教导对于请求保护的下位概念或具体概念的选择给出启示来说是必要的(出处同上)。

(d) 考虑相似性质或用途的教导

考虑结构相似的现有技术下位概念或具体概念的性质和用途。正是这些性质和效用为普通技术人员提供了真实的动机,使下位概念在结构上类似于现有技术中的下位概念。参见 *Dillon*, 919 F. 2d at 697, 16 USPQ2d at 1905; *In re Stemniski*, 444 F. 2d 581, 586, 170 USPQ 343, 348 (CCPA 1971)。相反,缺乏任何已知的有用特性,妨碍发现制造或选择下位概念或具体概念的动机。参见 *In re Albrecht*, 514 F. 2d 1389, 1392, 1395-96, 185 USPQ 585, 587, 590 (CCPA 1975) (现有技术的化合物如此刺激皮肤以至于不能被认为对所公开的麻醉目的有用,因此本领域技术人员不会有动机去制备相关的化合物);参见 *Stemniski*, 444 F. 2d at 586, 170 USPQ at 348 (当对比文件的化合物没有用途时,仅有结构的密切相似性不足以产生显而易见性的初证事实,因此没有动机制造相关化合物)。然而为使显而易见性的初证事实成立,现有技术不需要公开新发现的性质。参见 *Dillon*, 919 F. 2d at 697, 16 USPQ2d at 1904-05 (以及其中引用的案例)。如果请求保护的发明和结构相似的现有技术的下位概念共有任何有用的性质,这通常足以使普通技术人员有动机制造要求保护的下位概念 (示例出处同上)。例如,认定基于三原酸酯和四原酸酯在某些化学反应中表现相似,可认为相关领域的普通技术人员有动机选择任一结构。参见 919 F. 2d at 692, 16 USPQ2d at 1900-01。事实上,当化合物在结构上非常接近时,通常可以假定有类似的性质。参见 *Dillon*, 919 F. 2d at 693, 696, 16 USPQ2d at 1901, 1904。还可参见 *In re Grabiak*, 769 F. 2d 729, 731, 226 USPQ 870, 871 (Fed. Cir. 1985) (当化合物具有"非常接近"的结构相似性和相似的效用时,可以不构建更多的初证事实)。因此,现有技术中公开的类似性质的证据或任何有用性质的证据 (所述有用性质是被期望与请求保护的发明共享的),有利于得出请求保护的发明是显而易见的结论。参见 *Dillon*, 919 F. 2d at 697-98, 16 USPQ2d at 1905; *In re Wilder*, 563 F. 2d 457, 461, 195 USPQ 426, 430 (CCPA 1977); *In re Lintner*, 458 F. 2d 1013, 1016, 173 USPQ 560, 562 (CCPA 1972)。

(e) 考虑技术的可预期性

考虑技术的可预期性。参见 *Dillon*, 919 F. 2d at 692-97, 16 USPQ2d at 1901-05; *In re Grabiak*, 769 F. 2d 729, 732-33, 226 USPQ 870, 872 (Fed. Cir. 1985)。如果技术是不可预期的,那么结构相似的下位概念不太可能使请求保护的下位概念显而易见,因为推断它们将共享相似的性质可能是不合理的。参见 *In re May*, 574 F. 2d 1082, 1094, 197 USPQ 601, 611 (CCPA 1978) (基于结构相似的现有技术异构体,初步证明请求保护的镇痛化合物的显而易见性,但是有证据表明镇痛和成瘾性质不能基于化学结构进行可靠预测,从而反驳了该显而易见性); *In re Schechter*, 205 F. 2d 185, 191, 98 USPQ 144, 150 (CCPA 1953) (杀虫剂领域的不可预期性,已知有效杀虫剂的同系物、异构体和类似物被证明作为杀虫剂无效,被认为是妨碍作出请求保护的化合物的显而易见性结论的一个因素)。然而,显而易见性不需要绝对的可预期性,只需要对成功的合理期望,即对获得类似性质的合理期望。参见 In re O'Farrell,853 F.2d 894,903,7 USPQ2d 1673,1681 (Fed. Cir. 1988)。

(f) 考虑支持选择下位概念或具体概念的任何其他教导

上面列举的相关教导的类别在上位概念-下位概念情况下是最经常遇到的,但是它们不是排他性的。审查员应考虑每个案件中的全部证据。在不寻常的情况下,可能有其他相关的教导足以支持下位概念或具体概念的选择,因此得到显而易见性的结论。

5. 作出明确的事实认定,并确定它们是否支持显而易见性的初证事实

基于作为一个整体的证据(参见 In re Bell,991 F.2d 781,784,26 USPQ2d 1529,1531 (Fed. Cir. 1993);In re Kulling,897 F.2d 1147,1149,14 USPQ2d 1056,1057 (Fed. Cir. 1990)),审查员应就 Graham 因素作出明确的事实认定,主要侧重于上述现有技术的教导。事实调查应具体阐明现有技术中的哪些教导或启示使本领域普通技术人员有动机选择请求保护的下位概念或具体概念。参见 Kulling,897 F.2d at 1149,14 USPQ2d at 1058;Panduit Corp. v. Dennison Mfg. Co.,810 F.2d 1561,1579 n.42,1 USQP2d 1593,1606 n.42 (Fed. Cir. 1987)。此后,应当确定,这些认定作为一个整体考虑,是否支持所请求保护的发明在本发明作出时,对于相关领域的普通技术人员来说是显而易见性的初证事实。

2144.09 化合物(同系物、相似物、异构体)间的结构的密切相似性(2017.08 修订)

编者按:MPEP 的这部分内容适用于符合 AIA 发明人先申请制(FITF)规定的申请,除非请求保护的发明的相关日期用"有效申请日"取代"发明日",后者只适用于符合 pre-AIA 35 U.S.C. 102 的申请。参见 35 U.S.C. 100(定义)和 MPEP §2150 及其下属章节。

I. 在结构相似的化合物具有相似性质的预期基础上,基于结构的密切相似性作出拒绝意见

当化合物具有非常接近的结构相似性和相似的效用时,就可能建立显而易见性的初证事实。"基于化学结构和功能相似性的显而易见性的拒绝意见,要求本领域技术人员必须有动机制造请求保护的化合物,并预期结构相似的化合物具有相似的性质。"参见 In re Payne,606 F.2d 303,313,203 USPQ 245,254 (CCPA 1979)。参见 In re Papesch,315 F.2d 381,137 USPQ 43 (CCPA 1963)(下文将会更详细讨论)和 In re Dillon,919 F.2d 688,16 USPQ2d 1897 (Fed. Cir. 1990)(在下文和 MPEP §2144 中进行了讨论)对基于化合物结构的密切相似性的属于显而易见性的判例法进行了广泛的回顾。还可参见 MPEP §2144.08 第 II.A.4.(c) 小节。

Ⅱ. 同系物和异构体是在确定显而易见性时必须与所有其他相关事实一起考虑的事实

作为位置异构体（在同一母核上不同物理位置上具有相同基团的化合物）或同系物（通过有规律地连续增加相同化学基团，例如，—CH_2-基团而彼此不同的化合物）的化合物，通常具有足够密切的结构相似性，从而可以假定这些化合物具有相似的性质。参见 *In re Wilder*, 563 F. 2d 457, 195 USPQ 426（CCPA 1977）。还可参见 *In re May*, 574 F. 2d 1082, 197 USPQ 601（立体异构体初步证明是显而易见的）。

具有相同经验式但不同结构的异构体不一定被本领域技术人员认为是等同的，因此不一定相互给出启示。参见 *Ex parte Mowry*, 91 USPQ 219（Bd. App. 1950）（请求保护的环己基苯乙烯与现有技术的异己基苯乙烯相比，初步证明不是显而易见的）。类似地，与相邻同系物差距大的同系物可能会被预期不具备相似的性质。参见 *In re Mills*, 281 F. 2d 218, 126 USPQ 513（CCPA 1960）（$C_8 \sim C_{12}$烷基硫酸盐的现有技术公开不足以使请求保护的C_1烷基硫酸盐初步证明是显而易见的）。

同系物和异构体涉及结构的密切相似性，在确定显而易见性问题时，必须将其与其他所有相关事实一并考虑。参见 *In re Mills*, 281 F. 2d 218, 126 USPQ 513（CCPA 1960）；*In re Wiechert*, 370 F. 2d 927, 152 USPQ 247（CCPA 1967）。同系物不应自动等于初步证明的显而易见性，因为请求保护的发明和现有技术必须各自被视为"一个整体"。参见 *In re Langer*, 465 F. 2d 896, 175 USPQ 169（CCPA 1972）（使用空间受阻胺的聚合方法的权利要求相对于类似的现有技术方法被认为是非显而易见的，因为该现有技术公开了大量的无阻胺和仅一种空间受阻胺（其与权利要求的胺相差三个碳原子），因此对比文件整体上没有告知普通技术人员受阻胺作为一类的重要性）。

Ⅲ. 真正同系或异构关系的存在不是控制因素

现有技术的结构不必是真正的同系物或异构体，以使得结构相似的化合物初步证明是显而易见的。参见 *In re Payne*, 606 F. 2d 303, 203 USPQ 245（CCPA 1979）（请求保护的化合物和现有技术的化合物都涉及具有杀虫活性的杂环氨基甲酰基肟类化合物。请求保护的化合物和现有技术化合物之间唯一的结构差异是请求保护的化合物的环结构在两个硫原子之间具有两个碳原子，而现有技术的环结构在两个硫原子之间具有一个或三个碳原子。法院认为，尽管现有技术的化合物不是请求保护的化合物的真正同系物或异构体，但是化学结构和性质之间的相似性足够接近，以至于本领域的普通技术人员在寻找新杀虫剂时会有动机制造请求保护的化合物）。

还可参见 *In re Mayne*, 104 F. 3d 1339, 41 USPQ2d 1451（Fed. Cir. 1997）（根据与现有技术的结构相似性，包括已知的 Ile 和 Lev 的结构相似性，请求保护的蛋白质被认为是显而易见的）；*In re Merck & Co., Inc.*, 800 F. 2d 1091, 231 USPQ 375（Fed. Cir. 1986）（用于治疗抑郁症的请求保护的化合物和现有技术的化合物预期具有相似的活性，因为化合物之间的结构差异涉及已知的生物电子等排替换）（参见 MPEP §2144.08 第Ⅱ. A. 4（c）小节，就 Mayne 和 Merck 案件事实有更详细的讨论）；*In re Dillon*, 919 F. 2d 688, 16 USPQ2d 1897（Fed. Cir. 1990）（基于原酸酯之间密切的结构和化学相似性以及现有技术和申请人都使用原酸酯作为燃料添加剂的事实,现有技术的三原酸酯燃料组合物和请求保护的四原酸酯燃料组合物预期具有相似的性能)(参见 MPEP § 2144,就 Dillon 案件中的事实有更详细的讨论)。

对比 In re Grabiak,769 F. 2d 729,226 USPQ 871(Fed. Cir. 1985)(现有技术没有对用硫代酯基取代除草安全剂化合物中的酯基给出启示);In re Bell,991 F. 2d 781,26 USPQ2d 1529(Fed. Cir. 1993)(核酸和它在遗传密码中编码的蛋白质之间建立关系,不会使基因相对其相应的蛋白质初步证明的显而易见性,不像化学中密切相关的结构可建立初证事实那样,因为遗传密码的简并性❶导致大量的核苷酸序列可能编码成特定的蛋白质(即大多数氨基酸由一个以上的核苷酸序列或密码子指定));参见 In re Deuel,51 F. 3d 1552,1558 – 59,34 USPQ2d 1210,1215(Fed. Cir. 1995)("蛋白质氨基酸序列的现有技术的公开,并不必然使编码蛋白质的特定脱氧核糖核酸分子显而易见,因为遗传密码的冗余性允许人们假设编码蛋白质的大量脱氧核糖核酸序列。"现有技术中存在基因克隆的一般方法这一事实本身(如果没有更多的因素),还不足以使特定的 cDNA 分子是显而易见的)。

IV. 现有技术中存在或者不存在请求保护的化合物的制造方法的启示,可能与确定初步证明的显而易见性有关

"组合物是否存在一个合适的、可操作的、显而易见的制造过程,可能对该组合物是否属于 35 U. S. C. 103 的显而易见的或非显而易见的,有着最终的影响。"参见 In re Maloney,411 F. 2d 1321,1323,162 USPQ 98,100(CCPA 1969)。

"如果审查档案中的现有技术在本发明作出时未能公开制造请求保护的化合物的方法或使其显而易见,则不能给出法律结论,确定该化合物本身为公众所知。在本案中,我们认为不存在已知或显而易见的方法来制备请求保护的化合物,这样就克服了基于该化合物和现有技术化合物之间结构的密切关系而使得所述化合物是显而易见的假设。"参见 In re Hoeksema,399 F. 2d 269,274 – 75,158 USPQ 597,601(CCPA 1968)。

参见 In re Payne,606 F. 2d 303,203 USPQ 245(CCPA 1979)对与现有技术已知化合物结构相似的新化合物的制备方法,现有技术给出了教导,本案对这种情况进行了概括讨论。可以适当地"应用 35 U. S. C. 103 拒绝产品权利要求的方法,这取决于案件的具体事实、方法适用的方式和上下文以及拒绝意见的总体逻辑"。参见 Ex parte Goldgaber,41 USPQ2d 1172,1176(Bd. Pat. App. & Inter. 1996)。

V. 如果没有对相似性质的合理预期,则可以克服基于结构相似性的显而易见性的假设

如果有证据表明在结构相似化合物中对相似的性质没有合理的预期,那么就可以

---

❶ 原文是 degeneracy,指在同一个氨基酸多个密码子的一个遗传密码中出现。

克服基于参考文件披露了结构相似的化合物而作出的显而易见性意见。参见 *In re May*，574 F.2d 1082，197 USPQ 601（CCPA 1978）（上诉人提供了足够的证据来证明相关领域的不可预测性，从而推翻了结构相似的化合物具有相似性质的假设）；参见 *In re Schechter*，205 F.2d 185，98 USPQ 144（CCPA 1953）。还可参见 *Ex parte Blattner*，2 USPQ2d 2047（Bd. Pat. App. & Inter. 1987）（拒绝了涉及含有7元环化合物的权利要求，因为与教导了请求保护的化合物的5元环和6元环同系物的对比文件相比，所述权利要求被初步证明是显而易见的。委员会推翻了该拒绝意见，因为现有技术教导含有5元环的化合物具有与含有6元环的化合物相反的效用，削弱了审查员声称的因为预期请求保护的含有7元环的化合物将具有类似结果而产生的初证事实）。

VI. 如果现有技术的化合物没有效用，或仅用作中间体，可能请求保护的结构相似的化合物相对于现有技术不是初步证明为显而易见的

如果现有技术没有教导所公开化合物的**任何**具体或显著的用途，则现有技术不可能使结构相似的权利要求被初步证明为显而易见的，因为没有任何原因使本领域普通技术人员创造出对比文件的化合物或任何结构相关的化合物。参见 *In re Stemniski*，444 F.2d 581，170 USPQ 343（CCPA 1971）。

还可参见 *In re Albrecht*，514 F.2d 1389, 1396，185 USPQ 585, 590（CCPA 1975）（现有技术对比文件研究了各种化合物的局部麻醉活性，并教导了与请求保护的化合物结构类似的化合物对人体皮肤有刺激性，因此"不能被视为有用的麻醉剂"。参见514 F.2d at 1393，185 USPQ at 587）。

类似地，如果现有技术仅公开化合物作为最终产品生产中的中间体，本领域普通技术人员通常不会停止对比文件的合成并研究中间体化合物，同时期望得到具有不同用途的请求保护的化合物。参见 *In re Lalu*，747 F.2d 703，223 USPQ 1257（Fed. Cir. 1984）。

VII. 初步证明的事实，可被优越或预料不到结果的证据反驳

通过证明请求保护的化合物具有预料不到的有利或优越的性质，可反驳基于结构相似性的显而易见性的初证事实。参见 *In re Papesch*，315 F.2d 381，137 USPQ 43（CCPA 1963）（宣誓书证据表明请求保护的二乙基化合物具有抗炎活性，而现有技术的三甲基化合物不足以克服基于现有技术和请求保护的化合物之间的同系物关系的显而易见性拒绝意见）；参见 *In re Wiechert*，370 F.2d 927，152 USPQ 247（CCPA 1967）（与现有技术相比，活性提高了7倍，足以反驳基于密切结构相似性的初步证明的显而易见性）。

然而，即使专利权人声称要求保护的化合物的特别益处在现有技术中没有明确公开，请求保护的化合物也可能是显而易见的，因为现有技术的化合物给出了启示，或者在结构上与其类似。事实上，它们各自性质的差异决定了其非显而易见性。如果现有技术化合物实际上具有特别的益处，即使该益处在现有技术中没有被认识到，申请

人对该益处的重新认识本身不足以将请求保护的化合物与现有技术区分开来。参见 In re Dillon，919 F. 2d 688，16 USPQ2d 1897（Fed. Cir. 1990）。

参见 MPEP §716.02 至 §716.02（g），讨论声称的预料不到的益处或优越结果的证据。

2145 对申请人辩驳的争辩意见的考虑（2012.08 修订）

编者按：MPEP 的这部分内容适用于符合 AIA 发明人先申请制（FITF）规定的申请，除非请求保护的发明的相关日期用"有效申请日"取代"发明日"，后者只适用于符合 pre‐AIA 35 U. S. C. 102 的申请。参见 35 U. S. C. 100（定义）和 MPEP §2150 及其下属章节。

如果构建了显而易见性的初证事实，举证责任就转移到申请人身上，由申请人继续提出争辩意见和（或）证据来反驳初证事实。参见 In re Dillon，919 F. 2d 688，692，16 USPQ2d 1897，1901（Fed. Cir. 1990）。辩驳的证据和争辩意见可存在于说明书中，参见 In re Soni，54 F. 3d 746，750，34 USPQ2d 1684，1687（Fed. Cir. 1995），通过律师，参见 In re Chu，66 F. 3d 292，299，36 USPQ2d 1089，1094–95（Fed. Cir. 1995），或者通过根据 37 CFR 1.132 的宣誓书或声明，参见 Soni，54 F. 3d at 750，34 USPQ2d at 1687；In re Piasecki，745 F. 2d 1468，1474，223 USPQ 785，789–90（Fed. Cir. 1984）。然而律师的争辩意见不能代替得到事实支持的客观证据。参见 In re Huang，100 F. 3d 135，139–40，40 USPQ2d 1685，1689（Fed. Cir. 1996）；In re De Blauwe，736 F. 2d 699，705，222 USPQ 191，196（Fed. Cir. 1984）。

审查员应考虑申请人提出的所有辩驳的争辩意见和证据。参见 Soni，54 F. 3d at 750，34 USPQ2d at 1687（错误是未考虑说明书中存在的证据）。参见 C. f.，In re Alton，76 F. 3d 1168，37 USPQ2d 1578（Fed. Cir. 1996）（错误是未考虑为反驳 35 U. S. C. 112 拒绝意见而提交的事实证据）；参见 In re Beattie，974 F. 2d 1309，1313，24 USPQ2d 1040，1042–43（Fed. Cir. 1992）（审查员应考虑来自认同请求保护发明的本领域技术人员的声明，以及认为本领域教导背离了本发明的声明）；参见 Piasecki，745 F. 2d at 1472，223 USPQ at 788（"辩驳证据可能与 Graham 的所有因素有关，包括所谓的辅助性考虑因素"）。

辩驳证据可包括"辅助性考虑因素"的证据。例如，"商业上的成功、长期存在但未解决的需求以及他人的失败"。参见 Graham v. John Deere Co.，383 U. S. 1，148 USPQ 4459，467。参见 In re Piasecki，745 F. 2d 1468，1473，223 USPQ 785，788（Fed. Cir. 1984）（商业成功）。辩驳证据还可以包括请求保护的发明产生预料不到的改善性能或现有技术不存在的性能的证据。辩驳证据还可以包括提供请求保护的化合物具有预料不到的性能。参见 Dillon，919 F. 2d at 692–93，16 USPQ2d at 1901。提供预料不到的结果必须基于证据，而不是争辩或猜测。参见 *In re Mayne*，104 F. 3d 1339，1343－44，41 USPQ2d 1451，1455－56（Fed. Cir. 1997）（结论声明，请求保护的化合物具有异常低的免疫反应或预料不到的生物活性，而这些反应或活性并没有得到比较数据的支持，不足以克服显而易见性的初证事实）。反驳证据可以包括请求保护的发明被他人仿制的证据。参见 *In re GPAC*，57 F. 3d 1573，1580，35 USPQ2d 1116，1121（Fed. Cir. 1995）；*Hybritech Inc. v. Monoclonal Antibodies*，802 F. 2d 1367，1380，231 USPQ 81，90（Fed. Cir. 1986）。还可以包括现有技术状况、本领域技术水平和本领域技术人员看法的证据。参见 *In re Oelrich*，579 F. 2d 86，91－92，198 USPQ 210，214（CCPA 1978）（本领域技术水平的有关专家意见证明了本发明的非显而易见性）；参见 *Piasecki*，745 F. 2d at 1471，1473－74，223 USPQ at 790（非技术性质的证据与显而易见性的结论相关。委员会不适当地低估了本领域技术人员关于对本发明的需求及其被本领域技术人员接受的声明）；参见 *Beattie*，974 F. 2d at 1313，24 USPQ2d at 1042－43（由音乐教师提供的认为该领域的教导背离了请求保护的发明的七项声明是必须予以考虑的，但是这些声明不具有证明作用，因为它们不包含事实，并且不涉及作为拒绝意见的主题的特定现有技术）。例如，辩驳证据可包括显示现有技术未能公开或提出制备化合物的显而易见的方法，这将不能得出化合物显而易见性的结论。显而易见性的结论要求所依赖的对比文件能够使公众拥有所请求保护的发明。参见 *In re Hoeksema*，399 F. 2d 269，274，158 USPQ 596，601（CCPA 1968），法院在该案中指出：

因此，经过仔细的重新考虑，我们认为，如果现有技术的记录未能公开制造请求保护的化合物的方法或者使其是显而易见的，那么在发明作出时，就不能从法律上断定该化合物本身为公众所拥有。[脚注省略] 在本案中，我们认为，没有已知或显而易见的制备所要求保护的化合物的方法，该事实克服了化合物是显而易见的假设，该假设是基于化合物结构和现有技术化合物结构之间的密切关系而作出的。

在 *Hoeksema* 案中，法院进一步指出，一旦 PTO 通过引用对比文件提出显而易见性的初证事实，申请人就有责任提出相反的证据，证明所依赖的对比文件不会使本领域技术人员制得请求保护的不同化合物（*Id.* at 274－75，158 USPQ at 601）。还可参见 *Ashland Oil, Inc. v. Delta Resins & Refractories, Inc.*，776 F. 2d 281，295，297，227 USPQ 657，666，667（Fed. Cir. 1985）（对于上述内容引用 *Hoeksema*）；参见 *In re Grose*，592 F. 2d 1161，1168，201 USPQ 57，63－64（CCPA 1979）（基于化合物（例如相邻同系物）之间的结构关系而作出初步证明的显而易见性拒绝意见，其背后的一个假设是，所公开的生产一种化合物的方法将为本领域技术人员提供生产另一种的方法……如果现有技术未能公开制造任何组合物的方法或者使其是显而易见的，无论是化合物还是化合物的混合物，如沸石，都不能得出该组合物将会是显而易见的结论）。

对辩驳证据和争辩意见的考虑，需要审查员权衡所提供的证据和争辩意见。除非在极少数情况下，审查员应避免提供没有分量的证据。还可参见 *In re Alton*，76 F. 3d 1168，1174－75，37 USPQ2d 1578，1582－83（Fed. Cir. 1996）。然而，为了能够具有足够的、实质的重要性，申请人应该在辩驳证据和请求保护的发明之间建立联系，即

非显而易见的客观证据必须归结于请求保护的发明。联邦巡回上诉法院认为申请人承担建立联系的责任,指出:

然而,在审查专利申请的单方当事人程序中,PTO 缺乏收集证据的手段或资源来支持或反驳申请人关于销售构成商业成功的断言。参见 *C. f. Ex parte Remark*,15 USPQ2d 1498,1503([BPAI]1990)(在民事诉讼中转移举证责任的证据程序不适用于依单方申请的专利审批程序,因为审查员没有可利用的举证手段)。因此,PTO 必须依靠申请人提供商业成功的确凿证据。

参见 *In re Huang*,100 F. 3d 135,139 - 40,40 USPQ2d 1685,1689(Fed. Cir. 1996)。还可参见 *GPAC*,57 F. 3d at 1580,35 USPQ2d at 1121;*In re Paulsen*,30 F. 3d 1475,1482,31 USPQ2d 1671,1676(Fed. Cir. 1994)(35 U. S. C. 103 所拒绝的权利要求未能覆盖的物品的商业成功证据不能用于证明非显而易见性)。此外,证据必须在范围上与请求保护的发明合理相称。参见 *In re Kulling*,897 F. 2d 1147,1149,14 USPQ2d 1056,1058(Fed. Cir. 1990);*In re Grasselli*,713 F. 2d 731,743,218 USPQ 769,777(Fed. Cir. 1983)。参见 *In re Soni*,54 F. 3d 746,34 USPQ2d 1684(Fed. Cir. 1995)没有改变这种分析。在 *Soni* 案中,法院拒绝考虑专利局认为的非显而易见性的证据与权利要求的范围不相称的争辩意见,因为审查员没有提出过这一意见,参见 54 F. 3d at 751,34 USPQ2d at 1688。

当考虑所提供的证据在范围上是否与所请求保护的发明相称时,审查员不应要求申请人的化合物或组合物所具有的属性在整个范围都显示出预料不到的结果。参见 *In re Chupp*,816 F. 2d 643,646,2 USPQ2d 1437,1439(Fed. Cir. 1987)。证明该化合物或组合物在其中一个系列的共同性质中具有优越和预料不到的性质的证据就足以反驳初步证明的显而易见性。

例如,请求保护的具体概念中的单个成员或请求保护的范围中的一个较窄部分所显示的预料不到的结果,将足以反驳显而易见性初证事实,只要本领域技术人员"能够确定示例数据中的趋势,该趋势将允许其合理地扩展证明力"。参见 *In re Clemens*,622 F. 2d 1029,1036,206 USPQ 289,296(CCPA 1980)(宽范围的非显而易见性的证据可以通过较窄的范围来证明,只要本领域技术人员能够确定一个趋势,而这个趋势允许其合理地扩展证明力)。还可参见 *Grasselli*,713 F. 2d at 743,218 USPQ at 778(含钠组合物优异性能的证据不足以证明含有"碱金属"催化剂的宽泛权利要求的非显而易见性,其中在催化剂领域众所周知的是,不同的碱金属是不可互换的,并且申请人仅显示了含钠材料的预料不到结果);*In re Greenfield*,571 F. 2d 1185,1189,197 USPQ 227,230(CCPA 1978)(一个下位概念的优异性能的证据不足以确定包含数百种化合物的具体概念的非显而易见性);*In re Lindner*,457 F. 2d 506,508,173 USPQ 356,358(CCPA 1972)(如果没有充分的依据来推断其他请求保护的化合物也会有同样的行为,那么一项测试是不够的)。然而,在本领域技术人员看来,一个示例性的展示可能足以在所述展示和权利要求的整个范围建立合理的相关性。参见 *Chupp*,816 F. 2d at 646,2 USPQ2d 1439;*Clemens*,622 F. 2d at 1036,206 USPQ at 296。无论所述示出的范围如何，一个预料不到性能的证据可能都是不够的。通常，预料不到结果的展示可以克服显而易见性的初证事实。参见 *In re Albrecht*，514 F. 2d 1389, 1396, 185 USPQ 585, 590（CCPA 1975）。然而在权利要求不限于特定用途，并且现有技术提供了选择特定下位概念或具体概念的其他动机的情况下，展示新用途可能不足以赋予专利性。参见 *Dillon*，919 F. 2d at 692, 16 USPQ2d at 1900-01。因此每个案件都应根据整体情况进行单独评估。

无论何时出现与辅助性考虑因素相关的证据都必须予以考虑，但是这种证据不一定对显而易见性的结论有决定性作用。参见 *Pfizer, Inc. v. Apotex, Inc.*，480 F. 3d 1348, 1372, 82 USPQ2d 1321, 1339（Fed. Cir. 2007）（"审查档案建立了如此强有力的显而易见性的事实"，以至于所声称的预料不到的优异结果最终不足以克服显而易见性的结论）；*Leapfrog Enterprises Inc. v. Fisher - Price Inc.*，485 F. 3d 1157, 1162, 82 USPQ2d 1687, 1692（Fed. Cir. 2007）（鉴于初步证明的显而易见性展示的有力程度，辅助性考虑因素的证据不足以克服显而易见性的最终结论）；以及 *Newell Cos., Inc. v. Kenney Mfg. Co.*，864 F. 2d 757, 768, 9 USPQ2d 1417, 1426（Fed. Cir. 1988）。审查员不应评估辩驳证据针对显而易见性初证事实的"击倒力"，参见 *Piasecki*，745 F. 2d at 1473, 223 USPQ at 788，或者草率地认为它不具有说服力或不够充分。如果证据被认为不足以辩驳初步证明的显而易见性，审查员应具体说明证明这一结论的事实和理由。参见 MPEP §716 至 §716. 10 有关 37 CFR 1.132 的辩驳证据评估的更多信息。

实践者可用来证明非显而易见性的许多基本方法也在后 KSR 时代继续应用。因为现在很清楚，严格的教导—启示—动机方法并不是构建显而易见性初证事实的唯一方法，确实需要实践者在一定程度上转移他们非显而易见性争辩的重点。然而，熟知的争辩思路仍然适用，包括现有技术的教导背离了请求保护的发明，缺乏成功的合理预期以及预料不到的结果。的确，鉴于 KSR 案承认各种可能的理由，它们甚至可能变得更加重要。

以下案例举例说明这一原则的持续应用，即当提出证据反驳显而易见性的拒绝时，不应仅仅对其"击倒力"进行评估。相反，所有证据都必须重新权衡，以确定这些权利要求是否是非显而易见的。

例1：

PharmaStem Therapeutics, Inc. v. Viacell, Inc.，491 F. 3d 1342, 83 USPQ2d 1289（Fed. Cir. 2007），争议的权利要求涉及包含来自脐带或胎盘血液的造血干细胞的组合物以及使用这种组合物治疗血液和免疫系统疾病的方法。该组合物权利要求要求干细胞的存在量足以在给予成人时实现造血重建。初审法院认定 PharmaStem 的专利被侵权，并且不因为显而易见性或其他原因而无效。在上诉中，联邦巡回上诉法院推翻了地区法院的判决，认定上述权利要求因显而易见性而无效。

联邦巡回上诉法院讨论了审判中提出的证据。它指出专利权人 PharmaStem 并没有发明一种全新的工艺或新的组合物。相反，PharmaStem 的说明书承认，在现有技术中已经知道脐带和胎盘血基组合物含有造血干细胞，并且造血干细胞可用于造血重建的目的。PharmaStem 的贡献在于提供实验证据，证明脐带和胎盘血可用于小鼠造血重建。通过推断，本领域普通技术人员将会预期这种重建方法也在人类中起作用。

法院拒绝了 PharmaStem 的专家证词，即在 PharmaStem 专利中描述的实验之前，造血干细胞尚未被证明存在于脐带血中。法院解释说，专家证词与发明人在说明书中的承认以及现有技术中公开脐带血中干细胞的教导相反。在本案中，PharmaStem 的非显而易见性的证据被相反的证据推翻了。

尽管 PharmaStem 利用来自脐带和胎盘血液的造血干细胞对造血重建进行了有益的实验验证，但是联邦巡回上诉法院认定争议的权利要求是显而易见的。在现有技术中已经有充分的启示表明请求保护的方法会起作用。绝对的可预期性不是显而易见性的必要先决条件。相反，普通技术人员认为合理的可预测性程度就足够了。联邦巡回上诉法院的结论是："好的科学和有用的贡献不一定导致专利性"（Id. at 1364, 83 US-PQ2d at 1304）。

例 2：

In re Sullivan, 498 F. 3d 1345, 84 USPQ2d 1034（Fed. Cir. 2007）案认定了一种错误，委员会未能考虑为辩驳显而易见性的初证事实而提交的证据。请求保护的发明涉及一种包含用于治疗毒蛇咬伤的抗体片段 F(ab) 的抗蛇毒血清组合物。该组合物由包含三个片段 F(ab)2、F(ab) 和 F(c) 抗体分子产生，这三个片段分别具有不同的性质和用途。市场上已经有了由全抗体和 F(ab) 片段组成的抗蛇毒产品，但是研究人员还没有对只含有 F(ab) 片段的抗蛇毒血清进行实验，因为据信它们独特的性质会阻止其降低蛇毒的毒性。发明人 Sullivan 发现，F(ab) 片段能够有效中和响尾蛇毒液的致死性，同时减少人体内不良免疫反应的发生。在对审查员拒绝意见的上诉中，委员会认为权利要求是显而易见的，因为请求保护的组合物的所有要素都在现有技术中考虑到了，并且在本发明作出时，本领域普通技术人员期望被现有技术教导的组合物将会中和响尾蛇毒液的致死性。

委员会没有考虑辩驳证据，因为它认为证据涉及请求保护的组合物作为抗蛇毒血清的预期用途，而不是组合物本身。上诉人成功地辩称，即使委员会已经显示了显而易见性的初证事实，也必须考虑广泛的辩驳证据。证据包括提交的三份专家声明，以证实现有技术教导背离了请求保护的发明，使用 F(ab) 片段抗蛇毒血清的预料不到的性质或结果，以及为什么本领域普通技术人员预期包含 F(ab) 片段的抗蛇毒血清会失败。上述声明不仅仅涉及请求保护的组合物的使用。虽然对预期用途的陈述可能不会使已知的组合物具有可专利性，但本发明请求保护的组合物是未知的，其是否是显而易见的取决于对辩驳证据的考虑。上诉人不承认其组合物的唯一区别因素是预期用途的陈述，并普遍认为其请求保护的组合物显示出了中和响尾蛇毒液的致死性，同时减少人类不良免疫反应产生的预料不到的性能。联邦巡回上诉法院认定这样的使用和预料不到的性能是不可忽视的——预料不到的性能是相关的，因此描述它的声明应该被考虑。

当本领域普通技术人员不会基于现有技术合理地预测所请求保护的发明，并且所产生的发明无法被预期时，可以显示出非显而易见性。所有的证据（当其适当地存在的时候）都必须予以考虑。

例3：

案件 *Hearing Components, Inc. v. Shure Inc.*, 600 F.3d 1357, 94 USPQ2d 1385 (Fed. Cir. 2010) 涉及助听器的插入耳道部分的一次性保护罩。这种保护罩便于由用户根据需要进行更换。

在地区法院，Shure 辩称，Hearing Components 的专利相对于现有技术对比文件的三种不同组合中的一种或多种是显而易见的。陪审团不同意，并认定所述权利要求是非显而易见的。地区法院支持陪审团的裁决，指出鉴于双方就对比文件的教导、结合的动机和辅助性考虑因素提出的相互矛盾的证据，对非显而易见性的裁决将有充分的证据支持。

Shure 向联邦巡回上诉法院提出上诉，但联邦巡回上诉法院同意地区法院的意见，即陪审团的非显而易见性的裁决得到了实质性证据的支持。尽管 Shure 在陪审团面前辩称 Carlisle 的对比文件教导了一个位于耳道内的耳机，但 Hearing Components 公司的可靠证人反驳道，Carlisle 只教导了模制导管，而不是耳机本身位于耳道内。关于将对比文件相结合的问题，Shure 的证人给出的证词被描述为"相当稀少，缺乏具体细节"(*Id.* at 1364, 94 USPQ2d at 1397)。相反，Hearing Components 的证人"描述了为什么本领域技术人员不会有动机去将对比文件结合的特定原因"（出处同上）。最后，关于辅助性考虑因素，联邦巡回上诉法院认定，Hearing Components 通过提供证据证明"涵盖产品的许可费在专利到期后立即被削减一半以上"，显示了其产品的商业成功与专利之间的联系。

尽管 Hearing Components 案涉及陪审团裁决中非显而易见性的实质性证据，但对于审查员来说，在权衡证据的问题上还是有指导意义的。审查员通常必须考虑各种形式的证据，包括现有技术对比文件、说明书中的陈述或 37 CFR 1.131 或 1.132 下的声明等。在审批期间也可以出示其他形式的证据。审查员需要注意，不应忽视及时提交的证据，但应根据审查档案进行考虑。然而，并非所有的证据都需要给予同等的权重。在根据辩驳证据确定相对权重时，需要考虑诸如所请求保护的发明和所提供的证据之间是否存在联系，以及证据在范围上是否与所请求保护的发明相称。仅仅存在一些可信的辩驳证据并不意味着显而易见性的拒绝意见必须总是被撤回。参见 MPEP § 2145。审查员必须考虑每一项证据的适当权重。只有当显而易见性的证据权重超过非显而易见性的证据时，才应该作出或维持显而易见性的拒绝意见。参见 MPEP § 706 第 I 节。（适用于所有案件的标准是"证据优势"原则。换句话说，如果根据现有技术和审查档案的证据，权利要求更有可能是不具有专利性的，审查员应当拒绝该权利要求）。MPEP § 716.01（d）提供了在确定专利性时权衡证据的进一步指导。

I. 在需要证据之处，争辩意见不能代替证据

律师的争辩意见不是证据，除非它是一种承认，在这种案件中审查员可以使用承

认作出拒绝。参见 MPEP§2129 和§2144.03，讨论了作为现有技术的承认。

律师的争辩意见不能代替记录中的证据。参见 *In re Schulze*，346 F. 2d 600，602，145 USPQ 716，718（CCPA 1965）; *In re Geisler*，116 F. 3d 1465，43 USPQ2d 1362（Fed. Cir. 1997）（从共同经验中得出的主张只是律师的争辩意见，而不是辩驳显而易见的初证事实所需的事实证据）。参见 MPEP§716.01（c），例如，律师的陈述不是证据，必须有适当的宣誓书或声明支持。

Ⅱ. 争论额外优点或潜在性质

仅仅认识到现有技术中存在但未公认的额外优点或潜在性质，不能辩驳初步证明的显而易见性

仅仅对现有技术中潜在特性的识别，并不会使原本知晓的发明变得非显而易见。参见 *In re Wiseman*，596 F. 2d 1019，201 USPQ 658（CCPA 1979）权利要求涉及带凹槽的碳盘式制动器，其中提供凹槽是为了在制动动作期间排出蒸汽或水汽。现有技术对比文件教导了非碳盘式制动器，其被开槽以冷却制动构件的表面并消除灰尘。法院认为，将现有技术对比文件结合起来将克服由现有技术解决的灰尘和过热问题，并且将固有地克服申请人赖以具有可专利性的蒸汽或水汽问题。对一项未知但固有功能（此处为排出蒸汽或水汽）的发现授予专利，"将会从公众那里拿走属于公共领域的内容，它们是现有技术中内含的价值或相对于现有技术显而易见"。参见 596 F. 2d at 1022，201 USPQ at 661.）；*In re Baxter* Travenol Labs.，952 F. 2d 388，21 USPQ2d 1281（Fed. Cir. 1991）（上诉人辩称，DEHP 作为血液收集袋中增塑剂的存在出乎意料地抑制了溶血，因此反驳了任何显而易见性的初步证明的陈述，然而，使用 DEHP 增塑的血液收集袋的最接近现有技术固有地获得了相同的结果，尽管这一事实在现有技术中是未知的）。

"上诉人已经认识到按照现有技术的启示自然会产生的另一个优点，在区别在其他方面都是显而易见的情况下，这一事实不能作为可专利性的基础。"参见 *Ex parte Obiaya*，227 USPQ 58，60（Bd. Pat. App. & Inter. 1985）（现有技术教导了使用迷宫式加热器将样品置于温度均匀的燃烧流体分析仪中。尽管上诉人表示，当采用迷宫式加热器时，获得的响应时间出乎意料得短，但委员会认为，遵循现有技术的建议，这一优点自然会显现出来）。还可参见 *Lantech Inc. v. Kaufman Co. of Ohio Inc.*，878 F. 2d 1446，12 USPQ2d 1076，1077（Fed. Cir. 1989），拒发调卷令，493 U. S. 1058（1990）（未公开——不可作为先例引用）（列举与现有技术给出启示去做的内容相关联的额外优点，并不会使本来不可专利的发明具有可专利性）。

参见 *In re Lintner*，458 F. 2d 1013，173 USPQ 560（CCPA 1972）及 *In re Dillon*，919 F. 2d 688，16 USPQ2d 1897（Fed. Cir. 1990），在 MPEP§2144 中讨论的内容也与此相关。

参见 MPEP§716.02 至§716.02（g），讨论声称的预料不到结果的声明性证据。

Ⅲ. 认为现有技术设备在物理上是不可结合的

第二对比文件的特征是否可以实体性地结合到第一对比文件的结构中，"显而易见性的判断不是如此，……相反，判断的是那些对比文件的结合教导对本领域普通技术人员给出了什么启示"。参见 *In re Keller*，642 F. 2d 413，425，208 USPQ 871，881（CCPA 1981）。还可参见 *In re Sneed*，710 F. 2d 1544，1550，218 USPQ 385，389（Fed. Cir. 1983）（不必要求对比文件的发明只有在物理上能够结合起来才能使正在审查的发明显而易见）；以及 *In re Nievelt*，482 F. 2d 965，179 USPQ 224，226（CCPA 1973）（"对对比文件的教导的结合并不涉及将它们的特定结构结合起来的能力"）。

然而，请求保护的组合不能改变第一对比文件的工作原理或使对比文件不能用于其预期目的。参见 MPEP §2143.01。

Ⅳ. 逐一地反驳对比文件

在拒绝意见是基于对比文件结合的情况下，不能通过逐一地攻击对比文件来显示非显而易见性。 参见 *In re Keller*，642 F. 2d 413，208 USPQ 871（CCPA 1981）；*In re Merck & Co.，Inc.*，800 F. 2d 1091，231 USPQ 375（Fed. Cir. 1986）。

Ⅴ. 争辩对比文件可结合的数量

一份依赖大量对比文件的拒绝意见，如果没有其他因素的话，不会对请求保护的发明的显而易见性结论不利。参见 *In re Gorman*，933 F. 2d 982，18 USPQ2d 1885（Fed. Cir. 1991）（法院认可了一份根据13篇现有技术对比文件对一种吸盘状拇指糖果棒的详细权利要求作出的拒绝意见）。

Ⅵ. 争辩未请求保护的限定特征

尽管权利要求是根据说明书来解释的，但是说明书中的限定特征不能被读入权利要求中。参见 *In re Van Geuns*，988 F. 2d 1181，26 USPQ2d 1057（Fed. Cir. 1993）（权利要求涉及一种产生"均匀磁场"的超导磁体，该权利要求不受核磁共振（NMR）成像所需的磁场均匀程度的限定。尽管说明书公开了请求保护的磁体可以用于核磁共振设备，但是权利要求不限于此）；参见 *Constant v. Advanced Micro‒Devces，Inc.*，848 F. 2d 1560，1571‒72，7 USPQ2d 1057，1064‒1065（Fed. Cir.），拒发调卷令，488 U. S. 892（1988）（权利要求中没有陈述上诉人所依赖的各种限制，说明书没有提供证据表明，必须将这些限制理解到权利要求中，以确定有争议的术语的含义）；参见 *Ex parte McCullough*，7 USPQ2d 1889，1891（Bd. Pat. App. & Inter. 1987）（尽管声称电极的功能与其非水电池中使用时的预期不同，但请求保护的电极被认为是显而易见的而被拒绝，因为"尽管证明的结果可能与包含上诉人电极的电池的可专利性密切相关，但它们与上诉中本发明请求保护的发明的可专利性并无密切关系"）。

参见 MPEP §2111 至 §2116.01，讨论与权利要求解释相关的其他案例。

VII. 争辩经济的不可行性

商人出于经济原因不会进行结合的事实，并不意味着本领域普通技术人员由于某些技术不兼容而不进行结合。参见 *In re Farrenkopf*, 713 F.2d 714, 219 USPQ 1 (Fed. Cir. 1983)（现有技术文献教导，在放射免疫测定中加入抑制剂是解决稳定性问题最方便但成本最高的方法。法院认为，与添加抑制剂相关的额外费用不会妨碍本领域普通技术人员寻求期望由此带来的便利）。

VIII. 有关对比文件年代的争辩

"仅仅是对比文件的年代不足以说服它们教导的结合是非显而易见的，因为没有证据表明，尽管有对比文件的知识，本领域试图解决这个问题但未获得成功。"参见 *In re Wright*, 569 F.2d 1124, 1127, 193 USPQ 332, 335（CCPA 1977）（在基于对比文件结合的拒绝意见中，100年前的专利还被恰当使用）。还可参见 *Ex parte Meyer*, 6 USPQ2d 1966（Bd. Pat. App. & Inter. 1988）（所使用的现有技术专利的授权时间（1920年和1976年）之间的时间长度并不具有非显而易见性的说服力）。

IX. 争辩现有技术属于非类似领域

关于与类似领域相关的判例法，参见 MPEP §2141.01（a）。

X. 争辩结合对比文件的不适当理由

A. 不能允许的"事后诸葛亮"

申请人可能会争论说：审查员关于显而易见性的结论是基于不恰当的"事后诸葛亮"推理得出的。然而，"对显而易见性的任何判断在某种意义上必然是基于事后诸葛亮推理的重构，但是只要它只考虑在请求保护的发明作出时在本领域普通技术水平内的知识，而不包括仅从申请人公开的内容中收集的知识，这样的重构就是适当的。参见 *In re McLaughlin*, 443 F.2d 1392, 1395, 170 USPQ 209, 212（CCPA 1971）。申请人可能还会辩称，将两份或两份以上的对比文件结合起来是"事后诸葛亮"，因为缺乏"明确"的动机来结合这些对比文件。然而，并没有要求"在认定显而易见性之前，必须在现有技术对比文件中出现明确的、书面的结合动机"。参见 *Ruiz v. A. B. Chance Co.*, 357 F.3d 1270, 1276, 69 USPQ2d 1686, 1690（Fed. Cir. 2004）。参见 MPEP §2141 和§2143，以获得关于确立显而易见性初证事实的指导。

B. 明显可以尝试的理由

申请人可能会辩称，审查员使用了不恰当的"明显可以尝试"理由来支持显而易见性的拒绝意见。

"明显可以尝试"的理由可以支持这样一个结论，即当本领域技术人员从数量有限的确定的、可预期的解决方案中进行选择,并能合理地预期其成功时,权利要求将是显而易见的。"[一个]普通技术人员有充分的理由去追求他或她的技术能力范围内的已知选择。如果这导致了预期的成功,极有可能产品不是创新产品,而是普通技能和公知常识。在这种情况下,'一种组合是明显可以尝试的'这一事实表明,其属于基于§103 的显而易见性。"参见 KSR Int'l Co. v. Teleflex Inc., 550 U. S. 538, 421, 82 US-PQ2d 1385, 1397(2007)。

"关于'明显可以尝试'不符合 35 U. S. C. 103 标准的告诫,主要针对两种错误。在某些情况下,"明显可以尝试"的内容,将会改变所有参数或者尝试众多可能中的每个选择,直到可能获得一个成功的结果,而现有技术并没有给出哪个参数是关键参数的指示,也没有指明众多可能的选择中哪个方向可能成功……在另一些情况下,"明显可以尝试"是探索一种新技术或通用方法,这看起来是一个有前途的实验领域,而现有技术对所请求保护的发明的特定形式或如何实现它只给出了一般指导。"参见 In re O'Farrell, 853 F. 2d 894, 903, 7 USPQ2d 1673, 1681(Fed. Cir. 1988)(引用被省略)(法院认为,与所采用的现有技术相比,请求保护的方法是显而易见的,因为其中一份现有技术包含详细的实施方法、改进现有技术以产生请求保护的发明的启示,以及表明该改进将会成功的证据)。

C. 缺乏结合对比文件的启示

结合对比文件的启示或动机是确定显而易见性的适当方法,但它只是确定显而易见性的众多有效理由之一。在 KSR 案中,法院确定了几个典型的理由来支持显而易见性的结论,这些理由与在 Graham 案中确定显而易见性的适当"功能方法"相一致。参见 KSR, 550 U. S. at 415 – 21, 82 USPQ2d at 1395 – 97。另参见 MPEP §2141 和 §2143。

D. 对比文件的教导背离本发明或使现有技术不能满足预期目的

除了下面的材料,参见 MPEP §2141.02(必须整体考虑现有技术,包括教导与权利要求相背离的公开内容),和 MPEP §2143.01(所提出的改进不能使现有技术不能满足其预期目的,也不能改变对比文件的工作原理)。

1. 教导的本质是高度相关的

在确定显而易见性时,现有技术对比文件"教导背离"请求保护的发明是要考虑的重要因素;然而,"教导的性质是高度相关的,必须在实质上权衡。一种已知的或显而易见的组合物不能仅仅因为被描述为在相同用途上比其他产品稍差而获得专利。"参见 In re Gurley, 27 F. 3d 551, 554, 31 USPQ2d 1130, 1132(Fed. Cir. 1994)(权利要求涉及环氧树脂基印刷电路材料。现有技术对比文件公开了一种聚酯亚胺树脂基印刷电路材料,并教导了尽管环氧树脂基材料具有可接受的稳定性和一定程度的灵活性,但它们不如聚酯亚胺树脂基材料。法院认为,与现有技术相比权利要求是显而易见的,因为对比文件所教导的环氧树脂基材料对申请人是有用的,申请人不能将权利要求的环氧树脂与现有技术的环氧树脂区分开来,而且申请人的主张中没有超越本领域已知情况的其他发现)。

此外,"现有技术只是公开了一种以上的可选方案,这并不构成对这些可选方案中的任何一种的背离教导,因为这种公开并没有批评、贬斥或不鼓励请求保护的解决方案……"参见 In re Fulton,391 F.3d 1195,1201,73 USPQ2d 1141,1146(Fed. Cir. 2004)。

2. 不能在对比文件的教导背离它们结合的情况下将对比文件进行结合

当对比文件教导背离它们的结合时,将对比文件结合起来是不合适的。参见 In re Grasselli,713 F.2d 731,743,218 USPQ 769,779(Fed. Cir. 1983)(请求保护同时含有铁和碱金属的催化剂,没有启示要将两篇对比文件结合,其中一篇教导锑和碱金属的互换性并具有相同有益结果,另一篇明确排除锑并向催化剂中添加铁)。

3. 与公认的知识相反的行为是非显而易见性的证据

必须考虑现有技术的整体,与现有技术中公认的知识相反的做法是非显而易见性的证据。参见 In re Hedges,783 F.2d 1038,228 USPQ 685(Fed. Cir. 1986)(申请人请求保护的在高于127℃的温度下磺化二苯砜的方法有悖于传统知识,因为现有技术作为一个整体建议使用较低的温度来获得最佳结果,这可以通过在较高温度下炭化、分解或产率降低来证明)。

此外,"在确定显而易见性时,可能会考虑到旧设备的已知缺点,这些缺点自然会阻碍对新发明的探索"。参见 United States v. Adams,383 U.S. 39,52,148 USPQ 479,484(1966)。

E. KSR 案对所有技术的适用性

在 KSR 案判决下达时,一些观察家质疑最高法院是否打算将所讨论的原则应用于发明所属的所有领域。有观点认为,由于 KSR 案的技术涉及车辆踏板总成的相对成熟和可预测的领域,因此该决定仅与这些领域相关。联邦巡回上诉法院彻底否定了这一观点,称 KSR 案适用于各种技术:

法院也拒绝将 KSR 案局限于"可预测的领域"(相对于生物技术的"不可预测的领域")。事实上,该审查档案表明,先进技术的技术人员会认定这些请求保护的"结果"是极为"可预测的"。

参见 In re Kubin,561 F.3d 1351,1360,90 USPQ2d 1417,1424(Fed. Cir. 2009)。因此,审查员不应仅因为本发明处于通常被认为不可预测的技术领域而撤回任何拒绝意见。

XI. 格式语段

参见 MPEP §707.07(f)格式语段第7.37至第7.38段,可用于申请人的论点没有说服力或没有实际意义的情况。

2146 Pre-AIA 35 U.S.C.103（c）（2013.11修订）

编者按：MPEP的这部分内容仅适用于如35 U.S.C.100（定义）所述按照AIA发明人先申请制（FITF）规定进行审查的申请。见MPEP§2159及其下属章节确定申请是否要按照FITF规定进行审查，MPEP§2156关于联合研究协议现有技术没有资格用于适合哪些规定的申请，以及MEMP§2150及其下属章节用于符合哪些规定的申请的审查。

Pre-AIA 35 U.S.C.103 可专利性的条件；非显而易见的主题

……

（c）（1）由另一人研发的主题，仅在§102（e）（f）和（g）款中的一个或多个款项下有资格作为现有技术，应当不能根据本条款排除可专利性，其中在请求保护的发明作出时，该主题和请求保护的发明由同一人拥有或有义务转让给同一人。

（2）就本款而言，由另一个人研发的主题和请求保护的发明应被视为属于同一人，或有义务转让给同一人，条件是：

（A）请求保护的发明是在请求保护的发明作出之日或之前由或代表有效的联合研究协议的各方作出的；

（B）请求保护的发明是在联合研究协议范围内进行的活动的结果；

（C）请求保护的发明的专利申请公开或者经修改后公开了联合研究协议各方的姓名。

（3）就第（2）款而言，术语"联合研究协议"是指由两个或多个个人或实体为在请求保护的发明领域中进行实验、开发或研究工作而签订的书面合同、授权或合作协议。

自1999年11月29日起生效，如果现有技术主题和请求保护的发明"在发明制造时为同一人所拥有或有义务转让给同一人"，则根据从前的35 U.S.C.103因pre-AIA 35 U.S.C.102（e）而属于现有技术的主题，将不再有资格作为请求保护的发明的现有技术。对pre-AIA 35 U.S.C.103（c）的修订，是依照1999年的《美国发明人保护法》（AIPA）第4807条；参见公法106-113，113 Stat.1501，1501A-591（1999）。2002年《知识产权和高科技的技术修正法案》（公法107 273，116 Stat.（2002））中对pre-AIA 35 U.S.C.102（e）的改变，并未影响到1999年11月29日修订的pre-AIA 35 U.S.C.103（c）所规定的排除。随后，2004年《合作研究和技术改进法》（CREAT法）（公法108-453，118 Stat.3596（2004）进一步修订了pre-AIA 35 U.S.C.103（c）），规定出于确定显而易见的目的，如果满足以下三个条件，由另一人开发的主题将被视为同一人所有，或有义务转让给同一人：

（A）请求保护的发明是在请求保护的发明作出之日或之前由或代表有效的联合研究协议的各方作出的；

（B）请求保护的发明是在联合研究协议范围内进行的活动的结果；

（C）请求保护的发明的专利申请公开或者经修改后公开了联合研究协议各方的名

称（以下简称"联合研究协议被取消资格"）。

对 pre – AIA 35 U. S. C. 103（c）的这些修改适用于 2004 年 12 月 10 日或之后授权的受 pre – AIA 35 U. S. C 102 管辖的所有专利（包括再颁专利）。AIPA 对 pre – AIA 35 U. S. C. 103（c）作出的修改，将"（f）或（g）款"修改为"（e）（f）或（g）中的一款或者多款"，适用于 1999 年 11 月 29 日或之后提交的申请。需要注意的是，对于所有申请（包括再颁申请），如果申请在 2004 年 12 月 10 日或之后处于未决状态，则适用 2004 年对 pre – AIA 35 U. S. C. 103（c）的修改，该修改实际上包括了 1999 年的修改。因此，pre – AIA 35 U. S. C. 103（c）早先修订的 1999 年 11 月 29 日的日期不再相关。然而在再审程序中，必需查看被再审的专利是否在 2004 年 12 月 10 日或之后被授予，以确定经《合作研究和技术改进法》（CREATE 法）修正的 pre – AIA 35 U. S. C. 103（c）是否适用。对于在 1999 年 11 月 29 日当天或之后提交的申请、在 2004 年 12 月 10 日之前授权的专利的再审程序，1999 年对 pre – AIA 35 U. S. C. 103（c）的修改，适用于取消资格的 pre – AIA 35 U. S. C. 103（c）的共同受让或拥有的现有技术规定。参见 MPEP § 706.02（l）（1）获取关于根据 pre – AIA 35 U. S. C. 102（e）/103 规定取消资格的现有技术的更多信息。对于在 1999 年 11 月 29 日之前提交的申请、在 2004 年 12 月 10 日之前授权的专利的再审程序、1999 年或 2004 年对 pre – AIA 35 U. S. C. 103（c）的修改均不适用。因此只有在 pre – AIA 35 U. S. C. 103（a）规定下的拒绝意见所使用的 pre – AIA 35 U. S. C. 102（f）或（g）的现有技术，在 pre – AIA 35 U. S. C. 103（c）规定的共同受让或拥有的现有技术规定下可被取消资格。

由 CREATE 法修订的 pre – AIA 35 U. S. C. 103（c）只适用于符合 pre – AIA 35 U. S. C. 102（e）（f）或（g）规定的现有技术资格的主题，以及根据 35 U. S. C. 103 作出的拒绝意见所依据的主题。如果拒绝意见是依据 pre – AIA 35 U. S. C. 102（e）（f）或（g）被在先公开，不能依赖 pre – AIA 35 U. S. C. 103（c）取消主题的资格，以克服或阻止在先公开的拒绝意见。同样，不能依赖 pre – AIA 35 U. S. C. 103（c）来克服或阻止重复授权的拒绝意见。参见 37 CFR 1. 78（c）和 MPEP § 804。另参见 MPEP § 706. 02（l）至 § 706. 02（l）（3）。

2147 – 2149（预留）

2150 根据《Leahy – Smith 美国发明法案》对 35 U. S. C. 102 和 103 的审查指南进行修订：由先发明制修订为先申请制（2013. 11 修订）

编者按：参见 MPEP § 2159 及其以下章节以确定申请是否需要根据 FITF 的规定进行审查，参见 MPEP § 2131 至 § 2138 对符合 pre – AIA 35 U. S. C. 102 规定的申请进行审查。

继续适用 pre – AIA 35 U.S.C. 102 和 103。《Leahy – Smith 美国发明法案》（AIA）修订了 35 U.S.C. 102，从而确定了在审查申请时何种现有技术可用的标准。参见公法 112 – 29，125 Stat. 284（2011）。在 AIA 中对 35 U.S.C. 102 和 103 的修改不适用于在 2013 年 3 月 16 日前提交的任何申请。因此在 2013 年 3 月 16 日之前提交的任何申请均受 pre – AIA 35 U.S.C. 102 和 103 约束（即 pre – AIA（先发明制）申请（下文称为"pre – AIA 申请"））。注意无论是申请继续审查，还是根据 35 U.S.C. 371 进入国家阶段，都不构成新提交的申请。因此，对于在 2013 年 3 月 16 日之前提交的申请，即使在 2013 年 3 月 16 日或之后，按照 37 CFR 1.114 提交继续审查请求，该申请仍然受 35 U.S.C. 102 和 103 的约束。在 2013 年 3 月 16 日或之后提交的修改，包括含有新主题的权利要求，也不影响申请作为 pre – AIA 申请的地位。参见 35 U.S.C. 132（a）。同样地，在 2013 年 3 月 16 日之前提交的 35 U.S.C. 363 下的 PCT 申请，不论在 2013 年 3 月 16 日之前或之后进入 35 U.S.C. 371 下的国家阶段，均受 pre – AIA 35 U.S.C. 102 和 103 的约束。如果在 2013 年 3 月 16 日或之后提交的申请从未包含在 2013 年 3 月 16 日或之后具有有效提交日期的权利要求，且从未要求过包含此类权利要求的申请的利益，则也适用 pre – AIA 35 U.S.C. 102 的规定。MPEP §2131 至 §2138 规定了现有技术的审查指南，适用于受 pre – AIA 35 U.S.C. 102 约束的申请的审查。

2151 AIA 中针对 35 U.S.C. 102 和 103 的修改概述（2017.08 修订）

编者按：MPEP 中本部分内容仅适用于如 35 U.S.C. 100（定义）所述按照 AIA 发明人先申请制（FITF）规定进行审查的申请。参见 MPEP §2159 及其下辖章节确定申请是否要按照 FITF 规定进行审查，参见 MPEP §2131 至 §2138 对符合 pre – AIA 35 U.S.C. 102 规定的申请进行审查。

在 AIA 之后，35 U.S.C. 102 继续阐述了现有技术的范围，所述现有技术使得请求保护的发明无法获得专利权，但该法条修订了符合现有技术的条件。具体地说，AIA 35 U.S.C. 102（a）（1）和（a）（2）规定了什么是现有技术。AIA 35 U.S.C. 102（a）（1）规定，如果请求保护的发明在其有效申请日之前已经获得专利、在印刷出版物中已有描述或者已被公开使用、销售或以其他方式为公众所知，则申请人不应被授予其专利权。AIA 35 U.S.C. 102（a）（2）规定，如果请求保护的发明在根据 AIA 35 U.S.C. 151 授权的专利中，或者在根据 35 U.S.C. 122（b）公布或视为公布的专利申请中已有描述，其中上述专利或申请根据具体情况署名其他发明人，且在请求保护的发明的有效申请日前已经有效地提出了申请，则申请人不应被授予专利权。AIA 35 U.S.C. 102（b）针对 AIA 35 U.S.C. 102（a）中确立的现有技术规定了例外情形。具体而言，AIA 35 U. S. C. 102（b）（1）针对 AIA 35 U. S. C. 102（a）（1）中确立的现有技术规定了例外情形，AIA 35 U. S. C. 102（b）（2）针对 AIA 35 U. S. C. 102（a）（2）中确立的现有技术规定了例外情形。

AIA 还在 35 U. S. C. 100 条中对"请求保护的发明""有效申请日""发明人"和"共同发明人"（或"联合发明人"）等术语的含义作出了定义。AIA 在 35 U. S. C. 100（j）中将术语"请求保护的发明"一词定义为：专利或专利申请中权利要求限定的主题。AIA 在 35 U. S. C. 100（i）（1）中将专利或专利申请（再颁申请或再颁专利除外）中请求保护的发明的"有效申请日"这一术语定义为下述两项含义中较早的日期：(1) 包含请求保护的发明的专利或专利申请的实际申请日；(2) 专利或申请就请求保护的发明，有权要求享有其权益或优先权的最早临时的、非临时的、国际的（PCT）或外国专利申请的申请日。AIA 在 35 U. S. C. 100（f）中将术语"发明人"定义为发明或发现该发明主题的个人，如果是联合发明，则指发明或发现发明主题的全体人员，在 35 U. S. C. 100（g）中将术语"联合发明人"和"共同发明人"定义为发明或发现联合发明主题的任意个人。

如前所述，AIA 35 U. S. C. 102（a）（1）规定，如果请求保护的发明在其有效申请日之前已经获得专利、已在印刷出版物中已有描述，或者已被公开使用、销售或以其他方式为公众所知，则申请人不应被授予专利权。根据 pre - AIA 35 U. S. C. 102（a）和（b）的规定，发明的知晓或使用（pre - AIA 35 U. S. C. 102（a）），或者发明的公开使用或销售（pre - AIA 35 U. S. C. 102（b））必须在美国境内才能作为现有技术活动。根据 AIA 的规定，在先公开使用、销售活动或其他披露作为现有技术则没有地域要求（即不需要在美国）。

AIA 35 U. S. C. 102（b）（1）规定，如果存在以下情况之一，那么在请求保护的发明有效申请日之前一年内针对该发明作出的某些披露不应作为 35 U. S. C. 102（a）（1）中的现有技术：(1) 所述披露是由发明人、共同发明人或由他人作出的，其中所述他人是直接或间接地从发明人或共同发明人处获得被披露的主题；(2) 在所述披露之前，该主题已由发明人、共同发明人或他人公示于众，其中所述他人是直接或间接地从发明人或共同发明人处获得被披露的主题。因此，AIA 35 U. S. C. 102（b）（1）有效规定了在首次源自发明人的披露发明后存在一年宽限期（即宽限期），在此期间，发明人、受让人、义务受让人或者有足够利害关系的其他方可以提出专利申请，上述披露内容和特定的其他披露内容不会作为其现有技术。AIA 35 U. S. C. 102（b）（1）中的一年宽限期是从该专利或申请中声称享有权益或优先权的最早的美国或外国专利申请的申请日起算，并且较早的申请以 AIA 35 U. S. C. 112（a）所要求的方式支持请求保护的发明。根据 pre - AIA 35 U. S. C. 102（b）的规定，一年宽限期从（直接或通过 PCT）在美国提交的最早申请的申请日起算，而不会从较早提交的外国专利申请的申请日起算。

根据 AIA 35 U. S. C. 102 的规定，发明日与其毫不相关。因此，通过证明在披露相关主题的现有技术的有效日期之前，发明人已经作出了请求保护的发明，并不能使现有技术丧失资格，也不能使发明先于现有技术（如根据 37 CFR 1.131 的规定）。

如前所述，AIA 35 U.S.C. 102（a）（2）规定，如果请求保护的发明在美国专利、美国专利申请公布文本或根据 35 U.S.C. 122（b）规定视为公布的专利申请（统称为"美国专利文件"）中已有描述，其中上述美国专利文件署名其他发明人，且在请求保护的发明的有效申请日之前已经有效提出申请，则申请人不应被授予专利权。根据 35 U.S.C. 374 规定，世界知识产权组织（WIPO）公布的指定美国的《专利合作条约》（PCT）国际申请，属于 AIA 35 U.S.C. 102（a）（2）中所述根据 35 U.S.C. 122（b）视为公布的专利申请。因此，根据 AIA，指定美国的 PCT 申请的 WIPO 公布文本，被视为美国专利申请公布文本而作为现有技术，无论其国际申请日为何时、是否用英文发布、PCT 国际申请是否进入美国国家阶段。因此，署名其他发明人且在请求保护的发明的有效申请日之前已有效提出申请的指定美国的 PCT 申请的 WIPO 公布文本（WIPO 公布的申请）、美国专利或美国专利申请公布文本，均属于 AIA 35 U.S.C. 102（a）（2）规定的现有技术。根据 pre-AIA 35 U.S.C. 102（e）的规定，只有 2000 年 11 月 29 日或之后提交的 PCT 申请，并按照 PCT 第 21 条第 2 款的规定以英文发布时，指定美国的 WIPO 公布的申请，才被视为美国专利申请公布文本。见 MPEP § 2136.03 第 Ⅲ 节。

AIA 35 U.S.C. 102（d）定义了"有效地提出申请"，以确定对于请求保护的发明而言，特定的美国专利文件是否属于 AIA 35 U.S.C. 102（a）（2）中的现有技术。一旦美国专利文件中相关描述的任何主题早于如下日期，美国专利文件就被认为属于为达到 35 U.S.C. 102（a）（2）现有技术的效果而有效地提出申请。所述日期包括：（1）专利或专利申请的实际申请日；（2）描述此类请求保护的发明主题的最早申请的申请日，如果所述专利或专利申请享有更早的美国临时申请的、美国非临时申请的、国际申请的（PCT）或者外国专利申请的申请日的权益或优先权。因此，美国专利文件自其要求享有的或作为优先权的描述了相应主题的最早申请的申请日起，可有效地作为现有技术，无论最早的此类申请是美国临时的或非临时的申请、国际申请（PCT）还是外国专利申请。

AIA 35 U.S.C. 102（b）（2）（A）和（B）规定，如果存在以下情况之一，披露内容不得作为 35 U.S.C. 102（a）（2）所述针对请求保护的发明的现有技术：（1）被披露的主题是直接或间接地从发明人或共同发明人处获得的；（2）在按照 35 U.S.C. 102（a）（2）的规定有效提出申请之前，被披露的主题已经由发明人、共同发明人或者他人公示于众，其中所述的他人是直接或间接地从发明人或共同发明人处获得被披露的主题。因此，根据 AIA 的规定，如果存在以下情况之一，在请求保护的发明的有效申请日前一年以上发布或公布的美国专利文件，不属于针对请求保护的发明的现有技术，所述情况为：（1）美国专利文件由他人作出，此人从发明人或共同发明人处获得被披露的主题；（2）在美国专利文件的 35 U.S.C. 102（d）（有效提出申请）日期之前，发明人、共同发明人或者他人已将被披露的主题公示于众，其中所述的他人是从发明人或共同发明人处获得被披露的主题。

此外，AIA 35 U.S.C. 102（b）（2）（C）规定，如果在请求保护的发明的有效申请日或之前,被披露的主题与请求保护的发明归同一人所有或负有向同一人转让的义务,那么在美国专利文件中作出的披露不得作为 35 U.S.C.102(a)(2)中针对请求保护的发明的现有技术。该规定取代了 pre – AIA 35 U.S.C.103(c)中的例外情形,该例外仅适用于 35 U.S.C.103 显而易见性判断中的现有技术,所述现有技术在请求保护的发明作出时被共同所有,并且该现有技术只能作为 pre – AIA 35 U.S.C.102(e)(f)和(或)(g)中的现有技术。因此,AIA 规定,某些同事或合作者的特定在先专利和在先公布的专利申请,无论是为了确定新颖性(35 U.S.C.102)还是非显而易见性(35 U.S.C.103),均不构成现有技术。然而,这一例外仅排除可作为 AIA 35 U.S.C.102(a)(2)现有技术的披露,即在请求保护的发明的有效申请日之前尚未公布,而只是有效地提出申请的美国专利文件。但该例外不能有效排除也可作为 35 U.S.C.102(a)(1)现有技术的披露,即在请求保护的发明的有效申请日之前已经公布或产生的专利、印刷出版物、公开使用、销售活动或其他为公众可获取的披露内容。如 AIA 35 U.S.C.102(a)(1)中所述,由同事或合作者作出的在先披露是 AIA 35 U.S.C.102(a)(1)的现有技术,除非它属于 AIA 35 U.S.C.102(b)(1)规定的例外情形,无论在先披露的主题与请求保护的发明,在请求保护的发明的有效申请日或之前是否为共同所有。

AIA 取消了 pre – AIA 35 U.S.C.102(c)(发明的放弃)、102(d)(过早在外国获得专利)、102(f)(溯源)和 102(g)(由他人作出的在先发明,但关于继续有限适用的讨论见下文)中的规定。发明的放弃或过早在外国获得专利,都与 AIA 所述的可专利性无关。AIA 规定,他人作出的在先发明也同样与可专利性无关,除非存在在先的公开或者由他人提交的申请。申请将一个不是实际发明者的人署名为发明人(pre – AIA 35 U.S.C.102(f))的情况,将根据 35 U.S.C.135 的规定在溯源程序中进行处理,通过 37 CFR 1.48 规定的发明权更正程序署名为实际发明人,或根据 35 U.S.C.101 和 35 U.S.C.115 予以否决。参见格式语段第 7.04.101.aia 和 7.04.102.aia。

AIA 35 U.S.C.102(c)规定了依照联合研究协议所做主题的共同所有权。根据 35 U.S.C.100(h)的规定,在 AIA 35 U.S.C.102(c)中使用的"联合研究协议"一词是指由两名或两名以上的个人或实体,为在所请求保护的发明领域内进行实验、开发或研究工作而签订的书面合同、授权或合作协议。AIA 35 U.S.C.102(c)特别规定,如果出现以下情况,在适用 AIA 35 U.S.C.102(b)(2)(C)时,被披露的主题与请求保护的发明视为归同一人所有或负有向同一人转让的义务:(1)被披露的主题与请求保护的发明,是由一项联合研究协议的一方或多方开发和完成或者代表其开发和完成的,且该联合研究协议在请求保护的发明的有效申请日或之前即已生效;(2)请求保护的发明是通过联合研究协议框架下从事的活动作出的;和(3)请求保护的发明的专利申请披露或者经修改披露了联合研究协议当事人的姓名。

AIA 35 U.S.C.103 规定,尽管请求保护的发明不是如 35 U.S.C.102 所述被完全披露,但是如果请求保护的发明与现有技术之间的差异,导致请求保护的发明作为一个整体在其有效申请日之前对于本领域技术人员而言是显而易见的,则请求保护的发明也无法获得专利。此外，AIA 35 U.S.C. 103 规定，不应以作出发明的方式来否定其可专利性。除了显而易见性调查的时间重点是在请求保护的发明的有效申请日之前而不是在作出发明时之外，本条款其他内容沿袭 pre – AIA 35 U.S.C. 103（a）。pre – AIA 35 U.S.C. 103（c）已改为 AIA 35 U.S.C. 102（b）（2）（C）和（c），pre – AIA 35 U.S.C. 103（b）关于生物技术工艺的规定已被取消。

AIA 35 U.S.C. 102 和 103 自 2013 年 3 月 16 日生效。这些新规适用于所有包含或在任何时候曾包含以下内容的专利申请：（1）35 U.S.C. 100（i）限定的有效申请日期在 2013 年 3 月 16 日或之后的请求保护的发明的权利要求；（2）指定为一项申请的继续申请、分案申请或部分继续申请，其中所述申请包含或在任何时候曾包含有效申请日在 2013 年 3 月 16 日或之后的请求保护的发明的权利要求。这种申请被称为 AIA（发明人先申请）申请（以下简称"AIA 申请"）。AIA 35 U.S.C. 102 和 103 也适用于 AIA 申请获得的所有专利。参见公法 112 – 29，§3（n）（1），125 Stat. at 293。确定申请是否受制于 AIA 35 U.S.C. 102 及 103 的约束，请参阅 MPEP § 2159 及其下辖章节。

AIA 规定，如果一项 AIA 专利申请符合以下条件之一，则 pre – AIA 35 U.S.C. 102（g）适用于该申请的每一项权利要求：（1）包含或在任何时候曾包含 35 U.S.C. 100（i）限定的有效申请日在 2013 年 3 月 16 日前的请求保护的发明的权利要求；（2）曾被指定为一项申请的继续申请、分案申请或部分继续申请，其中所述申请包含或在任何时候曾包含有效申请日为 2013 年 3 月 16 日之前的请求保护的发明的权利要求。公法 112 – 29，§3（n）（2），125 Stat. at 293。pre – AIA 35 U.S.C. 102（g）也适用于由适用该条款的 AIA 申请所产生的专利。关于适用 pre – AIA 35 U.S.C. 102（g）的申请的相关指南，请参阅 MPEP § 2138 和格式语段 7.14. aia。

如果一项申请：（1）包含或在任何时候曾包含一项请求保护的发明，该发明的有效申请日在 2013 年 3 月 16 日之前，或者基于更早的申请根据 35 U.S.C. 120、121 或 365（c）要求享有更早的申请日，其中所述更早的申请包含 35 U.S.C. 100（i）限定的有效申请日在 2013 年 3 月 16 日之前的请求保护的发明；（2）还包含或在任何时候曾包含 35 U.S.C. 100（i）限定的有效申请日在 2013 年 3 月 16 日或之后的请求保护的发明，或者基于更早的申请根据 35 U.S.C. 119、120、121、365 或 386 要求享有更早的申请日，其中所述更早的申请包含或在任何时候曾包含 35 U.S.C. 100（i）限定的有效申请日在 2013 年 3 月 16 日或之后的请求保护的发明，那么 AIA 35 U.S.C. 102、103 适用于该申请，该申请中的每一项请求保护的发明也受制于 pre – AIA 35 U.S.C. 102（g）的约束。

2152 关于 AIA 35 U.S.C. 102（a）和（b）的详细讨论（2013.11 修订）

编者按：MPEP 中本部分内容仅适用于如 35 U.S.C. 100（定义）所述按照 AIA 发

明人先申请制（FITF）规定进行审查的申请。参见 MPEP§2159 及其下辖章节确定申请是否要按照 FITF 规定进行审查，参见 MPEP§2131 至§2138 对符合 pre - AIA 35 U. S. C. 102 规定的申请进行审查。

AIA 35 U. S. C. 102（a）定义了阻止请求保护的发明获得专利权的现有技术，适用 AIA 35 U. S. C. 102（b）所述例外情形的除外。具体而言，AIA 35 U. S. C. 102（a）规定：

[a] 除非发生如下情况，否则申请人有权获得专利：

（1）在请求保护的发明的有效申请日之前，该发明已经获得专利、在印刷出版物已有描述或者已被公开使用、销售或者以其他方式为公众所知；

（2）请求保护的发明在根据§151 授权的专利或根据 122（b）条公布或视为公布的专利申请中已有描述，其中所述专利或专利申请根据具体情况署名为其他发明人，且在请求保护的发明的有效申请日前已有效提出申请。

作为一个初始事项，专利商标局的工作人员应当注意，前置短语"申请人有权获得专利，除非"与 pre - AIA 35 U. S. C. 102 保持不变。因此，35 U. S. C. 102 条继续规定，如果申请中的一项权利要求被否决，专利商标局负有初始责任，解释为什么该权利要求没有满足适用的法律或规章要求。AIA 也没有改变下述要求：无论何时否决一项专利的权利要求或对其提出异议或要求时，专利商标局都应通知申请人相关情况并说明作出否决、提出异议和要求的原因，提供此类信息和参考资料，有助于申请人判断继续对申请进行审查是否适当。参见 35 U. S. C. 132、37 CFR 1.104（c）和 MPEP§706。

现有技术文件和活动的种类载于 AIA 35 U. S. C. 102（a）（1），而现有技术专利文件的种类载于 AIA 35 U. S. C. 102（a）（2）。这些文件和活动用于确定请求保护的发明是否是新颖的或者非显而易见的。根据 35 U. S. C. 102（a）（1）作出现有技术否决所依据的文件可以是已授权专利、已公布的申请和非专利印刷出版物。根据 35 U. S. C. 102（a）（2）作出现有技术否决所依据的文件仅为美国专利文件（参见 MPEP§2151 对美国专利文件的讨论）。请求保护的发明已被公开使用、销售或以其他方式为公众所知的证据也可作为根据 35 U. S. C. 102（a）（1）作出现有技术否决的依据。请注意，有些印刷出版物没有足够早的公布日期而自身不能作为 35 U. S. C. 102（a）（1）现有技术，但该印刷出版物可能是在先公开使用、销售活动或以其他方式使公众可获得请求保护的发明的有效证据，其中所述公开使用、销售活动、其他使公众所知的方式具有足够早的日期，可以作为 35 U. S. C. 102（a）（1）的现有技术。参见 *In re Epstein*, 32 F. 3d 1559, 31 USPQ2d 1817（Fed. Cir. 1994）和 MPEP§2133.03（b）第 Ⅲ.C 小节。

AIA 35 U. S. C. 102（b）规定了 AIA 35 U. S. C. 102（a）的例外情形，本应包含在 AIA 35 U. S. C. 102（a）中的现有技术如果属于 AIA 35 U. S. C. 102（b）规定的例外情形，则不应作为现有技术。

在 AIA 35 U.S.C. 102（a）（1）中定义的现有技术种类的例外情形在 AIA 35 U.S.C. 102（b）（1）中有规定。具体地说，AIA 35 U.S.C. 102（b）（1）规定："在请求保护的发明的有效申请日前一年内作出的披露，在以下情况下，不应作为第（a）（1）请求保护的发明的现有技术：

（A）披露是由发明人、共同发明人或者他人作出的，其中所述的他人是直接或间接地从发明人或共同发明人处获得被披露的主题；

（B）在所述披露之前，被披露的主题已被发明人、共同发明人或者他人公示于众，其中所述的他人是直接或间接地从发明人或共同发明人处获得被披露的主题。"

在 AIA 35 U.S.C. 102（a）（2）中定义的现有技术种类的例外情形在 AIA 35 U.S.C. 102（b）（2）中有规定。具体而言，AIA 35 U.S.C. 102（b）（2）规定："如果存在以下情况，披露不应作为（a）（2）请求保护的发明的现有技术：

（A）被披露的主题直接或者间接地来源于发明人或者共同发明人；

（B）在根据第（a）（2）的规定将被披露的主题有效提出申请之前，该主题已由发明人、共同发明人或者他人公示于众，其中所述的他人是直接或间接地从发明人或共同发明人处获得被披露的主题；

（C）被披露的主题和请求保护的发明，不晚于请求保护的发明的有效申请日，归同一人所有，或负有向同一人转让的义务。"

虽然 AIA 35 U.S.C. 102（a）和（b）的一些条款与 pre–AIA 35 U.S.C. 102（a）（b）和（e）的条款类似，但 AIA 对现有技术文件和活动（统称"披露"）作出了一些重要的修改。首先，美国专利文件可作为请求保护的发明的现有技术的时间，从 35 U.S.C. 100（i）限定的请求保护的发明的有效申请日起算，该规定同时考虑了外国优先权和国内受益日期。注意，这不同于 pre–AIA 35 U.S.C. 102 的实践，其中专利文件可作为现有技术的时间是从"在美国申请专利之日"（pre–AIA 35 U.S.C. 102（b））或"专利申请人作出其发明之日"（pre–AIA 35 U.S.C. 102（a）和（e））开始计算。其次，AIA 关于现有技术披露采用全世界的视角，因此并不要求公开使用或销售活动必须"在本国"，才属于现有技术活动。最后，还添加了一个"以其他方式为公众所知"的现有技术种类。

2152.01 请求保护的发明的有效申请日（2017.08 修订）

编者按：MPEP 中本部分内容仅适用于如 35 U.S.C. 100（定义）所述按照 AIA 发明人先申请制（FITF）规定进行审查的申请。参见 MPEP §2159 及其下辖章节确定申请是否要按照 FITF 规定进行审查，参见 MPEP §2131 至 §2138 对符合 pre–AIA 35 U.S.C. 102 规定的申请进行审查。

pre–AIA 35 U.S.C. 102（a）及（e）提及了能使专利无效的行为，该行为发生在申请人发明请求保护的发明之前。AIA 35 U.S.C. 102（a）（1）和（a）（2）没有提及发明日，取而代之的是，提及"在请求保护的发明的有效申请日之前"已经存在的文件或已经发生的活动。因此，不再可能基于 37 CFR 1.131 通过证明申请人在现有技术披露的有效日期之前，已经发明了请求保护的主题，从而先于特定的现有技术或者在特定的现有技术"之后宣誓"。

AIA 将专利或专利申请（再公告申请或再颁专利除外）中请求保护的发明的"有效申请日"定义为以下情况中最早的日期：（1）包含请求保护的发明的专利或专利申请的实际申请日；（2）如果该专利或者申请就该发明根据 35 U.S.C. 119、120、121、365、386 有权享有优先权或较早的申请日权益，其中最早申请的申请日。参见 35 U.S.C. 100（i）（1）。因此，AIA 35 U.S.C. 102（b）（1）中所述的一年宽限期（MPEP §2151 中有相关定义）从被要求享受其利益或优先权的任何美国或外国专利申请的申请日开始计算，而 pre-AIA 35 U.S.C. 102（b）所述的一年宽限期只是从（直接或通过 PCT）在美国提出的最早申请的申请日开始计算。

根据 pre-AIA 法的规定，请求保护的发明的有效申请日是根据逐项权利要求而不是根据逐件申请而定的。也就是说，AIA 关于同一申请中的不同权利要求，相对于现有技术可享有不同的有效申请日，该原则保持不变。参见 MPEP §706.02 第Ⅵ节。然而，重要的是要注意，虽然现有技术是基于逐项权利要求应用，但是要确定 pre-AIA 35 U.S.C. 102、103 和 AIA 35 U.S.C. 102，103 是否适用还是基于逐件申请来考虑的。MPEP §2151 和 MPEP §2159 讨论了 AIA 第 3 条中关于适用日期的规定。

AIA 规定，确定在再颁专利或再公告专利申请中请求保护的发明的"有效申请日"时，应当将该请求保护的发明的权利要求视为已包含在要求再颁的专利之内。参见 35 U.S.C. 100（i）（2）。

2152.02 AIA 35 U.S.C. 102（a）（1）的现有技术（已授予专利，在印刷出版物中已有描述，或者已被公开使用、销售，或以其他方式为公众所知）（2017.08 修订）

编者按：MPEP 中本部分内容仅适用于如 35 U.S.C. 100（定义）所述按照 AIA 发明人先申请制（FITF）规定进行审查的申请。参见 MPEP §2159 及其下辖章节确定申请是否要按照 FITF 规定进行审查，参见 MPEP §2131 至 §2138 对符合 pre-AIA 35 U.S.C. 102 规定的申请进行审查。

可能阻止可专利性的现有技术文件和活动载于 AIA 35 U.S.C. 102（a）（1）中。这些文件和活动包括请求保护的发明在先被授予专利、印刷出版物中对请求保护的发明的描述、对请求保护的发明的公开使用、将请求保护的发明公开出售及以其他方式向公众提供请求保护的发明。MPEP §2152.02（a）至 §2152.02（f）依次讨论根据 AIA 35 U.S.C. 102（a）（1）可能阻止可专利性的每一种现有技术文件和活动。

2152.02（a） 已授予专利（2013.11 修订）

编者按：MPEP 中本部分内容仅适用于如 35 U.S.C.100（定义）所述按照 AIA 发明人先申请制（FITF）规定进行审查的申请。参见 MPEP §2159 及其下辖章节确定申请是否要按照 FITF 规定进行审查，参见 MPEP §2131 至 §2138 对符合 pre – AIA 35 U.S.C.102 规定的申请进行审查。

AIA 35 U.S.C.102（a）（1）指出，请求保护的发明的在先专利将阻止对该请求保护的发明授予后续专利。这意味着，如果一项请求保护的发明在该发明的有效申请日之前已在美国或外国获得专利，则 AIA 35 U.S.C.102（a）（1）将禁止对该请求保护的发明授予专利权。基于确定该专利是否适合作为 AIA 35 U.S.C.102（a）（1）的现有技术的目的，该专利的有效日期为该专利的授权日。如果专利自授权之日起即为秘密，则属例外。参见 *In re Ekenstam*，256 F.2d 321，323，118 USPQ 349，353（CCPA 1958）；MPEP §2126.01。在这种情况下，自专利公开供公众查阅或以印刷形式传播之日起，该专利即可作为现有技术。参见 *In re Carlson*，983 F.2d 1032，1037，25 US-PQ2d 1207（Fed. Cir. 1992）；MPEP §2126。AIA 35 U.S.C.102（a）（1）中"已授予专利"一词与 pre – AIA 35 U.S.C.102（a）和（b）中的"已授予专利"含义相同。关于 pre – AIA 35 U.S.C.102（a）和（b）中所用"已授予专利"一词的讨论，请参阅 MPEP §2126。

尽管一项发明可能在专利中予以描述却并不要求保护，但如果自其授权之日起公众即可获取该专利，那么其授权日期就是可获得的现有技术日期，其中被披露的主题可作为"在印刷出版物中已有描述"。请注意，在请求保护的发明的有效申请日之后授权的美国专利，不能作为 AIA 35 U.S.C.102（a）（1）针对该发明的现有技术，但可能适合作为 AIA 35 U.S.C.102（a）（2）的现有技术。

2152.02（b） 在印刷出版物中已有描述（2013.11 修订）

编者按：MPEP 中本部分内容仅适用于如 35 U.S.C.100（定义）所述按照 AIA 发明人先申请制（FITF）规定进行审查的申请。参见 MPEP §2159 及其下辖章节确定申请是否要按照 FITF 规定进行审查，参见 MPEP §2131 至 §2138 对符合 pre – AIA 35 U.S.C.102 规定的申请进行审查。

如果请求保护的发明在专利、已公布的专利申请或印刷出版物中已有描述，则此类文件可作为 AIA 35 U.S.C.102（a）（1）的现有技术。无论是在 pre – AIA 35 U.S.C.102（a）和（b），还是在 AIA 35 U.S.C.102（a）（1）中，对现有技术印刷出版物中的相关发明均使用"描述"一词。同样，AIA 35 U.S.C.102（a）（2）对美国专利、美国专利申请公布文本和 WIPO 公布的申请也使用该术语。因此，专利商标局认为 AIA 并未改变 35 U. S. C. 102 规定的对于一份现有技术文件在先公开请求保护的发明的标准，即对请求保护的发明予以描述所需要达到的程度。

AIA 35 U. S. C. 112（a）中可专利性的条件，要求对请求保护的发明的书面描述能使本领域技术人员作出和使用该发明，而 AIA 35 U. S. C. 102（a）（1）和（a）（2）中对现有技术的规定，只要求现有技术文件（专利、公布的专利申请或印刷出版物）中"描述"了请求保护的发明。为了描述一项请求保护的发明以达到 AIA 35 U. S. C. 102 在先公开该发明的标准，现有技术文件必须满足如下的两项基本要求，这两项要求与 pre – AIA 35 U. S. C. 102 的要求是相同的。首先，必须明确或隐含的披露"请求保护的发明的每一个要素"，并且这些要素必须"按照权利要求中所述方式排列或组合"。参见 *In re Gleave*，560 F. 3d 1331，1334，90 USPQ2d 1235，1237 – 38（Fed. Cir. 2009），援引 *Eli Lilly & Co. v. Zenith Goldline Pharms.*，*Inc.*，471 F. 3d 1369，1375，81 USPQ2d 1324，1328（Fed. Cir. 2006）；*Net MoneyIN*，*Inc. v. VeriSign*，*Inc.*，545 F. 3d 1359，1370，88 USPQ2d 1751，1759（Fed. Cir. 2008）；*In re Bond*，910 F. 2d 831，832 – 33，15 USPQ2d 1566，1567（Fed. Cir. 1990）。其次，本领域技术人员必须能够在没有过度实验的情况下作出这项发明。参见 *Gleave*，560 F. 3d at 1334，90 USPQ2d at 1238（援引 *Impax Labs.*，*Inc. v. Aventis Pharms. Inc.*，545 F. 3d 1312，1314，88 USPQ2d 1381，1383（Fed. Cir. 2008），和 *In re LeGrice*，301 F. 2d 929，940 – 44，133 USPQ 365，372（CCPA 1962））。因此，为了使一份现有技术文件描述请求保护的发明达到 AIA 35 U. S. C. 102（a）（1）或者（a）（2）在先公开该发明的标准，它必须披露请求保护的发明按照权利要求中所述的方式组合所有要素，并提供足够的指导使本领域技术人员能够作出该发明。但是，并不要求现有技术文件必须符合 35 U. S. C. 112（a）中的"如何使用"要求，才能作为现有技术。参见 *Gleave*，560 F. 3d at 1334，90 USPQ2d at 1237 – 38；*In re Schoenwald*，964 F. 2d 1122，1124，22 USPQ2d 1671，1673（Fed. Cir. 1992）（认为即使现有技术对比文件没有披露该化合物的用途，也在先公开了请求保护的化合物）；*Schering Corp. v. Geneva Pharms.*，*Inc.*，339 F. 3d 1373，1380 – 81，67 USPQ2d 1664，1670（Fed. Cir. 2003）（指出要使现有技术对比文件在先公开一项发明，并不必须要求将该发明实际付诸实践）；*Impax Labs*，468 F. 3d at 1382（声明"要使现有技术对比文件能够用于在先公开的目的，并不需要证明其效用"）。此外，从该领域普通技术人员的角度来判断是否符合"如何制作"的要求，因此并不要求现有技术文件明确披露该领域普通技术人员知识范围内的信息，参见 *In re Donohue*，766 F. 2d 531，533，226 USPQ 619，621（Fed. Cir. 1985）。

根据 35 U. S. C. 112（a）的规定支持权利要求所必需的书面描述，与根据 35 U. S. C. 102（a）（1）或（a）（2）的规定足以在先公开权利要求主题的描述之间还有一个重要的区别。参见 *Rasmussen v. SmithKline Beecham Corp.*，413 F. 3d 1318，75 USPQ2d 1297（Fed. Cir. 2005）。根据 35 U. S. C. 112（a）的规定，为了支持一项权利要求，必须在说明书中描述请求保护的发明的整个范围并使其能够实现。然而，为了使现有技术文件描述请求保护的发明达到 35 U.S.C. 102（a）（1）或（a）（2）的要求，现有技术文件只需要描述该请求保护的发明的单个具体实施例或具体种类并使本领域普通技术人员能够作出来。参见 *Vas – Cath Inc. v. Mahurkar*，935 F. 2d 1555，1562，19 USPQ2d 1111，1115（Fed. Cir. 1991）（"正如法院指出的，'对广泛主张的主题的单个实施方式的描述构成以在先公开为目的的对发明的描述，……，但说明书书中同样的信息可能不足以单独提供以充分公开为目的的对该发明的描述'"）（援引 *In re Lukach*，442 F. 2d 967，970，169 USPQ 795，797（CCPA 1971））；亦参见 *In re Van Langenhoven*，458 F. 2d 132，173 USPQ 426（CCPA 1972）和 *In re Ruscetta*，255 F. 2d 687，118 USPQ 101（CCPA 1958）。

作为现有技术，其披露内容并不要求达到在先公开的描述的程度，除非所述披露被用作在先公开否决的依据。根据 pre – AIA 有关显而易见性的判例法，披露内容可被引证的信息，包括其合理地使本领域普通技术人员知晓的全部信息。因此，AIA 35 U.S.C. 102（a）（1）和（a）（2）中对描述的要求不会仅仅因为披露不足以在先公开请求保护的发明而阻止审查员将该披露用于 AIA 35 U.S.C. 103 的显而易见性否决。

2152.02（c）公开使用（2013.11 修订）

编者按：MPEP 中本部分内容仅适用于如 35 U.S.C. 100（定义）所述按照 AIA 发明人先申请制（FITF）规定进行审查的申请。参见 MPEP § 2159 及其下辖章节确定申请是否要按照 FITF 规定进行审查，参见 MPEP § 2131 至 § 2138 对符合 pre – AIA 35 U.S.C. 102 规定的申请进行审查。

pre – AIA 35 U.S.C. 102（b）规定，只有公开使用发生在"本国"时，"公开使用"的发明才不应被授予专利权。参见 MPEP § 2133.03（d）。

根据 AIA 35 U.S.C. 102（a）（1）的规定，在先的公开使用或为公众所知没有地域限制。此外，要构成 AIA 35 U.S.C. 102（a）（1）的现有技术，公开使用需发生在请求保护的发明的有效申请日之前。

pre – AIA 判例法还指出，如果公开使用发生在关键日期之前，该发明又准备申请专利，则所述公开使用将禁止该发明被授予专利权。根据 pre – AIA 35 U.S.C. 102（b）的规定，关键日期是指在美国申请专利之日前一年的日期。参见 *Invitrogen Corp. v. Biocrest Manufacturing. L. P.*，424 F. 3d 1374，1379 – 80，76 USPQ2d 1741，1744（Fed. Cir. 2005）和 MPEP § 2133。根据 pre – AIA 35 U.S.C. 102（b）的规定，在专利的关键日期之前对该发明的使用构成"公开使用"的情形分为两类："（1）公众可获得的使用；（2）商业应用"。参见 *American Seating Co. v. USSC Group，Inc.*，514 F. 3d 1262，1267，85 USPQ2d 1683，1685（Fed. Cir. 2008）和 MPEP § 2133.03（a）。一项使用是否属于 pre – AIA 35 U.S.C. 102（b）所述的公开使用也取决于谁在使用本发明。"当一项宣称的在先使用不是申请人的使用，在公众不知道或者无法获得该在先使用权的情况下，pre-AIA 35 U.S.C. 102（b）并非禁令。"参见 *Woodland Trust v. Flowertree Nursery, Inc.*，148 F. 3d 1368，1371，47 USPQ2d 1363，1366（Fed. Cir. 1998）。换句话说，未从申请或专利署名的发明人处获得该发明的第三方使用，只有在属于第一类（公众可获得该使用权）的情况下，才是 pre-AIA 35 U.S.C. 102（b）所述使专利或申请无效的使用。见 MPEP §2133.03（a）第Ⅱ.C 小节。另外，"发明者自己在先的商业应用，尽管是保密的，也可能构成 pre-AIA 35 U.S.C. 102（b）的公开使用或销售，禁止其获得专利"。参见 *Woodland Trust*，148 F. 3d at 1370，47 USPQ2d at 1366 和 MPEP §2133.03（a）第Ⅱ.A 小节。此外，当发明人向另一个"不受任何限制、制约，也无保密义务"的人展示发明或允许其使用时，发明人就构成了 pre-AIA 35 U.S.C. 102（b）所述的公开使用禁令。参见 *American Seating*，514 F. 3d at 1267 和 MPEP §2133.03（a），第Ⅱ.B 小节。

此外，根据 pre-AIA 35 U.S.C. 102（a）的规定，"使一项专利无效要依据专利的优先权日之前，他人在国内的在先知晓或使用"，"所述知晓或使用必须为公众所知"。参见 *Woodland Trust*，148 F. 3d at 1370，47 USPQ2d at 1366 和 MPEP §2132 第Ⅰ节。根据 pre-AIA 35 U.S.C. 102（a）的规定，使专利无效的"使用"仅包括"为公众所知的使用"。参见同上（援引 *Carella v. Starlight Archery*，804 F. 2d 135，139，231 USPQ 644，646（Fed. Cir. 1986））。

如前所述，AIA 35 U.S.C. 102（a）（1）所述的公开使用仅限于那些为公众所知的使用。因此，就发明人或第三方的使用而言，AIA 35 U.S.C. 102（a）（1）中的公开使用条款与 pre-AIA 35 U.S.C. 102（a）所述不相关第三方或他人作出的 pre-AIA 35 U.S.C. 102（b）公开使用具有相同的实质范围。

正如前面所讨论的，一旦审查员意识到请求保护的发明已成为潜在公开使用的主题，审查员应要求申请人提供信息表明该使用并未使所请求保护的方法为公众所知。

2152.02（d）销售（2013.11 修订）

编者按：MPEP 中本部分内容仅适用于如 35 U.S.C. 100（定义）所述按照 AIA 先发明人申请制（FITF）规定进行审查的申请。参见 MPEP §2159 及其下辖章节确定申请是否要按照 FITF 规定进行审查，见 MPEP §2133.03 及其下属章节有关符合 pre-AIA 35 U.S.C. 102 申请的销售信息。

pre-AIA 的判例法表明，如果请求保护的发明属于以下两种情况，销售行为将禁止授予其专利权：

（1）商业销售或者许诺销售的主题，主要不是为了试验目的；（2）已做好申请专利的准备。参见 *Pfaff v. Wells Elecs., Inc.*，525 U.S. 55，67，48 USPQ2d 1641，1646-47（1998）。合同法原则适用于确定是否发生了商业销售或许诺销售。此外，可实施性调查不适用于请求保护的发明是否属于 35 U.S.C. 102（b）的"销售"这一问题。参

见 *Epstein*，32 F. 3d at 1568，31 USPQ2d at 1824。AIA 35 U. S. C. 102（a）（1）中的"销售"一词被视为与 pre – AIA 35 U. S. C. 102（b）中的"销售"一词具有相同的含义，但销售必须使发明为公众所知。对于 pre – AIA 35 U. S. C. 102（b）中所用的"销售"的讨论，请参阅 MPEP § 2133.03（b）及其下辖章节。

根据 pre – AIA 35 U. S. C. 102（b）的规定，如果一项发明已被"销售"，只有当该发明在美国"销售"时，才能排除其可专利性。参见 MPEP § 2133.03（d）。而根据 AIA 35 U. S. C. 102（a）（1）的规定，销售或许诺销售在何处进行并无地域限制。无论销售活动发生在哪里，专利商标局工作人员在作出否决时都应考虑销售活动的证据。

pre – AIA 35 U. S. C. 102（b）的"销售"条款被解释为包括商业活动，即使该活动是秘密的。见 MPEP § 2133.03（b）第Ⅲ. A 小节。AIA 35 U. S. C. 102（a）（1）使用了与 pre – AIA 35 U. S. C. 102（b）相同的"销售"术语。然而，AIA 35 U. S. C. 102（a）（1）中的剩余条款"或以其他方式为公众所知"表明 AIA 35 U. S. C. 102（a）（1）不包括秘密销售或许诺销售。例如，如果一项活动（如销售、许诺销售或其他商业活动）是在对发明者负有保密义务的个人之间进行的，则该活动是秘密的（非公开的）。

2152.02（e）以其他方式为公众所知（2013.11 修订）

编者按：MPEP 中本部分内容仅适用于如 35 U. S. C. 100（定义）所述按照 AIA 发明人先申请制（FITF）规定进行审查的申请。见 MPEP § 2159 及其下辖章节确定申请是否要按照 FITF 规定进行审查，参见 MPEP § 2131 至 § 2138 对符合 pre – AIA 35 U. S. C. 102 规定的申请进行审查。

AIA 35 U. S. C. 102（a）（1）作出了一个"万能"规定，它定义了一个新的额外类别的潜在现有技术，这在 pre – AIA 35 U. S. C. 102 中是没有的。具体地说，如果一项请求保护的发明在其有效申请日之前"以其他方式为公众所知"，则该发明不应被授予专利权。这种"万能"规定允许决策者重点关注所述披露是否"为公众所知"而不是该发明为公众所知的方式或者所述披露是否构成 AIA 35 U. S. C. 102（a）（1）所述的"印刷出版物"或属于所述其他类别的现有技术。所述主题为公众所知可能发生的情形，诸如大学图书馆的学生论文（参见 *In re Cronyn*，890 F. 2d 1158，13 USPQ2d 1070（Fed. Cir. 1989）；*In re Hall*，781 F. 2d 897，228 USPQ 453（Fed. Cir. 1986）；*In re Bayer*，568 F. 2d 1357，196 USPQ 670（CCPA 1978）和 MPEP § 2128.01 第Ⅰ节）；在科学会议上传播的海报展示或其他信息（参见 *In re Klopfenstein*，380 F. 3d 1345，72 USPQ2d 1117（Fed. Cir. 2004），*Massachusetts Institute of Technology v. AB Fortia*，774 F. 2d 1104，227 USPQ 428（Fed. Cir. 1985）和 MPEP § 2128.01 第Ⅳ节）；早期公开的专利申请或专利中的主题（参见 *In re Wyer*，655 F. 2d 221，210 USPQ 790（CCPA 1981）；亦参见 *Bruckelmyer v. Ground Heaters，Inc.*，445 F. 3d 1374，78 USPQ2d 1684（Fed. Cir. 2006））；

在互联网上发布的电子文件（参见 *Voter Verified*, *Inc. v. Premier Election Solutions*, *Inc.*, 698 F. 3d 1374, 104 USPQ2d 1553（Fed. Cir. 2012），*In re Lister*, 583 F. 3d 1307, 92 US-PQ2d 1225（Fed. Cir. 2009），*SRI Int'l*, *Inc. v. Internet Sec. Sys.*, *Inc.*, 511 F. 3d 1186, 85 USPQ2d 1489（Fed. Cir. 2008）和 MPEP § 2128）；或不构成《统一商业法》所述销售的商业交易（参见 *Group One*, *Ltd. v. Hallmark Cards*, *Inc.*, 254 F. 3d 1041, 59 US-PQ2d 1121（Fed. Cir. 2001）和 MPEP § 2133.03（e）（1））。如果请求保护的发明已足以为公众所知，即使文件或其他披露不是印刷出版物，或者交易不是销售，也可以是 AIA 35 U. S. C. 102（a）（1）"以其他方式为公众所知"这一条款所规定的现有技术。

2152.02（f）不要求"由他人"（2013.11 修订）

编者按：MPEP 中本部分内容仅适用于如 35 U. S. C. 100（定义）所述按照 AIA 发明人先申请制（FITF）规定进行审查的申请。参见 MPEP § 2159 及其下辖章节确定申请是否要按照 FITF 规定进行审查，参见 MPEP § 2131 至 § 2138 对符合 pre – AIA 35 U. S. C. 102 规定的申请进行审查。

pre – AIA 35 U. S. C. 102（a）与 AIA 35 U. S. C. 102（a）（1）之间的一个关键区别在于，pre – AIA 35 U. S. C. 102（a）要求所依据的现有技术是"由他人"作出的。而根据 AIA 35 U. S. C. 102（a）（1）的规定，并不要求所依据的现有技术是由他人作出的。因此，任何属于 AIA 35 U. S. C. 102（a）（1）的现有技术无须是由他人作出的，即可构成潜在可用的现有技术。然而，在请求保护的发明有效申请日之前的一年或一年以内，由发明人、共同发明人或者他人对该主题作出的披露可能属于 AIA 35 U. S. C. 102（b）（1）和 102（a）（1）的例外情形，其中所述的他人是直接或间接地从发明人或者共同发明人处获得该主题。

2152.03 自认（2013.11 修订）

编者按：MPEP 中本部分内容仅适用于如 35 U. S. C. 100（定义）所述按照 AIA 发明人先申请制（FITF）规定进行审查的申请。参见 MPEP § 2159 及其下辖章节确定申请是否要按照 FITF 规定进行审查，参见 MPEP § 2131 至 § 2138 对符合 pre – AIA 35 U. S. C. 102 规定的申请进行审查。

专利商标局将继续把申请人的自认视为 AIA 下的现有技术。申请人在说明书中或者在审查过程中确认他人的工作是现有技术的陈述属于自认，无论其自认的现有技术是否符合作为 AIA 35 U. S. C. 102 的现有技术的条件，均可作为依据进行在先公开和显而易见性的判断。参见 *Riverwood Int'l Corp. v. R. A. Jones & Co.*, 324 F. 3d 1346, 1354, 66 USPQ2d 1331, 1337（Fed. Cir. 2003）；*Constant v. Advanced Micro – Devices Inc.*, 848

F. 2d 1560，1570，7 USPQ2d 1057，1063（Fed. Cir. 1988）。有关将自认视为现有技术的讨论，请参阅 MPEP§2129。

2152.04 "披露"的含义（2013.11 修订）

编者按：MPEP 中本部分内容仅适用于如 35 U. S. C. 100（定义）所述按照 AIA 发明人先申请制（FITF）规定进行审查的申请。参见 MPEP§2159 及其下辖章节确定申请是否要按照 FITF 规定进行审查，参见 MPEP§2131 至§2138 对符合 pre-AIA 35 U. S. C. 102 规定的申请进行审查。

AIA 没有定义"披露"一词，AIA 35 U. S. C. 102（a）条也没有使用"披露"一词。然而，AIA 35 U. S. C. 102（b）(1) 及（b）(2) 分别说明了本应属于 AIA 35 U. S. C. 102（a）(1) 或 102（a）(2) 的披露在哪些条件下不构成 AIA 35 U. S. C. 102（a）(1) 或 102（a）(2) 的现有技术。因此，专利商标局将"披露"一词视为一种通用用语，旨在包括 AIA 35 U. S. C. 102（a）所列举的文件和活动（即已授予专利，在印刷出版物中已有描述、公开使用、销售或以其他方式为公众所知，或者在美国专利、美国专利申请公布文本或 WIPO 公布的申请中已有描述）。

2153 35 U. S. C. 102（b）(1) 针对 AIA 35 U. S. C. 102（a）(1) 规定的现有技术例外（2013.11 修订）

编者按：MPEP 中本部分内容仅适用于如 35 U. S. C. 100（定义）所述按照 AIA 发明人先申请制（FITF）规定进行审查的申请。参见 MPEP§2159 及其下辖章节确定申请是否要按照 FITF 规定进行审查，参见 MPEP§2131 至§2138 对符合 pre-AIA 35 U. S. C. 102 规定的申请进行审查。

AIA 35 U. S. C. 102（b）(1)(A) 规定的现有技术例外参见 MPEP§2153.01，该现有技术例外是基于宽限期内发明人或者源自发明人的披露内容。基于发明人或源自发明人的在先公开的披露内容的现有技术例外，参见 MPEP§2153.02。

2153.01 35 U. S. C. 102（b）(1) 针对 AIA 35 U. S. C. 102（a）(1) 规定的现有技术例外（宽限期内发明人或源自发明人的披露作为例外）（2013.11 修订）

编者按：MPEP 中本部分内容仅适用于如 35 U. S. C. 100（定义）所述按照 AIA 发明人先申请制（FITF）规定进行审查的申请。参见 MPEP§2159 及其下辖章节确定申请是否要按照 FITF 规定进行审查，参见 MPEP §2131 至 §2138 对符合 pre – AIA 35 U. S. C. 102 规定的申请进行审查。

AIA 35 U. S. C. 102（b）（1）（A）对 AIA 35 U. S. C. 102（a）（1）的现有技术条款规定了例外情形。如果发明人的工作已在请求保护的发明的有效申请日起一年内，被发明人、共同发明人或者直接或间接地从发明人或共同发明人处获得该主题的其他人所公开的披露，那么这些例外限制使用发明人的工作将作为现有技术。AIA 35 U. S. C. 102（b）（1）（A）规定，如果披露有如下情况，则本应作为 AIA 35 U. S. C. 102（a）（1）的现有技术的该项披露不属于现有技术：(1) 在请求保护的发明的有效申请日之前的一年或一年以内；(2) 由发明人、共同发明人，或者直接或间接地从发明人或者共同发明人处获得主题的其他人作出的。MPEP §2153.01（a）讨论了关于发明人或共同发明人在宽限期内披露的问题（宽限期内发明人披露），MPEP §2153.01（b）讨论了关于直接或间接地从发明人或共同发明人处获得主题的其他人在宽限期内披露的问题（宽限期内源自发明人的披露）。MPEP §2152.01 讨论了请求保护的发明的"有效申请日"。

2153.01（a）宽限期内发明人披露作为例外（2013.11 修订）

编者按：MPEP 中本部分内容仅适用于如 35 U. S. C. 100（定义）所述按照 AIA 发明人先申请制（FITF）规定进行审查的申请。参见 MPEP §2159 及其下辖章节确定申请是否要按照 FITF 规定进行审查，参见 MPEP §2131 至 §2138 对符合 pre – AIA 35 U. S. C. 102 规定的申请进行审查。

AIA 35 U. S. C. 102（b）（1）（A）首先规定，如果披露有如下情况，则本应属于 AIA 35 U. S. C. 102（a）（1）的现有技术的该项披露不得作为现有技术：(1) 在请求保护的发明的有效申请日之前的一年或一年以内；(2) 由发明人或者共同发明人作出的，因此如果披露是在请求保护的发明的有效申请日之前的一年或一年以内进行的，且证据表明该披露是由发明人或者共同发明人作出的，那么专利商标局工作人员将不会把本应属于 AIA 35 U. S. C. 102（a）（1）现有技术的该项披露作为现有技术。需要什么证据来证明披露是由发明人或共同发明人作出的，根据具体情况具体分析，这取决于披露本身或专利申请说明书是否明显表明披露是由发明人或共同发明人作出的。

如果从披露本身可以明显看出是由发明人或共同发明人作出的，专利商标局工作人员将不会使用该披露作为现有技术。具体来说，如果披露有如下情况，那么专利商标局工作人员将不会把该披露作为 AIA 35 U. S. C. 102（a）（1）的现有技术：(1) 在请求保护的发明的有效申请日之前的一年或一年以内作出；(2) 将发明人或者一位共同发明人署名为作者或发明人；(3) 未将额外的人在印刷出版物上署名为作者，或在专利上署名为共同发明人。这意味着，如果与出版物上署名为作者的人员相比，申请还将额外的人署名为共同发明人（例如，申请以共同发明人 A、B 和 C 署名；出版物以作者 A 和 B 署名），且出版物是在其有效申请日前一年或一年以内的情况下，则该项披露明显属于宽限期内发明人披露，该出版物不会被视为 AIA 35 U.S.C. 102（a）(1) 的现有技术。但是，如果申请中的共同发明人少于出版物上的作者（例如，申请以共同发明人 A 和 B 署名，出版物以作者 A、B 和 C 署名），则不能从出版物中明显看出它是由发明人（即发明实体）或共同发明人披露的，该出版物会被视为 AIA 35 U.S.C. 102（a）(1) 的现有技术。

申请人可以在说明书中包括一份声明，指明任何宽限期内发明人披露，见 37 CFR 1.77（b）(6) 和 MPEP §608.01（a）。不要求申请人使用 37 CFR 1.77 指定的格式，或者确认由发明人或共同发明人作出的任何在先披露（除非要反驳否决意见），但确认由发明人或者共同发明人作出的在先披露可加快对申请的审查，节约申请人（和专利商标局）关于审查意见通知书和意见答复的成本。如果专利申请说明书中具体提及一项宽限期内发明人披露，专利商标局将认为，从说明书中可以明显看出，在先披露是由发明人或共同发明人作出的，但前提是在先披露没有署名额外的作者或共同发明人，且无其他相反证据。申请人亦可提供一份宽限期内发明人披露的副本（如一份印刷出版物的副本）。

专利商标局已提供一种机制，可提交宣誓书或声明（根据 37 CFR 1.130）来确认披露属于 35 U.S.C. 102（b）所述的例外情形，因此不是 AIA 35 U.S.C. 102（a）的现有技术。参见 MPEP §717。依据在先披露或专利申请说明书不能明显看出披露是由发明人或者共同发明人作出的情况下，申请人可通过宣誓书或声明，证明宽限期内的披露并非 AIA 35 U.S.C. 102（a）(1) 的现有技术，因为在先披露是由发明人或共同发明人作出的。MPEP §2155.01 讨论了如何使用宣誓书或声明，来表明在先披露是由发明人或共同发明人作出的宽限期内发明人披露，属于 AIA 35 U.S.C. 102（b）(1)（A）规定的例外情形。

2153.01（b）宽限期内源自发明人作为披露的例外（2013.11 修订）

编者按：MPEP 中本部分内容仅适用于如 35 U.S.C. 100（定义）所述按照 AIA 发明人先申请制（FITF）规定进行审查的申请。参见 MPEP §2159 及其下辖章节确定申请是否要按照 FITF 规定进行审查，参见 MPEP §2131 至 §2138 对符合 pre - AIA 35 U.S.C. 102 规定的申请进行审查。

AIA 35 U.S.C. 102（b）(1)（A）亦规定，如果披露有如下情况，那么本应作为 AIA 35 U.S.C. 102（a）(1) 的现有技术的披露，可被取消现有技术资格：(1) 在请求保护的发明的有效申请日之前的一年或一年以内；(2) 由直接或者间接地从发明人或者共同发明人处获得发明主题的其他人作出的。因此，若否决所依据的在先披露是由直接或者间接从发明人或共同发明人处获得发明主题的其他人，在请求保护的发明的有效申请日之前的一年或一年以内作出的，申请人可通过宣誓书或声明确认在先披露并非 AIA 35 U.S.C. 102（a）（1）的现有技术，因为在先披露是由直接或者间接从发明人或共同发明人处获得发明主题的其他人作出的。MPEP§718 和 MPEP§2155.03 讨论了如何使用宣誓书或声明来表明先披露是由直接或者间接地从发明人或共同发明人处获得发明主题的其他人作出的宽限期内源自发明人的披露，属于 AIA 35 U.S.C. 102（b）（1）（A）规定的例外情形。

2153.02 AIA 35 U.S.C. 102（b）（1）（B）针对 AIA 35 U.S.C. 102（a）（1）规定的现有技术例外（发明人或源自发明人的在先公开的披露作为例外）（2013.11 修订）

编者按：MPEP 中本部分内容仅适用于如 35 U.S.C. 100（定义）所述按照 AIA 发明人先申请制（FITF）规定进行审查的申请。参见 MPEP§2159 及其下辖章节确定申请是否要按照 FITF 规定进行审查，参见 MPEP§2131 至§2138 对符合 pre-AIA 35 U.S.C. 102 规定的申请进行审查。

AIA 35 U.S.C. 102（b）（1）（B）对 AIA 35 U.S.C. 102（a）（1）的现有技术的规定作了额外的例外规定条款规定了其他的例外情形。这些例外使得在一项主题被发明人、共同发明人或者直接或间接地从发明人或者共同发明人处获得该主题的其他人公开的披露后，发生的对该主题的披露不得作为现有技术。具体而言，AIA 35 U.S.C. 102（b）（1）（B）规定，如果披露有如下情况，则本应属于 AIA 35 U.S.C. 102（a）（1）的现有技术（专利、印刷出版物、公开使用、销售或其他方式为公众所知）的该项披露可能不得作为现有技术：（1）在请求保护的发明的有效申请日之前的一年或一年以内；（2）被披露的主题已由发明人、共同发明人或者直接或间接地从发明人或共同发明人处获得主题的其他人在先公开的披露。发明人、共同发明人或者直接或者间接从发明人或者共同发明人处获得主题的其他人，对该主题的在先公开的披露，通常会成为一年宽限期内的披露（即成为由发明人或共同发明人作出的宽限期内发明人披露，或成为由直接或间接从发明人或共同发明人处获得主题的他人，作出的宽限期内源自发明人的披露）。但是，如果对该主题的在先公开的披露是在宽限期之前作出的，它将作为 AIA 35 U.S.C. 102（a）（1）的现有技术，而不能根据 AIA 35 U.S.C. 102（b）（1）（A）取消其现有技术的资格。MPEP§2152.01 讨论了请求保护的发明的"有效申请日"。MPEP§2155.02 讨论了如何使用宣誓书或声明表明被披露的主题在此前已被发明人或者共同发明人公开的披露，MPEP§2155.03 讨论了如何使用宣誓书或声明表明，直接或间接从发明人或者共同发明人处获得主题的其他人披露了或者已经在先公开的披露了该主题。

如果"（在介入披露❶中）所披露的主题在这样的（介入）披露之前，已由发明人或共同发明人（或者直接或间接地从发明人或共同发明人处获得该主题的其他人）公开的披露"，则适用 AIA 35 U.S.C. 102（b）（1）（B）中的例外。参见 AIA 35 U.S.C. 102（b）（1）（B）。AIA 35 U.S.C. 102（b）（1）（B）规定的例外侧重于被发明人或共同发明人（或者直接或间接从发明人或共同发明人处获得主题的其他人）公开披露的"主题"。AIA 35 U.S.C. 102（b）（1）（B）并不要求发明人或共同发明人（或者直接或间接从发明人或共同发明人处获得主题的其他人）披露的方式，与介入宽限期内披露方式（如专利、公布文本、公开使用、销售活动）一样。也不要求发明人或共同发明人的披露，必须是对介入宽限期内披露一字不差的重复。参见 In re Kao, 639 F.3d 1057, 1066 98 USPQ2d 1799, 1806（Fed. Cir. 2011）（主题不会随着人们选择描述它的方式而改变）。要使介入宽限期内披露中的主题成为 AIA 35 U.S.C. 102（b）（1）（B）规定的例外情形，要求被取消现有技术资格的披露主题，必须已由发明人或者共同发明人（或从该处获得主题的其他人）在先公开的披露。

AIA 35 U.S.C. 102（b）（1）（B）规定的例外适用于介入宽限期内的披露主题，所述披露本可作为 AIA 35 U.S.C. 102（a）（1）否决的现有技术依据（介入披露）而在该介入披露之前已被发明人或者共同发明人（或从他们那儿获得主题的其他人）公开的披露。根据 AIA 35 U.S.C. 102（a）（1）的规定，在介入宽限期内的披露中，没有落入发明人或源自发明人的在先公开的披露的主题，可以作为现有技术使用。例如，如果发明人或共同发明人公开的披露了要素 A、B 和 C，随后的介入宽限期内的披露了要素 A、B、C 和 D，那么在介入宽限期内的披露中，只有要素 D 可以作为 AIA 35 U.S.C. 102（a）（1）的现有技术使用。

此外，如果介入宽限期内披露的主题，只是对发明人或源自发明人的在先公开披露的主题更一般性的描述，则 AIA 35 U.S.C. 102（b）（1）（B）规定的例外适用于这类介入宽限期内披露的主题。例如，如果发明人或共同发明人已公开的披露了一个下位概念，随后的介入宽限期内披露公开了一个上位概念（即对下位概念提供了一种更上位化的披露），则该上位概念的介入宽限期内披露不能作为 AIA 35 U.S.C. 102（a）（1）的现有技术。相反，如果发明人或共同发明人已公开的披露了一个上位概念，随后的介入宽限期内的披露公开了一个下位概念，则该下位概念的介入宽限期内披露能够作为 AIA 35 U.S.C. 102（a）（1）的现有技术。同样，如果发明人或者共同发明人已公开的披露一个下位概念，随后的介入宽限期内的披露公开了未被发明人或者共同发明人披露的另一种替代下位概念，则该替代下位概念的介入宽限期内披露能够作为 AIA 35 U.S.C. 102（a）（1）的现有技术。

最后，AIA 35 U.S.C. 102（b）（1）（B）并未针对发明人或共同发明人披露的主题，或随后的介入宽限期内披露的主题，讨论"请求保护的发明"。任何针对所请求保护的发明的调查，都是关于所依据的现有技术是否在先公开了请求保护的发明或者使

---

❶ 原文表述是 intervening disclosure，其中的 intervening 是指由他人作出的披露在本发明的宽限期之内。

其显而易见。确定 AIA 35 U.S.C. 102（b）(1)(B) 规定的例外是否适用于介入宽限期内披露的主题，不涉及将请求保护的发明的主题与发明人或源自发明人披露的主题进行比较，或者与后续的介入宽限期内披露的主题进行比较。

2154 在请求保护的发明的有效申请日之前，有效提出申请的美国专利或申请中的主题的有关规定（2013.11 修订）

编者按：MPEP 中本部分内容仅适用于如 35 U.S.C. 100（定义）所述按照 AIA 发明人先申请制（FITF）规定进行审查的申请。参见 MPEP §2159 及其下辖章节确定申请是否要按照 FITF 规定进行审查，参见 MPEP §2131 至 §2138 对符合 pre – AIA 35 U.S.C. 102 规定的申请进行审查。

AIA 35 U.S.C. 102（a）(2) 列出了三种类型的美国专利文件，如果它们署名其他发明人，则从文件中所依据的主题被有效提出申请之日起，即可作为现有技术。关于可作为 35 U.S.C. 102（a）(2) 现有技术的专利文件类型的讨论，请参见 MPEP §2151、§2154.01 和 §2154.01（a）。关于 35 U.S.C. 102（b）(2) 针对 35 U.S.C. 102（a）(2) 规定的现有技术例外，请参见 MPEP §2154.02 及其下辖章节。

2154.01 基于 AIA 35 U.S.C. 102（a）(2) "美国专利文件"的现有技术（2013.11 修订）

编者按：MPEP 中本部分内容仅适用于如 35 U.S.C. 100（定义）所述按照 AIA 发明人先申请制（FITF）规定进行审查的申请。参见 MPEP §2159 及其下辖章节确定申请是否要按照 FITF 规定进行审查，参见 MPEP §2131 至 §2138 对符合 pre – AIA 35 U.S.C. 102 规定的申请进行审查。

AIA 35 U.S.C. 102（a）(2) 列出了三种类型的专利文件：美国专利、美国专利申请公布文本和 WIPO 公布的某些申请。如果它们署名其他发明人，则从文件中所依据的主题被有效地提出申请之日起即可作为现有技术。这些文件统称为"美国专利文件"。这些文件在 pre – AIA 35 U.S.C. 102（e）中与在 AIA 35 U.S.C. 102（a）(2) 中可能具有不同的现有技术效力。请注意，如果美国专利文件的签发或者公布的日期，早于所请求保护的发明的有效申请日，则该美国专利文件也可以是 AIA 35 U.S.C. 102（a）(1) 的现有技术。

如果美国专利的签发日期、美国专利申请公布文本或 WIPO 公布的申请的公布日期，不在请求保护的发明的有效申请日之前，但在请求保护的发明的有效申请日之前已针对否决权利要求所依据的主题"有效的提出了申请"，那么它也许可作为 AIA 35

U. S. C. 102（a）（2）的现有技术。MPEP § 2152.01 讨论了请求保护的发明的"有效申请日"。AIA 35 U. S. C. 102（d）规定了确定何时才算是以 AIA 35 U. S. C. 102（a）（2）为目的针对美国专利文件中描述的主题"有效地提出了申请"的标准。

2154.01（a） WIPO 公布的申请（2013.11 修订）

编者按：MPEP 中本部分内容仅适用于如 35 U. S. C. 100（定义）所述按照 AIA 发明人先申请制（FITF）规定进行审查的申请。参见 MPEP § 2159 及其下辖章节确定申请是否要按照 FITF 规定进行审查，参见 MPEP § 2131 至 § 2138 对符合 pre – AIA 35 U. S. C. 102 规定的申请进行审查。

根据 35 U. S. C. 374 的规定，WIPO 公布的指定美国的 PCT 国际申请，属于 35 U. S. C. 102（a）（2）中所述根据 35 U. S. C. 122（b）视为公布的专利申请。因此，根据 AIA，基于现有技术的目的，指定美国的 PCT 申请的 WIPO 公布文本被视为等同于美国专利申请公布文本，而不管其国际申请的日期，是否用英文发布，或者 PCT 国际申请是否已进入美国国家阶段。因此，署名其他发明人且在请求保护的发明的有效申请日之前，已有效地提出了申请的美国专利、美国专利申请公布文本或 WIPO 公布的专利申请，均属于 AIA 35 U. S. C. 102（a）（2）的现有技术。这不同于 pre – AIA 35 U. S. C. 102（e）对 WIPO 公布的申请的处理，只有当 PCT 申请是在 2000 年 11 月 29 日或之后提交、指定了美国，并且是按照 PCT 第 21 条第 2 款的规定以英文发布的 WIPO 公布的申请，才被视为等同于美国专利申请公布文本。参见 MPEP § 2136.03 第 Ⅱ 节。

2154.01（b） 确定何时才算根据 AIA 35 U. S. C. 102（d）就相关主题有效地提出了申请（2017.08 修订）

编者按：MPEP 中本部分内容仅适用于如 35 U. S. C. 100（定义）所述按照 AIA 发明人先申请制（FITF）规定进行审查的申请。参见 MPEP § 2159 及其下辖章节确定申请是否要按照 FITF 规定进行审查，参见 MPEP § 2131 至 § 2138 对符合 pre – AIA 35 U. S. C. 102 规定的申请进行审查。

AIA 35 U. S. C. 102（d）规定，美国专利、美国专利申请公布文本或 WIPO 公布的申请（"美国专利文件"）就其专利或公布的申请中描述的任何主题，自其实际申请日（AIA 35 U. S. C. 102（d）（1））或被要求优先权或权益的在先申请的申请日（AIA 35 U. S. C. 102（d）（2））起，属于 AIA 35 U. S. C. 102（a）（2）的现有技术。如果满足以下行政要求，美国专利文件"有权要求"在先申请的优先权或权益：（1）包含对在先申请的优先权或权益的要求；（2）在适用的申请期限要求内提出申请（如适用，在较早的申请提交后 12 个月内提出）；（3）有共同发明人或者由同一申请人提出。参见

MPEP §211 及其下辖章节。

AIA 针对如下两种情况作了区分，一种情况是根据 AIA 35 U.S.C. 100（i）（1）（B）中对于请求保护的发明的"有效申请日"的定义实际享有在先申请的优先权或权益，另一种情况是仅仅根据 AIA 35 U.S.C. 102（d）所用的"有效的提出申请"而有权要求享有在先申请的优先权或权益。鉴于这种区别，基于现有技术的目的而确定专利或已公布的申请"有效地提出申请"的日期时，该专利或已公布的申请就与其任一项权利要求是否实际享有优先权或权益的问题与其无关。因此，在使用一份文件作为现有技术时，没有必要评估美国专利文件的任何权利要求是否实际享有 35 U.S.C. 119、120、121，365 或 386 规定的优先权或权益。关于依据 AIA 35 U.S.C. 119（e）、120，121 或 365（c）享有在先申请的申请日的美国专利、美国申请公布文本和国际申请公布文本的 pre-AIA 35 U.S.C. 102（e）参考日期，请参见 MPEP §2136.03。

AIA 35 U.S.C. 102（d）规定被要求优先权或权益的在先申请，必须描述否决意见所依据的美国专利文件中的主题。然而，AIA 35 U.S.C. 102（d）并不要求这种描述满足 AIA 35 U.S.C. 112（a）能够实现的要求。如前所述，关于 AIA 35 U.S.C. 102（a）（1），专利商标局认为 AIA 并未改变 35 U.S.C. 102 规定的对于一份现有技术文件在先公开请求保护的发明的标准，即对请求保护的发明予以描述所需要达到的程度。

AIA 也取消了所谓的 Hilmer 原则。在 Hilmer 原则下，pre-AIA 35 U.S.C. 102（e）将作为现有技术的美国专利（和已公布的申请）的有效申请日限制为其最早的美国申请日期。参见 *In re Hilmer*，359 F.2d 859，149 USPQ 480（CCPA 1966）。相比之下，AIA 35 U.S.C. 102（d）规定，如果美国专利文件根据 35 U.S.C. 119 或 365 要求一个或多个在先的外国申请或国际申请的优先权，那么该专利或已公布的申请，就是在最早描述了该主题的此类申请的申请日被有效的提出申请。因此，如果所依据的主题在被要求优先权或权益的申请中予以描述，则所述美国专利文件自最早的此类申请的申请日起即可作为有效的现有技术，无论是在何处提出申请。当审查 35 U.S.C. 102 和 103 中的 AIA 修改部分不适用的申请时，专利商标工作人员将继续适用 Hilmer 原则，外国优先权日期不得用于确定 pre-AIA 35 U.S.C. 102（e）现有技术的日期。请注意，在某些情况下，根据 pre-AIA 法律，已公布的 PCT 申请的国际申请日可能是 pre-AIA 35 U.S.C. 102（e）的现有技术日期。参见 MPEP §706.02（f）。

2154.01（c）"署名其他发明人"的要求（2013.11 修订）

编者按：MPEP 中本部分内容只适用于如 35 U.S.C. 100（定义）所述按照 AIA 发明人先申请制（FITF）规定进行审查的申请。见 MPEP §2159 及其下属章节确定申请是否要按照 FITF 规定进行审查，参见 MPEP §2131 至 §2138 对符合 pre-AIA 35 U.S.C. 102 规定的申请进行审查。

为符合 AIA 35 U.S.C. 102（a）（2）的现有技术标准，现有技术美国专利、美国专利申请公布文本或 WIPO 公布的申请（"美国专利文件"）必须"署名其他发明人"。这意味着，如果现有技术美国专利文件与在审申请或正在复审的专利之间的发明实体存在任何不同，美国专利文件就要满足 AIA 35 U.S.C. 102（a）（2）中的"署名其他发明人"的要求。因此，在有共同发明人的情况下，要使发明实体不同，只需要有一位共同发明人不同。即使在美国专利文件与在后申请的在审申请或正在复审的专利之间有一名或多名相同的共同发明人，美国专利文件仍适合作为 AIA 35 U.S.C. 102（a）（2）的现有技术，除非适用 AIA 35 U.S.C. 102（b）（2）规定的例外情形。

2154.02 35 U.S.C. 102（b）（2）针对 AIA 35 U.S.C. 102（a）（2）规定的现有技术例外（2013.11 修订）

编者按：MPEP 中本部分内容仅适用于如 35 U.S.C. 100（定义）所述按照 AIA 发明人先申请制（FITF）规定进行审查的申请。参见 MPEP §2159 及其下辖章节确定申请是否要按照 FITF 规定进行审查，参见 MPEP §2131 至 §2138 对符合 pre-AIA 35 U.S.C. 102 规定的申请进行审查。

基于源自发明人的披露例外，AIA 35 U.S.C. 102（b）（2）（A）针对 AIA 35 U.S.C. 102（a）（2）规定的现有技术例外，请参见 MPEP §2154.02（a）。基于发明人或源自发明人的在先公开的披露，AIA 35 U.S.C. 102（b）（2）（B）针对 AIA 35 U.S.C. 102（a）（2）规定的现有技术例外，请参见 MPEP §2154.02（b）。基于共同所有权或转让义务，AIA 35 U.S.C. 102（b）（2）（c）针对 AIA 35 U.S.C. 102（a）（2）规定的现有技术例外，参见 MPEP §2154.02（c）。

2154.02（a）AIA 35 U.S.C. 102（b）（2）（A）针对 AIA 35 U.S.C. 102（a）（2）规定的现有技术例外（源自发明人的披露例外）（2013.11 修订）

编者按：MPEP 中本部分内容仅适用于如 35 U.S.C. 100（定义）所述按照 AIA 发明人先申请制（FITF）规定进行审查的申请。参见 MPEP §2159 及其下辖章节确定申请是否要按照 FITF 规定进行审查，参见 MPEP §2131 至 §2138 对符合 pre-AIA 35 U.S.C. 102 规定的申请进行审查。

AIA 35 U.S.C. 102（b）（2）（A）对 AIA 35 U.S.C. 102（a）（2）的现有技术条款规定了一种例外情形。当发明人自己的成果由直接或间接地从发明人或者共同发明人处获得该主题的其他人在美国专利、美国专利申请公布文本或 WIPO 公布的申请（"美国专利文件"）中披露时，该例外限制使用发明人自己的成果作为现有技术。

具体而言，AIA 35 U.S.C. 102（b）（2）（A）规定，如果被披露的主题是直接或间接地从发明人或共同发明人处获得的，本应作为 AIA 35 U. S. C. 102（a）（2）的现有技术的披露可能被取消现有技术的资格。因此，如果否决意见所依据的美国专利文件中的主题，是由从发明人或者共同发明人处获得该主题的其他人披露的，申请人可以通过宣誓书或声明确认披露不属于 AIA 35 U. S. C. 102（a）（2）的现有技术。MPEP § 2155.03 讨论了如何使用宣誓书或声明来表明披露是由直接或间接从发明人或共同发明人处获得披露主题的其他人作出的，其属于 AIA 35 U. S. C. 102（b）（2）（A）源自发明人的披露例外。

2154.02（b） AIA 35 U. S. C. 102（b）（2）（B）针对 AIA 35 U. S. C. 102（a）（2）规定的现有技术例外（发明人或源自发明人的在先公开地披露例外）（2017.08 修订）

编者按：MPEP 中本部分内容仅适用于如 35 U. S. C. 100（定义）所述按照 AIA 发明人先申请制（FITF）规定进行审查的申请。参见 MPEP §2159 及其下辖章节确定申请是否要按照 FITF 规定进行审查，参见 MPEP §2131 至 §2138 对符合 pre – AIA 35 U. S. C. 102 规定的申请进行审查。

AIA 35 U. S. C. 102（b）（2）（B）针对 AIA 35 U. S. C. 102（a）（2）的现有技术条款规定了额外的例外情形。这些例外使他人有效的提出申请的主题丧失作为现有技术的资格，在所述主题被有效的提出申请之前，发明人、共同发明人或者直接或间接地从发明人或共同发明人处获得该主题的其他人已公开的披露了该主题。

具体而言，AIA 35 U. S. C. 102（b）（2）（B）规定，如果所披露的主题曾由发明人、共同发明人或者直接或间接地从发明人或共同发明人处获得该主题的其他人在先公开披露过，本应作为 AIA 35 U. S. C. 102（a）（2）的现有技术的披露（美国专利、美国专利申请公布文本或 WIPO 公布的申请（"美国专利文件"））会被取消作为现有技术的资格。发明人、共同发明人、或者直接或间接地从发明人或共同发明人处获得主题的其他人对该主题的在先公开披露，其本身必须是公开披露（即由发明人或共同发明人作出的发明人披露，或者由直接或间接从发明人或共同发明人获得该主题的其他人作出的源自发明人的披露）。如果发明人作出的在先公开的披露或源自发明人的在先公开的披露不在 AIA 35 U. S. C. 102（b）（1）的宽限期内，则该披露能作为 AIA 35 U. S. C. 102（a）（1）的现有技术，不能根据 AIA 35 U. S. C. 102（b）（1）取消其现有技术的资格。MPEP § 2155.02 讨论了如何使用宣誓书或声明来表明披露的主题在此前已被发明人或者共同发明人公开的披露，MPEP § 2155.03 讨论了如何使用宣誓书或声明来表明披露的主题在此前已被直接或间接地从发明人或共同发明人处获得该主题的其他人公开的披露。

类似于前面对于 AIA 35 U. S. C. 102（b）（1）（B）的讨论，如果"在（介入）披

露根据（a）（2）被有效地提出申请之前，（在介入披露）中被披露的主题已经被发明人、共同发明人或者直接或间接地从发明人或共同发明人处获得该主题的其他人公开的披露过"，则适用 AIA 35 U.S.C.102（b）（2）（B）规定的例外。AIA 35 U.S.C.102（b）（2）（B）规定的例外侧重于发明人或共同发明人（或者直接或间接地从发明人或共同发明人处获得该主题的其他人）公开的披露的"主题"。AIA 35 U.S.C.102（b）（2）（B）并不要求发明人或共同发明人（或者直接或间接地从发明人或共同发明人处获得主题的其他人）披露的方式与介入的美国专利文件的披露方式（如专利、出版物、公开使用、销售活动）一样。也不要求发明人或共同发明人的披露必须是对介入的美国专利文件一字不差的重复。要使介入的美国专利文件中的主题成为 AIA 35 U.S.C.102（b）（2）（B）规定的例外情形，只要求该主题必须已由发明人或共同发明人（或者直接或间接地从发明人或共同发明人处获得该主题的其他人）在先公开的披露。

AIA 35 U.S.C.102（b）（2）（B）规定的例外适用于 AIA 35 U.S.C.102（a）（2）否决所依据的介入的美国专利文件中的主题，该主题在被有效地提出申请之前，已被发明人或共同发明人（或者直接或间接地从发明人或共同发明人处获得该主题的其他人）公开的披露过。未被发明人或共同发明人（或者直接或间接地从发明人或共同发明人处获得该主题的其他人）在先公开的披露的介入的美国专利文件的主题，可以作为 AIA 35 U.S.C.102（a）（2）的现有技术。例如，如果发明人或共同发明人已经公开披露了要素 A、B 和 C，随后介入的美国专利文件披露了要素 A、B、C 和 D，那么只有介入的美国专利文件中的要素 D 可以作为 AIA 35 U.S.C.102（a）（2）的现有技术。

此外，如果介入的美国专利文件的主题只是对发明人或共同发明人（或者直接或间接地从发明人或共同发明人获得该主题的其他人）在先公开披露的主题的是更一般性的描述，则 AIA 35 U.S.C.102（b）（2）（B）中的例外适用于介入的美国专利文件的这些主题。例如，如果发明人或共同发明人公开披露了一个下位概念，随后介入的美国专利文件公开了一个上位概念（即对下位概念提供了一种更上位化的披露），则介入的美国专利文件对该上位概念的披露不能作为 AIA 35 U.S.C.102（a）（2）的现有技术；相反，如果发明人或共同发明人公开披露了一个上位概念，随后介入的美国专利文件公开了一个下位概念，则介入的美国专利文件中对该下位概念的披露可作为 AIA 35 U.S.C.102（a）（2）的现有技术。同样，如果发明人或共同发明人公开披露了一个下位概念，随后介入的美国专利文件披露了未被发明人或共同发明人公开披露的另一种替代下位概念，则该介入的美国专利文件中对替代下位概念的披露将可以作为 AIA 35 U.S.C.102（a）（2）的现有技术。

最后，AIA 35 U.S.C.102（b）（2）（B）并未针对发明人或共同发明人披露的主题，或随后介入的美国专利文件的主题，讨论"请求保护的发明"。任何针对请求保护的发明的调查，都是关于所依据的现有技术是否在先公开了请求保护的发明或者使其显而易见。确定 AIA 35 U.S.C.102（b）（2）（B）规定的例外是否适用于介入的美国专利文件的主题，不涉及将请求保护的发明的主题与发明人或共同发明人公开披露的主题进行比较，或者与随后介入的美国专利文件的主题进行比较。

2154.02（c） AIA 35 U. S. C. 102（b）（2）（C）针对 AIA 35 U. S. C. 102（a）（2）规定的现有技术例外（共同所有权或转让义务）（2013.11 修订）

编者按：MPEP 中本部分内容仅适用于如 35 U. S. C. 100（定义）所述按照 AIA 发明人先申请制（FITF）规定进行审查的申请。参见 MPEP§2159 及其下辖章节确定申请是否要按照 FITF 规定进行审查，参见 MPEP§2131 至§2138 对符合 pre - AIA 35 U. S. C. 102 规定的申请进行审查。

AIA 35 U. S. C. 102（b）（2）（C）针对 AIA 35 U. S. C. 102（a）（2）的现有技术条款规定了一个额外的例外情形。如果所披露的主题与请求保护的发明，在该发明有效申请日或之前"归同一人所有或负有向同一人转让的义务"，则 AIA 35 U. S. C. 102（b）（2）（C）的例外就使得在美国专利、美国专利申请公布文本或 WIPO 公布的申请（"美国专利文件"）中披露的该主题不能构成 35 U. S. C. 102（a）（2）的现有技术。AIA 35 U. S. C. 102（b）（2）（C）类似于 pre - AIA 35 U. S. C. 103（c），二者涉及共同所有权，并提供了一个申请人可以规避某些现有技术的途径。但是 AIA 35 U. S. C. 102（b）（2）（C）与 pre - AIA 35 U. S. C. 103（c）之间又存在显著差异。

如果符合 AIA 35 U. S. C. 102（b）（2）（C）的规定，则可能本来可以作为 AIA 35 U. S. C. 102（a）（2）现有技术的美国专利文件，不能再作为 AIA 35 U. S. C. 102 或 103 的现有技术。这不同于 pre - AIA 35 U. S. C. 103（c），后者规定即使符合 pre - AIA 35 U. S. C. 103（c）的条件，仍然可以基于 pre - AIA 35 U. S. C. 102 的现有技术排除可专利性。这种区别的结果就是，如果已公布的申请或已颁发的专利属于 AIA 35 U. S. C. 102（b）（2）（C）中共同所有的例外情形，则不适用于在先公开或显而易见性否决。

值得注意的是，AIA 35 U. S. C. 102（b）（2）（C）规定的例外并不排除美国专利文件作为否决的依据。AIA 35 U. S. C. 102（b）（2）（C）的例外不适用于作为 AIA 35 U. S. C. 102（a）（1）现有技术的披露（在请求保护的发明的有效申请日之前作出的披露）。因此，如果美国专利文件的颁发日期是在请求保护的发明的有效申请日之前，它就可能是 AIA 35 U. S. C. 102（a）（1）的现有技术，而无论其是否具有共同所有权或存在转让义务。还有，作为 AIA 35 U. S. C. 102（b）（2）（C）的结果，即使美国专利或美国专利申请公布文本不是 AIA 35 U. S. C. 102 或 103 的现有技术，仍有可能基于美国专利或美国专利申请公布文本作出重复授权否决（基于 35 U. S. C. 101 的法定术语或有时被称为显而易见性的非法定术语）。此外，在适当的情况下，仍然可以引用因为 AIA 35 U. S. C. 102（b）（2）（C）而不能作为现有技术的美国专利文件，来表明根据

35 U. S. C. 112（a）以不能实现为由作出否决时的现有技术状态。一份文件用于针对重复授权的审查，参见 MPEP § 804.03（根据 CREATE 法被取消资格的现有技术可以作为重复授权否决的依据），或者用于针对能够实现进行审查，并不需要符合现有技术的条件，参见 MPEP § 2124。

专利商标局修订了业务规则，将有关共同所有或联合研究协议的主题的条款包括在内（37 CFR 1.104（c）（4）和（c）（5））。37 CFR 1.104（c）（4）适用于受 35 U. S. C. 102 和 103 约束的申请，37 CFR 1.104（c）（5）适用于受 pre – AIA 35 U. S. C. 102 和 103 约束的申请。35 U. S. C. 102 及 103 所述共同所有的主题按照 37 CFR 1.104（c）（4）（i）处理，而 pre – AIA 35 U. S. C. 102 及 103 所述共同所有的主题按照 37 CFR 1.104（c）（5）（i）处理。参见 MPEP § 706.02（l）（1）。

申请人（或审查档案中的申请人代表）作出清楚明确的声明：在审申请中请求保护的发明，与用作现有技术的美国专利文件中披露的主题，在请求保护的发明的有效申请日或之前归同一人所有或负有向同一人转让的义务，那么该声明将足以确保 AIA 35 U. S. C. 102（b）（2）（C）的例外是适用的。同样地，当依赖于 pre – AIA 35 U. S. C. 103（c）条款时，申请人（或审查档案中的申请人代表）可以提供一个类似的声明，要求取消所引用的现有技术的资格。申请人可以提供但并不要求提供证明文件，如转让文件副本。此外，如无独立证据使人怀疑其声明的真实性，专利商标局将不要求提供确证证据。根据 AIA 35 U. S. C. 102（b）（2）（C）作出的声明一般由专利商标局工作人员处理，类似于根据 AIA 35 U. S. C. 103（c）作出的声明。参见 MPEP § 706.02（l）（2）第 II 节。

2155 根据 37 CFR 1.130 使用宣誓书或声明克服现有技术否决意见（2015.07 修订）

编者按：MPEP 中本部分内容仅适用于如 35 U. S. C. 100（定义）所述按照 AIA 发明人先申请制（FITF）规定进行审查的申请。参见 MPEP § 2159 及其下辖章节确定申请是否要按照 FITF 规定进行审查，参见 MPEP § 2131 至 § 2138 对符合 pre – AIA 35 U. S. C. 102 规定的申请进行审查。

37 CFR 1.130 基于《Leahy – Smith 美国发明法案》作出有关归属或在先公开披露的宣誓书或声明

（a）关于归属的宣誓书或声明。当申请的任何权利要求或接受复审的专利被否决，申请人或专利权人可以提交一个合理的宣誓书或声明，通过确认披露内容是由发明人或共同发明人作出的，或者所披露的主题是直接或间接地从发明人或者共同发明人处获得的，来取消该披露内容作为现有技术的资格。

（b）关于在先公开披露的宣誓书或声明。当申请的任何权利要求或接受复审的专利被否决时,申请人或专利权人可以提交一个合理的宣誓书或声明,通过确认被披露的主题在该披露之前或者在该主题被有效的提出申请之前,已经由发明人、共同发明人或者直接或间接从发明人或者共同发明人处获得该主题的其他人公开的披露,来取消该披露内容作为现有技术的资格。根据本款作出的宣誓书或声明,必须指明公开披露的主题,并提供该主题由发明人、共同发明人或者由直接或间接地从发明人或共同发明人处获得该主题的其他人公开披露的日期。

(1) 如果在该日期公开披露的主题是在印刷出版物上,则该宣誓书或者声明必须附有该印刷出版物的副本。

(2) 如果在该日期披露的主题不是在印刷出版物上,宣誓书或声明必须用足够的细节和特征描述该主题,确定什么主题已由发明人、共同发明人,或者直接或间接地从发明人或共同发明人处获得该主题的其他人在该日期公开地披露。

(c) 不适用本条的情形。如果否决的依据是在请求保护的发明的有效申请日之前一年以上作出的披露,则不适用本条的规定。如果否决是基于署名其他发明人的美国专利、已授权或待决申请的美国专利申请公布文本,其所述专利或待决申请要求保护一项与申请人或专利权人请求保护的发明相同或实质相同的发明,并且宣誓书和声明声称美国专利或美国专利申请公布文本上署名的发明人是从该申请或专利署名的发明人或共同发明人处获得的请求保护的发明,那么本条的规定可能不适用。在这种情况下,申请人或专利权人可以根据本法§42.401及其下辖条款,提交溯源程序的请求。

(d) 本条所适用的申请及专利。本条的规定适用于任何专利申请及随后颁发的专利,其包含或在任何时候曾包含以下内容:

(1) 请求保护的发明中的一项权利要求,所述发明如§1.109所定义的有效申请日在2013年3月16日或之后;

(2) 根据35 U.S.C. 120、121、365(c)或386(c)对一项专利或申请的特殊引证,其中所述专利或申请包含或在任何时候曾包含如§1.109所定义的有效申请日在2013年3月16日或之后的请求保护的发明中的权利要求。

专利商标局已在37 CFR 1.130中提供一种机制,可以通过提交宣誓书或声明来确定因AIA 35 U.S.C. 102(b)规定的例外使得披露内容不属于AIA 35 U.S.C. 102(a)的现有技术。根据37 CFR 1.130(a)的规定,可以提交归属宣誓书或声明来取消披露内容作为现有技术的资格,因为该披露是由发明人、共同发明人、或者直接或间接地从发明人或共同发明人处获得主题的其他人作出的。如果在相关披露被作出之前,或者相关主题在美国专利、美国专利申请公布文本或WIPO公布的申请中被有效地提出申请之前,该主题已经被发明人、共同发明人,或者直接或间接地从发明人或共同发明人处获得该主题的其他人公开的披露;那么根据37 CFR 1.130(b)的规定,可以提交在先公开披露的宣誓书或声明来取消介入的披露内容作为现有技术的资格。

2155.01 证明披露是由发明人或共同发明人作出的（2013.11 修订）

编者按：MPEP 中本部分内容仅适用于如 35 U.S.C. 100（定义）所述按照 AIA 发明人先申请制（FITF）规定进行审查的申请。参见 MPEP §2159 及其下辖章节确定申请是否要按照 FITF 规定进行审查，参见 MPEP §2131 至 §2138 对符合 pre-AIA 35 U.S.C. 102 规定的申请进行审查。

AIA 35 U.S.C. 102（b）（1）（A）规定，如果披露是由发明人或共同发明人作出的，宽限期内的披露不应作为 AIA 35 U.S.C. 102（a）（1）针对请求保护的发明的现有技术。申请人可根据 37 CFR 1.130（a）通过宣誓书或声明的方式（归属宣誓书或声明），证明披露是由发明人或共同发明人作出的。参见 *In re Katz*，687 F.2d 450，455，215 USPQ 14，18（CCPA 1982）和 MPEP §718。在现有技术披露的作者包括申请中列出的发明人或者共同发明人的情况下，发明人或者共同发明人作出"明确的"声明，声明是发明人或者共同发明人（或指定发明人的一些特定组合）发明了所述披露的主题，并附带提交其他作者的合理解释，如无相反证据即可接受所述声明。参见 *In re De-Baun*，687 F.2d 459，463，214 USPQ 933，936（CCPA 1982）。但是，如有相反证据，单凭发明人或者共同发明人的声明，没有合理的解释，可能是不够的。参见 *Ex parte Kroger*，219 USPQ 370（Bd. App. 1982）（尽管所谓的实际发明人作出了声明，但考虑到一位非申请人提交了一封信件声明其发明权，故仍维持驳回）。这类似于 MPEP §2132.01 中所讨论的因披露非"他人"公布而导致公布文本不合资格的现有程序，只是 AIA 35 U.S.C. 102（b）（1）（A）仅要求披露是由发明人或共同发明人作出的。

2155.02 证明所披露的主题已被发明人或共同发明人公开的披露（2013.11 修订）

编者按：MPEP 中本部分内容仅适用于如 35 U.S.C. 100（定义）所述按照 AIA 发明人先申请制（FITF）规定进行审查的申请。参见 MPEP §2159 及其下辖章节确定申请是否要按照 FITF 规定进行审查，参见 MPEP §2131 至 §2138 对符合 pre-AIA 35 U.S.C. 102 规定的申请进行审查。

AIA 35 U.S.C. 102（b）（1）（B）规定，如果披露的主题在此前已由发明人或共同发明人公开的披露，则宽限期内的披露不应作为 AIA 35 U.S.C. 102（a）（1）请求保护的发明的现有技术。同样，AIA 35 U.S.C. 102（b）（2）（B）规定，如果披露的主题在根据 AIA 35 U.S.C. 102（a）（2）有效提出申请之前，已经被发明人或共同发明人公开的披露，那么该披露不应作为 AIA 35 U.S.C. 102（a）（2）的现有技术。申请人可以根据 37 CFR 1.130（b）通过宣誓书或声明的方式证明披露的主题在被披露前，或者否决所依据的主题被有效地提出申请之前，已被发明人或者共同发明人公开的披露（在先公开披露的宣誓书或声明）。具体而言，宣誓书或声明必须确定公开披露的主题，并确定其较早公开披露的日期和内容。如较早的公开披露是印刷出版物，则宣誓书或声明必须附有一份符合 37 CFR 1.130（b）(1) 要求的印刷出版物副本。如果较早披露的不是印刷出版物，宣誓书或声明则必须以足够的细节和特征描述较早的披露，以确定较早的披露是按照 37 CFR 1.130（b）(2) 的要求对该主题公开的披露。

根据 37 CFR 1.130（b）(2) 的规定，在宣誓书或声明中提及的披露主题的方式并不重要。正如 AIA 35 U.S.C. 102（a）(1) 的现有技术规定包含任何使请求保护的发明"为公众所知"的披露，任何方式的披露均可在基于 37 CFR 1.130（b）的宣誓书或声明中作为证据。也就是说，基于发明人或共同发明人已作出公开的披露，根据 37 CFR 1.130（b）使用宣誓书或声明取消介入的披露内容作为现有技术的资格时，并不要求以相同的方式或相同的词语披露该主题。例如，发明人或共同发明人可能在科学会议上通过幻灯片演示公开了有关的主题，而对该主题的介入披露可能是在期刊文章中进行的。这种披露方式的差异或描述主题所用词语的差异，并不妨碍发明人根据 37 CFR 1.130（b）提交宣誓书或声明来取消介入的披露内容（如期刊文章）作为现有技术的资格。

2155.03 证明披露是由直接或间接地从发明人或共同发明人处获得该主题的其他人作出的，或者主题已经由直接或间接地从发明人或共同发明人处获得该主题的其他人在先公开的披露（2013.11 修订）

编者按：MPEP 中本部分内容仅适用于如 35 U.S.C. 100（定义）所述按照 AIA 发明人先申请制（FITF）规定进行审查的申请。参见 MPEP §2159 及其下辖章节确定申请是否要按照 FITF 规定进行审查，参见 MPEP §2131 至 §2138 对符合 pre-AIA 35 U.S.C. 102 规定的申请进行审查。

AIA 35 U.S.C. 102（b）(1)(A)、102（b）(1)(B)、102（b）(2)(A) 及 102（b）(2)(B) 都对由他人作出的主题披露规定了类似的处理方式，其中所述的他人是直接或间接地从发明人或共同发明人处获得披露的主题的其他人。具体而言，AIA 35 U.S.C. 102（b）(1)(A) 规定，如果宽限期内的披露是由直接或间接地从发明人或共同发明人处获得披露的主题的其他人作出的，那么该披露对于请求保护的发明而言不得作为 AIA 35 U.S.C. 102（a）(1) 的现有技术；AIA 35 U.S.C. 102（b）(2)(A) 规定，如果被披露的主题是直接或间接地从发明人或共同发明人处获得的，则该披露对于请求保护的发明而言不得作为 AIA 35 U.S.C. 102（a）(2) 的现有技术。

此外，AIA 35 U.S.C. 102（b）(1)(B) 和 102（b）(2)(B) 分别规定，如果在作出宽限期内的披露之前，或根据 AIA 35 U.S.C. 102（a）(2) 有效地提出申请之前，这样的披露主题已经由直接或间接从发明人或共同发明人处获得该主题的其他人公开披露，那么 AIA 35 U.S.C. 102（a）（1）中的宽限期内的披露，以及 AIA 35 U.S.C. 102（a）（2）中的披露不得作为所请求保护的发明的现有技术。申请人也可以根据 37 CFR 1.130（a）或（b）在宣誓书或声明中证明，其他人直接或间接地从发明人或者共同发明人处获得了该主题。因此，如果申请人可以确认披露的主题源自发明人或者共同发明人，以及该主题是由发明人或者共同发明人直接或间接传递的，那么该申请人即可确立一项在宽限期内由他人作出的在先公开披露。任何证明发明人或共同发明人直接或间接地向披露主题的实体（如发明人的受让人）传递主题的文件，均应附随宣誓书或声明。

2155.04 能够实现（2013.11 修订）

编者按：MPEP 中本部分内容仅适用于如 35 U.S.C. 100（定义）所述按照 AIA 发明人先申请制（FITF）规定进行审查的申请。参见 MPEP §2159 及其下辖章节确定申请是否要按照 FITF 规定进行审查，参见 MPEP §2131 至 §2138 对符合 pre–AIA 35 U.S.C. 102 规定的申请进行审查。

根据 37 CFR 1.130（a）或（b）提交的宣誓书或声明，不需要证明由发明人、共同发明人或者直接或间接从发明人或共同发明人处获得主题的其他人作出的披露，是 AIA 35 U.S.C. 112（a）意义上使主题能够实现的披露。相反，根据 37 CFR 1.130 提交的宣誓书或声明必须证明：（1）有关披露是由发明人或共同发明人作出的，或披露的主题是直接或间接地从发明人或共同发明人处获得的（37 CFR 1.130（a））；（2）在被披露前或有效地提出申请之前，所述披露的主题已由发明人、共同发明人或者直接或间接从发明人或共同发明人处获得主题的其他人公开的披露（37 CFR 1.130（b））。

2155.05 何人可以根据 37 CFR 1.130 提交宣誓书或声明（2013.11 修订）

编者按：MPEP 中本部分内容仅适用于如 35 U.S.C. 100（定义）所述按照 AIA 发明人先申请制（FITF）规定进行审查的申请。参见 MPEP §2159 及其下辖章节确定申请是否要按照 FITF 规定进行审查，参见 MPEP §2131 至 §2138 对符合 pre–AIA 35 U.S.C. 102 规定的申请进行审查。

根据 37 CFR 1.130，申请人或专利权人可以提交宣誓书或声明。当一个受让人、义务受让人或证明有足够的所有权利害关系的他人，是 35 U.S.C. 118 所称的专利申请人而非发明人时，那么发明人可以根据 37 CFR 1.130 签署一份宣誓书或声明，取消对该发明的披露作为现有技术的资格，但声明必须由有权在申请中采取行动的一方提交。如果发明人不是申请人，在申请中提交文件的权力一般不属于发明人。

2155.06 不适用宣誓书或声明的情况（2013.11 修订）

编者按：MPEP 中本部分内容仅适用于如 35 U.S.C. 100（定义）所述按照 AIA 发明人先申请制（FITF）规定进行审查的申请。参见 MPEP §2159 及其下辖章节确定申请是否要按照 FITF 规定进行审查，参见 MPEP §2131 至 §2138 对符合 pre–AIA 35 U.S.C. 102 规定的申请进行审查。

如果否决是基于在请求保护的发明的有效申请日前一年以上的披露，则不适用 37 CFR 1.130 的规定。在请求保护的发明的有效申请日前一年以上的披露是 AIA 35 U.S.C. 102（a）（1）的现有技术，不能根据 AIA 35 U.S.C. 102（b）（1）取消其作为现有技术的资格。

此外，如果否决是依据署名为其他发明人的美国专利或美国专利申请公布文本，且满足以下两个条件，则 37 CFR 1.130 的规定可能不适用：（1）该专利或待决申请要求保护一项与申请人或专利权人请求保护的发明相同或实质相同的发明；（2）宣誓书或声明主张，美国专利或美国专利申请公布文本中署名的一位发明人，是从该申请或专利署名的发明人或共同发明人处获得请求保护的发明。如果会导致专利商标局向两个不同的当事方颁发或确认包含专利意义上无差别的权利要求的两项专利，则 37 CFR 1.130 的规定不适用。参见 *In re Deckler*，977 F.2d 1449，1451–52，24 USPQ2d 1448，1449（Fed. Cir. 1992）（35 U.S.C. 102、103 和 135 "清晰地考虑——当涉及不同的实体时——对于完全相同的或专利意义上彼此无差别的发明，只能颁发一项专利"）（援引 *Aelony v. Arni*，547 F.2d 566，570，192 USPQ 486，490（CCPA 1977））。在这种情况下，申请人或专利权人可以根据 37 CFR 42.401 及其下辖条款提交溯源程序请求（37 CFR 1.130（c））。

2156 联合研究协议（2013.11 修订）

编者按：MPEP 中本部分内容仅适用于如 35 U.S.C. 100（定义）所述按照 AIA 发明人先申请制（FITF）规定进行审查的申请。参见 MPEP §2159 及其下辖章节确定申请是否要按照 FITF 规定进行审查，对适用 pre–AIA 35 U.S.C. 102 和 35 U.S.C. 103 的申请的审查分别参见 MPEP §2131 至 §2138 和 MPEP §2146。

35 U.S.C. 102 可专利性的条件；新颖性。

……

（c）根据联合研究协议而产生的共同所有权。如果满足以下条件，则在适用本条（b）（2）（C）的规定时，被披露的主题和请求保护的发明应被视为归同一人所有或负有转让给同一人的义务：

（1）所披露的主题和请求保护的发明是由联合研究协议的一方或多方开发和完成或其代表开发和完成的，该联合研究协议在请求保护的发明的有效申请日或之前即已生效；

（2）请求保护的发明是通过在联合研究协议框架下从事的活动所作出的；

（3）请求保护的发明的专利申请披露或者经修改披露了联合研究协议当事人的名称。

……

AIA 35 U.S.C. 102（c）规定必须满足如下三个条件，才能在联合研究协议的情况下适用 AIA 35 U.S.C. 102（b）（2）（C）中的共同所有权条款，使本来可作为现有技术的被披露的主题与请求保护的发明视为归同一人所有，或者有义务转让给同一人所有。第一，所披露的主题及所请求保护的发明必须是由联合研究协议的一方或多方或其代表开发和完成的，该联合研究协议在请求保护的发明的有效申请日或之前即已生效。参见 35 U.S.C. 102（c）（1）。AIA 将"联合研究协议"一词定义为两个或两个以上的个人或实体为完成所述请求保护的发明所在领域的实验、开发或研究工作而签订的书面合同、授权或合作协议。参见 35 U.S.C. 100（h）。第二，请求保护的发明必须是通过联合研究协议框架下从事的活动作出的。参见 35 U.S.C. 102（c）（2）。第三，请求保护的发明的专利申请必须公开或者经修改公开联合研究协议各方的名称。参见 35 U.S.C. 102（c）（3）。AIA 35 U.S.C. 102 和 103 中的联合研究协议主题按照 37 CFR 1.104（c）（5）（ii）处理，pre-AIA 35 U.S.C. 102 和 103 中的联合研究协议主题按照 37 CFR 1.104（c）（5）（ii）处理。如果符合这些条件，则所述联合研究协议现有技术不能作为 AIA 35 U.S.C. 102（a）（2）的现有技术。

AIA 35 U.S.C. 102（c）的规定基本遵循 2004 年的 CREATE 法的规定。参见 MPEP § 706.02（l）（1）。AIA 35 U.S.C. 102（c）与 CREATE 法的主要区别在于：（1）AIA 规定的关键在于请求保护的发明的有效申请日，而 CREATE 法则重点关注请求保护的发明的完成日期；（2）CREATE 法的规定仅适用于显而易见性的否决，不适用于在先公开的否决。

为了利用联合研究协议来取消披露内容作为现有技术的资格，申请人（或审查档案中的申请人代表）必须提供一份声明，声明对否决所依据的披露主题及请求保护的发明，是根据 AIA 35 U.S.C. 102（c）由联合研究协议的各方或其代表作出的。声明中还必须说明，本协议在请求保护的发明的有效申请日当天或之前生效，并且该请求保护的发明是通过联合研究协议框架下从事的活动作出的。当依据 pre-AIA 35 U.S.C. 103（c）规定时，审查档案中的申请人或其专利律师或代理人可以提供类似的声明，就显而易见性的问题取消引证的现有技术的资格。如联合研究协议各方的名称尚未在申请内列明，则有必要修改该申请，使之包括符合 37 CFR 1.71（g）要求的联合研究协议各方的名称。

与确立共同所有权的情况一样，申请人可以但不要求提供支持联合研究协议存在的证据。此外，如无独立证据使人怀疑是否存在该联合研究协议，专利商标局将不要求提供确证证据。

如前所述，AIA 35 U.S.C.102（b）（2）（C）规定的例外不适用于可作为 AIA 35 U.S.C.102（a）（1）现有技术的披露（在所请求保护的发明的有效申请日之前作出的披露）。因此，如果美国专利文件的颁发日期或公布日期是在所请求保护的发明的有效申请日之前，那么不管请求保护的发明是由联合研究协议产生的，同时披露是由该协议一方作出的，它都可能是 AIA 35 U.S.C.102（a）（1）的现有技术。

2157 发明人署名不当（2015.07 修订）

虽然 AIA 取消了 pre-AIA 35 U.S.C.102（f），但专利法仍然要求请求保护的主题的实际发明人或共同发明人进行署名。参见 35 U.S.C.115（a）（"根据 35 U.S.C.111（a）提交的专利申请或者根据 35 U.S.C.371 进入国家阶段的专利申请，均应包括或经修改包括申请中要求保护的发明的发明人的姓名"）。专利商标局假定申请中署名的发明人或者共同发明人是应当在专利中列明的实际发明人或者共同发明人。参见 MPEP § 2137.01。如申请列出了不正确的发明人名称，申请人应根据 37 CFR 1.48 的规定提出更正发明权的要求。参见 MPEP § 602.01（c）及其下辖章节。在极少数情况下，很明显申请中没有列出正确的发明人名称，申请人也没有依据 37 CFR 1.48 提出更正发明权的要求，专利商标局工作人员应当依据 35 U.S.C.101 和 35 U.S.C.115 否决其权利要求。见 MPEP § 706.03（a）第Ⅳ节。请注意，如果申请须根据 AIA 的发明人先申请（FITF）规定进行审查，则不应当依据 pre-AIA 35 U.S.C.102（f）作出否决。参见 MPEP § 2159 及其下辖章节以确定申请是否须根据 FITF 规定和 MPEP § 2137 进行审查，有关 AIA 35 U.S.C.102（f）的信息，请参见 MPEP § 2137。

2158 AIA 35 U.S.C.103（2017.08 修订）

编者按：MPEP 中本部分内容仅适用于如 35 U.S.C.100（定义）所述按照 AIA 发明人先申请制（FITF）规定进行审查的申请。参见 MPEP § 2159 及其下辖章节确定申请是否要按照 FITF 规定进行审查，有关 pre-AIA 35 U.S.C.103 和 AIA 35 U.S.C.103 的信息，请参见 MPEP § 2141 至 § 2146。

AIA 35 U.S.C.103 继续阐述了对可专利性中非显而易见性的要求。然而，与 pre-AIA 35 U.S.C.103 相比有一些重要的变化。

AIA 35 U.S.C.103 与 pre-AIA 35 U.S.C.103（a）最显著的区别是：AIA 35 U.S.C.103 以请求保护的发明的有效申请日而不是发明作出的时间来确定显而易见性。

根据 pre–AIA 的审查实践，除非存在审查档案的证据能够确立更早的发明日，否则专利商标局会以有效申请日代替发明日。因此，作为审查过程中存在的一个实际问题，只有当在审案件受 pre–AIA 35 U.S.C. 103 的约束且案件中有证据表明发明日早于有效申请日时，AIA 35 U.S.C. 103 与 pre–AIA 35 U.S.C. 103（a）之间的区别才会导致实践上的差异。这类证据通常根据 37 CFR 1.131 以宣誓书或声明的方式提出。

接下来，AIA 35 U.S.C. 103 与 pre–AIA 35 U.S.C. 103（a）的不同之处在于前者需要考虑的"请求保护的发明与现有技术之间的差异"，而后者涉及"试图获得专利保护的主题和现有技术之间的差异"。术语上的这种差异并不表示需要对显而易见性的问题采取任何不同的方法。正如联邦巡回上诉法院所指出的："自 1836 年专利法以来，专利立法中一直使用'权利要求'一词来定义申请人认为可以获得专利的发明。"参见 *Hoechst–Roussel Pharms.*, *Inc. v. Lehman*, 109 F.3d 756, 758, 42 USPQ2d 1220, 1222 (Fed. Cir. 1997)（援引 1836 年 7 月 4 日的法律第 357 章第 5 节 117 条）。此外，在 *Graham v. John Deere* 一案中，最高法院进行事实调查的第二个问题（Graham 要素）是"确认现有技术和所讨论的权利要求之间的区别"。参见 383 U.S. 1, 17, 148 USPQ 459, 467。因此，在解释根据 1952 年颁布的专利法制定的 35 U.S.C. 103 时，法院将"试图获得专利保护的主题"与权利要求等同起来。

此外，AIA 35 U.S.C. 103 不包含任何类似于 pre–AIA 35 U.S.C. 103（b）的规定。pre–AIA 35 U.S.C. 103（b）的适用范围很窄，仅适用于生物技术发明的非显而易见性，即使如此，也只适用于专利申请人特别援引的情况。AIA 35 U.S.C. 103（b）规定，在某些条件下，"使用或能产生符合 102 条的新颖性和[103（a）]款的非显而易见性要求的组合物的生物技术方法，应被视为非显而易见"。鉴于自 1995 年以来的判例法，需要援引 pre–AIA 35 U.S.C. 103（b）情况很少。如 MPEP § 706.02（n）所述，鉴于联邦巡回上诉法院在 *In re Ochiai*, 71 F.3d 1565, 37 USPQ2d 1127 (Fed. Cir. 1995) 和 *In re Brouwer*, 77 F.3d 422, 37 USPQ2d 1663 (Fed. Cir. 1996) 中所作的判决，需要援引 pre–AIA 35 U.S.C. 103（b）的情况很少出现。这些个案在 AIA 中继续有效。

最后，AIA 35 U.S.C. 103 取消了 pre–AIA 35 U.S.C. 103（c），但 AIA 35 U.S.C. 102（b）(2)（C）和 102（c）中已经纳入了相应的规定。如果一项主题只是在 pre–AIA 35 U.S.C. 103（a）pre–AIA 35 U.S.C. 102（e）(f) 和/或（g）的现有技术，只在进行而显而易见性地判断过程中，则仅可作为 pre–AIA 35 U.S.C. 103（c）适用。如果由其他人开发的主题与请求保护的发明在该发明作出时归同一人所有，或者负有转让给同一人的义务，则 pre–AIA 35 U.S.C. 103（a）并不阻止其可专利性。此外，根据 pre–AIA 35 U.S.C. 103（c）的规定，如果联合研究协议在请求保护的发明作出时或之前即已生效，请求保护的发明是通过联合研究协议活动范围内开展的活动作出的，且专利申请公开或者通过修改公开了联合研究协议各方的名称，则视为存在共同所有权或转让义务。如前所述，AIA 35 U.S.C. 102（b）(2)（C）和 102（C）扩展了这一概念。根据 AIA 的规定，共同所有权、转让义务或联合研究协议必须存在于请求保护的发明的有效申请日或之前,而不是在发明作出之日或之前。如果满足 AIA 35 U. S. C. 102(b)(2)(C)规定的要求,则披露内容完全不是现有技术,而 pre - AIA 35 U. S. C. 103(C)中规定仅凭特定的现有技术并不阻止可专利性。最后,不能作为 AIA 35 U. S. C. 102(b)(2)(C)和 102(c)的现有技术的披露,既不能用于在先公开的否决,也不能用于显而易见性的否决。然而,这种披露可能是法定重复授权或非法定(有时称为显而易见性)重复授权否决的基础。

一般来说,除了在此指出的例外,pre - AIA 中"显而易见性"的概念将继续适用于 AIA。AIA 35 U. S. C. 102(a)定义了什么是现有技术,既适用于 AIA 35 U. S. C. 102 新颖性目的,也适用于 AIA 35 U. S. C. 103 显而易见性的目的。参见 *Hazeltine Res. , Inc. v. Brenner*,382 U. S. 252,256,147 USPQ 429,430(1965)(对于另一件专利局未决的专利申请,在该申请提出时,在先提交但尚未授权或者公布的专利申请,构成 AIA 35 U. S. C. 103 意义上的"现有技术"的一部分)。因此,如果一份文件符合作为 AIA 35 U. S. C. 102(a)(1)或(a)(2)的现有技术的资格,且不受 AIA 35 U. S. C. 102(b)的例外约束,那么它给本领域技术人员描述或教导的内容可用于 AIA 35 U. S. C. 103 否决中。按照 pre - AIA 判例法所示,根据 35 U. S. C. 103 作出决定时,"必须知道专利或公布文本是否属于 35 U. S. C. 102 的现有技术"。参见 *Panduit Corp. v. Dennison Mfg. Co.*,810 F. 2d 1561,1568,1 USPQ2d 1593,1597(Fed. Cir. 1987)。然而,虽然披露必须使本领域技术人员能够作出发明才能构成 35 U. S. C. 102 的在先公开,但是不能实现的披露所教导的全部内容都是根据 35 U. S. C. 103 而确定显而易见性的现有技术。参见 *Symbol Techs. Inc. v. Opticon Inc.*,935 F. 2d 1569,1578,19 USPQ2d 1241,1247(Fed. Cir. 1991);*Beckman Instruments v. LKB Produkter AB*,892 F. 2d 1547,1551,13 USPQ2d 1301,1304(Fed. Cir. 1989)("即使一份对比文件公开了一个不能实施的设备,它教导的所有知识也都是现有技术")专利商标局工作人员应继续遵循指南,确切表达适当的理由来支持任意显而易见性的结论。参见 MPEP § 2141 及其下辖章节。所述指南文件可在 www. uspto. gov/patent/law/exam/ksr_training_materi-als. jsp 上找到。

2159 适用日期的规定,并确定申请是否适用 AIA 的发明人先申请规定(2013. 11 修订)

因为 AIA 中对 35 U. S. C. 102 和 103 的修改仅适用于 2013 年 3 月 16 日或之后提交的特定申请,判断请求保护的发明是适用于 AIA 35 U. S. C. 102 和 103 还是适用 pre - AIA 35 U. S. C. 102 和 103,确定其有效申请日期是至关重要的。

2159. 01 2013 年 3 月 16 日前提交的申请(2013. 11 修订)

AIA 中对 35 U. S. C. 102 和 103 的修改不适用于 2013 年 3 月 16 日前提出的任何申

请。因此，在2013年3月16日之前提交的任何申请均受pre – AIA 35 U. S. C. 102和103的约束（即该申请是一项pre – AIA在先发明申请）。请注意，无论是申请继续审查，还是根据35 U. S. C. 371进入国家阶段，都不构成新申请。因此，对于2013年3月16日之前提出的申请，即使在2013年3月16日或之后按照37 CFR 1.114提交了继续审查请求，该申请仍然受pre – AIA 35 U. S. C. 102和103的约束。同样，在2013年3月16日之前根据35 U. S. C. 363提出的PCT申请，无论是在2013年3月16日之前或之后根据35 U. S. C. 371进入国家阶段，都必须受pre – AIA 35 U. S. C. 102和103的约束。此外，如果在2013年3月16日之后通过修改，在2013年3月16日之前提交的申请中增加包含新主题的权利要求，那么AIA中对35 U. S. C. 102和103的修改不适用于该申请，因为35 U. S. C. 132（a）禁止在公开内容中引入新主题。如果新主题是通过修改后加入的，涉及新主题的权利要求将根据pre – AIA 35 U. S. C. 112第一款予以否决。参见MPEP § 608.04。

2159.02 在2013年3月16日或之后提交的申请（2013.11修订）

AIA 35 U. S. C. 102和103于2013年3月16日生效。AIA 35 U. S. C. 102和103适用于一些专利申请，所述申请包含或在任何时候曾包含有效申请日期在2013年3月16日或之后的请求保护的发明的权利要求。如果专利申请包含或在任何时候曾包含35 U. S. C. 100（i）限定的有效申请日在2013年3月16日或之后请求保护的发明的权利要求，或基于包含这样一项权利要求的更早申请，根据35 U. S. C. 120、121或365要求或者曾要求享有更早的申请日，那么AIA 35 U. S. C. 102和103适用于该申请（即该申请是一项AIA申请）。申请中即使只有一项请求保护的发明的权利要求的有效申请日在2013年3月16日或之后，AIA 35 U. S. C. 102和103也适用于确定申请中的每一项请求保护的发明的可专利性。即使有效申请日在2013年3月16日或之后的请求保护的发明的权利要求被删除，剩下的请求保护的发明有效申请日均在2013年3月16日之前，也是如此。

如果在2013年3月16日或之后提交的申请，先前未包含任何有效申请日在2013年3月16日或之后的请求保护的发明的权利要求，（pre – AIA申请）经修改包含一项有效申请日在2013年3月16日或之后的请求保护的发明的权利要求，倘若新增的发明在2013年3月16日或之后提交的上述申请中符合35 U. S. C. 112（a）关于支持的规定，那么该申请变成一项AIA申请（AIA 35 U. S. C. 102和103适用于该申请）。该申请也变成受AIA 35 U. S. C. 102和103的约束，即使有效申请日在2013年3月16日或之后的请求保护的发明的权利要求被随后删除。如果在专利局通知书之后作出的修改导致该申请从受pre – AIA 35 U. S. C. 102和103的约束（pre – AIA申请）变成受AIA 35 U. S. C. 102和103的约束（AIA申请），那么在确定下一份审查意见通知书是否是最终的否决意见时，由于适应法律的改变而需要的任何新的否决理由将被视为修改所需的新的否决理由，参见MPEP § 706.07（a）。

由于 35 U. S. C. 132（a）禁止在公开内容中引入新主题，所以申请中不得包含未得到 35 U. S. C. 112（a）支持的请求保护的发明的权利要求（即涉及新主题）。因此，为了确定申请是否曾包含有效申请日在 2013 年 3 月 16 日或之后的请求保护的发明的权利要求，所述申请不能"包含"涉及新主题的请求保护的发明的权利要求。包含新主题的修改应按如下方式处理：（1）如果审查员发现附图包含新内容，则不应接收新附图（MPEP § 608.02 第Ⅱ节）；（2）通常要接收对书面描述或权利要求书涉及新主题的修改，但要求从书面描述中删除新主题，并根据 35 U. S. C. 112（a）（MPEP § 608.04）否决涉及新主题的权利要求。处理包含新主题的修改的这一过程纯粹是一个行政程序，用于处理违反了 35 U. S. C. 132（a）试图将新主题引入该发明的公开内容的修改，以及解决申请人和审查员之间的争议，该争议是关于新附图和对书面描述或权利要求的新修改是否会将新主题实际引入该发明的公开内容。因此，在 2013 年 3 月 16 日或之后提交的申请中，试图向请求保护的发明增加一项涉及新内容的权利要求的修改（而非与该申请同日提交的初始修改），该新内容如原始提交那样仅公开且要求保护在 2013 年 3 月 16 日之前提交的较早申请中已经公开的主题，从而在 2013 年 3 月 16 日或之后提交的申请根据 35 U. S. C. 119、120、121 或 365 有权享有较早申请的优先权或权益；这将不会把申请从 pre – AIA 申请更改为 AIA 申请。

2159.03 受 AIA 约束但同时包含一项有效申请日在 2013 年 3 月 16 日前的请求保护的发明的申请（2013.11 修订）

即使 AIA 35 U. S. C. 102 和 103 适用于一项专利申请，在如下情况下，pre – AIA 35 U. S. C. 102（g）也适用于该申请中的每项权利要求：（1）该申请包含或在任何时候曾包含一项请求保护的发明，所述发明的 35 U. S. C. 100（i）有效申请日在 2013 年 3 月 16 日之前；或（2）该申请曾被指定为包含或者在任何时候曾包含这样一项权利要求的申请的继续申请、分案申请或部分继续申请。pre – AIA 35 U. S. C. 102（g）也适用于适用该条款的申请获得的任何专利。参见 MPEP § 2138。

因此，如果申请包含或在任何时候曾包含有效申请日在 2013 年 3 月 16 日之前的权利要求，也包含或任何时候曾包含有效申请日在 2013 年 3 月 16 日或之后的权利要求，那么每项权利要求必须根据 AIA 35 U. S. C. 102 和 103 以及 pre – AIA 35 U. S. C. 102（g）的规定都具有可专利性，申请人才有权获得专利。但是，申请不会同时受到 pre – AIA 35 U. S. C. 102 和 103 以及 AIA 35 U. S. C. 102 和 103 的约束。

出于这些原因，当在 2013 年 3 月 16 日或之后提交的申请中请求保护一项主题，该主题享有 2013 年 3 月 16 日之前提交的在先申请的优先权或权益（例如，根据 35 USC 120、121 或 365（c））时，必须注意准确确定是 AIA 还是 pre – AIA 35 USC 102 和 103 适用于该申请。另见 MPEP § 2151。

2159.04 包含有效申请日在 2013 年 3 月 16 日或之后的请求保护的发明的过渡申请中的申请人声明（2013.11 修订）

专利商标局修订了 37 CFR 1.55 和 1.78，要求如果在 2013 年 3 月 16 日或之后提交的非临时申请，要求享有 2013 年 3 月 16 日之前申请的外国、美国临时、美国非临时或国际申请的利益或优先权（称为"过渡申请"），同时包含或在任何时候曾包含有效申请日期在 2013 年 3 月 16 日或之后的请求保护的发明，申请人必须就此提供相应的声明（37 CFR 1.55 或 1.78 声明）。该信息将有助于专利局确定过渡申请是受 AIA 35 U.S.C. 102 和 103 还是 pre–AIA 35 U.S.C. 102 和 103 的约束。但是，如果该过渡申请要求享有更早过渡申请的利益，而在更早过渡申请中已经提交了 37 CFR 1.55 或 37 CFR 1.78 声明的，申请人则无须提供此信息。见 37 CFR 1.78（c）(6)(i)。另见 MPEP § 210。

2160（预留）

2161 在 35 U.S.C. 112（a）或 Pre–AIA 35 U.S.C. 112 第一款中对说明书的三个独立的要求（2015.07 修订）

Ⅰ．说明书必须包括对于发明、可实施性及实现请求保护的发明的最佳实施方式的书面描述

35 U.S.C. 112（a）（适用于 2012 年 9 月 16 日以后的申请）规定：
(a) 一般规定——说明书应当使用完整、清楚、简洁而准确的术语对发明以及制造和使用该发明的方式和方法作书面描述，以使得任何所属领域或者最接近领域的技术人员能够制造和使用同样的发明。说明书还应当阐述发明人或者共同发明人预期的实现发明的最佳方式。

pre–AIA 35 U.S.C. 112 第一款（适用于 2012 年 9 月 16 日之前的申请）规定：
说明书应当使用完整、清楚、简洁而准确的术语对发明以及制造和使用该发明的方式和方法作书面描述，以使得所属领域或者最接近领域的技术人员能够制造和使用同样的发明。说明书还应当阐述发明人预期的实现发明的最佳方式（强调后加）。

35 U.S.C. 112（a）和 pre–AIA 35 U.S.C. 112 第一款要求说明书包括以下内容：
（A）对发明的书面描述；
（B）制造和使用发明的方式和方法（可实施性的要求）；
（C）发明人预期的实现发明的最佳方式。

Ⅱ. 这三个要求是独立的、彼此不同

书面描述的要求是独立的，与可实施性的要求不同。参见 *Ariad Pharm.，Inc. v. Eli Lilly and Co.*，598 F. 3d 1336，1341，94 USPQ2d 1161，1167（Fed. Cir. 2010）（法院全体法官共同审理）（如果国会意欲将可实施性作为§112第一款对说明书的唯一要求，那么法条将不会如此撰写）。参见 *Vas－Cath，Inc. v. Mahurkar*，935 F. 2d 1555，1562，19 USPQ2d 1111，1115（Fed. Cir. 1991）（意识到某些案子混淆了对书面描述的要求和可实施性的要求，联邦巡回上诉法院重申：根据35 U. S. C. 112第一款，书面描述的要求是独立的、与可实施性要求不同，并在其中举例说明）；*In re Barker*，559 F. 2d 588，194 USPQ 470（CCPA 1997），拒发调卷令，434 U. S. 1064（1978）。另参见 *Vasudevan Software，Inc. v. Micro Strategy，Inc.*，782 F. 3d 671，681－685，114 USPQ2d 1349，1356，1357（Fed. Cir. 2015）（推翻地区法院基于缺乏充分的书面描述和缺乏可实施性而判决专利无效的决定，并发回重审。因为有以下两个方面的实质性争议：1）权利要求是否得到充分的书面描述支持（事实如此……说明书没有使用访问"不同数据库"的这些词语，并未排除其作为至少存在一些讨论的实质性争议，以及因此拥有访问不同数据库的权限，正如请求保护的那样）；以及2）权利要求是否已经能够实施（发明人需要花费努力将发明付诸实践，这并非确凿地表明缺乏可实施性）。一项发明在描述中可以不披露其能够实施（例如，不具有已披露的或者明显的制备方法的化合物），某种披露能够被实施而无须描述发明（例如，说明书描述一种制造和使用颜料化合物的方法，它由功能性限定的大范围的原料制成，能够由落入说明书描述范围的配方实施，但可能没有描述任何具体配方）。参见 *In re Armbruster*，512 F. 2d 676，677，185 USPQ 152，153（CCPA 1975）（说明书中的"描述"不必使得所属领域技术人员"能够"制造或使用请求保护的发明）。最佳方式是一个独立的、与可实施性不同的要求。参见 *In re Newton*，414 F. 2d 1400，163 USPQ 34（CCPA 1969）。

2161.01 计算机程序、计算机实施的发明及35 U. S. C. 112（a）或Pre－AIA 35 U. S. C. 112第一款（2017.08修订）

对计算机实施的发明的法定要求与所有发明一样，例如，35 U. S. C. 101规定的主题适格性和实用性（分别参见MPEP§2106和§2107），35 U. S. C. 102规定的新颖性、35 U. S. C. 103规定的非显而易见性、35 U. S. C. 112（b）或pre－AIA 35 U. S. C. 112第二款规定的明确性及35 U. S. C. 112（a）或pre－AIA 35 U. S. C. 112第一款规定的三个独立的、不同的要求。此外，以计算机实施的功能性限定的权利要求可能调用35 U. S. C. 112（f）或pre－AIA 35 U. S. C. 112第六款的相关规定。参见MPEP§2181第Ⅳ节有关方法（或步骤）加功能的限定。

Ⅰ. 判断计算机实施的功能性权利限定是否有充分的书面描述

35 U. S. C. 112（a）或pre－AIA 35 U. S. C. 112第一款包含了对书面描述的要求，

其是独立的，并且与可实施性要求不同。参见 *Ariad Pharm.，Inc. v. Eli Lilly and Co.*，598 F. 3d 1336，1341，94 USPQ2d 1161，1167（Fed. Cir. 2010）（法院全体法官共同审理）。为满足书面描述的要求，说明书必须充分、详细地描述请求保护的发明，以使所属领域技术人员能够合理得出发明人在申请日已拥有请求保护的发明。参见 *Lizard Tech，Inc. v. Earth Res. Mapping，Inc.*，424 F. 3d 1336，1344 - 45，76 USPQ2d 1724，1731 - 32（Fed. Cir. 2005）；*Vas - Cath，Inc. v. Mahurkar*，935 F2d 1555，1562 - 64，19 USPQ2d 1111，1115 - 16（Fed. Cir. 1991）。具体而言，说明书应当以所属领域的普通技术人员能够理解的方式描述请求保护的发明，并展现出发明人在申请日实际上发明了请求保护的发明。参见 *Ariad*，598 F. 3d at 1351，94 USPQ2d at 1172。书面描述的要求是为了确保发明人在申请日前已经拥有其后来申请并请求保护的特定主题；说明书如何实现这一功能并不重要。参见 *In re Kaslow*，707 F. 2d 1366，217 USPQ 1089（Fed. Cir. 1983）；另参见 MPEP § 2163 至 § 2163.04。

35 U. S. C. 112（a）或 pre - AIA 35 U. S. C. 112 第一款对书面描述的要求适用于所有权利要求，包括作为公开的一部分而提交的原始权利要求。例如，*Ariad*，598 F. 3d at 1349，94 USPQ2d at 1172。联邦巡回上诉法院陈述道："尽管许多原始权利要求会满足书面描述的要求，但某些权利要求可能没有。"参见 at 1349，94 USPQ2d at 1170 - 71；另参见 *Lizard Tech，Inc. v. Earth Res. Mapping，Inc.*，424 F. 3d 1336，1344 - 45，76 USPQ2d 1724，1731 - 32（Fed. Cir. 2005）；*Regents of the Univ. of Cal. v. Eli Lilly & Co.*，119 F. 3d 1559，1568，43 USPQ2d 1398，1405 - 06（Fed. Cir. 1997）（"专利法中关于说明书描述的要求，是要求对一项发明给予描述，而不是对发明人可能获得的结果的迹象给予描述"）。当权利要求使用宽泛性、功能性或两者共存的词语时，原始权利要求在满足书面描述要求方面经常存在问题。参见 *Ariad*，598 F. 3d at 1349，94 USPQ2d at 1171（"该问题在上位权利要求中特别明显，所述上位权利要求使用功能性词语来限定请求保护的上位概念的边界。在该案例中，功能性权利要求可能仅仅简单地请求保护一种想要的结果，并可能未描述实现该结果的下位概念。然而，说明书必须证明申请人已经完成了一个能够实现请求保护的结果的下位发明，表明申请人已经发明的下位概念足以支持一项用功能性限定的上位权利要求"）。

比如，如果不能支持请求保护的上位概念的范围，那么原始披露的上位权利要求词语则不满足书面描述的要求。参见 *Ariad*，598 F. 3d at 1349，94 USPQ2d at 1171（"对于请求保护的上位概念，充分的书面描述需要不止一种对发明边界的下位陈述"）（援引 *Eli Lilly*，119 F. 3d at 1568，43 USPQ2d at at 1405 - 06）；*Enzo Biochem，Inc. v. Gen - Probe* Inc.，323F. 3d956，968，63 USPQ 2d 1609，1616（Fed. Cir. 2002）（认为出现在原始说明书中的上位权利要求的词语未满足书面描述的要求，因为它未能支持请求保护的上位概念的范围）；*Fiers v. Revel*，984 F. 2d 1164，1170，25 USPQ2d 1601，1606（Fed. Cir. 1993）（驳斥了"在说明书或原始权利要求中仅需要用相似语言就能满足书面描述的要求"的论点）。

联邦巡回上诉法院已经解释了，一份说明书"仅通过清楚地描述请求保护内容的一个实施例",并不总能支持宽泛的权利要求用语并满足 35 U.S.C.112 的要求。参见 *LizardTech v. Earth Resource Mapping*,Inc.,424 F.3d 1336,1346,76 USPQ2d 1731,1733(Fed. Cir. 2005)。问题在于所属领域技术人员是否理解申请人已发明并已拥有所述被宽泛地请求保护的发明。Lizard Tech 认为,根据 35 U.S.C.112 第一款,无缝离散小波变换(DWT)的通用方法权利要求是无效的,因为说明书仅教导了构造无缝 DWT 的一种特定方法,并且没有证据表明说明书预期了更通用的方法。"一种创建无缝 DWT 方法的说明书不能赋予发明人要求保护任何和所有实现该目标的方法的权利。"参见 *Lizard Tech*,424 F.3d at 1346,76 USPQ2d at 1733。

类似地,当权利要求用说明预期结果的功能性用语限定发明,但说明书却没有充分地描述该功能如何实现或者该结果如何获得时,原始权利要求可能缺乏书面描述。对于软件,当执行计算机功能的算法或步骤/程序没有任何解释或者未能充分细致地解释(简单重申权利要求中列举的功能并非必然充分)时,这个问题就可能发生。换句话说,执行该功能的算法或步骤/程序必须充分、详细地描述,以使所属领域的普通技术人员能够理解发明人想要该功能<u>如何被执行</u>。见 MPEP § 2163.02 和 § 2181 第Ⅳ节。

要满足书面描述要求所需的详细程度是多样的,它取决于权利要求的特点和范围以及相关技术的复杂性和可预见性。参见 *Ariad*,598 F.3d at 1351,94 USPQ2d at 1172; *Capon v. Eshhar*,418 F.3d 1349,1357-58,76 USPQ2d 1078,1083-84(Fed. Cir. 2005)。计算机实施的发明经常用其功能来描述公开的内容和请求保护的权利要求。对于计算机实施的发明,判断公开是否充分就需要同时调查硬件和软件是否公开充分,因为计算机硬件和软件相互联系、彼此依存。关键性调查是申请所依赖的公开是否向所属领域技术人员合理地表达了发明人在申请日时已拥有了请求保护的主题。参见 *Vasudenvan Software*,*Inc. v. MicroStrategy*,*Inc.*,782 F.3d 671,683.114 USPQ2d 1349,1356(在判断是否拥有请求保护的访问不同数据库的方法时,援引 *Ariad Pharm.*,*Inc.v. Eli Lilly & Co*,598 F.3d 1336,1351,94 USPQ2d 1161,11/2(Fed. Cir. 2010))。

当审查计算机实施的功能性权利要求时,审查员应当判断说明书是否充分、详细地公开了执行请求保护的功能的计算机和算法(比如,必要的步骤和/或流程图),以使所述领域的普通技术人员能够合理地得出发明人在申请日时拥有了请求保护的主题。所述领域技术人员能够写出实现请求保护的功能的程序并不足以满足书面描述的要求,因为说明书必须解释发明人想要如何实现请求保护的功能。参见 *Vasudenvan Software*,*Inc. v. MicroStrategy*,*Inc.*,782 F.3d 671,681-683,114 USPQ2d 1349,1356,1357(Fed. Cir. 2015)(推翻地区法院基于缺乏充分的书面描述而判决专利无效的简易判决,并发回重审。此案在"说明书是否证明发明人拥有了如何实现访问不同数据库的权限"方面存在实质性争议)。如果说明书未能充分、详细地公开该计算机和算法,以向所属领域的普通技术人员阐明发明人拥有该发明,则必须作出缺乏 35 U.S.C.112(a)或 pre-AIA 35 U.S.C.112 第一款规定的书面描述要求的拒绝,参见 MPEP § 2162 至 § 3163.07(b)。根据 35 U.S.C.112(f)或 pre-AIA 35 U.S.C.112 第六款,对于权利要求中的装置（或步骤）加功能的限定，如果说明书没有充分公开与执行整个请求保护的功能相关的结构、材料或行为，"申请人实际上未能详细地指出并清楚地请求要求保护的发明"，不满足 35 U. S. C. 112（b）[或 pre – AIA 35 U. S. C. 112 第二款] 的要求。参见 *In re Donaldson Co.*，16 F. 3d 1189，1195，29 USPQ2d 1845，1850（Fed. Cir. 1994）（法院全体法官共同审理）。除了书面描述的拒绝理由外，还必须加入依据 35 U. S. C. 112（b）或 pre – AIA 35 U. S. C. 112 第二款拒绝的理由。

Ⅱ. 最佳方式

要求最佳方式的目的是"限制发明人在申请专利的同时对公众隐瞒其实际构思的发明的首选实施方式"。参见 *In re Gay*，309 F. 2d 769，772，135 USPQ 311，315（CCPA 1962）。在判断公开的充分性是否符合最佳方式的要求时，仅考虑隐瞒的证据"是偶然还是故意"。参见 *Spectra – Physics, Inc. v. Coherent, Inc.*，827 F. 2d 1524，1535，3 USPQ2d 1737，1745（Fed. Cir. 1987）。"用于导致依据最佳方式的驳回证据，必须易于证明申请人如对最佳方式的公开质量如此之差，明显导致了隐瞒的。"参见 *In re Sherwood*，613 F. 2d 809，816 – 817，204 USPQ 537，544（CCPA 1980）（强调省略）；*White Consol. Indus. v. Vega Servo – Control Inc.*，214 USPQ 796，824（S. D. Mich. 1982），以相关理由被肯定，参见 713 F. 2d 788，218 USPQ 961（Fed. Cir. 1983）；另见 MPEP §2165 至 §2165.04。

在判断说明书是否满足最佳方式要求时，需要开展两项事实调查。第一，必须有一个主观判断，关于发明人是否在申请日知晓实现发明的最佳方式。第二，如果发明人在头脑中有实现发明的最佳方式，那么必须有一个客观判断，关于最佳方式是否充分、详细地公开，允许所属领域普通技术人员实现它。参见 *Fonar Corp. v. Gen. Elect. Co.*，107 F. 3d 1543，41 USPQ2d 1801，1804（Fed. Cir. 1997）；*Chemcast Corp. v. Arco Indus.*，913 F. 2d 923，927 – 28，16 USPQ2d 1033，1036（Fed. Cir. 1990）。"作为一个通用的规则，在软件构成实施最佳方式的一部分的发明中，该最佳方式的描述通过公开软件的功能来满足要求。这是因为，在通常情况下，一旦其功能被公开，撰写这种软件的代码就是现有技术，不需要过度的实验……软件功能的充分公开不需要流程图或源代码列表。"参见 *Fonar Corp.* 107 F. 3d at 1549，41 USPQ2d at 1805（引文已省略）。

Ⅲ. 判断计算机实施的功能性权利要求限定的全部范围是否能够实施

为满足 35 U. S. C. 112（a）或 pre – AIA 35 U. S. C. 112 第一款规定的可实施性要求，说明书必须教导所述领域的普通技术人员如何制造和使用请求保护的发明的全部范围，无须"过度实验"。参见 *In re Wands*，858 F. 2d 731，736 – 37，8 USPQ2d 1400，1402（Fed. Cir. 1988）。在 *In re Wands* 案中，法院陈述了当判断是否需要过度实验时，需要考虑以下因素：（1）权利要求的宽度；（2）发明的本质；（3）现有技术的状态；（4）普通技术人员的水平；（5）现有技术的可预见水平；（6）发明人所提供的用法说明的数量；（7）存在工作实例；以及（8）基于公开的内容而制造或使用发明所需要的实验数量。参见 Wands，858 F. 2d at 737，8 USPQ2d 1404。过度实验的判断不是一个单一的事实判断，而是权衡所有事实考虑而得出的结论。

当基于申请人未能满足 35 U. S. C. 112（a）或 pre – AIA 35 U. S. C. 112 第一款规定的可实施性要求而驳回时，USPTO 的审查员必须在审查档案中构建质疑公开充分程度的合理根据，所述公开充分程度能使本领域的普通技术人员制造和使用请求保护的发明而无需求助过度实验。参见 In re Brown，477 F. 2d 946，177 USPQ 691（CCPA 1973）；In re Ghiron，442 F. 2d 985，169 USPQ 723（CCPA 1971）。一旦 USPTO 的审查员已经提出了质疑公开充分程度的合理根据，申请人就有责任反驳这一质疑并用事实证明其申请的公开是充分的。参见 In re Doyle，482 F. 2d 1385，1392，179 USPQ 227，232（CCPA 1973）；In re Scarbrough，500 F. 2d 560，566，182 USPQ 298，302（CCPA 1974）；In re Ghiron，supra。另见 MPEP § 2164 至 § 2164. 08（c）。

当一项权利要求没有为实施记载的功能而限定任何特别的结构，且并未援引 35 U. S. C. 112（f）时，任何记载有能力执行功能本身的权利要求语言，通常将被宽泛地解释为覆盖任何及所有实施记载功能的实施例。因为这种权利要求包括了所有实施记载功能的装置或结构，那么就会有顾虑申请人是否充分公开以使权利要求谋求保护的全部范围都能够实现。参见 In re Swinehart，439 F. 2d 210，213，169 USPQ 226，229（CCPA 1971）；AK Steel Corp. v. Sollac，344 F. 3d 1234，1244，68 USPQ2d 1280，1287（Fed. Cir. 2003）；In re Moore，439 F. 2d 1232，1236，169 USPQ 236，239（CCPA 1971）。提出宽泛权利要求语句的申请人必须确保权利要求可以完全实施。特别地，权利要求的范围必须小于或等于被说明书证实的可实施范围。参见 Sitrick v. Dreamworks，LLC，516 F. 3d 993，999，85 USPQ2d 1826，1830（Fed. Cir. 2008），权利要求的范围必须小于或等于可实施的范围，以确保公共知识被专利说明书充实的程度，至少与权利要求的范围相当（引文已省略）。

例如，Sitrick 案中的权利要求针对将使用者的声音信号或视频图像"集成"或"代入"现存的视频游戏或电影中。权利要求同时涵盖了视频游戏和电影，说明书却仅仅教导了技术人员如何将使用者的图像代入或者集成到视频游戏中。联邦巡回上诉法院认为，说明书未使权利要求的全部范围可实施，因为技术人员不能在不付出过度实验的前提下将使用者的图像代入电影现存的角色图像中。特别地，法院认识到所属领域技术人员不能将说明书关于视频游戏的教导应用于电影中，因为电影与视频游戏不同，它不具有很容易分离的角色功能。因为说明书没有教导在电影里将使用者的图像代入和集成到角色的功能是如何完成的，该权利要求不可实施。参见 Sitrick，516 F. 3d at 999 – 1001，85 USPQ2d at 1830 – 32。

在 MagSli Corp. v. Hitachi Global Storage Techs.，Inc. 687 F. 3d 1377，103 USPQ2d 1769（Fed. Cir. 2012）判例中，联邦巡回上诉法院陈述道："专利权人选择使用宽泛的权利要求用语，就存在失去所有权利要求的风险，所述权利要求不能在其所涵盖的全部范围内实现"，认定"所属领域普通技术人员不能采用说明书中有关'在室温条件下电阻率至少改变 10%'的公开内容，不能在不进行过度实验的情况下，获得该语句所涵盖的全部范围内的电阻率改变"。参见 687 F. 3d at 1381 – 82。"因此，说明书相对于现有技术实现了临界点的改进，但并没有在申请日时使得电阻隧道结实现即使是 20% 的变化，更不必说最近达到的 600% 以上。"法院认为"权利要求由于缺乏可实施性而无效，因为它们的宽范围并未得到说明书可实施范围的合理支持"。参见 687 F. 3d at 1381 – 1382，1384，103 USPQ2d at 1771，1772，1774（Magsil 并没有使得宽泛的权利要求在全部范围内能够实施。因此，它就不能请求保护一种排他权利来排除后来发明的、大幅超过 10% 电阻率变化的三层隧道结）。另见 *Convolve, Inc. v. Compaq Computer Corp.*，527 F. App'x 910，931（Fed. Cir. 2013）（非先例性判决），引用了 *MagSil Corp.* 案（维持由于缺乏可实施性而导致专利无效的简易判决，该案专利权人"通过选择如此宽泛的权利要求用语，……而把自己置身于'失去所有权利要求的风险，所述权利要求不能在其涵盖的全部范围内实现'"）。

说明书无须教导所属领域的公知常识。然而，申请人不能依赖所属领域普通技术人员的知识来提供所需的信息，那些信息使得请求保护的发明的创新方面能够实现，而能够实现的知识实际上并不被现有技术所知。参见 *ALZA Cop. v. Andrx Pharms.*，*LLC*，603 F. 3d 935，941，94 USPQ2d 1823，1827（Fed. Cir. 2010）（"ALZA 被要求在说明书中提供一个充分的、能够实施的公开；不能简单地依赖于普通技术人员的知识替代说明书中缺失的信息"）；参见 *Auto. Techs. Int'l, Inc. v. BMW of N. Am., Inc.*，501 F. 3d 1274，1283，84 USPQ2d 1108，1114 – 15（Fed. Cir. 2007）（"尽管所属领域的普通技术人员的知识的确有重大作用，但在专利中一项发明的创新的方面必须能够实施"）。联邦巡回上诉法院声明了"……必须由说明书，而不是所属领域技术人员的知识来提供一项发明的创新方面，以便构建说明书的充分可实施性"。参见 *Auto Technologies*，501 F. 3d at 1283，84 USPQ2d at 1115（援引 *Genentech, Inc. v. Nordisk A/S*，108 F. 3d 1361，1366，42 USPQ2d 1001，1005（Fed. Cir. 1997））。说明书不需要披露所属领域公知常识这一规则，"仅仅是一个补充规则，并不能替代基本的可实施性公开"。参见 *Genentech*，108 F. 3d at 1366，42 USPQ2d 1005；另见 *ALZA Corp.*，603 F. 3d at 940 – 41，94 US-PQ2d at 1827。因此，说明书必须包含使得请求保护的发明的创新方面能够实施的必要信息。参见 at 941，94USPQ2d at 1827；*Auto. Technologies*，501 F. 3d at 1283 – 84，84 USPQ2d at 1115（"省略次要的细节不会导致说明书不满足可实施性的要求。但是，当没有公开任何具体原始材料或任何方法赖以实施的条件时，就要求过度实验"）（援引 *Genentech*，108 F. 3d at 1366，42 USPQ2d 1005）。例如，在 *Auto Technologies* 案中，权利要求限定"对所述质量块的运动作出响应的装置"被解释成包括所有为执行启动乘员保护装置功能的机械侧碰传感器和电子侧碰传感器。参见 *Auto. Technologies*，501 F. 3d at 1282，84 USPQ2d at 1114。说明书没有涵盖有关电子侧碰传感器所涉及的细节或电路的讨论，从而未能告知普通技术人员如何制造和使用电子传感器。因为该发明的创新方面是侧碰传感器，专利权人不能依赖所属领域普通技术人员的知识来提供所遗漏的信息。参见 *Auto. Technologies*，501 F. 3d at 1283，84 USPQ2d at 1114。

根据 35 U. S. C. 112（a）或 pre – AIA 35 U. S. C. 112 第一款，当说明书没有使权利要求的全部范围能够实施，那么必须作出缺乏可实施性的拒绝意见。USPTO 的审查员应当建立一个合理根据来质疑请求保护的发明的可实施性，并提供不确定其可实施性的理由。欲了解更多有关可实施性要求的信息，参见 MPEP §2164.01（a）至§2164.08（c），有关计算机程序案件的案例，特别参见 MPEP §2164.06（c）。

2162 根据 35 U. S. C. 112（a）或 Pre – AIA 35 U. S. C. 112 第一款的政策（2017.08 修订）

为获得一项有效的专利，专利申请必须包含按照 35 U. S. C. 112（a）或 pre – AIA 35 U. S. C. 112 第一款规定对请求保护的发明作出的完整、清楚的描述。充分的书面描述的要求确保公众接收到一些信息，作为授予发明人排他性专利权利的交换。专利权的授予帮助鼓励和促进新想法的发展和公开，以及科学知识的进步。在美国授予一项专利权之后，在该专利中包含的信息就成为公众为进一步研究和发展而可获得的信息的一部分，仅受制于专利权人在专利权有效期间的排他权。

作为授予专利权的交换，35 U. S. C. 112（a）或 pre – AIA 35 U. S. C. 112 第一款规定了专利申请中必须包含的信息质量和数量的最低要求，以证明授予专利的合理性。如下文更详细的讨论，专利权人必须公开充分的信息以阐述发明人在申请日时已经拥有该发明，并使得所属领域技术人员能够制造并使用该发明。申请人不得向公众隐瞒发明人在申请专利之日已知的实现该发明的最佳方式。未能全部符合公开要求会导致专利申请被驳回或者持有的已颁发专利被无效。

2163 根据 35 U. S. C. 112（a）或 Pre – AIA 35 U. S. C. 112 第一款审查专利申请的指南，"书面描述"的要求（2017.08 修订）

以下指南建立了专利局审查员在评价专利申请是否符合 35 U. S. C. 112 规定的书面描述要求时，所应当遵守的政策和程序。这些指南以专利局目前对于法律的理解为基础，并被认为与美国最高法院、美国联邦巡回上诉法院及其前任法院具有约束力的判例完全一致。

这些指南并没有构成实质性的规章，因此没有法律效力。它们旨在辅助专利局审查员分析请求保护的主题是否符合实质性法律。驳回将依据实质性法律，并且这些驳回是可上诉的。因此，专利局审查员任何明显未能遵循这些指南的行为既不可上诉也不可申诉。

这些指南意在形成部分常规审查程序。因此，在专利局审查员构建权利要求缺乏书面描述的初证事实时，要在完成包括缺乏书面描述的审查意见通知书之前，深入回顾现有技术和审查案件的实体问题是否符合其他法定要求，包括 35 U. S. C. 101、102、103 和 112。

Ⅰ. 通用原则规定申请要符合"书面描述"的要求

35 U. S. C. 112（a）和 pre – AIA 35 U. S. C. 112 第一款要求"说明书应当包括发明的书面描述……"。该要求是独立的，且与可实施性要求不同。参见 *Ariad Pharm.，Inc. v. Eli Lilly & Co.*，598 F. 3d 1336，1340，94 USPQ2d 1161，1167（Fed. Cir. 2010）（法院全体法官共同审理）；*Vas – Cath，Inc. v. Mahurkar*，935 F. 2d 1555，1560，19 USPQ2d 1111，1114（Fed. Cir. 1991）；另参见 *Univ. of Rochester v. G. D. Searle & Co.*，358 F. 3d 916，920 – 23，69 USPQ2d 1886，1890 – 93（Fed. Cir. 2004）（讨论了书面描述要求的历史和目的）；*In re Curtis*，354 F. 3d 1347，1357，69 USPQ2d 1274，1282（Fed. Cir. 2004）（"权利要求具有可实施性的确凿证据并不能确保该权利要求满足了书面描述要求"）。书面描述的要求有多个政策目标。"要求对发明描述的'关键目的'是清楚地表达申请人已经发明了请求保护的主题这一信息。"参见 *In re Barker*，559 F. 2d 588，592 n. 4，194 USPQ 470，473 n. 4（CCPA 1977）。另一个目的是向公众传播申请人请求保护的发明。参见 *Regents of the Uniuv. Of Cal. v. Eli Lilly*，119 F. 3d 1559，1566，43 USPQ2d 1398，1404（Fed. Cir. 1997），拒发调卷令，523 U. S. 1089（1998）。"'书面描述'的要求贯彻了发明必须描述申请专利的技术的原则；该要求同时服务于满足发明人公开发明所依据的技术知识的义务，以及证明发明人拥有请求保护的发明。"参见 *Capon v. Eshhar*，418 F. 3d 1349，1357，76 USPQ2d 1078，1084（Fed. Cir. 2005）。进一步地，书面描述的要求通过确保专利权人以在专利说明书中充分描述其发明，交换排除他人在专利有效期内使用该发明的权利，来促进技术的发展。

为了满足书面描述的要求，专利说明书必须充分、详细地描述请求保护的发明，以使得所属领域技术人员能够合理地得出发明人已经拥有请求保护的发明的结论。参见 *Moba，B. V. v. Diamond Automation，Inc.*，325 F. 3d 1306，1319，66 USPQ2d 1429，1438（Fed. Cir. 2003）；*Vas – Cath，Inc. v. Mahurkar*，935 F. 2d at 1563，19 USPQ2d at 1116。然而，只表明拥有并不能克服缺乏书面描述的缺陷。参见 *Enzo Biochem，Inc. v. Gen – Probe，Inc.*，323 F. 3d 956，969 – 70，63 USPQ2d 1609，1617（Fed. Cir. 2002）。例如，现在已广泛认同，合格的描述可能存在于原始递交的权利要求中或者原始递交的说明书的任何其他部分之中。参见 *In re Koller*，613 F. 2d 819，204 USPQ 702（CCPA 1980）；*In re Gardner*，475 F. 2d 1389，177 USPQ 396（CCPA 1973）；*In re Wertheim*，541 F. 2d 257，191 USPQ 90（CCPA 1976）。然而，这并不意味着所有原始递交的权利要求都有充分的书面支持。说明书必须仍然被审查以评定原始递交的权利要求是否具有充分的书面支持。

申请人通过使用词语、结构、图画、表格和公式这些描述性工具，描述所请求保护的发明的所有限定，从而完整地阐明其请求保护的发明，以展示其拥有请求保护的发明。参见 *Lockwood v. Amer. Airlines, Inc.*, 107 F. 3d 1565, 1572, 41 USPQ2d 1961, 1966（Fed. Cir. 1997）。这种拥有可通过各种各样的方式来展示，包括描述具体实施例；或者通过展示所述发明"准备获得专利"，如公开展示发明已经完成的图画或结构化学公式；或者通过描述不同定义的特征来展示申请人拥有请求保护的发明。参见 *Pfaff v. Wells Elecs., Inc.*, 525 U.S. 55, 68, 119 S. Ct. 304, 312, 48 USPQ2d 1641, 1647（1998）；*Eli Lilly*, 119 F. 3d at 1568, 43 USPQ2d at 1406；*Amgen, Inc. v. Chugai Pharm.*, 927 F. 2d 1200, 1206, 18 USPQ2d 1016, 1021（Fed. Cir. 1991）（化合物必须用"任何足够区分它的特征"来定义）。"符合书面描述要求本质上是基于事实的调查，它将'根据请求保护的发明的本性而必然不同'。"参见 *Enzo Biochem*, 323 F. 3d at 963, 63 USPQ2d at 1612。一份申请的说明书可以通过描述请求保护的发明的试验来展示其具体实施例，或者在某些生物材料的案件中，通过依照 37 CFR 1.801 及其下辖条款的规定明确描述保藏样本来展示其具体实施例。参见 *Enzo Biochem*, 323 F. 3d at 963, 63 USPQ2d at 1614（"说明书中关于保藏样本的对比文件也可以满足权利要求请求保护的材料的书面描述的要求"）；另见《以专利为目的的生物材料样本的最终规则》，54 Fed. Reg. 34, 864（1989年8月22日）（"对特定标识的要求是与 35 U. S. C. 112 第一款对描述的要求相一致的，并用于为在专利授权前已经保藏或将要保藏的生物材料提供一个前期基础"（*Id*. at 34, 876）。"描述必须充分以许可验证保藏的生物材料事实上已经公开。一旦专利授权，描述必须充分以帮助解决侵权问题"（*Id*. at 34, 880）。这种保藏并非作为请求保护的发明的书面描述的替代。保藏材料的书面描述需要尽可能完整，因为专利适格性的审查程序完全以书面描述为基础。参见 *In re Lundak*, 773 F. 2d 1216, 227 USPQ 90（Fed. Cir. 1985）；另见 54 Fed. Reg. at 34, 880（"作为一项通用规则，针对特殊保藏的生物材料，提供越多信息，审查员将越能将保藏的生物材料与现有技术的身份和特性进行对比"）。

关于说明书是否提供充分的书面描述的问题，可能出现在判断原始递交的权利要求是否公开充分的情形中（参见 *LizardTech, Inc. v. Earth Resource Mapping, Inc.*, 424 F. 3d 1336, 1345, 76 USPQ2d 1724, 1733（Fed. Cir. 2005）；*Enzo Biochem*, 323 F. 3d at 968, 63 USPQ2d at 1616（Fed. Cir. 2002）；*Eli Lilly*, 119 F. 3d 1559, 43 USPQ2d 1398），新的或修改的权利要求是否得到申请文件中对发明描述的支持（参见 *In re Wright*, 866 F. 2d 422, 9 USPQ2d 1649（Fed. Cir. 1989）），请求保护的发明是否有权享有根据 35 U. S. C. 119、120、365 或 386 规定的更早优先权日或有效申请日的权益（参见 *New Railhead Mfg. L. L. C. v. Verneer Mfg. Co.*, 298 F. 3d 1290, 63 USPQ2d 1843（Fed. Cir. 2002）；*Tronzo v. Biornet, Inc.*, 156 F. 3d 1154, 47 USPQ2d 1829（Fed. Cir. 1998）；*Fiers v. Revel*, 984 F. 2d 1164, 25 USPQ2d 1601（Fed. Cir. 1993）；*In Ziegier*, 992 F. 2d 1197, 1200, 26 USPQ2d 1600, 1603（Fed. Cir. 1993）），或者说明书是否支持抵触申请中相应的权利要求（参见 *Martin v. Mayer*, 823 F. 2d 500, 503, 3 USPQ2d 1333, 13 35（Fed. Cir. 1987）；*Fields v. Conover*, 443 F. 2d 1386, 170 USPQ 276（CCPA

1971))。遵守书面描述的要求属于事实问题,必须具体案情具体解决。参见 *Vas - Cath*,*Inc. v. Mahurkar*,935 F. 2d at 1563,19 USPQ2d at 1116(Fed. Cir. 1991)。

A. 原始权利要求

推定申请在递交时提供了一份对请求保护的发明撰写充分的书面描述。参见 *In re Wertheim*,541 F. 2d 257,263,191 USPQ 90,97(CCPA 1976)("我们的意见认为,专利商标局承担初始责任来提供证据或理由,证明为何所属领域技术人员不能从公开内容中确认权利要求限定的发明")。然而,正如在上述第Ⅰ小节中讨论的那样,即使对于原始权利要求,也可能产生书面描述是否充分的问题。例如,当请求保护的发明的某个方面没有用足够的特性加以描述,使得所属领域技术人员不能认识到申请人在申请之日已经拥有了请求保护的发明。如果权利要求所需的必要的或关键的特征,在说明书中描述不充分并且也不属于所属领域常规或现有技术,那么请求保护的发明作为一个整体就可能没有被充分地描述。如以下权利要求"一种基因,包括 SEQ ID NO:1"。该权利要求可能被解释为除了 SEQ ID NO:1 以外还包括具体特征,如催化剂、编码区或其他成分。尽管 SEQ ID NO:1 被全部公开,仍然可能存在对权利要求包括的其他结构(如催化剂、强化剂、编码区及其他常规成分)的不充分说明。关于这类权利要求的主题适格性的指南,参见 MPEP § 2106。

一项发明仅用制造方法和/或其功能的用语来描述,可能缺乏书面描述的支持,该情形中所公开的功能与实现该功能的结构之间没有被描述的或者被技术已知的联系。例如,蛋白质的氨基酸序列连同基因编码的知识,可能使发明人拥有能够解码该蛋白质的上位核酸,但是同样的信息并不能使发明人拥有天然产生的解码该蛋白质的 DNA 或 mRNA。参见 *In re Bell*,991 F. 2d 781,26 USPQ2d 1529(Fed. Cir. 1993)(认为一个方法不能使得由该方法制得的产品明显符合 35 U. S. C. 103)(对于天然产生的化合物权利要求的主题适格性的指南,参见 MEPE § 2106)。联邦巡回上诉法院曾指出,根据美国法律一个仅使请求保护的发明显而易见的描述,可能并非出于 35 U. S. C. 112 有关书面描述要求的目的而充分地描述该发明。参见 *Eli Lilly*,119 F. 3d at 1567,43 USPQ2d at 1405;对比 *Fonar Corp. v. Gen. Elec. Co.*,107 F. 3d 1543,1549,41 USPQ2d 1801,1805(Fed. Cir. 1997)("作为一项通用的规则,当软件构成实施一项发明的最佳方式的一部分时,通过公开该软件的功能即可使得该最佳方式满足说明要求。这是因为,通常情况下,一旦其功能已经被公开,为这样的软件撰写代码就在现有技术的范畴内,并不需要过度实验……因此,软件功能的充分公开并不要求提供流程图或源代码清单")。

如果所属领域的技术知识和水平未能允许普通技术人员通过公开的方法立刻想到请求保护的、由该方法制备的产品,也可能产生书面描述的问题。参见 *Fujikawa v. Wattanasin*,93 F. 3d 1559,1571,39 USPQ2d 1895,1905(Fed. Cir. 1996)(对两个组成部分中所有可能的一半的"细目清单"公开,并不必然构成了对一个上位概念内的每个下位概念的书面描述,因为其不能"合理指示"所属领域技术人员获得任何一种特定的下位概念）；参见 *In re Ruschig*，379 F. 2d 990，995，154 USPQ 118，123（CCPA 1967）（"如果在制造化合物时，曾经使用正丙胺代替正丁胺，那么可能得到权利要求 13 的化合物。上诉人将效仿具体实施例 6 的假想具体实施例提交给我们，就像他们提交给复审委员会一样。通过实施例 6，制造出以上丁基化合物，因此我们能够认识到简单的小变化可能导致详细的、支持的公开存在于当前说明书中。问题在于并不存在这种公开，虽然假想它非常简单。"）（原文强调）；*Purdue Pharma L. P. v. Faulding Inc.*，230 F. 3d 1320，1328，56 USPQ2d 1481，1487（Fed. Cir. 2000）（"说明书没有清楚地向技术人员公开发明人……考虑比例……成为他们发明的一部分……因此 Purdue 公司关于符合书面描述的要求的争辩没有说服力，因为公开的内容披露了一项宽泛的发明、基于此［后续递交的］权利要求开拓了可专利的部分"）。

B. 新增或修改的权利要求

禁止在专利申请中引入新增主题（35 U. S. C. 132 和 251）是为了避免超出原始递交主题范围的信息。参见 *In re Rasmussen*，650 F. 2d 1212，1214，211 USPQ 323，326（CCPA 1981）；对于书面描述要求及其与新增主题的联系更详细的讨论另参见 MPEP § 2163.06 至 § 2163.07。在原始说明书中递交的权利要求是公开的一部分，因此，如果原始递交的申请在权利要求中记载了在说明书其余部分无法找到的内容，申请人可以修改说明书来包含请求保护的主题，参见 *In re Benno*，768 F. 2d 1340，226 USPQ 683（Fed. Cir. 1985）。因此，书面描述的要求避免了申请人请求保护未在说明书中充分描述的主题。新增或修改的权利要求违反了书面描述的要求，所述新增或修改的权利要求引入未能被原始公开所支持的元素或限定。参见 *In re Lukach*，442 F. 2d 967，169 USPQ 795（CCPA 1971）（亚属概念❶的范围不能由亚属概念的上位公开和亚属概念范围内的具体实施例支持）；*In re Smith*，458 F. 2d 1389，1395，173 USPQ 679，683（CCPA 1972）（对于上位概念的充分描述，可能并不支持该上位概念范围内的亚属概念或下位概念的权利要求）。

尽管不存在用同样表述❷的要求，新增的权利要求或权利要求中的限定必须通过明确的、隐含的或固有的公开来得到说明书的支持。修改明显的错误不构成新增主题，在此普通技术人员不但能从说明书中确定存在错误，并且还能确定合理的修改。参见 *In re Oda*，443 F. 2d 1200，170 USPQ 268（CCPA 1971）。关于修改公开了核酸和/或氨基酸序列的申请中的序列错误，众所周知，序列错误在分子生物学中是常见问题。参见 David Laehnemann 等，*Denoising DNA deep sequencing data——high-throughput sequencing errors and their correction*，17 Briefings in Bioinformatics 154 - 1791（2016）和 Peter Richterich，*Estimation of Errors in 'Raw' DNA Sequences：A Validation Study*，8 Genome Research 251 - 59（1998）。例如，如果原始申请包括不正确的核酸序列信息和涉及按照

---

❶ 原文表述是 subgenus，是指对上位概念（也称属概念，genus）所包含的部分下位概念（种概念，species）的局部概括，其内涵含于所述上位概念，而包含所述部分下位概念。

❷ 原文表述 *in haec verba*。

37 CFR 1.801 及其下辖条款要求的序列材料的保藏，如果修改使得序列信息与说明书中描述的以及权利要求涉及的化合物一致，那么更正核酸序列的修改可能被允许。参见 *Cubist Pharm. , Inc. v. Hospira, Inc.* , 805 F. 3d 1112, 1118, 117 USPQ2d 1054, 1059 （Fed. Cir. 2015）（"事实上，发明人在申请之日对达托霉素的结构方面的错误判断，未导致说明书公开不充分而不满足书面描述的要求。说明书公开了将达托霉素与其他化合物区分开来的相关标识特征就已经足够了，并且还证明了发明人已经拥有了达托霉素，即使他们可能还没有该化合物完整化学结构的准确图片"（*Id.* at 1120, 117 US-PQ2d at 1060）。申请日后的保藏只有当申请人根据 37 CFR 1.804 递交了声明，说明被保藏的该生物材料就是原始递交的申请中定义的生物材料时，才可能为改正序列信息错误提供支持。

在某些情况下，省略限定可能引发发明人是否已经拥有一项宽泛的、更通用的发明问题。例如，*PIN/NIP, Inc. v. Platte Chem. Co.* , 304 F. 3d 1235, 1248, 64 USPQ2d 1344, 1353（Fed. Cir. 2002）（请求保护一种通过间隔的、顺次地应用两种化学制品来抑制块茎发芽生长的方法权利要求被认为是无效的，因为说明书在表明该发明是应用一种含有两种化学制品的"组合物"的方法方面缺乏充分的书面描述）；*Gentry Gallery, Inc. v. Berkline Corp.* , 134 F. 3d 1473, 45 USPQ2d 1498（Fed. Cir. 1998）（请求保护一种组合式沙发，其中包括一控制台和一控制工具的权利要求被认为是无效的，因为权利要求经由删除控制工具的位置而扩大了保护范围，不满足书面描述的要求）；*Johnson Worldwide Assoc. v. Zebco Corp.* , 175 F. 3d 985, 993, 50 USPQ2d 1607, 1613（Fed. Cir. 1999）（声称在 *Gentry Gallery* 案中，"法院确定了专利公开不能支持宽泛含义，因为权利要求的术语存在争议。法院作出这种决定的前提是：在书面描述中清楚陈述权利要求中的要素——'控制装置'——作为'唯一可能的位置'，并且这些变量都'超出该发明所声称的目的'……*Gentry Gallery* 案在当时考虑了这一情形：该专利的公开使对权利要求术语的一种特定（即狭窄的）的理解使发明中的'关键元素'变得清晰明确"）；另参见 *Tronzo v. Biomet*, 156 F. 3d at 1158 – 59, 47 USPQ2d at 1833（Fed. Cir. 1998）（如果母案公开的是"锥形杯"，鉴于母案申请的公开是在陈述锥形的优点和重要作用，则请求保护普通杯形状的权利要求就不能享有母案申请的申请日）。如果一项权利要求省略了申请人在发明原始公开内容中作为必要或关键特征描述的要素，则其不符合书面描述的要求。参见 *Gentry Gallery*, 134 F. 3d at 1480, 45 USPQ2d at 1503, *In re Sus*, 306 F. 2d 494, 504, 134 USPQ 301, 309（CCPA 1962）（"所属领域技术人员不能从该发明在说明书中的书面描述得到任何'芳基或取代芳基'都适用于该发明的教导，而是仅特定的取代芳基和特定的取代芳基自由基［即芳基叠氮化］适用于该发明"（原文强调））。如果一项权利要求省略了申请人在说明书中或审查档案中其他声明的作为必要或关键特征描述的要素，则其也将由于不能实施而根据 35 U. S. C. 112（a）或 pre – AIA 35 U. S. C. 112 第一款的规定被拒绝；或者根据 35 U. S. C. 112（b）或 pre – AIA 35 U. S. C. 112 第二款的规定被拒绝。参见 *In re Mayhew*, 527 F. 2d 1229, 188 USPQ 356（CCPA 1976），以及 *In re Collier*, 397 F. 2d 1003, 158

USPQ 266（CCPA 1968）；另参见 MPEP § 2172.01。

基本事实调查是说明书是否合理清晰地向所属领域技术人员表达了在申请之日申请人已经拥有了请求保护的发明。参见 *Vas – Cath, Inc.*, 935 F. 2d at 1563 – 64, 19 USPQ2d at 1117。

II. 判断书面描述充分性的方法

A. 阅读并分析说明书是否符合 35 U. S. C. 112（a）或 Pre – AIA 35 U. S. C. 112 第一款

当审查专利申请是否符合 35 U. S. C. 112（a）或 pre – AIA 35 U. S. C. 112 第一款规定的书面描述的要求时，审查员应当遵守以下程序。推定在原始递交的说明书中存在对于请求保护的发明的充分书面描述，参见 *Wertheim*, 541 F. 2d at 262, 191 USPQ at 96，因此审查员在全面阅读和评估申请内容之后就有提供证据或理由证明为何所属领域技术人员不能确认书面描述为请求保护的发明提供了充分的支持的初始责任。为了构件初证事实，有必要识别出未得到充分支持的权利要求限定，并且解释为何权利要求不能得到公开的充分支持。例如，在 *Hyatt v. Dudas*, 492 F. 3d 1365, 1371, 83 USPQ2d 1373, 1376 – 1377（Fed. Cir. 2007）判例中，审查员清楚和详细地解释了为何尽管申请人的说明书列举了请求保护的组合中的每一个要素，申请人的说明书却仍然没有支持请求保护的特定要素组合的初证事实。法院认为，"审查员明确表示，虽然每一要素可能在说明书中有单独的描述，但缺陷在于对其组合缺乏充分描述"，因此"责任随后转移到［发明人］，他们需要向审查员举证在何处能找到充分的书面描述，或者进行修改解决该缺陷"（出处同上）；另参见 *Stored Value Solutions, Inc. v. Card Activation Techs.*, 499 Fed. App'x 5, 13 – 14（Fed. Cir. 2012）（非先例）（认为一项需要三个独立授权码而进行信用消费交易的方法权利要求缺乏充分的书面支持，因为"书面描述没有包含一种包括所有三个码"方法，并且"每个授权码是一个重要的权利要求限定，权利要求中多个授权码的存在是必要的"）。

对于新增或修改的权利要求，申请人应当证明新增或修改的权利要求得到原始公开的支持。参见 *Hyatt v. Dudas*, 492 F. 3d 1365, 1370, n. 4（Fed. Cir. 2007）（援引 MPEP § 2163.04，其中规定了"对于新增或修改的权利要求，如果限定内容没有明显得到支持，且申请人也没有指出限定的特征被何处支持，那么在撰写审查意见时使用简单的陈述，例如，'申请人没有指出新增（或修改）的权利要求被何处支持，在原始申请文件中似乎也没有对于权利要求限定的'＿＿＿＿'的书面描述'，这种就足够了"）；另参见 MPEP § 714.02 和 § 2163.06（"申请人应当……具体指出对公开内容的任何修改是得到支持的"）；以及 MPEP § 2163.04（"如果申请人修改权利要求并指出原始公开的内容在何处和/或如何支持了所作的修改，但是审查员认为该公开没有合理地表达发明人在该申请递交之日已经拥有了修改后的主题，审查员就有提供证据或理由来解释为何所属领域技术人员不能从公开中确认对权利要求限定的发明的描述的初始责任")。是否符合书面描述要求的调查是一个事实问题,判断时必须具体问题具体分析。参见 *AbbVie Deutschland GmbH & Co.*,*KG v. Janssen Biotech*,*Inc.*,759 F. 3d 1285,1297,111 USPQ2d 1780,1788 (Fed. Cir. 2014) ("一项专利的权利要求是否得到充分的书面描述支持是一个事实问题");*In re Smith*,458 F. 2d 1389,1395,173 US-PQ 679,683 (CCPA 1972) ("准确地说,对于请求保护的发明的说明书该如何达到 35 U. S. C. 112 的要求,必须留给个案去解决");*In re Wertheim*,541 F. 2d at 262,191 US-PQ at 96 (调查主要是事实性的,取决于发明的本质及公开内容中对所属领域技术人员起作用的知识量)。

1. 对于每项权利要求,判断该权利要求作为一个整体所覆盖的内容

权利要求的解释是审查程序中的重要部分。每项权利要求必须单独分析并且根据书面描述以最宽泛合理解释来理解。参见 *In re Katz*❶,639 F. 3d 1303,1319 - 1320,97 USPQ2d 1737,1750 (Fed. Cir. 2011) (指出 "权利要求的解释对于书面描述分析是重要的",但是专利权人未能 "表明说明书是否公开了" 请求保护的主题的 "真正事实争议",导致该案的简易判决是恰当的);参见 *In re Morris*,127 F. 3d 1048,1053 - 54,44 USPQ2d 1023,1027 (Fed. Cir. 1997)。必须考虑整个权利要求,包括前序语言和连接词。"前序语言" 是出现在权利要求的连接词之前的语言,如在 "包括" "由……组成" "包含……" 之前。连接词 "包括" (以及其他类似的词,如 "包含" 和 "其中") 是 "开放式" 表达,它单独地或者与未记载的主题相组合地覆盖了明确记载的主题。参见 *Genentech*,*Inc. v. Chiron Corp.*,112 F. 3d 495,501,42 USPQ2d 168,1613 (Fed. Cir. 1997) ("'包括'是权利要求语言中使用的术语,其意思是被指名的元素是必要的,但其他元素可能被加入并且所形成的架构仍然处于该权利要求的范围内");*Ex parte Davis*,80 USPQ 448,450 (Bd. App. 1948) ("包括" 为权利要求留下 "包含未指名的成分,甚至是主要成分的余地");另见 MPEP § 2111. 03。"通过使用术语'主要由……组成',撰写者表明该发明必须包括列举的成分并且对于未列举的、不会对该发明的基础特性和新颖特性产生实质性影响的成分是开放的。一项'主要由……组成'权利要求的范围在撰写形式为由……组成的封闭式权利要求与撰写形式为包含的全开放式权利要求的中间。" 参见 *PPG Indus. v. Guardian Indus.*,156 F. 3d 1351,1354,48 USPQ2d 1351,1353 - 54 (Fed. Cir. 1998)。为了检索和根据 35 U. S. C. 102 和 103 运用现有技术,说明书或权利要求中缺少明示,对于什么是真正的基本的和新的特征,"主要由……组成" 将被解释成与 "包含" 相等同。参见 *PPG*,156 F. 3d at 1355,48 US-PQ2d at 1355 ("PPG 可能已经出于其专利目的,通过在说明书中明确其认定为该发明的基础性和新颖性特征的实质变化是什么,来定义短语'主要由……组成'的范围");另参见 *AK Steel Corp. v. Sollac*,344 F3. d 1234,1239 - 1240,68 USPQ2d 1280,1283 - 84 (Fed. Cir. 2003);*In re Janakirama - Rao*,317 F. 2d 951,954,137 USPQ 893,895 - 96 (CCPA 1963)。如果申请人主张现有技术中附加的步骤或材料被排除在

---

❶ 原文翻译为 "专利侵权处理中的交互偿债通知"。

"主要由……组成"的列举之外，申请人就有责任证明引入额外的步骤或成分将会实质性改变申请人的发明的特征。参见 *In re De Lajarte*，337 F. 2d 870，143 USPQ 256（CCPA 1964）；另参见 MPEP § 2111. 03。权利要求作为一个整体，包括前序部分的所有限定（参见 *Par - Tec Inc. v. Amerace Corp.*，903 F. 2d 796，801，14 USPQ2d 1871，1876（Fed. Cir. 1990）（判决前序语言解释的结构性限定实际上是请求保护的发明的一部分）），连接词及权利要求的主体必须被充分支持，以满足书面描述的要求。申请人通过使用所有限定描述请求保护的发明，以证明拥有请求保护的发明，参见 *Lockwood*，107 F. 3d at 1572，41 USPQ2d at 1966。

审查员应当评价每个权利要求，以判断结构、行为或功能是否被记载，以使得权利要求的边界和含义清楚，包括前序部分被给予的权重。参见 *Bell Communication Research*，*Inc. v. Vitalink Communications Corp.*，55 F. 3d 615，620，34 USPQ2d 1816，1820（Fed. Cir. 1995）（"［一项］权利要求的前序部分具有的重要性，是权利要求作为一个整体为它所提出的"）；*Corning Glass Works v. Sumitomo Elec. U. S. A.*，*Inc.*，868 F. 2d 1251，1257，9 USPQ2d 1962，1966（Fed. Cir. 1989）（判断前序的记载是否是有结构性的限定，只能通过审查整个申请"以理解发明人实际上作出了什么发明及想要在权利要求中包含什么内容"来解决）。对于已得到确认的术语或工序，即使在说明书中没有定义或详细描述，也不应当成为缺乏充分书面描述的基础，而根据 35 U. S. C. 112（a）或 pre - AIA 35 U. S. C. 112 第一款驳回。然而，说明书中的限定内容不能导入权利要求中。

2. 审查整个申请文件以理解申请人如何为请求保护的发明的每个要素和/或步骤提供支持

在判断公开是否为请求保护的主题提供了充分的书面描述之前，审查员应当审查权利要求和整个说明书，包括具体实施例、附图和序列表，以确认申请人为请求保护的发明中各种各样的技术特征提供了支持。如果所属领域普通技术人员需要某个要素以确认申请人拥有该发明，那么该要素的公开可能是关键的。比较 *Rasmussen*，650 F. 2d at 1215，211 USPQ at 327（"阅读 *Rasmussen* 的说明书的所属领域技术人员能够确认各层之间如何粘接不重要，只要它们粘接即可"）（原文中强调）和 *Amgen*，*Inc. v. Chugai Pharm. Co.*，Ltd.，927 F. 2d 1200，1206，18 USPQ2d 1016，1021（Fed. Cir. 1991）（"我们的法律建立了良好的概念，要求发明人能够对化合物定义并且描述如何获得它，以便将其与其他物质相区分"）。分析说明书是否符合书面描述的要求时，需要审查员将权利要求的范围与说明书的范围做比较，以判断申请人是否证明了其拥有请求保护的发明。这种审查以申请递交之日时所属领域的普通技术人员的视角来进行（参见 *Wang Labs.*，*Inc. v. Toshiba Corp.*，993 F. 2d 858，865，26 USPQ2d 1767，1774（Fed. Cir. 1993）），并且应当包括判断该发明的领域和所属领域的技术和知识水平。对于某些领域，本领域技术和知识的水平与满足书面描述要求所需公开的详细程度的关系成反比，所属领域公知的信息不需要在说明书中详细描述。参见 *Hybritech*，*Inc. v. Monoclonal Antibodies*，*Inc.*，802 F. 2d 1367，1379 - 80，231 USPQ 81，90，（Fed. Cir. 1986）。但是，必须提供充分的信息来证明发明人拥有请求保护的发明。

3. 判断是否有充分的书面描述以告知技术人员申请人在递交申请时拥有请求保护的整个发明

（a）原始权利要求

拥有可以用多种方法来证明。例如，可以通过描述实际实施请求保护的发明来证明。也可以通过使用详细的附图或结构化学公式描述发明来证明，这些结构化学式使得所属领域技术人员能够清楚地确认申请人已经拥有请求保护的发明。参见 *Purdue Pharma L. P. v. Faulding Inc.*，230 F. 3d 1320，1323，56 USPQ2d 1481，1483（Fed. Cir. 2000）（书面描述的"调查是事实性的，并且必须具体问题具体分析"）；另参见 *Pfaff v. Wells Elec.*，*Inc.*，55 U. S. at 66，119 S. Ct. at 311，48 USPQ2d at 1646（"'发明'这个词必须指代一个完整的概念，而不是仅仅'大体上完整'而已。确实，普遍转化为实践是证明发明是完整的最佳证据。但只因为转化为实践是完整的充分证据，却不能由此推断对于每件案子，证明转化为实践都是必须的。的确，电话系列案件的事实和这个案件的事实都证实了所属领域技术人员能够证实发明是完整的，并且在实际转化为实践之前就能被授权"）。

说明书可以通过证明发明人构造了一个实施例或者执行了一个满足权利要求所有限定并且确定了该发明可以实现其预期目的的过程，来描述发明可以付诸实践。参见 *Cooper v. Goldfarb*，154 F. 3d 1321，1327，47USPQ2d 1896，1901（Fed. Cir. 1998）；另参见 *UMCElecs. Co. v. United States*，816 F. 2d 647，652，2USPQ2d 1465，1468（Fed. Cir. 1987）（"如果缺少含有权利要求所有限定的具体实施例，发明就不能被转化为实践……"）；*Estee Lauder Inc. v. L'Oreal*，S. A.，129 F. 3d 588，593，44 USPQ2d 1610，1614（Fed. Cir. 1997）（"只有当发明人确信发明能够实现其预期目的，才会将其转化为实践"）；*Mahurkar v. C. R. Bard*，*Inc.*，79 F. 3d 1572，1578，38 USPQ2d 1288，1291（Fed. Cir. 1996）（确定发明能够实现其预期目的可能需要由发明的本质及其解决的技术问题所决定的试验来证实）。对于生物材料转化为实践的描述可以通过具体描述根据 37 CFR 1.801 及其下辖条款的要求所作的保藏来证明，特别是 37 CFR 1.804 和 1.809。参见上述第 I 小节。

申请人通过详细的、有足够证明力的附图或化学式，与说明书作为一个整体来证明是拥有请求保护的发明。参见 *Vas–Cath*，935 F. 2d at 1565，19 USPQ2d at 1118（"附图本身即可以提供如 35 U. S. C. 112 所要求的发明的'书面描述'"）；*In re Wolfensperger*，302 F. 2d 950，133 USPQ 537（CCPA 1962）（申请人的说明书附图为案件中的权利要求限定提供了充分的书面描述支持）；*Autogiro Co. of Am. v. United States*，384 F. 2d 391，398，155 USPQ 697，703（Ct. Cl. 1967）（"在直观表示能够充实文字的情况下，附图也可以与说明书以同样的方式使用，并具有同样的限定"）；*Eli Lilly*，119 F. 3d at 1568，43 USPQ2d at 1406（"在包含化学材料的权利要求中，上位公式通常用特征表征，所述特征被该上位权利要求所涵盖。所属领域的技术人员能够将这样一个公式与其他公式区分，并且能够确定这些权利要求包含的多个下位概念。相应地，这样的公式通常是对请求保护的上位概念的充分描述"）。说明书仅需要详细描述新的、非常规的特征。参见 *Hybritech v. Monoclonal Antibodies*，802 F. 2d at 1384，231 USPQ at 94。无论请求保护的发明是产品还是方法，这都是适用的。

申请人还可以通过公开充分、详细的相关辨识特征，来证明一项发明是完整的，这些特征应能够作为申请人拥有请求保护的发明的证据，如证明发明是完整的或部分的结构、其他物理和/或化学性质，在功能与结构的关联是已知的或被公开的情况下的功能性特征，或这类特征的某种组合。参见 *EnzoBiochem*，323 F. 3d at 964，63 USPQ2d at 1613（引用了书面描述指南，66 Fed. Reg. at 1106，n. 49，陈述"如果所属领域已经在结构和功能之间建立了强关联，所属领域的技术人员就能有合理程度的信心，从所记载的功能来预期请求保护的发明的结构"）。"因此，当结构和功能存在良好关联时，可以通过公开的功能和最小的结构来满足书面描述的要求。"（解释了对于一项涉及抗体的权利要求，如果预期结合的抗原已经被特征充分定义，且制造该抗体的方法也是常规的，那么该权利要求满足"功能—结构测试"）。

对于某些生物分子，标识特征的示例包括序列、结构、结合亲和力、结合特异性、分子量和长度。尽管结构化学式是证明拥有特异分子的便利方法，但其他标识特征或特征的组合可证明必要的拥有。正如联邦巡回上诉法院所解释的，"(1) 举例说明对于支持书面描述的充分性而言并不是必要的；(2) 即使一项发明并没有转化为实践，仍然可能满足书面描述标准；(3) 不存在这样的单独认定规则：一项涉及生物大分子的发明，其充分的书面描述必须包含对已知结构的详述"。参见 *Falkner v. Inglis*，448 F. 3d1357，1366，79 USPQ2d 1001，1007（Fed. Cir. 2006）；另参见 *Capon v. Eshhar*，418 F. 3d at 1358，76 USPQ2d at 1084（"委员会错误地认为说明书不满足书面描述的要求，因为他们没有重申请求保护的嵌合基因的核苷酸序列的结构或公式或化学名"，而这些基因是已知 DNA 片段的新组合）。例如，全部用结构、化学式、化学名、物理性质或在公共保藏机构保藏描述抗原的特征，那么该公开通过抗体与抗原的结合亲和力来为请求保护的抗体提供充分的书面描述，比如"生成请求保护的抗体的手段是如此常规，以至于拥有抗体就意味着申请人拥有了抗原"的想法。参见 *Centocor Ortho Biotech, Inc. v. Abbott Labs.*，636F. 3d 1341，1351 – 52，97 USPQ2d 1870，1877（Fed. Cir. 2011），区别于 *Noelle v. Lederman*，355F. 3d 1343，1349，69 USPQ2d 1508，1514（Fed. Cir. 2004）（认为由与本身未被充分描述的抗原的结合亲和力来定义的未知抗体缺乏书面描述的支持）。*Centocor* 案涉及具有特定属性的抗体权利要求，包括表现为现有技术的、与特定抗原的高亲和力。该专利公开了抗原，但并没有公开任何具有特定的、声明特性的抗体。法院认为请求保护的抗体没有被充分描述，因为在该专利的优先权日，并不能使用传统的、常规的或公知技术来产生这种抗体。

建立对于一项请求保护发明的拥有权的其他方法可能包括：特定酶导致的独特分裂、碎片的等电点、详细的限制性核酸内切酶图谱、酶活性的比较、抗体交叉活动。参见 *Lockwood*，107 F. 3d at 1572，41 USPQ2d at 1966（声明书面描述的要求可能通过使用"类似文字、结构、附图、表格、公式等描述详细说明请求保护的发明"而满足）。相反地，仅仅使用功能来描述一个化合物通常不足以充分描述该化合物。参见

Eli Lilly，119 F. 3 at1568，43 USPQ2d at 1406（认为描述一个基因的功能不会实现该基因的权利要求，"因为这仅仅是该基因做了什么的迹象，而没有描述它是什么"）；另参见 *Fiers*，984 F. 2d at 1169 – 71，25 USPQ2d at 1605 – 06（讨论了 *Amgen Inc. v. Chugai Pharm. Co.*，927F. 2d 1200，18 USPQ2d 1016（Fed. Cir. 1991））。对化学发明的充分书面描述还要求有精确定义，如通过结构、公式、化学名或物理性质来定义，而不仅是一种获得请求保护的化合物发明的愿望或计划。参见 *Univ. of Rochester v. G. D. Searle & Co.*，358 F. 3d916，927，69 USPQ2d 1886，1894 – 95（Fed. Cir. 2004）（专利请求保护一种选择性抑制 PGHS – 2 活性的方法，其通过管理一种选择性抑制 PGHS – 2 基因活性的非甾体化合物来实现，然而该专利并没有公开任何能够被用于请求保护的方法中的化合物。虽然描述了筛选抑制 PGHS – 2 基因的表达或活性的化合物的试验，却没有公开哪些缩氨酸、多核苷酸选择性抑制了 PGHS – 2。法院认为"没有这种公开请求保护的方法不能被称为已被描述"）。

如果权利要求的限定借助 35 U. S. C. 112（f）或 pre – AIA 35 U. S. C. 112 第六款，其必须被解释为覆盖了说明书中相应的结构、材料或行为以及"其等同物"。参见 35 U. S. C. 112（f）或 pre – AIA 35 U. S. C. 112 第六款。另参见 *B. Braun Medical, Inc. v. Abbott Labs.*，124 F. 3d1419，1424，43 USPQ2d 1896，1899（Fed. Cir. 1997）。在考虑 35 U. S. C. 112（a）或 pre – AIA 35 U. S. C. 112 第一款所述的"装置（或步骤）加功能"权利要求限定是否得到支持时，审查员不仅要考虑原始公开的说明书中发明内容部分的概要和详细描述，还要考虑原始权利要求、摘要和附图。根据 35 U. S. C. 112（a）或pre – AIA 35 U. S. C. 112 第一款的规定，如果：（1）书面描述将所描述的特定结构、材料或行为与执行在"装置（或步骤）加功能"权利要求限定中列举的功能进行了充分的关联或者结合；或（2）很明显，基于申请的事实，所属领域技术人员能够理解说明书中公开的何种结构、材料或行为执行在"装置（或步骤）加功能"权利要求限定中列举的功能，那么"装置（或步骤）加功能"的权利要求限定是描述充分的。参见 *Aristocrat Techs. Australia PTY Ltd. v. Int'l GameTech.*，521 F. 3d 1328，1336 – 37，86 USPQ2d 1235，1242（Fed. Cir. 2008）（"'考虑所属领域技术人员的理解并非减轻专利权人在说明书中充分公开足够结构的义务。'专利权人简单地陈述或者后续争辩所属领域普通技术人员能够理解使用何种结构来完成声称的功能，并不足够"），援引 *Atmel Corp. v. InformationStorage Devices, Inc.*，198 F. 3d 1374，1380，53USPQ2d 1225，1229（Fed. Cir. 1999）；*Biomedino, LLC v. Waters Technologies Corp.*，490 F. 3d 946，953，83 USPQ2d 1118，1123（Fed. Cir. 2007）（"调查的是所属领域技术人员是否确信说明书本身公开了一种结构，而不是所属领域技术人员能够简单地实施一种结构"）。考虑到"装置（或步骤）加功能"的记载本身并不会因为不清楚而遭到驳斥，但也需要注意根据 35 U. S. C. 112（b）或 pre – AIA 35 U. S. C. 112 第二款的拒绝意见"不能维持，在说明书中有满足 35 U. S. C. 112（a）或pre – AIA 35 U. S. C. 112 第一款的充分描述的情况下"。参见 *In re Noll*，545 F. 2d141，149，191 USPQ 721，727（CCPA 1976）。参见"关于判断 35 U. S. C. 112 第六款适用性的补充审查指南"，65 Fed. Reg. 38510，June

21，2000；另参见 MPEP §2181。然而，当"装置（或步骤）加功能"的权利要求，因为说明书未能公开足够的相应结构、材料或行为来实施整个请求保护的功能而被认定是模糊的时，权利要求的限定必然缺乏充分的书面描述。因此，当一项权利要求因为不明确而根据 35 U.S.C. 112（b）或 pre–AIA 35 U.S.C. 112 第二款被驳回时，由于其中没有与"装置（或步骤）加功能"权利要求限定相应的结构、材料或行为，或者未充分公开与"装置（或步骤）加功能"权利要求限定相应的结构、材料或行为，那么该权利要求同时因为缺乏充分的书面描述而根据 35 U.S.C. 112（a）或 pre–AIA 35 U.S.C. 112 第一款被驳回。

对于所属领域技术人员而言，常规的或公知的内容不必详细公开。参见 *Hybritech Inc. v. Monoclonal Antibodies，Inc.*，802 F.2d at 1384，231 USPQ at 94；另参见 *Capon v. Eshhar*，418 F.3d 1349，1357，76 USPQ2d 1078，1085（Fed. Cir. 2005）（"'书面描述'必须运用于特定发明的上下文以及当时的知识状态……随着领域的发展，在已知知识和每个创造性贡献添加的知识之间的平衡也在发展"）。如果技术人员能够确定发明人在递交申请时拥有了请求保护的发明，即使权利要求的每个细微差别没有在说明书中详细描述，仍然符合充分描述的要求。参见 *Vas–Cath*，935 F.2d at 1563，19 USPQ2d at 1116；*Martin v. Johnson*，454 F.2d 746，751，172 USPQ 391，395（CCPA 1972）（陈述了"说明书不需要以该字句出现❶[换言之，"用相同的语言"]来达到充分描述"）。

限定于单独公开的实施例或下位概念的权利要求，会被作为一项针对单个实施例或下位概念的权利要求来分析；反之，保护范围包含了两个或多个实施例或下位概念的权利要求，会被作为一项针对上位概念的权利要求来分析。另参见 MPEP §806.04 (e)。

i) 对于每项针对单个实施例或下位概念的权利要求：

(A) 判断申请是否描述了请求保护的发明已转化为实践。

(B) 如果申请没有描述发明转化为实践，判断发明是否完整，可以作为证据的是足够详细的附图或结构化学式，其能够证明申请人拥有了请求保护的整体发明。

(C) 如果申请没有描述转化为实践或转换成上述附图或结构化学式，判断发明是否已经阐明了区分识别特征，可以作为证据的是关于发明的其他描述足够详细地证明了申请人拥有请求保护的发明。

(1) 判断递交的申请是否描述了请求保护的作为一个整体的发明的完整的结构（或某一方法的行为）。下位概念或实施例的完整结构通常满足要求，即说明书以"全面、清楚、简洁和准确的术语"加以解释，从而证明拥有请求保护的发明。参见 35 U.S.C. 112（a）或 pre–AIA 35 U.S.C. 112 第一款；比较 *Fields v. Conover*，443 F.2d 1386，1392，170 USPQ 276，280（CCPA 1971）（判定缺少书面描述，因为说明书缺少

---

❶ 原文表述为 *ipsis verbis*，该翻译参考《元照英美法词典》*ipsissimis verbis* 词条，指说明书中有和权利要求相同的记载。

用以支持请求保护的发明所必需的"全面、清楚、简洁和准确的书面描述")。如果公开了一个完整的结构,该下位概念或实施例就满足了书面描述的要求,就不能根据 35 U. S. C. 112 (a) 或 pre – AIA 35 U. S. C. 112 第一款否决。

(2) 如果原始递交的申请没有公开请求保护的作为一个整体的发明的完整结构(或一个方法的行为),则应判断说明书是否公开了其他相关的识别特征,并使用全面、清楚、简洁和准确的术语充分地描述请求保护的发明,以使得技术人员能够确认申请人拥有了请求保护的发明。例如,在生物技术领域,如果在结构和功能之间建立了强关联,所属领域的技术人员就有合理的信心从请求保护的发明引述的功能预期其结构。因此,当结构和功能之间存在良好关联时,书面描述的要求可能通过公开功能和最小结构而满足。相反,如果没有这样的关联,仅从列举的功能和最小结构来确认或理解该结构的可能性就非常低。在后一种情况下,仅仅公开功能略多于对占有的期望,那么它就没有满足书面描述的要求。参见 *Eli Lilly*, 119 F. 3d at 1568, 43USPQ2d at 1406 (仅通过提供"如果某人做了该发明可以实现的结果",不能满足书面描述的要求); *In re Wilder*, 736 F. 2d 1516, 1521, 222 USPQ 369, 372 – 73 (Fed. Cir. 1984) (因为缺乏书面描述而驳回,因为说明书"除了概述上诉人希望请求保护的发明所能达到的目标和发明希望改善的问题之外,就没有更多内容")。

说明书是否证明了申请人拥有请求保护的发明不是一个单一、简单的判断,而是一个考虑了多个因素之后而认定的事实。在判断是否存在充足的证据证明拥有的过程中,需要考虑的因素包括部分结构;物理和/或化学性质;单独的功能性特征或者当结构与功能之间的关联已知或公开的情况下,与该关联相结合的功能性特征;以及制造请求保护的发明的方法。公开这些将使请求保护的发明区别于其他材料,并且能够使所属领域技术人员得出申请人拥有了请求保护的下位概念的识别特征的任意组合都是充分的结论。参见 *Eli Lilly*, 119 F. 3d at 1568, 43USPQ2d at 1406。满足 35 U. S. C. 112 要求所需的描述"随着案件中的发明的本质和范围,以及随着已存在的科学技术知识而不同"。参见 *Capon v. Eshhar*, 418 F. 3d at 1357, 76USPQ2d at 1084。应当基于专利和所属领域的公开出版物来判断一门技术是否已经成熟,以及所属领域的知识和技术在何高度。在多数技术成熟、所属领域的知识和技术水平高的情况下,即使说明书仅公开了制造发明的方法和发明的功能,在原始递交的申请中出现的权利要求应该不会出现书面描述的问题。

相反地,对于在新兴的和不可预期的技术中的发明而言,或者对于不能用所属领域的普通技术来合理预期的因素特征化的发明而言,需要更多的证据来证明拥有。例如,仅仅公开一个制造发明的方法和功能可能不足以支持一项产品权利要求,除了"方法界定产物"的权利要求以外。参见 *Fiers v. Revel*, 984 F. 2d at 1169, 25 USPQ2d at 1605; *Amgen*, 927 F. 2d at 1206, 18 USPQ2d at 1021。对于"方法界定产物"的权利要求而言,如果该方法已经实际上被用于制造该产品,就明显满足书面描述要求了。但是,如果尚不清楚说明书中阐明的行为可以执行,或者产品是通过该方法来制造的,那么就没有满足要求。进一步,公开部分结构而没有附加产品的特征可能不足以证明拥有请求保护的发明。参见 *Amgen*，927 F. 2d at 1206，18 USPQ2d at 1021（"一个基因是一种化合物，虽然是一个复杂的化合物，并且在我们的法律中，化合物的概念要求发明人能够定义它以使其区别于其他物质，并且描述如何获得它，这已经被证实了。只有当一个人在头脑中产生了化合物的结构图，或者能够通过它的制备方法、物理或化学性质，或者任何能够完全辨别它的性质来定义它，概念才能产生。单独用主要生物性质来定义化合物并不足够，如解码人类红细胞生成素，因为声称的概念除了只是一个确认任何具有该生物特性的材料身份的愿望以外，不具有更多的特征。我们认为，当发明人不能预期一个基因的具体组成以将其与其他材料区分开，以及不能预期获得该基因的方法，那就没有获得概念，除非已经转化为实践，即直到基因已经被隔离之后"（引用省略））。在这种情况下，未履行声称概念不仅仅因为领域是不可预期的，也不是因为围绕着实验性科学的普遍不确定性，而是因为事实的不确定性破坏了发明人对于发明想法的特异性，从而导致概念不完整。参见 *Burroughs Wellcome Co. v. BarrLabs. Inc.*，40 F. 3d 1223，1229，32 USPQ2d 1915，1920（Fed. Cir. 1994）。转化为实践实际上提供了证实发明概念（以及因此拥有发明）的唯一证据。

任何不满足（a）（b）或（c）中至少一个规定的测试描述的下位概念权利要求，必须根据 35 U. S. C. 112（a）或 pre – AIA 35 U. S. C. 112 第一款拒绝，因为其缺乏充分的书面描述。

ii）对于每项针对上位概念的权利要求：

对于请求保护的上位概念，它的书面描述要求可以通过对一系列有代表性的下位概念的充分说明而得到满足，充分说明可以通过转化为实践（参见上述 i）（A）），转化为附图（参见上述 i）（B）），或通过公开相关的可识别的特征，即结构或其他物理和/或化学性质，通过功能性特征结合已知的或公开的功能和结构之间关联，或通过这些可识别的特征的组合，以充分证明申请人拥有了请求保护的上位概念（参见上述 i）（C））。参见 *Eli Lilly*，119 F. 3d at 1568，43 USPQ2d at 1406。

"一系列有代表性的下位概念"意味着已被充分描述的下位概念是整个上位概念的代表。因此，当上位概念的内部有实质差异时，必须描述足够的下位概念品种，以反映上位概念内的差异。参见 *AbbVie Deutschland GmbH & Co.，KG v. Janssen Biotech，Inc.*，759 F. 3d1285，1300，111 USPQ2d 1780，1790（Fed. Cir. 2014）（涉及功能性限定的抗体素的上位权利要求，不能得到"仅仅描述了一类结构上相似的抗体素"的公开内容的支持，此类抗体素"并不代表上位概念范围内的全部变化"）。仅仅当公开"表明专利权人已经发明了足够的下位概念来组成上位概念"的前提下，一个上位概念内仅包含一个下位概念的公开才充分描述了针对该上位概念的权利要求。参见 *Enzo Biochem*，323 F. 3d at 966，63 USPQ2d at 1615；*Noelle v. Lederman*，355 F. 3d 1343，1350，69USPQ2d 1508，1514（Fed. Cir. 2004）（Fed. Cir. 2004）（"生物技术发明的专利权人在仅描述了有限数量的下位概念之后，不能必然请求保护一个上位概念，因为对于未被明确列举的其他下位概念的获取，存在不可预期性"）。"当证据显示对于申请人未公开的其他下位概念，普通技术人员不能预期发明的有效性时，仅凭公开一个单独的下位概念,专利权人将不被视为发明了足够的构成上位概念的下位概念。"参见 *In re Curtis*,354 F. 3d 1347,1358,69 USPQ2d 1274,1282(Fed. Cir. 2004)(含有摩擦增强涂层的 PTFE 牙线的权利要求没有得到公开的支持,因为公开描述的是微晶蜡涂层,在公开内容中或在其他审查档案中,没有证据表明申请人表达了适用于 PTFE 牙线的任何其他涂层)。另外,可能存在一个下位概念充分支持了一个上位概念的情况。参见 *Rasmussen*,650 F. 2d at 1214,211 USPQ at 326 - 27(公开将一层粘接到另一层的单一方法足够支持一项"粘接"的上位权利要求,因为所属领域的技术人员在阅读说明书时知晓各层如何粘接是不重要的,只要知道它们被粘接即可);*In re Herschler*,591 F. 2d 693,697,200 USPQ 711,714(CCPA 1979)(公开了 DMSO 中的皮质类固醇,足够支持一种使用了"生理活性的类固醇"和 DMSO 的混合物的方法权利要求,因为"以辅助发明的方式使用已知化合物必须有相应的书面描述,但只要具体到引导所属领域普通技术人员到这类化合物即可。有时,说明书中对于已知化合物的功能性列举可以作为充分的描述");*In re Smythe*,480 F. 2d 1376,1383,178 USPQ 279,285(CCPA 1973)(短语"空气或其他与液体不发生反应的气体"足够支持一项涉及"惰性液体介质"的权利要求,因为对空气或其他气体分裂介质的性质和功能描述能够启发所属领域技术人员,上诉人的发明包含广泛地使用"惰性液体")。

联邦巡回上诉法院解释道,说明书不能"仅仅通过清楚的描述请求保护事物的一个实施例"支持宽泛的权利要求语言,并满足 35 U. S. C. 112 的要求。参见 *LizardTech v. Earth Resource Mapping*,*Inc.*,424 F. 3d 1336,1346,76 USPQ2d 1731,1733(Fed. Cir. 2005),而应判断所属领域技术人员是否能够确信申请人已经发明了并且拥有了宽泛保护的发明。根据 35 U. S. C. 112 第一款的规定,在 LizardTech 案中,涉及产生流畅的离散小波变换(DWT)一般方法的权利要求被认为是无效的。因为说明书仅仅教导了一种产生流畅的 DWT 的特定方法,但没有证据表明说明书深入考虑了更通用的方法(出处同上);另参见 *Tronzo v. Biomet*,156 F. 3d at 1159,47 USPQ2d at 1833(Fed. Cir. 1998)(认为如果分案申请中的说明书给出对其他下位概念的反向教导,则在母案申请中公开下位概念并没有为分案申请中请求保护上位权利要求提供充分的书面描述支持)。

满足要求的"一系列有代表性的"公开,取决于所属领域技术人员能够确信申请人掌握了必要的通用属性或者特征,所述属性或特征是基于公开的下位概念得出由上位概念中的成员所具备的。对于不可预见的领域中的发明,一个包含了广泛而多样的上位概念,不能仅仅通过公开该上位概念的单一下位概念来实现充分的书面描述。参见 *Eli Lilly*,119 F. 3d at 1568,43 USPQ2d at 1406。相反,公开必须充分地反映请求保护的上位概念的结构多样性,既可以通过公开充足的"代表上位概念的丰富多样性或范围"的下位概念,也可以通过建立"一个合理的结构—功能关联"。这种关联可以由"如说明书中所述的发明人"建立,也可以在申请时"被本领域公知"。参见 *AbbVie*,759 F. 3d at 1300 - 01,111 USPQ2d 1780,1790 - 91(Fed. Cir. 2014)(认为涉及使用特定结合亲和率常数(即 K_{off})与 IL - 12 结合的全部人体抗生素的权利要求没有得到仅描述了一种包含声称特征的人体抗生素的说明书的充分支持,因为公开的抗生素不是请求保护的上位概念中其他抗生素的代表。事实证明,其他公开的抗生素具有不同的重链和轻链,并且在它们的可变区仅与所公开的抗生素共享50%的序列)。对于一系列有代表性的下位概念的描述,不需要这么具体地为上位概念所包含的每一种下位概念提供单独支持。例如,在分子生物学领域,如果申请人公开了氨基酸序列,就不必公开具体的编码氨基酸序列的核酸序列。因为遗传密码是公知的,公开了氨基酸序列就为所属领域技术人员提供了足够的信息使其确认申请人拥有了编码一个已知氨基酸序列的上位核酸的全系列,而不必对任何特定下位概念都进行确认。对比 In re Bell, 991 F. 2d 781, 785, 26 USPQ2d 1529, 1532 (Fed. Cir. 1993) 和 In re Baird, 16 F. 3d 380, 382, 29 USPQ2d 1550, 1552 (Fed. Cir. 1994)。如果对于一个上位概念,没有公开一系列有代表性的被充分描述的下位概念,则涉及上位概念的权利要求因为缺乏充分书面描述而必须依据35 U. S. C. 112 (a) 或 pre - AIA 35 U. S. C. 112 第一款否决。

(b) 新增权利要求、修改权利要求或根据35 U. S. C. 119、120、365、386的规定请求享有先前申请的优先权日或申请日

审查员具有提供证据或理由,解释为何所属领域技术人员不能从原始公开中确定出对权利要求限定的发明的描述的初始责任。参见 Wertheim, 541 F. 2d at 263, 191 US-PQ at 97 ("USPTO提供证据或理由,解释为何所属领域技术人员不能从原始公开中确定对权利要求限定的发明的描述的初始责任")。然而,在递交修改文件时,申请人应当证明原始公开支持新增的或修改的权利要求。参见 MPEP §714.02 和 §2163.06 ("申请人应当……详细指出对公开任何修改的支持")。

为了符合35 U. S. C. 112 (a) 或 pre - AIA 35 U. S. C. 112 第一款的书面描述要求,或者有权根据35 U. S. C. 119、120、365 和386的规定请求享有早期申请的优先权日或申请日,每一个权利要求的限定必须直接、隐含或固有地得到原始递交公开的支持。当一项权利要求中明确限定的内容"在寻求利益的书面描述中不存在,就必须证明普通技术人员能够确信,在专利申请递交之时,书面描述需要这一限定"。参见 Hyatt v. Boone, 146 F. 3d1348, 1353, 47 USPQ2d 1128, 1131 (Fed. Cir. 1998);另参见 In re Wright, 866 F. 2d 422, 425, 9USPQ2d 1649, 1651 (Fed. Cir. 1989) (一种使用光感微胶囊形成图像的方法,在原始说明书中描述了从表面除去微胶囊,提醒在形成图像之前胶囊不能被干扰,明确地教导了不存在永久固定的微胶囊,支持把权利要求的表述修改成微胶囊"不是永久固定"在下方的表面,因此满足35 U. S. C. 112 规定的描述要求);In re Robins, 429F. 2d 452, 456 - 57, 166 USPQ 552, 555 (CCPA 1970)。("对于上位的发明,如果说明书中不能认定明确的描述,……提及的有代表性的化合物可能提供隐含描述,从而支持上位的权利要求语言");In re Smith, 458 F. 2d 1389, 1395, 173 USPQ 679, 683 (CCPA 1972) (一个亚属概念并不必然被包含在它的上位概念中和从该亚属中读出的下位概念所隐含的描述中);In re Robertson, 169 F. 3d 743, 745, 49 USPQ2d 1949, 1950 - 51 (Fed. Cir. 1999) ("为了确认固有属性,外在的证据'必须澄清未描述的物质是必然如参考文献所描述的那样存在于事物中,并且普通技术

人员能够确信是这样。然而，固有属性不会通过可能性或概然性确认。某一事物可能起因于一系列给定的情况，这一事实并不充分'"）（引用省略）；*Yeda Research and Dev. Co. v. Abbott GMBH &Co.*，837 F. 3d 1341，120 USPQ2d 1299（Fed. Cir. 2016）（"根据固有披露原则，当说明书描述了一项具有某些固有的但未公开的属性的发明时，那样的说明书提供了充分的书面描述，能用以支持随后的、明确引用该发明固有属性的专利申请"）（援引 *Kennecott Corp. v. KyoceraInt'l, Inc.*，835 F. 2d 1419，1423（Fed. Cir. 1987）判例）。此外，每项权利要求必须包含申请人作为必要技术特征描述的所有要素。参见 *Johnson Worldwide Assoc. Inc. v. Zebco Corp.*，175F. 3d at 993，50 USPQ2d at 1613；*Gentry Gallery, Inc. v. Berkline Corp.*，134 F. 3d at 1479，45 USPQ2dat 1503；*Tronzo v. Biomet*，156 F. 3d at 1159，47 USPQ2d at 1833。

如果原始递交的公开没有为每一个权利要求的限定提供支持，或者申请人作为必要或关键特征描述的某个要素没有写在权利要求中，这项新增的或修改的权利要求必须根据 35 U. S. C. 112（a）或 pre – AIA 35 U. S. C. 112 第一款驳回，因为其缺乏充分的书面描述。在根据 35 U. S. C. 119、120、365 或 386 的优先权或利益请求案件中，该优先权或利益请求必须被驳回。

III. 根据所有法定要求对可专利性的判断，清楚地表达认定、结论及它们的基础

以上仅仅描述了如何判断是否满足了 35 U. S. C. 112（a）或 pre – AIA 35 U. S. C. 112 第一款规定的书面描述要求。不管这种判断的结果怎样，USPTO 审查员都必须根据 35 U. S. C. 的所有相关法定规定完成可专利性的判断。

当专利局审查员根据包括 35 U. S. C. 101、112、102 和 103 在内的所有法定规定总结对请求保护的发明的分析时，他们应当检验所有拟定的拒绝意见及其基础，以确保它们的准确性。只有如此时，拒绝意见才能写在审查意见通知书里。审查意见通知书应当清楚地表达认定、结论以及支持它们的理由。如果可能的话，审查意见通知书应当提供对克服拒绝意见有帮助的建议。

A. 对于缺乏书面描述支持的权利要求，应根据 35 U. S. C. 112（a）或 Pre – AIA 35 U. S. C. 112 第一款否决

原始递交的说明书被假定是充分的，除非或自到审查员出具了充分的相反证据或理由反驳该假定。参见 *In re Marzocchi*，439 F. 2d 220，224，169 USPQ 367，370（CC-PA 1971）。因此，审查员必须具有合理的基础以质疑书面描述的充分性。审查员有提供大量的证据证明，为什么所属领域技术人员不能从申请人的公开中确定对于权利要求限定的发明的描述的初始责任。参见 *Wertheim*，541 F. 2d at 263，191 USPQ at 97。在拒绝一项权利要求时，审查员必须阐述有关上述分析的事实认定，以支持其所作的缺乏书面描述的结论。这些认定应当：

（1）确定案件中的权利要求限定；以及

（2）通过提供为什么所属领域技术人员在申请递交时不能基于原始递交的公开确

信发明人拥有请求保护的发明的理由,建立一个初证事实。类似"本领域不能预期"的一般主张不足以支持因为缺乏充分书面描述而拒绝。

如果合适的话,给出能够被申请的书面描述所支持的权利要求的修改建议,但要注意禁止在权利要求或说明书中增加新内容。

B. 收到申请人的答复后,再次判断请求保护的发明的可专利性,包括书面描述要求是否因为考虑整个审查档案而重新进行上述分析而被满足

收到申请人的答复后,在根据35 U.S.C. 112(a)或 pre - AIA 35 U.S.C. 112第一款再次因为缺乏书面描述作出任何拒绝意见之前,应考虑整个审查档案以检验拒绝的基础,包括申请人递交的修改、辩论及所有证据。如果整个审查档案现在澄清了,满足了书面描述要求,不要在下一次审查意见通知书中重复拒绝意见。如果审查档案仍然没有澄清书面描述是充分支持权利要求的,则应再次根据35 U.S.C. 112(a)或 pre - AIA 35 U.S.C. 112第一款发出拒绝意见,全面回应申请人的反驳辩论,并适当处理申请人在答复时进一步递交的内容。当维持拒绝意见时,任何涉及35 U.S.C. 112(a)或 pre - AIA 35 U.S.C. 112第一款规定的书面描述要求的意见陈述,都必须在下一次审查意见通知书中深入的分析和讨论。参见 *In re Alton*, 76 F. 3d 1168, 1176, 37 USPQ2d 1578, 1584(Fed. Cir. 1996)。

2163.01 在公开内容中支持请求保护的主题(2013.11 修订)

书面描述要求的问题通常包括一项权利要求的主题是否得到原始申请公开内容的支持。如果审查员认为请求保护的主题没有得到原始申请文件的支持,将会导致该权利要求因缺乏书面描述而根据35 U.S.C. 112(a)或pre - AIA 35 U.S.C. 112第一款被拒绝,或者拒绝给予早期申请的优先权日的权益。权利要求不应当基于新增内容而被拒绝或反对。根据 *In re Rasmussen*, 650 F. 2d 1212, 211 USPQ 323(CCPA 1981)判决中法院的规定,作为反对修改摘要、说明书或附图试图在原始递交的内容中增加新公开的基础,使用新增内容的概念是恰当的。尽管对于说明书要求和新增内容这两个问题的检查或分析是一样的,但处理这两个问题的审查程序和法律基础却不同。参见 MPEP § 2163.06。

2163.02 判断符合书面描述要求的标准(2013.11 修订)

法院用不同的方式描述了在争议中被处理的必要问题。判断符合书面描述要求的一个客观标准是"公开是否清楚地允许所属领域技术人员确信发明人发明了请求保护的主题"。参见 *In re Gosteli*, 872 F. 2d 1008, 1012, 10 USPQ2d 1614, 1618(Fed. Cir. 1989)。根据 *Vas - Cath, Inc. v. Mahurkar*, 935F. 2d 1555, 1563 - 64, 19 USPQ2d 1111, 1117(Fed. Cir. 1991),为满足书面描述的要求,申请人必须合理清晰地传达给所属领域的技术人员，在申请之日申请人拥有了发明。就那点来说，发明就是请求保护的内容。关于母案申请具备充分支持的测试，是根据所依赖的申请的公开是否"合理清晰地传达给技术人员，在在后请求保护主题之时，申请人已经拥有"。参见 *Ralston Purina Co. v. Far – Mar – Co. , Inc.* , 772 F. 2d 1570, 1575, 227 USPQ 177, 179（Fed. Cir. 1985）（引用 *In re Kaslow*, 707 F. 2d 1366, 1375, 217 USPQ 1089, 1096（Fed. Cir. 1983）判例）。

无论何时产生争议，基本事实调查主要是说明书是否合理清晰地传达给所属领域的技术人员，在申请之日申请人拥有了现在请求保护的发明。参见 *Vas – Cath, Inc. v. Mahurkar*, 935 F. 2d 1555, 1563 – 64, 19USPQ2d 1111, 1117（Fed. Cir. 1991）。申请人通过使用文字、结构、附图、表格和公式这类描述工具来表达请求保护的发明中陈述的所有限定，来描述请求保护的发明，以证明其对请求保护的发明的拥有。参见 *Lockwood v. Am. Airlines, Inc.*, 107 F. 3d 1565, 1572, 41 USPQ2d 1961, 1966（Fed. Cir. 1997）。拥有可以用许多方式来证明，包括描述已实际转化为实践，或通过公开附图或结构化学式表征发明已完成来证明发明"已经准备好申请专利"，或通过描述足够的区分识别特征来证明申请人拥有请求保护的发明。参见 *Pfaff v. Wells Elecs. , Inc.*, 525 U. S. 55, 68, 119 S. Ct. 304, 312, 48 USPQ2d 1641, 1647（1998）；*Regents of the Univ. of Cal. v. Eli Lilly*, 119 F. 3d 1559, 1568, 43 USPQ2d 1398, 1406（Fed. Cir. 1997）；*Amgen, Inc. v. Chugai Pharm.*, 927 F. 2d 1200, 1206, 18USPQ2d 1016, 1021（Fed. Cir. 1991）（必须通过"任何足够辨识它的特征"来定义化合物）。

为了使公开符合描述要求的目的，权利要求的主题不需要字面相同的描述（即使用同样的术语或者相同记载）。如果一项权利要求被修改成包括原始申请文件中未出现的主题、限定或术语，包括违背、增加或删除原始递交的申请公开，审查员应当得出请求保护的主题在申请文件中未描述的结论。该结论将会导致相关权利要求根据 35 U. S. C. 112（a）或 pre – AIA 35 U. S. C. 112 第一款被拒绝，或者拒绝给予先前申请的优先权日的权益。

与书面描述要求有关的审查指南，参见 MPEP § 2163。

2163.03 产生充分书面描述争议的典型情形（2015.07 修订）

在许多不同的情形下可能产生描述要求的争议，因此必须判断一项权利要求的主题是否得到原始递交的申请文件的支持。参见 MPEP § 2163，其提供了有关书面描述要求的审查指南。最为典型的争议可能在以下情形中产生。

I. 影响权利要求的修改

权利要求的修改或增加新权利要求必须得到在原始申请文件中对发明的描述的支持。参见 *In re Wright*, 866 F. 2d 422, 9 USPQ2d 1649（Fed. Cir. 1989）。对于说明书的修改（如改变在说明书和权利要求中对术语的定义）可能间接影响了权利要求，尽管并未对该权利要求作出实际修改。

Ⅱ. 根据 35 U.S.C. 120 的规定依赖于母案申请的申请日

根据 35 U.S.C. 120 的规定，如果权利要求的主题按照 35 U.S.C. 112（a）或 pre - AIA 35 U.S.C. 112 第一款规定的方式已经被在先递交的申请公开，那么美国申请的权利要求能够享受在先递交的美国申请的申请日的权益。参见 *Tronzo v. Biomet, Inc.*, 156 F. 3d 1154, 47 USPQ2d1829（Fed. Cir. 1998）; *In re Scheiber*, 587 F. 2d 59, 199 USPQ 782（CCPA 1978）。

Ⅲ. 根据 35 U.S.C. 119 的规定依赖于优先权日

根据 35 U.S.C. 119（a）或（e）的规定，如果相应的国外申请或国内申请按照 35 U.S.C. 112（a）或 pre - AIA 35 U.S.C. 112 第一款规定支持了权利要求，美国申请中的权利要求能够享受国外优先权日或国内申请的申请日的权益。参见 *In re Ziegler*, 992 F. 2d 1197, 1200, 26 USPQ2d 1600, 1603（Fed. Cir. 1993）; *Kawai v. Metlesics*, 480 F. 2d 880, 178USPQ 158（CCPA 1973）; *In re Gosteli*, 872 F. 2d 1008, 10 USPQ2d 1614（Fed. Cir. 1989）。

Ⅳ. 支持与抵触申请中对应物相应的权利要求

在抵触审查过程中，与对应物相应的权利要求必须按照 35 U.S.C. 112（a）或 pre - AIA 35 U.S.C. 112 第一款规定的方式得到说明书的支持。参见 *Fields v. Conover*, 443 F. 2d 1386, 170 USPQ 276（CCPA 1971）（对于一类化合物的宽泛而上位的公开，不是对于该种类内的具体化合物的充分书面描述）。此外，当抵触审查的一方寻求在先递交的美国专利申请的权益，对于技术的主题，在先申请必须满足 35 U.S.C. 112（a）或 pre - AIA 35 U.S.C. 112 第一款的要求。参见 *Hyattv. Boone*, 146 F. 3d 1348, 1352, 47 USPQ2d 1128, 1130（Fed. Cir. 1998）。

Ⅴ. 原始权利要求没有得到充分的描述

尽管我们能假设或预期出一项在原始递交说明书中被描述充分的发明，参见 *In re Wertheim*, 541 F. 2d 257, 262, 191 USPQ 90, 96（CCPA 1976），但对于说明书是否公开充分的质疑症结关键在于原始权利要求上。一项原始权利要求可能缺乏说明书的支持，如果（1）权利要求使用功能性语言表达一种期望的结果来定义发明，但公开不足以确定功能是如何实施的或者结果是如何实现的；或（2）提出一项宽泛的上位权利要求，但公开仅仅描述了有限的下位概念，也没有证据表明上位概念被周密思考过。参见 *Ariad Pharms., Inc. v. Eli Lilly & Co.*, 598 F. 3d 1336, 1349 - 50（Fed. Cir. 2010）（全体法官共同审理）。当权利要求的语言与说明书中的文字表达一致时，书面描述的要求并不必然满足。"即使一项权利要求得到说明书的支持，在可能的范围内，说明书的语言必须描述请求保护的发明，以使所述领域技术人员能够确定请求保护的主题。在说明书或权利要求中模糊术语的出现，即使原始权利要求，也不必然满足要求。"参

见 *Enzo Biochem*, *Inc. v. Gen – Probe*, Inc., 323 F. 3d 956, 968, 63 USPQ2d 1609, 1616（Fed. Cir. 2002）。

VI. "装置（或步骤）加功能"限定的不明确而拒绝

使用"装置（或步骤）加功能"语言表达的权利要求限定"应当解释成包含说明书中相应的结构、材料或行为及其等同物"。参见 35 U. S. C. 112（f）或 pre – AIA 35 U. S. C. 112 第六款。如果说明书没有充分公开相应的结构、材料或行为，以完成整个请求保护的功能，那么权利要求限定是不明确的，因为申请人实际上没有按照 35 U. S. C. 112（b）或 pre – AIA 35 U. S. C. 112 第二款的要求特别指出和明确声明该发明。参见 *In re Donaldson Co.*, 16 F. 3d 1189, 1195, 29 USPQ2d 1845, 1850（Fed. Cir. 1994）（全体法官共同审理）。这种限定还缺乏 35 U. S. C. 112（a）或 pre – AIA 35 U. S. C. 112 第一款要求的充分书面描述，因为一个不明确的、无边界的功能性限定可以包含完成某个功能的所有方式，并预示着发明人没有提供充分的公开以证明其拥有该发明。

2163.04 审查员关于书面描述要求的责任（2013.11 修订）

调查是否满足描述要求是一个事实问题，必须以具体问题具体分析的基础来判断。参见 *In re Wertheim*, 541 F. 2d 257, 262, 191 USPQ 90, 96（CCPA 1976）。原始递交的描述被假定是充分的，除非或直到审查员出具了充分的相反证据或理由反驳该假定。参见 *In re Marzocchi*, 439 F. 2d 220, 224, 169 USPQ 367, 370（CCPA 1971）。因此，审查员必须具有合理的基础以质疑书面描述的充分性。审查员有提供大量的证据证明为什么所属领域技术人员不能从申请人的公开中确定对于权利要求限定的发明的描述的初始责任。参见 *Wertheim*, 541 F. 2d at 263, 191 USPQ at 97。

I. 陈述拒绝的要求

在拒绝一项权利要求时，审查员必须阐述事实认定，以支持其所作的缺乏书面描述的结论（参见 MPEP §2163 适用于书面描述要求的审查指南）。这些认定应当包括：

（A）确定案件中的权利要求限定；以及

（B）通过提供为什么所属领域技术人员在申请递交时不能基于原始递交的公开确信发明人拥有了请求保护的发明的理由，构建一个初证事实。类似"本领域不能预期"的一般主张不足以支持因为缺乏充分书面描述而作出的否决。对于新增或修改的权利要求，如果对限定内容的支持不明显，并且申请人也未指出该限定被何处支持，那么类似"申请人既没有指出新增（或修改）的权利要求被何处支持，原始递交的申请文件中也看不出对权利要求限定的'_____'的书面描述"的简单声明就是充分的。

参见 *Hyatt v. Dudas*, 492 F. 3d 1365, 1370, 83USPQ 2d 1373, 1376（Fed. Cir. 2007）（认为"MPEP §2163.04（I）（B）[小节] 中撰写的因为缺乏书面描述而拒绝

的"初证事实"标准是合法程序")。

如果合适的话，给出能够被申请的书面描述所支持的权利要求的修改建议，但要注意禁止在权利要求或说明书中增加新内容。参见 *Rasmussen*，650 F. 2d at 1214，211 USPQ at 326。

Ⅱ. 回应申请人的答复

收到申请人的答复后，在根据 35 U. S. C. 112（a）或 pre – AIA 35 U. S. C. 112 第一款再次因为缺乏书面描述作出任何拒绝意见之前，考虑整个审查档案以检验拒绝的基础，包括申请人递交的修改、辩论及任何证据。如果整个审查档案现在澄清了，满足了书面描述要求，不要在下一次审查意见通知书中重复拒绝。如果审查档案仍然没有澄清书面描述是充分支持权利要求的，再次根据 35 U. S. C. 112（a）或 pre – AIA 35 U. S. C. 112 第一款发出拒绝意见，全面回应申请人的反驳争辩，并适当处理申请人在答复时进一步递交的内容。当维持拒绝意见时，任何一条涉及 35 U. S. C. 112（a）或 pre – AIA 35 U. S. C. 112 第一款规定的书面描述要求的意见陈述都必须在下一次审查意见通知书中深入的分析和讨论。参见 *In re Alton*，76 F. 3d 1168，1176，37 USPQ 2d 1578，1584（Fed. Cir. 1996）。

2163.05 权利要求范围的改变（2015.07 修订）

当权利要求在申请日后发生改变，或是扩大或缩小权利要求限定的范围，或是改变数值范围限定，或是使用与原始公开的术语不是同义词的权利要求语言，通常会出现不满足 35 U. S. C. 112（a）或 pre – AIA 35 U. S. C. 112 第一款中规定的书面描述要求的问题。为了符合 35 U. S. C. 112（a）或 pre – AIA 35 U. S. C. 112 第一款中有关书面描述的规定，或者根据 35 U. S. C. 119、120 和 365（c）规定享受更早的优先权日或申请日，每一个权利要求限定必须明确地、隐含地或者固有地得到原始递交公开的支持。参见 MPEP § 2163 适用于书面描述要求的审查指南。

Ⅰ. 扩大的权利要求

A. 省略某一限定

在某些情况下，省略某一限定可能引发关于发明人是否拥有更宽泛的、更一般的发明的问题。参见 *Gentry Gallery，Inc. v. Berkline Corp.*，134 F. 3d 1473，45 USPQ2d 1498（Fed. Cir. 1998）（权利要求请求保护一种可组合的沙发，包括一个控制台和一个控制装置。该权利要求被认为是无效的，因为未满足书面描述的要求，该权利要求通过删除了控制装置的位置而扩大了保护范围）；参见 *Johnson WorldwideAssoc. v. Zebco Corp.*，175 F. 3d 985，993，50 USPQ2d 1607，1613（Fed. Cir. 1999）（在 *Gentry Gallery* 案中，"法院判定专利的公开没有支持宽泛的含义，因为具有争议的权利要求术语以书面描述中明确的陈述为前提,其描述了权利要求中某个要素——该'控制装置'——的位置作为'唯一可能的位置',因此这些改变'超出所声称的发明目的'。参见 *Gentry Gallery*,134 F. 3d at 1479,45 USPQ2d at 1503。于是,*Gentry Gallery* 考虑了这种情况,该专利公开清楚地证明了:对于权利要求术语的某种特定(即缩小)的理解是'[发明人的]发明的必要元素'");*Tronzov Biomet*,156 F. 3d at 1158-59,47 USPQ2d at 1833(Fed. Cir. 1998)(鉴于母案公开陈述的是楔形的优点和重要性,请求保护普通的杯子形状的权利要求不能享有公开"楔形杯子"的母案申请的申请日);*In re Wilder*,736F. 2d 1516,222 USPQ 369(Fed. Cir. 1984)(重新提出权利要求,在扫描装置和索引手段中省略"同步"的限定不能得到原始发明公开的支持,也就不能表明在原始申请递交之日拥有该普通发明)。

一项省略了申请人在原始公开的发明中作为必要或关键特征描述的要素的权利要求不符合书面描述要求的规定。参见 *Gentry Gallery*,134 F. 3d at 1480,45 USPQ2d at 1503;*In re Sus*,306 F. 2d 494,504,134 USPQ 301,309(CCPA 1962)("所属领域技术人员不能被说明书中对于发明的书面描述教导,不是任何'芳基或取代芳基'都适用于该发明的目的,而是仅某些芳基和某些特定取代芳基[即芳基叠氮化]适用于这些目的")(原文强调)。对比 *In re Peters*,723 F. 2d 891,221 USPQ 952(Fed. Cir. 1983)(在重新提出的申请中,涉及一个显示装置的权利要求通过删除对于特定楔形尖端的限定而扩大了保护范围,但没有违反书面描述的要求。该形状限定被认为是不必要的,因为原始递交的说明书没有将楔形形状作为权利要求的实施或专利适格性的关键或必要技术特征而加以描述)。关于在说明书或其他审查档案声明中作为发明的关键技术特征加以描述的内容,删除该内容的权利要求可能遭到否决,依据是 35 U. S. C. 112(a)或 pre-AIA 35 U. S. C. 112 第一款或者根据 35 U. S. C. 112(b)或 pre-AIA 35 U. S. C. 112 第二款。参见 *In re Mayhew*,527 F. 2d 1229,188 USPQ 356(CCPA 1976);*In re Venezia*,530 F. 2d 956,189 USPQ 149(CCPA 1976);以及 *In re Collier*,397 F. 2d 1003,158 USPQ 266(CCPA1968)。另参见 MPEP § 2172.01。

B. 增加上位权利要求

对于请求保护的上位概念,书面描述要求可通过充分描述一系列有代表性的下位概念而得到满足。"一系列有代表性的下位概念"意味着已被充分描述的下位概念是整个上位概念的代表。因此,当上位概念的内部有实质差异时,必须描述足够多的下位概念,以反映上位概念内的差异。参见 *AbbVie Deutschland GmbH & Co.,KG v. Janssen Biotech,Inc.*,759 F. 3d 1285,1300,111 USPQ2d 1780,1790(Fed. Cir. 2014)(用功能限定的上位抗生素的权利要求不能得到如下公开内容的支持,所述公开内容"仅描述了一类结构上相似的抗生素""不代表全部的变化或上位概念的范围")。仅当公开内容"表明专利权人已经发明了下位概念足以构成上位概念"的前提下,上位概念内仅有的一个下位概念的公开才充分描述了针对该上位概念的权利要求。参见 *Enzo Biochem*,323 F. 3d at 966,63 USPQ2d at 1615。"当证据显示普通技术人员不能预期除本发明记载的下位概念以外的、其他并列下位概念也能够实施,则仅凭借已记载的这一种单一的下位概念,不能认为专利权人也发明了足够多的下位概念已支持相关上位概念。"参见 *In re Curtis*, 354 F. 3d 1347, 1358, 69 USPQ2d 1274, 1282 (Fed. Cir. 2004) (针对含有摩擦增强涂层的 PTFE 牙线的权利要求,没有得到公开内容的支持,因为公开内容描述的是微晶蜡涂层,公开中没有证据、也没有其他审查档案表明申请人表达了适用于 PTFE 牙线的任何其他涂层)。另一方面,可能存在一个下位概念充分支持了上位概念的情况。参见 *In re Rasmussen*, 650 F. 2d at 1212, 1214, 211 USPQ 323, 326 - 27 (CCPA 1981) (公开将一层粘接到另一层的单一方法足够支持一项"粘接"的从属权利要求,因为所属领域的技术人员在阅读说明书时能够确信各层如何粘接是不重要的,只要它们被粘接即可);参见 *In re Herschler*, 591 F. 2d 693, 697, 200 USPQ 711, 714 (CCPA 1979) (公开了 DMSO 中的皮质类固醇,足够支持一种使用了"生理活性的类固醇"和 DMSO 的混合物的方法权利要求,因为"以辅助发明的方式使用已知化合物必须有相应的书面描述,但只要具体到引导所属领域普通技术人员使用这类化合物即可。有时,说明书中对于已知化合物的功能性列举可以作为充分的描述");*In re Smythe*, 480 F. 2d 1376, 1383, 178 USPQ 279, 285 (CCPA 1973) (短语"空气或其他与液体不发生反应的气体"足够支持一项涉及"惰性液体介质"的权利要求,因为对空气或其他气体分裂介质的性质和功能描述能够启发所属领域技术人员,上诉人的发明包含广泛地使用"惰性液体")。然而,在 *Tronzo v. Biomet*, 156 F. 3d 1154, 1159, 47 USPQ2d 1829 1833 (Fed. Cir. 1998) 判决中,母案申请中公开的下位概念并没有为分案申请中请求保护的上位权利要求提供充分的书面描述支持,因为分案申请中的说明书教导反对其他下位概念。另参见 *In re Gosteli*, 872 F. 2d 1008, 10 USPQ2d 1614 (Fed. Cir. 1989) (如果外国申请仅公开了两种下位概念,这两种下位概念被宽泛的上位权利要求和包含 21 种化合物的亚属马库什权利要求所涵盖,那么美国申请中的所述上位权利要求和亚属权利要求不能享有外国优先权)。

II. 缩小的或亚属化的权利要求

通过将得不到原始公开支持的元素或限定引入权利要求来缩小权利要求的范围,这种引入权利要求的变化违反了 35 U. S. C. 112 (a) 或 pre - AIA 35 U. S. C. 112 第一款的书面描述要求。参见 *Fujikawa v. Wattanasin*, 93 F. 3d 1559, 1571, 39 USPQ2d 1895, 1905 (Fed. Cir. 1996) (一个有关所有可能的半份"细目清单"的公开并不必然构成了对上位概念内的每种下位概念的书面描述,因为其不能"合理指示"所属领域技术人员获得任何一种特定的下位概念);*In re Ruschig*, 379 F. 2d 990, 995, 154 USPQ 118, 123 (CCPA 1967) ("如果在制造化合物时,曾经使用正丙胺代替正丁胺,那么可能得到权利要求 13 的化合物。上诉人将效仿具体实施例 6 的假想具体实施例提交给我们,就像他们提交给委员会一样。通过实施例 6,制造出以上丁基化合物,因此我们能够认识到简单的变化可能产生存在于当前说明书中的具体支持的公开。问题在于并不存在这种公开,虽然假想它非常简单")(原文强调);*Rozbicki v. Chiang*, 590 Fed. App'x

990，996（Fed. Cir. 2014）（非先例）（法院认定专利权人"虽然在起诉过程中试图获得可能的最宽泛权利要求语言，现在不能通过引入得不到权利要求语言或书面描述支持的限定来不当缩小其语言"）。在 *Ex parte Ohshiro*，14 USPQ2d 1750（Bd. Pat. App. & Inter. 1989）案中，委员会根据 35 U.S.C. 112 第一款维持驳回，驳回的权利要求涉及一种内燃机，其记载了"至少一种所述活塞和具有隐埋索槽的所述气缸（盖）"。委员会认为，公开了具有隐埋索槽的汽缸盖和没有隐埋索槽的活塞的申请，并没有明确公开带索槽活塞这种"下位概念"。

虽然这些和其他案例认定了记载未公开的下位概念可能违反描述要求，但涉及亚属术语的改变可能是可接受的，也可能是不可接受的。如果权利要求涉及亚属概念（分子量比例的指定范围），母案申请包含上位的公开和一个落入列举范围的特别实施例，那么申请人不能享有母案申请日的权益。因为法院认为母案申请没有公开亚属概念的范围。参见 *In re Lukach*，442 F. 2d 967，169 USPQ 795（CCPA 1971）。在 *Ex parte Sorenson*，3 USPQ2d 1462（Bd. Pat. App. & Inter. 1987）案中，"脂肪族羧酸"和"芳基羧酸"的亚属概念语言没有违反书面描述要求，因为落入每个亚属概念范围的下位概念和上位的羧酸一样也被公开了。另参见 *In re Smith*，458 F. 2d 1389，1395，173 USPQ 679，683（CCPA 1972）（"不管获得请求保护的亚属概念所用的归纳—演绎方法如何不同，都<u>不能</u>认为该亚属概念必须通过包含它的上位概念和由它读出的下位概念来描述"（强调后加））。依照合理传达给所属领域技术人员的内容，每个案例都必须根据其自身事实来判断。参见 *In re Wilder*，736 F. 2d 1516，1520，222 USPQ 369，372（Fed. Cir. 1984）。

III. 范围限定

对于数值范围限定的改变，分析必须考虑哪些范围所属领域技术人员会认为通过对原始公开的阐述而得到内在支持。在判例 *In re Wertheim*，541 F. 2d 257，191 USPQ 90（CCPA 1976）的判决中，在原始说明书中描述的范围包括"25%~60%"及特定实施例"36%"和"50%"。相应新增权利要求限定是"至少35%"未满足描述要求，因为短语"至少"没有上限导致对该权利要求的字面理解超出了"25%~60%"的实施例范围。然而，"在35%和60%之间"的限定就满足描述要求。

另参见 *Purdue Pharma L. P. v. Faulding Inc.*，230 F. 3d 1320，1328，56 USPQ2d 1481，1487（Fed. Cir. 2000）（"说明书没有清楚地向技术人员公开发明人……考虑……比例成为他们发明的一部分……因此 Purdue 的争辩没有说服力，所述争辩是书面描述的要求已被满足，因为公开披露了一项宽泛的发明，[后续递交]的权利要求可以从中划出可专利的部分"）。比较 *Union Oil of Cal. v. Atl. Richfield Co.*，208 F. 3d 989，997，54 USPQ2d 1227，1232-33（Fed. Cir. 2000）（从化学性质范围的角度描述被认定为提供了充分书面支持，该化学性质范围与其他化学性质范围相组合作用，以生产一种减少排放的车用机油，尽管没有公开每个组合的准确化学成分，并且说明书也没有公开任何与案件任意权利要求相关的独特实施例。"专利法和该法院的判例法仅要求充分描述向所属领域技术人员证明发明人在申请时拥有了请求保护的发明"）。

2163.06 书面描述要求与新内容的关系 (2013.11 修订)

缺乏书面描述的争议通常会在关于权利要求的主题中出现。如果申请人修改或试图修改申请的摘要、说明书或附图，并且修改的内容未在原始申请文件中描述，那么就会出现新内容的问题。换句话说，在不引入新内容的情况下，原始申请文件的说明书、权利要求或附图中的任一部分所包含的信息，都可以加入申请文件的其他任何部分。

有两条法律规定禁止引入新内容：第一条规定是 35 U.S.C. 132，其规定了修改不得在发明的公开中引入新内容，第二条规定是 35 U.S.C. 251，其规定了重新核发的申请中不得引入新内容。

Ⅰ．对于新内容的处理

如果在公开中加入了新主题，无论是加在摘要、说明书还是附图中，审查员应当根据 35 U.S.C. 132 或 35 U.S.C. 251 中的合适条款反对引入新内容，并要求申请人删除新内容。如果新内容增加在权利要求，审查员应当根据 35 U.S.C. 112（a）或 pre - AIA 35 U.S.C. 112 第一款——书面描述要求，拒绝该权利要求。参见 *In re Rasmussen*, 650 F.2d 1212, 211 USPQ 323 (CCPA 1981)。审查员在作出拒绝时，还应当基于现有技术来考虑增加到权利要求中的主题，因为新内容拒绝可能被申请人克服。

当权利要求本身没有修改，但说明书修改并加入了新内容时，如果任何权利要求限定被加入的内容所影响，应当根据 35 U.S.C. 112（a）或 pre - AIA 35 U.S.C. 112 第一款拒绝该权利要求。

当在答复根据 35 U.S.C. 112（a）或 pre - AIA 35 U.S.C. 112 第一款的异议或拒绝时递交了修改文本，经常需要研究整个申请文件，以判断是否引入了"新内容"。因此，申请人应当详细指出所作的任何修改能够得到公开的哪些内容支持。

Ⅱ．异议和/或驳回新内容的复审

对权利要求的驳回可以被专利审判和上诉委员会复审，但是根据 37 CFR 1.181 规定，异议和要求删除新内容则通过申诉由监督复审支配。如果权利要求和说明书均直接或间接地包含新内容，且曾经被审查员异议且驳回过，这个争议就可以上诉，且不应该由申诉决定。

Ⅲ．请求保护的主题没有被剩余的说明书公开

在原始说明书中递交的权利要求是公开的一部分，因此，如果原始递交的申请文件包括一项权利要求，其记载了在说明书中没有公开的内容，申请人可以进行修改，将请求保护的主题加入说明书。参见 *In re Benno*, 768 F.2d 1340, 226 USPQ 683 (Fed. Cir. 1985)。如果原始请求保护的主题在说明书中缺乏恰当的在先基础，可以使用格式语段 7.44。参见 MPEP § 608.01（o）。

2163.07 申请文件的修改得到原始描述的支持（2017.08 修订）

对申请文件的修改如果能够得到原始描述支持，则不是新内容。

Ⅰ．重新措词

仅对段落进行重新措词不构成新内容。相应地，允许对段落进行改写，保留相同的意思。参见 *In re Anderson*，471 F. 2d 1237，176 USPQ 331（CCPA 1973）。仅包含词典中的或在申请时所公知的定义不会被认为是新内容。如果一个术语有多个定义，而在申请中加入了一个定义，那么必须从原始申请文件中能够清楚得到申请人意指一个特定的定义，以避免引发新内容和/或缺乏书面描述的问题。参见 *Schering Corp. v. Amgen*，*Inc.*，222 F. 3d 1347，1352 - 53，55 USPQ2d 1650，1654（Fed. Cir. 2000）。在 *Schering* 案中，原始公开的是 DNA 分子重组并使用了术语"白细胞干扰素"。申请日不久后，一个科学委员会废除了该术语，转而使用"IFN - (a)"，因为后者更加具体限定了特定的多肽，并且因为该委员会发现白血球还产生其他类型的干扰素。法院认为，将说明书和权利要求中的术语"白细胞干扰素"替换为"IFN - (a)"，这种修改仅重新命名了该发明，而没有构成新内容。权利要求被限定为仅包含对发明人原始保藏的干扰素亚型编码。

Ⅱ．明显错误

对明显错误的修改不会构成新内容，如果所属领域技术人员不仅能发现在说明书中存在问题，并且知道正确的修改。参见 *In re Oda*，443 F. 2d 1200，170 USPQ 268（CCPA 1971）。

如果美国申请文件中有根据 35 U. S. C. 119 的外国优先权文件的审查档案，申请人不能依赖该文献的公开来支持修改该待审的美国申请中存在的错误。参见 *Ex parte Bondiou*，132 USPQ 356（Bd. Pat. App. & Int. 1961）。不管外国优先权文件是何语言，这一禁令都适用，因为请求优先权仅仅是为两个或更多申请的共同主题请求享有更早的申请日。如果美国申请明确引用了外国优先权文件，这一禁令则不适用。对于 2004 年 9 月 21 日之后递交的申请，如果由于疏忽，说明书或附图的全部或一部分从美国申请中遗漏了，那么就说明书或附图中因疏忽而遗漏的那部分而言，在申请之日根据 37 CFR 1.55 提出要求享有早期递交的外国申请的优先权请求被认为是引用了在先递交的外国申请，受 37 CFR 1.57（a）的条件和要求的约束。参见 37 CFR 1.57（a）和 MPEP § 217。

原始递交的美国申请使用非英文语言，并且依据 37 CFR 1.52（d）在后递交了相应英语翻译，如果在英文翻译中存在错误，申请人可依据非英文语言美国申请原始递交的公开来支持对英文译文文件中错误的修改。

2163.07（a） 固有功能、理论或优点（2017.08 修订）

通过在专利申请文件中公开一种装置，固有地发挥某种功能或具有某种性质，根据某种理论运作或具有某种优点，一项专利申请必然就公开了这些功能、理论或优点，即使其没有明确提及。该申请后续可以修改成列举该功能、理论或优点，而不会引入被禁止的新内容。参见 In re Reynolds，443 F.2d 384，170 USPQ 94（CCPA 1971）；In re Smythe，480 F.2d 1376，178 USPQ 279（CCPA 1973）；Yeda Research and Dev. Co. v. Abbott GMBH & Co.，837 F.3d 1341，120 USPQ2d 1299（Fed. Cir. 2016）（"根据固有公开的教导，如果说明书描述了一项发明，其具有某些未公开但固有的性质，那么说明书就作为充分书面描述起到支持在后的、明确列举了发明的固有性质的专利申请的作用"）（援引判例 Kennecott Corp. v. Kyocera Int'l, Inc.，835 F.2d 1419，1423（Fed. Cir. 1987））。"为了确认固有属性，外部证据必须澄清未描述的物质是必然如参考文献所描述的那样存在于事物中，并且普通技术人员能够确信是这样。然而，固有属性不会通过可能性或概然性确认。某一事物可能起因于一系列给定的情况，仅有这一事实并不充分。"参见 In re Robertson，169 F.3d 743，745，49 USPQ2d 1949，1950-51（Fed. Cir. 1999）（省略引用）。

2163.07（b） 引入对比文件（2013.11 修订）

申请可能通过在说明书中引用另一份文件的方式引入该文件的内容或部分内容，而不重复记载在另一份文件中包含的信息。这种引入的信息等同于原始申请的一部分，就如同原文内容在该申请中重复记载一样，并且应当视为原始申请文字内容的一部分。将以对比文件的方式引入的指定材料改换为原文表达，并不会引入新内容。与引用对比文件相关的专利局政策，可参见 37 CFR 1.57 和 MPEP § 608.01（p）。在诉诸 35 U.S.C. 112（f）或 pre-AIA 35 U.S.C. 112 第六款的规定时，引用对比文件对判断申请人是否符合 35 U.S.C. 112（b）或 pre-AIA 35 U.S.C. 112 第二款规定的影响，参见 MPEP § 2181。

2164 可实施性要求（2013.11 修订）

可实施性要求涉及 35 U.S.C. 112（a）或 pre-AIA 35 U.S.C. 112 第一款，要求说明书描述如何制造和如何使用该发明。在一项专利申请或专利的权利要求中限定的发明，对于本领域技术人员而言必须能够制造和使用。

要求说明书以所属领域技术人员能够制造和使用请求保护的发明的方式描述发明，其目的是确保以有意义的方式向感兴趣的公众传达该发明，包含在申请公开中的信息必须足够告知相关领域的技术人员如何制造和使用请求保护的发明。但是，为了满足 35U. S. C. 112（a）或 pre – AIA 35 U. S. C. 112 第一款的要求，不需要"使得所属领域的普通技术人员制造和使用一个完美的、商业可行的实施例，而没有那样效果的权利要求限定"。参见 *CFMT, Inc. v. Yieldup Int'l Corp.*, 349 F. 3d 1333, 1338, 68 USPQ2d 1940, 1944（Fed. Cir. 2003）（一项发明涉及一种改善半导体晶片的清洁方法的通用系统，通过公开证明其改善了整个系统，使得该发明能够实现）。如果对发明本身的描述是充分的，足以允许所属领域的技术人员制造和使用该发明，那么制造和使用发明的详细步骤可以不必要。一项授权的权利要求如果不能得到可实施的公开支持，那么是无效的。

35 U. S. C. 112（a）或 pre – AIA 35 U. S. C. 112 第一款规定的可实施性要求是独立的、与书面描述要求不同。参见 *Vas – Cath*, *Inc. v. Mahurkar*, 935 F. 2d 1555, 1563, 19 USPQ2d 1111, 1116 – 17（Fed. Cir. 1991）（"'书面描述'要求的目的比仅解释如何'制造和使用'更广泛"）。另参见 MPEP § 2161。因此，对一项权利要求进一步的限定缺乏原始递交公开的描述性支持的这一事实，并不必然意味着该限定不可实施。换句话说，当证据显示普通技术人员不能预期除本发明记载的下位概念以外的、其它并列下位概念也能够实施，则仅凭借已记载的这一种单一的下位概念，不能认为专利权人也发明了足够多的下位概念已支持相关上位概念。

进一步地，如果限定没有描述在原始申请的说明书部分，而记载在权利要求中，该限定内部和本身能够使得本领域技术人员制造和使用请求保护的发明。如果请求保护的主题仅出现在权利要求而没有出现在申请文件的说明书部分，应当使用格式语段 7.44 以请求保护的主题缺乏必要支持的理由反对该说明书。参见 MPEP § 2163.06。这是仅针对说明书的异议，而可实施性的问题应当被另行处理。

2164.01 可实施性测试（2012.08 修订）

关于某个权利要求是否得到申请文件公开的支持的任何分析，需要判断原始递交的公开是否包含有关权利要求的主题的充分信息，以使所属领域技术人员能够制造和使用请求保护的发明。说明书是否满足实施性要求的判断标准可见 *Minerals Separation Ltd. v. Hyde*, 242 U. S. 261, 270（1916）案的最高法院判决，其中提出了这样的问题：为了实践发明是否需要不合理的、过度实验？该标准现在仍然适用。参见 *In re Wands*, 858 F. 2d 731, 737, 8 USPQ2d 1400, 1404（Fed. Cir. 1988）。相应地，即使法条没有使用术语"过度实验"，其仍然被理解成要求请求保护的发明能够实施，以使得任何所属领域的技术人员能够制造和使用该发明，而不需要过度实验。参见 *In re Wands*, 858 F. 2d at 737, 8 USPQ2d at 1404（Fed. Cir. 1988）。另参见 *United States v. Telectronics, Inc.*, 857 F. 2d 778, 785, 8 USPQ2d 1217, 1223（Fed. Cir. 1988）（"可实施性测试为所属领域的合理技术人员是否能够根据专利中的公开，结合本领域公知的信息，无须过度实验就能够制造或使用发明"）。一项专利无须教导，且最好省略那些在本领域中公知的内容。参见 *In re Buchner*，929F. 2d 660，661，18 USPQ 2d 1331，1332 （Fed. Cir. 1991）；*Hybritech，Inc. v. Monoclonal Antibodies，Inc.*，802 F. 2d 1367，1384，231 USPQ 81，94（Fed. Cir. 1986），拒发调卷令，480 U. S. 947（1987）；以及 *Lindemann Maschinenfabrik GMBH v. American Hoist & Derrick Co.*，730 F. 2d 1452，1463，221 USPQ 481，489（Fed. Cir. 1984）。说明书的任何一部分都能够支持一个可实施的公开，即使在背景技术部分讨论，或即使贬低在公开中的主题也可以。参见 *Callicrate v. Wadsworth Mfg.，Inc.*，427 F. 3d 1361，77 USPQ2d 1041（Fed. Cir. 2005）（讨论现有技术特征中存在的问题并不意味着所属领域的普通技术人员不知道如何制造和使用这一特征）。判断可实施性是一个基于基本事实认定的法律问题。参见 *In re Vaeck*，947 F. 2d 488，495，20USPQ2d 1438，1444（Fed. Cir. 1991）；*Atlas Powder Co. v. E. I. du Pont de Nemours & Co.*，750 F. 2d1569，1576，224 USPQ 409，413（Fed. Cir. 1984）。

过度实验

如果所属领域通常从事复杂实验，那么这种复杂实验的事实并不必然导致其过度。参见 *In re Certain Limited–Charge Cell Culture Microcarriers*，221 USPQ 1165，1174（Int'l Trade Comm'n 1983），确定的次数标准，参见 *Massachusetts Institute of Technology v. A. B. Fortia*，774 F. 2d 1104，227 USPQ 428（Fed. Cir. 1985）。另参见 *In re Wands*，858 F. 2d at 737，8 USPQ2d at 1404。可实施性测试并非是实验是否必须的？而是如果实验是必须的，则是否过度？参见 *In re Angstadt*，537 F. 2d 498，504，190 USPQ 214，219（CCPA 1976）。

2164.01（a） 过度实验因素（2012.08 修订）

在判断是否存在充足证据支持一项公开没有满足可实施性要求的决定，以及判断是否任何必要实验是"过度"的过程中，需要考量很多因素。这些因素包括，但不限于：

（A）权利要求的宽度；
（B）发明的本质；
（C）现有技术的状态；
（D）普通技术人员的水平；
（E）所属领域的可预见水平；
（F）发明人提供指引的数量；
（G）工作示例的存在；
（H）基于公开内容，为了制造和使用发明所需的实验数量。

参见 *In re Wands*，858 F. 2d 731，737，8 USPQ2d 1400，1404（Fed. Cir. 1988）案（推翻了PTO关于权利要求涉及的检测B型肝炎的方法未满足可实施性要求的决定）。在 *Wands* 案中，法院注意到在事实方面没有分歧，争议仅在于对数据的理解和从事实得出的结论。参见 *In re Wands*，858 F. 2d at 736 – 40，8 USPQ2d at 1403 – 07。法院认为，对于案中的权利要求而言，说明书是能够实施的，并且说明书中"存在合理的指向和引导"；"在申请递交时所属领域的技术处于一个高的水平"；并且"实践发明所需的所有方法都是公知的"。参见 858 F. 2d at 740，8 USPQ2d at 1406。在考虑了与可实施性问题相关的所有因素之后，法院总结道"不需要过度实验以获得实践请求保护的发明所需的抗体"（*Id.* 8 USPQ2d at 1407）。

基于仅分析上述因素之一而忽略一个或多个其他因素的基础，得出公开不可实施的结论是不恰当的。审查员的分析必须考虑与这些因素中每一个相关的所有证据，任何不可实施性的结论必须建立在证据作为一个整体的基础上。参见 858 F. 2d at 737，740，8USPQ2d at 1404，1407。

缺乏可实施性的结论意味着，基于以上每一个因素的相关证据的基础，在申请递交之日，说明书没有教导所属领域技术人员如何不付出过度实验而制造和/或使用请求保护发明的全部范围。参见 *In re Wright*，999 F. 2d 1557，1562，27 USPQ2d 1510，1513（Fed. Cir. 1993）。

判定制造和使用请求保护的发明需要"过度实验"不是一个单一、简单的事实认定。准确地说，这是一个通过衡量所有以上提及的审查档案的事实考虑而得出的结论。参见 *In re Wands*，858 F. 2d at 737，8 USPQ2d at 1404。MPEP §2164.08（权利要求的范围或宽度）、§2164.05（a）（发明的本质和现有技术的状态）、§2164.05（b）（普通技术人员的水平）、§2164.03（所属领域的可预见性水平和发明人提供指引的数量）、§2164.02（工作示例的存在）以及§2164.06（基于公开内容，为了制造和使用发明所需的实验数量），对这些事实考虑有更全面的讨论。

2164.01（b） 如何制造请求保护的发明（2012.08 修订）

只要说明书公开了至少一种方法来制造和使用请求保护的发明，其与该权利要求的整个范围具有合理的相关性，那么就满足了 35 U. S. C. 112 规定的可实施性要求。参见 *In re Fisher*，427 F. 2d 833，839，166 USPQ 18，24（CCPA 1970）。未能公开其他方法制造请求保护的发明不会导致一项权利要求在 35 U. S. C. 112 下无效。参见 *Spectra - Physics*，*Inc. v. Coherent*，*Inc.*，827 F. 2d 1524，1533，3 USPQ2d 1737，1743（Fcd. Cir. 1987），拒发调卷令，484 U. S. 954（1987）。

当然，对于不稳定的、短暂的化学中间体，"如何制造"的要求不需要申请人教导如何制造请求保护的产品在一个稳定的、永久的或可隔离的形态。参见 *In re Breslow*，616 F. 2d 516，521，205 USPQ 221，226（CCPA 1980）。

在判断说明书是否能够实施的过程中，会出现一个关键问题：制造发明所必需的起始材料或装置是否可得到？在生物技术领域，当产品或方法需要特定微生物链并且该微生物仅在大规模筛查之后才可获得时，这通常是真实的。

在 *In re Ghiron*，442 F. 2d 985，991，169 USPQ 723，727（CCPA 1971）判例中，法院明确表示，如果实践一种方法需要一种特定装置，并且如果该装置不是容易获得的，那么申请就必须提供对于该装置的充分公开。如果制造一种化合物或实践一种化学方法需要特定化学制品，也是同样的道理。参见 *In re Howarth*，654 F. 2d 103，105，210 USPQ 689，691（CCPA 1981）。

2164.01（c） 如何使用请求保护的发明（2017.08 修订）

如果说明书中的实用性声明包含在如何使用的内涵之中，和/或所属领域认定实施的标准模式是已知且可预期的，就满足了 35 U. S. C. 112。参见 *In re Johnson*，282 F. 2d 370，373，127 USPQ 216，219（CCPA 1960）；*In re Hitchings*，342 F. 2d 80，87，144 USPQ 637，643（CCPA 1965）；另见 *In re Brana*，51 F. 3d 1560，1566，34 USPQ2d 1436，1441（Fed. Cir. 1995）。

例如，如果对于所属领域技术人员而言，能够在无须过度实验的情况下获得使用剂量或方法，那么就不必要详细写明这些信息。如果所属领域技术人员基于具有相似生理或生物活性的化合物知识，能够在无须过度实验的情况下获得恰当的使用剂量或方法，就足以满足 35 U. S. C. 112（a）或 pre－AIA 35 U. S. C. 112 第一款的要求。申请人无须阐明发明是完全安全的。另参见 MPEP § 2107.01 和 § 2107.03。

当化合物或组合物的权利要求被特定的用途限定，那种权利要求应当基于该限定评估可实施性。参见 *In re Vaeck*，947 F. 2d 488，495，20 USPQ2d 1438，1444（Fed. Cir. 1991）（请求保护一种能够表现为藻青菌的嵌合基因，则因此用这种用途定义了请求保护的基因）。

相反地，如果一项化合物或组合物权利要求没有通过引述使用方式来限定，任何与该权利要求的全部范围合理关联的、可实施的使用方式，就足以排除基于如何使用的不可实施性而导致的拒绝。如果申请文件中记载了请求保护的化合物或组合物的多种使用方式，那么基于可实施性的拒绝就必须包含被证据充分支持的解释，为何说明书未能实施其公开的每一种使用方法。

2164.02 工作示例（2013.11 修订）

符合 35 U. S. C. 112（a）或 pre－AIA 35 U. S. C. 112 第一款的规定，并不取决于是否公开了一个实施例。一个示例可能是"工作的"或"预期的"。工作示例是基于实际执行的工作。预期示例描述了发明基于预期结果的一个实施例，而不是实际执行的工作或实际获得的结果。

申请人不需要在申请日之前已经实际上将发明转化为实践。参见 *Gould v. Quigg*，822 F. 2d 1074，1078，3 USPQ 2d 1302，1304（Fed. Cir. 1987）案中，在 Gould 递交申请时，还没有人建立光放大器或测量气体放电中的粒子数反转。法院认为"某一事物之前未被清楚地完成这一事实本身，并不是足以拒绝旨在公开如何完成它的所有申请的基础"。参见 822 F. 2d at 1078，3 USPQ2d at 1304（援引 *In re Chilowsky*，229 F. 2d

457，461，108 USPQ 321，325（CCPA 1956）判例）。

如果发明以所属领域技术人员无需过度实验就能够实践它的方式在其他方面公开了，说明书则不必包含示例。参见 In re Borkowski，422 F. 2d 904，908，164 USPQ 642，645（CCPA 1970）。

然而，缺乏工作示例是一个需要考虑的因素，特别在涉及不可预见的和未开发的领域的案件中，但是因为仅要求有可实施的公开，申请人不必描述所有实际的实施例。

I．没有或只有一个工作示例

在考虑涉及判断不可实施性的因素时，如果所有其他因素都指向可实施性，那么缺少工作示例本身不会导致发明不可实施。换句话说，缺乏工作示例或者缺乏证据证明请求保护的发明按照描述工作，不应该成为拒绝请求保护的发明的唯一理由。在说明书中对于一项请求保护的发明的单独工作示例足以排除声称无可实施的拒绝意见，因为至少该实施例是可实施的。然而，声明可实施性被限定在某个特定范围内的拒绝意见则有可能是恰当的。

仅存在一个工作示例不应该成为因为权利要求比可实施的公开范围更广而拒绝的唯一理由，即使它是一个需要与其他因素一起考虑的因素。为了作出有效的拒绝，必须评价所有的因素和证据，并且陈述为何不能期望通过一个示例就能够推断整个权利要求的范围。

II．关联性：体外或体内

"关联性"的问题与存在或缺乏工作示例的问题有关。这里的"关联性"是指体外或体内的动物模型化验与公开的或者请求保护的使用方法之间的关系。对于在说明书中的体外或体内的动物模型化验示例，如果该示例与一种公开的或请求保护的方法发明相"关联"，则实际上构成了"工作示例"。如果没有关联，那么这些示例不构成"工作示例"。在这种考虑中，"关联性"问题还取决于现有技术的状态。换句话说，如果所属领域是这样的，一种特定模型被认定为与一种特定情况相关联，那么就应当接受它们是"相关联"的，除非审查员有证据证明模型不相关联。即使有这种证据，审查员也必须衡量支持和反对关联性的证据，并且判决所属领域技术人员是否接受该模型合理地与该情况相关联。参见 In re Brana，51 F. 3d 1560，1566，34 USPQ2d 1436，1441（Fed. Cir. 1995）（推翻了 PTO 基于体外数据不能支持体内应用的裁决决定）。

因为初始责任在于审查员为缺乏可实施性提供理由，审查员还必须为得出体内或体外的动物模型示例缺乏关联性的结论提供理由。不需要严格的或不变的关联性，正如 Cross v. Iizuka，753 F. 2d 1040，1050，224 USPQ 739，747（Fed. Cir. 1985）判例所述：

"以相关证据作为一个整体为基础，被公开的体外效用和体内活动之间存在合理的关联性，因此如果基于检验的证据，药理活性的公开是合理的，则不必要求严格的关联性（引用省略）。"

III. 工作示例和请求保护的上位概念

对于请求保护的上位概念,如果所属领域的技术人员(鉴于技术的高度、领域的状态及说明书中的信息)能够预期请求保护的上位概念可以典型示例的方式被使用,而无需过度实验,那么典型示例连同可适用该上位概念整体的声明通常是充分的。只有在审查员提出充分理由证实所属领域技术人员在不进行过度实验的前提下,不能作为整体使用该上位概念时,请求保护的上位概念中的其他成员才需要可实施性的实验。

2164.03 领域的可预见性和可实施性要求的关系(2012.08 修订)

为了实施发明,所需的指导或用法说明的数量与所属领域的知识状态以及所属领域的可预见性程度成反比。参见 *In re Fisher*,427 F. 2d 833,839,166 USPQ 18,24(CCPA 1970)。"指导或用法说明的数量"涉及原始申请文件中的信息,其准确地教导了如何制造和使用该发明。该发明的本质、如何制造和如何使用该发明在现有技术中已知的越多,领域的可预见性则越强,在说明书中需要明确陈述的内容越少。相反地,如果现有技术不知道发明的本质,并且所属领域是不可预见的,说明书需要更多关于如何制造和使用该发明的细节,以便使该发明可实施。参见 *Chiron Corp. v. Genentech Inc.*,363 F. 3d 1247,1254,70 USPQ2d 1321,1326(Fed. Cir. 2004)。("然而,新兴的技术必须有'具体和有效的教导'才能实施。法律要求新兴的技术有可实施的公开,因为本领域的普通技术人员除了专利权人的教导之外几乎没有知识。因此,由专利制度达成的契约的公开目的,是对请求保护的技术完全可实施的公开"(引用省略))。

所属领域的"可预见性或缺乏可预见性"是指所属领域技术人员从公开的或已知的结果外推到请求保护的发明的能力。如果所属领域技术人员能够容易地预期在请求保护的发明所属的主题中获得某种改变的效果,那么该领域就有可预见性。另外,如果所属领域的技术人员不能容易地预期在请求保护的发明所属的主题中获得某种改变的效果,那么该领域就缺乏可预见性。相应地,所属领域的公知常识为可预见性的问题提供了证据。尤其是,在 *In re Marzocchi*,439 F. 2d 220,223 - 24,169 USPQ 367,369 - 70(CCPA 1971)判例中,法院陈述道:

一般来说,在化学领域中,可能有时候,熟知的不可预见的化学反应,就足以单独支持建立合理质疑特别宽泛的声明能否准确地支持一项权利要求。尤其从表面上看声明不是普遍接受的科学原理的这种情况下。最常见的,其他因素,如相关对比文件的教导,将证实任何有关目标的可实施性所维护的范围实际上与请求保护的范围大小相同的疑问,以及支持任何基于证据的要求[脚注省略]。

要求的可实施性范围与所涉及的可预见性程度成反比,但即使在不可预见的领域,不要求公开每一个可实施的下位概念。在涉及可预见性因素的案件中,如机械或电子元素,一个单独的实施例可能就提供宽泛的可实施性。参见 *In re Vickers*,141 F. 2d 522,526 - 27,61 USPQ 122,127(CCPA 1944);*In re Cook*,439 F. 2d 730,734,169

USPQ 298, 301（CCPA 1971）。然而，对于指向不可预见结果的领域的发明申请，公开一个单独下位概念通常也不能为上位的权利要求提供充分的支持基础。参见 *In re Soll*, 97 F. 2d 623, 624, 38 USPQ 189, 191（CCPA 1938）。在涉及不可预见因素（如多数化学反应和生理活性）的案件中，可能要求更多。参见 *In re Fisher*, 427 F. 2d 833, 839, 166 USPQ 18, 24（CCPA 1970）（将机械和电子元素与化学反应和生理活动相比对）。另参见 *In re Wright*, 999 F. 2d 1557, 1562, 27 USPQ2d 1510, 1513（Fed. Cir. 1993）；*In re Vaeck*, 947 F. 2d 488, 496, 20 USPQ2d 1438, 1445（Fed. Cir. 1991）。这是因为不能从一个下位概念的公开合理预见到，其他下位概念会起作用。

2164.04 在可实施性要求下的审查员的责任（2017.08 修订）

在分析可实施性之前，审查员必须解析权利要求。因为对于不被所属领域公知的术语或对于含有多个释义的术语，审查员必须基于他们所理解的、申请人想要该术语表达的含义，选择一个定义，以供审查员在审查该申请时使用，并且在撰写审查意见通知书时，明确给出该术语的含义及权利要求的范围。参见 *Genentech v. Wellcome Foundation*, 29 F. 3d 1555, 1563-64, 31 USPQ2d 1161, 1167-68（Fed. Cir. 1994）。

为了作出拒绝意见，审查员有初始责任建立一个合理的基础来质疑请求保护的发明的可实施性。参见 *In re Wright*, 999 F. 2d 1557, 1562, 27 USPQ2d 1510, 1513（Fed. Cir. 1993）（审查员必须提供合理的解释，为什么一项权利要求提供的保护范围未被公开的内容充分地支持）。如下的说明书公开内容必须被认为符合 35 U.S.C. 112（a）或 pre-AIA 35 U.S.C. 112 第一款规定的可实施性要求，除非有理由怀疑其中包含的、用于支持可实施性的声明的客观真实性；所述公开内容包含对制造和使用发明的方式和方法的教导，且使用了范围对应的描述和定义谋求专利主题的术语。假设这种怀疑存在充分的理由，在此基础上，因为未能教导如何制造和/或使用而拒绝是合适的。参见 *In re Marzocchi*, 439 F. 2d 220, 224, 169 USPQ 367, 370（CCPA 1971）。就像法院所陈述的，"无论何时在此基础上发出拒绝意见，专利局都有责任解释为什么怀疑在支持的公开内容中一些陈述的真实性和准确性，并且使用可接受的证据或与有争议的声明相矛盾的说理来支持自己的论断。合则，申请人就不必费力和花钱去支持他的假定准确的公开"。参见 439 F. 2d at 224, 169 USPQ at 370（原文强调）。

根据 *In re Bowen*, 492 F. 2d 859, 862-63, 181 USPQ 48, 51（CCPA 1974）案例，对审查员的最低要求是给出理由解释可实施的不确定性。即使当不超出公开实施例的过度实验就在审查档案中不存在可用性的证据，这个标准也是适用的。另参见 *In re Brana*, 51 F. 3d 1560, 1566, 34 USPQ2d 1436, 1441（Fed. Cir. 1995）（援引 *In re Bundy*, 642 F. 2d 430, 433, 209 USPQ 48, 51（CCPA 1981））（在 MPEP § 2164.07 中讨论有关可实施性要求与 35 U.S.C. 101 的实用性要求的关系）。

对于可实施性的分析和讨论，是基于在 MPEP § 2164.01（a）讨论的因素及作为一个整体的证据，不必在可实施性的拒绝意见中讨论每一个因素。但是，仅分析上述因素中的一个而忽略其他一个或多个因素，就得出一个公开不能实施的结论是不恰当的。审查员的分析必须考虑与每一个因素相关的所有证据，任何不可实施的结论都必须基于作为一个整体的证据。参见 In re Wands, 858 F. 2d 731, 737, 740, 8 USPQ2d 1400, 1404, 1407 (Fed. Cir. 1988)。对拒绝的解释应当聚焦于那些引导审查员得出结论的因素、原因和证据。例如，说明书未能教导如何制造和使用请求保护的发明而无须过度实验，或者任何提供给所属领域技术人员的可实施性范围与权利要求请求保护的范围不相称。这可以通过基于证据的支持，对事实作出具体的认定，而后基于对这些事实认定得出结论来完成。例如，由于缺少一个或多个必要部分或各部分之间关系的信息，所属领域技术人员在不进行过度实验的前提下就不能开发，可能产生有关可实施性的质疑。在此情形中，审查员应当具体确定缺少了什么信息，以及为什么所属领域技术人员在不进行过度实验的前提下不能补充该信息。参见 MPEP § 2164.06（a）。如果可能的话，应当提供对比文件来支持一个缺乏可实施性的初证事实，但并非总是需要。参见 In re Marzocchi, 439 F. 2d 220, 224, 169 USPQ 367, 370（CCPA 1971）。但是，具体的技术原因总是需要的。

依照集中审查指正原则，如果可实施性的拒绝是恰当的，对案件的实体作出的第一次审查意见通知书应当给出含有所有相关的理由、问题和证据的最佳情况，以便如果申请人提供了恰当的有说服力的反驳理由和/或证据，所有这些拒绝意见都可以被撤回。如果申请人未能提供恰当的有说服力的理由和/或证据，那么第一次审查意见通知书中提供的最佳拒绝意见，还能允许在第二次审查意见通知书成为终结。在第二次审查意见通知书中引用新对比文件和/或扩大争辩会妨碍该通知书成为终结。集中审查指正原则还规定了如果可实施性的拒绝是恰当的，并且审查员确认了能够导致权利要求可实施的限定，审查员在审查程序中应当尽早向申请人提示这些限定。

换句话说，审查员应当不断地寻找可实施的、可允许的主题，并且在该申请的审查程序中尽早告知申请人该主题是什么。

2164.05 基于证据作为一个整体判断可实施性（2017.08 修订）

一旦审查员已经衡量了所有证据，并建立了一个合理的基础来质疑请求保护的发明的可实施性，申请人就有责任提出有说服力的争辩，必要时用合适的证据支持，论证所属领域技术人员能够使用申请作为引导来制造和使用请求保护的发明。参见 In re Brandstadter, 484 F. 2d 1395, 1406 - 07, 179 USPQ 286, 294（CCPA 1973）。申请人提供的证据不必是绝对的，而仅仅是对于本领域技术人员而言是有说服力的。

申请人可以根据 37 CFR 1.132 递交事实的书面证词或者引用的对比文件来证明，在申请递交之时，所属领域技术人员知晓什么。声明或书面证词本身是必须被考虑的证据。给予声明或书面证词的权重将取决于声明或书面证词中包含的、用于支持可实施性结论的事实证据的数量。参见 In re Buchner, 929 F. 2d 660, 661, 18 USPQ2d

1331，1332（Fed. Cir. 1991）（论述一个"专家在最终法律结论方面的观点必须得到比结论性声明更多内容的支持"）；对比 *In re Alton*，76 F. 3d 1168，1174，37 USPQ2d 1578，1583（Fed. Cir. 1996）（关于书面描述要求的书面证词应当被考虑）。

　　申请人应当被鼓励提供证据阐明该公开使得请求保护的发明可实现。在化学和生物技术申请中，为了获得临床试验批准而实际递交给 FDA 的证据也可以递交，但不是必须的。FDA 为批准临床试验所做的考量与 USPTO 在判断权利要求是否可实施时的考量是不同的。参见 *Scott v. Finney*，34 F. 3d 1058，1063，32 USPQ2d 1115，1120（Fed. Cir. 1994）（"假肢器官的全面安全性和有效性的测试更加适于留给［FDA］"）。该证据一旦递交了，必须根据以上给出的标准将它与所有其他证据一起衡量，以便判定公开内容是否能使得在请求保护的范围实施。

　　为了反驳缺乏可实施性的初证事实，申请人必须陈述理由和/或提供证据，证明公开能够使得所属领域的普通技术人员在申请递交之时能够制造并使用请求保护的发明。这并未排除申请人在申请日后提供书面证词来阐明请求保护的发明可实施。然而，审查员应当仔细地将书面证词中的实验的步骤、材料和条件与申请文件中公开的相比较，以确定他们是相称的范围，即依据原始递交的说明书中的指导所做的实验与所属领域的技术人员在申请之日所公知的那些相称。这种证明还必须与请求保护的范围相当，即必须合理地使得请求保护的发明的全部范围能够实施。

　　接着，审查员必须衡量在其面前的所有证据，包括说明书、申请人提供的任何新证据，以及之前在拒绝中提出的科学推理，然后决定请求保护的发明是否被实施。审查员<u>绝不</u>应该基于个人观点作出这种判定，该判定应当总是基于对审查档案中所有证据的衡量而作出。

2164.05（a）说明书必须自申请日起能够实施（2017.08 修订）

　　说明书是否自申请日起已经能够实施包含对于发明的本质、现有技术的状态及所属领域的技术水平的考虑。初步调查是深入发明的本质，即请求保护的发明主题所属的主题。发明的本质成为判断所属领域的状态和所属领域技术人员拥有的技术水平的背景。

　　现有技术的状态是所属领域的技术人员在申请递交之时已经知晓的、有关请求保护发明所属主题的内容。所属领域的相关技术是指申请递交之时，请求保护发明所属主题的技术。参见 MPEP § 2164.05（b）。

　　现有技术的状态为所属领域的可预见性程度提供证据，其与为满足可实施性要求而在原始递交的说明书中所需的指引数量相关。现有技术的状态还与说明书中所需的工作示例相关。

　　对于一个特定技术，所属领域的状态在时间上并不是静态的。一个在 1990 年 1 月 2 日递交的公开也许不能实施，但如果同一公开在 1996 年 1 月 2 日递交，则其完全可能是能实施的。因此，对于每个申请，现有技术的状态必须<u>基于其申请日</u>来评价。

35 U. S. C. 112 仅要求说明书对"其所属或其最相近领域的技术人员"来说能实施。一般而言，相关技术应当以要解决的技术问题来定义，而不是以发明被应用的技术领域、产业、行业等来定义。

说明书不需要公开那些已被所属领域技术人员公知的内容，并且最好省略对于那些技术人员是公知的及已对公众公开的内容。参见 *In re Buchner*，929F. 2d 660, 661, 18 USPQ2d 1331, 1332（Fed. Cir. 1991）；*Hybritech, Inc. v. Monoclonal Antibodies, Inc.*，802 F. 2d 1367, 1384, 231 USPQ 81, 94（Fed. Cir. 1986），拒发调卷令，480 U. S. 947（1987）；*Lindemann Maschinenfabrik GMBH v. American Hoist & Derrick Co.*，730 F. 2d 1452, 1463, 221USPQ 481, 489（Fed. Cir. 1984）。

使用存在于申请递交时的所属领域的状态来判断一个特定公开是否在申请日能够实施。参见 *Chiron Corp. v. Genentech Inc.*，363 F. 3d 1247, 1254, 70 USPQ2d 1321, 1325–26（Fed. Cir. 2004）（陈述道"一个专利文件不能实施在申请日以后出现的技术"）。通常不能使用在申请日后第一次公开的信息来证明在申请之时已经知道的内容。参见 *In re Gunn*，537 F. 2d 1123, 1128, 190 USPQ 402, 405–06（CCPA 1976）；*In re Budnick*，537 F. 2d 535, 538, 190 USPQ 422, 424（CCPA 1976）（通常来说，如果申请人为了寻求可实施性要求，使用一项专利来证明所属领域的状态，该专利必须有一个早于有效的申请递交日的公开日）。日后公开不能补充在先申请中不充分的公开，以使其可实施；申请人可以提供专家的证词、出版物作为所属领域在申请递交之时的技术水平的证据。参见 *Gould v. Quigg*，822 F. 2d 1074, 1077, 3 USPQ2d 1302, 1304（Fed. Cir. 1987）。

通常来说，审查员不应该使用申请日后的对比文件来阐明一项发明不具备可实施性。如果日后的对比文件提供证据证明所属领域的技术人员在该专利申请的有效递交日之前或之时已经知晓了什么，这条规则就可能发生例外。参见 *In re Hogan*，559 F. 2d 595, 605, 194 USPQ 527, 537（CCPA 1977）。如果一个公开物阐明了所属领域的普通技术人员会认定特定发明在申请日后几年都不能够具备可实施性，该公开物就成为证据证明请求保护的发明在申请时是不可能的。参见 *In re Wright*，999 F. 2d 1557, 1562, 27 USPQ2d 1510, 1513–14（Fed. Cir. 1993）（法院认定一篇在该申请的递交日5年之后公开的文章，其充分支持了审查员的看法，某些病毒的生理活性是不可充分预见的，因此所属领域的技术人员不会相信在一种病毒和一种动物上的成功能够成功地推定到所有生物体的所有病毒。相应地，法院认为申请人先前递交的、没有限定到特定病毒或特定动物的权利要求不能实施）。

2164.05（b）说明书必须对所属领域的技术人员而言可实施（2017.08 修订）

所属领域的相关技术是指请求保护的发明所属的技术领域的技术水平。当在发明中包含了不同的领域，如果说明书使得每个领域的技术人员都能够实现本发明中适用于他们专业的方面,那么该说明书是可实施的。参见 *In re Naquin*, 398 F. 2d 863, 866, 158 USPQ 317, 319（CCPA 1968）。

当一项发明在其不同的方面涉及不同领域时,如果说明书使得每个领域的技术人员都能够实现适用于他们专业的方面,那么说明书是可实施的。"如果两个不同的技术都与同一项发明相关,那么若在两个技术中的普通技术人员都能够根据公开实现该发明,那么公开就是充分的。"参见 *Technicon Instruments Corp. v. Alpkem Corp.*, 664 F. Supp. 1558, 1578, 2 USPQ2d 1729, 1742（D. Ore. 1986）,部分认可,部分撤销,部分无效,837 F. 2d 1097（Fed. Cir. 1987）（未公开的观点）。发回重审后上诉,866 F. 2d 417, 9 USPQ 2d 1540（Fed. Cir. 1989）。在判例 *Ex Parte Zechnall*, 194 USPQ 461（Bd. Pat. App. & Int. 1973）中,委员会陈述道:"必须认为'上诉人'的公开是充分的,如果其能够使得电子计算机领域的技术人员与燃油喷射领域的技术人员合作,来制造和使用上诉人的发明。"参见 194 USPQ at 461。

2164.06 实验的数量（2012.08 修订）

所属领域技术人员所需实施的实验数量,是在判断是否需要"过度实验"以制造和使用该发明的过程中仅有的一个因素。"如果给予技术人员充足的指向和引导,延长实验的时间不会导致过度。"参见 *In re Colianni*, 561 F. 2d 220, 224, 195 USPQ 150, 153（CCPA 1977）。"测试并不只是定量的,因为一个相当大数量的实验是获得准许的,如果它仅仅是常规的,或者如果有争议的说明书对于实验进行的用法说明提供了相当数量的引导。"参见 *In re Wands*, 858 F. 2d 731, 737, 8 USPQ2d 1400, 1404（Fed. Cir. 1988）（援引 *In re Angstadt*, 537 F. 2d 489, 502-04, 190 USPQ 214, 217-19（CCPA 1976）判例）。时间和费用仅仅是考虑因素,但不是控制因素。参见 *United States v. Telectronics Inc.*, 857 F. 2d 778, 785, 8 USPQ2d 1217, 1223（Fed. Cir. 1988）,拒发调卷令,490 U. S. 1046（1989）。

在化学领域,完成实验以实现声称目的的指导和容易度是在判断所需的实验数量时要考虑的问题。例如,如果需要一项非常困难和费时的实验来判断一项权利要求中的一种化合物,那么在整个分析的过程中就需要考虑大量实验。如果这些实验仅仅是常规的,它们的时间和难度不起决定性作用。示例的数量是在得出需要过度实验的最终结论之前必须要考虑的唯一因素。参见 *In re Wands*, 858 F. 2d at 737, 8 USPQ2d at 1404。

I. 合理实验的示例

在 *United States v. Telectronics, Inc.*, 857 F. 2d 778, 8 USPQ2d 1217（Fed. Cir. 1988）,拒发调卷令,490 U. S. 1046（1989）判例中,法院推翻了地区法院关于缺乏清楚和可信的证据证明需要过度实验的认定。法院裁定,由于在说明书中给出了一个实施例（不锈钢电极）及判断剂量反应的方法,所以说明书是可实施的。至于这种研究的时间和费用的问题，大约需要50 000美元和6～12个月，不能独立承担对过度实验的证明。

II．不合理实验的示例

在 *In re Ghiron*，442 F. 2d 985，991 - 92，169 USPQ 723，727 - 28（CCPA 1971）判例中，功能"方框图"不足以使得本领域技术人员仅在合理限度的实验内就能够实施请求保护的发明，因为请求保护的发明需要"对现有技术中重叠计算机的改造"，并且因为"上诉人在他们的附图中用方框举例说明的许多必要组件本身都是复杂组合……众所周知，在第一个原型可用以前，自制造者宣告一部新电脑诞生后已过去了许多月或许多年。这不是常规操作的证明，而是大量的实验和开发工作的证明……"

2164.06（a）可实施性争议的示例——缺失的信息（2017.08修订）

产生可实施性的疑问是很普遍的事，因为缺失一个或多个必要的权利要求元素，或者所属领域的技术人员在不进行过度实验的前提下不能形成的元素之间的关联。在这种情况下，审查员应当明确指出缺失了什么信息，以及为何缺失的信息对于可实施性而言是必要的。

I．电子的或机械的设备或方法

可实施性发挥双重功能：一是充分公开请求保护的发明，二是避免权利要求宽于公开的发明。使用宽泛的权利要求语言会有丧失权利的风险，如所述权利要求不能在其全部范围内实施。例如，在 *MagSil Corp. v. Hitachi Global Storage Technologies, Inc.*，687 F. 3d 1377，103 USPQ2d 1769（Fed. Cir. 2012）判例中，权利要求列举了电阻在室温下变化至少10%，但是说明书未包含内容证明所属领域的普通技术人员在申请日时在无须过度实验的前提下，能够实现电阻改变超过10%（注意，要实现超过600%的新近数值，需要将近12年的实验）。类似在 *Auto. Techs. Int'l, Inc. v. BMW of N. Am., Inc.*，501 F. 3d 1274，1283，84 USPQ2d 1108，1115（Fed. Cir. 2007）判例中，一个响应质量块运动的权利要求限定装置，被解释成包括机械的和电子的侧碰撞传感器，用于执行启动乘客保护装置的功能。说明书没有公开任何侧碰撞传感器的细节或电路，并且因此未能告知普通技术人员如何制造和使用该电子传感器。

在 *In re Gunn*，537 F. 2d 1123，1129，190 USPQ 402，406（CCPA 1976）判例中，一个在附图中用带有功能标签的方框图来描述电子电路装置的公开被认为是不可实施的，因为说明书中没有指出被盒子代表的部分是"现成的"还是必须为申请人的系统而特别构造或改造。在 *In re Donohue*，550 F. 2d 1269，193 USPQ 136（CCPA 1977）判例中，其权利要求缺乏可实施性是由于说明书缺少对于附图中标着"LOGIC"的单块标签的信息。另参见 *Union Pac. Res. Co. v. Chesapeake Energy Corp.*，236 F. 3d 684，57USPQ2d 1293（Fed. Cir. 2001）（权利要求指向一种判断在地上水平钻孔位置的方法，其不符合 35 U.S.C. 112 规定的可实施性要求，因为用于执行请求保护的方法的某些计算机程序细节在说明书中没有公开，而且审查档案证明所属领域的技术人员不能理解如何"比较"或"重新调节"权利要求中列举的数据，以执行请求保护的方法）。

参见 *In re Ghiron*，442 F.2d 985，169 USPQ 723（CCPA 1971），涉及一种促进从程序指令的一个子集转移到另一个子集的方法，其需要对现有技术中"重叠模式"的计算机进行改造。委员会拒绝了该权利要求，特别是基于公开不足以满足 35 U.S.C. 112 第一款的要求，并且被肯定。委员会聚焦于附图是"方框图，即一组代表系统元素的矩形，其具有功能性标记并且用线条连接"的这一事实，援引 442 F.2d at 991，169 USPQ at 727。说明书没有特别地标识由方块所代表的每个元素或方块间的关联，也没有描述用于实现每个功能的特定设备。委员会进一步质疑所属领域的技术人员是否能常规地实现选择和组合所需的组件。

一个对于设备的充分公开可能要求描述复杂的组分如何被构造及如何执行所需功能的细节。在 *In re Scarbrough*，500 F.2d 560，182 USPQ 298（CCPA 1974）判例中，在法院面前的权利要求涉及一个系统，其包括仅由多个组件（即计算机、计时器和控制机构、A/D 转换器等）组成的仅用通用名称和大概的基本功能撰写的特征。法院总结道，没有可实施的公开内容，因为说明书没有描述"已知的、在不同系统中执行广泛列举的功能的复杂组分，如何在仅需合理的实验数量的条件下，就能适于在上诉人的特定系统中使用"，以及"需要不合理的工作量才能获得上诉人声称其已经解决的详细关系"。参见 500 F.2d at 566，182 USPQ at 302。

II. 微生物

涉及活体生物产品（如微生物）并将其作为制造发明的方法中的关键因素的专利申请，提出了一个关于可获得性的独特问题。例如，在 *In re Argoudelis*，434 F.2d 1390，168 USPQ 99（CCPA 1970）判例中，法院考虑了一种使用特定的微生物生产两种新抗体的发酵方法的权利要求的可实施性，还考虑了照此生产的两种新抗体的权利要求的可实施性。正像法院所陈述的那样，"使用微生物作为原始材料的一个独特方面是不能给予有关如何从大自然获得微生物的充分描述"。参见 434 F.2d at 1392，168 USPQ at 102。法院判定，公共保藏为生物产品的可获得性提供了一种可接受的装置，以满足 35 U.S.C. 112 第一款的书面描述和可实施性要求。

为了满足可实施性要求，保藏必须在"授权之前"完成，但不必在递交申请之前完成。参见 *In re Lundak*，773 F.2d 1216，1223，227 USPQ 90，95（Fed. Cir. 1985）。

可实施性的可获得要求也必须根据权利要求限定的范围和宽度考虑。委员会在一个请求保护一种使用了属于某个下位概念的微生物的发酵方法的申请中考虑了这个问题。申请人确定了三种新的单体微生物品种，它们相互关联并建立了一种新的、比一个品种的分类更宽的微生物下位概念。这三个特定品种已被恰当地保藏。摆在委员会面前的问题聚焦于说明书是否使得所属领域的技术人员制造该下位概念中的、除了这三个已被保藏的品种之外的其他任何成员。委员会总结道，这些下位概念的文字描述不足以允许技术人员制造请求保护的下位概念中的任何一种和所有成员。参见 *Ex parte Jackson*, 217 USPQ 804, 806（Bd. Pat. App. & Int. 1982）。

关于保藏规则更详细的讨论，参见 MPEP §2402 至 §2411.03。基于保藏问题根据 35 U.S.C. 112 拒绝授予专利权，参见 MPEP §2411.01。

III. 药物案例

有关 35 U.S.C. 112（a）或 pre – AIA 35 U.S.C. 112 第一款规定的实用性要求的讨论，参见 MPEP §2107 至 §2107.03。

2164.06（b）可实施性争议的示例——化学案例（2012.08 修订）

在没有仔细阅读案例前，不应当根据以下总结支持该案缺乏可实施性。

I．关于公开不可实施的多个决定规则

（1）在判例 *Enzo Biochem*, *Inc. v. Calgene*, *Inc.*, 188 F.3d 1362, 52 USPQ2d 1129（Fed. Cir. 1999）中，法院认为，两个含有涉及反义基因技术的权利要求（其目的是在一个特定生物体内控制基因表达）的专利是无效的，因为可实施的宽度与权利要求的范围不相称。两者的说明书都公开了应用反义技术来调节三个 *E. coli* 基因。尽管公开是有限的，说明书声称"本发明的实践普遍适用于任何包含能够被表达的遗传物质的生物体……如细菌、酵母及其他非细胞生物"。因此，法院将权利要求解释为包括在宽泛的生物体范围内应用反义方法。最终，法院根据以下事实作出判决：①与该案权利要求的宽泛范围相比，在说明书中提供的使用说明和工作示例的数量是非常窄的；②反义基因技术是高度不可预见的；③为适于实施从 *E. coli* 到其他类型的细胞创造反义 DNA，所需的实验量是非常大的，特别鉴于审查档案中包含了大量示例，发明人自己在控制 *E. coli* 和其他类型的细胞中的其他基因表达时失败了。因此，说明书中给出的教导对于所属领域技术人员而言，仅仅是一份在其他类型的细胞中使用该技术进行实验的"计划"或"邀请"。

（2）在判例 *In re Wright*, 999 F.2d 1557, 27 USPQ2d 1510（Fed. Cir. 1993）中，Wright 在 1983 年的申请公开了一个 RNA 肿瘤疫苗，该肿瘤病毒是布拉格禽肉瘤病毒，属于劳斯相关病毒家族的成员。Wright 使用功能性语言声称一个对抗病毒表达产物的疫苗"包含免疫有效量"。参见 1559, 27 USPQ2d at 1511, id.。审查员拒绝了 Wright 的权利要求，它们包括所有 RNA 病毒及所有鸟类的 RNA 病毒。审查员提供了一种教导，在 1988 年，另一种逆转录酶病毒（即 HIV）的疫苗仍然是难解的问题。这个证据与 RNA 病毒是一个多样且复杂的上位概念的证据一起，说服了联邦巡回上诉法院认为发明不能对所有逆转录酶病毒都可实施，或甚至不能对所有禽流感病毒都可实施。

（3）在判例 *In re Goodman*, 11 F.3d 1046, 29 USPQ2d 2010（Fed. Cir. 1993）中，Goodman 在 1985 年的申请功能性地请求保护一种通过表达一种外源基因在植物细胞中

生产蛋白质的方法。法院陈述道，"自然地，说明书必须教导所属领域的技术人员'如何制造和使用该发明，正如它所声称的那样广泛'"。参见1050，29 USPQ2d at 2013（出处同上）。尽管在双子叶的植物细胞中的蛋白质表达是可实施的，权利要求包含了在所有植物细胞中的蛋白质表达。审查员提供证据表明即使在1987年，在单子叶植物细胞中使用请求保护的方法并不可实施。参见1051，29 USPQ2d at 2014（出处同上）。

（4）在判例 In re Vaeck，947 F. 2d 488，495，20 USPQ2d 1438，1444（Fed. Cir. 1991）中，法院认定多个涉及能够用蓝藻细胞表达的嵌合基因的权利要求不能得到一个可实施的公开内容的支持。法院判定，该案中的权利要求不局限于蓝藻细胞的某个特定上位概念或下位概念，而说明书提及了9个上位概念及利用了蓝藻细胞的一个下位概念的工作示例。法院后来解释道，在"考虑了在上诉人的申请日，对于蓝藻细胞的生物学的理解相对不完整，以及上诉人在请求保护的发明中……对有效的特定蓝藻细胞上位概念的有限公开"之后，权利要求不可实施。

（5）在判例 In re Colianni，561 F. 2d 220，222 - 23，195 USPQ 150，152（CCPA 1977）中，法院维持了根据35 U. S. C. 112第一款的拒绝，因为权利要求涉及一种通过为骨头提供"充足"超声波能量来维修断裂骨头的方法，但是申请人的说明书没有定义什么构成了一个"充足"的剂量或者教导普通技术人员如何选择超声波能量的恰当强度、频率或持续时间。

Ⅱ. 公开可实施的多个判定规则

（1）在判例 PPG Indus. v. Guardian Indus.，75 F. 3d 1558，1564，37 USPQ2d 1618，1623（Fed. Cir. 1996）中，法院认定PPG的权利要求涉及一种UV吸收、不含神经酰胺的玻璃是可实施的，因为说明书预示着能够制造出这种玻璃；即使PPG的说明书包含多个示例，其中错误的UV透过率数据看起来好像生产一种满足UV透过率限定的、不含二氧化铈的玻璃是困难的。法院还认定了说明书预示着如何在保持最小化铈含量的同时保持低UV透过率。

（2）在判例 In re Wands，858 F. 2d 731，8 USPQ2d 1400（Fed. Cir. 1988）中，法院推翻了因为缺乏可实施性而根据35 U. S. C. 112第一款作出的驳回决定。法院总结道，实践请求保护的使用单克隆抗体来检测乙肝表面抗原（HBsAg）的免疫测定法不需要过度实验。法院认定，单克隆抗体技术的本质是这样，实验首次包含制造单克隆杂交瘤细胞的完整尝试，以判断哪些细胞分泌的是所需的特别的抗体。法院认定，说明书还提供了对于如何实施请求保护的发明的合理使用方法和引导，并且展示了工作示例，证明为实践发明所需的所有方法都是公知的，并且在该申请递交之时，所属领域的技术水平很高。此外，申请人完成了三次制造对抗HBsAg的单克隆抗体的整个过程，并且每一次都成功地生产了至少一种抗体，并落入了权利要求的范围内。

（3）在判例 In re Bundy，642 F. 2d 430，434，209 USPQ 48，51 - 52（CCPA 1981）中，法院裁决，即使说明书缺乏特定剂量的任何示例，上诉人的公开是足以使所属领域的技术人员使用请求保护的类似于自然产生的前列腺素，因为说明书教导了新的前列腺素具有特定的药理学性质，并且拥有类似于已知 E 型前列腺素的活性。

2164.06（c） 可实施性争议的示例——计算机程序案例（2017.08 修订）

为了建立一个质疑公开充分性的合理基础，审查员必须提供对于公开的实证分析，以证明所属领域的技术人员不采取过度实验就不能制造和使用请求保护的发明。

在计算机申请中，请求保护的发明涉及两个领域的现有技术或者多于一种技术并不异常，如一种相应编程的计算机和该计算机的应用领域。参见 *White Consol. Indus. v. VegaServo – Control, Inc.*, 214 USPQ 796, 821（S. D. Mich. 1982）。关于"所属领域的技术人员"的标准，在同时涉及计算机编程领域和另一个技术领域的案例中，审查员必须认识到两个领域技术人员的知识都是判断充分性的恰当标准。参见 *In re Naquin*, 398 F. 2d 863, 158 USPQ 317（CCPA 1968）；*In re Brown*, 477 F. 2d 946, 177 USPQ 691（CCPA 1973）；*White Consol. Indus.*, 214 USPQ at 822，相关范围被维持，713 F. 2d 788, 218 USPQ 961（Fed. Cir. 1983）。

在一个典型的计算机申请中，系统组分通常以"方框图"的格式展示，即一组代表系统元素的空矩形，带着功能性标识，并且用线条互相连接。这种方框图计算机案例可以被归类到（A）包含计算机但比计算机更复杂的系统，以及（B）其中框体单元完全在计算机范围内的系统。在使用功能性语言请求保护一个计算机发明的案例中，并不局限于某种特定结构，参见 MPEP § 2161.01。

Ⅰ．比计算机更复杂的方框图单元

第一类方框图案例涉及包括有计算机和其他硬件系统和/或软件组件的系统。为了满足建立一个质疑这种公开充分性的合理基础的责任，审查员应当通过聚焦于每一个单独方框元素组件而发起关于该系统的事实分析。更具体地说，这样一种调查应当聚焦于每个方框元素的多样功能，在说明书中教导如何执行这种组件。如果基于这种分析，审查员能够合理地主张所属领域的普通技术人员需要操作比常规更多的实验来执行这样一个或多个组件，于是该一个或多个组件的可实施性应当被审查员明确地质疑，作为根据 35 U. S. C. 112（a）或 pre – AIA 35 U. S. C. 112 第一款拒绝的一部分。此外，审查员应当判断被描述为方框元素的特定硬件或软件组件本身是否为复杂集合体，它们具有广泛的区别特征，并且必须与其他复杂集合体精确地配合。在这种情况下，可能存在一个合理的基础来质疑这种功能性方框图格式的公开。参见 *In re Ghiron*, 442 F. 2d 985, 169 USPQ 723（CCPA 1971）及 *In re Brown*, supra。即使如果申请人已经引用了现有技术专利文献或者出版物来阐明特定方框图硬件或软件组分是现有的，也不应该总是认为这种组分是如何相互连接以在某种公开的复杂方式中发挥作用是不证自明的。参见 *In re Scarbrough*, 500 F. 2d 560, 566, 182 USPQ 298, 301（CCPA 1974）

和 *In re Forman*, 463 F. 2d 1125, 1129, 175 USPQ 12, 16（CCPA 1972）。

例如，如果说明书在一个方框图公开中提供了一种复杂系统，该系统包括一种微型处理器和由微型处理器控制的其他系统组件，说明书仅仅提到了在市场上可以买到的微型处理器，而没有提到任何关于微型处理器执行准确操作的描述，没有公开这样一种微型处理器如何能被恰当地编程以（1）执行任何所需的计算或（2）与其他系统组件相配合，以合适的时序执行公开的和请求保护的功能。如果在这种系统中公开了特定程序，该程序应当被认真地审查，以确保权利要求中其范围与归于该程序的功能的范围相称。参见 *In re Brown*, 477 F. 2d at 951, 177 USPQ at 695。如果（1）公开内容没有披露任何程序并且（2）所属领域的技术人员需要比常规更多的实验以生成这一程序，审查员显然会有合理的基础来质疑这样一种公开的充分性。被认定为常规的实验量根据个案事实和环境而不同，应当采取具体问题具体分析的方式来审查。虽然法院从未给出一个固定的、确切的数字标准，但是规定了"所需实验量必须是合理的"。参见 *White Consol. Indus.*, 713 F. 2d at 791, 218 USPQ at 963。有一个法院似乎认定了涉及的实验量是合理的，因为编程技术人员能够在 4 小时内写出一个通用的计算机程序，来执行一个实施例的形式。参见 *Hirschfield v. Banner*, 462 F. Supp. 135, 142, 200 USPQ 276, 279（D. D. C. 1978），aff'd, 615 F. 2d 1368（D. C. Cir. 1986），拒发调卷令，450 U. S. 994（1981）。另一个法院认定了如果为了开发一个特定的程序，编程技术人员需要的实验时间达到 1～2 人年，这就是"一个显然不合理的需求"（*White Consol. Indus.*, 713 F. 2d at 791, 218 USPQ at 963）。

II. 在计算机里的方框图单元

第二类方框图案例最常出现在纯数据处理的申请中，其中方框图单元的组合完全在电脑的控制范围内，除了常用的输入或输出设备之外，没有与外部设备的接口连接，那么特定类型的方框图公开就认定为足以满足 35 U. S. C. 112（a）或 pre - AIA 35 U. S. C. 112 第一款规定的可实施性要求。参见 *In re Knowlton*, 481 F. 2d 1357, 178 USPQ 486（CCPA 1973）; *In re Comstock*, 481 F. 2d 905, 178 USPQ 616（CCPA 1973）。Comstock 和 Knowlton 判定认为上诉人的公开是基于（1）参考和依赖了现有的计算机系统，以及（2）一个对所参考的现有计算机系统有效的计算机程序。在 *Knowlton* 案中，公开用一种详细方式来展现，以至于在所参考的现有计算机系统中，每一个程序步骤都与有效的结构元素特别关联。*Knowlton* 案的法院指出，该公开不仅包含流程图或一组程序清单的粗略说明以及运行这些程序的专用计算机。该公开的特点是在解释所公开的硬件和软件元素之间的相互关系时进行相当详细的说明。在这种情况下，法院认为，该公开简明、全面、清楚并准确，足以满足 35 U. S. C. 112 第一款的文字要求。必须强调，由于程序清单的重要性及对已确定的现有技术计算机系统的引用和信赖性，如果缺少其中任何一个，那么在计算机控制范围内的方框单元的公开，就应当以与上面讨论的第一类方框图案件完全相同的方式仔细审查。

不考虑公开涉及的方框单元是否比一部计算机或完全在一部计算机范围内的方框

单元更复杂,USPTO 审查员在分析方法权利要求时,必须确认其说明书足以教导如何实施请求保护的方法。如果这种实践需要一个特定的装置,且该装置不是已经可得的,那么该申请必须充分公开该装置。参见 *In re Ghiron*,442 F. 2d 985,991,169 USPQ 723,727(CCPA 1971)及 *In re Gunn*,537 F. 2d 1123,1128,190 USPQ 402,406(CCPA 1976)。当 USPTO 审查员质疑计算机系统或计算机编程的公开充分性时,认定公开不能实施的理由应该得到整个审查档案的支持。在这方面,USPTO 审查员合理质疑申请人提交的证据也是必须的。例如,在 *In re Naquin*,supra 案中,上诉人声称普通计算机程序员都熟悉执行请求保护的方法所需的子程序,由于该声明没有受到 USPTO 审查员的质疑,因此被认为是事实。换句话说,除非 USPTO 审查员提出合理的依据来质疑该公开,否则从整体审查档案来看,一个根据 35 U. S. C. 112(a)或 pre – AIA 35 U. S. C. 112 第一款的规定,对计算机系统或计算机程序的申请作出的拒绝,在上诉时不得被维持。参见 *In re Naquin*,supra,以及 *In re Morehouse*,545 F. 2d 162,165 – 66,192 USPQ 29,32(CCPA 1976)。

虽然没有具体的、普遍适用的规则来认定涉及计算机程序的申请未充分公开,但一般应遵循的审查准则是,对公开的充分性提出质疑,该公开不包括为产生所声称的功能而令计算机执行的编程步骤、算法或程序。这些内容可以用任何一种被该领域的普通技术人员所理解的方法来描述,如用一个非常详细的流程图来描述程序必须执行的操作序列。在编程类申请中,如果软件公开只包括一个流程图,随着功能的复杂性和流程图中各个组件的普遍性增加,质疑这样一个流程图充分性的基础变得更加合理,因为从该流程图生成工作程序所需的实验也更可能多于常规手段。

如前所述,一旦 USPTO 审查员提供了合理的基础或提出了证据来质疑一个计算机系统或计算机编程公开的充分性,申请人必须证明该说明书能够使所属领域的普通技术人员在制造和使用请求保护的发明时不需进行过度实验。在大多数情况下,为满足这一责任所作的工作包括提交书面证词、引用现有技术专利或技术出版物、提供法律顾问的辩护或这些方式的结合。

III. 宣誓书实践 (37 CFR 1.132)

在计算机案例中,必须对宣誓书进行批判性分析。初始宣誓书的常规分析通常包括分析宣誓书的技能水平和/或资格,而宣誓书的撰写者应具备该领域的普通技能。对于一个特定申请的要求,如果证人的技能水平高于所属领域的技术人员,且证人没有提交证据证明所属领域的技术人员在实施发明时所需的实验量,审查员可能质疑宣誓书是不允分的。与普通技术人员相比,具有高于普通技术人员的技能水平或资格的证人实施请求保护的发明时所需的实验更少。类似地,如果证人的技能水平或资格低于所属领域的普通技术人员,则实施请求保护的发明所需的实验将比所属领域的普通技术人员更多。这两种情况都没有满足所属领域的普通技术人员的标准。

在计算机系统或编程案例中,与公开充分性的问题相关的某个宣誓书的问题,通常涉及证人几乎未提交事实来支持其结论或意见。有些宣誓书甚至就充分性的最终法律问题直接给出结论。如 In re Brandstadter, 484 F. 2d 1395, 179 USPQ 286（CCPA 1973）案, 说明了对证人的结论或意见的事实基础进行调查的程度。在 Brandstadter 案中, 该发明涉及一种存储程序控制器, 其采用（计算机）编程来控制通信系统中消息的存储、检索和转发。该发明公开的内容包括该发明结构的广义方框图, 但没有流程图或控制器程序的程序清单。法院在其意见中广泛引用了审查员的审查意见通知书和审查员在通知书中的答复, 其中很明显, 审查员始终认为该公开仅仅是一个宽泛的系统图, 以带标签的方框图形式出现, 并附有无数预期结果的陈述。证人提出了各种各样的宣誓书, 其中证人陈述道, 该系统的全部或部分电路方框图中的元素都是本领域公知的或熟练的设计工程师"可以构造"的, 并且控制器是"能够被编程"以执行所述的功能或期望的结果, 以及所属领域的普通技术人员"能够设计、建造或能够编程"该系统。法院确实考虑了证人的陈述, 作为使能关系的最终法律问题的一些证据, 但得出的结论是, 这些陈述没有达到证人的目的, 因为证人列举的结论或意见缺乏事实支持或缺乏对这些结论的支持。技术人员只能按未充分公开的计算机程序或者程序的流程图来控制信息交换系统, 审查档案中没有关于所需程序员人数、工时数量和程序员技能水平的证据, 以编出实践发明所需的程序。

指向根据公开内容实践该发明所需的时间、精力和知识水平的事实证据, 以及所属领域的知识, 有望建立一个针对未能实施的初证事实, 但并不是指向可实施性的最终法律问题的意见证据。参见 Hirschfield, 462 F. Supp. at 143, 200 USPQ at 281。如果宣誓书证明, 一个发明家向证人描述了要解决的问题, 并且使得证人能够生成计算机程序来解决该问题, 这种证词将无法阐明申请本身已经教导了所属领域的技术人员如何制造和使用请求保护的发明。参见 In re Brown, 477 F. 2d at 951, 177 USPQ at 695。在 Brown 案中, 法院指出, 没有事实证明申请人除了在申请书中所列的那些之外, 在他们的几次会议上都没有向证人转达重要的和附加的信息。作为与可实施性的判决相关的宣誓书, 其必须证明申请人在提出申请时所属领域的普通技术人员所具备的技术水平。参见 In re Gunn, 537 F. 2d 1123, 1128, 190 USPQ 402, 406（CCPA 1976）。该案中, 每个证人陈述的都是在签署宣誓书时所知的技术, 而不是在申请人提交申请时所知的技术。

IV. 引用现有技术文献

已确定的现有计算机系统的商业可用性与可实施性非常相关。但在某些情况下, 这种方式可能不足以满足申请人的责任。如果所属领域的技术人员不能够明确引用电路中的哪个或哪些部分能被用来组成请求保护的设备或它们如何能相互连接以联合并产生所需的结果, 仅仅在宣誓书中引用从技术出版物中摘录的内容以满足可实施性要求是不够的。参见 In re Forman, 463 F. 2d 1125, 1129, 175 USPQ 12, 16（CCPA 1972）。如果构成申请人系统的电路本质上已确定是现有计算机系统的标准组件及其所附的标准装置, 那么这种分析似乎就不那么重要了。

现有技术专利和专利申请出版物常常被申请人用来证明现有技术的状态, 以便具有可实施性。但是，这些文件必须有一个出版日期早于在考虑中的申请的有效递交日。参见 *In re Budnick*，537 F. 2d 535，538，190 USPQ 422，424（CCPA 1976）。在 *In re Gunn*，supra 案中有一个相似点，法院指出，在申请递交日之后公开、仍在审查过程中的专利文献，不能作为主题已被任何所属领域的技术人员知晓的证据，因为它们的主题可能仅被专利权人和专利商标局所知。

仅仅引用现有技术专利证明被质疑的组件是现有的，可能证据不足，因为即使每个列举的设备或标记的框图公开是现有的，本身不会使如何将每一个相互连接以一种公开的复杂组合方式发挥功能不证自明。

因此，有效的说明书必须规定现有技术的整合，否则实施请求保护的发明很可能需要进行过度实验，或者比常规实验更多的实验。参见 *In re Scarbrough*，500 F. 2d 560，565，182 USPQ 298，301（CCPA 1974）。法院还指出，任何被申请人引用以阐明特定的方框图硬件或软件组件是现有的专利，必须分析这些专利是否与当前的发明有密切关系，以及是否这些专利对于这些组件的公开比申请人自己的公开提供了更多细节。此外，任何被引用来提供证据表明一个特定的编程技术是在编程领域公知的专利或出版物并不表明所属领域的普通技术人员能够制造和使用相应公开的编程技术，除非已知的和已公开的编程技术都具有大致相同程度的复杂性。参见 *In re Knowlton*，500 F. 2d 566，572，183 USPQ 33，37（CCPA 1974）。

V. 辩护人的辩词

辩护人的辩词可以有效地证明审查员没有恰当地承担责任或站在审查员的立场在其他方面犯了错误。然而，必须强调的是，一旦审查员提出了质疑公开情况的合理依据，单靠辩护人的辩词就不能取代审查档案中的证据。参见 *In re Budnick*，537 F. 2d at 538，190 USPQ at 424；*In re Schulze*，346 F. 2d 600，145 USPQ 716（CCPA 1965）；*In re Cole*，326 F. 2d 769，140 USPQ 230（CCPA 1964）。例如，在某个案件中，审查档案主要由申请人的代理人的论点和意见组成，法院指出事实的宣誓书就可以使关系问题提供重要的证据。参考 *In re Knowlton*，500 F. 2d at 572，183 USPQ at 37；*In re Wiseman*，596 F. 2d 1019，201 USPQ 658（CCPA 1979）。

2164.07 可实施性要求与 35 U.S.C. 101 中的实用性要求的关系（2013.11. 修订）

35 U.S.C. 112（a）或 pre – AIA 35 U.S.C. 112 第一款中要求的如何使用该发明与 35 U.S.C. 101 中规定的实用性要求不同。35 U.S.C. 101 的要求是本发明应具有一些具体的、实质性的和可信的用途，而 35 U.S.C. 112（a）或 pre – AIA 35 U.S.C. 112 第一款的要求是说明如何实现该（35 U.S.C. 101 要求的）用途，即说明如何使用本发明。

如果申请人公开了一项发明的具体的且实质的实用性，并提供了支持该实用性的可信基础，仅凭这一事实不能作为基础证明权利要求符合 35 U.S.C. 112（a）或 pre – AIA 35 U.S.C. 112 第一款的所有要求这一结论。例如，如果一个申请人请求保护一种使用特定化合物治疗某种疾病状况的方法，并提供了可靠的依据证明该化合物在这方面很有用，但在真正实施请求保护的发明的过程中，所属领域的技术人员将必须进行过度的实验，那么该权利要求在 35 U.S.C.112 下就是有缺陷的，而不是 35 U.S.C.101。为避免在审查时混淆，任何根据 35 U.S.C.112（a）或 pre – AIA 35 U.S.C.112 第一款的拒绝，即基于"缺乏实用性"以外的理由都应当被单独地提出，以区别于把根据 35 U.S.C.101"缺乏实用性"的理由和 35 U.S.C.112（a）或 pre – AIA 35 U.S.C.112 第一款的理由一起施加拒绝意见。

I．当不满足实用性要求时

A. 无用或不可操作

如果一项权利要求不满足 35 U.S.C.101 的实用性要求，因为它被证明是无用的或不可操作的，那么它必然不能满足 35 U.S.C.112（a）或 pre – AIA 35 U.S.C.112 第一款中可实施性要求的"如何使用"方面。正如判例 *In re Fouche*，439 F.2d 1237，169 USPQ 429（CCPA 1971）所述，如果"组分实际上是无用的，则上诉人的说明书不可能教导如何使用它们"。参见 439 F.2d at 1243，169USPQ at 434。审查员应作出两项拒绝（即根据 35 U.S.C.112（a）或 pre – AIA 35 U.S.C.112 第一款作出的拒绝及根据 35 U.S.C.101 作出的拒绝），其中权利要求的主题已被证明是无用的或不可操作的。

根据 35 U.S.C.112（a）或 pre – AIA 35 U.S.C.112 第一款，拒绝意见应表明，由于请求保护的发明没有实用性，所属领域的技术人员将不能使用请求保护的发明，因此根据 35 U.S.C.112（a）或 pre – AIA 35 U.S.C.112 第一款，权利要求是有缺陷的。除非存在根据 35 U.S.C.101 的规定作出拒绝的适当理由，否则不应根据 35 U.S.C.112（a）或 pre – AIA 35 U.S.C.112 第一款施加或维持拒绝意见。换句话说，审查员不应该以"缺乏实用性"为由施加 35 U.S.C.112（a）或 pre – AIA 35 U.S.C.112 第一款的拒绝意见，除非 35 U.S.C.101 的拒绝意见是正确的。特别是，如果根据 35 U.S.C.112（a）或 pre – AIA 35 U.S.C.112 第一款的拒绝以施加"无实用性"为由施加，则必须提供根据 35 U.S.C.101 加拒绝所需的事实证明。对于 35 U.S.C.101 和 35 U.S.C.112（a）或 pre – AIA 35 U.S.C.112 第一款规定的实用性要求更详细的讨论，参见 MPEP § 2107 至 § 2107.03。

B. 审查员的责任

当审查员认为一项发明是无用的、不可操作的，或者与已知的科学原理相矛盾时，审查员有责任提供一个合理的依据来支持这一结论，并应当作出根据 35 U.S.C.101 和 35 U.S.C.112（a）或 pre – AIA 35 U.S.C.112 第一款的拒绝。

审查员有初始责任证明所属领域的普通技术人员将合理地怀疑声称的实用性

审查员具有质疑声称实用性的初始责任。只有当审查员提供的证据表明，所属领域的普通技术人员将合理地怀疑所声称的实用性之后，责任才转移到申请人身上，要求申请人提供充足的反驳证据,说服所属领域的普通技术人员认可该发明所宣称的实用性。参见 *In re Fisher*, 421 F. 3d 1365, 76 USPQ2d 1225 (Fed. Cir. 2005); *In re Swartz*, 232 F. 3d 862, 863, 56 USPQ2d 1703, 1704 (Fed. Cir. 2000); *In re Brana*, 51 F. 3d 1560, 1566, 34 USPQ2d 1436, 1441 (Fed. Cir. 1995) (援引 *In re Bundy*, 642 F. 2d 430, 433, 209 USPQ 48, 51 (CCPA 1981))。

C. 申请人的辩驳

如果根据 35 U. S. C. 101 的拒绝已经被正确地施加,伴随着根据 35 U. S. C. 112 (a) 或 pre – AIA 35 U. S. C. 112 第一款的拒绝,责任转移到申请人对初证事实的反驳上。参见 *In re Oetiker*, 977 F. 2d 1443, 1445, 24 USPQ2d 1443, 1444 (Fed. Cir. 1992)。并没有预先决定的证据数量或性质,是申请人支持其声称的实用性所必须提供的。相反,支持一个声称的实用性所需证据的特征和数量将会根据请求保护的内容而有所不同 (援引 *Ex parte Ferguson*, 117 USPQ 229, 231 (Bd. App. 1957)),以及所声称的实用性是否违反已确立的科学原则和信念。参见 *In re Gazave*, 379 F. 2d 973, 978, 154 USPQ 92, 96 (CCPA 1967); *In re Chilowsky*, 229 F. 2d 457, 462, 108 USPQ 321, 325 (CCPA 1956)。此外,申请人不需要提供证据来充分证明所声称的实用性是"排除合理怀疑"的真实。参见 *In re Irons*, 340 F. 2d 974, 978, 144 USPQ 351, 354 (CCPA 1965)。相反,如果从整体上看,证据能使一个所属领域的普通技术人员得出所声称的实用性更可能是真实的结论,它就是充分的。关于考虑答复因缺乏实用性而被初证事实拒绝的更详细讨论,以及与实用性相关的证据评价,参见 MPEP § 2107.02。

II. 当满足实用性要求时

在某些情况下,提供了请求保护的发明的实用性,但技术人员不知道如何使这种用途生效。在这种情况下,审查员不会根据 35 U. S. C. 101 作出任何拒绝,但会根据 35 U. S. C. 112 (a) 或 pre – AIA 35 U. S. C. 112 第一款作出拒绝。正如在判例 *Mowry v. Whitney*, 81 U. S. (14 Wall.) 620 (1871) 中指出的那样,事实上一项发明可能有很大的实用价值,即也许是"一项非常有用的发明",但是说明书可能仍然不能"使所属技术或科学领域有技能的人员"使用这项发明。参见 81 U. S. (14 Wall.) at 644。

2164.08 可实施性与权利要求的范围相称 (2013.11 修订)

所有可实施性的问题都针对请求保护的主题进行评估,审查的重点是权利要求范围内的所有内容是否都可实施。相应地,第一个分析步骤要求审查员准确地确定权利要求所包含的主题。参见 *AK Steel Corp. v. Sollac*, 344 F. 3d 1234, 1244, 68 USPQ2d 1280, 1287 (Fed. Cir. 2003) (在请求保护范围时,在该范围内必须具有合理的可实施性。在该案中的权利要求包括高达 10% 的硅重量含量,然而说明书中包括明确声明和强烈警告,超过 0.5% 的硅重量含量的铝涂层会导致涂层问题。这些声明表明更高的量将不会在请求保护的发明中奏效）。审查员应将权利要求视为一个整体，而不是在对其各部分进行分析，确定每一项权利要求的主题和所记载的内容。任何权利要求都不应被忽视。对于从属权利要求，应遵循 35 U. S. C. 112（d）或 pre – AIA 35 U. S. C. 112 第四款。这些款项规定"以从属形式提出的权利要求应解释为通过引用权利要求的所有限定来引入其所指的内容"，并要求从属权利要求进一步限定其要求保护的主题。

联邦巡回上诉法院反复强调，"说明书必须教导所属领域的技术人员如何在无需'过度实验'的情况下，充分利用请求保护的发明"。参见 *In re Wright*，999 F. 2d 1557，1561，27 USPQ2d 1510，1513（Fed. Cir. 1993）。然而，并不是所有实施本发明的必要条件都需要被公开。事实上，最好省略公知常识。参见 *In re Buchner*，929 F. 2d 660，661，18 USPQ2d 1331，1332（Fed. Cir. 1991）。必要的是，所属领域的技术人员能够实践请求保护的发明在假定的所属领域的知识和技能的水平下。此外，可实施性的范围必须与请求保护的范围仅仅具有"合理的相关性"。参见 *In re Fisher*，427 F. 2d 833，839，166 USPQ 18，24（CCPA 1970）。

对于权利要求的范围，相关的问题是通过公开提供给所属领域的技术人员的可实施性范围是否与权利要求请求保护的范围相称。参见 *AK Steel Corp. v. Sollac*，344 F. 3d1234，1244，68 USPQ2d 1280，1287（Fed. Cir. 2003）；*In re Moore*，439 F. 2d 1232，1236，169 USPQ236，239（CCPA 1971）。另参见 *Plant Genetic Sys., N. V. v. DeKalb Genetics Corp.*，315 F. 3d 1335，1339，65 USPQ2d 1452，1455（Fed. Cir. 2003）（发明声称的"先驱地位"与可实施性判定无关）。

根据权利要求的范围相对于可实施性问题的范围，拒绝意见的恰当性涉及（1）鉴于公开内容权利要求有多宽，和（2）所属领域的技术人员是否可以无需过度实验而制造和使用请求保护发明的整个范围。

一个可实施的说明书可以通过具体的示例或宽泛的术语来描述，公开的确切形式并不是决定性的。参见 *In re Marzocchi*，439 F. 2d 220，223 – 24 169 USPQ 367，370（CCPA 1971）。根据 35 U. S. C. 112 的规定由于一项权利要求的范围比公开的可实施范围更宽而作出的拒绝，就是根据 35 U. S. C. 112（a）或 pre – AIA 35 U. S. C. 112 第一款的规定而基于可实施性的拒绝，而不是根据 35 U. S. C. 112（b）或 pre – AIA 35 U. S. C. 112 第二款的规定基于明确性的拒绝。权利要求不会因为比公开的可实施范围更宽而根据 35 U. S. C. 112 被拒绝，是由于未包括对处理的因素的限定，而这些因素必然要被假定在所属领域的普通技能水平之内；当面对说明书和权利要求书的所属领域的技术人员认为这些因素是显而易见时，权利要求就不需要记载这些因素。参见 *In re Skrivan*，427F. 2d 801，806，166 USPQ 85，88（CCPA 1970）。人们不去看权利要求书，而是去看说明书，以找出如何实施请求保护的发明。参见 *W. L. Gore & Assoc., Inc. v. Garlock, Inc.*，721 F. 2d 1540，1558，220 USPQ 303，316 – 17（Fed. Cir. 1983）；*In re Johnson*，558 F. 2d 1008，1017，194 USPQ 187，195（CCPA 1977）。在判例 *In re Goffe*，542 F. 2d 564，567，191 USPQ 429，431（CCPA 1976）中，法院陈述道：

"为了提供有效的激励，权利要求必须充分保护发明者。要求第一个公开的人将他的权利要求限定到他所发现的将会起作用的内容中，或者限定到方法中符合指南规定的'优选'材料，如此处所述，都将不符合促进实用技术进步的宪法目的。"

在分析一个权利要求的可实施范围时，一定不能忽略说明书的教导，因为要给予权利要求与说明书一致且最宽泛的合理解释。"根据说明书解释权利要求并不意味着必须将说明书中的所有内容都解释进权利要求。"参见 *Raytheon Co. v. Roper Corp.*，724 F. 2d 951，957，220 USPQ 592，597（Fed. Cir. 1983），拒发调卷令，469 U. S. 835（1984）。

审查档案必须清楚，以便公众在专利公开时知晓专利权人的保护范围。如果权利要求的合理解释比说明书中的描述更宽泛，审查员有必要确保权利要求的全部范围是可实施的。说明书中的限定和示例通常不限制权利要求所涵盖的内容。在判例 *Amgen v. Chugai Pharm. Co.*，927 F. 2d 1200，18 USPQ2d 1016（Fed. Cir. 1991）中，权利要求的范围是一个考虑因素。在 *Amgen* 案中，授权的要求是针对编码蛋白质促红细胞生成素多肽类似物（EPO）的纯化 DNA 序列。法院指出：

"Amgen 未能制备出足够的 DNA 序列来支持其无所不包的权利要求……尽管说明书中对 EPO 基因的所有类似物都做了详尽的说明，但对特定的类似物及如何制造它们的可实施公开却很少。"

"只公开了制备少量 EPO 模拟基因的细节……该公开会很好地证明一个包含这些和相似的类似物的上位权利要求，但它并不足以支持 Amgen 想要请求保护所有 EPO 基因类似物。可能有许多其他的基因序列编码适于 EPO 型产品，但 Amgen 只告诉我们如何制造和使用其中的少数几种，因此没有资格请求保护它们的全部。"

参见 927 F. 2d at 1213 - 14，18 USPQ2d at 1027。然而，权利要求涉及纯化的和分离的 DNA 序列，其编码是一种特定名称的蛋白质，该蛋白质有明确具体的序列，以这些权利要求的范围比可实施的公开范围更广为理由而将它们驳回通常是不合适的，因为所属领域的技术人员可以很容易确定请求保护的任何一个实施例。

另参见 *In re Wright*，999 F. 2d 1557，1562，27 USPQ2d 1510，1513（Fed. Cir. 1993）（没有证据表明，一个技术人员能够执行为实践权利要求的全部范围所需的步骤，包括"引起任何动物对任何 RNA 病毒的免疫保护活动的任何和所有有生命的、非致病性的疫苗，以及制造这些疫苗的方法"）（原文强调）；*In re Goodman*，11 F. 3d 1046，1052，29 USPQ2d 2010，2015（Fed. Cir. 1993）（说明书未使得权利要求的宽范围可实施，该权利要求涉及在植物细胞中生产哺乳动物肽，因为说明书只包含一个在双子叶植物下位概念生产 γ 干扰素的示例，并且有证据表明，在申请递交之日，将哺乳动物肽编码成一个单子叶植物需要大量的实验）；*In re Fisher*，427 F. 2d 833，839，166 USPQ 18，24（CCPA 1970）（其中，申请人请求保护一种适合治疗关节炎的组合物，其效力"至少"为某一特定值。法院认为，该请求保护的范围与可实施的公开不相称，因为公开没有使得具有稍高效能的组合物成为可能。仅仅因为申请人是第一个获得超过某一阈值效能的合成物的人，不能证明或支持一项垄断所有超过该阈值的合成物的权利要求）；*In re Vaeck*，947 F. 2d 488，495，20 USPQ2d 1438，1444

(Fed. Cir. 1991)（鉴于在所涉及的生物技术领域中理解相对不完整，并且在狭窄的公开和宽泛的权利要求保护范围之间缺乏合理的相关性，因为缺乏可实施性而根据 U. S. C. 112（a）或 pre – AIA 35 U. S. C. 112 第一款拒绝是恰当的）。

如果拟驳回的决定是以可实施性在范围上与权利要求不相称作为理由，审查员应将其确定为可实施。

2164.08（a） 单一装置权利要求（2013.11 修订）

单一装置权利要求，即某一个装置没有与另一个装置相结合出现，则受制于根据 U. S. C. 112（a）或 pre – AIA 35 U. S. C. 112 第一款拒绝意见。参见 *In re Hyatt*，708 F. 2d 712，714 – 715，218 USPQ 195，197（Fed. Cir. 1983）（单一装置权利要求被认为在该权利要求的范围内不能实施，所述单一装置权利要求涵盖了每一种可想象的实现声称目的的装置，因为说明书最多只公开了发明者所知道的那些装置）。当权利要求取决于被记载的性能时，就有可能出现类似 *Hyatt* 案的事实情况，在这种情况下，权利要求涵盖了实现所述性能（结果）的所有可想象的结构（装置），而说明书最多只公开了发明人所知道的那些。

2164.08（b） 不可操作的主题（2012.08 修订）

在权利要求范围内存在不可操作实施例并不一定使该权利要求不可实施，判断的标准是，技术人员是否能够判决哪些已经构思但尚未制造的实施例将是不可操作的或是可操作的，而不需花费超过该领域通常的努力。参见 *Atlas Powder Co. v. E. I. du Pont de Nemours & Co.*，750 F. 2d 1569，1577，224 USPQ 409，414（Fed. Cir. 1984）（预言的示例不会使公开不可实施）。

尽管通常不可操作的实施例被权利要求的用语排除在外（如前序部分），但如果在确定可操作的实施例时涉及过度实验，则权利要求的范围仍不可实施。公开内容中有大量可操作的实施例及识别出单个不可操作的实施例，不会使权利要求的范围超出可实施的范围，因为在确定可操作的实施例时没有涉及过度实验。参见 *In re Angstadt*，537 F. 2d 498，502 – 503，190 USPQ214，218（CCPA 1976）。然而，当说明书没有清楚地识别出可操作的实施例，并且在确定可操作的实施例时涉及过度实验时，基于大量不可操作的实施例的权利要求将使权利要求不可实施。参见 *Atlas Powder Co. v. E. I. duPont de Nemours & Co.*，750 F. 2d 1569，1577，224 USPQ 409，414（Fed. Cir. 1984）；*In re Cook*，439 F. 2d 730，735，169 USPQ 298，302（CCPA 1971）。

2164.08（c） 权利要求缺乏关键特征（2012.08 修订）

一个特征在说明书中作为关键特征被教导，但未在权利要求中记载，这些权利要求会被依据 35 U.S.C. 112 中的可实施性条款而拒绝。参见 In re Mayhew，527 F. 2d 1229，1233，188 USPQ 356，358（CCPA 1976）。在确定一个未请求保护的特征是否重要时，必须考虑整个公开。仅仅是优选的特征不应被认为是关键的。参见 In re Goffe，542 F. 2d 564，567，191 USPQ 429，431（CCPA 1976）。

在不限制现有技术的情况下，将申请人限制在优选材料上，将不符合促进实用技术进步的宪法目的。因此，只有当说明书的语言明确指出该限定对于发明发挥其功能如预期的那样至关重要时，才应该基于权利要求中缺少已公开的关键限定的理由发出不可实施的拒绝意见。包括摘要在内的公开内容中的宽泛用语省略了一个所谓的关键特征，这个关键特征往往可以反驳关键性的争论。

2165 最佳实施方式的要求（2017.08 修订）

Ⅰ. 公开最佳实施方式的要求

35 U.S.C. 112（a）的第三项要求（适用于 2012 年 9 月 16 日或之后提交的申请）是：

"说明书……应当列出发明人或共同发明人所构思的、实施本发明的最佳方式。"

pre–AIA 35 U.S.C 112 第一款的第三项要求（适用于 2012 年 9 月 16 日之前提交的申请）是：

"说明书……应当列出发明人所构思的、实施其发明的最佳方式。"

最佳实施方式的要求是防止某些人企图在未按法律要求进行全面披露的前提下获得专利保护。这一要求不允许发明人仅披露他们所知晓的第二佳实施例，而自己保留最佳实施方式。参见 In re Nelson，280 F. 2d 172，126 USPQ 242（CCPA 1960）。

判断是否符合最佳实施方式要求需要进行两步调查。一是，必须判断在提交申请时，发明人是否拥有实施本发明的最佳方式。这是一项主观调查，侧重于发明人在提交申请时的心态。二是，如果发明人确实拥有最佳实施方式，则必须判断书面描述中是否公开了本领域技术人员可以实践的最佳实施方式。这是一项客观调查，侧重于要求保护的发明的范围和本领域的技术水平。参见 Eli Lilly & Co. v. Barr Labs. Inc.，251 F. 3d 955，963，58 USPQ2d 1865，1874（Fed. Cir. 2001）。即使发明人不是该最佳方式的发现者，所有的申请人也都必须为所要求保护的主题公开发明人所构思的最佳方式。

参见 Benger Labs. Ltd. v. R. K. Laros Co.，209 F. Supp. 639，135 USPQ 11（E. D. Pa. 1962）。

未公开最佳实施方式不需要达到主动隐瞒或存在不公平行为的程度才给予拒绝。如果发明人知晓能够成功再现所要求保护的发明的特定材料或方法，但并没有公开，那么就不满足最佳实施方式的要求。参见 Union Carbide Corp. v. Borg–Warner，550 F. 2d 355，193 USPQ 1（6th Cir. 1977）。

Ⅱ. 未依照 AIA 公开最佳实施方式的后果

《Leahy - Smith 美国发明法案》（AIA）15 条，公法部分 112 - 29，125 Stat. 284（2011 年 9 月 16 日）中，并没有删除 pre - AIA 35 U. S. C. 112 第一款关于公开最佳方式的要求（参见 35 U. S. C. 112（a）），但是从 2011 年 9 月 16 日起，其修订了 35 U. S. C. 282（专利无效或侵权诉讼中的抗辩的条款）的规定，未公开最佳方式不应成为一项专利的任何权利要求被撤销、视为无效或无法实施的依据。由于这一更改仅适用于专利确权或侵权程序，因此不会改变上述的当前用于评价申请是否符合 35 U. S. C. 112 最佳实施方式要求的专利审查实践。

在 2011 年 9 月 16 日前，对于在后提交并享受在先申请的申请日的发明，35 U. S. C. 119（e）和 120 条要求在后申请中要求保护的发明，在在先申请中应以 pre - AIA 35 U. S. C. 112 第一款规定的方式公开。《Leahy - Smith 美国发明法案》15 条也对 35 U. S. C. 119（e）和 120 条进行了修改，将上述要求更改为在先申请中的公开内容必须以 pre - AIA 35 U. S. C. 112 第一款规定的方式进行，"公开最佳方式的要求除外"。这一变化不应对专利审查程序产生明显影响。MPEP § 201.08 规定，无需确定在先申请中是否包含符合 pre - AIA 35 U. S. C. 112 第一款规定的在后申请中要求保护的发明，除非在先申请的申请日确实是必要的（如为了排除对比文件）。如果在先申请看起来并未披露实施所要求保护的发明的最佳方式，并且在先申请的申请日确实是必要的，则审查员应当咨询其主管。35 U. S. C. 119（e）和 120 的进一步修订对 2012 年 9 月 16 日及之后提交的申请生效，以遵循 35 U. S. C. 112（a）而非 pre - AIA 35 U. S. C. 112 第一款。

2165.01 与最佳方式相关的考虑（2013.11 修订）

Ⅰ. 确定本发明是什么

确定本发明是什么——该发明限定在权利要求中。说明书不需要阐述与发明本质无关的细节。参见 *In re Bosy*，360 F. 2d 972，149 USPQ 789（CCPA 1966），以及 *Northern Telecom Ltd. v. Samsung Elec. Co.*，215 F. 3d 1281，55 USPQ2d 1065（Fed. Cir. 2000）（未要求保护的、与实施要求保护的发明无关的内容，不适用最佳方式要求）；*Eli Lilly & Co. v. Barr Lab. Inc.*，251 F. 3d 955，966，58 USPQ2d 1865，1877（Fed. Cir. 2001）（专利权人未就一常规细节的完成公开未要求保护的最佳方式，这并不违反最佳方式要求，因为本领域技术人员知晓用于实现常规细节的替代方式，其仍可获得所要求保护的发明的最佳方式）。

Ⅱ. 无须具体实例

对于具体实例的公开，并没有法定要求——专利说明书并不旨在或被要求作为一份生产说明书。参见 *In re Gay*，309 F. 2d 768，135 USPQ 311（CCPA 1962）。

缺少具体的工作实例并不是未公开最佳方式所必须的证据，具有具体的工作实例也并不能证明其公开了最佳方式。最佳方式可以由优选范围内的条件或反应物组表示。参见 *In re Honn*, 364 F. 2d 454, 150 USPQ 652（CCPA 1966）。

III. 无须指定最佳方式

法令未要求申请人指出他们认为哪些实施方案是最佳的；公开中包括申请人所认定的最佳方式就足以满足法令。参见 *Ernsthausen v. Nakayama*, 1 USPQ2d 1539（Bd. Pat. App. & Inter. 1985）。

IV. 无须更新最佳方式

无须根据基于 35 U. S. C. 119 的外国优先权申请更新最佳方式。参见 *Standard OH Co. v. Montedison*, *S. p. A*., 494 F. Supp. 370, 206 USPQ 676（D. Del. 1980）（在意大利优先权日和美国申请日之间开发出了更好的催化剂）。此外，没有必要对声称享有基于 35 U. S. C. 119（e）或 120 在先申请日的申请更新最佳方式，这表明在先申请中公开的内容必须以 35 U. S. C. 112（a）或 pre – AIA 35 U. S. C. 112 第一款规定的方式进行，"除了要求披露最佳方式之外"。参见 MPEP § 2165 第 II 节。

V. 最佳方式中的缺陷不能用新内容弥补

如果发明人在提交申请时考虑的最佳方式没有被公开，则不能通过提交修改来试图将那些需要在原始提交专利申请时包括的内容加入说明书以解决这一缺陷。参见 *In re Hay*, 534 F. 2d 917, 189 USPQ 790（CCPA 1976）。

任何拟作出的此类修订（增加实施发明的具体方式，其未在原始提交的申请中描述）均应被视为新内容。基于 35 U. S. C. 112 和 251 的新内容应当被质疑，并同时要求删除新内容。

2165.02 最佳方式要求与可实施性要求之比较（2013.11 修订）

最佳方式要求与基于 35 U. S. C. 112（a）或 pre – AIA 35 U. S. C. 112 第一款的可实施性要求两者是独立且不同的。参见 *In re Newton*, 414 F. 2d 1400, 163 USPQ 34（CCPA 1969）。

35 U. S. C. 112 的最佳方式条款并不针对申请人未能提出任何方式的情况——这种情况等同于不可实施。参见 *In re Glass*, 492 F. 2d 1228, 181 USPQ 31（CCPA 1974）。

可实施性要求试图将权利要求的主题普遍地置于公众手中。但是，如果申请人所开发的特定工具或技术在提交申请时被申请人认定为实施发明的最佳方式，那么最佳方式要求同时将向公众披露上述信息认定为申请人的义务。参见 *Spectra – Physics, Inc. v. Coherent, Inc.*, 821 F. 2d 1524, 3 USPQ 2d 1737（Fed. Cir.），拒发调卷令，484 U. S. 954（1987）。

2165.03 对因缺少最佳方式而作出拒绝的要求（2013.11 修订）

Ⅰ．推定最佳方式已被披露，除非有相反的证据

审查员应推定申请中已披露最佳方式，除非有证据表明与该推定不一致。单方诉讼程序中，能够以最佳方式作为理由合理拒绝极为罕见。审查员几乎不能获得必要的信息，以构成未提出最佳方式而作出拒绝的基础，不过该信息在双方诉讼程序中却经常被发现。

Ⅱ．审查员必须确定发明人是否知道某种方式比另一种方式更优，如结果为是，则所公开的内容是否足以使本领域普通技术人员能够实践最佳方式

根据在 *Chemcast Corp. v. Arco Indus.*，913 F. 2d 923，16 USPQ2d 1033（Fed. Cir. 1990）案中法院采用的方法，正确的最佳方式分析由两部分组成：

（A）判断在提交申请时，发明人是否知晓实施所要求保护的发明的某一方式优于任何其他方式。

第一部分是主观调查，因为其侧重于申请提交时发明人的心态。除非审查员有证据表明发明人掌握的信息：

（1）在申请提交时；

（2）存在某种方式，发明人认为其比其他方式更好。

否则没有理由进入第二部分，也不存在正当的基础支持最佳方式的拒绝。如果事实满足第一部分，此时才分析第二部分：

（B）将（A）中获知的内容与所公开的内容进行对比——该公开内容是否足以使本领域技术人员能够实施最佳方式？

在此部分，评估公开的充分性主要是客观调查，其取决于本领域的技术水平。说明书公开中包含的信息是否足以使相关领域的技术人员能够制造和使用最佳方式？

只有当第一部分调查结果为肯定、第二部分调查结果为否定且有理由证明相关的说明书内容不可实施最佳方式时，以最佳方式拒绝才是正当的。

2165.04 隐瞒的证据示例（2017.08 修订）

在判断最佳方式公开的充分性时，仅考虑（无意或有意）隐瞒的证据。所述证据必须倾向于表明申请人的最佳方式公开的质量非常差，以至于实际上造成了隐瞒。

Ⅰ．示例——满足最佳方式要求

在一件案例中，即使发明人构思最佳方式所拥有的信息比公开的（已知的计算机程序）更多，说明书仍被认定为以某种形式对最佳方式作出了描述，所述形式仅需要应用常规技能编制一个可行的数字计算机程序就够了。参见 *In re Sherwood*，613 F. 2d 809，204 USPQ 537（CCPA 1980）。

在另一案例中，要求保护的主题是一个时间控制的恒温器，但是该申请没有公开在商业实施例中使用的特定"Quartzmatic"石英电机。法院得出结论，未公开商用电机并不构成隐瞒，因为类似的时钟电机广泛可得且被广而告之。没有证据表明特定的"Quartzmatic"电机除价格之外存在其他优越之处。参见 *Honeywell v. Diamond*，499 F. Supp 924，208 USPQ 452（D. D. C. 1980）。

尽管发明人没有公开他所使用的计算塑料棒拉伸率的唯一方式，但仍然认为没有违反最佳方式要求，因为在申请提交时，这一方式已经被本领域普通技术人员所采用。参见 *W. L. Gore & Assoc.，Inc. v. Oarlock Inc.*，721 F. 2d 1540，220 USPQ 303（Fed. Cir. 1983）。

专利权人未在说明书中公开"执行已知操作的已知方式"来实践所要求保护的发明时，不违反最佳方式要求。"在缺少故意隐瞒信息意图的证据的情况下，不应将执行已知操作的方式视为故意隐瞒。"参见 *High Concrete Structures Inc. v. New Enter Stone & Lime Co.*，377 F. 3d 1379，1384，71 USPQ2d 1948，1951（Fed. Cir. 2004）。说明书并非有意地未公开使用起重机来支撑获得专利的框架以实施装载和倾斜该框架的方法，被认为不违反最佳方式要求，因为本领域普通技术人员会知晓并使用起重机来移动重物。"无意遗漏那些本领域技术人员易于知晓的信息，不违反 35 U. S. C. 112 的最佳方式要求。"

如果没有证据表明发明人使用的单克隆抗体与根据说明书中描述的方法获得的单克隆抗体不同，则不违反最佳方式要求。毫无争议，发明人通过遵循说明书中发明人优选的步骤获得本发明中使用的抗体，并且说明书中报告的数据是用于发明人实际使用的抗体。参见 *Scripps Clinic and Research Found. v. Genentech，Inc.*，927 F. 2d 1565，18 USPQ 2d 1001（Fed. Cir. 1991）。

如果一种生物体的创造是通过将遗传物质注入到从通用资源中获得的细胞中，则满足最佳方式要求所需的仅仅是对实施该发明的方法作允分描述，而不是保藏这些细胞。至于没有科学家曾经精确复制申请人所使用的细胞，法院认为问题在于公开是否充分，而不是精确复制是否必要。参见 *Amgen，Inc. v. Chugai Pharm. Co.*，927 F. 2d 1200，18 USPQ 2d 1016（Fed. Cir. 1991）。

律师认为可以从说明书公开的每个类似物"都令人惊讶且出乎意料地比对应的前列腺素之一更有用……至少为某一药理学目的"这一内容中推断出存在隐瞒，但法院认为其没有违反最佳方式要求。争辩意见认为上诉人必然已经拥有了测试结果来证实这一声明，而这些数据应该被公开。法院总结道，从对这些新型类似物日益增加的可选择性和日益缩减的效力范围进行的一般性声明中，不能推断出存在隐瞒，这些结论可以从类似物的基本药理学试验中得出。参见 *In re Bundy*，642 F. 2d 430，435，209 USPQ 48，52（CCPA 1981）。

Ⅱ. 示例——不满足最佳方式要求

如果一种激光的发明人未公开其优选的 TiCuSil 钎焊方法的细节，所述钎焊方法不包含在现有技术中,并且与文献中包含的 TiCuSil 使用标准相反,那么认为其违反了最佳方式要求。参见 *Spectra - Physics*, *Inc. v. Coherent*, *Inc.*, 827 F. 2d 1524, 3 USPQ 2d 1737 (Fed. Cir. 1987)。

违反最佳方式要求是因为发明人未公开是否使用了他所知晓的、为了使其发明取得满意性能而必需的某种特定表面处理,尽管该处理本身在本领域是已知的。仅通过参考现有技术中已知内容来满足最佳方式要求的论点被认为是不正确的。参见 *Dana Corp. v. IPC Ltd. P'ship*, 860 F. 2d 415, 8 USPQ2d 1692 (Fed. Cir. 1988)。

2166 - 2170(预留)

2171 对权利要求的两项单独的要求,基于 35 U. S. C. 112(b)或 Pre - AIA 35 U. S. C. 112 第二款(2013.11 修订)

35 U. S. C. 112 说明书

……

(b)结论。说明书应当以一个或多个权利要求作为结束,这些权利要求具体指出并明确要求发明人或共同发明人认作其发明的主题。

……

Pre - AIA 35 U. S. C. 112 说明书

……

说明书应当以一个或多个权利要求作为结束,这些权利要求具体指出并明确要求申请人认作其发明的主题。

35 U. S. C. 112(b)和 pre - AIA 35 U. S. C. 112 第二款提出了两个独立的要求,即:

(A)权利要求必须阐明发明人或共同发明人认作是其发明的主题;和

(B)权利要求必须分别指出并明确界定授权专利所保护的主题的界限。

第一个要求是主观的要求,因为它取决于发明人或共同发明人将什么认作其发明。请注意,虽然在 pre - AIA 35 U. S. C. 112 第二款使用的表达是"那些申请人认作是其发明",但是根据 pre - AIA 37 CFR 1.41(a)的规定,专利申请人是实际发明人。

第二个要求是客观的要求,因为它不依赖于发明人或任何特定个人的观点,而是在评估权利要求是否明确的背景下进行评估,即对于一个假设拥有相关领域普通技术水平的人而言,权利要求的范围是否清楚。

尽管审查程序的一个基本目的是判断权利要求是否定义了相对于现有技术既具备新颖性又具备非显而易见性的发明,但专利审查的另一个基本目的是确定权利要求是否精确、清楚、正确且无含混不清之处。在审查过程中,应尽可能消除权利要求范围的不确定性。

审查过程调查的是发明人或共同发明人所认为的其发明的可专利性。如果权利要求没有具体指出并明确要求发明人或共同发明人认作的发明，则审查员所作出的合理行为是以 35 U. S. C. 112（b）或 pre – AIA 35 U. S. C. 112 第二款拒绝权利要求。参见 *In re Zletz*，893 F. 2d 319，13 USPQ2d 1320（Fed. Cir. 1989）。如果拒绝是基于 35 U. S. C. 112（b）或 pre – AIA 35 U. S. C. 112 第二款，则审查员应进一步解释该拒绝是基于不明确性，还是基于发明人或共同发明人未要求其认作的发明。参见 *Ex parte Ionescu*，222 USPQ 537，539（Bd. Pat. App. & Inter. 1984）。

2172 被发明人或共同发明人认作其发明的主题（2013.11 修订）

Ⅰ．审查的焦点

因不满足该要求作出的拒绝，仅当发明人在申请文件以外声明了发明与权利要求所定义的内容不同时才是正当的。换句话说，在没有相反证据的情况下，必须推定权利要求中提出的发明是发明人或共同发明人认作的发明。参见 *In re Moore*，439 F. 2d 1232，169 USPQ 236（CCPA 1971）。

Ⅱ．相反的证据

表明权利要求与发明人认作的发明范围不一致的证据，可以在如申请人所提交的简报或备注中所包含的论点或自认（参见 *Solomon v. Kimberly – Clark Corp.*，216 F. 3d 1372，55 USPQ2d 1279（Fed. Cir. 2000），以及 *In re Prater*，415 F. 2d 1393，162 USPQ 541（CCPA 1969）），或者在根据 37 CFR 1.132 提交的宣誓书中找到（参见 *In re Cormany*，476 F. 2d 998，177 USPQ 450（CCPA 1973））。说明书的内容不作为证明权利要求的范围与发明人认作发明的主题不一致的证据。正如案件 *In re Ehrreich*，590 F. 2d 902，200 USPQ 504（CCPA 1979）中所提到的，对权利要求和说明书一致与否的考虑，仅适用于 35 U. S. C. 112（a）或 pre – AIA 35 U. S. C. 112 第一款，与是否符合 35 U. S. C 112（b）或 pre – AIA 35 U. S. C. 112 第二款无关。

Ⅲ．允许转入权利要求

35 U. S. C. 112（b）或 pre – AIA 35 U. S. C. 112 第二款中并未禁止发明人或共同发明人在申请未决期间改变其认作的发明。参见 *In re Saunders*，444 F. 2d 599，170 USPQ 213（CCPA 1971）（允许就请求保护的主题提出权利要求并提交比较性证据，所述主题最初只是更宽泛的权利要求（针对方法）中的优选实施方案）。对于继续申请，其权利要求针对的是母案在申请时未作为发明的一部分主题这一事实，并不影响继续申请基于 35 U. S. C. 120 享受母案申请日这一权益。参见 *In re Broker*，433 F. 2d 813，167 USPQ 684（CCPA 1970）。

2172.01 未请求保护的必要内容（2013.11 修订）

一项权利要求省略了在说明书中或在审查档案的声明中对发明必不可少的内容，则可以根据 35 U. S. C. 112（a）或 pre – AIA 35 U. S. C. 112 第一款基于不能实现而拒绝。参见 *In re Mayhew*，527 F. 2d 1229，188 USPQ 356（CCPA 1976），另见 MPEP §2164.08（c）。这些必要内容包括所缺失的、被申请人描述为实施发明所必需的要素、步骤或要素之间的必要结构性协同关系。

此外，一项权利要求未将申请人在说明书中定义为发明的必要要素关联起来，也可依据 35 U. S. C. 112（b）或 pre – AIA 35 U. S. C. 112 第二款拒绝，因为它未指出也未明确请求保护的发明。参见 *In re Venezia*，530 F. 2d 956，189 USPQ 149（CCPA 1976）及 *In re Collier*，397 F. 2d 1003，158 USPQ 266（CCPA 1968）。参见 *Ex parte Nolden*，149 USPQ 378，380（Bd. Pat. App. & Inter. 1965）（"对于具备可专利性的组合发明而言，请求保护的装置各要素之间相互依存或所有要素同时运作以取得预期结果并不是必需的"），以及 *Ex parte H – uber*，148 USPQ 447，448 – 49（Bd. Pat. App. & Inter. 1965）（一项权利要求的各个要素不同时发挥作用、功能不直接相关、不直接相互作用和/或服务于各自目的，并不必然不符合 35 U. S. C. 112 第二款的规定）。

2173 权利要求必须具体指出并明确请求保护其发明（2013.11 修订）

通过明确向公众告知受专利授权保护的发明主题边界来优化专利质量，促进了创新和竞争力。相应地，提供高质量专利是专利局的指导原则之一。专利局认识到，发布具有清晰和明确的权利要求语言的专利是提升专利质量和提高专利程序可信度的关键性因素。

35 U. S. C. 112（b）或 pre – AIA 35 U. S. C. 112 第二款要求专利申请说明书应对一项或多项权利要求给出结论，具体指出并明确请求申请人认作发明的主题。按照专利审查用语，权利要求的语言必须"明确"以符合 35 U. S. C. 112（b）或 pre – AIA 35 U. S. C. 112 第二款的要求。相反，不符合 35 U. S. C. 112（b）或 pre – AIA 35 U. S. C. 112 第二款要求的权利要求是"不明确"的。

对权利要求语言的明确性提出要求的首要目的，是确保权利要求的范围是清晰的，以便公众了解专利侵权的边界。次要目的是为申请人认作的发明提供清晰的度量，以便确定请求保护的发明是否满足所有可专利性标准以及说明书是否满足 35 U. S. C. 112（a）或 pre – AIA 35 U. S. C. 112 第一款对请求保护的发明的要求。

授权专利的权利要求是明确的，能够清晰、准确地告知本领域技术人员受保护主题的边界，这一点是最重要的。因此，不符合这一标准的权利要求必须根据 35

U. S. C. 112（b）或 pre – AIA 35 U. S. C. 112 第二款基于不明确予以拒绝。这种拒绝要求申请人通过解释其用语为何是明确的或者通过修改权利要求来答复，从而使授权前关于权利要求边界的审查档案足够清晰。由于不明确性作出的拒绝，要求申请人通过解释其用语具备明确性的原因或通过修改权利要求来答复，因此这种拒绝必须清楚地指出导致权利要求不明确的用语并充分解释拒绝的理由。

2173.01 解释权利要求（2017.08 修订）

编者按：MPEP 的这部分内容仅适用于符合 AIA 发明人先申请制（FITF）规定的申请，除非请求保护的发明的相关日期以"有效申请日"取代"发明日"，后者只适用于符合 pre – AIA 35 U. S. C. 102 的申请。参见 35 U. S. C. 100（定义）和 MPEP § 2150 及其下属章节。

35 U. S. C. 112（b）或 pre – AIA 35 U. S. C. 112 第二款的基本原则是，申请人是其自己的词典编纂者。他们可以在权利要求中以他们选择的任何术语来定义他们认作的发明，只要在说明书中明确阐述赋予术语的任何特定含义即可。参见 MPEP § 2111.01。申请人可以使用功能性语言、替代性表达、否定性限制或任何表达方式或权利要求的格式来明确其要求保护的主题的边界。正如法院在 *In re Swinehart*，439 F. 2d 210，160 USPQ 226（CCPA 1971）案中所指出的那样，权利要求不能仅仅因为用于定义寻求专利保护的主题的语言的表达方式而被拒绝。

I. 最宽泛合理解释

审查权利要求的第一步是判断语言是否明确，从而能充分理解本申请所公开的发明的主题，并确定权利要求所涵盖的该主题的边界。在审查过程中，必须像本领域普通技术人员那样，赋予一项权利要求与说明书一致的最宽泛的合理解释。这是因为，在审查过程中，申请人是有机会修改权利要求的，对权利要求进行最宽泛合理解释，将减少权利要求授权后被解释得比已证明合法的范围更宽泛的可能性。参见 *In re Yamamoto*，740 F. 2d 1569，1571，222 USPQ 934，936（Fed. Cir. 1984），及 *In re Zletz*，893 F. 2d 319，321，13 USPQ2d 1320，1322（Fed. Cir. 1989）（"在专利审查期间，未决的权利要求须在其术语合理允许的范围内被尽可能宽泛地解释"）。对一项权利要求的含义调查的关键应当在于从本领域普通技术人员的角度来看是否合理。参见 *In re Suitco Surface，Inc.*，603 F. 3d 1255，1260，94 USPQ2D 1640，1644（Fed. Cir. 2010）以及 *In re Buszard*，504 F. 3d 1364，84 USPQ2d 1749（Fed. Cir. 2007）。在 *Buszard* 案中，权利要求涉及一种包含软质聚氨酯泡沫反应混合物的阻燃组合物。参见 *Buszard*，504 F. 3d at 1365，84 USPQ2d at 1749。联邦巡回上诉法院认为，专利诉讼和冲突委员会对权利要求的解释将"柔性"泡沫等同于压碎的"刚性"泡沫是不合理的。参见 1367，84 USPQ2d at 1751。有说服力的争辩提出，在聚氨酯泡沫领域经验丰富的人员知道，柔性混合物与刚性泡沫混合物是不同的。参见 1366，84 USPQ2d at 1751。对最宽泛合理解释的完整讨论，参见 MPEP § 2111。

根据最宽泛合理解释，应当赋予权利要求中的术语普通含义，除非该普通含义与说明书不一致。术语的普通含义是指本领域普通技术人员在本发明作出时，该术语所具有的通常和惯有的含义。术语的通常和惯有含义可以通过多种资源佐证，包括权利要求本身的用词、说明书、附图及现有技术。但是，确定权利要求术语含义的最佳资源还是说明书——将说明书作为权利要求的术语词汇表，清楚程度是最高的。术语具有通常和惯有含义的这一推定，可以由申请人在说明书中明确规定该术语具有不同定义给予反证。参见 *In re Morris*，127 F. 3d 1048，1054，44 USPQ2d 1023，1028（Fed. Cir. 1997）（USPTO 通过考虑书面描述中所包含的定义或其他 "启示" 来寻找权利要求术语的通常用法）；然而与之相比，参见 *In re Am. Acad. of Sci. Tech. Ctr*，367 F. 3d 1359，1369，70 USPQ2d 1827，1834（Fed. Cir. 2004）（"我们已经警告不要以说明书描述的优选实施例限定权利要求，即使它是所描述的唯一实施例，且在说明书中没有明确放弃该实施例的表示"）；*In re Bigio*，381 F. 3d 1320，1325，72 USPQ2d 1209，1211（Fed. Cir. 2004）（争议权利要求包含 "毛刷"。法院维持了委员会拒绝从说明书中引入该术语仅适用于头皮这一限定的意见。"法院忠告专利商标局避免仅仅根据说明书行文来限定宽泛的权利要求术语的倾向"）。当说明书与权利要求语言能够清晰对应时，权利要求的范围更容易确定，并能最好地达成权利要求的公示作用。对权利要求语言的普通含义的完整讨论，请参阅 MPEP § 2111.01。

如果已经发出的审查意见中对权利要求术语使用了其普通含义，申请人可以指出该术语已被赋予特殊定义。由于推定权利要求的术语具有普通含义，而特殊定义的使用属于例外情况，因此申请人必须指出所提交的说明书中在何处清楚且有意地使用了权利要求术语的特殊定义，以使得该术语能够被视为具有该特殊定义。

申请人在申请日之后不得再增加或否认一种特殊定义。但是，申请人可以在备注中指出或解释所提交的说明书在何处包含有特殊定义或否认该特殊定义。

II. 判断权利要求的每项限定是否援用 35 U. S. C. 112（f）或 Pre – AIA 35 U. S. C. 112 第六款

作为权利要求解释分析的一部分，审查员应确定每项限定是否援用 35 U. S. C. 112（f）或 pre – AIA 35 U. S. C. 112 第六款。如果权利要求的限定援用 35 U. S. C. 112（f）或 pre – AIA 35 U. S. C. 112 第六款，则权利要求的限定必须 "被解释为涵盖说明书中描述的相应结构、材料或行为及其等同物"。参见 35 U. S. C. 112（f）和 pre – AIA 35 U. S. C. 112 第六款；另见 *In re Donaldson Co.*，16 F. 3d 1189，1193，29 USPQ2d 1845，1849（Fed. Cir. 1994）（全体法官出席）（"法院认为在适用第六款时，不需要考虑上下文是否出现对装置加功能类型语言文字的解释，即无论是作为专利商标局判断可专利性的一部分，还是作为法院进行确权或侵权判定的一部分，均这样思考"）。有关判断限定是否援用 35 U. S. C. 112（f）或 pre – AIA 35 U. S. C. 112 第六款，以及 "装置（步骤）加功能"类型权利要求限定的更多信息，请参阅 MPEP§2181 第 I 节。

2173.02 判断权利要求的语言是否明确（2017.08 修订）

编者按：MPEP 的这部分内容仅适用于符合 AIA 发明人先申请制（FITF）规定的申请，除非请求保护的发明的相关日期以"有效申请日"取代"发明日"，后者只适用于符合 pre – AIA 35 U. S. C. 102 的申请。参见 35 U. S. C. 100（定义）和 MPEP§2150 及其下属章节。

在审查期间，申请人有机会并有义务修改含糊不清的权利要求，以清楚、准确地界定要求保护的发明边界。权利要求使得公众知晓专利权利所排除的范围。参见 *Johnson & Johnston Assoc. Inc. v. R. E. Serv. Co*，285 F. 3d 1046，1052，62 USPQ2d 1225，1228（Fed. Cir. 2002）（全体法官出席）。正如联邦巡回上诉法院在 *Halliburton Energy Servs.*, *Inc. v. M – ILLC*，514 F. 3d 1244，1255，85 USPQ2d 1654，1663（Fed. Cir. 2008）案中所述：

"我们注意到，专利撰写者处于解决专利权利要求模糊性的最佳位置，专利审查员非常希望申请人在适当的情况下这样做，以便在审查期间对专利完成修改，而不是到诉讼阶段才试图解决含糊不清的问题。"

根据 35 U. S. C. 112（b）或 pre – AIA 35 U. S. C. 112 第二款所作出的权利要求是否不明确的决定，需要判断本领域技术人员是否能够基于说明书解读出权利要求要求保护的内容。参见 *Power – One*，*Inc. v. Artesyn Techs Inc.*，599 F. 3d 1343，1350，94 USPQ2d 1241，1245（Fed. Cir. 2010）及 *Orthokinetics*，*Inc. v. Safety Travel Chairs*，*Inc.*，806 F. 2d 1565，1 USPQ2d 1081（Fed. Cir. 1986）。在 *Orthokinetics* 案中，一项涉及轮椅的权利要求包括表述为"尺寸如此设计以便能够插入一辆汽车的门框与其中一个座椅之间的空间"，参见 806 F. 2d at 1568，1 USPQ2d at 1082。法院认为，这一表述的准确性与主题所允许的程度一致，因为汽车是具有各种尺寸的（*Id*. at 1576，1 USPQ2d at 1088）。"只要本领域普通技术人员知晓，尺寸大小可以容易地获得，则足以满足§112 第二款的要求。"正如相关领域的普通技术人员所理解的，权利要求的术语通常被赋予通常和惯有的含义，并且特定术语通常被理解的含义可以因技术领域而异。因此，从相关领域的技术人员的角度来基于申请的说明书分析权利要求非常重要，因为在一件专利或申请中使用的特定术语在其他申请中可能含义不同。参见 *Medrad*，*Inc. v. MRI Devices Corp.*，401 F. 3d 1313，1318，74 USPQ2d 1184，1188（Fed. Cir. 2005）。

I. 在审权利要求与已授权专利的权利要求的解释方式不同

在涉及侵权和确权的诉讼中，专利的权利要求不作最宽泛合理解释，并且其可基于完整的审查档案解读。尽管专利的权利要求"无法达到绝对精确"，但明确性仍然要求"强制性的清楚"。参见 *Nautilus*，*Inc. v. Biosig Instruments*，527 U. S.，_，134

S. Ct. 2120，2129，110 USPQ2d 1688，1693（2014）。除非根据说明书和审查历史解释的权利要求未能"以合理的确定性向本领域技术人员告知本发明的范围"，否则法院不会认为专利的权利要求不具备明确性（*Id.* at 1689）。

在对专利申请审查期间，专利局对权利要求的解释方式与法院不同。参见 *In re Packard*，751 F. 3d 1307，1312，110 USPQ2d 1785，1788（Fed. Cir. 2014）和 *In re Morris*，127 F. 3d 1048，1054，44 USPQ2d 1023，1028（Fed. Cir. 1997）以及 *In re Zletz*，893 F. 2d 319，321-22，13 USPQ2d 1320，1321-22（Fed. Cir. 1989）。专利局通过在审查期间对权利要求作出最宽泛合理解释来解释权利要求，以期对申请人预期保护的内容建立清楚的审查档案。在审查期间对权利要求这样解释，可以有效地将对模糊性的判断降低到比法院裁决更低的限度。参见 *Packard*，751 F. 3d at 1323-24，110 USPQ2d at 1796-97（Plager，J.，附议）。但是，申请人能够在审查期间修改权利要求以确保语言的含义在授权前达到清楚明确，或者能够提出有说服力的解释（必要时提供证据）以说明本领域普通技术人员不会认为权利要求的语言不清楚。参见 *In re Buszard*，504 F. 3d 1364，1366，84 USPQ2d 1749，1750（Fed. Cir. 2007）（在审查期间对权利要求作出最宽泛合理解释"有助于在申请阶段对权利要求进行明确和澄清"）；另见 *In re Yamamoto*，740 F. 2d 1569，1571，222 USPQ 934，936（Fed. Cir. 1984）及 *In re Zletz*，893 F. 2d 319，322，13 USPQ2d 1320，1322（Fed. Cir. 1989）。

关于审查过程中解释权利要求的详细讨论，请参阅 MPEP §2111 及下辖章节。由于专利档案在审查中是不断完善并不固定的，所以门槛更低也可适用，代理机构并不依赖其来解释权利要求。参见 *Packard*，751 F. 3d at 1325（Plager，J.，附议）；*Burlington Indus. Inc. v. Quigg*，822 F. 2d 1581，1583，3 USPQ2d 1436，1438（Fed. Cir. 1987）（司法中的权利要求解释问题，如出现在专利授权后、侵权诉讼期间，是没有余地像在专利商标局对未决权利要求进行的审查那样，任何含糊不清的或过宽的范围都可以通过仅仅改变权利要求来纠正的"）。

在审查过程中，在对权利要求作出最宽泛合理解释后，如果权利要求所要求保护的发明的界限不清楚，则该权利要求是不明确的，应当予以拒绝。参见 *Packard*，751 F. 3d at 1310（"当 USPTO 最初发布了一份有充分根据的拒绝意见，其中指出了权利要求中的语言在描述和定义权利要求的发明时是如何模棱两可、模糊、不连贯、晦涩难懂或以其他方式不清楚，此后，申请人如未能提供令人满意的答复，则 USPTO 能够正当地拒绝权利要求，理由是其不符合 35 U. S. C. 112（b）的法定要求"），以及参见 *Zletz*，893 F. 2d at 322，13 USPQ2d at 1322。例如，如果根据最宽泛合理解释，一项权利要求的语言使得相关领域的普通技术人员能够解读出一种以上的合理解释，则根据 35 U. S. C. 112（b）或 pre-AIA 35 U. S. C. 112 第二款的规定拒绝该权利要求是正当的。然而需要提醒审查员的是，不要将权利要求的宽泛性和权利要求的不明确性相混淆。对于宽泛的权利要求，当其范围被清晰地定义时，并不能仅仅因为其包含了宽泛的主题范围而认为是不明确的。相反地，当要求保护的主题的边界未被明确清楚地定义，其范围也不清楚时，权利要求就是不明确的。例如，一个涵盖多个下位概念的上位权利要求很宽泛，但并非不明确，因为其宽度范围是清楚的。但是，如果一个上位权利要求可以被解释为不清楚其涵盖了哪些下位概念，则该权利要求是不明确的（例如，因为对该权利要求中包含哪些下位概念有不止一种合理的解释）。关于判断马库什权利要求是否满足 35 U. S. C. 112（b）或 pre – AIA 35 U. S. C. 112 第二款的要求，请参阅 MPEP § 2173.05（h）第 I 节。

II. 清楚性和准确性的门槛要求

审查员在审查是否符合 35 U. S. C. 112（b）或 pre – AIA 35 U. S. C. 112 第二款关于明确性的要求时，重点是看权利要求是否符合成文法所规定的清楚性和准确性的门槛要求，而并非是否存在更合适的语言或表达方式。当审查员确信申请已公开了可专利的主题，并且审查员很清楚权利要求是指向所述可专利的主题时，审查员应当允许以具有所需程度的特定性和特殊性来定义可专利的主题。只要满足 35 U. S. C. 112（b）或 pre – AIA 35 U. S. C. 112 第二款的要求，就应当允许表达方式和术语的适用性有一定的自由度。鼓励审查员向申请人建议权利要求的语言，以提高所使用语言的清楚性或准确性，但当申请人选择的其他表达方式也符合法定要求时，不应坚持自己的偏好。

与这一要求相关的重要调查是看权利要求是否以合理程度的清楚性和特殊性来规定和限制特定的主题。"正如法定语言中所使用的'特定性'和'特殊性'所表明的那样，权利要求的术语必须清楚地表达，而不是模棱两可、模糊和不明确的。告知公众哪些属于专利保护的范围以及哪些不属于专利保护的范围的正是权利要求。"参见 *Packard*, 751 F. 3d at 1313。分析权利要求语言的确定性不能毫无依据，而必须根据：

（A）本申请公开的内容；
（B）现有技术的教导；和
（C）由具有相关领域的普通技术水平的人在本发明作出时对权利要求的解释。

在审查权利要求是否符合 35 U. S. C. 112（b）或 pre – AIA 35 U. S. C. 112 第二款的要求时，审查员必须将该权利要求作为一个整体来考虑，以判断该权利要求是否向本领域普通技术人员告知了其范围，通过明确警告他人哪些内容构成对专利的侵权，以完成 35 U. S. C. 112（b）或 pre – AIA 35 U. S. C. 112 第二款所要求的公示功能。参见 *Solomon v. Kimberly – Clark Corp.*, 216 F. 3d 1372, 1379, 55 USPQ2d 1279, 1283（Fed. Cir. 2000）。另见 *In re Larsen*, 10 Fed. App'x 890（Fed. Cir. 2001）（*Larsen* 案中权利要求的前序部分只引用了一个衣架和一个环，但权利要求的主体部分正面引用了一个线性组件。法院认为权利要求的所有限定及其相互作用关系必须作为一个整体来考虑，以确定发明人对现有技术的贡献。基于对该权利要求整体的审查，法院得出结论，认为争议中的权利要求向本领域普通技术人员告知了其保护范围，因此提供了 35 U. S. C. 112 所要求的公示功能）。

如果权利要求的语言使得本领域普通技术人员不能解释权利要求的边界以便理解如何避免侵权，则根据 35 U. S. C. 112（b）或 pre – AIA 35 U. S. C. 112 第二款拒绝该权利要求是正当的。参见 *Morton Int'l, Inc. v. Cardinal Chem. Co.*, 5 F. 3d 1464, 1470, 28

USPQ2d 1190，1195（Fed. Cir. 1993）。但是，如果申请人使用的语言符合 35 U. S. C. 112（b）或 pre – AIA 35 U. S. C. 112 第二款的法定要求，则权利要求不得根据 35 U. S. C. 112（b）或 pre – AIA 35 U. S. C. 112 第二款被拒绝。

审查员应注意，专利局的政策并非运用单独认定规则来作出技术性的拒绝意见。在 MPEP § 2173. 05（d）中关于权利要求语言不明确的示例是针对个案事实的，不应作为单独认定规则应用。

Ⅲ. 解决不明确的权利要求语言

A. 审查员必须建立一份清晰的审查档案

我们敦促审查员认真履行职责，以确保申请文件包含专利局考量申请可专利性的一份完整而准确的审查档案。参见 MPEP § 1302. 14 第Ⅰ节。为了提供一份完整的申请文件历史档案，提高审查历史档案的清楚性，审查员应对该申请在审查过程中发出的所有意见提供清晰解释。参见 MPEP § 707. 07（f）。因此，如果审查员基于初证事实判断出权利要求中的术语或短语不明确，从而根据 35 U. S. C. 112（b）或 pre – AIA 35 U. S. C. 112 第二款作出的拒绝是正当的，那么审查员应当在审查意见通知书中明确告知支持其拒绝的任何调查认定和理由，避免仅仅告知一个权利要求术语或短语不明确的结论。参见 MPEP § 706. 03 和 MPEP § 707. 07（g）。

MPEP § 2173. 05 提供了大量能够支持 35 U. S. C. 112（b）或 pre – AIA 35 U. S. C. 112 第二款拒绝的合理性示例，如功能性权利要求限定、比较性词汇/程度性术语、缺乏先行词基础等。审查员只有通过在审查意见通知书中提供权利要求中所使用的特定术语或短语"模糊和不明确"的完整理由作为该审查意见的基础，才能够提高审查历史档案的清楚性。

B. 审查意见通知书必须提供充足的解释

审查意见必须指出不明确的具体术语或短语，并说明为什么权利要求的边界不清楚。由于拒绝后需要申请人解释为什么权利要求的语言会被本领域普通技术人员认定为明确，或通过修改权利要求来作出回应，所以该审查意见应当为申请人提供足够的信息以准备有意义的答复。"由于权利要求代表了专利权人的排他权，所以专利法规要求权利要求的范围足够明确，以告知公众受保护的发明的范围，即哪些主题被涵盖在专利的排他权利中。"参见 *Halliburton Energy Servs.，Inc. v. M – ILLC*，514 F. 3d 1244，1249，85 USPQ2d 1654，1658（Fed. Cir. 2008）。因此在审查过程中，权利要求被给予最宽泛合理解释，"以便于在申请阶段使权利要求明确清晰"，此时权利要求随时可以修改。参见 *In re Buszard*，504 F. 3d 1364，1366（Fed. Cir. 2007），又见 *In re Yamamoto*，740 F. 2d 1569，1571（Fed. Cir. 1984），以及 *In re Zletz*，893 F. 2d 319，322，13 US-PQ2d 1320，1322（Fed. Cir. 1989）。

为了符合 35 U. S. C. 112（b）或 pre – AIA 35 U. S. C. 112 第二款的要求，申请人必

须使那些用来定义本发明的术语清楚和精确,以便确定将受专利授权保护的主题的界限。参见 MPEP § 2173.05 (a) 第Ⅰ节。重要的是,本领域普通技术人员能够解释权利要求的范围和界限,从而知晓对于一件经过审查后最终获得专利授权的申请,如何避免侵权。参见 MPEP § 2173.02 第Ⅱ节(引用 *Morton Int'l, Inc. v. Cardinal Chem. Co.*, 5 F. 3d 1464, 1470 (Fed. Cir. 1993));另见 *Halliburton Energy Servs.*, 514 F. 3d at 1249, 85 USPQ2d at 1658("否则,竞争对手不能避免侵权,这未能达到专利权利要求的公示功能")。审查员应牢记"专利审查的基本目的是形成准确、清楚、明确且不含糊的权利要求。只有这样才能在行政过程中尽可能消除权利要求保护范围的不确定性。"参见 *Zletz*, 893 F. 2d at 322, 13 USPQ2d at 1322。

因此,当基于初证事实根据 35 U. S. C. 112 (b) 或 pre – AIA 35 U. S. C. 112 第二款拒绝权利要求时,审查员应在审查意见中提供足够的信息,以允许申请人作出有意义的答复,因为由于不明确而作出的拒绝要求申请人解释或提供证据,说明为什么权利要求的语言是明确的或者修改权利要求。例如,在使用初证事实指出不明确的情况下,审查员应指出不明确的具体术语或短语,详细解释为什么这样的术语或短语使得权利要求的范围界限不清晰,并且在可行的情况下,表明如何解决不明确的问题以克服拒绝意见。参见 MPEP § 707.07 (d)。如果申请人没有充分地回应基于初证事实的意见,审查员可以根据该不明确拒绝作出驳回。参见 *Packard*, 751 F. 3d at 1312。

在审查权利要求是否符合 35 U. S. C. 112 (b) 或 pre – AIA 35 U. S. C. 112 第二款要求的明确性时,重点在于权利要求是否符合清楚性和准确性的限度要求,而不是看是否有更合适的语言或表达方式。参见 MPEP § 2173.02 第Ⅱ节。鼓励审查员向申请人建议权利要求用语,以提高所采用的语言的清楚性或准确性,但如果申请人选择的其他表达方式满足法定要求,则审查员不应坚持自己的偏好。此外,当审查员确定需要更多信息以确定权利要求中术语的含义时,基于 37 CFR 1.105 提出信息要求是正当的。有关信息要求的更多内容,请参阅 MPEP § 704.10。

非常鼓励申请人通过在申请的审查过程中修改权利要求来解决歧义,而不是试图在授权后的专利诉讼中解决模糊性的问题。参见 *Halliburton Energy Servs.*, 514 F. 3d at 1255。因此,在回答审查员关于不明确的拒绝意见时,申请人可以通过修改权利要求来解决歧义,或者通过在审查文件档案中提供有说服力的解释,来说明相关领域的普通技术人员不会认为权利要求的语言不清楚。参见 *In re Packard*, 751 F. 3d 1307, 1311 (Fed. Cir. 2014)。对于后一种选择,在某些情况下,申请人可能需要提供单独的定义(如来自本领域认可的字典)以显示普通技术人员如何理解所争议的权利要求语言(出处同上)。

如果审查员认为申请人的争辩和/或修改具有说服力,审查员应在下一次审查意见通知书中指出撤回先前基于 35 U. S. C. 112 (b) 或 pre – AIA 35 U. S. C. 112 第二款的拒绝,并解释是什么促使审查员的立场发生变化(如具体提及申请人的部分论点)。

通过对审查意见作出解释,审查员将提升审查历史档案的清晰度。如在 *Festo Corp. v. Shoketsu Kinzoku Kogyo Kabushiki Co.*, 535 U. S. 722, 122 S. Ct. 1831, 1838, 62

USPQ2d 1705，1710（2002）案中最高法院所述，一份清晰完整的审查文件档案非常重要，因为"审查历史禁止反悔原则要求根据申请过程中专利商标局的处理情况解释专利权利要求"。在 Festo 案中，法院认为，"为满足专利法的任何要求而作出的限缩性修改都可能会构成禁止反悔的内容"。关于为符合 35 U. S. C. 112 的要求而作出的修改，法院指出，"如果基于 35 U. S. C. 112 的修改确实是表面化的，那么它不会缩小专利范围或引起禁止反悔。另一方面，如果基于 §112 的修改是必要的，并且缩小了专利的范围——即使只是为了更好地描述发明——也可能适用禁止反悔"（*Id.* at 1840，62 US-PQ2d at 1712）。法院还进一步指出，"当法院无法确定限缩性修改的目的时，因此作为将禁止反悔限制为放弃特定的等同方式的理由，法院应该推定专利权人放弃了介于更宽泛与更狭义的语言之间的所有主题……专利权人应承担证明其修改并未放弃特定等同物的责任"（*Id.* at 1842，62 USPQ2d at 1713）。因此，在可能的情况下，审查员应尽可能通过明确的推理来作出或撤回与 35 U. S. C. 112（b）或 pre – AIA 35 U. S. C. 112 第二款相关的任何拒绝意见，来使档案清楚。

C. 当审查档案不清楚时，在允许的理由中进行权利要求的解释

根据 37 CFR 1. 104（e），如果审查员认为审查档案作为整体并没有对允许一项或多项权利要求的理由给予清晰的说明，审查员可以在允许的理由中列出其推理过程。此外，在作出允许意见之前，审查员还可以指出可允许的主题，并在审查意见通知书中指出允许这些主题的理由。参见 MPEP § 1302. 14 第Ⅰ节。37 CFR 1. 104（e）的主要目的之一是通过提供完整的申请历史档案来提高已授权专利的质量和可靠性，该历史档案应清楚地反映该申请被允许的原因。这些信息有助于专利权人和公众对专利的范围和强度进行评估，并有助于避免或简化已授权专利的后续诉讼。参见 MPEP § 1302. 14 第Ⅰ节。为满足申请文件历史档案的需要，审查员有责任为公众行使其职责，以查看文件历史档案是否完整。参见 MPEP § 1302. 14 第Ⅰ节。

例如，当基于权利要求的解释来允许一项权利要求时，该解释在整体审查档案中未必会很明显，则审查员应在允许的理由中列出在确定相对于现有技术允许权利要求时适用了何种权利要求解释。参见 MPEP § 1302. 14 第Ⅱ. G 小节。特别是在会晤后允许了申请的情况下。但是，审查员应确保对允许理由的陈述不对权利要求作出无依据的解释，无论是宽泛还是狭义的。参见 MPEP § 1302. 14 第Ⅰ节。

D. 与申请人之间开放的沟通渠道——当不明确是唯一问题时，在诉诸拒绝之前尝试通过会晤解决

提醒审查员，会晤是一种有效的审查工具，并鼓励在申请未决期间的任何时候与申请人或其代表进行会晤，前提是如果会晤有助于更深入地审查、缩短审查周期或对审查员或申请人任何一方有益。权利要求的解释，以及保护范围清楚性的问题可以通过与审查员的会晤来解决。例如，审查员可以提出会晤来讨论对权利要求的最宽泛合理解释，特定权利要求限定的含义，以及前序语言、功能性语言、预期使用的语言以

及装置加功能类型限定语言等语言的范围与清楚性等问题。

会晤可以用来提出和澄清上述问题,并帮助审查员和申请人相互理解,从而可能无需审查员发出基于 35 U.S.C.112(b)或 pre-AIA 35 U.S.C.112 第二款的拒绝意见。提醒审查员,无论是通过当面会晤、视频会议还是电话方式会晤,任何会晤的实质内容都必须在申请文件中记录,无论是否在会晤时达成一致意见。参见 MPEP § 713.04;另见 37 CFR 1.2("专利商标局的行为将完全基于其书面记录。任何涉及分歧或疑虑的口头承诺、约定或协议都不予考虑")。会晤后应记录在案的 35 U.S.C.112 相关问题的示例包括:所讨论的权利要求术语是否足够清楚及原因;讨论的权利要求术语与说明书不一致及原因;讨论的权利要求术语是否违反 35 U.S.C.112(f)或 pre-AIA 35 U.S.C.112 第六款及原因(如果违反,则需指出说明书中相应的涉及 35 U.S.C.112(f)或 pre-AIA 35 U.S.C.112 第六款限定的结构、材料或动作);以及所讨论的可以解决已指出的含糊之处的任何权利要求的修改。

2173.03 说明书与权利要求书的对应性(2017.08 修订)

理想情况下,说明书应作为权利要求术语的词汇表,以便审查员和公众能够清楚地确定权利要求术语的含义。37 CFR 1.75(d)(1)规定了说明书和权利要求之间的对应关系,即权利要求术语必须在说明书中找到明确的支持或既有基础,以便可以通过参考说明书确定术语的含义。权利要求中所使用术语的词汇表用于确保对权利要求中使用的术语进行充分定义。如果说明书没有为权利要求术语提供所需的支持或既有基础,则应根据 37 CFR 1.75(d)(1)拒绝该说明书。参见 MPEP § 608.01(o)和 MPEP § 2181 第Ⅳ节。申请人将被要求对说明书进行适当的修改,以便在未引入新的主题或修改权利要求的情况下为权利要求术语提供明确的支持或既有基础。

当要求保护的主题与说明书公开内容之间矛盾或不一致,使得权利要求的范围因与说明书公开或现有技术教导不一致而不确定时,可能会使一项具备明确性的权利要求具有不合理程度的不确定性。参见 *In re Moore*,439 F.2d 1232,1235-36,169 USPQ 236,239(CCPA 1971);*In re Cohn*,438 F.2d 989,169 USPQ 95(CCPA 1971);*In re Hammack*,427 F.2d 1378,166 USPQ 204(CCPA 1970)。例如,具有限定"夹紧装置包括夹紧体、第一和第二夹紧构件,夹紧构件由夹紧体支撑"的权利要求被认定为不明确,因为术语"第一和第二夹紧构件"和"夹紧体"是模糊的,根据说明书所示,"夹紧构件"结构并没有"被夹紧体支撑"。参见 *In re Anderson*,1997 U.S. App. Lexis 167(Fed. Cir. January 6,1997)(未发表)。在 *Cohn* 案中,权利要求涉及用碱金属硅酸盐溶液处理铝表面的方法,并且包括对表面具有"不透明"外观的进一步限定。同时,说明书中将碱金属硅酸盐与釉面或瓷质饰面的使用联系起来,使其区别于不透明饰面。参见 *Cohn*,438 F.2d at 993。注意,不能脱离或独立于权利要求所基于的支持性公开内容来解读权利要求,法院认为当基于说明书中与处理后表面外观相关的描述、定义和示例,权利要求潜在地与说明书不一致时,权利要求是不明确的(出处同上)。

2173.04 宽泛并不等同于不明确（2015.07 修订）

权利要求宽泛不等于不明确。参见 *In re Miller*，441 F. 2d 689，169 USPQ 597（CCPA 1971）；*In re Gardner*，427 F. 2d 786，788，166 USPQ 138，140（CCPA 1970）（"宽泛不等于不明确"）。宽泛的权利要求不能仅仅因为它涵盖了广泛的主题范围就认为其不明确，只要其范围是清晰定义的，则权利要求是明确的。但是，如果没有明确界定受保护主题的边界且范围不明确，则权利要求是不明确的。例如，涵盖多个下位概念的上位权利要求是宽泛的，但其并不因宽泛而不明确，应认为其是明确的。但是，当一项上位权利要求可以被解释为不清楚覆盖什么下位概念时，其是不明确的（例如，当对权利要求中包括的下位概念有不止一种合理的解释时）。

权利要求过于宽泛可根据不同的法定条款解决，这取决于得出权利要求过于宽泛这一结论的理由。如果权利要求过于宽泛是因为通过提交申请之外的陈述证明权利要求没有展示申请人所认为的发明时，则根据 35 U.S.C. 112（b）或 pre-AIA 35 U.S.C. 112 第二款拒绝是合理的。如果权利要求过于宽泛是因为原始描述或可实施性披露不支持，则根据 35 U.S.C. 112（a）或 pre-AIA 35 U.S.C. 112 第一款拒绝是合理的。如果权利要求过于宽泛是因为其覆盖了现有技术，则根据 35 U.S.C. 102 或 103 拒绝均是合理的。

2173.05 与 35 U.S.C. 112（b）或 Pre-AIA 35 U.S.C. 112 第二款相关的特殊问题（2013.11 修订）

以下部分专门讨论与 35 U.S.C. 112（b）或 pre-AIA 35 U.S.C. 112 第二款已讨论的问题相关的一些特殊问题。这些部分并非为了列出 35 U.S.C. 112（b）或 pre-AIA 35 U.S.C. 112 第二款下可能出现的问题的详尽清单，而是要为最近的审查实践中频繁处理的情况提供指导。引证的法院和委员会的决定具有代表性。与所有上诉决定一样，结果在很大程度上取决于个案事实。在不同的上下文中使用相同的语言可能证明不同的结果。

有关确定申请人在违反 35 U.S.C. 112（f）或 pre-AIA 35 U.S.C. 112 第六款时，是否符合 35 U.S.C. 112（b）或 pre-AIA 35 U.S.C. 112 第二款要求的指南，请参见 MPEP § 2181。

2173.05（a）新的术语（2015.07 修订）

Ⅰ．每一术语的含义均应显而易见

权利要求中使用的每个术语的含义，应该在现有技术或者在提交申请时的说明书和附图中是显而易见的。在描述和定义要求保护的发明时，权利要求的语言不能是"模棱两可、模糊、不连贯、晦涩难懂或类似不清楚的"，参见 *Packard*，751 F. 3d at

1311。申请人不必局限于现有技术中使用的术语，而是需要清楚且准确地确定用于定义本发明的术语，从而可以确定所要求保护的发明的范围和界限。在专利审查期间，必须对未决的权利要求给出与说明书一致的最宽泛合理解释。参见 *In re Morris*，127 F. 3d 1048，1054，44 USPQ2d 1023，1027（Fed. Cir. 1997）；*In re Prater*，415 F. 2d 1393，162 USPQ 541（CCPA 1969）。另参见 MPEP §2111 至 §2111.01。当说明书陈述了权利要求中的术语所期望具有的含义时，可使用该含义来审查权利要求，以便实现对申请人的发明及其与现有技术相关的完整调查。参见 *In re Zletz*，893 F. 2d 319，13 USPQ2d 1320（Fed. Cir. 1989）。

II．对于清楚性和准确性的要求必须与语言的局限性保持平衡

法院已经认识到，使用通常能够更精确地描述和定义新发明的新术语不仅是可行的，而且通常是更可取的。参见 *In re Fisher*，427 F. 2d 833，166 USPQ 18（CCPA 1970）。尽管使用现有技术中没有出现过的新术语时难以将要求保护的发明与现有技术进行比较，但这并不会造成新术语不明确。

当新技术处于起步阶段或正在迅速发展时，通常会使用新术语。清楚性和准确性的要求必须与语言和科学的局限性相平衡。如果根据说明书解读的权利要求，合理地向本领域技术人员告知了本发明的应用和范围，并且如果该语言与主题所允许的程度一样准确，则该法规（35 U. S. C. 112（b）或 pre – AIA 35 U. S. C. 112 第二款）不再作其他要求。参见 *Packard*，751 F. 3d at 1313（"在这种情况下，需要什么程度的清楚性必然会援用到某种在特定情况下使用语言的合理准确性标准"）。这并不意味着只要申请人已尽力就必须接受。如果审查员认为该语言不在主题所允许的准确范围内，则应提供支持不明确结论的理由，并向申请人建议不会被拒绝的替代方案。

III．与通常含义相背的术语，必须在书面描述中清楚地重新定义

与专利法中公认的公理一致，即专利权人或申请人可自由成为自己的词典编纂者，专利权人或申请人可以使用与一种或多种通常含义相背或不一致的术语，只要在书面描述中清楚地重新定义了这些术语即可。参见 *Process Control Corp. v. HydReclaim Corp.*，190 F. 3d 1350，1357，52 USPQ2d 1029，1033（Fed. Cir. 1999）（"虽然我们已多次表明专利权人可以作为其自己的词典编纂者，明确地定义与通常含义相反的权利要求术语"，在这种情况下，书面描述必须明确地重新定义权利要求术语，"以便向合理的竞争者或本领域技术人员告知专利权人意图重新定义该术语"）；*Hormone Research Foundation Inc. v. Genentech Inc.*，904 F. 2d 1558，15 USPQ2d 1039（Fed. Cir. 1990）。相应地，当术语的含义不止一个时，申请人有责任明确说明根据哪个含义来要求保护本发明。在明确权利要求中使用的术语或短语的含义之前，根据 35 U. S. C. 112（b）或 pre – AIA 35 U. S. C. 112 第二款驳回是正当的。为了确定本领域术语的可接受含义，可将其与技术词典中给出的术语含义做比较。参见 *In re Barr*，444 F. 2d 588，170 USPQ 330（CCPA 1971），另参见 MPEP §2111.01。

2173.05（b） 相对性术语（2017.08 修订）

权利要求语言中使用相对性术语，包括程度性术语，并不会自动使权利要求违反 35 U.S.C.112（b）或 pre–AIA 35 U.S.C.112 第二款的规定。参见 *Seattle Box Co., Inc. v. Industrial Crating & Packing, Inc.*, 731 F.2d 818, 221 USPQ 568（Fed. Cir. 1984）。权利要求语言的可接受性取决于本领域普通技术人员是否能够根据说明书理解所要求保护的内容。

Ⅰ．程度性术语

程度性术语并不一定是不明确的。"使用程度性术语的权利要求，在基于本发明的上下文解读时，对于本领域技术人员来说一直都是明确的。"参见 *Interval Licensing LLC v. AOL, Inc.*, 766 F.3d 1364, 1370, 112 USPQ2d 1188, 1192–93（Fed. Cir. 2014）（引用 *Eibel Process Co. v. Minnesota & Ontario Paper Co.*, 261 U.S. 45, 65–66（1923））（认为"实质间距"足够明确，因为本领域技术人员"在确定实施本发明所需的实质间距时没有困难"）。因此，当在权利要求中使用程度性术语时，审查员应确定说明书是否提供了一些度量该程度的标准。参见 *Hearing Components, Inc. v. Shure Inc.*, 600 F.3d 1357, 1367, 94 USPQ2d 1385, 1391（Fed. Cir. 2010）；*Enzo Biochem, Inc., v. Applera Corp.*, 599 F.3d 1325, 1332, 94 USPQ2d 1321, 1326（Fed. Cir. 2010）；*Seattle Box Co., Inc. v. Indus. Crating & Packing, Inc.*, 731 F.2d 818, 826, 221 USPQ 568, 574（Fed. Cir. 1984）。如果说明书没有提供用于度量该程度的标准，则必须确定本领域普通技术人员是否仍然可以确定权利要求的范围（如本领域公认的用于测量该程度术语含义的标准）。例如，在 *Ex parte Oetiker*, 23 USPQ2d 1641（Bd. Pat. App. & Inter. 1992）中，短语"相对浅""大约""大约5mm"和"实质部分"被认为是不明确的，因为说明书中缺少对预期程度的度量标准。

如果说明书提供了可用于度量该程度的示例或教导，即使没有精确的数值测量（如提供用于对程度术语的含义进行度量的标准的图示），也不能认为该权利要求不明确。参见 *Interval Licensing LLC v. AOL, Inc.*, 766 F.3d 1364, 1371–72, 112 USPQ2d 1188, 1193（Fed. Cir. 2014）（注意到虽然没有绝对的或数学上的精确要求，但"根据说明书和审查历史解读时，权利要求须为本领域技术人员提供客观的界限"）。

在审查过程中，申请人还可以通过提供证据证明本领域普通技术人员在阅读本公开时可以确定程度术语的含义，来克服不明确性驳回。例如，在 *Enzo Biochem* 案中，申请人根据 37 CFR 1.132 提交了一份声明，其中显示了符合及不符合权利要求限定的示例。参见 *Enzo Biochem*, 599 F.3d at 1335, 94 USPQ2d at 1328（注意到申请人通过提交根据 37 CFR 1.132 的声明克服了对"实质上不干扰"这一权利要求语言的不明确性驳回，该声明列出了申请人声明的实质上不干扰杂交或检测的八个特定连锁群）。

即使说明书使用与权利要求中相同的程度术语，但如果在根据说明书阅读时不能理解术语的范围，则驳回是正当的。当然，作为一般性建议，当权利要求的范围不清楚而根据 35 U.S.C. 112（b）或 pre-AIA 35 U.S.C. 112 第二款作出驳回合理时，扩大的修饰语是权利要求撰写中的标准工具，以避免依赖侵权诉讼中的等同原则。参见 *In re Wggins*，488 F.2d 538，541，179 USPQ 421，423（CCPA 1973）。

当在权利要求中使用相对术语时，其中对现有技术的改进完全取决于要素组合中要素的尺寸或重量，对其标准公开得是否充分将更为关键。

Ⅱ. 参照可变对象可能会导致权利要求不明确

参照可变对象可能会导致权利要求不明确。参见 *Ex parte Miyazaki*，89 USPQ2d 1207（Bd. Pat. App. & Inter. 2008）（判例性案例）及 *Ex parte Brummer*，12 USPQ2d 1653（Bd. Pat. App. & Inter. 1989）。在 *Miyazaki* 案中，委员会认为涉及大型打印机的权利要求不够明确，因为：

权利要求1的语言试图要求保护供纸单元的高度，所述高度与正在打印机上执行操作的特定高度的用户相关。然而，权利要求1没有具体说明用户与打印机彼此之间的位置关系。

参见 *Miyazaki*，89 USPQ2d at 1212。在 *Brummer* 案中，委员会认为，涉及自行车的权利要求有一个限定为"所述前后轮的距离如此间隔，以使轴距在自行车骑行者高度的58%到75%之间"，其是不明确的，因为零件的关系并不是基于任何用于为骑行者估测自行车尺寸的已知标准，而是基于未说明体格的骑行者。参见 *Brummer*，12 USPQ2d at 1655。

另一方面，规定了儿科轮椅的某一部分"可如此确定尺寸，即通过汽车门框和其中一个座椅之间的空间插入"的权利要求限定被认为是明确的。参见 *Orthokinetics, Inc. v. Safety Travel Chairs, Inc.*，806 F.2d 1565，1 USPQ2d 1081（Fed. Cir. 1986）。法院指出，"如此确定尺寸"这一短语与主题所允许的一样准确，并指出专利法并未要求在专利中列出与数百种不同汽车中的空间相对应的所有可能长度，更不用将它们罗列在权利要求中。

Ⅲ. 近似值

A. "约"

在确定术语"约"所涵盖的范围时，必须考虑该术语在本申请的说明书和权利要求中使用的上下文。参见 *Ortho-McNeil Pharm., Inc. v. Caraco Pharm. Labs., Ltd.*，476 F.3d 1321，1326，81 USPQ2d 1427，1432（Fed. Cir. 2007）。在 *W. L. Gore & Associates, Inc. v. Garlock, Inc.*，721 F.2d 1540，220 USPQ 303（Fed. Cir. 1983）案中，法院认为将塑料拉伸率限定为"每秒超过约10%"是明确的，因为可以通过使用秒表来清楚地评估是否侵权。然而，在另一起案件中，法院认为引述了"至少约"的权利要求因为不明确而无效，因为其存在着密切的现有技术，并且在说明书、审查历史或现有技术中没有任何内容提供关于什么范围的特定活动被涵盖在术语"约"之内。参见 *Amgen, Inc v. Chugai Pharmaceutical Co.*，927 F. 2d 1200，18 USPQ2d 1016（Fed. Cir. 1991）。

B. "基本上"

短语"基本上不含碱金属的二氧化硅源"被认为是明确的，因为该说明书包含的准则和实例被认为足以使本领域普通技术人员在原始材料中不可避免的杂质与基本成分之间划清界限。参见 *In re Marosi*，710 F. 2d 799，218 USPQ 289（CCPA 1983）。法院进一步指出，要求申请人指定一个特定的数字作为其发明与现有技术之间的界限是不切实际的。

C. "类似"

权利要求前序部分中的术语"类似"出现在"用于高压清洁单元或类似装置"的喷嘴，被认为是不明确的，因为不清楚申请人打算通过引述"类似"装置覆盖什么。参见 *Ex parte Kristensen*，10 USPQ2d 1701（Bd. Pat. App. & Inter. 1989）。

外观设计专利申请中的一项权利要求"所示和描述的饲料铺位或类似结构的装饰设计"被认为是不明确的，因为从说明书中不清楚申请人打算通过"类似结构"的叙述来涵盖什么。参见 *Ex parte Pappas*，23 USPQ2d 1636（Bd. Pat. App. & Inter. 1992）。

D. "实质上"

术语"实质上"通常与另一个术语结合使用以描述要求保护的发明的特定特征，这是一个宽泛的术语。参见 *In re Nehrenberg*，280 F. 2d 161，126 USPQ 383（CCPA 1960）。法院认为，鉴于说明书中包含的一般性指导，"实质上提高化合物作为铜萃取剂的效率"的限定是明确的。参见 *In re Mattison*，509 F. 2d 563，184 USPQ 484（CCPA 1975）。法院认为，"产生实质上相等的 E 和 H 平面照明模式"的限定是明确的，因为本领域普通技术人员将知道"实质上相等"的意思。参见 *Andrew Corp. v. Gabriel Electronics*，847 F. 2d 819，6 USPQ2d 2010（Fed. Cir. 1988）。

E. "型"

将"型"字添加到另外的明确的表达式中（如 Friedel–Crafts 催化剂）扩展了表达式的范围，导致其不明确。参见 *Ex parte Copenhanver*，109 USPQ 118（Bd. Pat. App. & Inter. 1955）。同样，短语"ZSM–5 型铝硅酸盐沸石"被认为是不明确的，因为不清楚"型"意图传达什么含义。由于从属权利要求中定义的沸石不在独立权利要求中定义的沸石类型的上位概念范围之内，所以解释变得更加困难。参见 *Ex parte Attig*，7 USPQ2d 1092（Bd. Pat. App. & Inter. 1986）。

IV. 主观术语

当在权利要求中使用主观术语时，审查员应确定说明书是否提供了一些衡量术语范围的标准，类似于对程度性术语的分析。必须提供一些客观标准，以便公众确定权利要求的范围。要求无限制地行使主观判断的权利要求可能会导致权利要求不明确。参见 *In re Musgrane*，431 F. 2d 882，893，167 USPQ 280，289（CCPA 1970）。权利要求的范围不能仅依赖于据称实施本发明的特定个人未经约束的主观意见。参见 *Datamize LLC v. Plumtree Software*，*Inc.*，417 F. 3d 1342，1350，75 USPQ2d 1801，1807（Fed. Cir. 2005））；另参见 *Interval Licensing LLC v. AOL*，*Inc.*，766 F. 3d 1364，1373，112 USPQ2d 1188（Fed. Cir. 2014）（认为权利要求中的短语"不引人注目的方式"不明确，因为说明书没有"提供具备合理清楚性和排他性的定义，留下了没有客观边界的表面上主观的权利要求"）。

例如，在 *Datamize* 案中，发明涉及一种具有"美学上令人愉悦的外观和感觉"的计算机界面屏幕。参见 *Datamize*，417 F. 3d at 1344 – 45。术语"美学上令人愉悦"的含义仅取决于选择要包括在界面屏幕上的特征的人的主观意见。内在证据（如说明书）中没有任何内容提供关于什么样的设计选择将构成"美学上令人愉悦的"外观和感觉的任何指导（*Id.* at 1352）。由于界面屏幕对于一个用户在"美学上令人愉悦"，未必对另一个用户也一样，所以认为权利要求不明确（出处同上）。另参见 *Ex parte Anderson*，21 USPQ2d 1241（Bd. Pat. App. & Inter. 1991）（术语"比较而言"和"优于"被认为是不明确的，当这一限定的背景是将要求保护的材料的特征与其他材料相关联时）。

在审查过程中，申请人可以通过修改权利要求消除主观术语，或者通过提供证据表明本领域普通技术人员在阅读本公开时可以确定该术语的含义，来克服拒绝意见。然而，"对于某些表面主观的术语，仅通过提供满足说明书中的术语的示例不能满足明确性要求"。参见 *DDR Holdings*，*LLC v. Hotels.com*，*L. P.*，773 F. 3d 1245，1261，113 USPQ2d 1097，1108（Fed. Cir. 2014）。

2173.05（c）数值范围和数量限制（2013.11 修订）

通常，权利要求中具体数值范围的记载不会引起权利要求是否明确的问题。

I．同一权利要求中的窄范围或宽范围

在同一权利要求中，使用落入更宽范围内的窄数值范围，当其权利要求的边界不可辨别时，会造成权利要求不明确。示例和优选情况的描述在说明书中阐述比在单个权利要求中更恰当。较窄范围或优选实施例也可以在另一独立权利要求或从属权利要求中阐述。如果在单个权利要求中陈述，则示例和优选情况会导致对权利要求的预期范围的混淆。在那些不清楚所声称的较窄范围是否产生限定的情况下，可根据 35 U. S. C. 112（b）或 pre – AIA 35 U. S. C. 112 第二款拒绝。审查员应分析权利要求的边界是否被明确阐述。已被认定为不明确的权利要求语言的示例是：（A）"温度在 45 ~ 78℃，优选在 50 ~ 60℃"；和（B）"预定量，如最大容量。"

虽然同时包含宽范围和较窄范围的权利要求可能是不明确的，但是包含了比其引

用的权利要求中的要素的范围更窄的从属权利要求,并不会不符合 35 U. S. C. 112（b）或 pre – AIA 35 U. S. C. 112 第二款的要求。例如,如果权利要求 1 描述"电路……其中电阻是 70 ~ 150 欧姆",而权利要求 2 为"权利要求 1 的电路,其中电阻是 70 ~ 100 欧姆",则权利要求 2 不应该因不明确而被驳回。

Ⅱ. 开放端值的范围

应仔细分析开放端值的范围的明确性。例如,一方面,当独立权利要求记载包含"至少 20% 钠"的组合物,并且从属权利要求列出特定量的非钠成分,其加起来达到 100% 时,显然除钠以外,"至少"这一限定产生了模糊性(除非非钠成分的百分比基于非钠成分的重量)。另一方面,法院认为声称理论含量大于 100% 的组合物(即 20% ~ 80% 的 A,20% ~ 80% 的 B 和 1% ~ 25% 的 C)并不会仅因为从理论上解读其权利要求包括了实际上不可能配制出来的组合物而不明确。法院认为,事实上不存在的主题既不能预见也不构成对权利要求的侵权。参见 *In re Kroekel*, 504 F. 2d 1143, 183 USPQ 610（CCPA 1974）。

在涉及化学反应方法的权利要求中,一限定要求反应混合物中一种成分的量应"基于另一种成分的量保持在小于 7%（摩尔）"。审查员认为该权利要求是不明确的,因为该限定仅设定了最大数量,并且基本上不含任何导致反应终止的成分。法院表示不同意该意见,认为该权利要求显然是针对反应过程,并解释说"在没有规定最低限度的情况下对其中一种反应物的数量施加最大限制并不一定会改变权利要求的整体含义,从而妨碍实施所要求的过程"。参见 *In re Kirsch*, 498 F. 2d 1389, 1394, 182 USPQ 286, 290（CCPA 1974）。

在一些公开的案件的事实中,已经确定一些术语具有以下含义:术语"至多"包括 0 作为下限,参见 *In re Mochel*, 470 F. 2d 638, 176 USPQ 194（CCPA 1974）;"含水量不超过 70%（重量）"可解读出干燥材料,参见 *Ex parte Khusid*, 174 USPQ 59（Bd. App. 1971）。

Ⅲ. "有效量"

常用短语"有效量"可能是不明确的,也可能不是不明确的。正确的判断标准是本领域技术人员是否可以基于本申请确定该量的具体值。参见 *In re Mattison*, 509 F. 2d 563, 184 USPQ 484（CCPA 1975）。短语"用于生长刺激的有效量"被认为是明确的,其中量并不是关键,本领域技术人员将能够从书面公开（包括实施例）确定有效量是多少。参见 *In re Halleck*, 422 F. 2d 911, 164 USPQ 647（CCPA 1970）。当权利要求未能说明要实现的功能并且可以从说明书或相关技术推断出一种以上的效果时,短语"有效量"被认为是不明确的。参见 *In re Fredericksen*, 213 F. 2d 547, 102 USPQ 35（CCPA 1954）。最近的案例倾向于接受诸如"有效量"之类的限定,前提是根据支持性公开的内容并且没有任何会引起权利要求范围不确定的现有技术来解读权利要求。参见 Ex *parte Skuballa*, 12 USPQ2d 1570（Bd. Pat. App. & Inter. 1989）案,委员会认为,引述了"有效量的权利要求 1 的化合物"而未说明要实现的功能的一项药物组合物权利要求是明确的，特别是根据支持性公开内容解读时，本申请提供了关于预期效用以及如何有效使用的指导。

2173.05（d） 示例性权利要求语言（"例如""比如"）（2015.07 修订）

示例和优选情况的描述用在说明书中比在权利要求书中更恰当。如果用在权利要求中，则示例和优选情况可能导致对权利要求的预期范围的混淆。在那些不清楚所声称的较窄范围是否构成限定的情况下，应根据 35 U.S.C. 112（b）或 pre – AIA 35 U.S.C. 112 第二款。审查员应分析权利要求的边界是否明确。请注意，仅在权利要求中使用短语"如"或"例如"本身并不能使权利要求不明确。

由于权利要求的预期范围不清楚而被认定为不明确的权利要求用语示例如下：

（A）"R 是卤素，如氯"；

（B）"如岩棉或石棉等材料"参见 *Ex parte Hall*，83 USPQ 38（Bd. App. 1949）；

（C）"较轻的碳氢化合物，例如，产生的蒸气或气体"参见 *Ex parte Hasche*，86 USPQ 481（Bd. App. 1949）；

（D）"正常操作条件，如在配比器的容器中"参见 *Ex parte Steigerwald*，131 USPQ 74（Bd. App. 1961）；和

（E）"焦炭、砖或类似材料"参见 *Ex parte Caldwell*，1906 C.D. 58（Comm'r Pat. 1906）。

上述权利要求用语的示例被认为是不明确的，但其基于特定事实，不应该按照单独认定规则来应用。有关何时根据 35 U.S.C. 112（b）或 pre – AIA 35 U.S.C. 112 第二款进行驳回，请参见 MPEP § 2173.02。

2173.05（e） 缺乏既有基础（2017.08 修订）

如果权利要求包含含义不明确的单词或短语，则权利要求是不明确的。参见 *In re Packard*，751 F.3d 1307，1314，110 USPQ2d 1785，1789（Fed. Cir. 2014）。权利要求涉及"所述杠杆"或"杠杆"，但权利要求不包含对杠杆的在先描述或限定，不清楚该限定所参考的是什么元素，因此会造成权利要求不清楚。类似地，如果在权利要求中在先记载了两个不同的杠杆，则同一或后续权利要求中的"所述杠杆"的记载，将会造成不清楚其所指的是两个杠杆中的哪一个。涉及"所述铝制杠杆"的权利要求，该权利要求的在先描述中仅包含"杠杆"，则其是不明确的，因为不确定所引用的是哪个杠杆。然而，未能为术语提供明确的既有基础显然并不总是使权利要求不明确。如果本领域技术人员可合理地确定权利要求的范围，则该权利要求不是不明确的。参见 *Ex parte Porter*，25 USPQ2d 1144，1145（Bd. Pat. App. & Inter. 1992）（"受控流体流"为"受控流体"提供了合理的既有基础）。所引述要素的固有组分在组合物本身的记载

中具有既有基础。例如，"所述球体的外表面"这一限定就不需要在先的记载，因为球体必然具有外表面。参见 *Bose Corp. v. JBL, Inc.*，274 F. 3d 1354，1359，61 USPQ2d 1216，1218 - 19（Fed. Cir 2001）（认为"椭圆形"的记载为"具有长径的椭圆形"提供了既有基础，因为其"在数学上不存在争议，具有长径是椭圆的固有特征"）。

Ⅰ. 审查员应对既有基础问题提出修正建议

权利要求中存在既有基础问题通常是由于撰写的疏忽，一旦提请申请人注意，这些疏忽很容易纠正。审查员确保权利要求用语符合法规要求的任务应以积极和建设性的方式进行，以便使小问题能够被识别和容易地纠正，从而使主要工作放在更实质性的问题上。然而，即使权利要求用语的不明确性是缘于语义，也并不会简单地因其可以被纠正而不能被异议。参见 *In re Hammack*，427 F. 2d 1384，1388 n. 5，166 USPQ 209，213 n. 5（CCPA 1970）。

Ⅱ. 在公开中没有任何既有基础的权利要求术语并不一定不明确

在权利要求中使用的术语或短语在说明书中没有既有基础这一事实，并不一定意味着该术语或短语是不明确的。不要求权利要求中的词语必须与说明书中使用的词语相匹配。只要所使用的术语和短语以合理的清楚性和准确性定义本发明，申请人就选择如何定义他们的发明是具有很大自由度的。

Ⅲ. 如果权利要求主体中记载了未出现在其前序部分的其他要素，权利要求并不会直接不明确❶

仅根据权利要求的主体记载了未在权利要求前序部分出现的其他要素这一事实，并不会使权利要求构成 35 U. S. C. 112（b）或 pre - AIA 35 U. S. C. 112 第二款下的不明确。参见 *In re Larsen*，10 Fed. App'x 890（Fed. Cir. 2001）（在 *Larsen* 案中，权利要求只引用了一个衣架和一个环，但权利要求的主体明确引用了一个线型组件。审查员基于 35 U. S. C. 112 驳回了权利要求，因为权利要求的一个关键要素（线型组件）未在前序部分出现，使得该权利要求不明确。法院推翻了审查员的意见，并指出必须将权利要求的所有限定及其相互作用关系作为整体考虑，来确定发明人对该技术的贡献。在作为整体审查了该权利要求后，法院得出结论，认为所述权利要求向该领域的普通技术人员通知了其范围，因此具备了 35 U. S. C. 112 第二款所要求的公示功能）。

2173.05（f）引用其他权利要求中的限定（2013.11 修订）

引用在先权利要求来进行限定是一种可接受的权利要求结构，并不必然因其不恰

---

❶ 原文表述是 *per se* indefinite，其含义是无须根据其他材料，直接依据权利要求记载本身就能认定的"不明确"。

当或易混淆而导致 35 U. S. C. 112（b）或 pre – AIA 35 U. S. C. 112 第二款的驳回。例如，权利要求书中记载"通过权利要求 1 的方法生产的产品"或"生产乙醇的方法，包括在下列条件下使直链淀粉与权利要求 1 的培养物接触……"，其并不会仅因为引用了另一项权利要求而被认定为 35 U. S. C. 112（b）或 pre – AIA 35 U. S. C. 112 第二款下的不明确。另参见 *Ex parte Porter*，25 USPQ2d 1144（Bd. Pat. App. & Inter. 1992）（在方法权利要求中引用"权利要求 7 的喷嘴"符合 35 U. S. C. 112 第二款的规定）。但是，如果引用另一项权利要求中的限定造成了混淆，那么根据 35 U. S. C. 112（b）或 pre – AIA 35 U. S. C. 112 第二款驳回将是正当的。

在审查从属权利要求时，审查员还应确定权利要求是否符合 35 U. S. C. 112（d）或 pre – AIA 35 U. S. C. 112 第四款的规定。请参见 MPEP § 608.01（n）第 II 节。

2173.05（g）功能性限定（2017.08 修订）

当权利要求术语是"通过其做什么而非是什么"来描述特征时，则权利要求的术语是功能性的（如由其特定结构或特定成分所证明的）。参见 *In re Swinehart*，439 F. 2d 210，212，169 USPQ 226，229（CCPA 1971）。通过功能定义发明的某些部分并不存在固有的错误，功能性限定本身并不会使权利要求不恰当。事实上，35 U. S. C. 112（f）或 pre – AIA 35 U. S. C. 112 第六款明确允许一种功能性的权利要求（装置（或步骤）加功能的权利要求限定，参见 MPEP § 2181 及其下辖章节所讨论的）。也可以不通过装置加功能的形式而使用功能性语言来限定权利要求。参见 *K – 2 Corp. v. Salomon S. A.*，191 F. 3d 1356，1363，52 USPQ2d 1001，1005（Fed. Cir. 1999）。与仅适用于纯功能性限定的装置加功能型权利要求用语不同，参见 *Phillips v. AWH Corp.*，415 F. 3d 1303，1311，75 USPQ2d 1321，1324（Fed. Cir. 2005）（全体法官出席）（"装置加功能权利要求仅适用于不提供执行所述功能的结构的纯功能性限定"），功能性权利要求通常涉及对结构的记载，之后会描述其功能。例如，在 *In re Schreiber* 案中，权利要求涉及一种锥形喷口（结构），"其允许多个爆裂的爆米花谷粒同时通过"（功能）。参见 *In re Schreiber*，128 F. 3d 1473，1478，44 USPQ2d 1429，1431（Fed. Cir. 1997）。正如法院在 *Schreiber* 案中所指出的那样，"专利申请人可以自由选择从结构上或功能上描述其设备的特征"。

与权利要求的任何其他限定一样，必须评估和考虑功能性限定在其被使用的上下文中向相关领域普通技术人员直接传达的内容。功能性限定通常与要素、成分或方法步骤结合使用，以定义由所述要素、成分或步骤所实现的特定能力或目的。在 *Innova/Pure Water Inc. v. Safari Water Filtration Sys. Inc.*，381 F. 3d 1111，1117 – 20，72 USPQ2d 1001，1006 – 08（Fed. Cir. 2004）案中，法院指出，"可操作地连接"这一权利要求术语是"专利中经常使用的一般描述性权利要求术语，其用于反映所要求保护的组件之间的功能性关系"，即这一术语"意味着所要求保护的组件必须以执行指定功能的方式连接"。"在没有修饰语的情况下，一般描述性术语通常被解释为其完整的含义"

(*Id.* at 1118，72 USPQ2d at 1006)。在所讨论的专利权利要求中，"在任何清楚且明确无异议的权利要求范围的情况下，'可操作地连接'一词充分体现了其普通意义，即'所述管可操作地连接在所述盖子处'，当管和盖子以能够执行过滤功能的方式布置时"（*Id.* at 1120，72 USPQ2d at 1008)。

允许的功能性用语的其他示例包括以下内容。

法院认为，用于将化合物上的基团定义为"不能与所述氧化显影剂形成染料"的限定虽然是功能性的，但是完全可以接受，因为它为所要求保护的专利设定了明确的界限。参见 *In re Barr*，444 F. 2d 588，170 USPQ 330（CCPA 1971）。

在涉及部件能够组装的套件的权利要求中，法院认为诸如"适于定位的构件"和"弹性可扩张的部件，其中所述壳体可以可滑动地定位"的限定，其用于准确地定义所要求保护的组件中相关联的部件当前的结构属性。参见 *In re Venezia*，530 F. 2d 956，189 USPQ 149（CCPA 1976）。

尽管存在允许的情况，但在权利要求中使用功能性语言可能无法"清楚地界定权利要求所涵盖的主题的范围"，并因此而不明确。参见 *In re Swinehart*，439 F. 2d 210，213（CCPA 1971）。例如，当权利要求仅记载了对本发明要解决的问题或所实现的功能或结果的描述时，权利要求保护范围的边界可能会不清楚。参见 *Halliburton Energy Servs.，Inc. v. M–I LLC*，514 F. 3d 1244，1255，85 USPQ2d 1654，1663（Fed. Cir. 2008）（注意到最高法院解释说，"发明者记载其已见到的内容，并以适合的功能性用语准确地体现其新颖之处，这是很费劲的"，此时功能性权利要求的弊端就出现了）（引用 *General Elec. Co. v. Wabash Appliance Corp.*，304 U. S. 364，371（1938））；另参见 *United Carbon Co. v. Binney & Smith Co.*，317 U. S. 228，234（1942）（权利要求记载了实质性纯炭黑"为商用规格的，相对小的圆形光滑聚集体的形式，具有海绵状或多孔外部"，其被认为不明确）。此外，在不记载用于完成功能或实现结果的特定结构、材料或步骤的情况下，所有解决问题的手段或方法都可以包含在权利要求中。参见 *Ariad Pharmaceuticals.，Inc. v. Eli Lilly & Co.*，598 F. 3d 1336，1353，94 USPQ2d 1161，1173（Fed. Cir. 2010）（全体法官出席）。另参见 *Datamize LLC v. Plumtree Software Inc.*，75 USPQ2d 1801（Fed. Cir. 2005），其中涉及用于创建定制化计算机界面屏幕的基于软件系统的权利要求，记载了屏幕是"美学上令人愉悦的"，而这只是预期的结果，并没有对保护范围提供清楚的指示，因为其没有对屏幕给予任何结构的限定。无限制的功能性权利要求限定，将权利要求扩展到了解决问题的所有手段或方法，可能无法得到书面描述的充分支持，或者可能与可实施的公开内容的范围不相称，而这两者都是 35 U. S. C. 112（a）或 pre – AIA 35 U. S. C. 112 第一款所要求的。参见 *In re Hyatt*，708 F. 2d 712，714，218 USPQ 195，197（Fed. Cir. 1983）；*Ariad*，598 F. 3d at 1340，94 USPQ2d at 1167。例如，单一手段的权利要求涵盖了实现所声称结果的所有可能手段，其被认为不符合 35 U. S. C. 112 第一款而无效，因为法院指出，说明书仅披露发明人已知的那些手段，与权利要求的范围不相称。参见 *Hnyatt*，708 F. 2d at 714 – 715，218 USPQ at 197。有关涉及 35 U. S. C. 112（a）或 pre – AIA 35 U. S. C. 112 第一款的书面描述要求和可实施性要求的更多信息，参见 MPEP §2161 至 §2164.08（c）。审查员应记住功能性限定是否符合 35 U.S.C. 112（b）或 pre-AIA 35 U.S.C. 112 第二款，规定与所述限定是否基于 35 U.S.C. 112（a）或 pre-AIA 35 U.S.C. 112 第一款得到适当支持，或是否区别于现有技术，是不同的问题。

当权利要求限定采用功能性语言时，审查员确定限定是否足够明确将高度依赖于背景知识（如说明书中的公开内容和本领域普通技术人员的知识）。参见 *Halliburton Energy Servs.*，514 F.3d at 1255，85 USPQ2d at 1663。例如，一项包含术语"脆性凝胶"的权利要求被认为是不明确的，因为该术语在说明书中的定义是功能性的，即所述流体是由其作用而非其是什么来定义的（"流体从凝胶快速转变为液体的能力，以及流体在静止时悬挂钻屑的能力"），关于凝胶脆性及凝胶悬挂钻屑的能力（凝胶强度）和/或两者的组合是模糊的。参见 *Halliburton Energy Servs.*，514 F.3d at 1255-56，85 USPQ2d at 1663。在另一个示例中，涉及用于白炽电灯的钨丝的权利要求被认为是无效的，因为其限定记载了"相对较大的具有这种尺寸和轮廓的晶粒，用于在这种灯或其他装置的正常或商业使用寿命期间防止大幅下垂或偏移"，参见 *General Elec. Co.*，304 U.S. at 370-71，375。法院注意到现有技术的钨丝也"由相对较大的晶体构成"，但它们有"偏离"或移位的可能，法院进一步发现"具有这种尺寸和轮廓，用于在这种灯或其他装置的正常或商业使用寿命期间防止大幅下垂或偏移"并没有充分地限定晶粒的结构特征（如尺寸和轮廓）以区分要求保护的发明和现有技术（*Id.* at 370）。类似地，一项权利要求被认定无效，因为它记载了"商用规格的、相对小的圆形光滑聚集体，具有海绵状或多孔的外部形式的实质上的纯炭黑"。参见 *United Carbon Co.*，317 U.S. at 234。在后一个示例中，法院注意到了限定存在的多个问题："商用规格的"只意味着买方所希望的规格；"相对小"没有添加任何内容，因为没有给出比较标准；法院认为"海绵状"和"多孔"是同义词，无助于区分要求保护的发明和现有技术（*Id.* at 233）。

相比之下，"对红外线透明"的权利要求限定是明确的，因为说明书表明，即使透明度根据某些因素而变化，也总是传输大量的红外辐射。参见 *Swinehart*，439 F.2d at 214，169 USPQ at 230。同样，另一个案例中的权利要求也是明确的，因为申请人提供了"一般性指导和示例，足以使本领域普通技术人员确定其方法是否使用'基本上不含碱金属'的二氧化硅源，以使反应混合物'基本上不含碱金属'，生成一种'基本上不含碱金属'的沸石化合物"。参见 *In re Marosi*，710 F.2d 799，803，218 USPQ 289，293（Fed. Cir. 1983）。

在审查包含功能性用语的权利要求时，审查员应考虑以下因素，以确定该语言是否含混不清：（1）是否清楚地表明权利要求所涵盖的主题范围；（2）该语言是否阐明了本发明的明确界限，或是仅表明了解决的问题或取得的结果；（3）本领域普通技术人员是否会从权利要求术语中获知权利要求所包含的结构或步骤。这些因素是在确定语言是否含混不清并且是否无意包含所有内容或限定时需要考虑的要点的示例。其他事实可能与特定技术领域更相关。主要考虑语言是否留有模糊的空间，或边界是否清晰准确。

在审查过程中，申请人可以通过多种方式解决功能性限定的模糊性。例如，（1）"模糊可以通过使用定量范围（如物理属性的数值限定）而不是定性的功能性特征来解决"（参见 *Halliburton Energy Servs.*，514 F. 3d at 1255 – 56，85 USPQ2d at 1663）；（2）申请人可以证明"说明书提供了用于计算属性的公式，以及满足权利要求限定和不满足权利要求限定的示例"（*Id.* at 1256，85 USPQ2d at 1663（引用 *Oakley*，*Inc. v. Sunglass Hut Infl*，316 F. 3d 1331，1341，65 USPQ2d 1321，1326（Fed. Cir. 2003）））；（3）申请人可以证明，该说明书提供了足以教导本领域技术人员的一般性指导和示例，从而满足了对权利要求的限定（参见 *Marosi*，710 F. 2d at 803，218 USPQ at 292）；或（4）申请人可修改权利要求以记载完成该功能的特定结构。

2173.05（h）可替换的限定（2017.08 修订）

Ⅰ．马库什组

一项权利要求中列举了一系列替代方案来定义一项限定，是一种可以接受的权利要求结构，且并不必然认为其因造成混淆或不当而基于 35 U. S. C. 112（b）被驳回。有关确定马库什组是否合适的指导，请参见 MPEP § 706.03（y）。

对记载替代方案的权利要求的处理不受其所使用的特定格式的约束（例如，替代方案可被描述为"选自由 A，B 和 C 构成的组的材料"或"其中材料是 A，B 或 C"）。例如，确定符合 35 U. S. C. 112 及专利申请中的相关问题的处理的补充审查指南（"补充指南"），参见 76 Fed. Reg. 7162，7166（February 9，2011）。列举了替代方案列表的权利要求通常被称为马库什权利要求，其以 *Ex parte Markush*，1925 Dec. Comm'r Pat. 126，127（1924）案中的上诉人马库什命名。马库什权利要求中所列举的替代方案列表称为马库什组或马库什集合。参见 *Abbott Labs v. Baxter Pharmaceutical Products*，*Inc.*，334 F. 3d 1274，1280 – 81，67 USPQ2d 1191，1196 – 97（Fed. Cir. 2003）（引用多个描述马库什组的来源）。

有关马库什权利要求的一般性讨论，请参见 MPEP § 2117。有关确定马库什集合是否合适的指南，请参见 MPEP § 706.03（y）。关于马库什权利要求资格的讨论，请参见 MPEP § 803.02。

马库什组是一组封闭性的替代方案，即选择是在"由（替代成员）组成"（而不是"包含"或"包括"）的组中进行。参见 *Abbott Labs.*，334 F. 3d at 1280，67 USPQ2d at 1196。如果马库什组要从开放性备选列表中选择材料（如选自"包含"或"主要由……组成"的组的备选方案），则一般应根据 35 U. S. C. 112（b）认为不明确而驳回权利要求，因为不清楚权利要求包含的其他替代方案。如果权利要求旨在包括马库什组中提出的备选方案的结合或混合，则权利要求可以在所述替代方案之前使用符合要求的表述（如从该组中选择的"至少一个成员"），或者在替代方案列表中使用相应表述

（如"或其混合"）（*Id.* at 1281）。另请参阅 MPEP § 2113. 03。

马库什组可以包括大量替代方案，因此马库什权利要求可以包含大量替代成员或实施例，但是权利要求并不必然因为宽泛而不符合 35 U. S. C. 112（b）明确性的要求。参见 *In re Gardner*，427 F. 2d 786，788，166 USPQ 138，140（CCPA 1970）（"宽泛不等于不明确"）。然而，在某些情况下，马库什组可能太宽泛，以至于本领域技术人员无法确定所要保护的发明的范围和界限。例如，权利要求使用一个或多个马库什组定义化合物，并且该权利要求包含大量不同的备选方案，如果本领域技术人员由于不能设想马库什组所定义的所有化合物而不能确定权利要求的界限，则该权利要求可能不符合 35 U. S. C. 112（b）关于明确性的要求。在这种情况下，可以根据 35 U. S. C. 112（b）以不明确为由驳回权利要求。

使用马库什权利要求缩小范围，其本身不应被视为异议或驳回权利要求的充分依据。但是，如果这种做法使权利要求不明确或导致过度多样化，则应作出驳回意见。

同样，重复包含多个马库什组要素，并不是异议或驳回权利要求的充分依据。相反，必须基于个案事实评估以确定在权利要求中重复包含一个或多个要素是否使该权利要求不明确。化合物包含权利要求中所述的马库什组的一个以上成员，并不一定使权利要求的范围不清楚。例如，马库什组，"其选自由氨基、卤素、硝基、氯和烷基所构成的组合"应该是可接受的，即使"卤素"是"氯"的上位概念。参见 *Eli Lilly & Co. v. Teva ParenteralMeds.*，845 F. 3d 1357，1371，121 USPQ2d 1277，1287（Fed. Cir. 2017）（包含"维生素B12"和"氰钴胺"（在审查档案中被认为是指同一化合物），这一冗余描述的马库什组中的甲基丙二酸还原剂不会造成权利要求不明确）。

II．"可选地"

在确定语言是否不明确之前需要进行分析的另一种可能形式涉及术语"可选地"。在 *Ex parte Cordoba*，10 USPQ2d 1949（Bd. Pat. App. & Inter. 1989）案中，语言"包含A，B和可选的C"被认为是可接受的替代性表述，因为权利要求涵盖哪些替代方案并不存在含混之处。类似地，支持术语"可选地"的案例是 *Ex parte Wu*，10 USPQ2d 2031（Bd. Pat. App. & Inter. 1989）。在潜在替代方案列表可能发生变化且出现模糊的情况下，根据 35 U. S. C. 112（b）拒绝并解释为何存在混淆，这是合理的。

2173.05（i）否定性限定（2017.08 修订）

法院目前的观点是，对于否定性限定，不存在任何内在的含混或不确定的内容。只要所要求保护的专利的边界明确，尽管是否定性的，该权利要求仍然符合 35 U. S. C. 112（b）或 pre - AIA 35 U. S. C. 112 第二款的要求。一些较早的案例对否定性限定持批评态度，因为它们倾向于根据其不是什么来定义发明，而非指明发明是什么。因此，法院认为"R 是除 2 - 丁烯基和 2，4 - 戊二烯基以外的链烯基"是一种否定性的限定，其使得该权利要求不明确，因为它试图通过排除发明人没有发明什么来要求保护发明，而不是明确、具体地指出他们发明了什么。参见 *In re Schechter*，205 F. 2d 185，98 USPQ 144（CCPA 1953）。

为了排除现有技术产品的特性，限定了"所述均聚物不含天然橡胶中存在的蛋白质、肥皂、树脂和糖"的权利要求被认为是明确的，因为每个所记载的限定均是明确的。参见 *In re Wkefield*，422 F. 2d 897，899，904，164 USPQ 636，638，641（CCPA 1970）。此外，法院认为，"无法用所述氧化显影剂形成染料"的否定性限定是明确的，因为其所寻求保护的专利的边界是清晰的。参见 *In re Barr*，444 F. 2d 588，170 USPQ 330（CCPA 1971）。

任何否定性限定或排除性条件必须在原始公开中具有基础。如果在说明书中肯定性记载了可选要素，则可以在权利要求中明确地排除它们。参见 *In re Johnson*，558 F. 2d 1008，1019，194 USPQ 187，196（CCPA 1977）（"说明书，其描述了整体，必然描述了剩余的部分"）。另参见 *Ex parte Grasselli*，231 USPQ 393（Bd. App. 1983），*aff'd mem.*，738 F. 2d 453（Fed. Cir. 1984）。在描述可选特征时，申请人无须阐明每个特征的优点或缺点，以便稍后排除。参见 *Inphi Corporation v. Netlist，Inc.*，805 F. 3d 1350，1356 – 57，116 USPQ2d 2006，2010 – 11（Fed. Cir. 2015）。仅缺乏肯定性记载并不能作为排除依据任何权利要求如包含在申请文件中没有依据的否定性限定，则应根据 35 U. S. C. 112（a）或 pre – AIA 35 U. S. C. 112 第一款驳回，因为其未遵守书面描述的要求。请注意，负面限定未在说明书中记载可能不足以作为缺乏描述性支持的初证事实。参见 *Ex parte Parks*，30 USPQ2d 1234，1236（Bd. Pat. App. & Inter. 1993）。有关 35 U. S. C. 112（a）或 pre – AIA 35 U. S. C. 112 第一款关于书面描述要求的讨论，请参见 MPEP § 2163 至 § 2163.07（b）。

2173.05（j）旧的组合（2013.11 修订）

不应基于旧组合驳回权利要求

随着 1952 年专利法的通过，法院和委员会认为，基于旧组合原则的驳回不再有效。只要符合 35 U. S. C. 112（b）或 pre – AIA 35 U. S. C. 112 第二款的规定，就应该认为权利要求是合适的。

基于旧组合的驳回根据的是 *Lincoln Engineering Co. v. Stewart – Warner Corp.*，303 U. S. 545，37 USPQ 1（1938）案中所应用的原则，即对一个通常的旧组合中的一个要素进行改进或贡献的发明人不应获得包括新要素和改进要素在内的整个组合的专利。驳回要求引用单个对比文件，该对比文件广泛地公开了要求保护的要素的组合，其以基本相同的方式在功能上协作，以产生与要求保护的组合基本相同的结果。案例 *In re Hall*，208 F. 2d 370，100 USPQ 46（CCPA 1953）说明了这一原则的应用。

法院在 *In re Bernhart*，417 F. 2d 1395，163 USPQ 611（CCPA 1969）案中指出，法律表述（具体指明并明确要求）是基于旧组合驳回的唯一适当依据，在驳回时，该表述决定了申请人有权利和义务做什么。上诉委员会的多数意见认为，国会在 1952 年专利法中删除了 Lincoln Engineering 案的基本原理，从而已有效地在立法环节将该决定移除。参见 Ex parte Barber，187 USPQ 244（Bd. App. 1974）。联邦巡回上诉法院在 Radio Steel and Mfg. Co. v. MTD Products，Inc.，731 F. 2d 840，221 USPQ 657（Fed. Cir. 1984）案中遵循了 Bernhart 案，裁定权利要求不能根据 Lincoln Engineering 案而认定为无效，因为其符合 35 U. S. C. 112 第二款的要求。因此，不应以旧组合为由拒绝权利要求。

2173.05（k） 简单叠加（2012.08 修订）

不应以"简单叠加"❶为由拒绝权利要求。参见 In re Gustafson，331 F. 2d 905，141 USPQ 585（CCPA 1964）（申请人有权知道权利要求是否根据 35 U. S. C. 101、102、103 或 112 被拒绝）；另参见 In re Collier，397 F. 2d 1003，1006，158 USPQ 266，268（CCPA 1968）（"拒绝'简单叠加'是非法定的"）。

如果权利要求遗漏了说明书中申请人定义的本发明的必要内容或未能将必要元素相互关联，请参阅 MPEP § 2172.01。

2173.05（l）（预留）

2173.05（m） 冗长（2012.08 修订）

审查员只有在权利要求因包含冗长的记载或不重要的细节而使要求保护的发明范围不明确时，才能以冗长为由拒绝权利要求。当权利要求包含冗长的记载，使要求保护的主题的范围和边界无法确定时，权利要求应以冗长为由被拒绝。

2173.05（n） 重复（2013.11 修订）

37 CFR 1.75 权利要求

（a）说明书必须以权利要求结尾，特别指出并明确声明申请人视为其发明的主题。

（b）可提出一项以上的权利要求，但这些权利要求必须彼此间有实质性差异，且不得过分重复。

……

考虑到申请人的发明的性质和范围，申请人提出了不合理数量的重复的及增加的权利要求，其最终将会造成混淆而非清楚，因此基于 35 U. S. C. 112（b）或 pre - AIA 35 U. S. C. 112 第二款拒绝可能是正当的。正如在 In re Chandler，319 F. 2d 211，225，138 USPQ 138，148（CCPA 1963）案中法院所指出的那样，"申请人应该有合理的自由

---

❶ 原文表述为 aggregation，在专利法中指将各个部分或要素显而易见地组合为一项发明，而不能获得专利。《元照英美法词典》中将其翻译成"显而易见的组合"或"互不作用的组合"，而中国专利术语一般将此情形称为简单叠加。

来陈述他们所使用的权利要求的数量和措词。申请人在选择能够真正指明并定义其发明的措词时的自由不应被消减。然而，这种自由度不应使权利要求的重复和增加扩展到使权利要求的定义混淆在纷繁的迷宫中，而应根据个案的相关事实和情况来实践和应用推理规则"。另参见 *In re Flint*，411 F. 2d 1353，1357，162 USPQ 228，231（CCPA 1969）。根据 35 U. S. C. 112（b）或 pre–AIA 35 U. S. C. 112 第二款过度重复的拒绝意见，应当审慎适用，且应当极少发出。

如果适宜根据 35 U. S. C. 112（b）或 pre–AIA 35 U. S. C. 112 第二款就过度重复发出拒绝意见，审查员应当电话联系申请人，说明权利要求存在过度重复并将根据 35 U. S. C. 112（b）或 pre–AIA 35 U. S. C. 112 第二款拒绝。注意 MPEP §408。审查员还应要求申请人为审查选择特定数量的权利要求。如果申请人愿意通过电话选择用于审查的权利要求，则根据 35 U. S. C. 112（b）或 pre–AIA 35 U. S. C. 112 第二款对所有权利要求作出的针对过度重复问题的拒绝，应在发出下一次审查意见通知时，和另一份对申请人所选择的权利要求的实体问题进行审查的意见一并作出。如果申请人拒绝遵守电话请求，则应在下一次审查意见通知中根据 35 U. S. C. 112（b）或 pre–AIA 35 U. S. C. 112 第二款对所有权利要求针对过度重复作出拒绝。申请人的答复必须包括一系列用于审查的权利要求，其数量不得超过审查员指定的数量。在回答申请人的答复时，如果审查员坚持过度重复的拒绝意见，则应再次审查，并根据所选择的权利要求进行实体问题的审查。这一程序保留了申请人就基于过度重复的拒绝向专利审判和上诉委员会申请复审的权利。

此外，如果一项权利要求与已获得允许的权利要求间的区别仅在于本领域中业已存在的主题，则可以拒绝该项权利要求，拒绝的理由在 *Ex parte White law*，1915 C. D. 18，219 O. G. 1237（Comm'r Pat. 1914）案中提出。*Ex parte White law* 原则仅限于权利要求过度增加或大量重复的情况。参见 *Ex parte Kochan*，131 USPQ 204，206（Bd. App. 1961）。

2173.05（o）双重包含（2012.08 修订）

并没有单独认定规则认为"双重包含"在权利要求中是不正当的。参见 *In re Kelly*，305 F. 2d 909，916，134 USPQ 397，402（CCPA 1962）（"自动依赖'反对双重包含'规则将导致和自动依赖'允许双重包含'规则同样多的不合理解释。主流的考虑并不是双重包含，而是对权利要求语言的合理解释"）。较早的案例，如 *Ex parte White*，759 O. G. 783（Bd. App. 1958）和 *Ex parte Clark*，174 USPQ 40（Bd. App. 1971），应基于个案事实谨慎应用。

必须针对个案事实进行评估，以确定权利要求中重复包含的一个或多个要素是否会导致该权利要求不明确。化合物可以被权利要求中的马库什组的一个以上成员包含这一事实，无论是在审查中还是在侵权判定中，都不会导致权利要求范围不确定。另一方面，在涉及设备的权利要求两次包括相同元素的情况下，权利要求可能是不明确的。参见 *Ex parte Kristensen*，10 USPQ2d 1701（Bd. Pat. App. & Inter. 1989）。

2173.05（p）权利要求有关用方法限定的产品或者有关产品和方法（2017.08 修订）

在许多情况下，允许将权利要求撰写为包括引用一个以上法定的发明类别。

I．用方法限定的产品

用方法限定的产品权利要求是一种产品权利要求，它是根据制造产品的过程来定义要求保护的产品，是正当的。参见 *Purdue Pharma v. Epic Pharma*，811 F. 3d 1345，1354，117 USPQ2d 1733，1739（Fed. Cir. 2016）；*In re Luck*，476 F. 2d 650，177 USPQ 523（CCPA 1973）；*In re Pilkington*，411 F. 2d 1345，162 USPQ 145（CCPA 1969）；以及 *In re Steppan*，394 F. 2d 1013，156 USPQ 143（CCPA 1967）。一种涉及设备、装置、产品或组合物的权利要求可以包含对它使用的方法的引用，不应根据 35 U. S. C. 112（b）或 pre – AIA 35 U. S. C. 112 第二款拒绝，只要权利要求很清楚地指向产品而不是方法。

即使有必要以方法定义产品型的术语来描述所要求保护的产品，申请人也可以提出不同范围的权利要求。参见 *Ex parte Pantzer*，176 USPQ 141（Bd. App. 1972）。

II．同一权利要求同时包含产品和方法

同一项权利要求中同时要求保护设备和使用该设备的方法步骤，会造成 35 U. S. C. 112（b）或 pre – AIA 35 U. S. C. 112 第二款下的不明确。参见 *In re Katz Interactive Call Processing Patent Litigation*，639 F. 3d 1303，1318，97 USPQ2d 1737，1748 – 49（Fed. Cir. 2011）。在 *Katz* 案中，权利要求涉及"具有接口装置的系统向个别呼叫者中的特定呼叫者提供自动语音消息，*其中所述个别呼叫者数字化输入数据*"，被确定为不明确，因为斜体部分的权利要求限定并不是针对系统，其针对的是个别呼叫者的行为，这会在直接侵权发生时产生混淆。参见 *Katz*，639 F. 3d at 1318（引用 *IPXL Holdings v. Amazon. com，Inc.*，430 F. 3d 1377，1384，77 USPQ2d 1140，1145（Fed. Cir. 2005），其中系统权利要求记载了"一个输入装置"，并且要求用户使用输入装置，其被认为是不明确的，因为不清楚"是否发生侵权……当一个人创建允许用户［使用输入装置］的系统时，或者当用户实际使用输入装置时"）；*Ex parte Lyell*，17 USPQ2d 1548（Bd. Pat. App. & Inter. 1990）（权利要求涉及一种自动变速器工作台及使用其的方法，其被认为含混不清并且根据 35 U. S. C. 112 第二款拒绝是正当的）。

2173.05（q）"用途"权利要求（2013.11 修订）

试图要求保护一个方法而不涉及任何该方法所包括的步骤，通常会引起 35 U. S. C. 112（b）或 pre – AIA 35 U. S. C. 112 第二款下的不明确问题。例如，一项权利

要求如下所述:"使用权利要求 4 的单克隆抗体分离和纯化人体纤维细胞干扰素的方法",该权利要求被认为是不明确的,因为其仅陈述了一种用途,没有任何积极的、正面的步骤来界定如何实际地实施这种用途。参见 *Ex parte Erlach*, 3 USPQ2d 1011 (Bd. Pat. App. & Inter. 1986)。

其他决定为这类拒绝提出了更合适的依据,即 35 U. S. C. 101。在 *Ex parte Dunki*, 153 USPQ 678 (Bd. App. 1967) 案中,委员会认为以下权利要求是对方法的不恰当定义:"将含有一定比例游离碳的高碳奥氏体铁合金,作为车辆制动部件用以承受滑动摩擦应力的用途"。在 *Clinical Products Ltd. v. Brenner*, 255 F. Supp. 131, 149 USPQ 475 (D. D. C. 1966) 案中,地区法院认为下列权利要求是明确的,但其并不是一个在 35 U. S. C. 101 下正当的产品权利要求:"将持续释放治疗剂用在聚苯乙烯磺酸吸收的麻黄碱体内的用途"。

尽管应根据说明书公开内容来解释权利要求,但是通常认为将说明书中包含的限定理解为权利要求是不合适的。参见 *In re Prater*, 415 F. 2d 1393, 162 USPQ 541 (CCPA 1969),以及 *In re Winkhaus*, 527 F. 2d 637, 188 USPQ 129 (CCPA 1975),其中讨论了不能依赖说明书将未记载于权利要求的限定赋予权利要求这一前提。

Ⅰ. 根据 35 U. S. C. 101 和 112,"用途"权利要求应以替代理由予以拒绝

鉴于如上所述的权限分割,最正当的审查方案是根据 35 U. S. C. 101 和 112 作为替代理由拒绝"用途"权利要求。

Ⅱ. 委员会认为步骤"利用"不是不明确的

对于权利要求是否明确,通常很难在允许的内容和反对的内容之间划出界限。在 *Ex parte Porter*, 25 USPQ2d 1144 (Bd. Pat. App. & Inter. 1992) 案中,委员会认为,明确记载了"利用"步骤的权利要求在 35 U. S. C. 112 第二款下并不是不明确的(权利要求是"用于从反应器管的开口端,卸载未包装及非桥接的以及包装和桥接的可流动颗粒催化剂和珠粒材料的方法,其包括利用权利要求 7 中的喷嘴")。

2173.05 (r) 总括性权利要求 (2013.11 修订)

某些申请提交时包括下述的总括性权利要求:一种基本上如图所示及所述的设备。根据 35 U. S. C. 112 (b) 或 pre – AIA 35 U. S. C. 112 第二款,该权利要求应当被拒绝,因为它是不明确的,其无法指出权利要求语言所包含或排除的内容。参阅 *Ex parte Fressola*, 27 USPQ2d 1608 (Bd. Pat. App. & Inter. 1993),可以了解有关总括性权利要求的历史讨论及对为什么其不符合 35 U. S. C. 112 (b) 或 pre – AIA 35 U. S. C. 112 第二款的解释。

可以使用格式语段 7.35 拒绝此类权利要求,参阅 MPEP § 706.03 (d)。

有关通过审查员修改而删除此类权利要求的信息,请参见 MPEP § 1302.04 (b)。

2173.05（s） 引用附图或图表（2012.08 修订）

在可能的情况下，权利要求本身应完整。"仅在例外情况下"才允许通过引用来结合特定的附图或图表，"在这些情况下，没有可行的用文字来定义发明的方式，并且通过引用的方式结合附图或图表比将它们复制到权利要求中更为简洁。通过引用来结合是一种必要原则，并不是为了给申请人带来方便。"参见 *Ex parte Fressola*，27 USPQ2d 1608，1609（Bd. Pat. App. & Inter. 1993）（省略引用）。

与说明书详细描述和附图中所述的元素相对应的附图标记，可以与权利要求书中所述的相同元素或元素组结合使用。参见 MPEP § 608.01（m）。

2173.05（t） 化学式（2013.11 修订）

化合物权利要求和含有化合物的组合物权利要求，通常使用描述化合物化学结构的化学式。在没有证据表明所指定的化学式有错误的情况下，不应将这些结构视为不明确或推测性的。缺乏确证的光谱数据或其他数据不能成为确定结构不明确的基础。参见 *Ex parte Morton*，134 USPQ 407（Bd. App. 1961）及 *Ex parte Sobin*，139 USPQ 528（Bd. App. 1962）。

对于化合物权利要求，不应仅因为未表明结构或仅表明了部分结构就认为其不明确。参见 *In re Fisher*，427 F. 2d 833，166 USPQ 18（CCPA 1970）案中的争议权利要求语言将化合物称为"具有以下序列的至少 24 个氨基酸的多肽"。法院推翻了之前基于 pre-AIA 35 U.S.C. 112 第二款由于未能确定整个结构而作出的驳回决定，并裁定："由于没有这一限定显然会扩大权利要求范围并引起公开充分性的问题，其未造成权利要求不明确"。化合物可以用对本领域技术人员来说足以描述其材料的名称来要求保护。参见 *Martin v. Johnson*，454 F. 2d 746，172 USPQ 391（CCPA 1972）。结构未知的组合物可以通过其结构和化学特性的组合来要求保护。参见 *Ex parte Brian*，118 USPQ 242（Bd. App. 1958）。化合物还可以通过制备方法来要求保护，而不会引起不明确的问题。

2173.05（u） 权利要求中的商标或商号（2013.11 修订）

根据 35 U.S.C. 112（b）或 pre-AIA 35 U.S.C. 112 第二款，在权利要求中存在商标或商号本身并无不当，但应仔细分析权利要求，以确定所述商标或商号是如何在权利要求中使用的。重要的是要认识到商标或商号是用来识别商品来源的，而不是商品本身。因此，商标或商号不能识别或描述与商标或商号有关的商品。请参阅 MPEP § 608.01（v）中关于商标和商号的定义。

如果在权利要求中使用商标或商号作为识别或描述特定材料或产品的限定，则权利要求不符合 35 U.S.C. 112（b）或 pre - AIA 35 U.S.C. 112 第二款的要求。参见 *Ex parte Simpson*, 218 USPQ 1020（Bd. App. 1982）。由于商标或商号不能被恰当地用于识别任何特定材料或产品，所以权利要求范围不确定。事实上，如果一个商标变成了对一个产品的描述，而不是用来作为一个产品的来源或原产地的标识，那么它的价值就会丧失。因此，在权利要求书中使用商标或商号来识别或描述材料或产品，不仅会造成权利要求不明确，还会构成对商标或商号的不当使用。

如果一个商标或商号出现在一项权利要求中，且并不意图作为该权利要求中的一项限定，则应当解决为什么其会用在该权利要求中这一问题。如果其在权利要求中的存在导致对权利要求范围的混淆，则应根据 35 U.S.C. 112（b）或 pre - AIA 35 U.S.C. 112 第二款的规定拒绝权利要求。

2173.05（v）仅有机器的功能（2013.11 修订）

工艺或方法权利要求不应仅因为其定义了所公开的机器或装置的固有功能而被美国专利商标局的审查员根据 35 U.S.C. 112（b）或 pre - AIA 35 U.S.C. 112 第二款给予拒绝。参见 *In re Tarczy - Hornoch*, 397 F. 2d 856, 158 USPQ 141（CCPA 1968）。法院在 *Tarczy - Hornoch* 案中认为，一项本来具有可专利性的方法权利要求，不应仅因为其所在的申请公开了一种固有的执行所述步骤的装置而被拒绝。

2173.06 紧凑审查实践（2015.07 修订）

I. 解释权利要求并对如何解释含混的术语使用解释技巧

审查的目的是在申请过程中尽早明确地说明任何拒绝意见，以便申请人有机会提供可专利性，或尽早进行完全的答复。参见 MPEP §706。根据紧凑审查原则，审查员应在对申请的初步审查中审查每一项权利要求是否符合各项可专利性的法定要求，并在第一次审查意见中指出所有适用的拒绝理由，以避免在申请过程中出现不必要的延误。参见 37 CFR 1.104（a）（1）（"在审查申请或在复审中审查专利时，审查员应对其进行彻底的研究，并应彻底调查与所要求保护的发明主题有关的现有技术。审查的完成，应当既考虑申请是否符合所适用法条及细则的规定，也应当考虑要求保护的发明的可专利性，以及形式问题，除非另有说明"）。

因此，当审查员确定某项权利要求的术语或短语使该权利要求不明确时，应基于 35 U.S.C. 112（b）或 pre - AIA 35 U.S.C. 112 第二款不明确作出拒绝意见，以及鉴于现有技术，基于 35 U.S.C. 102 或 103，根据审查员对权利要求的解释来适用现有技术并发出拒绝意见。参见 *In re Packard*, 751 F. 3d 1307, 1312（Fed. Cir. 2014）（指出恰当地适用初证事实来基于不明确性作出拒绝）。当在上述情况下基于现有技术作出拒绝时，重要的是，**审查员在审查档案中应说明如何相对于在拒绝中适用的现有技术来解释权利要求术语或短语**。通过基于所有合理的理由拒绝每项权利要求，审查员可以避免零碎化的审查。参见 MPEP § 707.07（g）（"应尽量避免进行零碎化的审查。审查员通常应基于所有可用的合理理由拒绝每项权利要求……"）。

Ⅱ. 对因不明确而拒绝的权利要求作出现有技术拒绝意见

在判断权利要求相对于现有技术的可专利性时，必须考虑权利要求中的所有词语。参见 *In re Wilson*，424 F.2d 1382，165 USPQ 494（CCPA 1970）。术语可能不明确的事实并不能使该权利要求相对于现有技术显而易见。当权利要求的术语被认为不明确时，针对与现有技术相关且不明确的权利要求，有至少两种可行的审查方式。

第一种，如果不明确性程度不高，并且对权利要求的解释不只一种，其中至少一种解释将使权利要求相对于现有技术不具备可专利性，那么正当的处理方式是由审查员作出两项拒绝意见：（A）根据 35 U.S.C. 112（b）或 pre-AIA 35 U.S.C. 112 第二款作出不明确性拒绝；（B）基于使得现有技术可适用的权利要求解释，作出相对现有技术的拒绝。参见 *Ex parte Ionescu*，222 USPQ 537（Bd. App. 1984）。在基于上述情况作出相对现有技术的拒绝时，对审查员来说，指明权利要求的解释方式非常重要。第二种，如果对权利要求限定的正确解释存在大量困惑和不确定性，则基于现有技术拒绝这种权利要求是不正当的。如在 *In re Steele*，305 F.2d 859，134 USPQ 292（CCPA 1962）案中所述，根据 35 U.S.C. 103 作出的拒绝，不应基于对权利要求所使用术语含义的大量推测，或者必须基于对权利要求的范围作出的假设。

从审查的角度出发，建议采用第一种方式，因为它避免了在审查员根据 35 U.S.C. 112（b）或 pre-AIA 35 U.S.C. 112 第二款的拒绝意见不确定时作出零碎化的审查。如果权利要求被重新撰写以克服 35 U.S.C. 112（b）或 pre-AIA 35 U.S.C. 112 第二款的拒绝意见，则可使申请人更好地了解相关的现有技术。

2174 35 U.S.C. 112（a）和（b）之间或 Pre-AIA 35 U.S.C. 112 第一款和第二款之间的关系（2013.11 修订）

35 U.S.C. 112（a）(b) 或 pre-AIA 35 U.S.C. 112 第一款与第二款的要求是相互独立且不同的。如果说明书中的书面描述或可实施性公开与权利要求所涵盖的主题范围不相称，则这一事实本身不会使权利要求不准确、不明确或不符合 35 U.S.C. 112（b）或 pre-AIA 35 U.S.C. 112 第二款；相反地，应当认为权利要求所基于的公开不充分（35 U.S.C. 112（a）或 pre-AIA 35 U.S.C. 112 第一款），并以此为由予以拒绝。参见 *In re Borkowski*，422 F.2d 904，164 USPQ 642（CCPA 1970）。如果说明书公开了对于实施本发明关键或必要的特定特征或元素，却未能在权利要求中记载或包含所述特定特征或元素，则为基于权利要求不能得到可实施性公开的支持为由发出拒绝提供了基础。参见 *In re Mayhew*，527 F.2d 1229，188 USPQ 356（CCPA 1976）。在 *Mayhew* 案中，审查员认为说明书中公开了方法的唯一操作模式，其涉及在处理循环中的特定位置使用冷却区。权利要求被拒绝,因为其既没有指出冷却步骤,也没有指出这一步骤在方法中的位置。法院也确信这一观点,认为冷却区及其位置是必不可少的,并认为权利要求未记载冷却区的使用及其特定位置,不能得到可实施性公开的支持(基于35 U.S.C. 112 第一款)。

此外,如果将权利要求修改为包括未在所提交的申请中描述的发明,则根据35 U.S.C. 112(a)或 pre – AIA 35 U.S.C. 112 第一款,对权利要求以涉及说明书中未描述的主题为由给予拒绝可能是正当的。参见 *In re Simon*, 302 F.2d 737, 133 USPQ 524 (CCPA 1962)。*Simon* 案涉及一件再颁的申请,权利要求涉及组合物的反应产物,申请人提出的权利要求包含子组合 A + B + C 的组合物的反应产物,然而本发明的原始权利要求和书面描述中均是涉及包含组合 A + B + C + D + E 的组合物。对于组分 D + E 对所要求保护的反应产物而言不是必需的这一论点,法院未认定明显支持,因此得出结论认为,涉及子组合 A + B + C 的反应产物的权利要求未在所提交的申请中描述(35 U.S.C. 112 第一款)。另见 *In re Panagrossi*, 277 F.2d 181, 125 USPQ 410 (CCPA 1960)。

2175 – 2180(预留)

2181 识别并解释涉及 35 U.S.C. 112(f)或 Pre – AIA 35 U.S.C. 112 第六款的限定(2017.08 修订)

本节规定了审查涉及 35 U.S.C. 112(f)或 pre – AIA 35 U.S.C. 112 第六款的权利要求中的"装置或步骤加功能"限定的准则。这些准则基于专利局目前对法律的理解,并被认为与最高法院、联邦巡回上诉法院及联邦巡回上诉法院的前身法院有约束力的先例完全一致。这些准则不构成实质性的规章,因此不具有法律效力。

联邦巡回上诉法院在其关于 *In re Donaldson Co.*, 16 F.3d 1189, 1194, 29 USPQ2d 1845, 1850 (Fed. Cir. 1994) 案的全体判决中裁定:"装置、步骤加功能"限定应作如下解释:

"依据我们的认定,审查员可给予装置加功能语言以'最宽泛的合理解释'是第六款中法定规定的。因此,在作出可专利性决定时,专利局可能不会忽略说明书中公开的与该语言相对应的结构。"

因此,援用 35 U.S.C. 112(f)或 pre – AIA 35 U.S.C. 112 第六款对权利要求限定所作的最宽泛合理解释,是说明书中描述为执行全部要求保护的功能所对应的结构、材料或行为,并且等同于所述公开的结构、材料或行为。因此,当基于 35 U.S.C. 112(f)或 pre – AIA 35 U.S.C. 112 第六款时,权利要求中的限定在某些情况下比未撰写为"装置加功能"格式的限定的解释更窄。

Ⅰ. 确定权利要求限定是否援用 35 U. S. C. 112（f）或 Pre – AIA 35 U. S. C. 112 第六款

美国专利商标局必须在适当的情况下适用 35 U. S. C. 112（f）或 pre – AIA 35 U. S. C. 112 第六款，根据本申请发明的书面描述并与之一致地对权利要求给出最宽泛合理解释。参见 *Donaldson*，16 F. 3d at 1194，29 USPQ2d at 1850（指出 35 U. S. C. 112 第六款"仅在合理解释的原则下，限定了专利商标局对'装置加功能'语言给予多宽的解释"）。联邦巡回上诉法院裁定，面对美国专利商标局的申请人（和复审专利权人）有机会并有义务在美国专利商标局进行案件处理期间准确地定义其发明。参见 *In re Morris*，127 F. 3d 1048，1056 – 57，44 USPQ2d 1023，1029 – 30（Fed. Cir. 1997）（35 U. S. C. 112 第二款将精确撰写权利要求的责任交给了申请人）；参见 *In re Zletz*，893 F. 2d 319，322，13 USPQ2d 1320，1322（Fed. Cir. 1989）（法院在诉讼中使用的权利要求解释方式，与美国专利商标局在审查未决申请时适用的权利要求解释方式不同）；参见 *Sage Prods.，Inc. v. Devon Indus.，Inc.*，126 F. 3d 1420，1425，44 USPQ2d 1103，1107（Fed. Cir. 1997）（专利权人有明显的机会在申请期间就更宽泛的权利要求进行交涉，但却没有这样做的，则其可能无法基于等同原则扩大权利要求，因为未能对所要求保护的结构的可预见的变更寻求保护的代价，应由专利权人而不是公众来承担）。

如果权利要求的限定记载了术语和与其相关的功能语言，则审查员应确定该权利要求限定是否需要援引 35 U. S. C. 112（f）或 pre – AIA 35 U. S. C. 112 第六款。当权利要求限定明确使用术语"装置"或"步骤"并包括功能语言时，则推定其需要援引 35 U. S. C. 112（f）或 pre – AIA 35 U. S. C. 112 第六款。当限定还包括执行所述功能所必需的结构时，可以克服该推定。参见 *TriMed，Inc. v. Stryker Corp.*，514 F. 3d 1256，1259 – 60，85 USPQ2d 1787，1789（Fed. Cir. 2008）（"当权利要求语言指明了执行被质疑的功能的确切结构，且无须诉诸说明书的其他部分或外部证据来充分了解其结构时，则认为存在足够的结构特征"）；另见 *Altiris，Inc. v. Symantec Corp.*，318 F. 3d 1363，1376，65 USPQ2d 1865，1874（Fed. Cir. 2003）。

相反地，未使用"装置"或"步骤"一词的权利要求限定将触发不适用 35 U. S. C. 112（f）或 pre – AIA 35 U. S. C. 112 第六款的可反驳性推定。参见 *Phillips v. AWH Corp.*，415 F. 3d 1303，1310，75 USPQ2d 1321，1324（Fed. Cir. 2005）（全体法官出席）；*CCS Fitness，Inc. v. Brunswick Corp.*，288 F. 3d 1359，1369，62 USPQ2d 1658，1664（Fed. Cir. 2002）；*Personalized Media Commc'ns，LLC v. ITC*，161 F. 3d 696，703 – 04，48 USPQ2d 1880，1886 – 87（Fed. Cir. 1998）。而当"权利要求术语未能'记载足够明确的结构'或记载了'功能但没有记载执行该功能的足够结构'"时，上述推定被克服。参见 *Williamson v. Citrix Online，LLC*，792 F. 3d 1339，1348，115 USPQ2d 1105，1111（Fed. Cir. 2015）（全体法官出席）（援引 *Watts v. XL Systems，Inc.*，232 F. 3d 877，880（Fed. Cir. 2000））；另见 *Personalized Media Communications，LLC v. International Trade Commission*，161 F. 3d 696，704（Fed. Cir. 1998）。在这些案例中未

使用"装置"或"步骤",而是使用了作为"装置"一词代用词的通用占位符,本领域普通技术人员将不会意识到它是执行所要求保护的功能的足够明确的结构。"判断标准是,权利要求中的措词对本领域普通技术人员而言是否具有足够明确的含义以作为结构的名称。"参见 *Williamson*, 792 F. 3d at 1349, 115 USPQ2d at 1111;另参见 *Greenberg v. Ethicon Endo - Surgery, Inc.*, 91 F. 3d 1580, 1583, 39 USPQ2d 1783, 1786 (Fed. Cir. 1996)。

因此,如果权利要求的限定满足以下三点分析,则审查员可以适用 35 U. S. C. 112 (f) 或 pre - AIA 35 U. S. C. 112 第六款:

(A) 权利要求限定使用术语"装置"或"步骤",或替代"装置"的术语,该术语是指执行所要求功能的通用占位符(也称为临时术语或非结构术语,没有特定的结构含义);

(B) 术语"装置"或"步骤"或其通用占位符通常由功能语言修饰,但并不总是由过渡词"用于"(例如,"装置用于")或另一个连接词或短语(例如,"设定为"或"所以")连接;以及

(C) 术语"装置"或"步骤"或其通用占位符没有足够的结构、材料或用于执行所要求保护的功能的行为来修饰。

A. 权利要求限定使用术语"装置"或"步骤"或通用占位符(仅为替代"装置"的措词)

关于此分析的第一个分支,权利要求要素不包含术语"装置"或"步骤"将会触发不适用 35 U. S. C. 112 (f) 或 pre - AIA 35 U. S. C. 112 第六款的可反驳性推定。如果权利要求限定中未使用"装置"一词,则审查员应确定不适用 35 U. S. C. 112 (f) 或 pre - AIA 35 U. S. C. 112 第六款的推定是否被克服。如果权利要求限定使用通用占位符(其仅仅为术语"装置"的替代物),则可以克服该推定。以下是可以援用 35 U. S. C. 112 (f) 或 pre - AIA 35 U. S. C. 112 第六款的非结构性通用占位符的列表:"用于……的机构""用于……的模块""用于……的设备""用于……的单元""用于……的组件""用于……的元素""用于……的构件""用于……的装置""用于……的机器""用于……的系统"。参见 *Welker Bearing Co, v. PHD, Inc.*, 550 F. 3d 1090, 1096, 89 USPQ2d 1289, 1293 94 (Fed. Cir. 2008); *Massachusetts Inst. of Tech. v. Abacus Software*, 462 F. 3d 1344, 1354, 80 USPQ2d 1225, 1228 (Fed. Cir. 2006); *Personalized Media*, 161 F. 3d at 704, 48 USPQ2d at 1886 - 87; *Mas - Hamilton Group v. LaGard, Inc.*, 156 F. 3d 1206, 1214 - 1215, 48 USPQ2d 1010, 1017 (Fed. Cir. 1998)。上述列表并非穷举,其他通用占位符也可能会援引 35 U. S. C. 112 (f) 或 pre - AIA 35 U. S. C. 112 第六款。

但是,如果阅读说明书的本领域普通技术人员知晓该术语具有足够明确的含义以作为实现所述功能的结构的名称,则 35 U. S. C. 112 (f) 或 pre - AIA 35 U. S. C. 112 第六款将不适用,即使该术语涵盖了宽泛的结构类别或通过功能指明相应的结构(如

"过滤器""制动器""夹钳""螺丝刀"和"锁")。参见 *Apex Inc. v. Raritan Computer, Inc.*,325 F. 3d 1364,1372 – 73,66 USPQ2d 1444,1451 – 52(Fed. Cir. 2003);*CCS Fitness*,288 F. 3d at 1369,62 USPQ2d at 1664;*Watts v. XL Sys. Inc.*,232 F. 3d 877,880 – 81,56 USPQ2d 1836,1839(Fed. Cir. 2000);*Personalized Media*,161 F. 3d at 704,48 USPQ2d at 1888;*Greenberg v. Ethicon Endo – Surgery, Inc.*,91 F. 3d 1580,1583,39 US-PQ2d 1783,1786(Fed. Cir. 1996)("许多设备的名称来自其执行的功能")。不要求所述术语表示特定结构或精确的物理结构,以避免适用 35 U. S. C. 112(f)或 pre – AIA 35 U. S. C. 112 第六款。参见 *Watts*,232 F. 3d at 880,56 USPQ2d at 1838;*Inventio AG v. Thyssenkrupp Elevator Americas Corp.*,649 F. 3d 1350,99 USPQ2d 1112(Fed. Cir. 2011)(认为根据说明书解读该权利要求时,术语"现代化设备"和"计算单元"对于本领域的技术人员来说意味着一种充分的、明确的结构,排除适用 35 U. S. C. 112 第六款)。以下是一些结构用语的示例,它们被认为不会援用 35 U. S. C. 112(f)或 pre – AIA 35 U. S. C. 112 第六款:"电路""制动机构""数字检测器""往复构件""连接器组件""穿孔""密封连接的接头"和"眼镜架构件"。参见 *Mass. Inst. of Tech.*,462 F. 3d at 1355 – 1356,80 USPQ2d at 1332(法院认定对"美学矫正电路"的记载足以避免适用 pre – AIA 35 U. S. C. 112 第六款,因为"电路"一词与对电路功能的描述,对本领域的普通技术人员来说意味着足够的结构);*Linear Tech. Corp. v. Impala Linear Corp.*,379 F. 3d 1311,1321,72 USPQ2d 1065,1071(Fed. Cir. 2004);*Apex*,325 F. 3d at 1373,66 USPQ2d at 1452;*Greenberg*,91 F. 3d at 1583 – 84,39 USPQ2d at 1786;*Personalized Media*,161 F. 3d at 704 – 05,39 USPQ2d at 1786;*CCS Fitness*,288 F. 3d at 1369 – 70,62 USPQ2d at 1664 – 65;*Cole v. Kimberly – Clark Corp.*,102 F. 3d 524,531(Fed. Cir. 1996);*Watts*,232 F. 3d at 881,56 USPQ2d at 1839;*Al – Site Corp. v. VSI Int'l, Inc.*,174 F. 3d 1308,1318 – 19,50 USPQ2d 1161,1166 – 67(Fed. Cir. 1999)。

如果一个术语被认为是"装置"的替代,并且缺乏执行其功能所需的足够结构,则该术语必须作为通用占位符出现,由此不应将权利要求的范围限制为用于执行所要求功能的任何特定方式或结构。重要的是要记住,在确定用作通用占位符的替代"装置"的术语时,没有绝对结论。审查员必须根据说明书以及技术领域中公认的含义仔细考虑该术语。每件申请都具有其自身的事实。

如果审查员未将权利要求的限定解释为援引 35 U. S. C. 112(f)或 pre – AIA 35 U. S. C. 112 第六款,而申请人希望根据 35 U. S. C. 112(f)或 pre – AIA 35 U. S. C. 112 第六款来对待权利要求,则申请人必须:(A)修改权利要求,使其包括"装置"或"步骤";或(B)通过表明权利要求限定以所执行的功能撰写,而并没有记载足够的结构、材料或用于执行该功能的动作,来反驳不适用 35 U. S. C. 112(f)或 pre – AIA 35 U. S. C. 112 第六款的推定。参见 *Watts*,232 F. 3d at 881,56 USPQ2d at 1839(Fed. Cir. 2000)(权利要求的限定被裁定为未援用 35 U. S. C. 112 第六款,因为未使用"装置"一词,引起了以下推定:限定未以装置加功能形式提出,而申请人没有反驳该推定);另参见 *Masco Corp. v. United States*,303 F. 3d 1316,1327,64 USPQ2d 1182,

1189（Fed. Cir. 2002）（"方法权利要求中不包含'用于……的步骤'一词时，如果未表明权利要求限定中不包含任何动作，则不能将该权利要求的限定解释为'装置加功能'限定"）。

以下一些示例说明了未使用"装置"或"步骤"一词但委员会或法院仍然确定权利要求限定落入 35 U. S. C. 112（f）或 pre – AIA 35 U. S. C. 112 第六款范围的情况。请注意，这些示例是基于特定事实的，不应基于单独认定规则适用。参见 *Signtech USA*, *Ltd. v. Vutek*, *Inc.*, 174 F. 3d 1352, 1356, 50 USPQ2d 1372, 1374 – 75（Fed. Cir. 1999）（"位于……上的墨水输送装置"援用了 35 U. S. C. 112 第六款，因为"墨水输送装置"一词相当于"用于输送墨水的装置"）；*Seal – Flex*, *Inc. v. Athletic Track and Court Construction*, 172 F. 3d 836, 850, 50 USPQ2d 1225, 1234（Fed. Cir. 1999）（Rader, J., 附议）（"对于不具备明确的步骤加功能语言的权利要求要素，如果其仅要求保护潜在的功能而不记载执行该功能的动作，则可能仍落入 112 条第六款的情形……总的来说，方法权利要求要素中的'潜在功能'对应于该要素最终完成了'什么'，与权利要求的其他要素及权利要求整体完成了什么有关。而另一方面，'动作'则与该功能'如何'实现相对应……如果权利要求要素使用了短语'用于……的步骤'，则推定适用 112 条第六款……另一方面，'步骤'一词自身和短语'……的步骤'倾向于表明 112 条第六款不适用该限定"）；*Personalized Media*, 161 F. 3d at 703 – 04, 48 USPQ2d at 1886 – 87（Fed. Cir. 1998）；*Mas – Hamilton*, 156 F. 3d at 1213, 48 USPQ2d at 1016（Fed. Cir. 1998）（"用于移动杠杆的杠杆移动元件"和"用于保持杠杆……并释放杠杆的可移动连杆构件"被认为援用了 35 U. S. C. 112 第六款的装置加功能限定，因为所要求保护的限定是以其功能而非机械结构来描述的）；*Ethicon*, *Inc. v. United States Surgical Corp.*, 135 F. 3d 1456, 1463, 45 USPQ2d 1545, 1550（Fed. Cir. 1998）（"'装置'一词的使用引发了如下推定：发明人有意适用该术语以援用'装置加功能'条款的法定命令"）（省略引用）。但是，比较 *Al – Site Corp. v. VSI Int'l*, *Inc.*, 174 F. 3d 1308, 1317 – 19, 50 USPQ2d 1161, 1166 – 67（Fed. Cir. 1999）（尽管权利要求要素"眼镜架构件"和"眼镜接触构件"包括功能，但这些权利要求要素未援引 35 U. S. C. 112 第六款，因为权利要求本身包含执行这些功能的足够的结构限定）；*O. I. Corp. v. Tekmar*, 115 F. 3d 1576, 1583, 42 USPQ2d 1777, 1782（Fed. Cir. 1997）（方法权利要求具有与之平行的装置加功能装置权利要求，但是不包括"用于……的步骤"的语言，则未援用 35 U. S. C. 112 第六款）。

如果申请人在前序部分使用"装置"或"步骤"一词，当不清楚前序部分是否记载了一种装置（步骤）加功能限定或前序部分是否仅为说明所要求保护的发明的预期用途时，则根据 35 U. S. C. 112（b）或 pre – AIA 35 U. S. C. 112 第二款发出拒绝意见是正当的。如果申请人在前序中使用带有"为了"或其他连接词的结构或通用占位符，则审查员不应将其解释为记载了装置加功能限定。

提醒审查员，如果没有确定权利要求限定会援用 35 U. S. C. 112（f）或 pre – AIA 35 U. S. C. 112 第六款，最宽泛合理解释将不再限制为"相应的结构……及其等同形式"。参见 *Morris*, 127 F. 3d at 1055, 44 USPQ2d at 1028 ("专利法规中没有将非§112第六款权利要求的保护范围与说明书中的特定主题相关的类似规定")。

B. 术语"装置"或"步骤"或通用占位符必须由功能性语言修饰

关于该分析的第二分支，必须清楚的是，权利要求中的要素至少部分是由其执行的功能来描述，而非执行该功能的特定结构、材料或动作。参见 *York Prod. , Inc. v. Central Tractor Farm & Family Center*, 99 F3d 1568, 1574, 40 USPQ2d 1619, 1624 (Fed. Cir. 1996) (裁定认为，包含"装置"一词的权利要求限定未援用 pre – AIA 35 U. S. C. 112 第六款的规定，如果权利要求限定未将"装置"一词关联到特定的功能)。参见 *Caterpillar Inc. v. Detroit Diesel Corp.*, 961 F. Supp. 1249, 1255, 41 USPQ2d 1876, 1882 (N. D. Ind. 1996) (指出 pre – AIA 35 U. S. C. 112 第六款"适用于功能性方法权利要求，其中所涉要素规定了达到特定结果的步骤，而非用于获得结果的特定技术或流程")；*O. I. Corp.*, 115 F. 3d at 1582 – 83, 42 USPQ2d at 1782 (对于方法权利要求，"[pre – AIA 35 U. S. C. 112 第六款] 仅与有步骤加功能但没有任何动作的情况相关……如果我们将每一个包含由现在分词的动词形式描述的步骤的方法权利要求，如包含'传递中的''加热中的''反应中的''转移中的'等词的权利要求，都解释为步骤加功能，则将会以国会从未期望过的方式限定了所有的方法权利"（原文强调）)；另参见 *Baranv. Medical Device Techs. , Inc.*, 616 F. 3d 1309, 1317, 96 USPQ2d 1057, 1063 (Fed. Cir. 2010) (要求保护的功能可能包括在短语"用于……的装置"之中的功能性语言)。但是，"以功能性术语定义特定的机制这一事实，不足以将包含该术语的权利要求要素转换为 112 条第六款所指的'执行特定功能的装置'。"参见 *Greenberg v. Ethicon Endo – Surgery, Inc.*, 91 F. 3d 1580, 1583, 39 USPQ2d 1783, 1786 (Fed. Cir. 1996) (以功能性术语定义的"制动机构"无意援用 35 U. S. C. 112 第六款)；另参见 *Al – Site Corp. v. VSI International Inc.*, 174 F. 3d 1308, 1318, 50 USPQ2d 1161, 1166 – 67 (Fed. Cir. 1999) (尽管要求保护的要素"眼镜架构件"和"眼镜接触构件"包含功能，但这些权利要求要素不会援用 pre – AIA 35 U. S. C. 112 第六款，因为权利要求本身包含足够的执行这些功能的结构限定)。而且，仅出现在权利要求前序中的功能陈述通常不足以援用 35 U. S. C. 112 (f) 或 pre – AIA 35 U. S. C. 112 第六款。参见 *O. I. Corp.*, 115 F. 3d at 1583, 42 USPQ2d at 1782 ("前序中关于结果的陈述必然跟随在一系列所执行的步骤之后，这些陈述不会将这些步骤中的每一个都转换为步骤加功能子句。步骤'通过'并未在权利要求中单独与通过步骤所执行的功能相关联")。

仅使用"装置"一词而无相关功能，将反驳援用 35 U. S. C. 112 (f) 或 pre – AIA 35 U. S. C. 112 第六款的推定。功能必须在权利要求书的限定中陈述，但是不必使用特定的格式。通常，权利要求限定将使用连接词"为了"将"装置"或通用占位符与功能相关联。但是，也可以使用其他连接词，如"以便"或"配置为"，条件是要求保护的要素很清楚地记载了一种功能。在某些情况下，如果其他与"装置"或通用占位符一起使用的措词传达了功能的含义，则也不必使用连接词。但是，此类措词不能够传达用于执行该功能的特定结构，否则该短语将不会被视为援用 35 U. S. C. 112（f）或 pre - AIA 35 U. S. C. 112 第六款。例如，"墨水输送装置""配置为输送墨水的模块"和"用于墨水输送的装置"都可以解释为援用 35 U. S. C. 112（f）或 pre - AIA 35 U. S. C. 112 第六款的权利要求要素。参见 *Signtech USA*，174 F. 3d at 1356。

C. 术语"装置"或"步骤"或通用占位符不能由完成特定功能的足够的结构、材料或动作修饰

关于该分析的第三分支，在权利要求中所引用的术语"装置"或"步骤"或通用占位符不能由用于实现特定功能的足够明确的结构、材料或动作来修饰。参见 *Seal - Flex*，172 F. 3d at 849，50 USPQ2d at 1234（Radar，J.，附议）（"即使权利要求要素使用的语言属于通常的步骤加功能格式，当权利要求限定本身记载了足以执行特定功能的动作时，仍然不适用 35 U. S. C. 112 第六款"）；*Envirco Corp. v. Clestra Cleanroom, Inc.*，209 F. 3d 1360，54 USPQ2d 1449（Fed. Cir. 2000）（裁定认为"第二挡板装置"不援引 35 U. S. C. 112 第六款，因为"挡板"一词本身具有结构，并且权利要求进一步记载了挡板的结构）；*Rodime PLC v. Seagate Technology, Inc.*，174 F. 3d 1294，1303 - 04，50 USPQ2d 1429，1435 - 36（Fed. Cir. 1999）（裁定认为"用于移动的定位装置"并不援引 35 U. S. C. 112 第六款，因为权利要求进一步提供了基于该装置的结构的清单，并且对执行移动功能的结构的详细记载使得该权利要求要素不再纳入 35 U. S. C. 112 第六款的考虑范围）；*Cole v. Kimberly - Clark Corp.*，102 F. 3d 524，531，41 USPQ2d 1001，1(8)6（Fed. Cir. 1996）（裁定认为"用于撕裂的穿孔装置"并没有援引 35 U. S. C. 112 第六款，因为权利要求描述了支持撕裂功能（穿孔）的结构）。在其他情况下，联邦巡回上诉法院得出了不同的结论。参见 *Unidynamics Corp. v. Automatic Prod. Int'l*，157 F. 3d 1311，1319，48 USPQ2d 1099，1104（Fed. Cir. 1998）（裁定认为"弹簧装置"援用了 35 U. S. C. 112 第六款）。

对于使用了术语"装置"或"步骤"或与功能性语言关联的通用占位符的权利要求限定，审查员将适用 35 U. S. C. 112（f）或 pre - AIA 35 U. S. C. 112 第六款，除非该术语：（1）之前带有结构性修饰，该修饰在说明书中定义为特定结构或本领域技术人员已知用来表示结构性装置的类型（如"过滤器"），或（2）由用于实现所要求保护的功能的足够的结构或材料修饰。

如果限定中存在进一步描述术语"装置"或"步骤"或通用占位符的结构性修饰，则该限定不会援用 35 U. S. C. 112（f）或 pre - AIA 35 U. S. C. 112 第六款。例如，尽管像"机制"这样的通用占位符单独出现并与功能相结合时，可能会援用 35 U. S. C. 112（f）或 pre - AIA 35 U. S. C. 112 第六款，但当其前面带有结构性修饰（如"制动机构"）时，将不会援用 35 U. S. C. 112（f）或 pre - AIA 35 U. S. C. 112 第六款。参见 *Greenberg*，91 F. 3d at 1583，39 USPQ2d at 1786（裁定认为术语"制动机构"并未援用 35 U. S. C. 112 第六款，因为结构修饰语"制动"在机械领域表示一种具有一般理解意义的结构性装置）。相反地，当与功能结合的通用占位符（如"机制""元件"

"构件") 前面是非结构性修饰,且在现有技术中不具有任何通常理解的结构含义(如"着色剂选择机制""杠杆移动元件"或"可移动连接构件")时,则可以援用 35 U. S. C. 112 (f) 或 pre – AIA 35 U. S. C. 112 第六款。参见 *Massachusetts Inst. of Tech.*, 462 F. 3d at 1354, 80 USPQ2d at 1231 (该权利要求记载了着色剂选择机制的使用,法院根据 pre – AIA 35 U. S. C. 112 第六款进行了装置加功能分析。法院认为,修饰通用术语"机制"的术语"着色剂选择"未在说明书中定义,没有辞典定义,也不具有任何本领域中通常理解的含义,该术语并未包含任何对本领域普通技术人员而言足够的结构,以避免根据 pre – AIA 35 U. S. C. 112 第六款进行处理); *Mas – Hamilton*, 156 F. 3d at 1214 – 1215, 48 USPQ2d at 1017。

为了确定与功能结合的字词、术语或短语是否表示结构,审查员应检查:(1) 说明书提供的描述是否足以告知本领域普通技术人员该术语表示的结构;(2) 是否有通用的及与主题相关的特定词典提供证据,表明该术语已被公认为表示结构的名词;(3) 现有技术是否提供了证据,表明该术语具有本领域公认的用以执行所要求保护的功能的结构。参见 *Ex parte Rodriguez*, 92 USPQ2d 1395, 1404 (Bd. Pat. App. & Int. 2009) (判例性案例)。"标准是,本领域普通技术人员是否将权利要求的词语理解为具有足够明确的含义以作为结构的名称。"参见 *Williamson v. Citrix Online*, *LLC*, 792 F. 3d 1339, 1349, 115 USPQ2d 1105, 1111 (Fed. Cir. 2015)。

但是,在审查过程中,申请人有机会并有义务准确地定义其发明,这其中包括权利要求的限定是否援用 35 U. S. C. 112 (f) 或 pre – AIA 35 U. S. C. 112 第六款。因此,如果术语"装置"或"步骤"或通用占位符是由用于实现特定功能的足够的结构、材料或动作修饰,则美国专利商标局将认为推定已经被反驳,并且不会适用 35 U. S. C. 112 (f) 或 pre – AIA 35 U. S. C. 112 第六款,除非权利要求限定中的这类修饰性语言被删除。

在适用 35 U. S. C. 112 (f) 或 pre – AIA 35 U. S. C. 112 第六款时,必须逐个元素地进行确定。并非装置加功能或步骤加功能子句中的所有术语都限于书面描述中公开或与其等同的内容,因为 35 U. S. C. 112 (f) 或 pre – AIA 35 U. S. C. 112 第六款仅适用于解释执行所记载的功能的装置或步骤。参见 *IMS Technology Inc. v. Haas Automation Inc.*, 206 F. 3d 1422, 54 USPQ2d 1129 (Fed. Cir. 2000) (在短语"顺序显示数据块查询请求的装置"中,术语"数据块"并不是导致顺序显示的装置,并且其含义不限于所公开的实施例及其等同内容)。必须对每项权利要求进行独立审查,以确定 35 U. S. C. 112 (f) 或 pre – AIA 35 U. S. C. 112 第六款的适用性,即便本申请包含实质上相似的过程和设备权利要求。参见 *O. I. Corp.*, 115 F. 3d at 1583 – 1584, 42 USPQ2d at 1782 ("我们知道方法权利要求中的步骤与设备权利要求中的限定基本上使用相同的语言,尽管不满足'用于……的装置'条件……必须对每项权利要求进行独立审查,以确定其是否符合 112 条第六款的要求。如果仅仅因为权利要求使用的语言与受此条款约束的其他权利要求中的语言相似,就将不属于装置(步骤)加功能的权利要求解释为属于,则对权利要求的解释一定会造成混淆")。

当权利要求的限定满足上述三个分支的分析，并根据 35 U.S.C. 112（f）或 pre-AIA 35 U.S.C. 112 第六款处理，审查员将在审查意见中包含一项陈述，来说明权利要求的限定是根据 35 U.S.C. 112（f）或 pre-AIA 35 U.S.C. 112 第六款进行处理的。参见 MPEP § 2181 第Ⅵ节。如果权利要求的限定使用了术语"装置"或"步骤"，但审查员确定三个分支分析的第二个分支或第三个分支未满足，那么在这些情况下，审查员必须在审查意见通知书中解释为什么使用了术语"装置"或"步骤"的权利要求限定不以 35 U.S.C. 112（f）或 pre-AIA 35 U.S.C. 112 第六款处理。

如果不清楚权利要求限定是否属于 35 U.S.C. 112（f）或 pre-AIA 35 U.S.C. 112 第六款的范畴，则根据 35 U.S.C. 112（b）或 pre-AIA 35 U.S.C. 112 第二款给予拒绝可能是正当的。

Ⅱ. 支持权利要求的限定援用 35 U.S.C. 112（f）或 Pre-AIA 35 U.S.C. 112 第六款的必要描述

35 U.S.C. 112（f）或 pre-AIA 35 U.S.C. 112 第六款指出，以装置（步骤）加功能语言表达的权利要求限定"应解释为覆盖说明书中描述的相应结构……及其等价物"。"如果一项权利要求采用了装置加功能语言，则必须在说明书中阐明充分公开的内容，以表明该语言的含义。如果申请人未能作出充分的公开，则申请人实际上没有特别指出并明确地以符合 35 U.S.C. 112（b）（或 pre-AIA 35 U.S.C. 112 第二款）要求的方式要求保护其发明。"参见 *In re Donaldson Co.*, 16 F.3d 1189, 1195, 29 USPQ2d 1845, 1850（Fed. Cir. 1994）（全体法官出席）。

A. 相应的结构必须由说明书自身公开，并使本领域技术人员能够理解什么结构将执行所陈述的功能

满足明确性要求的适当测试是，与装置（步骤）加功能限定对应的结构（或材料、动作）必须由说明书自身公开，并使本领域技术人员可以理解什么结构（或材料、动作）将执行所述功能。参见 *Atmel Corp. v. Information Storage Devices, Inc.*, 198 F.3d 1374, 1381, USPQ2d 1225, 1230（Fed. Cir. 1999）。在 *Atmel* 案中，专利权人要求保护一种设备，该设备包括"高压生成装置"的限定，从而援用了 35 U.S.C. 112 第六款。说明书通过引用结合了来自技术期刊的非专利文献，该文献描述了特定的高压生成电路。联邦巡回上诉法院的结论是，说明书中的文章标题本身就足以向本领域技术人员指示执行所述功能的装置的确切结构，并将该案件发回地方法院重审。"考虑到本领域技术人员的知识，其基于未被推翻的证言表明，该说明书公开了对应于高压装置限定的足够结构"（*Id.* at 1382, 53 USPQ2d at 1231）。

如果本领域技术人员已经清楚什么结构（或材料、动作）与装置（步骤）加功能限定对应，则所述结构（或材料、动作）的公开在说明书中可以是隐含的或固有的（*Id.* at 1380, 53 USPQ2d at 1229; *In re Dossel*, 115 F.3d 942, 946-47, 42 USPQ2d 1881, 1885（Fed. Cir. 1997））。如果没有公开用于执行所述功能的结构、材料或动作，则该权利要求书无法满足 35 U.S.C. 112（b）或 pre – AIA 35 U.S.C. 112 第二款的要求。在进行装置加功能限定的情况下，"仅具有对已知的技术或可用方法的陈述并不能公开结构"。参见 *Biomedino，LLC v. Waters Technology Corp.*，490 F. 3d 946，952，83 USPQ2d 1118，1123（Fed. Cir. 2007）（关于一项发明"可以通过已知的压差、阀和控制设备控制"的公开并没有公开与所要求保护的"用于操作阀的控制装置"相对应的任何结构，因此权利要求是不明确的）。另参见 *Budde v. Harley – Davidson，Inc.*，250 F. 3d 1369，1376，58 USPQ2d 1801，1806（Fed. Cir. 2001）；*Cardiac Pacemakers，Inc. v. St. Jude Med.，Inc*，296 F. 3d 1106，1115 – 18，63 USPQ2d 1725，1731 – 34（Fed. Cir. 2002）（法院解释"第三种监测装置，用于监视 ECG 信号……用于激活……"时，认为其需要使用相同的装置来执行这两种功能，而说明书中所引用的唯一可能执行这两种功能的实体是医生。法院裁定，除医生外，没有任何结构可以实现所要求保护的双重功能。由于本发明实施例中未公开实际执行所要求保护的双重功能的结构，所以说明书缺少 35 U.S.C. 112 第六款所要求的相应结构，并且不符合 35 U.S.C. 112 第二款的要求）。

由于说明书没有公开用于执行所述功能的足够的结构（或材料、动作），确定以装置（或步骤）加功能语言记载一个要素的权利要求是否符合 35 U.S.C. 112（b）或 pre – AIA 35 U.S.C. 112 第二款时，与该说明书是否满足 35 U.S.C. 112（a）或 pre – AIA 35 U.S.C. 112 第一款关于描述要求的问题密切相关。参见 *In re Noll*，545 F. 2d 141，149，191 USPQ 721，727（CCPA 1976）（除非装置加功能语言本身不清楚，否则以装置加功能语言撰写的权利要求限定是满足 35 U.S.C. 112 第二款关于明确性的要求的，只要说明书符合 35 U.S.C. 112 第一款关于书面描述的要求）。参见 *In Aristocrat Techs. Australia PTY Ltd. v. Int' Game Tech.*，521 F. 3d 1328，1336 – 37，86 USPQ2d 1235，1242（Fed. Cir. 2008），法院指出：

"设备的可实施仅需要公开足够的信息，以便本领域普通技术人员可以制造和使用该设备。但是，涉及 112（f）或 pre – AIA 第六款的公开则具有非常不同的目的，其是要将权利要求的范围限制为所公开的特定结构及其等同物。例如，在 *Atmel Corp. v. Information Storage Devices，Inc.*，198 F. 3d 1374，1380，53 USPQ2d 1225，1230（Fed. Cir. 1999）中，法院接受了这样的主张，即'对本领域技术人员的理解程度的考虑决不会减轻专利权人在说明书中充分公开足够的结构的责任'。专利权人仅通过陈述或事后辩称本领域普通技术人员会知道使用什么结构来实现所声称的功能是不够的。在 *Biomedino，LLC v. Waters Technologies Corp.*，490 F. 3d 946，953 [83 USPQ2d 1118，1123]（Fed. Cir. 2007）案中，法院指出了这一点：'应当调查本领域技术人员是否能理解由说明书本身公开的结构，而非仅仅考虑其是否能够实现该结构'。"

援用 35 U.S.C. 112（f）或 pre – AIA 35 U.S.C. 112 第六款并未免除申请人遵守 35 U.S.C. 112（a）和 35 U.S.C. 112（b）或 pre – AIA 35 U.S.C. 112 第一款和第二款的责任。参见 *Donaldson*，16 F. 3d at 1195，29 USPQ2d at 1850；*In re Knowlton*，481 F. 2d 1357，1366，178 USPQ 486，493（CCPA 1973）（"[112 条第六款]不能被理解为是对

第一款关于描述的要求或 112 第二款关于明确性要求的例外。权利要求中可以使用装置加功能语言，但权利要求仍必须准确地定义本发明"）。

在某些有限的情况下，书面描述不必明文描述与装置（步骤）加功能限定相对应的结构（或材料、动作），以按照 35 U. S. C. 112（b）或 pre – AIA 35 U. S. C. 112 第二款的要求明确具体地指出要求保护的发明。参见 *Dossel*，115 F. 3d at 946，42 USPQ2d at 1885。在适当情况下，附图可能会提供 35 U. S. C. 112 所要求的发明的书面描述。参见 *Vas – Cath*，*Inc. v. Mahurkar*，935 F. 2d 1555，1565，19 USPQ2d 1111，1118（Fed. Cir. 1991）。此外，如果本领域技术人员清楚什么结构必须用于执行装置加功能限定中所陈述的功能，则在书面描述中与装置加功能限定相对应的结构的公开内容可能是隐含的。参见 *Atmel Corp. v. Information Storage Devices Inc.*，198 F. 3d 1374，1379，53 USPQ2d 1225，1228（Fed. Cir. 1999）（指出应当将"本领域技术人员"分析应用于确定是否已经公开了足够的结构以支持装置加功能限定）；参见 *Dossel*，115 F. 3d at 946 – 47，42 USPQ2d at 1885（"显然，接收数字数据、执行复杂的数学计算并将结果输出到显示器的单元，必须由通用或专用计算机来实现，尽管目前尚不清楚为什么书面描述中没有直接以'计算机'或某些等效短语表达"）。

B. 由计算机实现的装置加功能限定

如上所述，在作出可专利性决定时，专利局不得忽略说明书中与装置加功能语言相对应的结构。"当所公开的结构是被编程为执行算法的计算机时，'所公开的结构就不是通用计算机，而是被编程为执行所公开的算法的专用计算机'。"参见 *In re Aoyama*，656 F. 3d 1293，1297，99 USPQ2d 1936，1939（Fed. Cir. 2011）（引用 *WMS Gaming*，*Inc. v. Int'l Game Tech.*，184 F. 3d 1339，1349，51 USPQ2d 1385，1391（Fed. Cir. 1999））；另见 *In re Alappat*，33 F. 3d 1526，1545，31 USPQ2d 1545，1558（Fed. Cir. 1994）（全体法官出席）。在涉及由专用计算机实现装置加功能限定的情况下，联邦巡回上诉法院一直要求该结构不仅是简单的通用计算机或微处理器，并且说明书必须披露用于执行所要求保护的功能的算法。参见 *Noah Systems Inc. v. Intuit Inc.*，675 F. 3d 1302，1312，102 USPQ2d 1410，1417（Fed. Cir. 2012）以及 *Aristocrat*，521 F. 3d at 1333，86 USPQ2d at 1239。

对于援引了 35 U. S. C. 112（f）或 pre – AIA 35 U. S. C. 112 第六款的由计算机实现的装置加功能限定，通用计算机通常仅作为足以执行通用计算功能的相应结构（如"用于存储数据的装置"），但是用于执行特定功能的相应结构不仅仅需要通用的计算机或微处理器。在 *In re Katz Interactive Call Processing Patent* Litigation，639 F. 3d 1303，1316，97 USPQ2d 1737，1747（Fed. Cir. 2011）（省略引用）案中，法院指出：

"这些情况涉及特定功能，需要对通用计算机进行编程以将其转换为能够执行那些特定功能的专用计算机。相比之下，在上述七项权利要求中，Katz 并未要求保护由专用计算机执行的特定功能，而是仅陈述了要求保护的'处理''接收'和'存储'功能。在后面的讨论中，并未对术语'处理''接收'和'存储'进行尽可能窄的解释，则这些功能可以通过任何通用计算机来实现，而无须进行特定的编程。这样，没有必要公开比执行那些功能的通用处理器更多的结构。这七项权利要求并不违反禁止纯功能性权利要求的原则，因为'处理''接收'和'存储'功能与所公开结构（通用处理器）的范围是对应一致的。"

要求保护一种执行特定的由计算机实现的功能的装置，然后仅公开一种通用计算机作为设计用于执行该功能的结构，将构成纯功能性权利要求。参见 Aristocrat, 521 F. 3d 1328 at 1333, 86 USPQ2d at 1239。在这种情况下，对应于 35 U.S.C. 112（f）或 pre-AIA 35 U.S.C. 112 第六款由计算机实现其功能的权利要求限定的结构，必须包括对说明书中公开的通用计算机或微处理器进行转换所需的算法。参见 Aristocrat, 521 F. 3d at 1333, 86 USPQ2d at 1239; Finisar Corp. v. DirecTV Group, Inc., 523 F. 3d 1323, 1340, 86 USPQ2d 1609, 1623（Fed. Cir. 2008）; WMS Gaming, Inc. v. Int'l Game Tech., 184 F. 3d 1339, 1349, 51 USPQ2d 1385, 1391（Fed. Cir. 1999）。相应的结构本身不仅是简单的通用计算机，而是被编程为执行所公开的算法的专用计算机。参见 Aristocrat, 521 F. 3d at 1333, 86 USPQ2d at 1239。因此，说明书必须充分公开一种将通用微处理器转换为专用计算机的算法。参见 Aristocrat, 521 F. 3d at 1338, 86 USPQ2d at 1241（"Aristocrat 不需要提供源代码清单或对用于实现要求保护的功能的算法的高度详细的描述，以满足 35 U.S.C. 112 第六款。但是，至少需要公开将通用微处理器转换为'被编程以执行所公开算法的专用计算机'的算法。"（引用 WMS Gaming, 184 F. 3d at 1349, 51 USPQ2d at 1391））。将算法定义为如"解决逻辑或数学问题或执行任务的步骤的有限序列"（微软计算机词典，微软出版社，第5版，2002年）。申请人可以通过任何可理解的术语来表示算法，包括数学公式、文字描写、流程图或"以任何其他提供足够结构的方式"。参见 Finisar, 523 F. 3d at 1340, 86 USPQ2d at 1623; 另见 Intel Corp. v. VIA Techs., Inc., 319 F. 3d 1357, 1366, 65 USPQ2d 1934, 1941（Fed. Cir. 2003）; In re Dossel, 115 F. 3d 942, 946-47, 42 USPQ2d 1881, 1885（Fed. Cir. 1997）; Typhoon Touch Inc. v. Dell Inc., 659 F. 3d 1376, 1385, 100 USPQ2d 1690, 1697（Fed. Cir. 2011）; In re Aoyama, 656 F. 3d at 1306, 99 USPQ2d at 1945。

在联邦巡回上诉法院的判例法中，将由专用计算机实现的装置加功能权利要求划分为两个不同的组。第一组包括说明书中没有公开算法的情况，第二组包括了说明书中确实公开了算法，但是存在公开内容是否足以执行要求保护的全部功能的问题的情况。算法公开的充分性，取决于在本领域普通技术人员的理解下，足以定义结构，以使权利要求的边界可理解的内容。参见 Noah, 675 F. 3d at 1313, 102 USPQ2d at 1417。

因此，如果说明书中没有公开与计算机或微处理器相关的相应算法，则根据 35 U.S.C. 112（b）或 pre-AIA 35 U.S.C. 112 第二款发出拒绝意见是正当的。参见 Aristocrat, 521 F. 3d at 1337-38, 86 USPQ2d at 1242。例如，仅提及进行了适当编程的通用计算机，而没有提供对适当编程的解释，或者仅记载了"软件"而不提供用于完成特定软件功能的装置的详细信息，将不会充分公开相应的结构以满足 35 U.S.C. 112（b）或 pre-AIA 35 U.S.C. 112 第二款的要求。参见 Aristocrat, 521 F. 3d at 1334, 86

USPQ2d at 1239；*Finisar*，523 F. 3d at 1340 – 41，86 USPQ2d at 1623。另外，仅引用专用计算机（如"银行计算机"），计算机系统的某些未定义组件（如"访问控制管理器"），"逻辑""代码"或设计用于执行所述功能的本质上是黑匣子的要素，均是不够的，因为必须对计算机或计算机组件如何执行所要求保护的功能进行一些解释。参见*Blackboard*，*Inc. v. Desire2Learn*，*Inc.*，574 F. 3d 1371，1383 – 85，91 USPQ2d 1481，1491 – 93（Fed. Cir. 2009）；*Net MoneyIN*，*Inc. v. VeriSign*，*Inc.*，545 F. 3d 1359，1366 – 67，88 USPQ2d 1751，1756 – 57（Fed. Cir. 2008）；*Rodriguez*，92 USPQ2d at 1405 – 06。

如果说明书中明确公开了一种算法，则必须根据本领域普通技术水平来确定算法公开的充分性。参见*Aristocrat*，521 F. 3d at 1337，86 USPQ2d at 1241；*AllVoice Computing PLC v. Nuance Commc'ns*，*Inc.*，504 F. 3d 1236，1245，84 USPQ2d 1886，1893（Fed. Cir. 2007）；*Intel Corp.*，319 F. 3d at 1366 – 67，65 USPQ2d 1934，1941（本领域普通技术人员的知识可以用来弄清楚如何实现所公开的算法）。审查员应确定本领域技术人员是否会知道如何对计算机进行编程以执行说明书中所描述的必要步骤（可实施本发明），以及发明人是否掌握了本发明（本发明符合书面描述的要求）。因此，说明书必须充分公开一种将通用微处理器转换成专用计算机的算法，以便本领域普通技术人员可以实现以所公开的算法来实现所要求保护的功能。参见*Aristocrat*，521 F. 3d at 1338，86 USPQ2d at 1242。

如果说明书公开了一种算法，但是该算法不足以执行要求保护的全部功能，则根据 35 U. S. C. 112（b）或 pre – AIA 35 U. S. C. 112 第二款发出拒绝意见也是正当的。例如，对于包括两个不同功能组件的功能，公开一种足以执行其中一个功能但不足以执行另一个功能的算法，将不足以满足 35 U. S. C. 112（b）或 pre – AIA 35 U. S. C. 112 第二款的要求。公开了支持一种功能的结构，并不能填补说明书中执行不同功能所需的结构的空白。在所公开的算法支持与装置加功能限定相关联的部分功能而非全部功能的情况下，将说明书视为完全没有公开任何算法。此外，试图通过导入现成的软件来填补说明书中的空白，或者断言本领域的普通技术人员将理解如何借助此类现成的软件来完成所描述的功能，并不足以解决公开不充分的问题。参见*Noah*，675 F. 3d at 1318，102 USPQ2d at 1421。

在一些联邦巡回上诉法院的案件中，专利权人争辩说，如果本领域的普通技术人员能够编写将通用计算机转换为专用计算机以执行所要求保护的功能的软件，则可以规避公开算法的要求。参见*Blackboard*，574 F. 3d at 1385，91 USPQ2d at 1493；*Biomedino*，490 F. 3d at 952，83 USPQ2d at 1123；*Atmel Corp.*，198 F. 3d at 1380，53 USPQ2d at 1229。这种说法被认为不具备说服力，因为本领域技术人员的能力并不能免除专利权人公开足够的结构以支持装置加功能权利要求的责任。参见*Blackboard*，574 F. 3d at 1385，91 USPQ2d at 1493（"专利权人不能仅仅由于本领域普通技术人员能够设计出执行所要求保护的功能的装置，而避免提供特定的结构"）；参见*Atmel Corp.*，198 F. 3d at 1380，53 USPQ2d at 1229（"对本领域技术人员的考量并不能免除专利权人在说明书中充分公开足够结构的责任"）。说明书必须明确地公开用于执行所要求保护的功能的算法，并且仅在说明书中简单地记载所要求保护的功能，对于根据定义必须包含一系列步骤的算法而言，并不是充分的公开。参见 *Blackboard*，574 F. 3d at 1384，91 USPQ2d at 1492（指出仅描述要执行的功能的语言，其描述的是结果，而不是实现该结果的装置）；参见微软计算机词典，微软出版社，第5版，2002年；另见 *Encyclopaedia Britannica, Inc. v. Alpine Elecs., Inc.*，355 Fed. App'x 389，394 – 95（Fed. Cir. 2009）（认为执行所要求保护的功能的一组算法的隐式或内在公开是不够的，并且所谓的"单步"算法也不是全部算法）（未发布）。

通常，对计算机实现的发明的支持性公开所讨论的是通过硬件、软件或两者的结合来实现发明的功能。在这种情况下可能会出现一个问题，即哪种实施方式支持装置加功能限定。35 U. S. C. 112（f）或 pre – AIA 35 U. S. C. 112 第六款的语言，要求用于执行指定功能的所述"装置"应解释为覆盖说明书中描述的相应"结构或材料"及其等同形式。因此，通过选择使用装置加功能限定并援用 35 U. S. C. 112（f）或 pre – AIA 35 U. S. C. 112 第六款，申请人将权利要求限定的范围限制于所公开的结构，即通过硬件或硬件和软件的组合及其等同物来实现。因此，审查员不应将限定理解为仅涵盖纯软件的实现。

但是，如果在说明书中没有公开相应的结构（即该限定仅由软件支持，并且不与算法以及由该算法编程的计算机或微处理器相对应），则如上所述，该限定应被视为是不明确的，并且应根据 35 U. S. C. 112（b）或 pre – AIA 35 U. S. C. 112 第二款给予拒绝。重要的是要记住，必须将权利要求作为一个整体来解释。因此，包括与软件本身相对应的装置加功能限定的权利要求（因缺乏说明书中的结构性支持而不明确）不一定整体上仅涉及软件本身，除非该权利要求没有其他结构限定。

如以下第Ⅲ节所述，如果不清楚是否有足够的支持性结构，或者算法是否足以执行要求保护的全部功能，则可以根据 35 U. S. C. 112（b）或 pre – AIA 35 U. S. C. 112 第二款拒绝该权利要求。

C. 支持性公开清楚地链接或关联所公开的针对要求保护的功能的结构、材料或动作

只有当说明书或审查历史中的书面描述将结构与 35 U. S. C. 112（f）或 pre – AIA 35 U. S. C. 112 第六款下的装置（步骤）加功能限定中所述的功能**清楚地链接或关联**的情况下，说明书的书面描述中公开的结构才为相应的结构。参见 *B. Braun Medical Inc v. Abbott Laboratories*，124 F. 3d 1419，1424，43 USPQ2d 1896，1900（Fed. Cir. 1997）。为了方便适用 35 U. S. C. 112（f）或 pre – AIA 35 U. S. C. 112 第六款，将特定结构与所要求保护的功能明确链接以符合相应结构的要求是一种等价条件，并且受 35 U. S. C. 112（b）或 pre – AIA 35 U. S. C. 112 第二款的要求的支持，即一项发明必须被具体地指出并明确地要求保护。参见 *Medical Instrumentation & Diagnostics Corp. v. Elekta AB*，344 F. 3d 1205，1211，68 USPQ2d 1263，1268。对于援用 35 U. S. C. 112（f）或 pre – AIA 35 U. S. C. 112 第六款的装置（步骤）加功能权利要求限定，当本领域的普通

技术人员无法指出说明书的书面描述中公开的什么结构、材料或动作执行所要求保护的功能时，则根据 35 U.S.C. 112（b）或 pre – AIA 35 U.S.C. 112 第二款拒绝是正当的。

Ⅲ. 在援用 35 U.S.C. 112（f）或 Pre – AIA 35 U.S.C. 112 第六款的情况下，确定是否符合 35 U.S.C. 112（b）或 Pre – AIA 35 U.S.C. 112 第二款的规定

一旦审查员确定权利要求限定是援用 35 U.S.C. 112（f）或 pre – AIA 35 U.S.C. 112 第六款的装置加功能限定，则审查员应确定要求保护的功能，然后查看说明书的书面描述，以确定是否公开了执行要求保护功能的相应结构、材料或动作。注意，附图可以提供 35 U.S.C. 112 所要求的发明的书面描述。参见 *Vas – Cath Inc. v. Mahurkar*，935 F.2d 1555，1565，19 USPQ2d 1111，1117（Fed. Cir. 1991）。相应的结构、材料或动作可以在原始附图、图片、表或序列表中公开。然而，相应的结构、材料或动作不能包括任何仅通过引用或现有技术参考而合并的材料中公开的结构、材料或动作。参见 *Pressure Prods. Med. Supplies*，*Inc. v. GreatbatchLtd.*，599 F.3d 1308，1317，94 USPQ2d 1261，1267（Fed. Cir. 2010）（指出"仅在专利中提及现有技术对比文件不足以作为说明书的描述内容以给予专利权人对对比文件中所公开的所有结构要求保护的权利"）；*Atmel Corp. v. Info. Storage Devices*，*Inc.*，198 F.3d 1374，1381，53 USPQ2d 1225，1230（Fed. Cir. 1999）。必须从相关领域的技术人员的视角来审视公开的内容，以确定这样的人是否能够理解书面描述公开了相应的结构、材料或动作。参见 *Tech. Licensing Corp. v. Videotek*，*Inc.*，545 F.3d 1316，1338，88 USPQ2d 1865，1879（Fed. Cir. 2008）；*Med. Instrumentation & Diagnostics Corp. v. Elekta AB*，344 F.3d 1205，1211-12，68 USPQ2d 1263，1269（Fed. Cir. 2003）。为了满足 35 U.S.C. 112（b）或 pre – AIA 35 U.S.C. 112 第二款对于明确性的要求，书面描述必须清楚地将相应的结构、材料或动作链接或关联到所要求保护的功能。参见 *Telcordia Techs.*，*Inc. v. Cisco Systems*，*Inc.*，612 F.3d 1365，1376，95 USPQ2d 1673，1682（Fed. Cir. 2010）。如果书面描述未能将所公开的结构、材料或动作链接或关联到所要求保护的功能，或者如果没有公开（或未充分公开）用于执行所要求保护的功能的结构、材料或动作，则根据 35 U.S.C. 112（b）或 pre – AIA 35 U.S.C. 112 第二款发出拒绝意见是正当的。参见 *Donaldson*，16 F.3d at 1195，29 USPQ2d at 1850。仅陈述可使用已知的技术或方法，不足以支持装置加功能限定。参见 *Biomedino*，*LLC v. Waters Techs. Corp.*，490 F.3d 946，953，83 USPQ2d 1118，1123（Fed. Cir. 2007）。

在对基于 35 U.S.C. 112（f）或 pre – AIA 35 U.S.C. 112 第六款的装置加功能类型的权利要求限定进行审查时，在下列情况下，以 35 U.S.C. 112（b）或 pre – AIA 35 U.S.C. 112 第二款作出拒绝是正当的：

（1）不清楚权利要求限定是否援用 35 U.S.C. 112（f）或 pre – AIA 35 U.S.C. 112 第六款；

（2）援用了 35 U.S.C. 112（f）或 pre – AIA 35 U.S.C. 112 第六款，但没有公开或

没有充分公开用于执行所要求保护的功能的结构、材料或动作；和/或

（3）援用了 35 U. S. C. 112（f）或 pre – AIA 35 U. S. C. 112 第六款，但支持性公开的内容未能清楚地将所公开的结构、材料或动作链接或关联到所要求保护的功能。

当审查员无法确定相应的结构、材料或动作时，应根据 35 U. S. C. 112（b）或 pre – AIA 35 U. S. C. 112 第二款给予拒绝。在某些情况下，可能需要基于 37 CFR 1. 105 作出信息要求通知，以要求指明相应的结构、材料或动作。参见 MPEP § 704. 11（a），示例 R。如果基于 37 CFR 1. 105 提出了信息要求，并且申请人声明其缺乏此类信息，或者在答复中未指明相应的结构、材料或动作，则应根据 35 U. S. C. 112（b）或 pre – AIA 35 U. S. C. 112 第二款给予拒绝。更多信息，请参见 MPEP § 704. 12（"对信息要求的答复必须在包括所有扩展在内的时间期限内完成并提交。在该时间期限内未答复将导致放弃申请"）。

如果书面描述中列出了符合 35 U. S. C. 112（b）或 pre – AIA 35 U. S. C. 112 第二款的相应的结构、材料或动作，权利要求的限定必须"解释为涵盖本说明书中所描述的相应结构、材料或动作及其等同内容"（35 U. S. C. 112（f）或 pre – AIA 35 U. S. C. 112 第六款）。但是，不能将权利要求中未记载的功能性限定或来自书面描述中对于执行所要求保护的功能所不必要的结构限定引入权利要求中。参见 *Welker Bearing*，550 F. 3d at 1097，89 USPQ2d at 1294；*Wenger Mfg. , Inc. v. Coating Mach. Sys. , Inc.*，239 F. 3d 1225，1233，57 USPQ2d 1679，1685（Fed. Cir. 2001）。

提供以下指南来确定在 35 U. S. C. 112（f）或 pre – AIA 35 U. S. C. 112 第六款被援用时，申请人是否符合 35 U. S. C. 112（b）或 pre – AIA 35 U. S. C. 112 第二款的要求：

（A）如果说明书中以特定术语（如发射极耦合电压比较器）描述了相应的结构、材料或动作，并与要求保护的功能链接或相关联，并且本领域技术人员可以从描述中识别该结构、材料或动作足以执行所要求保护的功能，则符合 35 U. S. C. 112（b）和（f）或 pre – AIA 35 U. S. C. 112 第二款和第六款的要求。参见 *Atmel*，198 F. 3d at 1382，53 USPQ2d 1231。

（B）如果在说明书中以宽泛的一般性术语描述了相应的结构、材料或动作，并且其具体细节通过引用其他文档（例如，在美国专利 X 中公开的附加装置，或者文章 Y 中公开的比较器，通过引用并入本申请），专利局审查员必须在不依赖于所合并的文档的任何内容的情况下，审查说明书中的描述，并应用"本领域技术人员"分析，以确定本领域技术人员是否可以识别用于执行所述功能的相应结构（或材料、动作），以满足 35 U. S. C. 112（b）或 pre – AIA 35 U. S. C. 112 第二款对明确性的要求。参见 *Default Proof Credit Card System , Inc. v. Home Depot U. S. A. , Inc.* ，412 F. 3d 1291，75 USPQ2d 1116（Fed. Cir. 2005）（"根据 35 U. S. C. 112 第二款进行的调查，并未质询专利权人是否将材料'通过引用并入'与结构有关的说明书中，而是首先询问'说明书中是否描述了结构，如果是，则本领域技术人员是否能从描述中识别该结构'"）。

（1）如果本领域的技术人员能够根据说明书中的描述确定用于执行所列举的功能的结构、材料或动作，则符合 35 U. S. C. 112（b）或 pre – AIA 35 U. S. C. 112 第二款的

要求。参见 *Dossel*，115 F. 3d at 946 - 47，42 USPQ2d at 1885（装置加功能限定中列举的功能涉及"重构"数据。问题在于，"重构"功能所基于的结构在书面描述中是否被充分地描述以满足 35 U. S. C. 112（b）或 pre - AIA 35 U. S. C. 112 第二款的要求。法院指出："书面描述或权利要求中均未使用"计算机"一词，也未引用可能用于本发明的计算机代码，然而，将书面描述与权利要求 8 和 9 的内容相结合，本公开内容可以满足 112 第二款的要求。"法院得出结论，根据案件的具体事实，本领域的技术人员将会识别出用于执行"重构"功能的结构，因为"接收数字数据，执行复杂的数学计算并将结果输出到显示器的单元必须由或在通用或专用计算机上实现"）。另请参见 *Intel Corp. v. VIA Technologies*，*Inc*，319 F. 3d 1357，1366，65 USPQ2d 1934，1941（Fed. Cir. 2003）（认为为执行特定程序而修改的"核心逻辑"是足以与要求保护的功能对应的结构，尽管说明书没有公开核心逻辑的内部电路以确切显示须如何对其进行修改）。

（2）如果本领域的技术人员不能根据说明书中的描述来识别执行所列举功能的结构、材料或动作，则需要求申请人修改说明书以包含通过引用并入的材料，其中包括与所述功能清楚链接或关联的结构、材料或动作。参见 37 CFR 1.57（c）（3）。无须要求申请人将整个对比文件中描述的所有主题都插入说明书中。为了保持简要的说明书，申请人应仅将对比文件中与装置（步骤）加功能限定相对应的相关部分包括进来。参见 *Atmel*，198 F. 3d at 1382，53 USPQ2d at 1230（"所有需要做的……是记载与说明书中的装置相对应的结构……以便人们可以容易地确定权利要求的含义并使其符合第二款的具体要求"）。

IV. 确定 35 U. S. C. 112（a）或 Pre - AIA 35 U. S. C. 112 第一款的支持是否存在

对于因说明书中未公开相应的结构、材料或动作而被认为不满足 35 U. S. C. 112（b）或 pre - AIA 35 U. S. C. 112 第二款明确性要求的装置（步骤）加功能限定，也可能缺少足够的书面描述和/或不能充分地实施以支持权利要求的全部范围。权利要求的主要功能是通过定义本发明的限定来公示排他性权利的范围，并且装置加功能型权利要求依赖于公开的内容来定义这些限定。因此，公开不充分可能既会导致对装置加功能限定因不明确而拒绝，也可能会导致其无法满足第 112（a）或 pre - AIA 112 第一款关于书面描述和可实施性的要求。联邦巡回上诉法院已经意识到为功能性权利要求在提供充分公开方面的问题，尤其是使用上位权利要求语言的情况，并解释说："对于使用功能性语言定义所要求保护的上位概念边界的上位权利要求，这一问题尤其严重。在这种情况下，功能性权利要求可能仅仅要求保护所希望获得的结果，而可能没有描述实现该结果的具体内容。但是说明书中必须证明申请人作出了可实现要求保护的结果的上位发明，并用证明申请人发明的下位概念足以支持涉及由功能界定的上位方案的权利要求来做到这一点。参见 *Ariad Pharmaceuticals Inc. v. Eli & Lilly Co.*，598 F. 3d 1336，1349，94 USPQ2d 1161，1171（Fed. Cir. 2010）（全体法官出席）。

因此，必须对装置（或步骤）加功能型权利要求进行分析，以确定这样的权利要求是否基于 35 U. S. C. 112（a）或 pre - AIA 35 U. S. C. 112 第一款具有足够的支持。在考虑权利要求限定是否具有基于 35 U. S. C. 112（a）或 pre – AIA 35 U. S. C. 112 第一款的支持时，审查员不仅必须考虑说明书的发明内容部分的概要和细节描述中所包含的原始公开内容，还必须考虑原始的权利要求、摘要和附图。参见 *In re Mott*，539 F. 2d 1291，1299，190 USPQ 536，542 – 43（CCPA 1976）（权利要求）；*In re Anderson*，471 F. 2d 1237，1240，176 USPQ 331，333（CCPA 1973）（权利要求）；*Hill – Rom Co. v. Kinetic Concepts, Inc.*，209 F. 3d 1337，54 USPQ2d 1437（Fed. Cir. 2000）（未公开）（摘要）；*In re Armbruster*，512 F. 2d 676，678 – 79，185 USPQ 152，153 – 54（CCPA 1975）（摘要）；*Anderson*，471 F. 2d at 1240，176 USPQ at 333（摘要）；*Vas – Cath Inc. v. Mahurkar*，935 F. 2d 1555，1564，19 USPQ2d 1111，1117（附图）；*In re Wolfensperger*，302 F. 2d 950，955 – 57，133 USPQ 537，541 – 43（CCPA 1962）（附图）。

仅复述与装置加功能限定相关的功能不足以提供满足明确性的相应结构。参见 *Noah*，675 F. 3d at 1317，102 USPQ2d at 1419；*Blackboard*，574 F. 3d at 1384；*Aristocrat*，521 F. 3d at 1334，86 USPQ2d at 1239。因此，在说明书中仅复述功能而没有更多描述实现功能的装置，可能也无法提供 35 U. S. C. 112（a）或 pre – AIA 35 U. S. C. 112 第一款意义下的充分的书面描述。

37 CFR 1.75（d）（1）部分地规定了："权利要求中使用的术语和短语必须在说明书中找到明确的支持或既有基础，以便可以通过参考书面描述的内容确定权利要求中术语的含义。"在书面描述仅隐含或内在阐述了与装置（或步骤）加功能相对应的结构、材料或动作，且审查员得出结论认为本领域技术人员将意识到哪些结构、材料或动作执行了装置（或步骤）加功能中所述的功能时，审查员应：（A）要求申请人通过修改书面描述来使审查档案清晰化，以便明确陈述由哪些结构、材料或动作执行权利要求要素中所述的功能；或（B）在审查档案中说明哪些结构、材料或动作执行在装置（或步骤）加功能限定中所述的功能。即使公开内容隐含地陈述了符合 35 U. S. C. 112（a）或 pre – AIA 35 U. S. C. 112 第一款要求的与装置（或步骤）加功能权利要求要素对应的结构、材料或动作，美国专利商标局可能仍要求申请人根据 37 CFR 1.75（d）及 MPEP § 608.01（o）修改说明书，以不向说明书中添加禁止加入的新主题的方式明确指出，对应于权利要求要素的术语和短语，哪些结构、材料或动作用于执行权利要求要素中所述的功能。参见 35 U. S. C. 112（f）或 pre – AIA 35 U. S. C. 112 第六款（"组合权利要求中的要素可以表示为执行特定功能的装置或步骤，而无需使用支持它的结构、材料或动作，并且该权利要求应解释为覆盖<u>说明书中描述的</u>相应的结构、材料或动作及其等同形式"（强调后加））。另见 *B. Braun Medical*，124 F. 3d at 1424，43 USPQ2d at 1900（裁定认为，"根据本规定［35 U. S. C. 112 第六款］，只有当说明书或审查历史中清楚地将结构与权利要求中所述的功能链接或关联时，说明书中公开的结构才是'相应的'结构）；这一将结构与功能链接或关联的责任，是为便于适用 112 第六款而采用的等价条件"）。参见 *Medical Instrumentation and Diagnostic Corp. v. Elekta AB*，344 F. 3d 1205，1218，68 USPQ2d 1263，1268（Fed. Cir. 2003）（尽管本领域技术人员

能够编写用于数字到数字转换的软件程序，该软件不属于所要求保护的"图像转换装置"的范围，因为在说明书或审查历史中没有任何内容明确地将此类软件与把图像转换成选定格式的功能相链接或关联）；参见 *Wolfensperger*，302 F. 2d at 955，133 USPQ at 542（仅因为本公开内容提供了对权利要求要素的支持，并不意味着美国专利商标局不能要求权利要求中使用的术语和短语须在书面描述中寻求明确的支持或既有基础）。

V. 单一装置权利要求

单一装置权利要求是将装置加功能限定作为权利要求的唯一限定的权利要求。35 U. S. C. 112（f）或 pre – AIA 35 U. S. C. 112 第六款的措词将其限定为"组合要求中的要素"。因此，未记载组合的仅具有单一装置的权利要求无法援用 112（f）或 pre – AIA 35 U. S. C. 112 第六款，因而它们不限于说明书中公开的执行要求保护的功能的结构、材料或动作。因此，经过恰当解释的单一装置限定将会涵盖执行所要求保护的功能的所有装置。单一装置权利要求所存在的长期公认的问题是，它涵盖了用于实现所陈述的结果的所有可能装置，而说明书最多仅公开了发明人已知的那些装置。参见 *In re Hyatt*，708 F. 2d 712，218 USPQ 195（Fed. Cir. 1983）。如此宽泛的权利要求可以包含说明书中无法实施的主题，因此，应根据 112（a）或 pre – AIA 112 第一款予以拒绝。另请参阅 MPEP § 2164.08（a）。

重要的是要区分记载了多重功能限定的权利要求（在计算机相关技术中是常见的惯例）和在装置加功能用语中记载单一元素的权利要求（在大多数领域中很少见）。在以计算机实现的发明中，可以用不同的算法对微处理器编程，每种算法执行单独的功能。这些单独编程的功能中的每一个都应解释为单独的元素。

申请人经常使用技术简称来撰写与计算机相关的发明的权利要求，这种技术简称通过通用占位符，如"系统"表示所执行的一系列功能。这种技术简称无法避免援用 35 U. S. C. 112（f）或 pre – AIA 35 U. S. C. 112 第六款。参见 MPEP § 2181 第 Ⅱ. B 小节。以这种方式记载的每个功能均应分别解释为 112（f）或 pre – AIA 112 第六款意义下的限定。

例如，考虑以下权利要求：

9. 一种过滤像素值的图像处理组件，包括：

一个系统，被配置为：

提取第一像素值；和

将第一像素值与一像素阈值进行比较，以过滤超出阈值的像素值。

假设支持该权利要求的说明书公开了该系统是用两个单独的算法编程的微处理器，一个用于完成提取，另一个用于比较像素值。合理的解释是将这些要素视为单独的限定，每个要素都将根据 112（f）或 pre – AIA 112 第六款进行处理，因为"系统"一词不具有结构性含义，在这种情况下充当"装置"的通用占位符。

权利要求要素根据 35 U. S. C. 112（f）或 pre – AIA 35 U. S. C. 112 第六款应解释为：

该系统被配置为提取第一像素值；和

系统被配置为将第一像素值与像素阈值进行比较，以过滤超出阈值的像素值。

该权利要求将不被视为"单一装置"权利要求。

将这种类型的权利要求与在 Hyatt 案中的仅记载了单一要素的权利要求进行比较，后者中要素以"装置加功能"格式撰写，但没有结合在一起。

35. 一种傅里叶变换处理器，用于响应于增量输入信号而产生傅里叶变换的增量输出信号，所述傅里叶变换处理器包括用于响应于增量输入信号而增量地生成傅里叶变换的增量输出信号的增量装置。

参见 In re Hyatt，708 F. 2d 712，714 - 715，218 USPQ 195，197（Fed. Cir. 1983）（涵盖了实现所述目的的所有可能装置的单一装置权利要求，被认为就其范围而言无法实施，因为说明书中最多只公开了发明人已知的那些装置）。

VI. 确保审查档案清晰

当审查员根据 35 U. S. C. 112（f）或 pre - AIA 35 U. S. C. 112 第六款的规定解释权利要求限定时，审查意见通知书中应指出审查员已做了这项工作。当确定使用了"装置"或"步骤"以外的其他用语的权利要求援用 35 U. S. C. 112（f）或 pre - AIA 35 U. S. C. 112 第六款时，审查意见通知书中还应清楚地表述为何将权利要求解释为援用 35 U. S. C. 112（f）或 pre - AIA 35 U. S. C. 112 第六款。例如，审查意见中可以包含如下陈述：某个权利要求限定是用功能性术语表示并与通用占位符（例如，"用于……的模块"）结合使用，其并不表示结构，因此可以援用 35 U. S. C. 112（f）或 pre - AIA 35 U. S. C. 112 第六款对其进行处理。在审查员确定适用 35 U. S. C. 112（f）或 pre - AIA 35 U. S. C. 112 第六款的情况下，审查员还可指出说明书中所指明的对应结构是什么。

关于在上文第 I 节中提到的适用 35 U. S. C. 112（f）或 pre - AIA 35 U. S. C. 112 第六款时的两个可反驳性推定，应当在审查档案中提出。如果推定之一被推翻，则应在审查档案中提供对该推定被推翻的原因的解释。特别是，当权利要求使用了"装置"或"步骤"一词但 112 条（f）或 pre - AIA 112 第六款未被援用时，或当权利要求使用了"装置"或"步骤"的替代词（通用占位符）而援用了 112（f）或 pre - AIA 112 第六款时。这样，就可以告知申请人和公众审查员在审查过程中所使用的权利要求解释方式。另外，如果申请人打算采用其他权利要求解释方式，则可以在审查的初期就解决该问题。

上面提到的推定如下。第一个推定是，在权利要求中使用术语"装置"或"步骤"会产生可反驳性推定，即要按照 35 U. S. C. 112（f）或 pre - AIA 35 U. S. C. 112 第六款处理权利要求要素。当"装置"或"步骤"未被功能修饰，或者当权利要求书本身就记载了足够的结构或材料以执行所陈述的功能时，则推定被推翻。第二个推定是，权利要求中没有"装置"或"步骤"时，会产生不按 35 U. S. C. 112（f）或 pre - AIA 35 U. S. C. 112 第六款处理权利要求的可反驳性推定。当权利要求要素陈述了功能但未能陈述足够明确的结构或材料以执行该功能时，这一推定被推翻。有关可适用的格式语段，请参见 MPEP § 706.03。此外，如果在说明书中无法清楚地指明所要求保护的功能的相应结构，则在审查意见中仍应尝试确定与装置（或步骤）加功能限定最密切相关的结构，以协助现有技术检索。如前文第Ⅱ.B节所述，当可能对本发明公开的哪一实施方式支持该限定存在疑问时，尤应如此。

当允许一项根据 35 U.S.C. 112（f）或 pre-AIA 35 U.S.C. 112 第六款处理的权利要求时，审查员应当在允许的理由中指出，该权利要求已根据 35 U.S.C. 112（f）或 pre-AIA 35 U.S.C. 112 第六款的规定进行了解释，如果之前尚未作出过这样的解释的话。如前文中所提到的，如果在说明书中没有很明显的描述，则上述指示还应当阐明相关联的结构。

2182 现有技术检索及识别（2017.08 修订）

对装置（或步骤）加功能限定应用现有技术对比文件时，要求现有技术中的要素执行与权利要求中指定的功能相同的功能。但是，如果现有技术对比文件仅教导了与权利要求书中所指定的功能相同的功能，则审查员应承担初步的举证责任，以表明现有技术中的结构或步骤与说明书中所描述的被识别为与要求保护的装置（或步骤）加功能所对应的结构、材料或动作相同或等同。类似地，如果现有技术对比文件中教导了相同的结构或动作，但是未提及执行所要求保护的功能，则可合理推定现有技术的结构能够固有地执行相同的功能。审查员必须提供"令人信服的依据"，证明现有技术的结构或动作将能够执行所要求保护的功能。参见 *In re Spada*，911 F.2d 705，708，15 USPQ2d 1655，1658（Fed. Cir. 1990）。有关确定功能性限定的固有性的更多信息，请参见 MPEP § 2114 第Ⅰ节。

装置（或步骤）加功能限定应以与说明书公开内容一致的方式解释。联邦巡回上诉法院在 *Golight Inc. v. Wal-Mart Stores Inc.*，355 F.3d 1327，1333-34，69 USPQ2d 1481，1486（Fed. Cir. 2004）案中对解释装置（或步骤）加功能限定的两步法分析进行了解释：

解释装置加功能限定的第一步是定义权利要求限定中的特定功能。参见 *Budde v. Harley-Davidson, Inc.*，250 F.3d 1369，1376，58 USPQ2d 1801，1806（Fed. Cir. 2001）。"法院必须解释装置加功能限定中的功能，以包括并仅包括权利要求语言中所包含的限定。"参见 *Cardiac Pacemakers, Inc. v. St. Jude Med., Inc.*，296 F.3d 1106，1113，63 USPQ2d 1725，1730（Fed. Cir. 2002）。解释"装置加功能"权利要求限定的第二步是查看说明书并确定与功能相应的结构。"在第二步下，说明书中公开的结构只有在说明书或审查历史清楚地将该结构与权利要求中所述的功能链接或相关联后，才是'相应的'结构。"参见 *Med. Instrumentation & Diagnostics Corp. v. Elekta AB*，344 F.3d 1205，1210，68 USPQ2d 1263，1267（Fed. Cir. 2003）（援引 *B. Braun Med. Inc. v. Abbott Labs.*，124 F.3d 1419，1424，43 USPQ2d 1896，1900（Fed. Cir. 1997））。

如果说明书中为所要求保护的发明定义了限定的含义，那么审查员应将限定解释为具有该含义。如果未提供定义，则在确定限定的范围时必须作出一些判断。参见 *B. Braun Medical, Inc. v. Abbott Labs.*, 124 F. 3d 1419, 1424, 43 USPQ2d 1896, 1900（Fed. Cir. 1997）（"根据［35 U. S. C. 112 第六款］我们认为，只有在说明书或审查历史中明确将该结构与权利要求中所述的功能链接或关联时，说明书中公开的结构才是'相应的'结构。这一将结构与功能相链接或关联的责任，是为了便于适用 112 条第六款所采用的等价条件。"法院拒绝将"装置加功能"限定解释为专利权人所辩称的与一种公开的阀座结构相对应，是因为在说明书或审查历史中均未指明该结构与记载的功能相对应，而所述功能与在说明书中公开的贯穿横断面的杆结构之间存在清晰的关联）。

2183 建立关于等同的初证事实（2017.08 修订）

编者按：MPEP 的这部分内容仅适用于符合 AIA 发明人先申请制（FITF）规定的申请，除非请求保护的发明的相关日期用"有效申请日"取代"发明日"，后者只适用于符合 pre – AIA 35 U. S. C. 102 的申请。参见 35 U. S. C. 100（定义）和 MPEP§2150 及其下辖章节。

如果审查员认定现有技术中的要素：
（A） 执行权利要求中指出的功能；
（B） 说明书中提供的任何明确的等同定义均不排除该要素；并且
（C） 是装置加功能限定的等同物。
则审查员应在审查意见中提供解释和理由，说明现有技术要素为何是等同的。参见 *In re Bond*, 910 F. 2d 831, 833, 15 USPQ2d 1566, 1568（Fed. Cir. 1990）（"所公开的结构与现有技术的结构并不相同，但仍可以在先公开该权利要求。然而，委员会没有认定权利要求 1 的延迟装置和由柯蒂斯装置实现的延迟装置在结构上是等同的。因此，其关于在先公开了权利要求 1 的决定是有缺陷的，必须撤销"）。

支持现有技术要素等同的结论的因素包括：
（A） 现有技术要素以基本上相同的方式执行权利要求中指出的相同功能，并且产生与说明书中公开的相应要素基本上相同的结果。参见 *Kemco Sales, Inc. v. Control Papers Co*, 208 F. 3d 1352, 54 USPQ2d 1308（Fed. Cir. 2000）（密封信封袋内表面的内部胶黏剂并不等同于附着在袋外侧的折页上的胶黏剂。要求保护的发明和被诉装置都执行了闭合信封的相同功能，但是被诉装置以本质上不同的方式（通过在袋内部的内部黏合剂）得到了本质上完全不同的结果（黏合剂附着在袋两侧的内表面上））；参见 *Odetics Inc. v. Storage Tech. Corp*, 185 F. 3d 1259, 1267, 51 USPQ2d 1225, 1229 – 30（Fed. Cir. 1999）；*Lockheed Aircraft Corp. v. United States*, 193 USPQ 449, 461

（Ct. Cl. 1977）。在 *Grader Tank & Mfg. Co. v. Linde Air Products*，339U. S. 605，85 USPQ 328（1950）案中所提出的"等同"概念，与所有的"等同"确定有关。参见 *Polumbo v. Don – Joy Co.*，762 F. 2d 969，975 n. 4，226 USPQ 5，8 – 9 n. 4（Fed. Cir. 1985）。

（B）本领域普通技术人员能够意识到现有技术中所示的要素与说明书中公开的相应要素的互换性。参见 *Caterpillar Inc. v. Deere & Co.*，224 F. 3d 1374，56 USPQ2d 1305（Fed. Cir. 2000）；*Al – Site Corp. v. VSI Int'l，Inc.*，174 F. 3d 1308，1316，50 USPQ2d 1161，1165（Fed. Cir. 1999；*Chiuminatta Concrete Concepts，Inc. v. Cardinal Indus. Inc.*，145 F. 3d 1303，1309，46 USPQ2d 1752，1757（Fed. Cir. 1998）；*Lockheed Aircraft Corp. v. United States*，193 USPQ 449，461（Ct. Cl. 1977）；*Data Line Corp. v. Micro Technologies，Inc.*，813 F. 2d 1196，1 USPQ2d 2052（Fed. Cir. 1987）。

（C）现有技术要素和说明书中公开的相应要素之间没有实质性差异。参见 *IMS Technology，Inc. v. Haas Automation，Inc.*，206 F. 3d 1422，1436，54 USPQ2d 1129，1138（Fed. Cir. 2000）；*Warner – Jenkinson Co. v. Hilton Davis Chemical Co.*，520 U. S. 17，41 USPQ2d 1865，1875（1997）；*ValmontIndustries，Inc. v. Reinke Mfg. Co.*，983 F. 2d 1039，25 USPQ2d 1451（Fed. Cir. 1993）。另参见 *Caterpillar Inc. v. Deere & Co.*，224 F. 3d 1374，56 USPQ2d 1305（Fed. Cir. 2000）（一种结构，缺少与要求保护的功能相对应的整体结构中的一些组件，并且在部件的数量和尺寸上也与所公开的结构存在非实质性差异。在装置（或步骤）加功能权利要求中的限定是与所要求保护的功能相对应的整体结构，而与要求保护的功能相对应的整体结构的各个组成部件并不在权利要求限定中。在根据 35 U. S. C. 112（f）或 pre – AIA 35 U. S. C. 112 第六款进行的等同确定中，不应考虑与所要求保护的功能无关的结构的潜在优点）。

当显示上述因素中的至少一个因素时，审查员应当令其足以支持现有技术要素等同的结论。审查员随后应得出结论，要求保护的限定已由现有技术要素满足。除了现有技术要素等同的结论外，审查员还应在适当情况下说明，为什么对本领域的普通技术人员来说，在发明时适用现有技术对比文件中描述的内容替代申请人所描述的结构、材料或动作是显而易见的。参见 *In re Brown*，459 F. 2d 531，535，173 USPQ 685，688（CCPA 1972）。然后，举证责任将转移到申请人身上，来证明现有技术中所示的要素与本申请中公开的结构、材料或动作不等同。参见 *In re Mulder*，716 F. 2d 1542，219 USPQ 189（Fed. Cir. 1983）。在申请人表示不同意审查员的结论并提供不应将现有技术要素视为等同的理由之前，审查员不需要对等同再作出进一步分析。另参见 *In re Walter*，618 F. 2d 758，768，205 USPQ 397，407 – 08（CCPA 1980）（在确定法定主题的背景下根据 35 U. S. C. 112 第六款进行处理，并注意"如果所公开的由功能定义的装置及其等同物如此广泛，以致它们涵盖了用于执行所记载的功能的任何装置……则必须由申请人承担举证责任，以证明权利要求书确实是为了撰写为与其他能够执行相同功能的设备不同的特定设备"）；*In re Swinehart*，439 F. 2d 210，212 – 13，169 USPQ 226，229（CCPA 1971）（根据 35 U. S. C. 112 第二款认定功能性语言不当并进行拒绝处理时，请注意，"专利局有理由认为，对所要求保护的主题的新颖性至关重要的功能性限定，实际上可能是现有技术的固有特征，专利局有权要求申请人证明显示为现有技术的主题不具有认为其属于现有技术时所依赖的特征"）；参见 In re Fitzgerald，619 F. 2d 67，205 USPQ 594（CCPA 1980）（表明举证责任可以转移到申请人身上，以表明现有技术的主题不具有该特征取决于拒绝是基于 35 U. S. C. 102 下的固有性还是 35 U. S. C. 103 下的显而易见性）。

在确定申请人是否已成功承担证明现有技术要素不等同于申请人说明书中描述的结构、材料或动作的责任时，请参见 MPEP § 2184。

如果表明不等同，则审查员应当考虑显而易见性

但是，即使申请人已经承担了举证责任并表明现有技术要素与申请人说明书中描述的结构、材料或动作不等同，审查员仍应进行 35 U. S. C. 103 的分析，从现有技术出发，确定所要求保护的装置（或步骤）加功能对本领域普通技术人员而言是否显而易见。所以，尽管发现不等同阻止了现有技术要素在先公开权利要求中的装置（或步骤）加功能限定，但是这并不妨碍现有技术要素使得权利要求限定对本领域的普通技术人员而言显而易见。由于"等同"的确切范围可能不确定，所以，在现有技术在先公开权利要求限定取得适当平衡时，适用 35 U. S. C. 102、103 拒绝是正当的。类似的方法也可以使用在由方法定义的产品权利要求上，因为审查员无法确定所要求保护的产品或现有技术产品的确切特性。参见 In re Brown，450 F. 2d 531，173 USPQ 685（CCPA 1972）。另外，尽管通常最佳实践仅依靠最佳的现有技术对比文件来拒绝权利要求，但是在现有技术具备彼此不同且与说明书描述的特定结构、材料或动作也不相同的要素，而能够执行权利要求书中指出的功能的情况下，将其作为替代性理由发出拒绝可能是正当的。

2184 在作出初证事实后确定申请人是否尽到了对非等同的举证责任（2013.11 修订）

说明书不必描述与装置（或步骤）加功能型权利要求要素相对应的结构、材料或动作的等同物。参见 In re Noll，545 F. 2d 141，149–50，191 USPQ 721，727（CCPA 1976）（如果对专利法中等同物的含义有充分的了解，则申请人无须在其说明书中描述其发明等同物的全部范围）。

参见 Hybritech Inc. v. Monoclonal Antibodies，Inc.，802 F. 2d 1367，1384，231 USPQ 81，94（Fed. Cir. 1986）（"专利不需要教导且最好省略本领域中众所周知的内容"）。但是，如果说明书中没有提及什么构成等同物，并且审查员已经提出了基于初证事实的等同物，则申请人应承担责任来表明执行要求保护的功能的现有技术要素与说明书中公开的结构、材料或动作并不等同。参见 In re Mulder，716 F. 2d 1542，1549，219 USPQ 189，196（Fed. Cir. 1983）。

如果申请人不同意从现有技术对比文件中得出的等同推论，则申请人可以提供理由，说明申请人认为不应将现有技术要素视为等同于说明书中公开的特定结构、材料或动作的原因。此类原因可能包括但不限于：

（A）说明书中的教导是特定的现有技术不能与之等同的；

（B）现有技术中的教导本身可能倾向于表明不等同；或者

（C）基于37 CFR 1.132的宣誓书证据的事实往往表明了不等同性。

Ⅰ．申请人说明书中的教导

当申请人依靠其自身说明书中的教导时，审查员必须确保申请人以与说明书中的公开内容相一致的方式解释权利要求中的装置（或步骤）加功能限定。如果为了对应要求保护的装置（或步骤）加功能，说明书中定义了所公开实施例的"等同物"的含义，则审查员应将限定解释为具有该含义。如果未提供定义，则在确定"等同物"的范围时必须作出一些判断。通常，"等同物"被解释为包含的内容比说明书中描述的用于执行指定功能的特定要素更多，但少于执行权利要求中指定功能的任何要素。参见 *NOMOS Corp. v. BrainLAB USA Inc.*，357 F. 3d，1364，1368，69 USPQ2d 1853，1856（Fed. Cir. 2004）（其中仅描述了一个实施例，相应的结构限于此实施例及其等同物）。将装置（或步骤）加功能限定解释为仅限于说明书中提到的特定装置（或步骤），将使35 U. S. C. 112关于限定应被解释为覆盖说明书中描述的结构及其等同物的规定失去意义。参见 *DM. I.，Inc. v. Deere & Co.*，755 F. 2d 1570，1574，225 USPQ 236，238（Fed. Cir. 1985）。

权利要求限定所包含的等同范围取决于对"等同物"的解释。该解释将根据支持性说明书中对要素的描述方式而有所不同。取决于说明书如何对待该问题，与执行所要求保护的功能的任意和所有结构、材料或动作相反的，权利要求可以限于或可以不限于特定的结构、材料或动作（如步骤）。参见 *Ishida Co. v. Taylor*，221 F. 3d 1310，55 USPQ2d 1449（Fed. Cir. 2000）（法院解释了装置加功能型权利要求要素的范围，其中，说明书披露了两个结构上非常不同的用于执行要求保护的功能的实施例，法院通过分别看待两个实施例来确定相应的结构。法院拒绝采用单一权利要求解释来同时包含两个实施例，因为这样会使其过于宽泛，以致描述出具备和不具备每个实施例的基本结构特征的系统）。

如果公开的内容宽泛到涵盖了用于执行所要求保护的功能的任何及所有的结构、材料或动作，则在确定可专利性时必须以相应的方式解读权利要求。当发生这种情况时，"等同物"提供的限定就不再是对权利要求范围的限定，因为等同物将是除说明书中描述的用于执行所要求保护的功能的结构、材料或动作以外的任何结构、材料或动作。例如，在以下情形通常会发现这种情况：（A）要求保护的发明是要素的组合，其中一个或多个要素是从旧的要素本身选择而来的，或者（B）设备权利要求被视为与方法权利要求无法区分。参见 *In re Meyer*，688 F. 2d 789，215 USPQ 193（CCPA 1982）；*In re Abele*，684 F. 2d 902，909，214 USPQ 682，688（CCPA 1982）；*In re Walter*，618 F. 2d 758，767，205 USPQ 397，406 - 07（CCPA 1980）；*In re Maucorps*，609 F. 2d 481，

203 USPQ 812（CCPA 1979）；In re Johnson，589 F. 2d 1070，200 USPQ 199（CCPA 1978）；以及 In re Freeman，573 F. 2d 1237，1246，197 USPQ 464，471（CCPA 1978）。

另一方面，应用于权利要求的"等同"限定也可以将权利要求的范围限制到实际上仅覆盖所公开的实施例的程度。在说明书仅对用于执行权利要求中指定功能的特定结构、材料或动作进行说明的情况下描述本发明时，可能会发生这种情况。

II. 确定等同时考虑的因素

当确定申请人是否已经尽到了举证责任以证明执行要求保护的功能的现有技术要素不等同时，可以考虑以下因素。首先，除非某一要素执行的功能与权利要求所指定的功能相同，否则就 35 U. S. C. 112（f）或 pre – AIA 35 U. S. C. 112 第六款而言，不能视其为等同。参见 Pennwalt Corp. v. Durand – Wayland，Inc.，833 F. 2d 931，4 USPQ2d 1737（Fed. Cir. 1987），拒发调卷令，484 U. S. 961（1988）。

其次，虽然没有试金石可以绝对确定并预测可适用的"等同物"，但是在 35 U. S. C. 112（f）或 pre – AIA 35 U. S. C. 112 第六款的背景下，还是有几种指征足以支持一个要素是或不是另一不同要素的"等同物"的结论。MPEP § 2183 中给出了支持作出一个要素等同于或不等同于另一个要素的结论的指征。

III. 仅宣称不等同是不够的

在确定申请人提出的争辩或基于 37 CFR 1.132 的证据是否具有说服力，即说明现有技术中显示的要素不等同时，审查员应尽可能多地考虑并权衡申请人提出的上述或其他指征，并且应从总体上确定申请人是否尽到了证明不等同的举证责任。然而，在任何情况下审查员都不应接受空洞的认为现有技术中所示的要素与权利要求书所涵盖的要素不是等同的陈述或意见，从而被说服。此外，如果申请人认为权利要求中的装置（或步骤）加功能语言仅限于某些特定的结构或附加的功能性特征（与"等同"相反），而说明书中并未将本发明描述为仅有那些特定的特征，在对权利要求进行修改以记载那些特定的结构或附加功能特征之前，不应允许该权利要求。否则，具有宽泛的功能性语言而实际上却仅限于说明书中公开的特定结构或步骤的权利要求就获得了允许。这与授予专利权的公共政策，即旨在向公众充分公示权利要求真实范围，就背道而驰了。

IV. 申请人可以修改权利要求

最后，与以往一样，申请人有机会在专利局审查期间对权利要求进行修改，以使要求保护的发明符合所有可专利性的法定标准。申请人可以选择通过进一步限制功能来修改权利要求，以使功能不再与现有技术要素所教导的相同，或者申请人可以选择用现有技术中未描述的特定的结构、材料或动作来替换所要求保护的装置（或步骤）加功能限定。

2185 35 U. S. C. 112（a）或（b）及 Pre – AIA 35 U. S. C. 112 第一款或第二款的相关问题（2017.08 修订）

如 MPEP § 2181 中所述，对权利要求的解释可能会对什么是申请人所认为的本发明带来一些不确定性。如果出现此问题，则应在根据 35 U. S. C. 112（b）或 pre – AIA 35 U. S. C. 112 第二款作出的拒绝中提及。而根据 35 U. S. C. 112（f）或 pre – AIA 35 U. S. C. 112 第六款，允许采用特定形式的权利要求限定，不能将其理解为对 35 U. S. C. 112（a）或 pre – AIA 35 U. S. C. 112 第一款关于书面描述、可实施性或最佳方式的要求，以及 35 U. S. C. 112（b）或 pre – AIA 35 U. S. C. 112 第二款关于明确性的要求例外。参见 *In re Knowlton*，481 F. 2d 1357，178 USPQ 486（CCPA 1973）。

如果在说明书中公开的相应的结构、材料或动作不能支持权利要求中记载的装置（或步骤）加功能限定，则应考虑作出以下拒绝：

（A）根据 35 U. S. C. 112（a）或 pre – AIA 35 U. S. C. 112 第一款，无法获得可实施性公开的支持，因为由于本领域技术人员在执行功能的要素未被描述的情况下将不知道如何制造和使用本发明。请注意，在 35 U. S. C. 112（a）或 pre – AIA 35 U. S. C. 112 第一款可实施性要求下，使用方框图描述设备的功能（而不是结构）并不是致命的，只要该结构是常规的并且无须过多的实验就可以确定。参见 *In re Ghiron*，442 F. 2d 985，991，169 USPQ 723，727（CCPA 1971）。

（B）根据 35 U. S. C. 112（a）或 pre – AIA 35 U. S. C. 112 第一款，缺少充分的书面描述，因为说明书没有足够详细地描述所要求保护的发明，以使本领域技术人员可以合理地得出结论，认定发明人拥有所要求保护的发明。作为示例，如果装置（或步骤）加功能限定是计算机实现的，并且说明书没有提供足够详细的计算机和算法的公开内容以向本领域的普通技术人员证明发明人拥有本发明，参见 MPEP § 2161.01 和 MPEP § 2181 第Ⅳ节，此时须基于 35 U. S. C. 112（a）或 pre – AIA 35 U. S. C. 112 第一款作出缺乏书面描述的拒绝。

（C）根据 35 U. S. C. 112（b）或 pre – AIA 35 U. S. C. 112 第二款，认为不明确。参见 *Noah Systems v. Intuit*，675 F. 3d 1302，1311 – 19，102 USPQ. 2d 1410，1415 – 21（Fed. Cir. 2012）；*In re Aoyama*，656 F. 3d 1293，1297 – 98，99 U. S. P. Q. 2d 1936，1940（Fed. Cir. 2011）；*Finisar Corp. v. DirecTV Group, Inc.*，523 F. 3d 1323，1340 – 41，86 USPQ2d 1609，1622 – 23（Fed. Cir. 2008）；和 MPEP § 2181。

（D）根据 35 U. S. C. 102 或 103，对于所要求保护的主题包括执行权利要求中指定功能的装置或步骤的情况，认为其被现有技术公开或现有技术使其显而易见所基于的理论是，由于说明书中没有对应的结构等内容来限制装置（或步骤）加功能限定，则可以将执行指定功能的任何要素认定为等同物。

2186 与等同原则的关系（2017.08 修订）

等同原则是在侵权诉讼的背景下产生的。如果被指控的产品或方法并未从字面上侵犯已获得专利的发明，则可以根据等同原则认定该被指控的产品或方法侵权。最核心的客观询问是："被指控的产品或方法是否包含与授权专利发明的每个要求保护的要素相同或等同的要素？"参见 Warner – Jenkinson Co. v. Hilton Davis Chemical Co.，520 U. S. 17，41 USPQ2d 1865，1875（1997）。在确定等同时，"基于特定的专利权利要求的上下文对每个要素所起的作用进行分析，将使询问获知，替代要素是否与所要求保护的要素的功能、方式和结果相匹配，或者该替换要素是否起到与要求保护的要素实质上不同的作用。"参见 41 USPQ2d at 1875。

35 U. S. C. 112（f）或 pre – AIA 35 U. S. C. 112 第六款允许对组合权利要求采用装置（或步骤）加功能限定，"限制性条件是对此类权利要求应用宽泛的字面语言必须仅限于与专利说明书中所示的实际装置'等同'的那些装置。这是对应用等同原则的一种限制作用，缩小了权利要求要素的宽泛字面语言的应用范围。"参见 41 USPQ2d at 1870。因此，在单方审查过程中，涉及等同原则的决定应当被考虑，但不应过分影响基于 35 U. S. C. 112（f）或 pre – AIA 35 U. S. C. 112 第六款所作的决定。参见 MPEP § 2183。

2187 – 2189（预留）

2190 关于申请过程中的过失（2012.08 修订）

联邦巡回上诉法院维持了一项对专利申请权利要求驳回的决定，理由是基于申请历史懈怠原则，申请人因在申请过程中存在不合理和不适当的延误而丧失该项专利权。参见 In re Bogese，303 F. 3d 1362，1369，64 USPQ2d 1448，1453（Fed. Cir. 2002）（申请人"在8年内提出了12份继续申请，并且在专利商标局给予其机会时，并没有按照要求实质性地推进申请"）。尽管没有确定何时触发过失的明确准则，但其仅适用于不合理并难以解释地延误申请过程的极端恶劣的案例。例如，如果存在"多件重复申请并表明存在不合理地延误申请过程的模式"，则可能会构成懈怠。参见 Symbol Tech Inc. v. Lemelson Med.，Educ.，& Research Found.，422 F. 3d 1378，1385，76 USPQ2d 1354，1360（Fed. Cir. 2005）（法院讨论了因合法原因导致的重复申请与为了商业目的延期发布在先已获得允许的权利要求而进行的重复申请两者之间的区别）。在以申请历史中的懈怠为由予以拒绝之前，审查员应获得所在的技术中心主任的批准。

附录一 *Berkheimer* 判例备忘录

备忘录

日期：2018 年 4 月 19 日

至：专利审查团队

来自：Robert W. Bahr
　　　主管专利审查政策的副局长

主题：有关主题适格性的审查程序的变化，最近主题适格性判决（*Berkheimer v. HP, Inc.*）

USPTO 认识到，除非仔细考虑主题适格性的具体外延（35 U.S.C. 101），否则它可能"吞噬所有的专利法"，参见 *Alice Corp. v. CLS Bank International*，573 U.S. _, _, 134 S. Ct. 2347, 2352（2014）（援引 *Mayo Collaborative Servs. v. Prometheus Labs., Inc.*，566 U.S. 66, 71, 132 S. Ct. 1289, 1293–1294（2012））。本备忘录提供了附加的 USPTO 指南，这将进一步阐明 USPTO 是如何根据现行的法律体系来确定主题适格性的。具体地说，本备忘录解决了有限的问题，即附加要素（或附加要素的组合）是否代表了公知的、常规的、普遍的行为。USPTO 决定继续其使命，以根据这一快速发展的法律领域提供清晰和可预测的专利权，并为此可能在未来发布进一步的指南。

美国联邦巡回上诉法院（联邦巡回上诉法院）最近发布了一个优先判决，认定某些权利要求限制特征是否代表公知的、常规的、普遍的行为的问题提出了受争议的事实问题，这代表排除了简易判决，即所有涉及的权利要求都不具有专利适格性。参见 *Berkheimer v. HP Inc.*，881 F. 3d 1360（Fed. Cir. 2018）。此后不久，联邦巡回上诉法院在对诉状和判决的法律判决中重申了 *Berkheimer* 标准。❶ 虽然在专利审查过程中简易判决、对诉状的判决及作为民事诉讼法律标准的判决一般都不适用，但 Berkheimer 告诉调查组，一个附加要素（或附加要素的组合）是否代表了公知的、常规的、普遍的行为。

---

❶ 在 *Aatrix Software, Inc. v. Green Shades Software, Inc.*，882 F. 3d 1121（Fed. Cir. 2018）案中，联邦巡回上诉法院逆转了有关非适格性抗辩的审判，同样判定在受挑战的专利中的权利要求是否执行公知的、常规的、普遍的行为是事实上的争论点。在 *Exergen Corp. v. Kaz USA, Inc.*，Nos. 2016-2315, 2016-2341, 2018 WL 1193529, at * 1（Fed. Cir. Mar. 8, 2018）（非优先的）案中，联邦巡回上诉法院肯定了地方法院的否决作为专利非适格性法律问题的判决动议（因此支持地方法院关于将权利要求拉向可专利发明的结论），从而判定地方法院关于所要求保护的组合没有被证实是公知的、常规的、普遍的这个事实认定没有明显错误。

I. 联邦巡回上诉法院关于 Berkheimer 的判决

在 Berkheimer 案中，本发明涉及在数字资产管理系统中对文件进行数字处理和存档。该专利说明书解释了该系统消除了常见文本和图形元素的冗余存储，提高了系统运行效率，降低了存储成本。考虑到 Mayo/Alice 步骤 1（USPTO 的指导步骤 2A），联邦巡回上诉法院认为，基于与联邦巡回上诉法院在先判决中被认为是抽象概念的权利要求的比较，这些关于解析和比较数据（权利要求 1－3 和 9），解析、比较和存储数据（权利要求 4），解析、比较、存储和编辑数据（5－7）的权利要求指向抽象概念。参见 Berkheimer，881 F. 3d，1366－67。对 Mayo/Alice 步骤 2（USPTO 的指导步骤 2B），联邦巡回上诉法院既单独地也作为一个有序组合考虑到了每一个权利要求中的元素，认识到"权利要求元素或元素的组合是否是公知的、常规的、普遍的对于本领域技术人员来说是一个事实问题"（Id. at 1367－68）。当注意到说明书讨论了所谓的改进（例如，减少冗余和允许一对多编辑作为所谓的改进）时，联邦巡回上诉法院认为权利要求 1－3 和 9 不具有主题适格性，因为它们不包括实现这些所谓改进的限制特征（Id. at 1369－70）。

相反，联邦巡回上诉法院认定，权利要求 4－7 确实包含指向在说明书中所述的改进点的限制特征（例如，权利要求 4 记载了"基本上没有冗余地将调整后的对象结构存储在档案库存储器中"，说明书解释改进了系统操作效率并且降低了存储成本），从而引出了决定性事实的本质问题，即所声称的改进点不仅仅是在本领域之前所知的公知的、常规的、普遍的行为（Id. at 1370）。因此，联邦巡回上诉法院推翻了地区法院关于权利要求 4－7 不具有专利适格性的简易判决，并将其发回，以便针对那些权利要求的适格性进行进一步的事实认定（Id. at 1370－71）。

最后，联邦巡回上诉法院在什么是公知的、常规的、普遍的与什么仅仅是本领域所已知的之间勾勒出区别，提醒在一份现有技术中披露了一些特征这个简单事实并不意味着它是公知的、常规的、普遍的行为或要素（Id. at 1369）。

II. 公知的、常规的、普遍的行为

虽然 Berkheimer 案的判决并没有改变在 MPEP § 2106 中所阐述的基本主题适格性框架，但它确实针对关于附加要素（或附加要素的组合）是否代表公知的、常规的、普遍的行为的询问进行了澄清。具体地说，联邦巡回上诉法院认定，"对于本领域技术人员来说，一些特征在专利申请时是否是公知的、常规的和普遍的是事实问题"（Id. at 1369）。

正如 MPEP § 2106.05（d）（I）所阐明的，只有当审查员能够轻易地得出结论，认为某一要素（或要素的组合）在相关行业中是广泛长期存在或者普遍使用的时，该要素才代表是公知的、常规的、普遍的行为。本备忘录澄清，这样的一个结论是基于下文第三部分论述所支持的一个事实问题。本备忘录还澄清，针对某一要素（或要素的组合）在相关行业中是否是广泛长期存在或者普遍使用的分析与按照 35 U. S. C. 112

（a）的规定针对要素是否如此公知从而它不必在专利说明书中描述的分析相同。❶

附加要素是否代表公知的、常规的、普遍的行为这一问题与按照 35 U.S.C. 102 和 103 的规定根据现有技术判断可专利性问题不同。这是因为附加要素根据 35 U.S.C. 103 是显而易见的，甚至根据 35 U.S.C. 102 是缺乏新颖性的，这本身并不足以证明对于本领域技术人员来说附加要素就是公知的、常规的、普遍的行为或要素。参见 MPEP § 2106.05。正如联邦巡回上诉法院所解释的那样："判断一项特定的技术是否是公知的、常规的、普遍的超越了判断其是否是现有技术中简单的已知技术。例如，在一项现有技术中披露的内容并不意味着它是公知的、常规的、普遍的。"参见 *Berkheimer*，f. d. 881，1369。

Ⅲ. 对审查程序的影响

本备忘录修订了在 MPEP § 2106.07（a）（将针对缺乏主题适格性的拒绝意见程式化）以及 MPEP § 2106.07（b）（评价申请人的答复）中给出的程序。

A. 将拒绝意见程式化

在步骤 2B 分析中，除非审查员按照以下意见中的一项或多项的方式认定并且明确支持该拒绝理由，否则附加要素（或要素的组合）不是公知的、常规的或普遍的：

1. 援引在说明书中给出的明确声明或申请人在专利申请期间作出的声明，论证了这些附加要素的公知的、常规的或普遍的特性。在说明书将附加要素描述为公知的、常规的或普遍的（或等同的术语），描述为市售产品或指明附加要素足够公知从而说明书不必描述这些附加要素的具体细节以满足 35 U.S.C. 112（a）规定时，该说明书就阐明了附加要素的公知的、常规的或普遍的特性。对于要素是公知的、常规的或普遍的这个认定不能只是基于说明书没有描述这些要素这个事实而作出。

2. 援引在 MPEP § 2106.05（d）（Ⅱ）中所述的一项或多项法院判决，指出这些附加要素的公知的、常规的、普遍的特性。

3. 援引出版物，该出版物阐明了附加要素的公知的、常规的、普遍的特性。合适的出版物可以包括书本、手册、评论文章或其他资料来源，这些资料描述了现有技术状况，并论述了什么是在相关行业中众所周知的和普遍使用的。它不包括以其他方式

---

❶ 参见 *Genetic Techs. Ltd v. Merial LLC*，818 F. 3d 1369，1377（Fed. Cir. 2016）（通过观察专利权人在本申请的诉讼期间明确争辩放大方法是本领域普通技术人员很容易实施的技术，以克服根据 35 U.S.C. 112 规定对该权利要求作出的拒绝意见，第一段）；另见 *Lindemann Maschinenfabrik GMBH v. Am. Hoist & Derrick Co.*，730 F. 2d 1452，1463（Fed. Cir. 1984）（"说明书不必披露在本领域所公知的那些特征"）；*Myers*，410 F. 2d 420，424（CCPA 1969）（"说明书指向本领域普通技术人员，并且不必详细教导或指出什么是本领域所供职的"）；*Exergen Corp.*，2018 WL 1193529，at * 4（认定"与不明确性、可实现性或显而易见性类似，权利要求是否指向可专利的主题是基于下面事实的法律问题"，并且指出最高法院已经认识到，"该询问"有时会与其他事实密集性询问例如 35 U.S.C. 102 所规定的新颖性重叠））。

归为如在 35 U. S. C. 102 中所采用的"印刷出版物"的所有条目。❶ 一些特征是否在根据 35 U. S. C. 102 规定为"印刷出版物"的文件中披露与一些特征是否是公知的、常规的、普遍的行为是不同的问题。一份文件可以是印刷出版物，但是仍然不能证实它所描述的一些特征是公知的、常规的、普遍的行为。参见 *Exergen Corp.*，2018 WL 1193529，at *4（在讲堂中被认为是"印刷出版物"的用德文书写并且放在德国大学图书馆中的单个论文副本在这里"不足以证实一些特征是'在本领域工作的科研人员以前所从事的公知的、常规的和普遍的行为'"）。出版物的特性和在出版物中对附加要素的表述必须证实这些附加要素在相关领域中是广泛长期存在的或普遍使用的，相当于如此众所周知，从而它们不必在专利申请中详细描述，以满足 35 U. S. C. 112（a）规定的那些行为类型或要素。例如，虽然美国专利和公开的专利申请是出版物，仅仅在单个专利或公开的专利申请中找到该附加要素并不足以证实该附加要素是公知的、常规的、普遍的，除非该专利或公开的专利申请证实该附加要素在相关领域中是广泛长期存在的或普遍使用的。

4. 审查员发出附加要素具有公知的、常规的、普遍的特性的意见通知书的声明。该意见应当只是在审查员基于其个人知识肯定该附加要素代表了在相关领域中的那些人所从事的公知的、常规的、普遍的行为，即那些附加要素在相关领域中是广泛长期存在的或普遍使用的时才使用，相当于这些行为类型或要素如此众所周知，从而它们不必在专利申请中详细描述，以满足 35 U. S. C. 112（a）的规定。在 MPEP § 2144. 03 中论述了发出意见通知书和解决申请人对意见通知书的争辩的程序。

B. 评价申请人的答复

如果申请人质疑审查员关于附加要素是公知的、常规的、普遍的行为的立场，则审查员应当重新评价是否很容易想到附加要素在现实中对于从事相关领域工作的那些人而言是公知的、常规的、普遍的行为。如果审查员按照上面的部分（Ⅲ）（A）的段落（4）的规定发出关于要素是公知的、常规的、普遍的行为的意见通知书，并且申请人质疑了审查员的立场，具体地说声称这些要素不是公知的、常规的、普遍的行为，则审查员必须提供在上面的部分（Ⅲ）（A）的段落（1）至（3）中所述的其中一个条目或者依据 37 CFR 1. 104（d）（2）规定的书面陈述或声明，阐明具体的事实声明和解释以支持其立场。如前面所论述的一样，为了表现出公知的、常规的、普遍的行为，附加要素必须是在相关领域中广泛长期存在的或普遍使用的，相当于这些行为类型或要素如此众所周知，从而它们不必在专利申请中详细描述，以满足 35 U. S. C. 112（a）的规定。

本 MPEP 会适时更新，以纳入本备忘录实施的这些更改。

---

❶ 参见 *Klopfenstein*，380 F. 3d 1345（Fed. Cir. 2004）（公开展示的幻灯片）；里面的 *Hall*，781 F. 2d 897（Fed. Cir. 1986）（在图书馆中搁架上的博士论文）；*Mass. Inst. of Tech. v. AB Fortia*，774 F. 2d 1104, 1108 – 09（Fed. Cir. 1985）（在科学会议上口头表达的并且根据要求分发的论文）；*Wyer*，655 F. 2d 221（CCPA1981）（公开以便公众核查的专利申请）。

附录二　2019年修订版专利适格主题指南

通告

本节联邦登记簿内容包含了公众可适用的规则或建议规则之外的文件。本节中出现的示例文件包括听证和调查通知、委员会会议、机构决定和裁定、授权、提交请求书和申请以及机构的组织与职能声明等。

> 商务部
> 美国专利商标局
> ［摘要号码：PTO－P－2018－0053］
> 2019年修订版专利适格主题指南
> 机构：商务部美国专利商标局
> 行为：审查指南；意见征求

概要：美国专利商标局（USPTO）已起草了供USPTO人员评估专利主题适格性的修订版指南，即《2019年修订版专利主题适格性指南》。《2019年修订版专利主题适格性指南》从两方面对USPTO的《专利主题适格性指南》步骤2A中确定专利权利要求或专利申请权利要求是否关于司法排除对象（自然规律、自然现象及抽象思维）的程序进行了修订。首先，《2019年修订版专利适格主题指南》解释了抽象思维可以归类为如数学概念、组织人类活动的特定方法及思维方法。其次，本指南解释了，如果司法排除对象与其实际应用相融合，则记载司法排除对象的专利权利要求或专利申请权利要求就不"指向"司法排除对象。记载了司法排除对象但未与实际应用相融合的权利要求，将在步骤2A中指向该司法排除对象，进而必须在步骤2B（发明构思）中进行评估，以确定该权利要求是否为适格主题。USPTO正在征集对其专利主题适格性指南特别是《2019年修订版专利主题适格性指南》的公众意见。

日期：

适用日期：《2019年修订版专利主题适格性指南》于2019年1月7日生效。该指南适用于全部专利申请，以及所有由2019年1月7日之前、当天及之后提交的专利申请所获得的专利。

意见截止日期：书面意见须以2019年3月8日当天及之前收到为准。

地址：意见须以电子邮件形式发送到：Eligibility2019@ uspto. gov。
首选以纯文本形式提交的电子意见，但也可以以ADOBE®便携式文档格式或MI-

CROSOFT WORD® 格式提交。未以电子方式提交的意见应以便于将其数字扫描到 ADOBE® 便携式文档格式的纸件形式提交。这些意见将可通过 USPTO 的官方网站（http://www.uspto.gov）查看。由于意见将提供给公众查看，所以提交者不希望公开的信息，如地址或电话号码，不应包含在意见中。

进一步的联系信息：高级法律顾问 June E. Cohan（电话 571 – 272 – 7744）或高级法律顾问 Carolyn Kosowski（电话 571 – 272 – 7688），均来自专利法律管理办公室。

补充信息：在过去的十年中，35 U.S.C. 101 专利主题适格性一直是备受关注的主题。最近，这一关注大多集中在如何应用美国最高法院的框架来评估专利适格性（通常称为 *Alice/Mayo* 测试）。❶

事实证明，以一致的方式恰当应用 *Alice/Mayo* 测试非常困难，这导致了这一法律领域中的不确定性。除了其他方面的原因，在很多情况下，发明人、企业及其他的专利利益相关者难以可靠地并可预测地确定哪些主题具备专利适格性。§ 101 相关的法律不确定性也给 USPTO 带来了独特的挑战，USPTO 必须确保其超过 8500 名专利审查员和专利行政法官在应用 *Alice/Mayo* 测试时，能够针对不同的申请、技术单元及技术领域产生合理、一致且可预测的结果。

自从宣布 *Alice/Mayo* 测试并开始广泛应用以来，法院和 USPTO 始终试图以一致的方式区分具备专利适格性的主题和属于司法排除对象的主题。即便如此，专利利益相关者仍表示需要为其申请提高判断的清晰度和可预测性。利益相关者尤其对"抽象思维"这一司法排除对象的适宜范围和应用表示关注。法院也有类似的担忧，如最近美国联邦巡回上诉法院的几项同意意见和异议意见中都表示要求对 § 101 判例的适用作出改变。❷ 许多利益相关者、法官、发明人及广泛的从业者都认为，需要采取一定措施来提高 § 101 当前适用方式的清晰度和一致性。

为了解决上述问题及其他关注点，USPTO 正在根据 *Alice/Mayo* 测试❸的第一步（MPEP 第 2106 节的专利主题适格性指南的步骤 2A）❹ 修订其审查流程，包括：（1）提供被认为是抽象思维的主题分类；（2）明确指出，如果司法排除对象与该排除对象的实际应用相融合，则该权利要求并不"指向"该司法排除对象。

《2019 年修订版专利主题适格性指南》第 Ⅰ 节中指出，司法排除对象是针对那些

---

❶ 参见 *Alice Corp. Pty. Ltd. v. CLS Bank Int'l*, 573 U.S. 208, 217 – 18（2014）（援引 *Mayo Collaborative Servs. v. Prometheus Labs., Inc.*, 566 U.S. 66（2012））。附录脚注均为原注。

❷ 参见 *Interval Licensing LLC, v. AOL, Inc.*, 896 F.3d 1335, 1348（Fed. Cir. 2018）（Plager, J., 部分同意但部分不同意）; *Smart Sys. Innovations, LLC v. Chicago Transit Auth.*, 873 F.3d 1364, 1377（Fed. Cir. 2017）（Linn, J., 部分不同意但部分同意）; *Berkheimer v. HP Inc.*, 890 F.3d 1369, 1376（Fed. Cir. 2018）（Lourie, J., Newman, J. 加入，同意拒绝全院重审）。

❸ *Alice/Mayo* 测试的第一步是确定权利要求是否"关于"司法排除对象。参见 *Alice*, 573 U.S. at 217（引用 *Mayo*, 566 U.S. at 77）。

❹ 除非另有说明，否则在《2019 年修订版专利主题适格性指南》中所有对 MPEP 的引用均为第九版，即 2017 年 8 月修订版（2018 年 1 月发布）。

已被确定为"科学和技术工作的基本工具"的主题[1]，包括诸如数学概念、组织人类活动的特定方法、思维方法等"抽象思维"，以及自然规律和自然现象。仅当权利要求记载了司法排除对象时，才需要对权利要求作出进一步分析以确定其适格性。本指南中包含的抽象思维分类使得 USPTO 的工作人员能够更轻松地确定一项权利要求是否记载了属于抽象思维的主题。

第Ⅱ节中指出，USPTO 已经制定了一项修订后的程序，该程序源于最高法院的判例法，以确定在 Alice/Mayo 测试的第一步（USPTO 测试步骤 2A）中，权利要求是否"指向"司法排除对象。

第Ⅲ节中解释了 USPTO 即将采用的修订程序。该程序侧重于修订后的步骤 2A 的两个方面：（1）权利要求是否记载了司法排除对象；（2）所记载的司法排除对象是否与实际应用相融合。仅当权利要求记载了司法排除对象并且未能将该排除对象与实际应用相融合时，该权利要求才被认为是"指向"司法排除对象的，进而引发根据 Alice/Mayo 测试第二步（USPTO 测试步骤 2B）作出进一步分析的需要。最后，如果需要在步骤 2B 做进一步分析（例如，确定权利要求是否仅记载了熟知、常规而普遍的行为），《2019 年修订版专利主题适格性指南》解释了审查员或专利行政法官将根据 USPTO 于 2018 年 4 月修订的现有指南操作。[2]

USPTO 正在征集公众对于其专利主题适格性指南，特别是《2019 年修订版专利主题适格性指南》的意见。USPTO 决心继续履行为这一迅速发展的法律领域提供可预测且可靠的专利权的使命。USPTO 的最终目标是对关于抽象原理的权利要求与将这些原理与实际应用相融合的权利要求给予区分。为此，USPTO 将来可能会根据其所征集的意见、USPTO 及利益相关者的进一步经验及进一步的司法判决，来发布进一步的指南或对现有指南进行修订。适格性审查指南的实施是一个反复的过程，可能会定期进行增补。USPTO 邀请公众就与适格性相关的议题提出建议以加入未来的指南增补内容，作为对 USPTO 专利主题适格性指南所征集意见的一部分。

对审查程序和在先的审查指南的影响：《2019 年修订版专利主题适格性指南》在以下方面取代 MPEP § 2106.04（Ⅱ）（适格性判断步骤 2A：权利要求是否关于司法排除对象）以及与本指南相冲突的 MPEP 的任何其他部分："记载"司法排除对象的权利要求等同于"关于"司法排除对象的权利要求。可以通过 USPTO 的官方网站（http://www.uspto.gov）查阅标示出 MPEP 的哪些部分受本指南影响的对照表。《2019 年修订版专利主题适格性指南》还取代了 USPTO 的"识别抽象思维适格性的快速参考表"的所有版本（于 2015 年 7 月首次发布、2018 年 7 月最新更新）。在第九版 MPEP 之前发

---

[1] 参见 Mayo, 566 U. S. at 71（"被发现的自然现象、思维方法和抽象的知识概念不是专利，因为它们是科学和技术工作的基本工具"，援引 Gottschalk v. Benson, 409 U. S. 63, 67 (1972)）。

[2] USPTO 于 2018 年 4 月 19 日发布的备忘录"与专利主题适格性相关的审查程序变更，近期专利主题适格性判决（Berkheimer v. HP, Inc.）"（2018 年 4 月 19 日），网址为 https://www.uspto.gov/sites/default/files/documents/memo-berkheimer-20180419.PDF［以下简称"USPTO Berkheimer 备忘录"］。

布的与适格性相关的指南不再可依赖。但是，所有根据以往指南被认定为具备专利适格性的权利要求，都应被视为具备本指南意义下的专利适格性。

该指南不构成实质性规则制定，不具有法律效力。该指南是 USPTO 基于最高法院和联邦巡回上诉法院的判决，对 35 U.S.C. 101 主题适格性的要求进行解释而制定的行政机构政策。该指南是作为 USPTO 内部管理的工具的，并不产生对任何一方而言可针对 USPTO 执行的任何权利或利益，无论是实质性的还是程序性的。驳回将继续基于实体法律，且可以通过专利审判和上诉委员会（PTAB）及法院对这些驳回上诉。就机构的内部管理而言，所有 USPTO 人员都应遵守该指南。但是，USPTO 人员未能遵守该指南本身并不是作为提出上诉或请求的恰当依据。

I. 抽象思维的分组

最高法院认为，35 U.S.C. 101 隐含了"自然规律、自然现象和抽象思维"这几类司法排除对象，并认为它们是"科学和技术工作的基本工具"。❶法院认为："在某种程度上，所有发明都包含、使用、体现、依赖或应用着自然规律、自然现象或抽象思维"，同时提醒要"谨慎地解释这一排他性的原则，以免它吞噬整个专利法。"❷

Alice 案之后，法院曾多次"采用通过与以往判例中已被认定为关于抽象思维的权利要求进行对比的方式，来判定争议权利要求的专利适格性"。❸同样，USPTO 已向专利审查团队发布了有关联邦巡回上诉法院判决适用 *Alice/Mayo* 测试的指南，示例性地描述专利的涉诉主题，并指出某些主题是否被确定为抽象思维。❹

该方法在 *Alice* 案判决刚发布后还比较奏效，但此后变得不切实际。联邦巡回上诉

---

❶ 参见 *Alice Corp.*, 573 U.S. at 216（省略内部引用标记）; *Mayo*, 566 U.S. at 71.

❷ 同❶。

❸ 参见 *Enfish, LLC v. Microsoft Corp.*, 822 F.3d 1327, 1334（Fed. Cir. 2016）; 另见 *Amdocs（Israel）Ltd. v. Openet Telecom, Inc.*, 841 F.3d 1288, 1294（Fed. Cir. 2016）（"法院当前适用的识别抽象思维的判决机制是检查可以看到具有相似或对应的本质描述的以往案例——以往的案例涉及什么主题，以及对它们的判定方式"）。

❹ 如《2014 年主题适格性临时指南》, 79 FR 74618, 74628 - 32（2014 年 12 月 16 日）（讨论被确定为抽象思维的概念）；2015 年 7 月更新的主题适格性（2015 年 7 月 30 日），第 3 - 5 页，网址为 https://www.uspto.gov/sites/default/files/documents/ieg - july - 2015 - update.pdf（相同）；2016 年 5 月 19 日发布的 USPTO 备忘录，"近期主题适格性判决（*Enfish, LLC v. Microsoft Corp.* 案及 *TLI Communications LLC v. A.V. Automotive, LLC* 案）"第 2 页（2016 年 5 月 19 日），网址为 https://www.uspto.gov/sites/default/files/documents/ieg - may - 2016_enfish_memo.pdf [以下简称"USPTO *Enfish* 备忘录"]（在 *TLI Communications LLC v. A.V. Automotive, LLC*, 823 F.3d 607（Fed. Cir. 2016）案中讨论了抽象思维）；2016 年 11 月 2 日发布的 USPTO 备忘录，"近期主题适格性判决"，第 2 页（2016 年 11 月 2 日），网址为 https://www.uspto.gov/sites/default/files/documents/McRo - Bascom - Memo.pdf [以下简称"USPTO *McRo* 备忘录"]（讨论了 *McRO, Inc. v. Bandai Namco Games America Inc.* 案中的权利要求是如何关于改进而非抽象思维）；2018 年 4 月 2 日发布的 USPTO 备忘录，"近期主题适格性判决"（2018 年 4 月 2 日），网址为 https://www.uspto.gov/sites/default/files/documents/memo - recent - sme - ctdec - 20180402.PDF [以下简称"USPTO *Finjan* 备忘录"]（讨论 *Finjan Inc. v. Blue Coat Systems, Inc.*, 879 F.3d 1299（Fed. Cir. 2018）案及 *Core Wireless Licensing, S.A.R.L. v. LG Electronics, Inc.*, 880 F.3d 1356（Fed. Cir. 2018）案中权利要求是关于改进而非抽象思维）；USPTO *Berkheimer* 备忘录第 2 页（讨论 *Berkheimer* 案中的抽象思维）；MPEP 2106.04（a）（回顾确定及未确定为抽象思维的案例）。

法院至今已经发布了大量判决，在不同的具体案例中指向了抽象或非抽象的主题，并且判决数量还在不断增加。此外，相似的主题在不同案例中既有被描述为抽象的也有非抽象的。❶体量不断增加的判例使得审查员以可预测的方式适用测试变得越来越困难，并且，同一技术中心内及不同技术中心之间的不同审查员可能会得出不一致的结果，这也引发了人们的关切。

因此，USPTO旨在澄清这一分析方法。以司法判例为依据，并旨在提高一致性和可预测性。当在权利要求书的限定中有如下记载时（当下列主题本身被记载时），《2019年修订版专利主题适格性指南》摘录并总结了法院对于抽象思维的核心观点，以解释抽象思维排除对象包括以下主题类别：

（a）数学概念：数学关系，数学公式或等式，数学计算；❷

（b）组织人类活动的特定方法：基本经济原则或实践（包括对冲、保险、降低风险）；商业或法律互动（包括合同形式的协议，法律义务，广告、营销或销售活动或行为，商业关系）；管理个人行为或人与人之间的关系或互动（包括社交活动、教学及所

---

❶ 例如，将 *TLI Commc'ns*（823 F.3d，611）案与 *Enfish*，822 F.3d，1335 案，以及 *Visual Memory LLC v. NVIDIA Corp.*，867 F.3d 1253，1258（Fed. Cir. 2017）进行比较。当计算机进行的操作如"数据分析的输出……可以是抽象的"情况下，参见 *Credit Acceptance Corp. v. Westlake Servs.*，859 F.3d 1044，1056（Fed. Cir. 2017）案，"基于软件的创新也可以'对计算机技术作出非抽象的改进'从而在 Mayo/Alice 测试的步骤1中被视为具备专利适格性的主题"。参见 *Finjan*，879 F.3d at 1304（引用 *Enfish*，822 F.3d at 1335）。的确，联邦巡回上诉法院裁定，"对计算机相关技术的改进"和"关于软件的权利要求"并不是"固有的抽象"。参见 *Enfish*，822 F.3d at 1335；另请参见 *Visual Memory*，867 F.3d，at 1258。判例法的这些发展可能会给专利审查过程带来麻烦。例如，一件申请中的权利要求可以被认为是抽象的，而针对相同或相似主题的略有不同的权利要求可以被确定为反映了具备专利适格性的"改进"。或者，一件申请中的权利要求可以被认为是抽象的，而在说明书中包含其他或不同实施例的另一申请中对相同或相似主题的权利要求，则可能因未关于抽象思维而被视为适格。换句话说，在先专利中要求保护的主题是"抽象的"发现，可能无法用于确定另一项申请中的相似主题——要求保护的范围有所不同或受到不同公开的支持——也关于抽象思维，因此不具备专利适格性。

❷ *Bilski v. Kappos*，561 U.S. 593，611（2010）案（"对冲的概念……转化为数学公式……属于不可专利的抽象思维"）；*Diamond v. Diehr*，450 U.S. 175，191（1981）案（"这样的数学公式与我们专利法给予的保护不符"）（引自 *Benson*，409 U.S. 63）；*Parker v. Flook*，437 U.S. 584，594（1978）（"仅仅发现数学公式无法支撑一项专利，除非其申请中有其他发明构思"）；*Benson*，409 U.S.，at 71–72（结论认为，允许要求保护的发明专利"将会完全先占数学公式，并且实际上其将成为一项涉及算法本身的专利"）；*Mackay Radio&Telegraph Co. v. Radio Corp. of Am.*，306，U.S. 86，94（1939）（"一项科学事实或其数学表达式并不是可授予专利的发明"）；*SAP America，Inc v. InvestPic, LLC*，898 F.3d 1161，1163（Fed. Cir. 2018）（裁定"基于所选信息的一系列数学计算"的权利要求关于抽象思维）；*Digitech Image Techs.，LLC v. Elecs. for Imaging，Inc.*，758 F.3d 1344，1350（Fed. Cir. 2014）（裁定"通过数学相关性组织信息的过程"的权利要求关于抽象思维）；*Bancorp Servs.，LLC v. Sun Life Assurance Co. of Can.（U.S.）*，687 F.3d 1266，1280（Fed. Cir. 2012）（将"通过执行计算和处理结果来管理一个稳定保值的人寿保单"这一概念认定为抽象思维）。

遵守的规则或指示）；❶ 以及

（c）思维方法：人的头脑中执行的想法❷（包括观察、评估、判断、观点）。❸

不包含在上述列举的抽象思维中的主题的权利要求不应被视为记载了抽象思维，除非出现以下情况：在极少数情况下，USPTO 职员认为权利要求的限定虽然不在列举的范围之列，但也应被视为记载了抽象思维，后续应当根据第Ⅲ.C 小节所描述的流程

---

❶ *Alice*，573 U. S. at 219-20（结论是使用第三方来调解结算风险术语"基本的经济实践"，因此是一种抽象思维）（出处同上）（表述了 *Bilski* 案中被认定为抽象思维的风险对冲概念，是一种"组织人类活动的方法"）；*Bilski*，561 U. S. at 611-612（认为对冲属于"基本的经济实践"，因此是抽象思维）；*Bancorp*，687 F. 3d at 1280（结论是"通过执行计算和处理结果来管理一个稳定保值的人寿保单"是一种抽象思维）；*Inventor Holdings*，*LLC v. Bed Bath & Beyond*，*Inc.*，876 F. 3d 1372，1378-79（Fed. Cir. 2017）（裁定"本地处理远程购买商品的付款"的概念是一种"基本的经济实践，在 *Alice* 案中已明确指出其处于专利制度的保护之外"）；*OIP Techs.*，*Inc. v. Amazon.com*，*Inc.*，788 F. 3d 1359，1362-63（Fed. Cir. 2015）（结论认为，要求保护的"基于报价的价格优化"概念是一种抽象思维，其"类似于最高法院和本法院认为是抽象思维的其他'基本经济概念'"）；*buySAFE*，*Inc. v. Google*，*Inc.*，765 F. 3d. 1350，1355（Fed. Cir. 2014）（裁定"创建合同关系—'交易绩效担保'"的概念是一种抽象思维）；*In re Comiskey*，554 F. 3d 967，981（Fed. Cir. 2009）（关于"通过仲裁人的决定解决两方之间的法律争端'"的权利要求不适格）；*Ultramercial*，*Inc. v. Hulu*，*LLC*，772 F. 3d 709，715（Fed. Cir. 2014）案（裁定"仅描述了在提供免费内容之前先展示广告这一抽象思维"的权利要求是不具备专利适格性的）；*In re Ferguson*，558 F. 3d 1359，1364（Fed. Cir. 2009）案（裁定"关于一种在销售队伍（或营销公司）中组织商业或法律关系的"方法不具备适格性）；*Credit Acceptance*，859 F. 3d 1044 at 1054 案（"委员会确定，权利要求关于一种'处理资助购买的申请'的抽象思维……我们同意"）；*Interval Licensing*，896 F. 3d at 1344-45（结论认为，"单独来看，在不中断正在提供的初始信息的情况下向某人提供其他信息的行为是一个抽象的想法，"法院注意到，地区法院"指出了向会议或谈话中的人传递便笺这一非技术性的人类活动，其进一步说明了基本的、长期的实践是考虑要求保护的发明不具备专利适格性的重点"）；*Voter Verified*，*Inc. v. Election Systems & Software*，*LLC*，887 F. 3d 1376，1385（Fed. Cir. 2018）（认为"投票、核实选票并提交投票表"的概念，是一项人类已经执行了数百年的"基本活动"，是一种抽象思维）；*In re Smith*，815 F. 3d 816，818（Fed. Cir. 2016）案（结论认为"申请人的权利要求关于进行博彩游戏的规则"是抽象的）。

❷ 如果一项权利要求的最宽泛合理解释涵盖了头脑中的活动，但也同时引述了通用计算机组件，那么其仍属于思维方法这一类别，除非该权利要求实际上无法在头脑中进行。请参阅 *Intellectual Ventures I LLC v. Symantec Corp.*，838 F. 3d 1307，1318（Fed. Cir. 2016）（"除通用计算机实施步骤外，权利要求本身不具有任何人类通过思维或纸和笔之外的方式完成的内容"）；*Mortg. Grader*，*Inc. v. First Choice Loan Servs. Inc.*，811 F. 3d 1314，1324（Fed. Cir. 2016）（裁定由计算机实现的用于"匿名贷款购物"的方法是一种抽象思维，因为它可以"由人不依赖计算机来执行"）；*Versata Dev. Grp. v. SAP Am.*，*Inc.*，793 F. 3d 1306，1335（Fed. Cir. 2015）（"法院对要求使用计算机的权利要求进行了审查，但仍然发现该潜在的不具备专利适格性的发明是可以通过笔和纸或只在人的头脑中来执行的"）；*CyberSource Corp. v. Retail Decisions*，*Inc.*，654 F. 3d 1366，1375，1372（Fed. Cir. 2011）（裁定附加了使用"计算机"或"计算机可读介质"并不能使一项关于"可以在人头脑中或由人使用笔和纸进行的"方法的权利要求具备专利适格性（*Id.* at 1376）（本案与 *Research Corp. Techs. v. Microsoft Corp.*，627 F. 3d 859（Fed. Cir. 2010）案和 *SiRF Tech.*，*Inc. v. Int'l Trade Comm'n*，601 F. 3d 1319（Fed. Cir. 2010）这些关于"实际上不可能完全在人的头脑中完成的发明"不同）。同样，使用通用计算机组件执行权利要求的限定并不一定会将权利要求的限定排除在数学概念分组之外，参见 *Benson*，409 U. S. at 67，或排除在组织人类活动的特定方法分组之外，参见 *Alice*，573 U. S. at 219-20。

❸ *Mayo*，566 U. S. at 71（"'思维方法和抽象知识概念是不可获得专利的，因为它们是科学技术工作的基本工具'"（援引 *Benson*，409 U. S. at 67））；*Flook*，437 U. S. at 589（相同）；*Benson*，409 U. S. at 67，65（请注意，所要求保护的"将二进制编码的十进制数字转换为纯二进制数字可以在头脑中完成，即"一个人仅用头脑和手就可以完成"）；*Synopsys*，*Inc. v. Mentor Graphics Corp.*，839 F. 3d 1138，1139（Fed. Cir. 2016）（裁定"将逻辑电路的功能描述转换为这一逻辑电路的硬件组件描述的"思维方法的权利要求关于抽象思维，因为权利要求"解读为由个人通过头脑或铅笔和纸来执行要求保护的步骤"）；*Mortg. Grader*，811 F. 3d. at 1324（结论认为"匿名贷款购物"的概念是一种抽象思维，因为可以"由人不依赖计算机来执行"）；*In re BRCA1 & BRCA2-Based Hereditary Cancer Test Patent Litig.*，774 F. 3d 755，763（Fed. Cir. 2014）（结论认为"比较 BRCA 序列并确定存在改变"的概念是"抽象的思维方法"）；*In re Brown*，645 F. App'x. 1014，1017（Fed. Cir. 2016）案（非先例性判决）（权利要求的限定"仅包含应用不同的已知发型来平衡头部的想法。识别头部形状并相应地应用发型是一种抽象的想法，如委员会所指出的，这完全是在人的头脑中进行的"）。

分析权利要求。

Ⅱ．"指向"司法排除对象

长期以来，最高法院一直在对原理本身（不具备专利适格性）和将原理与实际应用融合（具备专利适格性）两者加以区分。❶同样，联邦巡回上诉法院也在越来越多的判决中对"指向"司法排除对象（需要进一步分析以确定其专利适格性）的权利要求和未"指向"司法排除对象（因此具备专利适格性）的权利要求进行了区分。❷对计算机功能或其他技术或技术领域的功能的改进有可能使得权利要求通过 Alice/Mayo 测试的第一步，即便它们记载了抽象思维、自然规律或自然现象。❸此外，最近的联邦巡回上诉法院判例表明，具备专利适格性的主题经常既会在 Alice/Mayo 测试的第一步确定，也可以在第二步中确定。❹修订后的专利审查程序旨在更准确和一致地识别出记载

---

❶ 例如 Alice，573 U. S. at 217（解释"在适用 35 U. S. C. 101 排除时，我们必须将那些要求保护人类智慧'基石'的发明和那些将这些'基石'转化为更多内容的专利区分开来"）（援引 Mayo，566 U. S. at 89），并指出 Mayo 案"提出了一种框架，该框架将要求保护自然法则、自然现象和抽象思维的专利与要求保护这些概念的具备专利适格性的申请的专利区分开来"）；参见 Mayo，566 U. S. at 80，84（注意到在 Diehr 案中法院认为"由于该方法的附加步骤将公式与整合方法相融合，所以该方法整体是具备专利适格性的"，但在 Benson 案中法院"认为仅在物理机器（计算机）上实现数学原理并不是涉及该原理的可专利的申请"）；Bilski，561 US at 611（"Diehr 案解释说，虽然抽象思维、自然法则或数学公式无法申请专利，但'将自然法则或数学公式应用于已知结构或方法却可能很值得获得专利保护.'"（引自 Diehr，450 U. S. at 187）（原文强调））；Diehr，450 U. S. at 187，192 n. 14（解释认为，Flook 案中的方法不适格，并不是因为它包含了数学公式，而是因为它没有提供该公式的应用）；Mackay Radio，306 U. S. at 94（"虽然科学真理或其数学表达式不是可专利的发明，但是借助科学真理知识所创造的新的有用的结构可以是可专利的"）；Le Roy v. Tatham，55 U. S.（14 How.）156，175（1852）（"自然现象的要素天然存在；发明并不是发现它们，而是将它们应用于有用的对象"）。

❷ 例如，MPEP § 2106.06（b）（概括了 Enfish 案、McRO 案及其他因对技术或计算机功能而非抽象思维进行改进从而具备适格性的案例）；USPTO Finjan 备忘录（讨论 Finjan 案和 Core Wireless 案）；USPTO 于 2018 年 6 月 7 日发布的备忘录，"最近的主题适格性决定：Vanda Pharmaceuticals Inc. v. West – Ward Pharmaceuticals 案"，网址为 https://www.uspto.gov/sites/default/files/documents/memo – vanda – 20180607. PDF（以下简称"USPTO Vanda 备忘录"）；BASCOM Glob. Internet Servs. , Inc. v. AT&T Mobility LLC，827 F. 3d 1341，1352（Fed. Cir. 2016）（结论认为，如果权利要求限定的有序组合"将抽象思维转化为这一概念特定的、实际的应用，则权利要求可能是适格的"）；Arrhythmia Research Tech. , Inc. v. Corazonix Corp. ，958 F. 2d 1053，1056 – 57（Fed. Cir. 1992）（"随着判例的发展，通过计算机的数学导向的性能实现的发明将被视为输入了计算机生成的数据的实际应用"）；CLS Bank Int'l v Alice Corp. Pty. Ltd. ，717 F. 3d 1269，1315（Fed. Cir. 2013）（"因此，关键问题是一项权利要求是否引述了抽象思维的足够具体和实际的应用，其才有资格被认为具备专利适格性"），维持原判，573 US 208（2014）。

❸ 例如 McRO，837 F. 3d at 1316；Enfish，822 F. 3d at 1336；Core Wireless，880 F. 3d at 1362。

❹ 例如 Vanda Pharm. Inc. v. West – Ward Pharm. Int'l Ltd. ，887 F. 3d 1117，1134（Fed. Cir. 2018）（"如果权利要求在测试第一步中不关于不具备专利适格性的概念，则我们无需进入调查的第二步"）；Rapid Litig. Mgmt. Ltd. v. CellzDirect, Inc. ，827 F. 3d 1042，1050（Fed. Cir. 2016）（裁定要求保护的发明具备专利适格性，因为其在第一步不关于不具备专利适格性的概念，或者其在第二步中属于不具备专利适格性的概念的创造性应用）；Enfish，822 F. 3d at 1339（注意，确定具备专利适格性既可以由于第一步中权利要求不关于抽象思维，也可以因为第二步中引述了具体改进）；McRO，837 F. 3d at 1339（认识到在可专利性判定中"法院必须将权利要求视为有序组合"，"无论是在 Alice 测试的第一步还是第二步中"）；Amdocs，841 F. 3d at 1294（注意到最近的案例"暗示了第一步和第二步之间存在很大的重叠，并且在某些情况下，发明构思分析可以在不超出第一步的情况下完成"）。另请参阅 Ancora Techs. v. HTC Am. ，908 F. 3d 1343，1349（Fed. Cir. 2018）（注意，根据"第一步和第二步考虑之间的重叠"，适格性第一步测试的结论是"由第二步中的一些在先认定而间接加强的"）。

了司法排除对象的实际应用的权利要求（不"指向"司法排除对象的权利要求），从而提高专利适格性分析的可预测性和一致性。这项分析是在 USPTO 测试流程的步骤 2A 进行的，而基于已有判例事实，*Alice/Mayo* 测试框架的两个步骤是存在一些重合的，因此该步骤同时纳入了法院在应用 *Alice/Mayo* 测试框架第一步和第二步时的特定考虑因素。

根据司法判例，同时为了提高审查实践的一致性，《2019 年修订版专利主题适格性指南》提出了一种程序，以确定在 USPTO 测试流程的步骤 2A 中，一项权利要求是否"指向"司法排除对象。在该程序下，如果权利要求记载了司法排除对象（在第Ⅰ节中分组的自然规律、自然现象或抽象思维），则必须对其进行分析，以确定所列举的司法排除对象是否已与该排除对象的实际应用相融合。如果权利要求整体上将其记载的司法排除对象与该排除对象的实际应用相融合，则该权利要求不"指向"司法排除对象，并因此具备专利适格性。将司法排除对象与其实际应用相融合的权利要求通过对司法排除对象施加有意义的限定的方式应用、依赖或利用该司法排除对象，此时可认为该权利要求不属于仅仅是通过撰写工作而被判定为司法排除对象的情况。

Ⅲ. 审查中如何适用修订后的步骤 2A

审查员应根据 MPEP §2106 中讨论的标准评估权利要求，以确定权利要求是否满足主题适格性标准，即权利要求是否属于司法排除对象（步骤 1）及针对司法排除对象的 *Alice/Mayo* 测试（步骤 2A 和 2B）。本文所述的程序（后称"修订后的步骤 2A"）改变了审查员应如何适用 *Alice/Mayo* 测试的第一步，该步骤确定权利要求是否"关于"司法排除对象。

与以往一样，USPTO 适格性分析的步骤 1 需要考虑要求保护的主题是否属于 35 U.S.C. 101 确定的四个可专利性主题的法定类别：方法、机器、制造物或组合物。《2019 年修订版专利主题适格性指南》未更改步骤 1 及其简化分析，这分别在 MPEP §2106.03 和 §2106.06 中进行了讨论。当权利要求的专利适格性可自证时，审查员可以继续使用简化分析（路径 A）。

《2019 年修订版专利主题适格性指南》的步骤 2A 是一项具有两个分支的调查。在分支 1 中，审查员评估权利要求是否记载了司法排除对象。❶该分支与在先指南中的程序类似，不同之处在于，当确定权利要求是否记载抽象思维时，审查员将参考第Ⅰ节中的抽象思维主题类别，而不是将要求保护的概念与 USPTO 之前的"识别抽象思维适格性的快速参考表"进行比较。

- 如果权利要求记载了司法排除对象（自然法则、自然现象或《2019 年修订版专利主题适格性指南》第Ⅰ节所列举的抽象思维），则需要在分支 2 中进行进一步分析。
- 如果权利要求没有记载司法排除对象（自然法则、自然现象或第Ⅰ节所列举的

---

❶ 本声明不会改变被认为引述自然法则或自然现象的权利要求限定的类型。有关自然法则和自然现象（包括自然产物）的更多信息，请参阅 MPEP §2106.04（b）和（c）。

多项抽象思维分组中的主题），则该权利要求通过修订后的步骤 2A 的分支 1。适格性分析到此结束，除非出现了以下所述的罕见情况。❶

- 在某些罕见的情况下，审查员认为权利要求的限定不属于所列举的抽象思维类别，但仍应将其视为抽象思维，则应遵循第Ⅲ.C 小节所描述的流程分析权利要求。

在分支 2 中，审查员评估权利要求是否记载了将该排除对象与其实际应用相融合的附加元素。该分支为 *Alice/Mayo* 测试的第一步（USPTO 测试步骤 2A），增加了比在先指南所要求的更详细的适格性分析。

- 如果所记载的排除对象与该排除对象的实际应用相融合，则该权利要求符合修订后的步骤 2A 的分支 2。适格性分析到此结束。
- 然而，如果附加元素未将排除对象与实际应用相融合，则该权利要求关于所记载的司法排除对象，并需要在步骤 2B 下进行进一步的分析（在该步骤中，如果它达到"发明构思"的程度，则其仍具备专利适格性）。❷

以下讨论提供了有关此修订程序的更多详细信息。

A. 修订后的步骤 2A

1. 分支 1：评估权利要求是否记载了司法排除对象

在分支 1 中，审查员需评估权利要求是否记载了司法排除对象，即抽象思维、自然法则或自然现象。如果权利要求没有记载司法排除对象，则认为其并不关于司法排除对象（步骤 2A：否），因而具备专利适格性，适格性分析结束。而如果权利要求确实记载了司法排除对象，则需要在修订后的步骤 2A 的分支 2 中进行进一步分析，以确定该权利要求是否关于司法排除对象，参见《2019 年修订版专利主题适格性指南》第Ⅲ.A.2 小节的解释。

对于抽象思维，分支 1 与在先的指南相比有所不同。分支 1 中，为了确定权利要求是否记载了抽象思维，审查员现在需要进行如下工作：（a）确定在审权利要求中审查员认为记载了抽象思维的具体限定（单独或组合）；（b）确定上述限定是否属于《2019 年修订版专利主题适格性指南》第Ⅰ节中所列举的抽象思维主题的类别，如果落入前述类别，则应进入分支 2，进一步评估该权利要求是否将抽象思维融合到了实际应用中。在评估分支 1 时，审查员不再使用已被本文件取代的 USPTO "识别抽象思维适格性的快速参考表"。

在某些罕见的情况下，审查员认为权利要求的限定不属于所列举的抽象思维分组，

---

❶ 即使确定某项权利要求具备 35 U.S.C.101 的专利适格性，适格性分析的这一步骤或任何其他步骤也不会结束调查。权利要求还必须满足其他可专利性的条件和要求，例如，102 条（新颖性）、103 条（非显而易见性）或 112 条（可实施性、书面说明、明确性）的要求。参见 *Bilski*，561 U.S. at 602。审查员应注意不要将这些不同的专利性要求与根据 101 条进行的专利适格性分析相混淆或相混合。

❷ 参见 *Amdocs*，841 F.3d at 1300, 1303；*BASCOM*，827 F.3d at 1349–52；*DDR Holdings, LLC v. Hotels.com, L.P.*，773 F.3d 1245, 1257–59（Fed. Cir. 2014）；USPTO *Berkheimer* 备忘录；另见 *Rapid Litig.*，827 F.3d at 1050（裁定要求保护的发明具备专利适格性，因为其在第一步中不关于非适格性概念，在第二步中也不属于非适格性概念的创造性应用）。

但仍应将其视为抽象思维,此时则应遵循第Ⅲ.C节所描述的流程分析权利要求。

对于"自然法则"和"自然现象"这两类情况,分支1相对于在先指南并未产生变化,因此审查员应继续遵循现有指南,以确定权利要求是否列举了这两类司法排除对象中的一种❶,如果是,则继续进入《2019年修订版专利主题适格性指南》的分支2,以评估该权利要求是否将自然法则或自然现象融合到实际应用中。

2. 分支2:如果权利要求记载了司法排除对象,则评估所记载的司法排除对象是否与实际应用相融合

在分支2中,审查员应当将权利要求作为一个整体来评估其是否将所记载的司法排除对象与该排除对象的实际应用相融合。一项将司法排除对象与其实际应用相融合的权利要求,其通过对司法排除对象施加有意义的限定的方式应用、依赖或利用该司法排除对象,进而可认为该权利要求不属于仅仅通过撰写工作而垄断司法排除对象的情况。当排除对象以这样的方式被融合时,则权利要求不涉及司法排除对象(步骤2A:否),具备专利适格性,专利适格性分析到此结束。如果附加元素未将司法排除对象与实际应用相融合,则认为权利要求涉及司法排除对象(步骤2A:是),需要进入步骤2B进行进一步分析(在该步骤中,如果附加元素提供了发明构思,则其仍具备专利适格性),如《2019年修订版专利主题适格性指南》第Ⅲ.B小节所述。

分支2相对于先前的指南产生了变化。分支2对于记载了抽象思维、自然法则和自然现象三类司法排除对象中的任一种情况的分析均是相同的。

审查员应通过以下方式评估是否与实际应用相融合:(a)确定权利要求中在记载司法排除对象之外,是否还有任何其他的附加元素;以及(b)单独或作为组合评估这些附加元素,以确定它们是否将司法排除对象与实际应用融合,判断中使用最高法院和联邦巡回上诉法院所指出的一个或多个考虑因素,下文会举例列出。在以往的指南中,部分考虑因素是在步骤2B中才进行讨论的,但是将对这些因素的评估放入修订后的步骤2A中,可以促进专利适格性问题尽早并有效地解决,提高测试的确定性和可靠性。然而审查员需要注意的是,修订后的步骤2A明确排除了对附加元素是否体现了熟知、常规而普遍的行为的分析,这一分析仍然是在步骤2B中完成的。因此,在修订后的步骤2A中进行是否与实际应用相融合的评估时,审查员应确保对所有附加元素均给予重视,无论它们是否普遍。

基于修订后的步骤2A,下面示例性列举了需要进行考虑的因素,它们可以作为附加元素(或其组合)❷将司法排除对象与实际应用相融合的指示:

- 附加元素反映了计算机功能的改进,或对其他技术或技术领域的改进;❸

---

❶ 参阅 MPEP § 2106.04(b)~(c)。

❷ USPTO 指南使用"附加元素"一词来指代权利要求中引述的超出所确定的司法排除对象的特征、限定和/或步骤。同样,应该从整体上评估附加元素或要素的组合是否将司法排除对象与实际应用相融合。

❸ 例如,修改互联网超链接协议以动态生成复合来源的混合网页。有关改进计算机功能或任何其他技术或技术领域的更多信息,包括对以上示例的讨论——该示例基于 *DDR Holdings*, 773 F. 3d at 1258-59,请参阅 MPEP § 2106.05(a)。另请参见 USPTO *Finjan* 备忘录(讨论 *Finjan* 案和 *Core Wireless* 案)。

- 附加元素应用或使用司法排除对象对针对疾病或健康状况的特定治疗或预防产生影响;❶
- 附加元素使用权利要求中所必需的特定机器或制造物实施司法排除对象,或与其一同使用司法排除对象;❷
- 附加元素对将一个特定物质转换或变化到一个不同的状态或事物的过程施加影响;❸
- 附加元素以其他某种有意义的方式应用或使用司法排除对象,其不仅仅是将该司法排除对象与特定技术环境相联系,从而使权利要求整体上并不是旨在通过撰写工作垄断司法排除对象。❹

以上内容并非穷举,可能还存在其他将司法排除对象与实际应用相融合的示例。

法院还指示了一些司法排除对象未与实际应用相融合的示例:

- 附加元素仅仅是和司法排除对象一起记载了词语"应用它"(或其等效词语),或仅包含了将抽象思维在计算机上实施的指令,或仅仅是将计算机作为执行抽象思维的工具。❺
- 附加元素仅仅是相对于司法排除对象增加了超出解决方案的次要行为;❻ 以及

---

❶ 例如,将抽象思维融合到特定的免疫过程中的免疫步骤可降低被免疫患者后续发展为慢性免疫介导性疾病的风险。例如,*Immunotherapies, Inc. v. Biogen IDEC*, 659 F.3d 1057, 1066–68(Fed. Cir. 2011)。另请参阅 *Vanda Pharm. Inc. v. West-Ward Pharm. Int'l Ltd.*, 887 F.3d 1117, 1135(Fed. Cir. 2018)(裁定认为,涉及伊潘立酮、CYP2D6 代谢和心电图变化之间的自然关系在精神分裂症治疗中的实际应用的权利要求,其不是简单地识别上述关系,因此在 *Mayo/Alice* 测试第一步(USPTO 测试步骤 2A)中被认定为具备专利适格性)及 USPTO *Vanda* 备忘录(讨论 *Vanda* 案)。

❷ 例如,一种 Fourdrinier 机器(在本领域中被理解为具有流浆箱、造纸网和一系列辊的特定结构),该机器以特定方式布置,其利用重力优化机器速度,同时保持成形纸幅的质量。请参阅 MPEP § 2106.05(b),以了解更多关于与司法排除对象一起使用或与其相关联的特定机器或制造物的信息,包括对以上示例的讨论——该示例基于 *Eibel Process Co. v. Minnesota & Ontario Paper Co.*, 261 U.S. 45, 64–65(1923)。

❸ 例如,通过使用数学公式来控制模具的运行,将未硫化的原始合成橡胶转变为精密成型的合成橡胶产品的过程。请参阅 MPEP § 2106.05(c),以获取更多有关将特定物品转换或变化到不同状态或事物的信息,包括对此处提供的示例的讨论——该示例基于 *Diehr*, 450 U.S. at 184。

❹ 例如,步骤的组合包括在压机中安装橡胶、关闭模具、持续测量模具中的温度及在适当的时间自动打开压机,所有这些步骤都将数学公式的使用有意义地限定到模塑橡胶产品的实际应用中。有关上述考虑因素的更多信息,请参阅 MPEP § 2106.05(e),包括对此处提供的示例的讨论——该示例基于 *Diehr*, 450 U.S. at 184, 187。另请参阅 USPTO *Finjan* 备忘录(讨论 *Finjan* 案和 *Core Wireless* 案)。

❺ 例如,一项限定中指示了由计算机执行诸如创建和维护电子记录之类的特定功能,但没有指出如何完成相应功能。请参阅 MPEP § 2106.05(f),以获取更多有关仅仅指出了适用司法排除对象的信息,其中包括对此处提供的示例的讨论——该示例基于 *Alice*, 573 U.S. at 222–26。另请参见 *Benson*, 409 U.S. 63(裁定认为仅在通用计算机上实现数学原理属于不具备专利适格性的抽象思维);以及 *Credit Acceptance Corp. v. Westlake Services*, 859 F.3d 1044(Fed. Cir. 2017)(使用计算机作为工具来处理资助购买的申请)。

❻ 例如,单纯的数据收集,如获得有关信用卡交易信息,以便可以分析该信息,从而检测交易是否为欺诈行为的步骤。请参阅 MPEP § 2106.05(g),以获取更多有关增加了解决方案之外的无关紧要的动作的信息,包括对此处提供的示例的讨论——该示例基于 *CyberSource*, 654 F.3d, at 1375。另请参见 *Mayo*, 566 US, at 79(结论认为,测量患者用药后的代谢物的附加元素属于解决方案之外的无关紧要的动作,不足以赋予专利资格);以及 *Flook*, 437 U.S. at 590(根据数学公式的输出来调整警报边界值的步骤是"事后动作",因而使得方法不具备专利适格性)。

- 附加元素仅仅是在司法排除对象的使用与某种特定的技术环境或使用领域间建立简单的联系。❶

在评估司法排除对象是否借助于有意义的限定而与实际应用相融合时,将权利要求视为一个整体来考虑是至关重要的。某些要素本身可能就足以对司法排除对象构成有意义的限定,但很多时候是要素的组合使司法排除对象与实际应用相融合。在评估要素(或其组合)是否将司法排除对象与实际应用相融合时,审查员应当仔细考虑要素本身及其在权利要求整体之中是如何使用或安排的。审查员需要注意的是,由于修订后的步骤2A并不评估附加元素是否属于熟知、常规而普遍的行为,包含普遍行为要素的权利要求仍有可能将司法排除对象与实际应用融合,从而使权利要求满足35 U.S.C. 101专利适格性的要求。❷

B. 步骤2B:如果权利要求关于司法排除对象,则评估权利要求是否提供了发明构思

未能将所记载的司法排除对象与实际应用相"融合"的权利要求也有可能具备专利适格性。例如,权利要求所记载的附加元素可能使其具备专利适格性,即便其中某一个单独的权利要求要素记载了司法排除对象。❸遵循以上思路,联邦巡回上诉法院在Alice/Mayo测试的第二步(USPTO测试步骤2B)中认为权利要求是适格的,因为权利要求中所记载的附加元素"明显超过"所记载的司法排除对象(例如,因为这些附加元素的组合是非普遍的)。❹因此,当在修订后的步骤2A中判定一项权利要求关于司法排除对象时,应当在步骤2B中将附加元素单独或作为组合进行评估,以确定它们是否提供了发明构思(附加元素是否明显超过司法排除对象本身)。如果审查员确定该要素(或要素的组合)明显超过司法排除对象本身(步骤2B:是),则该权利要求具备专利适格性,结束分析流程。如果审查员确定该要素或要素的组合并不明显超过司法排除对象本身,则该权利要求不具备专利适格性(步骤2B:否),审查员应当以不具备专利适格性为由拒绝该权利要求。

尽管步骤2A中的许多考虑因素无需在步骤2B中重新评估,审查员还是应当继续在步骤2B中考虑附加元素或要素的组合是否:

- 增加了一个特定的限定或限定的组合,这些限定或限定的组合在本领域并不是

---

❶ 例如,一项描述了如何将对冲运用在商品和能源市场的抽象思维的权利要求,或者一项限定了将数学公式在石化和炼油领域使用的权利要求。请参阅MPEP§2106.05(h),涉及将司法排除对象的使用与特定技术环境或使用领域进行笼统的关联,其中包括对此处提供的示例的讨论——上述示例基于Bilski, 561 U.S. at 612和Flook, U.S. at 588-90。因此,仅在特定领域中应用组织人类活动的抽象方法不足以将司法排除对象与其实际应用相融合。

❷ 当然,此类权利要求还必须满足其他可专利性的条件和要求。例如,35 U.S.C. 102(新颖性)、103(非显而易见性)和112(可实施性、书面描述、明确性)。参见Bilski, 561 U.S. at 602。

❸ 例如Diehr, 450 U.S. at 187("我们先前的观点为我们目前的结论提供了支持,即一个已得出属于法定主题的权利要求,并不会仅仅因为它使用了数学公式、计算机程序或数字计算机就变得不合法");(Id. at 185)("在方法的几个步骤中使用了数学公式和程序化数字计算机的事实并不会改变我们对于被告的权利要求的结论")。

❹ 例如Amdocs, 841 F.3d at 1300, 1303; BASCOM, 827 F.3d at 1349-52; DDR Holdings, 773 F.3d at 1257-59。

熟知、常规而普遍的行为,这表明可能存在发明构思;或者

- 简单地将行业内熟知、常规而普遍的行为以高度通用化的方式附加到司法排除对象上,这表明可能不存在发明构思。❶

出于以上原因,如果审查员之前在修订后的步骤 2A 中已有分析结论,例如,附加元素是解决方案之外无关紧要的行为,则需要在步骤 2B 中重新评估该结论。如果重新评估后表明该要素是非普遍的,或者相较于本领域中熟知、常规而普遍的行为还提供了更多,则这一认定可能表明存在发明构思,进而使权利要求具备专利适格性。❷举例来说,当评估一个记载了抽象思维的权利要求时,所述抽象思维如为数学公式以及一系列为公式收集必要的输入数据的步骤,审查员可能会在修订后的步骤 2A 中认为数据收集步骤是解决方案之外无关紧要的行为,因此认为司法排除对象没有与实际应用相融合。❸但是,当审查员重新在步骤 2B 中考虑该数据收集步骤时,可能会发现步骤的组合是以非普遍的方式收集数据的,因此包括了某种"发明构思",使权利要求通过步骤 2B 的测试。❹同样地,一项并未将司法排除对象与实际应用有意义地融合的权利要求在

---

❶ 根据现有指南,审查员得出附加元素(或要素的组合)属于众所周知的、常规的、传统的动作的结论必须得到事实性决定的支持。请参阅 MPEP § 2106.05(d)(由 USPTO Berkheimer 备忘录修改),以获得更多有关评估众所周知的、常规的、传统的动作的信息。

❷ 参见 *Mayo*,566 U. S. at 82("仅仅在自然法则、自然现象和抽象思维上附加以高度概括性说明的常规步骤,并不能使这些法则、现象和概念具备可专利性");然而,(*Id.* at 85)("要求保护的方法不仅包括自然法则,还包括几个非传统的步骤(例如,将容器插入内部、向容器外部加热以及将空气吹入炉内),这些步骤将权利要求限定为该法则的具体的、有用的应用"(讨论早期的英国案件,*Neilson v. Harford*,Webster's Patent Cases 295 (1841)))。

❸ 例如 *Diehr*,450 U. S. at 187("我们先前的观点为我们目前的结论提供了支持,即一个已得出属于法定主题的权利要求,并不会仅仅因为它使用了数学公式、计算机程序或数字计算机就变得不合法");(*Id.* at 185)("在方法的几个步骤中使用了数学公式和程序化数字计算机的事实并不会改变我们对于被告的权利要求的结论")。另请参见 *OIP Techs.*,788 F. 3d,1363(认为收集基于客户测试生成的统计信息用于定价计算的输入"未能将要求保护的抽象思维'转换'为具备专利适格性的发明")。

❹ 比较以下案例:*Flook*,437 U. S. at 585 – 86(结论认为,要求保护的更新警报边界值的方法不适格,原因在于:"从本质上讲,该方法包括三个步骤:初始步骤,仅测量过程变量的当前值(如温度);中间步骤,使用算法来计算更新的警报边界值;最后一步,将实际警报边界值调整为更新值。被告的申请中所描述的方法和传统的改变警报边界值的方法之间唯一的区别在于第二步——数学算法或公式");与 *Exergen Corp. v. Kaz USA, Inc.*,725 F. App'x 959,966(Fed. Cir. 2018)(裁定认为要求保护的体温检测器具备适格性,因为:"在这里,专利关于的是对自然现象(核心体温)的测量。尽管这种测量的概念是关于自然现象的,并且在测试步骤 1 中被认为是抽象的,但这里的测量方法并不是传统的、常规的、众所周知的。经过多年花费数百万美元的大量测试与开发,发明人首次确定了代表颞动脉温度与核心体温之间关系的系数,并将这一发现融合进了一种非传统的温度测量方法中")。

经过步骤2A测试之后，可能包括了会在步骤2B中被认定为非普遍的，从而带来"发明构思"的附加元素。❶

C. 将未落入所列举的抽象思维分组的权利要求限定视为记载了抽象思维

在罕见的情况下，审查员认为权利要求的限定不属于所列举的抽象思维分组，但却应将其视为记载了抽象思维（"假定性抽象思维"），审查员应评估该权利要求是否整体上将所记载的假定性抽象思维与其实际应用相融合，如第Ⅲ.A.2小节所述。如果该权利要求作为整体将所引用的假定性抽象思维与实际应用相融合，则该权利要求不涉及司法排除对象（步骤2A：否），并且是适格的（因此结束适格性分析）。而如果该权利要求整体上并未将所记载的假定性抽象思维与实际应用相融合，那么审查员应将附加元素单独或作为组合进行评估，以确定它们是否提供了第Ⅲ.B小节所述的发明构思。如果附加元素或其组合提供了第Ⅲ.B小节中所述的发明构思（步骤2B：是），则该权利要求是适格的（因此结束适格性分析）。如果附加元素或其组合不能提供第Ⅲ.B小节所述的发明构思（步骤2B：否），则审查员应将申请提请技术中心主管给予关注。任何涉及因权利要求限定不属于所列举的抽象思维（假定性抽象思维）却仍被视为记载了抽象思维的拒绝意见，必须由技术中心主管批准（批准将在申请的审查档案中记录），并且必须提供理由❷说明为何将这种权利要求限定视为记载了抽象思维。❸

D. 紧凑审查程序

无论是否根据35 U.S.C.101发出拒绝意见，均应根据每一项其他的可专利性要求进行全面审查，包括：35 U.S.C.102、103、112和101（实用性、发明权和重复授权）

---

❶ 比较以下案例：*Berkheimer*, 881 F. 3d at 1370（裁定认为，独立权利要求1在*Alice*测试步骤2中被认定为不适格："权利要求1的传统限定，与分析和比较数据及协调数据之间差异的限定结合后，无法将抽象思维转化为专利适格的发明。上述限定实际上无外乎使用常规计算机组件来解析和比较数据"）（内部引号和引用被省略）（出处同上）（结论认为，从属权利要求4-7可能是适格的："相反地，权利要求4-7所包含的限定关于说明书中描述的可能是非传统的发明构思。权利要求4陈述了'在没有实质性冗余的情况下在归档中存储已协调的对象结构。'说明书中指出，在没有实质性冗余的情况下将对象结构存储在归档中可以提高系统的运行效率并降低存储成本；还指出，已知的资产管理系统不具有这种文档归档方式。权利要求5从属于权利要求4并进一步陈述了'选择性地编辑链接到其他结构的对象结构，从而实现多个已归档项目的一对多更改。'说明书中指出，一对多编辑实质上减少了更新文件所需的工作量，因为一次编辑可以更新与该对象结构链接的，存档中的每个文档。如地方法院所述，这一功能超过了'通过直接复制粘贴来编辑文档数据的方式'。根据说明书，传统的数字资产管理系统无法执行一对多的编辑，因为它们存储具有大量冗余元素实例的文档，而不是通过存储相链接的对象结构来消除冗余。权利要求6-7从属于权利要求5，对应包含相同的限定。这些权利要求陈述了一种特定的归档方法，根据说明书，该方法具有改善计算机功能的优点……根据说明书，至少有一个真正的涉及实质性事实的问题，即有关权利要求4-7的归档文件是否以创造性的方式改进了所公开的归档系统的以上方面"）（内部引号和引用被省略）。

❷ 这种理由可以包括，例如，解释该要素为何包含本身会引发适格性问题的主题，这些问题与最高法院在司法排除对象方面表达的那些问题类似。参见*Mayo*, 566 U.S. at 71（"被发现的自然现象、思维方法和抽象的知识概念不是专利，因为它们是科学和技术工作的基本工具"）（引用*Gottschalk v. Benson*, 409 U.S. 63, 67 (1972)）。

❸ 同样，在极少数情况下，专利行政法官小组（或小组多数成员）认为应当将一项引述了假定性抽象思维的权利要求视为引述抽象思维的权利要求时，应通过提交书面许可请求的方式提请PTAB领导层给予关注。

及非法定的重复授权。❶然而，紧凑审查程序并不要求各项可专利性要求以任何特定的顺序进行分析。

日期：2018 年 12 月 20 日

Andrei Iancu

美国商务部负责知识产权的副部长

兼美国专利商标局局长

---

❶ 参见 MPEP §2103 及后文和 §2106（Ⅲ）。

附录三 2019年10月专利适格主题指南更新

2019年10月更新：客体适格性

《2019年修订版专利客体适格性指南（2019 PEG）》于2019年1月7日公布（84 Fed. Reg. 50），并且征求了公众意见。❶ 收到许多意见，并且已经对这些意见进行了审阅。通过进一步的解释和示例，此次更新对来自公众意见的五个主要问题作出了回应。❷ 要注意的是，收到的反馈主要涉及审查程序，因此此次更新重点放在澄清针对专利审查员的实际操作。但是，所有美国专利商标局职员都需要遵守该指南。❸

在下面的说明中，针对每个问题的回应在下面给出的单独部分中解决，包括在其上的进一步说明：

（Ⅰ）评价权利要求是否记载司法排除对象；

（Ⅱ）在2019 PEG中列举的抽象思维分组；

（Ⅲ）评价司法排除对象是否融合到实际应用中；

（Ⅳ）表面上证据确凿的案例和证据对于适格性拒绝的作用；以及

（Ⅴ）2019 PEG在专利审查团队中的应用。

这里还附有三个附录。第一个附录（Appendix 1）给出了一些新的示例，这些示例例举说明了来自公众意见的主要问题。第二个附录（Appendix 2）为供2019 PEG使用的示例的综合索引，包括在2019 PEG公布之前发布的示例。第三个附录（Appendix 3）列出并说明了选自美国最高法院和美国联邦巡回上诉法院的适格性案例。

Ⅰ．在步骤2A分支1评价一项权利要求是否记载了司法排除对象

下面的说明给出了关于如何判断一项权利要求是否记载了司法排除对象的更多信息。

A．"记载"的含义

在步骤2A分支1中，2019 PEG指导审查员去评价一项权利要求是否记载了司法排除对象，即在2019 PEG的部分Ⅰ中列举的抽象思维、自然规律或自然现象。2019 PEG

---

❶ 在 https://www.uspto.gov/PatentEligibility 处可获得有关主题适格性的现行指南文件，包括2019 PEG和示例、到目前为止的所有审查员培训材料以及公众意见。

❷ 许多答复看来似乎都是来自个人遵循多种格式中的一种的套用信函。

❸ 参见 84 Fed. Reg. at 51。

没有改变"记载"该术语在 MPEG 中所使用的含义。❶ 也就是说,当在一项权利要求中"阐明"或"描述"了司法排除对象时,该权利要求就记载了司法排除对象。虽然术语"阐明"和"描述"两者因此都等同于"记载",但是不同的用语用来表示在一项权利要求中能够记载司法排除对象有两种方式。例如,在 *Diamond v. Diehr* 中的权利要求在迭代计算步骤中清楚阐述了计算公式,从而这些权利要求"阐明"了可识别的司法排除对象,但是在 *Alice Corp. v. CLS Bank* 中的权利要求"描述"了仲裁解决构思,而从未明确使用词语"仲裁"或"解决"。

因此,当要判断一项权利要求是否"记载"了司法排除对象时,审查员应当:
- 根据 2019 PEG 中规定和在此次更新的部分 II 中进一步清楚给出的抽象思维分组来评价该权利要求,以判断该权利要求是否阐明或描述了抽象思维;
- 根据在 MPEP § 2106.04(b)和(c)中的指南评价该权利要求,以判断该权利要求是否阐明或描述了自然产物,包括明显不同的特征分析;以及
- 根据在 MPEG § 2016.04(b)中的指南评价该权利要求,以判断该权利要求是否阐明或描述了自然产物之外的自然规律或自然现象。

在示例 37-43 和 45-46(抽象思维)、示例 43 和 45(自然规律)和示例 43-44(自然产物)中可以找到如何进行一项权利要求是否阐明或描述了 2019 PEG 所规定的司法排除对象的评价的具体示例。在旧版 PEG 的示例 9-18 和 28-31 中可以找到如何辨别一项权利要求是否记载了自然规律或自然现象的其他示例。

B. 在一项权利要求中记载了多个司法排除对象

要求澄清如何处理记载了多个司法排除对象的权利要求。一项权利要求可以记载一个以上的司法排除对象(抽象思维、自然规律或自然现象)。❷ 在一些权利要求中,这多个司法排除对象相互不同,如第一限定特征描述了自然规律,而在该权利要求中其他地方的第二限定特征记载了抽象思维。在这些情况下,审查员在分析这些权利要求的适格性时应当继续遵循在 MPEP § 2106.05(II)中现有的指南。❸

其他权利要求可能记载有落入在相同或不同的分组中的多个抽象思维,或者记载有多个自然规律。在这些情况下,审查员不应解析该权利要求。例如,在包括有记载了思维步骤及数学计算的一系列步骤的权利要求中,对于步骤 2A 分支 1 而言,审查员应当将该权利要求确认为既记载有思维方法又记载有数学概念,以便使得在这一步上

---

❶ 2019 PEG 取代了 MPEP § 2106.04(II)(适格性步骤 2A:权利要求是否指向司法排除对象)的以下方面,即它使得权利要求"记载"了司法排除对象与权利要求"指向"了司法排除对象等同。84 Fed. Reg. at 51. 但是,如 MPEP § 2106.04(II)中解释为"阐明"或"描述"的"记载"的含义没有被 2019 PEG 取代。

❷ 参见 *Genetic Techs. Ltd. v. Merial LLC*, 818 F. 3d 1369, 1374-75, 1379 (Fed. Cir. 2016)(用于分析 DNA 的方法权利要求既记载了连锁不平衡的自然规律也记载了检查非编码区域以检测出在编码区域中的等位基因的心智过程。

❸ 如果一项权利要求记载了落入在几个司法排除对象(如自然规律或抽象思维)下的限制特征,则审查员就足以确认所要求保护的构思(审查员相信其记载了司法排除对象的那些具体权利要求限制特征)与至少一个司法排除对象一致。参见 MPEP § 2106.04.

的分析更加清楚。但是，如果可能，审查员应当在步骤 2A 分支 2 和步骤 2B（必要时）中将这些限制特征一起考虑，而不是将多个单独的抽象思维分别分析。❶ 这在示例 45（注塑成型控制器）和示例 46（牲畜管理）中进行了例举说明。

Ⅱ. 在 2019 PEG 中列举的抽象思维分组

2019 PEG 阐明了这样一种测试，该测试提取了相关案例法来帮助审查，并且没有试图清楚说明每件判决。如在 2019 PEG 中所进一步解释的一样，专利局已经改变了判断一项权利要求是否记载了抽象思维中采用案例比较方法，而是采用了例举的抽象思维分组。❷ 这些列举的分组牢固地根植于最高法院在先判例及用来解释该在先判例的联邦巡回上诉法院判决中。通过将这些抽象思维分组，2019 PEG 将审查员的关注重点从依赖单独案例改变为总体应用跨越所有技术和权利要求类型的案例法广义主体。总之，2019 PEG 将各种法院判决的裁定意见整合在一起以便于审查。

还需要有关识别在 2019 PEG 中列举的抽象思维及其与司法判决的关系的其他指南规定。2019 PEG 指导审查员参照在 2019 PEG 的部分 I 中列举的抽象思维分组（数学概念、组织人类活动的某些方法及思考过程），以便识别出抽象思维。❸ 这些分组并不相互排斥，即一些权利要求可以记载落入在 2019 PEG 中例举的一个以上思维分组或子分组内的限制特征。例如，记载有采用实际上在人脑中执行的公式进行数学计算的权利要求可以被认为落入数学概念分组和思考过程分组范围内。审查员应该识别出至少一个抽象思维分组，但是优选尽可能识别出所有分组，如果确定权利要求限制特征落入多个分组范围内，并且采用在步骤 2A 分支 2 中的分析方法进行分析。这如在示例 45 中的例举说明（注射模塑控制器）。根据 2019 PEG 的规定，如果审查员拿到其权利要求限制特征没有清楚落入所列举的抽象思维分组内的申请，但是审查员根据最高法院或联邦巡回上诉法院判决确定应该将该权利要求限制特征当作记载了抽象思维，则如下面在部分 I. D. 中所述的一样，审查员应该就该申请知会其技术中心（TC）主管。❹ 下面的说明旨在给出有关所列举的抽象思维分组的更多信息。

A. 数学概念

2019 PEG 将"数学概念"定义为数学关系式、数学公式或等式及数学计算。需要清楚了解"数学概念"分组的范围，尤其是需要给出每种数学概念的示例。

建议专利局在作出适格性判断时应当在权利要求中所记载的数学类型之间进行区分。在认真考虑之后，当前的"数学概念"分组将被保留，因为它符合案例法。法院倾向于在评价权利要求适格性是在权利要求中所记载的各个数学类型之间进行区分。

---

❶ 参见 MPEP § 2106.04（Ⅱ）。
❷ 84 Fed. Reg. at 51 – 52.
❸ 84 Fed. Reg. at 54.
❹ 84 Fed. Reg. at 56 – 57.

例如，在 Parker v. Flook 中，法院发现权利要求记载了数学公式。[1] 该判断没有基于该数学公式是用来解决工程问题这个事实而改变（在催化转化过程期间更新报警限制）。

在判断一项权利要求是否记载了数学概念（数学关联性、数学公式或等式以及数学计算方法）时，审查员应当考虑该权利要求是否记载了数学概念或者仅仅包括基于或涉及数学概念的限制特征。如果限制特征只是基于或涉及数学概念，则权利要求并未记载数学概念（这些权利要求限制特征没有落入数学概念分组范围内）。[2] 例如，仅仅基于或涉及在说明书中所描述的数学概念的限制特征并不足以落入该分组中，只要该数学概念本身没有记载在该权利要求中。[3]

示例 41（密码通信）、示例 43（治疗肾病）及示例 45（注塑成型控制器）为伴随着 2019 PEG 或在它之后发布的记载数学概念的权利要求的具体示例。

1. "数学关联性"

数学关联性为各个变量或数字之间的关系。数学关联性可以用文字或者数学符号表示。例如，压力可以描述为正向力（F）与受力面积之间的比值，或者它可以采用等式如 $p = F/A$ 的形式阐明。

在权利要求中记载有数学关联性的示例包括：

• 反应速度与温度之间的关系，该关系可以采用所谓 Arrhenius 等式的形式表示，Diamond v. Diehr；[4]

• 二进制编码的十进制数字和纯二进制数字之间的转换，Gottschalk v. Benson；[5] 以及

• 在增强定向无线电活性和天线导体布置之间的数学关联性（导体相对于工作波长的长度及在各个导体之间的角度），Mackay Radio & Tel. Co. v. Radio Corp. of Am。[6]

2. 数学公式或等式

记载有数字公式或等式的权利要求将被认为落入"数学概念"分组范围内。另外，还存在公式或等式以文本的格式书写的情况，这些情况也应当被认为落入该分组范围内。例如，短语"确定 A 与 B 的比值"仅仅是特定等式（比值 $= A/B$）的文本代替形

---

[1] 437 U.S. 584, 585 (1978)（B1 = B0 (1.0 − F) + PVL (F)）。

[2] 参见 Thales Visionix Inc. v. United States，850 F. 3d 1343, 1348 − 49 (Fed. Cir. 2017)（确定惯性传感器的特殊结构和采用来自传感器的原始数据来更加精确地计算物体在运动平台上的位置和取向的权利要求并不仅仅记载"采用数学等式来确定运动物体相对于运动参考框架的相对位置的抽象思维"）。

[3] 参见示例 38（模仿模拟音频混合器）及示例 39（训练神经网络进行面部识别的方法）。

[4] 450 U.S. 175, 177 n.2, 179 n.5, 191 − 92 (1981) ($\ln v = CZ + x$)。

[5] 409 U.S. 63, 65 (1972)（将二进制编码的十进制数字和纯二进制数字之间的转换描述为"将一种形式的数字表达形式转换为另一种的数学问题"）。

[6] 306 U.S. 86, 91 (1939)。在 Mackay Radio 中，虽然美国专利 1974387 的诉争权利要求采用描述了在导体之间的角度的公式（$50.9 (l/\text{lambda} < -0.513 >$）来表达这种数学关系，但是在该专利中的其他权利要求（如权利要求 1）按照其他方式表达了该数学关系。同样参见 Digitech Image Techs., LLC v. Electronics for Imaging, Inc., 758 F. 3d 1344, 1350 (Fed. Cir. 2014)。在 Digitech 中，所争议的权利要求即权利要求 10 − 15 记载了通过获取现有信息、采用数学公式处理该数据并且将该信息组织成新的形式来生成第一和第二数据。法院的解释是，这些权利要求描述了通过数学相互关系组织信息和处理信息的方法，这被认为是数学关联性。

式。另外，短语"通过将其质量乘以其加速度来计算对象的力"为特定公式（$F = ma$）的文本代替形式。

在权利要求中记载数学公式或等式的示例包括：

- Arrhenius 等式，*Diamond v. Diehr*；❶
- 计算警报限制的公式，*Parker v. Flook*；❷ 以及
- 用于套利交易的数学公式（权利要求 4），*Bilski v. Kappos*。❸

3. "数学计算"

记载有数学计算的权利要求将被认为是落入"数学概念"分组范围内。数学计算为数学操作（如乘法）或者采用数学方法计算以确定变量或数值的动作，如进行算法操作如取幂。没有任何特定的文字或词组来表示权利要求记载有数学计算。也就是说，被认为是数学计算，权利要求不必记载有文字"计算"。例如，当根据说明书对权利要求作出的最宽泛合理解释涵盖了数学计算，则采用数学方法"确定"变量或数值或"执行"数学操作的步骤也可以被认为是数学计算。

在权利要求中记载有数学计算的示例包括：

- 执行重新采样统计分析以生成重新采样分布，*SAP Am., Inc. v. InvestPic, LLC*；❹
- 采用数学公式"$B_1 = B_0(1.0 - F) + PVL(F)$"来计算代表警报限制值的数值，*Parker v. Flook*；❺ 以及
- 采用公式将几何空间坐标转变为自然数，*Burnett v. Panasonic Corp*。❻

B. 组织人类活动的特定方法

要求清楚了解"组织人类活动的特定方法"分组的范围。具体地说，需要给出基本的经济原理或实践、商业或法律互动及管理个人行为或人与人之间关系或互动的示例。

术语"特定"将"组织人类活动的特定方法"分组限定为几个重要方面的其余部分。首先，并非所有组织人类活动的方法都是抽象思维（例如，"用于组合特定成分以

---

❶ 参见 note 14，*supra*。

❷ 参见 note 11，*supra*。

❸ 561 U. S. 593，599（2010）（固定票据价格 = $F_i + [(C_i + T_i + LD_i) \times (\alpha + \beta E(W_i))]$）。同样参见 MPEP § 2106.04（a）（2）（Ⅳ）（A），数学等式或公式的其他示例。

❹ 898 F. 3d 1161，1163 – 65（Fed. Cir. 2018），修改 *SAP Am., Inc. v. InvestPic, LLC*，890 F. 3d 1016（Fed. Cir. 2018）。在 *SAP* 中法院将这些权利要求的特征限定为指向"选择特定信息，采用数学技术对其进行分析并且报告或显示出分析结果"的抽象思维，898 F. 3d at 1167。虽然在 2019 PEG 中没有列举任何涵盖数据分析和显示本身的分组，但是包含这种类型限制特征的权利要求仍然可能记载根据 2019 PEG 规定的抽象思维。例如，在 *SAP* 中的权利要求可以被认为落入数学概念分组或组织人类活动的特定方法分组范围内。*Id.* at 1163 & 1168（引证删除）（将这些权利要求描述为"基于所选择的信息的一系列数学计算及在可能性分布函数中表达那些计算结果"或者"具有投资字符"的信息，即"简单地援引在 *Alice* 案以及我们的许多案件中所涉及的单独类别的抽象思维——在基本经济实践中所涉及的创立和处理法律契约如合同"）。

❺ 参见 note 11，*supra*。

❻ 741 F. App'x 777，780（Fed. Cir. 2018）（非优先的）。同样参见 MPEP § 2106.04（a）（2）（Ⅳ）（B），数学计算的其他示例。

形成药物制剂的一组步骤"不属于"组织人类活动的特定方法")。❶ 其次，该分组限于基本经济原理或惯例、商业或法律交互、管理个人行为及人与人之间的关系或互动这些活动，而不会扩展到这些列举的子分组之外，除非在在 2019 PEG 的部分 III（C）中所解释的一些罕见情形。最后，这些子分组涵盖了单个人的活动（例如，遵循一组指令的人或者在先签订合约的人），因此在人和计算机之间的特定活动（例如，人使用手机进行的匿名借贷购物方法）也会落入"组织人类活动的特定方法"分组范围内。相反，应当基于该活动自身是否落入其中一个子分组范围内来进行判断。

1. "基本的经济原理或实践"

根据 2019 PEG 的规定，描述了与经济和商业相关的客体的"基本的经济原理或实践"被认为是"组织人类活动的特定方法"。根据 2019 PEG 的规定，"基本的经济原理或实践"包括对冲、保险和减轻风险。术语"基本的"不一定采用"旧的"或"公知的"含义❷，但是旧的或公知的可以表示该实践是"基本的"。❸

MPEP § 2106.04（a）(2)(1) 给出了"基本的经济原理或实践"的示例。在该 MPEP 部分中没有讨论的"基本的经济原理或实践"的其他示例包括：

- 对远程购买的物品的支付的当地处理，*Inventor Holdings, LLC v. Bed Bath & Beyond, Inc.*；❹
- 使用贴在邮件外表面上的标记来告知有关该邮件的信息，如发件人、收件人和邮件的内容物，*Secured Mail Solutions LLC v. Universal Wilde, Inc.*；❺ 以及
- 基于所显示的市场信息下订单，*Trading Technologies Int'l, Inc. v. IBG LLC*。❻

2. "商业或法律互动"

根据 2019 PEG 的规定，"商业互动"或"法律互动"包括与订立合约、法律业务广告、市场营销或销售行为及商业关系相关的客体。

商业或法律互动为订立合约的客体示例包括：

---

❶ 参见 *Inve Marco Guldenaar Holding B. V.*，911 F. 3d 1157，1160–61（Fed. Cir. 2018）。

❷ 参见 *Inve Smith*，815 F. 3d 816，818–19（Fed. Cir. 2016）（将进行赌博游戏的一组新规则描述为"基本经济实践"）；*OIP Techs. , Inc. v. Amazon.com, Inc.*，788 F. 3d 1359，1364（Fed. Cir. 2015）（价格优化的新方法被认定为基本经济概念）；*Inve Greenstein*，774 F. App'x 661，664（Fed. Cir. 2019）（非优先的）（在投资资金中给不同的投资者分配收益的新方法的权利要求为基本经济概念）。

❸ 参见 *Alice Corp. Pty. Ltd. v. CLS Bank Int'l*，573 U. S. 208，219–20（2014）（将仲裁解决构思如在 *Bilski* 案中的风险对冲描述为"在我们的商业系统中长期存在的基本经济概念"，并且将它描述为"现代经济的积木"）（引证删除）；*Bilski v. Kappos*，561 U. S. 593，611（2010）（对冲原理的权利要求为"在我们的商业体系中长期存在并且在任何入门级金融课上所教授的基本经济实践"）（引证删除）；*Intellectual Ventures I LLC v. Symantec Corp.*，838 F. 3d 1307，1313（2016）（"抽象思维的类别涵盖'在我们的商业系统中长期存在的基本经济实践'……包括'一直存在的商业实践'"）。

❹ 876 F. 3d 1372，1378–79（Fed. Cir. 2017）。

❺ 873 F. 3d 905，911（Fed. Cir. 2017）。在 *Secured Mail* 案中的法院将这些权利要求的特征限定为指向"使用贴在邮件外表面上的标记来告知有关邮件的信息"，873 F. 3d at 911。虽然在 2019 PEG 中没有任何列举的分组涵盖了追踪或组织信息本身，但是包含这种类型的限制特征的权利要求仍然可能记载了 2019 PEG 所规定的抽象思维。例如，在 *Secured Mail* 案中的权利要求被认为作为基本经济实践落入组织人类活动的特定方法分组范围内。

❻ 921 F. 3d 1084，1092（Fed. Cir. 2019）。

- 作为合同关系的交易履行担保，*buySAFE, Inc. v. Google, Inc.*；❶ 以及
- 处理依据保险单（订立合约）对已承保损失或保险单事件的保险权利要求，*Accenture Global Services GmbH v. Guidewire Software, Inc.*。❷

商业或法律交易为法律义务的客体示例包括：

- 房地产免税交换，其中交换是法律义务，*Fort Properties, Inc. v. American Master Lease LLC*；❸ 以及
- 仲裁（通过仲裁人来解决双方法律纠纷），*In re Comiskey*。❹

商业或法律交易为广告、营销、销售活动或行为的客体示例包括：

- 采用广告作为交换或流通，*Ultramercial, Inc. v. Hulu, LLC*；❺
- 基于订单的价格优化，这属于营销，*OIP Techs., Inc. v. Amazon.com, Inc.*；❻ 以及
- 构建营销团队或公司，这属于营销或销售活动或行为，*In re Ferguson*。❼

商业或法律交易为商业关系的客体示例包括：

- 处理客户和经销商之间的信用申请，其中商业关系为客户和经销商之间在购车期间的关系，*Credit Acceptance Corp. v. Westlake Services*；❽ 以及
- 通过票据交换所处理信息，其中商业关系为在处理信用申请时提交信用申请的一方（如汽车经销商）和资金来源（如银行）之间的关系，*Dealertrack v. Huber*。❾

对于商业或法律交易的其他讨论和示例，请参见 MPEP § 2106.04（a）（2）（Ⅱ）（A）-（B）。

3. "管理个人行为或人与人之间的关系或交易"

根据 2019 PEG 的规定，"管理个人行为或人与人之间的关系或交易"包括社会活动、教学及下面的规则或指令。这些子分组的示例包括以下客体，例如：

- 玩骰子游戏的一组规则，*In re Marco Guldenaar Holding B. V.*；❿
- 投票、核查投票以及提交投票以制表，*Voter Verified, Inc. v. Election Systems & Software LLC*；⓫
- 分配发型设计以均衡头部形状，*In re Brown*；⓬ 以及

---

❶ 765 F. 3d 1350, 1355（Fed. Cir. 2014）.
❷ 728 F. 3d 1336, 1338 – 39（Fed. Cir. 2013）.
❸ 671 F. 3d 1317, 1322（Fed. Cir. 2012）.
❹ 554 F. 3d 967, 981（Fed. Cir. 2009）.
❺ 772 F. 3d 709, 714 – 15（Fed. Cir. 2014）.
❻ 788 F. 3d 1359, 1362 – 63（Fed. Cir. 2015）.
❼ 558 F. 3d 1359, 1361（Fed. Cir. 2009）.
❽ 859 F. 3d 1044, 1054（Fed. Cir. 2017）.
❾ 674 F. 3d 1315, 1331（Fed. Cir. 2012）.
❿ 911 F. 3d 1157, 1161（Fed. Cir. 2018）.
⓫ 887 F. 3d 1376（Fed. Cir. 2018）.
⓬ 645 F. App'x 1014, 1015 – 16（Fed. Cir. 2016）（非优先的）.

- 如何对冲风险的一系列指令，*Bilski v. Kappos*。❶

对于与管理人类活动相关的其他示例，请参见 MPEP § 2106.04（a）（2）（Ⅱ）（C）。

C. 心智过程

根据 2019 PEG 的规定，"心智过程"分组被定义为在人脑中执行的概念，并且心智过程的示例包括观察、评估、判断和选择。因为产品权利要求和方法权利要求都可能记载"心智过程"，所以"心智过程"应被理解为是指抽象思维的类型，而不是权利要求的法定类别。❷ 还需要有关审查员如何评价一项权利要求是否记载了心智过程的附加信息。因此，下面的说明内容旨在指导审查员，并且提供有关如何判断一项权利要求是否记载了心智过程的更多信息。审查员在进行该评价时应当牢记以下几点。

1. 具有实际上不能在人脑中执行的限制特征的权利要求没有记载心智过程

权利要求在没有包含实际上能够在人脑中执行的限制特征时，如在人脑没有经过训练以执行这些权利要求限制特征时并没有记载心智过程。❸ 由于实际上不能在人脑中执行而没有记载心智过程的权利要求示例包括：

- 用于计算 GPS 接收器的绝对位置和接收卫星信号的绝对时间的方法的权利要求，其中所要求保护的 GPS 接收器计算伪距离，估算出从 GPS 接收器到多个卫星的距离，*SiRF Technology, Inc. v. International Trade Commission*；❹
- 通过使用网络监视器并且分析网络数据包来检测可疑活动的权利要求，*SRI Int'l, Inc. v. Cisco Systems, Inc.*；❺
- 用于涉及多步骤数据操作的计算机通信的特定数据加密方法的权利要求，*Synopsys, Inc. v. Mentor Graphics Corp.*（与在 *TQP Development, LLC v. Intuit Inc.* 中的权利要求不同）；❻ 以及
- 通过一个像素一个像素地将数字图像与蓝噪掩膜进行对比来提供数字图像的半色调图像的权利要求，其中该方法要求操作计算机数据结构（例如，数字图像的像素

---

❶ 561 U. S. 593, 595 (2010)。

❷ 例如 84 Fed. Reg. 52 n. 14，引证了以下案例，其中法院将产品权利要求确认为记载"心智过程"类抽象思维：*Intellectual Ventures I LLC v. Symantec Corp.*, 838 F. 3d 1307 (Fed. Cir. 2016)（"邮局"的产品权利要求）；*Mortgage Grader, Inc. v. First Choice Loan Servs. Inc.*, 811 F. 3d 1314 (Fed. Cir. 2016)（计算机系统的产品权利要求）；*Versata Dev. Grp. v. SAP Am., Inc.*, 793 F. 3d 1306 (Fed. Cir. 2015)（计算机系统和计算机可读介质的产品权利要求）；*CyberSource Corp. v. Retail Decisions, Inc.*, 654 F. 3d 1366 (Fed. Cir. 2011)（计算机可读介质的产品权利要求）。

❸ 参见 84 Fed. Reg. at 52 n. 14。同样参见 *SRI Int'l, Inc. v. Cisco Sys., Inc.*, 930 F. 3d 1295, 1304 (Fed. Cir. 2019)；*CyberSource Corp. v. Retail Decisions, Inc.*, 654 F. 3d 1366, 1375, 1376 (Fed. Cir. 2011)（说明了在 *Research Corp. Techs., Inc. v. Microsoft Corp.*, 627 F. 3d 859 (Fed. Cir. 2010) 以及 *SiRF Tech., Inc. v. Int'l Trade Comm'n*, 601 F. 3d 1319 (Fed. Cir. 2010) 中的权利要求指向了"作为实践事务不能完全在人脑中执行"的发明）。

❹ 601 F. 3d 1319, 1331–33 (Fed. Cir. 2010)。

❺ 930 F. 3d 1295, 1304 (Fed. Cir. 2019)。

❻ 839 F. 3d 1138, 1148 (Fed. Cir. 2016)（区分了 *TQP Development, LLC v. Intuit Inc.*, 2014 WL 651935 (E. D. Tex. Feb. 19, 2014)）。

以及被称为掩膜的二维阵列）并且输出改进的计算机数据结构（半色调图像），*Research Corp. Techs. v. Microsoft Corp*。❶

示例 37（图标在图形用户界面上的重新定位——权利要求 2）、示例 38（模仿模拟音频混合器）及示例 39（训练神经网络进行面部识别的方法）为伴随着 2019 PEG 或在它之后发布的记载心智活动的权利要求的具体示例。

相反，权利要求如果包含实际上能够在人脑中执行的限制特征则记载了心智过程，包括如观察、评估、判断和选择。记载了心智过程的权利要求示例包括：

- "收集信息进行分析并且显示出收集和分析的特定结果"的权利要求，其中数据分析步骤以高度概括的方式记载，从而这些步骤实际上不能在人脑中执行，*Electric Power Group*，*LLC v. Alstom*，*S. A.*；❷
- "比较 BRCA 序列并且确定变化存在"的权利要求，其中权利要求涵盖了任何比较 BRCA 序列的方式，从而这些比较步骤实际上能够在人脑中执行，*University of Utah Research Foundation v. Ambry Genetics Corp.*；❸
- 收集和比较已知信息的权利要求（权利要求 1），这些为实际上能够在人脑中执行的步骤，*Classen Immunotherapies*，*Inc. v. Biogen IDEC*；❹ 以及
- 识别头部形状和应用发型设计的权利要求，这是实际上能够在人脑中执行的过程，*In re Brown*。❺

示例 37（图标在图形用户界面上的重新定位——权利要求 1 和 3）、示例 40（自适应监测网络流量数据）、示例 43（治疗肾病）、示例 45（注塑成型控制器）及示例 46（牲畜管理）为伴随着 2019 PEG 或在它之后发布的记载心智活动的权利要求的具体示例。

2. 需要计算机的权利要求仍会记载心智过程

权利要求即使在被要求保护为在计算机上执行的情况下也会记载心智过程。❻ 曾经有建议，审查员应当判断权利要求在给出其最宽泛合理解释的情况下即使在该权利要求全部都在人脑中执行时才是记载了心智活动。在认真考虑之后，该建议将不被采纳，并且在 2019 PEG 中的当前"心智过程"分组将保留，因为它与当前的案例法一致。法院已经发现，需要通用计算机或名义上记载了通用计算机的权利要求即使权利要求限制特征没有完全在人脑中执行也仍然会记载心智过程。❼

---

❶ 627 F. 3d 859，868（Fed. Cir. 2010）。
❷ 830 F. 3d 1350，1356（Fed. Cir. 2016）。
❸ 774 F. 3d 755，763（Fed. Cir. 2014）。
❹ 659 F. 3d 1057，1067（Fed. Cir. 2011）。
❺ 645 F. App'x 1014，1016 – 17（Fed. Cir. 2016）（非优先的）。
❻ 最高法院在 *Gottschalk v. Benson* 案中确认了这一点，409 U. S. 63（1972），判定用于在计算机的移位寄存器内将二进制编码十进制数字转换为纯二进制数字的数学算法为不可专利主题。法院的结论是，即使所要求保护的程序"能够在现有长期使用的计算机中进行，而无需任何新的机器"，该算法也能够采用心智的方式进行（*Id* at 67）。
❼ 84 Fed. Reg. at 52 n. 14.

在评价需要通用计算机的权利要求是否记载了心智过程中，审查员应当仔细考虑根据说明书对权利要求进行最宽泛合理解释。例如，审查员应当结合说明书来判断下面所要求保护的发明是否被描述为在人脑中执行的构思并且申请人是否仅仅要求保护1）在通用计算机上执行的构思、2）在计算机环境下执行的构思或者3）仅仅采用计算机作为工具来执行该构思。在这些情况下，该权利要求被认为记载了心智过程。例如，在 Voter Verified, Inc. v. Election Systems & Software LLC 中，联邦巡回上诉法院依靠说明书来解释，尽管事实上在权利要求中的这些步骤是在计算机上执行的，所要求保护的投票、验证投票和提交投票以制表的步骤为人类认知动作，这些动作已经执行了上千年。❶

另外，审查员应当牢记，产品权利要求（如计算机系统、计算机可读介质等）和方法权利要求两者都会记载心智过程。❷ 例如，在 Mortgage Grader, Inc. v. First Choice Loan Servs., Inc. 中，专利权人要求保护了一种计算机实施的系统和用于使得购买者匿名购买由出借人提供的贷款包的方法，包括存储有来自出借人的贷款数据包数据的数据库，以及提供界面和升级模块的计算机系统。联邦巡回上诉法院认定用于"匿名借贷购物"的计算机实施的系统和方法为抽象思维，因为它可以"由人类执行而无需计算机"。❸

3. 涵盖人类借助笔和纸利用心智执行步骤的权利要求记载了心智过程

如果权利要求记载了实际上能够在人脑中执行的限制特征，则该限制特征落入心智过程分组，并且该权利要求记载了抽象思维。❹ 使用物理手段（纸和笔）来帮助执行心智步骤（如数学计算）并不会否定该限制特征的心智特性。❺ 例如，示例（注塑成型控制器）例举说明了涵盖了人类借助物理手段执行步骤的权利要求如何记载了心智过程。CyberSource Corp. v. Retail Decisions, Inc. 提供了另一个示例。在该情况下，法院认定所要求保护的"构建信用卡号码地图"的步骤能够通过"写下从特定 IP 地址完成的信用卡交易列表"来执行。在作出这样的认定时，法院查看了说明书，说明书披露了所要求保护的地图只不过是几次（如四次）信用卡交易列表。法院认定该步骤能够

---

❶ 参见 887 F. 3d 1376, 1385（Fed. Cir. 2018），同样参见 Intellectual Ventures I LLC v. Symantec Corp., 838 F. 3d 1307, 1316–18（Fed. Cir. 2016）（依靠说明书，联邦巡回上诉法院如此解释，记载有描述了该系统在计算机网络上如何接收、筛选和分发电子邮件的限制特征的所要求保护的权利要求类似于人们如何决定是否读取或删除特定的邮件，并且"除了通用计算机实施的步骤之外，在权利要求自身中没有任何限制特征会妨碍它们由人类以心智的方式或采用纸和笔来执行"）。

❷ 例如 Electric Power Group, LLC v. Alstom S. A., 830 F. 3d 1350, 1356（Fed. Cir. 2016）; FairWarning IP, LLC v. Iatric Sys., Inc., 839 F. 3d 1089, 1095（Fed. Cir. 2016）; Mortgage Grader, Inc. v. First Choice Loan Servs. Inc., 811 F. 3d. 1314, 1318, 1324（Fed. Cir. 2016）; Intellectual Ventures I LLC v. Symantec Corp., 838 F. 3d 1307, 1314–15（Fed. Cir. 2016）; Versata Dev. Group Inc. v. SAP America, Inc., 793 F. 3d 1306（Fed. Cir. 2015）; Content Extraction and Transmission LLC v. Wells Fargo Bank, 776 F. 3d 1343, 1345, 1347（Fed. Cir. 2014）。

❸ 811 F. 3d. 1314, 1318, 1324（Fed. Cir. 2016）。

❹ 参见 Synopsys, Inc. v. Mentor Graphics Corp., 839 F. 3d 1138, 1149（Fed. Cir. 2016）; CyberSource Corp. v. Retail Decisions, Inc., 654 F. 3d 1366, 1372–73（Fed. Cir. 2011）。

❺ 使用纸和笔来帮助执行心智步骤仅仅是由于不同人的记忆能力的不同而导致的，并且不应当用来扩展心智过程分组的范围。

用纸和笔利用心智来执行,因此认定为心智过程。❶ 虽然针对"能够在人脑中执行或者由人使用纸和笔执行"的方法的权利要求限制特征属于心智过程,但是"实际上并未完全在人脑中执行"(即使在借助了纸和笔的情况下)的权利要求限制特征并不属于心智过程。❷

D. 试验性质的抽象思维程序

2019 PEG 给出了用于操作试验性质的抽象思维的程序。需要清楚了解该程序(例如,专利局在采用该程序的情况下是否要通知公众,是否允许与 TC 主管会见),并且已经收到针对该程序改进的建议。下面的说明内容给出了有关该程序的其他澄清说明。

TC 主管将批准任何采用在 2019 PEG 中的这个程序对包含试验性质的抽象思维的权利要求作出客体适格性拒绝。下一步的审查意见将借助表格段落 7.05.017 确认权利要求涉及前面未列举的抽象思维,并且包括 TC 主管的签名。在签名之前,TC 主管将通知专利管理部门已经采用了该程序。一旦这种审查意见发出,公众将在如 USP-TO.GOV/PatentEligibility 上知道。

针对基于没有要求保护可专利客体的理由作出的拒绝,可以与审查员进行会晤,这有助于加快审查进程并且识别出可专利客体。❸ 对于其中已经采用实验性质的抽象思维程序识别出抽象思维的申请而言,不必与给出批准的 TC 主管进行会晤,因为审查员保留了根据申请人答复而撤回或保持拒绝的权利。审查员需要获得 TC 主管的批准以撤回或保持这种§101 客体适格性拒绝。

III. 在步骤 2A 分支 2 处评价司法排除对象是否整合到实际应用中

A. 整合到实际应用中

根据 2019 PEG,现在采用两小步询问来评价在步骤 2A 中权利要求是否"指向"司法排除对象的问题。在此次更新的部分 I 中所述的分支 1,询问权利要求是否"记载"了抽象思维、自然规律或自然现象。在权利要求中仅仅包含司法排除对象如数学公式(作为在 PEG 的部分中被认定为抽象思维的其中一种数学概念),意味着该权利要求"记载"了司法排除对象。但是,仅仅记载了司法排除对象并不意味着在步骤 2A 分支 2 下该权利要求"指向"那个司法排除对象。相反,在分支 2 下,如果权利要求整体上"将所记载的司法排除对象整合到该排除对象的实际应用中",则记载了司法排

---

❶ 参见 654 F. 3d 1366,1372 – 73(Fed. Cir. 2011),同样参见 *Synopsys,Inc. v. Mentor Graphics Corp.*,839 F. 3d 1138,1149(Fed. Cir. 2016)(援引 *TQP Development,LLC v. Intuit Inc.*,2014 WL 651935(E. D. Tex. Feb. 19, 2014))(特定数据加密方法"可以想象得到不能在人脑中执行或者用纸和笔执行")。

❷ *CyberSource Corp. v. Retail Decisions,Inc.*,654 F. 3d 1366,1372,1375 – 76(Fed. Cir. 2011)(将 *Research Corp. Techs. v. Microsoft Corp.*,627 F. 3d 859(Fed. Cir. 2010)于 *SiRF Tech.,Inc. v. Int1 Trade Comm'n*,601 F. 3d 1319(Fed. Cir. 2010)区分开)。

❸ 参见 MPEP §713。

除对象的权利要求不会指向那个司法排除对象。❶ 分支 2 因此区分了"指向"所记载的司法排除对象和没有"指向"所记载的司法排除对象。

因为 2019 PEG 没有改变整体客体适格性分析,所以对在 MPEP § 2106（Ⅲ）中的现有适格性流程图没有作出任何改变,该流程图在图 1 中给出。

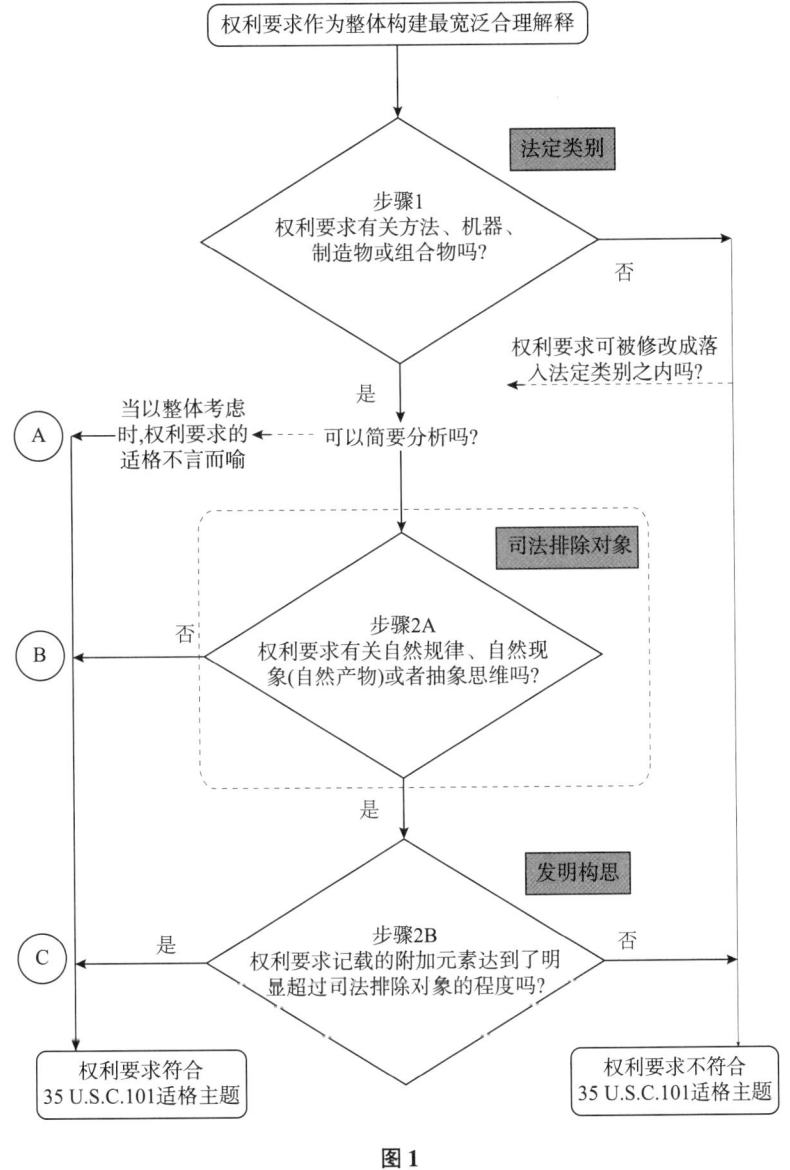

图 1

相反,创建了新的小流程图,用来描绘两小步分析法,现在用来回答步骤 2A 的询问。在 USPTO 关于 2019 PEG 的培训中所采用的这个小流程图也在图 2 中给出。这两幅

---

❶ 84 Fed. Reg. at 53.

图论证了由 2019 PEG 创建的修订版步骤 2A 分析如何适用于在 MPEP 中提出的整体适格性分析。如图 2 所示以及在 2019 PEG 中的部分Ⅲ中所述的一样，现在记载了司法排除对象的权利要求在修订的步骤 2A 处是符合条件的，除非排除对象没有整合到该排除对象的实际应用中。❶

如在 2019 PEG 中所解释的一样，分支 2 的评价需要采用最高法院所确认的考虑因素（例如，改进技术、进行特定处理或预防、用特定机器实施等），以确保该权利要求整体上"将司法排除对象整合到在该司法排除对象上的有意义限制条件中，从而该权利要求只不过是设计用来独占该司法排除对象的起草工作"。❷ 在 2019 PEG 中给出了这些考虑因素，见 MPEP §2106.05（a）~（c）以及 MPEP §2106.05（e）~（h）。要注意的是，权利要求限制特征的特异性涉及评价包括使用特定机器、特定转换及这些限制特征是否仅仅是用来应用排除对象的指令在内的几个考虑因素。❸ 如果基于对这些考虑因素的评估该权利要求将该司法排除对象整合到实际应用中，则这些额外的限制特征在司法排除对象上施加了有意义的限制，并且该权利要求在步骤 2A 处是合格的。

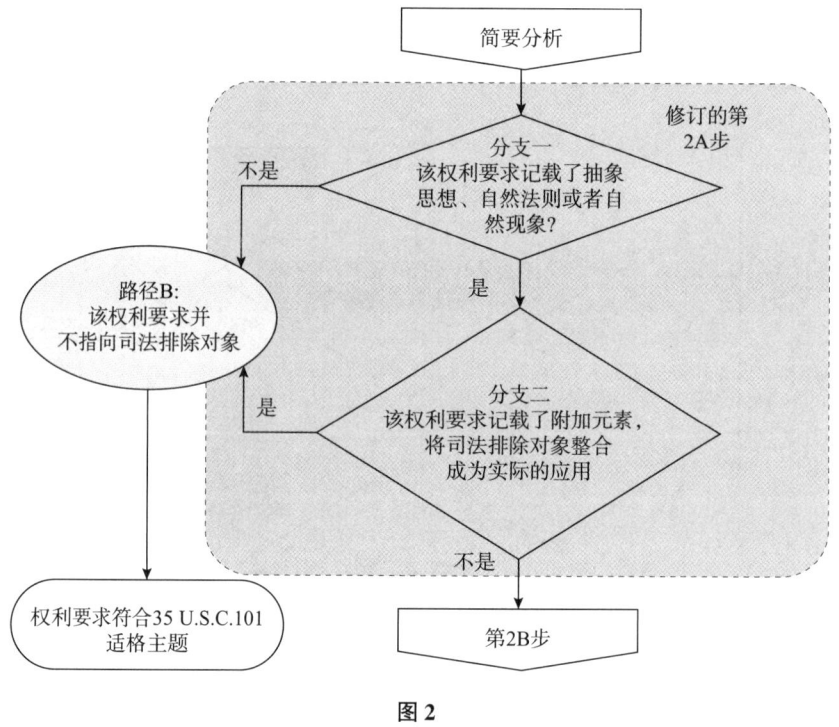

图 2

例如，如果这些额外的限制条件反映出在计算机的功能方面的改进或对于另一个技术或技术领域的改进，则该权利要求将该司法排除对象整合到实际应用中，并且在

---

❶ 84 Fed. Reg. at 54.
❷ 84 Fed. Reg. at 53.
❸ MPEP §2106.05（b）、§2106.05（c）、§2106.05（f）.

该司法排除对象上施加了有意义的限制。该权利要求在步骤2A处是合格的。例如，在 *SRI International, Inc. v. Cisco Systems, Inc.* 中，法院判定记载了使用多个网络监视器来分析特定网络流量数据并且将从这些监视器中生成的报告整合以识别出在网络上的黑客及入侵者的权利要求构成了在计算机网络技术方面的改进。❶ 由于该权利要求改进了技术，则该权利要求在任何所记载的司法排除对象上施加了有意义的限制，并且该权利要求至少在步骤2A分支二处符合2019 PEG的规定。相反，不是所有记载了计算机部件的权利要求如要基于那些考虑因素将司法排除对象整合到实际应用中。在 *Alice Corp. Pty. Ltd. v. CLS Bank Int'l* 中，最高法院判定权利要求限制特征"数据处理系统""通信控制器"以及"数据存储单元"为通用计算机部件，仅仅相当于在计算机上实施抽象思维的指令。❷ 这些限制特征不足以证明将司法排除对象整合到实际应用中，并且因此必须到步骤2B对权利要求进行分析。

如在2019 PEG中还说明的一样，分支2分析将权利要求作为整体考虑。也就是说，包含司法排除对象的限制特征及在该权利要求中在司法排除对象之外的其他要素需要一起进行评价，以判断该权利要求是否将司法排除对象整合到实际应用中。其他限制特征不应该与所记载的司法排除对象完全隔绝开来进行评价。相反，在评价司法排除对象是否整合到实际应用中时，应当考虑所有的权利要求限制特征及这些限制特征如何相互作用和影响来进行分析。例如，在 *Bascom Global Internet Servs., Inc. v. AT&T Mobility LLC* 案中，法院判定权利要求记载了"过滤"的抽象思维。❸ 但是，判定所要求保护的发明改进了技术，因为过滤工具安装在远离终端用户的特定位置处，并且针对每个终端用户采用专门的可定制过滤特征，这将过滤器的优点应用在本地计算机上，也应用在ISP服务器上。❹ 在判断所要求保护的发明是否改进了技术时，法院将过滤限制特征与其他限制特征结合来考虑。

B. 在计算机功能上的改进或者对其他技术或技术领域的改进

在判断权利要求整体上是否将司法排除对象整合到实际应用中时评价的重要考虑因素是所要求保护的发明是否改进了计算机的功能或其他技术。法院对于这个考虑因素没有提供明确的测试方法。但是，MPEP§2106.04（a）和 MPEP§2106.05（a）提供了如何进行该分析的详细说明。简要地说，首先应当评价说明书以判断说明书公开内容是否提供了足够的细节，从而本领域普通技术人员将认识到所要求保护的发明作出了改进。说明书不必明确阐明该改进点，但是它必须如此描述本发明，从而该改进点对于本领域技术人员而言是清楚的。相反，如果说明书明确阐明了改进点但是采用了总结的方式（仅仅断言了改进点，而没有给出对于本领域普通技术人员清楚了解而言所必要的细节），审查员不应判定该权利要求改进了技术。其次，如果说明书阐明了

---

❶ 930 F. 3d 1295, 1303（Fed. Cir. 2019）.
❷ 573 U. S. 208, 226（2014）.
❸ 827 F. 3d 1341, 1348（Fed. Cir. 2016）.
❹ 827 F. 3d 1341, 1350（Fed. Cir. 2016）.

技术上的改进，则权利要求必须进行评价以确保该权利要求本身反映出所披露的改进点。也就是说，该权利要求包括本发明提供在说明书中所述的改进点的组成部分或步骤。权利要求本身不必明确记载在说明书中的改进点（例如，"由此提高的信道带宽"）。

根据 2019 PEG 进行的改进点分析在一些方面与在先的指南不同。根据在先的指南，在步骤 2A 和 2B 两个步骤处，改进点分析考虑了所要求保护的发明是否在一般技术上作出了改进。❶ 相反，根据 2019 PEG 的规定，在步骤 2A 中的"改进点"分析判断该权利要求是否属于对计算机功能的改进或者对另一项技术的改进，而不用参考公知、常规、普通的做法。也就是说，所要求保护的发明可以通过阐明它改进了相关现有技术来将司法排除对象整合到实际应用中，但是它不可以是在公知、常规、普通做法上的改进。

改进点考虑因素与整合分析有关，而与所要求保护的发明的技术无关。也就是说，不论是计算机实施的发明、在生命科学中的发明或者任意其他技术，该考虑因素同样适用。参见 *Rapid Litigation Management Ltd. v. CellzDirect*，*Inc.*，其中法院指出，一项保存肝细胞的权利要求程序可以被视为技术改进，因为该权利要求实现了一种新的、改进的保存肝细胞供以后使用的方法，即使该权利要求是基于发现某些自然物质。❷ 值得注意的是，法院在确定该发明改进了技术时没有区分技术的类型。但是，重要的是要记住，司法排除对象本身的改进（如记载的基本经济概念）并不是技术的改进。例如，在 *Trading Technologies international'l v. IBG LLC* 一案中，法院认定，该权利要求只是为交易员提供了更多信息，以促进市场交易，这改善了市场交易的业务流程，但并未改善计算机或技术。❸ 注意，没有要求司法排除对象提供改进。改进可以由一个或多个附加要素（如 *Diehr*）提供，也可以由附加要素与所述司法排除对象结合提供（如 *Finjan*）。❹ 因此，在确定权利要求是否对计算机的功能提供了改进或对其他技术或技术领域提供了改进时，审查人员对权利要求进行整体分析是很重要的。

在审查期间，审查员应当通过评价说明书和权利要求来分析"改进点"考虑因素，以确保在说明书中存在所声称的改进点的技术说明，并且权利要求反映出所声称的改进点。通常，不期望审查员在所声称的改进点的优点上作出定性判断。如果审查员认定所披露的发明没有改进技术，则责任就转移到申请人身上，由申请人提供由任意必要证据支持的有说服力的争辩意见，以论证本领域普通技术人员能够理解所披露的发明改进了技术。根据 37 CFR 1.132 提交的任何此类证据都必须确定说明书将传达给本领域普通技术人员什么知识，并且不能用来补充该说明书。❺ 例如，在答复依据 35

---

❶ MPEP § 2106.05（a）.

❷ 827 F. 3d 1042，1048（Fed. Cir. 2016）.

❸ 921 F. 3d 1084，1093 – 94（Fed. Cir. 2019）.

❹ 参见 MPEP § 2106.05（a）（Ⅱ）（论述了 *Diamond v. Diehr*，450 U. S. 175，187 and 191 – 92（1981））以及 *Finjan* 备忘录，论述了 *Finjan*，*Inc. v. Blue Coat Sys.*，*Inc.*，879 F. 3d 1299，1303 – 04（Fed. Cir. 2018）。2018 年 4 月 2 日的 *Finjan* 备忘录其题目为"最新主题适格性判决"，并且可以在 https://www.uspto.gov/sites/default/files/documents/memo – recent – sme – ctdec – 20180402. PDF 获得。

❺ 例如，MPEP § 716.09 on 37 CFR 1.132，依据 35 U. S. C. 112（a）有关拒绝的实践操作。

U. S. C. 101 作出的拒绝意见时，申请人可以根据 37 CFR 1.132 提交一份声明，提供用来说明在本领域普通技术人员如何将所披露的发明解释为改进技术的证据及用于该结论的基本事实基础。

C. 应用或使用司法排除对象来针对疾病或身体状况进行特定治疗或预防

2019 PEG 包括"治疗/预防"考虑因素，在该考虑因素下，权利要求可以通过应用或使用司法排除对象来将排除对象整合到实际应用中，以对疾病或身体状况实施特定治疗或预防。该考虑因素源自在 MPEP § 2106.05（e）中所述的"其他有意义的限制特征"考虑因素的一部分，也基于 USPTO 2018 年 6 月 Vanda 备忘录，该备忘录阐明，实际应用自然关系的治疗方法权利要求在步骤 2A 处是适格的。❶ 该考虑因素涵盖了将任意类型的司法排除对象整合到实际应用中，包括抽象思维，例如在 *Classen Immunotherapies，Inc. v. Biogen IDEC* 中对免疫相关信息进行心智比较，这在实践中是通过根据特定免疫接种程序来使得哺乳动物免疫来应用的。❷ 该考虑因素涵盖治疗和预防限制特征，包括如针灸、给药、透析、器官移植、光疗、物理治疗、放射治疗、手术等。

在确定一项权利要求是否应用或使用了所记载的司法排除对象来对疾病或身体状况实施特定治疗或预防时，以下因素是相关的。

1. 治疗或预防的特异性或普遍性

治疗或预防的限制特征必须是"具体的"，即详细地加以确定，以使它没有涵盖司法排除对象的所有应用。例如，考虑这样一项权利要求，它记载了用大脑分析信息以确认患者是否具有与 β 受体阻滞剂药物代谢不良相关的基因型。这落入 2019 PEG 的部分 I 中所例举的抽象思维心智过程分组范围内。该权利要求还记载了"给确诊为具有不良代谢者基因型的患者服用低于正常剂量的 β 受体阻滞剂"。该给药步骤是具体的，并且它将心智分析步骤整合到实际应用中。相反，考虑这样一项权利要求，它记载了相同的抽象思维以及"给患者服用合适的药物"。该给药步骤不是具体的，并且相反，仅仅是按照通常的方式"应用"司法排除对象的指令。因此，该给药步骤没有将心智分析整合到实际应用中。

2. 限制特征与司法排除对象之间是否具有名义上或无意义关系之外的关系

治疗或预防限制特征与司法排除对象之间必须具有名义上或无意义关系以外的关系。例如，考虑这样一项权利要求，它记载了，在超过 250mg/dl 的血糖浓度与思酮症酸中毒（一种危及生命的疾病）的风险之间有一种自然的相关性（自然规律）。该权利要求还记载了"用胰岛素治疗血糖水平超过 250mg/dl 的患者"。该给药步骤是具体的，并且将自然规律结合到实际应用中。可选的是，考虑这样一项权利要求，它记载了相同的自然规律，并且记载了"用阿司匹林治疗血糖水平超过 250mg/dl 的患者"。

---

❶ 2018 年 6 月 7 日的 USPTO 备忘录，"最新主题适格性判决：*Vanda Pharmaceuticals Inc. v. West – Ward Pharmaceuticals*"，在下面的网址处可获得：https://www.uspto.gov/sites/default/files/documents/memo – vanda – 20180607. PDF。

❷ 659 F. 3d 1057, 1066 – 67（Fed. Cir. 2011）.

阿司匹林在本领域不是公知用来治疗酮症酸中毒或糖尿病的治疗方法，但是患有糖尿病的一些患者由于其他身体状况原因而正在进行阿司匹林治疗（例如，控制疼痛或消炎，或者防止血栓）。在该权利要求的上下文以及所记载的在高血糖浓度与酮症酸中毒风险之间的关联性中，服用阿司匹林最多具有与自然规律的正常关系，因为阿司匹林不能治疗或预防酮症酸中毒。该步骤因此没有以有意义的方式应用或使用司法排除对象。因此，服用阿司匹林的这个步骤没有将自然规律整合到实际应用中。

3. 限制特征是否仅是解决方案之外的行为或使用领域

治疗或预防限制必须对司法排除对象施加有意义的限制，不能成为解决方案以外的行为或使用领域。例如，考虑这样一项权利要求，它记载了（a）依照不同的疫苗接种方案来将狂犬病和猫白血病疫苗分配给第一组家猫；以及（b）分析疫苗接种方案及这些猫随后是否患上慢性免疫介导性疾病以确定风险最低的疫苗接种方案。步骤（b）落入 2019 PEG 的部分 I 中所列举的抽象思维的心智过程分组范围内。虽然步骤（a）是将疫苗分配给猫，但是该分配步骤是为了收集用于心智分析步骤的数据，并且对于所记载的司法排除对象的所有用途而言是必要的前提。因此，它是解决方案之外的行为，并且将该司法排除对象整合到实际应用中。相反，考虑这样一项权利要求，它记载了相同的步骤（a）和（b），还记载了步骤（c）"根据风险最低的免疫接种方案"来对第二组家猫进行免疫接种。步骤（c）应用了司法排除对象，因为从在步骤（b）中的心智分析中得到的信息被用来改变免疫接种的顺序和时间，从而第二组猫患上属于慢性免疫介导性疾病的风险更低。因此，步骤（c）将抽象思维融入实际应用中。

D. 在步骤 2A 分支 2 中的其他考虑因素

正如前面在部分 Ⅲ（A）中所述的一样，除了已经讨论过的那些因素外，2019 PEG 还在步骤 2A 分支 2 中确定了其他几个考虑因素。可表明整合的考虑因素包括用特定的机器或制造方法实施司法排除对象、对物品实施特定的转换或改编及以其他有意义的方式应用司法排除对象。不表明整合的考虑因素包括仅仅记载"应用它"或等同情况、加入解决方案以外的行为以及一般性地将司法排除对象的使用与特定技术环境联系起来。除了上面在部分 Ⅲ（B）中所描述的改进点分析以及在下面描述的解决方案之外的行为，这些考虑因素与在 2019 PEG 之前给出的指南相比没有变化。参见 MPEP § 2106.05（b）~（h）以获得有关这些考虑事项中的每一个的更多信息和示例。

上面列出的"解决方案之外的行为"的考虑因素已经稍微修改。在步骤 2B 的情况下，MPEP § 2106.05（g）这样解释，限制特征是否公知是在判断限制特征是否是解决方案之外的行为时要考虑的因素。但是，公知的、常规的、普遍的行为不是在 2019 PEG 中的步骤 2A 处的考虑因素。因此，权利要求限制特征是否是解决方案之外的行为将不是基于该限制特征是否是公知的。相反，公知的、常规的、普遍的行为将只是在该分析进行到步骤 2B 的情况下要考虑。对于不是常规的解决方案之外的行为的具体示例，参见示例 45（注塑成型控制器）。

Ⅳ. 初证案件的要求

有人建议，专利局应加强审查员在作出客体适格性拒绝意见时确立初证案件的责任。因此，下面的讨论重申了初证案件的要求。

从法律概念上讲，初证案件是专利审查中在审查员和申请人之间分配下一步的责任的一种程序上的工具。MPEP § 2106.07 论述了不适格性初证案件的要求。具体地说，最初责任在于审查员要清楚而具体地解释为什么一项或多项权利要求不适合授予专利，从而申请人具有足够的认识并且能够有效地进行答复。❶ 审查员应当审阅整个审查记录，并且根据这些权利要求的最宽泛合理解释在一项权利要求基础上作出客体适格性决定。❷ 一旦审查员已经完成了最初责任，下一步举证或争辩的责任转移给申请人。在评价答复意见时，审查员必须仔细考虑申请人用来反驳客体适格性拒绝意见的所有争辩意见和证据。如果申请人已经修改了权利要求，则审查员应当确定经修改的权利要求的最宽泛合理解释，并且再次进行客体适格性分析。

MPEP § 2106.07（a）论述了如何使得客体适格性拒绝意见程式化。❸ 只要可行，审查员都应当指明如何克服客体适格性拒绝意见。根据 2019 PEG，基于不能要求保护指向不可专利主题的发明（在适格性分析的步骤 2B 处权利要求指向没有提供发明构思/明显更多的司法排除对象）而作出的"步骤 2B"拒绝意见应当参照如下步骤进行解释：

- 首先，拒绝意见应当通过参照在权利要求中记载（阐明或描述）的内容并且说明为什么认为它是司法排除对象来识别出司法排除对象（在 2019 PEG 的部分 I 中所列举的抽象思维）。对于权利要求记载了司法排除对象这个结论，不要求审查员提供进一步的支持，如出版物或依据 37 CFR 1.104（d）（2）规定的宣誓书或宣言书。❹

- 对于抽象思维而言，拒绝意见应当解释，在权利要求中所记载的具体限制特征为什么落入其中一个所列举的抽象思维分组（数学概念、心智过程或者组织人类活动的特定方法）范围内，或者根据在 2019 PEG 中的"试验性抽象思维"程序给出判定，即在权利要求中所记载的具体限制特征如果没有落入所列举的抽象思维分组范围内则为什么被当作抽象思维。

- 对于自然规律或自然现象而言，在拒绝意见中应当给出的解释类型方面没有任何变化（拒绝意见应当确认自然规律或自然现象在权利要求中有记载（阐明或描述），并且采用合理的基本原理来解释为什么将它当作自然规律或自然现象）。❺

---

❶ 35 U.S.C. 132（a）。

❷ 如在 MPEP § 2106.07 中所论述的一样，权利要求不应该在普通拒绝中一起被分组，除非该拒绝同样适用于在该分组中的所有权利要求。

❸ 在基于没有要求保护落入法定发明类型范围内而作出的"步骤 1"拒绝中没有任何变化（权利要求不是方法、机器、制造工艺或物质组分，并且因此在适格性分析的步骤 1 处被拒绝）。参见 MPEP § 706.03（a），有关作出这种拒绝的信息。

❹ MPEP § 2106.07（a）（Ⅲ）。

❺ MPEP § 2106.07（a）。

● 其次，拒绝意见除了司法排除对象之外还应当确认记载在权利要求中的任意附加要素，并且通过如下说明来评价司法排除对象整合到实际应用中：1）在该权利要求中没有任何附加要素；或2）单独或组合考虑附加要素，采用在 2019 PEG 中所给出的考虑因素，权利要求整体上没有将司法排除对象整合到实际应用中（步骤 2A 分支 2）。

● 最后，审查员应解释为什么个别或组合的额外因素不会导致权利要求在整体上明显仅仅是司法排除对象（步骤 2B）。❶ 例如，当审查员得出结论认为某些权利要求要素是在相关领域内公知的、常规的、普遍的行为时，审查员必须采用在 Berkheimer 备忘录中第三节 a 中规定的四种选择之一以书面形式明确支持这种拒绝。❷

如果申请人质疑审查员的认定，但审查员认为保持该拒绝意见是合适的，则审查员必须在下一次审查意见中提供反驳意见。有关评估申请人答复的更多信息，请参阅 MPEP § 2106.07（b）。申请人可以根据 MPEP § 716.01 和 37 CFR 1.132 中规定的程序及时提交证据来反驳客体适格性拒绝意见。

V. 2019 PEG 在专利审查团队中的应用

关于需要进一步的指南和示例（特别是在生命科学领域）和更多的审查员培训，提出了各种建议。USPTO 已经采取措施加强审查员对修订适格性指南的理解，并将继续与审查员合作，作为其不断努力提高专利质量的一部分。下面的讨论描述了迄今为止就 2019 PEG 的应用向审查员提供适当指导和培训所做的努力。以下的论述也解决了有关申请人针对根据 2019 PEG 规定作出的客体适格性拒绝意见的答复所引起的关注。

指南材料

USPTO 现行的适格性指南包括：2019 PEG；*Berkheimer* 备忘录；备忘录 – 最新客体适格性判决；*Finjan* 备忘录；❸ MPEP § 2103 至 § 2106；❹ 客体适格性示例：抽象思维（示例 37 – 42，2019 年 1 月 7 日发布）；以及本更新附录 1 中所包含的示例。❺ 示例旨在说明适格性分析在多种技术领域中的各种权利要求中的正确应用，并指导审查员以

---

❶ 在 2019 PEG 之后写的拒绝中步骤 2B 的解释似乎比过去更短，因为在修订的步骤 2A 中评价的许多考虑因素与步骤 2B 重叠了，因此不用在步骤 2B 中评价。除非审查员已经在步骤 2A 分支 2 中认定附加的要素为无关紧要的解决方案以外的行为，在该情况下审查员应当在步骤 2B 中重新评价该要素是否在本领域是非常规的（不是公知的、常规的、普遍的行为）。

❷ 2018 年 4 月 19 日的 USPTO 备忘录，"属于主题适格性的审查程序变化，最新主题适格性判决（*Berkheimer v. HP, Inc.*）"，可在下面的网址处获得：https://www.uspto.gov/sites/default/files/documents/memo – berkheimer – 20180419. PDF。如果审查员依靠公知、常规、普遍的行为认知来支持限制特征为解决方案之外的行为的判断，则审查员需要遵守 *Berkheimer* 备忘录。84 Fed. Reg. at 56。

❸ 2018 年 4 月 2 日的 USPTO 备忘录，"最新主题适格性判决"，可在下面的网址处获得：https://www.uspto.gov/sites/default/files/documents/memo – recent – sme – ctdec – 20180402. PDF。

❹ 该 2019 PEG 在这方面取代了 MPEP § 2106.04（Ⅱ）（适格性步骤 2A：一项权利要求是否指向司法排除对象），该 MPEP 使权利要求"记载"了司法排除对象等同于权利要求"指向"司法排除对象。USPTO 已经给出了流程图，该流程图论述了受到 2019 PEG 影响的 MPEP 的各个部分。另外，*Berkheimer* 备忘录修订了在 MPEP § 2106.07（a）（使得缺乏主题适格性的拒绝程式化）和 MPEP § 2106.07（b）（评价申请人的答复）中给出的程序。

❺ 该 2019 PEG 取代了 *Vanda* 备忘录（参见 note 75，supra）。在 *Vanda* 备忘录中的指南已经被整合到 2019 PEG 中。

在团队中一致的方式评估适格性。最近发布的示例（示例 37－46）说明了如何应用 2019 PEG 来分析各种事实模型。在 2019 PEG 之前发布的示例并没有应用在 2019 PEG 中的步骤 2A 分支 2 分析，但每个示例的适格性或非适格性的最终结果仍然可以依据，因为它们没有改变。为了帮助审查员理解在 2019 PEG 中所论证的及在这些示例中所阐述的原则，本报告的附录 2 是这些示例的综合索引，概述了示例 1－46 在 2019 PEG 下的相关性。特别是，该索引提供了关于每个示例的综合信息，包括所涉及的司法排除对象的类型、哪些示例提供了实际应用或明显更多的分析，以及在每个示例中要评价的考虑因素。例如，索引解释了示例 3（数字图像处理）包含了这样一项权利要求，它记载了符合"改进计算机或其他技术的功能"条件的适格的数学关系。虽然已公布的示例 3 指明该申请在步骤 2B 处是适格的，但该索引解释到，根据 2019 PEG 规定，同样的"改进"考虑因素使得该申请在步骤 2A 分支 2 处是适格的。

培训

审查团队在 2019 年 1 月至 2 月接受了有关 2019 PEG 的培训。培训以各种方式进行，包括由教师指导的培训和基于计算机的培训。包括幻灯片在内的培训材料已公布在局网站上。基于计算机的培训设计用来为不经常遇到客体适格性问题的审查员提供 2019 PEG 的介绍和概述。经常审查带有客体适格性问题的专利申请的审查员接受由导师带领的高级模块培训，该模块提供了对 2019 PEG 的深入讨论和示例 37－42 的子集。USPTO 继续通过技术单元级别的质量提升会议就 2019 PEG 的实施培训审查员。目前，USPTO 正在确定哪些进一步的培训是合适的。

申请人的应对

USPTO 人员未能遵循 2019 PEG 这一事实本身并不构成上诉或请求的适当依据，对此人们表示关注。❶ 虽然 2019 PEG 不构成实质性的规则制定，也不具有法律效力，但是 2019 PEG 确实构成了专利局指南，因此，USPTO 人员预计将遵循它。如同任何拒绝意见一样，其权利要求已经被两次拒绝的每个申请人可以将审查员的决定上诉到专利审判和上诉委员会，并且申请人可以依据 2019 PEG 来支持其关于按照 §101 作出的拒绝意见是错误的争辩意见。这是依据 §101 作出的拒绝，而不是任何声称未能遵守 2019 PEG 的拒绝，这由专利审判和上诉委员会审查。鼓励申请人采用其他可行的行动方案来与审查员沟通，以迅速解决任何未解决的客体适格性拒绝意见或符合 2019 PEG 规定的问题（例如，要求会晤，联系督导级专利审查员，上诉前简要复审请求）。

---

❶ 84 Fed. Reg. at 51.